D1706138

Hans J. Fahrenwaldt | Volkmar Schuler

Praxiswissen Schweißtechnik

Aus dem Programm **Fertigung**

Fertigungsmesstechnik
von W. Dutschke und C. P. Keferstein

Laser in der Fertigung
von H. Hügel und T. Graf

Spanlose Fertigung: Stanzen
von W. Hellwig

Coil Coating
von B. Meuthen und A.-S. Jandel

Zerspantechnik
von E. Paucksch, S. Holsten, M. Linß und F. Tikal

Praxis der Zerspantechnik
von H. Tschätsch

Einführung in die Fertigungstechnik
von E. Westkämper und H.-J. Warnecke

Aufgabensammlung Fertigungstechnik
von U. Wojahn

www.viewegteubner.de

Hans J. Fahrenwaldt | Volkmar Schuler

Praxiswissen Schweißtechnik

Werkstoffe, Prozesse, Fertigung

4., überarbeitete Auflage

Mit 549 Abbildungen und 162 Tabellen

Unter Mitarbeit von Herbert Wittel und Jürgen Twrdek

PRAXIS

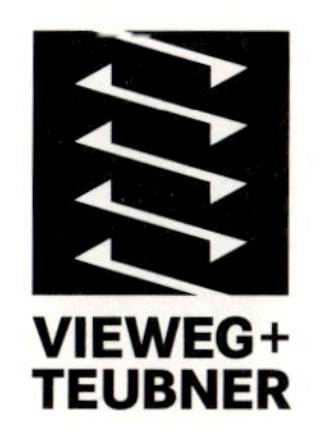

Bibliografische Information der Deutschen Nationalbibliothek
Die Deutsche Nationalbibliothek verzeichnet diese Publikation in der
Deutschen Nationalbibliografie; detaillierte bibliografische Daten sind im Internet über
<http://dnb.d-nb.de> abrufbar.

Wir bedanken uns für die freundliche Unterstützung der Böhler Schweißtechnik Austria GmbH.

Böhler Schweißtechnik Austria GmbH
Böhler-Welding-St. 1
8605 Kapfenberg, Austria
Tel: +43 3862 301-0
Fax: +43 3862 301 95193
E-Mail: postmaster.bsga@bsga.at
www.boehler-welding.com

1. Auflage 2003
2., überarbeitete und erweiterte Auflage 2006
3., aktualisierte Auflage 2009
4., überarbeitete Auflage 2011

Alle Rechte vorbehalten
© Vieweg+Teubner Verlag | Springer Fachmedien Wiesbaden GmbH 2011

Lektorat: Thomas Zipsner | Imke Zander

Vieweg+Teubner Verlag ist eine Marke von Springer Fachmedien.
Springer Fachmedien ist Teil der Fachverlagsgruppe Springer Science+Business Media.
www.viewegteubner.de

Das Werk einschließlich aller seiner Teile ist urheberrechtlich geschützt. Jede Verwertung außerhalb der engen Grenzen des Urheberrechtsgesetzes ist ohne Zustimmung des Verlags unzulässig und strafbar. Das gilt insbesondere für Vervielfältigungen, Übersetzungen, Mikroverfilmungen und die Einspeicherung und Verarbeitung in elektronischen Systemen.

Die Wiedergabe von Gebrauchsnamen, Handelsnamen, Warenbezeichnungen usw. in diesem Werk berechtigt auch ohne besondere Kennzeichnung nicht zu der Annahme, dass solche Namen im Sinne der Warenzeichen- und Markenschutz-Gesetzgebung als frei zu betrachten wären und daher von jedermann benutzt werden dürften.

Umschlaggestaltung: KünkelLopka Medienentwicklung, Heidelberg
Technische Redaktion: Stefan Kreickenbaum, Wiesbaden
Bilder: Graphik & Text Studio, Dr. Wolfgang Zettlmeier, Barbing
Druck und buchbinderische Verarbeitung: AZ Druck und Datentechnik, Berlin
Gedruckt auf säurefreiem und chlorfrei gebleichtem Papier
Printed in Germany

ISBN 978-3-8348-1523-1

Vorwort

Unter den Fertigungsverfahren kommt den verschiedenen Verfahren der Fügetechnik eine besondere Bedeutung zu. Sie gestatten einerseits die Herstellung komplexer Gegenstände, reichend von Kunstwerken bis zu den größten Bauwerken und Industrieanlagen. Andererseits stellen sie in der industriellen Produktion oft einen bedeutenden Kostenfaktor dar, der die Ingenieure zwingt, immer wieder über neue Lösungen nachzudenken. Dazu kommt die vor allem durch die Tendenz zum Leichtbau angestoßene Entwicklung neuer Werkstoffe und der Einsatz schwierig zu beherrschender Werkstoffkombinationen, die neue Fügeverfahren erfordern.

Da das Schweißen von Metallen wie auch von Kunststoffen immer noch den Schwerpunkt im umfangreichen Gebiet der Fügetechnik darstellt, war es naheliegend, die Schweißverfahren im Buchtitel hervorzuheben. Daneben werden aber auch die anderen wichtigen Fügeverfahren wie Löten, Kleben und Fügen durch Umformen in angemessenem Umfang dargestellt. Abgerundet wird der verfahrenstechnische Teil durch die Kapitel „Auftragsschweißen und Thermisches Spritzen“ sowie „Trennen“ und „Flammrichten“.

Besonders bei metallischen Werkstoffen ist die Beeinflussung des Werkstoffs durch das Fügen unter Einwirkung von Wärme von Bedeutung. Im Kapitel „Werkstoffe und Schweißen“ werden daher die metallischen Werkstoffe im Hinblick auf deren Schweißeignung behandelt.

Den Abschluss bilden die umfangreichen Kapitel, die sich mit der Berechnung und Gestaltung von Schweißkonstruktionen sowie der Wirtschaftlichkeit und der Qualitätssicherung beschäftigen. Die detailreiche Darstellung mit vielen Beispielen aus dem Stahlbau, dem Maschinen- und Apparatebau sowie anderen bedeutenden Industriezweigen erlauben eine schnelle Orientierung über erprobte Lösungen. Fotos, Skizzen und Zeichnungen geben in Verbindung mit erläuternden Texten wesentliche Hinweise für die Praxis.

Im Kapitel „Gestaltung von Schweißkonstruktionen im Stahlbau“ werden Hinweise dazu gegeben, wie Jahrzehnte alte deutsche Vorschriften durch harmonisierte europäische Richtlinien ersetzt werden.

In einem umfangreichen Anhang sind Tabellen insbesondere mit Angaben zu den Prozessparametern der behandelten Verfahren zusammengestellt. In Anbetracht der schnellen Entwicklung auf dem Gebiet der Normung kann kein Buch auf dem jeweils aktuellen Stand sein. Die Autoren tragen diesem Umstand Rechnung, indem unter www.viewegteubner.de online zum Buch eine **laufend aktualisierte** Liste der Normen angeboten wird.

Das Buch stellt ein Übersichtswerk dar, das Praxis und Theorie in einem ausgewogenen Verhältnis darstellt. Es ist gedacht für im Beruf stehende Ingenieure, die nicht ständig mit den Problemen der Fügetechnik konfrontiert sind und schnell einen Überblick wie auch Hinweise auf weiterführende Literatur benötigen. Aber auch Studierende, die im Rahmen von wissenschaftlichen Arbeiten weiterführende Informationen suchen, werden das Buch mit Gewinn verwenden können.

Auch die 3. Auflage des Buchs war stark nachgefragt, so dass nach kurzer Zeit wieder eine Neuauflage erforderlich wurde Dies gab die Möglichkeit der Aktualisierung, insbesondere für das Schweißen in gesetzlich geregelten Bereichen wie dem Stahlbau. Es wurden neues Bildmaterial praxisgerechter Schweißkonstruktionen integriert und konstruktive Anregungen aus dem Kreis der Benutzer berücksichtigt. Im Kapitel „Schweißnahtberechnung“ wurden die Beispiele noch praxisrelevanter und einfacher dargestellt.

Die Autoren haben bei ihrer Arbeit durch die Überlassung von Bildvorlagen Unterstützung durch Firmen der betreffenden Branchen erfahren, wofür sie sich an dieser Stelle bedanken. Besonders zu danken haben sie Herrn Dipl.-Ing. H. Wittel und Herrn Dipl.-Ing. J. Twrdek, die die Kapitel „Berechnung von Schweißnähten“ und „Gestaltung“ auch in dieser Nachauflage betreut haben.

Dem Verlag Vieweg+Teubner, seinen Mitarbeitern im Lektorat Maschinenbau, insbesondere Herrn Dipl.-Ing. Thomas Zipsner und Frau Imke Zander, danken wir für die gewährte Unterstützung und die immer angenehme Zusammenarbeit bei der Bearbeitung der 4. Auflage des Buchs.

Stuttgart/Ulm, im Juli 2011

Hans Joachim Fahrenwaldt
Volkmar Schuler

Inhaltsverzeichnis

1 Einleitung

In DIN 8953 sind die Prozesse des Fügens in sechs Gruppen geordnet, **Bild 1-1**. Die vier wichtigsten Prozesse sind

das Fügen durch Umformen
Schweißen,
Löten und
Kleben, Leimen, Kitten.

Alle dort genannten Prozesse zählen zu den unlösbaren Verbindungen. Die Abgrenzung der unlösbaren Verbindungen zueinander erfolgt für die wichtigsten Verfahren zweckmäßig über deren Definition wie folgt:

Fügen durch Umformen umfasst die Prozesse, bei denen die Fügeteile oder Hilfsfügeteile örtlich umgeformt werden, so dass die Verbindung durch Formschluss gegen ungewolltes Lösen gesichert ist.

Schweißen ist das unlösbare Vereinigen von Grundwerkstoffen (Verbindungsschweißen) oder das Beschichten eines Grundwerkstoffes (Auftragschweißen) unter Anwendung von Wärme oder von Druck oder von beidem, mit oder ohne Schweißzusätze.

Löten ist das Verbinden metallischer Werkstücke mit Hilfe eines geschmolzenen Zusatzmetalls (Lot), dessen Schmelztemperatur unterhalb derjenigen der zu verbindenden Grundwerkstoffe liegt. Die Grundwerkstoffe werden nicht aufgeschmolzen, sondern nur benetzt. Gegebenenfalls wird mit Flussmitteln gearbeitet.

Kleben ist das Fügen zweier Teile unter Verwendung eines Klebstoffs, d. h. eines nichtmetallischen Werkstoffs, der die Fügeteile durch Oberflächenhaftung (Adhäsion) sowie zwischen- und innermolekulare Kräfte im Klebstoff (Kohäsion) miteinander verbindet.

Der wichtigste Prozess davon ist derzeit das Schweißen. Je nach Art des zu verbindenden Grundwerkstoffes, dem Zweck des Schweißens oder der Art der Fertigung können weitere systematische Unterteilungen vorgenommen werden. **Tabelle 1-1** gibt einen Überblick über die Leistungsfähigkeit und Wirtschaftlichkeit der wichtigsten Verfahren.

Das so genannte „Schweißtechnische Dreieck“ umkreist den Problemkreis der Schweißtechnik. Es verdeutlicht, dass die drei Einflussgrößen Werkstoff, Konstruktion und Fertigung beim Schweißen aufeinander abgestimmt sein müssen, wenn die „Schweißbarkeit des Bauteils“ gegeben sein soll. DIN 8528 Teil 1 definiert diesen Begriff wie folgt:

Die Schweißbarkeit eines Bauteils aus metallischem Werkstoff ist vorhanden, wenn der Stoffschluss durch Schweißen mit einem gegebenen Schweißverfahren bei Beachtung eines geeigneten Fertigungsablaufs erreicht werden kann. Dabei muss die Schweißung hinsichtlich ihrer örtlichen Eigenschaften und ihres Einflusses auf die Konstruktion, deren Teile sie sind, die gestellten Anforderungen erfüllen.

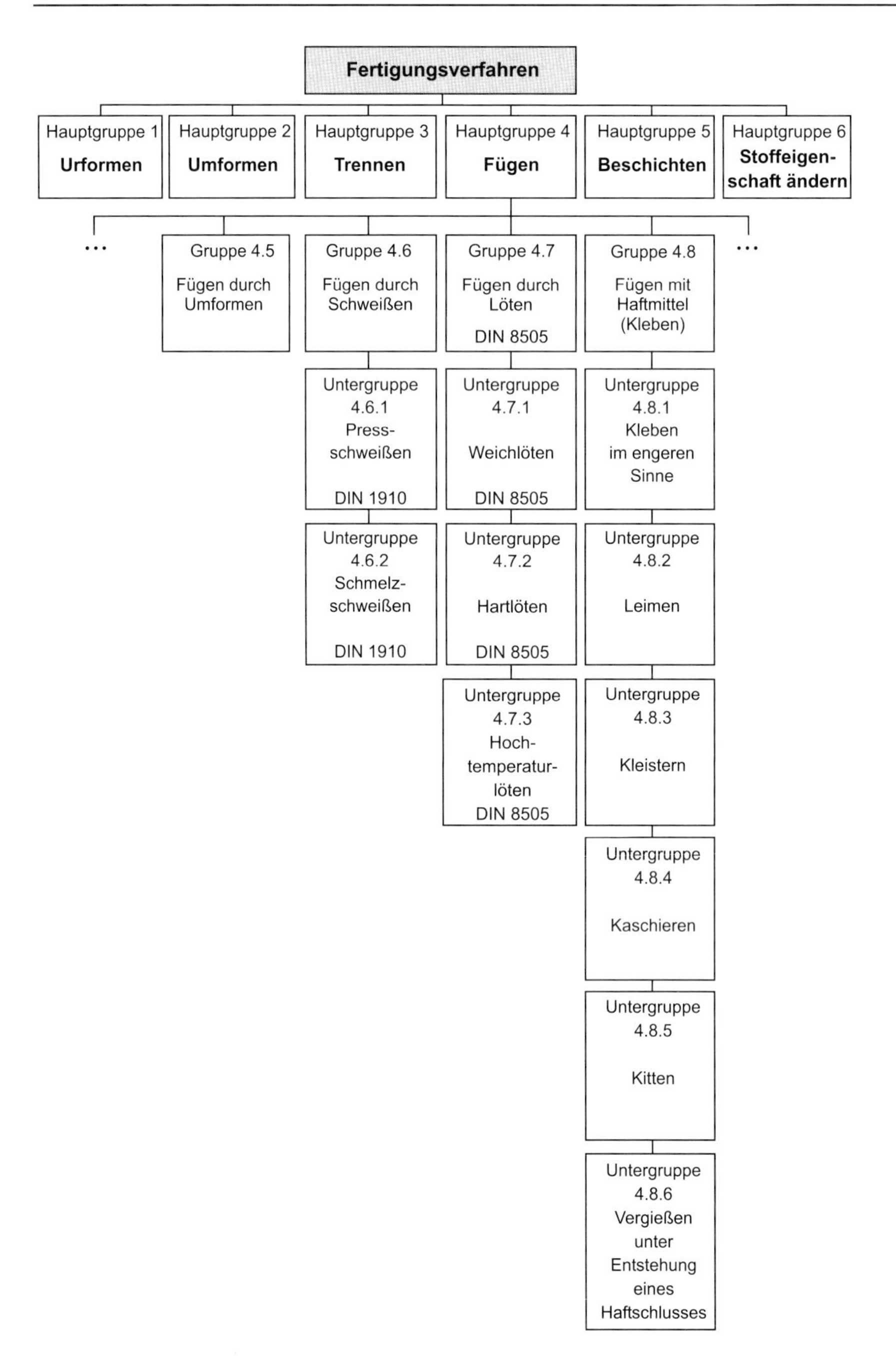

Bild 1-1 Einordnung des „Fügens" in die Verfahren der Fertigungstechnik (nach DIN 8593)

Werkstoff, Konstruktion und Verfahren beeinflussen sich gegenseitig im Sinne eines technischen Systems, d. h. wird eine Größe verändert, so ist dies von Einfluss auf die beiden anderen Größen. Die genannten Größen werden durch die Eigenschaften:

- Schweißeignung (Verfahren – Werkstoff),
- Schweißsicherheit (Werkstoff – Konstruktion) und
- Schweißmöglichkeit (Verfahren – Konstruktion)

miteinander verknüpft (vergl. DIN 8528).

Die Schweißeignung bezieht sich auf den Werkstoff. Sie ist gegeben, wenn der für die Konstruktion vorgesehene Werkstoff mit einem ganz bestimmten Prozess ohne wesentliche Beeinträchtigung der Eigenschaften geschweißt werden kann.

Durch Schweißen können Verbindungen geschaffen werden, die in der Schweißnaht die gleichen Eigenschaften aufweisen, wie sie der Grundwerkstoff zeigt. Eine Ausnahme bildet dabei derzeit noch die Dauerschwingfestigkeit, deren Werte in allen Fällen für die Schweißnaht unter denen des Grundwerkstoffs liegen. Für die Stähle stehen in den meisten Fällen geeignete Schweißverfahren zur Verfügung; auch die klassischen Gusswerkstoffe können heute in vielen Fällen zuverlässig geschweißt werden. Abgesehen von Legierungen mit besonderen Eigenschaften wird das Schweißen von NE-Metallen ebenfalls weitgehend beherrscht.

Der Werkstoff wird beim Schweißen durch die eingebrachte Wärme beeinflusst. Die dadurch u. U. eintretende Änderung der Gebrauchseigenschaften ist besonders zu berücksichtigen. Beim Schweißen von Stählen ist beispielsweise zu achten auf die Neigung zu Alterung, Aufhärtung und Ausbildung von Sprödbrüchen; von Einfluss ist weiterhin das Seigerungsverhalten und die Anisotropie der Eigenschaften.

Eine „sichere" Schweißkonstruktion liegt dann vor, wenn die Schweißverbindungen einer Konstruktion im Betrieb weder verspröden, noch brechen oder Risse bilden. Zum anderen muss die Schweißkonstruktion unter der Einwirkung der Belastung funktionsfähig bleiben. Schweißsicherheit ist also definitionsgemäß eine Größe, die von Werkstoff und Konstruktion beeinflusst wird.

Vom Werkstoff her besteht u. U. die Gefahr der Versprödung durch die Wärmeeinwirkung (Aufhärtung) oder durch die verformungsbehindernde Wirkung eines mehrachsigen Spannungszustands. Letzterer bildet sich möglicherweise bei dickeren Bauteilen aus, hervorgerufen durch eine Behinderung der Schrumpfung der Fügeteile nach Beendigung des Schweißens.

Der Konstrukteur kann die Schweißsicherheit somit positiv beeinflussen durch eine beanspruchungsgerechte Gestaltung des Bauteils, d. h. durch eine günstige Nahtanordnung, die Vermeidung von Nahtanhäufungen und Steifigkeitssprüngen.

Unter dem Begriff der Schweißmöglichkeit sind alle Voraussetzungen zu verstehen, die von der Fertigung erfüllt werden müssen, damit eine einwandfreie Schweißkonstruktion entsteht. Die wesentlichen Größen, die die Schweißmöglichkeit beeinflussen, sind also Fertigung und Konstruktion. Das Hauptproblem ist hier die Auswahl des geeigneten Schweißverfahrens nach verfahrenstechnischen und wirtschaftlichen Gesichtspunkten aus der Vielzahl der zur Verfügung stehenden Verfahren, soweit diese im Betrieb zur Verfügung stehen. Weiter sind hier von Einfluss die Nahtvorbereitung, die Schweißfolge, das Vorwärmen bzw. die Nachbehandlung der Naht oder die Wahl des richtigen Schweißzusatzes.

Tabelle 1-1 Übersicht über die wichtigsten Schweißprozesse

Verfahren	Kennzahl ISO4063	Kurzzeichen	Abschmelzleistung [kg/h]	Leist.-dichte [W/cm²]	Schweiß-geschw. [m/min]	Blechdickenbereich [mm]	Aufmischungsgrad m. GW [%]	Erforderl. Handfertigkeit	Automatisierbarkeit	Thermischer Wirkungsgrad [%]	Baustellentauglichkeit	Anlagenkosten [T€]	Bemerkung
Gasschmelzschweißen	3	G	0,1-1,0	10^3	0,03-0,15	0,5-8,0	5-30	s.groß	keine	40-50	s.gut	0,5	
Lichtbogenhand-schweißen	111	E	0,2-4,0	10^4	0,15-0,3	1-100	15-40	groß	keine	50-60	s.gut	2-4	
Unterpulverschweißen, Eindraht	121	UP	4-16	10^6	0,3-1	3-100	40-60	keine	s.gut	85-95	bedingt	20-30	
Unterpulverschweißen, Band	122	UP	2-4	10^3	0,2-0,4	10-100	5-8	keine	s.gut	90	bedingt	25	
MSG, Massivdraht	131/135	MIG/ MAG	1-8	10^5	0,2-1,8	0,6-100	25-35	mäßig	s.gut	70	gut	10-30	a Maß 6...8 in einer Lage möglich
MSG, Fülldraht	136	MIG	3-15	10^5	0,2-1,5	0,6-100	15-30	mäßig	s.gut	60	s.gut	10-30	
MSG, Hochleistungs-schweißen		MAG	10-20	10^5	0,5-6	0,6-100	25-35	groß	s.gut	70	bedingt	14-16	
Wolfram-Inertgasschweißen	141	WIG	0-0,6	10^4	0,1-0,3	0,1-7	bis 100	groß	gut	60	bedingt	4-10	Engspalt-schweißen möglich
Mikro-WIG-Schweißen	141	WIG	0-0,1	10^4	0,02-0,8	0,02-0,8	bis 100	s.groß	gut	60	bedingt	6	
WIG-Schweißen mit Kaltdrahtzusatz	141	WIG	0,8-1,5	10^4	0,1-0,4		15-25	keine	gut	50	bedingt	8-15	
WIG-Schweißen mit Heißdraht	141	WIG		10^4			15-25	keine	gut		bedingt	10-18	
WIG-Orbitalschweißen	141	WIG		10^4			bis 100	keine	s.gut		gut	15-35	

Tabelle 1-1 Fortsetzung

Verfahren	Kenn-zahl ISO4063	Kurz-zeichen	Abschmelz-leistung [kg/h]	Leist.-dichte [W/cm²]	Schweiß-geschw. [m/min]	Blech-dicken bereich [mm]	Aufmi-schungs-grad m. GW [%]	Erforderl. Handfer-tigkeit	Automa-tisierbar-keit	Thermisch. Wirk.grad [%]	Baustellen-tauglich-keit	Anlagen-kosten [T€]	Bemer-kung
Wolfram-Plasmaschweißen, manuell	15	WP	0-0,8	10^6	0,2-0,8	0,2-12	bis 100	s.groß	K6eine	65	bedingt	7-8	
Mikroplasma-schweißen	15	WP	0-0,1	10^6		0,01-0,8	bis 100	s.groß	bedingt	65	bedingt	7-8	
WP-Schweißen me-chanisiert, Stichloch	15	WP	0	10^6	0,2-0,6	2,5-12	100	keine	s.gut	65-70	bedingt	40	
WP-Schweißen mit Kaltdrahtzufuhr	15	WP	0,8-2	10^6	0,1-0,5	2-20	15-25	keine	s.gut	50	bedingt	40	
Elektronenstrahl-schweißen	51	EB	0	10^8	0,2-5	0,01-260	bis 100	keine	s.gut	80	keine	50-1000	Al bis 350mm Dicke
Laserstrahlschweißen	52	LA	0-0,3	10^9	0,2-22	0,01-10	bis 100	keine	s.gut	80	keine	50-1000	Geschw. stark dicken-abhängig
Elektro-Schlacke-Schweißen	72	RES	10-12	10^4	0,01-0,1	10-300	5-20	keine	s.gut	90	gut	20-30	
RES-Band-Auftragschweißen	72	RES	2-4	10^3	0,05-0,1	15-100	3-5	keine	s.gut	90	gut	30-40	
Elektrogasschweißen	73	MSGG	5-10	10^4	0,02-0,2	10-100	5-20	keine	s.gut	80	gut	25	
Reibschweißen	42	FR	0		0	0,5-200	100	keine	s.gut		keine	300-1000	
Hochfrequenz-schweißen		HF	0		21-175	1,5-16	100	keine	s.gut		keine	700-2000	

Tabelle 1-1 Fortsetzung

Verfahren	Kennzahl ISO4063	Kurzzeichen	Abschmelzleistung [kg/h]	Leist.-dichte [W/cm^2]	Schweiß-geschw. [m/min]	Blechdickenbereich [mm]	Aufmi-Schungs-Grad m. GW [%]	Erforderl. Handfertigkeit	Automatisierbarkeit	Thermisch. Wirk.grad [%]	Baustellentauglichkeit	Anlagenkosten [T€]	Bemerkung
Widerstandspunkt-schweißen	21	RP	0	10^5	0	0,2-8 (20)	100	mäßig	s.gut	75	bedingt	15-100	
Widerstandsbuckel-schweißen	23	RB	0	10^4	0	0,5-10	100	keine	s.gut	70	keine	15-100	
Widerstands-Rollennahtschweißen	22	RR	0	10^4	0,4-6	0,3-3	100	keine	s.gut	65	keine	30-200	
Widerstands-Pressstumpfschweißen	25	RPS	0	10^5	0	A= 200mm^2	100	keine	s.gut	65	keine	30-100	
Abbrennstumpf-schweißen	24	RA	0	10^4	0	A= 80000mm^2	100	keine	s.gut	60	keine	30-2000	
Widerstandsbolzen-schweißen ⦰ <10mm	782	RB0	0	10^4	0	0,5-20	100	mäßig	bedingt	80	s.gut	3-10	Prozess mit Spitzen-zündung
Widerstandsbolzen-schweißen ⦰ <24mm	782	RB0	0	10^4	0	3-30	100	mäßig	bedingt	85	s.gut	6-15	Prozess mit Hub-zündung

2 Schmelzschweißprozesse

Unter dem Begriff Schmelzschweißen werden die Prozesse zusammengefasst, bei denen das Schweißen bei örtlich begrenztem Schmelzfluss ohne Anwendung von Kraft mit oder ohne Schweißzusatz erfolgt (DIN 1910 Teil 2; ersetzt durch DIN ISO 857-1). Eine Übersicht über die zu dieser Verfahrensgruppe zählenden Prozesse gibt **Tabelle 2-1**.

Tabelle 2-1 Einteilung der Schmelzschweißprozesse (nach Killing)

- Schmelzschweißen
  - Gießschmelzschweißen
    - Gießschweißen
    - Aluminothermisches Schweißen
  - Gasschweißen
  - Widerstandsschmelzschweißen
    - Elektroschlackeschweißen
  - Lichtbogenschweißen
    - Metall-Lichtbogenschweißen
      - Lichtbogenhandschweißen
      - Schwerkraftschweißen
      - Unterschieneschweißen
      - Metall-Lichtbogenschweißen mit Fülldrahtelektrode
    - Unterpulverschweißen
    - Schutzgasschweißen
      - Metall-Schutzgasschweißen
        - Schutzgas-Engspaltschweißen
        - Elektrogasschweißen
        - Plasma-Metall-Schutzgasschweißen
        - Metall-Inertgasschweißen
        - Metall-Aktivgasschweißen
          - CO_2-Schweißen
          - Mischgasschweißen
      - Wolfram-Schutzgasschweißen
        - Wolfram-Inertgasschweißen
        - (Wolfram-)Plasmaschweißen
        - Wolfram-Wasserstoffschweißen
  - Elektronenstrahlschweißen
  - Lichtstrahlschweißen

2.1 Gasschmelzschweißen (G/31*)

Beim Gasschmelzschweißen, auch autogenes Schweißen genannt, entsteht der Schmelzfluss durch unmittelbares, örtlich begrenztes Einwirken einer Brenngas-Sauerstoff-Flamme. Wärme und Schweißzusatz werden, wenn eingesetzt, getrennt zugeführt (Definition nach DIN ISO 857-1), **Bild 2-1**.

* Bezeichnung nach ISO 4063, vgl. Tabelle 18-1.

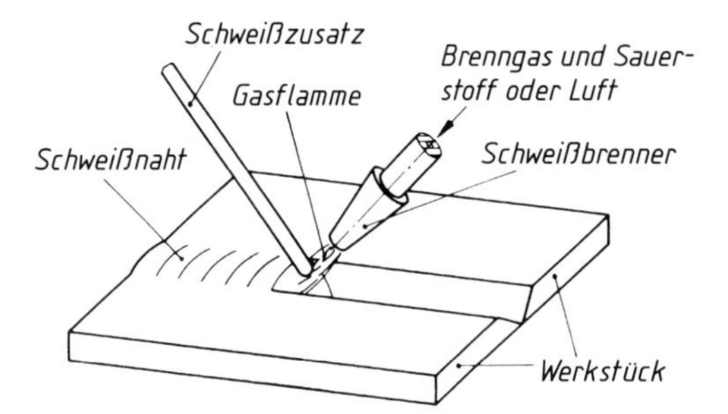

Bild 2-1
Gasschmelzschweißen (nach DIN 1910)

Brenngase

Als Brenngase kommen in Betracht Acetylen, Propan, Ethen, Methan, und gegebenenfalls auch Wasserstoff. Die physikalischen Eigenschaften dieser Gase können **Tabelle 18-2** im Anhang entnommen werden. Für die Beurteilung der Verwendbarkeit zum Schweißen ist neben der erreichbaren Flammentemperatur und der Verbrennungsgeschwindigkeit die Flammenleistung von Bedeutung. Als am besten geeignetes Gas ergibt sich daraus das Acetylen. Dieses Gas erfüllt darüber hinaus noch weitere für die Anwendung wichtige Bedingungen: es ist nicht giftig, bildet bei richtiger Brennereinstellung keine Verbrennungsrückstände in der Naht und bietet bei reduzierend eingestellter Flamme einen guten Schutz des Schmelzbades.

Unter sicherheitstechnischen Gesichtspunkten sind noch die Explosionsgrenzen von Bedeutung, die beim Gemisch Sauerstoff/Acetylen zwischen 2,4 und 93 % Acetylen liegen.

Acetylen (Ethin, C_2H_2) ist ein Kohlenwasserstoff mit der Strukturformel $H\text{-}C \equiv C\text{-}H$. Gewonnen wird Acetylen in der Regel aus der Reaktion von Calciumcarbid und Wasser nach der Formel

$$CaC_2 + 2H_2O \rightarrow C_2H_2 + Ca\,(OH)_2 + \text{Wärme}.$$

Daneben existieren thermische Herstellungsverfahren, die von Kohlenwasserstoffen ausgehen. Acetylen wird heute gebrauchsfertig in Stahlflaschen in den Handel gebracht; die Verwendung von eigenen Acetylen-Entwicklern im Betrieb ist nicht mehr üblich.

Infolge der Dreifachbindung ist Acetylen bereits bei Drücken über 3,5 bar bzw. höheren Temperaturen instabil. Im Gegensatz zu anderen Gasen kann es somit nicht unter hohem Druck gespeichert werden. Ausgenutzt wird daher die sehr gute Lösungsfähigkeit des Acetons für Acetylen (bei 1 bar Druck können 25 Liter Gas in 1 Liter gelöst werden). Die zur Speicherung verwendeten Stahlflaschen werden heute mit einer hochporösen monolithischen Masse aus Calciumsilikaten oder Kunststoffgranulat gefüllt, in die sich das mit Acetylen beladene Aceton einlagert. So wird eine gleichmäßige Verteilung des Acetons im Speicherraum erreicht und gleichzeitig vermieden, dass Lösungsmittel bei der Gasentnahme mitgerissen wird. Diese Maßnahme erlaubt auch die Erhöhung des Flaschendrucks bis auf 19 bar. In der Praxis enthält eine 40 l-Flasche 13 Liter Aceton. Bei einem Flaschendruck von 18 bar ergibt dies ein speicherbares Volumen von ca. 6000 Liter Acetylen, wovon 5600 Liter nutzbar sind.
Infolge der Lösung des Acetylens im Aceton folgt das Gas nicht den bekannten Gasgesetzen. Der in einer Flasche noch vorhandene Gasvorrat kann daher nicht aus dem Flaschendruck ermittelt werden, vielmehr ist dazu eine Wägung erforderlich.

Aus Sicherheitsgründen ist die maximale Entnahmemenge im Dauerbetrieb auf 700 Liter Acetylen je Stunde begrenzt; bei höherem Bedarf sind daher Flaschenbatterien zu verwenden. Die Flaschen tragen eine kastanienbraune (früher gelbe) Kennfarbe; sind sie bereits mit der modernen hochporösen Füllung versehen, so sind sie zusätzlich mit einem roten Ring am Flaschenhals gekennzeichnet. Diese Flaschen dürfen auch waagrecht liegend verwendet werden; sonst sind die Flaschen unter einem Winkel von mindestens 15° zur Waagrechten zu lagern. Alle Flaschen sind vor Sonneneinstrahlung zu schützen. Der Anschluss der Entnahmearmaturen an die Flasche erfolgt mit einem Spannbügel.

Nach TRAC 204 ist es nicht zulässig, für mit Acetylen in Kontakt kommende Teile Kupfer bzw. Kupferwerkstoffe mit mehr als 70 % Kupferanteil zu verwenden. Wegen der möglichen Bildung von Kupferacetylid (Cu_2C_2) besteht Explosionsgefahr.

DIN EN ISO 9539 enthält die Werkstoffe, die für Geräte für Gasschweißen, Schneiden und verwandte Prozesse geeignet sind. Siehe auch die Hinweise in **Tabelle 18-89**.

Sauerstoff

Der zur Verbrennung erforderliche Sauerstoff wird großtechnisch durch Verflüssigung und anschließende Rektifikation aus der atmosphärischen Luft gewonnen. Er kommt in Stahlflaschen mit einem Fülldruck von 200 oder 300 bar in den Handel. Für Großverbraucher ist es günstig, den Sauerstoff flüssig in Großbehältern zu beziehen und in Kaltvergasern an Ort und Stelle in den Verbrauchszustand umzuwandeln. Nach den Gasgesetzen (Boyle-Mariotte) enthält eine 50l-Flasche bei 200 bar Fülldruck 10 m^3 Sauerstoff von 1 bar.

Das in einer Flasche vorhandene Sauerstoffvolumen kann nach der Beziehung $Q = p \cdot V$ unmittelbar aus dem Flaschendruck ermittelt werden.

Die Kennfarbe für Sauerstoff-Flaschen ist weiß (früher blau). Der Anschluss des Druckminderers an die Flasche erfolgt über ein G ¾″ Rechts-Gewinde. Alle Teile, die mit dem Sauerstoff in Kontakt kommen, müssen unbedingt frei von Fett und Öl gehalten werden. Reiner Sauerstoff darf niemals zum Reinigen von Kleidungsstücken oder zum Belüften von Räumen bzw. Behältern verwendet werden. Sauerstoff ist schwerer als Luft und reichert Kleider und Räume von unten her an.

Armaturen

– Druckminderventile (DIN EN ISO 2503)

  Der Arbeitsbereich des Brenners liegt bei 0,5 bar für das Acetylen und 2,5 bar für den Sauerstoff. Das unter wesentlich höherem Druck in den Flaschen gespeicherte Gas muss also auf diesen Arbeitsdruck entspannt werden, was üblicherweise in einem membrangesteuerten Druckminderventil erfolgt. **Bild 2-2** zeigt schematisch den Aufbau eines solchen Ventils. Der Ventilteller wird von zwei Federn belastet, einmal von der Schließfeder – sie ist bestrebt, das Ventil zu schließen – und über die vom Arbeitsdruck beaufschlagte Membran von der Einstellfeder, deren Spannung mit der Einstellschraube verändert werden kann und die der Schließkraft entgegenwirkt. Bei eingestelltem Arbeitsdruck herrscht Kräftegleichgewicht. Wird der Arbeitsdruck zu hoch, so drückt dieser die Membran entgegen der Wirkung der Einstellfeder nach unten und das Ventil schließt sich. Beim Absinken des Arbeitsdruckes drückt die Einstellfeder den Ventilteller gegen die Schließkraft nach oben, so dass sich das Ventil wieder öffnet. Die Reduzierung des Druckes erfolgt dabei einstufig über die Drosselwirkung des Ventilsitzes.

Die Druckminderer, wie auch die im Folgenden besprochenen Armaturen, müssen ihrer Gasart entsprechende Kennbuchstaben tragen, wie O für Sauerstoff, A für Acetylen oder F für andere Brenngase.

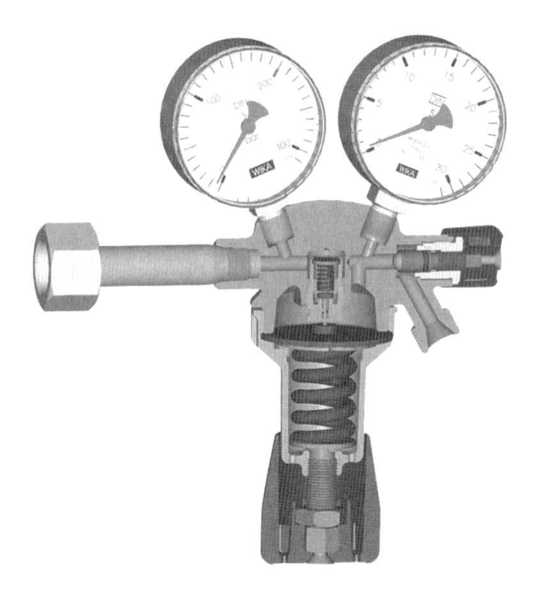

Bild 2-2 Druckminderventil (Werkbild CGE Rhöna)

- Rückschlagsicherungen (DIN EN 730)

  Durch defekte Brenner kann es zu einem schleichenden Rücktritt von Sauerstoff in die Brenngasflasche kommen bzw. können Flammen in diese zurückschlagen. Um dies zu verhindern bzw. nach einem Flammenrückschlag die Zufuhr von Brenngas zu unterbinden, werden Rückschlagsicherungen oder Gebrauchsstellenvorlagen unmittelbar hinter dem Druckminderer in der Brenngasleitung angeordnet. Üblich sind heute trockene, druckgesteuerte Gebrauchsstellenvorlagen mit oder ohne thermische Steuerung.

  Wie **Bild 2-3** zeigt, handelt es sich um federbelastete Ventile. Der Druck des durchströmenden Gases öffnet diese Ventile gegen die Federkraft. Die Flammensperre wird im Allgemeinen durch poröse Körper (Keramik, Sintermetall) gebildet. Die im Bild gezeigte Nachströmsperre muss nach einem Ansprechen ausgetauscht werden. Die Fixierung des Federkörpers erfolgt mittels eines niedrig schmelzenden Lots, was eine irreversible Ventilauslösung nach Erwärmung zur Folge hat.

- Schläuche und Schlauchanschlüsse (DIN EN 559, 560, 561 und 1256, DIN EN ISO 3821)

  Die Gasschläuche (DIN EN 559) sind entsprechend den zulässigen Betriebsdrücken in zwei Klassen – C = 20 bar und D = 40 bar max. Betriebsdruck – eingeteilt. Für Acetylen ist die Farbe rot vorgeschrieben, Sauerstoffschläuche sind blau. Die Schläuche für Flüssiggase müssen quellbeständig sein und sind in DIN EN 11763 genormt; die Kennfarbe ist orange.

  Vor Inbetriebnahme sind neue Brenngasschläuche mit Druckluft, neue Sauerstoffschläuche mit Sauerstoff auszublasen. Zu beachten ist, dass alle Schlauchwerkstoffe altern. Schläuche sind daher regelmäßig auf Dichtigkeit zu prüfen. Um einem falschen Anschluss vorzubeugen, sind die Schlauchanschlüsse am Druckminderventil unterschiedlich ausgeführt. Für Brenngase sind Linksgewinde, für alle anderen nichtbrennbaren Gase Rechtsgewinde vorgesehen. Weitere Hinweise finden sich in **Tabelle 18-3** im Anhang.

Schweißbrenner (DIN EN 731)

Im Schweißbrenner werden Brenngas und Sauerstoff in einem einstellbaren Verhältnis miteinander gemischt. Wichtig ist, dass dies auf einfache Weise reproduzierbar geschieht und während des Schweißens konstante Betriebsbedingungen eingehalten werden.

Die Bauarten werden unterschieden nach Gleichdruck- und Injektor-(Saug-)brenner. Beim Gleichdruckbrenner, wie er in den USA üblich ist, werden die beiden Gase unter gleichem Druck zugeführt. Im Gegensatz dazu steht bei dem in Deutschland üblichen Saugbrenner, **Bild 2-4**, der Sauerstoff unter einem Druck von etwa 2,5 bar, während das Acetylen mit einem Druck von etwa 0,2 bar zugeführt wird. Der Sauerstoff strömt mit höherer Geschwindigkeit aus der Druckdüse in den Injektor. Infolge des dort entstehenden Unterdrucks wird Acetylen angesaugt und mit dem Sauerstoff vermischt, was im Wesentlichen in der Mischdüse bzw. dem Mischrohr erfolgt. Nach Zündung des Gasgemisches entsteht dann an der Schweißdüse die Schweißflamme.

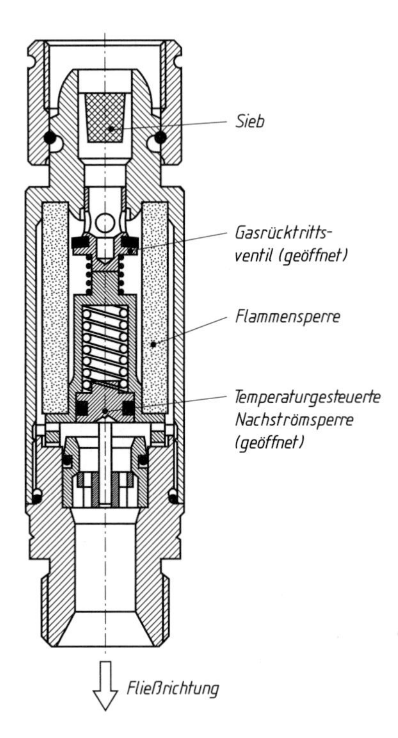

Bild 2-3
Schnittzeichnung einer trockenen Gebrauchstellenvorlage. In ihr sind Flammensperre, Gasrücktrittsventil und Nachströmsperre kombiniert (nach Ibeda)

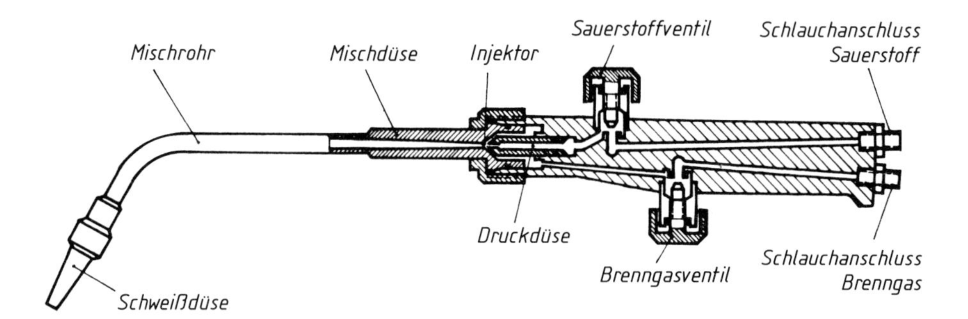

Bild 2-4 Schnittzeichnung eines Schweißbrenners nach dem Injektorprinzip. Der Injektor ist nicht verstellbar und gehört zum Brennereinsatz

Bei Inbetriebnahme des Brenners wird daher zuerst das Sauerstoffventil geöffnet und dann durch Einregulieren des Acetylendruckes ein zündfähiges Gasgemisch hergestellt. Umgekehrt wird nach beendigter Schweißarbeit zuerst das Acetylenventil geschlossen und erst dann das Sauerstoffventil. Die umgekehrte Reihenfolge würde zur Zerstörung des Brenners führen.

Der Schweißeinsatz ist bei beiden Bauarten auf die Dicke des zu verschweißenden Blechs abzustellen. Damit wird erreicht, dass der Flamme nur soviel Gas zugeführt wird, wie zum Schweißen der Blechdicke erforderlich ist. Beim Gleichdruckbrenner muss das Mischrohr mit Brennerdüse, beim Saugbrenner der einteilige Schweißeinsatz (Mischrohr, Mischdüse und Injektor) ausgewechselt werden.

Der Gasverbrauch richtet sich nach dem Schweißeinsatz, d. h. der zu verschweißenden Blechdicke. Als Richtwert gilt bei neutraler Flammeneinstellung ein Bedarf von je 100 Liter Sauerstoff und Acetylen je mm Blechdicke und Brennstunde, siehe **Tabellen 18-4** und **18-5**.

– Schweißflamme

  Für das Schweißen von Stahl soll die Acetylen-Sauerstoff-Flamme so eingestellt sein, dass ein Mischungsverhältnis von ca. 1:1 bis 1:1,2, also eine neutrale Flamme vorliegt. Bei dieser Flammeneinstellung beträgt die maximale Flammentemperatur etwa 3200 °C, und die Flamme hat im Arbeitsbereich eine reduzierende Wirkung. **Bild 2-5** zeigt schematisch eine neutrale Flamme. Sie gliedert sich in die erste Verbrennungsstufe mit dem Flammenkegel und seiner leuchtenden Hülle und die zweite Verbrennungsstufe, die Bei- oder Streuflamme.

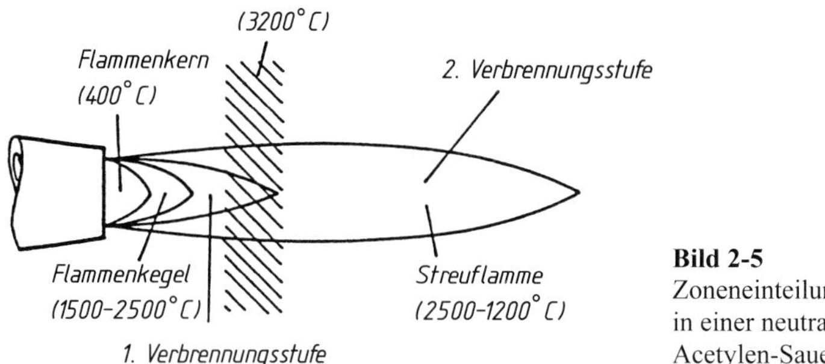

Bild 2-5
Zoneneinteilung und Temperaturen in einer neutral eingestellten Acetylen-Sauerstoff-Flamme

Tabelle 2-2 Schweißzusätze für das Gasschmelzschweißen (in Anlehnung an DIN EN 12536)

Grundwerkstoff		**Schweißstabklasse**					
		I	**II**	**III**	**IV**	**V**	**VI**
Allgemeine Baustähle nach DIN EN 10025	S 185*	X	X	X	X		
	S 235 JR		X	X	X		
	S 275 JR		X	X	X		
	S 235 J2			X	X		
	S 275 J2			X	X		
	S 355 J2			X	X		
Kesselblech nach DIN EN 10028	P 235 GH (HI)			X	X		
	P 265 GH (HII)			X	X		
	P 295 GH (17Mn4)				X		
Rohrstahl nach DIN EN 10216	P 235 T1	X	X	X	X		
	P 275 T1	X	X	X	X		
	P 355 N	X	X	X	X		
	P 235 T2			X	X		
	P 275 T2			X	X		
	P 355 N (St52.4)			X	X		
Kesselrohre nach DIN EN 10216-2	P 235 (St 35.1)			X	X		
	P 265 (St 37.8)				X		
	16 Mo3				X		
	13CrMo4-5					X	
	10CrMo9-10						X

* Schweißeignung nicht garantiert

In der 1. Verbrennungsstufe wird das Acetylen in der Hitze gespalten. Mit dem beigemengten Sauerstoff läuft bei neutraler Flamme die folgende Reaktion ab:

$$2C_2H_2 + 2O_2 \quad 4CO + 2H_2$$

Kohlenmonoxid und Wasserstoff, die Produkte der unvollständigen Verbrennung der 1. Stufe werden in der 2. Verbrennungsstufe mit dem der Umgebung entzogenen Sauerstoff verbrannt.

Tabelle 2-3 Chemische Zusammensetzung und Schweißverhalten der Gasschweißstäbe (nach DIN EN 12 536)

	Chemische Zusammensetzung						**Verhalten**		
Schweiß-stab-klasse	**C**	**Si**	**Mn**	**P**	**S**	**Sonstige**	**Fließ-verhalten**	**Sprit-zer**	**Poren-neigung**
	%	%	%	%	%	%			
OI	0,03-0,12	< 0,20	0,35-0,65	< 0,030	< 0,025		Dünn-fließend	viel	ja
OII	0,03-0,20	0,05-0,25	0,50-1,20	< 0,025	< 0,025		Weniger dünn-fließend	wenig	ja
OIII	0,05-0,15	0,05-0,25	0,95-1,25	< 0,020	< 0,020	Ni 0,35-0,80			
OIV	0,08-0,15	0,10-0,15	0,90-1,20	< 0,020	< 0,020	Mo 0,45-0,65			
OV	0,10-0,15	0,10-0,25	0,80-1,20	< 0,020	< 0,020	Mo 0,45-0,65 Cr 0,80-1,20	Zäh-fließend	keine	ja
OVI	0,03-0,10	0,10-0,25	0,40-0,70	< 0,020	< 0,020	Mo 0,90-1,20 Cr 2,00-2,20			

Mo < 0,3 %; Ni < 0,3 %; Cr < 0,15 %; Cu < 0,35 % (incl. Überzug); V < 0,03 %

$4CO + 2H_2 + 3O_2 \quad 4CO_2 + 2H_2O$

Diese vollständige Verbrennung erfolgt in einem Bereich etwa 2 bis 4 mm vor dem Flammenkegel. Hier herrscht die höchste Flammentemperatur, gleichzeitig ist hier der beste Schutz des Schweißbads vor Sauerstoff und Stickstoff gegeben. In diesem Bereich hat daher das Schweißen zu erfolgen.

Wird mit einem höheren Sauerstoffanteil gearbeitet, so entsteht eine kurze, harte Flamme von bläulich-violettem Aussehen und spitzem Flammenkegel. Bereits in der 1. Verbrennungsstufe tritt hier eine vollständige Verbrennung auf.

1. Stufe: $4O_2 + 2C_2H_2 \rightarrow 4CO_2 + 2H_2$
2. Stufe: $4CO_2 + 2H_2 + O_2 \rightarrow 4CO_2 + 2H_2O$

Damit fehlt die reduzierende und temperaturerhöhende Wirkung der Verbrennung des CO. Kennzeichnend für diese Flammeneinstellung sind beim Schweißen von Stahl eine rauhe Nahtoberfläche und Schlackeneinschlüsse in der Naht. Verwendet wird diese Flammeneinstellung u. U. noch für das Schweißen von Messing, da dadurch die Ausdampfung des Zinks vermindert wird.

Eine große, weiche Flamme mit hellrotem, leuchtendem Aussehen und breitem, verschwommenem Flammenkegel erhält man beim Arbeiten mit Acetylenüberschuss. In der 1. Verbrennungsstufe tritt hier elementarer Kohlenstoff auf, der auch in der 2. Stufe nicht vollständig verbrannt werden kann.

1. Stufe: $O_2 + 2C_2H_2 \rightarrow 2CO + 2H_2 + 2C$
2. Stufe: $2CO + 2H_2 + 2C + 2O_2 \rightarrow 2CO_2 + 2H_2O + 2C$

Dieser freie Kohlenstoff kohlt bei Stahl die Schmelze auf, wodurch diese dünnflüssig wird. Die Nahtoberfläche wird glatt, die Naht selbst hängt durch und ist hart. Beim Schweißen von Gusseisen und bei Auftragschweißungen kann diese Flamme mit Acetylenüberschuss Vorteile haben.

Schweißzusätze (DIN EN 12536)

Die zum Schweißen von Stählen dienenden Gasschweißstäbe werden in sechs Klassen, bezeichnet mit I bis VI, eingeteilt, **Tabelle 2-2**. In der Praxis finden davon nur noch Stäbe der Klassen III und IV Verwendung. Die einzelnen Klassen unterscheiden sich in der chemischen Zusammensetzung und im sich daraus ergebenden Schweißverhalten. **Tabelle 2-3** gibt einen Überblick über die Legierungszusammensetzung der Gasschweißstäbe, aus der auch das Verhalten beim Schweißen entnommen werden kann.

Die komplette Bezeichnung eines Schweißzusatzes lautet nach EN 12536 beispielsweise wie folgt:

Schweißstab 0 III EN 12536

Darin bedeuten:

0 Schweißverfahren: Gasschmelzschweißen

III Schweißstabklasse

Schweißarten

Beim Gasschmelzschweißen werden zwei Arten von Schweißungen unterschieden: das Nachlinks- und das Nachrechts-Schweißen. Die Bezeichnung erfolgt dabei aus der Aufeinanderfolge von Bad, Draht und Flamme.

Das Nachlinks-Schweißen, **Bild 2-6**, wird nur bei Blechdicken bis ca. 3 mm angewandt. Der Grund für diese Einschränkung ist das geringere Wärmeeinbringen durch die Folge „Naht-Flamme-Schweißzusatz" in Schweißrichtung. Der Schweißbrenner wird bei dieser Arbeitstechnik geradlinig geführt, wobei ein Fortschreiten nach links erfolgt. Der Flammenkegel ist auf den ruhig geführten, tupfenden Draht gerichtet, wodurch gleichzeitig das Bad in die Fuge läuft. Die Beiflamme wärmt die Nahtfuge allerdings nur bei dünnen Blechen ausreichend vor.

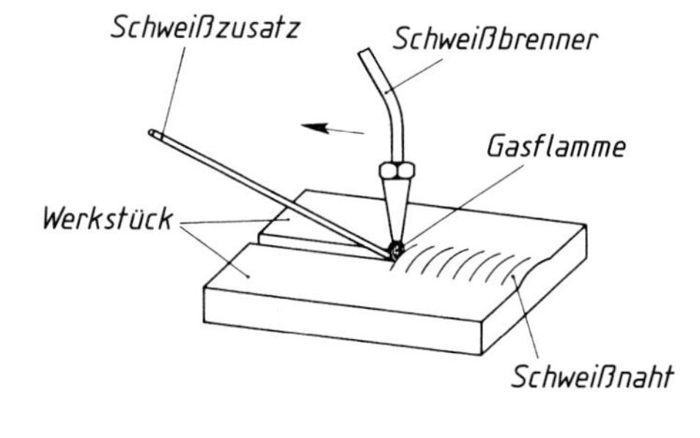

Bild 2-6
Nachlinks-Schweißen
(nach DIN 1910)

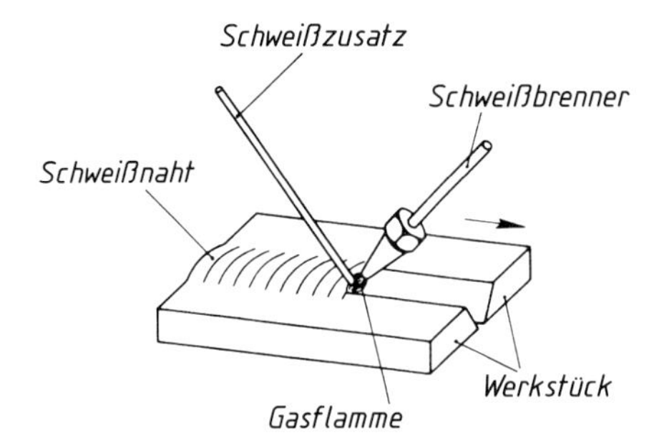

Bild 2-7
Nachrechts-Schweißen
(nach DIN 1910)

Ab einer Blechdicke von 3 mm ist das Nachrechts-Schweißen anzuwenden, das durch die Folge „Naht-Schweißzusatz-Flamme" gekennzeichnet ist, **Bild 2-7**. Hier wird der Brenner ohne Pendelbewegung in Schweißrichtung nach rechts geführt. Mit dem Schweißdraht werden halbkreis- bis kreisförmige Rührbewegungen im Bad ausgeführt; dabei taucht der Stab in das Bad ein. Der Flammenkegel ist auf den Stab und die Schmelze gerichtet, wobei eine Schweißöse entsteht, die das Durchschweißen der Wurzel sicherstellt. Die Streuflamme hält die bereits fertige Naht warm, was eine gute Entgasung bewirkt.

Neben einer höheren Schweißgeschwindigkeit hat das Nachrechts-Schweißen gegenüber dem Nachlinks-Schweißen noch weitere Vorteile, z. B. wirkt die Streuflamme auch wie ein Schutzgasschleier auf das Schmelzbad. Günstig ist weiterhin, dass die heißeste Zone der Flamme auf die Flanke der Fuge und die Spitze des Flammenkegels in den Spalt gerichtet ist.

Unregelmäßigkeiten beim Gasschmelzschweißen

Neben den von einer falschen Flammeneinstellung herrührenden Fehlern sind beim Gasschweißen Fehler zu beobachten, die wesentlich auf eine falsche Ausführung der Schweißung zurückzuführen sind. Es sind dies

- durchhängende oder überhöhte Nähte,
- Poren,
- Bindefehler,
- Wurzelfehler.

Die beschriebenen Nahtfehler treten bei zu geringer Schweißgeschwindigkeit auf. Wird dabei zu wenig Schweißgut eingebracht, so hängt die Naht durch; ist die Menge des eingebrachten Schweißgutes jedoch zu groß, so erhält man eine überhöhte Naht. Ein schuppenförmiges Aussehen der Naht deutet auf eine ungleichmäßige Schweißgeschwindigkeit hin.

Die Bildung von Poren kann aus einer mit Rost und Fett verschmutzten Oberfläche der Fugenkanten herrühren. Auch eine falsche Führung des Brenners bzw. des Schweißstabes kann die Ursache für diesen Fehler sein.

Bindefehler treten im Bereich der Schmelzlinie, d. h. im Übergang vom Schmelzgut zum Grundwerkstoff auf. Ursächlich für ihre Entstehung kann eine zu geringe Wärmeeinbringung oder eine falsche Brennerführung sein, die eine einseitige Erwärmung bzw. einen zu großen Flammenabstand zur Folge hat.

Beim Gasschmelzschweißen können im Wurzelbereich verschiedene Fehler auftreten. Zu nennen ist einmal die nicht durchgeschweißte Wurzel, die durch einen zu engen Wurzelspalt oder eine zu kleine Schweißöse bedingt sein kann. Eine durchhängende Wurzel tritt u. U. auf, wenn die Nachlinksschweißung bei einem zu dicken Blech angewandt wird. Weitere Hinweise in **Tabelle 18-7** im Anhang.

2.2 Metall-Lichtbogenschweißen

Das Metall-Lichtbogenschweißen umfasst mehrere Verfahrensgruppen, wie sie in **Tabelle 2-4** dargestellt sind. DIN 1910 definiert diese Prozesse wie folgt: Der Lichtbogen brennt zwischen einer abschmelzenden Elektrode und dem Werkstoff. Gegen die Atmosphäre wird nur durch Schlacken und/oder Schutzgase geschützt, die von der Elektrodenumhüllung oder einem Pulver stammen. Gemeinsam ist allen diesen Prozessen die Verwendung des Lichtbogens als Energiequelle.

Tabelle 2-4 Die Verfahren des Metall-Lichtbogen-Schweißens (nach Killing)

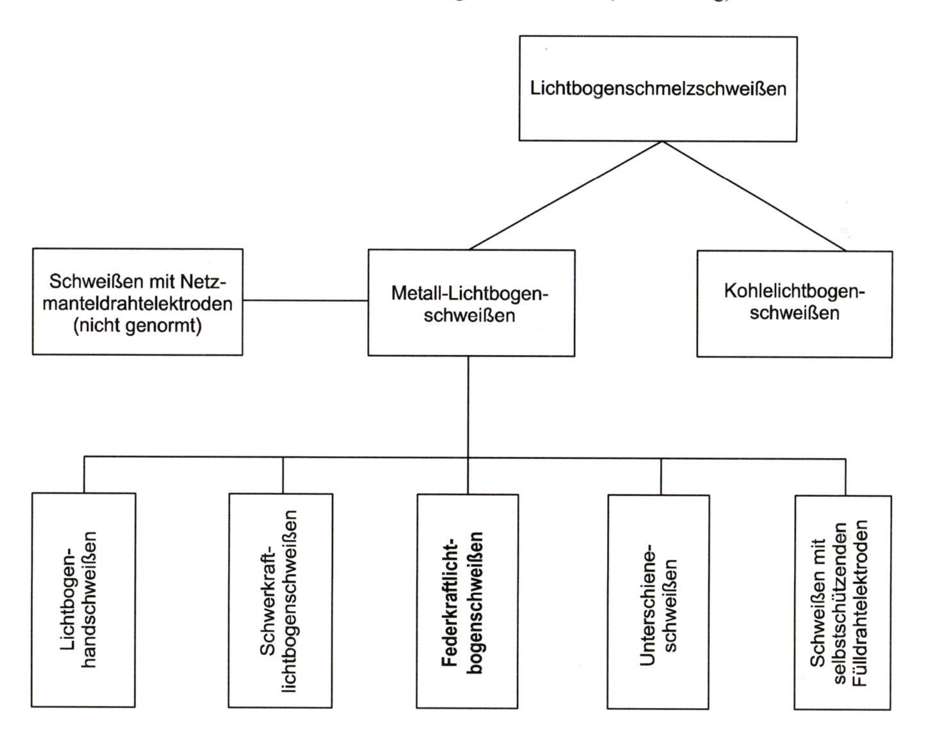

2.2.1 Die Vorgänge im Lichtbogen

Beim Lichtbogen handelt es sich um eine Bogenentladung zwischen zwei Elektroden in einem Gas durch Ionisation der Gasmoleküle. In der Regel ist die atmosphärische Luft ein schlechter Leiter für den elektrischen Strom. Wird der Abstand zwischen den Elektroden jedoch klein und die angelegte Spannung hoch, so kann es zu einer Gasentladung, d. h. der Bildung eines Lichtbogens kommen.

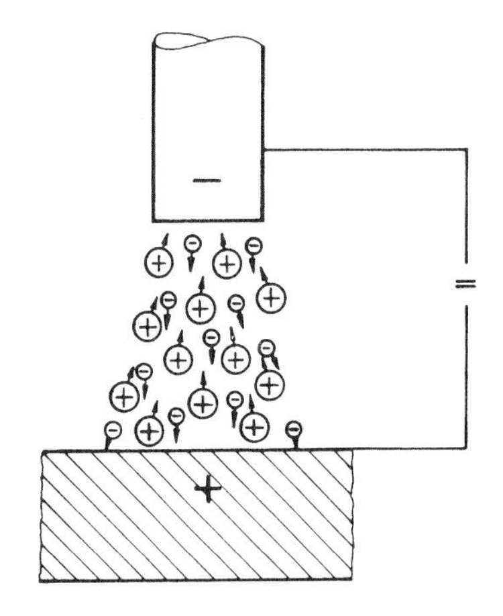

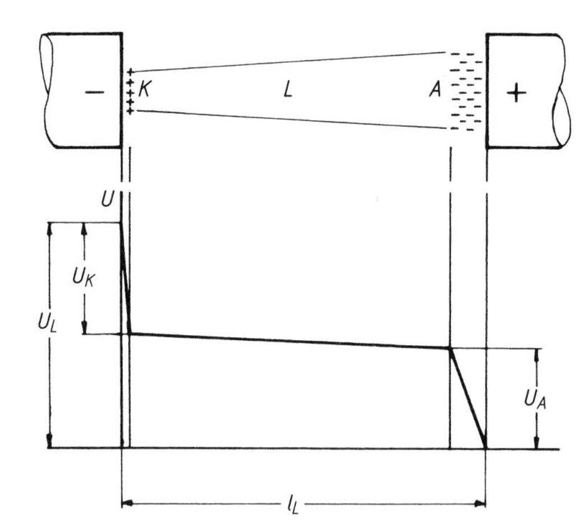

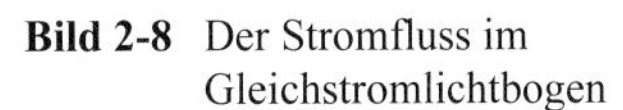
Bild 2-8 Der Stromfluss im Gleichstromlichtbogen

Bild 2-9 Der Spannungsverlauf im Lichtbogen beim Schweißen mit Gleichstrom

In dem sich zwischen den ungleichnamig gepolten Elektroden aufbauenden elektrischen Feld können elektrisch geladene Teilchen in Richtung auf den gegennamigen Pol beschleunigt werden. Wichtig sind in diesem Zusammenhang Elektronen, die als fast masselose negativ geladene Teilchen sehr stark beschleunigt werden und damit in der Lage sind, Energie zu transportieren. Bei ihrer auf die Anode gerichteten Bewegung treffen sie mit hoher Energie auf Gasmoleküle, die sich bei diesem Zusammenstoß in die sie bildenden Atome zerlegen. Diese können wieder ionisiert werden. Die positiven Ionen bewegen sich zur Kathode, die negativ geladenen Ionen und die aus der Atomhülle herausgeschlagenen Elektronen entsprechend zur Anode. Auf ihrem Weg zur Anode können die Elektronen durch solche Stoßvorgänge wieder Gasmoleküle ionisieren, so dass die Zahl der Ladungsträger exponentiell anwächst. Ein so durch Ionisation zum elektrischen Leiter gewordenes Gas wird auch als Plasma bezeichnet. Wie in **Bild 2-8** dargestellt, wird im so gebildeten Lichtbogen in beiden Richtungen Ladungen transportiert.

Dieser Vorgang, die Stoßionisation, ist in erster Linie für die Bildung des Lichtbogens von Bedeutung. Für die Aufrechterhaltung des Lichtbogens sind weitere physikalische Vorgänge maßgebend. Im Wesentlichen sind es die Feldemission und die Glühemission. Unter der Feldemission versteht man den Austritt von Elektronen aus den Metallen aufgrund eines anliegenden elektrischen Felds. Die auch ohne Feld die Oberfläche dünn belegenden Elektronen werden beim Anlegen eines Feldes abgezogen und in Richtung auf die Anode beschleunigt, wodurch aus dem Metall neue Elektronen austreten können. Die Zahl der so emittierten Elektronen ist von der Höhe der angelegten Spannung abhängig. Wird einem Metall thermische Energie zugeführt, so kommt es ebenfalls zum Austritt von Elektronen aus der Oberfläche; dieser Effekt wird als Glühemission bezeichnet. Dabei muss die materialabhängige Austrittsarbeit überwunden werden, die aber bei den meisten Metallen selbst bei Temperaturen im Bereich des Schmelzpunktes nicht erreicht wird. Aus statistischen Betrachtungen kann jedoch abgeleitet werden, dass bei jeder Temperatur Elektronen vorhanden sind, deren Energie höher als die Austrittsarbeit ist. Damit kann bei den üblichen Lichtbogentemperaturen davon ausgegangen werden, dass die Glühemission zur Erhaltung des Lichtbogens beiträgt.

Im Lichtbogen fällt entsprechend seinem Widerstand im Stromkreis die Spannung ab. Wie **Bild 2-9** zeigt, ist dieser Spannungsabfall nicht kontinuierlich, vielmehr sind drei Bereiche zu unterscheiden.

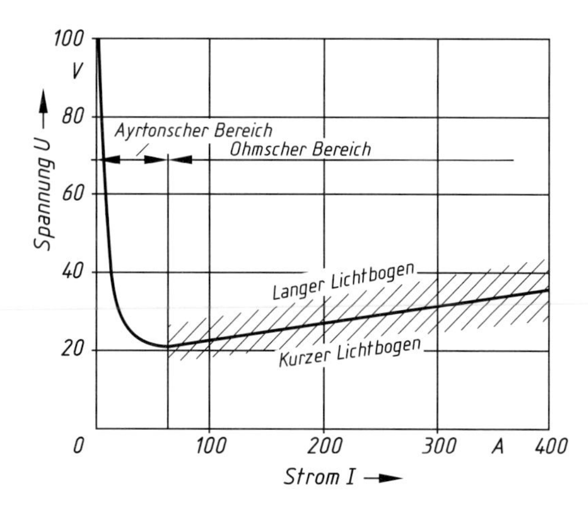

Bild 2-10
Die Lichtbogen-kennlinie

Vor der Kathode wie auch der Anode bildet sich eine dünne Schicht ungleichnamig gepolter Teilchen. Zwischen diesen Ladungsträgern und den Oberflächen der Elektroden entsteht so ein Spannungsgefälle mit großem Gradienten, das als Kathoden- bzw. Anodenfall bezeichnet wird. Der größte Teil des Spannungsabfalls entfällt auf diese beiden Bereiche. Der Abfall im Lichtbogenplasma selbst erfolgt linear und ist im Verhältnis zu Kathoden- und Anodenfall gering. Aus dem Spannungsverlauf in der Lichtbogensäule kann abgeleitet werden, dass mit der Länge des Lichtbogens auch die Lichtbogenspannung zunimmt. Der Lichtbogen ist somit ein beweglicher Teil des Schweißstromkreises; er folgt demgemäß den physikalischen Gesetzen, die für stromdurchflossene Leiter gelten.

Für die Beschreibung des Lichtbogenverhaltens ist die Lichtbogenkennlinie von Bedeutung, die den Zusammenhang von Lichtbogenspannung und Lichtbogenstrom wiedergibt. In **Bild 2-10** sind deutlich zwei Bereiche zu erkennen. Von untergeordneter Bedeutung für das Schweißen ist der Spannungsabfall bei kleinen Stromstärken, der so genannte Ayrton´sche Bereich. Für das Schweißen wird der durch ein lineares Ansteigen der Spannung mit zunehmender Stromstärke gekennzeichnete Ohmsche Bereich verwendet.

Wie bereits erwähnt, ist die Spannung im Lichtbogen je nach Länge des Lichtbogens verschieden. Bei konstanter Stromstärke erhält man also unterschiedliche Lichtbogenspannungen. Aus der Abbildung ist zu entnehmen, dass ein langer Lichtbogen bei gleicher Stromstärke eine höhere Spannung aufweist als ein kurzer.

Die Temperaturverteilung im Lichtbogen ist nicht einheitlich; sie ist zudem von der Art des Bogens und der Beschaffenheit des Plasmas abhängig. Im Plasma selbst treten beim Schweißen mit Metallelektroden Temperaturen um 5000 K auf, beim WIG-Schweißen über 10 000 K. Die höhere Temperatur wird an der Anode gemessen, da hier durch das Auftreffen der energiereichen Elektronen eine zusätzliche Erwärmung eintritt.

Das Lichtbogenschweißen kann grundsätzlich sowohl mit Gleichstrom als auch mit Wechselstrom erfolgen. Am günstigsten ist das Schweißen mit Gleichstrom. Durch die konstante Spannung bei unveränderter Polung brennt der Lichtbogen über längere Zeit, womit günstige Voraussetzungen für die Bildung der Ladungsträger und die Ionisation bei allen Verfahren gegeben sind.

Zu beachten ist beim Arbeiten mit Gleichstrom die magnetische Blaswirkung. Jeder stromdurchflossene elektrische Leiter ist von einem kreisförmigen Magnetfeld umgeben. Beim

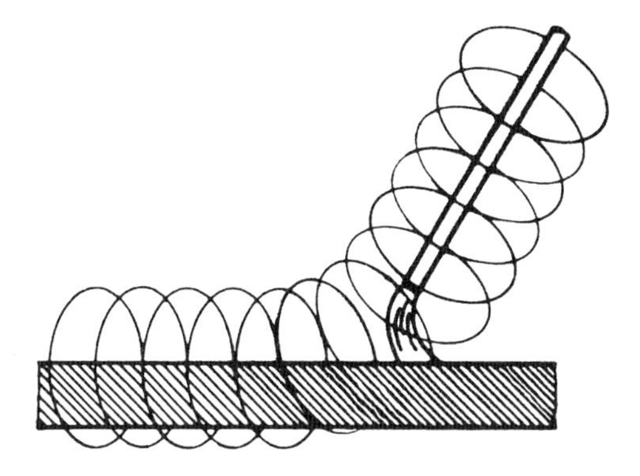

Bild 2-11
Die magnetische Blaswirkung beim Schweißen mit Gleichstrom beruht auf der Umlenkung des Magnetfelds (nach Rellensmann)

Schweißen ist der Lichtbogen ein äußerst beweglicher Leiter, der den Stromübergang zwischen Elektrode und Grundwerkstoff gestattet. Wie **Bild 2-11** zeigt, kommt es durch die mehr oder weniger starke Umlenkung des Magnetfelds am Fußpunkt des Lichtbogens zu einer Verdichtung des Feldes auf der einen, zu einer Schwächung auf der anderen Seite. Durch diese Verdichtung wird der Lichtbogen als beweglicher Leiter in die Richtung des geschwächten Magnetfeldes abgedrängt. Diese Erscheinung wird als magnetische Blaswirkung bezeichnet und sowohl bei magnetischen wie auch bei unmagnetischen Metallen beobachtet.

Bei magnetisierbaren Werkstoffen überlagert sich ein zweiter Effekt, der in dem unterschiedlichen magnetischen Leitwert von Luft und Metallen begründet ist. So wird der Lichtbogen bei großen stromdurchflossenen Werkstoffmassen zu diesen hin abgelenkt. Dabei ist es möglich, dass die magnetische Blaswirkung völlig aufgehoben wird.

Die Blaswirkung kann u. U. zum Erlöschen des Lichtbogens führen; daher müssen entsprechende Maßnahmen getroffen werden, die ihr entgegenwirken. Dies kann durch eine entsprechende Neigung der Elektrode und die Verlegung des Anschlusses des Massekabels erfolgen. Die Verwendung von Wechselstrom löst das Problem ebenfalls. Ist dies nicht möglich, so kann durch Auflegen von größeren Stahlstücken an bestimmten Stellen der Lichtbogen in die gewünschte Richtung abgelenkt werden. In vielen Fällen wird aber auch hier eine Neigung der Elektrode Abhilfe bringen.

Beim Schweißen mit Wechselstrom wechselt die Polung im Takt der Frequenz. Während einer Periode erlischt der Lichtbogen zweimal beim Wechsel der Polung und muss jedes Mal neu gezündet werden. Aus **Bild 2-12** wird deutlich, wie mit abnehmender Spannung und Stromstärke der Lichtbogen erlischt und nach dem Nulldurchgang mit veränderter Polung wieder neu gezündet werden muss. Dies setzt voraus, dass genügend Ladungsträger im Bereich zwischen Elektrode und Werkstück vorhanden sind. Eine höhere Frequenz, eine höhere Leerlaufspannung der Stromquelle, die Verwendung von Zündhilfen und das Schweißen mit umhüllten Elektroden erleichtern dies. Auch ist es vorteilhaft, Schweißstromquellen mit square-wave zu verwenden, wobei der Strom-Zeit-Verlauf nicht sinus- sondern rechteckförmig ist.

Beim Metall-Lichtbogenschweißen und beim Metall-Schutzgasschweißen wird mit einer abschmelzenden Elektrode gearbeitet; sie ist somit sowohl Träger des Lichtbogens als auch Schweißzusatz. Der Werkstoffübergang erfolgt dabei unabhängig von der Polung immer von der Elektrode zum Werkstück in Tropfenform. Die Elektrode verflüssigt sich infolge der hohen Temperatur am Ansatz des Lichtbogens. Der abgeschmolzene Werkstoff formt sich zum Tropfen, dessen Form und Größe von den Eigenschaften des Metalls aber auch von den im Lichtbogen herrschenden Kräften beeinflusst wird.

Die Abschnürung des Tropfens am verflüssigten Elektrodenende ist eine Folge des Pinch-Effekts, der mit der Lorentz-Kraft erklärt werden kann. Danach übt das Magnetfeld eines stromdurchflossenen Leiters auf diesen eine radial wirkende Kraft aus, die sich mit der Stromdichte nach einem quadratischen Gesetz ändert. Diese Stromdichte ist aus verschiedenen Gründen an der Elektrodenspitze immer höher als am Werkstück. Geringe Änderungen des Querschnitts führen weiterhin zu einer starken Vergrößerung der Stromdichte mit der Folge, dass das flüssige Ende der Elektrode zum Tropfen abgeschnürt wird. Ist der Tropfen gebildet, so erhält die Lorentz-Kraft eine axiale Komponente, die den Tropfen nach seiner Ablösung von der Elektrode u. U. auch gegen die Wirkung der Schwerkraft in Richtung auf das Schweißbad befördert. Die Größe des Tropfens ist also u. a. auch von der Stromdichte an der Elektrodenspitze abhängig.

Daneben ist die Tropfengröße eine Funktion der Viskosität des abgeschmolzenen Metalls und dessen Oberflächenspannung. Mit zunehmender Temperatur nehmen beide Größen ab, so dass feinere Tropfen gebildet werden. Bei Stählen führt ein erhöhter Gehalt an Sauerstoff ebenfalls zur Verminderung der Oberflächenspannung. Hinzu kommt in der Praxis noch der Einfluss der Elektrodenumhüllung bzw. des verwendeten Schutzgases.

Die Bewegung des Tropfens von der Elektrode zum Werkstück wird beim Schweißen in waagrechter und senkrechter Position wesentlich durch die Schwerkraft bewirkt. Ist die Masse des Tropfens auf einen kritischen Wert angewachsen, so wird er gegen die Wirkung der Oberflächenspannung durch die Erdbeschleunigung von der Elektrode abgelöst.

Eine Kraftwirkung auf den Tropfen geht auch von der Plasmaströmung im Lichtbogen aus. Wie oben erwähnt, ist die Stromdichte im Lichtbogen an der Elektrodenspitze am größten. Dadurch tritt dort auch die größte radiale Kraftwirkung des Magnetfelds auf mit der Folge, dass über die Länge des Lichtbogens eine ungleichmäßige Verteilung des Drucks vorliegt. So entsteht eine Strömung des Plasmas mit hoher Geschwindigkeit, deren Sogwirkung die Ablösung des Tropfens unterstützt und einen Werkstoffübergang gegen die Schwerkraft ermöglicht (Schweißen in Überkopfposition).

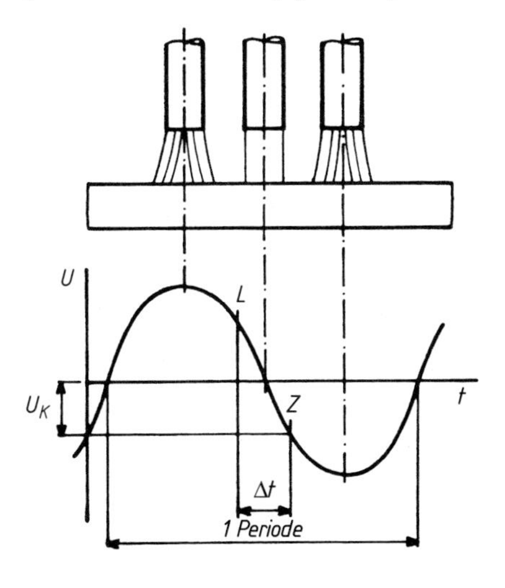

Bild 2-12
Beim Schweißen mit Wechselstrom erlischt der Lichtbogen periodisch und muss wieder neu gezündet werden.

L = Erlöschen des Lichtbogens
Z = Wiederzünden des Lichtbogens
Δt = Erloschener Lichtbogen

In gleicher Weise unterstützen im Tropfen gelöste Gase die Ablösung des Tropfens von der Elektrode und seine Beschleunigung in Richtung Werkstück. Die Lösungsfähigkeit einer Metallschmelze für Gase ist von deren Temperatur abhängig. Bei höherer Temperatur können beachtliche Gasmengen gelöst werden, die bei sinkender Temperatur wieder ausgeschieden werden müssen. Beim Schweißen führt dies zu einem explosionsartig verlaufenden Austritt des Gases kurz unterhalb der Elektrodenspitze und damit zur Ablösung, eventuell auch Zerstäubung des Tropfens. Verschiedene Untersuchungen zeigen, dass beim Schweißen von Stählen Kohlenmonoxid eine besondere Rolle spielt. Dieses kann sich aus im Kernstab vorhandenem Kohlenstoff und Sauerstoff bilden, wobei letzterer aus der Umgebung stammt.

Zu beachten ist auch der Einfluss der Umgebung, wie z. B. der Atmosphäre oder der Schutz- bzw. Prozessgase, auf die Ausbildung des Lichtbogens. So führt beispielsweise ein erhöhter Umgebungsdruck, wie er beim Unterwasserschweißen in einem Caisson auftritt, zur Einschnürung des Lichtbogens und damit zu einer intensiveren Verdampfung von Elementen.

2.2.2 Schweißstromquellen

Verschiedene Gründe verbieten es, den für das Schweißen erforderlichen Strom direkt aus dem öffentlichen Netz zu entnehmen. Einmal stellen die hohen Netzspannungen eine lebensgefährliche Bedrohung für den Schweißer dar, zum anderen treten beim Schweißen sprunghaft starke Schwankungen der Stromstärke auf, die das Netz zu stark belasten würden. Darüber hinaus besteht kein öffentliches Netz für Gleichstrom, der für die Schweißtechnik nach wie vor von Bedeutung ist.

Allgemein sind an die Schweißstromquellen folgende Anforderungen zu stellen:

1. Die Leerlaufspannung darf den Schweißer nicht gefährden, muss aber ein gutes Zünden gewährleisten. Diese Forderung wird erfüllt durch die Begrenzung der maximalen Spannung beim Gleichstrom auf 113 V, bei Wechselstrom auf 80 V (Effektivwert). Für das Schweißen unter erhöhter elektrischer Gefährdung, z. B. im Stahl- und Kesselbau, sind bei Wechselstrom 48 V Leerlaufspannung (Effektivwert) vorgeschrieben (vergl. auch **Tabelle 17-9**).
2. Der Kurzschlussstrom darf einen Höchstwert nicht überschreiten. Dieser maximal zulässige Strom richtet sich nach der Bauart der Stromquelle und muss gewährleisten, dass deren Wicklung und Isolierung sich nicht zu hoch erwärmen.

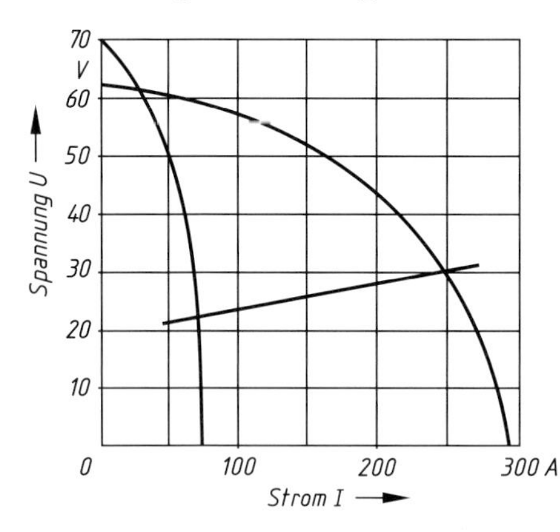

Bild 2-13 Statische Kennlinie einer Schweißstromquelle mit fallender Charakteristik (DALEX)

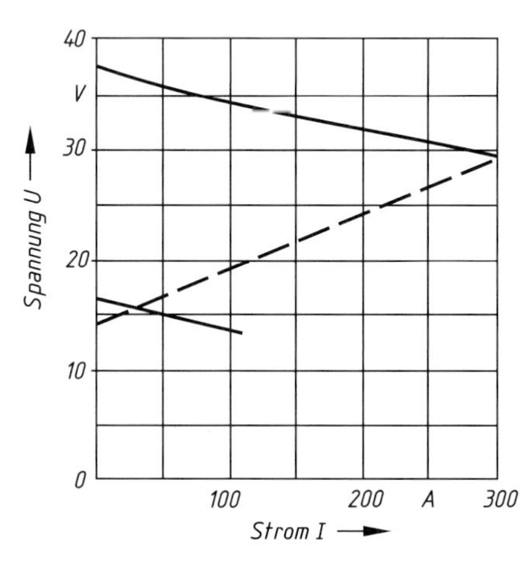

Bild 2-14 Statische Kennlinie einer Schweißstromquelle mit Konstantspannungscharakteristik (OERLIKON)

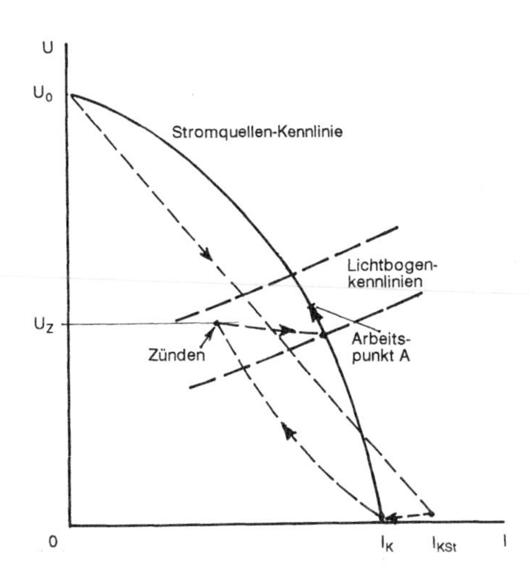

Bild 2-15
Der Verlauf von Strom und Spannung beim Zünden des Schweißlichtbogens am Beispiel einer fallenden Charakteristik

3. Die Spannung muss sich nach dem Kurzschluss verzögerungsfrei auf den Arbeitswert einstellen. Diese Forderung ist zu stellen im Hinblick auf einen ruhig brennenden Lichtbogen (dynamische Eigenschaften).
4. Die Schweißstromquelle muss eine verfahrensspezifische Strom-Spannungs-Kennlinie gewährleisten.

Kennlinien

Zur Kennzeichnung des Verhaltens von Schweißstromquellen unter Last dienen die statischen Kennlinien. Sie beschreiben den Zusammenhang von Schweißstromstärke und Lichtbogenspannung bei langsamem Wechsel der Belastung. Kennzeichnende Größen sind dabei die Leerlaufspannung U_0 und der Kurzschlussstrom I_K. Jede Stromquelle besitzt mehrere Kennlinien, wodurch jeweils der günstigste Arbeitspunkt eingestellt werden kann.

Grundlage für die statischen Kennlinien von Schweißstromquellen sind Belastungsversuche nach den Vorgaben von DIN EN 60974-1 (VDE 544-1).

Zu unterscheiden sind zwei charakteristische Kennlinien: die Stromquelle mit fallender Kennlinie und die Stromquelle mit Konstantspannungs-Charakteristik. Als dritte Möglichkeit ist die Stromquelle mit Konstantstrom-Charakteristik der Vollständigkeit halber zu nennen.

- Stromquelle mit fallender Kennlinie.

  Bild 2-13 zeigt die statische Kennlinie einer Schweißstromquelle mit fallender Charakteristik. Bei Stromquellen mit dieser Charakteristik wird die Lichtbogenlänge durch einen Eingriff von außen geregelt (äußere Regelung, ΔU-Regelung). Beim Lichtbogenhandschweißen z. B. erfolgt dies durch den Schweißer, der die Länge des Lichtbogens selbst korrigiert. Eine Änderung der Lichtbogenlänge äußert sich in einer deutlichen Änderung der Spannung, wobei infolge des steilen Verlaufs der Kennlinie damit nur eine kleine Änderung der Stromstärke verbunden ist. Die Abschmelzleistung bleibt also bei einer Änderung der Lichtbogenlänge relativ konstant.

  Stromquellen mit dieser Charakteristik sind besonders geeignet für das Lichtbogenhandschweißen, das WIG-Schweißen und das UP-Schweißen mit großem Drahtdurchmesser (> 3 mm).

– Stromquelle mit Konstantspannungs-Kennlinie.

  Wie **Bild 2-14** zeigt, führt eine kleine Änderung der Länge des Lichtbogens, d. h. eine geringfügige Änderung der Lichtbogenspannung, bei dieser Kennlinie zu einer großen Änderung der Stromstärke. Der Spannungsabfall liegt dabei zwischen 2 und 8 V je 100 A.

  Wird beispielsweise der Lichtbogen kürzer, wobei sich die Spannung vermindert, so steigt die Stromstärke stark an. Das bewirkt ein stärkeres Abschmelzen der Elektrode und damit eine Verlängerung des Lichtbogens. Bei dieser „Inneren Regelung" oder ΔI-Regelung liegt also ein „Selbstregeleffekt" vor, der diese Stromquellen besonders geeignet macht für alle Verfahren mit automatischer Zuführung des Schweißzusatzes, insbesondere das MIG-/MAG-Schweißen, aber auch das UP-Schweißen mit dünnen Drahtelektroden (< 3 mm).

– Dynamische Kennlinie

  Den raschen Wechsel von Spannung und Stromstärke während des Schweißvorganges und deren Verhalten gibt die dynamische Kennlinie wieder. Dabei handelt es sich einmal um die Darstellung des Zündvorgangs, wie er in **Bild 2-15** wiedergegeben ist.

  Bei Herstellung des Kurzschlusses geht die Spannung auf einen Wert nahe Null zurück, während die Stromstärke kurzzeitig auf den Wert des Stoßkurzschlussstroms I_{KSt} ansteigt, um dann auf den Kurzschlussstrom I_K abzufallen. Um den Lichtbogen zu zünden, ist eine bestimmte Spannung erforderlich; die Elektrode muss also wieder abgehoben werden. Ist die erforderliche Zündspannung erreicht, so bildet sich durch die oben beschriebene Stoßionisation der Lichtbogen. Spannung und Stromstärke stellen sich dann auf den Arbeitspunkt A ein, den Schnittpunkt der Lichtbogenkennlinie mit der statischen Kennlinie der verwendeten Stromquelle.

Bild 2-16 zeigt schematisch den Zusammenhang von Spannung und Stromstärke in Abhängigkeit von der Zeit beim Schweißen. Eingezeichnet ist auch der Zusammenhang mit der statischen Kennlinie der Stromquelle.

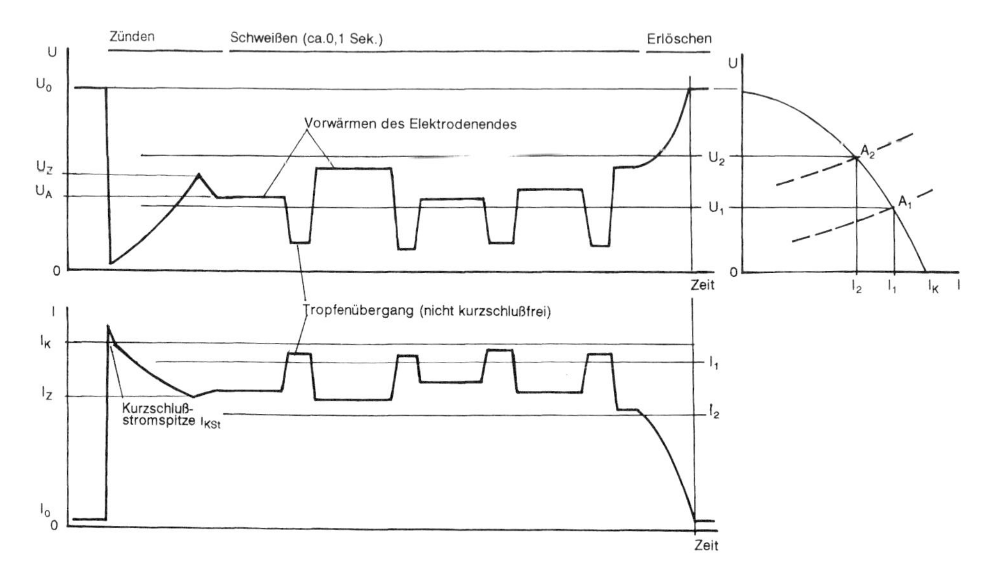

Bild 2-16 Verlauf von Stromstärke und Spannung in Abhängigkeit von der Zeit beim Schweißen mit Werkstoffübergängen im Kurzschluss

Während des Leerlaufs liegt an den Klemmen der Stromquelle die Leerlaufspannung U_0 an, die Stromstärke liegt wenig über 0. Wird die Elektrode auf das Werkstück aufgesetzt, so tritt Kurzschluss ein, d. h. die Stromstärke steigt sprungartig auf den Wert der Kurzschlussstromspitze I_{KSt} an, um sich dann auf den Kurzschlussstrom I_K einzupendeln. Die Spannung sinkt dabei auf die Kurzschlussspannung U_K ab.

Durch Abheben der Elektrode wird nunmehr der Lichtbogen gezündet. Die Spannung steigt dabei kurzzeitig auf die Zündspannung U_Z an, um bei brennendem Lichtbogen auf den Wert der Arbeitsspannung U_A abzusinken. Gegenläufig sinkt die Stromstärke auf die Zündstromstärke I_Z ab und pendelt sich auf den Wert des Arbeitspunktes ein.

Der Lichtbogen brennt stabil zwischen den Grenzarbeitspunkten A_1 und A_2. Wird der Lichtbogen zu lang, der Arbeitsbereich bei A_2 nach oben überschritten, so reißt der Lichtbogen ab. Bei kürzer werdendem Lichtbogen erlischt dieser, wenn der Punkt A_1 unterschritten wird.

Bauarten von Schweißstromquellen

Nach dem elektrischen Grundprinzip sind für das Lichtbogenschweißen folgende Bauarten zu unterscheiden (siehe auch **Tabelle 18-8**):

- Schweißtransformator
- Schweißgleichrichter
- Schweißumformer
- Stromquellen mit Leistungselektronik.

Schweißtransformatoren

Der Transformator besteht im Prinzip aus zwei getrennten Wicklungen auf einem gemeinsamen Eisenkern. Netzseitig liegt eine Spule mit vielen Windungen. Es bildet sich ein zeitlich veränderliches Magnetfeld, das den Eisenkern erfasst. Dieses Magnetfeld ändert mit der Frequenz des Wechselstroms seine Größe und Richtung, wodurch in der Sekundärspule mit weniger Windungen eine Wechselspannung gleicher Frequenz aber geringerer Spannung induziert wird. **Bild 2-17** zeigt den prinzipiellen Aufbau eines Schweißtransformators.

Die Spannung U_2 im Sekundärstromkreis, dem Schweißstromkreis, errechnet sich dabei aus dem Verhältnis der Windungen N von Primär- und Sekundärspule $U_1 : U_2 = N_1 : N_2$. Die zugehörigen Ströme verhalten sich im verlustlosen Betrieb gemäß $U_1 : U_2 = I_2 : I_1$.

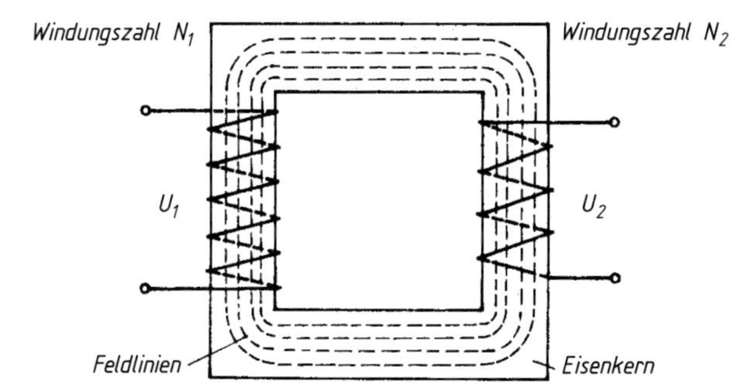

Bild 2-17
Prinzipieller Aufbau eines Transformators

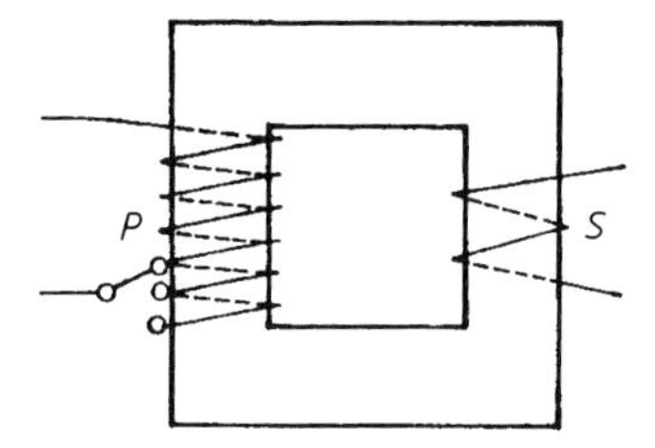

Bild 2-18 Regelung bei Schweißtransformatoren. Regelung durch Anzapfung der Primär- oder Sekundärspule

Diese Umwandlung ist mit einem Umspannverlust von etwa 10 % behaftet, so dass der Wirkungsgrad eines Transformators rund 90 % beträgt. Die Blindleistung, die für den Aufbau des Magnetfeldes benötigt wird, wird zusätzlich noch mit dem Leistungsfaktor cos φ erfasst. Mit Blindstromkompensation liegt dieser bei 0,3 bis 0,4. Der Leerlaufverlust ist mit 0,4 kW anzusetzen. Kleinere Schweißtransformatoren bis etwa 4 kVA Leistung werden mit Wechselstrom betrieben, darüber muss mit Drehstrom gearbeitet werden.

In der Regel haben Schweißtransformatoren eine fallende Kennlinie. Zur Anpassung an die jeweiligen Schweißaufgaben müssen Strom und Spannung durch Verändern des Kennlinienverlaufs eingestellt werden können. Bei Schweißtransformatoren kleiner Leistung kann die Einstellung durch Anzapfen der Sekundärwicklung erfolgen, **Bild 2-18**. Diese Art der Regelung ist jedoch nur bei kleiner Stromstärke und niedriger Leerlaufspannung möglich. Möglich ist auch die Änderung der Windungszahl auf der Primärseite. Diese Art der Regelung führt zu einer Schar parallel verschobener Kennlinien. Sie hat einen hohen Wirkungsgrad, ist aber mit dem Nachteil behaftet, dass die Stufen nur im Leerlauf geschaltet werden können.

Die früher übliche Art der Einstellung von Kennlinien mittels Streusteg oder der Änderung des Abstands von Primär- und Sekundärspule ist technisch überholt. Verwendung findet noch die Regelung mittels einer vormagnetisierten Drossel, genannt Transduktor. Dabei ist im Sekundärkreis des Transformators eine Drossel angeordnet, **Bild 2-19**. Wird im Stromkreis der Drossel die Stromstärke verändert, so ändert sich auch der induktive Widerstand der Drossel, somit die Schweißstromstärke.

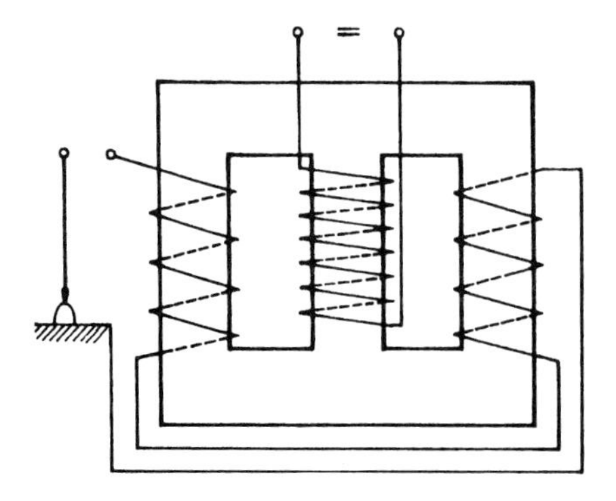

Bild 2-19 Regelung bei Schweißtransformatoren. Regelung durch Verwendung eines Transduktors

Schweißgleichrichter

Die Schweißgleichrichter haben die Aufgabe, den Wechselstrom hoher Spannung, wie er dem Netz entnommen wird, in einen Gleichstrom niedriger Spannung umzuwandeln. Vom Aufbau her bestehen sie aus einem Transformator zur Umspannung des Netzwechselstroms und einem nachgeschalteten Gleichrichter, **Bild 2-20**. Als Gleichrichter werden heute fast ausnahmslos Halbleiterbauelemente, bevorzugt Silizium-Dioden verwendet. Dioden sind dadurch gekennzeichnet, dass sie den elektrischen Strom nur in einer Richtung passieren lassen, in der Gegenrichtung jedoch als Isolator wirken.

Ordnet man im Sekundärstromkreis nur eine einzelne Diode an, so würde nur eine Halbwelle durchgelassen, während die zweite Halbwelle unterdrückt würde. Es entstünde ein Spannungsverlauf nach **Bild 2-20**, der für das Schweißen ungeeignet ist.

Durch eine Brückenschaltung nach Graetz, **Bild 2-21**, gelingt es, die negative Halbwelle in eine positive umzuwandeln. Dadurch erzielt man bei Wechselstrom einen pulsierenden Gleichstrom, allerdings mit ausgeprägter Welligkeit. Diese kann durch den Einbau von Drosseln weitgehend geglättet werden.

Ein Gleichstrom geringerer Welligkeit kann gewonnen werden durch die Verwendung von Drehstrom. Die Primärseite des Transformators weist entsprechend den drei Phasen des Drehstroms drei Spulen auf einem gemeinsamen Eisenkern auf. Die auf der Sekundärseite anliegende Spannung wird dann wieder mittels einer Graetz-Schaltung gleichgerichtet.

Eine neuere Entwicklung für die Erzeugung von Gleichstrom ist der Schweißumrichter. Bei diesem wird der netzseitige Wechselstrom zunächst gleichgerichtet. Der so gewonnene Gleichstrom wird in einer Umrichterstufe wieder in einen Wechselstrom höherer Frequenz und anderer Form umgewandelt. Dieser rechteckförmige Wechselstrom wird in einem Transformator auf die erforderliche niedrige Spannung gebracht und anschließend gleichgerichtet und geglättet. Die hohe Frequenz ermöglicht kleinere und damit leichtere Transformatoren.

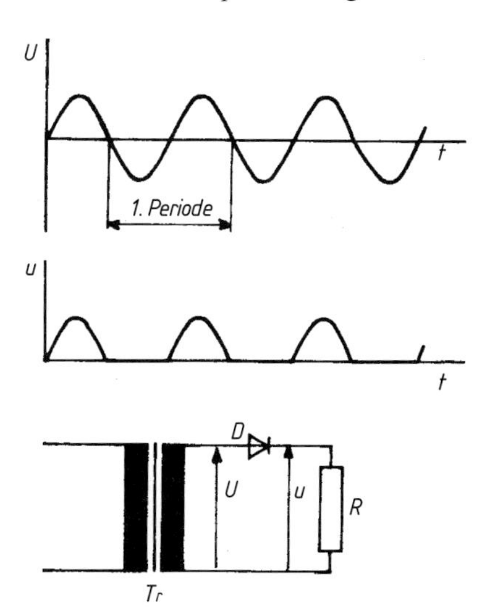

Bild 2-20 Prinzipielle Schaltung eines Einphasen-Gleichrichters unter Verwendung nur einer Diode D

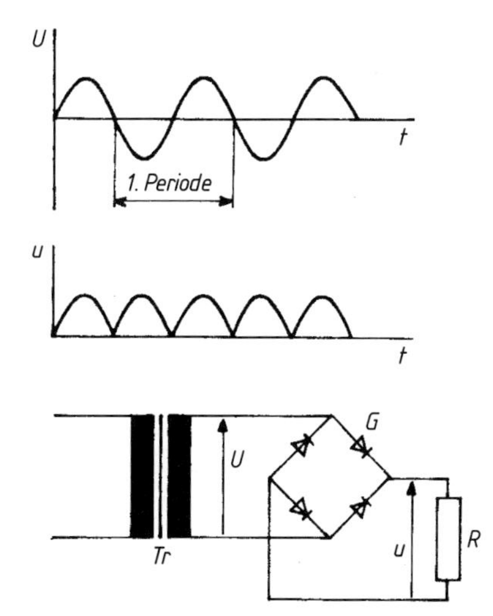

Bild 2-21 Brückenschaltung eines Einphasen-Gleichrichters nach Graetz (nach Killing)

Die Einstellung der Kennlinie erfolgt bei den Gleichrichtern bevorzugt im Wechselstromkreis. Von den bei den Schweißtransformatoren beschriebenen Möglichkeiten wird die Verstellung mit Hilfe des Transduktors noch angewandt.

Daneben findet sich bei Drehstrom-Gleichrichtern zunehmend die Thyristorverstellung. Beim Thyristor handelt es sich um einen steuerbaren Halbleiter-Gleichrichter, der die Dioden in der Graetz-Schaltung ersetzt. Kennzeichnend für den Thyristor sind ein stabiler Lichtbogen und die Möglichkeit der stufenlosen Einstellung.

Das Blockschaltbild einer konventionellen Stromquelle zeigt **Bild 2-22**. Dem Transformator ist der Gleichrichter nachgeschaltet. Die Größe der Restwelligkeit des Schweißstroms nach dem Gleichrichter ist von dessen Bauart abhängig. Die Drosselspule, auch als Glättungsdrossel bezeichnet, bestimmt die Schweißeigenschaften, wie das Zündverhalten und die Spritzerbildung. Die Drosselspule ist ein induktiver Widerstand, der dem plötzlichen Anstieg des Schweißstroms beim Tropfenübergang im Kurzschluss entgegenwirkt und somit die Spritzerbildung vermindert.

Schweißumformer

Die älteste Schweißstromquelle ist der Schweißumformer. Er erzeugt den zum Schweißen erforderlichen Strom aus mechanischer Energie. So besteht der Maschinensatz aus einem Antriebsmotor und einem auf der gleichen Welle sitzenden Generator. Je nach Ausbildung des Kollektors am Generator entsteht dabei Wechsel- oder Gleichstrom.

Als Antrieb kommt einmal ein Verbrennungsmotor in Betracht; man spricht dann von einem Schweißaggregat. Der Einsatz erfolgt vorwiegend auf Baustellen, wo kein Netzstrom zur Verfügung steht. Zum anderen kann als Antrieb ein Drehstrommotor, zumeist ein Asynchronmotor, verwendet werden. Im Vordergrund steht hier allerdings die Erzeugung von Gleichstrom über eine „mechanische Gleichrichtung“. Wichtig ist, dass der verwendete Motor auch bei schwankender Last eine konstante Drehzahl hält.

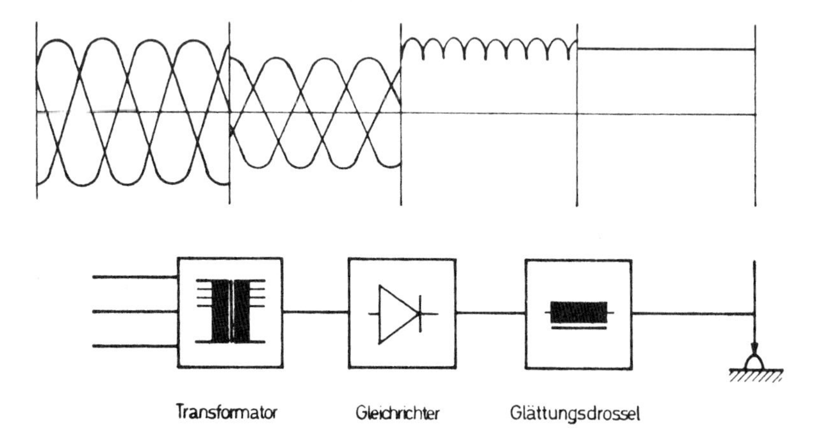

Bild 2-22 Blockschaltbild einer konventionellen Stromquelle (nach Koch und Welz)

Die Generatorbauarten unterscheiden sich einmal nach der Art der Erregung, zum anderen im Aufbau des Magnetfeldes. Bei der Art der Erregung sind drei Möglichkeiten zu unterscheiden:

a) Selbsterregt

   Hier wird der remanente Magnetismus zwischen den Polen ausgenutzt. So erregte Generatoren verhalten sich dynamisch träge, kommen daher für Schweißzwecke nicht in Betracht.

b) Eigenerregt

   Auf der Generatorwelle ist eine eigene Erregerstromquelle, der Hilfsgenerator, angeordnet, der den erforderlichen Erregerstrom liefert.

c) Fremderregt

   Die Magnetisierung der Pole erfolgt durch einen Strom, der über Gleichrichter aus dem Netz entnommen wird.

Nach der Art des inneren Aufbaus des Magnetfeldes sind zu unterscheiden:

a) Der Gegenverbundgenerator

   Die Erregerwicklung ist hier so geschaltet, dass der in ihr fließende Strom dem Schweißstrom in der Hauptwicklung entgegengesetzt gerichtet ist. Es entsteht eine fallende Kennlinie.

b) Der Streufeldgenerator

   Im Aufbau ist dieser Typ dem Gegenverbundgenerator ähnlich. Er unterscheidet sich jedoch in der Anordnung der Hauptwicklungen, die hier auf eigenen Polen, den Streupolen, angeordnet sind.

c) Der Verbundgenerator

   Auch der Verbundgenerator ist im Bau dem Gegenverbundgenerator ähnlich. Die Erregerwicklung ist hier aber gleichsinnig zur Hauptwicklung angeordnet. Dadurch entsteht eine Konstantspannungs-Charakteristik der statischen Kennlinie.

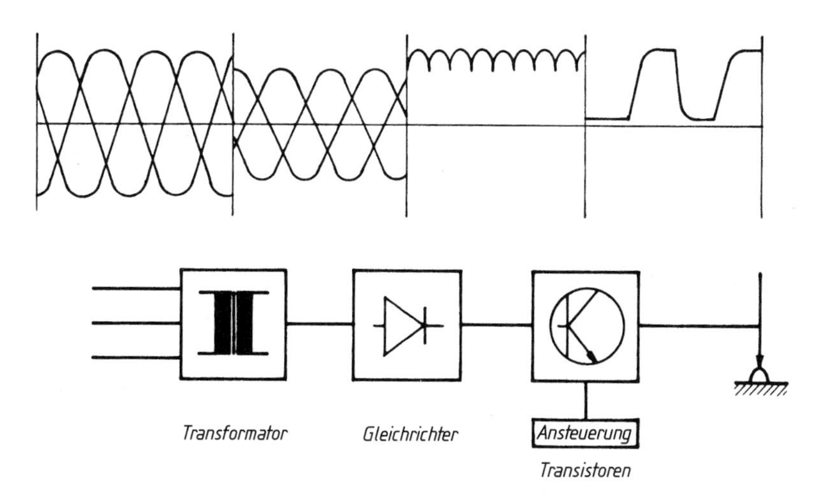

Bild 2-23 Blockschaltbild einer analogen transistorisierten Schweißstromquelle (nach Koch und Welz)

d) Der Querfeldgenerator

Diese Bauart ist dadurch gekennzeichnet, dass nur eine Hauptwicklung vorhanden ist. Das zur Induzierung im Anker erforderliche magnetische Feld wird durch das Kurzschließen einer Hilfsbürstenbrücke erzeugt.

Von praktischer Bedeutung sind heute noch der Gegenverbund- und der Streufeldgenerator. Neuere Entwicklungen sind der bürstenlose Generator, der zunächst einen Wechselstrom höherer Frequenz erzeugt, welcher in einer zweiten Stufe dann gleichgerichtet wird. Beim Wechselstromgenerator wird ein Wechselstrom mittlerer Frequenz direkt erzeugt.

Stromquellen mit Leistungselektronik

Die oben beschriebenen konventionellen Stromquellen erfüllen die Anforderungen, die heute an Schweißnahtqualität, Reproduzierbarkeit der Schweißparameter und Steuerung bzw. Regelung der Vorgänge im Lichtbogen gestellt werden, nur unzureichend. Insbesondere für die Schutzgasschweißverfahren werden daher in erster Linie Stromquellen mit Leistungselektronik eingesetzt. Diese Geräte haben einen transistorisierten Leistungsteil, bestehend aus Transformator und Gleichrichter, der für alle Schweißprozesse gleich ist. Die elektronische Steuerung führt dann zu

- analogen transistorisierten Schweißstromquellen
- sekundär getakteten Schweißstromquellen (Chopper) und
- primär getakteten Schweißstromquellen (Inverter).

Bei der analogen transistorisierten Stromquelle, **Bild 2-23**, fehlen in der Regel die Anzapfungen am Transformator zur Anpassung an die unterschiedlichen Drahtdurchmesser der Elektrode. Die Glättungsdrossel ist durch eine Transistorstufe ersetzt. Diese stellt einen steuerbaren Widerstand dar, mit dem – je nach Ansteuerung – die vom Gleichrichter kommende Spannung mit hoher Reaktionsgeschwindigkeit stufenlos geregelt werden kann. Neben den bei der konventionellen Stromquelle möglichen Lichtbogenarten ist damit auch das Schweißen mit einem Impulslichtbogen möglich. Die Impulsfrequenz wie auch die Impulsform sind beliebig einstellbar. Analoge Transistorstromquellen haben wegen der hohen Verluste in der Transistorstufe einen relativ schlechten Wirkungsgrad.

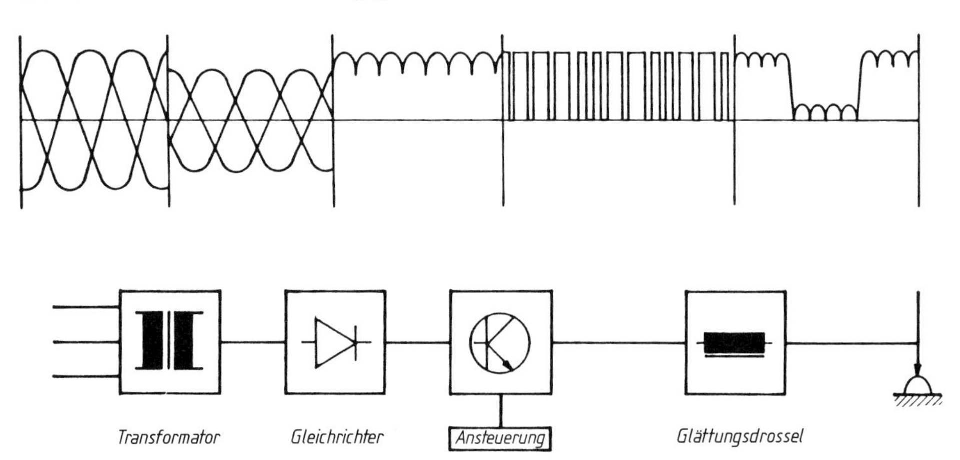

Bild 2-24 Blockschaltbild einer sekundär getakteten Schweißstromquelle (nach Koch und Welz)

Betreibt man die Transistoren nicht als veränderlichen Lastwiderstand, sondern als „schnellen" Schalter, so erhält man eine getaktete Stromquelle. Diese hat einen höheren Wirkungsgrad, die Reaktionszeit ist aber bedeutend länger als bei der analogen Stromquelle. Die Einstellung des Schweißstroms erfolgt bei getakteten Stromquellen durch die Veränderung der Länge der Ein- und Ausschaltphasen (Pulsbreitenmodulation). Die Taktfrequenz ist vom verwendeten Halbleitertyp abhängig und liegt zwischen 30 und 200 kHz. Eine auf diesem Prinzip aufbauende Entwicklung stellt die sekundär getaktete Schweißstromquelle dar, deren Blockschaltbild in **Bild 2-24** wiedergegeben ist.

Die Fortentwicklung ist eine primär getaktete Schweißstromquelle, wie sie **Bild 2-25** zeigt. Der Drehstrom wird hier in einem Gleichrichter in einen welligen Gleichstrom höherer Spannung umgewandelt. Ein nachgeschalteter Inverter formt den Gleichstrom in positive und negative Rechteckimpulse von veränderbarer Breite und höherer Frequenz um. Diese gepulste Spannung wird in einem Transformator in einen hochfrequenten Wechselstrom umgewandelt, der wiederum durch einen Gleichrichter und eine Glättungsdrossel je nach Ansteuerung in einen Gleichstrom oder einen impulsförmig verlaufenden Strom umgeformt wird. **Bild 2-26** zeigt eine moderne Inverter-Schweißstromquelle.

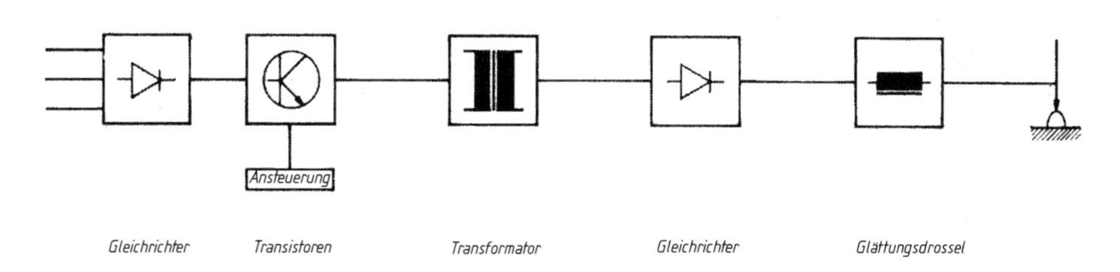

Bild 2-25 Blockschaltbild einer primär getakteten Schweißstromquelle

Bei den völlig digitalisierten Schweißstromquellen werden die analogen Prozessregler durch digitale Signalprozessoren ersetzt. Die Lichtbogencharakteristik wird hier nicht mehr durch nahezu invariable Bauelemente bestimmt, sondern durch Software abgebildet. Bei Stromquellen dieser Art besteht die Möglichkeit, die Eigenschaften der Stromquelle entsprechend den Anforderungen der jeweiligen Fertigungsaufgabe zu programmieren. Bei dieser Stromquelle können die Stromart und die statische Kennlinie entsprechend der Schweißaufgabe verstellt werden. Auch eine Polumschaltung ist grundsätzlich möglich.

Beim MAG-Schweißen mit dem Kurzlichtbogen sind beispielsweise folgende Parameter bestimmend:

1. Draht — Werkstoff, Durchmesser, Vorschubgeschwindigkeit
2. Gas — Mischung, Durchsatz je Zeiteinheit
3. Stromquelle — Leerlaufspannung, Kennlinien-Neigung, Konstanten des Stromabfallsstiegs, Konstanten des Stromabfalls

Diese Parameter können entweder vor Ort eingegeben werden oder als gespeicherte optimierte Parametersätze abgerufen werden, **Bild 2-27**.

Bild 2-26 Inverter-Schweißstromquelle Fronius-TRANSTIG 1600 (Werkbild Fronius). Das Gerät wiegt nur 3–4 kg und kann mit 160 A belastet werden.

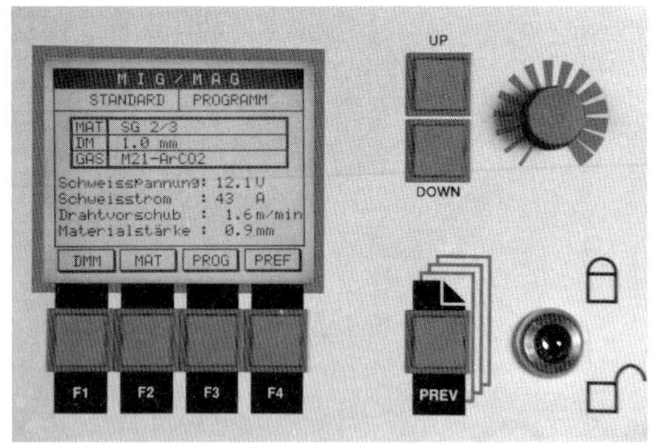

Bild 2-27 Q-Master-Display eines MIG/MAG-Schweißgeräts mit der Möglichkeit, die Schweißparameter einzustellen, zu speichern und zu überwachen (Werkbild Fronius)

Wichtig ist heute unter dem Aspekt der Qualitätssicherung auch die Überwachung der Daten des Schweißprozesses, möglichst verbunden mit einer statistischen Auswertung. Im einfachsten Fall besteht ein solches Überwachungssystem aus der messtechnischen Erfassung der Daten, deren Filterung und Speicherung, z. B. in einem Rechner. Je nach Schweißprozess fällt eine unterschiedlich große Zahl an Parametern an, die auszuwerten und zu verarbeiten sind. Da alle Parameter statistisch verteilt sind, kommen hierfür nur statistische Auswertungsmethoden in Betracht. Das Ergebnis der Auswertung kann dann unter verschiedenen Gesichtspunkten dargestellt und dokumentiert werden.

Einschaltdauer

Die thermische Belastbarkeit einer Schweißstromquelle ist auch davon abhängig, wie lange der Lichtbogen brennt. Neben der Stromstärke ist daher die sog. Einschaltdauer ED eine wichtige Größe zur Beurteilung einer Schweißstromquelle. Definiert ist die Einschaltdauer als das Verhältnis der Betriebsdauer unter Last zur Gesamtzeit für eine gegebene Spielzeit; sie bezieht sich regelmäßig auf eine Spielzeit von 10 Minuten (früher 5 Min.) und wird in Prozent angegeben. Eine Einschaltdauer von 60 % bedeutet daher, dass auf eine Lastzeit = Schweißzeit von 6 Minuten eine Pause von 4 Minuten folgt.

2.2.3 Das Lichtbogenhandschweißen (E/111)

Das Lichtbogenhandschweißen ist ein Prozess der Gruppe Metall-Lichtbogenschweißen. Der Lichtbogen brennt dabei zwischen einer abschmelzenden, manuell geführten Stabelektrode und dem Werkstück. Lichtbogen und Schweißbad werden vor dem Zutritt der Atmosphäre durch Gase und Schlacken abgeschirmt, die von der Elektrodenumhüllung stammen. Die grundsätzliche Anordnung des Prozesses zeigt **Bild 2-28**. Mit dem Lichtbogenhandschweißen werden Stähle und Stahlguss, u. U. auch Aluminium, Kupfer, Nickel und deren Legierungen geschweißt. Unter bestimmten Voraussetzungen ist auch das Schweißen der verschiedenen Gusseisensorten möglich.

Einschränkungen hinsichtlich der verschweißbaren Blechdicken bestehen nicht; die kleinstmögliche Blechdicke liegt bei etwa 1,5 mm.

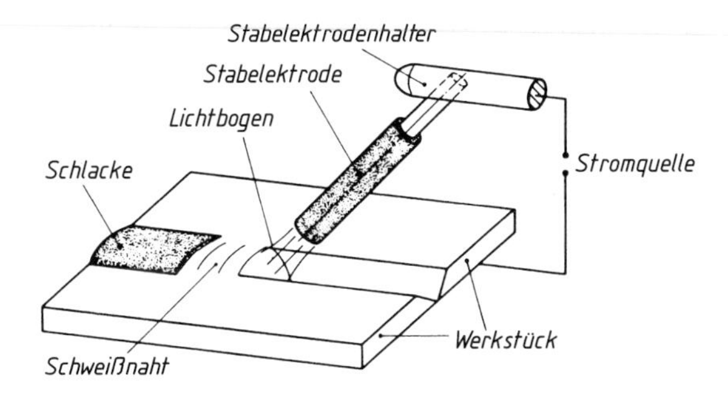

Bild 2-28 Prinzipielle Verfahrensanordnung beim Lichtbogenhandschweißen (nach DIN 1910)

Elektroden

Unter Elektroden versteht man die stromführend abschmelzenden Schweißzusätze. Beim Lichtbogenhandschweißen handelt es sich um Stabelektroden, d. h. abgelängte Stäbe von kaltgezogenem Draht mit einer Umhüllung. Elektroden ohne Umhüllung sind nicht mehr üblich.

Genormt sind die Stabelektroden heute nach werkstoffbezogenen Gesichtspunkten:

– Unlegierte Stähle und Feinkornbaustähle ($R_e \leq 500$ N/mm²)	DIN EN ISO 2560
– Hochfeste Stähle	DIN EN 757
– Nichtrostende und hitzebeständige Stähle	DIN EN 1600
– Warmfeste Stähle	DIN EN ISO 3580
– Nickelwerkstoffe	DIN EN ISO 14172
– Auftragschweißlegierungen	DIN EN 14700
– Gusseisen	DIN EN ISO 1071
– Unterwasser	DIN 2302

Die Kerndrahtdurchmesser betragen etwa 2 bis 6 mm; die Stablängen liegen zwischen 200 und 450 mm.

Die Umhüllung hat mehrere Aufgaben:

1. Sie soll den Lichtbogen stabilisieren.
   Dies wird erreicht durch die Zugabe von Stoffen, die sich bei geringer Energiezufuhr ionisieren lassen. Dadurch wird es auch möglich, mit Wechselstrom zu schweißen.

2. Sie soll den Lichtbogen mit einem Schutzgasmantel umgeben.

   Hierzu eignen sich organische Stoffe wie z. B. Zellulose, die beim Verbrennen entsprechende gasförmige Verbrennungsprodukte freisetzen. Geeignet sind auch anorganische Verbindungen wie Calciumkarbonat $CaCO_3$. Bei der Zerlegung im Lichtbogen entsteht dabei neben CaO das gasförmige CO_2, das als Schutzgas dient.

3. Sie soll Schlacke bilden.

   Um ein rasches Erkalten des abgeschmolzenen Schweißguts zu verhindern – damit u. U. auch eine Aufhärtung – ist eine Wärmeisolierung der Raupe erwünscht. Diese wird erzielt durch die Bildung einer Schlacke über die Naht. Gleichzeitig schützt diese Schlacke das flüssige Schweißgut vor den Einflüssen der umgebenden Atmosphäre.

   Die Schlacke hat nicht zuletzt auch eine metallurgische Aufgabe zu erfüllen. Sie soll im Schweißbad vorhandene Verunreinigungen, wie z. B. Schwefel oder Phosphor aufnehmen und damit die Qualität des Schweißgutes verbessern. Da Metall und Umhüllung gleichzeitig abschmelzen, wird bereits der sich bildende und im Lichtbogen übergehende Tropfen von den Mineralien der Umhüllung überzogen und damit geschützt. Für die Tropfengröße ist der Sauerstoffgehalt der Umhüllung wichtig, da über das Sauerstoffangebot die Oberflächenspannung beeinflusst wird.

4. Sie soll das Schweißgut auflegieren.

   Bei den hohen Temperaturen im Lichtbogen werden einige im Draht enthaltene Elemente, z. B. Kohlenstoff, Silizium und Mangan, verbrannt. Dieser Abbrand kann durch die in der Umhüllung enthaltenen Ferrolegierungen wieder ausgeglichen werden. Diese wirken zudem desoxidierend.

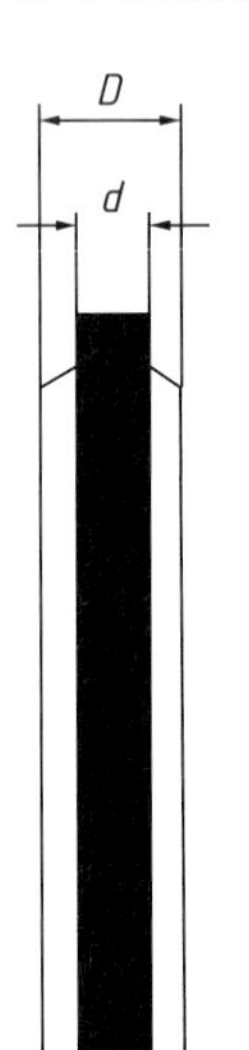

Die Unterscheidung der Stabelektroden hinsichtlich der Umhüllungsdicke erfolgt nach

dünn umhüllt	$D < 1{,}2xd$
mitteldick umhüllt	$D = 1{,}2$ bis $1{,}55xd$
dick umhüllt	$D > 1{,}55xd$

Die Dicke der Umhüllung beeinflusst u. a. den Tropfenübergang, die Einbrandtiefe und das Nahtaussehen

Dünne Umhüllung	grobtropfiger Werkstoffübergang, geringer Einbrand bei Kehlnaht, gute Spaltüberbrückbarkeit, für Wurzelschweißungen gut geeignet, grobschuppiges Nahtaussehen
Dicke Umhüllung	feintropfiger Werkstoffübergang, für Fülllagen gut geeignet, feine Nahtzeichnung

Bild 2-29 Zur Definition der Umhüllungsdicke

Die chemische Zusammensetzung der Elektrodenumhüllung beeinflusst die mechanischen Gütewerte wie Festigkeit und Zähigkeit, das Zündverhalten der Elektrode und über den Wasserstoffgehalt die Heiß- und Kaltrissneigung des Schweißguts.

Die Stabelektroden werden nach dem chemischen Charakter der Umhüllung in folgende Typen eingeteilt:

A = sauerumhüllt
C = zelluloseumhüllt
R = rutilumhüllt (mitteldick)
RR = rutilumhüllt (dick)
RC = rutilzellulose-umhüllt
RA = rutilsauer-umhüllt
RB = rutilbasisch-umhüllt
B = basischumhüllt

Entsprechend der vorgenannten Aufgaben der Umhüllung enthält diese verschiedene Bestandteile. Als Schlackenbildner dienen Erze, Silikate, Kalkstein und Flussspat. Graphit, Zellulose, Kohlehydrate und Karbonate werden als Schutzgasbildner zugesetzt. Zusammen mit den Legierungselementen, in Form reiner Metalle oder Vorlegierungen, werden diese Stoffe durch Wasserglas zur Umhüllungsmasse gebunden, **Tabelle 18-10**.

Die Standardelektrode ist eine dick umhüllte Rutilelektrode (RR). Sie ist geschätzt wegen ihres stabilbrennenden Lichtbogens und der guten Wiederzündbarkeit. Häufig verwendet werden auch mitteldick umhüllte Elektroden des Rutil-Zellulose-Mischtyps (RC); sie sind auch für das Schweißen von Fallnähten geeignet und zeichnen sich durch eine geringe Neigung zur Spritzerbildung aus. Die rutilsauren Elektroden (RA) weisen gegenüber dem sauren Typ (A) verschiedene Vorteile auf. So neigen sie weniger zu Einbrandkerben und können auch in Zwangslagen verschweißt werden, da das Schweißgut gegenüber dem Typ A weniger dünnflüssig ist. Vorwiegend für das Schweißen in Zwangslagen werden die Mischtypen Rutil-Basisch (RB) verwendet.

Elektroden vom Typ A haben stark von der Umhüllungsdicke abhängige Eigenschaften. Bei dünner Umhüllung sind sie grobtropfig und relativ schlecht fließend; bei dicker Umhüllung erfolgt der Tropfenübergang sprühregenartig mit hoher Abschmelzleistung. Da die mechanisch-technologischen Kennwerte nicht sehr hoch sind und Risssicherheit nicht gewährleistet ist, wird dieser Elektrodentyp mehr und mehr durch den Mischtyp RA verdrängt.

Bei Elektroden vom basischen Typ besteht die Umhüllung im Wesentlichen aus Flussspat (CaF_2) und Kalkspat ($CaCO_3$) zu gleichen Teilen. Charakteristisch für Elektroden dieses Typs ist der grobtropfige Werkstoffübergang. Sie sind daher in allen Lagen verschweißbar. Das Schweißgut ist zäh, da das sich aus der Umhüllung bildende Gas eine gute Abschirmung des Schweißbads gegen die Atmosphäre bildet. Besonders geeignet ist diese Elektrode zum Verschweißen von Stählen mit Phosphor- und Schwefelseigerungen, da diese Elemente von der basischen Schlacke gebunden werden.

Zellulose-umhüllte Elektroden (C) haben einen hohen Anteil an organischen Substanzen, insbesondere Zellulose, die beim Verbrennen großvolumig Rauchgas, aber relativ wenig Schlacke bilden. In der Regel wird mit mitteldick umhüllten Elektroden geschweißt, wobei ein scharfer Lichtbogen entsteht. Vorzugsweise werden diese Elektroden zum Schweißen in fallender Position verwendet (Fallnahtschweißen). Die zellulose-umhüllten Elektroden enthalten eine definierte Feuchtigkeit. Der Wasserstoff erleichtert den Einbrand, was eine hohe Aufschmelzgeschwindigkeit ermöglicht. Verwendet werden diese Elektroden vorteilhaft zum Schweißen der Wurzel (Rootpass). Beim Schweißen der 2. Lage im warmen Zustand (Hotpass) wird der im Schweißgut der Wurzellage gelöste Wasserstoff ausgetrieben. Das Schweißen mit Elektroden dieses Typs verlangt Stromquellen mit steil fallender Kennlinie und hoher Leerlaufspannung.

Als Hochleistungselektroden werden Stabelektroden bezeichnet, die eine hohe Abschmelzleistung M_R (abgeschmolzene Masse an Schweißzusatz in kg/h) ermöglichen. Es handelt sich stets um sehr dick umhüllte Elektroden, die zum Typ R, RA oder B gehören und in größerer Menge Eisenpulver in der Umhüllung enthalten. Liegt das Ausbringen A, also die in die Fuge eingebrachte Schweißgutmenge im Verhältnis zur abgeschmolzenen Schweißzusatzmasse, zwischen 150 und 200 %, so spricht man von Hochleistungselektroden.

Insbesondere zum Verschweißen hochfester Stähle eignen sich sog. Doppelmantelelektroden. In zwei Schichten sind hier eine basische und eine rutile Umhüllung auf den Kernstab aufgebracht. Dies erleichtert z. B. beim Schweißen von V-Nähten das Wurzelschweißen mit niedrigen Stromstärken, wo rein basische Elektroden sonst zum Kleben neigen.

In **Tabelle 2-5** sind die Eigenschaften der verschiedenen Elektrodentypen zusammengestellt.

Tabelle 2-5 Eigenschaften der Elektroden

Typ	Umhüllung	Schweißeigenschaften	Bemerkungen
A	Saure Umhüllung, Hohe Anteile an Eisenoxiden, Zusätzlich Ferro-Mangan zur Desoxidation	Sehr feiner Tropfenübergang bei dicker Umhüllung. Flache und glatte Schweißnähte. Mittlere mechanische Eigenschaften. Starker Einbrand. Glasige und poröse Schlacke	Für Zwangslagen nur bedingt geeignet
C	Zellulose-Umhüllung; Hoher Anteil an verbrennbaren organischen Substanzen	Intensiver Lichtbogen. Starke Spritzerbildung. Starke Rauchentwicklung. Wenig Schlacke. Glatte Nahtoberfläche	Besonders geeignet für Fallnaht
R	Rutilumhüllung; schwach sauer; hoher Anteil an Titandioxyd (Rutil) und Quarz	Stabiler Lichtbogen. Ebene, fein geschuppte Naht. Schlacke kristallin, porös und gut entfernbar; gute Wiederzündbarkeit; Tropfenübergang fein bis mitteltropfig. Mittlerer Einbrand	Für alle Positionen außer Fallnaht geeignet. Für = und ~ -Strom geeignet.
RA	Ein Teil des Eisen-Oxids ersetzt durch Rutil. Meist dick umhüllt.	Vergleichbar Typ A. Schlechtes Wiederzünden	Alle Positionen außer Fallnaht
RB	Hoher Anteil Rutil; daneben basische Anteile. Dick umhüllt	Gute mechanische Eigenschaften des Schweißguts	Alle Positionen außer Fallnaht
RC	Anteile von Zellulose neben Rutil	Vergleichbar mit Typ R. Kräftiger Lichtbogen. Geringe Neigung zur Spritzerbildung	Für Fallnaht geeignet
RR	Hoher Rutilgehalt. Dick umhüllt	Wenig Spritzer. Sehr gutes Wiederzünden. Feinschuppige gleichmäßige Naht	Gut geeignet für Zwangslagen
B	Basische Umhüllung Großer Anteil an Calciumcarbonat, Flussspat, Magnesit. Rutil und Quarz erleichtern Schweißen mit Wechselstrom. Dick umhüllt	Hohe Kerbschlagarbeit des Schweißguts bei tiefen Temperaturen. Hohe metallurgische Reinheit. Geringe Rissneigung. Mittlerer Einbrand. Mittel bis grobtropfig. Kristalline dicke Schlacke	Alle Positionen außer Fallnaht Sonderelektroden für Fallnaht

Bezeichnung der Elektroden

Die Schweißzusätze werden gemäß den CEN-Dokumenten werkstoffbezogen, aber für jeden Prozess getrennt, nach einem einheitlichen Schema bezeichnet. Danach setzt sich die Bezeichnung aus vier Teilen zusammen:

	□	□□	□□	□□
Teil	I	II	III	IV

In Teil I kennzeichnet ein Buchstabe den Schweißprozess wie folgt

E	Lichtbogenhandschweißen
G	Metall-Schutzgasschweißen
T	Schweißen mit Fülldrahtelektrode
W	Wolfram-Inertgasschweißen
S	Unterpulverschweißen

Teil II enthält die Kennziffern für die mechanischen Eigenschaften des Schweißguts bzw. ein Symbol für den Legierungstyp. Die mechanischen Eigenschaften werden dabei einmal anhand der Streckgrenze beschrieben, wobei jedem Streckgrenzenniveau ein Festigkeitsbereich und eine Mindestdehnung zugeordnet sind. Zum anderen wird auch die Kerbschlagzähigkeit des Schweißguts durch eine Kennziffer für eine Kerbschlagarbeit von 47 Joule angegeben, die bei einer bestimmten Prüftemperatur erreicht werden muss.

Das Symbol für den Umhüllungstyp bzw. die Schweißhilfsstoffe allgemein (Schweißpulver, Schutzgas, Fülldrahttyp) erscheint in Teil III.

In Teil IV werden die erforderlichen zusätzlichen Angaben über den Schweißzusatz gemacht. Beim Lichtbogenhandschweißen erscheinen hier z. B. das Ausbringen und die Stromeignung einer Stabelektrode sowie die möglichen Schweißpositionen in Form von Kennzahlen, vgl. **Bild 2-30**. Beim UP-bzw. Schutzgasschweißen werden hier der Drahttyp in der Draht/Pulver- bzw. Draht/Gas-Kombination genannt.

In **Tabelle 2-6** sind die wichtigsten Kennbuchstaben und -ziffern gemäß DIN EN ISO 2560 zusammengestellt.

Tabelle 2-6 Kennbuchstaben und -ziffern für die Elektrodenbezeichnung

Tafel 1: Kennziffer für Streckgrenze, Zugfestigkeit und Bruchdehnung des Schweißguts im Schweißzustand

Kennziffer	**Streckgrenze R_e**[1] N/mm^2	**Zugfestigkeit R_m** N/mm^2 mind.	**Bruchdehnung A_5** % mind.
35	355	440 bis 570	22
38	380	470 bis 600	20
42	420	500 bis 640	20
46	460	530 bis 680	20
50	500	560 bis 720	18

[1] Bei nicht ausgeprägter Streckgrenze gelten die Werte für die 0,2 %-Dehngrenze

Tafel 2: Kurzzeichen für die chemische Zusammensetzung des Schweißguts

Kurzzeichen	**Chemische Zusammensetzung** 1)		
	Mn	**Mo**	**Ni**
	%	%	%
Kein Kurzzeichen	< 2,0	–	–
Mo	< 1,4	0,3 bis 0,6	–
MnMo	< 1,4 bis 2,0	0,3 bis 0,6	–
1 Ni	< 1,4	–	0,6 bis 1,2
2 Ni	< 1,4	–	1,8 bis 2,6
3 Ni	< 1,4	–	2,6 bis 1,2
Mn 1 Ni	> 1,4 bis 2,0	–	0,6 bis 1,2
1 NiMo	< 1,4	0,3 bis 0,6	0,6 bis 1,2
Z	Jede andere vereinbarte Zusammensetzung		

1) Falls nicht festgelegt: Mo <0,2, Ni <0,3, Cr <0,2, V <0,08, Nb <0,05, Cu <0,3

Tafel 3: Kurzzeichen für den Umhüllungstyp

Kurzzeichen	**Umhüllungstyp**
A	sauerumhüllt
C	zelluloseumhüllt
R	rutilumhüllt
RR	rutilumhüllt (dick)
RC	rutilzellulose-umhüllt
RA	rutilsauer-umhüllt
RB	rutilbasisch-umhüllt
B	basischumhüllt

Tafel 4: Kennzeichen für die Kerbschlagarbeit

Kennzeichen	**Mindestwert der Kerbschlagarbeit (ISO-V)**
	47 J bei der Temperatur in °C
Z	Keine Anforderungen
A	+20
0	0
2	-20
3	-30
4	-40
5	-50
6	-60

Tafel 5: Kennziffern für Ausbringen und Stromart

Kennziffer	**Ausbringen (%)**	**Stromart**
1	< 105	Wechsel- und Gleichstrom
2	< 105	Gleichstrom
3	> 105 bis < 125	Wechsel- und Gleichstrom
4	> 105 bis < 125	Gleichstrom
5	> 125 bis < 160	Wechsel- und Gleichstrom
6	> 125 bis < 160	Gleichstrom
7	> 160	Wechsel- und Gleichstrom
8	> 160	Gleichstrom

Tafel 6: Kennziffer für die Schweißpositionen

Kennziffer	Schweißposition
1	alle Positionen
2	alle Positionen außer Fallnaht
3	Stumpfnaht in Wannenposition Kehlnaht in Wannen-, Horizontal- und Steigposition
4	Stumpfnaht in Wannenposition Kehlnaht in Wannenposition
5	wie 3, zusätzlich für Fallposition empfohlen

Für die beim Lichtbogenhandschweißen unlegierter Stähle und Feinkornbaustähle verwendeten Elektroden wird dies am folgenden Beispiel verdeutlicht (vgl. hierzu auch **Tabelle 18-9**):

DIN EN ISO 2560-A E 38 0 RR 1 2

E Lichtbogenhandschweißen
38 $R_e \geq 380$ N/mm², wobei $R_m = 470$ bis 600 N/mm², A >20 %
0 $A_V = 47$ Joule bei 0 °C
RR Dickumhüllte Rutilelektrode
1 Ausbringen < 105 %
2 Alle Positionen außer Fallnaht

Entsprechend lautet die Bezeichnung einer legierten Stabelektrode beispielsweise:

DIN EN ISO 2560-A E 46 5 1NiMo B 4 2 H5

E Lichtbogenhandschweißen
46 $R_e \geq 460$ N/mm², wobei $R_m = 530$ bis 680 N/mm², A = 20 %
5 $A_V = 47$ Joule bei -50 °C
1NiMo Legiertes Schweißgut (1 % Ni, 0,4 % Mo)
B Basische Umhüllung
4 Nur für Gleichstrom geeignet, Ausbringen < 120 %
2 Alle Positionen außer Fallnaht
H5 Wasserstoffgehalt des Schweißguts < 5 ml/100 g

Bei der Verwendung von Gleichstrom wird die Stabelektrode in der Regel an den Minuspol angeschlossen. Dies gewährleistet ein gutes Zünden, einen schmalen, tiefen Einbrand und eine geringere Wärmebelastung der Elektrode. Abweichend von dieser Regel werden basisch- und zelluloseumhüllte Elektroden sowie die Spezialelektroden zum Schweißen von Aluminium und Grauguss (ausgenommen Nickelelektroden) am Pluspol verschweißt.

Die Stromstärke ist in Abhängigkeit von der Blechdicke, der Schweißposition und dem Elektrodendurchmesser d zu wählen.

Als Faustformel gilt:

für $d \leq 2{,}5$ mm Stromstärke I = Kerndrahtdurchmesser d in mm x 30 in Ampere

für $d \geq 3$ mm Stromstärke I = Kerndrahtdurchmesser d in mm x (40 bis 50) in Ampere

Weitere Einstellungen sind nicht erforderlich.

Daraus ergibt sich die Stromdichte beim Lichtbogenhandschweißen zu 10 bis 15 A/mm^2.

Die genannten Richtwerte gelten für die Schweißposition PB. Für die anderen Positionen sind die Stromstärken wie folgt anzupassen:

PA höhere Stromstärke (+5 %) PE stark verminderte Stromstärke (–20 %)

PC niedrigere Stromstärke (–5 %) PF niedrigere Stromstärke (–15 %)

PD niedrigere Stromstärke (–15 %) PG normale Stromstärke

Die beim Lichtbogenhandschweißen erreichbare Abschmelzleistung ist von der Schweißstromstärke abhängig. Sie liegt bis Stromstärken von 150 A bei 0,2 bis 1,3 kg/h, **Tabelle 18-12**.

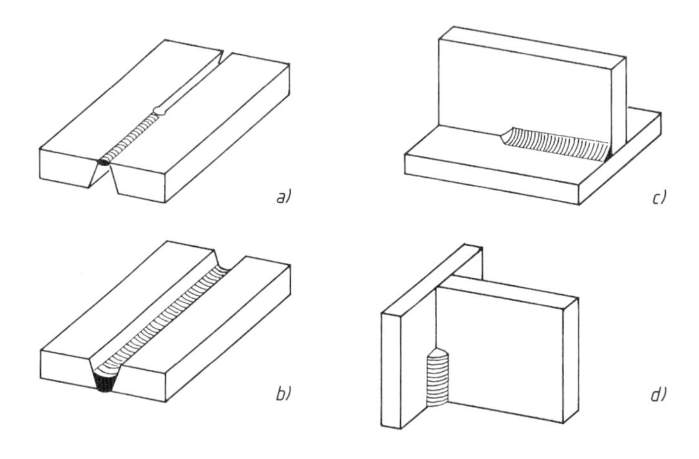

Bild 2-30 Schweißpositionen, siehe auch Bild 17-18
a) Überkopf (PE) c) Horizontalposition (PB)
b) Wannenlage (PA) d) Steignaht (PF)

Technik des Schweißens

Die Elektrode ist vom Schweißer so zu führen, dass eine gleichmäßige Ausbildung des Schweißbades in Schweißrichtung entsteht. Die Elektrodenführung ist von folgenden Größen abhängig:

1. Art der Elektrode
2. Grundwerkstoff
3. Stromart
4. Schweißposition
5. Nahtform
6. Nahtaufbau

Jede Unregelmäßigkeit in der Elektrodenführung begünstigt das Auftreten von Fehlern wie Kaltstellen, Schlackeneinschlüssen oder Poren.

Beim Schweißen einer Stumpfnaht in waagrechter Lage muss beispielsweise die Elektrode exakt auf die Mitte der Schweißfuge gerichtet sein. Wie **Bild 2-31** zeigt, liegt sie in einer Ebene, die senkrecht zur Blechebene steht, und wird in dieser Ebene unter einem Winkel von etwa 45° in Schweißrichtung geneigt. Die Lichtbogenlänge ist etwa gleich dem Kerndrahtdurchmesser. Der Schweißer führt bei diesem „schleppenden“ Schweißen mit der Elektrode verschiedene Bewegungen aus. Einmal führt er mit der Elektrode eine „Schiebe-Bewegung“ in Richtung des Schweißbades aus. Gleichzeitig zieht er die Elektrode in Richtung zum Nahtende. Es entsteht eine „Zugraupe“. Dickere Bleche können einen Aufbau der Naht durch ein „pendelndes“ Schweißen erforderlich machen. Der Schweißer führt dabei mit der Elektrodenspitze noch zusätzlich eine halbmondförmige Pendelbewegung aus.

Weitere Möglichkeiten sind das „senkrechte“ Schweißen und das „stechende“ Schweißen, **Bild 2-32**.

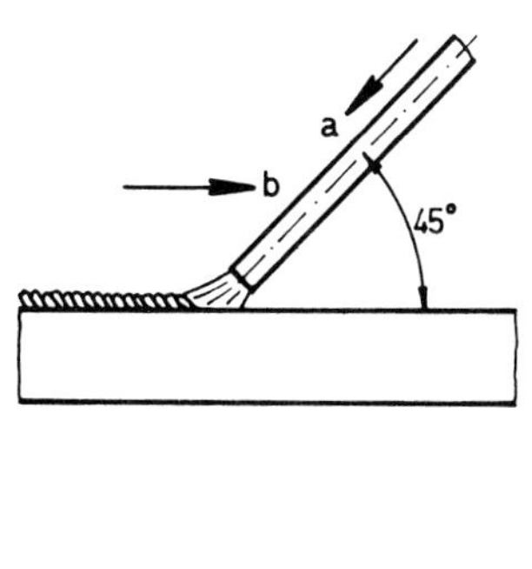

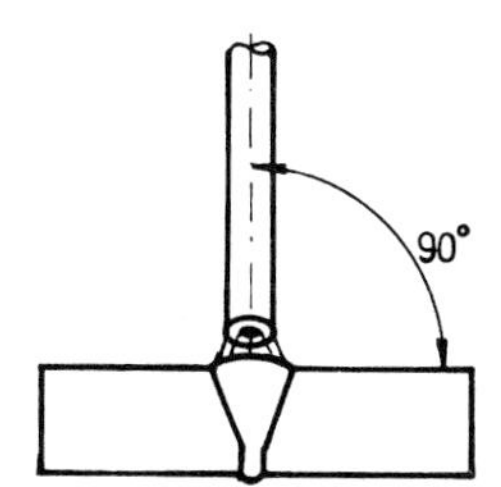

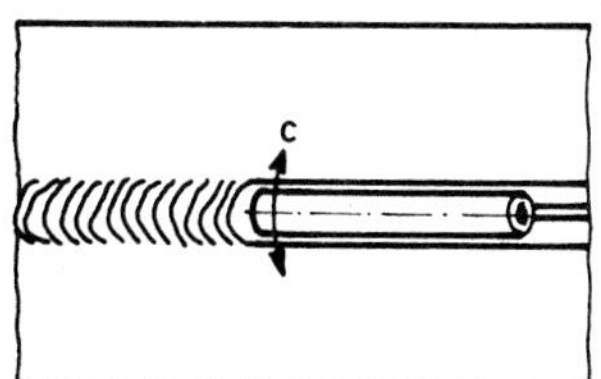

Bild 2-31 Führung der Elektrode beim Lichtbogenhandschweißen
a) Bewegung zum Schmelzbad
b) Ziehen der Elektrode zum Nahtende und
c) Pendeln beim Schweißen von Lagen

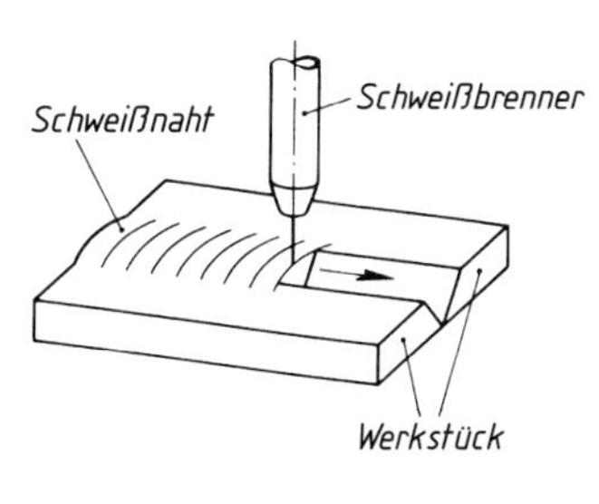

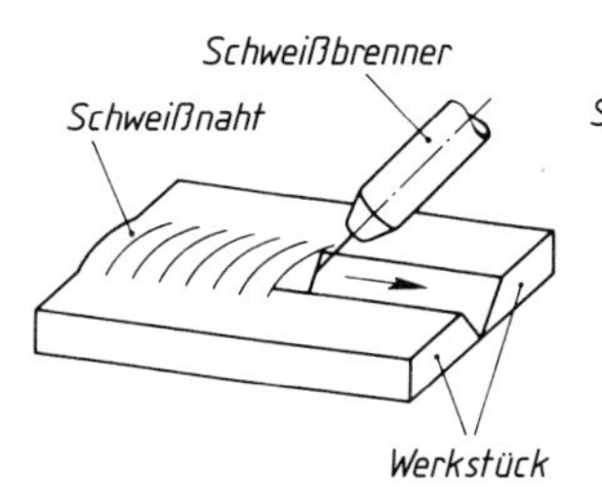

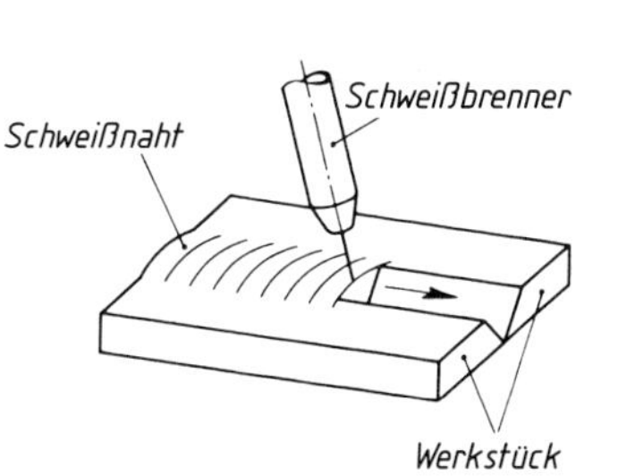

Bild 2-32 Senkrechtes Schweißen   Schleppendes Schweißen   Stechendes Schweißen

Unregelmäßigkeiten beim Lichtbogenhandschweißen

Die Bildung von Poren im Schweißgut ist wesentlich auf die Lösung von Kohlenmonoxid und Wasserstoff in der Schmelze und deren Ausgasen beim Erstarren zurückzuführen. Kohlenmonoxid entsteht, wenn höhere Gehalte an Kohlenstoff und Sauerstoff zusammentreffen. Ein höheres Sauerstoffangebot findet man insbesondere bei sauerumhüllten Elektroden. Der zur Gasbildung erforderliche Sauerstoff kann dann in das Schweißbad gelangen, wenn Seigerungszonen aufgeschmolzen werden. Empfehlenswert ist daher die Verwendung beruhigt vergossener Stähle bzw. basischumhüllter Elektroden.

Auf Wasserstoff zurückzuführende Porenbildung findet man insbesondere bei basisch- und zelluloseumhüllten Elektroden. Diese sollten daher vor dem Verschweißen nach den Angaben des Herstellers getrocknet werden. In der Regel erfolgt dies bei Temperaturen zwischen 250 und 350 °C mit Haltezeiten von 30 Minuten bis 2 Stunden. Dabei spielen einmal die hygroskopischen Bestandteile eine Rolle; wesentlich wichtiger sind aber die Entgasungsbedingungen, die bei diesen Elektroden infolge des zähen Flusses ungünstig sind.

Bei Mehrlagenschweißungen ist die Schlacke vor dem Einbringen der nächsten Lage sorgfältig zu entfernen. Nicht entfernte Schlackereste verbleiben beim Überschweißen im Schweißgut und führen damit zu Bindefehlern. Diese wirken wie innere Kerben und vermindern damit die Festigkeit im Bereich der Schweißnaht.

Ebenfalls aus Festigkeitsgründen ist beim Schweißen darauf zu achten, dass weder eine Nahtüberhöhung in der Decklage noch ein Durchhängen der Wurzel auftreten. Zu vermeiden ist aus den gleichen Gründen ein Wurzelrückfall (siehe auch Kapitel 11.1.9). Einbrandkerben treten bevorzugt beim Schweißen mit dickumhüllten Elektroden auf. Sie sind zu beobachten beidseits von Füll- und Decklagen bei Stumpfnähten oder am oberen Rand von Kehlnähten. Durch Verminderung der Stromstärke kann hier Abhilfe geschaffen werden.

Weitere Hinweise sind in **Tabelle 18-11** im Anhang zu finden.

2.2.4 Unterpulver-Schweißen (UP/12)

In der Gruppe des verdeckten Lichtbogenschweißens ist das Unter-Pulver-Schweißen mit seinen verschiedenen Varianten der wichtigste Prozess. Er ist gekennzeichnet durch die Verwendung einer blanken Drahtelektrode, die mechanisch zugeführt wird und eines Pulvers, das die Aufgabe der Umhüllung bei den Stabelektroden erfüllt. **Bild 2-33** zeigt den prinzipiellen Aufbau des Prozesses.

Die Elektrode taucht in die durch eine entsprechende Vorrichtung vor dem Schweißkopf aufgebrachte Pulverschüttung ein. Der Lichtbogen brennt zwischen dem Ende der Drahtelektrode und dem Werkstück. In der Umgebung des Lichtbogens wird das Pulver aufgeschmolzen, wodurch sich eine Kaverne mit ionisierten Gasen bildet, in welcher der Lichtbogen brennt und der Werkstoffübergang tropfenförmig stattfindet. Es bildet sich ein Schmelzbad mit einer ausgeprägten Strömungsrichtung entgegen der Schweißrichtung aus. Das geschmolzene Pulver steigt infolge seiner geringeren Dichte an die Oberfläche des Schmelzbads auf und bildet dort unterhalb der Pulverschüttung eine flüssige Schlacke, unter der das Bad zur Schweißraupe erstarrt.

Bedingt durch die vollständige Abschirmung des Lichtbogens und des Schweißbads vor der Atmosphäre und infolge der möglichen Reaktionen zwischen Bad und Schlacke sind die mechanischen und metallurgischen Gütewerte des Schweißguts sehr hoch.

Beim UP-Schweißen wird der Schweißstrom kurz vor dem abschmelzenden Ende der Drahtelektrode zugeführt. Die geringe stromführende Drahtlänge (30 bis 50 mm) lässt Stromstärken zwischen 100 und 3600 A bei Spannungen von 20 bis 50 V zu, was zu hohen Abschmelzleistungen führt. Zusammen mit dem hohen thermischen Wirkungsgrad von ca. 68 %, d. h. geringen Verlusten durch Wärmeabstrahlung u. ä., bewirkt dies ein verhältnismäßig großes Schmelzbad mit einem hohen Anteil an Grundwerkstoff (bis zu 60 %). Die Schweißgeschwindigkeit ist beim UP-Schweißen – abhängig von der Prozessvariante – mit bis zu 800 mm/min. sehr hoch.

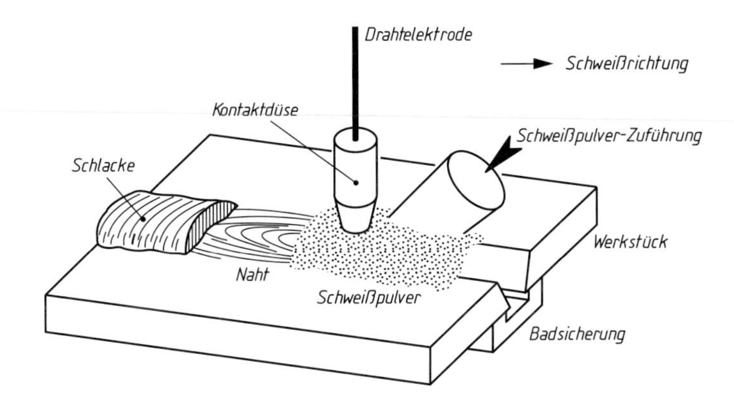

Bild 2-33
Prinzipielle Verfahrensanordnung beim Unterpulverschweißen mit einer Drahtelektrode

Die beim UP-Schweißen relevanten Schweißparameter sind im Anhang in **Tabelle 18-14** zusammengestellt.

Geeignet ist das UP-Schweißen zum Schweißen aller schweißgeeigneten Stahlsorten bei Blechdicken > 5 mm. Günstig sind möglichst lange Schweißnähte in w-oder h-Position (PA bzw. PB). Der Schweißvorgang ist beim UP-Schweißen nicht beobachtbar, womit das Schweißen von Wurzellagen schwierig wird. Abhilfe schafft hier die Verwendung von Badsicherungen in Form von Metallschienen u. ä., falls nicht die Wurzel vorher von Hand eingeschweißt wird. Aus dem gleichen Grund ist auf eine sorgfältige Vorbereitung der Fugen Wert zu legen. Nachteilig ist auch das u. U. auftretende Stengelgefüge im Schweißgut, verbunden mit der Neigung zur Heißrissbildung und Seigerungen.

Elektroden

Üblich ist zum Verbindungsschweißen die Verwendung drahtförmiger Elektroden (Massivdrahtelektroden), die in Durchmessern von 1,2 bis 6 mm geliefert werden. Schwerpunktmäßig wird eine Drahtelektrode mit d = 3,2 mm verwendet. Die Drähte sind kaltgezogen und zum Schutz vor Korrosion und zur Verbesserung des Stromübergangs verkupfert.

Je nach zu verschweißendem Werkstoff sind die Eigenschaften der Elektroden in folgenden Normen charakterisiert:

Unleg. Stähle und Feinkornbaustähle	DIN EN 756, DIN EN 760; DIN EN ISO 14171
Hochfeste Stähle	DIN EN ISO 26304
Warmfeste Stähle	DIN EN ISO 21952
Nichtrostende und hitzebeständige Stähle	DIN EN 14343
Nickelwerkstoffe	DIN EN ISO 18274

Die Kennzeichnung der Massivdrahtelektroden für das UP-Schweißen von un- und niedriglegierten Baustählen wie auch von Feinkornbaustählen erfolgt durch den Buchstaben „S", dem eine Kennziffer zur Angabe des – das Heißrissverhalten bestimmenden – Mn-Gehalts folgt. Diese Ziffer, geteilt durch den Faktor 2, ergibt den mittleren Gehalt an Mangan in Prozenten.

Ein Draht mit der Bezeichnung EN 756 – S2 enthält somit einen mittleren Mn-Gehalt von 1 %. Genormt sind die Basissorten S1 bis S4 mit Mn-Gehalten von 0,5 bis 2,0 % (Richtwert) und C-Gehalten von 0,05 bis 0,15 %.

Zur Verbesserung der Eigenschaften des Schweißguts werden Elektroden eingesetzt, die noch weitere Legierungselemente, bevorzugt Si, Mo, Ni oder Ni-Mo enthalten. Diese Elemente mit erhöhten Anteilen werden der Kurzbezeichnung zugefügt.

Silizium	Zur Verbesserung der Porensicherheit (z. B. S1Si)
Molybdän	Zur Verbesserung der Heißrisssicherheit bei höher gekohlten Stählen und Erhöhung der mechanischen Gütewerte (z. B. S2Mo). Für höher gekohlte Stähle und Feinkornbaustähle
Nickel	Zur Verbesserung der Kaltzähigkeit und Erhöhung der mechanischen Gütewerte (z. B. S2Ni1,5). Für Feinkornbaustähle
Nickel + Molibdän	Zur Verbesserung der Kaltzähigkeit und Erhöhung der mechanischen Gütewerte (z. B. S2NiMo oder S3Ni1,5Mo) Für höherfeste und hochfeste Stähle.

Neben Drahtelektroden werden auch insbesondere für Auftragschweißungen und Plattierungen bandförmige Elektroden verwendet. Diese sind 0,5 bis 1 mm dick und 30 bis 60 mm breit. Für das Verbindungs- wie das Auftragschweißen stehen auch Fülldrahtelektroden zur Verfügung.

Schweißpulver

Das beim UP-Schweißen verwendete Pulver hat die gleiche Aufgabe zu erfüllen wie die Umhüllung der stabförmigen Elektroden. Es sind körnige, schmelzbare Produkte aus Mineralien und Metallen, nach den unterschiedlichsten Methoden hergestellt. Unterschieden werden nach DIN EN 760 erschmolzene (F) und agglomerierte (A) Pulver sowie Mischpulver (M). Nach den mineralogischen Hauptbestandteilen werden die Schweißpulver in zehn Pulvertypen eingeteilt, **Tabelle 2-7**.

Neben der Einteilung nach den Hauptbestandteilen ist auch eine Unterscheidung nach dem Grad der Basizität möglich. Dieser Basizitätsgrad B gibt das Verhältnis der von der Metallurgie her sich basisch verhaltenden Komponenten (CaO, MgO usw.) zu den sich sauer verhaltenden (SiO_2, Al_2O_3 usw.) wieder. Daraus ergeben sich folgende Zuordnungen:

$B < 1$ saure Schweißpulver

$B > 1$ basische Schweißpulver

$B = 1$ neutrale Schweißpulver

Tabelle 2-7 Einteilung der Schweißpulver für das UP-Schweißen n. DIN EN 760

Bezeichnung	Chemische Zusammensetzung Hauptbestandteile	Anteile
MS Mangan-Silikat	$MnO + SiO_2$	min. 50 %
	CaO	max. 15 %
CS Calcium-Silikat	$CaO + MgO + SiO_2$	min. 55 %
	$CaO + MgO$	max. 15 %
ZS[1] Zirkonium-Silikat	$ZrO_2 + SiO_2 + MnO$	min. 45 %
	ZrO_2	max. 15 %
RS[1] Rutil-Silikat	$TiO_2 + SiO_2$	min. 50 %
	TiO_2	max. 20 %
AR Aluminat-rutil	$Al_2O_3 + TiO_2$	min. 40 %
AB Aluminat-basisch	$Al_2O_3 + CaO + MgO$	min. 40 %
	Al_2O_3	max. 20 %
	CaF_2	max. 22 %
AS[1] Aluminium-Silikat	$Al_2O_3 + SiO_2 + ZrO_2$	min. 40 %
	$CaF_2 + MgO$	min. 30 %
	ZrO_2	min. 5 %
AF Aluminium-Fluorid-basisch	$Al_2O_3 + CaF_2$	min. 70 %
FB Fluorid-basisch	$CaO + MgO + CaF_2 + MnO$	min. 50 %
	SiO_2	min. 20 %
	CaF_2	min. 15 %
Z	alle anderen Zusammensetzungen	

[1] In Deutschland nicht auf dem Markt

Ein weiteres Merkmal ist die Pulverklasse, die angibt, für welche Grundwerkstoffe die Schweißpulver geeignet sind.

Tabelle 2-8 Eigenschaften der Schweißpulver für das UP-Schweißen

Eigenschaften	MS	CS	AR	AB	FB
Strombelastbarkeit	+++	+++	++	++	+
Wechselstrombelastbarkeit	+(+)	++	+++	++	(+)
Porensicherheit	+++	++	++	++	++
Kehlnahtschweißbarkeit	+	++	+++	++	++
Spaltüberbrückbarkeit	+	++	+++	++	++
Schweißgeschwindigkeit	++	++	+++	++	+
Schlackenentfernbarkeit	+	+++	+++	++	++
Nahtaussehen	+++	+++	+++	++	+
Risssicherheit	+	+	+	++	+++
Mechanische Gütewerte	+	+	+	++	+++
Basizitätsgrad	0,75	1,3	0,6	1,6	3,4

\+ normal ++ gut +++ sehr gut

Tabelle 2-9 gibt einen Überblick über die Eigenschaften der wichtigsten Schweißpulver.

Tabelle 2-9 Pulverklassen (nach Wehner)

Pulver-klasse	Beschreibung	Anwendungen
1	Pulver enthalten außer Si und Mn in der Regel keine Legierungselemente. Zusammensetzung des Schweißguts ergibt sich aus Zusammensetzung der Drahtelektrode und der metallurgischen Reaktion	Unlegierte und niedriglegierte Stähle (allgem. Baustähle, hochfeste und warmfeste Stähle, Verbindungs- und Auftragschweißungen). Für Mehrlagen- und Einlage- sowie Lage/ Gegenlageschweißen geeignet.
2	Der Zubrand von Legierungselementen, außer Si und Mn, wird durch ihre chemischen Symbole angegeben.	Verbindungs- und Auftragschweißen von nichtrostenden und hitzebeständigen Stählen und Nickelwerkstoffen
3	Der Zubrand von Legierungselementen, außer Si und Mn, wird durch ihre chemischen Symbole angegeben.	Bevorzugt zum Auftragschweißen, Schweißgut wird durch Zubrand von C, Cr, Mo aus dem Pulver verschleißfest

Beim Schweißen kommt es zu Reaktionen zwischen dem flüssigen Metall einerseits und der Schlacke bzw. den in der Schlacke gelösten Gasen andererseits. Dies führt je nach Temperatur und Konzentration der beteiligten Legierungselemente sowohl zu Abbränden als auch zu Anreicherungen (Zubränden) von bestimmten Elementen. Wichtig ist daher die Kenntnis des Ab- und Zubrandverhaltens eines Pulvers. Kohlenstoff brennt bei allen Pulvern ab. Silizium wiederum reichert sich in der Regel in der Schlacke an, während Mangan sowohl ab- als auch zubrennen kann. Maßgebend ist dabei das Verhältnis des Angebots an Mn und Si aus dem Draht zum aus dem Pulver stammenden. **Tabelle 2-10** enthält eine Klassifizierung der Höhe der Ab- und Zubrände.

Tabelle 2-10 Kennziffern zum metallurgischen Verhalten

Metallurgisches Verhalten	Kenn-ziffer	Anteil durch Pulver im reinen Schweißgut %
Abbrand	1	über 0,7
	2	über 0,5 bis 0,7
	3	über 0,3 bis 0,5
	4	über 0,1 bis 0,3
Zu- und/oder Abbrand	5	0 bis 0,1
Zubrand	6	über 0,1 bis 0,3
	7	über 0,3 bis 0,5
	8	über 0,5 bis 0,7
	9	über 0,7

Die normgemäße Bezeichnung eines UP-Schweißpulvers enthält sämtliche Informationen über die oben genannten Eigenschaften, wie folgendes Beispiel zeigt.

DIN EN 760 – S A FB 1 55 AC H5

Darin bedeuten.

S	Unterpulverschweißen
A	Agglomeriertes Pulver
FB	Pulvertyp fluorid-basisch
1	Anwendung nach Pulverklasse 1
55	Metallurgisches Verhalten Ab- und Zubrand an Si (1.Ziffer) und von Mn (2.Ziffer)
AC	Stromart (Wechselstrom)
H5	Wasserstoffgehalt (max. 5 ml/100g reinem Schweißgut)

Draht-Pulver-Kombination

Die mechanischen Gütewerte der Schweißverbindung werden von der chemischen Zusammensetzung des Schweißguts bestimmt. Diese wiederum ist abhängig von der chemischen Zusammensetzung der Drahtelektrode, dem Verhalten des Schweißpulvers und dem Anteil an aufgenommenem Grundwerkstoff.

Grundsätzlich soll das erzeugte Schweißgut artgleich oder zumindest artähnlich mit dem Grundwerkstoff sein. Dies erfordert die Abstimmung der Analyse des Schweißzusatzes mit der des Schweißpulvers. Dabei kommt dem metallurgischen Verhalten des Schweißpulvers, also der Höhe von Ab- und Zubrand große Bedeutung zu. Zu beachten ist im Hinblick auf die Risssicherheit auch die Menge des diffusiblen Wasserstoffs im Schweißgut, die wesentlich vom Feuchtigkeitsgehalt des Pulvers bestimmt ist. Dieses sollte daher vor Verwendung rückgetrocknet werden.

Können die Festigkeitswerte im Schweißgut relativ leicht mit denen des Grundwerkstoffs in Einklang gebracht werden, so erfordert die Einhaltung der geforderten Kerbschlagzähigkeit beim Mn-legierten Schweißgut größere Aufmerksamkeit. Eine gute Zähigkeit kann in diesem Fall mit einem erhöhten Mn-Gehalt erzielt werden. Dieser kann bis auf 1,4 bis 1,6 % steigen, wenn eine tiefere Prüftemperatur verlangt wird. Beispielhaft kann dieser Mn-Gehalt erreicht werden durch die Verwendung einer Drahtelektrode S2 (1 % Mn) in Kombination mit einem Schweißpulver mit einem Zubrand an Mn. Alternativ wäre möglich das Schweißen mit einer Elektrode S3 (1,5 % Mn) mit einem neutralen Schweißpulver oder einer Elektrode mit 1,7 % Mn in Verbindung mit einem Pulver mit Mn-Abbrand. Damit ist es möglich, die Eigenschaften des Schweißguts mit den Anforderungen der Verarbeitung zu verbinden.

Bei einer Mehrlagenschweißung ist wie oben beschrieben das Schweißgut abhängig von der Draht-Pulver-Kombination. Bei einer Einlagenschweißung wird die Zusammensetzung infolge des höheren Aufschmelzgrads (bis zu 50 %) von der Analyse des Grundwerkstoffs bestimmt.

Als Grundlage für die Auswahl der Draht-Pulver-Kombination dient DIN EN 756 mit Angaben einmal zu den mechanisch-technologischen Gütewerten (Mindeststreckgrenze und Kerbschlagzähigkeit), andererseits zum verwendeten Pulver- und Drahtelektrodentyp. Beispielhaft lautet die vollständige Bezeichnung für eine Draht-Pulver-Kombination

EN 756 – S 46 3 AB S2

mit folgender Bedeutung

S Unterpulverschweißung

46 $R_e \geq 460$ N/mm², $R_m = 530$ bis 680 N/mm² A > 20 %.

3 Av = 47 J bei –30 °C

AB aluminat-basisches Schweißpulver

S2 Drahtelektrodentyp

Eine erste Auswahl der Pulver für das UP-Schweißen von Stahl kann nach folgender Zuordnung erfolgen (vgl. auch **Tabelle 18-13**):

Allgemeine Baustähle Warmfeste Stähle	Pulvertyp	MS,CS,AR,AB
Feinkornbaustähle		
$R_p < 390$ N/mm²	Pulvertyp	CS,AP,AB,FB
$390 < R_p < 660$ N/mm²		FB
$R_p > 690$ N/mm²		FB
Kaltzähe Stähle	Pulvertyp	AB, FB
Nichtrostende Stähle Hitzebeständige Stähle	Pulvertyp	AF, FB

Schweißgeräte

Die für das UP-Schweißen verwendeten Anlagen bestehen aus drei Bauteilen: der Pulverzuführung, dem Drahtvorschub und der Schweißstromquelle. Das UP-Schweißen kann nur vollautomatisch durchgeführt werden, so dass noch Einrichtungen zur Bewegung des Schweißkopfes bzw. des Schweißteils erforderlich sind.

Schweißteil ortsfest	Schweißkopf bewegt durch Traktor auf dem Schweißteil. Balkenfahrwerk, Schweißportal oder Schweißmast
Schweißkopf ortsfest	Schweißteil bewegt mittels Drehvorrichtung u. ä.

Je nach Mechanisierungsgrad kommt noch die Einrichtung für die Bewegung des Schweißkopfes bzw. des Schweißteils hinzu. Das Schweißpulver wird aus einem Vorratsbehälter über Rohre und Schläuche so zur Schweißstelle geleitet, dass der Schweißkopf in der Pulverschüttung läuft.

Nicht verbrauchtes Pulver liegt lose auf der festen Schlackenschicht auf, kann mit einer Schleppdüse abgesaugt und wieder in den Kreislauf zurückgeführt werden. Der Drahtvorschub besteht aus dem Drahtvorschubmotor und den beiden Vorschubrollen, zwischen denen der Draht verläuft. Eine der Rollen sitzt auf der Motorwelle und bewirkt das Abziehen des Drahts von der Rolle. Die zweite Rolle wirkt als Gegendruckrolle. Die Geschwindigkeit, mit der der Draht zugeführt wird, muss so geregelt werden, dass die Länge des Lichtbogens den gewünschten Schweißstrom ergibt.

Beim UP-Schweißen wird abhängig vom verwendeten Schweißpulver sowohl mit Gleich- als auch mit Wechselstrom geschweißt. Beim Schweißen mit Gleichstrom mit der Elektrode am Plus-Pol wird eine starke Blaswirkung beobachtet. Wird mit Wechselstrom gearbeitet, wie z. B. beim Mehrdrahtschweißen üblich, so sollen die Stromquellen eine fallende Kennlinie haben. Schweißgleichrichter für das UP-Schweißen haben stark fallende bis konstante statische Kennlinien.

Die statische Kennlinie der verwendeten Schweißstromquelle wird stark durch die Art der verwendeten Regelung bestimmt. Beim UP-Schweißen wird bevorzugt mit der so genannten äußeren Regelung (ΔU-Regelung) gearbeitet. Die Lichtbogenspannung steuert die Drehzahl des Drahtvorschubmotors; die Stromstärke muss dazu passend durch eine entsprechende Änderung der Kennlinie gewählt werden. Die Regelung erfolgt spannungsabhängig über den Drahtvorschub, indem die mit der Änderung der Lichtbogenlänge verbundene Spannungsänderung ΔU die Geschwindigkeit des Drahtvorschubs steuert.

Die Art der Kennlinie ist auch vom verwendeten Drahtdurchmesser abhängig. So wird bei d > 3 mm eine fallende, bei d < 3 mm eine Konstantspannungscharakteristik der Stromquelle bevorzugt. Unabhängig davon ist bei der Auswahl der Stromquelle die hohe Einschaltdauer des Prozesses zu berücksichtigen.

Zur Steigerung der Abschmelzleistung des UP-Eindrahtschweißens – eine Drahtelektrode und eine Stromquelle – wurde eine Reihe von Verfahrens-Varianten zum UP-Schweißen entwickelt.

Beim UP-Doppeldrahtschweißen, auch gelegentlich als Paralleldrahtschweißen bezeichnet, werden zwei Drahtelektroden nebeneinander oder hintereinander in der Schweißfuge abgeschmolzen. Beide Elektroden liegen an einer Stromquelle, werden gemeinsam zugeführt und brennen in einem Lichtbogen, **Bild 2-34**. Die Vorteile liegen in einer höheren Abschmelzleistung gegenüber dem Eindrahtschweißen, in einer besseren Entgasung der Schmelze, bedingt durch den Umstand, dass das Bad größer ist und damit langsamer erstarrt sowie in einer höheren Schweißgeschwindigkeit.

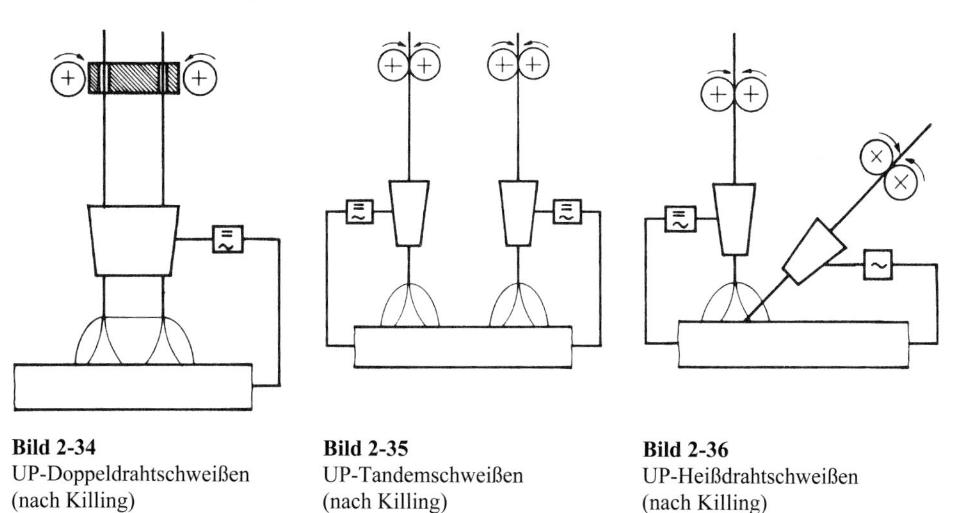

Bild 2-34
UP-Doppeldrahtschweißen (nach Killing)

Bild 2-35
UP-Tandemschweißen (nach Killing)

Bild 2-36
UP-Heißdrahtschweißen (nach Killing)

Beim Tandemschweißen sind die Elektroden hintereinander in Schweißrichtung angeordnet. Sie besitzen jeweils eine eigene Stromquelle mit eigener Regelung, **Bild 2-35**. Durch die getrennte Regelung besteht die Möglichkeit, mit der ersten Elektrode bei hoher Stromstärke einen tiefen Einbrand zu erzielen, wohingegen bei mehreren Elektroden mit der letzten Elektrode, mit höherer Spannung betrieben, eine gute Nahtoberfläche erzeugt wird. Das Tandemsystem wurde bereits zum Mehrdrahtsystem mit bis zu vier Elektroden erweitert. Beim Tandem-UP-Schweißen wird zur Vermeidung der störenden Blaswirkung mit Wechselstrom geschweißt. Kennzeichnend für diesen Prozess sind eine hohe Abschmelzleistung und Schweißgeschwindigkeit. Es entsteht eine günstige Nahtgeometrie, verbunden mit guten mechanisch-technologischen Eigenschaften.

Eine weitere Variante ist das Heißdrahtschweißen. Es ist dadurch gekennzeichnet, dass neben einer im Lichtbogen abschmelzenden Elektrode ein zweiter Draht mit eigener Stromquelle und eigener Regelung zugeführt wird, **Bild 2-38**. Dieser Draht hat unmittelbar neben dem Lichtbogen Kontakt mit dem Werkstück und erwärmt sich in diesem Bereich durch Widerstandserwärmung auf Rotglut. Erreicht der so erwärmte Drahtabschnitt den Lichtbogen, so wird er dort abgeschmolzen. Der Vorteil dieser Anordnung liegt darin, dass mit relativ kleiner elektrischer Leistung eine hohe Abschmelzleistung erreicht werden kann.

Das Kaltdrahtschweißen wiederum ist gekennzeichnet durch die seitliche Zufuhr eines stromlosen kalten Drahts an den Rand des Schmelzbads, wo er abgeschmolzen wird. Die Abschmelzleistung wird dadurch erhöht, der Einbrand vermindert.

Die Wirtschaftlichkeit des UP-Prozesses kann auch durch das so genannte Engspaltschweißen gesteigert werden, das für Blechdicken bis 350 mm geeignet ist. Eine U-fömige Fuge mit weitgehend parallelen Flanken und relativ geringer Spaltbreite (16 bis 24 mm je nach Blechdicke) erfordert ein geringes Füllvolumen. Der Verbrauch an Schweißzusatz wird vermindert, ebenso die Schweißzeit und der Energieeinsatz (geringes Wärmeeinbringen).

Mit dem UP-Quernahtschweißen können Nähte in Position PC (q) an senkrechten Wänden von Bauteilen geschweißt werden. Gearbeitet wird mit einer Drahtelektrode, die um etwa 70° gegen die senkrechte Wand geneigt ist. Das Schweißpulver wird mittels eines endlosen Bands in Form einer Rinne gehalten. Gegenüber anderen Schweißverfahren erspart dieser Prozess Schweißzusatz und Schweißzeit, erfordert aber aufwändige Vorarbeiten. Dies erfolgt bei dieser Prozessvariante dadurch, dass das Volumen der aufzufüllenden Naht verringert wird. Vorteilhaft ist dabei auch die Verminderung der Wärmebeeinflussung des Grundwerkstoffs. Besondere Aufmerksamkeit muss dabei der Entfernbarkeit der Schlacke gewidmet werden, so dass im Regelfall Spaltbreiten von mindestens 35 mm erforderlich sind.

Unregelmäßigkeiten beim UP-Schweißen

Beim UP-Schweißen können drei typische Fehler auftreten:

- Poren,
- Bindefehler,
- Erstarrungsrisse.

Durch die Bildung von Kohlenmonoxid kann es beim UP-Schweißen zur Ausbildung von Poren kommen. Charakteristisch für diese ist, dass sie sich perlschnurartig in der Mitte der Naht anordnen. Ursache hierfür ist ein Ansteigen des Sauerstoffgehalts im Schweißbad, herbeigeführt durch das Anschmelzen von Seigerungszonen oder das Eindringen von Oxiden aus Rost bzw. Zunder. Durch die Verwendung von Drahtelektroden mit hohem Si-Gehalt und Pulvern mit hohem MnO-Anteil kann hier Abhilfe geschaffen werden.

Die Bildung von Poren kann auch auf die Entwicklung von Wasserstoff bei der Verwendung von feuchtem Pulver zurückgeführt werden. Auf diese Weise entstandene Poren erkennt man daran, dass sie bis zur Nahtoberfläche reichen und nestförmig angeordnet sind.

Bindefehler treten beim UP-Schweißen zumeist in Form nicht verschweißter Stege auf. Ursache kann eine ungenügende Einbrandtiefe (zu dicke Elektrode, falsche Schweißgeschwindigkeit), die magnetische Blaswirkung infolge falscher Lage des Massenanschlusses oder eine falsche Führung der Elektrode sein.

Treten beim Schweißen niedrig schmelzende Phasen auf, so kann es je nach Art der Kristallisation zu Seigerungen im Schweißgut kommen. Besonders bei Stählen bzw. Schweißgut mit hohem C-Gehalt oder austenitischen CrNi-Stählen muss damit gerechnet werden. Im ungünstigsten Fall der Erstarrung, bei tiefen, schmalen Nähten, werden die niedrig schmelzenden Phasen in den Kern des Nahtquerschnitts abgedrängt, wo sie zuletzt erstarren. Dabei kann es zur Lunkerbildung, aber auch zur Bildung von Heißrissen kommen, die interkristallin verlaufen. Abhilfe bringt eine Veränderung der Nahtgeometrie, d. h. eine Nahtverbreiterung.

Weitere Hinweise zu beim UP-Schweißen möglichen Unregelmäßigkeiten sind in **Tabelle 18-15** im Anhang zu finden.

2.3 Schutzgasschweißen (SG)

Beim Schutzgasschweißen entsteht das Schweißbad durch das Einwirken eines Lichtbogens. Dieser brennt sichtbar zwischen einer Elektrode und dem Werkstück oder zwischen zwei Elektroden. Elektrode, Lichtbogen und Schweißbad werden gegen die Atmosphäre durch ein eigens zugeführtes inertes oder aktives Schutzgas abgeschirmt (DIN 1910).

Nach DIN 1910 werden die Prozesse nach der Art der Elektrode in zwei Gruppen eingeteilt:

- das Wolfram-Schutzgasschweißen und
- das Metall-Schutzgasschweißen.

Innerhalb der Gruppen selbst erfolgt eine weitere Unterteilung nach der Art des Lichtbogens und des verwendeten Schutzgases, **Tabelle 2-11**.

Tabelle 2-11 Die Verfahrensgruppe „Schutzgas-Schweißen" (nach Killing)

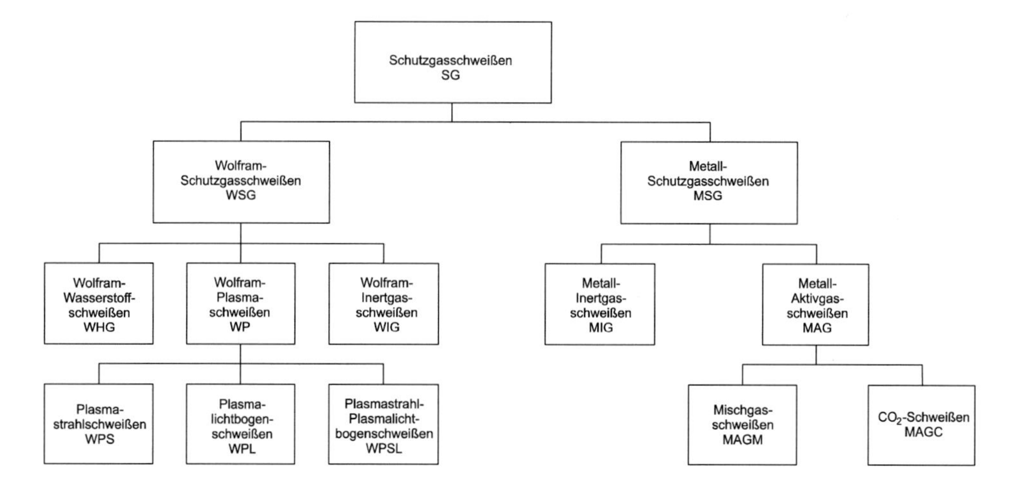

2.3.1 Wolfram-Inertgasschweißen (WIG/141)

Beim WIG-Schweißen (engl. TIG-welding) brennt der Lichtbogen zwischen einer Wolframelektrode und dem Werkstück. Das Schutzgas ist in der Regel inert. Wie **Bild 2-37**zeigt, liegt beim WIG-Schweißen ein Pol an der nicht abschmelzenden Wolframelektrode, der andere am Werkstück. Zwischen beiden Polen brennt der Lichtbogen. Muss Werkstoff zugesetzt werden, so erfolgt dies von Hand mittels Schweißstäben oder auch mechanisiert über ein besonderes Zuführgerät als Draht. Um die Wolframelektrode ist konzentrisch eine Düse angeordnet, durch die das Schutzgas ausströmt und Elektrode, Lichtbogen und Schmelzbad gegen die Atmosphäre abschirmt.

Das Verfahren ist gekennzeichnet durch

- eine hohe Qualität der Schweißung,
- einen konzentrierten stabilen Lichtbogen,
- einer glatte und ebene Naht,
- fehlende Spritzer und
- fehlende Schlacke.

In der Regel wird in Deutschland Argon als Schutzgas verwendet. Dieses muss eine Reinheit von 99,5 % aufweisen, da andernfalls eine Oxidation der Wolframelektrode eintreten kann. Handelsüblich sind für Argon Stahlflaschen mit 10 m^3 Inhalt bei einem Überdruck von 200 bar (50 l-Flaschen). Neben einem Druckminderventil ist ein Gasdurchflussmesser erforderlich, mit dem die Gasmenge zuverlässig eingestellt werden kann. Diese Durchflussmesser müssen auf die Gasart kalibriert sein, **Tabelle 18-23**. Abhängig vom zu schweißenden Werkstoff werden auch Mischgase auf Argonbasis mit Anteilen von Helium, Wasserstoff oder Stickstoff verwendet. Dabei werden eine höhere Schweißgeschwindigkeit und ein besserer Einbrand erreicht. Ein hoher Anteil an Helium erschwert aber die Zündung. Oft erfolgt daher die Zündung unter Argon, das Schweißen dann nach Umschaltung auf Helium oder Mischgas.

Wichtig ist beim WIG-Schweißen ein guter Schutz des Schweißbads durch für den Werkstoff geeignete Schutzgase. Deren Menge muss so groß sein, dass die umgebende Luft die Schweißzone nicht beeinträchtigt. Andererseits darf sie nicht zu groß sein, da sonst Turbulenzen zum Eintrag von Luft führen können.

Die erforderliche Schutzgasmenge (Argon) wird üblicherweise in Abhängigkeit von der Schweißstromstärke angegeben und ist damit vom zu schweißenden Werkstoff abhängig:

Stahl	4 bis 8 l/min	bei 60 bzw. 340 A
Aluminium	5 bis 12 l/min	
Kupfer, Titan	8 bis 16 l/min	

Einfluss auf das Ergebnis der WIG-Schweißung hat auch die Gasdüse. Diese hat die Aufgabe, den Schutzgasstrom in laminarer Form zum Schweißbad zu leiten. Die Größe der Düse bemisst sich in erster Linie nach der Größe des Schweißbads. Um einen sicheren Schutz vor dem Zutritt von Sauerstoff aus der Luft zu gewährleisten, muss der Innendurchmesser der Düse

mindestens so groß sein wie das Schweißbad und

dem Vierfachen des Elektrodendurchmessers entsprechen.

Zur Vermeidung von Poren ist darauf zu achten, dass Verwirbelungen des Schutzgases mit der Luft vermieden werden und die Strömungsgeschwindigkeit entsprechend eingestellt wird. Die in **Tabelle 18-19** des Anhangs für die jeweiligen Düsen empfohlenen Schutzgasmengen ergeben Strömungsgeschwindigkeiten zwischen 1,1 und 1,3 m/s, was ein störungsfreies Schweißen sicherstellt.

Wichtig für eine gleichmäßige Gasströmung ist es auch, den Abstand zwischen Werkstück und Düse zu kontrollieren. Dieser sollte zwischen 4 und max. 10 mm betragen.

Mit dem WIG-Verfahren lassen sich alle wichtigen Metalle schweißen; Stähle, Aluminium, Kupfer, Nickel, Titan und deren Legierungen, auch Zirkon können geschweißt werden. Nachteilig sind jedoch die geringe Abschmelzleistung und die erforderliche große Handfertigkeit, weshalb aus wirtschaftlichen Gründen oft andere Verfahren vorgezogen werden. Bis 4 mm Materialdicke ist es allerdings hoch leistungsfähig. Eine Erhöhung der Abschmelzleistung kann erzielt werden durch Anwendung des WIG-Heißdrahtschweißens oder die Kombination WIG- mit Plasmaschweißen.

Hervorragend geeignet ist das Verfahren jedoch zum einseitigen Durchschweißen von Wurzellagen, weshalb oft die Wurzel mit dem WIG-Verfahren geschweißt wird, die Füll- und Decklagen aber mit anderen Verfahren ausgeführt werden.

Zum Schweißen eignen sich Stromquellen mit fallender Kennlinie und Leerlaufspannungen um etwa 100 V; noch besser geeignet sind jedoch Quellen mit Konstantstromcharakteristik. Geschweißt wird in der Regel mit Gleichstrom; zur Vermeidung einer thermischen Überlastung der Elektrode liegt diese am Minuspol. Bei Aluminium und Magnesium und deren Legierungen wird wegen der stabilen Oxidhäute jedoch häufig mit Wechselstrom geschweißt. Während der Pluspolung der Elektrode werden die Oxide durch Gasionen hoher Energie zerstört, wobei örtlich schnell wechselnde Lichtbogenansatzpunkte mit hoher Wärmekonzentration unterstützend wirken. Beim Schweißen mit Wechselstrom tritt infolge der Wirkung des Aluminiumoxids ein Gleichrichtereffekt auf, wodurch die negative Halbwelle des Wechselstroms stärker ausgebildet wird mit der Folge, dass der Lichtbogen instabil, die Reinigungswirkung unzureichend und die Schweißstromquelle möglicherweise überlastet wird. Dieser Effekt kann durch den Einsatz eines Filterkondensators aufgehoben werden. Günstig ist dabei ein rechteckförmiger Wechselstrom mit der Möglichkeit, das Verhältnis von Minus- und Plushalbwelle zu verändern (Balance), wie auch mit unterschiedlichen Frequenzen zu arbeiten. Vorteilhaft ist der rechteckförmige Stromverlauf auch für das Wiederzünden, das sonst durch Überlagerung eines Hochspannungsimpulses unterstützt werden muss. Beeinflusst wird das Zündverhalten aber auch durch das verwendete Schutzgas, wobei reines Argon bei positiv gepolter Elektrode besonders gute Ergebnisse gewährleistet.

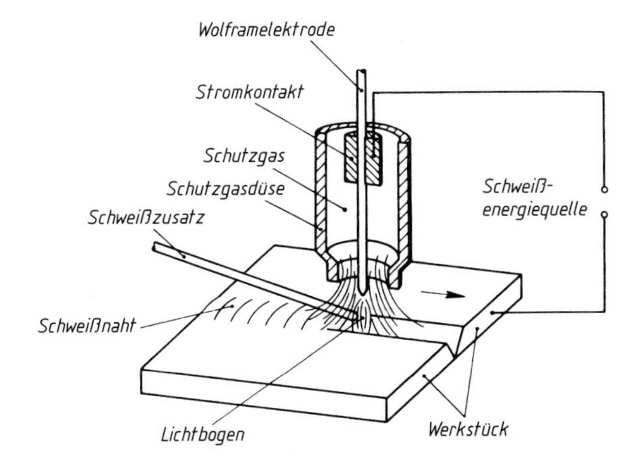

Bild 2-37
Wolfram-Inertgas-Schweißen
(nach DIN 1910)

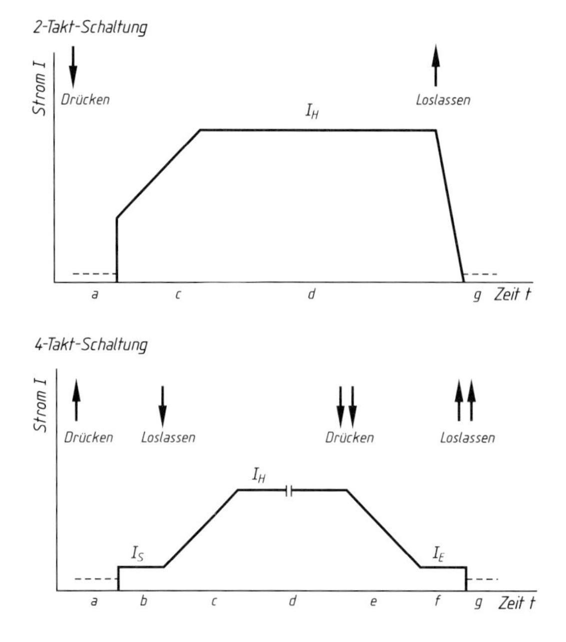

Bild 2-38
Funktionsablauf bei einer 2- und 4-Takt-Schaltung

a) Gasvorströmung

b) Zünden des Lichtbogens mit Suchlichtstrom I_S

c) Anstieg über Up-Slope

d) Schweißbetrieb bei I_H

e) Abfall über Down-Slope

f) Endkraterstrom I_E

g) Gasnachströmzeit

In jüngster Zeit hat auch beim WIG-Schweißen die Impulstechnik Eingang gefunden. Dabei werden einem niedrigen Grundstrom Stromimpulse mit einstellbarer geringer Frequenz überlagert. Unter der Wirkung des Impulses wird der Werkstoff aufgeschmolzen, während der Zeit des Grundstroms erstarrt er wieder. Damit entsteht eine Naht aus sich schuppenförmig überlagernden Schweißpunkten. Diese Technik gestattet es, größere Dicken noch als Stumpfstoß zu verschweißen bzw. das Schweißbad in Zwangslagen und bei Dünnblechen besser zu beherrschen.

Die Verwendung reiner Wolframelektroden ist beim WIG-Schweißen möglich, jedoch bieten legierte Elektroden Vorteile hinsichtlich der Strombelastbarkeit, der Lichtbogenstabilität und der Elektronenemission. Bevorzugt werden derzeit als Legierungszusätze Oxide der Selten-Erden-Elemente wie Zirkon, Lanthan und Cer; das früher übliche Thoriumoxid wird wegen der möglichen gesundheitlichen Beeinträchtigung des Schweißers nicht mehr verwendet. Die Elektrodenwerkstoffe sind in DIN EN 26 848 genormt (vgl. **Tabelle 18-18**). Wolfram-Elektroden reagieren empfindlich auf Sauerstoff und verunreinigte Atmosphäre, wie sie z. B. beim Schweißen von verzinkten oder geölten Blechen auftreten kann.

Der Durchmesser der Elektroden richtet sich nach der beim Schweißen auftretenden Schweißstromstärke; die handelsüblichen Durchmesser liegen zwischen 1,0 und 4,8 mm mit Längen von 150 und 175 mm. Die Form der Elektrodenspitze richtet sich im Wesentlichen nach der Stromart. Form und Rauhigkeit beeinflussen dabei allerdings auch die Zünd- und Schweißeigenschaften wie auch die Schweißnahtgeometrie. Beim Arbeiten mit Gleichspannung wird eine kegelförmige Spitze (Kegel 1:3 bzw. 30° Spitzenwinkel) verwendet. Wird mit Wechselstrom geschweißt, so sind kegelstumpfförmige bis zylindrische Elektrodenenden üblich.

Die Zündung des Lichtbogens sollte zur Schonung der Wolframelektrode möglichst berührungslos erfolgen. Daher werden beim WIG-Schweißen Zündhilfen verwendet, die dies erlauben. Eine Möglichkeit ist die Überlagerung einer hochfrequenten Hochspannung. Diese muss so hoch sein, dass zwischen den Polen ein Zündfunken überspringen kann, der die Luft zwischen Elektrode und Werkstück ionisiert und so die Bildung eines Lichtbogens ohne Kurzschluss erlaubt. Nachteilig ist hierbei allerdings die Störung von Rundfunk- bzw. Fernsehempfangsgeräten durch die hohe Frequenz.

Vorteilhaft sind daher Hochspannungs-Impulszündgeräte. Diese Geräte arbeiten im Bereich der Netzfrequenz, erzeugen aber Spannungsimpulse von bis zu 10 kV, wodurch derselbe Effekt ohne störende Wirkung nach außen erreicht wird. Besonders wichtig ist die Verwendung von Zündhilfen beim Schweißen mit Wechselstrom, da hier nach jedem Nulldurchgang der Lichtbogen erneut gezündet werden muss.

Bei Verwendung elektronischer Schweißstromquellen ist es möglich, die sog. Liftarc-Zündung anzuwenden. Dies ist eine berührungslose, elektronisch geregelte Zündung mit dem Vorteil höherer Betriebssicherheit und Schonung der Elektrode. Auch verursacht sie keine Störung der Funktion von Computern bzw. CNC-Steuerungen.

Die Zündhilfen sind zusammen mit den Schaltgeräten für die Schutzgaszufuhr und die Schweißstromsteuerung in besonderen Steuergeräten untergebracht. Die einzelnen Funktionen werden dabei durch die Betätigung eines Knopfes im Handgriff des Schweißbrenners abgerufen. Gesteuert wird so die Vorströmzeit des Schutzgases, das Zünden des Lichtbogens, Einstellen auf die Schweißstromstärke, Absenken des Stroms mit Nachströmen des Schutzgases für eine vorgegebene Zeit, **Bild 2-38**.

Mit Hilfe eines besonderen Brenners ist es möglich, auch punktförmige Schweißungen auszuführen (WIG-Punktschweißen). Die Elektrode steht hier in der Düse etwas zurück, so dass Elektrodenhalter und Gasausströmdüse unmittelbar auf die zu verbindenden, sich überlappenden Blechen aufgesetzt werden können.

Mit dem WIG-Lichtbogen ist es möglich, an rohrförmigen Bauteilen das sog. Orbitalschweißen durchzuführen. Dieses wurde für den Rohrleitungsbau entwickelt. Es ermöglicht ein radiales Schweißen von Verbindungsnähten und axiales Einschweißen von Rohren in Rohrböden. Bei größeren Durchmessern läuft z. B. ein WIG-Schweißkopf um das stillstehende Bauteil, wobei der Schweißkopf entlang einem Führungsband motorisch bewegt wird. Geschweißt wird zumeist mit pulsierendem Gleichstrom, wobei im Schnitt eine Schweißgeschwindigkeit von 150 mm/min erreicht werden kann.

Die Schweißzusätze zum WIG-Schweißen sind werkstoffabhängig genormt in

Unleg. Stähle und Feinkornbaustähle	DIN EN ISO 636
Hochfeste Stähle	DIN EN ISO 16834
Warmfeste Stähle	DIN EN ISO 21952
Nichtrostende und hitzebeständige Stähle	DIN EN ISO 14343
Aluminium-Werkstoffe	DIN EN ISO 18273
Nickel-Werkstoffe	DIN EN ISO 18274
Kupfer u. Leg.	DIN EN ISO 24373
Titan u. Leg.	DIN EN ISO 24034

Unregelmäßigkeiten beim WIG-Schweißen

Als mögliche Fehler kommen in Betracht

- Poren,
- Bindefehler,
- Wolframeinschlüsse,
- Oxideinschlüsse.

Mit der Bildung von Poren muss beim Schweißen von unlegierten Stählen und Aluminium gerechnet werden. Wie beim Lichtbogenhandschweißen bereits beschrieben, handelt es sich beim Schweißen von Stählen um eine Folge der Kohlenmonoxidbildung. Beim WIG-Schweißen wird diese allerdings auch bei Al- bzw. Si-beruhigten Stählen beobachtet, wenn der noch im Stahl verbliebene Si-Gehalt kleiner als 0,1 % ist.

Die beim WIG-Schweißen von Aluminium beobachteten Poren sind auf die Lösung von Wasserstoff im Schweißgut zurückzuführen. Dieser kann bei unvollständigem Schutz des Bads aus der Feuchtigkeit der Luft stammen; zumeist stammt er aber aus dem Feuchtigkeitsgehalt der hygroskopischen Oxidhäute des Grundwerkstoffes bzw. des Zusatzdrahts.

Bindefehler können auftreten als Flankenbindefehler und als Lagenbindefehler. Sie entstehen durch unzureichende Einbrandtiefe, d. h. durch unvollständiges Verschweißen des Stegs. Ursache dieses Fehlers kann eine falsche Führung des Brenners oder eine zu stumpfe Elektrodenspitze sein. Berührt der Schweißer beim Zünden mit der Wolframelektrode den Nahtbereich oder kommt es beim Schweißen zu einer Berührung von Elektrode und Flanke oder Schweißbad, so können Teile der Elektrode in die Schweißnaht übergehen. Auch durch eine Überlastung der Elektrode infolge einer zu hohen Stromstärke können Wolframteile in das Bad gelangen. Handelt es sich um kleine, weit gestreute Teilchen, so können sie ohne Gefahr in der Naht verbleiben. Örtliche Ansammlungen von Wolframteilchen müssen allerdings durch Ausschleifen entfernt werden.

Oxideinschlüsse findet man in erster Linie an Nähten von mit Zusatzdraht WIG-geschweißten Aluminiumwerkstoffen. Ursache hierfür ist die Oxidation des Tropfens an der Spitze des Zusatzdrahtes, wenn dieser nicht im Schutzgasmantel angeschmolzen wird.

Weitere Hinweise werden in **Tabelle 18-20** des Anhangs gegeben.

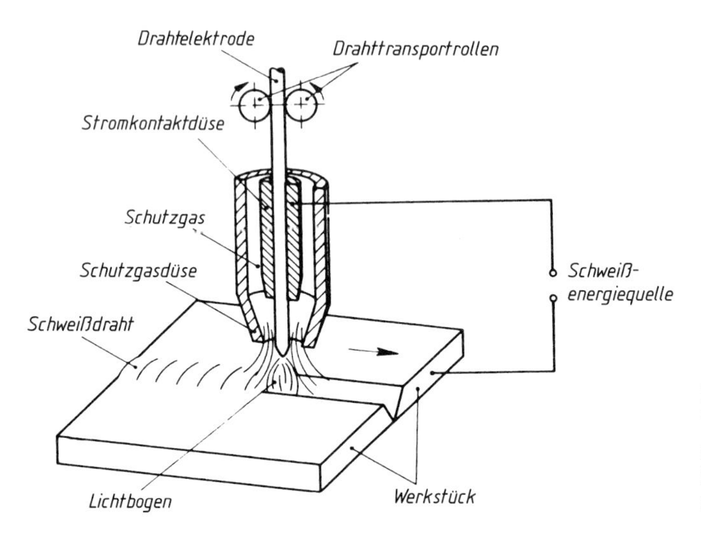

Bild 2-39
Verfahrensprinzip des Metall-Schutzgas-Schweißens (nach DIN 1910)

2.3.2 Metall-Schutzgasschweißen (MSG/13)

DIN 1910 charakterisiert das Metall-Schutzgasschweißen wie folgt:

Der Lichtbogen brennt zwischen einer abschmelzenden Elektrode, die gleichzeitig Schweißzusatz ist, und dem Werkstück. Das Schutzgas ist inert (MIG/131) oder aktiv (MAG/135). Es besteht z. B. beim CO_2-Schweißen (MAGC) aus Kohlendioxid oder beim Mischgasschweißen (MAGM) aus einem Gasgemisch. Der MIG-Prozess eignet sich für höher legierte Stähle sowie NE-Metalle und deren Legierungen, während der MAG-Prozess zum Schweißen unlegierter und niedriglegierter Stähle eingesetzt wird.

Bild 2-39 zeigt schematisch das Verfahrensprinzip. Die drahtförmige Elektrode wird von einer Spule abgezogen und durch Transportrollen zur Kontaktdüse gefördert. Die Stromzufuhr erfolgt erst dort, so dass eine hohe Strombelastung der Drahtelektrode möglich ist. Dies ermöglicht die Verwendung relativ dünner Drähte, wodurch eine leichte Handhabung des Schweißbrenners gewährleistet ist. Gearbeitet wird ausschließlich mit Gleichstrom mit der Drahtelektrode am Pluspol. Die Kontaktdüse wie auch die Drahtelektroden sind von einer Gasdüse umgeben, durch die das Schutzgas konzentrisch ausströmt. Der Lichtbogen brennt umhüllt von dem Schutzgasmantel, der den übergehenden Tropfen und das Schweißbad schützt.

Die wichtigsten Komponenten einer Schweißanlage zum MIG-/MAG-Schweißen sind die Schweißstromquelle mit dem Steuergerät und das Drahtvorschubgerät. **Bild 2-40** zeigt ein neueres MIG-/MAG-Schweißgerät.

Bild 2-40
MIG-/MAG-Schweißgerät mit stufenloser Schweißspannungseinstellung (Werkbild ESS)

Je nach Anordnung der beiden Komponenten unterscheidet man:

a) Kompaktgeräte: Das Drahtvorschubgerät ist in die Stromquelle integriert. Die Länge des Schlauchpakets ist dadurch auf etwa 3 m begrenzt.

b) Universalgeräte: Durch die Möglichkeit, das von der Stromquelle gelöste Drahtvorschubgerät in der Nähe des Arbeitsplatzes zu positionieren, kann der Arbeitsbereich ausgeweitet werden.

c) Push-Pull-Geräte: Geräte dieser Art weisen zwei Vorschubeinrichtungen auf. Ein Drahtvorschubgerät in der Stromquelle oder im Drahtvorschubkoffer zieht den Draht von der dort eingesetzten Drahtspule ab und schiebt ihn (push) in das Schlauchpaket. Ein zweiter Antrieb im Schweißbrenner zieht den Draht aus dem Schlauchpaket (pull) und schiebt ihn in die Kontaktdüse. Kennzeichnend für Geräte dieser Bauart ist der gleichmäßige Drahtvorschub. Auch ermöglichen sie das Arbeiten mit sehr dünnen Drähten bzw. Drähten aus weichen Metallen wie z. B. Aluminium. Nachteilig ist allerdings das höhere Gewicht des Schweißbrenners. Für Stahlschweißungen sind damit Schlauchpaketlängen bis 12 m möglich.

d) Kleinspulengeräte: Die Drahtspule von geringem Durchmesser und Gewicht sitzt hier direkt auf dem Schweißbrenner, was Schwierigkeiten beim Drahtvorschub ausschließt. Damit können wie bei den Push-Pull-Geräten auch dünne bzw. weiche Drähte verarbeitet werden.

Aufgabe des Drahtvorschubgerätes ist es, den Draht mit einer einstellbaren Vorschubgeschwindigkeit zwischen 2 und 20 m/min dem Schweißbrenner zuzuführen. Als Antrieb dient in der Regel ein stufenlos regelbarer Gleichstrom-Nebenschlussmotor. Für den Vorschub selbst gibt es verschiedene Konstruktionen, z. B. den Zwei- und den Vier-Rollen-Antrieb, wobei eine, zwei oder vier Rollen angetrieben sind. Eine Sonderkonstruktion ist der Planetenantrieb, der aber selten eingesetzt wird.

Als Stromquellen kommen grundsätzlich nur Gleichrichter mit Konstantspannungs-Charakteristik in Betracht; möglich wäre allerdings auch eine leicht fallende statische Kennlinie. Diese Forderung ergibt sich aus der für den MIG-/MAG-Prozess kennzeichnenden Regelung der Lichtbogenlänge mit einer starken Änderung der Spannung (ΔI-Regelung).

Die vielfältigen Möglichkeiten der Ausbildung des Lichtbogens erfordern eine fein einstellbare Stromquelle. Hierzu geeignet sind die in Abschnitt 2.2.2 beschriebenen Stromquellen, insbesondere die völlig digitalisierten Schweißstromquellen.

Beim MIG-/MAG-Schweißen muss der Zufluss des Schutzgases beim Schweißen im Zusammenhang mit dem Drahtvorschub gesteuert werden. Hierzu dient ein Steuergerät, das – wie beim WIG-Prozess bereits kurz beschrieben – durch einen Knopfdruck am Brenner gesteuert wird. Am einfachsten arbeitet die Zweitakt-Schaltung, bei der gleichzeitig Drahtvorschub, Schweißstrom und der Zufluss von Schutzgas ein- und ausgeschaltet werden.

Bei der so genannten Viertakt-Schaltung tritt mit Betätigen des Schaltknopfes zunächst ein Vorströmen des Schutzgases ein. Lässt man den Knopf wieder los, so werden damit Strom und Drahtvorschub eingeschaltet. Durch erneutes Drücken des Knopfes werden Strom und Drahtvorschub wieder abgeschaltet, während das Schutzgas noch so lange nachströmt, wie der Knopf gedrückt ist.

Die Schaltungen sind heute so modifiziert, dass eine so genannte Rückbrennzeit des Lichtbogens vorgesehen werden kann. Der Drahtvorschub wird dabei kurz vor dem Abschalten des Schweißstroms gestoppt. So wird verhindert, dass die Elektrode beim gleichzeitigen Abschalten von Strom und Drahtvorschub im Schweißbad einfriert. Entsprechende Schaltungen bewirken beim Beginn des Schweißens, dass der Draht zum Zünden mit verminderter Geschwindigkeit zugeführt wird und erst nach dem Zünden die vorgewählte Vorschubgeschwindigkeit wirksam wird (Einschleichen).

Wie beim WIG-Schweißen muss das Schutzgas unter einem bestimmten Druck in bestimmter Menge je Zeiteinheit zugeführt werden. Zur Reduzierung des Druckes vom Flaschen- auf den Betriebsdruck dient ein in seiner Form und Funktion bereits beim Gasschmelzschweißen beschriebenes Reduzierventil. Die erforderliche Schutzgasmenge errechnet sich überschlägig aus der Beziehung 10 x Drahtdurchmesser in mm = ltr/min. Wichtig ist die Einstellung der Gasmenge mit Hilfe eines Gasdurchflussmessers, der auf das verwendete Schutzgas kalibriert ist (vgl. **Tabelle 18-23**). Wichtig ist auch das Spülen der Schläuche nach längerem Stillstand der Anlage und Wechsel des Schutzgases, siehe auch Seite 10).

Kennzeichnend für das MAG-Schweißen ist ein weiter Einstellbereich, womit verschiedene Formen des Werkstoffübergangs verbunden sind, **Bild 2-41** und **Tabelle 2-12**. Bei hoher Spannung (> 23 V) und großer Vorschubgeschwindigkeit/Stromstärke stellt sich zunächst ein feinsttropfiger, kurzschlussfreier Werkstoffübergang ein (Sprühlichtbogen). Voraussetzung dafür ist die Verwendung eines inerten Gases oder von Mischgasen mit hohem Argon-Anteil; unter CO_2 bilden sich bei langem Lichtbogen grobe Tropfen aus, die nicht ganz kurzschlussfrei ins Schweißbad übergehen. Übergänge dieser Art führen zur Bildung von Spritzern beim Wiederzünden des Lichtbogens.

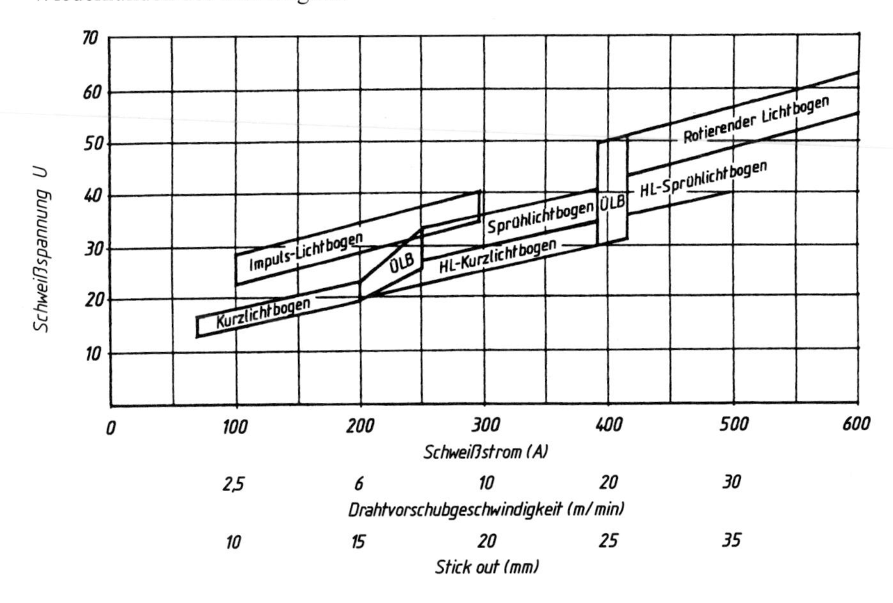

Bild 2-41 Möglichkeiten der Ausbildung des Tropfenübergangs beim MAG-Schweißen. Drahtelektrode 1,2 mm, 4-Komponentengas (nach Stenke)

Tabelle 2-12 Ausbildung des Lichtbogens und des Tropfenübergangs beim MAG-Schweißen

Lichtbogenart	Werkstoffübergang	Gase	Anwendung
Kurzlichtbogen KLB	Tropfenübergang im Kurzschluss; geringe Spritzerbildung	CO_2	Dünne Bleche Zwangslagenschweißung Wurzelschweißung
Übergangs-Lichtbogen ÜLB	Grobtropfiger Übergang; teilweise im Kurzschluss	Ar-Mischgase	Mittlere Blechdicken
Langlichtbogen LLB	Grobtropfiger Übergang; Spritzerbildung	CO_2	Größere Blechdicken Hohe Leistung
Sprühlichtbogen SLB	Feintropfiger Übergang; ohne Kurzschlüsse	Ar-Mischgase	Große Blechdicken Große Abschmelzleistung Wannenlage
Hochleistungs-lichtbogen HL Rotierender Lichtbogen RLB	Unterschiedliche Lichtbogenarten und Werkstoffübergänge	Ar-Mischgase mit He-, O_2- und CO_2-Anteilen	Hohe Abschmelzleistung Hohe Schweißgeschwindigkeit
Impulslichtbogen ILB	Kurzschlussfreier, definierter Tropfenübergang, keine Spritzerbildung	Ar-reiche Mischgase	Mittlerer Leistungsbereich Zwangslagenschweißung

Bei niedriger Spannung und kleiner Stromstärke/Vorschubgeschwindigkeit bilden sich unabhängig vom Schutzgas feine Tropfen aus. Durch den kurzen Lichtbogen bedingt, ist ein Kontakt zwischen dem sich bildenden Tropfen und dem Schmelzbad unvermeidbar. Der Pinch-Effekt schnürt einmal den Tropfen leicht ab, zum anderen saugt das Bad den Tropfen an, wodurch sich ein feiner Tropfenübergang im Kurzschluss ergibt.

Das damit verbundene Ansteigen des Stroms würde zur Bildung von Spritzern führen. Durch Einbau entsprechender Drosseln in den Schweißstromkreis kann dies aber weitgehend unterbunden werden. Verwendet wird dieser Kurzlichtbogen in erster Linie für das Schweißen dünner Bleche, für Wurzeln und in Zwangslagen (kleine Abschmelzleistungen).

Beim Impulslichtbogen wird dem zeitlich konstanten Grundstrom ein zweiter, in einstellbarer Frequenz pulsierender Strom überlagert, **Bild 2-42**. Der Grundstrom muss in seiner Höhe so gewählt werden, dass Elektrodenende und Schmelzbad gerade flüssig gehalten werden, während der Stromimpuls die Ablösung des Tropfens und seinen Übergang ins Schmelzbad bewirkt.

Wird der Grundstrom I_G zu hoch gewählt, so schmilzt das Drahtende zu stark an, wodurch sich ein verzögerter Anstieg zum Impulsstrom ergibt. Wird er zu nieder eingestellt, so kommt es zu Unterbrechungen des Lichtbogens und einem Tropfenübergang mit Kurzschlüssen.

Der Impulsstrom I_p sollte mindestens 450 A betragen, um eine kurzschlussfreie Tropfenablösung zu gewährleisten.

Die Impulsdauer t_p muss so lange sein, dass ein kurzschlussfreier Tropfenübergang möglich ist. Wird sie andererseits zu hoch gewählt ($t_p > 5$ ms), so werden je Impuls weitere Tropfen gebildet, was eventuell kurzzeitig zu einem Sprühlichtbogen führt.

Eine Impulsfrequenz unter 40 Hz ist wegen des dann flatternden Lichtbogens für das Handschweißen ungeeignet. Zu beachten ist, dass Drahtdurchmesser, Drahtfördergeschwindigkeit und Impulsfrequenz zusammenhängen.

Für das Schweißen von un- und niedriglegierten Stählen mit dem Impulslichtbogen können folgende Parameter als Richtwerte bei einem Drahtdurchmesser von 1,2 mm angegeben werden:

Grundstrom I_G	30 bis 40 A
Impulsstrom I_p	480 bis 550 A
Anstieg	800 bis 1000 A/ms
Impulsfrequenz	40 bis 259 1/s
Pulszeit t_p	1,8 bis 2,2 ms

Als Schutzgase kommen bei dieser Technik Argon, Argon-Helium-Gemische mit He-Anteilen < 15 % oder Ar + CO_2 (< 20 %) in Betracht, da nur diese sich ausreichend gut ionisieren lassen, um die hohen erforderlichen Stromanstiegsgeschwindigkeiten zu ermöglichen.

Angewandt wird der Impulslichtbogen bei dünnen Blechen, in Zwangspositionen und zum Schweißen von Wurzellagen. Auch können dünne Bleche mit relativ dicken Drähten verschweißt werden. Geschweißt wird nur in den Positionen PA und PB.

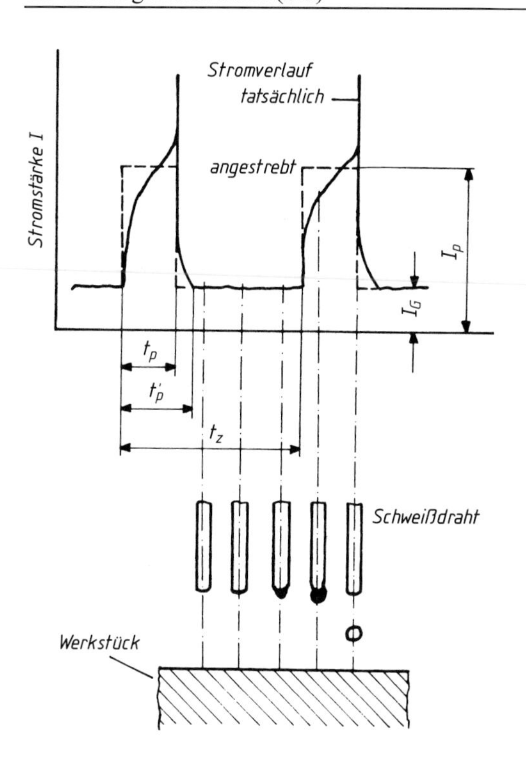

Bild 2-42
Verlauf des Schweißstroms in Abhängigkeit von der Zeit beim Schweißen mit dem Impulslichtbogen

I_G Grundstrom

I_P Pulsstrom

t_p Pulszeit

t'_p Effektive Pulszeit

t_z Zykluszeit

Die Schweißgase

Beim Schutzgasschweißen hat das Schutzgas grundsätzlich die folgenden Aufgaben zu erfüllen:

- Schutz der Elektroden, des Lichtbogens und des Schweißbads vor dem Zutritt der atmosphärischen Gase,
- Beeinflussung der Zündeigenschaften, der Stabilität und der Form des Lichtbogens,
- Beeinflussung des Einbrands,
- Beeinflussung der Metallurgie der Schweißung
- Steigerung der Schweißleistung.

Als Schutzgase kommen sowohl reine Gase als auch Mischgase in Betracht. Weiterhin kann unterschieden werden nach inerten Gasen und chemisch aktiven Gasen bzw. deren Gemischen. Dabei sind von den verwendeten Gasen eine Reihe von Anforderungen zu erfüllen, die durch die folgenden Eigenschaften beschrieben werden:

Physikalische Eigenschaften	Dichte, elektrische Leitfähigkeit Wärmeleitfähigkeit Wärmekapazität Wärmeübergangskoeffizient Ionisations-/Dissoziationsenergie Löslichkeit in Metallen
Metallurgische Eigenschaften	Zu- und Abbrand von Legierungselementen
Chemische Eigenschaften	Chemisches Verhalten (Oxidation und Reduktion)

Die Stabilisierung des Lichtbogens beruht auf der Wirkung der oxidierenden Aktivgas-Komponenten wie O_2 und CO_2. Diese verursachen die Bildung von Metalloxiden, die gegenüber den Metallen eine geringere Ionisationsenergie aufweisen und so eine Verbesserung der elektrischen Leitfähigkeit des Lichtbogens bewirken. Andererseits ist zu beachten, dass durch die Bildung von Oxidschichten die Lagenüberschweißbarkeit verschlechtert wird.

Weiterhin sind diese Aktivgas-Komponenten auch für ein dünnflüssiges Schmelzbad und die Reduzierung der Oberflächenspannung der Schmelze verantwortlich. Wichtig für das Benetzungsverhalten, d. h. das Anfließen des Schmelzbads an die Nahtflanken, ist ein ausreichendes Vorwärmen der Nahtflanken. Die höhere Temperatur verzögert die Erstarrung, wodurch das flüssige Schweißgut länger ausfließen kann. Die Vorwärmung der Nahtflanken wird durch den Einsatz von Gasen mit guten Wärmeübertragungseigenschaften erreicht. Der Effekt beruht einmal auf der Dissoziation und Rekombination von molekularen Gasen, wie auch der Übertragung der Energie des Lichtbogens bei Gasen mit guter Wärmeleitfähigkeit und der Übergang der Energie auf den Werkstoff, was in der Wärmeübergangszahl ausgedrückt wird. Wasserstoff bewirkt zudem noch eine Einschnürung des Lichtbogens, was das Schweißen in Zwangslagen ermöglicht bzw. eine höhere Schweißgeschwindigkeit ermöglicht.

Die Einteilung der Gase erfolgt in DIN EN ISO 14 175 in folgende Hauptgruppen:

I	inerte Gase oder inerte Mischgase
M1, M2, M3	oxidierende Mischgase mit Sauerstoff und oder Kohlendioxid
C	stark oxidierende Gase und stark oxidierende Mischgase
R	reduzierende Mischgase mit Wasserstoff
N	reaktionsträges Gas oder reaktionsträges Mischgas mit Stickstoff
O	Sauerstoff
Z	Mischgase, die außerhalb der in der Tabelle genannten Bereiche liegen

Als reduzierendes Gas wird in erster Linie Wasserstoff (H), zumeist mit Argon in einem Gasgemisch, verwendet. Wasserstoff wird durch Elektrolyse aus Chloriden gewonnen und in einer Reinheit von 99,5 % in Stahlflaschen unter Druck gespeichert gehandelt. Wasserstoff ist als aktives Gas zu betrachten. Er verfügt über eine hohe Wärmeleitfähigkeit, er reduziert vorhandene Oxide und verhindert die Bildung neuer Oxide während des Schweißens. Im Lichtbogen wird das Wasserstoffmolekül dissoziiert. Der atomare Wasserstoff rekombiniert an der Werkstoffoberfläche zu molekularem Wasserstoff, wobei die zur Dissoziation aufgewendete Energie wieder frei wird und damit für das Aufschmelzen des Werkstoffs zur Verfügung steht. Reduzierende Gase werden beim Schweißen hoch legierter Stähle und bei Nickel bzw. Nickellegierungen eingesetzt.

Zur Gruppe der inerten Gase zählen die Edelgase Argon und Helium. Argon (Ar) wird aus der atmosphärischen Luft gewonnen und üblicherweise mit einer Reinheit von 99,99 % (Argon 4.0) in Stahlflaschen unter Druck gespeichert geliefert. Helium (He) wird in der Regel aus Erdgas gewonnen und in der gleichen Reinheit und Form wie Argon gehandelt. Argon hat gegenüber Helium den Vorteil einer größeren Dichte, was u. a. zu einer besseren Schutzwirkung führt, eines niedrigeren Preises und einer leichteren Zündbarkeit. Helium andererseits ergibt einen heißeren Lichtbogen und ermöglicht damit eine höhere Schweißgeschwindigkeit und einen tieferen Einbrand. Anwendung finden die inerten Gase beim Schweißen der Leichtmetalle Magnesium, Titan und Aluminium sowie bei Kupferlegierungen.

Zu den aktiven Gasen zählt Kohlendioxid (CO_2), das in DIN EN 439 als eigenständige Gruppe ausgewiesen ist. Es wird aus verschiedenen chemischen Prozessen gewonnen und steht in einer

Reinheit von 99,8 % als Flüssiggas in Stahlflaschen zur Verfügung. Damit lässt sich der Füllgrad der Flasche nicht aus dem Flaschendruck bestimmen. Es ist auch zu beachten, dass bei der Expansion des Gases im Druckminderer eine starke Unterkühlung auftritt. Die damit verbundene Vereisung ist durch eine entsprechende Beheizung zu verhindern.

Als molekulares Gas dissoziiert Kohlendioxid im Lichtbogen zu Kohlenmonoxid (CO) und Sauerstoff (O). Die Zerfallsprodukte rekombinieren, wie beim Wasserstoff bereits erwähnt, am kalten Grundwerkstoff wieder zu CO_2 unter Abgabe der vorher zugeführten Energie. Der atomare Sauerstoff oxidiert die metallischen und nichtmetallischen Bestandteile des Grundwerkstoffs und des Zusatzwerkstoffs. Auch sind Reaktionen mit anderen Gasen zu beobachten. Das Kohlenmonoxid führt zu einer Aufkohlung der Schmelze, weshalb reines Kohlendioxid nur zum Schweißen von un- und niedriglegierten Stählen verwendet werden kann.

Die physikalischen Eigenschaften der Gase sind in **Tabelle 2-13** zusammengestellt.

Tabelle 2-13 Physikalische Eigenschaften der wichtigsten Schweißgase

		Dichte[1]	**Atom-/ Molekulargew.**	**Siedetemp.**[2]	**Spez. Wärmekapazität c_p**	**Wärmeleitfähigkeit**[3]	**Dissoziationsenergie**	**Ionisationsenergie**
		kg/m³	kg/l$_{mol}$	°C	kJ/kg · K	W/m · K	eV	eV
						$\times 10^{-4}$		
Argon Ar	I	1,6687	39,948	-185,9	0,5204	177	–	15,8
Helium He	I	0,167	4,0026	-268,9	5,1931	1500	–	24,6
Wasserstoff H_2	R	0,0841	2,016	-252,8	14,3	1861	4,5	13,6
Kohlendioxid CO_2	O	1,8474	44,01	-78,5	0,85	164	4,3	14,4
Stickstoff N_2		1,170	28,0134	-195,8	1,041	259	9,8	14,5
Sauerstoff O_2	O	1,337	31,998	-183,0	0,9194	264	5,1	13,6

[1] bei 15 °C und 1 bar Druck
[2] bei 1,013 bar Druck
[3] bei 25 °C und 1 bar Druck

Die Mischgase sind in drei Gruppen M1, M2 und M3 gegliedert.

Basisgas der Mischgasgruppe ist Argon, das bis zu 95 % durch Helium ersetzt werden darf. Weitere Komponenten sind Kohlendioxid und Sauerstoff. Der Anteil des CO_2 liegt bei den Gasen der Gruppe M1 bei 0 bis 5 %; er steigt bei Gruppe M2 auf 0 bis 25 %; bei Gruppe M3 beträgt er bis 50 %. Zu dieser Komponente tritt in wechselnden Anteilen noch Sauerstoff als weitere Komponente hinzu, deren Anteil von M1 bis M3 ebenfalls ansteigt. In jeder Gruppe sind zusätzlich Gasgemische mit der Komponente CO_2 aber ohne Sauerstoff (M11, M12, M20, M21, M31), wie auch mit der Komponente Sauerstoff aber ohne CO_2 (M13, M22 und M32) genormt.

Die sauerstofffreien Mischgase geben ein günstiges Einbrandprofil, bei höheren CO_2-Gehalten ohne den bekannten „Argon-Finger". Der Werkstoffübergang erfolgt in der Regel unter Kurzschluss. Bei dünnen Drähten ist er feintropfig, bei dicken Drähten grobtropfig. Schweißspritzer sind wegen des nichtaxialen Tropfenübergangs charakteristisch. Bei höheren Stromstärken ist aber ein feintropfiger, spritzerarmer Tropfenübergang im Sprühlichtbogen erreichbar. Durch den Abbrand von Mn und Si bildet sich eine Schlacke, die bei einer nachträglichen Oberflächenbehandlung des geschweißten Teils störend sein kann. Geeignet sind diese Gase insbesondere für niedriglegierte Stähle.

Die CO_2-freien Mischgase auf der Basis Argon/Helium mit Sauerstoff bewirken ein dünnflüssiges Schmelzbad und einen spritzerfreien Tropfenübergang. Dadurch entsteht eine flache, glatte und kerbfreie Naht. Mischgase dieser Zusammensetzung eignen sich insbesondere zum Schweißen hochlegierter Stähle. Beim Schweißen von hochlegierten austenitischen Stählen kann durch Gase vom Typ M22 z. B. eine maximale Heißrisssicherheit wie auch eine höhere Schweißleistung erzielt werden.

Die Gasgemische der Gruppe M2 sind charakterisiert durch einen CO_2-Anteil in der Höhe von 0 bis 25 %. Weitere Komponenten sind Sauerstoff und u. U. Helium. Der Oxidationsfaktor dieser Gase ist gegenüber den Gasen der Gruppe M1 deutlich erhöht. Für das MAG-Schweißen niedriglegierter Stähle werden bevorzugt Gase dieser Gruppe eingesetzt. Durch entsprechende Wahl des CO_2-Anteils können sowohl kleine als auch mittlere und große Blechdicken verschweißt werden.

Aus der Gruppe der Dreikomponenten-Mischgase (z. B. M14, M23 bis M27, M33 bis M35) werden bevorzugt die Ar-CO_2-O_2-Gemische (M23 und M24) verwendet. Diese Gase sind für niedriglegierte Stähle gut, für hochlegierte Stähle allerdings nur bedingt geeignet. Durch Zumischen von O_2 wird die Spritzerbildung vermindert. Es entsteht ein gutes Einbrandprofil. Erzielt wird ein feintropfiger, spritzerarmer Werkstoffübergang. Diese Gasgemische sind, insbesondere bei höheren Argonanteilen, auch für das Schweißen mit dem Impulslichtbogen geeignet.

Daneben werden verschiedene in der Norm nicht vorgesehene Gasgemische verwendet. So hat sich ein Gemisch aus Argon und Sauerstoff für das Schweißen von Aluminiumwerkstoffen bewährt. Der unter diesen Gasen entstehende Lichtbogen ist sehr konzentriert und stabil, was zu einer erhöhten Schweißgeschwindigkeit führt. Der Einbrand ist tief und die Porenneigung gering. Eingang in die Praxis hat – insbesondere beim Plasmaschweißen– auch ein Gemisch Argon-Wasserstoff gefunden. Durch die Einschnürung des Lichtbogens wird ein erhöhter Energieeintrag in das Werkstück erzielt; auch wird ein verbessertes Benetzungsverhalten zwischen Schmelze und Werkstoff beobachtet.

Tabelle 2-14 gibt einen Überblick über die Gase, deren Bezeichnung und Zusammensetzung.

Mit der Einführung der DIN EN ISO 14 175 ändern sich auch die Bezeichnungen insbesondere der Mischgase gemäß folgenden Beispielen:

Mischgas mit 7 % CO_2, 4 % O_2, Rest Argon	DIN EN ISO 14 175	M25-ArCO-7/4
Mischgas mit 30 % He, Rest Argon	DIN EN ISO 14 175	I3-ArHe-30
Mischgas mit 90 % N_2 und 10 % H_2 (Formiergas)	DIN EN ISO 14 175	N4-NH-10

Zu den Gasgemischen ist anzumerken, dass Fertigmischungen relativ teuer sind. Wirtschaftlicher als eine zentrale Gasversorgung ist in diesem Fall der Einsatz mobiler Gasmischgeräte. **Tabelle 18-24** können typische Anwendungen der Schweißgase entnommen werden.

Tabelle 2-14 Gruppeneinteilung und chemische Bestandteile der Schweißgase nach DIN EN ISO 14175 und DVS

Symbol		Komponenten in Volumen-Prozenten (nominell)					
Haupt-Gruppe	Unter-Gruppe	Oxidierend		Inert		reduzierend	reaktionsträge
		CO_2	O_2	Ar	He	H_2	N_2
I	1			100			
	2				100		
	3			Rest*	0,5 – < 95		
M1	1	0,5 – < 5		Rest*		0,5 – < 5	
	2	0,5 – < 5		Rest*			
	3		0,5 – < 3	Rest*			
	4	0,5 – < 5	0,5 – < 3	Rest*			
M2	0	5 – < 15		Rest*			
	1	15 – < 25		Rest*			
	2		3 – < 10	Rest*			
	3	0,5 – < 5	3 – < 10	Rest*			
	4	5 – < 15	0,5 – < 3	Rest*			
	5	5 – < 15	3 – < 10	Rest*			
	6	15 – < 25	0,5 – < 3	Rest*			
	7	15 – < 25	3 – < 10	Rest*			
M3	1	25 – < 50		Rest*			
	2		10 – < 15	Rest*			
	3	25 – < 50	2 – < 10	Rest*			
	4	5 – < 25	10 – < 15	Rest*			
	5	25 – < 50	10 – < 15	Rest*			
C	1	100					
	2	Rest	0,5 – < 30				
R	1			Rest*		0,5 – < 15	
	2			Rest*		15 – < 50	
N**	1						100
	2			Rest*			0,5 –< 5
	3			Rest*			5 – < 50
	4			Rest*			0,5 – < 5
	5					0,5 – < 50	Rest
O	1		100				
Z	Mischgase mit Komponenten, die in der Tabelle nicht aufgeführt sind, oder Mischgase mit einer Zusammensetzung außerhalb der angegebenen Bereiche						

* Argon darf teilweise oder vollständig durch Helium ersetzt werden

** Früher „F“

Schweißzusätze

Die zum Metall-Schutzgasschweißen verwendeten Drahtelektroden sind wie folgt genormt:

Unleg. Stähle und Feinkornbaustähle	DIN EN ISO 14341
Hochfeste Stähle	DIN EN ISO 16834
Warmfeste Stähle	DIN EN ISO 21952
Nichtrostende und hitzebeständige Stähle	DIN EN ISO 14343
Aluminium-Werkstoffe	DIN EN ISO 18273
Nickel-Werkstoffe	DIN EN ISO 18274
Kupfer-Werkstoffe	DIN EN ISO 18274
Gusseisen-Werkstoffe	DIN EN ISO 1071

Beim MSG-Schweißen werden vorwiegend Massivdrähte verwendet, die im Durchmesserbereich von 0,8 bis 1,6 (2,4) mm geliefert werden. In der Endstufe der Fertigung wird der Draht verkupfert. Aufgabe der Kupferschicht ist es, den Übergangswiderstand in der Stromkontaktdüse zu senken und die Reibung im Drahtvorschub zu vermindern. Eine nennenswerte Schutzwirkung gegen Korrosion ist nicht vorhanden. Unter dem Gesichtspunkt der Arbeitssicherheit ist die Verkupferung der Drähte bedenklich, da beim Abschmelzen der Drähte schädliche Schweißrauche entstehen.

Auch aus metallurgischer Sicht ist das Kupfer der Drahtoberfläche unerwünscht. Beim Abschmelzen des Drahts gelangt das Kupfer in das Schweißbad und kann dort die Ursache für Fehler sein. Ebenso können Ziehmittelrückstände (Fette) zur Porenbildung und einem erhöhten Wasserstoffgehalt im Schweißgut führen.

Die Normbezeichnung der beim MSG-Schweißen verwendeten Schweißzusätze folgt dem beim UP-Schweißen bereits beschriebenen Schema. Für die zum Schweißen von unlegierten Stählen und Feinkornbaustählen verwendeten Schweißzusätze nach DIN EN 440 lautet die Bezeichnung beispielsweise

EN 440 – G2 S1,

wobei bedeuten

G Draht für das Schutzgasschweißen

2 Kennziffer für den Mangan-Gehalt
(Ziffer geteilt durch Faktor 2 = Richtwert an Mn in %)

Si Zusätzliches Legierungselement (hier: Si)

Neben Kohlenstoff (Gehalt zwischen 0,06 und 0,14 %) und Mangan (Gehalte zwischen 0,9 und 1,9 %) sind als Legierungselemente zu finden Silizium, Titan, Nickel, Molybdän und Aluminium.

Die Elektroden können den zu schweißenden Werkstoffen und den empfohlenen Schutzgasen wie folgt zugeordnet werden (vgl. hierzu auch **Tabellen 18-25** bis **18-27**):

Schweißzusatz	Grundwerkstoff	Schutzgas
G2 Si1 G3 Si1	Baustähle Baustähle	M12 bis M14 M12 bis M24 Bei M3 und C: Abfall der mechan.-technologischen Gütewerte
G4 Si1 G3 Si2	Baustähle	M2, M3,C1
G2 Ti	Feinkornbaustähle	M2 Feinkörniges Schweißgut
G3Ni1	Kaltzähe Stähle	M2 Erhöhte Zähigkeit bei tiefen Temp. durch Nickel. Generell empfohlen bei hohen Anforderungen an Zähigkeit
G2 Mo G4 Mo	Warmfeste Stähle	M1 Erhöhte Warmstreckgrenze durch Mo

Für die mechanisch-technologischen Eigenschaften des Schweißguts und das Schweißverhalten ist beim Schweißen mit Massivdrähten im Wesentlichen die chemische Zusammensetzung der Elektrode maßgebend. Bestimmend ist der Gehalt an Mangan.

Durch die im Schutzgas enthaltenen aktiven Komponenten kommt es jedoch zur Oxidation und damit zum Abbrand von Legierungselementen. Insbesondere Mangan, Silizium und Kohlenstoff sind davon betroffen. Ein Ausgleich erfolgt durch Überlegieren des Schweißzusatzes an diesen Elementen. Andererseits kann es zur Aufkohlung des Schweißguts durch den beim Zerfall von CO_2 entstehenden Kohlenstoff kommen. Dies ist besonders beim Schweißen von korrosionsbeständigen Stählen mit niedrigem C-Gehalt zu beachten. Die Höhe des Abbrands kann nach der Anzahl der Schlackenflecken auf der Schweißnaht beurteilt werden.

Analog dem UP-Schweißen ist daher die Draht-Schutzgas-Kombination für die Eigenschaften des Schweißguts von entscheidender Bedeutung. Entsprechend DIN EN 440 wird diese beispielhaft für die Schweißung eines S 460 N wie folgt bezeichnet

EN 440 – G 46 4 M G4 Si1

Darin bedeuten

G	Metallschutzgasschweißen
46	$R_{p0,2} > 460$ N/mm^2, $R_m = 530$ bis 680 N/mm^2, $A > 20$ %
4	Kerbschlagarbeit 47 J bei –40 °C
M	Mischgas auf Argonbasis, enthaltend Sauerstoff, Kohlendioxid oder beides
G4Si1	Drahtelektrode

Beim MSG-Schweißen mit Massivdrahtelektroden sind die Möglichkeiten der Beeinflussung der Eigenschaften des Schweißguts auf die Draht-Schutzgas-Kombination reduziert. Auch wird unter den üblichen Bedingungen keine Schlacke gebildet, was u. U. beim Schweißen unlegierter Stähle von Vorteil wäre, da mit einer basischen Schlacke auch weniger schweißgeeignete Stähle geschweißt werden können. Die Verwendung von sog. Fülldrähten bietet hier neue Möglichkeiten. Unterschieden werden Fülldrähte mit Gasschutz und selbstschützende Elektroden, wobei letztere für Spezialzwecke und beim Auftragschweißen verwendet werden.

Als Fülldraht wird in folgenden ein schlackebildender, mit rutil oder basischen Komponenten gefüllter röhrchenförmiger Draht bezeichnet. Der Schweißzusatz wird unter Schutzgas abgeschmolzen und das Schweißgut von einer Schlacke geschützt. Enthält der Fülldraht als Füllung nur Metallpulver oder Pulver aus Metalllegierungen, so wird keine Schlacke gebildet.

Der rohrförmige Mantel besteht aus unlegiertem Stahl sehr hoher Reinheit, der mit trockenem Pulver gefüllt wird. Die technologischen Eigenschaften, wie auch die mechanischen Gütewerte des Schweißguts werden somit in erster Linie von der Art des Pulvers bestimmt.

Fülldrähte haben Durchmesser zwischen 1,0 und 4 mm. Da die Stromdichte im stromleitenden Mantelquerschnitt im Vergleich zu Massivdrähten gleichen Durchmessers deutlich höher ist, können generell höhere Abschmelzleistungen erzielt werden. Hinzu kommt die Möglichkeit, in die Füllung Legierungselemente mit höherem Anteil einzubringen.

Die Eigenschaften und Anwendungsgebiete der gasgeschützten Fülldrahtelektroden zum MSG-Schweißen sind in **Tabelle 18-21** im Anhang zusammengestellt. Da es sich bei Fülldrahtelektroden um „umgestülpte Stabelektroden" handelt, gelten für die Elektrodenauswahl im Prinzip dieselben Auswahlkriterien.

Die normgemäße Bezeichnung einer Fülldraht-Schutzgas-Kombination für z. B. einen Stahl S 460 N würde beim Mehrlagenschweißen lauten

EN 758 – T 46 4 P M1

mit folgenden Bedeutungen:

T	Fülldraht
46	$R_p > 460$ N/mm², $R_m = 530$ bis 680 N/mm², A> 20 %
4	Kerbschlagarbeit 47 J bei –40 °C
P	Rutilfüllung
M	Mischgas ohne Helium
1	Alle Schweißpositionen

Neben den gasgeschützten sind auch sog. selbstschützende Fülldrahtelektroden genormt, mit denen ohne zusätzlichen Gasschutz sehr gute Schweißergebnisse erzielt werden.

Genormt sind die Fülldrahtelektroden abhängig vom zu schweißenden Werkstoff in

Unleg. Stähle und Feinkornbaustähle	DIN EN ISO 17632
Hochfeste Stähle	DIN EN ISO 18276
Warmfeste Stähle	DIN EN ISO 17634
Nichtrostende und hitzebeständige Stähle	DIN EN ISO 17633
Gusseisenwerkstoffe	DIN EN ISO 1071

Aus dem beschriebenen MSG-Schweißverfahren haben sich zwei weitere Verfahrensgruppen entwickelt:

- MSG-Schweißverfahren mit vermindertem Energieeintrag
- MSG-Hochleistungsschweiß-Verfahren.

Die energiereduzierten MSG-Prozesse haben das Ziel, bei gleicher Drahtvorschubgeschwindigkeit einen geringeren Energieeintrag in das Werkstück zu erreichen. Dies kann einmal erreicht werden durch einen geregelten Kurzlichtbogen. Beim konventionellen MSG-Schweißen brennt der Kurzlichtbogen frei, nur beeinflusst von der Charakteristik der Schweißstromquelle. Anders beim energiearmen KLB-Prozess, bei dem der Kurzschluss von der Elektronik des Geräts erkannt und dann entsprechend dem implementierten Programm ausgeregelt wird. Dieses muss sicherstellen, dass trotz verminderter Erwärmung des Drahtendes die Ablösung des Tropfens einwandfrei erfolgt.

Hierzu gibt es verfahrenstechnisch verschiedene Ansätze wie z. B.

- Regelung der Drahtförderung und Rückbewegung des Drahts
- Reduktion des Stroms unmittelbar nach dem Kurzschluss
- Start mit niedrigerer Stromstärke nach dem Kurzschluss
- Ausregeln des Stromanstiegs/-abfalls während der Kurzschlussphase und beim Wiederzünden.

Eine zweite Möglichkeit ist die Veränderung der Energiebalance zwischen Drahtende und Werkstück (Wechselstromprozess/AC). Grundlage der Verfahren ist meist der Impulsschweiß-Prozess unter Verwendung von mehreren Impuls- und Grundstromphasen auch unterschiedlicher Polung.

Bei den MSG-Hochleistungs-Schweißprozessen steht die Steigerung der Abschmelzleistung und Erhöhung der Schweißgeschwindigkeit im Vordergrund. Systematisch ist zu unterscheiden zwischen dem Schweißen mit einer oder mit zwei Drahtelektroden. Wird mit einer Elektrode geschweißt, so erfolgt dies im Bereich der Lichtbogenarten mit hoher Abschmelzleistung wie Sprüh-, Impuls- und Rotationslichtbogen. Es wird aber auch der Hochleistungskurzlichtbogen eingesetzt. Kennzeichnend sind große freie Drahtlängen (25 bis 35 mm) und hohe Drahtvorschubgeschwindigkeiten (25 bis 35 m/min).

Beim Mehrdrahtschweißen ist zu unterscheiden zwischen Verfahren, bei denen zwei Drähte auf einem Potential liegen (MSG-Doppeldraht) und Verfahren, bei denen die beiden Drahtelektroden jeweils auf eigenen Potentialen liegen (MSG-Tandem).

Technik des Schweißens

Die Zündung des Lichtbogens erfolgt beim MSG-Schweißen als Berührungszündung. Bedingt durch die hohe Stromdichte an der Kontaktstelle der Elektroden mit dem Werkstück kommt es nach dem Kurzschluss zu einem „Freibrennen" des Drahts, so dass ein Anheben des Brenners nicht erforderlich ist. Moderne Anlagen bieten die Möglichkeit des „Einschleichens" des Drahts, d. h. dieser wird nicht mit der für das Schweißen gewählten Drahtfördergeschwindigkeit vorgeschoben.

Eine andere Möglichkeit eines kurzschluss- und damit spritzerfreien Zündens bieten Anlagen mit geregeltem Drahtrückzug (spatter-free ignition). Dabei wird der Lichtbogen wie beim Schweißen mit der Stabelektrode durch Abheben gezündet und es muss kein Drahtstück „weggespritzt" werden, um bei langsamem Drahtvorschub eine Lichtbogenstrecke zu öffnen.

Abschmelzleistung und Einbrandtiefe werden beim MSG-Schweißen auch vom sog. Kontaktrohrabstand (stick out) beeinflusst. Darunter versteht man den Abstand zwischen Kontaktrohr (Stromkontaktdüse) und dem Lichtbogenzündpunkt. Nach einer in der Praxis verwendeten Faustformel soll der Kontaktrohrabstand bei Kurz- und Langlichtbogen ca. $l_0 = 10 \times d$ betragen, wobei d den Drahtdurchmesser bezeichnet. Für den Sprühlichtbogen wird der Abstand mit $l_0 = (12 \ldots 16) \times d$ angegeben (**Bild 2-41**). Ein zu großer Abstand führt durch die Verluste im freien Drahtende zu einer geringeren Intensität des Lichtbogens und einem geringeren Einbrand.

Beim MSG-Schweißen wird in der Regel stechend geschweißt mit einem Winkel von ca. 10° zur Vertikalen. Nur bei dünnen Blechen empfiehlt es sich, den Brenner leicht schleppend zu führen.

Unregelmäßigkeiten beim Schutzgasschweißen

Typische Fehler sind

- Bindefehler und
- Poren.

Bindefehler sind die Folgen einer falsch gewählten Lichtbogenleistung oder einer falschen Brennerhaltung. So kann z. B. beim Kurzlichtbogen eine zu niedrige Stromstärke dazu führen, dass der Grundwerkstoff nicht genügend aufgeschmolzen und so der Zusatzwerkstoff nicht in das Bad aufgenommen wurde. Auch ein zu langes freies Drahtende kann zu einer ungenügenden Lichtbogenleistung und damit zu Bindefehlern führen.

Andererseits kann auch eine zu hohe Lichtbogenleistung zu Bindefehlern führen, wenn bei zu geringer Schweißgeschwindigkeit sich ein größeres Schweißbad ausbildet und damit die Gefahr des Vorlaufens des flüssigen Werkstoffs besteht. Auch behindert ein solches Bad einen tieferen Einbrand.

Die Bildung von Poren kann zwei Ursachen haben. Beim Schweißen von beschichteten Teilen kann es zu einer Porenbildung aus der Zersetzung der Beschichtung kommen, insbesondere wenn mit engem Spalt und höheren Drücken geschweißt wird. Poren können jedoch auch aus metallurgischen Prozessen herrühren. Bei un- und niedriglegierten Stählen kann Stickstoff ursächlich sein. Die einzelnen Schutzgase und Gasgemische zeigen dabei eine unterschiedliche Empfindlichkeit gegenüber Stickstoff. Wichtig sind dabei die Bedingungen für die Entgasung des Bads, die von der Einbrandform und dem Wärmeinhalt der Schmelze beeinflusst werden. Wasserstoff führt zu Poren bei hochlegierten Chrom- und Chrom-Nickel-Stählen sowie Aluminium. Beide Gase gelangen im Wesentlichen aus der atmosphärischen Luft in das Bad, wenn die Abdeckung der Schmelze durch das Schutzgas mangelhaft ist. Ursache hierfür können sein Luftzug an der Arbeitsstelle, falsche Brennerhaltung oder falsche Dosierung des Schutzgasdurchflusses u. ä.

Weitere Hinweise werden in **Tabellen 18-28** bis **18-30** im Anhang gegeben.

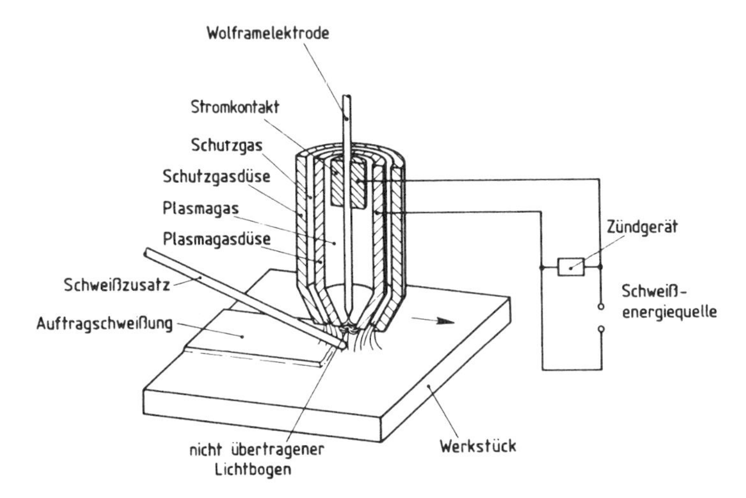

Bild 2-43
Plasmastrahlschweißen (nach DIN 1910)

2.3.3 Plasma-Schweißen (WP/15)

Plasma ist der vierte Aggregatzustand, den die Materie einnehmen kann. Das Plasma setzt sich zusammen aus Elektronen, Ionen, Molekülen und Atomen, die sich infolge der hohen Temperatur in einer sehr starken, ungeordneten Bewegung befinden. Aus dem gleichen Grund werden die Moleküle zum Teil dissoziiert, die Atome teilweise ionisiert. Gelangen diese Teilchen auf die kältere Oberfläche des Werkstücks, so werden sie rekombiniert und geben dabei die vorher aufgenommene Energie an das Werkstück ab. Wie bereits gezeigt, besteht jeder Lichtbogen aus reinem Plasma. Durch besondere Maßnahmen, wie Kühlung der Plasmadüse, ist es möglich, eine Einschnürung des Lichtbogens und damit eine Erhöhung der Leistungsdichte zu erreichen. Dadurch steigt die Temperatur des Lichtbogens bei gleicher Stromstärke an.

Systematisch gehört das Plasma-Schweißen zum Wolfram-Schutzgas-Schweißen (WP). In DIN 1910 ist der Prozess wie folgt gekennzeichnet:

Der Lichtbogen ist eingeschnürt. Er brennt beim Plasmastrahlschweißen (WPS) zwischen Wolframelektrode und Innenwand der Plasmadüse (nicht übertragener Lichtbogen) oder beim Plasmalichtbogenschweißen (WPL) zwischen Wolframelektrode und Werkstück (übertragener Lichtbogen). Das Schutzgas ist inert, z. B. Argon oder Helium, oder aktiv, z. B. Wasserstoff, oder ein Gemisch aus inerten und/oder aktiven Gasen. Das Plasmastrahl-Plasmalicht-Bogenschweißen (WPSL) ist eine Variante des Plasmaschweißens, bei der mit nichtübertragenem Lichtbogen gearbeitet wird. Die **Bilder 2-43, 2-44** und **2-45** zeigen die prinzipielle Anordnung der beschriebenen Prozesse.

Beim Plasmastrahlschweißen ist die Wolframelektrode konzentrisch von zwei Düsen umgeben, der inneren Plasmadüse und der äußeren Schutzgasdüse. Die Wolframelektrode liegt am Minuspol der Gleichstromquelle, der Pluspol an der wassergekühlten Kupferdüse, die gleichzeitig die Plasmadüse darstellt. Der Lichtbogen brennt zwischen der Wolframelektrode und der Plasmagasdüse und erhitzt beim Durchgang das Plasmagas. Dieses tritt dann ähnlich einer Flamme aus dem Brenner aus (nicht übertragener Lichtbogen).

Beim Plasmalichtbogenschweißen liegt dagegen der Pluspol am Werkstück, so dass der Lichtbogen hier zwischen Elektrode und Werkstück brennt. Im Gegensatz zu der „Flamme“ des Plasmastrahlschweißens erlischt dieser übertragene Lichtbogen, wenn der Brenner vom Werkstück abgehoben wird.

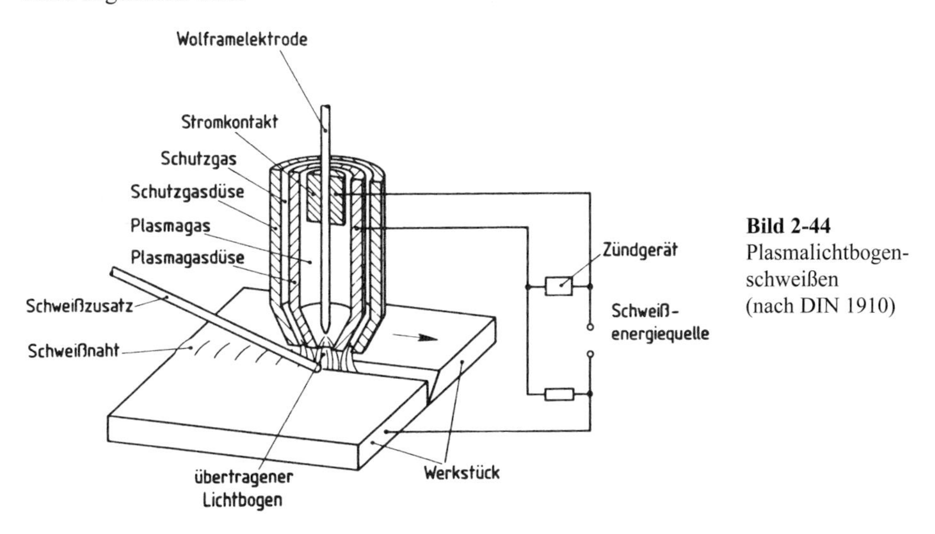

Bild 2-44
Plasmalichtbogenschweißen
(nach DIN 1910)

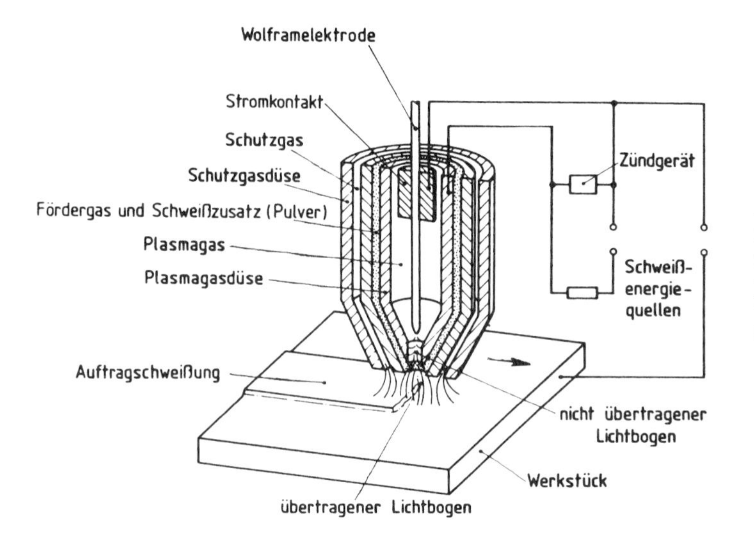

Bild 2-45
Plasmastrahl-Plasmalicht-bogenschweißen (nach DIN 1910)

Eine Kombination beider Prozesse stellt das Plasmastrahl-Plasmalichtbogenschweißen dar. Der Prozess benötigt demgemäß zwei Schweißstromquellen. Der nichtübertragene Lichtbogen wird dabei in der Regel als so genannter Pilot- oder Hilfslichtbogen verwendet, der ein leichtes Zünden des Hauptlichtbogens gestattet.

Eines der Kennzeichen des Plasmalichtbogens ist die Einschnürung des Lichtbogens, **Bild 2-46**. Diese wird erreicht einmal durch die gekühlte Plasmadüse, zum anderen durch das kalte Schutzgas (Argon). Als Plasmagas dient Argon, das infolge seiner geringen Ionisationsenergie einen hohen Ionisationsgrad erreicht. Zum Schweißen von CrNi-Stählen wird dem Argon ein geringer Anteil an Wasserstoff beigemischt. Dies verbessert die Wärmeleitfähigkeit und steigert die Einbrandtiefe und die Schweißgeschwindigkeit infolge der höheren Energie des Strahls.

Beim Schweißen von Stählen werden als Schutzgas Argon-Wasserstoff-Mischgase verwendet; auch Argon-CO_2- oder Argon-O_2-Gemische finden Anwendung. Aluminium, Titan und Zirkon werden bevorzugt mit Argon-Helium-Gemischen geschweißt.

Wird das Plasmaschweißen für Verbindungsschweißungen verwendet, so ist nach der Dicke der zu verbindenden Teile eine Einteilung in

- Mikroplasmaschweißen und
- Plasmadickblechschweißen

üblich.

Das Mikroplasmaschweißen wird angewandt für Folien und Bleche bis etwa 1 mm Dicke. Dementsprechend liegt der Bereich der Stromstärke zwischen 0,05 und 50 A. Im Bereich der kleinen Stromstärken um 1 A bietet der eingeschnürte Lichtbogen des Plasmaschweißens besondere Vorteile gegenüber dem WIG-Verfahren, da er auch in diesem Bereich noch ruhig und stabil brennt.

Das Dickblechschweißen umfasst den Bereich zwischen 1 und 10 mm Blechdicke bei Stahl bzw. 12 mm bei Aluminium-Werkstoffen, entsprechend Stromstärken von 40 bis 350 A.

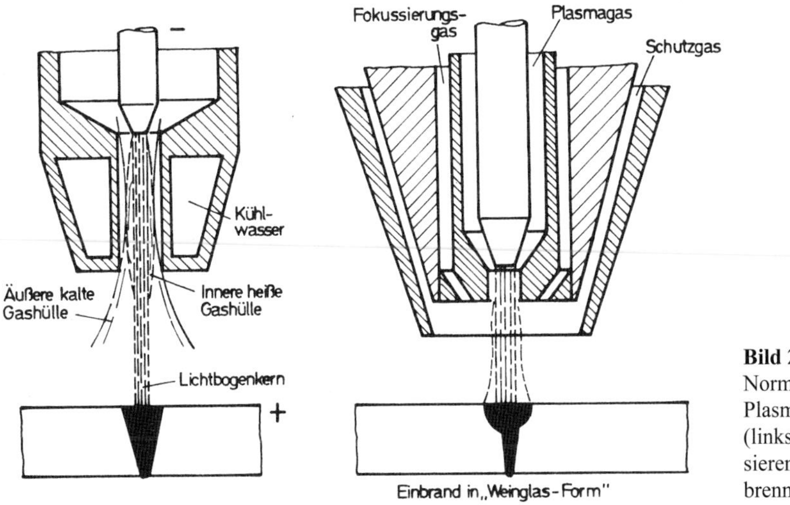

Bild 2-46
Normaler Plasmabrenner (links) und fokussierender Plasmabrenner (rechts)

Das Plasma-Verbindungsschweißen wird vorzugsweise ohne Schweißzusatz in Wannenposition durchgeführt. Entsprechend ist der I-Stoß ohne Spalt die vorherrschende Fugenform.

Die Technik des Schweißens richtet sich nach der Blechdicke. Bei dünnen Blechen wird die Energie in konzentrierter Form der Oberfläche zugeführt, von wo aus sie in die tieferen Schichten fließt. Das führt dazu, dass das Schmelzbad ebenfalls von der Oberfläche aus entsteht. Der Lichtbogen drückt es in Richtung zur Wurzel, wodurch eine Wurzelüberhöhung entsteht. Diese Art des Schweißens wird Durchdrücktechnik genannt.

Die andere Technik, angewandt von etwa 2,5 bis 12 mm Blechdicke, ist die Stichlochtechnik. Der Plasmastrahl durchsticht hier die ganze Dicke. Er drückt die sich bildende Schmelze zur Seite, so dass eine schlauchförmige Öse entsteht. Ein Abfließen der Schmelze nach unten wird

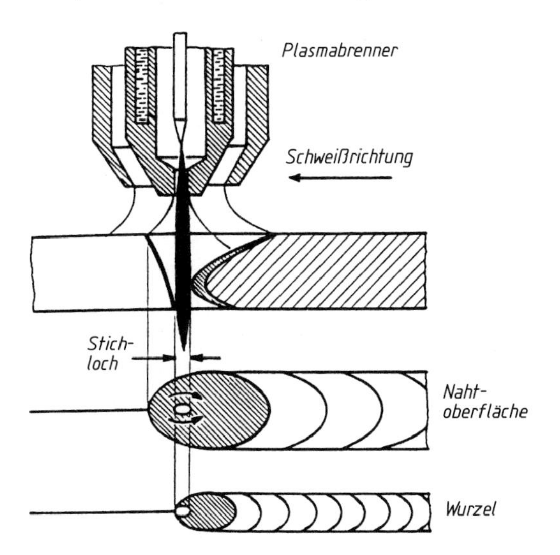

Bild 2-47
Ausbildung des Schweißbads beim Stichloch-Schweißen

durch deren Oberflächenspannung verhindert; gleichzeitig bildet sich eine tangentiale Strömung aus, die zu einem Zusammenfließen der Schmelze hinter dem Stichloch führt, wo sie zur Schweißnaht erstarrt. Das Stichloch muss am Ende des Schweißvorganges wieder geschlossen werden, wozu Stromstärke und Gasdruck langsam abgesenkt werden. Da ein Stichloch nur bei konstanter Schweißgeschwindigkeit entsteht, wird dieses Verfahren nur mit maschinell geführtem Brenner angewendet, **Bild 2-47**.

Unregelmäßigkeiten beim Plasmaschweißen

Im Wesentlichen können vier Fehler auftreten:

- eingefallene Nahtoberfläche,
- Fehler im Endkrater,
- Porenbildung,
- Bindefehler.

Wie gezeigt, ist der Druck des Plasmagases für die Ausbildung der Naht von großer Bedeutung; auch die Nahtoberfläche wird davon beeinflusst. Ist der Druck des Plasmagases zu hoch, die Menge zu groß, so wird die Oberfläche eingedrückt und die Wurzel hängt durch.

Wie beim WIG-Schweißen ist dem Endkrater besondere Aufmerksamkeit zu widmen. Beim Plasmaschweißen können Lunker und Poren an dieser Stelle auftreten. Dies wird verhindert durch ein allmähliches Schließen des Stichlochs.

Kohlenmonoxid kann auch beim Plasmaschweißen von un- und niedriglegierten Stählen zur Porenbildung führen. Das Kohlenmonoxid stammt dabei aus der Reaktion von Luftsauerstoff mit dem Kohlenstoff des Stahls. Auch beruhigt vergossene Stähle sind davon betroffen, wenn der Siliziumgehalt nicht ausreicht, um ein beruhigt erstarrendes Schweißgut zu erzeugen. Daher können unberuhigte Stähle nur unter Verwendung von Schweißzusatz mit dem Plasma geschweißt werden.

Bei CrNi-Stählen ist darauf zu achten, dass bei der Verwendung von Mischgasen als Plasmagas der Wasserstoffgehalt 5 Vol. % nicht überschreitet. Nur so kann verhindert werden, dass bei den gegen Wasserstoff empfindlichen Stählen eine Porenbildung durch Wasserstoff auftritt. Beim Schweißen von Aluminium und seinen Legierungen, wie auch beim Schweißen von Titan und Zirkon dürfen keine wasserstoffhaltigen Plasma- und Schutzgase verwendet werden.

2.4 Gießschmelzschweißen (AS/71)

Bei den zu dieser Gruppe zählenden Prozessen wird die erforderliche Schmelzwärme durch das Eingießen von flüssigem Energieträger in die eingeformte Schweißstelle übertragen, wobei die Stoßflächen anschmelzen (DIN 1910). Der Energieträger ist dabei gleichzeitig der Zusatzwerkstoff.

Das bekannteste Verfahren dieser Gruppe ist das „aluminothermische Schweißen“ oder Thermitschweißen. Es findet Verwendung zum Verschweißen von Schienen auf der Strecke aber auch bei Reparaturschweißungen von großen geschmiedeten oder gegossenen Werkstücken.

Grundlage des Thermitschweißens ist die heftige exotherme Reaktion von Eisenoxid und Aluminium bei hoher Temperatur nach folgender Gleichung:

$$Fe_2O_3 + 2\,Al \rightarrow Al_2O_3 + 2Fe - 758\ kJ/mol.$$

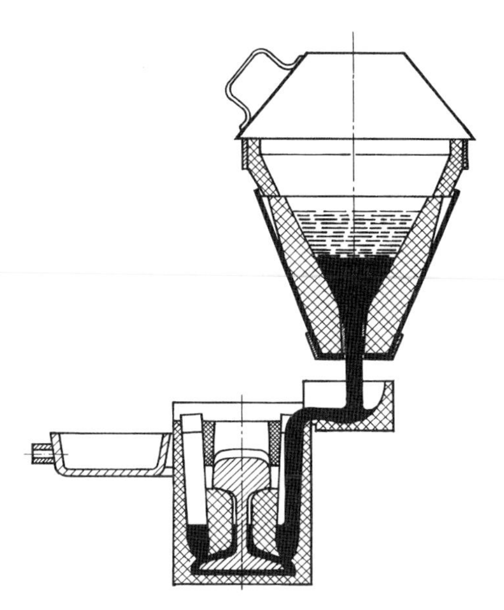

Bild 2-48
Gießschmelzschweißen – aluminothermisches Schweißen von Schienen (SmW-F-Verfahren) (nach Stahlberatung)

Wie **Bild 2-48** zeigt, dient ein kegelförmiger Abstichtiegel als Reaktionsgefäß. In diesem wird das Thermit mit den erforderlichen Legierungszusätzen (Stahlzusatz) mittels einer besonderen Zündmasse gezündet. Bei der Reaktion nach obiger Gleichung entsteht neben der Schlacke aus Al_2O_3 flüssiger Stahl, der nach etwa 1 Minute in die Form abgestochen werden kann. Werden Schienen geschweißt, so wird nach dem Ausrichten der beiden zu verbindenden Schienenenden zwischen diesen ein Spalt von etwa 25 mm Breite hergestellt. Diese Fuge wird mit einer in der Regel vorgefertigten, dem Profil angepassten Sandform umschlossen, die über einen in der Fußzone angebrachten Einguss steigend mit dem Stahl gefüllt wird. Dabei ist es erforderlich, vor dem Vergießen die Schweißzone mit Propan-Sauerstoff-Brennern auf Temperaturen zwischen 600 und 1000 °C zu erwärmen.

Für Reparaturschweißungen an Gussstücken aus Grauguss oder Stahl wird die Schweißstelle wie üblich eingeformt und das Bauteil vorgewärmt. Sodann wird die Form mit entsprechender Schmelze aus dem Schmelzofen gefüllt, worauf das Teil langsam abgekühlt wird.

2.5 Elektronenstrahlschweißen (EB/51)

Beim Elektronenstrahlschweißen (electron beam welding) dient die Energie hochbeschleunigter Elektronen zur Erwärmung und Aufschmelzung des Werkstoffes.

Erzeugung der Strahlen

Die als Träger der Energie dienenden freien Elektronen werden unter Vakuum aus einer Glühkathode freigesetzt. Die Kathode aus einem hocherhitzten Wolframdraht liegt auf einem hohen negativen Potential, so dass die emittierten Elektronen in einem elektrischen Feld in Richtung zur Anode beschleunigt werden. Die Beschleunigungsspannung beträgt 30 bis 150 kV, womit Leistungen von bis zu 120 kW erzielt werden können. Um die Glühkathode ist ein so genannter Wehnelt-Zylinder angeordnet. Durch eine besondere Formgebung und eine ebenfalls negative Polung wird durch ihn eine Fokussierung des Elektronenstrahls erreicht, wodurch der Strahl als schmales Bündel aus der Anodenöffnung austritt. Der Strahl ist auf Durchmesser zwischen 0,1 und 0,8 mm fokussierbar.

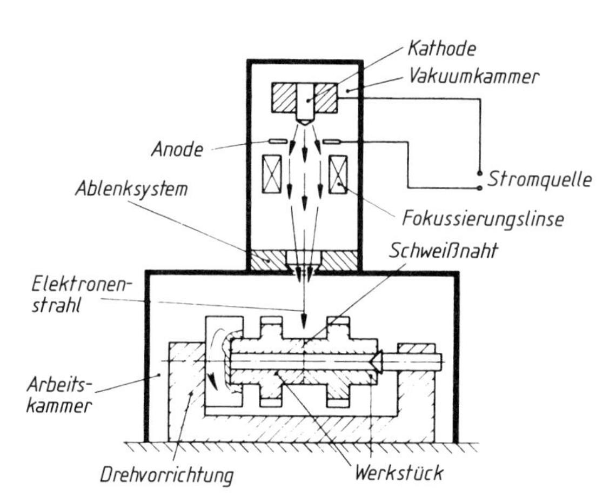

Bild 2-49
Verfahrensprinzip des Elektronenstrahlschweißens (nach DIN 1910)

Durch ein System elektromagnetischer Linsen wird der Strahl auf seinem Weg zum Werkstück gebündelt. Zusammen mit einem Ablenksystem, das eine statische oder dynamische Ablenkung des Strahls erlaubt, sind Kathode und elektromagnetisches System in einer so genannten Kanone untergebracht, die auf der eigentlichen Arbeitskammer angeordnet ist, **Bild 2-49**.

Elektronenstrahlkanone und Arbeitskammer müssen evakuiert werden, da die Elektronen in der Atmosphäre von den wesentlich schwereren Molekülen in der Luft enthaltenen Gase abgelenkt würden. Für die üblichen Konstruktionswerkstoffe genügt ein Feinvakuum (10^{-2} bis 10^{-1} mbar), für Metalle hoher Affinität zu Sauerstoff ist ein Hochvakuum (10^{-4} mbar) erforderlich. In der Arbeitskammer werden die zu schweißenden Teile auf zweckentsprechenden Vorrichtungen positioniert und mit diesen relativ zum Strahl bewegt.

Schweißvorgang

Beim Auftreffen der hochenergetischen Elektronen, die eine Leistungsdichte bis zu 10^7 W/cm^2 haben, auf den Werkstoff, dringen diese in die Randschicht ein, werden jedoch dort schnell abgebremst. Dabei wandelt sich die Bewegungsenergie in Wärme, ein kleiner Teil auch in Strahlung um. Die Wärme bringt den Werkstoff zum Schmelzen und Verdampfen. Durch den hohen Dampfdruck entsteht im Zentrum der Schmelze ein Gaskanal, um den eine Rotation der Schmelze stattfindet. Dieser Gaskanal, auch als Dampfkaverne bezeichnet, ermöglicht den Tiefschweißeffekt, durch den es möglich wird, in einem Arbeitsgang Stahlblech bis zu 200 mm Dicke, Bleche aus Aluminium-Werkstoffen bis 350 mm Dicke zu verschweißen, obwohl die Eindringtiefe der Elektronen um Größenordnungen kleiner ist, **Bild 2-50**.

Entsprechend dem Schweißfortschritt bewegt sich die Kaverne entlang der Schweißfuge, wobei die Schmelze hinter ihr zusammenströmt und dort erstarrt. Es entsteht eine Schweißnaht, gekennzeichnet durch einen schmalen Querschnitt, geringes Schmelzvolumen und leicht keilförmig verlaufende Flanken.

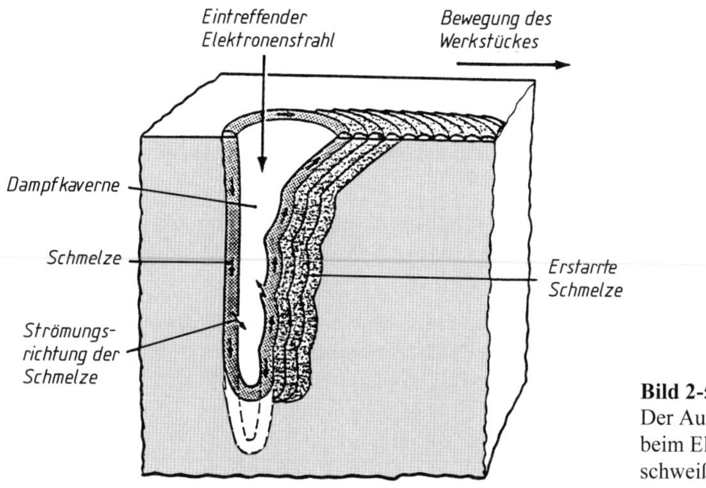

Bild 2-50
Der Aufschmelzvorgang beim Elektronenstrahlschweißen (nach Adam)

Das Elektronenstrahlschweißen arbeitet in der Regel ohne Schweißzusatz; die Fuge wird als Stumpfstoß ausgebildet. Notwendig sind eine Zentrierung der zu verbindenden Teile und das Spannen in einer Vorrichtung zur Sicherung der Lage des Stoßes (vgl. Kapitel 14.2).
Die Form der Naht ist davon abhängig, ob völlig durchgeschweißt wird – wobei sich in der Wurzel ein Tropfen bildet – oder ob eine Schweißbadunterstützung vorhanden ist, die verhindert, dass Strahl und Schweißgut auf der Wurzelseite austreten. Wird völlig durchgeschweißt, so fällt die Oberseite der Naht ein. Beim Schweißen mit Badunterstützung tritt eine Nahtüberwölbung, genannt Nagelkopf (Humping-Effekt), auf; im Wurzelbereich beobachtet man das „Wurzel-spiking". Dabei handelt es sich um Schmelze, die in den Wurzelspalt eindringt und dort eiszapfenartig vorzeitig erstarrt. Die Folge ist Porenbildung und Werkstofftrennung, was zu einer Verminderung der Dauerschwingfestigkeit führt.

Vor dem Elektronenstrahlschweißen müssen Vorrichtung und Schweißteile entmagnetisiert werden, da bei Restfeldstärken von mehr als 1,5 Oe an der Oberfläche der Strahl bereits abgelenkt wird.

Mit dem Elektronenstrahl lassen sich fast alle Metalle verschweißen. Besondere Vorteile bietet das Verfahren, wenn hochschmelzende bzw. gasempfindliche Metalle und Legierungen zu schweißen sind. Beim Schweißen von Stählen kommt es u. U. zu einer Porenbildung, wenn die Gehalte an Schwefel und Phosphor zu hoch sind oder im Stahl Gase gelöst waren. Bei zu hohem C-Gehalt kann es infolge der hohen Abkühlgeschwindigkeit zu erheblichen Aufhärtungen kommen, die durch entsprechende Wärmebehandlungen sofort nach dem Schweißen abgebaut werden müssen.

Gut schweißgeeignet sind geschmiedete, mit Einschränkung auch gegossene Titan-Werkstoffe. Auch hitzebeständige Metalle, wie Molybdän, Wolfram, Tantal, Niob und Zirkon lassen sich verschweißen. Bewährt hat sich das Verfahren auch für das Schweißen von Aluminiumlegierungen, wobei selbst die aushärtbaren Al-Legierungen AlCuMg, AlZnMgCu geschweißt werden können. Schwierigkeiten bereiten dagegen die ausscheidungshärtbaren Werkstoffe auf Ni-, Ni-Fe- oder Co-Basis.

Vorteilhaft beim Elektronenstrahlschweißen sind die hohe Schweißleistung und die geringe Wärmebeeinflussung des Grundwerkstoffs. Die sowohl zeitlich wie örtlich eng begrenzte thermische Beeinflussung hat nur geringen Verzug und unbedeutendes Schrumpfen zur Folge. Auch gestattet das Verfahren, sonst nur schwierig zu verbindende Werkstoffe miteinander zu verbinden.

Von der auf die Bauteiloberfläche auftreffenden Strahlung wird etwa 1 % in Röntgenstrahlung umgewandelt. Bei Beschleunigungsspannungen > 60 kV ist daher eine Abschirmung notwendig.

Zu beachten ist auch, dass der entstehende Metalldampf an allen zugänglichen Oberflächen kondensiert. Es ist daher von Zeit zu Zeit ein Austausch der sich in der Vakuumkammer befindlichen Teile erforderlich.

Nachteilig ist, dass die erforderliche Vakuumkammer, was die Größe der Bauteile anbetrifft, Beschränkungen auferlegt. Diese versucht man dadurch zu umgehen, dass der Elektronenstrahl über mehrere Druckstufen mit abnehmendem Vakuum auf die Oberfläche des Werkstücks geleitet wird, das sich selbst an der freien Atmosphäre befindet. Für das Schweißen großer Bauteile werden auch Geräte mit einem lokalen Vakuum an der Schweißstelle benutzt. Dabei bewegt sich der Strahlerzeuger mit dem Strahl während des Schweißens in einem stationär abgedichteten Bereich.

2.6 LASER-Schweißen (LA/52)

Das Kunstwort Laser ist die Abkürzung für Light Amplifikation by Stimulated Emission of Radiation – Lichtverstärkung durch induzierte Strahlungsemission. Der Laser ist ein Generator und Verstärker von elektromagnetischen Wellen mit Frequenzen im sichtbaren und angrenzenden Spektralbereich. Der Laser kann als Strahlungsquelle betrachtet werden, die einen eng gebündelten Strahl aussendet, der je nach Lasertyp eine für diesen charakteristische Wellenlänge aufweist, der monochromatisch und kohärent ist.

Jeder Laser besteht aus drei Komponenten: dem Lasermedium, der Pumpquelle und dem Resonator, **Bild 2-51**. Eine Übersicht über die modernen Hochleistungslaser, Lasermedien und Pumpquellen geben **Tabelle 2-15** und **Tabelle 18-31** im Anhang.

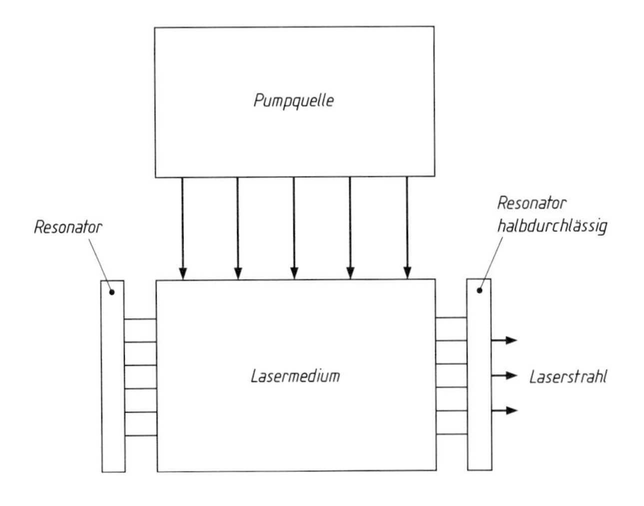

Bild 2-51
Schematischer
Aufbau des Lasers

Tabelle 2-15 Moderne Hochleistungslaser (nach Trumpf)

Lasertyp	Laseraktives Material	Pumpmechanismus und Pumpquellen	Beispiele
Gaslaser	Gas oder Dampf	Elektrisch angeregte Gasentladung	CO_2-Laser: 10,6 μm Eximer-Laser: 175-483 nm
Festkörperlaser	Kristalle oder Gläser, die mit optisch aktiven Ionen dotiert sind	Optisch, mit Anregungslampen oder Diodenlaser	Rubin-Laser: 694 nm, Nd: YAG-Laser: 1,06 μm
Farbstofflaser	Organische Farbstoffe in stark verdünnter Lösung	Optisch, mit Blitzlampen oder Laser	Abstimmbar
Halbleiterlaser	Halbleiter	Elektrisch	GaInP: 670-680 nm GaAlAs: 780-880 nm

Strahlentstehung

Wird einem Atom Energie von außen zugeführt, so werden die in der Schale befindlichen Elektronen auf höhere Energieniveaus angehoben, das Atom befindet sich im angeregten Zustand. Dieser Anregungszustand ist nicht stabil, d. h. nach einer bestimmten Verweilzeit fallen die Elektronen wieder völlig unregelmäßig in das Grundniveau zurück. Die zuvor aufgenommene – absorbierte – Energie wird dabei als sichtbare oder auch unsichtbare Strahlung wieder abgegeben. Es liegt eine spontane Emission von Licht vor, das inkohärent und nicht monochromatisch ist.

Die Emission von Strahlung beim Laser wird dadurch erzielt, dass Energie – zumeist in Form von Licht – in ein laseraktives Material eingekoppelt wird. Dadurch werden dessen Atome oder Moleküle angeregt, von einem Niveau geringer Energie (unteres Laserniveau) in ein höheres Energieniveau (oberes Laserniveau) überzugehen. Bedingung für das Auftreten des Lasereffekts ist, dass sich wesentlich mehr Teilchen im oberen Laserniveau befinden als im unteren. Man spricht hier von Besetzungsinversion.

Liegt ein solcher Zustand vor, der durch das Pumpen erreicht wird, so kann das laseraktive Material die eingekoppelte Energie in Form einer Strahlung von bestimmter Frequenz und Ausbreitungsrichtung wieder abgeben. Es tritt eine induzierte Emission auf. Dabei fallen die Atome bzw. Moleküle wieder in das untere Laserniveau bzw. den Grundzustand zurück.

Bei den typischen laseraktiven Medien ist die Verstärkungswirkung anfangs gering, da sich erst nach Durchlaufen einer längeren Strecke das Verhältnis von spontaner zu stimulierter Emission zu Gunsten letzterer ändert. Diese Strecke liegt zwischen einem und mehreren hundert Metern. Lichtwege dieser Länge werden im sog. Resonator realisiert.

Dieser Resonator besteht im Prinzip aus zwei parallel angeordneten Planspiegeln, von denen einer halbdurchlässig ist. Zwischen den Spiegeln befindet sich das Lasermaterial. Nach jedem Durchlauf durch das laseraktive Material wird das Licht wieder in dieses reflektiert und damit fortwährend durch weitere stimulierte Emission verstärkt. Die Spiegel sorgen auch dafür, dass sich im Resonator nur Lichtwellen parallel zur Achse befinden, schräg laufende Strahlen werden herausgespiegelt. Nach einer Reihe von Durchläufen tritt nur noch stimulierte Emission entlang der Resonatorachse auf, das Laserlicht entsteht und kann über den halbdurchlässigen Spiegel ausgekoppelt werden.

CO_2-Laser

Lasermedium ist bei diesem Laser ein Gasgemisch aus Kohlendioxid (CO_2), Stickstoff (N_2) und Helium (He) im Mischungsverhältnis 1:1:8. Dabei ist CO_2 das eigentliche Lasermedium, N_2 dient als Energiespeicher und -überträger und He wird zur Abfuhr der Wärme benötigt.

Die Anregung erfolgt mittels einer Gasentladung, womit zunächst den Stickstoffmolekülen Energie zugeführt wird, was bewirkt, dass diese vom Grundzustand in den angeregten Schwingungszustand angehoben werden.

Treffen diese angeregten Stickstoffmoleküle auf CO_2-Moleküle im Grundzustand, so übertragen sie ihre Schwingungsenergie durch Stoß auf die CO_2-Moleküle. Die im Grundzustand befindlichen Moleküle werden dabei so angeregt, dass sie in das obere Laserniveau übergehen, das in diesem Falle dem Pumpniveau entspricht. Die N_2-Moleküle gehen nach Abgabe ihrer Energie wieder in den Grundzustand zurück.

Fallen die CO_2-Moleküle vom oberen Laserniveau wieder auf das untere Laserniveau zurück, so wird Laserstrahlung mit einer Wellenlänge von 10,6 µm emittiert. Die Rückkehr in den Grundzustand erfolgt dann unter Abgabe von Wärme strahlungslos.

Bild 2-52 zeigt die prinzipiellen Vorgänge beim Betrieb eines CO_2-Lasers, **Bild 2-53** das Bauprinzip eines quergeströmten CO_2-Lasers.

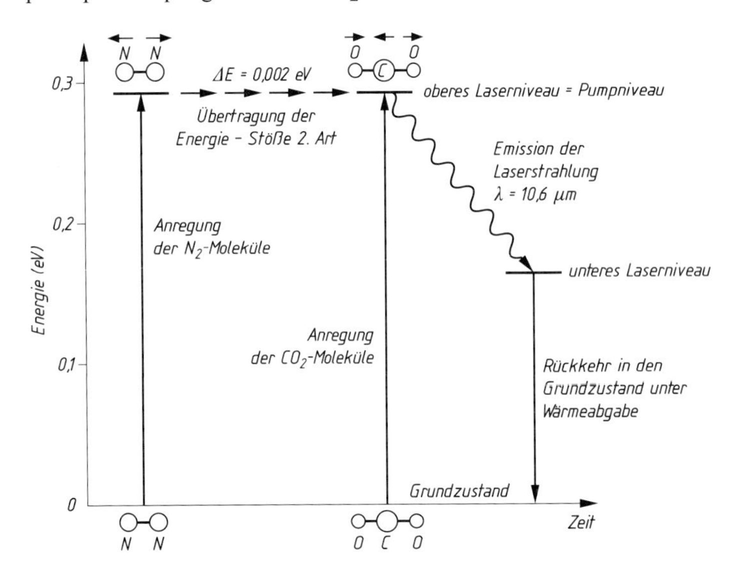

Bild 2-52
Anregungsprinzip des CO_2-Lasers (nach Trumpf u. a.)

Je nach Verlauf des Gasstroms zur Ableitung der Wärme aus dem Resonator unterscheidet man nach quergeströmten (Cross-Flow) Lasern ab etwa 10 kW/m und längsgeströmten Lasern bei Leistungen unter 700 W/m.

Ohne Gasumwälzung arbeitet der sog. diffusionsgekühlte Slab-Laser. Die Anregung des Lasergases erfolgt dabei mittels Hochfrequenz zwischen zwei wassergekühlten Elektrodenplatten (slabs). Der Resonator wird bei dieser Bauart durch die beiden Elektrodenplatten und die an den Enden der Platten angeordneten Resonatorspiegel gebildet. Die Abführung der Wärme erfolgt über die beiden Elektrodenplatten in das Kühlwasser, eine Gasumwälzung ist damit nicht erforderlich.

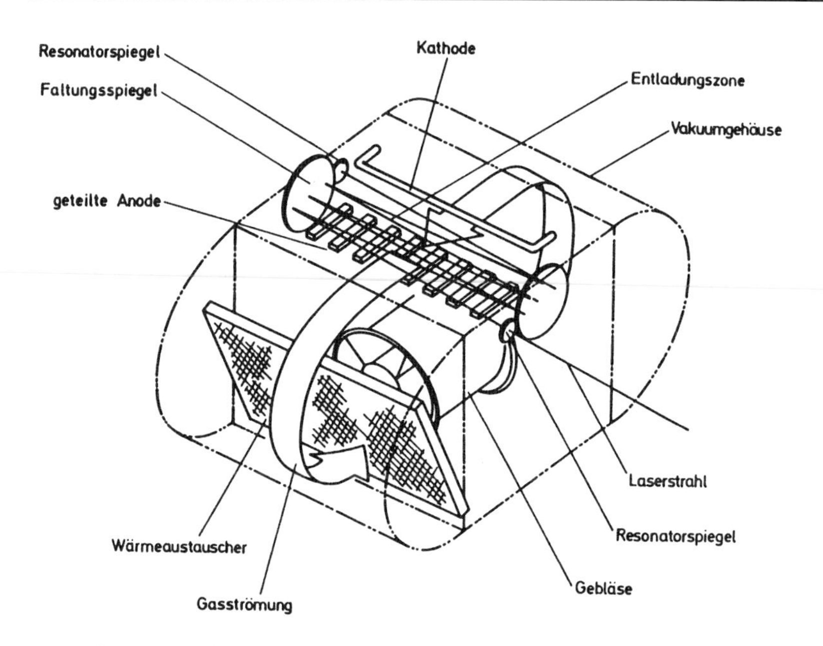

Bild 2-53 Prinzip eines Cross-Flow-Lasers mit seitlicher Gasanströmung (nach Beck). Das Lasergas (CO_2, N und He) wird in einem geschlossenen Kreislauf transportiert. In der Entladungs zone wird es elektrisch angeregt, im optischen Resonator gibt es seine Energie an das Strahlungsfeld des Lasers ab und wird dann in einem Wärmetauscher auf die Ausgangstemperatur abgekühlt. Von dort gelangt es wieder in den Kreislauf zurück.

Nd:YAG-Laser

Der Laser dieses Typs besteht aus den Komponenten Laserstab, Anregungslampen und Spiegel. Diese sind in einem Gehäuse mit doppelt-elliptischem Querschnitt angeordnet, das als Kavität bezeichnet wird. Der Laserstab liegt zentrisch in der Kavität, die gekühlten Anregungslampen sind seitlich in der durch die Brennpunkte der Ellipsen gebildeten Linie angeordnet, **Bild 2-54**.

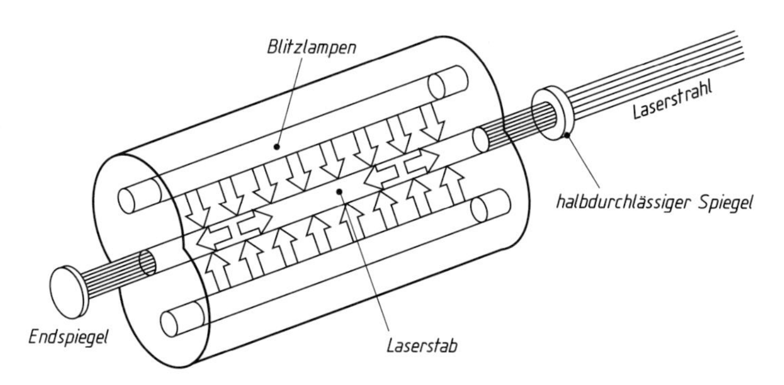

Bild 2-54 Prinzipieller Aufbau eines Festkörper-Lasers (nach Dilthey)

Lasermedium ist hier das Mineral Yttrium-Aluminium-Granat (YAG), in das Neodymatome Nd^{3+} als schwache Dotierung eingebaut sind. Der Laserstab selbst ist ein stabförmiger Einkristall von rundem oder rechteckigem Querschnitt.

Festkörperlaser dieser Art werden optisch mit Krypton-Bogenlampen gepumpt. Das Maximum der Emission sollte bei der Wellenlänge liegen, die mit der für das optische Pumpen erforderlichen übereinstimmt. Eine neuere Entwicklung verwendet zur Anregung Halbleiterlaser, auch Diodenlaser genannt. Die diodengepumpten Festköperlaser haben einen hohen Wirkungsgrad und eine lange Lebensdauer.

Eine besondere Form des Festkörperlasers ist der Diodenlaser als Faserlaser, bei dem eine mehrere Meter lange dotierte Glasfaser als Resonator und Lichtwellenleiter dient. Gepumpt wird dieser Laser mit einer größeren Zahl von Einzeldioden. Er eignet sich mit Leistungen zwischen 100 W und etwa 10 kW, Wellenlängen zwischen 1070 und 2000 nm bei sehr guter Strahlqualität besonders zur Feinbearbeitung.

Thermisch günstiger als Stablaser sind Scheibenlaser. Bei diesen pumpen Hochleistungslaserdioden Licht über parabolische Reflektoren in eine YAG-Kristall-Scheibe, die mit Ytterbium dotiert ist. Das Licht durchläuft die laseraktive Scheibe mehrfach bis zur vollständigen Absorption. Der erzeugte Laserstrahl hat eine hervorragende Strahlqualität. Er wird mittels besonderer Optiken aus dem Resonator ausgekoppelt und kann infolge seiner günstigen Wellenlänge über Lichtleitfasern zur Schweißstelle geleitet werden. Scheibenlaser werden bis zu Leistungen von 8 kW angeboten bei Wirkungsgraden von bis zu 15 %.

Eigenschaften der Laserstrahlung

Ein Laserstrahl wird durch die Größen Wellenlänge, Modestruktur und Betriebsart gekennzeichnet.

Die Wellenlänge ist mit dem Lasertyp vorgegeben. Für die Praxis ist dabei von Bedeutung, dass die Wellenlänge des Lasers die Fokussierbarkeit des Strahls und die Strahlabsorption beeinflusst. Ungünstig ist, dass die Wellenlänge von 10,6 µm des meistverwendeten CO_2-Lasers die Strahlfortleitung mittels Lichtwellenleiter und die Strahlformung durch Glaslinsen nicht erlaubt. Nachteilig ist auch, dass bei dieser Wellenlänge die Energieabsorption bei Metallen, insbesondere bei Stahl und Eisen, einen Minimalwert aufweist. Günstig ist hier der Nd:YAG-Laser, überhaupt die Gruppe der Festköperlaser, deren Wellenlänge im Bereich von 1,06 µm die oben genannten Nachteile nicht aufweisen, **Bild 2-55**.

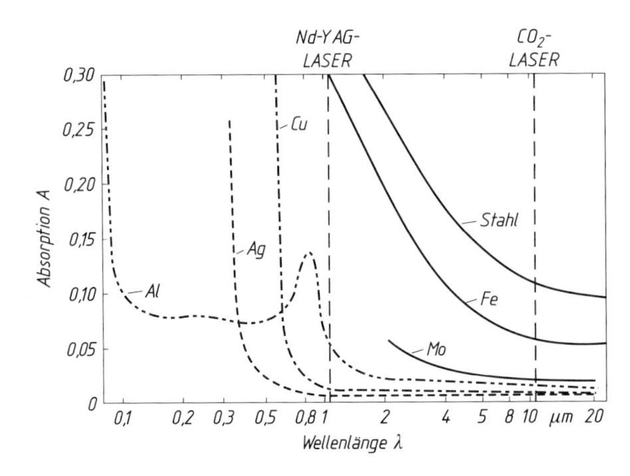

Bild 2-55
Absorptionsgrad der Metalle

Unter der Mode-Struktur versteht man die Verteilung der Strahlintensität über den Strahlquerschnitt. Angestrebt wird in der Regel eine glockenförmige Verteilung der Intensität nach der Gaußschen Normalverteilung, bezeichnet als Grundmode TEM_{00} (Transversaler Elektromagnetischer Mode) oder auch als Single Mode. Bei der Form TEM_{01} liegt eine ringförmige Verteilung vor, d. h. in der Strahlachse tritt eine Nullstelle der Intensität auf, nach außen steigt sie auf ein Maximum an und fällt dann wieder auf Null ab, **Bild 2-56**.

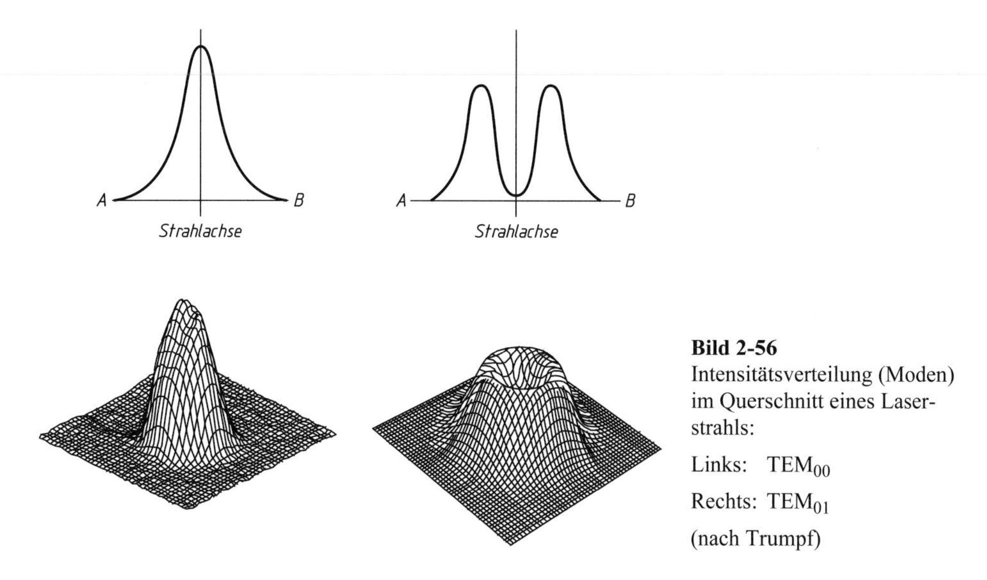

Bild 2-56
Intensitätsverteilung (Moden) im Querschnitt eines Laserstrahls:

Links: TEM_{00}

Rechts: TEM_{01}

(nach Trumpf)

Eine weitere Kenngröße ist die Betriebsart des Lasers, wobei unterschieden wird nach cw-Betrieb (continuos wave), auch Dauerstrichbetrieb genannt, und gepulstem Betrieb (pw). Beim cw-Betrieb wird der Laserstrahl unter konstanter Energiezufuhr kontinuierlich erzeugt. CO_2-Laser und auch Nd:YAG-Laser arbeiten im Dauerbetrieb. Beim Pulsbetrieb erfolgt die Anregung nicht kontinuierlich sondern in Pulsform. So lassen sich kurzzeitig hohe Strahlleistungen erzielen. Im Pulsbetrieb arbeiten in der Regel Festkörper-, Gas- und Excimerlaser. Grundsätzlich können alle im Dauerbetrieb arbeitenden Laser auch gepulst werden, während die Umkehrung nicht gilt.

Die für die Verwendung als Laserstrahls als Werkzeug wichtige Kenngröße ist die Radianz. Dabei handelt es sich um die je Raumwinkel- und Flächeneinheit emittierte Ausgangsleistung. Diese ist beim Laser um Größenordnungen höher als bei den sonst verwendeten Lichtquellen. Bei der Umlenkung bzw. Umformung des Strahls durch Spiegel und Linsen bleibt die Radianz erhalten. Dies erlaubt die Fortleitung des Strahls über längere Strecken, die Anpassung des Strahlquerschnitts an die Öffnung der Fokussieroptik und die Erzeugung sehr kleiner Fokusquerschnitte.

Der Laserstrahl ist gekennzeichnet durch eine zeitliche und räumliche Kohärenz, d. h. es ergeben sich einmal nur geringe Frequenzdifferenzen, zu anderen liegt eine Welle vor, die die gleiche Phasenlage an verschiedenen Punkten der Welle zum gleichen Zeitpunkt aufweist. Die letztgenannte Eigenschaft gestattet eine außerordentlich gute Fokussierung des Strahls. Die Fokussierbarkeit eines CO_2-Laserstrahls wird mit der Strahlkennzahl K charakterisiert. Abhängig von der jeweiligen Laserleistung kann K zwischen 0 und 1 liegen, wobei 1 für die beste

Strahlqualität steht. Bei Ausgangsleistungen bis 1 kW sind K-Werte bis 0,7 erreichbar, bei 25 kW Werte von über 0,2. Bei Nd:YAG-Lasern wird die Fokussierbarkeit durch das Strahlparameterprodukt q gekennzeichnet. Es errechnet sich aus dem Strahldurchmesser an der Strahltaille und der Divergenz. Dabei ist die Strahlqualität umso besser je kleiner dieses Produkt ist. Bei Leistungen bis 100 W können q-Werte von 4 mm.mrad erreicht werden, bei höheren Leistungen verschlechtert sich der Wert deutlich.

Eine Polarisierung des Laserstrahls ist auf einfache Weise möglich. Zunächst besteht kein Zusammenhang zwischen der Entstehung des Strahls und seiner Polarisierung. Bei bestimmten Resonatorbauarten wird jedoch ein linear polarisierter Strahl erzeugt. Diese Polarisierung kann sich bei der Werkstoffbearbeitung störend auf die Qualität auswirken. Mittels eines optischen Phasenschiebers kann aber aus linear polarisiertem zirkular polarisiertes Licht gewonnen werden. Beim Schneiden mit dem Laser wird durch eine zirkulare Polarisation eine gleichbleibende Schnittqualität unabhängig von der Vorschubrichtung erzielt.

Schweißen mit dem Laser

Der Laser bietet für das Schweißen eine Reihe von Vorteilen:

- hohe Energiedichte
- Werkstücke werden berührungslos mit hoher Geschwindigkeit geschweißt
- schlanke Nahtgeometrie bei großem Tiefen/Breitenverhältnis
- nur geringer Verzug
- geringe Streckenenergie, sehr schmale Wärmeeinflusszone, geringe thermische Belastung des Werkstücks
- Schweißungen auch an schwer zugänglichen Stellen des Werkstücks ausführbar
- geringe Spritzerbildung, gute Nahtoberfläche
- hoher Automatisierungsgrad.

Für das Schweißen mit dem Laser kommen hauptsächlich der CO_2-Laser und der Nd:YAG- bzw. Diodenlaser zum Einsatz. Verwendet werden CO_2-Laser mit Leistungen zwischen 700 W und etwa 12 kW im cw-Betrieb. Hinderlich ist beim CO_2-Laser die aufwendige Strahlfortleitung, ungünstig die niedrige Absorption bei den wichtigsten Metallen. Festkörperlaser werden sowohl im Puls- als auch im Dauerstrichbetrieb eingesetzt. Nd:YAG-Laser erzeugen im Pulsbetrieb Leistungen bis 25 kW. Von Vorteil ist die Möglichkeit der Strahlführung über Lichtleitkabel und die günstigen Werte für die Absorption.

Üblicherweise erfolgt das Laserschweißen stationär mit hohem Mechanisierungsgrad. Die Entwicklung von handgeführten Laserschweißgeräten erweitert den Anwendungsbereich des Verfahrens beträchtlich. In beiden Fällen ist unbedingt auf die Gefährdung durch die Laserstrahlung zu achten.

Zu unterscheiden sind beim Laserschweißen zwei Verfahren: das Wärmeleitungsschweißen und das Tiefschweißen, **Bild 2-57**.

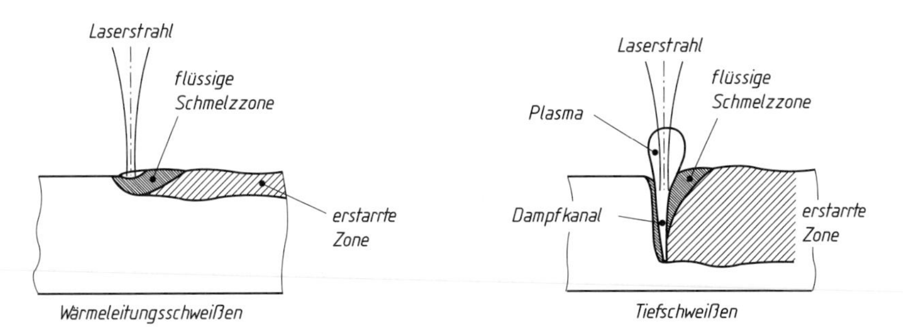

Bild 2-57 Schweißprozess (nach Trumpf); links: Wärmeleitungsschweißen, rechts: Tiefschweißen

Kennzeichnend für das Wärmleitungsschweißen ist, dass der Werkstoff durch den Laserstrahl nur bis zu einer Tiefe von etwa 0,5 mm aufgeschmolzen wird. Die Strahlleistung reicht bei diesem Verfahren zwar zum Aufschmelzen, nicht aber zum Verdampfen des Werkstoffs aus. Bevorzugt werden bei diesem Verfahren gepulste Nd:YAG-Laser verwendet.

Liegt die Energiedichte des Laserstrahls über einem kritischen Schwellenwert von etwa 10^6 W/cm^2, so wird der Werkstoff so hoch erhitzt, dass er am Auftreffpunkt des Strahls verdampft. Entsprechend den schon in Abschnitt 2.5 beschriebenen Vorgängen entsteht ein tief in das Werkstück eindringender Dampfkanal. Man erzielt damit den vom Elektronenstrahlschweißen bekannten Tiefschweißeffekt. Der Metalldampf wird infolge der Absorption eines Teils der Strahlenergie ionisiert, wodurch ein Plasma erzeugt wird. Von Vorteil ist dabei im Falle des CO_2-Lasers, dass das Absorptionsvermögen des Plasmas für die Wellenlänge dieses Lasers höher ist als das der Schmelze. So kann die Energie des Laserstrahls mit Unterstützung des Plasmas fast vollständig in das Werkstück eingebracht werden. Verwendet werden zum Tiefschweißen CO_2-Laser und Nd:YAG-Laser im Dauerstrichbetrieb

Die durch das Tiefschweißen erzeugten Nähte sind schmal, können aber Tiefen erreichen, die dem 10fachen der Breite entsprechen. Bei Verwendung eines CO_2-Lasers von 12 kW Leistung können in Baustählen bis zu 20 mm tiefe Nähte erzeugt werden. In der Regel kann bei sehr kleinen Spaltbreiten ohne Schweißzusatz gearbeitet werden. Übersteigt die Spaltbreite aber einen Wert, der etwa 5 % der Tiefe entspricht, so muss mit Zusatz geschweißt werden.

Ein besonderes Verfahren ist das Remote-Laserschweißen. Es handelt sich dabei um eine Scannertechnik mit weitem Fokus. Der Strahl eines CO_2- oder eines Festkörperlasers wird mit langer Brennweite (bis 1500 mm) fokussiert und über einen um mehrere Achsen schnell beweglichen Umlenkspiegel aus großer Entfernung auf die Bearbeitungsstelle geführt.

Das Schweißen mit dem CO_2-Laser erfordert den Einsatz eines sog. Arbeitsgases, **Bild 2-58**. Es hat die Aufgabe, Dichte und Ausdehnung des sich aus den Metalldämpfen entwickelnden Plasmas so zu beeinflussen, dass dieses sich nicht vom Werkstück ablöst und damit gegen den Laserstrahl abschirmt. Besonders geeignet für diese Aufgabe ist Helium. Jedoch werden daneben auch Argon, Stickstoff und Kohlendioxid als Arbeitsgas eingesetzt. Dem Schutz der Schmelze und der Raupe bei der Abkühlung dienen Schutzgase. Auch zu diesem Zweck wird bevorzugt Helium verwendet. Je nach zu schweißendem Werkstoff kommen aber auch andere Gase zum Einsatz.

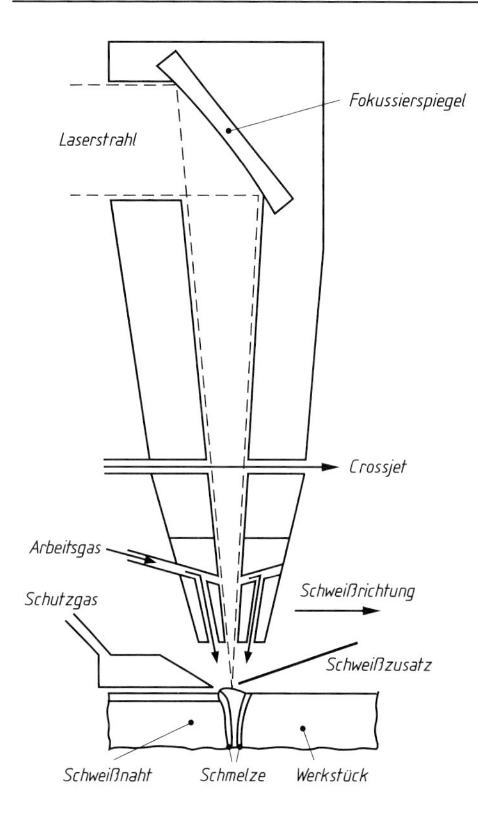

Bild 2-58
Schweißkopf (nach Trumpf)

An die mit dem Laser zu verschweißenden Werkstoffe sind besondere Anforderungen zu stellen:

- Das Reflexionsvermögen des Werkstoffs sollte gering, d. h. das Absorptionsvermögen groß sein.
- Bei Stahl darf der C-Gehalt nicht zu hoch sein, da sonst die Gefahr einer Aufhärtung und Versprödung der Naht besteht. Es sollten nur mit Silizium beruhigte Stähle verwendet werden.
- Eine gleichbleibende Qualität der Schweißung kann nur durch eine konstante Qualität des Werkstoffs erzielt werden.
- Eine von Fett und Öl befreite Oberfläche ist unbedingte Voraussetzung für eine gute porenfreie Naht.

Die nachfolgende **Tabelle 2-16** gibt einen Überblick über die Schweißeignung der metallischen Werkstoffe zum Schweißen mit dem Laser.

Nachteilig sind beim Laserschweißen die geforderten engen Toleranzen der Fügestellen. Durch die Kombination des Laserstrahls mit einem MSG-Lichtbogen zum Laser-MSG-Hybrid-Schweißen kann dieser Nachteil ausgeräumt werden. Neben der nun verbesserten Spaltüberbrückbarkeit ergibt sich auch eine erhöhte Schweißleistung.

In der Kombination von Laserstrahl und MSG-Lichtbogen erzeugt der Laserstrahl zunächst bei hoher Schweißgeschwindigkeit ein Schmelzbad von großer Einschweißtiefe und kleiner Nahtbreite. In diesen Bereich wird der Draht aus dem MSG-Prozess meist im Impulslichtbogen abgeschmolzen. Mit einer preiswerten Energiequelle kann so die Wärmeführung gezielt beeinflusst werden. Durch die Möglichkeit einer Zugabe von Zusatzwerkstoff wird eine gute Spaltüberbrückbarkeit erzielt und eine metallurgische Gefügebeeinflussung möglich. Neben der Erhöhung der Schweißgeschwindigkeit und der Erhöhung der zulässigen Toleranz für den Fügespalt erzielt man so auch eine Reduktion der Härtewerte in der WEZ.

Wird dieser Anordnung ein weiterer MSG-Lichtbogen in Tandemanordnung hinzugefügt, so erhält man ein hoch effektives Laser-MSG-Hybridschweißverfahren.

Neben diesem gut eingeführten Hybrid-Verfahren sind Kombinationen Laser-WIG- und Laser-Plasma-Schweißen bekannt. Für rissfreies Schweißen höher gekohlter Stähle ist auch die Kombination Laser mit induktiver Erwärmung des Bauteils geeignet.

Hinweise auf beim Laserschweißen u. U. auftretende Unregelmäßigkeiten gibt **Tabelle 18-32** im Anhang.

Tabelle 2-16 Laserschweißen metallischer Werkstoffe

Werkstoff	**Anmerkungen**
Aluminium und Aluminiumlegierungen	Im Vergleich zu Stahl weniger gut schweißgeeignet. Zu empfehlen Nd:YAG-Laser, Verwendung von Schutzgasen (He, Ar + N_2) erforderlich. Zweistrahltechnik empfehlenswert.
Bunt- und Edelmetalle	Mit Festköperlaser eingeschränkt schweißgeeignet
Gusseisen	Schweißgeeignet, sofern der Guss mit Nickel legiert ist. Sonst muss mit Ni-Schweißzusatz gearbeitet werden.
Magnesium	Unter Schutzgas He gut schweißgeeignet.
Nickel und Nickellegierungen	Teilweise gut schweißgeeignet. Rückfrage beim Hersteller zu empfehlen.
Stähle	
Allgemeine Baustähle/ Feinkornbaustähle	Sehr gut schweißgeeignet bis 0,25 % C. Vorwärmen erforderlich bei C-Gehalt zw. 0,25 und 0,3 % oder höhere Streckenenergie mit langsamem Abkühlen. Auf geringen S- und P-Gehalt achten.
Niedrig legierte Stähle	Schweißgeeignet. Es muss sichergestellt sein, dass infolge hoher Schweißgeschwindigkeit keine Aufhärtung eintritt.
Hochlegierte Stähle	
○ Austenitische Stähle	Gute Schweißeignung, ausgenommen Automaten-Stähle mit hohem S-Gehalt.
○ Ferritische Stähle	Stähle mit niedrigem C- und Cr-Gehalt (< 0,4 %) gut schweißgeeignet. Kornwachstum beeinträchtigt ev. die Zähigkeit.
○ Martensitische Stähle	Neigen infolge des hohen C- und Cr-Gehalts zur Aufhärtung.
Titan und Titanlegierungen	Gut schweißgeeignet wenn feines Korn vorhanden. Voraussetzung ist, dass Oberfläche vor dem Schweißen gut gereinigt wird. Auf eine hohe Reinheit des Schutzgases ist unbedingt zu achten.

2.7 Elektroschlackeschweißen (RES/72)

Das Elektroschlackeschweißen ist ein vollmechanisierter Widerstandsschmelzschweißprozess hoher Abschmelzleistung. Er ermöglicht das Schweißen längerer Nähte an dicken Blechen in senkrechter Position mit I-Stoß. DIN 1910, Teil 5, kennzeichnet den Prozess wie folgt:

Die Werkstücke werden an den Stoßflächen durch flüssige, elektrisch leitende Schlacke erwärmt. Der Schweißstoß ist eingeformt. Der stromführende Schweißzusatz schmilzt in der Schlacke stetig ab. Er kann dem Schmelzbad auch in einer abschmelzenden umhüllten oder nicht umhüllten Führung zugegeben werden. **Bild 2-59** zeigt das Schema des Elektroschlackeschweißens.

Wie aus dem Bild deutlich wird, wird das Schweißbad an zwei gegenüberliegenden Seiten durch die Werkstückkanten, an den beiden anderen Seiten durch wassergekühlte Gleitschuhe aus Kupfer begrenzt. Nach unten wird der das Schweißbad aufnehmende Hohlraum vor dem Schweißen mit einem meist U-förmigen Anlaufstück verschlossen, wie er auch nach oben durch ein Auslaufstück zur Aufnahme des Schlackebads verlängert wird. In den so gebildeten Hohlraum wird vor dem Beginn des Schweißens Schweißpulver gefüllt. Die Drahtelektrode, die über eine rüsselförmige Drahtführung automatisch zugeführt wird, ragt mit ihrem freien Ende in diese Pulverschüttung.

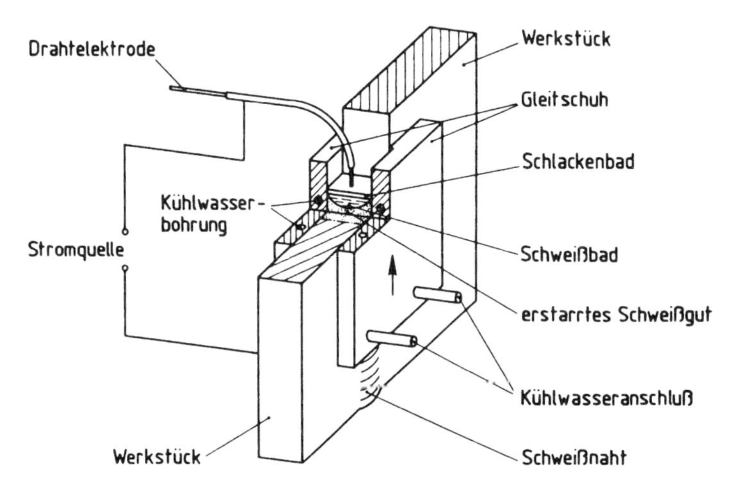

Bild 2-59 Elektroschlackeschweißen (nach DIN 1910)

Der Schweißvorgang wird eingeleitet durch das Zünden eines Lichtbogens zwischen Drahtelektrode und dem Anlaufstück aus Kupfer. Der Lichtbogen schmilzt das Schweißpulver zu einer Schlacke auf, die in ihrer Zusammensetzung so eingestellt ist, dass ihre elektrische Leitfähigkeit mit zunehmender Temperatur zunimmt. Sobald der Wert der Leitfähigkeit der Schlacke den des Lichtbogens übersteigt, erlischt der Lichtbogen, und der Strom fließt nur noch über das Schlackebad in den Werkstoff. Die Widerstandserwärmung reicht aus, um unter der Schlackendecke den Grundwerkstoff auf- und den Zusatzwerkstoff abzuschmelzen. Durch den abschmelzenden Zusatzwerkstoff füllt sich der Hohlraum von unten, wobei sich die Drahtführung und die Gleitschuhe kontinuierlich aufwärts bewegen. Da ein Teil der Schlacke verloren geht, muss Pulver in kleinen Mengen laufend zugeführt werden. Jede Unterbrechung des Schweißvorgangs führt zu Fehlstellen, die nur unter großen Schwierigkeiten beseitigt werden können. Es ist daher darauf zu achten, dass die Naht ohne Unterbrechung durchgeschweißt werden kann.

Die Breite des Spalts beträgt etwa 30 mm. Für Blechdicken bis 60 mm genügt eine Elektrode. Größere Blechdicken erfordern entweder das Pendeln einer Elektrode und/oder die Verwendung von zwei bzw. drei Drahtelektroden. Auf diese Weise können Blechdicken bis 450 mm verschweißt werden.

Die Elektroden, in der Regel Drähte oder Bänder, im Sonderfall auch Platten, zählen zur Gruppe der beim UP-Schweißen verwendeten Schweißzusätze. Die Schweißpulver unterscheiden sich von den UP-Pulvern im Wesentlichen durch hohe Fluorid-Gehalte. Durch diese Fluoride wird die Leitfähigkeit der Schlacke bei hohen Temperaturen verbessert, gleichzeitig wird die Neigung zur Bildung eines Lichtbogens verringert. Das Elektroschlackeschweißen arbeitet sowohl mit Gleichstrom als auch mit Wechselstrom. Die Regelung kann je nach statischer Kennlinie fallweise als ΔI-Regelung ausgeführt werden. Unbedingt zu berücksichtigen sind jedoch die hohe Einschaltdauer (nahezu 100 %) und die hohe Arbeitsspannung (32 bis 50 Volt).

Das Bandplattieren nach dem RES-Verfahren hat wegen der geringen Aufschmelzrate des Grundwerkstoffs in der Größenordnung von ca. 5 % das UP-Bandplattieren abgelöst.

Eine Variante des Elektroschlackeschweißens ist das Elektrogasschweißen, bei dem das Abschmelzen des Schweißzusatzes unter Schutzgas erfolgt.

Weiterführende Literatur

Weiterführende Literatur finden Sie nach Kapitel 3.

3 Prozesse des Pressschweißens

Unter Pressschweißen versteht man nach DIN 1910 das Schweißen unter Anwendung von Kraft ohne oder mit Schweißzusatz; ein örtlich begrenztes Erwärmen ermöglicht oder erleichtert dabei das Schweißen. **Tabelle 3-1** gibt einen Überblick über diese Verfahrensgruppe.

Tabelle 3-1 Die Pressschweißverfahren (nach Killing)

- Pressschweißen
  - Kaltpressschweißen
    - Schockschweißen
      - Explosionsschweißen
  - Reibschweißen
    - Ultraschallschweißen
  - Feuerschweißen
  - Gaspressschweißen
  - Widerstandsschweißen
    - Pressstumpfschweißen
    - Abbrennstumpfschweißen
    - Punktschweißen
    - Buckelschweißen
    - Rollennahtschweißen
      - Follenstumpfnahtschweißen
  - Lichtbogenpressschweißen
    - Lichtbogenbolzen schweißen
    - magnetisches Lichtbogenschweißen
  - Diffusionsschweißen

3.1 Widerstandspressschweißen

Zu dieser Gruppe, systematisch richtiger als konduktives Widerstandspressschweißen bezeichnet, zählen die Prozesse

- Punktschweißen,
- Buckelschweißen und
- Rollennahtschweißen

sowie

- Pressstumpfschweißen und
- Abbrennstumpfschweißen.

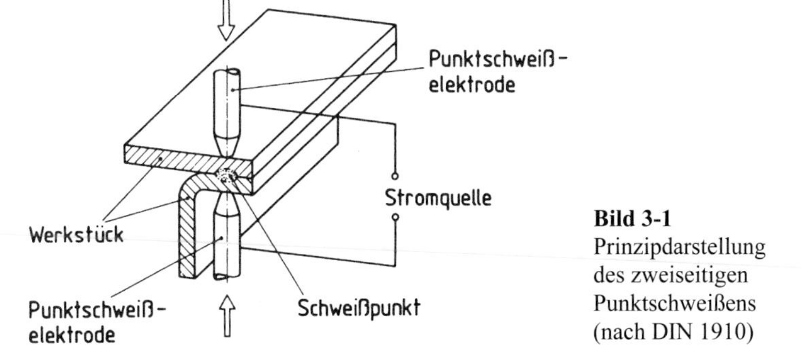

Bild 3-1
Prinzipdarstellung des zweiseitigen Punktschweißens (nach DIN 1910)

Kennzeichnend ist für alle genannten Prozesse, dass die zum Schweißen erforderliche Wärme durch eine Widerstandserwärmung erzeugt wird und so erwärmte Teile unter Druck verschweißt werden.

Die Prozesse unterscheiden sich durch

- die Elektrodenform,
- die Werkstückgestaltung und
- die Steuerung des Schweißablaufs.

3.1.1 Punktschweißen (RP/21)

Wie **Bild 3-1** zeigt, pressen zwei stiftförmige Elektroden die zu verbindenden Werkstücke aufeinander. Ein Stromstoß erwärmt die Verbindungsstelle auf Schweißtemperatur, **Bild 3-2**, wodurch unter dem mechanischen Druck eine Schweißverbindung, der Schweißpunkt, erzeugt wird (siehe auch **Bilder 14-34ff**).

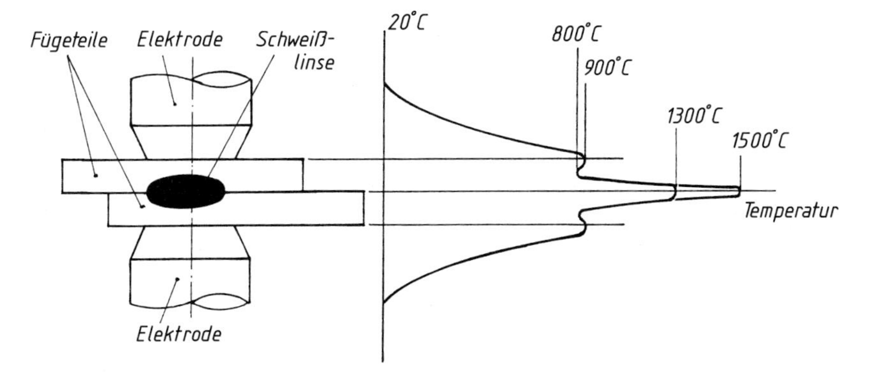

Bild 3-2 Temperaturverlauf (schematisch) in den Fügeteilen beim Widerstandspunktschweißen (nach SSAB)

Schweißeinrichtungen

Die zum Schweißen erforderliche Energie wird in besonderen Schweißstromquellen erzeugt. In der Regel sind dies Transformatoren, die den benötigten Drehstrom dem öffentlichen Netz entnehmen. Bei höheren Schweißströmen werden bei einer Netzfrequenz von 50 Hz die Transformatoren immer aufwendiger. Es bietet sich daher an, mit Gleichspannung zu arbeiten. Hierzu steht heute z. B. die Mittelfrequenz-Umrichtertechnik zur Verfügung. Dabei wird die Netzspannung zunächst gleichgerichtet und dann zu einer Wechselspannung von 1 kHz umgeformt. Diese Spannung wird in einem Transformator auf Schweißstromstärke gebracht und sekundär gleichgerichtet. Durch die höhere Frequenz werden die Transformatoren leichter, was deren Integration in einen Roboter oder eine handbetätigte Schweißzange ermöglicht. Weiterhin erlaubt es der in der Sekundärstufe erzeugte Gleichstrom, auch Zangen mit großer Ausladung einzusetzen, da der induktive Widerstand am so genannten Fenster entfällt. Eine weitere Möglichkeit ist das Schweißen mit Kondensatorimpulsstrom, ein Verfahren, das derzeit besonders beim Schweißen von Kleinteilen aus Nichteisenmetallen verwendet wird.

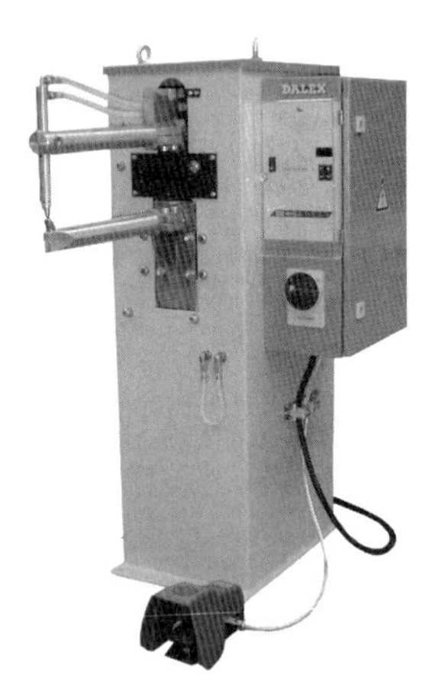

Bild 3-3 Punktschweißmaschine mit Druckluftbetätigung (Werkfoto DALEX)

Bild 3-4 Handbetätigte Punktschweißzange (Werkfoto DALEX)

Bild 3-3 zeigt eine Punktschweißmaschine in üblicher Bauart. Eine handbetätigte Punktschweißzange ist in **Bild 3-4** wiedergegeben.

Schweißeignung der Werkstoffe

Verschweißt werden können Drähte, Bleche und auch Folien. Bei Stahl beträgt die Gesamtstärke max. 2 x 20 mm, bei Aluminium und Messing max. 2 x 5 mm. Die Schweißeignung der Werkstoffe wird im Wesentlichen bestimmt durch deren

- physikalische Eigenschaften,
- die Oberflächenbeschaffenheit sowie
- die metallurgischen und chemischen Eigenschaften.

Wesentliche physikalische Größen sind die elektrische Leitfähigkeit, die Wärmeleitfähigkeit und die Schmelztemperatur, **Tabelle 18-33**. Diese Größen werden daher zur Berechnung des Schweißfaktors S verwendet, der sich nach der empirischen Formel

$$S = 4{,}2 \cdot 10^6/(\gamma \cdot \lambda \cdot T_S)$$

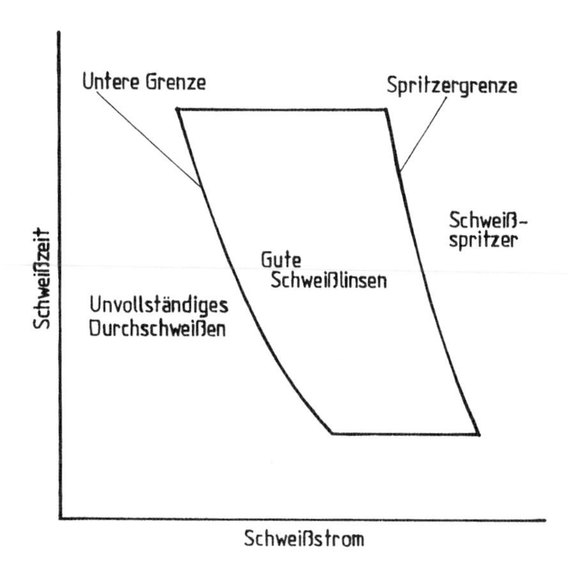

Bild 3-5
Einstellbereich von Stromstärke und Schweißzeit beim Widerstandspunktschweißen (schematisch nach SSAB)

berechnen lässt, wobei γ die elektrische Leitfähigkeit, λ die Wärmeleitfähigkeit und T_S die Schmelztemperatur in °C bedeuten. Werte kleiner als 0,75 stehen dabei für wenig schweißgeeignete Werkstoffe. Ungeeignet sind demnach Wolfram und Kupfer, während Titan, Austenite und Baustähle, aber auch Nickel, Zinn, Mg- und Cu-Zn-Legierungen gut schweißgeeignet sind. Gegenüber der Legierung AlMg3 ist Reinaluminium weniger geeignet. Beeinflusst wird die Schweißeignung weiterhin durch die Rauigkeit der Oberfläche und die Eigenschaften eventuell vorhandener metallischer bzw. organischer Beschichtungen. Metallische Überzüge sind beim Widerstandspunktschweißen ohne negativen Einfluss. Wichtig ist, dass eine möglichst gleichmäßige, geringe Schichtdicke vorhanden ist. In der Regel wird aber beim Schweißen so beschichteter Teile eine höhere Energie erforderlich sein. Bei Aluminiumwerkstoffen ist es auch zweckmäßig, die Oxidschicht mechanisch oder durch Beizen vor dem Schweißen zu entfernen. Von den metallurgischen und chemischen Eigenschaften sind vor allem die bei einigen Legierungen vorhandene Heißrissneigung und das Verhalten der Schmelze beim Erstarren von Bedeutung.

In den **Tabellen 18-34** und **18-35** des Anhangs werden Hinweise zum Widerstandpunktschweißen von Blechen aus verschiedenen metallischen Werkstoffen gegeben.

Schweißparameter

Die im Werkstück erzeugte Wärmemenge Q errechnet sich aus dem Jouleschen Gesetz

$$Q \approx I^2 \cdot R \cdot t$$

Dabei bedeutet I den Effektivwert des Schweißstroms in Ampere, R den Widerstand zwischen den Elektroden in Ohm und t die Zeit, während der Strom fließt, in Sekunden. Aus wirtschaftlichen und verfahrenstechnischen Gründen werden kurze Schweißzeiten gefordert, um so einen stärkeren Abfluss der Wärme zu verhindern und den Werkstoff thermisch nicht zu hoch zu belasten. Die erforderliche Wärmemenge wird daher durch relativ hohe Stromstärken erzeugt. Die Stromstärke ist nach oben durch den Übergangswiderstand zwischen Elektrode und Blech begrenzt, wodurch eine maximal mögliche Stromdichte vorgegeben ist. Wird diese Grenze überschritten, so entstehen an den Schweißstellen Spritzer, die zu starkem Elektrodenverschleiß und letztlich zu unbrauchbaren Schweißungen führen. Diese als Spritzergrenze bezeichnete Stromstärke wird von wassergekühlten Elektroden in der Regel ohne Probleme aufgenommen, **Bild 3-5**.

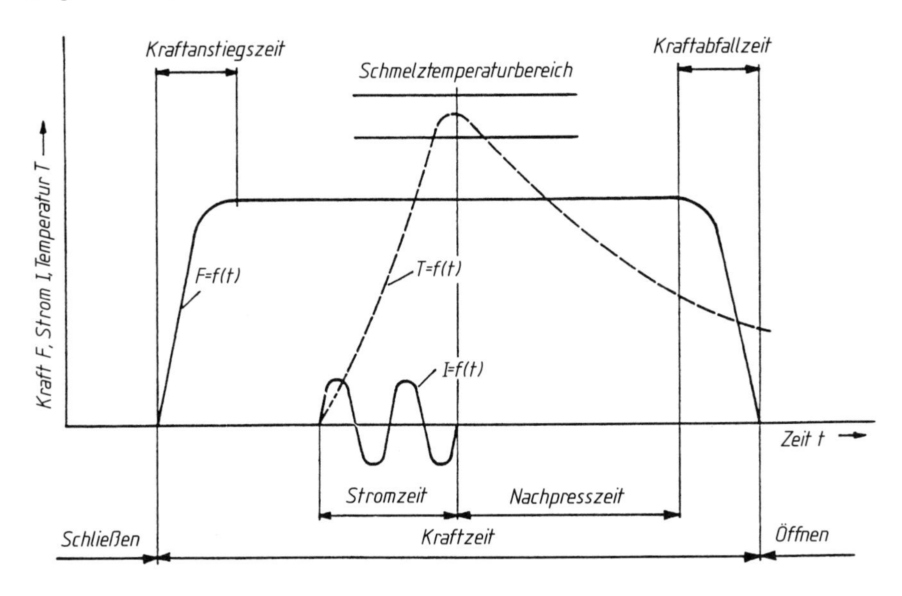

Bild 3-6 Verlauf von Kraft, Schweißstrom und Temperatur in Abhängigkeit von der Zeit beim Punktschweißen (schematisch)

Der in die Berechnung der Wärmemenge eingehende Widerstand setzt sich aus zwei Anteilen zusammen: den Stoffwiderständen und den Kontaktwiderständen. Der Stoffwiderstand ist eine werkstoffspezifische Größe, beeinflusst durch die Temperatur und die Ausbildung des Strompfads zwischen den Elektroden. Damit kann der Stoffwiderstand durch den Durchmesser und die Form der Elektrode etwas beeinflusst werden. Die Kontaktwiderstände treten einmal zwischen den Elektroden und den Fügeteiloberflächen auf, zum anderen an der Kontaktstelle der zu verschweißenden Teile. Die Widerstände Elektrode-Blech sollten möglichst klein sein, was durch eine hohe elektrische Leitfähigkeit der Elektroden, eine saubere Oberfläche der Bleche, eine angemessene Kontaktkraft sowie Form und Größe der Kontaktfläche erzielt werden kann. Für die Schweißung von großem Einfluss ist – insbesondere zu Beginn des Schweißvorgangs – der Kontaktwiderstand zwischen den Fügeteilen, da an dieser Stelle zur Bildung der Schweißlinse die größte Wärmeenergie erforderlich ist. Von Einfluss sind hier neben der Presskraft und der Stromdichte insbesondere die Eigenschaften der Randschichten, Rauhigkeit und Leitfähigkeit.

Eine besondere Rolle spielt die Schweißzeit. Da es in der Praxis nicht möglich ist, die Temperatur an der Verbindungsstelle zu erfassen und damit den Ablauf der Schweißung zu steuern, wird die für das Schweißen günstigste Temperatur an der Verbindungsstelle bevorzugt über die Zeit, während der Strom fließt (Stromzeit), gesteuert. **Bild 3-6** gibt den zeitlichen Verlauf der wichtigsten Parameter beim Herstellen einer Punktschweißung ohne Steuerprogramm für Kraft und Strom wieder.

Durch Druckluft, Ölhydraulik oder Hebelübersetzung werden die zu verschweißenden Teile über die Elektroden zusammengepresst. Diese Art der Krafterzeugung hat jedoch den Nachteil, dass die Elektroden beim Öffnen und Schließen immer den ganzen Hub durchlaufen müssen, was die Taktzeiten deutlich verlängert. Die Bewegung der Elektroden erfolgt daher bei neuen Maschinen durch Stellantriebe, bei Mikroschweißgeräten auch durch Aktoren. Die Kraft ist vom Werkstoff der Fügeteile und von deren Dicke abhängig. Ist die erforderliche Kraft erreicht, so wird der Schweißstrom eingeschaltet. Die Einschaltdauer liegt bei etwa 4 bis 15 Perioden, wenn man eine Netzfrequenz von 50 Hz zugrunde legt. Sie muss so gewählt werden, dass die für das Verschweißen unter Druck erforderliche Temperatur erreicht wird. Die Kraft wirkt während der „Rückkühlzeit" nach Abschalten des Schweißstroms weiter, so dass die Erstarrung des Schweißguts unter Druck erfolgt.

Für die Wahl der Parameter stehen einige empirisch gewonnene Zusammenhänge zur Verfügung:

Schweißstrom	I	=	$9{,}5\sqrt{t}$	kA
Stromzeit	t	=	$8 \cdot t$	Perioden (50 Hz) bei Mittelzeit-Schweißen
Elektrodenkraft	F	=	$2000 \cdot t$	N

wobei t jeweils für die Blechdicke steht. In **Tabelle 18-36** im Anhang sind die vorwiegend empirisch gewonnenen Beziehungen für die 1. Auswahl der Schweißparameter zusammengestellt.

Daneben stehen heute für die Einstellung der Schweißmaschinen Diagramme zur Verfügung, mit deren Hilfe aus Punktdurchmesser, Mindestscherzugkraft und Blechdicke die Einstellgrößen Schweißstrom, Stromzeit und Elektrodenkraft bestimmt werden können.

Schweißelektroden

Den Elektroden kommt beim Punktschweißen große Bedeutung zu. Gefordert werden

- eine große elektrische und thermische Leitfähigkeit
- eine hohe Festigkeit und Härte (Wärmehärte)
- eine hohe Erweichungs- und Rekristallisationstemperatur und
- eine geringe Neigung zum Anlegieren.

Die Elektrodenwerkstoffe sind in DIN EN ISO 5182 genormt. Dort werden die Werkstoffe in zwei Gruppen eingeteilt. Die Gruppe A enthält die Werkstoffe auf Kupferbasis, legiert mit Cd, Cr und Zr (Typ 1, nicht aushärtbar), Co und Be (Typ 2, höhere Härte als Typ 1), Ni, Si und P (Typ 3, ausgehärtete Legierungen) sowie Ag, Al und Fe (Typ 4, mit besonderen Eigenschaf-

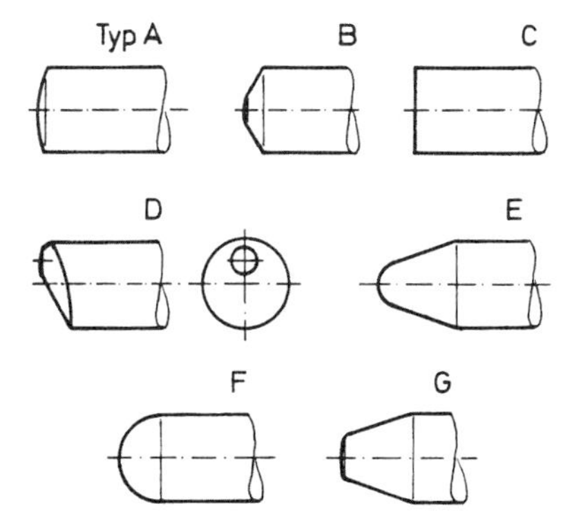

Bild 3-7
Elektrodenformen für das Punktschweißen (nach DIN ISO 5821)

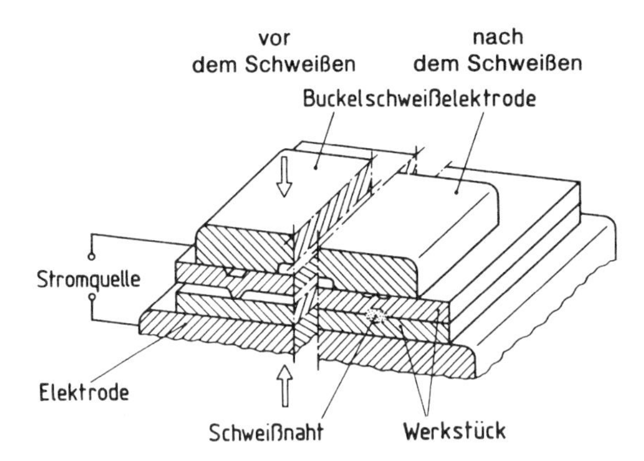

Bild 3-8
Zweiseitiges Buckelschweißen (nach DIN 1910)

ten). In der Gruppe B sind die Sintermetalle auf der Basis Cu/W, Cu/WC, Mo, W und Ag/W zusammengefasst. Diese Norm wird ergänzt durch Hinweise auf den Einsatzbereich der einzelnen Werkstoffe, siehe auch **Tabelle 18-37** des Anhangs.

Die Form der Elektroden – gerade, gekröpft – ist in erster Linie von der Bauteilform abhängig, **Bild 3-7**. Von großem Einfluss auf das Ergebnis der Schweißung sind Durchmesser und Ausbildung der Kontaktfläche. Der Durchmesser der Elektrode ist so zu wählen, dass unter der Wirkung der Elektrodenkraft keine zu starke Deformation auftritt und eine ausreichende Stromdichte erreicht wird.

Die Kontaktfläche kann flach oder ballig ausgebildet sein. Da bei ballig ausgebildeter Kontaktfläche eine mehr punktförmige Berührung erzielt wird (hohe Stromdichte), wird diese Form bevorzugt. Die dadurch erzielte höhere Flächenpressung ist gepaart mit einer höheren Stromdichte, was die Zerstörung dünner Deckschichten begünstigt.

Die Standzeit der hoch beanspruchten Elektroden kann durch ein zwischen Bauteil und Elektrode geschaltetes sog. Prozessband aus einem geeigneten Metall erhöht werden, indem das Anlegieren verhindert wird. Gleichzeitig kann damit auch der Kontakt zwischen Elektrode und Bauteil verbessert werden. Über die Auswahl des Widerstands des Prozessbands kann bei Bauteilen mit unterschiedlichem elektrischem Widerstand und/oder unterschiedlicher Wärmeleitfähigkeit gezielt die Wärmeentwicklung im Schweißprozess beeinflusst werden. Eine weitere Möglichkeit, das Anlegieren der Elektrode zu verhindern ist eine leichte rotatorische Schwingbewegung der Elektrode.

Hinweise zu beim Punktschweißen auftretenden Fehlern und deren Vermeidung finden sich im Anhang in **Tabelle 18-38**.

Das Buckelschweißen erlaubt es, mehrere Schweißpunkte mit einem Elektrodenpaar gleichzeitig zu erzeugen, **Bild 3-8**. Die Stromdichte und die Flächenpressung vermindern sich wegen der vergrößerten Elektrodenauflagefläche, was die Standzeit der Elektrode vergrößert. **Bild 3-9** zeigt einige typische Buckelformen, wie sie z. B. in DIN EN 28167 empfohlen werden.

Zur Erzeugung kraftübertragender Punktfolgen bzw. zur Herstellung gas- oder flüssigkeitsdichter Nähte wird das Rollennahtschweißen eingesetzt, **Bild 3-10**. Beim Rollennahtschweißen werden in bestimmten Abständen voneinander angeordnete Schweißpunkte hergestellt. Die rollenförmigen Elektroden drehen sich und durch eine impulsartige Stromzufuhr werden die Schweißpunkte in gleichen Abständen erzeugt.

Wird der Strom in kurz aufeinander folgenden Impulsen, d. h. nahezu kontinuierlich zugeführt, so entstehen sich überlappende Schweißpunkte, die zu einer flüssigkeits- oder gasdichten Naht führen. Vorteilhaft ist, dass durch die Drehung der Elektrode der Stromübergang immer an einer anderen Stelle erfolgt, wodurch eine Standzeitverlängerung erreicht wird. Es läuft allerdings ein beachtlicher Teil des Stroms über die bereits gebildete Naht und bildet so einen Nebenschluss. Im Verhältnis zum Punktschweißen sind daher wesentlich höhere Stromstärken erforderlich. Dadurch wird es notwendig, die Rollen mit Wasser zu kühlen.

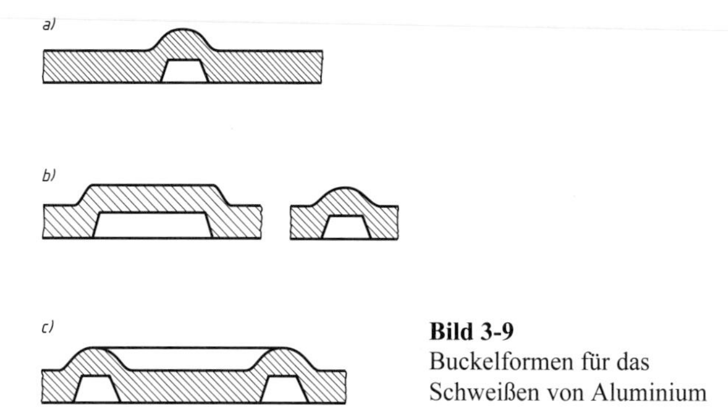

Bild 3-9
Buckelformen für das Schweißen von Aluminium

Prinzipiell arbeitet das Widerstandspunktschweißen ohne Zusatzwerkstoff. Mit der Einführung hochfester Stahlqualitäten im Karosseriebau wurden aber dort die technologischen Grenzen des klassischen Verfahrens erreicht. Dies führte zur Entwicklung des Widerstandspressschweißens mit Zusatzwerkstoff. Bei dieser Variante wird vor dem Fügen ein ring- oder linienförmiges Element aus dem Zusatzwerkstoff zwischen den Fügeteilen fixiert und beim Stromdurchgang mit aufgeschmolzen. Als Schweißzusätze kommen solche vom Typ S2 oder auch CuSi in Betracht. Vorteilhaft ist einmal die dadurch mögliche Reduzierung der Zahl der Schweißpunkte (große Schweißfläche, höhere Festigkeit). Zum anderen wird bei dieser Technologie die Oberfläche der Fügeteile im Bereich der Fügestellen nicht beschädigt.

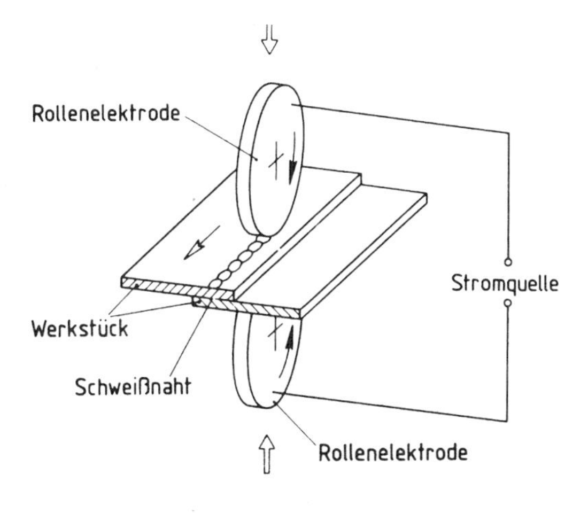

Bild 3-10
Rollennahtschweißen (nach DIN 1910, s. hierzu Bild 14-46 und 14-47)

3.1.2 Pressstumpf- und Abbrennstumpfschweißen (RPS/25 und RA/24)

Beiden Prozessen ist gemeinsam, dass Wellen, Profile, Rohre u. ä. Teile stirnseitig miteinander verschweißt werden können. Die dazu erforderliche Wärme entsteht beim Durchgang des elektrischen Stroms durch die Berührungsstelle der Teile durch Widerstandserwärmung, wobei beim Abbrennstumpfschweißen eine schmelzflüssige Phase auftreten kann, die beim Stauchen aus der Fügezone gepresst wird.

Beim Pressstumpfschweißen (RPS) werden die zu verbindenden Teile in wassergekühlte Backen eingespannt, stirnseitig gegeneinander gepresst und unter Strom gesetzt. Dabei wird die planbearbeitete Berührungsstelle durch den hohen Übergangswiderstand bis auf Schweißtemperatur erwärmt. Ist diese erreicht, so wird der Strom abgeschaltet und gleichzeitig die Stauchkraft erhöht. Dabei wird das plastifizierte Material an der Schweißstelle wulstartig aufgestaucht, **Bild 3-11**. Das Verfahren eignet sich für Querschnitte bis etwa 500 mm^2 Querschnittsfläche. Es kann bei Bauteilen aus Stahl, Kupfer und Aluminium angewandt werden.

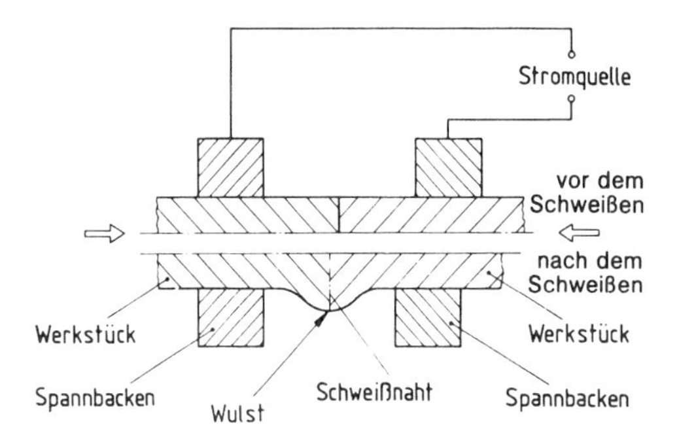

Bild 3-11
Pressstumpfschweißen (nach DIN 1910)

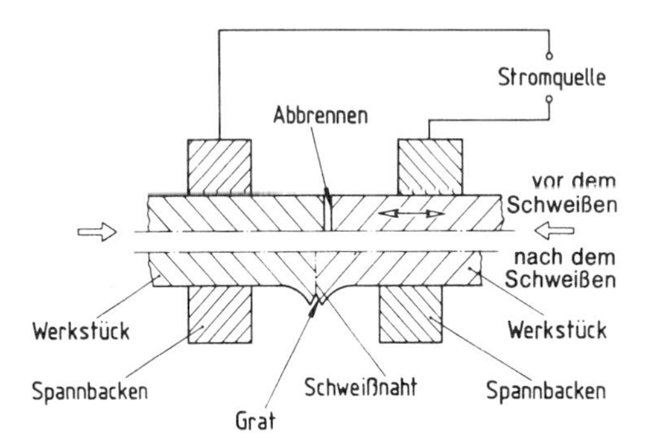

Bild 3-12
Abbrennstumpfschweißen (nach DIN 1910, siehe hierzu Bild 14-48 und 14-49)

Der Vorgang des Abbrennstumpfschweißens (RA) gliedert sich in mehrere Abschnitte. Die nicht unbedingt plan aufliegenden Stirnflächen werden gegeneinander gefahren und unter Strom gesetzt. Durch das Zurückfahren des einen Teils entstehen mehrere Lichtbögen, die ein Vorwärmen der Stirnflächen bewirken. Dieser Vorgang wird mehrfach wiederholt (Reversieren mit einzelnen Stromstößen) bis die Temperatur für das eigentliche Abbrennen erreicht ist. In dieser Phase wird an den Kontaktstellen der Werkstoff geschmolzen und teilweise verdampft, was zu einem Ausschleudern von Material aus der Fuge in einem intensiven Funkenregen führt. Es folgt nun das schnelle Stauchen der Teile gegeneinander, oft verbunden mit einem Stoßglühen, eventuell auch einem Nachstauchen. Es entsteht eine kleine Wärmeeinflußzone und nur ein kleiner Stauchgrat, der alle aus der Fuge herausgequetschten Verunreinigungen enthält. Die Fügezone weist keine erstarrte Schmelze auf; diese wurde herausgepresst. Das Abbrennstumpfschweißen eignet sich zum Verschweißen auch von größeren Querschnitten, bei Stahl bis 100000 mm², wofür Stromstärken bis 100 kA erforderlich sind, **Bild 3-12**.

Hinweise zu möglichen Fehlern beim Abbrennstumpfschweißen finden sich in **Tabelle 18-39** im Anhang.

3.1.3 Induktives Widerstandspressschweißen (RI/74)

Dünnwandige, längsgeschweißte Leitungsrohre werden aus zu Schlitzrohren geformten Bändern aus unlegierten Stählen hergestellt. Hierzu eignen sich die Prozesse des induktiven Widerstandpressschweißens bzw. des Hochfrequenzinduktionsschweißens (HFI). Kennzeichen ist eine hohe Schweißgeschwindigkeit, geringe Fertigungstoleranzen und eine gute Oberflächenqualität.

Das Induktionsschweißen ist in DIN 1910 wie folgt gekennzeichnet:

Die Werkstücke werden an den Stoßflächen erwärmt und unter Anwendung von Kraft geschweißt. Der Strom für die Widerstandserwärmung wird durch einen Induktor induziert, die Kraft durch Druckrollen übertragen. Die Erwärmung der Stoßflächen erfolgt dabei zweckmäßigerweise durch einen hochfrequenten Strom. Infolge des Skin-Effekts werden die zu verschweißenden Flächen schnell hoch erwärmt, so dass sie anschließend mit hoher Geschwindigkeit zwischen zwei Druckrollen verschweißt werden können. Dabei entsteht außen und innen ein Stauchgrat, der in einem weiteren Arbeitsgang entfernt werden muss. Je nach Einleitung des elektrischen Stroms wird zwischen zwei Verfahren unterschieden, dem Schweißen mit stabförmigen Induktoren und dem Schweißen mit umschließendem Induktor.

In der Fertigung wird meist das Induktionsschweißen mit umschließendem Induktor verwendet, **Bild 3-13**. Mit diesem können Rohre mit Durchmessern zwischen 4,5“ und 24“ (entsprechend 114 bzw.610 mm) und Wanddicken von 3,2 bis 20,6 mm mit Schweißgeschwindigkeiten bis 60 m/min gefertigt werden.

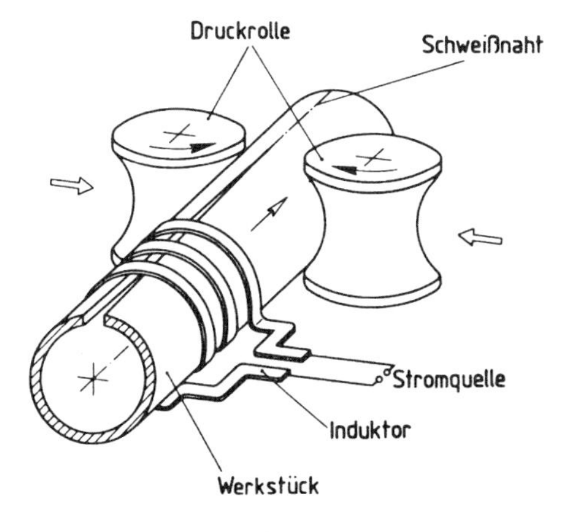

Bild 3-13
Das HF-Schweißen mit stabförmigem und umschließendem Induktor (nach DIN 1910)

3.2 Gaspressschweißen (GP/47)

Bei diesem Prozess, der besonders zum Verschweißen von Bewehrungsstählen auf der Baustelle verwendet wird, erfolgt die Erwärmung beider Fügeteile mittels einer Acetylen-Sauerstoff-Flamme. Beim geschlossenen Gaspressschweißen werden die Stirnflächen der zu verbindenden Teile aneinander gestoßen und durch einen Ringbrenner erwärmt, **Bild 3-14**. Ist die Schweißtemperatur erreicht, so werden die Teile schnell axial gegeneinander gepresst und dadurch verschweißt. Das offene Gaspressschweißen ist demgegenüber dadurch gekennzeichnet, dass die Stirnflächen bei der Erwärmung nicht aneinander stoßen.

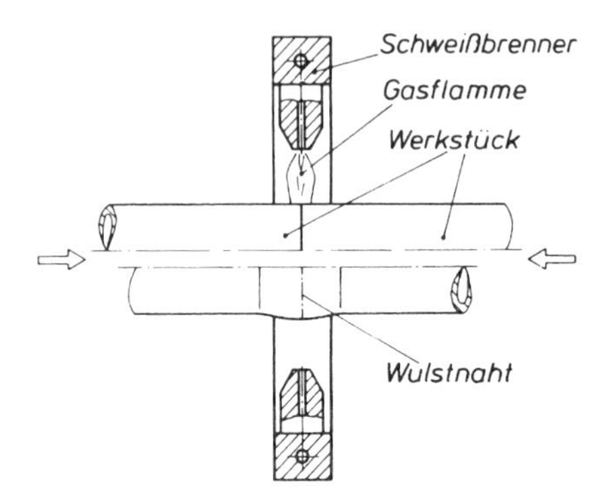

Bild 3-14
Geschlossenes Gaspressschweißen (nach DIN 1910)

3.3 Lichtbogenpressschweißen

Die Werkstücke werden beim Lichtbogenpressschweißen an den Stoßflächen durch einen kurzzeitig zwischen diesen brennenden Lichtbogen erwärmt und unter Anwendung von Kraft vorzugsweise ohne Schweißzusatz geschweißt (DIN 1910 Teil 2).

3.3.1 Bolzenschweißen (B/78)

Der wichtigste Prozess dieser Gruppe ist das Lichtbogenbolzenschweißen (Bolzenschweißen), das zur Befestigung von bolzenförmigen Bauteilen wie Schrauben, Stiften oder ähnlichem auf Platten oder Rohren verwendet wird.

Das Bolzenschweißen hat deutliche Kostenvorteile gegenüber Einpressbolzen, Blindniet- und Stanznietbolzen. Entsprechend der angewandten Zündung werden hauptsächlich drei Varianten unterschieden:

- Hubzündungsbolzenschweißen mit Keramikring oder Schutzgas,
- Kurzzeitbolzenschweißen mit Hubzündung,
- Kondensatorentladungsschweißen mit Spitzenzündung.

Beim Verfahren mit Hubzündung wird der Bolzen in eine besondere Schweißpistole bzw. stationäre Bolzensetzeinrichtung eingesetzt. Der Bolzen ist am zu verschweißenden Ende stumpf angefast und mit einer Beschichtung (Flussmittel, Metall) versehen, die die Ionisierung der Lichtbogenstrecke erleichtern und außerdem metallurgische Reaktionen im Schmelzbad bewirken soll. Weiterhin trägt der Bolzen an diesem Ende einen Keramikring, der das Schweißbad formt und es vor dem Zutritt der Atmosphäre schützt; er wird nach dem Verschweißen abgeschlagen. **Bild 3-15** zeigt das Verfahrensprinzip. Mit diesem Ende wird der

Bolzen auf das Werkstück aufgesetzt. Ein Knopfdruck an der Pistole schaltet den Strom ein und hebt gleichzeitig magnetisch den Bolzen etwas ab, so dass ein Lichtbogen zwischen Bolzen und Werkstück entsteht. Dabei schmelzen Bolzen und Grundwerkstoff örtlich auf. Nach einer vorgewählten Zeit wird bei abgeschaltetem Strom der Bolzen in die Schmelze gedrückt; er verschweißt dort mit dem Grundwerkstoff.

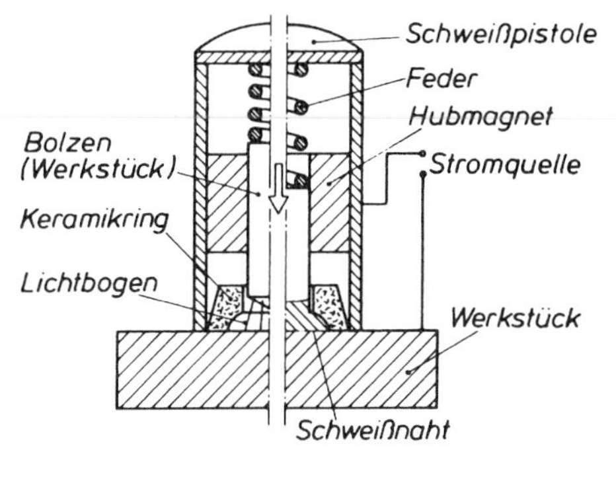

Bild 3-15
Lichtbogenbolzenschweißen mit Hubzündung (nach DIN 1910)

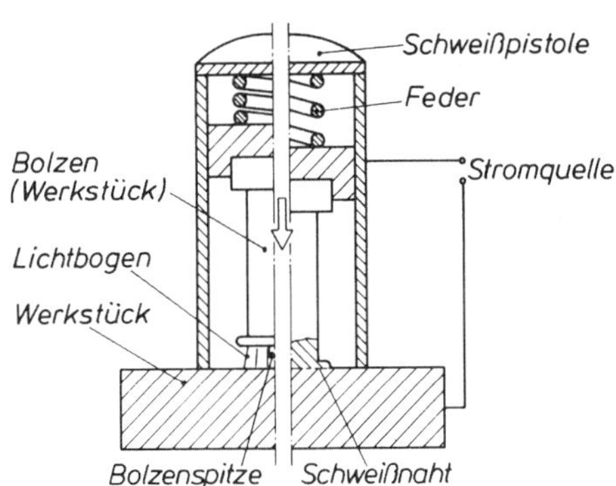

Bild 3-16
Lichtbogenbolzenschweißen mit Spitzenzündung (nach DIN 1910)

Gearbeitet wird mit Gleichstrom, wobei der Minuspol am Bolzen liegt. Verschweißt werden mit diesem Prozess Bolzen bis 32 mm Durchmesser mit Stromstärken, die sich nach der Beziehung I = 30 x d (mm) in Ampere überschlägig bestimmen lassen. Aluminiumwerkstoffe müssen unter Argon oder Argon-Helium-Gemischen geschweißt werden, wobei das Schweißen mit Wechselstrom zu empfehlen ist. Dies vermindert die Blaswirkung und die Überhitzung des Bolzens, verbunden mir einer Reinigungswirkung an Bolzen und Bauteil. Helium allein führt zu einem unruhigen Lichtbogen; bei Schwarz-Weiß-Verbindungen (hochleg. Stahl auf unleg. Stahlblech) können auch Mischgase wie z. B. M21 verwendet werden.

Zum Bolzenschweißen mit Spitzenzündung wird ein Bolzen verwendet, der am zu verschweißenden Ende einen angestauchten Bund mit Zündspitze aufweist, **Bild 3-16**. Der Bolzen wird in ein Bolzensetzgerät eingesetzt, das diesen nach Betätigung des Auslösemechanismus mit Federkraft oder pneumatisch zum Werkstück schiebt. Nähert sich nun die Zündspitze der Werkstückoberfläche, so entlädt sich eine Kondensatorbatterie und es fließt ein Strom sehr hoher Stärke, wodurch die Zündspitze schlagartig verdampft. In der Folge bildet sich ein Lichtbogen zwischen dem stirnseitigen Bund des Bolzens und dem Werkstück aus, der beide Oberflächen aufschmilzt, so dass in Sekundenbruchteilen ein flaches Schweißbad entsteht. In dieses Bad taucht der Bolzen ein und verschweißt mit dem Grundwerkstoff.

Dieser Prozess eignet sich insbesondere zum Aufschweißen von Bolzen bis 8 mm Durchmesser auf dünne Bleche ab etwa 0,5 mm Dicke, wenn nur geringe mechanische Beanspruchungen auftreten.

Eine Übersicht über die Verfahrensvarianten des Bolzenschweißens ist in **Tabelle 18-40** im Anhang zu finden.

Werkstoffe

In den DVS-Merkblättern 0902 und 0903 finden sich Angaben zu den schweißgeeigneten Werkstoffkombinationen. **Tabelle 3-2** gibt eine Übersicht über die Schweißeignung verschiedener Werkstoffkombinationen.

Tabelle 3-2 Ausgewählte Grundwerkstoff-Bolzen-Kombinationen für das Bolzenschweißen mit Hubzündung (nach DVS)

Grundwerkstoff	Bolzenwerkstoff				
	Baustahl S235, S355 u. ä. Stähle	**Andere unleg. Stähle**	**Nichtrostende Stähle nach DINEN 10088**	**Hitzebeständige Stähle nach DINEN 10095**	**Aluminium-werkstoffe**
Baustahl S235, S355 u. ä. Stähle	1	2	3	2	0
Andere unleg. Stähle	2	2	3	2	0
Nichtrostende Stähle nach DINEN 10088	3	3	1	3	0
Hitzebeständige Stähle nach DINEN 10095	2	2	2	2	0
Aluminiumwerkstoffe	0	0	0	0	2

1 = gut geeignet (für Kraftübertragung), 2 = geeignet (für Kraftübertragung nur eingeschränkt),
3 = bedingt geeignet (nicht für Kraftübertragung), 0 = nicht möglich

Wegen der Gefahr der Aufhärtung (Soll < 350 HV5) ist bei Stählen der C-Gehalt des Bolzenwerkstoffs auf 0,18 % begrenzt. Problematisch ist wegen der Wasserstoffempfindlichkeit das Schweißen von Feinkornbaustählen. Hier treten sehr leicht wasserstoffinduzierte Brüche im martensitischen Bereich der WEZ auf. In der Praxis kann durch Vorwärmen der Schweißstelle und Entfernen der Feuchtigkeit das Problem entschärft werden.

Schwarz-Weiß-Verbindungen, mit der Vermischung von ferritischem und austenitischem Werkstoff in der Schmelze, können mit Hilfe des Schaeffler-Diagramms auf ihre Schweißeignung beurteilt werden (siehe Seite 218). Im Bauwesen ist die Zulässigkeit von Schwarz-Weiß-Verbindungen geregelt. Zu beachten ist, dass

- nur zugelassene nichtrostende Stähle verwendet werden,
- das Blech schwarz und der Bolzen weiß ist,
- der zu schweißende Durchmesser 10 mm nicht übersteigt,
- kein Keramikring, sondern Schutzgas verwendet wird,
- in Wannenlage gearbeitet wird,
- die Verbindung frühestens nach 48 Stunden belastet wird und
- ein ausreichender Korrosionsschutz an der Schweißstelle vorhanden ist.

Hinweise zu den beim Bolzenschweißen möglichen Fehler gibt **Tabelle 18-41** im Anhang.

Bild 3-17
Magnetarc-geschweißte Pkw-Gelenkwelle aus Stahl
(Werkfoto KUKA Systems GmbH)

3.3.2 Pressschweißen mit magnetisch bewegtem Lichtbogen (MBL)

Dieser unter der Bezeichnung „Magnetarc“ bekannt gewordene Prozess zählt nach DIN 1910 Teil 2 zu den Lichtbogenpressschweißverfahren. Es ist besonders geeignet zum Stumpfschweißen geschlossener, dünnwandiger Hohlquerschnitte, **Bild 3-17**.

Die sich an den Stirnseiten berührenden Fügeteile werden genau fluchtend eingespannt; eine Ablenkspule, in die eine Schutzgasdüse integriert werden kann, umschließt konzentrisch die Schweißstelle. Durch Auseinanderziehen der beiden Teile entsteht ein definierter Spalt (1–4 mm), in dem bei eingeschaltetem Strom ein Lichtbogen u. U. unter Schutzgas brennt. Durch die Überlagerung der Magnetfelder der Ablenkspule und des Lichtbogens wird dieser in Rotation versetzt. Auf diese Weise wird erreicht, dass die gesamte Fügefläche gleichmäßig erwärmt wird. Ist die gewünschte Schweißtemperatur erreicht, so werden die beiden Teile durch Stauchen miteinander verbunden. **Bild 3-18** verdeutlicht diese Vorgänge.

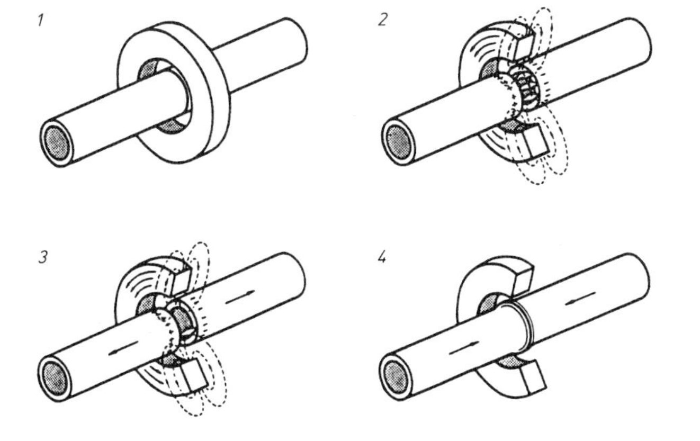

Bild 3-18
Verfahrensablauf beim Pressschweißen mit magnetisch bewegtem Lichtbogen
(Werkbild KUKA)

1 Anordnung von Ablenkspule und Fügeteilen
2 Nach Aufbau des Magnetfelds und Auseinanderziehen der zu verschweißenden Werkstücke entsteht ein Lichtbogen, der unter Schutzgas brennt
3 Durch Überlagern der Magnetfelder rotiert der Lichtbogen
4 Stauchen

Der Prozess arbeitet mit Gleichstrom, wobei Stromquellen mit fallender statischer Kennlinie verwendet werden. Dies bewirkt, dass sich Unterschiede in der Spaltbreite nicht zu stark auf die Höhe des Schweißstroms auswirken. Dieser liegt je nach Abmessungen des zu schweißenden Teils zwischen 50 und 1500 A.

Gegenüber den anderen Pressschweißprozessen zeichnet sich das Verfahren einmal aus durch kleine Fertigungstoleranzen (+/–0,2 mm), zum anderen durch einen stark verminderten Energiebedarf und eine kurze Schweißzeit (ca. 5 Sek.). Allerdings können bei Stahl nur Wanddicken bis 5 mm verschweißt werden.

3.4 Diffusionsschweißen (D/45)

DIN 1910 definiert in der Gruppe der Pressschweißverfahren das Diffusionsschweißen wie folgt:

Die Werkstücke werden an den Stoßflächen oder durchgreifend im Vakuum, unter Schutzgas oder in einer Flüssigkeit, erwärmt und unter Anwendung stetiger Kraft vorzugsweise ohne Schweißzusatz geschweißt. Die Verbindung entsteht durch Diffusion der Atome über die Stoßflächen hinweg. Im Bereich des Schweißstoßes treten nur geringe plastische Verformungen auf. **Bild 3-19** zeigt die prinzipielle Anordnung dieses Prozesses.

Das Diffusionsschweißen bietet verschiedene Vorteile:

- hohe Temperaturbelastbarkeit der Verbindung
- hohe mechanische Festigkeit
- hohe Temperaturwechselbeständigkeit
- großflächige Verbindung
- in der Regel Fügen ohne Zwischenschicht möglich
- Verbindung zwischen stofflich unterschiedlichen Werkstoffen möglich

Dem stehen allerdings folgende Nachteile gegenüber:

- lange Prozesszeit
- intensive Vorbereitung der Fügeoberflächen erforderlich
- hoher gerätetechnischer Aufwand

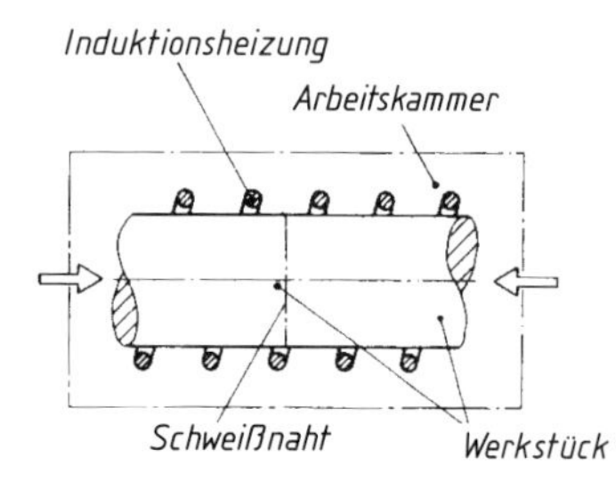

Bild 3-19
Diffusionsschweißen
(nach DIN 1910)

Die Diffusion in Metallen ist ein Vorgang, bei dem Atome aufgrund von Konzentrationsunterschieden bewegt werden. Es herrscht die Tendenz, diese Konzentrationsunterschiede auszugleichen. Bei Festkörpern benötigt die Diffusion eine längere Zeit. Durch Erhöhen der Temperatur kann die Diffusionsgeschwindigkeit jedoch stark erhöht werden. Sie hängt weiterhin ab vom Diffusionsmechanismus, der im Austausch von Atomen auf benachbarten Plätzen, der

Wanderung von Atomen auf Zwischengitterplätze oder in der Diffusion von Leerstellen bestehen kann.

Der Ablauf der Verbindungsbildung gliedert sich in drei Phasen:

- Herstellung des metallischen Kontakts durch eine plastische Verformung der Berührungsflächen
- Vergrößerung der Grenzfläche durch Fließen und
- Verbindung der Grenzflächen durch Oberflächendiffusion mit einer Wanderung von Atomen über die Berührungsflächen und Entstehen eines neuen Gefüges durch Kornwachstum über die Grenzflächen hinweg.

Der Verfahrensablauf wird im Wesentlichen durch vier Größen bestimmt:

- die Schweißtemperatur,
- den Schweißdruck,
- die Schweißzeit und
- den Druck des Schutzgases bzw. die Höhe des Vakuums.

Die Schweißtemperatur soll im Bereich von $T = (0,5 \text{ bis } 0,7)\ T_S$ liegen, wobei T_S die Schmelztemperatur in K bedeutet. Der Werkstoff befindet sich noch im festen Zustand, ist aber in den Grenzflächen leicht plastisch verformt, was zu einem guten Kontakt der Fügeteile führt. Außerdem begünstigt die Temperatur die Diffusion der Atome.

Zusammen mit der erhöhten Schweißtemperatur bewirkt der Schweißdruck, der etwa 10 N/mm^2 beträgt, eine Einebnung der Rauhigkeitsspitzen und vergrößert damit die Kontaktfläche. Günstig ist auch, dass durch den erhöhten Druck bzw. die dadurch bewirkte Verformung die Rekristallisationstemperatur herabgesetzt wird.

Die Festigkeit der Schweißverbindung ist von der Diffusionszeit, d. h. der Schweißzeit, abhängig. Je nach Werkstoff bzw. Werkstoffkombination liegen die Schweißzeiten zwischen 1 und 240 Minuten.

Die Oberfläche der Fügeteile – an die im Übrigen hohe Anforderungen hinsichtlich der Planparallelität gestellt werden – muss absolut sauber sein; Oxidhäute müssen vorher durch Beizen entfernt werden. Um die Neubildung von Oxidschichten während des Schweißens bei den herrschenden hohen Temperaturen zu verhindern, muss das Diffusionsschweißen im Vakuum oder unter Schutzgas durchgeführt werden. Am günstigsten ist das Arbeiten im Vakuum bei 10^{-3} bis 10^{-6} mbar, da hier die Absorptionsschichten aus Gasen und Dämpfen weitgehend entfernt werden. Das Vakuum hat jedoch den Nachteil, dass eine lange Pumpzeit erforderlich ist, wie auch eine dichte Vakuumkammer vorhanden sein muss. Vorgezogen wird daher das Schweißen unter Schutzgas mit leichtem Überdruck. In Betracht kommen Argon und Helium, aber auch zweiatomige Gase wie Kohlendioxid oder Wasserstoff bzw. Mischgase.

Das Diffusionsschweißen eignet sich zur Herstellung spannungsarmer und homogener Verbindungen auch bei Werkstoffkombinationen, die sonst durch Schmelzschweißen nicht verbunden werden können. Beispiel hierfür ist die Verbindung von Aluminiumlegierungen mit Stählen. In manchen Fällen ist es erforderlich, mit Zwischenschichten zu arbeiten. Dies z. B wenn die Schmelzpunkte oder Wärmeausdehnungskoeffizienten der beiden Fügeteile zu sehr verschieden sind oder die Gefahr der Bildung spröder Phasen besteht. So wird beim Diffusionsschweißen von Titan mit dem Stahl X 8Cr17 auf der Titanseite Vanadium, auf der Stahlseite die Nickellegierung Ni15Cr7Fe als Zwischenschicht aufgebracht; die Verbindung erfolgt dann über die beiden Zwischenschichten. Mit Hilfe des Diffusionsschweißens können auch nichtmetallische Werkstoffe wie z. B. infiltriertes Siliziumkarbid und Aluminiumoxid verschweißt werden.

Ein neues Anwendungsgebiet ist beispielsweise die Herstellung komplexer Spritzwerkzeuge mit Kühlkanälen durch Anwendung des Diffusionsschweißens als generatives Fertigungsverfahren. Das Werkzeug wird dabei aus mit dem Laserstrahl geschnittenen plattenförmigen Elementen stapelförmig aufgebaut, die dann im Vakuum durch Diffusionsschweißen verbunden werden.

3.5 Reibschweißen (FR/42)

Beim Reibschweißen werden die Werkstücke an den Stoßflächen gegeneinander bewegt und unter Ausnutzung der hierbei entstehenden Reibungs- und Umformungswärme unter Anwendung von Kraft ohne Schweißzusatz geschweißt (DIN 1910).

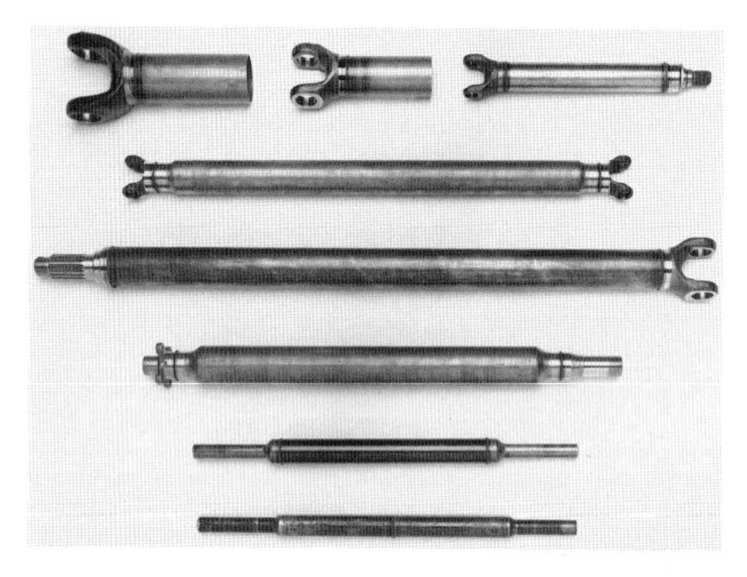

Bild 3-20 Beispiele für reibgeschweißte Teile des Maschinen- und Fahrzeugbaus (Werkbild KUKA; siehe auch Bilder 14-54 bis 14-60)

Es ist geeignet vor allem zum Verbinden rotationssymmetrischer Teile untereinander oder mit anderen Formteilen, **Bild 3-20** sowie **14-56 ff**. Das eine Teil wird im Spannfutter der Schweißmaschine, das andere Teil in das Spannfutter der Spindel eingespannt. Wird die Spindel in Drehbewegung versetzt, so reiben die sich berührenden Stirnflächen der Teile aneinander und erwärmen sich durch die entstehende Reibungswärme, **Bild 3-21**. In der ersten Phase, der Reibphase, steigt die Temperatur in der Reibfläche und einer dünnen Randschicht beider Teile auf Schmiedetemperatur an. Sobald die zum Schweißen erforderliche Plastizität des Werkstoffs erreicht ist, wird die Rotation abgebremst und der Axialdruck erhöht. In dieser zweiten Phase, der Stauchphase, werden die Teile miteinander verbunden. Durch den Stauchvorgang wird plastifizierter Werkstoff in Form eines Schweißwulstes ausgepresst, wodurch die

Fügeteile axial etwas verkürzt werden. **Bild 3-22** zeigt schematisch den Verlauf von Drehzahl, Drehmoment, Axialdruck und Stauchweg beim Reibschweißen.

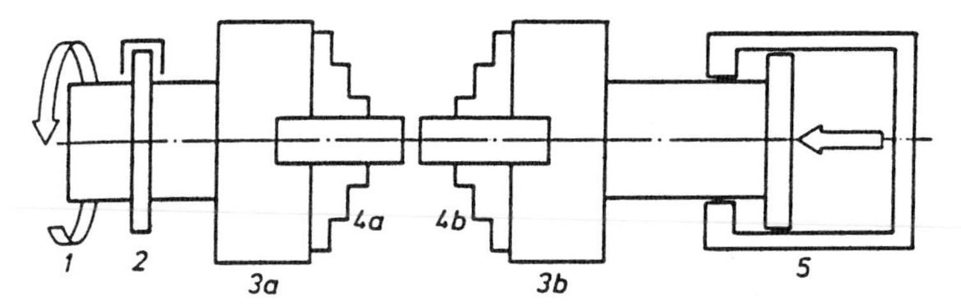

Bild 3-21 Verfahrensprinzip des Reibschweißens (nach DVS Merkblatt 2909)
1) Antrieb 2) Bremse 3) Backen 4) Schweißteile 5) Belastungseinheit (Druck)

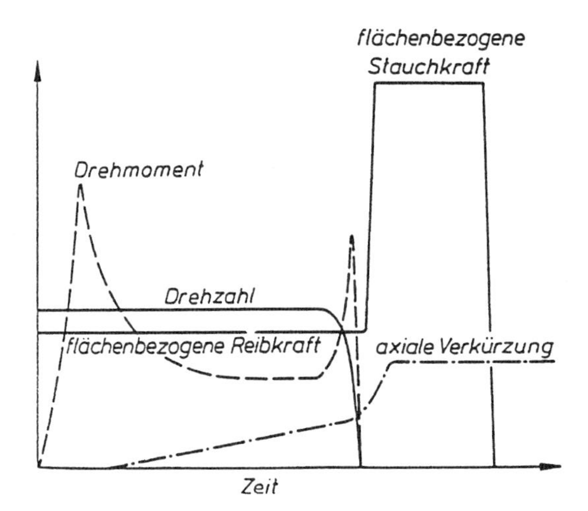

Bild 3-22
Verlauf der Verfahrensparameter beim Reibschweißen in Abhängigkeit von der Zeit (nach DVS-Merkblatt 2909)

Das Prozess ist gekennzeichnet durch eine einfache Arbeitsweise, deren Parameter – Drehzahl, Druck, Weg – leicht zu überwachen sind. Bei Baustählen (S355) wird beispielsweise bei einer Drehzahl von n = 1000 1/min, einem Reibdruck von 50 N/mm^2 und einem Stauchdruck von 150 N/mm^2 innerhalb von 30 Sek. eine einwandfreie Verschweißung erzielt. Dabei beträgt die Stauchung etwa 5 mm. Vorteilhaft sind auch die günstige Temperaturführung und das Auspressen von Verunreinigungen aus der Schweißzone. Als besonders günstig erweist sich die Möglichkeit, Teile aus verschiedenen Werkstoffen miteinander zu verbinden. Die Verbindung bildet sich beim Reibschweißen im festen Zustand durch Diffusionsprozesse über Grenzflächen hinweg. In der Reibphase, in der mechanische Energie in Wärme umgesetzt wird, nähern sich die unabhängigen Gitterstrukturen zunächst an, werden dann unter Einwirkung von Druck und Temperatur aufgebrochen. Gleichzeitig werden störende Oberflächenschichten entfernt. Durch elastisch-plastische Verformung erfolgt darauf in der Stauchphase die Bildung der Verbindung. Bedingt durch die hohe Verformung und die Schweißwärme treten Platzwechselvorgänge ein, wodurch sich in kurzer Zeit eine Diffusionszone ausbildet. Die dynamische Rekristallisation in der WEZ führt dann zur Ausbildung eines feinen Korns in diesem Bereich.

Das Reibschweißen weist eine Reihe von Vorteilen auf wie

- Werkstoffkombinationen sind möglich
- kurze Schweißzeit
- kein Zusatzwerkstoff erforderlich
- hohe Genauigkeit erzielbar
- voll automatisierter Verfahrensablauf
- gute Reproduzierbarkeit
- gute Qualität der Schweißung.

Nachteilig ist gegenüber anderen Verfahren

- das Auftreten eines Schweißwulstes
- höhere Investitionskosten
- es muss Werkstoff zum Ausgleich des Schweißwulstes zugegeben werden.

Eine Prozessvariante ist das Schwungradreibschweißen (SR). Dabei wird die zum Schweißen benötigte Energie als kinetische Energie in der rotierenden Masse eines Schwungrads gespeichert. Beim Aufeinanderreiben der Fügeteile unter Druck wird diese kinetische Energie während der Reibphase in Wärme umgewandelt, so dass der für das Verschweißen erforderliche plastische Zustand erreicht wird. Dieses Verfahren wird vorteilhaft angewendet beim Schweißen von Aluminium und hochfesten Metallen.

Das klassische Reibschweißen wurde in jüngster Zeit ergänzt durch Verfahren wie das Bolzenreibschweißen und das Reibpunktschweißen. Weiter zu nennen ist das Orbitalreibschweißen, bei dem unter Einwirkung einer Kraft kreisförmige Schwingungsbewegungen zwischen den Verbindungsflächen erzeugt werden, vergleichbar den Vorgängen beim Schwingschleifer. Der Prozess eignet sich zum Schweißen nicht runder oder nicht drehbarer Teile. Zum Verschweißen von Aluminium und seinen Legierungen wird im Schiff- und Fahrzeugbau zunehmend das Rührreibschweißen (Friction Stir Welding-FSW) eingesetzt.

Im Gegensatz zu den klassischen Reibschweißprozessen wird beim FSW ein besonderes Werkzeug verwendet, womit die zum Fügen erforderliche Wärme erzeugt wird. Es sind linien- und punktförmige Verbindungen möglich. **Bild 3-23** gibt schematisch den Aufbau des Prozesses wieder. Das Werkzeug ist ein rotierender Zapfen mit zentrischem Pin, dessen Länge etwas kürzer als die zu verschweißende Blechdicke ist.

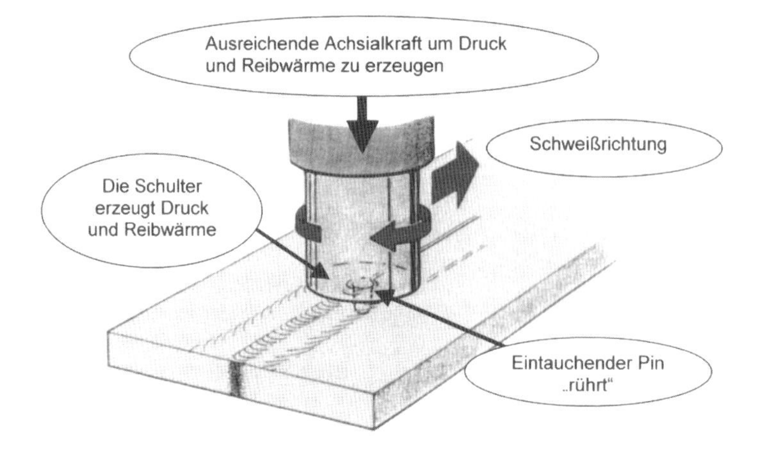

Bild 3-23
Verfahrensprinzip Rührreibschweißen

Die Fügeteile müssen gut auf Stahlplatten fixiert werden, wo das rotierende Werkzeug stirnseitig hineingedrückt wird. Der Pin leitet an der Stirnseite einen so genannten „Fressvorgang“ ein, erwärmt das Werkstück lokal und plastifiziert die Fügestelle. Die mitreibende Werkzeugschulter erzeugt zusätzliche Prozesswärme. Beide Werkstückhälften werden an der Fügefläche miteinander „verrührt“ oder verknetet. Es ist nicht das Zusammenrühren von zwei „Teighälften“, sondern eine Art Extrusionsprozess: Das Material wird seitlich des Pins von den kalten (harten) Werkstoffrändern oben und unten vom Rührwerkzeug bzw. von der Auflageplatte abgestützt. Der hohe Druck quetscht den Werkstoff um den rotierenden Pin herum. Auf seiner Rückseite vereinigen sich die beiden Hälften in einer Art Warmpressschweißung. Die Werkzeugschulter gibt den vertikalen Verdichtungsdruck. Es entsteht eine Art Schmiedevorgang bei Temperaturen im Rekristallisationsbereich (bei Aluminium 400 bis 600 °C).

Aufgrund des Bindemechanismus sind sämtliche extrudierbaren Werkstoffe auch zum Rührreibschweißen geeignet: Aluminium mit seinen Legierungen, Kupfer- und seine Legierungen, Zink, Silber sowie Metall-Matrix-Verbindungen wie Al MMC. In neueren Anwendungen ist auch das stumpfe Verbinden von Stahlrohren im Durchmesserbereich von 500 mm mit diesem Schweißprozess bei Temperaturen um 800° Grad möglich.

Typische Verfahrensparameter sind:

- Drehzahl: 2000 bis 3000 U/min
- Vorschub, abhängig von den zu verbindenden Werkstoffen und -Kombinationen bis zu 6 m/min, heutiger Standard sind 2 m/min
- Zustellkraft bis zu 50 kN, Standard bis zu 15 kN
- Eintauchtiefe des Werkzeugs bis zu 15 mm (Ausnahmen 35 mm einseitig!)

Die Nachteile des Verfahrens sind:

- großer Materialfluss mit der Möglichkeit von Oxideinschlüssen, die zu Bindefehlern führen können
- hohe erforderliche Fügekräfte – teure Spannvorrichtungen
- beidseitige Nahtzugänglichkeit erforderlich
- nahezu keine Spaltüberbrückbarkeit, < 2 mm, da immer (bislang!) ohne Schweißzusatz gearbeitet wird
- teure Anlage
- nur bei Sondereinsätzen und größeren Stückzahlen sinnvoll

3.6 Kaltpressschweißen (KP/48)

Beim Kaltpressschweißen werden die Werkstücke an den Stoßflächen ohne Wärmezufuhr unter Anwendung stetiger Kraft vorzugsweise ohne Schweißzusatz geschweißt. Im Bereich des Schweißstoßes treten erhebliche plastische Verformungen auf (DIN 1910).

Das Kaltpressschweißen ist einer der Prozesse, die im Bereich des "solid-state bonding" arbeiten. Die Möglichkeit der Ausbildung einer festen Verbindung zwischen zwei Teilen basiert auf den zwischen metallischen Werkstoffen wirksam werdenden Bindekräften, wenn folgende Bedingungen erfüllt sind:

- angepasste Oberflächengestalt der Fügeteile und Annäherung der Körper bis in den atomaren Bereich
- keine Fremdschichten auf den Oberflächen.

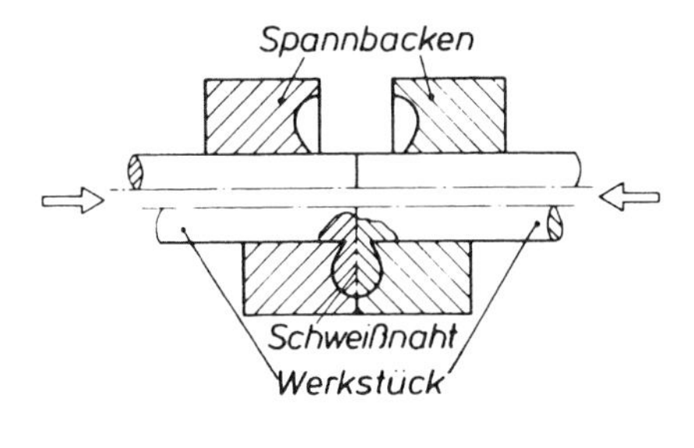

Bild 3-24
Anstauchschweißen (nach DIN 1910)

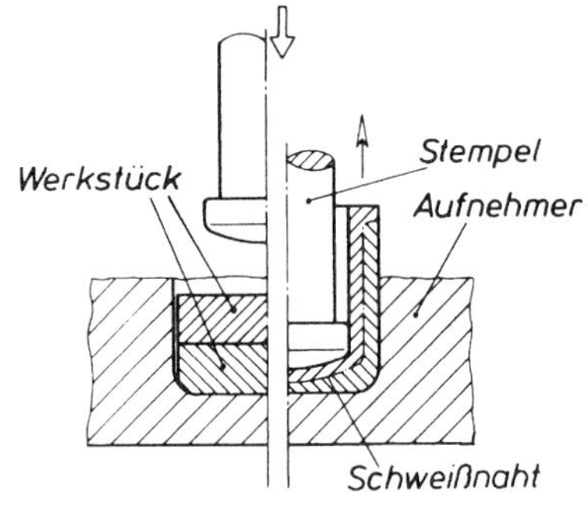

Bild 3-25
Fließpressschweißen (nach DIN 1910)

Da diese Bedingungen in der Praxis nicht ohne Weiteres gegeben sind, sind die technisch eingeführten Verfahren immer mit starken Verformungen der Fügeteiloberflächen verbunden. Dadurch wird erreicht, dass vorhandene Deckschichten zerstört und die Oberflächen in einen engen Kontakt gebracht werden.

Die Verformung kann dabei auf unterschiedliche Weise erfolgen. Beim Überlappschweißen von Folien und dünnen Blechen erfolgt sie zwischen zwei Stempeln, beim Stumpfschweißen von Drähten oder Bändern durch Stauchen (Anstauchschweißen), **Bild 3-24**. Eine Verbindung rohrförmiger Teile ist durch Fließpressen (Fließpressschweißen) möglich, **Bild 3-25**. Der Prozess ist nur dann wirtschaftlich in der Anwendung, wenn große Stückzahlen mit mechanisierten, auf den jeweiligen Anwendungsfall abgestimmten Anlagen geschweißt werden können.

Verarbeitet werden in erster Linie NE-Metalle; möglich ist auch das Verschweißen von Metallkombinationen wie Cu-Al oder Al-Stahl.

3.7 Sprengschweißen (S/441)

Systematisch zählt das Sprengschweißen in die Gruppe „Schockschweißen". Dabei werden die Werkstücke an den Stoßflächen ohne Wärmezufuhr unter Anwendung schlagartiger Kraft – hervorgerufen durch die bei der Detonation von Sprengstoff auftretende Druckwelle – vorzugsweise ohne Schweißzusatz geschweißt. Die beim Zusammenprallen der Werkstücke entstehende Wärme erleichtert das Schweißen (DIN 1910).

Die Möglichkeit der Herstellung einer festen Verbindung zwischen zwei metallischen Fügeteilen durch das Sprengschweißen beruht auf den beim „Kaltpressschweißen" bereits genannten Voraussetzungen. Das Zerstören der Fremdschichten und der Aufbau der zur Verformung erforderlichen Druckbelastung erfolgen hier durch den Druck, der bei der Detonation von Sprengstoff entsteht.

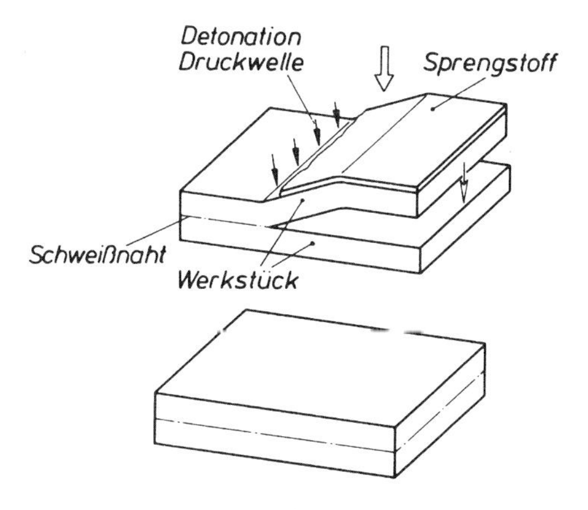

Bild 3-26 Sprengschweißen (nach DIN 1910)

Bei der üblicherweise angewandten Verfahrensweise wird das mit Sprengstoff beschichtete „Plattierblech" gegenüber dem „Grundblech" etwas schräg angestellt, **Bild 3-26**. Durch die mit hoher Geschwindigkeit fortschreitende Detonationsfront wird dann das Plattierblech auf das Grundblech geschleudert (Auftreffgeschwindigkeit ca. 1500 m/s) und mit diesem verschweißt. Dabei wird die Randschicht beider Fügeteile einige Atomlagen tief abgetragen. Charakteristisch ist die wellenförmige, manchmal auch hakenförmige Ausbildung der Bindefläche, zurückzuführen auf die von der Detonation hervorgerufenen Stoßwellen (vergleiche **Bild 14-77 ff.**).

Das Sprengschweißen wird fast ausschließlich zum Plattieren größerer Flächen verwendet, wobei Werkstoffkombinationen möglich sind, die durch andere Prozesse nicht erzielt werden können. Beispielhaft seien genannt: Al auf Cu oder Stahl, nichtrostende Stähle auf Baustahl, Titan bzw. Tantal auf Stahl. Diese so plattierten Werkstoffe eröffnen neue Anwendungsgebiete für Verbundkonstruktionen, wie **Bild 3-27** zeigt.

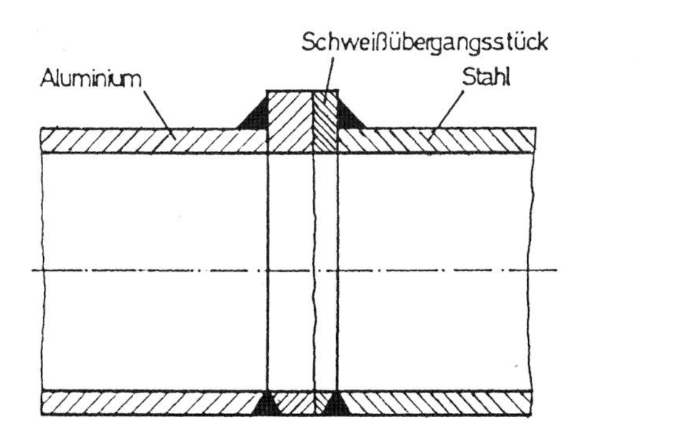

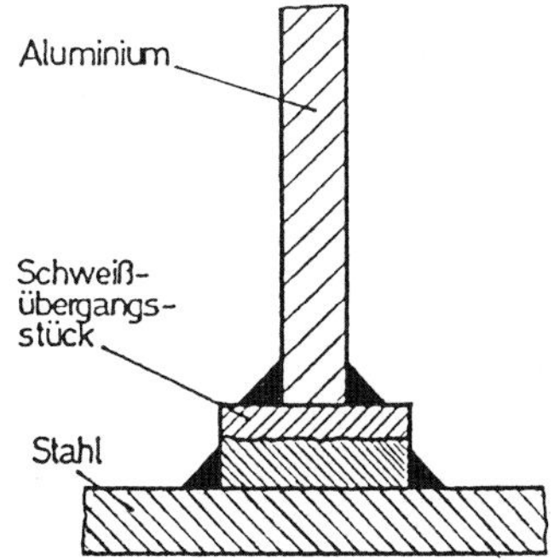

Bild 3-27 Verbundkonstruktionen von Aluminium und Stahl unter Verwendung von mit Hilfe des Sprengschweißens hergestellten Schweißübergangsstücken; siehe hierzu Bilder 14-77 und 14-78 (nach VDI)

Dem Sprengschweißen sehr ähnlich ist das Magnetimpulsschweißen. Ein elektrischer Strom hoher Stromstärke wird stoßartig in einer Spule entladen. Im Werkzeug, das aus einem elektrisch leitenden Werkstoff hergestellt ist, entsteht dadurch ein Wirbelstrom mit einem entsprechenden Magnetfeld. Die beiden Magnetfelder stoßen sich ab, wodurch im Werkstück eine starke Kraft erzeugt wird, die den Werkstoff in den plastischen Zustand versetzt und verschweißt. Das Verfahren eignet sich für das Verschweißen von Rohren und zur Herstellung von Rohr-Stab-Verbindungen.

3.8 Ultraschallschweißen (US/41)

In DIN 1910 wird das Ultraschallschweißen wie folgt gekennzeichnet: Die Werkstücke werden an den Stoßflächen durch Einwirkung von Ultraschall ohne oder mit gleichzeitiger Wärmezufuhr unter Anwendung von Kraft vorzugsweise ohne Schweißzusatz geschweißt. Schwingungsrichtung des Ultraschalls und Kraftrichtung verlaufen zueinander senkrecht, wobei die Stoßflächen der Werkstücke aufeinander reiben.

Das Ultraschallschweißen kann als eine Kombination von Reib- und Kaltpressschweißen betrachtet werden. Die zwei sich überlappenden Fügeteile werden zwischen einem festen Amboss und dem als Sonotrode bezeichneten schwingenden Werkzeug örtlich zusammengepresst. Die Sonotrode überträgt die von einem magnetostriktiven Schwinger oder piezoelektrisch erzeugten Schwingungen mit 20 bis 65 kHz auf die Fügeteile, **Bild 3-28**. Durch die Reibung werden vorhandene Fremdschichten zerstört und Oberflächenrauhigkeiten eingeebnet. Gleichzeitig wird die Randschicht beider Fügeteile bis zu einer geringen Tiefe aufgeheizt, so dass unter dem Druck der Anpresskraft (500 bis 2000 N) die Teile verschweißt werden. Das Verschweißen erfolgt dabei in fester Phase bevorzugt durch Adhäsion. Wichtig ist dabei die Gitterstruktur der zu fügenden Teile, wobei Metalle mit kfz-Gitter und nicht zu hoher Härte besonders gut fügbar sind. Die Temperaturerhöhung ist jedoch insgesamt unerheblich, so dass eine Oxidation des geschweißten Werkstoffs nicht eintritt. Dennoch ermöglicht sie, dass die Adhäsion durch Diffusionsvorgänge und Rekristallisation unterstützt wird. Eine Nachbehandlung ist nicht erforderlich, da der Werkstoff keinen Verzug erfährt und keine Eigenspannungen zurückbleiben.

Durch die hohe Frequenz ergibt sich trotz geringer Amplitude (5 bis 50 µm) der Relativbewegung zwischen den Fügeteilen eine hohe Relativgeschwindigkeit (0,8 bis 2 m/s), was zu kurzen Schweißzeiten (0,1 bis 3 s) führt. Je nach Ausbildung der Werkzeuge und Maschinen erfolgt das Schweißen als Punkt- oder Nahtschweißen. Die Schallleistung kann 50 W/cm^2 erreichen.

Das Ultraschallschweißen wird in erster Linie zum Verbinden von NE-Metallen verwendet, wobei Werkstoffkombinationen wie Al-Cu, Al-Au oder auch Al-Glas möglich sind. Hauptanwendungsgebiet ist das Fügen von Folien oder dünnen Bändern wie auch das Herstellen elektrisch leitender Anschlüsse in der Halbleitertechnologie.

Möglich ist aber auch das Verbinden dünnster Folien mit dickeren Teilen. Zu beachten ist allerdings, dass die Festigkeit von Verbindungen, die mittels Ultraschallschweißen hergestellt wurden, nicht zu hoch angesetzt werden darf. Die elektrische Leitfähigkeit dieser Verbindungen ist jedoch sehr gut, da beim Schweißen keine Rekristallisation auftritt.

Das US-Schweißen ist auch geeignet zum Verschweißen offenporiger wie auch walzplattierter Metallschäume.

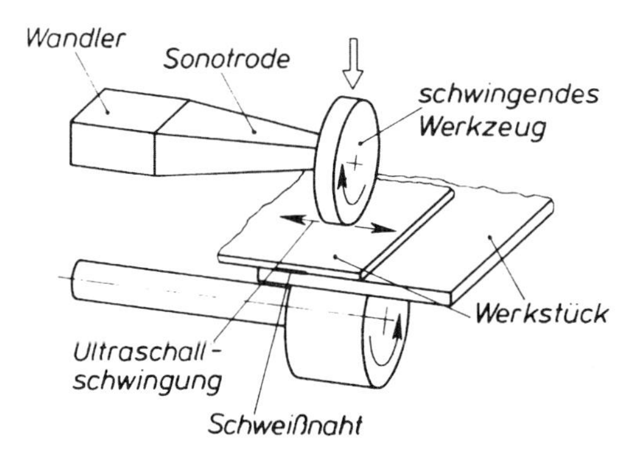

Bild 3-28
Ultraschallschweißen (nach DIN 1910)

Weiterführende Literatur

Aichele, G.: Ratgeber Schweißtechnik. Düsseldorf: DVS-Verlag, 1997

Behnisch, H. (Hrsg.): Kompendium Schweißtechnik, Band 1: Verfahren der Schweißtechnik. Düsseldorf: DVS-Verlag, 2002

Beckert/Neumann: Schweißverfahren. Berlin/München: Verlag Technik, 1993

Böhme/Hermann: Handbuch der Schweißverfahren, Teil 2: Autogenverfahren und andere Verfahren. Düsseldorf: DVS-Verlag, 1992

Dilthey, U.: Schweißtechnische Fertigungsverfahren, Band 1: Schweiß- und Schneidtechnologien. Düsseldorf: VDI-Verlag, 1994

Dilthey/Lüderer: Laserstrahlschweißen. Düsseldorf. DVS-Verlag, 2000

Eichler/Eichler: Laser. Bauformen, Strahlführung, Anwendung. Heidelberg: Springer Verlag, 2002

Graf, Th.: Laser-Grundlagen der Laserstrahlquellen. Wiesbaden: Vieweg+Teubner, 2009

Grünauer, H.: Reibschweißen von Metallen. Ehningen: expert-verlag, 1987

Killy, R.: Handbuch der Schweißverfahren, Teil I: Lichtbogenschweißverfahren. Düsseldorf: DVS-Verlag, 1999

Krause, M.: Widerstandspressschweißen. Grundlagen – Verfahren – Anwendung. Düsseldorf: DVS-Verlag, 1993

Matthes/Richter: Schweißtechnik. München: Hanser Fachbuchverlag, 2008

Neuber/Weilnhammer: Laserstrahlschweißen – Leitfaden für die Praxis. Düsseldorf: DVS-Media , 2009

Neumann/Kluge: Reibschweißen von Metallen. Düsseldorf. DVS-Verlag, 1991

Radaj. D.: Schweißprozesssimulation. Düsseldorf: DVS-Verlag, 1999

Ruge, J.: Handbuch der Schweißtechnik. 4 Bände. Berlin/Heidelberg: Springer Verlag, 1980 ff.

Schultz, H.: Elektronenstrahlschweißen. Düsseldorf: DVS-Verlag, 2000

Trillmich/Welz: Bolzenschweißen. Grundlagen und Anwendung. Düsseldorf: DVS-Verlag, 1997

Wodara, J.: Ultraschallfügen und -trennen. Düsseldorf. DVS-Verlag, 2004

4 Löten

Nach DIN 8505 ist Löten ein thermisches Verfahren zum stoffschlüssigen Fügen und Beschichten von Grundwerkstoffen, wobei eine flüssige Phase durch Schmelzen eines Lotes (Schmelzlöten mit einem Fertiglot) oder durch Diffusion an den Grenzflächen (Diffusionslöten) entsteht. Die Solidustemperatur der Grundwerkstoffe wird nicht erreicht. Die Flächen der zu verbindenden Werkstoffe werden durch das Lot benetzt. Die Flächen der zu verbindenden Werkstoffe werden durch das Lot benetzt, ohne selbst an- oder aufgeschmolzen zu werden.

Unter Lot versteht man eine als Zusatzmetall zum Löten geeignete Legierung oder ein reines Metall, verwendet in Form von Drähten, Stäben, Blechen, Bändern, Stangen, Pulvern, Pasten oder Formteilen. Das Lot ist passend zum Grundwerkstoff zu wählen.

Neben dem Lot muss beim Löten in der Regel ein Flussmittel verwendet werden. Dabei handelt es sich um einen nichtmetallischen Stoff, der vorwiegend die Aufgabe hat, Oxide auf der Lötfläche zu beseitigen und ihre Neubildung vor allem während der Anwärmphase zu verhindern. Weiterhin eignen sich die meisten Flussmittel als Temperaturindikator für die Lotschmelztemperatur.

Das Flussmittel muss sowohl auf den Grundwerkstoff als auch auf das Lot abgestimmt sein. Es soll 50 bis 100 °C unter der Arbeitstemperatur des Lots flüssig und kapillaraktiv sein.

Vor allem bei Werkstoffen, die nur mit speziellen Loten und Verfahren gelötet werden können, wie z. B. Titan, ist das Löten nur unter einer Schutzgasatmosphäre oder im Vakuum ohne Verwendung eines Flussmittels möglich.

Das Löten wird nicht nur zum Verbinden von Metallen verwendet, vielmehr findet es auch Anwendung beim Fügen nichtmetallisch-anorganischer Werkstoffe, also Glas und Keramik. So werden Glaslote wegen ihres günstigen Benetzungsverhaltens industriell zum vakuumdichten Verschließen von Lampen, Röhren und oxidkeramischen Kammern verwendet. Metallische Lote weisen gegenüber den Glasloten eine höhere Festigkeit und Duktilität auf. Wichtig ist dabei die Benetzung der keramischen Fügeteile, die durch eine vorangestellte Metallisierung oder direkt durch die Verwendung von Aktivloten herbeigeführt wird. Die Metallisierung kann durch Anwendung von Dünnschichttechnologien wie PVD oder CVD erfolgen. Die Aktivlote gehören zum System Ag-Cu-Ti, wobei den grenzflächenaktiven Legierungselementen Ti bzw. Zirkon und Hafnium große Bedeutung zukommt.

Das Löten weist gegenüber anderen Fügeverfahren eine Reihe von Vorteilen auf:

- die Möglichkeit, verschiedenartige, auch nichtmetallische Werkstoffe zu verbinden,
- geringer Verzug, kaum thermisch bedingte Änderungen der Stoffeigenschaften,
- die Lötstelle muss nicht zugänglich sein,
- die Herstellung dauerhaft dichter Verbindungen ist möglich.

Lötmechanismus

Voraussetzung für eine einwandfreie Lötverbindung ist die Benetzung, d. h. ein rein metallischer Kontakt von Lot und Werkstoff. **Bild 4-1** verdeutlicht schematisch die beim Löten ablaufenden Vorgänge. Die an der Oberfläche eines metallischen Werkstoffs liegenden Atome weisen ungesättigte Bindungskräfte auf (a). Wird das Teil der atmosphärischen Luft ausgesetzt (b), so können sich demzufolge Sauerstoffmoleküle an der Oberfläche anlagern. Die adsorbierten Sauerstoffmoleküle reagieren mit den Atomen des Metalls, wodurch sich dieses mit einer

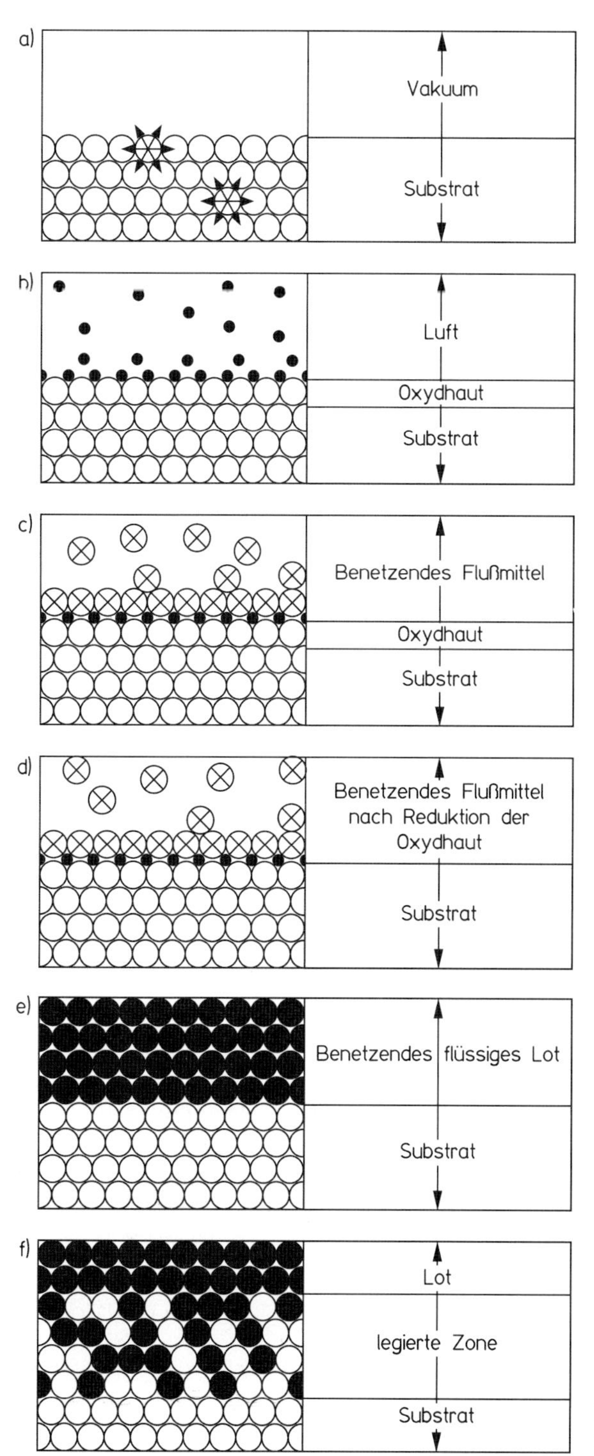

Bild 4-1
Die Vorgänge beim Löten (schematisch nach Fasching)

Oxidhaut überzieht. Damit wird der beim Löten erforderliche Kontakt zwischen schmelzflüssigem Lot und festem Metall verhindert. Diese Oxidhaut muss also entfernt werden, wofür ein Flussmittel verwendet wird (c). Es muss einmal stark benetzende Eigenschaften haben, zum anderen muss es die Oxidhaut chemisch reduzieren und die Reaktionsprodukte abtransportieren. Wichtig ist weiterhin, dass das Flussmittel die Neubildung der Oxidhaut verhindert (d). In ähnlicher Weise wirken die häufig verwendeten Schutzgase, die die Oxidschichten auf dem Werkstück reduzieren und eine Neubildung der Oxidhaut verhindern sollen.

Wird auf eine so vorbereitete Oberfläche das flüssige Lot aufgebracht, so kommt es zu einer Bindung primär infolge Adhäsion, d. h. atomare Bindungskräfte (e). Voraussetzung hierfür ist, dass das Lot den Grundwerkstoff benetzt und dabei das Flussmittel verdrängt. Ist die Temperatur ausreichend hoch, so kommt es zu Diffusionsvorgängen, d. h. zur Legierungsbildung durch atomare Platzwechselvorgänge in der Randschicht, was eine Erhöhung der Haftkräfte zur Folge hat (f). Es kann in diesem Zusammenhang auch zur Bildung von intermetallischen Phasen kommen. Diese sind in der Regel hart und spröde, was zu einer Verschlechterung der Lötverbindung führen kann. Möglich ist auch eine Beeinträchtigung der Ausbreitungsfähigkeit und des Fließverhaltens des Lots.

Der Benetzungsgrad wird durch den so genannten dihedrischen Winkel φ beschrieben, **Bild 4-2**. Ausgangspunkt der Betrachtungen ist die idealisierte Annahme, dass die Oberflächenspannungen von Grundwerkstoff, Lot und Flussmittel ein im Gleichgewicht stehendes System darstellen. Im Punkt P grenzen die drei Komponenten unter dem Winkel φ, dem oben erwähnten dihedrischen Winkel, aneinander, der durch das Kräftegleichgewicht der Oberflächenspannungen zwischen den Komponenten des Systems gegeben ist. So rührt F_{LS} von der Oberflächenspannung zwischen Lot und Grundwerkstoff (Substrat) her, entsprechend Kraft F_{LF} bzw. F_{FS} von der zwischen Lot und Flussmittel bzw. Grundwerkstoff und Flussmittel wirkenden Oberflächenspannung her. Alle Kräfte wirken tangential zur betreffenden Grenzfläche. Gleichgewicht herrscht dann, wenn gilt

$$F_{LS} + F_{LF} \cdot \cos \varphi - F_{SF} = 0.$$

Die Komponente senkrecht zum Grundwerkstoff ist dabei wegen dessen Eigenschaften ohne Bedeutung. Völlige Benetzbarkeit ist gegeben, wenn der Winkel $\varphi = 0$ wird, **Bild 4-3**; der Tropfen ist hier bestrebt, sich auf dem Grundwerkstoff auszubreiten und einen Film zu bilden. In der Praxis des Lötens soll φ zwischen 0° und 30° liegen.

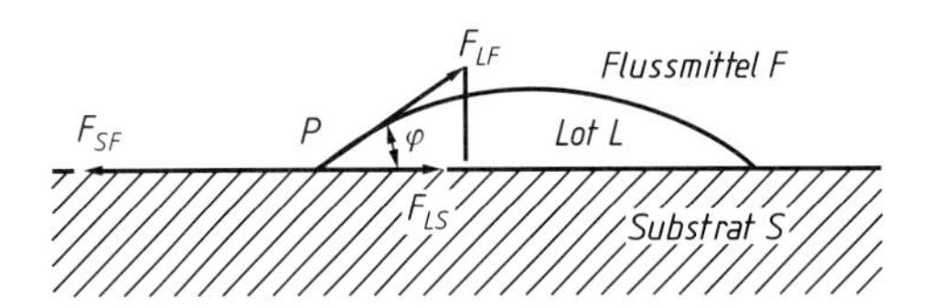

Bild 4-2 Zur Definition des dihedrischen Winkels

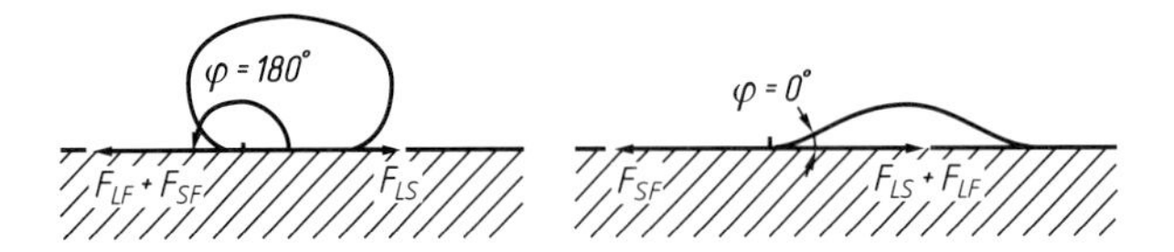

Bild 4-3 Unvollkommene (links) und vollkommene Benetzbarkeit (rechts)

Lötverfahren

Die Verfahren des Lötens können nach verschiedenen Gesichtspunkten eingeteilt werden:

– nach der Liquidustemperatur des Lots	Weich-, Hart- und Hochtemperaturlöten
– nach den Energieträgern	Flammlöten, Induktionslöten, Ofenlöten
– nach der Art der Oxidbeseitigung	Löten mit Flussmittel, unter Schutzgas oder im Vakuum
– nach der Art der Lötstelle	Spaltlöten, Fugenlöten

Nach der Arbeitstemperatur bzw. der Liquidustemperatur des verwendeten Lots werden die Lötprozesse in drei Gruppen eingeteilt:

– Weichlöten	Löten mit Loten, deren Liquidustemperatur unterhalb 450 °C liegt
– Hartlöten	Löten mit Loten, deren Liquidustemperatur oberhalb 450 °C liegt.
– Hochtemperaturlöten	Flussmittelfreies Löten unter Luftabschluss mit Loten, deren Liquidustemperatur oberhalb 900 °C liegt.

Weichlöten

Die zum Weichlöten verwendeten Lote sind nach chemischer Zusammensetzung, Schmelzbereich und Dichte in DIN EN ISO 9453 genormt. Es handelt sich dabei in der Hauptsache um Legierungen auf der Basis von Zinn mit den Komponenten Blei, Kupfer und Silber.

Für Sonderfälle kommen in der Elektrotechnik auch Legierungen von Gold, Silber, Silizium, Germanium und Indium in Betracht, Hinweise für die Verwendung der Lote und die anwendbaren Lötverfahren sind der oben angegebenen Norm zu entnehmen.

Die Bezeichnung der Weichlote kann auf verschiedene Weise erfolgen. Nach der überholten DIN 1707 erfolgte die Bezeichnung nach der chemischen Zusammensetzung unter Voransetzen des Buchstabens „L“, z. B. L-SnCu3 für ein mit Kupfer legiertes Zinnlot. Die Bezeichnung nach DIN EN 29453 basiert ebenfalls auf der chemischen Zusammensetzung, allerdings mit anderer Stellung der Legierungselemente. So lautet hier die Bezeichnung des genannten Lots S-Sn97Cu3, wobei „S“ für soldering (= Weichlöten) steht. In dieser Norm ist auch eine Bezeichnung mit einer Nummer vorgesehen. Für das angeführte Lot wäre dies die Bezeichnung mit „Nr. 24“.

Die Flussmittel sind in DIN EN 29454 genormt. Es handelt sich dabei einmal um Zink- und andere Metallchloride, auch Ammoniumchlorid in wässriger bzw. organischer Zubereitung. Zum anderen werden auch Amine, organische Halogenverbindungen und natürliche Harze als Flussmittel verwendet. Bei den Chloriden ist in jedem Fall die Gefahr der Korrosion gegeben. Nur bei den natürlichen Harzen ohne Zusätze kann davon ausgegangen werden, dass sie keine Korrosion hervorrufen.

Die Flussmittel werden nach DIN EN 29454 mit einer vierstelligen alphanumerischen Kennzahl (ISO-Kennzahl), z. B. mit 3.1.1.C, bezeichnet. Nach **Tabelle 4-1** ist dies ein Flussmittel vom anorganischen Typ auf Salzbasis mit Ammoniumchlorid als Aktivator in pastöser Form. Nach der früheren DIN 8511 würde dieses Flussmittel als F-SW 21 bezeichnet.

In **Tabelle 18-42** des Anhangs sind beispielhaft gängige Lote und Flussmittel zum Weichlöten zusammengestellt.

Weichgelötet werden Stahl, insbesondere aber Kupfer und Kupferlegierungen sowie Zink und Zinklegierungen.

Tabelle 4-1 Flussmittel nach DIN EN 29 454

<table>
<tr><th colspan="4">Flussmittel</th><th rowspan="2">Anwendung</th></tr>
<tr><th>Typ</th><th>Basis</th><th>Aktivator</th><th>Art</th></tr>
<tr><td rowspan="2">Harz
[1]</td><td>mit Kollophonium [1]</td><td rowspan="4">Ohne Aktivator [1]
mit organischem Halogenaktivator [2]
ohne Halogen aktivator [3]</td><td rowspan="7">flüssig
[A]
fest
[B]
pastös
[C]</td><td rowspan="2">E-Technik
Elektronik</td></tr>
<tr><td>Ohne Kollophonium (synthetische Harze) [2]</td></tr>
<tr><td rowspan="2">Organisch
[2]</td><td>Wasserlöslich (Säure) [1]</td><td rowspan="2">E-Technik
Elektronik
Metallwaren</td></tr>
<tr><td>Nicht wasserlöslich [2]</td></tr>
<tr><td rowspan="3">Anorganisch
[3]</td><td>Salze [1]</td><td>mit Ammonium chlorid [1]
ohne Ammonium chlorid [2]</td><td>Klempnerarbeiten
Cu,Cu-Legierungen
Ni, Ni-Legierungen
Edelmetalle</td></tr>
<tr><td>Säuren [2]</td><td>Phosphorsäure [1]
Andere Säuren [2]</td><td>Cr, Cr-Ni-Legierungen
Edelstähle</td></tr>
<tr><td>Alkalisch [3]</td><td>Amine und/oder Ammoniak [3]</td><td></td></tr>
</table>

Hartlöten

In DIN EN 1044 sind die gebräuchlichen Hartlote genormt. Verwendet werden vorzugsweise Legierungen auf der Basis von Kupfer und /oder Silber mit den Komponenten Zink, Silizium auch Zinn. Eine Besonderheit sind phosphorlegierte Hartlote auf Kupferbasis, die selbstfließend sind, also keine Flussmittel benötigen.

Die Bezeichnung der Hartlote erfolgt entweder nach der chemischen Zusammensetzung mit den Kurzzeichen nach ISO 3677 oder mit einem fünfstelligen alpha-numerischen Code nach EN 1044. So würde das Lot DIN 8513 L-Ag45Sn gemäß ISO 3077 bezeichnet als B-Ag45CuZnSn – 640/680 (B = brazing) unter Anhängung des Schmelzbereichs des Lots in °C. Nach EN 1044 wäre dieses Lot alphanumerisch mit „AG 104" zu bezeichnen.

DIN EN 1045 enthält die beim Hartlöten verwendeten Flussmittel. Es handelt sich dabei um Borverbindungen, Halogenide, Fluorborate oder borhaltige Carbonate. Das Flussmittel kann auf verschiedene Weise aufgebracht werden, so z. B. als Pulver oder Paste.

Möglich ist auch ein Hartlöten mit gasförmigem Flussmittel, Hierzu werden Trimethylborat und Methanol dem Brenngas zugesetzt.

In vielen Fällen ist das Löten unter einer Schutzgasatmosphäre oder im Vakuum vorteilhaft, da hierbei die Verwendung von Flussmittel entfällt.

Beispiele für Lote und Flussmittel zum Hartlöten sind in **Tabelle 18-43** im Anhang zu finden.

Hochtemperaturlöten

Das Hochtemperaturlöten dient zum stoffschlüssigen Verbinden von Werkstoffen für Bauteile, die bei Temperaturen im Bereich von 1000 °C, teilweise unter dynamischer Beanspruchung und/oder Korrosionsangriff, eingesetzt werden.

Die auf den Oberflächen der zu verbindenden Teile haftenden Oxide werden bei diesem Lötverfahren nicht durch Flussmittel, sondern durch desoxidierende Gase oder durch Erwärmen im Vakuum beseitigt. Als desoxidierendes Gas eignet sich z. B. Wasserstoff, der unter Bildung von Wasser dem Metalloxid den Sauerstoff entzieht; das gebildete Wasser verflüchtigt sich im Ofenraum. Im Vakuum werden die Oxide nicht verdampft, vielmehr wird der in den Oxiden enthaltene Sauerstoff vom Werkstoff absorbiert. Die Zusammensetzung der Ofenatmosphäre ist auf die Legierungselemente der zu verbindenden Werkstoffe, die Eigenschaften der Oxide und die Lötspaltgeometrie abzustimmen.

Verwendet werden Lote auf Nickelbasis, Edelmetalle oder Legierungen von Silber, Gold, Palladium oder Platin.

Arbeitsverfahren

Die Arbeitsverfahren werden nach DIN 8505 entsprechend der Art der Erwärmung in sechs Gruppen eingeteilt:

- Löten durch festen Körper,
- Löten durch Flüssigkeit,
- Löten durch Gas,
- Löten durch elektrische Gasentladung,
- Löten durch Strahl,
- Löten durch elektrischen Strom.

Im Folgenden werden einige kennzeichnende Verfahren aus diesen Gruppen in ihren Grundzügen vorgestellt.

In **Tabelle 4-2** sind die wichtigsten Verfahren entsprechend zugeordnet.

Tabelle 4-2 Einteilung der Lötverfahren nach DIN 8505

	Weichlöten	Hartlöten	Hochtemperaturlöten
Löten durch festen Körper	Kolbenlöten Blocklöten Rollenlöten		
Löten durch Flüssigkeit	Lotbadlöten Wellenlöten Schlepplöten Ultraschalllöten Reflow-Löten	Lotbadlöten Salzbadlöten	
Löten durch Gas	Flammlöten Warmgaslöten Löten im Gasofen	Flammlöten	
Löten durch elektrische Gasentladung		Lichtbogenlöten Metall-Schutzgaslöten Wolfram-Schutzgaslöten Plasma-Schutzgaslöten	
Löten durch Strahl	Lichtstrahllöten	Lichtstrahllöten Laserstrahllöten Elektronenstrahllöten	Laserstrahllöten Elektronenstrahllöten
Löten durch elektrischen Strom	Induktionslöten Widerstandslöten Ofenlöten	Induktionslöten Widerstandslöten Ofenlöten	Induktionslöten Ofenlöten

Kolbenlöten

Das Verfahren eignet sich nur zum Weichlöten. Dabei erfolgt die Erwärmung durch einen in der Regel von Hand geführten Lötkolben. Das Lot wird angesetzt, wobei es günstig ist, die zu verbindenden Teile vorher zu verzinnen.

Lötbadtauchlöten

Bei diesem in erster Linie zum Weichlöten eingesetzten Verfahren erfolgen das Erwärmen der zu verbindenden Teile und die Lotzuführung durch Eintauchen in ein Bad aus geschmolzenem Lot. Dabei ist es günstig, das Flussmittel vorher auf die Teile aufzubringen und diese anzuwärmen.

Wellenlöten

Es handelt sich hier um ein Verfahren zum Weichlöten von Serienteilen vor allem in der Elektrotechnik. Die zu verbindenden Teile (z. B. mit Bauelementen bestückte Platinen) werden über die Oberfläche eines Lötbads geführt, wobei flüssiges Lot örtlich aus dem Bad an die Fügestelle in Form einer Welle angeschwemmt wird.

Eine Variante dieses Verfahrens ist das Schlepplöten.

Flammlöten

Die Lötstelle wird durch einen von Hand geführten Gasbrenner bzw. in gasbeheizten Vorrichtungen erwärmt. Je nach Art der Fertigung wird das Lot angesetzt oder als Lotformteil in Form von Ringen bzw. Folien eingelegt.

Widerstandslöten

Die Fügestelle wird durch den ohmschen Widerstand beim Durchgang eines elektrischen Stroms erwärmt. Das Verfahren eignet sich zum Weichlöten wie auch zum Hartlöten kleiner Werkstücke mit kurzen Nähten bei eingelegtem Lot, wobei zumeist besondere Vorrichtungen verwendet werden.

Induktionslöten

Die Erwärmung erfolgt hier durch mittel- bis hochfrequente Ströme infolge der auftretenden Induktion. Das Verfahren ist nur wirtschaftlich in der Serienfertigung unter Verwendung entsprechender Vorrichtungen. Das Lot wird eingelegt.

Ofenlöten

Die zu verbindenden Teile werden im Ofen, meist Durchlauföfen, erwärmt. Unterschieden wird nach Ofenlöten unter atmosphärischer Luft mit oder ohne Flussmittel, mit reduzierendem Schutzgas, mit inertem Schutzgas bzw. Ofenlöten im Vakuum. Das Lot muss vorher eingelegt werden. Das Verfahren wird bevorzugt zum Hartlöten verwendet.

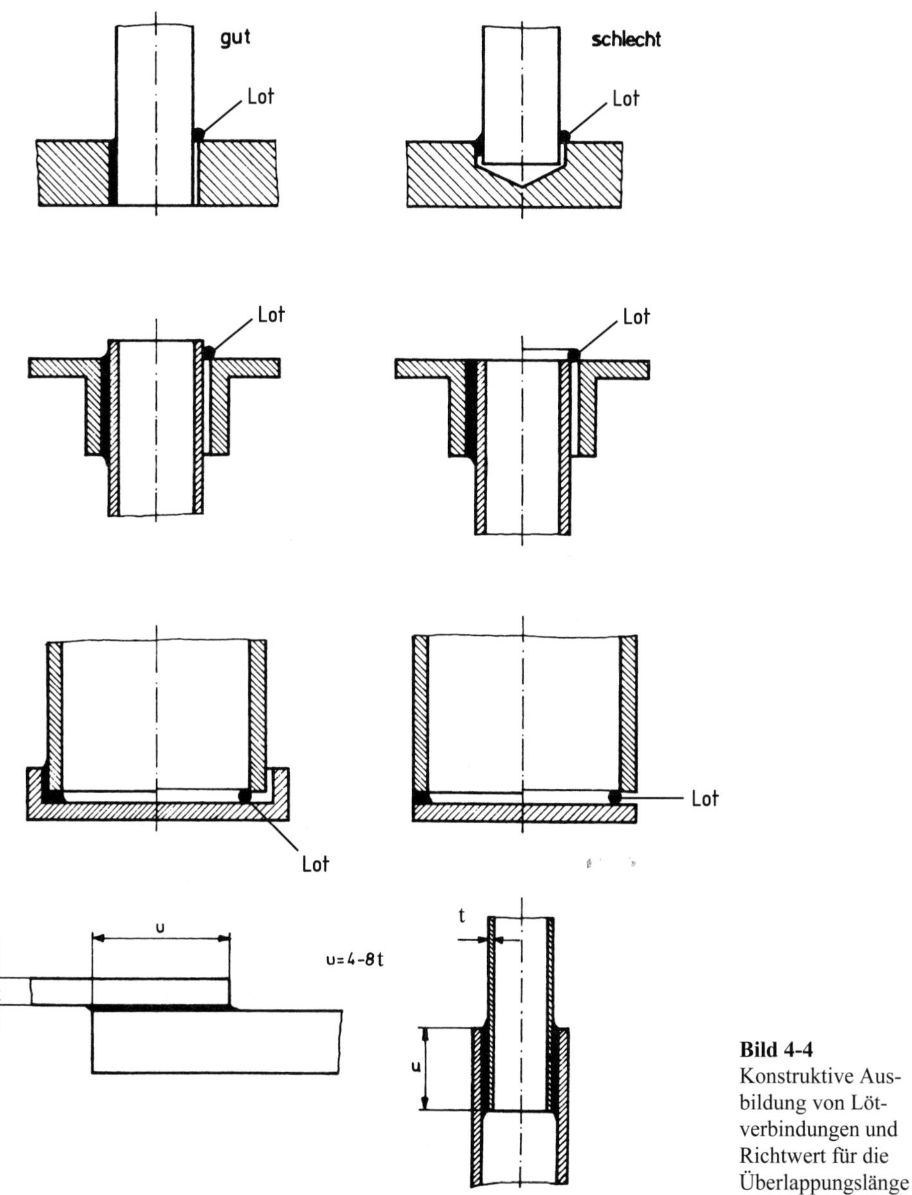

Bild 4-4
Konstruktive Ausbildung von Lötverbindungen und Richtwert für die Überlappungslänge

Strahllöten

Beim Löten mit dem Lichtstrahl erfolgt die Erwärmung mittels eines scharf gebündelten Strahls, wobei im Brennpunkt Temperaturen bis 1600 °C erreicht werden können. Verwendet wird das Verfahren zum Weich- und Hartlöten an Luft mit Flussmittel, aber auch unter Schutzgas oder im Vakuum.

Zum Laserstrahllöten können sowohl Gas- als auch Festkörper- und Diodenlaser bekannter Bauart eingesetzt werden. Die Leistungen liegen beim Weichlöten im Bereich 10 bis 100 W, beim Hartlöten zwischen 200 W und 3 kW. Prinzipiell kann das Löten mit Flussmittel an Luft, unter Schutzgas oder im Vakuum erfolgen. Schwierigkeiten bereitet beim Laserstrahllöten das Ansetzen des Lots. Üblich ist daher das Löten von mit Lot beschichteten Teilen oder das Arbeiten mit eingelegten Lotformteilen. Die mit dem Laserstrahl erzielbaren Temperaturen ermöglichen es, auch Lote mit extrem hohen Schmelztemperaturen zu verwenden.

Das Elektronenstrahllöten kann nur im Vakuum stattfinden, was die Anwendung einschränkt. Auf Grund der hohen erreichbaren Temperaturen ist es aber zum Hart- und Hochtemperaturlöten geeignet. Auch beim Löten mit dem Elektronenstrahl ist der Einsatz von Lotformteilen oder lotbeschichteten Teilen zwingend.

Lichtbogenlöten

Wie beim Schweißen mit dem Lichtbogen wird die thermische Energie beim Lichtbogenlöten durch einen zwischen zwei Polen brennenden Lichtbogen örtlich in die Lötstelle eingebracht.

Für das Lichtbogenlöten gibt es verschiedene Verfahrensvarianten. Besondere Bedeutung hat das MIG-Löten mit einer abschmelzenden Drahtelektrode aus dem Lotzusatz. Dafür können die üblichen MSG-Einrichtungen verwendet werden. Als Lot werden Drähte auf Kupferbasis verwendet, legiert mit Silizium (CuSi3), Zinn (CuSn6) und Aluminium (CuAl8). Zum Lichtbogenlöten an Stahl-Aluminium-Verbindungen hat sich das CMT-Verfahren (Cold Metal Transfer) bewährt.

Vor allem in der Automobilindustrie findet das Plasmalöten Anwendung. Gegenüber dem MIG-Löten bietet es einige Vorteile, wie z. B.

- gutes Nahtaussehen,
- geringes Wärmeeinbringen,
- Schonung der Zinkschicht bei verzinkten Blechen,
- hohe Festigkeit und Zähigkeit des Lötguts.

Das Löten erfolgt mit den für das Plasma-Schweißen verwendeten Stromquellen. Zum Einsatz kommen Stromquellen mit fallender Kennlinie bei konstantem oder impulsförmigem Verlauf des Stroms. Es wird mit einem übertragenen Lichtbogen gearbeitet. Der Lotzusatz wird in Drahtform mit Durchmessern zwischen 0,8 und 1,2 mm mechanisch zugeführt. Verwendet werden Zusätze auf Kupferbasis, bevorzugt CuSi3 (für verzinkte Bleche), CuSn6 und CuAl8 (für aluminierte Bleche und höherfeste Stähle).

Daneben gibt es für besondere Anwendungsfälle Sonderverfahren, wie das Blocklöten, das Rollenlöten, das Ultraschalllöten oder das Salzbadlöten.

Spaltlöten, Fugenlöten

Spaltlöten und Fugenlöten unterscheiden sich in erster Linie durch die Breite des Spalts (Fuge) zwischen den durch Löten zu verbindenden Werkstücken.

So ist das Spaltlöten charakterisiert durch einen gleichweiten Abstand der zu verbindenden Flächen, der 0,05 bis max. 0,5 mm betragen kann. Dieser Spalt wird infolge der Kapillarwirkung vom flüssigen Lot gefüllt. Der kapillare Fülldruck treibt dieses – auch entgegen der Schwerkraft – in den Spalt. Optimal ist eine Spaltbreite von 0,05 bis 0,2 mm, entsprechend einem kapillaren Fülldruck zwischen 200 und 50 mbar. Spaltbreiten zwischen 0,2 und 0,5 mm können nur beim Löten per Hand gefüllt werden.

Beim Fugenloten beträgt der Abstand zwischen den zu verbindenden Flächen mehr als 0,5 mm (I-Fuge) oder die Lötfuge ist V-förmig ausgebildet. Die Fuge wird dabei vorwiegend unter Wirkung der Schwerkraft mit Lot gefüllt. Das Fugenlöten ist immer ein Hartlöten, die Arbeitstechnik ähnlich der des Gasschmelzschweißens, wobei nur das „Nachlinksschweißen“ angewandt wird.

Konstruktive Ausbildung von Lötverbindungen

Von besonderer Bedeutung bei der Konstruktion von Lötverbindungen ist die richtige Dimensionierung des Lötspalts. Das Lot muss beim Lötvorgang mit einem bestimmten Fülldruck in den Spalt gelangen. Dieser Fülldruck ist der Spaltbreite umgekehrt proportional, d. h. er wird mit abnehmender Spaltbreite größer. Für eine rasche und vollständige Füllung des Spalts ist es also günstig, wenn sich der Spalt in Fließrichtung des Lots verengt.

Die Größe des Lotspalts liegt beim Weichlöten bei 0,08 bis 0,1 mm, beim Hartlöten – abhängig vom Lot- und Grundwerkstoff – zwischen 0,02 und 0,4 mm.

Da die zulässigen Spannungen im Lot wesentlich kleiner sind als in den Fügeteilen (τ_{zul} ca. 50 N/mm^2 für Blei-und Zinnlote, 180 N/mm^2 für Messinglote und 280 N/mm^2 für Silberlote), muss die Oberfläche der Fuge groß sein im Verhältnis zum Querschnitt der zu verbindenden Teile. Zu vermeiden sind daher Stumpfnähte, zu bevorzugen Überlappungs- und Laschenstöße. Die Festigkeit der Lötverbindung steigt bei gleichem Lot und gleicher Überdeckung mit zunehmender Festigkeit und Steifigkeit der Teile.

Beim Herstellen großflächiger Lötverbindungen ist es wichtig, das Lot nicht außen anzusetzen, sondern als Folie von innen nach außen fließen zu lassen. Auch ist in jedem Fall darauf zu achten, dass das Flussmittel entweichen kann. Dies ist bei angesetztem Lot nicht gesichert. Beispiele für die günstige Ausbildung von Lötverbindungen zeigt **Bild 4-4**.

Weiterführende Literatur

Dorn, L.: Hartlöten. Grundlagen und Anwendung. Ehningen: expert-verlag, 1985

Matthes/Riedel: Fügetechnik. München: Hanser Fachbuchverlag, 2003

Müller, W.: Metallische Lotwerkstoffe. Arten – Eigenschaften – Verwendung. Düsseldorf: DVS-Verlag, 1990

Müller/Müller: Löttechnik. Düsseldorf: DVS-Verlag, 1995

DVS (Hrsg.): Visuelle Beurteilung von Weichlötstellen. Fachbuchreihe Schweißtechnik. Band 117. Düsseldorf: DVS-Verlag, 1993

5 Metallkleben

Das Metallkleben kann definiert werden als Prozess zu Herstellung einer festen Verbindung von gleichen oder unterschiedlichen Metallen durch eine artfremde Substanz, die infolge einer chemischen Härtungsreaktion verfestigt wird und die Teile durch Oberflächenhaftung (Adhäsion) sowie zwischen- und innermolekulare Kräfte (Kohäsion) im Kleber miteinander verbindet.

Wie in der Definition zum Ausdruck kommt, kann das Kleben zum Verbinden gleicher oder verschiedenartiger Metalle untereinander, aber auch zur Verbindung von Metallen mit anderen Werkstoffen, wie z. B. Kunststoffen oder Verbundwerkstoffen, verwendet werden. Es muss als Ergänzung der anderen Fügeverfahren angesehen werden und kann auch in Kombination mit diesen angewandt werden.

Gegenüber den anderen Fügeverfahren bietet das Kleben verschiedene Vorteile wie

- keine Schwächung des Materials,
- fast gleichmäßige Spannungsverteilung,
- großzügigere Toleranzanforderungen,
- glatte saubere Oberflächen,
- geringes Gewicht,
- Verbindungsmöglichkeiten für größere Flächen und verschiedenartige Werkstoffe,
- keine thermische Beeinflussung der Fügeteilwerkstoffe,
- Herstellung gas- und flüssigkeitsdichter Verbindungen,
- hohe Schwingungsdämpfung,
- korrosionsbeständig,
- verzugsarmes Fügen,
- hohe Schwingungsfestigkeit,
- Verbindung auch sehr dünner Fügeteile,
- Möglichkeit der Automatisierung.

Als Nachteile stehen diesen Vorteilen gegenüber

- aufwändigere Werkstückvorbereitung,
- begrenzte Festigkeit,
- schwierige Dimensionierung der Verbindung,
- hohe Fertigungszeiten,
- schwierige Prüfung der Verbindung,
- Festigkeitseinbußen durch Alterung,
- geringe Warmfestigkeit,
- klebgerechte Gestaltung des Bauteils erforderlich,
- schlechte Lösbarkeit,
- schwierige Instandsetzung,
- Arbeitsschutzprobleme.

Hauptanwendungsgebiet des Klebens ist derzeit noch der Flugzeugbau, wo im zivilen Bereich etwa 70 % der Verbindungen geklebt sind. Zunehmend wird das Kleben auch im Automobilbau (Karosseriemontage) und im Maschinenbau verwendet. Bewährt haben sich Kleb-Schrumpf-Verbindungen bei Naben oder Klebverbindungen von Stahl oder Grauguss mit

Hartstoffen (Keramik oder Naturgestein) sowie Polymerbeton im Werkzeugmaschinenbau. Häufig verwendet werden Kombinationen von Kleben und Widerstandspunktschweißen, Stanznieten und Durchsetzfügen.

Grundlagen des Klebens

Klebungen können als Werkstoffverbunde aufgefasst werden. Neben der Festigkeit der Werkstoffe der beteiligten Fügeteile bestimmt die Festigkeit des Klebstoffs und das Verhalten der Grenzschichten die Gesamtfestigkeit des Systems.

Die Festigkeit des Klebstoffs wird von der Kohäsion bestimmt, also von den Bindungskräften im Molekül bzw. zwischen den Molekülen des als Klebstoff verwendeten Polymers. Sie ist kennzeichnend für den Klebstofftyp und nur in engen Grenzen nachträglich beeinflussbar.

Die Haftung zwischen den Fügeteilen und dem Klebstoff beruht auf der in den Grenzflächen wirksamen Adhäsion. Mit Adhäsion sollen intermolekulare Kräfte bezeichnet werden, die zwischen sich berührenden Oberflächen benachbarter Körper aus verschiedenen Materialien wirken. Dieser Kontakt ist dann am engsten, wenn ein Stoff im flüssigen Zustand vorliegt, so dass er sich der Form des anderen vollständig anpassen kann.

Zur Adhäsion sind verschiedene Theorien entwickelt worden. Der einfachste Fall ist die mechanische Adhäsion. Es handelt sich um den Formschluss an Oberflächenrauigkeiten (Hinterschneidungen oder Poren) eines Fügeteils. Dieser Formschluss kann makroskopisch ausgebildet sein, aber auch nur im molekularen Bereich auftreten.

Die Theorie der spezifischen Adhäsion geht davon aus, dass beim Kontakt von Fügeteiloberfläche und Klebstoff der energieärmere Zustand vorliegt gegenüber den Energieinhalten der jeweiligen Oberflächen ohne Kontakt. Damit stellt bei dieser thermodynamischen Betrachtung der gefügte Zustand den stabileren dar. Wasserstoffbrücken und Van-der-Waalsche Kräfte (Dipole) sind hierbei die wichtigsten Bindungen. Unterschieden wird dabei zwischen einem polaren und einem dispersen Anteil an der Adhäsion. Wichtig ist, dass der polare Anteil größer ist, da damit eine bessere Klebbarkeit des Werkstoffs gewährleistet ist. Kommt es darüber hinaus zu einer chemischen Reaktion zwischen den Molekülen des Fügeteils und denen des Klebstoffs, so liegt eine Chemiesorption vor. In **Tabelle 5-1** sind Beispiele für die Bindungsenergien und Adhäsionskräfte aufgelistet.

Tabelle 5-1 Chemische und physikalische Adhäsionskräfte und ihre Reichweiten (nach Hennemann u. a.)

Art	Reichweite	Beispiel	Bindungsenergie	Adhäsionskraft
	nm		kJ/mol	kJ/m^2
Chemische Adhäsionskräfte				
kovalent	0,2	C-C	607	10
metallisch	0,5	Au-Au	221	3
Physikalische Adhäsionskräfte				
ionisch	2	Na-Cl	410	1
Van-der-Waals	10	Ar-Ar	4,7	0,1

Oberflächeneigenschaften

Die Benetzung des Fügeteils durch den Klebstoff ist die Voraussetzung für die Wirksamkeit der Adhäsion gleich welcher Art. Sie gestattet den unmittelbaren Kontakt der Moleküle in den Grenzschichten, wodurch die intermolekularen Kräfte wirksam werden können. Beschrieben wird die Benetzbarkeit durch die Energiebilanz der Grenzflächenenergien. Beim Kleben ist dies zu betrachten für die Grenzflächen Fügeteil-Atmosphäre, Klebstoff-Atmosphäre und Fügeteil-Klebstoff. Gut ist eine Benetzung dann, wenn die Grenzflächenenergie Fügeteil-Klebstoff kleiner ist als die Summe der beiden übrigen Grenzflächenenergien. Wie im Kapitel Löten gezeigt, wird dies in der Praxis ausgedrückt durch den Dihedrischen Winkel φ (Benetzungswinkel), der ein gutes Maß für die Benetzbarkeit einer Oberfläche ist, wie auch für die Bindungsenergie, die durch den Benetzungsvorgang frei wird. Günstiges Benetzungsverhalten kann erwartet werden, wenn der Winkel $\varphi < 30°$ wird.

Die Benetzbarkeit ist umso besser, je größer die Oberflächenenergie des Fügeteils gegenüber derjenigen des Klebstoffs ist. **Tabelle 5-2** gibt eine Übersicht über die Oberflächenenergieen einiger Metalle. Die Oberflächenspannungen der üblicherweise verwendeten Klebstoffe liegen zwischen 30 und 50 10^{-3}J/m^2.

Tabelle 5-2 Oberflächenenergien einiger Metalle (nach Brandenburg)

Werkstoff	**Oberflächenenergie in 10^{-3}J/m^2**
Aluminium	1200
Blei	710
Chrom	2400
Eisen	2550
Kupfer	1850
Magnesium	ca. 1100
Nickel	2450
Silber	1250
Titan	2050
Zink	1020
Zinn	710

Oberflächenvorbereitung

Im Gegensatz zur Kohäsion kann die Adhäsion durch die Viskosität des Klebstoffs und das Benetzungsverhalten der Fügeteile beeinflusst werden, wozu eine geeignete Oberflächenbehandlung der Fügeteile erforderlich ist, **Tabellen 18-44** und **18-45**.

Auf Grund ihrer großen Oberflächenenergie im Vergleich zu der der als Klebstoff verwendeten Polymere sind Metalle in der Regel gut benetzbar. Voraussetzung hierfür ist allerdings eine metallisch reine Oberfläche. Diese liegt in den seltensten Fällen vor, da Verunreinigungen sowie Adsorptions- und Oxidschichten die Oberfläche bedecken. Abgesehen von Sonderfällen müssen die Verunreinigungen (Fette, Öle u. ä.) vor dem Kleben beseitigt werden. Anders verhält es sich mit den Adsorptions- und Oxidschichten. Diese würden sich durch den Kontakt mit der Atmosphäre nach der Beseitigung sofort wieder neu bilden, so dass nur sichergestellt werden muss, dass sie auf dem Grundwerkstoff gut haften, eine ausreichende Festigkeit aufweisen und der Klebstoff eine gute Haftung auf der Schicht findet. So findet die Klebung eigentlich zwischen Klebstoff und den Oberflächenschichten statt.

Für die meisten Klebstoffe wird ein Aufrauen der Oberfläche empfohlen. Die Oberfläche der Klebfläche wird dadurch vergrößert, dadurch die Festigkeit der Klebung verbessert. Zu beachten ist dabei, dass Rauheit, Klebstoffdicke und Viskosität des Klebstoffs aufeinander abgestimmt sein müssen. Bei hoher Viskosität des Klebstoffs ist eine größere Rautiefe günstig, dagegen soll bei kleiner Klebschichtdicke die Rauigkeit klein sein. Empfohlen wird bei Stahl eine Rautiefe von mindestens 10–16 µm bei planer Oberfläche.

Klebstoffe

Bei den für das Metallkleben verwendeten Klebstoffen handelt es sich ausschließlich um organische Verbindungen, **Tabelle 18-46** im Anhang. Entsprechend den Abbindemechanismen lassen sich diese in zwei Gruppen einteilen:

- die physikalisch abbindenden Klebstoffe und
- die chemisch reagierenden Klebstoffe.

Bei den physikalisch abbindenden Klebstoffen befinden sich diese bereits im chemischen Endzustand, entweder kolloidal aufgeschwemmt oder in chemischen Lösungsmitteln gelöst. Es sind dies

a) Haftkleber auf der Basis von Polyisobutyl oder Polyvinylether, die einseitig aufgetragen unter Druck verkleben;
b) Kontaktkleber, die in der Regel gelöste synthetische Elastomere enthalten, zweiseitig aufgetragen werden müssen und unter hohem Druck verkleben;
c) Klebelösungen, thermoplastische Kunststoffe in organischen Lösungsmitteln, verwendet weniger für das Metallkleben als vielmehr in erster Linie zum Verkleben artverwandter Kunststoffe;
d) Schmelzkleber, feste thermoplastische Kunststoffe, z. B. Polyvinylbutyral, die zum Verkleben aufgeschmolzen werden und durch Erkalten abbinden;
e) Plastisole. Klebstoffe, die bei Raumtemperatur als ein Sol aus Polymerteilchen und Weichmachern vorliegen. Bei der Erwärmung auf 150 bis 180 °C tritt nach einiger Zeit ein Abbinden durch Bildung eines Gels auf. PVC- und Acryl-Plastisole werden im Karosseriebau eingesetzt, da sie auch verölte Bleche zuverlässig verkleben.

Die höchste Festigkeit ist mit Klebstoffen zu erzielen, bei denen während des Aushärtens chemische Bindungen aufgebaut werden, also chemisch reagierenden Klebstoffen. Sie werden in niedrigmolekularem Zustand auf das Fügeteil aufgetragen, adsorbiert und chemisch an das Metall gebunden. Erst danach werden sie in den hochmolekularen Zustand überführt.

Diese Reaktionen können nach den drei grundlegenden Reaktionsprozessen der Kunststoffgewinnung verlaufen. Danach kann es sich einmal um eine Polykondensation mit einer Abspaltung von Kondensationsprodukten, wie z. B. Wasser, handeln. Beispielhaft wäre hier zu nennen die Polykondensation von Phenolharzen. Klebstoffe dieser Art, die in fast allen Zustandsformen verwendet werden können, benötigen zum Aushärten einen größeren apparativen Aufwand für Heiz- und Pressvorrichtungen. Beim Warmkleben sind Temperaturen von 120 bis 180 °C erforderlich sowie Pressdrücke von 1 bis 2 MPa über 20 Minuten bis zu 16 Stunden.

Zum anderen kann es sich um Klebstoffe handeln, die in Form der Polymerisation oder der Polyaddition reagieren. Innerhalb dieser Gruppen ist weiter zu unterscheiden zwischen Einkomponenten- und Zwei-/Mehrkomponenten-Klebstoffen.

Die Einkomponentenklebstoffe enthalten alle für die chemische Härtungsreaktion erforderlichen Voraussetzungen in ihrem molekularen Aufbau. Sie werden in gebrauchsfertigem Zustand gelagert und sind – im Rahmen ihrer Lagerfähigkeit – jederzeit verwendungsbereit. Diese Klebstoffe sind in der Regel kaltaushärtend. Die zur Aushärtung erforderlichen Reaktionen werden durch äußere Einflüsse in Gang gesetzt. In diese Gruppe gehören die Klebstoffe auf der Basis von Polycyanoacrylat. Diese benötigen zur Aushärtung einen gleichmäßigen Anpressdruck und eine bestimmte Feuchtigkeit. Sie sind allerdings nur für Klebfugen geringer Dicke geeignet. Auch ist ihre Wärmebeständigkeit gering. Zum anderen zählen zu dieser Gruppe die quasianaerob, d. h. unter Luftabschluss aushärtenden Methylacrylate. Diese vernetzen teilweise räumlich, so dass sie eine gute Festigkeit aufweisen.

Zweikomponenten-Klebstoffe bestehen aus dem monomeren Klebgrundstoff, dem Harz, und einem Härter. Vor Gebrauch müssen beide Komponenten in einem genau vorgeschriebenen Verhältnis gemischt werden. Einzeln können beiden Komponenten praktisch unbegrenzte Zeit gelagert werden. Im gemischten Zustand kann der Klebstoff allerdings nur während einer gewissen Zeit, der Topfzeit, verarbeitet werden. Für kleine Mengen und gelegentliche Anwendung erfolgt das Anmischen in einem geeigneten Gefäß von Hand. Für die industrielle Anwendung hat sich der Einsatz von Mischpistolen zum Mischen, Dosieren und Auftragen des Klebstoffs durchgesetzt.

Die Verarbeitung von Harz und Härter/Beschleuniger im gemischten Zustand (Einfach-Mix-Verfahren) führt wegen der oft kurzen Topfzeit und u. U. extremen Mischungsverhältnissen in der Serienfertigung oft zu Schwierigkeiten. Es haben sich daher z. B. bei der Verarbeitung von Methylmethacrylat-Klebstoffen alternativ zwei Verfahren für die Verarbeitung entwickelt: das AB- oder Teil-Mix-Verfahren und das Härterlack- oder No-Mix-Verfahren.

Beim Teil-Mix-Verfahren wird das eine Fügeteil mit der Komponente A (Harz + Beschleuniger), das andere mit der Komponente B (Harz + Härter) beschichtet. Die Gebrauchsdauer liegt bei der kritischen Komponente B im Bereich etwa einer Woche. Zur Montage werden beide Fügeteile zusammengefügt, wobei sich die Komponenten mischen und die Aushärtung beginnt. Das No-Mix-Verfahren ist dadurch gekennzeichnet, dass auf eines der Fügeteile der Härter als Lack aufgetragen wird. Auf das andere Fügeteil wird das Harz aufgetragen und beim Zusammenfügen beider Teile kommt es durch den Kontakt von Harz und Härter zur Aushärtungsreaktion.

In die Gruppe der Zwei- bzw. Mehrkomponenten-Klebstoffe gehören die Polyester- und die Epoxidharze. Die Vernetzung erfolgt über eine Polymerisation oder Polyaddition, entweder bei Raumtemperatur oder bei entsprechender Modifizierung auch bei erhöhten Temperaturen. Kalthärtende Epoxidharze werden mit Aminen über eine Polyaddition vernetzt. Bei warmhärtenden Epoxidharzen verläuft die Polyaddition unter Zugabe von Säureanhydrid als Härter. Die kalthärtenden Polyester benötigen Peroxide als Katalysatoren (Härter).

Festigkeit der Klebstoffe

Die Festigkeit von Klebstoffen wird als Zugscherfestigkeit τ_{zB} nach DIN 54451 oder DIN EN 1465 bestimmt. Als Probenmaterial wird normunabhängig der Werkstoff AlCuMg2pl verwendet. Bei der Prüfung nach DIN 54451 haben die Prüfkörper eine Dicke von 6 mm, nach

DIN EN 1465 1,6 mm. Die in **Tabelle 5-3** aufgelisteten Festigkeitswerte stammen aus Firmenunterlagen.

Tabelle 5-3 Zugscherfestigkeit (DIN 54451) verschiedener Klebstoffe (nach DELO)

Klebstofftyp		**Aushärtungstemperatur** °C	**Zugscherfestigkeit** τ_{zB} N/mm²
Epoxidharz	2K	20	20 ... 30
Epoxidharz*	1K	150	55 ... 60
PMMA	2K	20	20
Polyurethan	2K	20	15
Cyanacrylat	1K	20	16 ... 23

* gefüllt

Der Einfluss der Aushärtungstemperatur auf die Festigkeitswerte von Klebverbindungen kann **Tabelle 5-4** entnommen werden.

Tabelle 5-4 Durchschnittliche Festigkeitskennwerte der charakteristischen Klebstoffgruppen (nach Klein)

Klebstofftyp	ν_{KL}	E_{Kl} N/mm²	G_{Kl} N/mm²	τ_{zB} N/mm²
warmaushärtende Klebstoffe	0,38–0,40	3000–4200	900–1520	20–35
kaltaushärtende Klebstoffe	0,38–0,44	1500–2500	1500–2500	18–25

Festigkeit von Klebverbindungen

Die Festigkeit von Klebverbindungen wird bestimmt durch

- die Beanspruchungsart,
- die Verformungseigenschaften der Fügeteile,
- die Verformungseigenschaften des Klebstoffs,
- die Geometrie der Klebung und
- den Oberflächenzuständen der Fügeteile.

Aus der äußeren Belastung durch Kräfte und Momente kann sich für die Klebverbindung eine Zug-, eine Scher- oder eine Schälbeanspruchung ergeben, **Bild 5-1**.

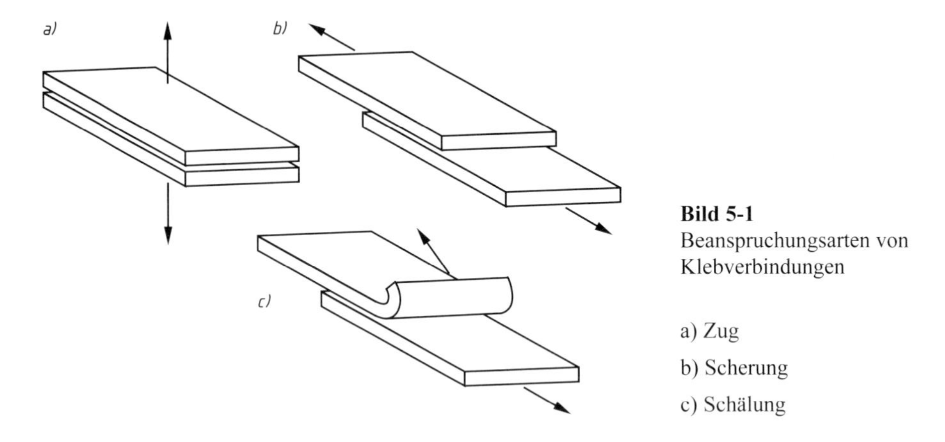

Bild 5-1
Beanspruchungsarten von Klebverbindungen

a) Zug

b) Scherung

c) Schälung

Zug- und Schälbeanspruchung zählen zu den ungünstigen Belastungen. Bei der Zugbeanspruchung ist nur die Festigkeit des Klebstoffs maßgebend, die in allen Fällen weit unterhalb der Festigkeit der Fügeteile liegt. Bei der Schälbeanspruchung wird die Klebfuge „aufgerollt". Dabei wird der Klebstoff linienförmig mit sehr hoher Spannungskonzentration (Abreißlinie) auf Zug beansprucht, so dass ein Versagen durch Einreißen des Klebstoffs bereits bei geringen äußeren Belastungen erfolgt. Klebverbindungen sind daher biegesteif auszuführen und gegen Schälen zu sichern. Auch sollten sie nicht schlagartig beansprucht werden. Beispiele für geeignete Verbindungsformen zeigt **Bild 5-2**.

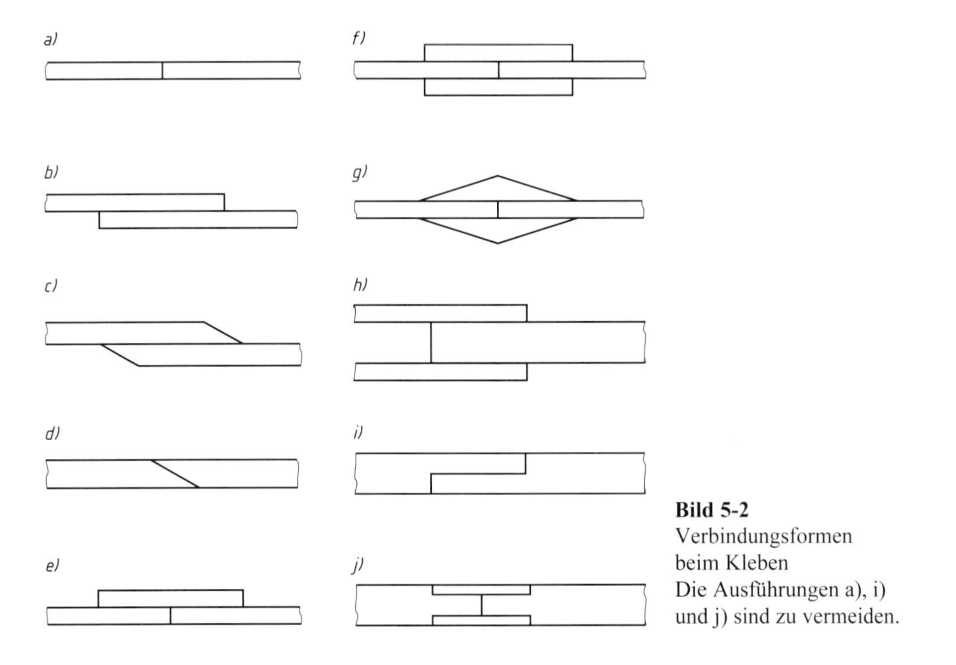

Bild 5-2
Verbindungsformen beim Kleben
Die Ausführungen a), i) und j) sind zu vermeiden.

Bei der Scherbeanspruchung werden die Kräfte parallel zur Fügeteilfläche eingeleitet. Durch die Dehnung der Fügeteile und die Verschiebung der Fügeteile relativ zueinander entstehen in der Klebschicht Scherspannungen. Theoretisch sind diese gleichmäßig über die Länge der Überlappung verteilt, doch treten an den Enden der Überlappung Spannungsspitzen auf, verursacht durch größere Verformungen der Fügeteile in diesem Bereich, **Bild 5-3**. Die Höhe der Spannungsspitzen ist umso höher, je größer die Verformung der Fügeteile, d. h. je geringer deren Elastizitätsmodul ist. Zu berücksichtigen ist weiterhin, dass durch die exzentrische Krafteinleitung bei einschnittig überlappten Verbindungen im Bereich der Überlappung ein Biegemoment eingeleitet wird und damit eine zusätzliche Belastung der Klebschicht eintritt. Insbesondere bei dünnen oder leicht verformbaren Fügeteilen ist dies von Bedeutung.

Um die mit den Spannungsspitzen verbundene hohe Verformung abbauen zu können, muss die Klebschicht einen ausreichenden Ausgleich der Dehnungen erlauben. Dieser Ausgleich erfolgt über elastische und plastische Verformungen der Klebschicht und ist umso besser, je dicker die Klebschicht ist. Günstig sind daher aus dieser Sicht dicke Klebschichten (> 3 mm Dicke), was allerdings zu einem mehrachsigen Spannungszustand mit entsprechenden Nachteilen führt.

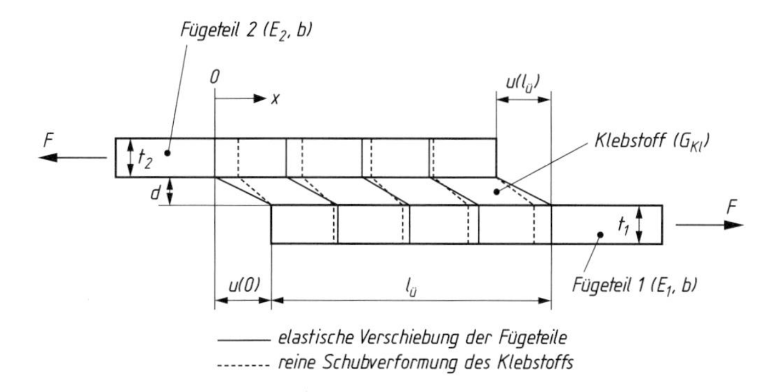

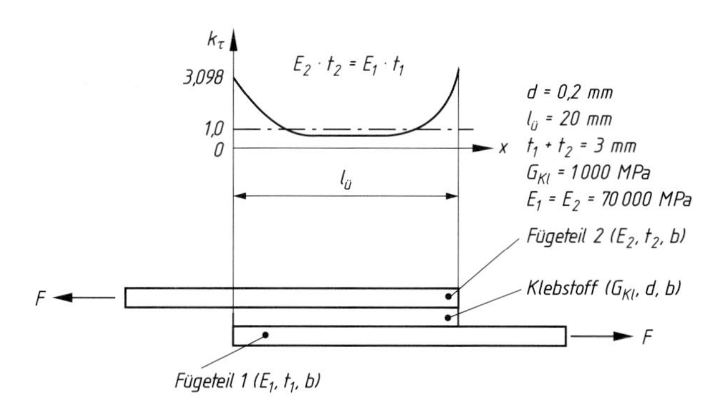

Bild 5-3 Spannungs- und Dehnungsverteilung in einer Klebverbindung

Die Festigkeit einer Klebschicht ist von deren Dicke abhängig. Sie hat ein Maximum bei etwa 0,1 mm Schichtdicke. Bei größerer Schichtdicke wird, wie oben bereits erwähnt, der Einfluss der Querkontraktion immer ausgeprägter, so dass die Festigkeit deutlich abfällt. Bei geringer

Schichtdicke ist der Einfluss der Rauigkeit dominierend und festigkeitsmindernd. Somit liegt die optimale Klebschichtdicke über der Rauheit der Oberfläche der Fügeteile aber unterhalb eines Werts von etwa 0,3 mm.

Die Höhe der Spannungsspitze der Scherspannung an den Enden der Überlappung ist von der Überlappungslänge abhängig. Somit bestimmt die Art der Überlappung und deren Länge die Festigkeit der Klebverbindung. Eine kurze Überlappung führt zu einer fast konstanten Verteilung der Spannung bei einer hohen Mittelspannung. Diese sinkt mit zunehmender Länge der Überlappung, dafür werden die Spannungsspitzen an den Enden der Fügeteile ausgeprägter, die Klebfestigkeit sinkt.

Für die Auslegung einer Klebverbindung werden auf Grund der Erfahrung folgende Größen empfohlen:

$$l_ü \approx (0{,}05 \text{ bis } 0{,}1) \cdot R_{p0,2}.t$$

$$d \approx (0{,}06 \text{ bis } 0{,}1) \cdot t,$$

wobei $l_ü$ die Länge der Überlappung bedeutet, $R_{p0,2}$ die Fließgrenze des Fügeteilwerkstoffs, d die Klebschichtdicke und t die Dicke der Fügeteile.

Ohne Berücksichtigung der Spannungsverteilung könnte die Scherbeanspruchung in einer einschnittig überlappten Klebverbindung als mittlere Spannung berechnet werden aus der Beziehung

$$\tau_m = F/l_ü \cdot b \leq \tau_{zul} = \tau_{zB}/S_B$$

wobei b die Breite der Fügeteile bedeutet, τ_{zB} die Klebstofffestigkeit und S_B den Sicherheitsbeiwert gegen Versagen durch Bruch.

Die Spannungsspitze τ_{max} wäre mit einem Überhöhungsfaktor K_T dann definierbar als

$$\tau_{max} = K_T \cdot \tau_m.$$

Der Überhöhungsfaktor ist dabei abhängig von den Produkten $E_1 \cdot t_1$ und $E_2 \cdot t_2$. Für drei ausgewählte Werkstoffkombinationen nimmt er nach Klein folgende Werte an:

$E_2 \cdot t_2 = E_1 \cdot t_1$	$K_T = 3{,}098$	für $x = 0$ und $x = l_ü$ (Bild5-3)
$E_2 \cdot t_2 = 2 \cdot E_1 \cdot t_2$	$K_T = 2{,}237$	für $x = 0$
	$K_T = 4{,}328$	für $x = l_ü$
$E_2 \cdot t_2 = 0{,}5 \cdot E_1 \cdot t_1$	$K_T = 4{,}328$	für $x = 0$
	$K_T = 2{,}237$	für $x = l_ü$

Der Zusammenhang der einzelnen Werkstoffkennwerte kommt gut zum Ausdruck in einem Ansatz von Volkertsen zur Berechnung der Bruchspannung τ_B einer einschnittigen Überlappverbindung mit gleich dicken Fügeteilen eines Werkstoffs:

$$\tau_B = \tau_m \sqrt{(2 \cdot E \cdot b \cdot d)/(G_{Kl} \cdot l_ü)} \tanh \sqrt{(G_{Kl} \cdot l_ü)/(2E \cdot b \cdot d)}$$

mit E als dem Elastizitätsmodul der Fügeteile und G_{KL}, dem Schubmodul des Klebstoffs, d der Dicke und b der Breite der Klebschicht sowie $l_ü$ als Überlappungslänge.

Der Einfluss der Werkstoffeigenschaften der Fügeteile auf die Festigkeit einer Klebverbindung wird aus den in **Tabelle 5-5** zusammengestellten Werten deutlich, die experimentell an Verbindungen aus dünnen Blechen gewonnen wurden.

Tabelle 5-5 Festigkeit von Klebverbindungen bei unterschiedlicher Werkstoffpaarung (nach Klein)

Werkstoffpaarung	**Zugscherfestigkeit τ_{zB}** N/mm²	**Klebstofftyp**
Stahl/Kupfer	44	Epoxidharz
	28	Phenolharz
Stahl/Stahl	60	Epoxidharz
	43	Phenolharz
Titan/Titan	50	Epoxidharz
	40	Phenolharz
Aluminium/Aluminium	29	Epoxidharz
	24	Phenolharz

Die dynamische Festigkeit einer Klebverbindung liegt bei 10 bis 15 % der statischen Festigkeit. Nach Beobachtungen aus dem Werkzeugmaschinenbau sind die Frequenz der dynamischen Beanspruchung und die Dämpfung des Werkstoffverbunds von Einfluss auf die Lebensdauer der Klebverbindung.

Zu beachten ist, dass die Kohäsion, d. h. die Festigkeit eines Klebstoffs Einflüssen von außen unterliegt. Diese können vor und während der Verarbeitung wirksam werden, vor allem aber während der Beanspruchung im Betrieb. Die wichtigsten Einflüsse sind:

- Feuchtigkeit,
  die beim Eindringen in den Klebstoff zu Quelleffekten führt;
- UV-Strahlung,
  die eine Versprödung des Klebstoffs zur Folge hat;
- zu hohe Betriebstemperaturen,
  was zu einem Festigkeitsverlust führt und
- reaktive Gase,
  wie z. B. Ozon, die zu einer Versprödung und Zerstörung des Klebstoffs führen können.

Weiterführende Literatur

Brandenburg, A.: Kleben metallischer Werkstoffe. Düsseldorf: DVS-Verlag, 2001

Endlich, W.: Kleben und Dichten – aber wie? Düsseldorf: DVS-Verlag, 1996

Habenicht, G.: Kleben. Grundlagen – Technologie – Anwendung. 5. Aufl. Wiesbaden: Vieweg+Teubner, 2008

Klein, B.: Leichtbau-Konstruktion. Wiesbaden: Vieweg+Teubner, 2009

Matthes/Riedel: Fügetechnik. München: Hanser Fachbuchverlag, 2003

6 Fügen durch Umformen

Neben den Fügeverfahren mit stoffschlüssiger Verbindung, wie z. B. Schweißen und Löten, haben in den letzten Jahren die Verfahren mit formschlüssiger Verbindung wieder Bedeutung erlangt. Ursache hierfür ist die zunehmende Verwendung von wenig schweißgeeigneten beschichteten Blechen, Edelstahlblechen und Werkstoffkombinationen auch mit Verbundwerkstoffen im Zuge des Leichtbaus.

Systematisch gehören nach DIN 8593 zur Gruppe „Fügen durch Umformen" im Wesentlichen die Untergruppen „Fügen durch Nietverfahren" und „Fügen durch Umformen bei Blech-, Rohr- und Profilteilen". Hergestellt werden nichtlösbare Verbindungen von Blechteilen mit und ohne Hilfsfügeteile.

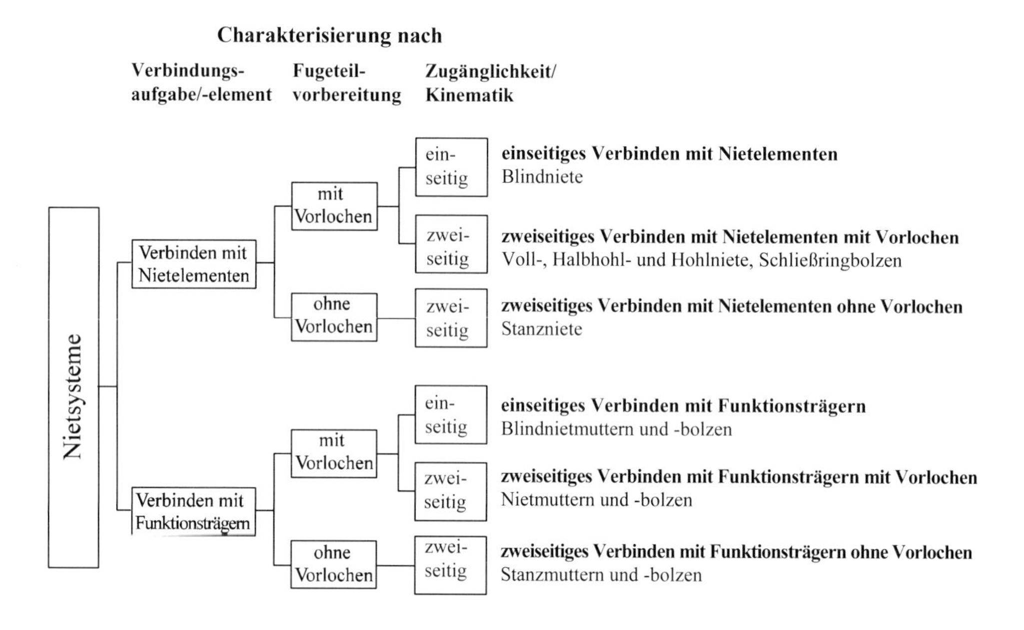

Bild 6-1 Gliederung der Nietverfahren (nach Hahn und Klemens, LWF Universität Paderborn)

Nieten

Die Nietverfahren können nach einem Vorschlag von Hahn und Klemens gemäß **Bild 6-1** gegliedert werden. Klassisch ist das „zweiseitige Verbinden mit Nietelementen mit Vorlochen"; hierbei werden Voll- oder Hohlniete als Hilfsfügeteile verwendet, **Bild 6-2**. Im Bereich der Blechverarbeitung ist das „einseitige Verbinden mit Nietelementen" weit verbreitet, wobei als Verbindungselemente sog. Blindniete in den verschiedensten Formen verwendet werden. **Bild 6-3** zeigt als Beispiel ein Standard-Blindniete und die damit hergestellte Verbindung.

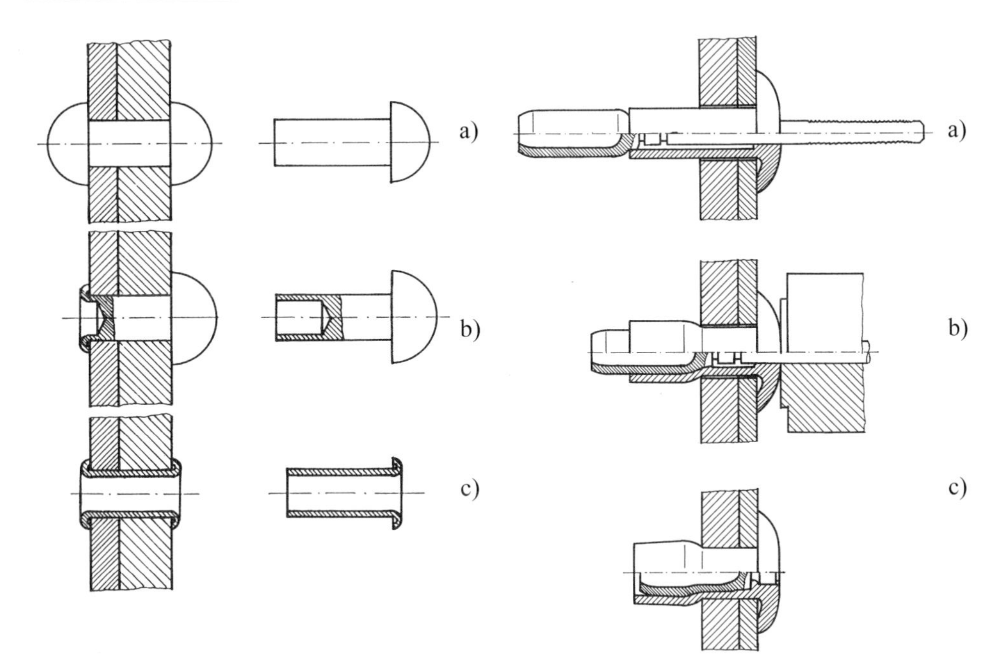

Bild 6-2
Beispiele für Nietformen

a) Vollniet nach DIN 660
b) Halbhohlniet nach DIN 6791
c) Hohlniet nach DIN 7340

Bild 6-3
Verfahrensablauf beim Blindnieten
(Firmenschrift Interlock Blindniet/Avdel Textron)

a) Blindniet in Bohrung eingesetzt
b) Nietdorn wird in die Hülse gezogen und weitet diese auf.
c) Die Verriegelung ist ausgeformt, worauf der Nietdorn an der Sollbruchstelle abreißt.

Eine neuere Entwicklung ist das Stanznieten, das zur Variante „zweiseitiges Verbinden mit Nietelementen ohne Vorlochen“ zählt und sich in allen Bereichen der Blechverarbeitung bewährt hat. Als Nietelemente stehen hierbei das Halbhohlniet und das Vollniet zur Verfügung. Beim Stanznieten mit Halbhohlniet wird die Verbindung durch die ununterbrochene Aufeinanderfolge eines Stanz- und eines Umformvorgangs erzeugt. Das Nietelement durchtrennt das obere Fügeteil und spreizt sich beim weiteren Eindringen in das untere Fügeteil auf, wobei dieses durch plastische Verformung in einer Matrize einen Schließkopf bildet. Vorteilhaft ist bei diesem Verfahren, dass die aus dem oberen Blech ausgestanzte Ronde im hohlen Nietschaft verbleibt und dort also unverlierbar eingeschlossen bleibt. Günstig ist weiterhin, dass die plastische Verformbarkeit des oberen Blechs ohne Einfluss auf den Fügevorgang ist. Nachteilig ist allerdings der an der Unterseite entstehende Schließkopf, der mit der Fügeteiloberfläche nicht bündig ist, **Bild 6-4**.

Beim Vollniet werden die zu verbindenden Fügeteile durch das als „Einweg-Schneidstempel“ wirkende Niet in einem Stanzvorgang gelocht, wobei ein Butzen anfällt, der entsorgt werden muss. Auf den Stanzvorgang folgt eine plastische Verformung des oberen und unteren Fügeteils, was in Zusammenwirken mit der Ausbildung des Nietschafts – konkav oder mit Nut – zur Herstellung der Verbindung führt. Von Vorteil ist hier, dass eine mit der Oberfläche bündige Verbindung eintritt.

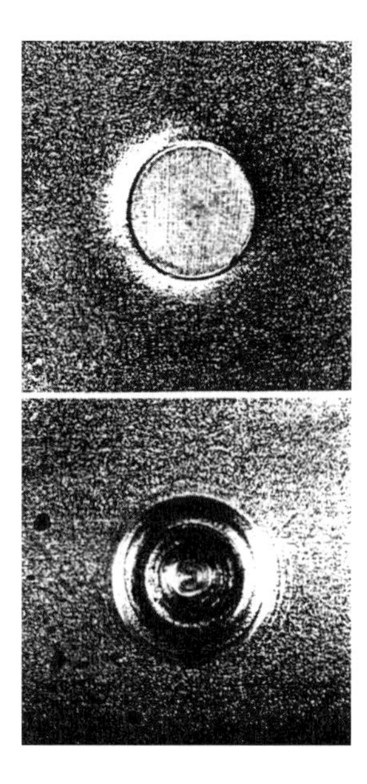

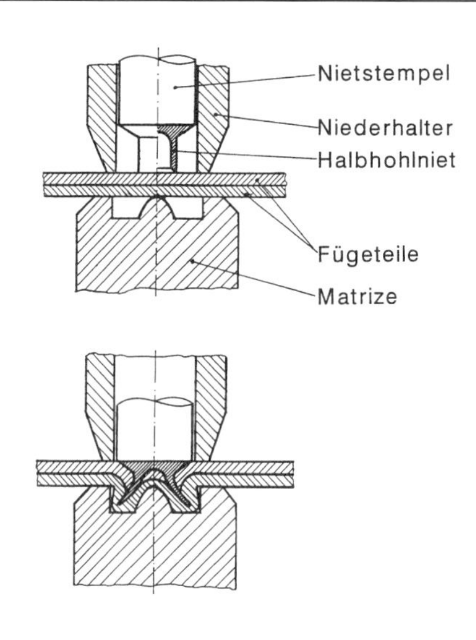

Bild 6-4 Stanznieten mit Halbhohlniet
Links: Ober- und Unterseite einer Verbindung
Rechts: Schematische Darstellung des Verfahrensablaufs

Beim Verbinden mit Funktionsträgern handelt es sich in der Regel darum, Gewindeträger wie Muttern oder Bolzen durch Nieten mit Blechen zu verbinden. Dies kann als einseitiges wie auch als zweiseitiges Verbinden mit Vorlochen geschehen.

Durchsetzfügen

Das Durchsetzfügen ist dadurch gekennzeichnet, dass das Verbinden ohne Hilfsfügeteile durch ein örtliches plastisches Umformen der Fügeteile erfolgt. Der Fertigungsvorgang kann ein- oder mehrstufig, mit und ohne Schneidanteil erfolgen. Da eine einheitliche Bezeichnungsweise nach Norm noch aussteht, werden die Verfahren im Wesentlichen mit den Firmenbezeichnungen eingeführt, **Bild 6-5**.

Merkmale des Durchsetzfügens sind

- Keine Fügehilfsteile erforderlich
- Keine thermische Beeinflussung des Werkstoffs
- Geringer Energieaufwand
- Es können unterschiedliche Werkstoffe gefügt werden
- Fügen unterschiedlicher Blechdicken ist möglich
- Verwendung von beschichteten und unbeschichteten Blechen
- Es können feuchtigkeits- und gasdichte Verbindungen hergestellt werden
- Es fallen keine Späne an
- Keine Korrosion an der Fügestelle
- Einfache Werkzeuge mit hoher Standzeit
- Gute Reproduzierbarkeit der Verbindungen.

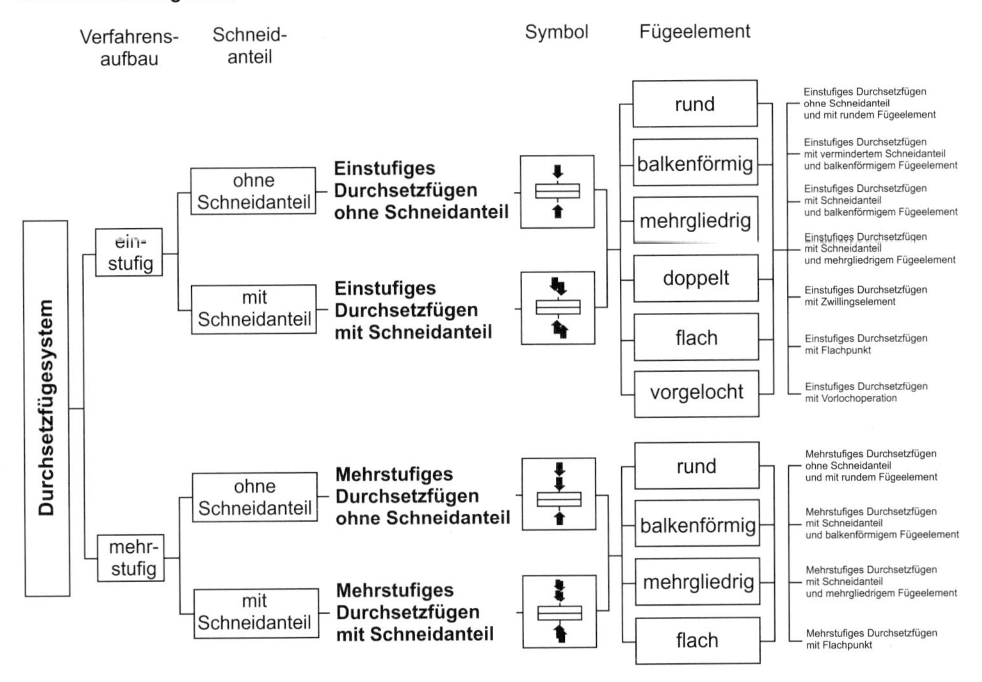

Bild 6-5 Gliederung der Durchsetzfügeverfahren (nach Hahn und Klemens, LWF Universität Paderborn)

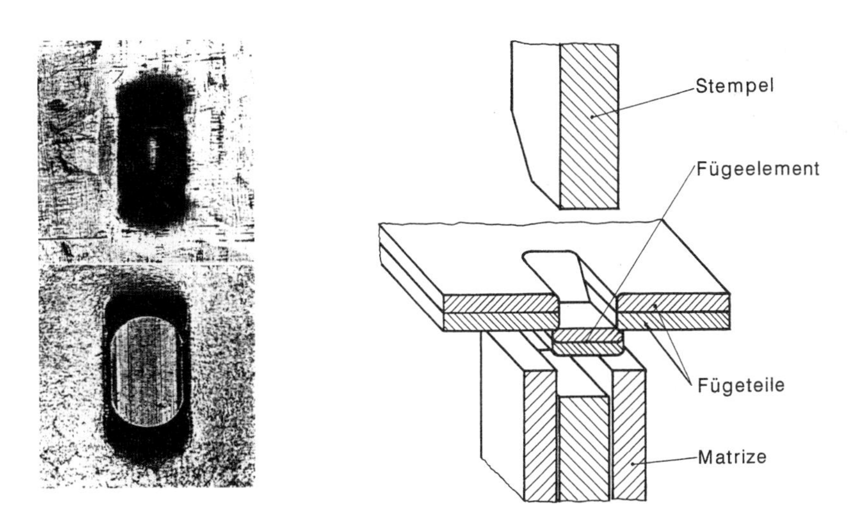

Bild 6-6 Durchsetzfügen mit Schneidanteil
Links: Ober- und Unterseite einer Verbindung
Rechts: Schematische Darstellung von Werkzeuganordnung und Verbindung

Bild 6-6 zeigt ein Durchsetzfügeelement mit Schneidanteil. Die zu verbindenden Bleche werden zwischen Stempel und Matrize in einem 1. Schritt eingeschnitten und durchgesetzt. In einem nachfolgenden Kaltstauchvorgang wird der aus der Blechebene geschobene Werkstoff gebreitet, so dass eine formschlüssige Verbindung entsteht. Wird die Verbindung – wie üblich – durch ein einziges Werkzeug in einem Hub erzeugt, so spricht man von einem einstufigen Prozess. Beim mehrstufigen Prozess – auch als Clinchen bezeichnet – bewegen sich zwei bzw. mehrere Werkzeuge nacheinander.

Ein entsprechendes Element ohne Schneidanteil zeigt schematisch **Bild 6-7**. Die Verbindung wird hier ohne Schneiden durch einen Fließpressvorgang erzeugt, indem auf das Einsenken und Durchsetzen zwischen Formstempel und Formgesenk bzw. -matrize ein Kaltstauchen folgt, wodurch eine formschlüssige Verbindung mit in der Regel kreisrunder Geometrie entsteht. Auf der Matrizenseite entsteht ein über die Blechebene ragender Überstand, der eventuell zurückgedrückt werden muss.

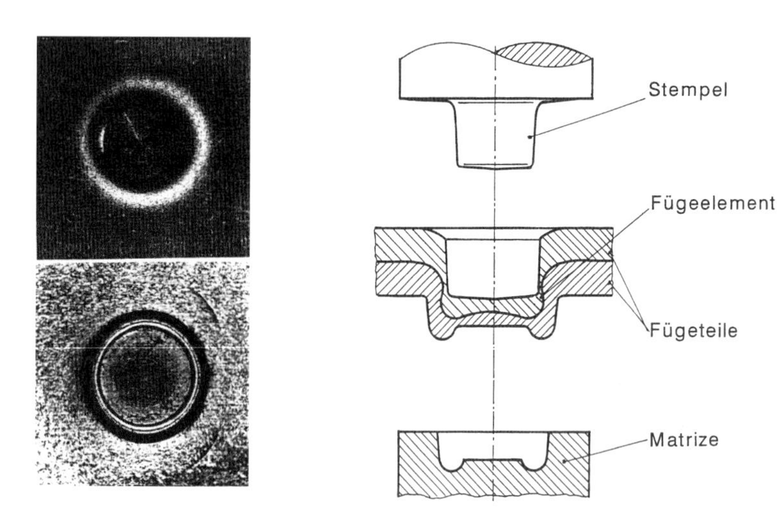

Bild 6-7 Durchsetzfügen ohne Schneidanteil
Links: Ober- und Unterseite einer Verbindung (Firmenschrift Böllhoff)
Rechts: Schematische Darstellung von Werkzeug und Verbindung (Firmenschrift TOX)

Weiterführende Literatur

Matthes/Riedel: Fügetechnik. München: Hanser Fachbuchverlag, 2003

7 Kunststoffschweißen

Als Kunststoffe werden organische Werkstoffe bezeichnet, die im Wesentlichen aus langkettigen Makromolekülen (Polymeren) bestehen, die wiederum aus niedermolekularen Bausteinen (Monomeren) aufgebaut sind. Kennzeichnend sind starke Bindungsbezirke in den Ketten. Es kann sich dabei um

- abgewandelte Naturstoffe oder
- synthetisch hergestellte Substanzen

handeln.

Die Bildungsreaktionen zur Herstellung der Polymere können sein

- Polymerisation
- Polyaddition oder
- Polykondensation.

Alle Reaktionen setzen bi- bzw. höherfunktionelle Monomere voraus. Bifunktionelle Monomere bilden lineare Makromoleküle, höherfunktionelle verzweigte bzw. vernetzte, **Bild 7-1**.

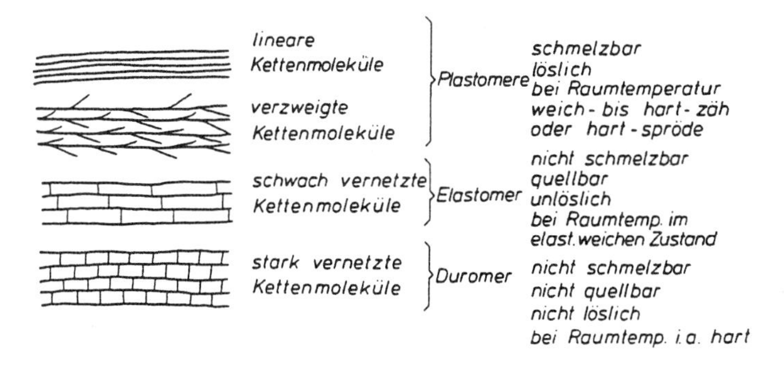

Bild 7-1 Zustandsformen bei Kunststoffen

In der Praxis sind die Kunststoffe keine reinen Stoffe (Homopolymere) sondern auf den Verwendungszweck abgestimmte Stoffgemische. Diese entstehen durch

- Copolymerisation
  aus verschiedenen Monomeren oder
- physikalische Mischung (Polyblends)
  verschiedener Homo- oder Copolymere.

Die mechanischen Eigenschaften der Kunststoffe sind temperaturabhängig. Auf der Grundlage der Messung des Schubmoduls und des mechanischen Verlustfaktors lassen sich folgende Gruppen unterscheiden

- Thermoplaste
- Elastomere und
- Duroplaste.

In **Tabelle 7-1** sind Aufbau und Eigenschaften der einzelnen Gruppen kurz beschrieben.

Tabelle 7-1 Aufbau und Eigenschaften von Kunststoffen

Thermoplaste	Elastomere	Duroplaste
Lineare oder verzweigte Makromoleküle unvernetzt	Weitmaschig dreidimensional vernetzte Makromoleküle	Hochgradig dreidimensional vernetzte Makromoleküle
Polymerisation (Polyaddition) (Polykondensation)	Polymerisation (Polyaddition) (Polykondensation)	Polykondensation (Polyaddition)
Bindung durch Hauptvalenzen in der Kette, durch Sekundärbindungen zwischen den Ketten	Vernetzung durch Vulkanisation	
Struktur ungeordnet (amorph) oder teilweise geordnet (teilkristallin)	Struktur ungeordnet oder teilweise geordnet vernetzt	
In der Wärme plastisch formbar, viskoses Fließen durch Lockerung der Sekundärbindungen → schmelzbar	Nicht schmelzbar	Nicht schmelzbar
Löslich in organischen Lösungsmitteln durch Lockerung der Sekundärbindungen	Quellbar in organischen Lösungsmitteln	Unlöslich und nur bedingt quellbar in organischen Lösungsmitteln
Hart bis gummiweich Große reversible Verformbarkeit abhängig von Temperatur und Struktur	Gummielastisches Verhalten oberhalb RT	Eingeschränkt energieelastisch verformbar
Schweißbar, klebbar	Klebbar	Klebbar
Bildung durch Polymerisation		
PE, PVC, PS, PP, PMMA, PIB, PAN	ABR, BR, CR, IIR, IR, NBR, SBR	Ungesättigte Polyester
Bildung durch Polykondensation		
PA, PC		PF, UF, MF, UP, PI, SI
Bildung durch Polyaddition		
Lineare PU		EP, vernetzte Polyurethane

Von diesen Kunststoffen sind nur die Thermoplaste schweißbar.

Bild 7-2 zeigt schematisch den Verlauf des Schubmoduls G in Abhängigkeit von der Temperatur für amorphe und teilkristalline Thermoplaste.

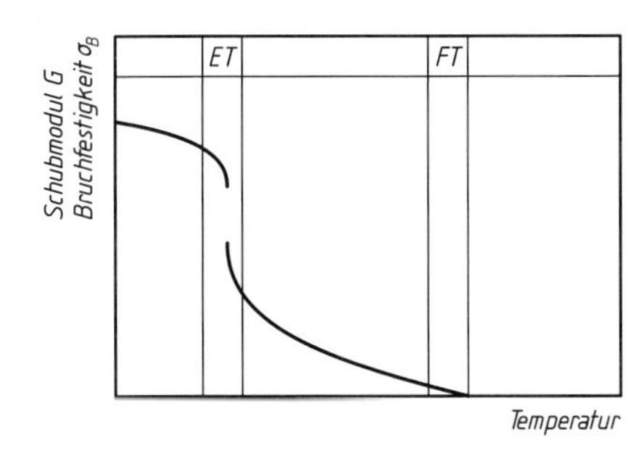

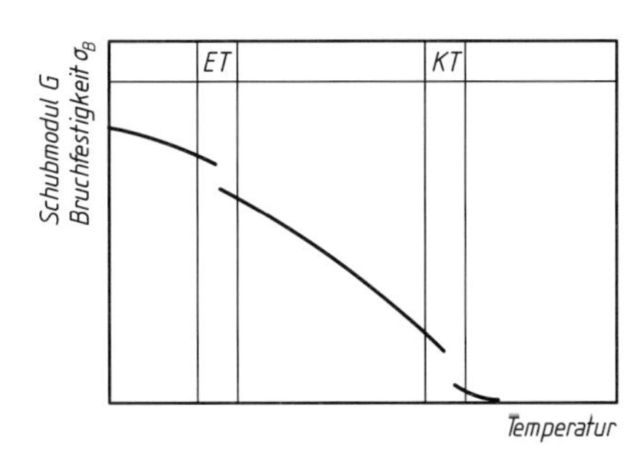

Bild 7-2 Schubmodul G und Bruchfestigkeit σ_B in Abhängigkeit von der Temperatur für amorphe (links) und teilkristalline Thermoplaste (rechts)
ET = Erweichungstemperaturbereich, FT = Fließtemperaturbereich, KT = Kristallitschmelztemperaturbereich

In **Tabelle 7-2** sind der Zustand und das Verhalten der Thermoplaste in den einzelnen Temperaturbereichen beschrieben und in **Bild 7-3** sind die Zustandsformen amorph und teilkristallin verdeutlicht.

Tabelle 7-2 Verhalten thermoplastischer Kunststoffe

Amorpher Thermoplast	Teilkristalliner Thermoplast
T < ET	T < ET
Fest, glasartig spröde Verknäuelte Makromoleküle Große zwischenmolekulare Bindungskräfte	Fest, glasartig spröde Amorphe und kristalline Bereiche Große zwischenmolekulare Bindungskräfte
ET < T < FT	ET < T < KT
Thermoelastisches Verhalten Zunehmende Beweglichkeit der Makromoleküle	Fest, zäh bis thermoelastisch Amorpher Bereich beweglich, kristalline Bereiche fest, aber zunehmend aufgelöst Hohe Bindungskräfte in den kristallinen Bereichen
T > FT	T > KT
Thermoplastisches Verhalten Gegeneinander verschiebbare Makromoleküle Nur noch geringe Sekundärbindungen wirksam	Thermoplastisches Verhalten Makromoleküle gegeneinander verschiebbar Bereich des Schweißens
Breiter thermoplastischer Bereich	Eng begrenzte Schmelztemperatur
Amorphe Thermoplaste ungleicher Art schweißbar Beispiel: PVC-hart + ABS	Teilkristalline Thermoplaste ungleicher Art nicht oder nur bedingt schweißbar Gut schweißbar: teilkrist. Kunststoffe gleicher Art, aber unterschiedlichen Typs Beispiel: PP-H + PP-R
Fügen polarer mit unpolaren Thermoplasten durch Schweißen schwierig	

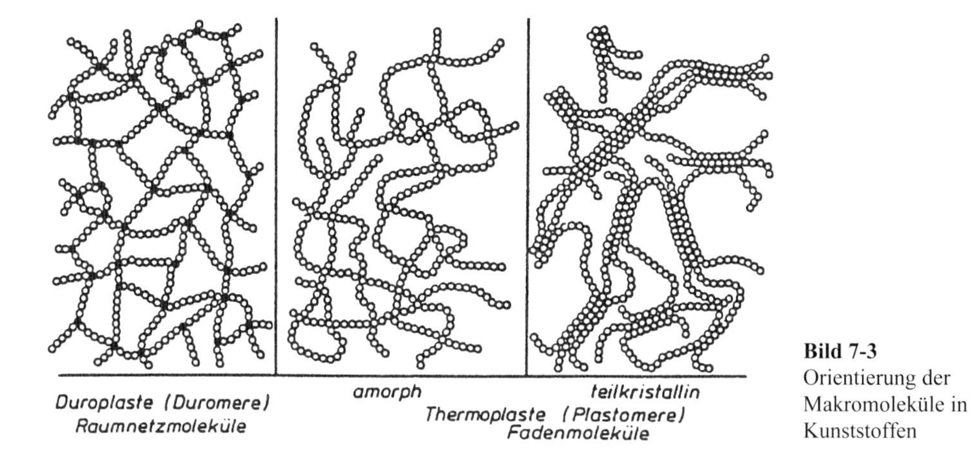

Bild 7-3 Orientierung der Makromoleküle in Kunststoffen

Erwärmt man einen Thermoplast, so verstärkt sich die vorhandene Eigenbewegung der Moleküle, gleichzeitig wird die Wirkung der Sekundärbindungen zwischen den Molekülen abgebaut. Dies ermöglicht die Umformung des plastifizierten Kunststoffs durch entsprechende Verfahren. Wird der Kunststoff in der neuen Form abgekühlt, so behält er diese bei. Besonders zu beachten ist der Einfluss der Hilfsstoffe. Schon geringe Zusätze von Additiven oder Zuschlagstoffen beeinflussen u. U. die Schweißeignung erheblich.

Tabelle 7–3 Kunststoffschweiß-Verfahren

Prinzip	Prozess	Varianten
Schweißen durch feste Körper (Wärmekontaktschweißen)	Heizelementschweißen	Direktes Heizelementschweißen Indirektes Heizelementschweißen Heizkeilschweißen Wärmeimpulsschweißen Trennnahtschweißen Heizelement-Rollband-Schweißen
Schweißen durch Bewegung	Ultraschallschweißen	Ultraschallpunktschweißen US-Schweißen von Folien
	Reibschweißen	Rotationsreibschweißen Vibrationsschweißen
Schweißen durch elektrischen Strom oder elektromagnetische Felder	Heizwendelschweißen Induktionsschweißen Hochfrequenzschweißen	
Schweißen durch Strahlung	Lichtstrahlextrusionsschweißen	
	Heizstrahlerstumpfschweißen	Erwärmung durch IR-Strahler
	Laserstrahlschweißen	Laserstumpfschweißen Laserdurchstrahlschweißen
Schweißen durch Gas (Schweißen durch Konvektion)	Warmgasschweißen	Warmgasfächelschweißen Warmgasziehschweißen Warmgasüberlappschweißen Warmgasnieten
	Warmgasextrusionsschweißen	

Das Schweißen von Thermoplasten erfolgt im hochviskosen Zustand unter Anwendung von Druck. Die Kettenmoleküle an den Grenzflächen sollen sich dabei durchdringen und verknäueln. Eine wichtige Einschränkung besteht darin, dass in der Regel nur gleichartige Kunststoffe miteinander verbunden werden können.

Für das Schweißen von Kunststoffen kommen die in **Tabelle 7-3** zusammengestellten Schweißprozesse in Betracht. Weitere Hinweise zum Schweißen von Kunststoffen finden sich in den **Tabellen 18-47** bis **18-55**.

Warmgasschweißen

Bei diesem, zumeist als Warmgas-Fächelschweißen (WF) ausgeführten Prozess, wird an der Schweißstelle Grundwerkstoff und Schweißzusatz mit einem Warmluftstrom erwärmt. Üblich ist es, gereinigte Luft, u. U. auch ein Inertgas, mit einem elektrischen Heizelement zu erwärmen, **Bild 7-4**. Die Verwendung von temperaturgeregelten Hand- und Maschinengeräten ist dabei vorteilhaft. Die Gastemperatur ist auf den zu verschweißenden Kunststoff abzustimmen (250 bis 500 °C); in erster Linie sind dies PVC hart und weich sowie PE.

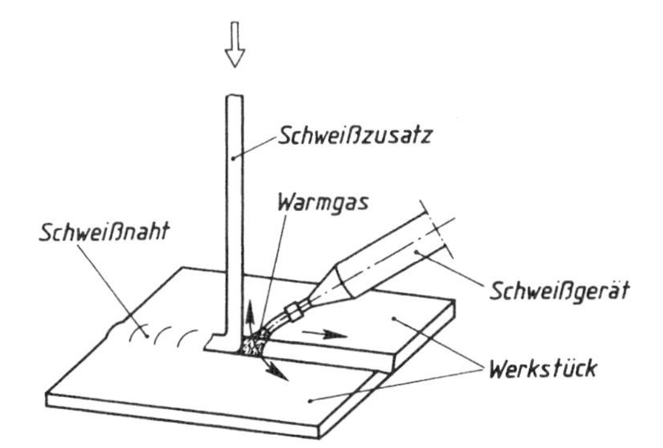

Bild 7-4
Warmgas-Fächelschweißen
(nach DIN 1910)

Beim Schweißen wird der Warmgasstrom in einer leicht fächelnden Auf- und Abwärtsbewegung gegen den Grundwerkstoff und den harten Schweißstab gerichtet, so dass beide gleichmäßig erwärmt werden. Ist der plastische Zustand erreicht, so wird der Schweißzusatz senkrecht in den erweichten Grundwerkstoff gedrückt und damit verschweißt. Abweichungen von der lotrechten Zuführung des Schweißzusatzes setzen die Belastbarkeit der Verbindung herab, führen zu Rissbildung bzw. zu Stauchwölbungen. Beim Schweißen weicher, flexibler Kunststoffe wird als Hilfsmittel eine Anpressrolle zum Andrücken des Schweißzusatzes verwendet. Die Nahtart richtet sich nach der Dicke des zu verschweißenden Teils und den Anforderungen an die Festigkeit der Naht. Üblich sind V-, DV-, U- und Kehlnähte. Auch der Stumpfstoß mit Lasche und der Überlappstoß werden verwendet.

Varianten dieses Verfahrens sind das Warmgas-Ziehschweißen (WZ), das Warmgas-Überlappschweißen (WU) und das Warmgasnieten. Bei diesem Verfahren werden Nietschäfte aus dem Thermoplast mit Hilfe einer Warmgasdüse plastifiziert, worauf mit einem kalten Stempel der Nietkopf gebildet wird. Es ist besonders geeignet für teilkristalline, glasfasergefüllte Thermoplaste, die beim Nieten mit Ultraschall zur Versprödung neigen.

Warmgas-Extrusionsschweißen (WE)

Haupteinsatzgebiet dieses Verfahrens ist z. B. der Behälterbau beim Verschweißen dickwandiger Platten aus PE und PP.

Das Schweißgerät besteht aus einem kleinen transportablen Extruder. In diesem wird Granulat erwärmt und in seiner Schnecke plastifiziert. Der plastische Kunststoff wird über einen beheizten Metallschlauch zum Schweißkopf geführt. Im Schweißkopf befindet sich ein Warmgasgebläse, das die Aufgabe hat, den Grundwerkstoff zu erwärmen. Mittels eines Schweißschuhs wird dann die plastifizierte Kunststoffmasse in die vorgewärmte Nahtfuge gepresst, **Bild 7-5**. Mit diesem Verfahren erübrigt sich eine Mehrlagenschweißung; die so hergestellten Nähte können auch höher belastet werden.

Erfolgt die Erwärmung der Schweißstelle mit Hilfe einer Lichtquelle, so spricht man von Lichtstrahl-Extrusionsschweißen.

Direktes Heizelementschweißen

Das Verfahren eignet sich in Form des Heizelement-Stumpfschweißens (HS) sehr gut zum Verbinden von Profilen und Rohren aus PVC, PE, PP und PA. Die zu verschweißenden Teile werden in einer Vorrichtung gespannt und zentriert; falls erforderlich, werden die Stirnflächen der zu verbindenden Teile planparallel bearbeitet. Während dieser Arbeiten wird das Heizelement, z. B. eine teflonbeschichtete Aluminiumplatte mit eingesetzten Heizstäben, auf die erforderliche Schweißtemperatur erwärmt. Ist diese erreicht, so wird das Heizelement zwischen die zu verschweißenden Teile gebracht, die darauf gegen das Heizelement gepresst werden. Während dieser Zeit, auch als Anwärmzeit bezeichnet, wird der Kunststoff plastifiziert, so dass nach Entfernen des Heizelements die Verbindungsflächen unter Druck (0,1 bis 2 N/mm^2) verschweißt werden können, **Bild 7-6**.

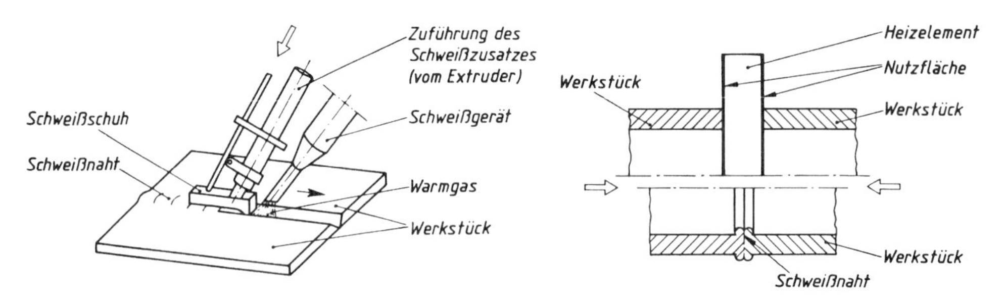

Bild 7-5 Warmgas-Extrusionsschweißen (nach DIN 1910)

Bild 7-6 Heizelementstumpfschweißen (nach DIN 1910)

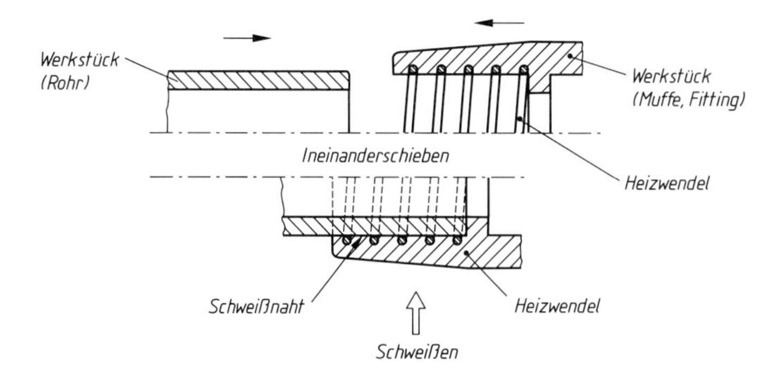

Bild 7-7
Heizwendelschweißen
(nach DIN 1910)

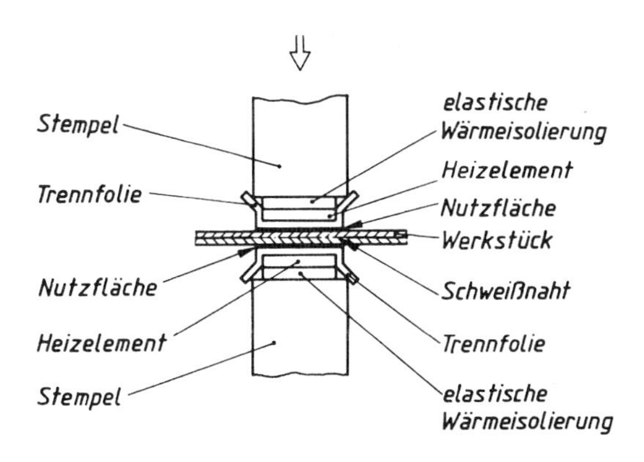

Bild 7-8
Heizelement-Wärmeimpulsschweißen (nach DIN 1910)

Neben dieser Ausführung kennt man als Verfahrensvarianten das Heizelement-Nutschweißen, das Heizelement-Schwenkbiegeschweißen und das Heizelement-Muffenschweißen (HD). In Form des Heizkeilschweißens (HK) eignet sich das Direkte Heizelementschweißen auch zum Verbinden von dickeren Folien mit einer Überlappnaht.

Wird die Fügefläche nicht durch Kontakt mit dem Heizelement, sondern durch einen Wärmestrahler erwärmt, so spricht man vom berührungslosen Heizelementschweißen.

Heizwendelschweißen

Dieses Verfahren findet vorwiegend Verwendung beim Verbinden von Kunststoffrohren untereinander durch eine Muffe oder beim Anbringen von Abgängen an vorhandene Rohre. Es werden dabei die Außenfläche eines Rohrs und die Innenseite einer Muffe miteinander verschweißt, **Bild 7-7**. Die Energie für den Schweißprozess wird über in die Muffe gezielt eingelagerte Widerstandsdrähte eingebracht. Durch Anlegen eines elektrischen Stroms wird die Fügefläche innerhalb einer definierten Zeit auf die erforderliche Schweißtemperatur erwärmt, worauf in Verschweißen von Rohr und Muffe erfolgt.

Indirektes Heizelementschweißen

Zum Verschweißen dünner Folien mit einer Überlappnaht wird das Indirekte Heizelementschweißen in verschiedenen Varianten verwendet. Bei diesem Verfahren werden die meist linienförmigen Heizelemente ein- oder beidseitig auf die übereinander gelegten Folien gepresst, **Bild 7-8**. Als Isolierung zwischen Heizelement und Fügeteilen dient meist eine PTFE-Schicht. Gleichzeitig werden die Fügeteile während einer vorwählbaren Zeit auf die Schweißtemperatur erwärmt und unter Druck verschweißt. Die Erwärmung erfolgt dabei impulsartig, indem das Heizelement nur während des Erwärmens beheizt wird (Wärmeimpulsschweißen) oder mit einem dauerbeheizten Heizelement, wobei die Kraft nur während des Erwärmens der Fügeteile wirkt (Wärmekontakt- und Rollbandschweißen). Die Abkühlung erfolgt noch unter Druckeinwirkung, wobei im Falle der dauerbeheizten Heizelemente Stütz- oder Transportbänder zur Aufrechterhaltung des Druckes erforderlich sind.

Kennzeichnend für dieses Verfahren ist eine ungleichmäßige Temperaturverteilung, was zu einer Verringerung der Dicke in der Schweißnaht führt.

Ultraschallschweißen

Beim zum Fügen von Kunststoffformteilen kleiner und mittlerer Abmessungen häufig verwendeten Ultraschallschweißen (US) werden die Fügeflächen infolge der Einwirkung der mechanischen Energie eines hochfrequenten Schalls erwärmt und plastifiziert. Das Verschweißen erfolgt dabei unter Druck ohne Zusatzwerkstoff als Überlapp- oder Stumpfnaht. Unterschiedlich zum US-Schweißen von Metallen ist, dass Kraft- und Schwingungsrichtung übereinstimmen. **Bild 7-9** zeigt die prinzipielle Anordnung des Verfahrens beim Schweißen von Kunststoffen, **Bild 7-10** ein handelsübliches Ultraschallschweißgerät.

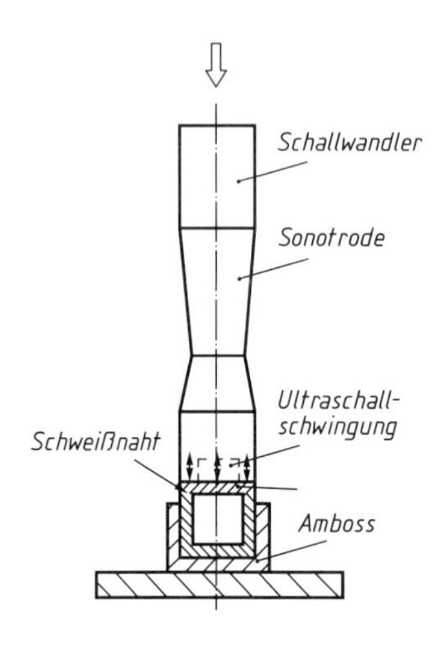

Bild 7-9 Ultraschallschweißen (nach DIN 1910)

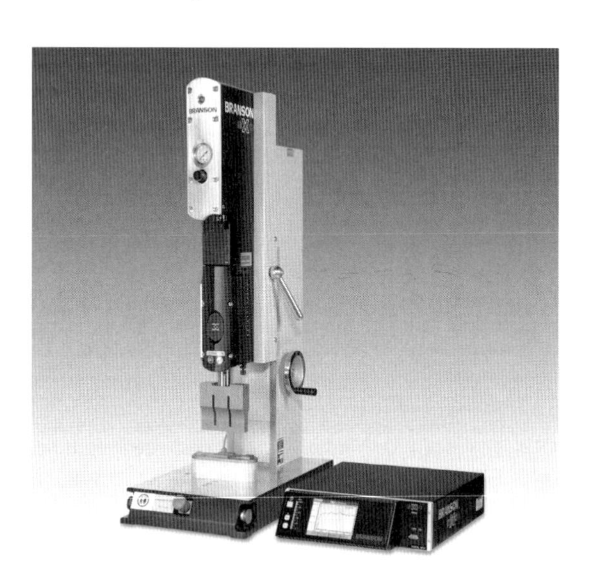

Bild 7-10 Ultraschallschweißgerät für Kunststoffe (Werkfoto Branson)

In einem Generator wird piezoelektrisch oder magnetostriktiv eine elektrische Schwingung hoher Frequenz (20 bis 50 kHz) erzeugt. Ein Schallwandler setzt die elektrische in eine mechanische Schwingung um, die über eine sog. Sonotrode in das Werkstück eingeleitet wird. Dieses ist zwischen der Sonotrode und einem Amboss durch Druck fixiert. Die Schwingungsamplitude beträgt 25 bis 60 µm. Generator, Schallwandler und Sonotrode arbeiten in Resonanz. Die verwendete Frequenz ist dabei auch von der Dicke der zu verschweißenden Teile abhängig. Die Schweißzeiten liegen bei Leistungen bis 700 W im Bereich von 1 Sekunde und darunter.

Der Kunststoff absorbiert die mechanische Schwingung. Durch die mechanische Dämpfung entsteht Wärme, wodurch der Kunststoff in der Fügefläche plastifiziert wird und unter dem wirkenden äußeren Druck verschweißt. Es liegt damit ein Verschweißen durch innere Reibung vor, im Gegensatz zum Reibschweißen, wo äußere Reibung das Verschweißen bewirkt.

Voraussetzung für eine einwandfreie Schweißung ist eine US-gerechte Gestaltung des Fügebereichs. Die Fügefläche muss senkrecht zur Sonotrodenachse und parallel zur Sonotrodenstirnfläche liegen. Um die Schweißzeit zu minimieren und das Anschweißen zu beschleunigen sind bestimmte Geometrien der Kontaktflächen zu bevorzugen. So empfiehlt es sich, bei amorphen Kunststoffen einen Energierichtungsgeber, bei teilkristallinen Plasten eine Quetschnaht vorzusehen. **Bild 7-11** zeigt ein Beispiel für einen Energierichtungsgeber.

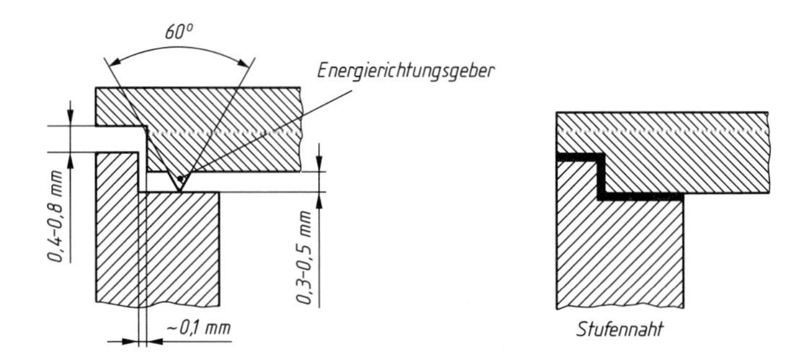

Bild 7-11 Energierichtungsgeber (nach Potente)

Wichtig für das Gelingen der Schweißung ist der Abstand zwischen Sonotrode und Fügefläche. Ist dieser Abstand < 6 mm, so wird dies als Schweißen im Nahfeld oder nach direkter Methode bezeichnet. Bei größerem Abstand wird im sog. Fernfeld bzw. mit der indirekten Methode gearbeitet, **Bild 7-12**. Das Schweißen im Nahfeld kommt für „weiche", das Schweißen im Fernfeld für „harte" Thermoplaste in Betracht. In **Tabelle 7-4** sind einige Thermoplaste entsprechend ihrer Eignung bewertet.

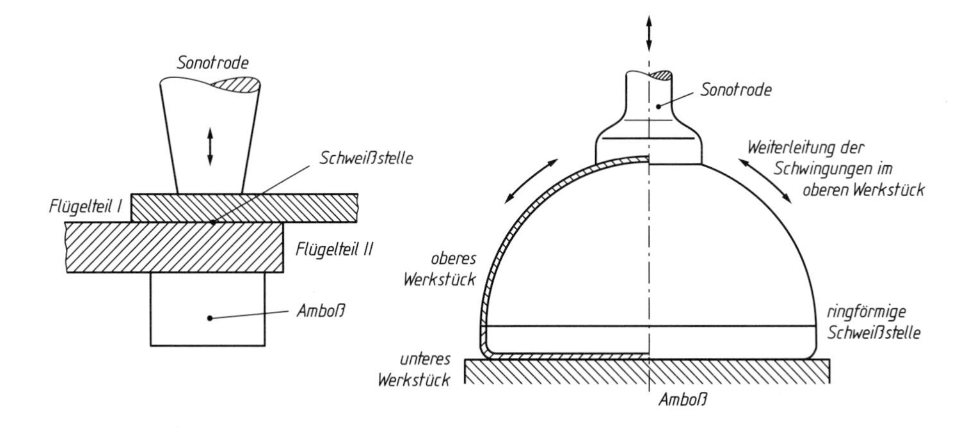

Bild 7-12 Schweißen im Nahfeld (links) und im Fernfeld (rechts) (nach DVS-Lehrunterlage Fügetechnik)

Tabelle 7-4 Eignung der Kunststoffe zum US-Schweißen

Kunststoff		Eignung zum Schweißen im	
		Nahfeld	Fernfeld
PA		gut	mäßig
PE	hart	gut	mäßig
	weich	gut	schlecht
PVC	hart	gut	mäßig
	weich	gut	schlecht
PS		sehr gut	sehr gut
PC		sehr gut	sehr gut
PP		gut	schlecht
PMMA		sehr gut	gut
POM		sehr gut	mäßig
PETP		sehr gut	-
PPO		gut	mäßig
ABS		sehr gut	gut
EVA		gut	schlecht
SAN		gut	gut
CA		schlecht	schlecht

Auf Grund der etwas stoßartigen Einleitung der Energie in die Fügeteile ist das beschriebene „longitudinale" Schweißen für sensible elektronische Bauteile nicht geeignet. Hierfür empfiehlt es sich, die Energie über eine torsionale Schwingung der Sonotrode einzuleiten.

Sehr gut schweißgeeignet sind Polyacrylate und Polystyrol. Ungünstiger verhalten sich PE und PP sowie PA-, PP/EPDM- und PPO-Blends.

Reibschweißen und Vibrationsschweißen

Beim Reibschweißen (FR) erfolgt die Erwärmung der Fügeteile auf die Schweißtemperatur durch eine Relativbewegung der Teile zueinander unter gleichzeitiger Druckeinwirkung. Für rotationssymmetrische Teile kleiner Abmessungen wird das Rotationsschweißen angewandt, das in seinem prinzipiellen Ablauf dem bei Metallen angewandten Verfahren entspricht (vergl. Kapitel 3.5).

Nichtrunde Teile mittlerer bis größerer Abmessungen können mit dem Vibrationsschweißen verschweißt werden. Die Erwärmung erfolgt dabei durch Relativbewegung der Teile zueinander, wobei lineare, biaxiale oder Winkelschwingungen verwendet werden können. Je nach Art der Schwingung variieren Frequenz, Amplitude und Prozesszeit.

Schwingungsart	Frequenz	Amplitude	Schweißdruck	Prozesszeit
Winkelschwingung	100 Hz	< 15°	0,5 ... 6 N/mm^2	2 ... 16 Sek.
Linearschwingung	100 ... 300 Hz	0,5 ... 2,5 mm		
Biaxialschwingung	25 ... 80 Hz	< 0,7 mm		

Der Prozess läuft in vier Phasen ab:

Phase 1	Festkörperreibung Grenzflächenreibung bis Erreichen der Schmelztemperatur
Phase 2	Instationäre Bildung eines Schmelzefilms Dicke des Films nimmt zu
Phase 3	Konstante Abschmelzgeschwindigkeit
Phase 4	Nachdruck/Abkühlphase Schweißdruck wirkt ohne Vibrationsbewegung weiter

Der relativ hohe Pressdruck erfordert sowohl steife Schweißteile als auch stabile Maschinenkonstruktionen. Die Anregung des Feder-Masse-Systems des Schwingungserzeugers erfolgt elektromagnetisch. Das System arbeitet im Resonanzbereich mit 100 bis 200 Hz und erreicht Reibgeschwindigkeiten zwischen 900 und 1300 mm/s.

Mit dem Vibrationsschweißen können Thermoplaste, selbst in geschäumter Form, geschweißt werden. Ebenso eignet sich das Verfahren zum Schweißen von Duroplasten, auch glasfaserverstärkt.

Hochfrequenzschweißen

Dieses Verfahren ist das meistbenutzte Verfahren zum Verschweißen von Kunststoff-Folien aus PVC. Die an der Folienoberfläche liegenden Molekülgruppen werden dabei durch eine dielektrische Erwärmung auf Schmelztemperatur gebracht und unter Druck miteinander verbunden.

Elektrisch schlecht oder nicht leitende Werkstoffe erwärmen sich in einem hochfrequenten Wechselfeld. In der Praxis werden die zu erwärmenden Teile zwischen zwei Elektroden gebracht, wodurch elektrisch gesehen ein Kondensator entsteht. Polare Moleküle (Dipole) beginnen unter dem Einfluss der hochfrequenten Wechselspannung um ihre Ruhelage zu schwingen. Da diese Schwingungsbewegung gegen die inneren Bindungskräfte erfolgt, ist ein Energieverbrauch die Folge, der für die Wärmeentwicklung im Werkstoff ursächlich ist. Die erzeugte Wärme ist der Frequenz, dem Verlustwert des dielektrischen Werkstoffs, dessen Volumen zwischen den Elektroden und der elektrischen Feldstärke proportional.

Für HF-Schweißgeräte, deren Leistung bis 10 kW betragen kann, wird eine Arbeitsfrequenz von 27,12 MHz bevorzugt verwendet. Zur Erzeugung einer für die Schweißung ausreichend hohen Temperatur ist ein möglichst hoher Verlustwert erforderlich. Dieser ist das Produkt aus der relativen Dielektrizitätskonstanten ε_r des Werkstoffs und dem Verlustfaktor tan δ des „Kondensators". Beides sind keine Materialkonstanten, vielmehr sind die Werte von der Frequenz und der Temperatur abhängig, **Tabelle 7-5**. Für die Frequenz von 27,12 MHz ist für eine ausreichende Erwärmung ein Verlustwert von mindestens 0,01 erforderlich.

Wird mit dieser Frequenz gearbeitet, liegt die HF-Spannung je nach Dicke der zu verschweißenden Folien zwischen 500 und 800 Volt. Die Feldstärke verändert sich umgekehrt proportional zum Abstand der Elektroden. Bei konstanter Spannung nimmt sie daher mit abnehmendem Abstand, d. h. kleinerer Foliendicke ab. Dies kann dazu führen, dass die Durchbruchsfeldstärke erreicht wird und somit Funkenüberschläge oder Lichtbögen auftreten.

Tabelle 7-5 Einflussgrößen beim Hochfrequenzschweißen von Kunststoffen (nach Stuwe)

Kunststoff	ε_r	tan δ	$\varepsilon_r \cdot \tan\delta$	Messobjekt
Polyvinylchlorid	3,8–3,0	0,03–0,02	0,114–0,06	Weichmacherfreie Formmasse
Polyamid	3,5	0,02	0,07	Gespritzte Normalprüfkörper
Celluloseacetat	4,6	0,06	0,276	Formmasse
Acetylcelluloid	5	0,08	0,40	Tafelmaterial
Celluloid	5	0,05	0,25	Tafelmaterial
Polystyrol				
– Typ 501	2,5	0,0002	0,0005	
– schlagfest	2,6–2,8	0,001–0,003	0,0026–0,0084	Gespritzte Normprüfkörper
– hochschlagfest	2,6–2,9	0,002–0,01	0,0052–0,029	
Polyethylen				
– niedrige Dichte	2,29	< 0,0003	< 0,00069	Gespritzte Normprüfkörper
– hohe Dichte	2,34	< 0,0005	< 0,00117	
Polypropylen	2,26	< 0,0005	< 0,00113	Gespritzte Normprüfkörper
Polytetrafluor-ethylen	2,0–2,1	< 0,0005	< 0,001	Gepresste Probekörper

Messfrequenz 1 MHz

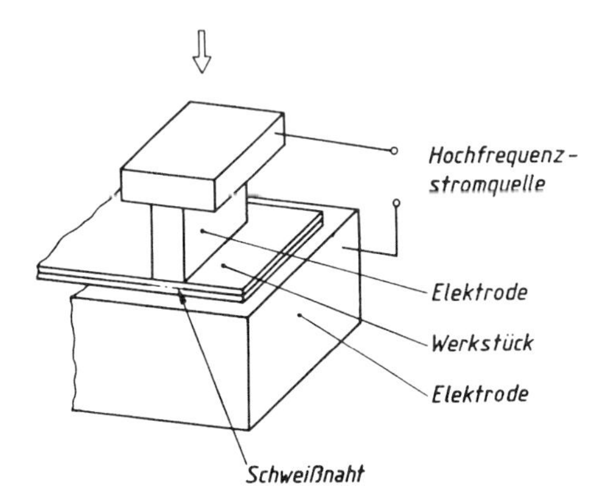

Bild 7-13
Hochfrequenzschweißen
(nach DIN 1910)

Bild 7-13 zeigt die prinzipielle Anordnung des Verfahrens. Eine der beiden stegförmig ausgebildeten Elektroden ist beweglich, so dass die zu verschweißenden Folien zwischen den Elektroden unter Druck gesetzt werden können. Im Schweißnahtbereich wird die Kunststoffmasse bis auf Schmelztemperatur erwärmt; die Erwärmung wird zeitlich so begrenzt, dass die Zersetzungstemperatur nicht erreicht wird. Gleichzeitig wird im Schweißnahtbereich ein solcher Druck ausgeübt, dass eine Vermengung der aufgeschmolzenen Moleküle eintritt.

Mit dem Verschweißen ist eine Schwächung des Folienmaterials in der Naht verbunden, die abhängig von der Breite der Elektrode zwischen 30 und 70 % liegt. Die Qualität einer solchen Naht ist wesentlich abhängig von der Elektrodenform, der Schweißenergie, dem Pressdruck, der Foliendicke und dem Weichmachergehalt der Folie.

Induktionsschweißen

Die induktive Erwärmung mittels eines hochfrequenten elektrischen Stroms ist nur bei elektrischen Leitern, wie z. B. Metallen möglich. Zum Schweißen von Kunststoffen ist daher die Verwendung eines Schweißhilfskörpers erforderlich, der aus demselben Thermoplast wie die Fügeteile bestehen sollte und mit ferromagnetischen Pulverteilchen (Eisenpulver, Ferrit, Graphit) gefüllt ist. Im Magnetfeld werden die Pulverpartikel erwärmt, wodurch auch der Schweißhilfskörper auf Schmelzetemperatur gebracht wird und seinerseits wiederum die Fügeteile erwärmt.

Gearbeitet wird im Frequenzbereich von 650 kHz bis 1,2 MHz und Leistungen bis 6 kW. Erprobt sind ein- bis dreidimensionale Verbindungen bis 6 m Länge. Verschweißen lassen sich artgleich die meisten Thermoplaste. Besonders geeignet ist das Verfahren für faserverstärkte Laminate, wobei kohlenstofffaserverstärkte Laminate ohne Zusatzwerkstoffe verschweißt werden können. Auch Verbindungen zwischen Metallen und faserverstärkten Kunststoffen sind herstellbar. Als günstig hat sich das Schweißen unter Schutzgasatmosphäre erwiesen.

Strahlschweißen

Für das Strahlschweißen werden als Energieträger Infrarotlicht und der Laserstrahl verwendet. Beim klassischen Schweißen mit Infrarotlicht werden hochenergetische Halogenlichtquellen mit offenem Ellipsoidreflektor eingesetzt. Auf diese Weise können Leistungen bis zu 15 kW im Fokus erreicht werden bei Brennpunktdurchmessern von etwa 2 mm. Die zum Aufschmelzen des Thermoplasts erforderliche Energie kann direkt oder aber im Durchstrahlungsverfahren in die Fügestelle eingeleitet werden.

Beim Heizstrahlerstumpfschweißen verwendet man als Wärmestrahler eine IR-Strahlungsquelle zur Erwärmung der Fügeflächen. Die Wärmestrahlung wird möglichst genau auf die zu erwärmenden Bereiche der Schweißflächen gerichtet. Eine dünne Schicht der Oberfläche wird in wenigen Sekunden aufgeschmolzen und danach unter Druck verbunden.

Vorteilhaft ist die Strahlerwärmung beim Fügen von Teilen aus Werkstoffen mit unterschiedlichen Arbeitstemperaturen, da jedes Teil mittels eines eigenen Strahlers optimal erwärmt werden kann.

Infrarot-Strahler senden im Wellenlängenbereich zwischen 0,78 und 10 μm elektromagnetische Wellen aus. Es entsteht eine Wärmestrahlung, deren Intensität von der Wellenlänge abhängig ist. Als Strahlungsquellen kommen Halogen-, Keramik- und Metallfolien-Strahler in Betracht, die in unterschiedlichen Wellenlängen Strahlen emittieren. Nachfolgend eine Übersicht über die wichtigsten Eigenschaften der verschiedenen Strahler (s. folgende Seite).

Jeder Strahler hat ein bestimmtes Emissionsspektrum, d. h. je nach Strahlertemperatur werden bestimmte Wellenlängen emittiert. Dem steht ein bestimmtes Absorptionsspektrum bei dem zu erwärmenden Kunststoff gegenüber, abhängig vom makromolekularen Aufbau und den verwendeten Füllstoffen. Ein Teil der auf die Kunststoff-Oberfläche auftreffenden Strahlung wird reflektiert (bis etwa 8 %) und trägt somit wie auch die Transmission nicht zur Erwärmung des Teils bei. Die Temperaturerhöhung und die Eindringtiefe sind damit vom absorbierten Strahlungsanteil abhängig. Strahler und Kunststoff sind also so aufeinander abzustimmen, dass die Wellenlänge des Strahlers das Absorptionsspektrum des Werkstoffs trifft.

Infrarot-Strahlung			Erreichbare Oberfl.Temp.	Eigenschaften	Anwendung
	Wellenlänge	Strahlerart			
Kurzwellig IR-A	0,78 bis 1,4 µm	Halogen- strahler	1800 bis 2200 °C	Geringe Absorption Hohe Eindringtiefe Gute Durchwärmung Für massive Teile	PP, PE, PS, PMMA
Mittelwellig IR-B	1,4 bis 3,0 µm	Metallfolien- strahler	800 bis 950 °C	Absorption der Strah- lung in der Rand- schicht	Empfindliche Thermoplaste Folien- schweißen
Langwellig IR-C	3,0 bis 10 µm	Keramik- strahler	Ca. 900 °C	Geringe Absorption und Eindringtiefe	Material mit hohem Ruß-, Füllstoff- oder Pigmentanteil

Verwendet wird die Erwärmung der Schweißteile mittels IR-Strahlung häufig in Verbindung mit dem Vibrationsschweißen. Dabei wird dem Reibprozess eine Vorwärmung durch IR-Strahlen vorgeschaltet, wodurch vor allem die Bildung der beim Vibrationsschweißen oft beobachteten „Fusseln“ vermieden wird.

Auch der Laserstrahl kann beim Heizstrahlerstumpfschweißen zur Erwärmung der Fügeflächen eingesetzt werden.

Beim Laserstrahlschweißen werden vorwiegend Diodenlaser mit einer Wellenlänge von 0,8 bis 1,0 µm (NR-Bereich) eingesetzt. Damit sind sowohl Folien als auch Formteile schweißbar. Die Kunststoffe absorbieren Strahlen dieser Wellenlänge nur wenig; sie sind laserinaktiv, der Strahl durchdringt das Material. Die Absorption der Strahlung muss daher mit einer besonderen Pigmentierung erreicht werden, der Werkstoff wird laseraktiv. So ist es möglich, im Durchstrahlungsverfahren einen laserinaktiven mit einem laseraktiven Werkstoff zu verschweißen. Der Laserstrahl durchdringt dabei den für das Laserlicht transparenten Kunststoff und wird in der Fügeebene vom laserinaktiven Material absorbiert. Die entstehende Schmelze erwärmt auch den laserinaktiven Kunststoff, so dass sich unter Wirkung des mechanischen Fügedrucks eine Schweißverbindung ausbildet. Beispiele für solche Verbindungen sind PE (opak) mit PE (schwarz) oder PMMA mit ABS (schwarz).

Diese Kombination opak/schwarz ist in vielen Fällen z. B. aus Gründen des Designs störend. Der Einsatz von laserabsorbierenden Folien in der Fügefläche oder die Beschichtung eines der Fügeteile können hier Abhilfe schaffen.

Verfahrenstechnisch kommen bevorzugt vier Verfahren zur Anwendung:

Konturschweißen
Maskenschweißen
Quasisimultanschweißen
Simultanschweißen

Beim Konturschweißen wird ein Laserstrahl langsam (0,1 bis 500 mm/s) entlang der Schweißnaht geführt, wobei die Relativbewegung sowohl durch eine Ablenkung des Strahls als auch durch eine Bewegung des Bauteils erzielt werden kann. Das erzeugte Schweißvolumen ist gering, so dass keine Schmelze austritt.

Das Maskenschweißen ist dadurch gekennzeichnet, dass zwischen der Strahlquelle und dem Bauteil eine Maske angeordnet ist, wodurch der Strahl nur an vorbestimmte Bereiche der Oberfläche gelangt. Auf diese Weise können feine Schweißnähte und Strukturen im Mikrobereich schnell und flexibel erzeugt werden.

Beim quasisimultanen Schweißen wird der Laserstrahl durch Kippspiegel mit hoher Geschwindigkeit (100 bis 10000 mm/s) mit einer Frequenz bis zu 80 Hz entlang der Schweißnaht geführt. Das Verfahren ist sehr flexibel und ermöglicht auch eine Überbrückung von Spalten.

Demgegenüber sorgt beim Simultanschweißen eine entlang der gesamten Fügefläche angeordnete Matrix aus Laserdioden (Hochleistungsdiodenlaser) für die gleichzeitige und homogene Erwärmung der Schweißnaht. Durch das gleichzeitige Aufschmelzen ergibt sich eine kurze Prozesszeit.

Eine Übersicht über die mit den einzelnen Verfahren schweißbaren Thermopaste gibt **Tabelle 7-6**.

Tabelle 7-6 Anwendung der Schweißverfahren – Beispiele

Verfahren	Werkstoffe
Warmgasschweißen	PVC-U, PP, PE, PS, PMMA, PC, POM, PB
Heizelementschweißen inkl. Heizstrahlerstumpfschweißen	PP, PE, PVC, PS, PMMA, PB, PVDF, ABS, POM, PA, PC, PFEP, PPO PMMA/PVC, PVC/ABS, PMMA/ABS, PMMA/PS, ABS/PS PE-HD/PP Schäume: PP, PS, PA, POM Holz-Kunststoff-Verbunde (WPC):
Induktionsschweißen	ABS, PMMA, PA 66, PB, PC, PE, PP, PS, PVC, PU, SAN, PBT Faser-Kunststoff-Verbunde
HF-Schweißen	PVC-P bedingt: ABS, CA, CAB, PA6, PBT, PMMA, PVC-U
US-Schweißen	ABS, PS, PA66, PC, POM, PMMA, PET, PE, PVC, SAN, PP, PB PC/ABS Faser-Kunststoff-Verbunde
Reibschweißen	PE, PP, PB, PIB, PVC, PA 12
Vibrationsschweißen	PE, PVC, PC, PP, PS, SAN, ABS, POM, PA, PFEP Schäume: POM, PS, PP, PA Faser-Kunststoff-Verbunde
LASER-Schweißen	PC, ABS, PA, POM, PP, PMMA, TPE, TPU, PS, PBT PA/PBT GF30, PA 6.6 GF30 transp./schwarz PMMA/ABS oder ASA, ABS/PC

Durch Verwendung einer speziellen Optik ist es möglich, den Strahl eines Diodenlasers in der Kontaktzone zweier lasertransparenten Thermoplaste zu fokussieren. Somit wird die Energie des Laserstrahls nur in der Fügeebene wirksam und eine Verschweißung ist ohne Absorberzusätze möglich. Dabei ist die Wellenlänge des verwendeten Lasers so zu wählen, dass der Strahl beim Materialdurchgang nicht absorbiert wird. Erprobt ist das Schweißen unter Verwendung eines Indiumphosphit-Diodenlasers mit einer Wellenlänge von ca. 1700 nm.

Kleben von Kunststoffen

Beim Kleben von Kunststoffen gelten die im Kapitel 5 über Metallkleben dargestellten Grundlagen entsprechend. Allerdings sind bei Kunststoffen einige Besonderheiten zu beachten.

So liegt die Festigkeit der Kunststoffe im Bereich der Festigkeit des Klebstoffs, der seinerseits zu den Kunststoffen zählt. Auch sind die mechanische Festigkeit und Dehnung der Kunststoffe von der Temperatur und der Belastungsdauer abhängig. Problematisch ist oft die Benetzbarkeit der Kunststoffoberflächen, da die Oberflächenenergie der Kunststoffe und die Oberflächenspannungen von Klebstoffen nahe beieinander liegen. Besondere Bedeutung kommt bei Kunststoffen der bei diesen beobachteten Polarität zu, die sich aus der Molekülstruktur ergibt. Im Zusammenhang mit lösungsmittelhaltigen Klebstoffen ist auch das Verhalten der Kunststoffe gegenüber dem Angriff von bestimmten Lösungsmitteln zu beachten.

In **Tabelle 7-7** sind Werte für die Oberflächenenergie der wichtigsten Kunststoffe zusammengestellt.

Tabelle 7-7 Oberflächenenergie einiger Polymere (nach Brandenburg)

Werkstoff	Oberflächenenergie in 10^{-3}J/m^2		
	Gesamt	polar	dispers
Naturkautschuk	24		
Polyethylen	31	0	30
Polymethylmetacrylat	41	11,7	37
Polystyrol	40,8	7,0	33,9
Polyvinylchlorid	40		
Polyethylenterephtalat	44	1	43
Polyamid 7.7	41,5	7,8	33,7
Polycarbonat	36		
Polytetrafluorethylen	29		
Epoxidharz	47		
Polyimid	49 ... 51		

Ein zentraler Punkt beim Kleben von Kunststoffen ist wie oben erwähnt die Polarität des Kunststoffs und seine Löslichkeit in organischen Lösungsmitteln. Für das Klebverhalten gibt es einige Regeln, die in **Tabelle 7-8** dargestellt sind.

Um bei Kunststoffen mit niederenergetischen Oberflächen eine ausreichende Polarität zu erzielen, ist eine entsprechende Oberflächenvorbehandlung erforderlich. Ziel ist es, eine polare Oberfläche vor allem durch Einbau von Sauerstoffatomen in die Moleküle der Randschicht zu erzeugen. Von den in den **Tabellen 18-44** und **18-45** des Anhangs genannten Verfahren kommt den physikalischen Behandlungsverfahren die größte Bedeutung zu. Eine besondere Rolle spielen dabei Verfahren mit Niederdruckplasma, Atmosphärendruckplasma und – mit Einschränkung – Beflammen mit einer Gasflamme mit Sauerstoffüberschuss.

Tabelle 7-8 Klebverhalten von Kunststoffen

Polarität	Löslichkeit		
	unlöslich	teilweise löslich	löslich
Unpolar	Ohne Vorbehandlung nicht klebbar		
		Nach Vorbehandlung bedingt klebbar	
			Gut klebbar
Polar			Gut klebbar
	PE, PP, PTFE, POM, PA6.11, EP, Silikone	PVC-weich, PA, PET, PA 6.6 Kautschukpolymere	PVC-hart, PS, PMMA, PC, ABS
Beispiele für geeignete Klebstoffe			
	Kalthärtende Epoxidharze Polyurethane Cyanacrylate	Lösemittelklebstoffe Kalthärtende Reaktionsklebstoffe Cyanacrylate Polyurethane Strahlungshärtende Klebstoffe	

Unabhängig davon ist eine gründliche Reinigung der Oberfläche (Entfetten) vor dem Kleben unabdingbar.

Duroplaste sind in der Regel in organischen Lösungsmitteln nicht löslich. Nach entsprechender Oberflächenvorbehandlung können sie mit Reaktionsklebstoffen geklebt werden.

Störend wirken auf die Benetzungsfähigkeit Weichmacher, die vom Werkstoffinnern an die Oberfläche und in den Klebstoff diffundieren. Ebenso von der Formgebung herrührende Trennmittel, die sich als Trennschicht zwischen Klebstoff und Werkstoff legen. In diesem Zusammenhang zu nennen sind auch Füllstoffe und Passivschichten, die aus dem Spritzgießprozess (zu hohe Spritzgeschwindigkeit) herrühren.

Weiterführende Literatur

Bonnet, M.: Kunststoffe in der Ingenieuranwendung. Wiesbaden: Vieweg+Teubner, 2009

Ehrenstein, G. W.: Handbuch Kunststoff-Verbindungstechnik. München: Hanser-Verlag, 2004

Michel, P.: Schweißverfahren in der Kunststoffverarbeitung. Grundlagen und Aspekte der Serienfertigung. DVS-Bericht 203. Düsseldorf: DVS-Verlag, 1999

Potente, H.: Fügen von Kunststoffen. Grundlagen, Verfahren, Anwendung. München: Hanser-Verlag, 2004

Renneberg/Schneider: Kunststoffe im Anlagenbau. Werkstoffe – Konstruktion – Schweißprozesse – Qualitätssicherung. Düsseldorf: DVS-Verlag, 1998

Uebbing, M.: Fügen von Kunststoffen. Leitfaden für Fertigung und Konstruktion. Düsseldorf: DVS-Verlag, 1998

8 Auftragschweißen und Thermisches Spritzen

8.1 Auftragschweißen

Auftragschweißen ist das Beschichten eines Werkstücks durch Schweißen. Ziel ist es, eine funktionale Oberfläche zu schaffen, die allen sich aus dem Gebrauch ergebenden Anforderungen genügen muss. In erster Linie handelt es sich dabei um die Erhöhung des Widerstands gegen Verschleiß und Korrosionsangriff. Dies wird erreicht durch das Aufbringen eines geeigneten Auftragwerkstoffs auf den Grundwerkstoff.

Als Vorteile des Auftragschweißens sind zu nennen:

- Möglichkeit des Aufbringens relativ dicker Schichten
- Schichten geeignet auch für extreme Schlag- und Stoßbeanspruchungen
- Geringe Anfälligkeit gegenüber punkt- und linienförmigen Belastungen
- Hohe Abschmelzleistung
- Flächenmäßig große wie örtlich begrenzte Schichten können auftraggeschweißt werden
- Auch große Bauteile können auftraggeschweißt werden
- Einfache Gerätetechnik
- Schichten mit großer Variationsbreite der Eigenschaften können erzielt werden
- Fast alle metallische Grundwerkstoffe können beschichtet werden.

Der Bereich des Auftragschweißens lässt sich in einer schematischen Übersicht wie folgt darstellen:

Auftragschweißen			
Panzerungen	Plattierungen	Pufferschichten	Formgebendes Auftragschweißen
Verschleißschutz Erhöhung des Verschleißwiderstands	Korrosionsschutz Erhöhung der chemischen Beständigkeit	Gewährleistung einer Bindung zwischen nicht artgleichen Werkstoffen	Herstellung definierter Konturen mit artgleichem Auftrag- und Grundwerkstoff

In der Regel werden Grund- und Auftragwerkstoff artverschieden sein. In diesem Fall wird unterschieden zwischen Panzern und Plattieren. Beim Auftragschweißen von Panzerungen hat der Auftragwerkstoff einen höheren Verschleißwiderstand als der Grundwerkstoff. Um Schweißplattieren handelt es sich, wenn der aufgetragene Werkstoff gegenüber dem Grundwerkstoff in höhere chemische Beständigkeit aufweist. Lassen sich zwei artverschiedene Werkstoffe durch Schweißen nicht ohne Weiteres miteinander verbinden, so wird durch Puffern eine Zwischenschicht erzeugt, die eine beanspruchungsgerechte Bindung gewährleistet.

Beim Formgebenden Auftragschweißen erfolgt das Auftragen mit einem dem Grundwerkstoff artgleichen Schweißzusatzwerkstoff.

Schweißverfahren

Von den Pressschweißverfahren werden das Sprengschweißen wie auch das Walzplattieren zum Beschichten insbesondere großflächiger Teile mit Erfolg eingesetzt.

Prinzipiell sind die meisten Schmelzschweißverfahren für das Auftragschweißen geeignet. Bevorzugt verwendet werden folgende Verfahren

- Gas-Pulver-Schweißen (Autogenverfahren)
- Lichtbogenhandschweißen
- WIG-Schweißen
- MSG-Schweißen
- Pulver-Plasmalichtbogenschweißen (PPA oder PTA)
- Elektro-Schlacke-Bandauftragschweißen

Aufmischungsgrad

Die Auswahl des Schweißverfahrens hat neben der Abschmelzleistung auch den für den Prozess charakteristischen Aufschmelzungs- oder Aufmischungsgrad zu berücksichtigen. Beim Schweißen einer Raupe besteht das Schweißgut unvermeidlich aus Anteilen des aufgeschmolzenen Grundwerkstoffs und dem abgeschmolzenen Schweißzusatz. Definitionsgemäß wird der Aufmischungsgrad als das Verhältnis der Flächen- oder Massenanteile von aufgeschmolzenem Grundwerkstoff zum Schweißgut in Prozent angegeben, **Bild 8-1**. Die für die einzelnen Prozesse des Schmelzschweißens kennzeichnenden Werte sind in **Tabelle 8-1** zusammengestellt. Beim Auftragschweißen soll der Aufmischungsgrad $<$ 30 % sein, damit sich Grund- und Zusatzwerkstoff nicht zu stark vermischen. Die gewünschten Eigenschaften der aufgebrachten Schicht würden sonst u. U. nicht erreicht werden.

Neben dem Schweißprozess selbst wird der Aufmischungsgrad auch von den Prozessparametern beeinflusst. Beispielhaft seien genannt

- Polung der Elektroden
- Wahl der Spannungsart
- Anwendung der Impulstechnik
- Führung der Stabelektroden
- Pendelndes Schweißen

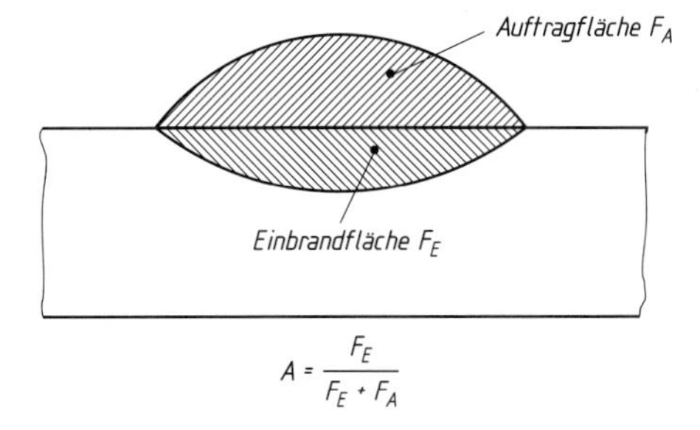

$$A = \frac{F_E}{F_E + F_A}$$

Bild 8-1
Zur Definition des Aufmischungsgrads

Tabelle 8-1 Aufmischungsgrad bei den zum Auftragschweißen verwendeten Schweißprozessen (nach Anik und Dorn)

Schweißprozess			Aufmischungsgrad A (%)
Gas-Pulver-Schweißen			5 bis 20
Stabelektrode (basisch umhüllt)			20 bis 30
Stabelektrode (rutil umhüllt)			15 bis 25
WIG-Schweißen			2 bis 20
MSG-Schweißen	MIG		10 bis 30
	MAG		30 bis 50
Plasma-Pulver-Auftragschweißen			≈ 5
Elektro-Schlacke-Schweißen		Draht	≈ 30
		Band	5 bis 10
Laser-Auftragschweißen			< 5 erreichbar

Gas-Pulver-Schweißen

Das Auftragschweißen mit dem Gas-Pulver-Prozess ist eine Variante des Gasschmelzschweißens. Es eignet sich nur für kleinere Werkstücke und Schichtdicken bis 2 mm. Der pulverförmige Schweißzusatz wird einem dem Schweißbrenner ähnlichen Gerät zugeführt, dort in einer Gas-Sauerstoffflamme aufgeschmolzen und in diesem Zustand auf die Werkstückoberfläche aufgetragen. Das Verfahren ist gekennzeichnet durch einen geringen Vermischungsgrad (< 5 %) und eine hohe Schweißleistung, eine gleichmäßige Schichtdicke und glatte Oberfläche. Besonders geeignet ist das Verfahren zum Auftragen von Schweißzusatzwerkstoffen auf WC-Ni-Basis, da das thermisch sensible Wolframkarbid als primärer Träger des Verschleißwiderstands kaum beeinflusst wird.

Lichtbogenhand- und WIG-Schweißen

Beim Auftragschweißen mit dem Lichtbogenhand- und dem WIG-Schweißen werden gegenüber dem Verbindungsschweißen nur andersartige Schweißzusätze verwendet. Schweißzusätze in Stabform stehen in erster Linie für Plattierungen mit korrosionsbeständigen Werkstoffen zur Verfügung, so dass dort das Haupteinsatzgebiet liegt. Die Verfahren kommen insbesondere dann zum Einsatz, wenn es sich um die Durchführung von dringenden Reparaturen handelt.

Der Einbrand und damit der Aufmischungsgrad kann beim manuellen Schweißen vermindert werden, indem der Lichtbogen bevorzugt auf den Fußpunkt der bereits geschweißten Raupe gerichtet wird. Beim WIG-Schweißen mit stabförmigem Schweißzusatz wird dieser möglichst weit unter den Lichtbogen geschoben, wodurch dieser weniger auf den Grundwerkstoff, dafür mehr auf das Schmelzbad brennt.

Metall-Schutzgas-Schweißen

Das MSG-Auftragschweißen bietet eine höhere Abschmelzleistung, was – insbesondere in Verbindung mit einem mechanisierten Schweißen – die Beschichtung auch größerer Flächen erlaubt. Die Schweißzusatzwerkstoffe für das Auftragschweißen liegen – insbesondere bei abrasivbeständigen Sorten – bevorzugt in Pulverform vor. So ist es naheliegend, Auftragschweißungen mit selbstschützenden Fülldrahtelektroden auszuführen. Dies gelingt allerdings nur bei konventionellen Beschichtungswerkstoffen auf Basis Fe-Cr-C, ohne größere Anteile von Hartstoffen.

Verwendet werden hierzu Schweißstromquellen mit Konstantspannungs-Charakteristik. Geschweißt wird in der Regel mit Gleichstrom und geringer Spannung mit positiver Polung der Drahtelektrode. Für den Kontaktrohrabstand gilt als Richtwert 40 mm. Bei zu kurzem Abstand treten u.U. Poren auf, bei zu großem Abstand muss mit Schweißspitzern gerechnet werden.

Geschweißt wird mit Zugraupen, häufig unter Pendeln, bei leicht schleppender Brennerführung.

Die Einbrandtiefe kann beim MSG-Schweißen durch Umpolen der Elektrode auf den Minuspol vermindert werden, was als positiven Nebeneffekt eine Erhöhung der Abschmelzleistung bringt.

Das Verarbeiten von wolframkarbidhaltigen Schweißzusätzen in einem Matrixwerkstoff auf Eisenbasis in Form von Fülldrähten ist nicht problemlos. Es gelingt aber mit einer AC-Technologie, bei der dem Wechselstrom zur Unterstützung des Wiederzündens ein höherer Spannungsimpuls überlagert wird. Die Aufmischung kann bei dieser Technologie über die Kontrolle der Wärmeeinbringung beeinflusst werden. Dies geschieht durch Änderung des Anteils der negativen Phase in entsprechender Weise.

Plasma-Pulver-Auftragschweißen

Das Plasma-Pulver-Auftragschweißen arbeitet mit zwei voneinander unabhängigen Lichtbögen. Ein Lichtbogen brennt zwischen der in der Regel negativ gepolten Wolframelektrode und einer positiv gepolten Plasmagasdüse (nicht übertragener Pilotlichtbogen). Dadurch wird die Lichtbogenstrecke zwischen Elektrodenspitze und positiv gepoltem Werkstück ionisiert, was unter einer entsprechenden Spannung die Ausbildung eines übertragenen Lichtbogens ermöglicht (Hauptlichtbogen). Der Hauptlichtbogen wird in der gekühlten Plasmagasdüse eingeschnürt, wodurch eine Plasmalichtbogensäule extrem hoher Temperatur und Gasgeschwindigkeit entsteht.

Das Verfahren zeichnet sich durch folgende Punkte aus:

- präzise Energieführung
- geringer Energieeintrag
- besonders geeignet zur Verarbeitung thermisch sensibler Zusatzwerkstoffe
- sehr geringer Aufmischungsgrad
- gut automatisierbar
- glatte Oberfläche
- alle Legierungen verarbeitbar
- Herstellung gradierter Schichten möglich
- geeignet für die Beschichtung sehr kleiner wie auch sehr großer Teile

Der pulverförmige Auftragwerkstoff (Korngröße 45 bis 200 µm) wird kontinuierlich mittels eines Fördergasstroms durch eine besondere Fördergasdüse unmittelbar nach der Plasmadüse in den Lichtbogen transportiert, wo er aufschmilzt. Im angeschmolzenen Grundwerkstoff kommt es dann zu einer metallischen Verbindung.

Pilot- und Hauptlichtbogen können getrennt gesteuert werden. So kann das Pulver im nicht übertragenen Lichtbogen aufgeschmolzen werden, während der Hauptlichtbogen mit verminderter Leistung den Grundwerkstoff nur anschmilzt und so eine geringe Aufmischung entsteht.

Durch Einbau einer zweiten Pulverdüse ist es möglich, Hartstoffe getrennt vom Matrixpulver zuzuführen.

Als Plasmagas empfiehlt sich wegen des guten Zündverhaltens und dem hohen Ionisationsgrad die Verwendung von Argon. Argon dient auch als Fördergas, wobei durch Zumischen geringer Anteile an Wasserstoff eine fokussierende Wirkung auf den Lichtbogen ausgeübt werden kann.

Laser-Auftragschweißen

Durch entsprechende Abstimmung von Streckenenergie und Strahllage kann ein stark lokalisiertes Schmelzbad auf der Oberfläche des zu beschichtenden Werkstücks erzeugt werden. So wird erreicht, dass zwar der Zusatzwerkstoff im Bereich des Laserstrahls aufgeschmolzen, der Grundwerkstoff jedoch nur bis zu einer Tiefe von etwa 0,3 mm aufgeschmolzen wird.

Der Zusatzwerkstoff wird bevorzugt in Pulverform verwendet. Das Pulver wird in der Regel in den verschiedensten Formen auf die Oberfläche des zu beschichtenden Werkstücks aufgebracht und dort auf- bzw. eingeschmolzen. Zweckmäßig ist es, das Schmelzbad durch ein Schutzgas von der Atmosphäre abzuschirmen.

Als Verfahrensvariante findet sich in der Praxis auch die zum Laserstrahl koaxiale Pulverzuführung und das Auftragschweißen mit Kaltdraht.

Das Laser-Auftragschweißen zeichnet sich durch folgende Eigenschaften aus:

- sehr gute Steuerbarkeit des Prozesses
- hohe Präzision des Werkstoffauftrags
- geringe thermische Belastung des Bauteils
- geringer Aufmischungsgrad
- großes Spektrum kombinierbarer Grund- und Zusatzwerkstoffe
- besonders geeignet für Instandsetzung komplex geformter hoch beanspruchter Bauteile
- integrierbar in Maschinensysteme.

Durch die rasche Ableitung der Wärme erstarrt das schmelzflüssige Material sehr rasch zu Raupen. Deren Breite variiert zwischen 0,2 und 6 mm, die Höhe zwischen 0,1 und 2 mm.

Wegen der unproblematischen Fortleitung der Laserstrahlen mittels Lichtleitkabel werden bevorzugt diodengepumpte Nd:YAG-Festkörperlaser bis 4 kW Ausgangsleistung verwendet. Diese zeichnen sich aus durch einen hohen Wirkungsgrad und eine ausreichende Strahlqualität.

In **Tabelle 8-2** werden Beispiele für gebräuchliche Kombinationen von Grund- und Zusatzwerkstoffen aufgelistet, wie sie für das kennzeichnend für das Laser-Auftragschweißen sind.

Das Laserauftragschweißen wird zunehmend für Beschichtungen von Werkzeugen in der Schneid- und Umformtechnik eingesetzt.

Tabelle 8-2 Gebräuchliche Kombinationen von Grund- und Zusatzwerkstoffen beim Laser-Auftragschweißen (nach DVS)

Grundwerkstoff	**Zusatzwerkstoff**		
	Legierungen	**Hartstoffe**	**Oxidkeramik**
Stahl	Fe-Basis Co-Basis	WC/Co-NiCrBSi Cr_3C_2-Ni	
Gusseisen (mit Einschränkung)	Ni-Basis Bronze	(Ti-Mo)C-NiCo TiC-Stahl VC-Stahl	
Aluminium-Legierungen	Ni AlSi AlMg Si	TiC TiB_2 SiC	Al_2O_3 Al_2O_3-TiO_2 ZrO_2/Y_2O_3
Titan-Legierungen	Ti-Legierungen	TiC-Ti TiB_2-Ti	Al_2O_3-TiO_2
Magnesium-Legierungen	NiCrBSi AlMg		
Nickel-Legierungen	Ni-Basis Co-Basis	WC/Co—NiCrBSi TiC-Ni (Ti-Mo)C-NiCo	ZrO_2-Y_2O_3

Elektro-Schlacke-Bandauftragschweißen

Der Prozess beruht auf der ohmschen Erwärmung einer flüssigen, elektrisch leitfähigen Schlacke und zählt damit systematisch zu den Widerstandsschweißverfahren. Die Wärme des Schlackenbads sorgt einerseits für das Anschmelzen des Grundwerkstoffs, andererseits zum Abschmelzen der in das Schlackebad eintauchenden Bandelektrode.

Hauptanwendungsgebiet ist der Behälter- und Apparatebau zu Herstellung korrosionsbeständiger Schichten.

Der Prozess arbeitet üblicherweise mit Schweißströmen von 1250 A bei Bandquerschnitten 60 x 0,5 mm und ermöglicht dabei Schweißgeschwindigkeiten von 20 cm/min. Daraus resultiert eine Flächenleistung von bis zu 0,6 m^2/h. Die Auflagendicke liegt bei etwa 4,5 mm. Neuere Anlagen erlauben bei einem Schweißstrom von 2300 A und Schweißgeschwindigkeiten von 40 cm/min Abschmelzleistungen von 1,3 kg/h bei 100 % ED.

Besondere Anforderungen sind an das Schweißpulver zu stellen. Es muss ein Schlackenbad entstehen, das eine sehr gute elektrische Leitfähigkeit besitzt und somit das Auftreten eines Lichtbogens verhindert. Basische Pulver mit einem hohen Anteil an Calciumfluorid (CaF_2) sind hier besonders geeignet. Von Vorteil ist dabei, dass durch CaF_2 die Viskosität der Schlacke vermindert wird, wodurch höhere Schweißgeschwindigkeiten möglich sind.

Bei allen Prozessen wird in Raupenform in der Wannenlage aufgeschweißt, wobei sich die nebeneinander liegenden Raupen um einen bestimmten Betrag überdecken müssen. Um die erforderliche Schichtdicke oder die gewünschten Eigenschaften in der Schicht zu erreichen, ist es öfters erforderlich, die Schicht in mehreren Lagen aufzubauen.

Schweißzusatzwerkstoffe

Die Zusatzwerkstoffe für Auftragungen sind in DIN EN 14 700 nach der chemischen Zusammensetzung genormt. Sie erfasst Schweißzusätze zum Hartauftragen, deren Anwendungsbereich sich auf > Oberflächen von neuen Bauteilen, Halbzeugen sowie die Reparatur bzw. Wiederherstellung von Oberflächen von Bauteilen bei mechanischer, korrosiver, thermischer oder kombinierter Beanspruchung bezieht. Sie ist auf die Produktform der umhüllten Stabelektrode, des Massivdrahts und Massivstabs, des Fülldrahts und Füllstabs, des Gussstabs, des Massivbands, des Sinterstabs und Füll- bzw. Sinterbands sowie das Metallpulver anzuwenden.

Die insgesamt 28 Legierungen können in vier Gruppen eingeteilt werden:

1. Gruppe Legierungen auf der Basis Fe-Cr-C
2. Gruppe Legierungen auf der Basis Ni-Cr
3. Gruppe Legierungen auf der Basis Co-Cr-W
4. Gruppe Legierungen auf der Basis Cu, Al und Cr

Von den 17 Legierungen der 1. Gruppe zählen sechs zu den metallurgisch mit Kohlenstoff und Karbidbildnern – wie Cr – hartstoffbildende Legierungen. Weitere fünf Legierungen dieser Gruppe sind nichtrostende Werkstoffe mit den Legierungskomponenten Cr, Ni und Mn. In dieser Gruppe findet sich auch eine Hartstofflegierung ohne weitere Angaben zur Zusammensetzung.

Die 2. Gruppe enthält neben einer Hartstofflegierung im Wesentlichen nichtrostende Zusatzwerkstoffe, während die 3. Gruppe bevorzugt hitzebeständige Legierungen umfasst. In der 4. Gruppe findet sich neben zwei nichtrostenden Legierungen auf der Basis von Cu bzw. Al eine verschleißbeständige Legierung mit VC als hartem Bestandteil in einer Cr-Matrix.

Die in der zurückgezogenen DIN 8555 enthaltenen Anwendungsbeispiele sind wegen ihrer grundsätzlichen Bedeutung in **Tabelle 8-3** wiedergegeben.

Ein Überblick über die Eigenschaften der natürlichen und synthetisch erzeugten Hartstoffe ist in **Tabelle 18-59** des Anhangs gegeben.

Tabelle 8-3 Legierungsgruppen und typische Anwendungen der Auftragschweißzusätze, gegliedert nach eisenreichen, eisenarmen und nichteisenhaltigen Zusätzen

Legierungs-gruppe	Art des Schweißzusatzes	Anwendungen
1	Unlegiert oder niedriglegiert bis 0,4 % C und bis maximal 5 % Legierungsbestandteile Cr, Mn, Mo, Ni insgesamt	Regenerierungsschweißungen, Schienen, landwirtschaftliche Maschinenteile, Kettenglieder von Raupenfahrzeugen
2	Unlegiert oder niedriglegiert mit mehr als 0,4 % C und mit maximal 5 % Legierungsbestandteile Cr, Mn, Mo, Ni insgesamt	Transport- und Mischerteile geringer Beanspruchung, Getriebeteile, Walzen, Ventilatorräder
3	Legiert mit den Eigenschaften von Warmarbeitsstählen	Warmarbeitswerkzeuge, Gesenke, Scheren, Blockzangenspitzen
4	Legiert mit den Eigenschaften von Schnellarbeitsstählen	Schneidwerkzeuge, Dorne, Scherenmesser, Schneiden, Bohrerkanten

Legierungs-gruppe	Art des Schweißzusatzes	Anwendungen
5	Legiert mit mehr als 5 % Cr und niedrigem C-Gehalt (bis etwa 0,2 %)	Ventilteile, Plunger, Ofenteile
6	Legiert mit mehr als 5 % Cr und höherem C-Gehalt (etwa 0,2 bis 2,0 %)	Schneidwerkzeuge, Scherenmesser, Walzen zum Kaltwalzen
7	Mn-Austenite mit 11 bis 18 % Mn und mehr als 0,5 % C und bis 3 % Ni	Brecherplatten, Brecherhämmer, Baggerzähne, Hartmanganbolzen
8	CrNiMn-Austenite	Plattierungs- und Pufferschweißungen, Wasserturbinenteile, Schienen, Weichen-Kreuzungen
9	CrNi-Stähle (rost-, säure- und hitzebeständig)	Plattierungsschweißungen, Pufferlagen, Ofenteile
10	Hoch C-haltig und hoch Cr-legiert mit und ohne zusätzliche Karbidbildner	Panzerungen an abrasiv beanspruchten Teilen in Hüttenwerken, in der Keramikindustrie und im Bergbau wie Baggerschneiden, Sinterbrecher, Pressschnecken, Gichtglocken
20	Co-Basis, CrW-legiert, mit oder ohne Ni und Mo	Armaturen, Auslassventile von Verbrennungsmotoren, Werkzeuge zur Warmverformung von Legierungen, korrosiv beanspruchte Mischerteile, Gleitteile
21	Karbidbasis (gesintert, gegossen oder gefüllt)	Gesteinsbohrer, vorlaufende Kanten und Spitzen an Mischwerkzeugen, Pressschnecken und Messern, Führungsrollen, Mahlsegmente
22	Ni-Basis, Cr-legiert, CrB-legiert	Formwerkzeuge in der Glasindustrie, Ventile, Wellen, Gleitringe, Rührflügel
23	Ni-Basis, Mo-legiert, mit und ohne Cr	Kanten an Warmschermessern, Warmdorne, Schmiedegesenke, Spritzgussformen, Ventile, Rührwerkzeuge in der chemischen Industrie
30	Cu-Basis, Sn-legiert	Lagerschalen, Wellen, Schieber, Ventile Gehäuse, Schnecken- und Schraubenräder, Laufräder, Armaturen
31	Cu-Basis, Al-legiert	Armaturen und Maschinenteile in der chemischen Industrie, Nahrungsmittel-, Papier- und Elektroindustrie
32	Cu-Basis, Ni-legiert	Chemische Apparate, Destillierapparate, Kondensatoren, Kühler

Auftraglöten

Dem Löten zuzuordnen ist das Braze-Coat-Verfahren, bei dem Hartstoff- und Lotvliese aufgelötet werden.

Verwendet werden kunststoffgebundene Hartstoffe und Lotpulver. Bei den Hartstoffen handelt es sich um Pulver aus WC oder Cr_3C_2 bzw. deren Mischungen. Als Lot eignet sich die Nickelbasis-Legierung L-Ni_2, ebenfalls in Pulverform. Aus den pulverförmigen Komponenten werden zunächst mit einem organischen Bindemittel jeweils flexible Vliese mit Dicken zwischen

1 und 3 mm hergestellt. Bei der Beschichtung wird dann das Hartstoffvlies auf die zu beschichtende Oberfläche aufgelegt und fixiert. Darüber kommt deckungsgleich das Lotvlies. Das eigentliche Löten erfolgt in einem Schutzgasofen unter einer Wasserstoff- oder Argonatmosphäre bei etwa 1100 °C. Dabei zersetzt sich zunächst das Bindemittel. Nach dem Entweichen der gasförmigen Zersetzungsprodukte bleibt eine Hartstoffschicht mit definiert offenen Poren. In diese dringt bei Temperaturen um 1000 °C das Lot selbsttätig ein und bildet mit dem zu beschichtenden Werkstoff eine stoffschlüssige Verbindung. Die so erreichbaren Schichtdicken liegen zwischen 0,5 und 3 mm.

Für Schichtdicken zwischen 0,05 und 0,3 mm eignet sich das Braze-Skin-Verfahren, bei dem Lot- und Hartstoffpulver in einem Binder suspendiert sind. Die Suspension wird einfach auf die Bauteiloberfläche aufgetragen und getrocknet. Durch kurzzeitige Erwärmung auf etwa 1040 °C wird dann die stoffschlüssige Verbindung mit dem Grundwerkstoff hergestellt. Weitere Hinweise zum Auftragsschweißen finden sich im Kapitel 14.6.3.

8.2 Thermisches Spritzen

Unter dem Begriff „Thermisches Spritzen" sind unterschiedliche Spritzverfahren [1] zusammengefasst. Sie werden entsprechend DIN EN 657 [2] unterteilt nach der Art des Spritzzusatzwerkstoffes, der Art der Fertigung oder der Art des Energieträgers (**Bild 8-2**). Alle Thermischen Spritzverfahren benötigen zur Erzeugung von Spritzschichten zwei Energiearten:
Die thermische und die kinetische Energie.

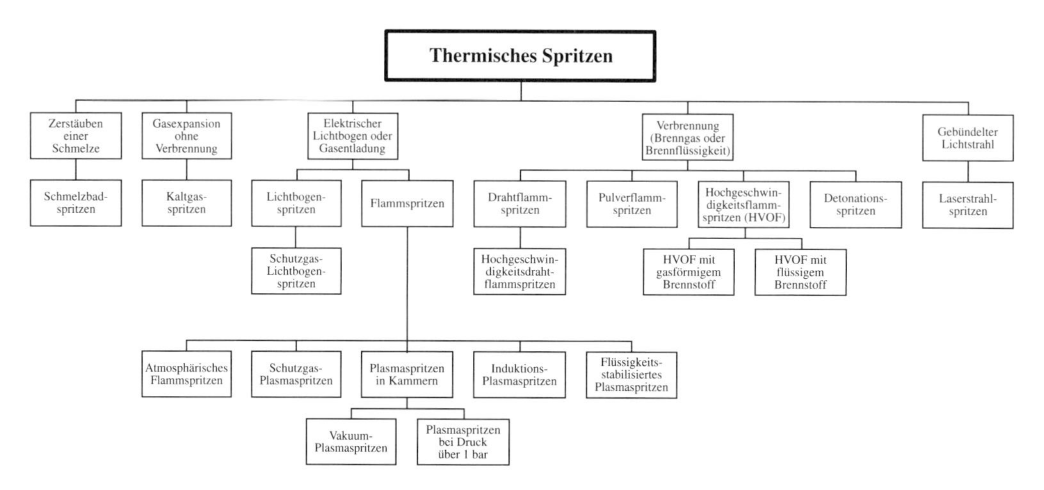

Bild 8-2 Thermisches Spritzverfahren nach DIN EN 657, die industriell genutzt werden.

Um den steigenden Anforderungen an die Schichten gerecht zu werden, müssen Weiterentwicklung und Forschung betrieben werden. Dies geschieht an den Verfahren, dem Verfahrensablauf und an den Spritzzusatzwerkstoffen. [4] Die beiden Energieformen sind wesentliche Ansatzpunkte der Weiterentwicklung bei den Thermischen Spritzverfahren.

Die Höhe der thermischen Energie ist durch die Wahl des Spritzverfahrens, d. h. durch den Energieträger, vorgegeben. [5] Die Energieträger sind heute die Brenngas-Sauerstoff-Flamme, die elektrische Energie, das Plasma und neuerdings der Laserstrahl. Die thermische Energie wird benötigt, um den Spritzzusatzwerkstoff an- oder aufzuschmelzen. Enorme Fortschritte ergaben sich in letzter Zeit in der Erhöhung der kinetischen Energie, die in Form von Partikelgeschwindigkeit gemessen wird. Sie ist mit ein Kriterium, das über die Dichte der Schicht und der Haftzugfestigkeit der Spritzschicht in sich und Haftzugfestigkeit der Schicht zum Grundwerkstoff Einfluss nimmt. [6]

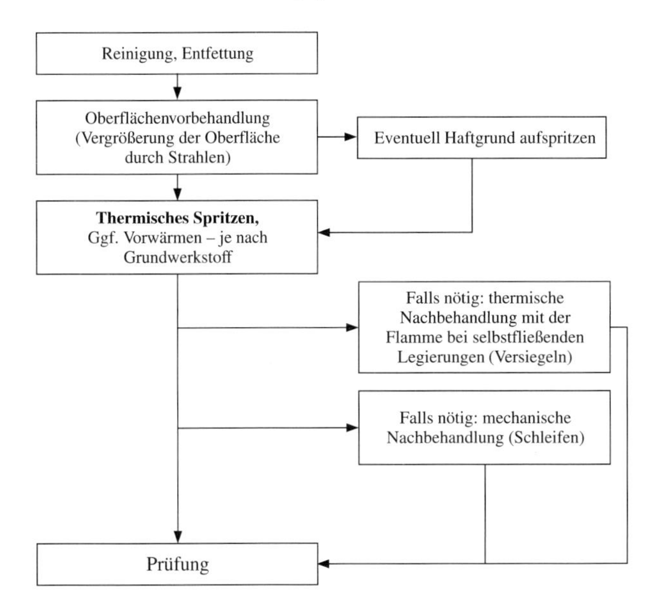

Bild 8-3 Arbeitsablauf, der bei allen Thermischen Spritzverfahren eingehalten werden soll.

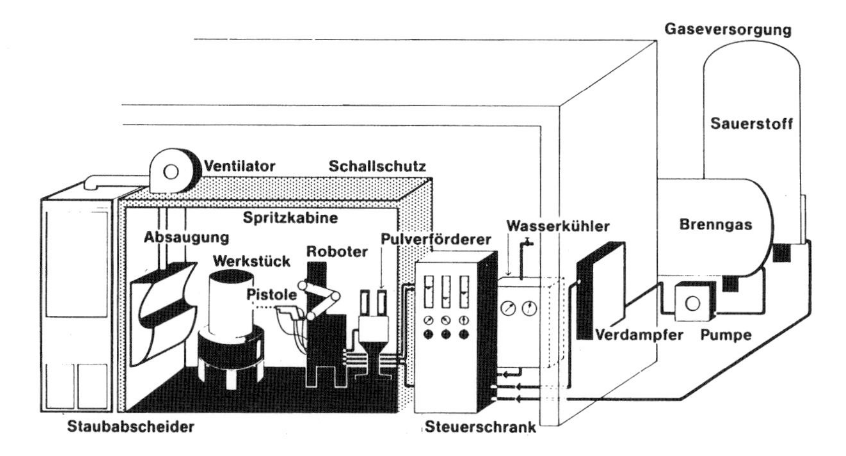

Bild 8-4 Schematische Darstellung einer vollständigen Thermischen Spritzanlage am Beispiel des Hochgeschwindigkeits-Flammspritzens

Die kinetische Energie ist bei den einzelnen Verfahren des thermischen Spritzens sehr unterschiedlich und vom Spritzmaterial und der Partikelgröße abhängig. [7] Ein den technischen Regeln entsprechender Arbeitsablauf für das Thermische Spritzen wird in **Bild 8-3** beschrieben und sollte bei allen Verfahren angestrebt werden, somit können immer qualitativ hochwertige Beschichtungen erzeugt werden. [3] Zu einer kompletten modernen Anlage für die meisten Thermischen Spritzverfahren gehört neben der Spritzpistole, ein Pulverfördersystem, ein Steuerschrank, ein Spritzroboter, im Bedarfsfall eine Wasserkühlung und eine ausreichende Gasversorgung (**Bild 8-4**). Daneben muss der dazugehörige Spritzraum mit einer ausreichenden Absaugung, mit entsprechender Staubabscheidung und einem wirksamen Schallschutz ausgerüstet sein, um den heute geltenden Vorschriften zu entsprechen. Dies ist ein zusätzlicher Teil der Qualitätssicherung für das Thermische Spritzen, um die gewünschten hochwertigen Spritzschichten zu erreichen.

8.3 Verfahren des Thermischen Spritzens

Flammspritzen

Die Unterteilung des Flammspritzens erfolgt nach der Form bzw. dem Zustand des Spritzzusatzwerkstoffs:

- Flammspritzen mit Draht (Stab bzw. Schnur)
- Flammspritzen mit Pulver:
  a) ohne thermische Nachbehandlung
  b) mit thermischer Nachbehandlung

Beim Flammspritzen wird der Zusatzwerkstoff im Düsensystem der Spritzpistole mit einer Acetylen-Sauerstoff-Flamme (thermische Energie) geschmolzen und mit entsprechender Geschwindigkeit (kinetische Energie) auf die vorgesehenen Werkstückbereiche aufgebracht. Bei Bedarf kann ein Zerstäubergas (im Allgemeinen Druckluft) diesen Vorgang optimieren. Bei besonderen Anforderungen sind Gase, wie z. B. Argon, Helium oder Stickstoff einsetzbar. Die Zusatzwerkstoffe werden als Draht, Pulver oder auch in Stab- bzw. Schnurform geliefert.

Flammspritzen mit Draht [7]

Beim Draht-Flammspritzen wird der Zusatzwerkstoff, der in Drahtform vorliegt, kontinuierlich der Acetylen-Sauerstoff-Flamme (**Bild 8-5**) durch eine geeignete Drahtvorschubeinrichtung zugeführt. Der dabei an der Spitze des Drahtes in den Schmelzbereich gebrachte Zusatzwerkstoff wird nun zusätzlich durch ein Zerstäubergas abgelöst und auf die vorbereitete Werk-

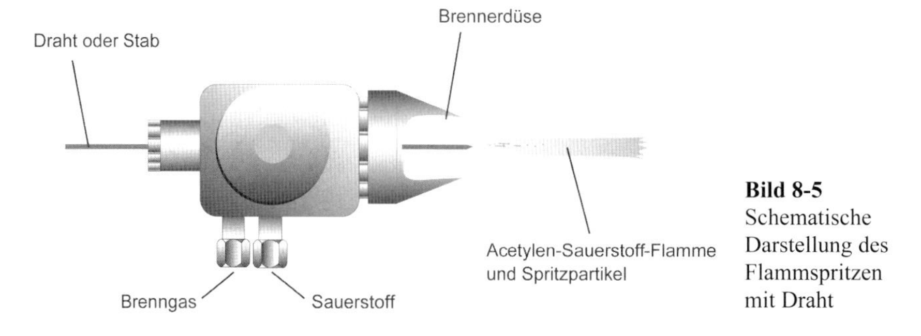

Bild 8-5 Schematische Darstellung des Flammspritzen mit Draht

stückoberfläche geschleudert. Die dabei entstehende Spritzschicht wird im Allgemeinen durch nebeneinanderliegende Streifen und übereinanderliegende Lagen gebildet. Jede Lage besteht aus einer Anhäufung von abgeflachten, lamellenförmigen Tröpfchen. Bedingt durch die Art der Entstehung sind die flammgespritzten Überzüge im Allgemeinen härter, spröder und poröser als der Ausgangswerkstoff.

Flammspritzen mit Pulver [8, 9]

Ein Treibgas saugt das Pulver an (Injektorprinzip) und befördert es in die Düse (**Bild 8-6**). Während die Partikel durch die bei der Verbrennung entstehende Ausdehnung des Acetylen-Sauerstoff-Gemisches beschleunigt werden (kinetische Energie), werden die Pulverteilchen durch die thermische Energie der Acetylen-Sauerstoff-Flamme auf- und angeschmolzen. Pulver- und Treibgasmenge sind dosierbar. Durch elektrische Vibratoren lassen sich eventuelle Störungen in der Pulverzufuhr vermeiden. Der Wirkungsgrad derartiger Anlagen ist höher und die Spritzverluste sind geringer als beim Arbeiten mit üblichen Drahtpistolen. Es kann aber nicht, wie beim Drahtspritzen, in jeder Lage gespritzt werden. Der Schichtaufbau ist ähnlich wie beim Drahtspritzen. Die Partikelgeschwindigkeit ist geringer als beim Flammspritzen mit Draht. Die Verweilzeit der Pulverpartikel im Bereich der Acetylen-Sauerstoff-Flamme beträgt ca. 2,5 bis 4×10^{-3} Sekunden. Dies entspricht einer mittleren Partikelgeschwindigkeit von 50 m/s bei einem Abstand der Düse zum Werkstück von 150 mm.

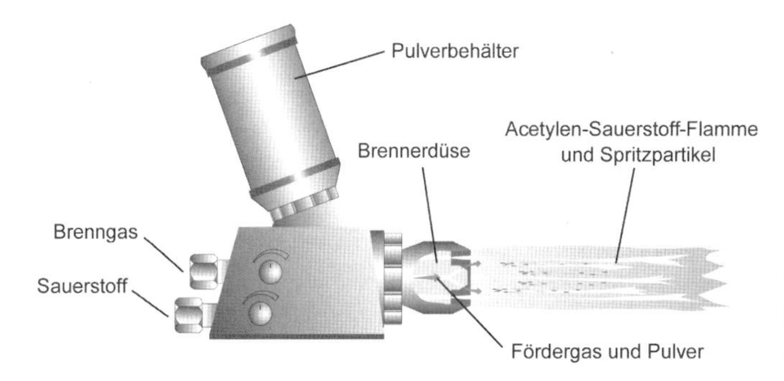

Bild 8-6
Schematische Darstellung des Flammspritzens mit Pulver

Einschmelzen selbstfließender Pulver [10]

Als Zusatzwerkstoff werden auch Pulver verwendet, die eine thermische Nachbehandlung benötigen. Durch die Zugabe von Bor und Silizium im Pulver erhält die Spritzschicht die Fähigkeit des „Selbstfließens". In einem zweiten thermischen Arbeitsgang wird der gesamte, beschichtete Bereich entsprechend dem Zusatzwerkstoff auf Temperaturen von 1020 bis 1140 °C erwärmt. Bei Temperaturen über 900 °C bilden sich Borsilikate, die Flussmitteleigenschaften haben. Noch vorhandene dünne Oxidschichten auf der Metalloberfläche werden damit gelöst, sodass – ähnlich wie beim Hartlöten – zwischen Grundwerkstoff und Spritzschicht eine stoffschlüssige Verbindung entsteht. Nach Erwärmen auf etwa 1050 °C entsteht der so genannte „nasse Schein". [8] Er kennzeichnet das Ende der Einschmelzphase und ist ein wichtiger Anhaltspunkt für den Flammspritzer. Dieser „nasse Schein" wird nur unter reduzierender oder streng neutraler Acetylenflamme deutlich sichtbar. Beim Einschmelzen wird die Mikroporosität beseitigt und die Spritzschicht gas- und flüssigkeitsdicht. Aus der thermischen Nachbehandlung, dem so genannten Einschmelzen, resultiert auch eine Volumenabnahme der ursprünglichen Spritzschicht um 20 bis 25 %.

Beschichtungsfähig sind alle metallischen Werkstoffe [11], deren Solidustemperatur oberhalb der Einschmelztemperatur der Spritzzusätze liegt, die Haftfähigkeit kann durch Legierungselemente des Grundwerkstoffes beeinträchtigt werden. Erfahrungswerte für die oberen Grenzwerte der Legierungsbestandteile des Grundwerkstoffs, die das Gelingen des Einschmelzens gewährleisten sind:

Kohlenstoff	≤ 00,5 %	Nickel	≤ 4,0 %
Mangan	≤ 02,0 %	Wolfram	≤ 3,0 %
Silizium	≤ 12,0 %	Molybdän	≤ 3,0 %
Chrom	≤ 05,0 %		

Weiter ist durch die benötigte Energie für den Einschmelzprozess der Bauteildurchmesser auf etwa 500 mm (massiv) und die maximale Schichtdicke auf ca. 2,5 mm begrenzt. Außerdem ist mit einem mehr oder weniger großen Verzug des Bauteils zu rechnen, da der Schmelzverbindungsprozess bei etwa 1.050 °C durchgeführt wird. [12] Überwiegend wird ein pulverförmiger Spritzzusatz eingesetzt. Spezielle Anforderungen an die Spritzschichten und Anwendungsgebiete des Verfahrens sind in **Bild 8-7** anhand des Flammspritzens dargestellt.

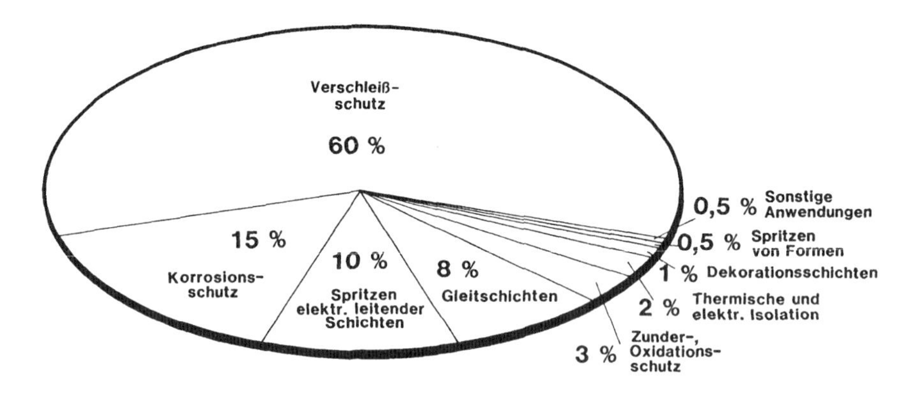

Bild 8-7 Anwendungsgebiete des Thermischen Spritzens anhand des Flammspritzens aufgezeigt.

Hochgeschwindigkeits-Flammspritzen

Das hier zuerst angesprochene Hochgeschwindigkeits-Flammspritzen (**Bild 8-8**) ist in Deutschland unter dem Namen „Jet Kote-Spritzen“ bekannt und ist das zurzeit am weitesten

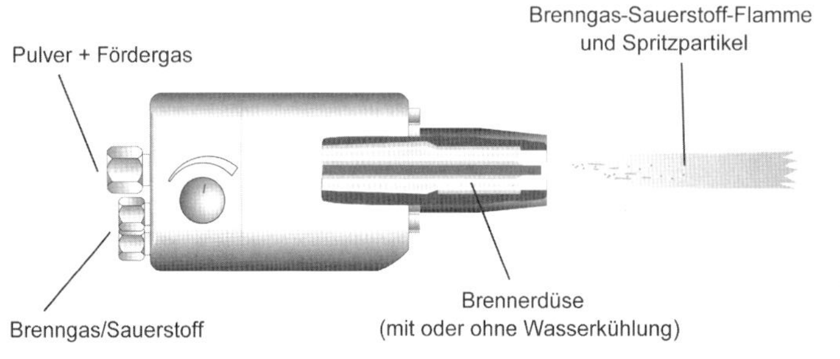

Bild 8-8
Schematische Darstellung des Hochgeschwindigkeits-Flammspritzens

entwickelte und wissenschaftlich untersuchte System. Das Jet Kote-Verfahren wurde Anfang der achtziger Jahre von dem amerikanischen Ingenieur Browning entwickelt und hatte zum Ziel, durch einfachste Mittel die kinetische Energie beim Flammspritzen zu erhöhen. [13]

Verfahrensprinzip des Jet Kote-Spritzen

Die Jet Kote-Anlage (**Bild 8-9**) besteht aus einer patentrechtlich geschützten Spritzpistole, dem eigentlichen Herzstück der Anlage, einem Pulverförderer, der für das Verfahren geeignet sein muss und dem Steuerschrank für die Gase und das Kühlwasser mit entsprechender Regelmöglichkeit. Da hier mit Brenngasdrücken von 3 bis 7 bar gearbeitet wird, muss die Brenngasversorgung so ausgelegt sein, dass ein störungsfreies Spritzen ohne Rückverflüssigung des Brenngases jederzeit gewährleistet ist. Die Firma Linde, Technische Gase, hat dazu ein Propanversorgungskonzept entwickelt, das praxisbewährt ist und diese Anforderung erfüllt. Das aus der Flüssigphase entnommene Propan wird über eine Druckerhöhungspumpe (**Bild 8-9**) auf den erforderlichen Druck gebracht und über einen Verdampfer so aufbereitet, dass gasförmiges Propan bis zu 7 bar am Steuerschrank zur Verfügung steht.

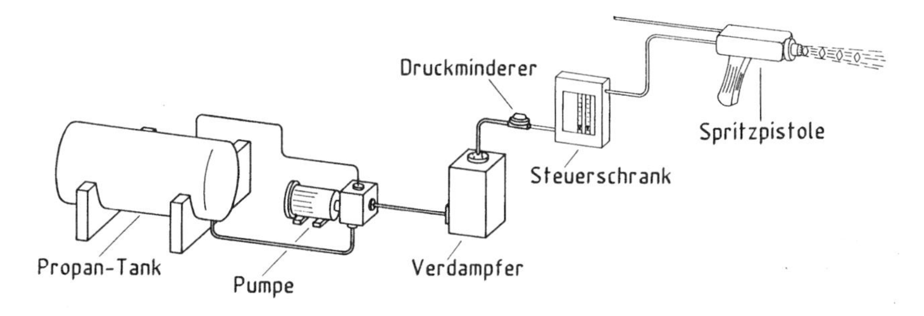

Bild 8-9 Schematische Darstellung der Propanversorgung für das Hochgeschwindigkeits-Flammspritzen

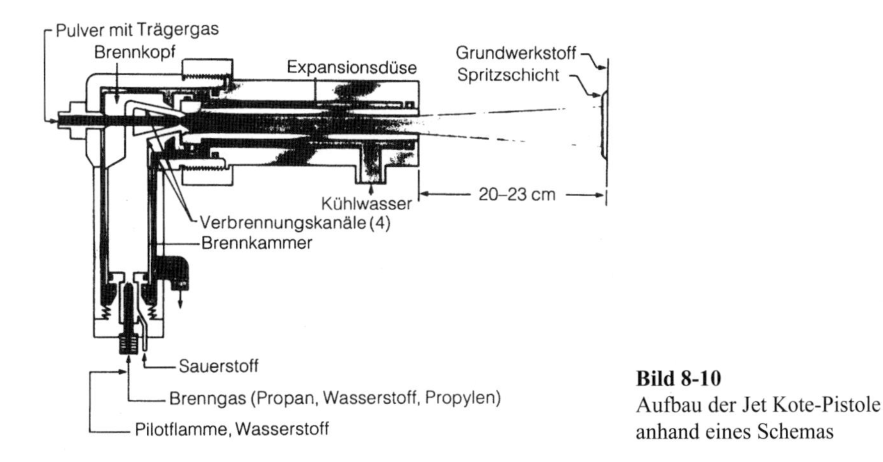

Bild 8-10
Aufbau der Jet Kote-Pistole anhand eines Schemas

Beim Jet Kote-Spritzen wird in der Brennkammer einer einfachen Pistole (**Bild 8-10**), das Brenngas, meist Propan oder Wasserstoff, mit dem Sauerstoff gemischt und gezündet. Der aus der

Brennkammer austretende brennende Gasstrahl wird über die Verbrennungskanäle in die Expansionsdüse geleitet. Der heiße Gasstrom wird hier eng gebündelt und erreicht somit Gasgeschwindigkeiten von 1500-2000 m/s. Über eine in der betriebsbereiten Anlage ständig brennenden Wasserstoff-Sauerstoff-Pilotflamme kann das Brenngasgemisch immer gezündet werden. Zentrisch und axial zu der Expansionsdüse wird das Spritzpulver über einen Pulverförderer der wassergekühlten Pistole zugeführt, dort aufgeschmolzen und beschleunigt (v = 800 m/s).

Die mit dem Jet Kote-Verfahren erzeugten Schichten zeichnen sich durch folgende Eigenschaften aus:

- sehr porenarme Schichten (ohne Einschmelzen), dadurch besser für Korrosionsbeanspruchungen geeignet als die anderen Verfahren des thermischen Spritzens
- die Karbide (z. B. Wolframkarbid) erfahren durch den Durchlauf bei dem Heißgasprozess des Jet Kote-Spritzens nur eine sehr geringe Umwandlung in Mischkarbide
- die Verfahrenskosten erreichen etwa die Größenordnung des Plasmaspritzens an Atmosphäre.

Vorhandene Systeme des Hochgeschwindigkeits-Flammspritzens

Angeregt durch die vielfältigen Möglichkeiten, die sich mit dem Jet Kote-Spritzen eröffnen, wurden in letzter Zeit neuartige Systeme auf dem Gebiet des Hochgeschwindigkeits-Flammspritzens entwickelt. Aller Ziel ist es, Spritzschichten zu erzeugen, die sich durch Porenarmut, Dichtigkeit und sehr hohe Haftzugfestigkeit in der Schicht und zum Grundwerkstoff auszeichnen. Das markanteste, sichtbare Merkmal beim Hochgeschwindigkeits-Flammspritzen sind die „SHOCK DIAMONDS“ im Gasstrahl (**Bild 8-11**). Diese Shock Diamonds sind ein Ergebnis von stehenden Wellen und stellen Geschwindigkeitsknoten dar. Es gibt aber keinen direkten Zusammenhang zwischen der Anzahl der Knoten und dem Vielfachen der Schallgeschwindigkeit. Sie sind jedoch charakteristisch für Ultraschallgasströme: Je größer die Knotenanzahl, desto höher die Gasgeschwindigkeit. Ebenso stehen der Knotenabstand und -winkel in einem Zusammenhang mit der Gasstrahlgeschwindigkeit. Die verwendeten Bezeichnungen „Supersonic“ oder „Hypersonic“ sind nicht nur werbewirksame Ausdrücke, sondern bezeichnen die Beziehung zu neuen Dimensionen auf dem Gebiet des Thermischen Spritzens.

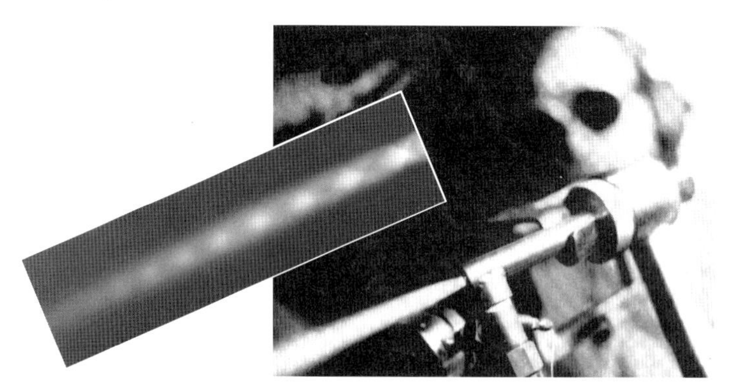

Bild 8-11
Shock Diamonds beim Hochgeschwindigkeits-Flammspritzen, ein Kriterium der Gasgeschwindigkeit

Die zurzeit im deutschsprachigen Raum bekannten und angebotenen Hochgeschwindigkeits-Flammspritzverfahren für die Verarbeitung von Pulvern heißen: Jet Kote-System; Diamond Jet-System; Continuous Detonation Spraying (CDS) System; Top Gun-System; Nova Jet-System und CastoSpeed-System. Die Systeme unterscheiden sich im Wesentlichen in der Lage der Zündzone, in der das Brenngas-Sauerstoff-Gemisch gezündet wird. Alle Verfahren oder Systeme des Hochgeschwindigkeits-Flammspritzens arbeiten im Gegensatz zum altbewährten Detonationsspritzen kontinuierlich.

Zusammenfassung und Zukunftsaussichten

Da das Hochgeschwindigkeits-Flammspritzen ein relativ junges Verfahren aus der Gruppe des Thermischen Spritzens ist, sind die Anwendungen und die Palette der Spritzzusatzwerkstoffe am Beginn der zu erwartenden Möglichkeiten. Durch die spezifischen Eigenschaften des Hochgeschwindigkeits-Flammspritzens, die extrem hohe Partikelgeschwindigkeit und die Wirtschaftlichkeit des Verfahrens, wird weltweit die Weiterentwicklung vorangetrieben.

Detonationsspritzen (amerikanische Bezeichnung: D-Gun-Spritzen)

Beim Detonationsspritzen wird zur Erzeugung der kinetischen Energie eine kontrollierte Detonation verwendet. Dazu wird pulverförmiger Spritzzusatz einer rohrförmig verlängerten Reaktionskammer (**Bild 8-12**) zugeführt und mit einer genau dosierten Menge Acetylen und Sauerstoff elektrisch gezündet. Diese Funken erzeugen die Detonation des Gasgemisches. Die dabei frei werdende Energie schmilzt die Pulverteilchen (thermische Energie) an und beschleunigt sie auf sehr hohe Partikelgeschwindigkeiten (kinetische Energie). Vermutlich wird die sehr hohe kinetische Energie beim Auftreffen auf die zu beschichtende Fläche zusätzlich teilweise in Wärme umgesetzt, sodass es zu Mikroverschweißungen einzelner Bereiche mit der metallischen Werkstückoberfläche sowie mit bereits aufgespritzten Tröpfchen kommt. Beim Detonationsspritzen handelt es sich um ein intermittierendes Verfahren mit etwa 4 bis 8 Spritzvorgängen pro Sekunde. Nach jeder Detonation muss die Reaktionskammer gespült werden, um die Verbrennungsrückstände zu beseitigen. Dies erfolgt mit Stickstoff. Die Lärmentwicklung ist extrem hoch (ca. 150 dB). Deshalb muss der Prozess in Schallschutzkammern durchgeführt werden. Eine komplette Detonationsanlage besteht aus der Detonationskanone, dem Steuerblock für die Gase, dem Pulverförderer, dem Kühlsystem, dem Manipulator und der Schallschutzkammer mit dazugehöriger Absaugung. Verarbeitet werden können mit dem Detonationsspritzen nur Pulver, die in der Korngröße genau modifiziert sind (Korngröße 5 bis 60 μm). Durch die patentrechtliche Absicherung der Firma Union Carbide Corporation (UCC) wurde dieses interessante Verfahren des Thermischen Spritzens bis vor einiger Zeit ausschließlich als Lohnbeschichtung von UCC in deren Zentren in den USA, England, Schweiz, Japan, Frankreich, Italien und Deutschland durchgeführt. In letzter Zeit sind Bestrebungen bekannt, dieses System in Schweden, Österreich und in der Sowjetunion nachzubauen, wobei eine Anlage in Österreich jetzt schon mit großem Erfolg betrieben wird.

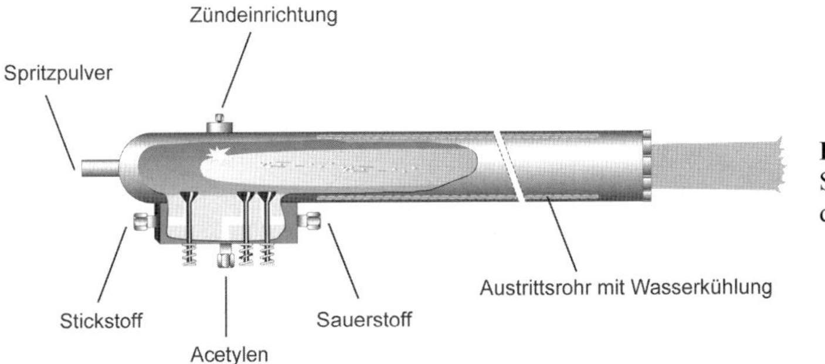

Bild 8-12
Schematische Darstellung des Detonationsspritzens

Lichtbogenspritzen

Beim Lichtbogenspritzen wird als Quelle für die thermische Energie elektrische Energie verwendet. Die beiden elektrisch leitenden draht- oder röhrchenförmigen Spritzzusätze werden in einem Lichtbogen geschmolzen und durch ein Zerstäubergas, z. B. Druckluft (kinetische Energie), auf das vorbereitete Werkstück geschleudert. Der elektrische Lichtbogen wird zwischen den beiden Drahtenden (**Bild 8-13**) durch eine Kontaktzündung erzeugt (analog zum Zünden des MAG-Lichtbogens).

Unverändert in der thermischen Spritztechnik ist die Grundidee, zwei stromführende, aufeinander zulaufende Drähte, durch einen Lichtbogen abzuschmelzen und die abgeschmolzenen Teilchen mit einem Zerstäubergas auf ein Werkstück zu schleudern. Das Lichtbogenspritzen hat aber seinen entscheidenden Durchbruch durch gravierende technische Verbesserungen, wie gleichmäßigen Drahtvorschub, einen konstanten Lichtbogen und eine hohe Zündgeschwindigkeit, geschafft. Weitere Fortschritte sind heute in der Spritzleistung wie in der Spritzpistole zu verzeichnen. Charakteristisch für das Lichtbogenspritzen ist die unterschiedliche Spritztropfengröße. Sie kommt durch das unterschiedliche Abschmelzverhalten von gleichen Materialien an der Anode und der Kathode zustande. Heutige Entwicklungen versuchen die unterschiedlichen Drahttemperaturen an Anode und Kathode durch die Verwendung von schnell kommutierendem Wechselstrom auszuschalten. Damit entsteht eine nahezu konstante Spritztropfengröße. Die dadurch entstehende unterschiedliche kinetische Energie und Erstarrungstemperatur der Spritzteilchen und der hohe Abbrand von Legierungselementen (max. 2 bis 3 %) muss nicht immer nachteilig für die Praxis sein. Der große Einfluss des Sauerstoffs (Aufoxidieren) auf die Spritzteilchen wird durch die Verwendung von Stickstoff als Treibgas minimiert. Durch die hohen Spritzleistungen findet das Lichtbogenspritzen hauptsächlich im Korrosions- und Verschleißschutz Verwendung. Dabei war die Entwicklung des geschlossenen Düsensystems von entscheidender Bedeutung.

Die mit Lichtbogenspritzen erzeugten Schichten sind in der Porosität etwas höher als bei den anderen Thermischen Spritzverfahren und die Spritzschichtstärken liegen in der Regel bei ca. 1 mm.

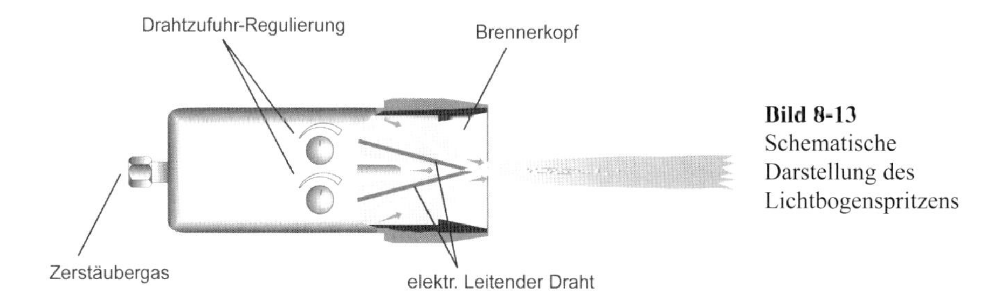

Bild 8-13 Schematische Darstellung des Lichtbogenspritzens

Plasmaspritzen [14]

Plasmaspritzen hat in den letzten Jahren einen nicht mehr wegzudenkenden Stellenwert bei den Verfahren des Thermischen Spritzens erreicht. Sicherlich auch dadurch begünstigt, dass das Wort „Plasma“ einiges Exotisches verbirgt, bei dem die Forscher und Entwickler geradezu herausgefordert wurden und werden. Deshalb haben die unzähligen Forschungsvorhaben, Untersuchungen, Diplomarbeiten, Dissertationen usw. auf dem Plasmaspritzsektor sehr wertvolle Anregungen für die Praxis gegeben. Unter Plasma versteht man einen „Aggregatzustand“

der Materie, wobei positive und negative Ladungsträger in gleicher Konzentration frei existieren, so dass das Ganze nach außen hin elektrisch neutral aber elektrisch leitend ist.

Beim Plasmaspritzen dient ein Plasmastrahl als Wärmequelle. Zwischen der düsenförmigen Kathode und der Wolframelektrode wird ein stabiler Gleichstrom-Lichtbogen gezündet (**Bild 8-14**). Der Lichtbogen erhitzt einen kontinuierlich fließenden Plasmagasstrom auf eine sehr hohe Temperatur (bis zu 20.000 K). Argon, Helium, Stickstoff, Wasserstoff oder deren Gemische werden beim Plasmaspritzen als Gase verwendet. Wegen der enormen Volumenausdehnung des Gases entströmt das Plasmagas mit hoher Geschwindigkeit der Düse. In diesen Plasmastrahl gelangt der pulverförmige (selten drahtförmige) Spritzzusatz. Das für den Transport des Spritzzusatzes benutzte Trägergas ist meistens mit dem Plasma identisch. Im Plasmastrahl wird der Spritzzusatz gleichzeitig aufgeschmolzen und beschleunigt, um mit hoher kinetischer Energie auf das zu beschichtende Werkstück aufzuprallen.

Plasmaspritzsysteme werden für den Betrieb an der Atmosphäre und für den Betrieb in Vakuumkammern angeboten, wobei sich der Betrieb des Plasmaspritzens im Vakuum für sehr reaktionsfreudige Werkstoffe bestens bewährt hat.

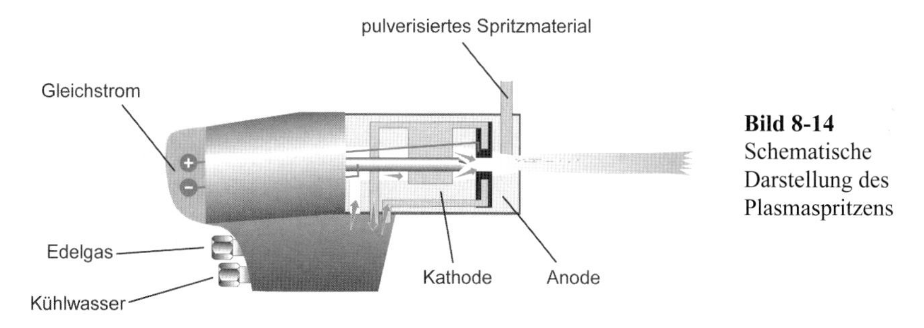

Bild 8-14
Schematische Darstellung des Plasmaspritzens

Kaltgasspritzen

Beim Kaltgasspritzen wird die kinetische Energie, d. h. die Partikelgeschwindigkeit, erhöht und die thermische Energie verringert. Somit ist es möglich, fast oxidfreie Spritzschichten zu erzeugen. Diese Neuentwicklung ist unter dem Namen CGDM (Cold Gas Dynamic Spray Method) bekannt geworden [15].

Der Spritzzusatzwerkstoff wird mittels eines auf ca. 600 °C erhitzten Gasstrahls mit entsprechendem Druck auf Partikelgeschwindigkeiten > 1.000 m/s beschleunigt und als kontinuierlicher Spritzstrahl auf die zu beschichtende Oberfläche gebracht (**Bild 8-15**). Der Partikelstrahl lässt sich auf Querschnitte von 1,5 x 2,5 bis 7 x 12 mm fokussieren. Die Spritzrate beträgt 3 bis 15 kg/h.

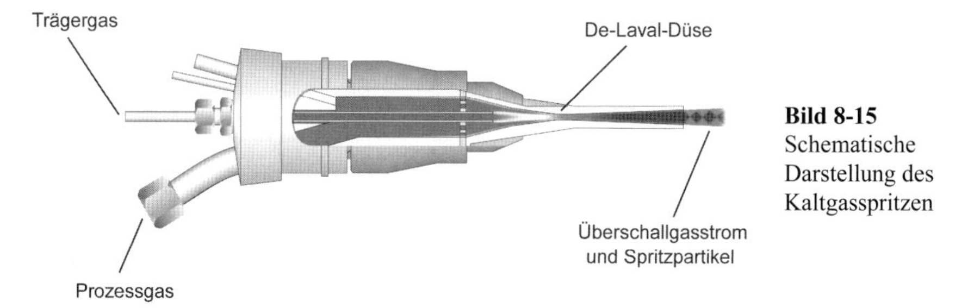

Bild 8-15
Schematische Darstellung des Kaltgasspritzen

Laboruntersuchungen haben gezeigt, dass mit diesem Verfahren erzeugte Schichten extreme Haftzugfestigkeiten aufweisen und außerordentlich dicht sind. Während bei den bisher üblichen Verfahren des Thermischen Spritzens das Pulver im Spritzprozess bis an die Schmelztemperatur erwärmt werden muss, kommt man beim Kaltgasspritzen nur in Bereiche die den Werkstoff nicht beeinflussen. Die Oxidation des Spritzwerkstoffs und der Oxidgehalt der aufgespritzten Schicht sind damit erheblich geringer. Beschichtete Substrate zeigen keine Materialveränderungen durch die Wärmeeinwirkung [16].

Einsatzgebiete sind z. B. Automobilbau, Korrosionsschutz, Haushalt und Elektronik.

8.4 Wirtschaftlichkeit des Thermischen Spritzens als Beschichtungsverfahren

Thermisches Spritzen

Thermisches Spritzen ist ein Beschichtungsverfahren, das eine Vielzahl von Vorteilen gegenüber anderen Beschichtungsverfahren hat. Schweißverfahren ermöglichen lediglich das Aufbringen metallischer Werkstoffe auf metallischem Trägerkörper. Eine erweiterte Werkstoffkombination ist jedoch vor allem durch den Einsatz des Thermischen Spritzens gegeben:

- Nahezu jeder Werkstoff lässt sich verspritzen.
- Nahezu jeder Werkstoff lässt sich beschichten.

Weitere Vorteile sind:

- Rohstoffeinsparung;
- durch die Materialknappheit können unedle Grundwerkstoffe mit edleren Materialien überspritzt werden;
- geringe Erwärmung des Grundwerkstoffes;
- kein Verzug, keine Gefügeänderung (Ausnahme Einschmelzen);
- große Flexibilität im Bereich der Ausschussrettung und Instandsetzung;
- hohe Verschleißfestigkeit durch Oxide;
- selbstschmierend durch die Porosität der Spritzschicht;
- nicht bauteil- oder werkstückabhängig;
- kompliziert geformte Bauteile lassen sich beschichten;
- große Werkstoffmengen lassen sich auftragen;
- die Oberfläche der metallischen Spritzschichten stellt einen guten Unter- bzw. Haftgrund für Anstriche dar;
- relativ geringer Platzbedarf

Bei Anwendung soll aber beachtet werden:

- Die Festigkeit der Spritzschicht beträgt nur einen Teil der Festigkeit des Kompaktwerkstoffs.
- Die Spritzschichten sind üblicherweise porös (Ausnahme: eingeschmolzene Schichten).
- Die Schichten ertragen nur geringe Kantenbelastungen, geringe Punktbelastung, geringe Schlagbeanspruchung.

Die Einschränkungen des Verfahrens müssen vor dem Einsatz berücksichtigt werden. Der Interessent oder der Anwender des Thermischen Spritzens sollte die Vorteile dieses Beschichtungsverfahrens aber voll nutzen.

8.5 Beispiele wirtschaftlicher Einsätze und Anwendungen

In Klärwerken werden zum Pumpen von Fäkalien Extruderschneckenpumpen verwendet. Es ist unvermeidlich, dass in Fäkalien Feststoffe enthalten sind. Der Hauptverschleiß findet dabei zwischen Rotor und Stator statt. Durch diesen Verschleiß sinkt der Wirkungsgrad der Extruderschneckenpumpe erheblich. Der Rotor muss, um wirtschaftlich arbeiten zu können, nach drei Monaten ausgewechselt werden. Hierbei entstehen folgende Kosten:

- Ein- und Ausbaukosten
- Stillstandkosten
- Materialkosten (Rotor usw.) 1.000,00 €

Jährlich entstehen für eine Pumpe mit einem unbeschichteten Rotor folgende Kosten:

1.000,00 € x 4 = 4.000,00 €

Um diese Kosten zu senken, wurde auf den Rotor eine selbstfließende Chrom-Nickel-Verschleißschutzschicht mit Flammspritzen aufgebracht. Die Praxis hat in diesem Fall gezeigt, dass die Pumpe nach einem Jahr noch einen akzeptablen Wirkungsgrad hatte. Die Standzeit erhöhte sich somit um das 4-fache. Die Kosten für den beschichteten Rotor waren jährlich:

- Ein- und Ausbaukosten
- Stillstandkosten
- Material (Rotorrohling usw.)
- Präparation des Rotors mittels Flammspritzen 1.300,00 €. Für die Wirtschaftlichkeit dieses Beschichtungsverfahrens spricht auch, dass Sanierungsarbeiten bei Großmaschinen (z. B. Turbine eines Kraftwerkes) auch im eingebauten Zustand durchgeführt werden können. Hier sind die Stillstandskosten ein erheblicher Faktor.

Bild 8-16
Seilumlenkrolle, die mittels Hochgeschwindigkeitsflammspritzen gegen Abrieb geschützt wird.

Die Vielfalt des Thermischen Spritzens zeigen einige Anwendungsbeispiele:

Schichten aus legierten Stählen	– Verschleißschutz z. B. Umlenkrollen für Seile, die in der hochbeanspruchten Zone mit Hochgeschwindigkeits-Flammspritzen beschichtet werden (**Bild 8-16**) – Reparatur z. B. Turbinenschaufeln von Kaplanturbine (**Bild 8-17**) mittels Flammspritzen einer 13,5 % Cr-Schicht – Verschleißschutz gegen hohe Temperatur – Ausschussrettung

Schichten aus niedriglegierten Stählen	– nicht korrosiver Verschleiß
Schichten aus Molybdän (**Bild 8-18**)	– Reibelemente (Kolbenringe, Synchronringe) – Gleit- und Verschleißschutz, z. B. an Walzen in der Papierindustrie mit Draht-Flammspritzen.
Schichten aus Weißmetall	– Kondensatoren-Lötstellen – Lagermetall
Schichten aus Zink	– Korrosionsschutz
Schichten aus Aluminium	– Hitzekorrosion (Verzunderung)

Bild 8-17
Turbinenschaufelsanierung mittels Flammspritzen bei einer Kaplanturbine

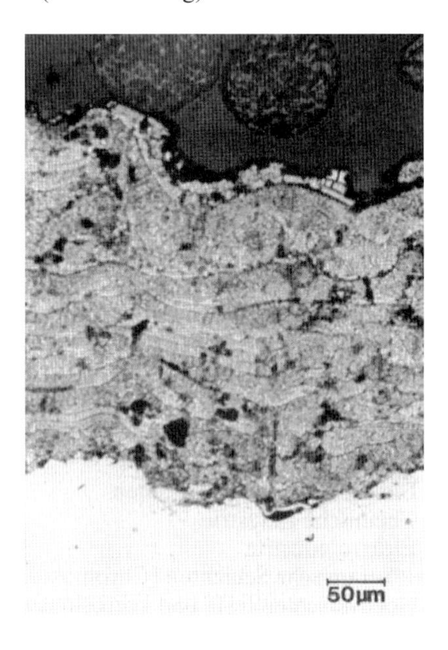

Bild 8-18
Aufbau einer flammgespritzten Molybdänschicht

Schichten aus Bronze	– Lager
Schichten aus Zinn	– Korrosionsschutz in der Nahrungsmittelindustrie
Schichten aus Blei	– Chemische Korrosion
Schichten aus Monel	– Seewasser-Korrosion
Schichten aus Eisen, Nickel, Kobalt und rostfreiem Stahl	– bei niedriger Temperatur gegen Kavitation z. B. Turbinen und Dieselmotore – Partikelerosion Förderschnecken

	– Reparatur und Ausschussrettung – bei höherer Temperatur bis 840 °C Motoren-, Gasturbinen- und Triebwerkbau
Schichten aus Kohlenstoffstahl – je nach Härte	– Widerstandsschichten gegen Reibung – Kornabrieb und Partikelerosion – Ausschussrettung-Reparatur
Schichten aus exothermen Werkstoffen	– Mikroporöse Schicht speichert Schmiermittel – Notlaufeigenschaften – Verschleißfestigkeit – sehr gut – Zwischenschicht (Haftgrund)
Schichten aus Selbstfließenden Legierungen	– Rollgangsrollen in Walzstraßen – Stranggussrollen der Hüttenindustrie – Richtrollen für Drähte aller Art – Form in der Glasindustrie – Antriebswellen von Rollendoppelgelenken, deren Laufflächen (**Bild 8-19**) mit selbstfließender Cr-Ni-Legierung beschichtet werden – Gelenkbolzen – Absperrventile (**Bild 8-20**) – Beschichten der Gleitfläche von Bügeleisen
Schichten aus Nichteisenmetallen	– Spaltausgleich in Turbinen – Einlaufschichten in Turbinen – Chemische Industrie – Elektroindustrie
Oxidkeramische, Schichten (Chromoxid, Aluminiumoxid, Zirkonoxid)	– Hochverschleißfeste und korrosionsbeständige Schichten – Chemische- und Textilindustrie – Gießereibetriebe – Druckindustrie zur Walzenbeschichtung – Isolierende Eigenschaften in der Elektroindustrie – Thermische Schutzschicht z. B. an den Böden von Wärmetauschern mit Pulverflammspritzen – Achsenflansche für LKW, deren Simmeringsitz mit Flammspritzen mit Stab beschichtet werden (**Bild 8-21**) – Instandsetzung von Wellenschonbuchsen (**Bild 8-22**), deren Simmeringsitze mit Chromoxid plasmagespritzt werden – Beschichten von Bratpfannen
Hartmetallschichten (Wolframkarbid, Chromkarbid)	– Triebwerke – Extruder-Schnecken – Extruder-Gehäuse – Pumpenplunger – Wellenschutzhülsen
Wolfram-, Tantal- und Molybdänschichten	– Hochtemperaturbeständigkeit
Kunststoffe	– Korrosionsschutz in der chemischen Industrie z. B. Pumpengehäuse (**Bild 8-23**) Behälter

Bild 8-19
Flammgespritzte Laufflächen von Achsenantrieben der Antriebswellen von Rollendoppelgelenken

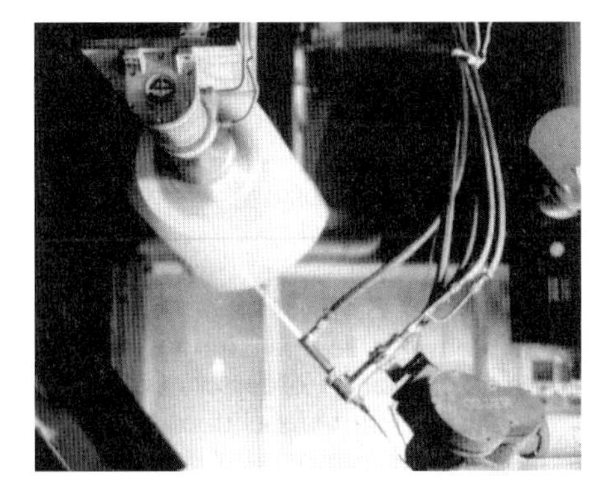

Bild 8-20
Beschichtung eines Absperrventils mit selbstfließender NICrBSi-Legierung mittels Hochgeschwindigkeits-Flammspritzen

Bild 8-21
Simmeringsitz bei Achsflanschen für LKW werden mit Stab-Flammspritzen verschleißbeständig gemacht.

Bild 8-22
Plasmagespritzte Wellenschonbuchsen

Bild 8-23
Ventilgehäuse, das mittels Kunststoff-Flammspritzen gegen Korrosion geschützt wird.

Weiterführende Literatur

[1] Lugscheider, E. (Hrsg.): Handbuch der thermischen Spritztechnik. DVS Verlag, 2002. Fachbuchreihe Schweißtechnik, Bd. 139

[2] DIN EN 657, Thermisches Spritzen – Begriffe, Einteilung; Deutsche Fassung EN 657: 2005

[3] Putzier, U.: Die thermischen Spritzverfahren. Sonderdruck aus „Keramische Zeitschrift" (1976), H. 12

[4] Leuze, G.: Thermisch gespritzte Metallschichten auf Nichtmetallen. DVS-Berichte Bd. 47, S. 60/62. Düsseldorf. Deutscher Verlag für Schweißtechnik, 1977

[5] Grützner, H.: Bedeutung des thermischen Spritzens beim Verschleißschutz von Oberflächen. Düsseldorf. Deutscher Verlag für Schweißtechnik, 1977 (DVS-Berichte Bd. 47, S. 82/87)

[6] Borbeck, K.-D.: Plasmaspritzen als Oberflächenschutzverfahren. Industrie-Anzeiger 103 (1981), H. 26

[7] Krieg, J.: Einsatz des thermischen Spritzens in der Instandhaltung von Fahrzeugen und Anlagen der Deutschen Bundesbahn. Düsseldorf. Deutscher Verlag für Schweißtechnik, 1977 (DVS-Berichte Bd. 47, S. 91/97)

[8] Weirich, G.; Wilwerding, A.: Wirtschaftliches Panzern durch Spritzen und Schmelzverbinden von Metallpulvern. In: Technica 23/1983, S. 1988–1991

[9] Steffens, H. D.: Thermisch gespritzte Metall-Schichten zur Verminderung von Reibung u. Verschleiß. DVI-Bericht Nr. 333, S. 105–111

[10] Bach, F.-W., K. Möhwald, A. Laarmann, T. Wenz (Hrsg.): Spritzzusatzwerkstoffe, Moderne Beschichtungsverfahren. Wiley-VCH Verlag, 2005

[11] Polak, R.: Eigenschaften von Pulverspritzschichten und ihr Verschleißverhalten. Schweißtechnik, Berlin 33 (1983) H. 2, S. 22–26; H. 3, S. 48–52

[12] Heinrich, P: Möglichkeiten zur Mechanisierung des Einschmelzens von selbstfließenden-flammgespritzten Schichten, Linde-Sonderdruck 121

[13] Kreye, H.: Hochgeschwindigkeits-Flammspritzen – Stand der Technik, neue Entwicklungen und Alternativen. Tagungsunterlagen 6. Kolloquium Hochgeschwindigkeits-Flammspritzen 2003. Gemeinschaft Thermisches Spritzen e.V. ISSN 1612-6750 S. 5–17

[14] Bach, F.-W., K. Möhwald, A. Laarmann, T. Wenz (Hrsg.): Die Entwicklung eines wirtschaftlichen Hochleistungsplasma-Spritzsystems für höchste Qualitätsansprüche. Moderne Beschichtungsverfahren, 2005 Wiley-VCH Verlag, S. 177–198

[15] Stoltenhoff, T., Kreye, H., Krömmer, W., Richter, H. J.: Kaltgasspritzen – vom thermischen Spritzen zum kinetischen Spritzen. Proceedings 5. Kolloquium „Hochgeschwindigkeits-Flammspritzen" 2000, Erding

[16] Kreye, H., Schmidt, T., Gärtner, F., Stoltenhoff, T.: Das Kaltgasspritzen und seine Optimierung. Proceedings „International Thermal Spray Conference (ITSC)", 2006, Seattle, Washington, USA

Bach/Dudda (Hrsg.): Moderne Beschichtungsverfahren. Weinheim: Wiley-VCH Verlag, 2000

Cramer, K.: Instandsetzen durch Schweißen und thermisches Spritzen. Düsseldorf. DVS-Verlag, 1991

9 Thermisches Trennen

Trennen ist definiert als Formändern eines festen Körpers durch örtliches Aufheben des Zusammenhalts. Neben den mechanischen Schneidverfahren, wie Sägen, Scheren oder Zerspanen, zählen dazu auch die abtragenden Verfahren, wozu das thermische Trennen zu rechnen ist. Dabei wird der zu trennende Werkstoff mittels einer geeigneten Energiequelle örtlich begrenzt auf hohe Temperatur erwärmt. Abhängig vom Werkstoff kann dieser

- Verbrennen,
- Schmelzen oder
- Verdampfen,

wodurch im Bauteil bei bewegter Energiequelle eine Fuge entsteht, **Tabelle 18-60**. Dabei fallen formlose Produkte wie Stäube, Schmelzen, Dämpfe u. ä. an.

Autogenes Brennschneiden

Brennschneiden ist nach DIN 2310 ein thermisches Trennverfahren, das mit einer Brenngas-Sauerstoff-Flamme und Schneidsauerstoff ausgeführt wird. Der zum Brennschneiden geeignete Werkstoff wird örtlich auf Zündtemperatur erwärmt und dort im Sauerstoffstrahl verbrannt.

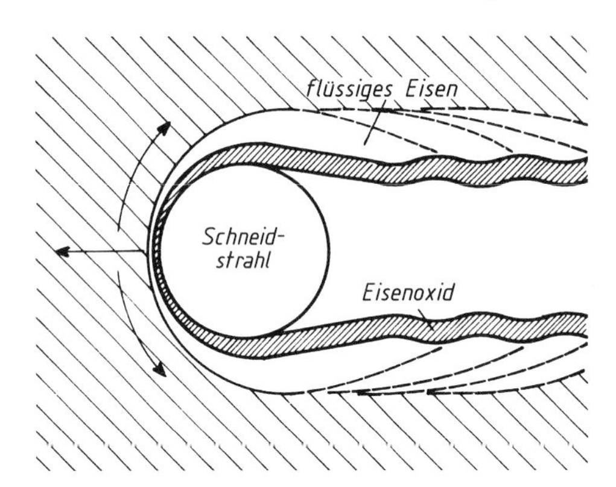

Bild 9-1
Vorgänge in der Metallschmelze beim Brennschneiden

Die Anschnittstelle wird zu Beginn des Schneidvorgangs mit der Heizflamme eines besonderen Schneidbrenners auf die Entzündungstemperatur des Werkstoffs erwärmt. Ist diese erreicht, so wird der zum Schneiden erforderliche Sauerstoff auf die erwärmte Anschnittstelle geleitet. Dabei verbrennt der Werkstoff im Bereich des Sauerstoffstrahls. Das entstehende dünnflüssige Oxid wird durch den Druck des Strahls aus der Schnittfuge herausgeblasen bzw. lagert sich als dünner Film auf der Schnittfläche ab, **Bild 9-1**. Bei richtiger Brennereinstellung entsteht eine gleichmäßig breite Schnittfuge mit nahezu glatter Schnittfläche. Dazu sind einmal die Größe der Düse und der Druck des Brennsauerstoffs der Dicke des zu schneidenden Blechs anzupassen, **Tabelle 18-62**. Zum anderen muss die Düse in einem bestimmten Abstand von der Blechoberkante geführt werden. Ist der Abstand zu klein, so bereitet das Vorwärmen Schwierigkeiten, ist er zu groß, so kann das Oxid nicht einwandfrei ausgeblasen werden. Schließlich muss die Schnittgeschwindigkeit so gewählt werden, dass sie mit der Geschwindigkeit der Vorwärmung übereinstimmt. Die Vorwärmung muss während des gesamten

Schneidvorgangs wirksam sein. Zwar würde die bei der Verbrennung des Metalls frei werdende Wärme ausreichen, um die Entzündungstemperatur aufrechtzuerhalten, doch kühlt der Sauerstoffstrahl den Werkstoff am Auftreffpunkt so stark ab, dass die Zufuhr von Wärme notwendig bleibt.

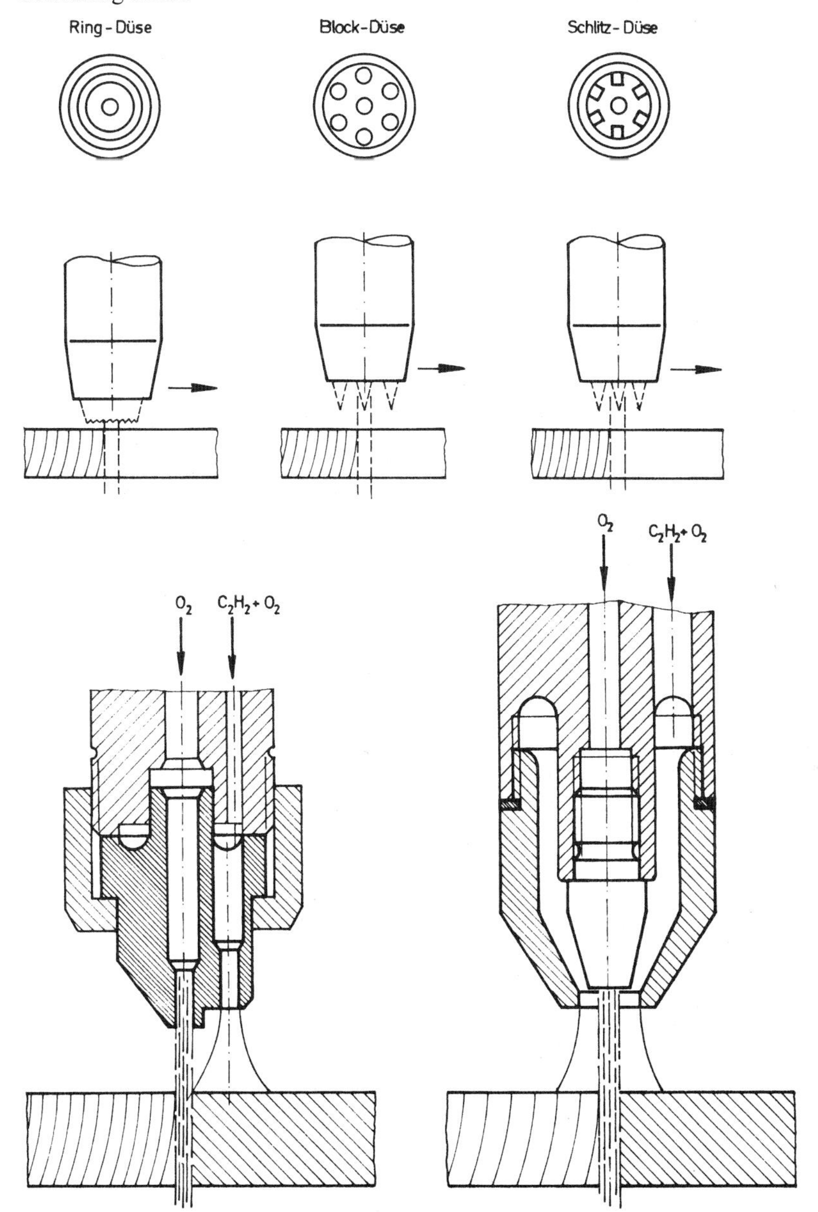

Bild 9-2 Düsenformen (oben) und Ausbildung der Brenner (unten)
Links: Stufenbrenner, rechts: Brenner mit Ringdüse
(nach Puhrer u. a.)

Die Güte der Schnittfläche wird anhand der in DIN EN ISO 9013 gegebenen Richtwerte beurteilt.
Die zum Brennschneiden verwendeten Brenner sind in der Regel als Saugbrenner ausgebildet. Zum Schneiden von Hand wird auf das Griffstück eines zum Schweißen verwendeten Schweißbrenners ein besonderer Schneideinsatz geschraubt.
Üblich sind heute Ring- und Blockdüsen, **Bild 9-2**. Der richtige Abstand von Düse und Werkstückoberfläche beim Schneiden wird durch einen „Brennerwagen" gewährleistet, der am Schneideinsatz befestigt wird.
Das maschinelle Brennschneiden liefert Schnittflächen, die hinsichtlich der Oberflächenqualität, der Kantenschärfe und der Maßhaltigkeit hohen Ansprüchen gerecht werden. Hierzu werden besondere Maschinenschneidbrenner verwendet. Wichtiges Element moderner Brennschneidemaschinen ist die Steuerung des Brenners. Sie erfolgt bei einfachen Maschinen von Hand durch Verfolgen der Schnittlinie auf einer Zeichnung mit einem Lichtkreuz. Bei automatisch arbeitenden Maschinen findet man neben Schablonenabtastung optisch-elektronische Nachlaufsteuerungen und CNC-Steuerungen. Besonders wirtschaftlich ist das gleichzeitige Schneiden mit mehreren Brennern.
Als Brenngas kommt in erster Linie Acetylen in Betracht. Möglich ist auch das Arbeiten mit Erdgas, Propan und Wasserstoff. Besondere Anforderungen werden an die Reinheit des zum Schneiden benutzten Sauerstoffs gestellt, da Schneidgeschwindigkeit und Schnittgüte davon abhängen.
Zum Brennschneiden geeignet sind Metalle, die folgende Anforderungen erfüllen:

- Das Metall muss bei Entzündungstemperatur im Sauerstoff oxidierbar sein;
- der Schmelzpunkt des Metalloxids muss unterhalb des Schmelzpunkts des Metalls liegen;
- die Entzündungstemperatur des Metalls muss kleiner sein als seine Schmelztemperatur;
- die Wärmeleitfähigkeit des Metalls muss möglichst gering sein;
- die Verbrennungswärme muss möglichst groß sein, damit die angrenzenden Bezirke des Werkstoffs auf Entzündungstemperatur erwärmt werden.

Diese Bedingungen werden von den un- und niedriglegierten Stählen erfüllt, wobei die Eignung zum Brennschneiden im Wesentlichen vom Kohlenstoffgehalt abhängt. Daneben sind die Anteile an Legierungselementen zu berücksichtigen. So wirken sich Chrom, Nickel und Molybdän negativ aus, während Mangan einen günstigen Einfluss ausübt. Den Einfluss der Legierungselemente verdeutlicht **Tabelle 9-1**.

Tabelle 9-1 Einfluss der Legierungselemente auf das Verhalten der Stähle beim Brennschneiden (nach Rellensmann)

Legierungselement		Obere Grenze des Anteils in %	Brennschneidgeeignet
Kohlenstoff	C	0,25	ohne Vorwärmung
		1,6	mit Vorwärmung
Silizium	Si	2,5	bei max. 0,2 % C
Mangan	Mn	13,0	und 1,3 % C
		1,3	bei reinen Manganstählen
Chrom	Cr	1,5	ohne Nickel-Gehalte
Wolfram	W	10,0	bei max. 0,5 % Cr, 0,2 % Ni und 0,8 % C
Nickel	Ni	7,0	
		35,0	wenn C < 0,3 %
Molybdän	Mo	0,8	
Kupfer	Cu	0,7	

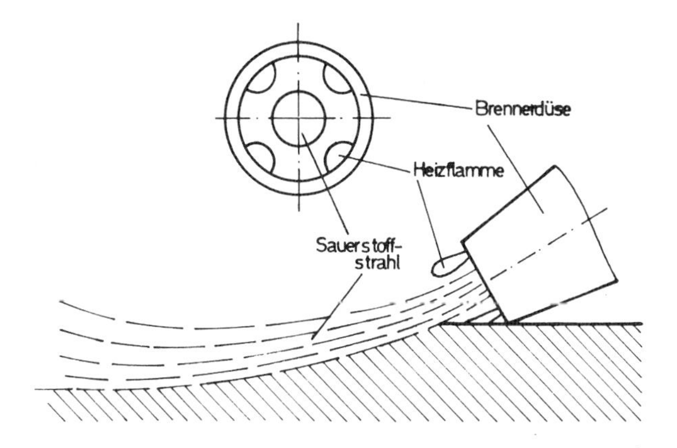

Bild 9-3
Brennfugen
(nach Puhrer)

Geschnitten werden können Stahlbleche bis mind. 500 mm Dicke mit guter Schnittflächenqualität. Blechdicken unter 5 mm können nicht ohne Schwierigkeiten getrennt werden. Grauguss ist zum autogenen Brennschneiden nicht geeignet, da seine Entzündungstemperatur über der Schmelztemperatur liegt. Chrom-Nickel-Stähle bereiten Schwierigkeiten, weil einerseits bei der Verbrennung von Nickel zu wenig Wärme freigesetzt wird, andererseits Chrom schwer schmelzbare Chromoxide bildet. Neigen Stähle infolge ihrer Zusammensetzung zum Aufhärten oder zur Rissbildung, so ist ein Vor- bzw. Nachwärmen angezeigt.

Brennfugen

Eine Variante des Brennschneidens ist das Brennfugen oder Fugenhobeln. Der Unterschied der Verfahren liegt darin, dass der mit einer besonderen Düse versehene Schneidbrenner beim Fugenhobeln unter einem Winkel von etwa 30° zur Oberfläche des Werkstücks angestellt wird. Damit wird nur ein Teil des auf Entzündungstemperatur erwärmten Werkstoffs verbrannt, der größere Teil wird in Arbeitsrichtung ausgeblasen, **Bild 9-3**.

Angewendet wird das Verfahren zum Ausarbeiten von Wurzeln und Fehlstellen in Schweißnähten oder zum Vorbereiten von Nähten mit besonderen Nahtformen, **Bild 9-4**.

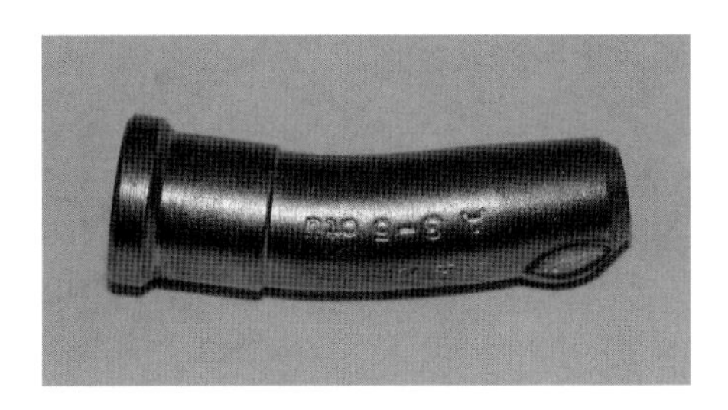

Bild 9-4
Brennfug-Düsen sind leicht gebogen

Lichtbogenfugen

Beim Lichtbogenfugen wird der Werkstoff durch einen Lichtbogen aufgeschmolzen, jedoch nicht verbrannt. Das Verfahren eignet sich damit auch zum Ausfugen von für das Brennscheiden nicht geeigneten Werkstoffen, wie z. B. Gusseisen.

Zu unterscheiden ist zwischen zwei Verfahren: dem Lichtbogenfugen mit einer speziellen Schneidelektrode und dem Lichtbogenfugen mit einer Kohleelektrode unter Verwendung von Druckluft.

Beim erstgenannten Verfahren, auch als Schmelzfugen bezeichnet, entwickelt die Umhüllung der Elektrode im Lichtbogen einen starken Gasstrahl, wodurch der aufgeschmolzene Werkstoff aus der Fuge gedrückt wird. So erzeugte Fugen sind gleichmäßig und glatt, eine weitere Nacharbeit durch Schleifen kann daher in der Regel entfallen. Um die Wirkung des Gasstrahls voll nutzen zu können, muss die Elektrode unter einem sehr flachen Winkel zur Werkstückoberfläche gehalten und in einer Art stechender Bewegung vorwärts geschoben werden.

Demgegenüber arbeitet das Lichtbogen-Druckluftfugen mit einer Kohleelektrode, wobei der Lichtbogen zwischen dieser und dem Werkstück brennt. Entlang der Elektrode wird ein Druckluftstrom geführt, der den geschmolzenen Werkstoff aus der Fuge bläst. Durch den in der Druckluft enthaltenen Sauerstoff wird ein geringer Teil des abgetragenen Werkstoffs verbrannt, was zur Bildung einer Schlacke führt.

Beide Verfahren werden zur Vorbereitung von Schweißfugen, zum Ausfugen der Wurzel und zum Entfernen von Unregelmäßigkeiten eingesetzt.

Brennbohren

Dieses Verfahren ist auch unter der Bezeichnung „Sauerstoffkernlanze“ bekannt. Es handelt sich dabei um ein thermisches Verfahren zum Durchbohren von vorzugsweise nichtmetallischen Werkstoffen wie Beton oder Mauerwerk. Dabei wird an der Bohrstelle durch das Verbrennen von Eisen im Sauerstoffstrom eine Temperatur erzeugt, die auch mineralische Stoffe zum Schmelzen bringt. Im Prinzip handelt es sich bei der Sauerstofflanze um ein Stahlrohr, das zwei Aufgaben zu erfüllen hat:

- Zuleitung des Sauerstoffs und
- Führung für den zum Schneiden zugesetzten Stahldraht (Kernlanze).

Der Schneidvorgang beginnt mit dem Erwärmen des Stahlrohrs und des Eisenkerns auf die Entzündungstemperatur des Eisens mittels eines Schweißbrenners. Mit Zugabe des Sauerstoffs beginnen Rohr und Eisenkern nach rückwärts abzubrennen. Unter dem Einfluss der entstehenden Wärme entsteht bei mineralischen Werkstoffen eine dünnflüssige Silikatschmelze, die bei richtiger Lanzenstellung durch die Energie des Sauerstoffstrahls aus dem Bohrloch ausgetrieben wird, **Bild 9-5**.

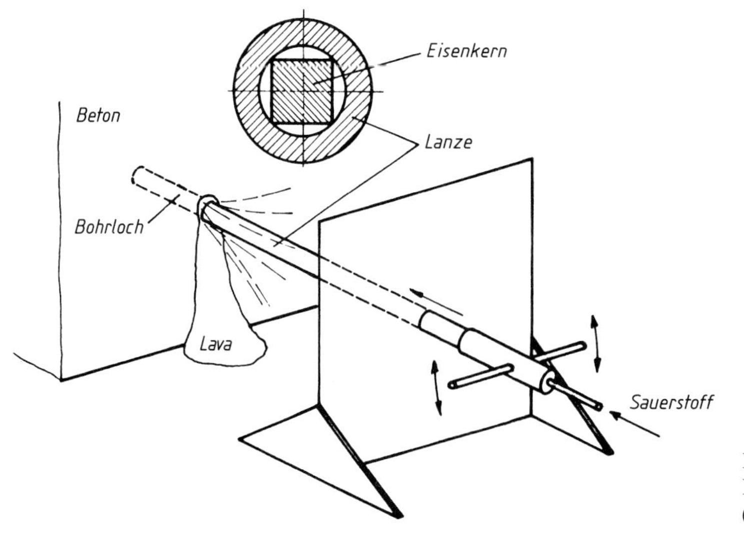

Bild 9-5
Brennbohren
(nach Puhrer)

Plasmaschneiden

Dieses Verfahren zählt systematisch zu den Lichtbogen-Trennverfahren und verwendet den im Kap. 2.3.3 (Plasma-Schweißen) beschriebenen Plasmastrahl zum Schneiden von metallischen Werkstoffen. Entwickelt wurde es zum Trennen von Metallen mit schlechter Eignung zum Brennschneiden, wie Aluminium, Kupfer und deren Legierungen, hochlegierte Stähle, aber auch Hartmetall. Vom Brennschneiden unterscheidet sich das Plasmaschneiden grundsätzlich dadurch, dass das erstere einen chemischen Prozess darstellt, bei dem Eisen zu Eisenoxid umgewandelt wird, während beim Plasmaschneiden das Metall nur aufgeschmolzen wird. Die Vor- und Nachteile des Verfahrens lassen sich wie folgt beschreiben:

Vorteile

- einziges thermisches Verfahren zum Schneiden hoch legierter Stähle und Aluminiumwerkstoffe im mittleren und größeren Dickenbereich
- hervorragend geeignet für Baustahl bei dünnen Blechen
- Schneiden hoch fester Baustähle mit geringer Wärmebeeinflussung
- höhere Schneidgeschwindigkeiten gegenüber dem autogenen Brennschneiden
- kaum Nachbehandlung der Schnittflächen erforderlich.

Nachteile

- Einsatz auf 180 mm Werkstückdicke begrenzt
- breitere Schnittfugen im Vergleich zum autogenen Brennschneiden
- nicht parallele Schnittkanten
- hohe Schadstoffemission beim Trockenschneiden.

Das Plasmaschneiden kann prinzipiell gegliedert werden in

- Plasma-Schmelzschneiden mit inertem Plasmagas (Argon-Wasserstoff- und Stickstoff-Plasmatechnik)
- Plasma-Schneiden mit oxidierendem Plasmagas (Sauerstoff- und Druckluftplasmatechnik)

Für die Praxis sind im Wesentlichen folgende Verfahren von Bedeutung:

- Plasmaschneiden
- Plasmaschneiden mit Sekundärgasstrom
- Plasmaschneiden mit Wasserinjektion

Beim konventionellen Plasmaschneiden werden wasser- oder gasgekühlte Brenner verwendet. In der Regel brennt der Lichtbogen zwischen der Wolframelektrode und dem Werkstück als Anode (übertragener Lichtbogen). Der Plasmastrahl wird durch die gekühlte Düse und den Pincheffekt eingeschnürt, wodurch die erforderliche Stromdichte im Plasmastrahl erzielt wird. Als inerte Gase werden Stickstoff, Argon und Wasserstoff bzw. deren Gemische verwendet. So sind z. B. zum Schneiden von CrNi-Stählen und Al-Legierungen Argon-Helium-Gemische oder Mischungen von Stickstoff und Wasserstoff hervorragend geeignet.

Reiner Stickstoff hat sich beim Trennen von unlegierten Stählen bewährt.

Eine Erhöhung der Stromdichte und der Temperatur im Lichtbogen kann durch eine weitere Einschnürung des Lichtbogens erreicht werden. Dazu wird beim Plasmaschneiden mit Sekundärgasstrom (Wirbelgas) ein zusätzliches Gas zugeführt, das als Mantel um den Plasmalichtbogen strömt. In **Tabelle 9-2** sind die üblicherweise verwendeten Gase zusammengestellt.

Tabelle 9-2 Gaskombinationen beim Plasmaschneiden (nach Simler)

Werkstoff	Plasmagas	Wirbelgas	Bemerkungen
Baustahl	Luft	Luft	Aufnitrierung der Schnittflächen möglich
	Sauerstoff	Luft oder Sauerstoff	Keine Aufnitrierung der Schnittflächen, weniger Bartanhang als bei Luft, Bartanhang leicht entfernbar
	Sauerstoff	Sauerstoff oder Sauerstoff/Stickstoff	Laserähnliche Qualität im Dünnblechbereich
Hochlegierter Stahl	Luft	Luft	Rauhe und oxidierte Schnittflächen; Wenig Bartanhang
	Argon/ Wasserstoff	Stickstoff	Glatte und blanke Schnittflächen; Bartanhang bei kleineren Materialdicken
	Argon/Wasserstoff/Stickstoff	Stickstoff	Glatte und blanke Schnittflächen, durch Stickstoff weniger oder kein Bartanhang
	Stickstoff	Stickstoff/ Wasserstoff	Für den Dünnblechbereich ohne Bart, metallisch blank
Aluminium	Luft	Luft	Rauhe Schnittflächen
	Argon/ Wasserstoff	Luft oder Stickstoff	Glattere Schnittflächen als bei Luft, nahezu senkrechte Schnittflächen
	Luft	Stickstoff/ Wasserstoff	Senkrechte Schnittflächen im dünneren Blechbereich

Beim Feinstrahl-Plasmaschneiden, das für Stahlbleche bis 10 mm und Aluminium bis 8 mm geeignet ist, wird durch eine besondere Konstruktion des Brenners eine extreme Einschnürung des Strahls erzielt, so dass die Energiedichte etwa um den Faktor drei höher liegt als beim konventionellen Plasmastrahl (bis 9300 A/cm^2). Wird hierbei Sauerstoff als Plasmagas verwendet, so können bei un- und niedriglegierten Stählen schlackenfreie Schnitte von sehr guter Qualität bei hoher Schneidgeschwindigkeit erzeugt werden. Auch durch die Injektion von Wasser im Bereich der Düse kann der Lichtbogen weiter eingeschnürt werden, womit die Strahlleistung erhöht wird. **Bild 9-6** zeigt das Prinzip dieses Plasmaschneidens mit Wasser injektion.

Beim Plasmaschneiden mit „partieller Oxidation" wird in der Schnittfuge zusätzlich Energie freigesetzt, indem dort eine exotherme Reaktion zwischen dem im Plasmagas enthaltenen Sauerstoff mit dem zu schneidenden Metall abläuft. Als Plasmagas wird bei diesem Verfahren ölfreie, trockene Druckluft bzw. reiner Sauerstoff verwendet, Der Sauerstoff verbrennt einen Teil des Materials in der Schnittfuge, wodurch die Schneidleistung erhöht und die Neigung zur Bartbildung bei einer Reihe von Stählen vermindert wird. Das Verfahren erfordert allerdings Elektroden aus Werkstoffen wie Zirkonium oder Hafnium, die mit Sauerstoff auf der Elektrode elektrisch leitende Schutzschichten ausbilden. Der Schneidstrom ist damit auf etwa 360 A begrenzt, womit Baustähle bis zu einer Blechdicke von max. 30 mm geschnitten werden können.

Beim Plasmaschneiden tritt eine Belästigung durch Lärm und Schadstoffe (Rauch, Stäube) auf; auch die intensive UV-Strahlung stellt eine Belastung der Umgebung dar. Um die Umweltbelastung beim Plasmaschneiden zu vermindern, werden bevorzugt Verfahren verwendet, die mit Wasser arbeiten. So finden sich in der Praxis das Plasmaschneiden mit Wassermantel und das

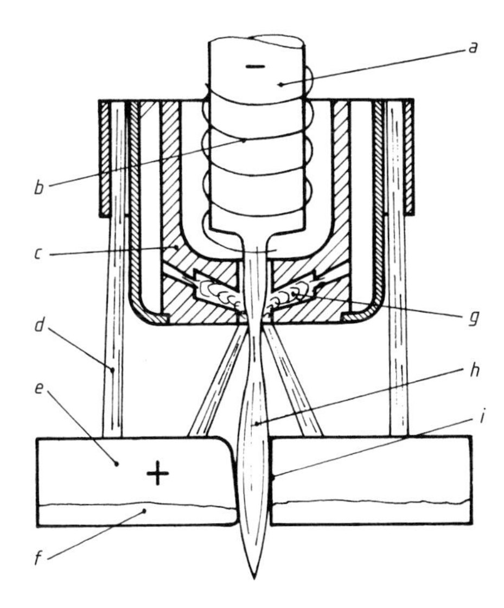

Bild 9-6
Wasser-Plasmaschneiden (nach Union Carbide)
a) Elektrode
b) Gaswirbel
c) Düse
d) Wassermantel
e) Werkstück
f) Wasserbad
g) Schneidwasser-Wirbelkammer
h) Plasmalichtbogen
i) Schnittkante

Plasmaschneiden im Wassertisch. Beim letztgenannten Verfahren liegt das zu bearbeitende Werkstück in der Regel vollständig unter Wasser, wobei ein Wasserinjektions- oder Sekundärgasbrenner zum Schneiden verwendet wird. Zu berücksichtigen ist hier u. U. das Aufhärtungsverhalten des Werkstoffs.

Gegenüber dem „trockenen" Verfahren weist dieses „nasse" Verfahren einige Vorteile auf:

- die beim Schneiden verwendeten bzw. entstehenden Gase werden im Wasser gelöst;
- das aus der Schneidfuge ausgetragene Material sammelt sich in Kugelform auf dem Boden des Wasserbeckens;
- das beim Schneiden entstehende Geräusch wird gedämpft und die emittierte UV-Strahlung geschwächt;
- die zu bearbeitenden Werkstücke erwärmen sich nicht, damit tritt kein Verziehen auf;
- bei den zur Oxidation neigenden Cr-Ni-Stählen wird diese unterbunden.

Der anfallende Schlamm muss allerdings als Sondermüll behandelt und entsorgt werden.

Das Plasmaschneiden arbeitet mit Spannungen bis 200 V und Stromstärken, die je nach Blechdicke bis zu 450 A betragen können. Die erreichbare Schneidgeschwindigkeit ist höher als beim autogenen Brennschneiden und neben der Blechdicke auch vom Werkstoff und der Leistungsfähigkeit der Anlage abhängig. Bei Stählen können Bleche bis etwa 150 mm Dicke mit guter Qualität der Schnittflächen getrennt werden.

Beim Plasmaschneiden können keine parallelen Schnittkanten erzeugt werden; die Fuge hat immer die Form eines V mit Neigungswinkeln von etwa 2°.

Eine Verfahrensvariante des Plasmaschneidens ist das sog. Hot-Wire-Plasmaschneiden. Der Lichtbogen brennt dabei zwischen dem Brenner und einem röhrchenförmigen Draht. Das Röhrchen ist gefüllt mit einer Mischung von Eisenoxid und Aluminiumpulver. Im Lichtbogen reagieren die beiden Komponenten in einer heftigen exothermen Reaktion und bewirken damit eine Zufuhr von weiterer Energie zum Lichtbogen. Die Energie aus Lichtbogen und chemischer Reaktion reicht aus, um dickwandige metallische Bauteile aber auch dicke Betonteile samt Armierung zu durchtrennen.

Laserstrahlschneiden

Die Erzeugung wie auch die Eigenschaften des beim Laserstrahlschneiden verwendeten Strahls wurden bereits beim Laserstrahlschweißen in Kap.2.6 beschrieben. Ergänzend ist hier anzumerken, dass der Laserstrahl kein Schneidwerkzeug ist; er ist der Lieferant der zur Werkstofftrennung erforderlichen Energie. Beim Auftreffen des Laserstrahls auf das Bauteil wird dieser vom Werkstoff absorbiert. Das Schneiden erfolgt dabei umso leichter, je höher die Absorptionsfähigkeit des Werkstoffs ist. Diese ist wiederum von der Wellenlänge des Strahls abhängig.

Der Strahl des zumeist verwendeten CO_2-Lasers hat eine feste Wellenlänge von 10,6 µm (Infrarotbereich). Er wird daher nicht von allen Werkstoffen gleich gut absorbiert, was zu einer unterschiedlichen Trennfähigkeit führt. Die Festkörperlaser stehen heute mit Leistungen bis 6 kW zur Verfügung. Sie haben gegenüber dem CO_2-Laser den Vorteil, dass ihr Strahl mit Lichtleitkabeln zum Bearbeitungsort geführt werden kann und sich in stark reflektierende Werkstoffe mit hohem Absorptionsgrad einkoppeln lässt. An Bedeutung für die Praxis zugenommen haben die Faserlaser.

Zum Laserschneiden kommen zwei Verfahren in Betracht:

- das Laserbrennschneiden und
- das Schmelz- und Sublimierschneiden.

Das Laserbrennschneiden eignet sich nur zum Schneiden von oxidierbaren metallischen Werkstoffen. Zusätzlich zum Laserstrahl, der hier als „Heizflamme" dient, wird dabei über eine zum Strahl konzentrische Schneiddüse Sauerstoff zugeführt. Wie beim autogenen Brennschneiden verbrennt der Werkstoff im Sauerstoffstrom, wobei eine dünnflüssige Schlacke entsteht, die vom Druck des Gasstroms aus der Fuge geblasen wird. Mit diesem Verfahren wird etwa die doppelte Schneidgeschwindigkeit im Vergleich zum autogenen Brennschneiden erreicht.

Beim Schmelz- und Sublimierschneiden wird der Werkstoff in der Schnittfuge aufgeschmolzen oder direkt verdampft. Die entstehende Schmelze bzw. der Metalldampf werden durch ein inertes Spülgas (Argon oder Stickstoff) entfernt. Dieses Verfahren erfordert hohe Vorschubgeschwindigkeiten, die verhindern, dass die Metalldämpfe wieder kondensieren.

Grundsätzlich lassen sich mit dem Verfahren alle Werkstoffe trennen. Mit dem Laser sind Bleche aus unlegierten Stählen bis zu einer Dicke von etwa 10 mm gut zu schneiden. Man erzielt bei kleinen Schneidspalten und scharfen Kanten nahezu parallele Schnittflächen geringer Rauhtiefe. Die Wärmeeinflusszone ist ohne Bedeutung. Bei legierten Stählen beeinflussen die Legierungskomponenten und der Wärmebehandlungszustand die Schnittqualität erheblich. Mit einem Laser von 1,2 kW Leistung lassen sich bei Baustählen Bleche mit einer Dicke von 2 mm mit einer Schnittgeschwindigkeit von 5 m/min trennen; bei einem rostfreien Stahl sind unter gleichen Bedingungen noch 4 m/min erreichbar, **Tabelle 9-3**.

Wegen ihres hohen Reflexionsvermögens und der guten Wärmeleitfähigkeit bereiten Aluminiumlegierungen, vor allem aber Kupfer und die Edelmetalle Schwierigkeiten bei der Bearbeitung mit dem CO_2-Laser. Günstig verhält sich dagegen Titan.

Organische Werkstoffe absorbieren die eingebrachte Energie in der Regel sehr gut. Kritisch ist hier aber die Beeinflussung des Werkstoffs durch die entstehende Wärme. So lassen sich Thermoplaste mit niedrigen Schmelztemperaturen mit hohen Schnittgeschwindigkeiten auch bei größeren Wanddicken einwandfrei schneiden. Duroplaste und organische Naturstoffe verkohlen in der Schnittzone. Zu beachten sind auch die Entwicklung von Dämpfen beim Aufschmelzen des Werkstoffs und die damit verbundene Geruchsbelästigung. Quarz, Keramik und Glas lassen sich bei kleinen Wanddicken gut schneiden.

Tabelle 9-3 Laser-Schneiden: Schneidparameter für verschiedene metallische Werkstoffe (nach Trumpf u. a.)

Werkstoff	Dicke	Laserleistung (CO_2-Laser)	Schneidgas		Schneidgeschwindigkeit
			Art	Druck	
	mm	W		bar	m/min
Stahl					
Baustahl S 235 JR	1	1.500	O_2	4	8,2
	2	900		5	5
	5	3.600		0,8	3,4
	10	4.000		0,8	2
	15	4.000		0,6	1,3
	20	4.000		0,6	0,9
Elektrolytisch verzinktes Stahlblech (Zincor)	1	2.600	N_2	12	8,0
	2	2.600		16	5,5 – 5,0
	3	2.600		16	3,5 – 3,0
	4	2.600		16	3,0 – 2,5
Feuerverzinktes Stahlblech	1	2.600	N_2	10	6,0 – 5,0
	2	2.600		14	5,5 – 4.5
	3	2.600		16	3,0 – 2,5
	4	2.600		17	2,5 – 2,0
CrNi-Stahl 1.4301	1	4.000	N_2	13	10,5
	2	4.000		15	6,7
	5	4.000		17	2,5
	10	4.000		20	0,8
	12	4.000		20	0,4
	15	4.000		22	0,2
X 5 CrNi 18 -10	3	1.500	O_2	7	3,8
Titan					
Reintitan	1	2.600	Ar 4.6	16	7,0 – 6,0
	2	2.600		16	6,5 – 5,5
	3	2.600		16	4,0 – 3,0
	4	2.600		16	2,0
TiAl6V4	3	1.000	Ar 4.6	2	1,0
	10	1.000	O_2	2	1,6
Aluminium					
Al 99,5	1	2.600	N_2	8	11,0 – 6,0
	2	2.600		14	5,6 – 4,5
	3	2.600		14	2,4 – 2,0
	4	2.600	O_2	10	1,8 – 1,5
	5	2.600		10	1,1 – 0,9
AlMg 3	1	4.000	N_2	8	11,4
	2	4.000		12	7,4
	5	4.000		15	2,5
	8	4.000		16	0,8
	10	4.000		17	(0,7)
Kupferwerkstoffe					
Kupfer CuFe2P	1	2.600	O_2	12	5,0 – 4,0
	2	2.600		12	3,0
Messing (Ms58, Ms63)	1	2.600	N_2	14	5,5 – 5,0
	2	2.600		15	3,5
	3	2.600		16	2,6

Bild 9-7
Laserschneidanlage
(Werkfoto Trumpf)

Die Qualität des Schnitts hängt von der Genauigkeit der Relativbewegung zwischen Werkstück und Strahl ab. An der Präzision der maschinellen Einrichtungen sind daher besondere Anforderungen zu stellen. Die größtmögliche Genauigkeit wird erreicht mit einem festen Lasersystem, relativ zu dem sich das Werkstück mit Hilfe eines Koordinatentisches bewegt.

Bild 9-7 zeigt eine moderne Laser-Schneidanlage; Beispiele für mit Anlagen dieser Art geschnittenen Blechteil zeigt **Bild 9-8**

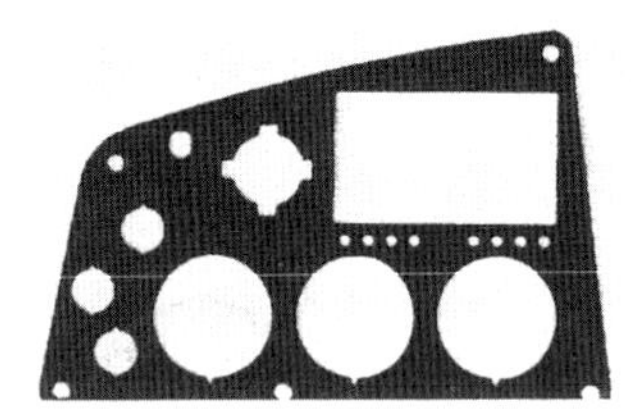

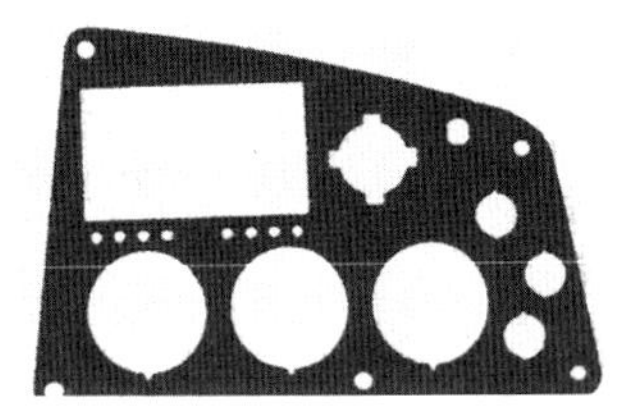

Bild 9-8
Mit Laser geschnittenes Blechteil (Werkbild Raskin. Lausanne)

Flammstrahlen

Der Oberflächenbehandlung von Stahl dient das Flammstrahlen oder Flämmen. Mit diesem Verfahren kann die Oberfläche entzundert bzw. entrostet oder vom Farbanstrich befreit werden. Es kann problemlos allerdings nur bei größeren Blechdicken (ab 5 mm) und un- bzw. niedriglegierten Stählen angewandt werden.

Der zum Flämmen verwendete Brenner ist in der Regel ein Reihenbrenner, der von Hand oder maschinell unter einem Winkel von etwa 30° über die zu bearbeitende Fläche geführt wird. Bei neutral eingestellter Acetylen-Sauerstoff-Flamme wirkt diese in der 1. Verbrennungsstufe reduzierend, so dass Rost und Zunder (Eisenoxide) zu Eisen reduziert werden, was zum Abblättern dieser Schichten führt. Farb-, Schmutz-, Öl- und Fettrückstände werden durch die hohe Temperatur in der Flammenhülle verbrannt, die Reaktionsprodukte weggeblasen.

Thermische Sonderverfahren

Für spezielle Anwendungsgebiete wurden besondere Verfahren zum Schneiden entwickelt. Beispielhaft genannt seinen das Lichtbogen-Wasserstrahl-Drahtschneiden, das Kontakt-Lichtbogen-Metall-Schneiden und das Lichtbogensägen.

Wasserstrahlschneiden

Neben den thermischen Trennverfahren hat sich das Wasserstrahlschneiden in den letzten Jahren in verschiedenen Bereichen als Alternative durchgesetzt. Die Vorteile des Wasserstrahlschneidens gegenüber anderen Trennverfahren lassen sich wie folgt beschreiben:

- das Verfahren arbeitet staubfrei
- das Werkstück wird nicht deformiert
- der Werkstoff wird nicht thermisch beeinflusst
- die Schnittfuge ist schmal, wodurch ein minimaler Schnittabfall entsteht
- die Qualität der Schnittfläche ist hoch
- der Werkzeugverschleiß ist gering
- das Verfahren arbeitet fast gratfrei
- es können fast alle Materialien bearbeitet werden.

Verfahrenstechnisch ist zu unterscheiden zwischen

- dem Schneiden mit dem Hochdruckwasserstrahl und
- dem Abrasiv-Wasserstrahlschneiden.

Beim Trennen mit dem Hochdruckwasserstrahl wird üblicherweise in einem Druckübersetzer ein Wasserdruck von bis zu 4000 bar, mit besonderen Pumpen auch 6200 bar, bei einem Förderstrom von bis zu 8 l/min erzeugt. Werden größere Förderströme benötigt, so werden zunehmend Plungerpumpen eingesetzt, mit denen Drücke bis etwa 3000 bar erzeugt werden können. Um einen konstanten Druck zu erzielen, ist der Einbau eines Hochdruckspeichers zwischen Pumpe und Düse günstig. Die Strahlerzeugung erfolgt im Schneidkopf mittels einer Düse, bevorzugt aus Diamant oder Saphir, wo ein Strahl mit Durchmessern von 0,1 bis 0,4 mm entsteht. Die Strahlgeschwindigkeit liegt bei etwa 900 m/sek.

Das als Betriebsmittel verwendete Wasser soll einen neutralen pH-Wert aufweisen, eine Kalkhärte von etwa 7° DH haben und frei von Verunreinigungen sein.

Dieses Verfahren ist gut geeignet zum Schneiden von weichen, nachgiebigen Werkstoffen wie z. B. Kunst- und Schaumstoffe oder Faserverbundwerkstoffe. Hier werden z. B. bei Kunststoffen (PVC) Schnittgeschwindigkeiten bis 500 mm/min bei 6 mm Dicke erzielt; bei sehr dünnen Gummiplatten können aber auch Schnittgeschwindigkeiten bis 90 m/min erreicht werden.

Zum Schneiden von Metallen, Keramik und bestimmten Verbundwerkstoffen hat sich das Abrasiv-Wasserstrahlschweißen eingeführt. In einem besonderen Schneidkopf wird dabei in einer 1. Stufe ein dünner Wasserstrahl von 2- bis 3facher Schallgeschwindigkeit erzeugt. In einer 2. Stufe werden diesem Strahl Abrasivmittel und Luft zugeführt, gleichzeitig wird er beschleunigt und fokussiert. Der Strahldurchmesser beträgt dann 0,8 bis 1,2 mm.

Als Abrasivmittel werden scharfkantige mineralische Strahlmittel höherer Härte wie Olivin, Granat oder Korund verwendet. Entsprechend dem Durchmesser der Abrasivdüse liegt die Körnung zwischen 0,1 und 1 mm (üblicherweise Mesh 120 bis Mesh 80). Die erforderliche Menge an Abrasivstoff ist von der Schnitttiefe abhängig; bei einer Schnitttiefe von 30 mm beträgt der Verbrauch etwa 350 gr/min.

Die nach dem Schneiden noch vorhandene restliche Energie wird in einem Strahlfänger (Catcher) absorbiert. Von dort werden Wasser, Mikrospäne und das restliche Abrasivmittel entsorgt. Hier sind u. U. die gesetzlichen Vorschriften über die Behandlung von Sondermüll zu beachten.

Mit dem Abrasiv-Wasserstrahlschneiden können bei Stählen Schneidgeschwindigkeiten von 300 mm/min bei Schnitttiefen von 6 mm erzielt werden; unter den gleichen Bedingungen sind bei Aluminiumlegierungen Schneidgeschwindigkeiten von 1200 mm/min, bei Nichtmetallen u. U. bis 3 m/min möglich, **Tabelle 9-4** und **Tabelle 18-61** im Anhang.

Tabelle 9-4 Schneidparameter beim Wasserstrahlschneiden für verschiedene Werkstoffe (Richtwerte nach Kerst)

Material	**Schnittleistung P** cm^2/min	**Schnittgeschwindigkeit v*** cm/min
Baustahl	20– 40	8– 16
Edelstahl	10– 25	4– 10
Titan	10– 25	4– 10
Kupfer	15– 30	6– 12
Messing	20– 50	8– 20
Magnesium	12– 35	5– 14
Aluminium	20– 50	8– 20
Blei	80–120	32– 48
Glas	100–200	40– 80
Keramik	100–300	40–120
Naturstein	50–300	20–120
Plexiglas	120–300	48–120
Gummi	200–400	80–160
GFK/CFK	120–300	80–120

* bei 25 mm Schnitttiefe

In der Praxis haben sich folgende Regeln bewährt:

Metalle	Hohe Abrasivmittelmenge	
	Mittlerer Strahldruck	
	Stähle:	niedrige Schneidgeschwindigkeit
	Kupfer:	mittlere Schneidgeschwindigkeit
Kunststoffe	Mittlere bis hohe Abrasivmittelmenge	
	spröd:	Mittlerer Strahldruck
		Mittlere Schneidgeschwindigkeit
	weich:	Hoher Strahldruck
		Hohe Schneidgeschwindigkeit
Laminate	Hohe Abrasivmittelmenge	
Verbundwerkstoffe	Mittlerer bis hoher Strahldruck	
	Mittlere Schneidgeschwindigkeit	
Gesteine	Mittlere Abrasivmittelmenge	
Keramik	Hoher Strahldruck	
	homogen:	Mittlere bis hohe Schneidgeschwindigkeit
	inhomogen:	Geringe Schneidgeschwindigkeit

Weiterführende Literatur

Böhme/Hermann: Handbuch der Schweißverfahren, Teil 2. Düsseldorf. DVS-Verlag, 1992

Rzany, B.: Laserstrahlschneiden. Düsseldorf. DVS-Verlag, 1995

10 Flammrichten

Verfahrensprinzip

Nach SEW 088 versteht man unter Flammrichten eine schnelle und örtlich begrenzte Erwärmung von Bauteilen mit dem Ziel, dem Bauteil eine gewünschte Form zu geben oder Formabweichungen, wie sie bei jeder schweißtechnischen Fertigung auftreten, zu beseitigen. Die Erwärmung erfolgt dabei mit kurzer Verweildauer der Flammrichttemperatur im oberflächennahen Bereich oder über die gesamte Werkstückdicke. Diese Flammrichttemperatur ist die höchste während des Flammrichtens auftretende Temperatur im Bauteil, ohne den Werkstoff zu schädigen (bei Stählen ca. 650 bis 700 °C). Die schnelle und örtlich begrenzte Erwärmung bewirkt eine Ausdehnung des Werkstücks, die jedoch durch die umliegenden kalten Bereiche behindert wird. Da bei erhöhter Temperatur die Streckgrenze sinkt, wird eine plastische Stauchung der erwärmten Zone hervorgerufen. Beim Abkühlen schrumpft die gesamte erwärmte Zone, wobei die gestauchte Zone (mit größerer Wanddicke) kürzer wird als sie vor dem Richtvorgang war (Volumenkonstanz).

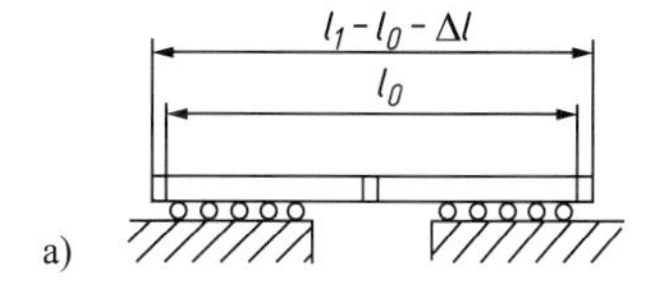

Unbehinderte Dehnung und Schrumpfung
l_0 = Länge vor Erwärmung und nach Erkalten
l_1 = wärmegedehnte Länge

keine Eigenspannung keine Längenänderung

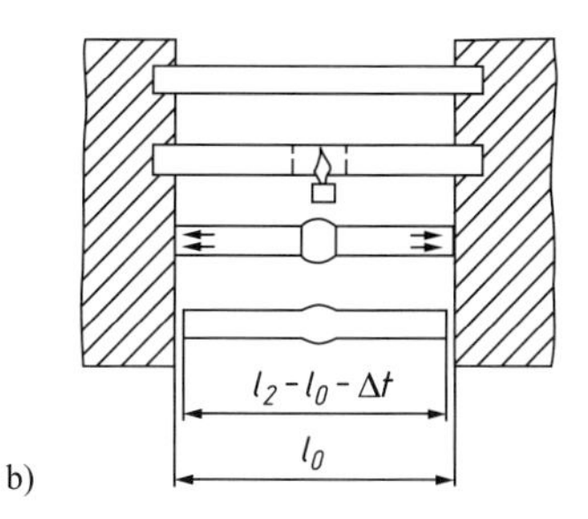

Behinderte Wärmedehnung
(plastische Stauchung der Zonen um Wärmestelle)

Unbehinderte Schrumpfung
l_2 = Länge nach dem Erkalten
(um Stauchweg Δl verkürzt)

keine Eigenspannung bleibende Längenänderung

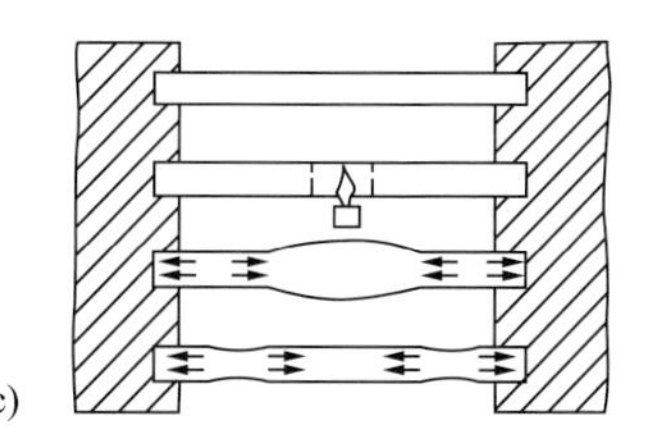

Behinderte Wärmedehnung/Behinderte Schrumpfung
(plastische Stauchung der Zonen um Wärmestelle)

verbleibende Zugeigenspannung

Bild 10-1a–c Auswirkungen der Wärme bei unbehinderter und behinderter Dehnung

Grundprinzip des Flammrichtens ist also eine örtlich begrenzte Erwärmung mit Dehnungsbehinderung. Die Auswirkungen der Wärme bei unbehinderter und behinderter Dehnung/ Schrumpfung sind in **Bild 10-1** dargestellt.

Bildteil 10-1a zeigt die Wärmewirkungen an einem in der Mitte erwärmten Stab ohne und mit Behinderung beim Ausdehnen und Schrumpfen. Bewegt sich der Stab frei, dann stellt sich nach dem Abkühlen wieder die Ursprungslänge ein. Es gibt keine Eigenspannungen und keine Längenänderung. Im **Bild 10-1b** ist der Stab zwischen zwei Spannbacken eingeklemmt. Hier ist durch die Erwärmung die Fließgrenze des Werkstoffs herabgesetzt und durch die Stauchkraft überschritten. Die Ausdehnung des Stabes ist jedoch behindert, sodass der Stab in der erwärmten Zone plastisch gestaucht wird. Beim nachfolgenden Abkühlen kann er ungehindert schrumpfen und ist um den gestauchten Anteil verkürzt (Δl). Im vorliegenden Fall verbleibt keine Eigenspannung im Bauteil. **Bild 10-1c** zeigt eine behinderte Wärmedehnung und Schrumpfung. Die Zone um die Wärmestelle wird plastisch gestaucht und es entstehen Zugeigenspannungen im Bauteil. [1]

Ausführung

Beim Flammrichten wird stets die zu lange Seite angewärmt, da diese nach der Abkühlung verkürzt ist. Soll eine Krümmung erzeugt oder gar verstärkt werden, so ist an der Innenseite der Krümmung anzuwärmen. Zum Flammrichten werden so genannte Wärmefiguren verwendet. Das können Wärmepunkte, Wärmeovale, Wärmestriche, Wärmekeile oder eine Kombination von Strichen und Keilen sein (siehe **Bild 10-2**).

Im Wesentlichen erfolgt die Anwendung dieser Wärmefiguren wie folgt:

Wärmepunkt: für Blechfelder, Rohre und Wellen; der Wärmepunkt soll klein gehalten werden (Durchmesser 3 bis 20 mm); es ist von der Einspannung zur Blechfeldmitte zu richten.

Wärmestrich: dient zum Beheben von Winkelverzug, bspw. Gegenwärmen von einseitig geschweißten Kehlnähten; max. bis ein Drittel der Blechdicke anwärmen; eine Wärmepunktreihe biegt schwächer als der Wärmestrich.

Wärmeoval: wird bei Rohren, bspw. nach dem Anschweißen eines Stutzens benutzt; das Wärmeoval wird über die gesamte Werkstückdicke durchgewärmt.

Wärmekeil: Richten von Profilen aller Art, auch Hohlprofile; es ist auf gleichmäßige Richttemperatur des Keiles zu achten.

	Art der Erwärmung		Anzuwenden bei
1	Wärmepunkt		
2	Wärmeoval		
3	Wärmestrich		
4	Wärmekeil		
5	Wärmekeil und Wärmestrich	+	

Bild 10-2
Erwärmungsarten beim Flammrichten

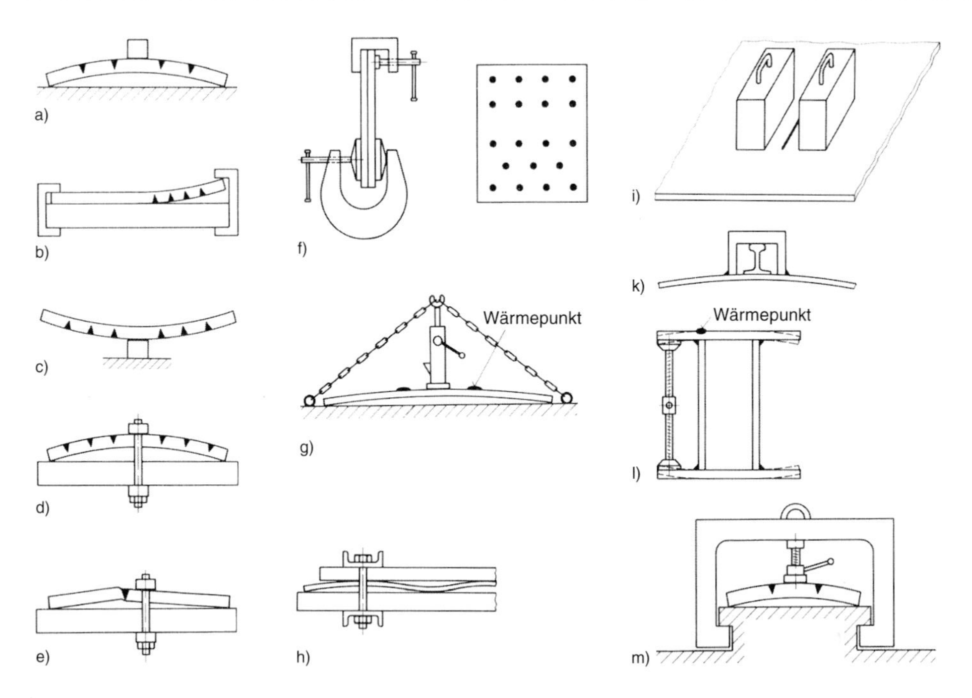

Bild 10-3 Beispiele für die Behinderung der Wärmeausdehnung beim Flammrichten [1]

Die Grundregeln des Flammrichtens sind:

- die zu lange Seite ausmessen
- eine Behinderung der Ausdehnung vorsehen wie Gewichte oder eine Einspannung (**Bild 10-3**)
- Wahl einer geeigneten Wärmefigur (**Bilder 10-4 bis 10-13**)
- schnelles und örtlich begrenztes Erwärmen (optische Kontrolle der max. zulässigen Temperatur anhand der Glühfarbe)
- schnelles Abkühlen (werkstoffabhängig) an Luft oder Wasser
- Messen der Richtwirkung erst nach vollständiger Abkühlung auf Raumtemperatur. [2]

Bei einer sachgemäßen Ausführung (Einhalten der maximalen Flammrichttemperatur (s. u.) und Abkühlgeschwindigkeit) entsteht keine negative Veränderung der Werkstoffeigenschaft.

Das Schrumpfmaß ist proportional zum linearen Ausdehnungskoeffizienten des flammzurichtenden Werkstoffs und umgekehrt proportional zu seiner Wärmeleitfähigkeit. Setzt man un- und niedriglegierte Stähle, Stahlguss, Nickel- und Titanwerkstoffe gleich 1, so schrumpfen CrNi-Stähle etwa um den Faktor 1,5, Kupfer- und Kupferlegierungen etwa um den Faktor 1,8 und Aluminium und Aluminiumlegierungen etwa um den Faktor 2. Dies bedeutet, dass Chrom-Nickel-Stähle sich besonders gut flammrichten lassen, weil sowohl die thermische Ausdehnung als auch die Wärmeleitfähigkeit den Vorgang unterstützen. Bei Aluminium wird der günstige Ausdehnungskoeffizient durch die gute Wärmeleitfähigkeit teilweise aufgehoben. Trotzdem lässt sich Aluminium flammrichten.

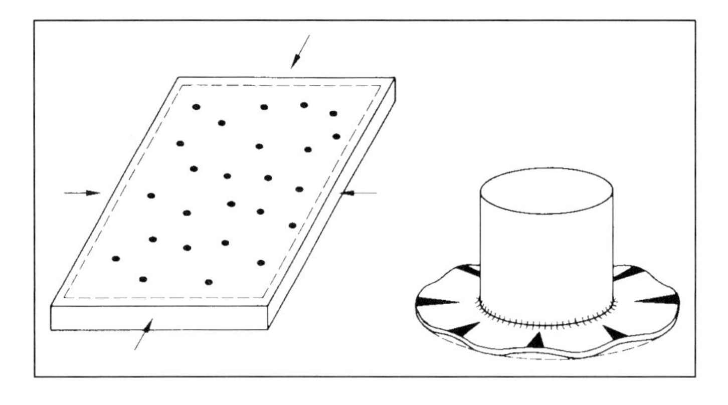

Bild 10-4
Symmetrische Lage der Richtstelle zum Verkürzen [1]

Ausrüstung

Je nach Anwendungsfall, Werkstoff und Werkstück werden Ein- oder Mehrflammenbrenner, umschaltbare 2-, 3- und 5-Flammenbrenner bzw. Sonderbrenner (für dickwandige Teile) verwendet. Einflammenbrenner wählt man für Wärmepunkte, -striche, -keile oder -ovale. Mehrflammenbrenner für parallele Wärmestriche, -keile oder -ovale bei Werkstückdicken ab 20 mm. Die umschaltbaren Brenner dienen zum Richten im Schiffbau (Beplankungen) und Stahlbau, sowie zum Beseitigen von Winkelverzug.

Die Brennergröße richtet sich nach Werkstoff und Materialdicke. Hat der Werkstoff eine gute Wärmeleitfähigkeit (Al, Cu), so wählt man eine Brennergröße über der von Stahl. Ist es ein schlechter Wärmeleiter (CrNi-Stähle und Ti), dann liegt die Brennergröße eine unter der von Stahl. Für Normalstahl bis 3 mm Dicke ist die Brennergröße gleich der beim Gasschweißen. Über 3 mm soll die Größe 2 bis 2,5 mal größer sein als zum Schweißen. Z. B. wählt man für ein Blech mit 10 mm Wanddicke = 10 x 2,5 = 25 mm = Brennergröße 8 (20 bis 30 mm).

Flammgerichtet wird immer mit der Azetylen-Sauerstoff-Flamme, da sie die höchste Flammentemperatur ergibt. Die Flammeneinstellung ist fast immer neutral. Nur bei Aluminium soll die Einstellung leicht reduzierend sein, bei CrNi-Stählen, Ti und Ni leicht oxidierend. Ebenso darf das Formieren von Rohren aus CrNi-Stählen, Ti oder Ni nicht vergessen werden, wenn hier von außen gewärmt wird.

Mechanische Hilfsmittel können zur Behinderung der Wärmedehnung benutzt werden. Diese sollen aber nur festhalten und nicht spannen! Lochbleche verwendet man sinnvollerweise zum Richten von Dünnblechfeldern (siehe hierzu **Bild 10-3**).

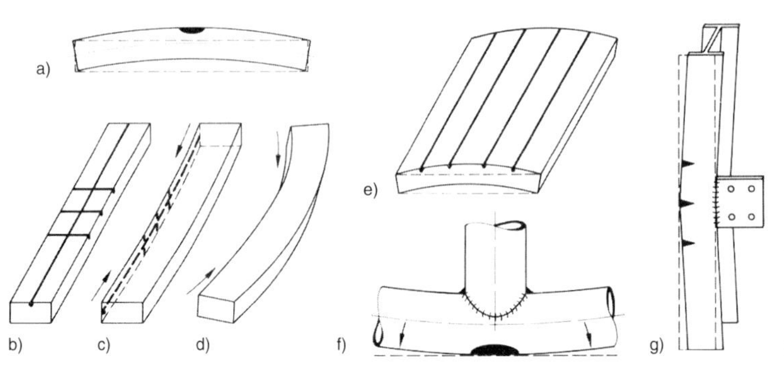

Bild 10-5
Unsymmetrische Lage der Richtstelle zum Krümmen [1]

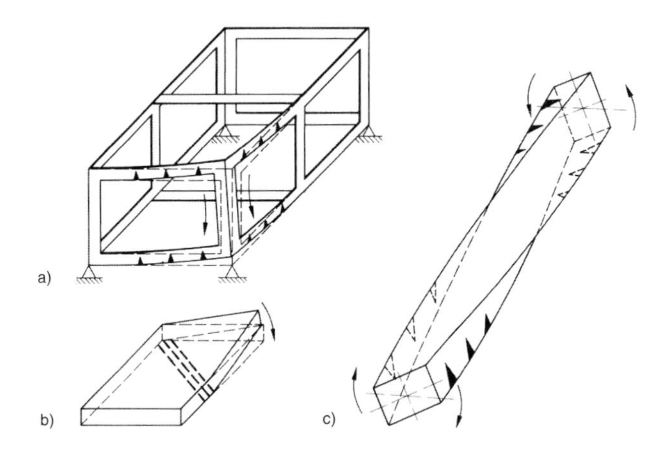

Bild 10-6
Unsymmetrische Lage der Richtstelle zum Verwickeln und Drehen [1]

Eignung der Werkstoffe und Besonderheiten beim Flammrichten

Stähle

Stähle ohne Gewährleistungsumfang sollen nur bei Temperaturen < 700 °C (unterhalb des Umwandlungspunktes 723 °C) flammgerichtet werden. Bei Stählen mit einem definierten C-Gehalt bis max. 0,2 % (S235) kann man sogar bis 1000°C arbeiten. Die Abkühlung kann im Dünnblechbereich mit Wasser erfolgen. Bei C-gehalten >0,2 % bis 0,5 % (S355, E260, E335, E360) muss schnell bis max. 700 °C angewärmt und langsam abgekühlt werden. Dabei dürfen wegen der Aufhärtungsempfindlichkeit dieser Stähle keine kleinen Wärmefigurenen zur Anwendung kommen. Unlegierte Kesselstähle (P265GH, ehemals H II) und warmfeste Stähle (13CrMo4-5, 16Mo3) richtet man mit einer Temperatur von 600 bis 700 °C mit langsamer Abkühlung. Für Schiffbaustähle gilt ebenso nicht > 700 °C flammrichten und langsam abkühlen lassen. Zu beachten sind hier zusätzlich die Vorschriften des Germanischen Lloyd. Bei normalgeglühten (P460N) und vergüteten (S960Q) Feinkornbaustählen gilt: max. 700 °C, kleine Wärmefiguren, kurze Anwärm- und Verweilzeiten, Abkühlung an ruhender Luft. Zusätzlich gilt für vergütete Feinkornbaustähle: Vorwärmen bei Dicken > 15 mm und Auswahl möglichst niedriger Flammrichttemperaturen. [3] Thermomechanisch umgeformte Feinkornbaustähle lassen sich sehr gut flammrichten, Temperatur 600 bis 700°C. [4] Für Schienenstähle (auch Kranbahnschienen), die bei 650°C flammzurichten sind, muss ferner die Bundesbahnvorschrift DS 820 06/B3 vom 13.12. 1993 beachtet werden. Stähle entsprechend Werkstoffhandbuch der Deutschen Luftfahrt werden bei 600 bis 700 °C flammgerichtet, anschließend Abkühlung an ruhender Luft. Bei Vergütungsstählen muss die Flammrichttemperatur kleiner als die Vergütungstemperatur sein, d. h. in der Regel < 600 °C, Abkühlung an Luft. Zur Sicherheit kann aber auch Rücksprache mit dem Hersteller gehalten werden.

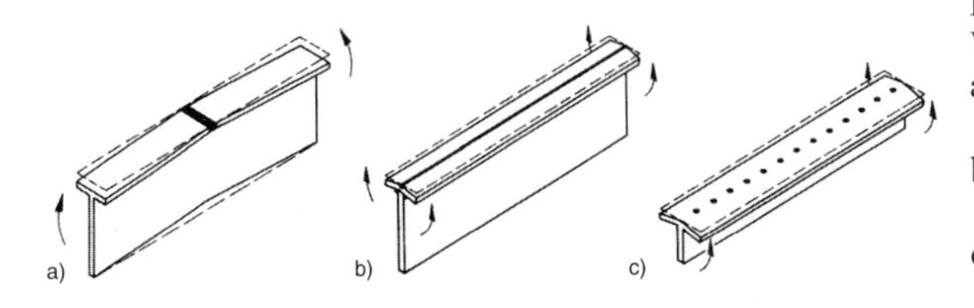

Bild 10-7
Wärmefiguren und deren Anwendung
a) Querschrumpfung richten – Wärmestrich
b) Kehlnaht Winkelverzug richten – Wärmestrich
c) Winkelverzug richten – Wärmepunktstraße [1]

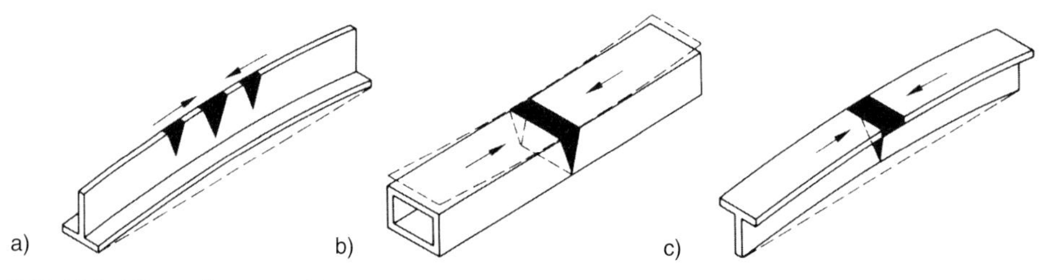

Bild 10-8 Wärmefiguren und deren Anwendung
a) Profilsteg zum Ebnen verkürzen – Wärmekeil c) T-Profilebenen – Wärmekeil [1]
b) Hohlprofil krümmen – Wärmekeil

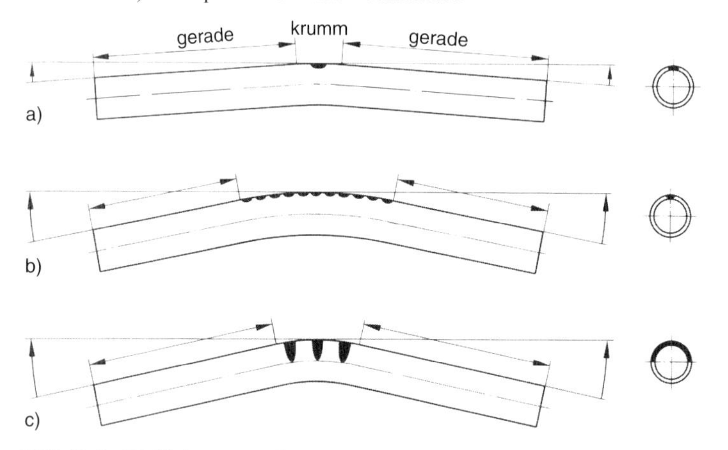

Bild 10-9 Wahl der Wärmefigur am Rohr
a) kurze und schwache Krümmung c) örtlich starke Krümmung
b) lange und stärkere Krümmung [1]

Stahlguss

Bis zu einem C-Gehalt ca. 0,25 % gelten die Werte wie für S235. Höher gekohlter Stahlguss verhält sich wie höher gekohlter Stahl. Je höher die kritische Abkühlgeschwindigkeit, desto problemloser das Flammrichten.

CrNi-Stähle

Wegen der Gefahr des Kornwachstums, keine zu hohen Temperaturen wählen, 650 bis 800 °C. D. h. schnell wärmen (1 bis 3 s/mm Blechdicke) und rasch mit Wasser abkühlen. Aufgrund der geringen Wärmeleitfähigkeit soll die Brennergröße eine Nummer kleiner sein als bei Stahl. Wegen des hohen Wärmeausdehnungskoeffizienten (2 x Stahl) muss für eine gute Dehnungsbehinderung gesorgt werden. Die Wärmedehnung erfolgt hier mit großen Kräften bei kleinen Wegen. Um eine Aufkohlung der Oberfläche zu vermeiden, wird die Flamme leicht oxidierend eingestellt. Anlauffarben, Zunder und Oxidhäute müssen nach dem Richten entfernt werden. Es sind nur Werkzeuge und Hilfsmittel aus CrNi-Stahl zu verwenden, damit keine Eisenpartikel mit dem CrNi-Stahl in Verbindung kommen, die später Korrosion verursachen können.

Duplexstähle

Hier können gleiche Brennergrößen wie bei Stahl verwendet werden, Einstellung der Flamme mit leichten O_2-Überschuss, Flammrichttemperatur 500 bis 600 °C, in jedem Fall < 700 °C, schnelles Wärmen, mit Wasser abschrecken, anschließend Oxidhäute entfernen.

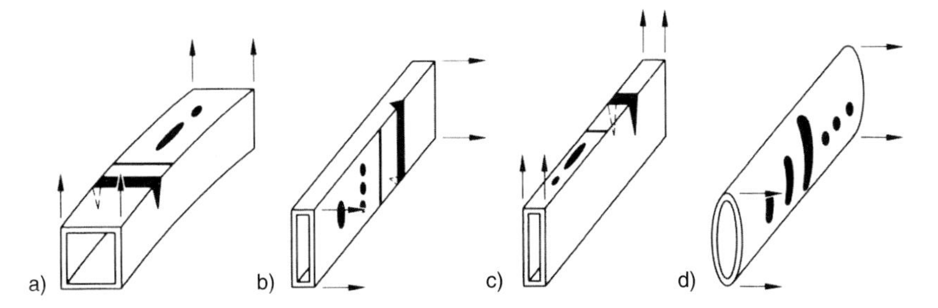

Bild 10-10 Wärmefiguren an Hohlprofilen
a) quadratisches Profil – gleiche Wärmefiguren bewirken an jeder Seite gleiche Krümmung
b) Querseite eines Rechteckprofils kann mit kleineren Wärmekeilen, bzw. -Punkten gebogen werden
c) Hochkantseite des Rechteckprofils benötigt zum Krümmen eine größere Schrumpfung
d) Ovalquerschnitte mit Wärmestrichen oder -punkten biegen [1]

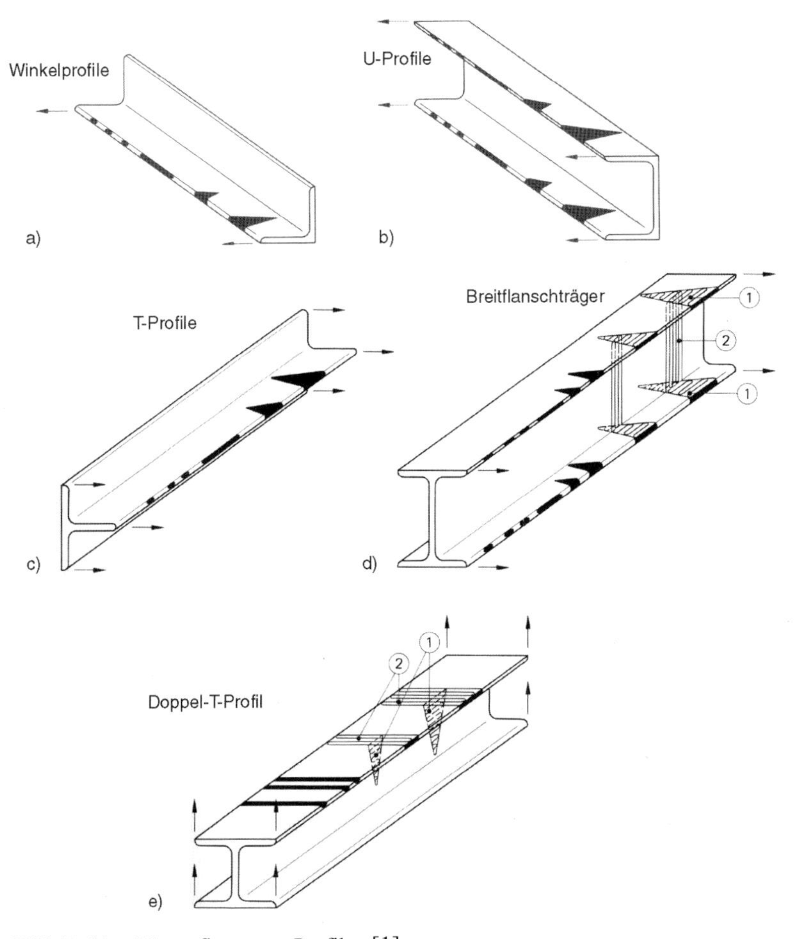

Bild 10-11 Wärmefiguren an Profilen [1]

Ni und Ni-Legierungen

Ähnlich CrNi-Stahl, 600 bis 800 °C, intensiv mit Wasser.

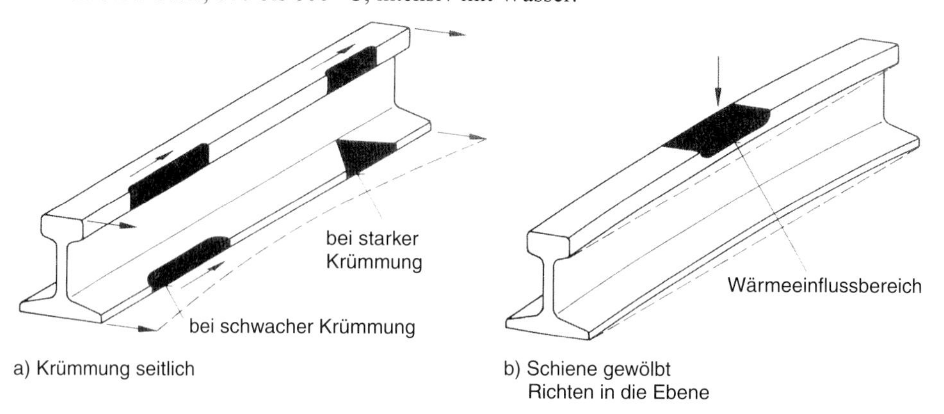

Bild 10-12 Flammrichten von Schienen
a) Krümmung seitlich
b) Schiene gewölbt – Richten in die Ebene [1]

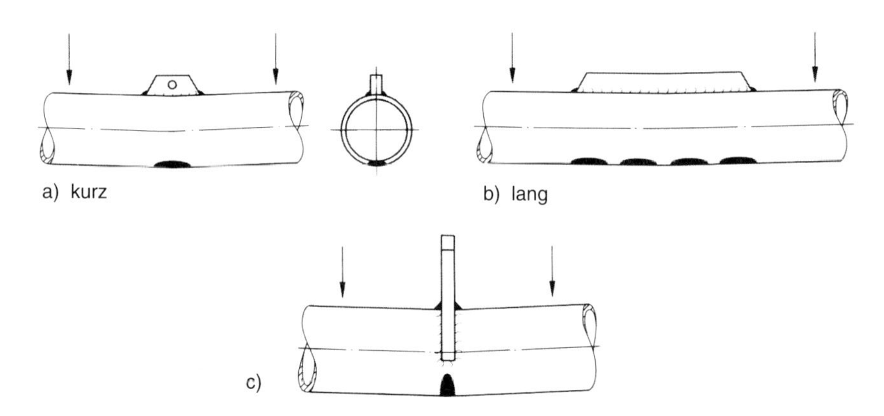

Bild 10-13 Flammrichten des Verteilers einer Rohrleitung
a) Beseitigung der Krümmung vom Anschweißen einer Hängelasche
b) Lange angeschweißte Stege benötigen Punktreihen an der Gegenseite.
c) Winkelverzug wird durch ein Queroval auf der Steg-Gegenseite behoben. [1]

Cu und Cu-Legierungen

Wegen der sehr hohen Wärmeleitfähigkeit große Brenner verwenden (1 bis 2 Größen über Stahl), 600 bis 800 °C, bei Messingen 600 bis 700 °C, neutrale Flammeneinstellung, kein O_2-Überschuss (!), anschließend mit Wasser abkühlen.

Al und Al-Legierungen

Große Brenner benutzen (eine Größe über Stahl), neutrale bis leicht reduzierende Flammeneinstellung, Flammrichttemperatur genau einhalten!, nicht aushärtbare Legierungen (EN AW-

AlMn, EN AW-AlMg3) 300 bis 450 °C (Zustand weich) und 150 bis 350 °C (Zustand hart), aushärtbare Legierungen (EN AW-AlMgSi) 150 bis 200 °C und (EN AW-AlZn4,5Mg1) 150 bis 350 °C, anschließend schnelles Abkühlen.

Ti und Ti-Legierungen

Flammrichttemperatur 500 bis 600 °C, neutrale bis leicht reduzierende Flammeneinstellung, kein O_2-Überschuss, sehr kurze Anwärmzeiten, kleine Anwärmstellen, intensives Abkühlen mit Wasser.

Verzinkte Bleche

Richttemperatur von 550 °C nicht überschreiten. Als Temperaturindikator eignet sich Hartlotflussmittel, das bei Erreichen der Wirktemperatur (siehe Verpackung) durchsichtig bis wässrig wird und gleichzeitig einen Schutz vor Verdampfung der Zinkschicht bietet.

Allgemeine Hinweise zu den Wärmefiguren und ihren Auswirkungen, zu den zu erwärmenden Zonen und vor allem zu den dabei erzielbaren Richteffekten lassen sich aus den gezeigten Beispielen in den **Bildern 10-4 bis 10-13** anschaulich erkennen. [5, 6, 7]

Weiterführende Literatur

[1] Pfeiffer, R.: Handbuch der Flammrichttechnik, Fachbuch 124, 1996, DVS-Verlag Düsseldorf

[2] Weirich, G.: Wie richte ich Bleche, Rohre und Profile mit der Flamme, „Der Praktiker", 1980, H. 2, S. 61 – 63

[3] Nieß, M./ Schuler, V.: Auswirkung des Flammrichtens auf die mechanischen Gütewerte von hochfesten Feinkornbaustählen, DVS-Bericht (1988), Bd. 112, S. 169 – 173

[4] Thiele, W. R.: Gefüge von hochfesten Feinkornbaustählen nach Flammricht-Vorgängen, Schweißen & Schneiden, 1984, H. 12, S. 579 – 583

[5] Hermann, F.-D./ Schumacher, K.: Flammrichten an großen Bauteilen und Bauwerken, DVS-Bericht (1989), Band 123, S. 96 – 100

[6] Ornig, H./ Rauch, R./ Holzingeruth, A.: Flammrichten von TM-Stählen mit Streckgrenzen von 355 bis 690 N/mm^2, „Schweißtechnik" (Wien), 47. Jhrg. 1993, H. 9, 10, 11, S. 133 – 139, 150 – 156, 174 – 175

[7] Schuler, V.: Flame Straightening Seminar on the Basic of the Theory with Industrial Applications, 1998, HERA, New Zealand Welding Centre

[8] Schuler, V.: Flame straightening of coated steel and non ferrous materials, 2003, WTIA, Australia

11 Werkstoffe und Schweißen

11.1 Stahl und Eisen

11.1.1 Die Beeinflussung des Grundwerkstoffs durch das Schweißen

Beim Schmelzschweißen wird der Werkstoff an der Schweißstelle durch die Einwirkung der Wärmequelle über seinen Schmelzpunkt erwärmt und dabei aufgeschmolzen. Zum benachbarten Grundwerkstoff beidseits der Naht nimmt die Temperatur exponentiell ab. Der Temperaturgradient wie auch die maximale Temperatur sind dabei abhängig von der Leistungsdichte, der Schweißgeschwindigkeit und den physikalischen Eigenschaften des Werkstoffs. **Bild 11-1** zeigt die Temperaturfelder für zwei Verfahren unterschiedlicher Leistungsdichte. So findet man beim Elektronenstrahlschweißen, gekennzeichnet durch eine hohe Leistungsdichte, einen hohen Temperaturgradienten, d. h. einen steilen Abfall der Temperatur vom Maximalwert – dargestellt durch die dicht beieinander liegenden Isothermen des Temperaturfeldes. Im Gegensatz dazu verläuft die Temperaturkurve beim Gasschmelzschweißen mit seiner vergleichsweise geringen Leistungsdichte wesentlich flacher.

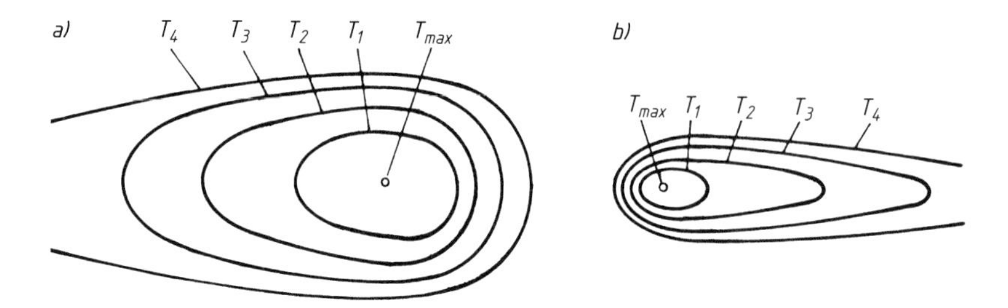

Bild 11-1 Temperaturfelder beim Gasschweißen (a) und Elektronenstrahlschweißen (b)

Der Grundwerkstoff wird somit in der Wärmeeinflusszone (WEZ) unterschiedlich thermisch beeinflusst. Bei Stählen lassen sich die damit verbundenen Gefügeumwandlungen näherungsweise mit Hilfe des Eisen-Kohlenstoff-Schaubildes (besser des Eisen-Zementit-Schaubildes) beschreiben, **Bild 11-2**. Dabei ist zu beachten, dass beim Schweißen

- mit hoher Geschwindigkeit erwärmt wird,
- höhere Spitzentemperaturen mit kurzer Verweildauer auftreten und
- in der Regel höhere Abkühlgeschwindigkeiten auftreten.

Betrachtet man die Vorgänge beim Schweißen eines Stahls mit 0,2 % Kohlenstoff, so ergibt sich folgendes Bild:

- In der Schweißnaht liegt das Schweißgut, bestehend aus aufgeschmolzenem Grundwerkstoff und eventuell Zusatzwerkstoff im schmelzflüssigen Zustand oberhalb der Liquidus-Linie vor. Die Erstarrung erfolgt in der Regel unter Ausbildung von Dendriten, ausgehend von der Grenzlinie zwischen Schmelze und Grundwerkstoff, der Schmelzlinie. Die Temperatur liegt hier im Bereich der Solidus-Linie. Trotz der Gussstruktur kann das Schweißgut sowohl was die Festigkeits-, als auch was die Zähigkeitseigenschaften anbetrifft, durch die Wahl geeigneter Zusatzwerkstoffe beherrscht werden.
- In der sich anschließenden Wärmeeinflusszone sind je nach Höhe der Temperatur verschiedene Bereiche zu unterscheiden.

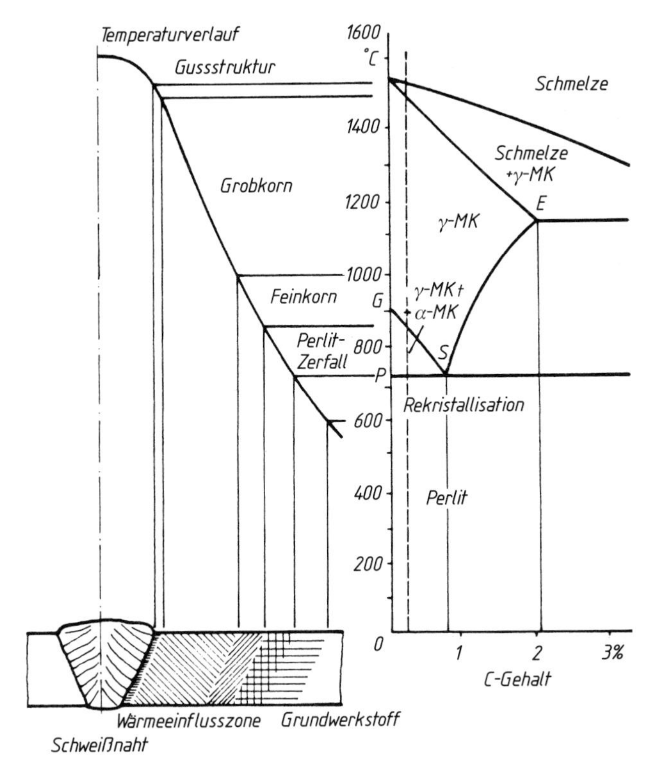

Bild 11-2
Eisen-Kohlenstoff-Schaubild mit Temperaturverlauf und Ausbildung der Wärmeeinflusszone bei einer Stumpfnaht

Unmittelbar neben der Schmelzlinie wird der Werkstoff überhitzt. Dies führt zur Austenitisierung mit Bildung eines groben Korns, vergleichbar dem Hoch- oder Grobkornglühen. Weiterhin können eventuell vorhandene Phasen mit niedrigem Schmelzpunkt, wie z. B. Eisen-Schwefel- oder Eisen-Phosphor-Verbindungen, aufschmelzen, was bei der Erstarrung dann zur Bildung von Heißrissen führen kann. Diese Zone weist die ungünstigsten Werte für die Kerbschlagzähigkeit auf.

Im Bereich oberhalb der Sättigungslinie GS (A_3-Linie) ist die Austenitisierung mit der Bildung eines feinkörnigen Gefüges verbunden, vergleichbar dem Vorgang des Normalisierens.

Auf die Feinkornzone folgt ein Gebiet mit unvollständiger Umkristallisation. Dies ergibt sich daraus, dass zwischen A_3- und A_1-Linie das Gefüge aus Ferrit und Perlit nur teilweise in Austenit umgewandelt wird. Eine durchgreifende Änderung des Gefüges findet daher nicht statt.

Wird die A_1-Linie unterschritten, so sind keine weiteren Gefügeumwandlungen mehr zu beobachten. Eine Ausnahme bilden kaltverformte Stähle, bei denen hier eine Rekristallisation mit einer Neubildung des Gefüges auftreten kann. Bei genügend hohem Kaltumformgrad führt dies zu einem feinen Korn; im Bereich des kritischen Grenzumformungsgrads kann jedoch auch Grobkorn gebildet werden.

Bei einer Mehrlagenschweißung erfahren das Schweißgut der bereits geschweißten Lagen und die Wärmeeinflusszone des Grundwerkstoffs durch die eingebrachte hohe Wärme, vergleichbar einer Wärmebehandlung, Umwandlungen im festen Zustand. Dabei ist die Mikrostruktur des neuen Gefüges von den bei der Schweißung am betrachteten Ort auftretenden Temperaturzyklen abhängig. Damit ändern sich auch die mechanischen Eigenschaften, was insbesondere positive Auswirkungen auf die Kerbschlagzähigkeit hat.

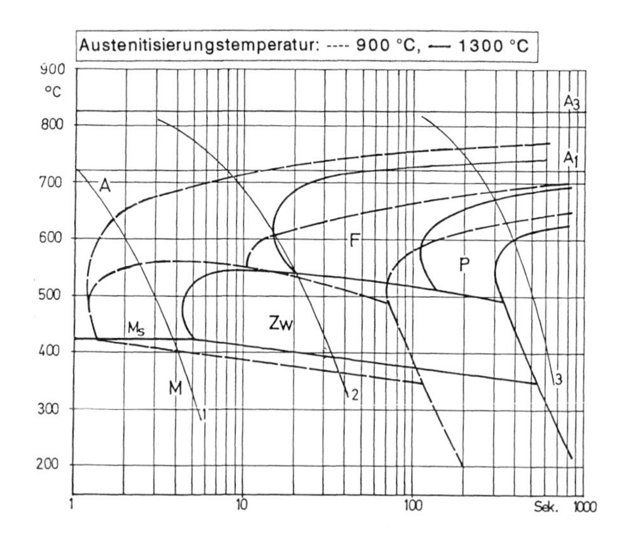

Bild 11-3

ZTU-Schaubild für kontinuierliche Abkühlung (Werkstoff S355) für zwei Austenitisierungstemperaturen (900 °C und 1300 °C)

1 Abkühlungsverlauf für eine Decklage an einem 10 mm dicken Blech (Lichtbogenhandschweißen)

2 UP-Schweißung an einem 15 mm dicken Blech

3 Elektroschlackeschweißung an einem 40 mm dicken Blech

Das Eisen-Kohlenstoff-Schaubild lässt keine Aussage über die sich in der Wärmeeinflusszone bei rascher Abkühlung bildenden Phasen bzw. Gefüge zu. Zur Bestimmung der bei beschleunigter Abkühlung auftretenden Gefüge und der damit verbundenen Härteänderung wird in der Werkstofftechnik das Zeit-Temperatur-Umwandlungsschaubild (ZTU-Schaubild) für kontinuierliche Abkühlung verwendet. Ausgehend von einem unter vorgegebenen Bedingungen gebildeten Austenit lassen sich aus diesem Diagramm für einen bestimmten Werkstoff die unter verschiedenen Abkühlbedingungen zu erwartenden Gefüge und Härtewerte ermitteln. Dieses Schaubild ist mit Einschränkung auch für die Beurteilung der beim Schweißen auftretenden Gefüge verwendbar. Zu berücksichtigen ist insbesondere, dass beim Schweißen höhere Temperaturen als bei der üblichen Wärmebehandlung auftreten, die Haltedauer dagegen kürzer ist. Dadurch werden die Umwandlungen zu tieferen Temperaturen und längeren Zeiten verschoben, was die Bildung des unerwünschten Martensits begünstigt, **Bild 11-3**. Dieselbe Wirkung haben die Legierungselemente Mn, Cr, Ni, Mo, V und W, die bei Vergütungsstählen zur Verbesserung der Durchvergütbarkeit eingesetzt werden.

Das $t_{8/5}$-Konzept nach SEW 088

Aus dem eigentlichen ZTU-Schaubild lässt sich ein Diagramm ableiten, das die Anteile der auftretenden Gefüge bzw. die sich daraus ergebende Härte in Abhängigkeit von der Abkühlungsdauer wiedergibt. Legt man für die Härte einen zulässigen Grenzwert fest, so kann das ZTU-Schaubild dazu verwendet werden, im Voraus die Schweißbedingungen zu ermitteln, die zu einer einwandfreien Schweißung führen. Dazu wurde das Konzept der Abkühlzeit $t_{8/5}$ entwickelt. Darunter ist die Zeit zu verstehen, die bei der Abkühlung der Schweißraupe und der Wärmeeinflusszone zum Durchlaufen des Temperaturintervalls zwischen 800 und 500 °C erforderlich ist.

Bei der Berechnung dieser Abkühlzeit ist zwischen der drei- und der zweidimensionalen Wärmeableitung zu unterscheiden. Eine dreidimensionale Wärmeableitung liegt bei dicken Werkstücken vor. Die örtlich eingebrachte Wärme kann sowohl in der Werkstückebene als auch senkrecht dazu in Dickenrichtung abfließen. Dadurch wird die Abkühlzeit nicht beeinflusst. Dagegen erfolgt bei zweidimensionaler Ableitung, d. h. relativ geringer Wanddicke, der Wärmefluss im Wesentlichen nur in der Ebene des Werkstücks. Somit ist dessen Dicke maßgebend für die Querschnittsfläche, die zur Wärmeleitung zur Verfügung steht; sie bestimmt also wesentlich die Abkühlzeit.

Aus den bekannten Beziehungen für die Wärmeleitung in einem festen Körper unter Annahme einer wandernden punktförmigen Wärmequelle lassen sich folgende Beziehungen für die Abkühlzeit $t_{8/5}$ ableiten:

a) dreidimensionale Wärmeableitung

$$t_{8/5} = (\eta/2\pi \cdot \lambda) \cdot (U \cdot I/v)\,[1/(500 - T_0) - 1/(800 - T_0)]$$

In dieser Gleichung beschreiben η den thermischen Wirkungsgrad des Schweißverfahrens und λ die Wärmeleitzahl des Stahls in J/s.cm.K. Die eingebrachte Energie berechnet sich aus der Schweißspannung U, dem Schweißstrom I und der Schweißgeschwindigkeit v in cm/s. Die Größe T_0 steht für die Arbeitstemperatur in °C.

Fasst man die werkstoff- und verfahrensabhängigen Größen zu einem Faktor $K_3 = \eta/2\pi\lambda$ zusammen und führt als Streckenenergie $E = U \cdot I/v$ ein, so erhält man

$$t_{8/5} = K_3 \cdot E[(1/(500 - T_0) - 1/(800 - T_0)]$$

Daraus lässt sich ablesen, dass die Abkühlzeit der Streckenenergie proportional ist und mit der Arbeitstemperatur zunimmt.

b) zweidimensionale Wärmeableitung

$$t_{8/5} = \eta^2/(4\pi \cdot \lambda \cdot \rho \cdot c) \cdot (U \cdot I/v)^2\,(1/d^2)\,[1/(500 - T_0)^2 - 1/(800 - T_0)^2]$$

Zu den bereits oben genannten Größen treten die Werkstückdicke d in cm, die Dichte ρ in g/cm^3 und die spezifische Wärme c des Stahls in J/g.K als weitere Einflussgrößen hinzu.

Durch Zusammenfassen der werkstoff- und verfahrensabhängigen Größen zum Faktor $K_2 = \eta^2/4\pi \cdot \lambda \cdot \rho \cdot c$ ergibt sich die Beziehung

$$t_{8/5} = K_2 \cdot (E/d)^2\,[1/(500 - T_0)^2 - 1/(800 - T_0)^2]$$

In diesem Fall nimmt die Abkühlzeit also mit dem Quadrat der Streckenenergie und der Arbeitstemperatur zu; zudem ist sie umgekehrt proportional dem Quadrat der Dicke des Werkstücks.

c) Versuche haben gezeigt, dass die Faktoren K, die die werkstoffabhängigen Eigenschaften beschreiben, von der Arbeitstemperatur T_0 abhängen und sich durch folgende Beziehungen beschreiben lassen:

$K_3 = 0{,}67 - 5 \cdot 10^{-4} \cdot T_0$

$K_2 = 0{,}043 - 4{,}3 \cdot 10^{-5} \cdot T_0$

Weiterhin wurde bei entsprechenden Versuchen festgestellt, dass der thermische Wirkungsgrad η je nach verwendetem Schweißverfahren unterschiedlich ist. Bezieht man die Wirkungsgrade der verschiedenen Schweißverfahren auf den des Unterpulverschweißens, so kommt man zum relativen thermischen Wirkungsgrad η'. In **Tabelle 11-1** sind die üblichen Werte für η' zusammengestellt.

Tabelle 11-1 Relativer thermischer Wirkungsgrad verschiedener Schweißprozesse

Schweißprozesse	**relativer thermischer Wirkungsgrad η'**
Unterpulverschweißen	1,0
Lichtbogenhandschweißen, rutilumhüllte Stabelektrode	0,9
Lichtbogenhandschweißen, basischumhüllte Stabelektrode	0,8
Metall-Aktivgasschweißen mit Kohlendioxid	0,85
Metall-Inertgasschweißen mit Argon bzw.Helium	0,75
Wolfram-Inertgasschweißen mit Argon bzw.Helium	0,65

Andere Versuche ergaben, dass der Abkühlvorgang von der Nahtart beeinflusst wird. Die Gleichungen für die Berechnung der Abkühlzeit müssen daher durch so genannte Nahtfaktoren F_3 bzw. F_2 für die drei- bzw. zweidimensionale Abkühlung ergänzt werden, **Tabelle 11-2**.

Damit erhält man für die Berechnung der Abkühlzeit $t_{8/5}$ folgende Beziehungen:

$t_{8/5} = K_3 \cdot \eta' \cdot E[1/(500 - T_0) - (1/(800 - T_0)]\, F_3$

$t_{8/5} = K_2 \cdot (\eta')^2 (E/d)^2\, [1(500 - T_0)^2 - (1/(800 - T_0)^2]\, F_2$

d) Die Blechdicke $d_{ü}$, für die der Übergang von der drei- zur zweidimensionalen Wärmeableitung erfolgt, lässt sich aus obigen Gleichungen berechnen. Man erhält sie allgemeingültig zu

$$d_{ü} = \sqrt{(K_2 / K_3)\eta' \cdot E \cdot \left[1/(500 - T_0) + (1/(800 - T_0)\right]}$$

Eine größere Wanddicke als $d_{ü}$ bedeutet dreidimensionale, eine kleinere zweidimensionale Wärmeableitung.

Tabelle 11-2 Einfluss der Nahtart auf die Abkühlzeit (nach Degenkolbe)

Nahtart	**Nahtfaktor**	
	zweidimensionale Wärmeableitung F_2	**dreidimensionale Wärmeableitung F_3**
Auftragsraupe	1	1
Fülllagen eines Stumpfstoßes	0,9	0,9
Einlagige Kehlnaht am Eckstoß	0,9–0,67	0,67
Einlagige Kehlnaht am T-Stoß	0,45	0,67

Die Bestimmung der Abkühlzeit im jeweiligen Fall wird durch die Verwendung von Schaubildern erleichtert. Aus **Bild 11-4** kann abhängig von der Streckenenergie E und der Arbeitstemperatur T_0 die Übergangsdicke $d_ü$ ermittelt werden. Das Schaubild wurde für das Unterpulverschweißen aufgestellt. Durch Multiplikation mit dem relativen thermischen Wirkungsgrad η' kann das Ergebnis auf andere Schweißverfahren übertragen werden.

Eine Erhöhung der Streckenenergie führt zu einer Erhöhung der Abkühlzeit, was die Martensitbildung vermeidet, mindestens aber deren Reduktion zur Folge hat. Entsprechend der Art des Wärmeinbringens variieren die Werte für die Streckenenergie je nach verwendetem Schweißprozess.

Beim Lichtbogenhandschweißen steigt die Streckenenergie proportional zum Elektrodendurchmesser bzw. der Schweißstromstärke. Die MSG-Verfahren sind – abgesehen vom Kurzlichtbogen – durch eine hohe Schweißgeschwindigkeit gekennzeichnet. Dadurch wird die gegenüber dem Lichtbogenhandschweißen höhere Schweißstromstärke weitgehend kompensiert.

Als Richtwerte können folgende Angaben gelten

LBH		d = 3,25 mm	E = 7 bis 11 kJ/cm
MSG-C	LLB	d = 1,6 mm	E = 5,5 bis 8 kJ/cm
	KLB	d = 1,2 mm	E = 4 bis 7 kJ/cm
UP		d = 2,5 mm	E = 9 bis 14 kJ/cm

Eine Vorwärmung reduziert durch die erhöhte Abkühlzeit die Bildung von Martensit. Daneben wird die Diffusion des im Schweißgut gelösten Wasserstoffs verbessert und damit die Sprödigkeit des Martensits deutlich vermindert. Dies ist besonders bei Stählen mit hohem C-Gehalt von Bedeutung, da deren Gefüge besonders empfindlich ist für die Rissbildung durch den Einfluss von Wasserstoff. Einen positiven Einfluss hat eine Vorwärmung auch auf den Aufbau von Eigenspannungen, der durch die Verlängerung der Abkühlzeit verzögert wird.

Ist die Art der Wärmeableitung bekannt, so kann aus **Bild 11-5** die Abkühlzeit $t_{8/5}$ als Funktion der Streckenenergie E und der Arbeitstemperatur T_0 sowie bei zweidimensionaler Ableitung in Abhängigkeit von der Wanddicke d ermittelt werden. Auch diese Bilder wurden für das Unterpulverschweißen und Auftragsraupen aufgestellt. Die Anwendung auf andere

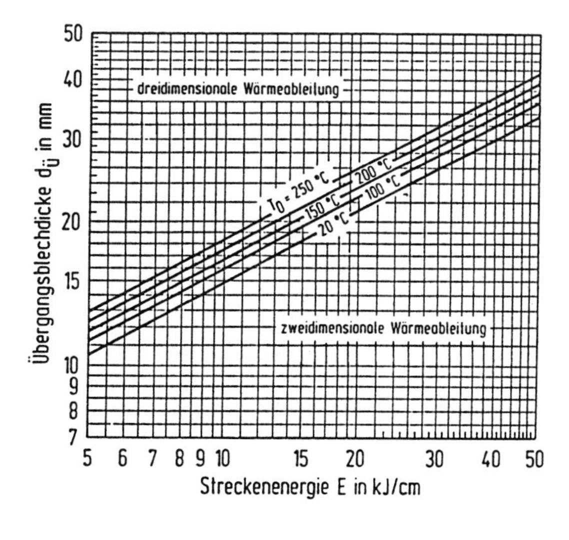

Bild 11-4
Blechdicke $d_ü$ für den Übergang von zwei- zu dreidimensionaler Wärmeableitung (UP-Schweißung, Feinkornbaustahl) nach SEW 089

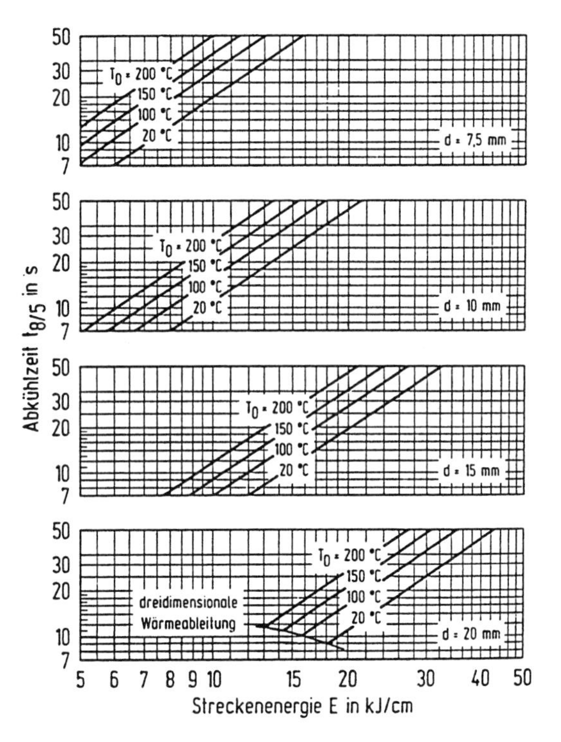

Bild 11-5
Abkühlzeit $t_{8/5}$ von Auftragsraupen für zweidimensionale Wärmeableitung (UP-Schweißung, Feinkornbaustahl) nach SEW 089

Schweißverfahren bzw. Nahtarten erfolgt durch Multiplikation mit den entsprechenden Werten für den relativen thermischen Wirkungsgrad und den Nahtfaktor F.

Mit dem rechnerisch oder grafisch ermittelten $t_{8/5}$-Wert lassen sich aus dem ZTU-Schaubild des betreffenden Stahls Gefüge und Härte nach der Abkühlung ermitteln. Dazu ist es erforderlich, die zugehörige Abkühlungskurve durch Versuche zu ermitteln. Nachteilig bei diesem Vorgehen ist jedoch, dass die in der Wärmeeinflusszone auftretenden Temperaturen den ganzen Bereich zwischen der A_1-Temperatur und der Solidustemperatur bestreichen. Eine zuverlässige Bestimmung der Vorgänge setzt also voraus, dass ZTU-Schaubilder mit unterschiedlichen Austenitisierungstemperaturen zur Verfügung stehen.

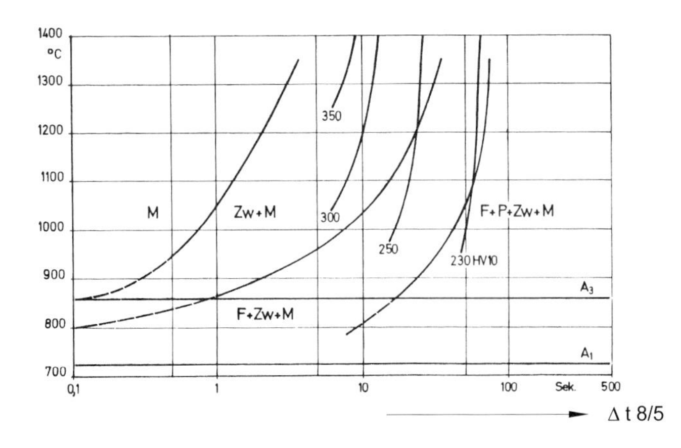

Bild 11-6
Spitzentemperatur-Abkühlzeit-Eigenschafts-Diagramm für die Härte HV10 für einen Feinkornbaustahl S430 (nach Gnirß und Ruge)

Günstig ist es daher, mit so genannten Spitzentemperatur-Abkühlungszeit-Schaubildern (STAZ-Diagrammen) zu arbeiten. Diese Schaubilder zeigen die Gefüge und Härtewerte in Abhängigkeit von der in der Wärmeeinflusszone auftretenden Spitzentemperatur und der Abkühlzeit $t_{8/5}$. **Bild 11-6** zeigt das STAZ-Schaubild für einen Feinkornbaustahl.

Aus ZTU- wie STAZ-Schaubild wird deutlich, dass bei rascher Abkühlung in der WEZ des Grundwerkstoffs zunehmend Martensit gebildet wird. Dies drückt sich in der Erhöhung der Härtewerte aus. Um Kaltrissfreiheit und Sprödbruchsicherheit zu gewährleisten, werden in der Regel bei normalisierten Stählen mit Kohlenstoffgehalten bis 0,2 % Härtewerte bis max. 350 HV – entsprechend einem Martensitanteil von etwa 50 % – als obere Grenze betrachtet. Bei vergüteten Feinkornbaustählen liegt auch bei Härtewerten > 400 HV noch eine ausreichende Zähigkeit vor. Zur Vermeidung von Kaltrissen muss allerdings der Wasserstoffgehalt unter 15 ppm liegen.

Für die Beurteilung des Einflusses von chemischer Zusammensetzung, Schweißparametern und Konstruktion auf die Schweißeignung der Stähle stehen heute verschiedene Software-Pakete zur Verfügung, mit deren Hilfe z. B. die Vorwärmtemperatur ermittelt werden kann.

Das Kohlenstoffäquivalent

Neben der Gefahr des Auftretens einer unzulässig hohen Härte in der Wärmeeinflusszone besteht insbesondere bei hochfesten, niedriglegierten Feinkornbaustählen die Gefahr der Kaltrissbildung. Unter Kaltrissen sind Werkstofftrennungen zu verstehen, die bei Temperaturen unterhalb 250 °C durch das Zusammenwirken von diffusiblem Wasserstoff und mechanischen Spannungen in und neben der Schweißnaht entstehen. Durch Vorwärmen kann diese Rissbildung vermieden werden. Einmal wird dadurch das Ausdiffundieren des Wasserstoffs begünstigt, zum anderen werden Gefügeausbildung und Eigenspannungszustand im Bereich der Schweißnaht günstig beeinflusst.

Das Kaltrissverhalten ist im Wesentlichen von der Wasserstoffkonzentration, dem Gefügezustand bzw. der Aufhärtung in der WEZ und dem Spannungs- bzw. Dehnungszustand abhängig. Das Gefüge wird dabei wiederum durch die chemische Zusammensetzung, die Werkstückdicke, das Wärmeeinbringen beim Schweißen und die Vorwärmtemperatur bestimmt. Der Einfluss der chemischen Zusammensetzung lässt sich mit Hilfe des Kohlenstoffäquivalents beschreiben. Das Kohlenstoffäquivalent eines Stahls ist ein Kennwert, der ursprünglich den Einfluss der chemischen Zusammensetzung auf den Höchstwert der Härte in der WEZ nach dem Schweißen bezeichnete. Der Zahlenwert des Kohlenstoffäquivalents ist die Summe des Gehalts an Kohlenstoff und der entsprechend ihrer Wirksamkeit gewichteten Gehalte der Begleit- und Legierungselemente des Stahls.

Zur Abschätzung der Schweißeignung wird das Kohlenstoffäquivalent CE (auch als CEV bezeichnet) in der Berechnungsweise nach der sog. IIW-Formel (DIN EN 1011-2) verwendet

$$CE = C + Mn/6 + (Cr + Mo + V)/5 + (Ni + Cu)/15$$

Mit dem nach dieser Beziehung gewonnenen CE-Wert kann die Vorwärmtemperatur grafisch ermittelt werden. Da bei dieser Formel der Einfluss des Kohlenstoffs unterbewertet, andererseits die Wirkung der Legierungselemente, die die Aufhärtung fördern, überbewertet wird, ist der Gültigkeitsbereich dieser Methode eingeschränkt. Nach DIN 18800-7 ist sie für die Anwendung bei höherfesten Stählen (S355 und FKB mit $R_e > 355$ N/mm^2) nicht zulässig.

In der auf dem Merkblatt SEW 88 beruhenden Form

$$CET = C + (Mn + Mo)/10 + (Cr + Cu)/20 + Ni/4$$

eignet sich das Kohlenstoffäquivalent zur Bestimmung der erforderlichen Vorwärmtemperatur. Diese ergibt sich dann – aus Versuchen abgeleitet – zu

$$T_0(°C) = 750\ CET - 150$$

Der Einfluss der Werkstückdicke, des Wasserstoffgehalts und der Streckenenergie auf die Vorwärmtemperatur lässt sich nach Uwer dann erfassen mit der Formel

$$T_0(°C) = 700\ CET + 160\ \tanh(d/35) + 62HD^{0,35} + (53\ CET - 32)\ Q - 330$$

Dabei bedeuten d die Werkstückdicke in mm, HD den Wasserstoffgehalt in $cm^3/100g$ und Q die Streckenenergie in kJ/cm.

Die so bestimmte Vorwärmtemperatur gilt für Stähle mit Streckgrenzen bis 1000 N/mm^2, CET-Werte zwischen 0,2 und 0,5, Blechdicken von 10 bis 90 mm, Wasserstoffgehalten zwischen 1 und 20 ml/100 g und Streckenenergiewerten von 5 bis 40 kJ/cm.

Zur Bestimmung der erforderlichen Vorwärmtemperatur beim Lichtbogenhandschweißen von Stählen kann auch die **Tabelle 18-63** im Anhang herangezogen werden. Aus dieser kann die empirisch gewonnene Vorwärmtemperatur in Abhängigkeit vom Elektrodendurchmesser, der Blechdicke und der Nahtform entnommen werden.

11.1.2 Allgemeine Baustähle

Zu den Baustählen nach DIN EN 10025-1 bis -6 zählen im Wesentlichen die schweißgeeigneten Konstruktionswerkstoffe des Stahlbaus und des Maschinenbaus. Es handelt sich um die unlegierten Baustähle, die normalisierten und die thermo-mechanisch gewalzten Feinkornbaustähle wie auch die Stähle mit hoher Streckgrenze im vergüteten Zustand. **Tabelle 11-3** gibt einen Überblick über die wichtigsten Sorten der unlegierten Baustähle mit deren charakteristischen Eigenschaften (siehe auch die **Tabellen 18-64 ff.** im Anhang).

Geliefert werden die Baustähle in Form von Grob- oder Mittelblech, Flach-, Band- und Stabstahl (U-, T- und I-Profile), Draht sowie Formstahl und Schmiedestücken. Verwendet werden sie im Stahlhochbau, im Tief-, Brücken- und Wasserbau, im Behälterbau, dem Fahrzeug- und Maschinenbau.

In DIN EN 10025 (Ausgabe 2005) sind fast 30 Sorten genormt. Die Benennung erfolgt nach der Streckgrenze. Streckgrenze und Zugfestigkeit steigen mit zunehmendem Kohlenstoffgehalt, wobei ein Kohlenstoffgehalt von 0,22 % als Grenze für die gute Schweißeignung gilt. Beim S355 (St 52-3), einer bevorzugt für geschweißte Stahlbauten verwendeten niedriglegierten Sorte, wird die Festigkeit durch einen auf 1,5 % erhöhten Gehalt an Mangan und eine geringe Korngröße erzielt. Zu beachten ist, dass für die Sorte S 185 (St 33) keinerlei Werte, weder Festigkeit noch chemische Zusammensetzung, gewährleistet werden.

In der Normbezeichnung der Stähle werden die Angaben zur Verwendung und den mechanischen Eigenschaften noch ergänzt durch alpha-numerische Zusatzsymbole, die Auskunft geben über die Kerbschlagzähigkeit, die Herstellungsart bzw. den Behandlungszustand.

Die Wahl des Erschmelzungsverfahrens bleibt dem Hersteller überlassen, soweit dies nicht mit dem Besteller besonders vereinbart wurde. Auf Grund der Entwicklung der letzten Jahre kann jedoch davon ausgegangen werden, dass die in Deutschland hergestellten Stähle entweder mit einem Sauerstoff-Aufblasverfahren (Y) oder im Elektroofen (E) erzeugt worden sind.

Die Desoxidationsart ist in DIN EN 10 025 verbindlich festgelegt. Unterschieden wird nach unberuhigt (FU), beruhigt (FN) und voll beruhigt (FF) vergossenen Stählen. Unberuhigte Stähle

Tabelle 11-3 Allgemeine Baustähle: Mechanisch-technologische Eigenschaften

Stahlsorte		Mechanische und technologische Eigenschaften						Chem. Zusammensetzung			Schweißeignung
Kurzname DIN EN 10 025-2	Bezeichn. nach DIN alt	R_m	R_e		A	A_V		C-Gehalt		CEV	
		N/mm²			%	°C	J	%	%		
		Für Nenndicke in mm									
		3–100	< 16	16–40	3–40	10–150		< 16	16–40	< 30	
S185	St33	190 bis 510	185	175	18 bis 16						bedingt
	St37-2	340 bis 470	235	235	26 bis 24			0,17	0,20		
	USt37-2			225							
S235JR	RSt37-2					20	27		0,17	0,35	eingesch.
S235J0	St37-3U					0	27			0,35	gut
	St37-3N										
S235J2						–20	27			0,35	sehr gut
S275JR	St44-2	410 bis 560	275	265	22 bis 20	20	27	0,21	0,21	0,40	eingesch.
S275J0	St44-3U					0	27	0,18	0,18	0,40	gut
	St44-3N										
S275 J2						–20	27			0,40	sehr gut
S355JR		470 bis 630	355	345	22 bis 20	20	27	0,24	0,24	0,45	eingesch.
S355J0	St52-3U					0	27	0,20	0,20	0,45	gut
S355J2	St52-3N					–20	27			0,45	sehr gut
S355K2						–20	40			0,45	sehr gut
S450J0		550 bis 720	450	430	17	0	27	0,20	0,20	0,47	gut
E295	St50-2	470 bis 610	295	285	20 bis 18				(0,3)		bedingt
E335	St60-2	570 bis 710	335	325	16 bis 14				(0,4)		bedingt
E360	St70-2	790 bis 830	360	355	11 bis 10				(0,5)		bedingt

sind gekennzeichnet durch das Fehlen von Si und Mn als Legierungselement. Durch die Entwicklung von CO bzw. CO_2 bei der Abkühlung der Schmelze wird diese in der Kokille in eine wallende Bewegung versetzt, was zum Auftreten von Blockseigerungen, d. h. zur Anreicherung bestimmter Elemente im Blockinnern führt. Auf Grund der heute üblichen Produktionsverfahren sind unberuhigt vergossene Stähle so gut wie nicht mehr im Handel. Beruhigt werden die Stähle durch eine Zugabe von bis zu 0,4 % Silizium; die Reaktion von C und O in der Schmelze unterbleibt durch die Bildung von SiO_2, so dass keine Entmischung zu erwarten ist. Für besonders beruhigte Stähle ist die Zugabe von zusätzlich mindestens 0,02 % Aluminium kennzeichnend, wodurch eine Kornverfeinerung erreicht wird.

Die Schweißeignung der unlegierten Baustähle kann an Hand des Kohlenstoffäquivalents CEV beurteilt werden. Sie ist im Wesentlichen von zwei Größen abhängig:

- der chemischen Zusammensetzung und
- der Desoxidationsart.

Einwandfrei schweißgeeignet sind nur Stähle mit einem C-Gehalt $\leq$ 0,22 %, was einer Zugfestigkeit von etwa 400 N/mm² entspricht. Höhere C-Gehalte bedeuten eine verstärkte Neigung zur Abschreckhärtung (Martensitbildung beim Abkühlen), wodurch die Gefahr der Bildung von Härterissen besteht. Baustähle mit C-Gehalten zwischen 0,22 und 0,35 % sind daher auf 200 bis 300 °C vorzuwärmen. Stähle mit C-Gehalten > 0,35 % sind zumindest für das Lichtbogen- und Gasschmelzschweißen in der Regel nicht geeignet.

Im Allgemeinen überschreiten die Gehalte an Mn, Si, P, S, N und Al das für die Herstellung und Verarbeitung notwendige Maß nicht. Die modernen Gieß- und Walzverfahren bedingen jedoch u. U. höhere Gehalte an bestimmten Elementen wie z. B. Cu, was den Verlust der Schweißeignung zur Folge haben kann (S 450). Insbesondere bei der Sorte S 355 (St 52-3) ist darauf zu achten, dass die Gehalte an den Elementen Cr, Cu, Ni, Nb, Ti und V einzeln und in der Summe begrenzt werden.

Stahlsorten der früheren Gütegruppe -3 zeichnen sich durch einen weiter verminderten Gehalt an P und S aus (max. je 0,045 %). Dadurch wird die Übergangstemperatur im Kerbschlagbiegeversuch erniedrigt und die Sprödbruchneigung vermindert. Zur Vermeidung einer Alterungsversprödung ist darauf zu achten, dass ausreichende Gehalte an stickstoffbindenden Elementen (z. B. Aluminium) vorhanden sind. Der Gehalt an Stickstoff darf 0,009 % nicht übersteigen.

Die Desoxidations- bzw. Vergießungsart beeinflussen wesentlich die Schweißeignung der Baustähle. Bei unberuhigt vergossenen Stählen besteht die Gefahr, dass beim Schweißen die Seigerungszonen in der Mitte der Querschnitte bzw. in den Hohlkehlen angeschmolzen werden. Durch den dort vorhandenen hohen P- und S-Gehalt besteht die Gefahr der Bildung von Heißrissen, von Poren und spröden Zonen. Diese Gefahr besteht nicht bei beruhigt oder besonders beruhigt vergossenen Stählen. Bei letzteren bleibt die Schweißeignung auch nach einer vorausgegangenen Kaltverformung uneingeschränkt bestehen. Es besteht hier nicht die Gefahr der künstlichen Alterung.

11.1.3 Schweißgeeignete Betonstähle

Das Schweißen von Betonstählen spielte bislang nur eine untergeordnete Rolle. Dies lag einmal am geringen Angebot schweißgeeigneter Betonstähle, zum anderen auch daran, dass im Betonbau das Schweißen seither kein gängiges Verfahren war.

Im Betonbau wird je nach Art der Verspannung im Beton unterschieden nach

- Betonstählen für schlaffe Bewehrung und
- Spannbetonstählen.

Letztere sind nicht schweißgeeignet, Schweißungen an diesen Stählen daher nicht zulässig.

In DIN EN 10080 ist die chemische Zusammensetzung eines schweißgeeigneten Betonstahls genormt, es entfiel jedoch die früher in DIN 488 getroffene Einteilung in Betonstahlsorten.

Nach dieser Norm werden die Stähle nach ihrer Mindeststreckgrenze benannt; ein dem Basiskennzeichen „St" vorangestelltes „B" kennzeichnet sie als Betonstähle. Dem Zahlenwert der Streckgrenze in N/mm2 wird für Stabstahl ein „S" angefügt, entsprechend ein „M" für die Betonstahlmatte.

Tabelle 11-4 gibt eine Übersicht über Bezeichnungen, Herstellungsverfahren, Richtanalyse und geeignete bzw. zugelassene Schweißprozesse.

Tabelle 11-4 Schweißgeeignete Betonstähle nach DIN 488 (Übersicht)

Bezeichnung	BSt 420 S (III S)	BSt 500 S (IV S)	BSt 500 M (IV M)
Verwendungsform	Betonstabstahl	Betonstabstahl	Betonstabmatte
Herstellungsverfahren	wärmebehandelt	kaltgeformt oder warmgeformt	kaltgezogen kaltgewalzt
Analyse	C < 0,22 % Si < 0,60 % P,S < 0,05 % N < 0,012 %		C < 0,15 %, sonst wie BSt 420 S
Schweißprozesse	E, MAG, GP, RA, RP		(E, MAG, RP)

Beim Schweißen ist darauf zu achten, dass möglichst wenig Wärme eingebracht wird. Erfolgt das Schweißen mit Stabelektroden, so eignen sich sowohl rutilumhüllte als auch basische Typen. Dabei sind die in DIN EN ISO 17660-2 festgelegten Vorgaben zu beachten.

11.1.4 Feinkornbaustähle

Der Trend zur Leichtbauweise verlangt schweißgeeignete Stähle höherer Festigkeit. Diese Festigkeitssteigerung ist mit den üblichen Verfestigungsmechanismen – wie z. B. Kaltverformen, Steigerung des Kohlenstoffgehalts, u. U. verbunden mit einer Wärmebehandlung zur Bildung von Martensit oder Zwischenstufe – nicht zu erzielen. Die Entwicklung führte daher zu den schweißgeeigneten Feinkornbaustählen, deren Eigenschaften im Wesentlichen bestimmt werden durch

- einen Kohlenstoffgehalt von höchstens 0,22 %,
- eine Festigkeitssteigerung infolge Mischkristallbildung durch das Legieren mit Mangan, Silizium, Chrom, Molybdän, Kupfer und Stickstoff,
- eine Steigerung der Festigkeit und Zähigkeit infolge Kornverfeinerung durch das Mikrolegieren mit geringen Anteilen an Aluminium, Niob und Vanadium,
- eine besondere Art der Warmumformung.

Kennzeichnend für die Feinkornbaustähle ist eben dieses feinkörnige Gefüge, das zu einer Erhöhung der Streckgrenze führt und die Zähigkeit verbessert. Günstig für das Verhalten beim Schweißen ist das feine Korn dadurch, dass dieses Gefüge die Umwandlung beim Erwärmen bzw. beim Abkühlen erleichtert, wodurch die Bildung von Martensit und Zwischenstufe erschwert wird.

Die schweißgeeigneten Feinkornbaustähle können in vier Gruppen eingeteilt werden, **Tabelle 11-5**:

- Normalgeglühte Feinkornbaustähle,
- vergütete Feinkornbaustähle
- ausscheidungsgehärtete Feinkornbaustähle und
- perlitreduzierte, perlitarme oder perlitfreie Stähle mit thermomechanischer Behandlung.

Tabelle 11-5 Feinkornbaustähle: Warmgewalzte Flacherzeugnisse (Übersicht)

Schweißgeeignete Feinkornbaustähle nach DIN EN 10025-3/-4		Feinkornbaustähle zum Kaltumformen nach DIN EN 10 149		Feinkornbaustähle mit höherer Streckgrenze nach DIN EN 10 025-6	
Normalgeglüht	**Thermomechanisch gewalzt**	**Normalisiert**	**Thermomechanisch gewalzt**	**Vergütet**	**Ausscheidungsgehärtet**
		S 260 NC			
S 275 N	S 275 M				
S 275 NL	S 275 ML				
		S 315 NC	S 315 MC		
S 355 N	S 355 M				
S 355 NL	S 355 ML	S 355 NC	S 355 MC		
S 420 N	S 420 M				
S 420 NL	S 420 ML	S 420 NC	S 420 MC		
S 460 N	S 460 M				
S 460 NL	S 460 ML		S 460 MC	S 460 Q	
				S 460 QL	
				S 460 QL1	
			S 500 MC	S 500 Q	S 500 A
				S 500 QL	S 500 AL
				S 500 QL1	
			S 550 MC	S 550 Q	S 550 A
				S 550 QL	S 550 AL
				S 550 QL1	
			S 600 MC		
				S 620 Q	S 620 A
				S 620 QL	S 620 AL
				S 620 QL1	
			S 650 MC		
				S 690 Q	S 690 A
				S 690 QL	S 690 AL
				S 690 QL1	
			S 700 MC		
				S 890 Q	
				S 890 QL	
				S 890 QL1	
				S 960 Q	
				S 960 QL	
				S 960 QL1	

Erläuterungen zu Tabelle 11-5:

S Bezeichnung für Baustahl. Die auf S folgenden Ziffern bedeuten die Mindeststreckgrenze in N/mm^2

N Normalgeglüht bzw. normalisierend gewalzt Q Vergütet

M Thermomechanisch gewalzt C Stahlsorte mit besonderer Kaltumformbarkeit

L Werkstoff für Tieftemperaturverwendung A Ausscheidungsgehärtet

Tabelle 11-6 Mechanisch-technologische Eigenschaften der Feinkornbaustähle nach DIN EN 10025-3

Stahlsorte	**Zugfestigkeit R_m**	**Streckgrenze R_e**					**Bruchdehnung**	**Kohlenstoffäquivalent**
	für Erzeugnisdicken in mm						**A**	**CE**
	<70	<16	>16	>40	>63	>80		
			<40	<63	<80	<100	mind.	
	N/mm²	N/mm²					%	
S 275 N	370 -	275	265	255	245	235	24	0,4
S 275 NL	510							
S 355 N	470 -	355	345	335	325	315	22	0,43
S 355 NL	630							
S 420 N	520 -	420	400	390	370	360	19	0,48
S 420 NL	680							
S 460 N	550 -	460	440	430	410	400	17	-
S 460 NL	720							

Stahlsorte	**Probenlage**	**Mindestwert der Kerbschlagarbeit in J für Spitzkerbproben bei den Prüftemperaturen °C**						
		+20	**0**	**-10**	**-20**	**-30**	**-40**	**-50**
S 275 N S 355 N	längs	55	47	43	40			
S 420 N S 460 N	quer	31	27	42	20			
S 275 NL S 355 NL	längs	63	55	51	47	40	31	27
S 420 NL S 460 NL	quer	40	34	30	27	23	20	16

Die normalgeglühten Feinkornbaustähle sind in DIN EN 10025 bzw. DIN EN 10149 genormt. Sie sind in die Gütestufen:

- Grundreihe und warmfeste Reihe
- kaltzähe Reihe

gegliedert.

Die Gewährleistungswerte für einige kennzeichnende Stähle können der **Tabelle 11-6** entnommen werden.

Die Stähle werden im Sauerstoff-Aufblasverfahren oder im Elektroofen erzeugt und in jedem Fall besonders beruhigt vergossen. Es sind kohlenstoffarme, unlegierte oder niedriglegierte Stähle mit gegenüber den Allgemeinen Baustählen verminderten Gehalten an Begleitelementen. Als Legierungselemente sind in der Norm Mangan, Nickel und Kupfer sowie als Mikrolegierungselemente Niob, Titan und Vanadium vorgesehen. Letztere haben eine große Affinität zu Kohlenstoff und Stickstoff, was zur Bildung von Karbiden und Karbonitriden führt;

durch Zugabe von Aluminium können zudem Nitride gebildet werden. Diese Ausscheidungen sind im Bereich der Normalglühtemperatur sehr stabil und unterstützen die Entstehung eines feinen Ferrit-Perlit-Gefüges.

Für die vergüteten Feinkornbaustähle liegen mit der DIN EN 10025-6 Technische Lieferbedingungen vor. Auch diese Stähle werden in eine Grundgüte, einschl. einer warmfesten Reihe, eine kaltzähe Reihe und eine kaltzähe Sonderreihe eingeteilt. Die genormten Sorten reichen bis zu einer Streckgrenze von 960 N/mm². Stähle mit Streckgrenzen bis 1100 N/mm² sind lieferbar, jedoch derzeit noch nicht genormt.

Das Gefüge besteht hier aus Vergütungsgefüge, d. h. angelassenem Martensit oder unterer Zwischenstufe, wie es aus feinkörnigem Austenit entsteht. Neben hohen Streckgrenzwerten zeichnen sich diese Stähle durch eine gute Zähigkeit aus, was durch Übergangstemperaturen der Kerbschlagarbeit um -60 °C verdeutlicht wird.

Ebenfalls in DIN EN 10025 sind die ausscheidungsgehärteten Feinkornbaustähle genormt, die den Streckgrenzenbereich zwischen 500 und 690 N/mm² abdecken.

Bei den thermomechanisch umgeformten Stählen nach DIN EN 10025 erfolgt die Umformung im metastabilen Austenitgebiet, wobei vor der Umwandlung des Austenits in andere Gefüge keine Rekristallisation erfolgt. Die Umformung kann dabei entweder oberhalb A_{r3} oder im Zweiphasengebiet erfolgen.

Diese Art der Umformung führt zu Eigenschaften, die durch eine Wärmebehandlung nicht erreichbar und nicht wiederholbar sind. Sie kann mit einer beschleunigten Abkühlung verbunden werden, auch mit einem Härten und nachfolgendem Anlassen bei höherer Temperatur.

Durch die thermomechanische Umformung können Streckgrenzenwerte bis 700 N/mm² und Übergangstemperaturen um -60 °C erzielt werden. Der Grund hierfür liegt in der feinkörnigen Ausbildung des Gefüges und dem geringen Perlitgehalt, der sich aus der Absenkung des C-Gehalts auf Werte zwischen 0,1 und 0,16 % ergibt.

Die Feinkornbaustähle sind prinzipiell schweißgeeignet und mit allen Schweißprozessen schweißbar. Richtlinien für das Schweißen und Brennschneiden enthält das SEW-Blatt 088. Zur Vermeidung von Kaltrissen ist u. U. ein Vorwärmen erforderlich. Die Höhe der Vorwärmtemperatur lässt sich mit Hilfe des $t_{8/5}$-Konzepts bestimmen.

Vorwärmen ist immer erforderlich, wenn die Werkstücktemperatur unter +5 °C liegt; ist die Temperatur höher, so muss bei Überschreiten bestimmter Grenzdicken ebenfalls vorgewärmt werden. Abhängig von der Streckgrenze gelten folgende Werte:

Streckgrenze (N/mm²)	**Grenzdicke (mm)**
< 355	30
> 355 bis 420	20
> 420 bis 590	12
> 590	8

Hinweise zu den Stabelektroden zum Lichtbogenhandschweißen von Feinkornbaustählen finden Sie in **Tabelle 18-82** im Anhang.

11.1.5 Niedriglegierte Stähle

Bei den niedriglegierten Stählen handelt es sich bevorzugt um Vergütungsstähle (nach DIN EN 10083), aber auch um Kesselbleche (DIN 17 155/DIN EN 10 028 Tl.2), Rohre (DIN 17 175/DIN EN 10216 bzw. DIN EN 10217) oder gelegentlich um Einsatzstähle (DIN 17 210/EN 10084).

Als Vergütungsstähle gelten solche Baustähle, die sich aufgrund ihrer chemischen Zusammensetzung zum Härten eignen und dann im vergüteten Zustand eine hohe Zähigkeit bei entsprechender Festigkeit aufweisen. Erschmolzen werden diese Stähle im Sauerstoff-Aufblasverfahren oder Elektroofen; sie werden grundsätzlich beruhigt vergossen. Unlegierte Vergütungsstähle weisen einen C-Gehalt von 0,22 bis 0,6 % auf (siehe auch **Tabelle 18-65**). Mit Ausnahme des C22 sind sie nicht schweißgeeignet. Die niedrig legierten Sorten haben C-Gehalte zwischen 0,25 und 0,5 %. Ihre kennzeichnenden Eigenschaften erhalten diese Stähle durch das Legieren mit Mn, Cr, Mo, Ni und V. Diese Elemente bewirken eine Verschiebung der Umwandlungen zu längeren Abkühlzeiten und tieferen Temperaturen. Diese Verschiebungen sind für das Vergüten von größeren Dicken günstig. Die Schweißeignung dieser Stähle wird jedoch dadurch beeinträchtigt, da selbst bei langsamer Abkühlung in der WEZ noch Aufhärtungen mit Rissbildung infolge Martensitbildung auftreten.

Zur Vermeidung von Rissen bei der Abkühlung werden diese Stähle vorgewärmt. Die erforderliche Vorwärmtemperatur kann unter Verwendung des $t_{8/5}$-Konzepts mit Hilfe des ZTU-Schaubildes und des STAZ-Diagramms bestimmt werden. U. U. kann auch eine Wärmenachbehandlung im Anschluss an das Schweißen erforderlich werden.

Für Vergütungsstähle existieren keine arteigenen Schweißzusätze. Eine Nachvergütung des Schweißguts lässt sich möglicherweise durch die beim Mehrlagenschweißen auftretende Anlasswirkung der jeweils nachfolgenden Lage erreichen.

Stark aufhärtende Stähle werden austenitisch geschweißt. Die sehr hohe Zähigkeit des austenitischen Schweißguts ermöglicht eine relativ risssichere Schweißverbindung. Nachteilig ist allerdings die niedrige Streckgrenze des Schweißguts, die gegebenenfalls durch konstruktive Maßnahmen ausgeglichen werden muss.

Soll bei einer hoch beanspruchten Schweißverbindung eine Nachvergütung stattfinden, so empfehlen sich Schweißzusätze, wie sie für hochfeste Feinkornbaustähle verwendet werden.

11.1.6 Hochlegierte Stähle

Stähle, bei denen die Summe der Legierungselemente 5 % überschreitet, werden als hochlegierte Stähle bezeichnet. Nach ihrem Verwendungszweck können sie eingeteilt werden in die Hauptgruppen

- Nichtrostende Stähle (DIN 17 440/EN 10 088, SEW 400),
- Hitzebeständige Stähle (DIN EN 10 095, SEW 470),
- Warmfeste Stähle (DIN 17155/DIN EN 10028),
- Kaltzähe Stähle (DIN 17280/DIN EN 10028)
- Nichtmagnetisierbare Stähle.

Üblich ist jedoch eine Einteilung nach dem Hauptgefügebestandteil bei Raumtemperatur in

- Austenitische Stähle,
- Ferritische Stähle,
- Martensitische Stähle,
- Duplex-Stähle

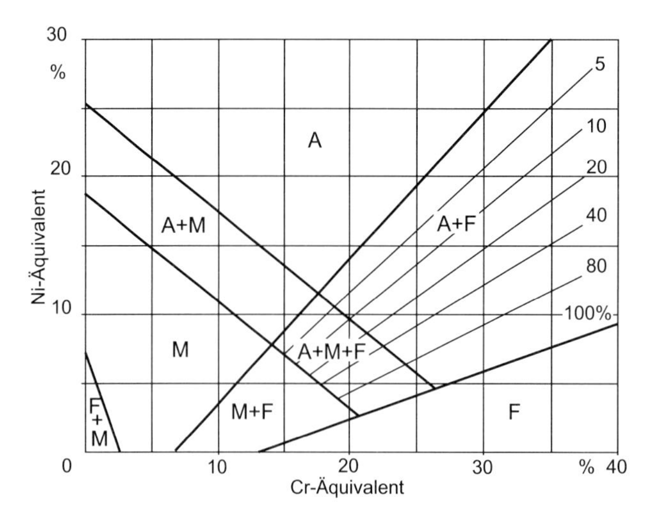

Bild 11-7
Schaeffler-Diagramm für Schweißgut von nichtrostenden Stählen
Ni-Äquiv.= %Ni + 30.%C + 0,5.% Mn + 30.%N
Cr-Äquiv.= %Cr + %Mo + 1,5.%Si + 0,5.%Nb

Austenitische Stähle

Durch das Zulegieren von Nickel (7 bis 26 %) wird das Gebiet des Austenits im Zustandsdiagramm so ausgeweitet, dass die Umwandlung des Austenits in Ferrit bzw. Perlit bei der Abkühlung unterbleibt. Neben Nickel enthalten die austenitischen Stähle noch Chrom (16 bis 26 %) und Molybdän (ca. 2 %) zur Verbesserung der Korrosionsbeständigkeit. Wie sich die einzelnen Legierungselemente auf die Ausbildung des Gefüges auswirken, kann z. B. dem so genannten Schaeffler-Diagramm entnommen werden, **Bild 11-7**.

Alle austenitischen Stähle weisen folgende charakteristische Eigenschaften auf

- relativ niedrige Streckgrenze (kann durch Zulegieren von N erhöht werden),
- hohe Zugfestigkeit,
- hohe Zähigkeit auch bei tiefen Temperaturen,
- gute Warmfestigkeit,
- starke Kaltverfestigung,
- geringe Wärmeleitfähigkeit,
- hohe Wärmeausdehnung.

Die austenitischen Stähle sind – soweit keine Anteile an Ferrit oder Martensit vorhanden sind – unmagnetisch. Korrosionsbeständig sind sie nur dann, wenn der Cr-Gehalt mindestens 12 % beträgt und das Chrom im Mischkristall gelöst ist.

Im Temperaturbereich zwischen 400 und 800 °C besteht bei austenitischen Stählen mit höherem C-Gehalt die Gefahr der Sensibilisierung für interkristalline Korrosion. Diese wird ausgelöst durch die Ausscheidung von Chromkarbiden auf den Korngrenzen. Abhilfe schafft die Absenkung des Kohlenstoffgehalts bis auf Werte um 0,03 % und das Zulegieren von Titan oder Niob zum Abbinden des Kohlenstoffs (titan- bzw. niobstabilisierte austenitische Stähle). Hitzebeständige austenitische Stähle enthalten 17 bis 26 % Cr und 9 bis 34 % Ni. Infolge des hohen Nickelgehalts sind sie nicht beständig gegen reduzierend wirkende schwefelhaltige Gase. Der C-Gehalt dieser Stähle liegt relativ hoch. Möglich ist dies, weil in heißen Gasen keine interkristalline Korrosion auftritt.

Austenitische Stähle können in der Regel ohne Schwierigkeiten geschweißt werden. Gut geeignet sind das WIG- und das MIG-Schweißen. Auch das Lichtbogenschweißen mit Stabelektroden und das UP-Schweißen können angewandt werden; siehe hierzu **Tabelle 18-81**. Sehr gut können austenitische Stähle mit Prozessen der Widerstandspressschweißung verbunden werden.

Beim Schweißen von nichtrostenden austenitischen Stählen entstehen durch die Wärmeeinwirkung Oxidschichten (Anlauffarben, Zunder). Im Gegensatz zu den durch Einwirkung des Luftsauerstoffs bei Raumtemperatur entstandenen Schutzschichten haben diese nicht die Eigenschaften einer Passivschicht, vielmehr handelt es sich um eine Schicht aus inhomogenen Mischoxiden. Der Farbeindruck – gelb, rot bis rotbraun, blau – entsteht durch Lichtbrechung und Reflektion in Abhängigkeit von der Schichtdicke. Diese liegt zwischen 40 nm bei gelb und 175 nm bei blau und ist abhängig von der Spitzentemperatur und den Abkühlbedingungen. Durch Bildung solcher Oxidschichten wird daher die chemische Beständigkeit des Stahls herabgesetzt, was zu Korrosionsschäden führen kann. Zur Vermeidung solcher Oxidschichten beim Schweißen ist es zweckmäßig, die nicht vom Schutzgas beaufschlagten Oberflächen mit Formiergas zu spülen. Als Formiergase kommen in Betracht Argon, Ar-H_2-Gemische (schwerer als Luft) sowie Stickstoff oder N_2-H_2-Gemische (leichter als Luft). In der nachfolgenden **Tabelle 11-7** sind in der Praxis bewährte Formiergase gelistet. Bereits gebildete Schichten sind mechanisch durch Bürsten, Schleifen, Strahlen oder chemisch durch Beizen zu beseitigen. Optimale Korrosionsbeständigkeit kann nur durch Beizen erreicht werden. Siehe hierzu auch die **Tabellen 18-78** und **18-79**.

Tabelle 11-7 Empfohlene Wurzelschutzgase für verschiedene Werkstoffarten (nach Linde)

Wurzelschutzgas	Werkstoffe
Argon-Wasserstoff-Mischgase	Austenitische Cr-Ni-Stähle Ni- und Ni-Basis-Werkstoffe
Stickstoff-Wasserstoff-Mischgase*	Stähle mit Ausnahme hochfester Feinkornbaustähle Austenitische Cr-Ni-Stähle
Argon	Austenitische Cr-Ni-Stähle, austenitisch-ferritische Stähle (Duplex), gasempfindliche Werkstoffe (Titan, Zirkonium, Molybdän), wasserstoffempfindliche Werkstoffe (hochfeste Feinkornbaustähle, Kupfer und Kupferlegierungen, Aluminium und Aluminium-Legierungen sowie sonstige NE-Metalle) , ferritische Cr-Stähle
Stickstoff*	Austenitische Cr-Ni-Stähle, austenitisch-ferritische Stähle (Duplex)

* Bei titanstabilisierten rostbeständigen Stählen tritt bei Anwendung von Stickstoff bzw. Stickstoff-Wasserstoffgemisch Titannitrid-Bildung auf der durchgeschweißten Wurzel auf (Gelbfärbung). Das Belassen dieses Titannitrides muss von Fall zu Fall entschieden werden.

Zu beachten ist, dass ein Gefüge aus 100 % Austenit heißrissempfindlich ist. Bestimmende Faktoren für die Heißrissempfindlichkeit sind

- die Art der Primärkristallisation,
- der Restgehalt an Deltaferrit,
- der Einfluss der Legierungselemente und Verunreinigungen,
- die Wanddicke,
- die Schweißparameter und
- die konstruktive Gestaltung.

Wichtig in diesem Zusammenhang ist, dass Austenit nur eine geringe Löslichkeit für heißrissfördernde Elemente aufweist, **Tabelle 11-8**. Diese Elemente werden als niedrigschmelzende Phasen bzw. Eutektika ausgeschieden.

Tabelle 11-8 Löslichkeit der heißrissfördernden Elemente im Austenit und Ferrit
Struktur und Schmelzpunkte niedrig schmelzender Phasen (nach Folkhard)

	Löslichkeit im reinen Eisen				Niedrig schmelzende Phasen	
	im Austenit		im Ferrit			
Element	%	Temperatur	%	Temperatur	Struktur	Schmelz-punkt
		°C		°C		°C
Schwefel	0,05	1365	0,14	1365	Eutektikum Fe-FeS	988
					Eutektikum Ni-NiS	630
Phosphor	0,20	1250	1,6	1250	Eutektikum Fe-Fe_3P	1048
					Eutektikum Ni-Ni_3P	875
Bor	0,005	1381	0,5	1381	Eutektikum Fe-Fe_2B	1177
					Eutektikum $(Fe,Cr)_2B$-Austenit	1180
					Eutektikum Ni-Ni_2B	1140
Niob	1,0	1300	4,1	1300	Eutektikum Fe-Fe_2Nb	1370
					Eutektikum NbC-Austenit	1315
					Nb-Ni-reiche Phasen	1160
Titan	0,36	1300	8,1	1300	Eutektikum Fe-Fe_2Ti	1290
					Eutektikum NiSi-Ni_3Si_2	1320
Silizium	1,15	1300	10,5	1300	Eutektikum Fe-Fe_2Si	1212
					Eutektikum NiSi-Ni_3Si_2	964
					NiSi	996

Ein geringer Anteil an Deltaferrit vermindert die Heißrissanfälligkeit, wobei der wirksame Mindestgehalt von den Legierungselementen (z. B. Niob, Silizium, Schwefel, Phosphor) abhängig ist.

Verfahrenstechnisch kann die Bildung von Heißrissen durch Maßnahmen, die nur zu geringen Spannungen führen, vermindert werden. Empfohlen werden die Verwendung dünner Elektroden (= niedere Stromstärke, kurzer Lichtbogen, kleines Schweißbad), das Schweißen mit Zugraupen und das Einhalten von Abkühlpausen, wobei die Zwischenlagentemperatur zu kontrollieren ist. Die gängigen Schweißzusätze enthalten überdies einen geringen Anteil Ferrit (4 bis 10 %), der bei Raumtemperatur beständig ist. Es ist unbedingt zu beachten, dass ein vorhandener Heißriss nicht überschweißt werden darf.

Ferritische Stähle

Das Zulegieren von Chrom engt das Gebiet des Austenits im Eisen-Kohlenstoff-Schaubild ein, wodurch nichtumwandlungsfähige Stähle mit ferritischem Gefüge entstehen. Wie die austenitischen Stähle können sie als korrosionsbeständige oder hitzebeständige Stähle verwendet werden. Gegenüber den austenitischen Stählen sind die ferritischen Stähle gekennzeichnet durch eine geringere Warmfestigkeit, eine geringe Kaltzähigkeit bzw. höhere Übergangstemperatur.

Die korrosionsbeständigen Sorten sind zur Erhöhung der Korrosionsbeständigkeit z. T. mit Molybdän legiert. Da die Lösungsfähigkeit von Kohlenstoff und Stickstoff im Mischkristall begrenzt ist, werden entweder die Gehalte der beiden Elemente in der Summe begrenzt ($C + N < 0{,}015$ %) oder die Stähle müssen durch Zulegieren von Titan oder Niob stabilisiert werden. Wie bei den austenitischen Stählen beschrieben, wird dadurch die Gefahr einer interkristallinen Korrosion vermindert.

Die ferritischen Stähle sind anfällig für Grobkornbildung. Insbesondere bei größeren Blechdicken ist dies zu beobachten. Kleinere Querschnitte können durch eine Kombination von Warm- bzw. Kaltwalzen und Rekristallisationsglühen ein feinkörniges Gefüge mit entsprechenden technologischen Eigenschaften erhalten.

Bei Chromgehalten über 12% verspröden die ferritischen Stähle infolge von Ausscheidungsvorgängen im Temperaturbereich zwischen 400 und 530 °C. Diese Erscheinung wird als „475 °C-Versprödung" bezeichnet; sie kann durch ein kurzzeitiges Glühen bei 600 °C mit anschließend schnellem Abkühlen wieder rückgängig gemacht werden. Liegt der Chromgehalt über 17 %, so verspröden die ferritischen Stähle bei langen Haltezeiten zwischen 600 und 900 °C durch die Bildung einer intermetallischen Fe-Cr-Verbindung, die als „Sigma-Phase" bezeichnet wird. Zur Beseitigung dieser Phase ist ein Glühen bei Temperaturen oberhalb 1000 °C mit anschließendem Abschrecken erforderlich.

Die ferritischen Stähle sind grundsätzlich schweißgeeignet. Als Verfahren kommen in Betracht das Schweißen mit Stabelektroden wie auch das WIG- und das MIG-Verfahren. Das Widerstandsschweißen sollte nur bei Stählen mit einem C-Gehalt < 0,1 % angewandt werden.

Als Zusatzwerkstoffe sollten nur artgleiche, mindestens artähnliche Schweißzusätze verwendet werden. In DIN EN 1600 sind hierzu entsprechende Angaben gemacht. Beim Schweißen von korrosionsbeständigen ferritischen Stählen werden aus verschiedenen Gründen häufig austenitische Zusatzwerkstoffe verwendet. Dies ist bei den hitzebeständigen ferritischen Stählen wegen des Angriffs durch schwefelhaltige Gase jedoch nicht möglich.

Zu beachten ist die Gefahr der Grobkornbildung beim Schweißen, was zum Auftreten von Kaltsprödigkeit in der WEZ führt. Diese Kornvergröberung lässt sich durch ein anschließendes Glühen nicht mehr beseitigen.

Martensitische Stähle

Wie dem Schaeffler-Diagramm zu entnehmen ist, tritt bei niedrigen bis mittleren Cr- und/oder Ni-Gehalten bevorzugt ein martensitisches Gefüge auf. Beide Elemente begünstigen die Einhärtbarkeit, d. h. sie verschieben die Umwandlungen zu längeren Abkühlzeiten und tieferen Temperaturen. So legierte Stähle bilden daher bereits bei Abkühlung an ruhender Luft Martensit.

Stähle dieser Art finden bevorzugt als hochwarmfeste Stähle im Bereich zwischen 550 und 600 °C, als Schneidwerkzeuge aller Art oder für verschleißfeste Bauteile Verwendung. Ihr Einsatz als korrosionsbeständige Stähle ist demgegenüber begrenzt.

Geliefert werden sie in der Regel in Form von Blechen, Rohren und Schmiedestücken im vergüteten Zustand. Martensitische Stähle sind nur bedingt schweißgeeignet; insbesondere besteht bei höheren C-Gehalten die Gefahr der Kaltrissbildung. Für Verbindungsschweißungen sollten aus diesem Grund nur Stähle mit einem C-Gehalt unter 0,15 % verwendet werden. Eine weitere Gefahr geht vom Wasserstoff aus, der in einem spröden Martensit ebenfalls Kaltrisse hervorrufen kann. Grundsätzlich müssen daher diese Stahlsorten auf Temperaturen zwischen 300 und 400 °C vorgewärmt werden und während des ganzen Schweißvorgangs dort gehalten werden. Nach Beendigung des Schweißens muss das Werkstück ohne Zwischenabkühlung bei 650 bis 780 °C angelassen werden.

Zum Schweißen der martensitischen Stähle können das Lichtbogenhandschweißen, das WIG- wie auch das MAG-Schweißen angewandt werden. Geschweißt wird sowohl mit artgleichen als auch mit artfremden Zusatzwerkstoffen.

Für Öl- und Gasleitungen in Chemieanlagen wurden Supermartensitische Stähle entwickelt. Diese nichtrostenden Stähle mit martensitischem Gefüge haben einen C-Gehalt von < 0,015 % bei einem Cr-Gehalt von 13 % und bis zu 25 % Mo. Sie haben eine hohe Festigkeit und gute Kaltzähigkeit. Gegen Beanspruchung durch schwach- bis mittelsaure Gase sind sie gut beständig. Das Schweißen dieser Stähle ist ohne Vorwärmen und ohne Wärmenachbehandlung möglich.

Duplex-Stähle

Die Duplex-Stähle sind gekennzeichnet durch ein zweiphasiges Gefüge aus Austenit (kfz) und Ferrit (krz), wobei beide Anteile etwa gleich groß sind. Die Chromgehalte liegen in der Regel bei 22 %, die Ni-Gehalte um 5,5 % bei Mo-Gehalten von etwa 3 %. Charakteristische Stähle dieser Gruppe sind z. B. X2CrNiMoN 22-5-3 oder X4CrNiMoN 27-5-2. Die Duplex-Stähle vereinen die Vor- und Nachteile der austenitischen und ferritischen Stähle in sich. Der ferritische Anteil bewirkt die höhere Festigkeit und die Beständigkeit gegen Spannungsrisskorrosion, während der austenitische Anteil die hohe Zähigkeit und gute Korrosionsbeständigkeit beisteuert; vorteilhaft ist auch die geringe Heißrissanfälligkeit dieser Werkstoffe. Verbunden ist damit allerdings eine eingeschränkte Stabilität der Gefüge, die Gefahr der Versprödung durch Bildung der σ-Phase, die erschwerte Umformbarkeit und höhere Anforderungen an die Schweißtechnologie. Zu beachten ist die Gefahr der Versprödung im Bereich zwischen 600 und 950 °C sowie bei 475 °C.

Geschweißt wird mit Schweißzusätzen, die höhere Ni- bzw. N-Gehalte aufweisen; als Regel wird ein N-Gehalt im Schweißgut von mind. 0,12 % angesehen. Ein Vorwärmen ist im Allgemeinen nicht erforderlich, ausgenommen bei Vorliegen dicker Querschnitte, niedriger Umgebungstemperaturen oder niedriger Streckenenergie. Eine Wärmenachbehandlung ist bei Verwendung geeigneter Schweißzusätze nicht notwendig. Es ist jedoch darauf zu achten, dass beim Mehrlagenschweißen die Zwischenlagentemperatur nicht über 150 °C liegt.

Warmfeste Stähle

Diese Stähle sind dadurch gekennzeichnet, dass ihre Festigkeit bei steigender Temperatur nur mäßig abfällt und das Kriechen erst später einsetzt. Neben einer hohen Zähigkeit und einer gewissen Zunderbeständigkeit wird eine gute Schweißbarkeit verlangt. Der C-Gehalt liegt daher grundsätzlich unter 0,25 %.

Nach der Einsatz- bzw. Betriebstemperatur können die warmfesten Stähle in zwei Gruppen eingeteilt werden:

Betriebstemperatur bis 550 °C

In diesem Temperaturbereich werden Stähle mit ferritisch-perlitischem bis martensitischem Gefüge eingesetzt.

Die unlegierten wie auch die niedrig legierten Mn- und Mo-Stähle sind problemlos zu schweißen. Dickwandige Teile sollten aber zwischen 100 und 150 °C vorgewärmt und nach dem Schweißen bei 600 bis 650 °C spannungsarm geglüht werden. Bei den mit Mo und V legierten Stählen ist zu beachten, dass bei dickwandigen Teilen während des Spannungsarmglühens in der WEZ sog. Wiedererwärmungs- oder Ausscheidungsrisse entstehen können. Dieser Effekt, im Englischen als Stress Relief Cracking (SRC) bezeichnet, beruht auf der Ausscheidung von Sonderkarbiden und Carbonitriden, die im Ausgangsgefüge vorhanden waren und in der Schweißwärme gelöst wurden. Stähle, die für dieses Versagen anfällig sind, werden bei niedrigen Temperaturen (550 bis 580 °C) spannungsarm geglüht.

Beim Schweißen von Cr-Mo-legierten Stählen wandeln sich die in der WEZ sich bildenden austenitischen Bereiche beim Abkühlen in Martensit um. Als Folge davon können Haarrisse bzw. bei dicken Bauteilen Spannungsrisse auftreten. Erforderlich ist daher ein Vorwärmen auf 200 bis 300 °C und ein Anlassglühen bei 690 bis 750 °C nach dem Schweißen. Dadurch wird die Härte in der WEZ reduziert, Eigenspannungen werden abgebaut.

Werden Cr-Mo-legierte Stähle langzeitig zwischen 400 und 600 °C beansprucht, so besteht die Gefahr der Korngrenzenversprödung. Ursächlich hierfür sind Ausscheidungen von P, Sb, Sn und As auf den Korngrenzen.

Schwierig zu schweißen ist der ausscheidungshärtende Stahl 14MoV6-3. Durch die beim Schweißen eingebrachte Wärme wird der optimale Ausscheidungszustand verändert. In der WEZ sinken daher die mechanischen Gütewerte und es besteht insbesondere bei dicken Fügeteilen die Gefahr der Rissbildung.

Lufthärtende 12% Cr-Stähle, wie z. B. der Stahl X 20CrMoV12-1, haben die höchsten mechanischen Gütewerte und verfügen über eine sehr gute Zunderbeständigkeit. Ihr Einsatzbereich reicht bis 650 °C. Das Schweißen dieser Stähle ist jedoch schwierig.

Dazu müssen die Schweißteile abhängig von der Wanddicke auf 350 bis 450 °C vorgewärmt werden. Beim Schweißen darf eine Zwischenlagentemperatur von 450 °C nicht unterschritten werden. Damit wird sichergestellt, dass in den austenitischen Bereichen der WEZ die Bildung von Martensit verhindert wird und bevorzugt Bainit entsteht.

Nach der Abkühlung liegt in der WEZ eine Härte von bis zu 500 HV1 vor. Um diese abzubauen und die Festigkeitseigenschaften zu optimieren, ist eine Wärmenachbehandlung als Anlassglühen (760 °C/0,5h/Luft) erforderlich. Es entsteht ein risssicheres Vergütungsgefüge mit feinstverteilten Sonderkarbiden und einer Härte von etwa 300 HV1.

Betriebstemperatur 550 bis 750 °C

In diesem Bereich werden hoch legierte Stähle mit austenitischem Gefüge eingesetzt, das frei von Ferritanteilen sein muss. Durch die hohen Cr- und Ni-Gehalte sind diese Stähle rostfrei. Gegenüber den eigentlichen korrosionsbeständigen Cr-Ni-Stählen ist der Cr-Gehalt auf rd. 16 % herabgesetzt, der Ni-Gehalt auf etwa 13 % zu Stabilisierung des Austenits erhöht.

Ein Zusatz von Mo erhöht die Zeitstandfestigkeit, wie auch ein geringer Zusatz an Bor in der austenitischen Matrix kriechhemmend wirkt. Legiert man Nb und V zu, so wird eine Ausscheidungshärtung durch Karbidbildung möglich, wobei durch Abschrecken und Anlassen bei 500 °C eine feine Verteilung der Karbide erreicht wird.

Die Tendenz zur Steigerung der Wirkungsgrade von thermischen Kraftwerksanlagen durch die Erhöhung von Druck und Temperatur verlangt die Verbesserung der Zeitstandfestigkeit und Hochtemperatur-Korrosionsbeständigkeit der warmfesten Stähle insbesondere für Rohre und Sammler. Dies führt zur Weiterentwicklung vorhandener Stähle, wie auch zu Neuentwicklungen, wie z. B. X 7CrMoVTiB10-10 (vergütet), X 11CrMoWVNb9-1 und 12%-Chromstählen.

Die zum Schweißen von warmfesten Stählen geeigneten Schweißzusätze sind in **Tabelle 18-80** im Anhang gelistet.

Hitzebeständige/zunderbeständige Stähle

Darunter sind Stähle zu verstehen, die widerstandsfähig sind gegen heiße Verbrennungsgase, die neben Sauerstoff noch Stickstoff, Kohlenoxide, Schwefelverbindungen und Wasserdampf enthalten. Sie gewähren auch Schutz gegen Flugasche, Salz- und Metallschmelzen. Im Vordergrund steht somit die chemische Beständigkeit der Stähle, die bis ca. 1200 °C gegeben ist.

Kennzeichnend für diese hoch legierten Stähle ist ein erhöhter Cr-Gehalt. Zusammen mit den Legierungselementen Si und Al bilden sich die Diffusion hemmende Schichten aus SiO_2 und Al_2O_3 bzw. CrO zwischen Stahlmatrix und Zunderschicht. Diese Zwischenschicht ist dicht, hat eine geringe Dicke, ist fest haftend und zeigt ein elastisches Verhalten.

Das Gefüge der Stähle muss umwandlungsfrei sein, also ferritisch, austenitisch oder ferritisch-austenitisch. Damit wird eine mechanische Beanspruchung der Schutzschicht durch Volumenänderungen bei einer Gefügeumwandlung vermieden.

Gefordert wird weiter eine gute Beständigkeit gegen Thermoschock und eine gute Schweißeignung.

Die ferritischen Stähle enthalten neben 12 bis 26 % Cr als Hauptlegierungselement noch Al in Gehalten von 0,7 bis 1,7 %. Sie sind gut beständig gegen oxidierende, reduzierende und besonders gegen schwefelhaltige Gase. Zu beachten ist, dass sie beim Schweißen zum Aufhärten und zur Grobkornbildung neigen. Wie bei nichtrostenden ferritischen Stählen sollte auf 200 bis 300 °C vorgewärmt werden. Zur Erhöhung der Zähigkeit ist ein Glühen zwischen 650 und 700 °C nach dem Schweißen erforderlich.

Als Schweißzusatz wird ein austenitischer Werkstoff mit etwa 25 % Cr und 20 % Ni empfohlen. Das abgeschmolzene Schweißgut ist allerdings nicht beständig gegen eine schwefelhaltige Atmosphäre. Alternativ empfiehlt sich ein Schweißzusatz mit 25 % Cr und 4 % Ni.

Die ferritisch-austenitischen Stähle werden auf der Basis Cr-Ni-Si ohne Al-Anteile und einem Ni-Anteil von 3,5 bis 5,5 % erschmolzen. Die Neigung zur Grobkornbildung ist bei diesem Stahl gering, doch besteht die Gefahr der Versprödung im Temperaturbereich von 300 bis 500 °C (475 °C-Versprödung) und zur Bildung einer σ-Phase bei 600 bis 900 °C. Nach Vorwärmen auf 200 bis 300 °C wird mit artgleichem Schweißzusatz geschweißt.

Austenitische Gefüge weisen die Cr-Ni- und Cr-Ni-Si-Stähle auf. Sie enthalten bis zu 25 % Cr und 37 % Ni, im Gegensatz zu den austenitischen korrosionsbeständigen Stählen aber C-Gehalte zwischen 0,12 und 0,2 %. Geschweißt wird mit artgleichem Zusatz unter Berücksichtigung der für vollaustenitische korrosionsbeständige Stähle geltenden Regeln. Zu beachten ist, dass auch bei diesen Stählen die Gefahr einer σ-Versprödung gegeben ist.

11.1.7 Eisen-Kohlenstoff-Gusswerkstoffe

Die Eisen-Kohlenstoff-Gusswerkstoffe sind gekennzeichnet durch einen Kohlenstoffgehalt zwischen 2,5 und 4,5 %. Der kleinere Teil des Kohlenstoffs (ca. 0,5 %) ist in der Regel im Zementit Fe_3C gebunden, der überwiegende Teil liegt als freier Kohlenstoff in Form von Graphit vor. Mangan begünstigt die Bildung von Zementit, Silizium fördert die Ausscheidung von Graphit; auch Phosphor begünstigt die Ausscheidung des Kohlenstoffs als Graphit. Daneben beeinflussen die Abkühlbedingungen wesentlich die Erstarrungsform.

Nach Ausbildung des Graphits werden folgende Gusswerkstoffe unterschieden, die in DIN EN 1560, Bezeichnungssystem Gusseisen, erläutert werden:

- Gusseisen mit Lamellengraphit GJL (DIN EN 1561), frühere Bezeichnung GG(L)
- Gusseisen mit Kugelgraphit GJS (DIN EN 1563), frühere Bezeichnung GGG
- Temperguss
  - Schwarzer Temperguss GJMB (DIN EN 1562)
    frühere Bezeichnung GTS
  - Weißer Temperguss GJMW (DIN EN 1562)
    frühere Bezeichnung GTW

Die Form der Graphitausscheidungen wie auch deren Größe kann in weiten Grenzen verändert werden. Die Möglichkeiten reichen von grob- bzw. feinlamellarer Form über Flocken und Knötchen bis zur Kugelform. Kennzeichnend für den Grauguss ist der lamellare Graphit. Beim Temperguss wird der Graphit erst nach einer besonderen Glühbehandlung in Flockenform aus der graphitfrei erstarrten Matrix ausgeschieden. Zu unterscheiden ist dabei zwischen nicht entkohlend geglühtem (schwarzem) Temperguss (GTS/GJMB) und entkohlend geglühtem (weißem) Temperguss (GTW/GJMW). Die kugelige Form des Graphits beim Gusseisen mit Kugelgraphit wird durch eine Behandlung der Schmelze mit Magnesium und die Verwendung besonderer, schwefelarmer Roheisensorten erreicht.

Eine feine Verteilung der Graphitausscheidungen wird durch eine Schmelzüberhitzung oder durch das Impfen der Schmelze mit Keimbildnern, z. B. Kalzium-Silizium (Meehanite-Guss) erzielt.

Die Festigkeit und die Verformbarkeit der Eisen-Kohlenstoff-Gusswerkstoffe sind einmal von der Größe und der Form der Graphitausscheidungen abhängig. Festigkeit und Zähigkeit steigen mit feinerer Verteilung des Graphits an. Die Ausscheidung des Kohlenstoffs in Form von Graphitlamellen stört den Kraftfluss sehr stark, was zu einer Verminderung der Festigkeit und Abnahme der Zähigkeit führt. Demgegenüber ist die Kerbwirkung der Graphitknötchen bzw. -kugeln beim Temperguss bzw. Gusseisen mit Kugelgraphit wesentlich geringer, was zu stahlähnlichen Eigenschaften führt. Zum anderen werden die Eigenschaften der Gusswerkstoffe durch die Ausbildung der Matrix beeinflusst. Je nach Legierungszusammensetzung (Kohlenstoff, Silizium, Mangan) und Abkühlgeschwindigkeit kann dieses Grundgefüge ferritisch bis perlitisch sein. Ein Gusseisen mit ferritischem Gefüge weist generell eine niedrigere Festigkeit auf; beim Temperguss und beim Gusseisen mit Kugelgraphit kann in diesem Fall eine nennenswerte Zähigkeit erreicht werden. Mit zunehmendem Perlitanteil steigen Härte und Zugfestigkeit an, die Zähigkeit nimmt allerdings deutlich ab.

Entsprechend der gestellten Aufgabe ist die Unterscheidung in

- Fertigungsschweißen,
- Instandsetzungsschweißen und
- Konstruktionsschweißen

üblich.

Unter Fertigungsschweißen versteht man die Schweißarbeiten an Gussstücken im Verlauf deren Fertigung; so können z. B. kleine Gießfehler durch Schweißen beseitigt werden. Das Instandsetzungsschweißen hat die Wiederherstellung eines gebrochenen oder durch Verschleiß unbrauchbar gewordenen Gussstücks zum Ziel. Demgegenüber spricht man von Konstruktionsschweißung, wenn in der Fertigung mehrere Gussstücke zu einem Bauteil verschweißt oder Gussteile durch Schweißen mit Schmiedestücken u. a. verbunden werden.

Für die Güte der Schweißverbindungen bei Eisen-Kohlenstoff-Gusswerkstoffen werden zwei Klassen gebildet:

Güteklasse A

Die Schweißverbindung hat die gleichen Eigenschaften wie der ungeschweißte Werkstoff.

Güteklasse B

Die Schweißverbindung ist in ihren Eigenschaften von denen des ungeschweißten Werkstoffs verschieden. Sie genügt aber den Anforderungen für einen bestimmten Verwendungszweck (zweckbedingte Güte).

Schweißen von Grauguss

Die Schweißeignung dieses Werkstoffs ist abhängig von

- der chemischen Zusammensetzung der Matrix
- dem Kohlenstoffgehalt,
- der Menge und Form der Graphitausscheidung,
- dem Gefüge.

Der hohe Kohlenstoffgehalt bewirkt, dass sich bei schnellem Abkühlen nach dem Schweißen in der WEZ Martensit bildet, was zu einer Versprödung führt. Beeinträchtigt wird die Schweißeignung weiterhin auch durch höhere P- und S-Gehalte. Bei einem Schwefelgehalt über 0,06 % und einem Phosphorgehalt über 0,1 % besteht die Gefahr der Bildung von Heiß- wie auch von Kaltrissen. Kritisch ist auch die Verwendung artgleicher Zusatzwerkstoffe. Sie führen zur Bildung von Ledeburit im Schweißgut, wodurch die Naht spröde und rissanfällig wird. Bei Beachtung bestimmter Voraussetzungen ist Grauguss jedoch grundsätzlich schweißgeeignet. Anwendbar sind folgende Arbeitsverfahren (siehe auch **Tabellen 18-83** und **18-84**):

Das Warmschweißen

Bei diesem Verfahren wird das Gussstück langsam auf 400 bis 600 °C vorgewärmt, unter Anwendung artgleicher Zusatzwerkstoffe verschweißt und langsam abgekühlt. Das Vorwärmen ermöglicht einen Ausgleich der Spannungen und Formänderungen während des Schweißens, vermindert das Temperaturgefälle und sichert eine einwandfreie Verbindung von Grund- und Zusatzwerkstoff. Die Ledeburitbildung im Schweißgut wird dadurch weitgehend unterdrückt, auch die Martensitbildung in der WEZ wird verhindert.

Bei Wanddicken bis zu etwa 30 mm kann das Gasschmelzschweißen angewandt werden. Üblich ist das Arbeiten mit einem leichten Überschuss an Acetylen.

Das Lichtbogenhandschweißen mit Stabelektroden ist für alle Wanddicken geeignet, doch wegen der erforderlichen hohen Stromstärken in der Praxis schwierig durchzuführen. Auch ist ein Vorwärmen mit dem Brenner erforderlich. Die Zusatzwerkstoffe hierfür sind in DIN EN ISO 1071 genormt. In Betracht kommen weiterhin für Sonderfälle das Gießschweißen, das aluminothermische Schmelzschweißen und das Elektro-Schlacke-Schweißen.

Zu beachten ist, dass wegen des kleinen Schmelzbereichs von Grauguss nur in Wannenlage geschweißt werden kann und eine Badsicherung vorzusehen ist. Weiterhin besteht wegen der hohen Temperatur die Gefahr der Verzunderung; es müssen daher u. U. Flussmittel zur Desoxidation der Nahtflanken verwendet werden.

Eine Variante des Warmschweißens ist das Halbwarmschweißen, das sich vom erstgenannten Verfahren durch eine örtliche Vorwärmung unterscheidet. Es ist in der Anwendung auf solche Fälle beschränkt, bei denen sich das Bauteil ohne Behinderung ausdehnen bzw. zusammenziehen kann.

Das Kaltschweißen

Beim Kaltschweißen wird das zu schweißende Gussstück entweder gar nicht oder nur bis etwa 300 °C vorgewärmt. Es sollte nur dann angewandt werden, wenn die durch das Warmschweißen erzielbaren Eigenschaften (Güteklasse A) nicht erforderlich sind.

Verwendet werden beim Kaltschweißen aus metallurgischen Gründen nur artfremde Schweißzusätze auf Eisen-, Nickel- oder Kupferbasis. Das Schweißgut besteht dann aus diesen Metallen und verhält sich damit im Wesentlichen duktil.

Das Gasschmelzschweißen kommt wegen der niedrigen Energiedichte und der breiten Wärmeeinflusszone nicht in Betracht. Der Forderung, die Erwärmung an der Schweißstelle möglichst gering zu halten, entsprechen nur das Lichtbogenhandschweißen mit umhüllten Elektroden nach DIN EN ISO 1071 und kleinen Durchmessern sowie das Schutzgasschweißen mit entsprechenden Stäben bzw. Drähten. Ein Abhämmern der Naht beim Erkalten vermindert die Schrumpfspannungen.

Schweißen von Gusseisen mit Kugelgraphit

Im Gegensatz zum Grauguss ist beim Gusseisen mit Kugelgraphit infolge der günstigen Verformungseigenschaften dieses Werkstoffs die Gefahr der Rissbildung stark vermindert. Es ist jedoch zu beachten, dass auch hier wegen des hohen Kohlenstoffgehalts in der WEZ Aufhärtungen und Risse auftreten können. Trotzdem besteht die Möglichkeit, neben Fertigungs- und Instandsetzungsschweißungen auch Konstruktionsschweißungen durchzuführen.

Wie beim Schweißen mit Grauguss stehen zwei Arbeitsverfahren zur Verfügung, die sich in der Anwendung des Vorwärmens und der Verwendung unterschiedlicher Zusatzwerkstoffe unterscheiden.

Beim Schweißen mit artgleichem Zusatz wird das Bauteil auf Temperaturen zwischen 400 und 600 °C vorgewärmt. Es bildet sich im Schweißgut wie in der WEZ Ledeburit, der durch ein Glühen bei 900 °C in Perlit und durch eine zweistufige Wärmebehandlung (900 °C/ Ofenabkühlung + 700 °C/Luftabkühlung) in Ferrit und Graphit umgewandelt werden kann. Das verformungsfähige Gefüge der Schweißnaht erfüllt die Anforderungen der Güteklasse A.

Wird mit artfremdem Schweißzusatz gearbeitet, so unterbleibt das Vorwärmen bzw. die Vorwärmtemperatur beträgt nicht mehr als etwa 100 °C. Zum Schweißen werden in der Regel Nickel-Eisen-Legierungen als Zusatzwerkstoff verwendet; das Schweißgut bleibt austenitisch. In der Schmelzlinie, d. h. dem aufgeschmolzenen Teil der WEZ des Grundwerkstoffs, entstehen Eisen-Nickel-Legierungen. Bei Ni-Gehalten < 35 % führt dies auch bei relativ langsamem Abkühlen zur Bildung von Nickelmartensit hoher Härte; ein Vorgang, der auch durch ein Vorwärmen nicht verhindert wird. Eine nachträgliche Wärmebehandlung bei 600 °C kann die Härte nur etwas vermindern. Die martensitische Umwandlung des Gefüges im über die A_3-Linie erwärmten Bereich der WEZ kann durch das Vorwärmen allerdings unterbunden werden.

Diese Vorgänge führen dazu, dass in der Schweißverbindung nicht die Gütewerte des ungeschweißten Grundwerkstoffs erreicht werden. Es werden lediglich die Anforderungen der Güteklasse B erfüllt.

Zum Schweißen von Gusseisen mit Kugelgraphit kann das Gasschmelzschweißen mit artgleichen Schweißstäben verwendet werden. Das Lichtbogenhandschweißen eignet sich sowohl für das Schweißen mit artgleichen als auch mit artfremdem Schweißzusatz nach DIN EN ISO 1071. Das WIG-Schweißen erlaubt nur das Schweißen mit artgleichem Werkstoff, während das MIG-Schweißen mit artfremden, insbesondere hochnickelhaltigen Drahtelektroden, möglich ist. Auch das Schweißen mit Fülldrahtelektroden hat sich bewährt.

Bei Konstruktionsschweißungen kommen in erster Linie Verbindungen zwischen Gusseisen mit Kugelgraphit und Stahl in Betracht. Werden Elektroden auf Eisenbasis, z. B. unlegierte B-Elektroden verwendet, so ist ein Vorwärmen auf mindestens 200 °C erforderlich. Auf der Gussseite bildet sich Ledeburit, u. U. auch Martensit. Durch ein Glühen bei 900 °C mit anschließender Ofenabkühlung können beide Gefüge beseitigt werden. Werden Nickel-Eisen-Legierungen als Zusatzwerkstoff verwendet, so kann das Vorwärmen entfallen; eine zweistufige Wärmenachbehandlung zur Beseitigung der Aufhärtung ist jedoch erforderlich.

Möglich ist auch die Verwendung einer Elektrode vom Typ FeC-G nach DIN EN ISO 1071. Sie erfordert aber ein Vorwärmen auf 450 °C und ein nachträgliches Glühen bei 850 bis 920 °C mit Ofenabkühlung.

Angewandt werden auch das MIG- bzw. MAG-Verfahren mit Argon bzw. Kohlendioxid als Schutzgas.

Das Schweißen von Temperguss

Bei allen Tempergusssorten führt die Erwärmung in der WEZ zu einer teilweisen Lösung der Temperkohle in der metallischen Matrix. Um die Temperkohleflocken können sich daher bei der Abkühlung Ledeburit, aber auch Martensit und Zwischenstufengefüge bilden.

Zur Beseitigung der damit verbundenen Aufhärtung wie auch zum Abbau der Schweißeigenspannungen dient eine nachfolgende Wärmebehandlung. Zweckmäßig ist in jedem Fall ein Vorwärmen auf etwa 250 °C, da damit dem Aufbau von Spannungen im Werkstück entgegengewirkt wird.

Die beste Schweißeignung hat die Tempergusssorte GJMW 360-12, alte Bezeichnung GTW-S 38. Sie weist bis zu einer Wanddicke von 7 mm ein vollständig entkohltes Gefüge auf, so dass Fertigungs-, Instandsetzungs- und Konstruktionsschweißungen möglich sind. Eine besondere Wärmebehandlung erübrigt sich.

Zum Schweißen von weißem Temperguss wird das Gasschmelzschweißen mit Schweißstäben aus unlegierten oder niedriglegierten Stählen gelegentlich verwendet. Nachteilig sind die geringe Abschmelzleistung und die tiefgreifende Erwärmung des Bauteils.

Die GJM-Sorten können mit dem Lichtbogenhandschweißen mit umhüllten Elektroden verschweißt werden. Empfohlen wird die Verwendung von Elektroden geringen Durchmessers, verschweißt mit möglichst geringen Stromstärken.

Bewährt hat sich beim weißen Temperguss auch das Arbeiten mit dem MIG- bzw. MAG-Verfahren, wobei aus wirtschaftlichen Gründen bevorzugt CO_2 oder Mischgase eingesetzt werden. Kennzeichnend ist eine kleine Wärmeeinflusszone, die sich aus der hohen Schweißgeschwindigkeit ergibt.

In der mechanisierten Fertigung haben sich für Verbindungsschweißungen von GTW-S 38 (GJMW 360-12) mit Teilen aus unlegierten Stählen das Abbrennstumpfschweißen und das Reibschweißen bewährt.

11.1.8 Schweißverbindungen von unterschiedlichen Metallen

In vielen Fällen sind unterschiedliche Metalle bzw. Legierungen miteinander durch Schweißen zu verbinden. Dies kann unter bestimmten Voraussetzungen sowohl durch Schmelz- als auch durch Pressschweißprozesse erfolgen.

Die Eignung einer Paarung von zwei Metallen für das Schmelzschweißen ist im Wesentlichen abhängig von den im Schmelzbad auftretenden Phasen und deren Verhalten beim Abkühlen. Dabei kommt dem Schweißzusatz besondere Bedeutung zu. In vielen Fällen kann aus dem Zustandsschaubild eine erste Aussage über die Schweißeignung abgeleitet werden.

Günstig ist es, wenn die beteiligten Legierungskomponenten vollständig ineinander löslich sind, d. h. eine Mischkristallbildung eintritt. Das Auftreten intermetallischer Phasen führt allgemein zu einer Versprödung der Naht. Zu beachten ist auch das Verhalten des erstarrten Schmelzguts beim Abkühlen. Ein erhöhter Kohlenstoffgehalt bzw. eine durch bestimmte

Legierungselemente bewirkte verminderte kritische Abkühlgeschwindigkeit können zu einer Aufhärtung in der Naht infolge Martensitbildung führen.

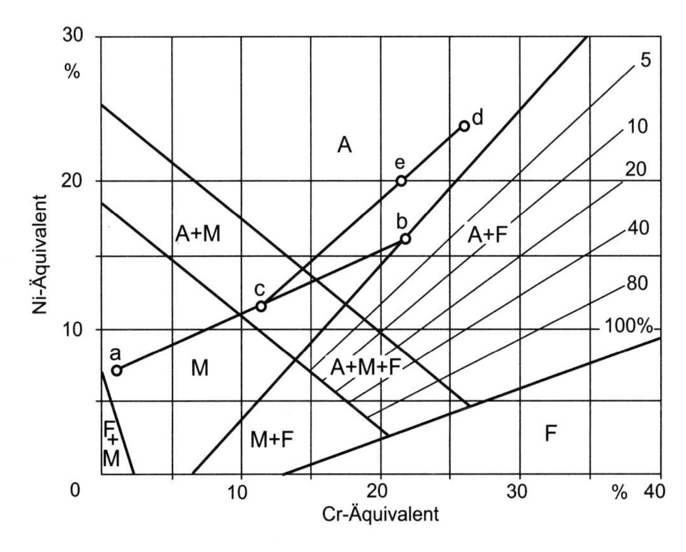

Bild 11-8
Bestimmung des Gefüges im Schweißgut mit Hilfe des Schaeffler-Diagramms

Da bei den Pressschweißprozesse in der Regel nur eine kleine flüssige Phase auftritt, sind diese zum Verbinden von unterschiedlichen Metallen allgemein besser geeignet als Schmelzschweißprozesse.

Für einige häufig auftretende Werkstoffpaarungen seien folgende Regeln genannt:

- Kombination Stahl C > 0,3 % mit Stahl C < 0,3 %.

  Der höhere C-Gehalt der Schmelze begünstigt die Bildung von Martensit. Beim Schmelzschweißen muss daher auf Temperaturen über 200 °C vorgewärmt und langsam abgekühlt werden. Empfehlenswert ist die Verwendung einer Elektrode mit zähem Schweißgut (z. B. B-Elektroden, Nickel-Elektroden).

- Kombination un-/niedriglegierter Stahl mit Werkzeugstahl/hochlegierter Stahl

  Zu empfehlen ist in diesem Fall die Anwendung eines Pressschweißprozesses, z. B. Abbrennstumpfschweißen oder Reibschweißen.

- Kombination un-/niedriglegierter Stahl mit austenitischem/ferritischem Stahl.

  Wichtig ist in diesem Fall der so genannten „Schwarz-weiß-Verbindung“ die Wahl des richtigen Schweißzusatzes. Sehr hilfreich bei der Auswahl des Zusatzwerkstoffs und der Beurteilung des im Schweißgut entstehenden Gefüges ist das Schaeffler-Diagramm. In **Bild 11-8** wird am Beispiel der Verbindung eines S 355J2 (St 52-3) mit einem X6CrNiTi18-10 (W.Nr. 1.4541) die Vorgehensweise dargestellt. Der Punkt a stellt im Diagramm den S 355 dar, der Punkt b entsprechend den austenitischen Stahl. Geht man davon aus, dass von den beiden Stählen gleiche Mengen aufgeschmolzen werden, so stellt der Punkt c den Mischungspunkt in der Mitte der Verbindungslinie ab dar. Wählt man für die Schweißung eine Elektrode vom Typ E 25 20 B42 (W.Nr. 1.4842) nach DIN EN 1600, so stellt der Punkt d das reine Schweißgut dar. Das Gefüge der entstehenden Schweißnaht muss dann auf der Verbindungslinie cd liegen. Die Lage des zugehörigen Punktes e bestimmt sich aus dem Aufmischungsgrad, der vom angewandten Schweißverfahren abhängt, **Tabelle 11-9**. Geht man von einer Lichtbogenhandschweißung aus, bei der abhängig von den Schweißbedingungen zwischen 30 und 40 % der Grundwerkstoffe aufgeschmolzen werden, so kann Punkt e mit Hilfe des Hebelgesetzes bestimmt werden. Wird ein Aufmischungsgrad von 30 % zugrunde gelegt, so wird die Strecke cd durch e im Verhältnis 3:7 geteilt (Abstand ed = 3 Teile, ce = 7 Teile). Im Beispiel würde sich ein voll austenitisches Gefüge einstellen, was die Entstehung von Heißrissen begünstigt. Empfehlenswert sind daher so genannte überlegierte Schweißzusätze, z. B. die Legierung 23 % Cr, 13 % Ni und eventuell 2 % Mo. Möglich ist auch die Verwendung rein austenitischer Nickelelektroden, was ein zähes Schweißgut ergibt.

Werden zwei Metalle durch Schmelzschweißen miteinander verbunden, so besteht das Schweißgut aus Anteilen des aufgeschmolzenen Grundwerkstoffs und des abgeschmolzenen Schweißzusatzes. Für eine Verbindungsschweißung im Stumpfstoß berechnet sich der Aufmischungsgrad A aus der Beziehung

$$A = \sum F_G / F_{Sch}$$

(Gewicht des Grundwerkstoffs im Schweißgut/ Gewicht des gesamten Schweißguts).

Der Grad der Aufmischung hängt ab vom Schweißverfahren und den Schweißbedingungen wie z. B. Nahtart, Streckenenergie, Anzahl der Lagern u. ä. In **Tabelle 11-9** sind die für die wichtigsten Schweißverfahren ermittelten Aufschmelzgrade zusammengestellt.

Tabelle 11-9 Aufschmelzgrade beim Verbindungsschweißen für verschiedene Schweißprozesse (nach verschiedenen Autoren)

Schweißprozesse		Aufschmelzgrad %
Gasschmelzschweißen		5 – 30
Lichtbogenhand-Schweißen	basische Umhüllung Rutilumhüllung	20 – 30 15 – 25
UP-Schweißen	mit Draht mit Band	30 – 60 10 – 20
MIG-/MAG-Schweißen	Sprühlichtbogen Kurzlichtbogen	25 – 30 15 – 30
WIG-Schweißen		5 – 15
Plasmaschweißen		5 – 25

Betrachtet man die Aufmischung beim Schweißen der 1. Lage einer Naht mittels Lichtbogenhand- oder MSG-Schweißen mit Massiv- oder Fülldraht so wird ein maximaler Wert von etwa 20 % gefunden werden; d. h. das Schweißgut besteht zum größten Teil aus Schweißzusatz. Stellt man dem die Aufmischung beim UP-Schweißen in ein oder zwei Lagen gegenüber, so wird der Aufmischungsgrad u. U. 80 % erreichen, was bedeutet, dass der größte Teil des Schweißguts aus dem Grundwerkstoff besteht.

Weitere Hinweise zu den Mischverbindungen finden sich in Kap.14.3.4.

Schweißen plattierter Stahlbleche

Das Plattieren gestattet die Verwendung von korrosionsbeständigen Stählen bzw. Nickelwerkstoffen, wo der Einsatz von Vollmaterial wirtschaftlich nicht zu vertreten wäre. Ein anderer Anwendungsfall ist gegeben, wenn es erforderlich ist, die höhere Festigkeit von un- bzw. niedriglegierten Stählen bei gleichzeitiger Forderung nach Korrosionsbeständigkeit auszunutzen. Die Plattierung wird in der Regel einseitig durch Walzen bzw. Auftragschweißen aufgebracht. Für besondere Fälle ist auch die Anwendung des Sprengplattierens gegeben.

Sollen plattierte Stähle geschweißt werden, so ist zu beachten, dass eine ununterbrochene Plattierung entsteht. Da plattiertes Blech aus zwei sehr unterschiedlichen Werkstoffen besteht, müssen Grundwerkstoff und Plattierung getrennt mit dem jeweils geeigneten Zusatzwerkstoff geschweißt werden. Richtlinien für die Gestaltung und Ausführung solcher Schweißverbindungen findet man in DIN EN ISO 9692-4.

Je nachdem, welcher Werkstoff zuerst verschweißt wird, sind zwei Verfahrensvarianten zu unterscheiden. Einmal ist es möglich, zuerst den Grundwerkstoff zu verschweißen. Hierfür werden geeignete, auf diesen abgestellte Schweißzusätze verwendet. In der ersten Lage kommt es dabei zu einer Vermischung des korrosionsbeständigen Werkstoffs der Plattierung mit dem Eisen. Die Plattierung muss daher in mindestens zwei Lagen geschweißt werden, um den Eisengehalt in der Decklage dann möglichst gering zu halten. Üblich ist die Verwendung eines höherlegierten Zusatzwerkstoffes für die 1. Lage, der die Eisenaufnahme ausgleicht. Der Zusatzwerkstoff der anderen Lage entspricht dann in der Zusammensetzung dem Grundwerkstoff.

Oft ist es erforderlich, zuerst die Plattierung zu schweißen und dann den Grundwerkstoff aufzufüllen. Wird hierzu ein unlegierter Zusatzwerkstoff verwendet, so kann es in der 1. Lage zu einer Auflegierung mit den Elementen der Plattierung kommen, was die Martensitbildung begünstigt. Damit verbunden ist dann die Gefahr der Versprödung und Rissbildung. In diesem Fall verwendet man zum Verschweißen des Grundwerkstoffes einen Zusatz, der in seiner Zusammensetzung der der Plattierung entspricht. Weitere Hinweise, siehe hierzu Kapitel 14.3.3 und 14.3.4.

11.2 Nichteisenmetalle

11.2.1 Aluminium und Aluminiumlegierungen

Aluminium ist der typische Vertreter der Gruppe der Leichtmetalle. Unterschieden wird nach

- Reinstaluminium
- Reinaluminium
- Aluminiumlegierungen

Bei den technisch bedeutsamen Aluminiumwerkstoffen handelt es sich fast ausnahmslos um Aluminiumlegierungen. Wichtige Legierungselemente sind dabei Mangan, Magnesium, Kupfer, Silizium und Zink.

Die Festigkeit dieser Legierungen kann auf zwei verschiedene Weisen beeinflusst werden. Einmal durch eine Mischkristallbildung, gegebenenfalls im Zusammenwirken mit einer Kaltverfestigung und einer Glühbehandlung, zum anderen durch eine Aushärtung. Unterschieden wird daher zwischen naturharten, nicht aushärtbaren und aushärtbaren Legierungen. Eine andere Einteilung folgt der Art der Herstellung des Werkstoffs; diese unterscheidet nach Knet- und Gusslegierungen.

Aus der großen Zahl der genormten Aluminiumlegierungen sind grundsätzlich schweißgeeignet

- alle nichtaushärtbaren Legierungen der Sorten AlMn, AlMnMg, AlMg und AlMgMn,
- die aushärtbaren Legierungen der Sorten AlMgSi und AlZn4,5Mg1,
- die Gusslegierungen (Einschränkungen bei Druckgusslegierungen, Tabelle 18-85).

Ebenfalls schweißgeeignet sind Reinst- und Reinaluminium. Beide neigen jedoch zur Bildung von Poren in der Schweißnaht. Bei Reinstaluminium besteht zudem eine erhöhte Neigung zur Rissbildung. Diese Gefahr besteht auch bei den nicht aushärtbaren Al-Mg-Legierungen und den oben genannten aushärtbaren Legierungen. Letztere sind nur mit artfremdem, nicht aushärtbarem Zusatzwerkstoff ohne Risse zu schweißen. Nicht geeignet zum Schweißen sind die kupferhaltigen Legierungen und die bleihaltigen Automatenlegierungen.

Wie bei Stahl, so findet man auch bei Aluminium neben der Naht eine Wärmeeinflusszone. **Tabelle 11-9** zeigt schematisch die verschiedenen bei einer Schweißung auftretenden Zonen. Bei nichtaushärtbaren Legierungen tritt bei weichem Ausgangszustand keine Änderung des Gefüges und der Festigkeit ein. Liegt das Material jedoch in halbhartem oder hartem Zustand vor, so beobachtet man eine Entfestigung infolge Kristallerholung bzw. Rekristallisation. Der Grad der Entfestigung ist dabei von der Höhe der Kaltverfestigung und von der eingebrachten Wärmemenge, d. h. vom Schweißverfahren abhängig.

Die beiden schweißgeeigneten Werkstoffe aus der Gruppe der aushärtbaren Legierungen zeigen ein unterschiedliches Verhalten. Die Legierung vom Typ AlMgSi kann sowohl im kaltausgehärteten als auch im warmausgehärteten Zustand vorliegen. Eine Erwärmung führt regelmäßig zu einer bleibenden Entfestigung, im ersten Fall durch die Bildung grober Ausscheidungen aus dem übersättigten Mischkristall, im zweiten Fall durch ein Wachsen der inkohärenten Ausscheidungen. Die Wiederherstellung des alten Zustands ist durch ein erneutes Aushärten möglich. Da damit ein Verzug sowie das Einbringen von Eigenspannungen in unbekannter Höhe verbunden sind, wird diese Wärmebehandlung kaum angewandt.

Günstig verhält sich dagegen die Legierung AlZn4,5Mg1, die ebenfalls kalt- oder warmausgehärtet vorliegen kann. Sie ist gekennzeichnet durch einen großen Temperaturbereich für das Lösungsglühen und lange Auslagerungszeiten bei Raumtemperatur. Die eingebrachte Wärme führt daher zu einer Mischkristallbildung – entsprechend dem Lösungsglühen. Die Abkühlung danach bewirkt einen milden Abschreckeffekt. So ist in der WEZ in der Folgezeit auch bei Raumtemperatur ein Ansteigen der Festigkeit zu beobachten, ohne dass damit ein Verzug verbunden wäre.

Schweißen von Aluminium

Das Gasschmelzschweißen hat beim Schweißen von Aluminiumwerkstoffen keine Bedeutung mehr. Nur noch für Reparaturschweißungen an Gussteilen wird das Lichtbogenhandschweißen angewendet.

Sehr gut geeignet sind dagegen die Verfahren des Schutzgasschweißens: WIG-, Plasma- und MIG-Schweißen.

Beim WIG-Schweißen werden Stromquellen mit fallender Kennlinie verwendet. Wegen der guten Reinigungswirkung wird bevorzugt mit Wechselstrom unter Argon geschweißt. Möglich ist auch das Schweißen mit Gleichstrom bei negativ gepolter Elektrode, wobei als Schutzgas Helium eingesetzt werden muss.

Das Plasmaschweißen zeichnet sich durch eine höhere Schweißgeschwindigkeit aus. Geschweißt wird sowohl mit Wechselstrom als auch mit Gleichstrom bei plusgepolter Elektrode, wobei hierbei die Reinigungswirkung am größten ist.

NOCOLOK® ist eingetragenes Warenzeichen der Solvay Fluor GmbH

NOCOLOK® Flux zum Löten von Aluminium

Immer an der Spitze!

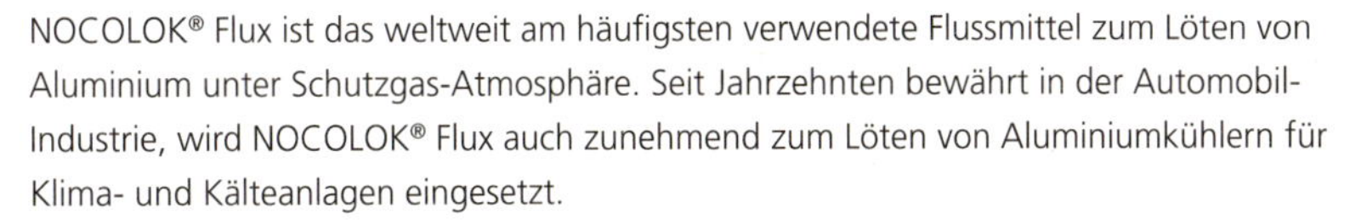

NOCOLOK® Flux ist das weltweit am häufigsten verwendete Flussmittel zum Löten von Aluminium unter Schutzgas-Atmosphäre. Seit Jahrzehnten bewährt in der Automobil-Industrie, wird NOCOLOK® Flux auch zunehmend zum Löten von Aluminiumkühlern für Klima- und Kälteanlagen eingesetzt.

So werden unter anderem Kfz-Kühler, Wärmetauscher von Klimaanlagen, Rohrverbindungen im Kälteanlagenbau oder Heizelemente von Kaffeemaschinen mit NOCOLOK® Flux gelötet.

NOCOLOK® Flux ist ein weißes Pulver, das als Suspension oder elektrostatisch aufgebracht wird. Die breite NOCOLOK®-Produktreihe bietet unterschiedliche Flussmittel für viele Spezialanwendung. NOCOLOK® Flux findet auch Verwendung in Lötringen und ummantelten Lötstäben für das Aluminium-Flammlöten.

Hans-Böckler-Allee 20
30173 Hannover

Tel 0511 857-2444
Fax 0511 857-2146

www.nocolok.com

Solvay Fluor

Fortschritt aus Überzeugung

Ein internationales Chemie-Unternehmen

Anmerkung: Nach bestem Wissen wird angenommen, dass alle in diesem Dokument aufgeführten Angaben, Informationen und Daten zuverlässig und genau sind. Sie werden jedoch ohne jegliche wie auch immer geartete, ausdrückliche oder implizite, Garantie, Haftung oder Gewährleistung abgegeben. Anmerkungen oder Vorschläge bezüglich eines möglichen Gebrauchs unserer Produkte beinhalten oder gewährleisten nicht, dass ein solcher Gebrauch kein Patent verletzt und sind keine Empfehlungen, irgendein Patent zu verletzen. Der Benutzer sollte nicht voraussetzen, dass alle Sicherheitsmaßnahmen angegeben sind oder dass andere Maßnahmen nicht erforderlich sind. Bitte beachten Sie auch unseren Disclaimer und Patenthinweise: www.solvay-fluor.com/products

WWW.VIEWEGTEUBNER.DE

Umformverfahren und Pressmaschinen in strukturierter Form – ideal für das Selbststudium

Heinz Tschätsch | Jochen Dietrich

Praxis der Umformtechnik

Arbeitsverfahren, Maschinen, Werkzeuge

10., überarb. u. erw. Aufl. 2010. XII, 432 S. mit 401 Abb., 130 Tab. und Online-Service. Geb. EUR 46,95

ISBN 978-3-8348-1013-7

Die Umformtechnik setzt sich in der industriellen Fertigung immer mehr durch, da viele Formteile wirtschaftlicher hergestellt werden können. Dieses Fachbuch stellt die wichtigsten Umform- und Trennverfahren sowie die dazugehörigen Maschinen und Werkzeuge in konzentrierter Form vor. Verfahren werden definiert, typische Anwendungen aufgezeigt, Maschinen und Werkzeuge klassifiziert und Einsatzgebiete vorgestellt. Eine aktuelle Übersicht der Werkstoffe und Normen vervollständigt das Buch. Die aktuelle Auflage enthält neue Kapitel zum Warmumformen von Blech (Presshärten) und Ringwalzen.

Der Inhalt

Grundlagen - Stauchen - Fließpressen - Gewindewalzen - Kalteinsenken - Massivprägen - Absteckziehen - Drahtziehen - Rohrziehen - Strangpressen - Gesenkschmieden - Tiefziehen - Drücken - Biegen - Hohlprägen - Schneiden - Feinschneiden - Fügen durch Umformen - Pressmaschinen - Weiterentwicklung

Die Autoren

Der Autor Prof. Dr.-Ing. E.h. Heinz Tschätsch, Bad Reichenhall, war lange Jahre in leitenden Positionen der Industrie als Betriebs- und Werkleiter und danach Professor für Werkzeugmaschinen und Fertigungstechnik an der FH Coburg und der FH Konstanz. Der Koautor Prof. Dr.-Ing. Prof. E.h. Jochen Dietrich ist Dozent für Fertigungs- und CNC-Technik an der Hochschule für Technik und Wirtschaft, Dresden.

Einfach bestellen: fachmedien-service@springer.com
Telefax +49(0)6221/345 – 4229

TECHNIK BEWEGT.

VIEWEG+
TEUBNER

Schwierigkeiten kann beim MIG-Schweißen von Aluminiumwerkstoffen die Förderung der relativ weichen Schweißdrähte bereiten. Daher ist es empfehlenswert, mit der Impulstechnik zu arbeiten, da sie das Arbeiten mit Schweißdrähten größeren Durchmessers erlaubt. Zu achten ist auf eine ausreichend lange Gasvor- und nachströmung.

Zum Schweißen von Aluminiumwerkstoffen eignet sich sehr gut das Elektronenstrahlschweißen. Die hohe Leistungsdichte am Auftreffpunkt des Strahls führt zum Aufreißen und Schmelzen der Oxidschicht, das Vakuum verhindert die Neubildung der Schicht. Problematisch ist allerdings das Schweißen von mit Magnesium und Zink legierten Werkstoffen, da diese aus der Schmelze ausdampfen. Durch eine angepasste Strahlführung können aber porenfreie Nähte erzielt werden. Bei AlZnMg-Legierungen ist ein entsprechender Schweißzusatz zu verwenden.

Für das Laserschweißen eignen sich sowohl der CO_2- als auch der Festkörperlaser. Kennzeichnend ist eine schmale Wärmeeinflusszone. Durch die hohe Wärmeleitfähigkeit des Aluminiums erstarrt die Schmelze sehr schnell, was die Bildung von Heißrissen und das Auftreten von Poren begünstigt. Schwierigkeiten bereiten die niedrige Viskosität der Schmelze und deren Reaktion mit der umgebenden Atmosphäre. Daher ist die Abschirmung der Schweißstelle

Tabelle 11-10 Wärmeeinflusszonen beim Schweißen von Aluminiumlegierungen (nach Aluminium-Zentrale)

0 III I II III 0

0 = unbeeinflusste Zone
I = Nahtzone
II = Übergangszone
III = Wärmeeinflusszone (schraffiert)

Werkstoff		**Eigenschaften in der Wärmeeinflusszone**		
Legierung	Ausgangszustand	Veränderungen		nachträgliche Festigkeitssteigerung
		des Zustands	der Festigkeit	
Al99,5 AlMn AlMg3	Weich, Rekristallisationsgefüge	keine	keine	nicht möglich
AlMgMn	halbhart,			
AlMg4,5Mn	hart, kaltverfestigt: vom Verformungsgrad abhängiges Gefüge	Erholung, ggf. Rekristallisation	Entfestigung ggf. bis Zustand weich	
AlMgSi1	kaltausgehärtet, warmausgehärtet: ausgehärtetes Rekristallisationsgefüge	Veränderung des Mischkristalls durch Ausscheidungen	Entfestigung	mittels erneuter Wärmebehandlung der Bauteile durch Lösungsglühen, Abschrecken, Warmauslagern. Zu beachten: Verzug und Eigenspannungen
AlZnMg1	kaltausgehärtet, warmausgehärtet: ausgehärtetes, rekristallisiertes oder nicht rekristallisiertes Gefüge	Lösungsglüh- und Abschreckeffekt, Mischkristallbildung	nur kurzfristige Entfestigung	a) durch selbsttätiges Wiederaushärten bei Raumtemp.; Endzustand kalt ausgehärtet b) durch Warmauslagern a) und b): Kein Verzug a) ggf. Abbau von Eigenspannungen

durch Schutzgase unabdingbar. Reinaluminium ist gut schweißbar. Bei legierten Sorten ist die Schweißeignung von der Legierungszusammensetzung abhängig und oft nur durch Verwendung von Schweißzusätzen gegeben.

Die zum Schweißen von Aluminiumwerkstoffen verwendeten Schweißzusätze sind in DIN EN ISO 18273 genormt (**Tabelle 18-86**). Beim Schmelzschweißen von Aluminium und seinen Legierungen ist zu beachten, dass in der Schmelze größere Mengen an Wasserstoff gelöst werden können. Daher ist darauf zu achten, dass dieses Gas bei der Erstarrung des Schweißguts entweichen kann, sonst besteht die Gefahr der Porenbildung.

Beim Schmelzschweißen von Aluminiumwerkstoffen ist ab einer gewissen Werkstückdicke ein Vorwärmen der Nahtzone erforderlich. Die hohe Wärmeleitfähigkeit des Aluminiums bewirkt, dass die eingebrachte Wärme rasch abgeleitet wird, wodurch Bindefehler im Wurzelbereich und eine ungenügende Einbrandtiefe verursacht werden, wie auch eine erhöhte Neigung zur Heißrissbildung entsteht. Durch das Vorwärmen können diese Schwierigkeiten verhindert werden, gleichzeitig werden Eigenspannungen vermindert und die Oberfläche getrocknet. Die nachstehende **Tabelle 11-11** gibt Anhaltswerte für die beim Vorwärmen relevanten Parameter.

Tabelle 11-11 Vorwärmen von Aluminium-Werkstoffen (nach DVS)

Werkstoff		Werkstückdicke in mm Beim Schweißen mit		Maximale Vorwärm-temperatur °C	Maximale Vorwärmzeit min
		WIG	MIG		
AlMgSi	AW 6101	> 5	> 12	180	60
AlMgSiMn	AW 6106	> 12	> 20	200	10 bis 30[1]
AlSiMg	AW 6005	> 12	> 20	220 bis 250[1]	10 bis 30[1]
AlZn4,5Mg1	AW 7020	> 4	> 10	140 bis 160[2]	20 bis 30[2]
AlMg4,5Mn0,7	AW 5083	> 6	> 16	150 bis 200[1]	10 bis 20[1]
AlMg3	AW 5754	> 6	> 16	150 bis 200[1]	10 bis 30[1]
AlMg5	AW 5019	> 12	> 20	150 bis 200	10

[1] je nach Werkstückdicke
[2] beim WIG-Schweißen ab 12 mm vorwärmen mit 160 °C, Vorwärmzeit max. 30 min
beim MIG-Schweißen ab 16 mm vorwärmen mit 160 °C, Vorwärmzeit max. 30 min

Zum Vorwärmen geeignet ist eine Acetylen-Sauerstoff-Flamme.

Wegen der besonderen physikalischen Eigenschaften des Aluminiums erfordert das Widerstandspunktschweißen gegenüber Stahl besondere Parameter. Es sind dies im Wesentlichen:

- höhere Schweißstromstärke
- höhere Elektrodenkraft
- kürzere Schweißzeiten
- besondere Strom-Kraft-Programme.

Die üblichen Wechselstrommaschinen sind zum Schweißen von Aluminiumwerkstoffen wenig geeignet.

Besondere Aufmerksamkeit ist der Oberflächenbeschaffenheit der Fügeteile zu widmen. Empfehlenswert ist es, die Oberfläche vor dem Schweißen mechanisch oder chemisch zu behandeln. Verunreinigungen und Beschichtungen sollten dabei entfernt und die Oxidschicht zur Verringerung des Übergangswiderstands definiert neu gebildet werden.

Beim Schweißen von Aluminiumwerkstoffen mit Gleichstrom wird die Anode durch den sog. Pelltier-Effekt höher belastet. Dies führt zu einem erhöhten Verschleiß der Elektrode und zu einer Verlagerung der Schweißlinse hin zur Anode. Beim Schweißen von Blechen unterschiedlicher Dicke kann dieser Effekt positiv genutzt werden.

Zum Bolzenschweißen von Aluminiumwerkstoffen wird bevorzugt das Kondensatorentladungs-Schweißen mit Spitzenzündung eingesetzt, das Bolzendurchmesser bis 8 mm zulässt. Günstig ist es, zur Vermeidung der Blaswirkung mit Wechselstrom zu schweißen und die Bolzen vor dem Verschweißen zu beizen. Werkstoffkombinationen wie z. B. Al/Stahl sind nicht möglich.

Von den mechanischen Pressschweißverfahren ist neben dem Ultraschall- und dem Kaltpressschweißen besonders das Reibschweißen geeignet. Es erlaubt nicht nur das Verschweißen artgleicher Werkstoffe, sondern auch das Fügen von Werkstoffkombinationen mit un-, niedrig oder hoch legierten Stählen, Magnesiumwerkstoffen, Kupfer und seinen Legierungen sowie Titan. Zu beachten ist, dass beim Schweißen von Werkstoffkombinationen oft Risse und intermetallische Phasen als Unregelmäßigkeiten auftreten können. Beim Schweißen von ausgehärteten Aluminiumlegierungen kann eine Überalterung auftreten. Daher empfiehlt sich, nach dem Reibschweißen eine vollständige Wärmebehandlung durchzuführen.

Besondere Bedeutung hat beim Verschweißen von Aluminiumwerkstoffen das Rührreibschweißen erlangt. Einzelheiten zu diesem Verfahren siehe Kap. 3.5.

Zu beachten ist, dass die erreichbaren Werte für Dehngrenze und Zugfestigkeit unter denen von MIG- oder WP-Schweißen liegen. Günstiger fällt die Bruchdehnung A_5 aus, was sich dann in einer höheren Schwing- und Zeitstandfestigkeit auswirkt.

Löten von Aluminium

Wegen der Oxidschicht ist das Weichlöten von Aluminiumwerkstoffen schwierig. Gelingt es die Oxidschicht durch Flussmittel oder im Vakuum abzutragen und eine Neubildung zu verhindern, so kann die Lötung mit Loten auf der Basis Zn-Cd, Zn-Sn-Cd oder Zn-Al mit guter Festigkeit durchgeführt werden.

Beim Hartlöten besteht ebenfalls das Problem der Ablösung der Oxidschicht. Die Lötbarkeit wird zudem begrenzt durch die geringen Unterschiede zwischen der Arbeitstemperatur des Lots und der Schmelztemperatur des Grundwerkstoffs.

Für das Hartlöten sind im Wesentlichen die in **Tabelle 11-12** genannten Verfahren geeignet und industriell eingesetzt. Üblicherweise werden als Hartlote Legierungen vom Typ AlSi verwendet. Deren hohe Schmelztemperaturen beschränken allerdings die Verwendung auf Grundwerkstoffe mit sehr hohem Al-Gehalt. Alternativ kommen Lote auf Zn-Basis in Betracht, die zwar eine niedrigere Schmelztemperatur haben, dafür die Anwendung stark korrosiv wirkender Flussmittel erfordern.

Mit Ausnahme des Flammlötens, wo das Lot manuell in Form von Stäben und Drähten angesetzt werden kann, erfolgt die Applikation des Lots bevorzugt in Form von Folien, Lotformteilen oder Pasten, industriell aber insbesondere durch Beschichtungen. **Tabelle 11-13** gibt eine Übersicht über die üblichen Lotbeschichtungsverfahren.

Tabelle 11-12 Aluminiumlötverfahren (nach Bach u. a.)

Lötverfahren	Werkstoffe	Flussmittel	Lotsysteme	Lotapplikation	Löttemperatur
Vakuumlöt- prozess	Knetleg.: Al AlMn(Mn<2%) AlMg(Mg<2%)	ohne	AlSi(Mg)	Plattierungen Folien Formteile	575 ... 620 °C
Schutzgas- lötprozess Batchbetr. Durchlauf- betrieb	Knet- und Guss- legierungen	Fluor- aluminate Fluoride Chloride	AlSi AlSiCu AlSiZnCu AlZn5 ... 30	Plattierungen Pasten Folien Formteile	380 ... 620 °C
Flammlöten	Knet- und Guss- legierungen	Fluoralumi- nate Alkalifluo- ride Zn-, Sn-Chloride	AlZn5 ... 15	Drähte, Stäbe Formteile Pasten	400 ... 500 °C
Salzbadlöten	Knet- und Guss- legierungen	Zn-, Sn-Chloride in Alkali- halogeniden	AlSi AlZn	Plattierungen Folien Formteile	500 ... 620 °C

Tabelle 11-13 Lotbeschichtungsverfahren (nach Bach u. a.)

Beschichtungsverfahren	Einsetzbare Lotwerkstoffe	Anforderungen an Bauteilgeometrie
Walzplattieren	AlSi-Lote, Zn-Lote	Folien, Bleche
Thermisches Spritzen – APS, – HVOF, Kaltgasspritzen	Keine Einschränkung	Freiliegende Oberflächen
Elektrochemisch – galvanisch – chemisch	Zn-Basislote Sn-Basislote	Freiliegende Oberflächen innenliegende Oberflächen (beim chemischen Zinn)
Tauchbadverfahren	Zn-Basislote	Freiliegende Oberflächen, Durchgänge größeren Durchmessers
PVD-Verfahren	AlSi-Lote	Freiliegende Oberflächen

Da die Entfernung der Flussmittelreste sich sehr aufwändig gestaltet, ist die Entwicklung von Verfahren zum Löten ohne den Einsatz von Flussmitteln interessant. Aussichtsreich sind das Löten in reduzierenden Prozessgasen, die chemische Maskierung zur Aktivierung der Oberfläche, das Löten in Schutzgasaktivatoren und die Verwendung von Glasloten.

Tabelle 11-14 Im Apparatebau und in der Elektrotechnik verwendete Kupfersorten (nach Dt. Kupfer-Institut)

Kurzzeichen	**Zusammensetzung** (Massenanteile) in %	**Eigenschaften und Verwendung**
Kupfer für den Apparatebau		
Cu-DHP	> 99,90 Cu 0,015 bis 0,040 P	sauerstofffrei mit hohem Restphosphorgehalt; Halbzeug ohne Anforderungen an elektrische Leitfähigkeit; sehr gut schweißbar; wasserstoffbeständig; für Rohrleitungen, Apparatebau und Bauwesen
Cu-DLP	> 99,90 Cu 0,005 bis 0,014 P	sauerstofffrei mit niedrigem Restphosphorgehalt; Halbzeug ohne festgelegte elektrische Leitfähigkeit (~52 m/ Ω mm^2); gut schweißbar; wasserstoffbeständig; für Apparatebau und Bauwesen
Kupfer für die Elektrotechnik		
Cu-ETP Cu-FRJHC	> 99,90 Cu 0,005 bis 0,040 O	sauerstoffhaltig; Halbzeug für die Elektrotechnik
Cu-PHC	> 99,90 Cu, ~0,003 P	sauerstofffrei; Halbzeug für die Elektrotechnik bei besonderen Anforderungen an die Schweißbarkeit
Cu-HCP	> 99,95 Cu	

Kurzzeichen DIN EN 1982	**Zusammensetzung** (Massenanteile) in %	**Eigenschaften und Verwendung**
Kupfer für den Apparatebau und die Eisenhüttentechnik		
CU-C (Sorte C)	> 98,0 Cu	Armaturen, Kühlkästen, Blasformen, Dichtungsringe u. ä.
Kupfer für die Elektrotechnik		
Cu-C (Sorte B)	> 99,8 Cu	Guss-Kupfer vornehmlich für die Elektrotechnik
Cu-C (Sorte A)	> 99,9 Cu	Schaltbauteile, Kontaktbacken, Elektrodenarme

11.2.2 Kupfer und Kupferlegierungen

Kupfer

Entsprechend dem Verwendungszweck werden die Kupfersorten in zwei Gruppen eingeteilt

1. Kupfer für den Apparatebau
2. Kupfer als Leitwerkstoff für die Elektrotechnik

Bei den im Apparatebau verwendeten Sorten handelt es sich um mit Phosphor desoxidiertes, weitgehend sauerstofffreies Kupfer. Im Wesentlichen handelt es sich um Halbzeug aus den Sorten Cu-DHP und Cu-HCP bzw. um den Kupfer-Gusswerkstoff G-Cu, **Tabelle 11-14**.

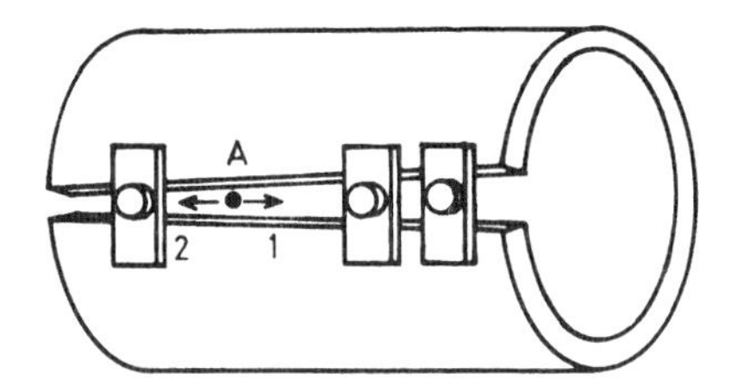

Bild 11-9
Schweißen von Kupfer mit keilförmigem Spalt zur Vermeidung von Schrumpfrissen

Das in der Elektrotechnik als Leitwerkstoff verwendete Kupfer kann sauerstofffrei oder sauerstoffhaltig sein. Der Sauerstoff wird in der Stufe der Raffination zugeführt, wo er u. a. die Aufgabe hat, Elemente, welche die elektrische Leitfähigkeit vermindern, durch Oxidation zu binden. Frei von Sauerstoff sind die Sorten Cu-OFE und Cu-HCP, während die Sorten Cu-ETP und Cu-FRJHC nur noch geringe Anteile an Sauerstoff enthalten.

Beim Schweißen von Kupfer sind drei Eigenschaften zu berücksichtigen:

- die hohe Wärmeleitfähigkeit
- die große Wärmedehnung und
- die Fähigkeit der Kupferschmelze, größere Mengen Gase zu lösen, die beim Erstarren wieder ausgeschieden werden.

Durch die hohe Wärmeleitfähigkeit des Kupfers fließt die örtlich eingebrachte Wärme schnell in den Grundwerkstoff ab. Um ein Aufschmelzen des Kupfers zu erreichen, müssen daher Prozesse angewandt werden, die an der Schweißstelle genügend Wärme einbringen. Andere Möglichkeiten sind das Vorwärmen des Bauteils oder das doppelseitig-gleichzeitige Schweißen, das allerdings nur unter bestimmten Voraussetzungen praktiziert werden kann.

Kupfer hat eine vergleichsweise hohe Wärmedehnung. Mit dem Einbringen der Schweißwärme ist daher eine größere Verschiebung der Schweißkanten verbunden, die durch Heftstellen nicht behindert werden darf. Zweckmäßig ist daher ein Verlaschen der Schweißkanten so, dass in Schweißrichtung ein keilförmiger Spalt entsteht, **Bild 11-9**. Entsprechend dem Schweißfortschritt werden diese geschraubten Verbindungen dann wieder gelöst. Schrumpfrisse werden vermieden, wenn man das Schweißen bei Punkt A, also etwas vom Rand entfernt, in Richtung 1 beginnt und den verbleibenden Spalt in Richtung 2 erst in der 2. Schweißfolge schließt (Pilgerschritt-Verfahren).

Die Kupferschmelze kann aus der Atmosphäre größere Mengen an Sauerstoff aufnehmen. Die Lösungsfähigkeit des festen Kupfers für Sauerstoff ist jedoch sehr klein. Bereits kleine Sauerstoffgehalte führen bei der Erstarrung zur Bildung von Kupferoxid, das sich in der Schweißnaht als Kupfer-Kupferoxid-Eutektikum an den Korngrenzen abscheidet und zu einer Versprödung der Naht führt.

Auch Wasserstoff wird von Kupfer sowohl in der Schmelze als auch bei höherer Temperatur im festen Zustand in größerer Menge gelöst. Zu beachten ist dies insbesondere beim Gasschmelzschweißen und beim Glühen in einer wasserstoffhaltigen Atmosphäre. Dringt Wasserstoff bei hoher Temperatur in sauerstoffhaltiges Kupfer ein, so führt dies zu einer Reduktion. Dabei wird das Kupferoxid unter Bildung von Wasserdampf zu metallischem Kupfer reduziert. Die diffusionsunfähigen Wassermoleküle führen wegen ihrer Größe zu einer Aufweitung der Korngrenzen und damit zu einer Gefügelockerung. Dieser Vorgang wird auch als „Wasserstoffkrankheit" des Kupfers bezeichnet. Werden Teile aus Kupfer geschweißt, so muss zur Vermeidung dieser Versprödung sauerstofffreies Kupfer verwendet werden.

Einen Überblick über die zum Schweißen von Kupfer anwendbaren Prozesse gibt **Tabelle 11-15**.

Tabelle 11-15 Schweißbarkeit von Kupfer-Knetlegierungen für Lichtbogen- und Gasschweißverfahren mit Empfehlungen für Schweißzusätze (nach DVS, Dt. Kupfer-Institut u. a.)

Werkstoffgruppe	Schweißprozess				Schweißzusatz
Werkstoffbezeichnung	Gas	WIG	MIG	LBH	
W 31: Reinkupfer					
Cu-DHP	2	1	1	3	Gas: CuAg1 MIG/WIG: CuSn1 Unter Verwendung von Flussmitteln
Cu-HCP, Cu-DLP	3	2	2	4	
Cu-OF	3	2	2	5	
Cu-ETP	5	3	4	5	
W 32: Kupfer-Zink-Legierungen (Messing)					
CuZn5,CuZn10,CuZn15,CuZn20	2	2	3	5	WIG: CuSn6P Hoch zinkhalt. Leg.: CuSi3Mn1 CuZn40Fe1Sn1 MIG: CuSn6P CuSi3Mn1 CuAl7 CuAl10Fe1
CuZn28,CuZn30,CuZn33	2	2	3	5	
CuZn36, CuZn37, CuZn40	2	3	3	5	
CuZn40Pb1Al	3	3	4	5	
CuZn40Pb2	5	5	5	5	
CuZn20Al2As, CuZn38Mn1Al2	5	2	3	5	
CuZn28Sn1As,CuZn31Si1,2 CuZn35Ni3Mn2AlPb, CuZn339Sn1	2	2	3	5	
CuZn40Mn2Fe15	2	3	3	5	
CuZn38Mn1Al,Cu5Zn37Mn3Al2PbSi	5	3	4	5	
CuZn40Mn1Pb12	5	5	5	5	
W 33: Kupfer-Zinn-Legierungen					
CuSn2, CuSn6,CuSn8	3	2	2	2	WIG: CuSn6P
W 34: Kupfer-Nickel-Legierungen					
CuNi12Zn24, CuNi18Zn20	3	3	4	5	WIG: Artgleiche überdes-oxidierte Zusätze, auch CuNi30Mn1FeTi
CuNi10Zn42Pb2, CuNi12Zn30Pb1 CuNi18Zn19Pb1	5	4	5	5	
CuNi10Fe1Mn, CuNi30Fe2Mn2	3	1	1	1	
CuNi25	3	1	1	1	
W 35: Kupfer-Aluminium-Legierungen					
CuAl5As	5	2	2	3	WIG: CuAl7 (auch für CuAl5As)
CuAl8Fe3, CuAl10Fe1	5	2	2	2	
CuAl10Ni5Fe4, CuAl11Fe6Ni6	5	2	2	2	
W 37: niedriglegierte Kupfer-Legierungen					
CuAg0,1P	2	2	2	4	
CuCd0,7, CuCd1	4	3	3	5	
CuMg0,2, CuMg0,5	5	4	5	5	
CuSi3Mn1	4	1	2	3	
CuSP. CuTeP	5	4	4	5	
CuBe1,7, CuBe2, CuCo2Be	5	3	3	-	
CuCr1, CuCr1Zr, CuZr	5	4	4	5	
CuNi1Si, CuNi2Si, CuNi3Si	3	3	3	5	

1 = ausgezeichnet, 2 = gut, 3 = mittelmäßig, 4 = wenig geeignet, 5 = nicht geeignet

Beim Gasschmelzschweißen, das nur noch vereinzelt angewandt wird, werden Schweißstäbe nach DIN EN 14640 verwendet, die neben Kupfer hauptsächlich Silber oder Zinn enthalten (CuAg, CuSn). Dabei sind in jedem Fall Flussmittel zu verwenden, mit denen die Fugen wie auch die Schweißstäbe eingestrichen werden, sofern diese nicht eine entsprechende Umhüllung oder Füllung aufweisen. Die Flamme muss neutral eingestellt sein.

Üblich ist das Schweißen einer Naht in kleinen Abschnitten, die noch im rotwarmen Zustand hammervergütet werden. Dadurch wird einmal die Naht eingeebnet, zum anderen auch das Gefüge verfeinert (Rekristallisations-Gefüge).

Das Lichtbogenhandschweißen ist zum Schweißen von Kupfer weniger geeignet. Am häufigsten finden die Schutzgasschweißverfahren WIG und MIG Anwendung. Bis 4 mm ist das WIG-Schweißen problemlos anzuwenden. Wichtig ist das Schweißen mit einem genügend hohen Schweißstrom. Für eine Blechdicke von 3 mm sind etwa 200 A zu wählen, ansteigend auf 300 A bei 5 mm Dicke, wobei auch die Gesamtabmessungen des Bauteils noch zu berücksichtigen sind. Bei Blechdicken über 3 mm muss in der Regel vorgewärmt werden. Überschlägig kann mit 100 K je mm Blechdicke, maximal 600 °C gerechnet werden. Auch beim MIG-Schweißen muss entsprechend vorgewärmt werden. Als Zusatzwerkstoffe kommen beim WIG-Schweißen die Legierungen CuAg und CuSn in Betracht, während für das MIG-Verfahren die Sorte S-CuSn empfohlen wird. In beiden Fällen sollte Flussmittel als Oxidationsschutz zusätzlich auf die Kanten und die Gegenseite aufgetragen werden.

Kupfer und seine Legierungen besitzen eine hohe elektrische Leitfähigkeit. Dadurch wird die Schweißeignung für das Widerstandpressschweißen stark beeinträchtigt. Erforderlich sind generell sehr hohe Schweißströme und kurze Stromzeiten. Eine mechanische Reinigung der Oberfläche oder eine Beizbehandlung vor dem Schweißen sind empfehlenswert.

Das Widerstandspunktschweißen ist bis 2 x 2,5 mm Blechdicke möglich, wozu eine Trafoleistung von 200 kVA erforderlich ist. Als Elektrodenwerkstoff wird eine Wolfram-Molybdän-Legierung empfohlen. Buckelschweißen ist nicht möglich, Rollennahtschweißen nur an Folien. Das Abbrennstumpfschweißen ist bei Querschnitten bis 2000 mm^2 möglich. Erforderlich ist allerdings eine hohe Stromstärke bei Stauchdrücken bis 30 N/mm^2.

Kupferlegierungen

- Kupfer-Zink (Messing)

  Die Eigenschaften der Kupfer Zink Legierungen mit mind. 50 % Cu werden im Wesentlichen vom Zink-Gehalt beeinflusst. Problematisch ist beim Schweißen dieser Legierungen die Neigung des Zinks, bei längerer Schweißdauer infolge seines relativ niederen Siedepunkts (907 °C) auszudampfen. Legierungen mit niedrigem Zn-Gehalt sind daher zum Schweißen geeigneter.

  An Schweißverfahren kommen im Wesentlichen das Gasschmelzschweißen und das WIG-Schweißen in Betracht. Beim Gasschmelzschweißen wird mit einem deutlichen Sauerstoffüberschuss geschweißt. Die Bildung von Zn-Oxid auf Naht und Grundwerkstoff behindert die Ausdampfung des Zinks. Unterstützt wird diese Wirkung durch Legierungskomponenten im Zusatzwerkstoff, die einmal wie Silizium eine Schutzschicht aus SiO_2 bilden, zum anderen – wie P oder Al – eine höhere Affinität zum Sauerstoff haben als der Grundwerkstoff. Damit wird die reduzierende Wirkung des Zinks auf das im Grundwerkstoff enthaltenen Cu_2O unterbunden.

  Beim WIG-Verfahren besteht zwar auch die Gefahr des Ausdampfens von Zink, jedoch kann, z. B. durch Vorwärmen, die Wirkung des Lichtbogens so vermindert werden, dass das Ausdampfen geringer ausfällt. Bei aluminiumfreien Kupfer-Zink-Legierungen wird mit Gleichstrom unter Verwendung von Flussmitteln geschweißt. Für aluminiumhaltige Legierungen empfiehlt sich das Schweißen mit Wechselstrom ohne Flussmittel.

Kupfer-Zink-Legierungen können mit den bekannten Widerstandspressschweißverfahren verbunden werden.

– Kupfer-Zinn (Zinnbronze)

  Die Kupfer-Zinn-Legierungen enthalten bis zu 12 % Zinn. Da der Siedepunkt des Zinns mit 2450 °C sehr hoch liegt, besteht keine Gefahr, dass diese Komponente beim Schweißen ausdampft.

  Kupfer-Zinn-Legierungen können mit einer neutral eingestellten Acetylen-Sauerstoff-Flamme geschweißt werden. Abgesehen von Sonderfällen ist dieses Verfahren jedoch nicht mehr von großer Bedeutung. Beim Lichtbogenhandschweißen mit umhüllten Elektroden wird mit artgleichem Schweiß-Zusatz gearbeitet. Zur Vermeidung von Poren im Schweißgut muss auf 200 bis 300 °C vorgewärmt werden. Günstig ist das Schweißen mit WIG und MIG. Wie beim Schweißen mit Stabelektroden wird auch hier mit artgleichem Zusatzwerkstoff gearbeitet.

– Kupfer-Nickel-Zink-Legierungen (Neusilber)

  Neusilber ist eine Kupferlegierung mit 5 bis 30 % Nickel und 5 bis 45 % Zink. Infolge des Zinkgehalts besteht in der Schweißeignung eine weitgehende Übereinstimmung mit dem Verhalten von Messing, d. h. es besteht die Gefahr des Ausdampfens von Zink.

  Beim Gasschmelzschweißen wird wieder mit einem gewissen Sauerstoffüberschuss gearbeitet. Zur Vermeidung der Bildung von Nickeloxid müssen entsprechende Flussmittel eingesetzt werden. Anwendbar sind auch das WIG-Verfahren und das Lichtbogenhandschweißen mit umhüllten Elektroden mit Vorwärmung. Neusilber ist zum Weich- und Hartlöten sehr gut geeignet.

– Kupfer-Nickel-Legierungen

  Diese Legierungen verhalten sich ähnlich den oben beschriebenen Kupfer-Nickel-Zink-Legierungen, wobei keine Gefahr besteht, dass Legierungselemente ausdampfen. Dafür besteht bei den Kupfer-Nickel-Legierungen die Gefahr der Porenbildung.

  Anwendbar ist das Lichtbogenhandschweißen mit Mn- und Si- haltigen Zusatzwerkstoffen, was ein porenarmes Schweißgut garantiert.

– Kupfer-Aluminium-Legierungen (Aluminiumbronze)

  Aluminiumbronzen sind gekennzeichnet durch eine gute Korrosionsbeständigkeit gegen Meerwasser und Säuren sowie einen relativ hohen Verschleißwiderstand und eine beachtliche Warmfestigkeit. Aluminiumbronzen werden daher zu Armaturen, Gussstücken für den chemischen Apparatebau, Pumpenteilen, Zahn- und Schneckenräder, auch Gleitlager vergossen. DIN 17664, 17665 und 17666 wurden ersetzt und in der neuen Norm DIN ISO 13388, die als Vornorm DIN CEN 133888 existiert, zusammengefasst. Sie gibt nun eine Gesamtübersicht über die Zusammensetzung von Kupferlegierungen. Damit werden die Halbzeuge mit ihren jeweiligen Legierungszusammensetzungen genormt. Es handelt sich um binäre und Mehrstofflegierungen, die neben Aluminium eventuell Arsen bzw. Eisen, Mangan und Nickel enthalten.

  Aluminiumbronzen sind zum Schweißen gut geeignet. Schwierigkeiten können auftreten durch Aluminiumoxide; daher sind die zum Schweißen von Aluminium angewandten Verfahren wie das WIG- und MIG-Schweißen bevorzugt anzuwenden. Aber auch das Lichtbogenhandschweißen mit umhüllten Elektroden ist von Bedeutung.

11.2.3 Nickel und Nickellegierungen

Nickel und seine Legierungen werden verwendet, wenn an Korrosionsbeständigkeit, Hitzebeständigkeit, Warmfestigkeit oder Zeitstandfestigkeit besondere Anforderungen gestellt werden.

In Deutschland sind die Nickelbasislegierungen nach der Zusammensetzung in DIN 17740 bis 17 744 und nach der Festigkeit in DIN 17 750 bis 17 753 genormt. Daneben existieren TÜV-Werkstoffblätter und spezielle Luftfahrtnormen. Eine kurze Übersicht über die Nickelwerkstoffe gibt **Tabelle 11-16**; weitere Angaben finden sich in **Tabelle 18-87**.

Tabelle 11-16 Charakteristische Eigenschaften der Nickellegierungen (nach Strassburg)

Mischkristall-Legierungen	Warmaushärtbare Legierungen	Dispersionsgehärtete Legierungen
Korrosions- und hitzebeständig	Vorwiegend hochwarmfest (bis etwa 1000 °C)	Höchstwarmfest (bis etwa 1180 °C)
Kubisch-flächenzentriertes Gefüge	Kubisch-flächenzentriertes Grundgefüge mit Ni_3 (Ti, Al, Nb)-Ausscheidungen	Quasi-Mischkristalle mit Oxideinlagerungen
Mäßige Festigkeit	hohe Zeitstandfestigkeit	Höchste Zeitstandfestigkeit
Gut schweißgeeignet mit allen Prozessen	nur bedingt oder nicht schweißgeeignet, ev. Widerstandsschweißen	Nicht schweißgeeignet
Lichtbogenofen, Induktionsofen, AOD- und VOD-Tiegel	Lichtbogenofen, Induktions-Vakuumofen, Elektronenstrahl-Ofen	Herstellung pulvermetallurgisch durch heißisostatisch. Pressen (HIP)
Alle Halbzeugarten, Formguss, Schleuderguss	Vorwiegend Schmiedeteile und Formguss	Vorwiegend Schmiedeteile

Eine hohe Warm- und Zeitstandfestigkeit weisen Ni-Cr-Legierungen auf, die durch Zusatz besonderer Legierungselemente, z. B. Al oder Ti, ausscheidungshärtbar werden. Auch die Festigkeit korrosionsbeständiger Typen, z. B. NiCu, NiMo oder NiCr, kann auf diese Weise gesteigert werden.

Nickel weist eine große Affinität zu Schwefel auf. Das sich oberhalb 400 °C bildende Nickelsulfid scheidet sich bevorzugt auf den Korngrenzen ab; es führt zu einer Versprödung sowohl bei der Warm- wie auch der Kaltumformung. Besonders schwefelempfindlich ist Reinnickel, während die Nickellegierungen je nach Legierungszusammensetzung weniger empfindlich sein können.

In der Regel wird Halbzeug aus Nickel und Nickellegierungen im weichgeglühten Zustand geliefert. Kaltverfestigte Werkstoffe sollten vor dem Schweißen weichgeglüht werden. Die Legierung NiMo30 bildet beim Schweißen in der WEZ u. U. Korngrenzenausscheidungen, welche die Korrosionsbeständigkeit beeinträchtigen. Diese Legierung sollte zur Beseitigung dieses Fehlers kurzfristig bei 1180 °C geglüht und anschließend rasch abgekühlt werden.

Die aushärtbaren Legierungen dürfen nur im lösungsgeglühten Zustand geschweißt werden. Die geringe Verformbarkeit im ausgehärteten Zustand birgt die Gefahr in sich, dass sonst beim Schweißen Spannungsrisse entstehen. Es empfiehlt sich auch, Werkstücke aus diesen Legierungen nach dem Schweißen erst weich zu glühen und dann auszuhärten. Die Gefahr der Rissbildung wird dadurch vermindert.

Nickelwerkstoffe neigen, insbesondere bei Anwesenheit von Stickstoff, zur Bildung von Poren in der Schweißnaht. Es ist daher darauf zu achten, dass das Schweißbad nicht mit der Luft in Berührung kommt. Auch ist es wichtig, dass keine verunreinigten Gase verwendet werden.

Schweißen von Nickelwerkstoffen

Reinnickel und Nickel-Kupfer-Legierungen können mit dem Gasschmelzschweißen geschweißt werden, was allerdings nur noch selten geschieht. Die Brennergröße wird wie bei Baustählen gewählt. Bei Blechdicken bis 1 mm empfiehlt sich eine Bördelnaht, sonst eine V-Naht. Zum Schweißen werden borfreie Flussmittel eingesetzt, deren Reste nach dem Schweißen unbedingt vollständig entfernt werden müssen. Reinnickel und einige Legierungen vom Typ MONEL, INCO und INCONEL können auch ohne Flussmittel geschweißt werden. Geschweißt wird mit einem geringen Acetylenüberschuss. Ungeeignet ist der Prozess für hochwarmfeste Ni-Cr-Legierungen.

In größerem Umfang wird das Lichtbogenhandschweißen eingesetzt. Als Schweißzusatz besonders geeignet sind basisch umhüllte Elektroden nach DIN EN ISO 14172, die bei Gleichstrom am Pluspol verschweißt werden. Damit die atmosphärische Luft vom Schweißbad ferngehalten wird, ist der Lichtbogen kurz und ein Pendeln der Elektrode so gering wie möglich zu halten. Zu achten ist auf größte Sauberkeit bei der Vorbereitung der Naht. Um Poren an der Zündstelle zu vermeiden, sollte der Lichtbogen auf einem Vorlauf gezündet werden, wie auch am Ende der Naht Auslaufbleche verwendet werden sollten.

Die Anwendung des Wolfram-Inertgas-Schweißens ist auf dünne Bleche und Rohrwanddicken bis 3 mm beschränkt. Geschweißt wird mit Gleichstrom bei negativ gepolter Elektrode. Als Schutzgas kommt in erster Linie Argon hoher Reinheit (mind. 99,99 %) in Betracht. Ein Zusatz von etwa 2 % Wasserstoff zum Argon oder die Verwendung von Helium vermindert die Neigung zur Porenbildung und erhöht die Schweißgeschwindigkeit. Es ist darauf zu achten, dass sich im Schutzgasstrom keine Turbulenzen bilden. Der Schutzgasverbrauch ist sehr hoch. Beim manuellen Schweißen mit Argon ist mit 17 bis 35 l/h zu rechnen. Beim Schweißen mit Helium liegt der Verbrauch um den Faktor 1,5 bis 3 höher. Geschweißt wird mit kurzem Lichtbogen. Dabei ist darauf zu achten, dass keine Spritzer entstehen und das abschmelzende Ende des Zusatzdrahts immer unter dem schützenden Gasschild liegt.

Sind dickere Bleche zu schweißen, so ist das Metall-Schutzgasschweißen mit Kurzlichtbogen oder Impulslichtbogen vorteilhaft. Als Schutzgas kommt Argon zur Anwendung. Bewährt habe sich auch Mischgase vom Typ M12 oder M13 nach DIN EN ISO 14175 und Gasgemische auf Argonbasis mit 15 % Helium und max. 3 % CO_2. Schweißzusätze nach DIN EN ISO 18274; siehe auch **Tabelle 18-88**.

Mit dem Plasmastrahl können Blechdicken bis etwa 10 mm geschweißt werden. Als Plasmagas kommt Argon zum Einsatz, als Schutzgase eignen sich Argon oder Argon-Wasserstoff-Gemische. Dünne Bleche und Folien werden mit dem Mikroplasma-Verfahren bei Stromstärken von 1 bis 20 A zuverlässig geschweißt.

Für Nickelwerkstoffe, die mit anderen Schmelzschweißverfahren schwierig zu schweißen sind, eignet sich das Schweißen mit dem Elektronenstrahl. Dazu zählen vor allem die aushärtbaren hochwarmfesten Legierungen auf Ni-Cr-Basis.

Bauteile mit 1 bis 15 mm Dicke werden vorteilhaft auch mit dem Laser geschweißt, wofür CO_2-Laser mit einer Leistung von 25 kW eingesetzt werden. Für dünne Bleche bis 4 mm kommen Festkörperlaser mit Leistungen zwischen 100 W und 5 kW in Betracht. Es entstehen schmale Nähte mit einem großen Tiefen/Breiten-Verhältnis und kleinen Wärmeeinflusszonen.

Da ohne Schweißzusatz gearbeitet wird, ist eine einwandfreie Kantenvorbereitung Voraussetzung für eine einwandfreie Schweißung.

Nickel und Nickellegierungen sind zum Widerstandspressschweißen gut geeignet. Da die elektrische Leitfähigkeit relativ hoch, die thermische Leitfähigkeit mit der von Stahl vergleichbar ist, sind zum Schweißen hohe Ströme erforderlich. So erfolgt Widerstandspunktschweißen z. B. bei Blechdicken von 2 x1 mm mit einer Stromstärke von 17 kA, einer Elektrodenkraft von 5 kN bei einer Stromzeit von 5 Perioden. Auch Werkstoffkombinationen mit Messing, Bronze oder Stahl sind gut schweißgeeignet.

Löten von Nickelwerkstoffen

Nickel und seine Legierungen sind bei Anwendung von Flussmitteln der Typen 3.2.2, 3.1.1 und 3.2.1 und einer etwas verlängerten Lötzeit gut weichlötbar. Dennoch ist es empfehlenswert, zur Verbesserung der Benetzung die Oberfläche vor dem Löten mechanisch oder chemisch zu behandeln. Gut geeignet sind Zinnlote mit 50 bis 60 % Zinnanteil.

Unter der Voraussetzung, dass an die Lötverbindung keine hohen Festigkeitsanforderungen gestellt werden, sind Nickelwerkstoffe zum Hartlöten geeignet. Hierzu empfehlen sich Kupfer- und Messinglote, wenn Farbgleichheit von Grundwerkstoff und Lot gefordert wird auch Neusilberlote. Bei der Verwendung von Kupferloten ist zu beachten, dass die Arbeitstemperatur möglichst genau eingehalten und die Lötzeit kurz gehalten wird. Ist eine höhere Festigkeit gefordert, so ist das Löten von Nickel mit einem Silberlot zu empfehlen, das eine Arbeitstemperatur von < 800 °C hat. Damit wird der Versprödung und Rissbildung vorgebeugt, für welche Nickel oberhalb 800 °C anfällig ist. Auch Nickellegierungen lassen sich mit Silberloten gut hartlöten. Zu beachten ist allerdings, dass einige der Legierungen schon bei Temperaturen zwischen 600 und 800 °C verspröden. Auf eine kurze Lötzeit und niedrige Arbeitstemperaturen ist somit zu achten. Diese Bedingung erfüllt z. B. das Lot AG 304, früher L-Ag40Cd mit einer Arbeitstemperatur von 610 °C.

11.2.4 Titan und Titanlegierungen

Die Titanwerkstoffe sind gekennzeichnet durch eine relativ hohe Festigkeit bis zu Temperaturen um 300 °C in Verbindung mit einer geringen Dichte. Dementsprechend finden sie Verwendung in der Luft- und Raumfahrt, wegen ihrer guten Korrosionsbeständigkeit aber auch im chemischen Apparatebau. Bei reinem Titan tritt bei der Abkühlung eine allotrope Umwandlung auf, es liegen also temperaturabhängig zwei Modifikationen vor. Nach dem Erstarren liegt bis 885 °C ein krz-Gitter (β-Phase) vor. Diese wandelt bei der genannten Temperatur um in die hexagonale α-Phase. Durch Legierungselemente wie Chrom, Eisen, Molybdän und Wasserstoff kann die β-Phase bis zur Raumtemperatur stabilisiert werden. Aluminium, Bor, Kohlenstoff, Stickstoff und Sauerstoff wiederum stabilisieren die α-Phase.

Die Umwandlungen im festen Zustand erlauben Wärmebehandlungen, bestehend aus Lösungsglühen und Warmauslagern, die zur Erhöhung der Festigkeit und Zähigkeit führen.

Titanwerkstoffe reagieren im erwärmten und geschmolzenen Zustand mit Sauerstoff, Stickstoff und Wasserstoff. Dadurch wird die Festigkeit gesteigert, die Zähigkeit fällt jedoch bis zur Versprödung ab.

Genormt ist Reintitan in DIN 17 850, Titanlegierungen sind in DIN 17 851 genormt. Die wichtigsten Titanwerkstoffe, deren Gefüge und Eigenschaften sind in **Tabelle 11-17** zusammengestellt.

Tabelle 11-17 Titanlegierungen (nach Anik und Dorn)

Legierungstyp	Gefüge	Bemerkungen
Ti99,5 ...99,8 TiAl5Sn2,5 TiAl8Mo1V1	α	Hohe Korrosionsbeständigkeit Warmfest, kriechfest Spannungsrisskorrosionsempfindlich
TiAl6V4 TiAl6V6Sn2 TiAl4Mo3V1	$\alpha + \beta$	Hohe Festigkeit, gute Schweißeignung Besser durchhärtbar als TiAl6V4
TiAlMo4 TiAl6Zr4Sn2Mo2	$\alpha + \beta$	Warmfest Warmfest
TiSn6Zr5Al3Si	$\alpha + \beta$	Höchste Warm- und Kriechfestigkeit
TiV13Cr11Al3 TiMo12Zr6Al4,5	β	Sehr gute Kaltumformbarkeit

Schweißprozesse/Löten

Von den Schmelzschweißprozessen steht das WIG-Schweißen im Vordergrund. Geschweißt wird mit Gleichstrom bei negativ gepolter Wolframelektrode. Zum Schutz der auf mehr als 200 °C erwärmten Bereiche der Schweißung vor den Einwirkungen der Atmosphäre sind besondere Schutzvorrichtungen erforderlich. Als Schutzgas kommt in erster Linie Argon hoher Reinheit (mindestens 99,95) und geringer Feuchtigkeit in Betracht. Zu achten ist auf einen guten Wurzelschutz, der z. B. durch genutete Kupferschienen erzielt werden kann, die mit Schutzgas geflutet werden. Der Schutzgasverbrauch ist sehr hoch. Die Schweißkanten müssen metallisch blank und fettfrei sein. Ein Beizen mit einem Salpetersäure-Flusssäure-Gemisch hat sich zur Oberflächenvorbehandlung bewährt. Als Schweißzusatz wird artgleicher Blankdraht verwendet, dessen Oberfläche ebenfalls fettfrei sein muss.

Für Blechdicken zwischen 2 und 12 mm ist das Plasmaschweißen gut geeignet. Gegenüber dem WIG-Schweißen erzielt man eine größere Einbrandtiefe, eine schmälere Naht und eine höhere Schweißgeschwindigkeit. Als Plasmagas wird ein Helium-Argon-Gemisch verwendet, als Schutzgas Argon. Bleche unter 0,5 mm Dicke werden vorteilhaft mit dem Mikroplasmaschweißen gefügt.

Das MIG-Schweißen von Titanwerkstoffen ist zwar technisch möglich, doch stark mit Problemen verbunden.

Gut geeignet ist das Elektronenstrahlschweißen. Bei einem Kammerdruck von mind. $5 \cdot 10^{-6}$ mbar können Platten bis 100 mm Dicke im Stumpfstoß bei hoher Schweißgeschwindigkeit verbunden werden.

Infolge der schnellen Aufheizung und Abkühlung, dem geringen Wärmeeinbringen und kurzen Temperaturzyklen ist auch das Schweißen mit dem Laser zum Fügen von Titanwerkstoffen gut geeignet. Wegen der hohen Affinität zu den atmosphärischen Gasen und den damit verbundenen negativen Auswirkungen ist ein Schweißen im Vakuum, mindestens aber unter Schutzgas erforderlich.

Titanwerkstoffe eignen sich zum Verbinden durch Pressschweißen. Mit dem Widerstandspunkt- bzw. Rollennahtschweißen können Bleche bis 3,5 mm Dicke ohne Schutzgas bei kurzer Stromzeit verbunden werden.

Gut geeignet ist auch das Reibschweißen. Da keine Gefügeänderung durch Aufschmelzen eintritt, ist die Schweißung porenfrei. Es kann auch kein Gas aufgenommen werden, wodurch eine Versprödung vermieden wird. Allerdings ist ein hoher Stauchgrad erforderlich. So ist die Legierung TiAl6V4 z. B. artgleich problemlos in einem weiten Parameterbereich schweißbar bei folgenden Parametern: Drehzahl ca. 1470 U/min, Stauchdruck 250 bis 280 MPa, Reibdruck 240 bis 260 MPa, Stauchdauer 1,3 bis 1,7 Sekunden und Reibweg 3 bis 5 mm.

Insbesondere zum Verbinden mit anderen metallischen und auch nichtmetallischen Werkstoffen kommt das Diffusionsschweißen in Betracht. Dieser Prozess läuft im Vakuum bei 10^{-3} bis 10^{-6} mbar oder unter Inertgas und Temperaturen zwischen 800 und 1050 °C unter einem Pressdruck von ca. 10 N/mm^2 über mehrere Stunden.

Beim Schweißen größerer Querschnitte können Eigenspannungen auftreten. Zu deren Beseitigung ist ein Spannungsarmglühen oder ein rekristallisierendes Glühen zwischen 550 und 700 °C empfehlenswert.

Titan und seine Legierungen können weich- und hartgelötet werden.

Beim Weichlöten muss die Oberfläche allerdings vorher mit einem zweiten, gut lötbaren Metall beschichtet werden. Als Schichtwerkstoffe kommen in Betracht: Nickel, Eisen, Silber oder Kupfer. Diese Schichten werden je nach Werkstoff galvanisch oder durch Feuerbeschichten aufgebracht. Das Löten erfolgt dann mit herkömmlichen Loten, Flussmitteln und Prozessen.

Das Hartlöten erfolgt nach gründlicher Oberflächenvorbereitung vor allem im Vakuum ($< 10^{-3}$ mbar). Der zum Löten zur Verfügung stehende Temperaturbereich ist sehr schmal. Die untere Grenze liegt bei etwa 700 °C, da sich erst ab dieser Temperatur die an der Oberfläche vorhandenen Oxide und Nitride im Grundwerkstoff lösen und damit den Lötvorgang nicht stören. Ab 900 °C kommt es zu Grobkornbildung, was das plastische Verformungsvermögen des Grundwerkstoffs stark vermindert. Als Hartlote kommen in Betracht Feinsilber- und Palladiumlote, Silber-Kupfer- und Kupfer-Titan-Legierungen, wobei der Kupfergehalt auf 7 % begrenzt werden sollte. Weiter werden Silber-Aluminium- und Silber-Mangan-Legierungen mit geringen Zusätzen an Lithium empfohlen.

11.2.5 Molybdän und Molybdänlegierungen

Molybdän und seine Legierungen zählen zu den Hochtemperatur-Konstruktionswerkstoffen. Reines Molybdän zeigt eine gute Beständigkeit gegen die Einwirkung von Metallschmelzen; es hat einen relativ geringen Neutroneneinfangquerschnitt, so dass es auch für kerntechnische Anlagen interessant ist.

Die Eigenschaften des Molybdäns werden von seinem Reinheitsgrad bestimmt. Bei hochreinem Molybdän findet man eine hohe Zugfestigkeit, gepaart mit einer guten Zähigkeit auch bei tieferen Temperaturen. Molybdän hat einen hohen Elastizitätsmodul und eine gute Warmfestigkeit. Es besitzt eine sehr hohe Wärmeleitfähigkeit und einen kleinen Wärmeausdehnungskoeffizienten.

Durch Legieren können die mechanischen Eigenschaften des technisch reinen Metalls verbessert werden. Als Legierungselemente kommen in Betracht Titan, Zirkon, Rhenium und Wolfram. Titan und Zirkon bewirken eine Mischkristall-Verfestigung; eine Festigkeitssteigerung kann auch durch die Ausscheidung feinstverteilter Karbide bewirkt werden. Dieser Effekt kann auch zur Ausscheidungshärtung verwendet werden. Legierungen mit Rhenium zeichnen sich durch eine gute Verformungsfähigkeit und hohe Warmfestigkeit aus. Durch das Legieren mit Wolfram erhält man einen harten, warmfesten und korrosionsbeständigen Werkstoff.

Bei der Beurteilung der Schweißeignung der Molybdän-Werkstoffe sind die chemische Zusammensetzung und die Kornstruktur des Werkstoffs von Bedeutung. Technisch reines Molybdän versprödet in der Schweißnaht beim Schmelzschweißen, so dass es für Schweißkonstruktionen nicht geeignet ist. Die Molybdän-Legierungen können dagegen im Hochvakuum mit dem Elektronenstrahl, dem Laserstrahl und dem WIG-Prozess unter hochreinen Inertgasen in geschlossenen Kammern geschweißt werden.

Von den Pressschweißprozessen eignen sich Widerstandspunktschweißen, das Reibschweißen und das Diffusionsschweißen. Wegen der guten elektrischen und thermischen Leitfähigkeit sind beim Widerstandspunktschweißen Maschinen hoher Leistung erforderlich. Beim Reibschweißen wird mit hohen Drehzahlen gearbeitet; diese sind zur Erwärmung der Schweißstelle auf die erforderliche Temperatur notwendig. Das Diffusionsschweißen erfordert ein hohes Vakuum und u. U. lange Verweilzeiten bei hoher Temperatur. Durch Verwendung von Zwischenschichten kann die Arbeitstemperatur herabgesetzt werden. Sie erlauben auch die Verbindung von Molybdän mit anderen Werkstoffen wie z. B. Stählen.

11.2.6 Magnesium und Magnesiumlegierungen

Neben Aluminium ist Magnesium das wichtigste Leichtmetall, das konstruktiv eingesetzt wird. Es ist leichter als Aluminium, aber wesentlich teurer. Zudem ist es sehr schwierig zu verarbeiten.

Reines Magnesium ist konstruktiv nicht verwendbar. Die hierfür erforderlichen Eigenschaften können nur durch Legieren erreicht werden. Als Legierungselemente kommen dabei in erster Linie Aluminium, Zink, Mangan und Silizium in Betracht. Auch Silber, Calcium, Lithium und einige Elemente aus der Gruppe der Seltenen Erden finden Verwendung.

Einige Magnesiumlegierungen bilden eine 2. Phase. Das bedeutet, dass die mechanischen Eigenschaften durch Dispersionshärtung, Alterung oder Bildung von Duplex-Phasen verbessert werden können. Die Magnesiumwerkstoffe werden gemäß einem international üblichen System nach der Zusammensetzung alphanumerisch bezeichnet. Jede Bezeichnung besteht aus einer zweistelligen Buchstabenkombination und einer ebenfalls zweistelligen Ziffernkombination, z. B. AZ 91. Die Buchstaben stehen für die Hauptlegierungselemente der Legierung nach folgendem Schema:

Bezeichnung	Legierungselement
A	Aluminium
C	Kupfer
E	Seltene Erden
H	Thorium
K	Zirkonium
L	Lithium
M	Mangan
Q	Silber
S	Silizium
W	Yttrium
Z	Zink

Die Ziffern geben die Gehalte dieser Elemente in % an. Für den Werkstoff AZ 91 bedeutet dies einen Aluminiumgehalt von etwa 9 % bei zusätzlichen max 1 % Zink.

Falls erforderlich können dieser Bezeichnung noch Informationen über den Werkstoffzustand hinzugefügt werden, wobei diese sich an das bei Aluminium übliche System anlehnen. Daneben ist auch die Bezeichnung nach der chemischen Zusammensetzung möglich. Die Legierung AZ 91 würde demnach als MgAl9Zn1 bezeichnet.

Wie bei Aluminium wird auch bei Magnesium zwischen Guss- und Knetlegierungen unterschieden. Die Zahl der Gusslegierungen ist groß. Für die Verarbeitung durch Druckguss eignen sich die Legierungen der Gruppen AZ, AM und AS. Legierungen vom Typ AM und AZ, aber auch beispielsweise EQ, WE oder ZE, werden für den Guss in Sand- oder Dauerformen verwendet. Demgegenüber ist die Anzahl der Knetlegierungen begrenzt. Es handelt sich im Wesentlichen um Legierungen der Gruppen AZ und ZK sowie QE und WE.

Schweißeignung

Was das Schweißen anbetrifft, so sind bei Magnesium folgende Eigenschaften zu berücksichtigen:

- niedrige Schmelztemperatur
- niedrige Wärmeleitfähigkeit
- niedrige spezifische Wärmekapazität
- niedrige Verdampfungstemperatur
- hohe Affinität zu Sauerstoff
- großes Schmelzintervall
- großer Wärmeausdehnungskoeffizient
- geringe Viskosität und Oberflächenspannung
- geringe elektrische Leitfähigkeit
- hohe Löslichkeit für Wasserstoff

Die drei erstgenannten Eigenschaften sind dabei als positiv zu werten, die übrigen schränken die Schweißeignung eher ein. Trotzdem ist die Schweißeignung der gängigen Mg-Legierungen, insbesondere der Werkstoffe AZ 31, AZ 91 und G-AM 50 oder G-AM 60 als gut einzustufen.

Das Schmelzschweißen erfolgt bei Mg-Werkstoffen mit artgleichem oder höher legiertem Schweißzusatz. Eine Ausnahme machen dabei die Legierungen der Gruppen AM und ZK. Standardzusätze sind AZ 61 A und AZ 92 A, neuerdings auch AZ 101.

Schweißprozesse/Löten

Von den Schmelzschweißprozessen kommen mit Ausnahme des Gasschmelzschweißens und des Lichtbogenhandschweißens alle Prozesse in Betracht. Beim WIG-Schweißen dominiert wegen der Deckschicht aus MgO das Schweißen mit Wechselstrom unter Argon, ev. unter Zumischung von Helium zur Verbesserung des Einbrands. Wichtig ist zur Vermeidung von Poren und zur Verbesserung des Anfließens das Entfetten und mechanische Reinigen der Schweißkanten. Wie bei Aluminium ist ein Anfasen der unteren Werkstückkanten bzw. eine Verwendung von Badsicherungen zu empfehlen.

Das MIG-Schweißen erfolgt bevorzugt mit dem Kurzlichtbogen, da in der Mehrzahl der Fälle dünnere Bleche bzw. Wanddicken zu schweißen sind. Geeignet ist auch das Schweißen mit dem Impulslichtbogen. Hier ist zu beachten, dass zur Tropfenablösung hohe Impulsströme erforderlich sind. Zur Vermeidung von Störungen bei der Drahtförderung sind die Verwendung von großen Drahtdurchmessern und eine push-pull-Förderung zu empfehlen. Günstig für die Nahtgüte ist das Schweißen mit plusgepolter Drahtelektrode unter Argon. Bei Kehl- und Überlappnähten haben sich auch Argon-Sauerstoff- und Argon-Helium-Sauerstoff-Gemische bewährt.

Magnesium-Knetlegierungen lassen sich mit dem Laser gut schweißen. Geschweißt werden können Dicken von 1 bis 50 mm. Geeignet sind sowohl CO_2- als auch Festkörperlaser unter Verwendung von Helium oder Argon als Schweißgas. Beim Schweißen von Gusslegierungen besteht die Gefahr des Auftretens von Poren und Rissen, auch Nahteinfall und eine schlechte Nahtoberfläche werden beobachtet. Daher ist es sehr wichtig, die Schweißparameter zu optimieren. Trotzdem ist das Schweißen von Magnesium-Druckguss mit dem Laser vorteilhaft, da dabei Schweißzusatz auf einfache Weise zugeführt werden kann.

Beim Elektronenstrahlschweißen ist beim Tiefschweißen von Magnesiumwerkstoffen zu beachten, dass eine große Menge Metall verdampft wird. Um Auswirkungen des Metalldampfs auf den Strahlverlauf zu verhindern, sind besondere apparative Vorkehrungen im Bereich der Strahlablenkung notwendig. Gusswerkstoffe enthalten in der Regel Poren. Trifft der Strahl auf eine solche Pore, so treten Rückwirkungen auf das Strahlerzeugersystem auf. Das Elektronenstrahlschweißen von Magnesiumwerkstoffen ist daher vom apparativen Aufwand her gesehen nur bei Serienprodukten zu empfehlen. Bei richtiger Parameterwahl werden aber schmale Nähte erzeugt. Beim Elektronenstrahlschweißen an der Atmosphäre unter Schutzgas (Helium, Argon) treten die genannten Probleme nicht auf, so dass dieses Verfahren bevorzugt verwendet wird.

Zum Pressschweißen eignen sich das Widerstandspressschweißen und das Reibschweißen.

Auf Grund des Wirkprinzips der Widerstandsschweißprozesse eignen sich diese besonders zum Schweißen von Werkstoffen, die beim Schmelzschweißen zur Poren- und Rissbildung neigen. Dies ist bei einer Reihe von Magnesium-Druckgusslegierungen der Fall. Störend ist insbesondere beim Widerstandspunktschweißen die Magnesiumhydroxid-Schicht, welche die Kontaktwiderstände negativ beeinflusst. Eine Oberflächenvorbehandlung, die zu oxidfreien und sauberen Oberflächen geringerer Rauheit führt, ist daher unbedingt erforderlich. Empfehlenswert ist eine chemische Behandlung mittels Chrom- und Flusssäurebeizen. Bewährt haben sich Punktschweißelektroden aus CuCrZr, einem Werkstoff, der zwar eine geringere elektrische Leitfähigkeit, dafür eine höhere Härte aufweist, was dem Verschleiß entgegenwirkt. Günstig ist die Verwendung balliger Elektroden, die zu einer höheren Flächenpressung und Stromdichte führen, wodurch dünne isolierende Deckschichten leichter zerstört werden. Beim Widerstandspunktschweißen von Magnesium-Werkstoffen sind Schweißmaschinen nach dem Frequenzwandlerprinzip vorzuziehen. Der Gleichstrom führt zu einem gleichmäßigen Energieeinbringen, was der Bildung von Spritzern entgegen wirkt. Erforderlich sind bei diesen Werkstoffen hohe Stromstärken. Unbedingt zu empfehlen ist eine Kraftsteuerung mit Nachlauf der Elektroden beim Erweichen des Werkstoffs. Magnesium-Werkstoffe können auch mit dem Buckel- und Rollennahtschweißen gefügt werden.

Das Reibschweißen von Magnesiumwerkstoffen erfordert besondere Maßnahmen bei der Vorbereitung und Durchführung der Schweißung. Zu berücksichtigen sind die geringe Wärmeleitfähigkeit und die geringe plastische Verformbarkeit. Das führt zu relativ geringen Reib- und

Stauchdrücken, kompensiert durch eine erhöhte Reibzeit. Bei Mischverbindungen mit Aluminium oder Stahl ist auch die Gefahr der Bildung spröder intermediärer Phasen zu berücksichtigen. Hier spielt die Temperatur in der Verbindungszone und die Dauer der Wärmeeinwirkung eine Rolle, was in diesem Fall kürzere Reibzeiten erfordert. Für das Gelingen einer Reibschweißung von Magnesium-Werkstoffen sind wichtig

- eine gute Vorbereitung der Stoßflächen (Rechtwinkligkeit, Entfernung der Oxidschicht)
- eine sichere Einspannung (keine Vibrationen)
- eine ausreichende Steifigkeit der Bauteile (kein Knicken, ausreichende Verdrehsteifigkeit)
- bei Serienfertigung konstante Zusammensetzung und Gefügeausbildung, bei Gussteilen keine Inhomogenitäten.

Das Rotationsreibschweißen wird ergänzt durch das Rührreibschweißen. Bei Magnesium-Werkstoffen bietet dieser Prozess insbesondere bei Gussteilen Vorteile, da Porositäten weniger stören und keine aufwendigen Vorbehandlungen der Oberfläche erforderlich sind.

Das Hartlöten von Magnesium und seinen Legierungen ist möglich, jedoch schwierig. Verantwortlich hierfür sind verschiedene Besonderheiten des Werkstoffs

- hohe Affinität zum Sauerstoff
- Bildung von Hydroxiden und Karbonaten beim Erwärmen an Luft
- Zersetzung des Hydroxids unter Bildung von Wasserdampf beim Erwärmen über 300 °C
- Löttemperatur der Lote liegt nur wenig unter der Solidustemperatur der Magnesium-Werkstoffe
- Dichte der geeigneten Lote ist geringer als die Dichte der als Flussmittel verwendbaren Salzgemische.

Das Löten kann an Luft erfolgen, besser aber unter Vakuum oder unter Argon bzw. Stickstoff. Empfehlenswert ist auch das Löten unter einer Aktivgasatmosphäre aus Argon oder Stickstoff und Ammoniumchlorid.

Als Flussmittel werden Gemische aus Alkali- und Erdalkalimetallen eingesetzt. Da unbedingt die Bildung von Magnesiumhydroxid vermieden werden muss, ist auf trockene Flussmittel zu achten.

Erprobt sind das Flammlöten, das Salzbadlöten, das Ofenlöten und das HF-Löten.

Wichtig ist eine intensive Reinigung der Oberfläche vor dem Löten. Öl und Fett sind zu entfernen. Auf der Oberfläche dürfen sich keinerlei Metallspäne oder -stäube befinden, da Entzündungsgefahr besteht. Zur Reinigung wird eine Behandlung mit einer Chromsäure-Anhydridlösung empfohlen.

Das Lot soll den gleichen chemischen Charakter aufweisen wie der Grundwerkstoff, d. h. es muss hohe Anteile an Magnesium enthalten.

Weiterführende Literatur

Anik/Dorn: Schweißeignung metallischer Werkstoffe. Düsseldorf: DVS-Verlag, 1995

Behnisch, H. (Hrsg.): Kompendium der Schweißtechnik, Band 2 und Band 3. Düsseldorf: DVS-Verlag, 2002

Boese, U.: Das Verhalten der Stähle beim Schweißen, Teil 1: Grundlagen. Düsseldorf: DVS-Verlag, 1995

Boese/Ippendorf: Das Verhalten der Stähle beim Schweißen, Teil 2: Anwendung. Düsseldorf: DVS-Verlag, 2001

Dilthey, U.: Schweißtechnische Fertigungsverfahren, Band 2: Verhalten der Werkstoffe beim Schweißen. Düsseldorf: VDI-Verlag, 1995

Folkhard, E.: Metallurgie der Schweißung nichtrostender Stähle. Wien/New York: Springer Verlag, 1984

Granjon, H.: Werkstoffkundliche Grundlagen des Schweißens. Düsseldorf: DVS-Verlag, 1993

Gümpel, P.: Rostfreie Stähle. Renningen: expert-verlag, 2001

Kammer, C.: Magnesium-Taschenbuch. Düsseldorf. Aluminium-Verlag, 2000

Killing, R.: Angewandte Schweißmetallurgie. Düsseldorf: DVS-Verlag, 1996

Lancaster, J.: Metallurgie of Welding. Cambridge (UK): Abington Publishing, 1998

Lison: R.: Schweißen und Löten von Sondermetallen und ihren Legierungen. Düsseldorf: DVS-Verlag, 1998

Lison, R.: Wege zum Stoffschluss über Schweiß- und Lötprozesse. Düsseldorf: DVS-Verlag, 1998

Lohrmann/Lueb: Kleine Werkstoffkunde für das Schweißen von Stahl und Eisen. Düsseldorf: DVS-Verlag, 1995

Mordike/Wiesner: Fügen von Magnesiumwerkstoffen. Düsseldorf. DVS-Verlag, 2005

N. N.: Aluminium-Taschenbuch. Band 1. Düsseldorf. Aluminium-Verlag, 2002

Ostermann, F.: Anwendungstechnologie Aluminium. Berlin/Heidelberg: Springer, 1998 (VDI-Buch)

Pohle, C.: Schweißen von Werkstoffkombinationen. Düsseldorf: DVS-Verlag, 2000

Schulze/Krafka/Neumann: Schweißtechnik. Düsseldorf: VDI-Verlag, 1992

Schroer, H.: Schweißen und Hartlöten von Aluminium-Werkstoffen. Düsseldorf: DVS-Verlag, 2002

Schuster, J.: Schweißen von Eisen-, Stahl- und Nickelwerkstoffen. Leitfaden für die schweißmetallurgische Praxis. Düsseldorf: DVS Verlag, 1997

Seyffarth, P.: Atlas Schweiß-ZTU-Schaubilder. Fachbuchreihe Schweißtechnik Band 75. Düsseldorf: DVS Media, 2010

Strassburg/Wehner: Schweißen nichtrostender Stähle. Düsseldorf: DVS Media, 2009

12 Schweißnahtberechnung

Die Berechnung der auftretenden Spannungen in Schweißnähten erfolgt im Regelfall mit Hilfe der elementaren Gleichungen der Festigkeitslehre. Auf weiterführende Berechnungsverfahren, wie z. B. die Traglast- und Fließgelenktheorie, wird nicht eingegangen.

Bei Bauteilen, die einer Abnahme oder späteren Betriebsüberwachung unterliegen, sind für die anzuwendenden Gleichungen und die zulässigen Spannungen unbedingt vorhandene Regelwerke zu beachten; z. B. für auf Dauerfestigkeit beanspruchte geschweißte Bauteile für Fahrzeuge und Anlagen die Richtlinien DVS 1612 [13], DVS 1608 [12], FKM [15], die IIW-Empfehlungen [19], die Ermüdung bei Stahlbauten DIN EN 1993-1-9 [9], für geschweißte Tragwerke von Kranen DIN 15018 [4], DIN 4132 [3] und DINCEN/TS 13001-3-1 [6], für Druckbehälter und Rohrleitungen die AD2000 – Merkblätter B0, S1 und S2, DIN EN 13445-3 und DIN EN 13480-3, für Stahlbauten DIN 18800-1 [5] und DIN EN 1993-1-8 [8].

Im Maschinen- und Fahrzeugbau gibt es keine allgemeinverbindlichen Berechnungsvorschriften. Die im geregelten Bereich geltenden Normen DIN 18800-1 (Stahlbau) bzw. DIN 15018-1 (Kranbau) werden stellvertretend für die Anwendung bei vorwiegend ruhender bzw. dynamischer Beanspruchung unter 12.3.3 und 12.4.6 vorgestellt.

12.1 Abmessungen der Schweißnähte

Bei Stumpfnähten wird die rechnerische Schweißnahtdicke a gleich der Bauteildicke t gesetzt. Die meistens vorhandene Nahtüberhöhung bleibt dabei unberücksichtigt (**Bild 12-1b**). Bei unterschiedlichen Blechdicken ist die kleinere maßgebend (**Bild 12-1d**).Wechselt in einem Stumpfstoß die Blechdicke, so sind bei vorwiegend ruhender Beanspruchung bei Dickenunterschieden von mehr als 10 mm die vorstehenden Kanten im Verhältnis 1:1 oder flacher zu brechen (DIN 18 800-1) [5] oder bei dynamischer Beanspruchung bereits bei einem Dickenunterschied von mehr als 3 mm mit einer Neigung nicht steiler als 1:4 abzuarbeiten, (**Bild 12-1e**). Wird eine Naht nicht völlig durchgeschweißt, so darf nur die tatsächlich erreichte Nahtdicke in

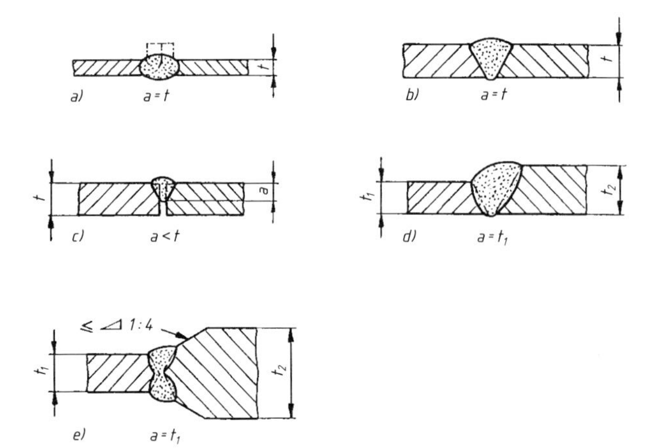

Bild 12-1
Stumpfstöße, Nahtdicke a
a) Bördelnaht (Bördel vollständig niedergeschmolzen),
b) durchgeschweißte V-Naht,
c) nicht durchgeschweißte I-Naht,
d) Bleche verschiedener Dicke als einseitig bündiger Stoß,
e) zentrischer Stoß, vorstehende Kanten abgeschrägt.

die Berechnung eingesetzt werden (**Bild 12-1c**). Bei dynamisch beanspruchten oder einem besonderen Korrosionsangriff ausgesetzten Konstruktionen dürfen nicht durchgeschweißte Nähte nicht angewandt werden.

Bei Kehlnähten ist die Nahtdicke a gleich der bis zum theoretischen Wurzelpunkt gemessenen Höhe des einschreibbaren gleichschenkligen Dreiecks, **Bild 12-2a**. Die jeweilige Schenkellänge wird mit z angegeben. Diese errechnet sich bei gleichschenkligen Nähten aus $z = a \cdot \sqrt{2}$, bei ungleichschenkligen Nähten gilt $a = 0{,}5 \cdot \sqrt{2} \cdot z_2$, wenn z_2 die kürzere Schenkellänge ist (**Bild 12-2d**). Bei Kehlnähten mit tiefem Einbrand ist e für jedes Schweißverfahren (z. B. teil- oder vollmechanische UP- oder Schutzgasverfahren) in einer Verfahrensprüfung zu bestimmen. Nach DIN 18800-1 beträgt dann die rechnerische Nahtdicke $a = \bar{a} + e$, vgl. **Bild 12-2f**.

Üblich ist die Flachkehlnaht (**Bild 12-2a**), etwas unwirtschaftlicher, aber mit sehr günstigen dynamischen Eigenschaften am Nahtübergang ist die Hohlkehlnaht (**Bild 12-2c**). Wölbnähte (**Bild 12-2b**) sind nur am Eckstoß sinnvoll.

Grundsätzlich wird unterschieden zwischen Nähten mit durch- oder gegengeschweißter Wurzel und Nähten mit nicht durchgeschweißter Wurzel. Zu den durchgeschweißten Nähten zählen neben der Stumpfnaht, die DHV-Naht (K-Naht) und die HV-Naht mit oder ohne geschweißte Gegenlage (**Bild 12-3a**). Dabei ist die rechnerische Nahtdicke a gleich der anzuschließenden Bauteildicke t_1.

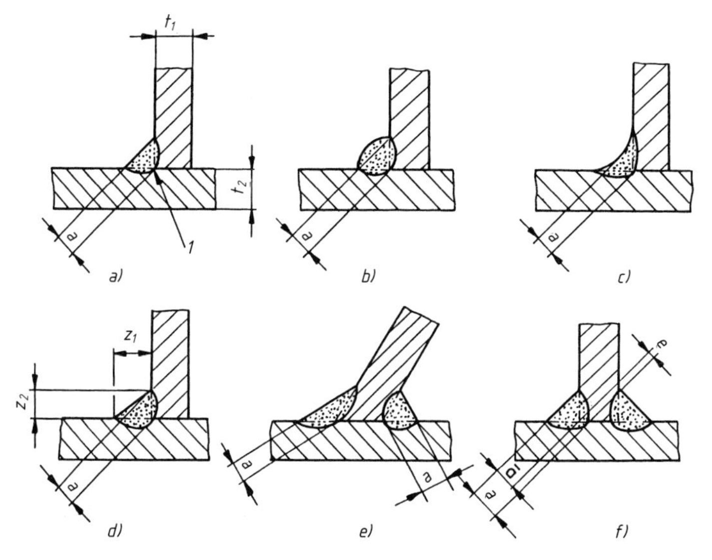

Bild 12-2 Kehlnähte

a) Flachnaht (1 theoretischer Wurzelpunkt = Stirn-Längskante, a Nahtdicke),

b) Wölbnaht,

c) Hohlnaht,

d) Nahtdicke bei ungleichschenkliger Kehlnaht: $a = 0{,}5\sqrt{2} \cdot z_2$ für $z_1 > z_2$,

e) Nahtdicke *a* bei gleichschenkliger Kehlnaht am Schrägstoß,

f) Doppelkehlnaht mit tiefem Einbrand: $a = \bar{a} + e$

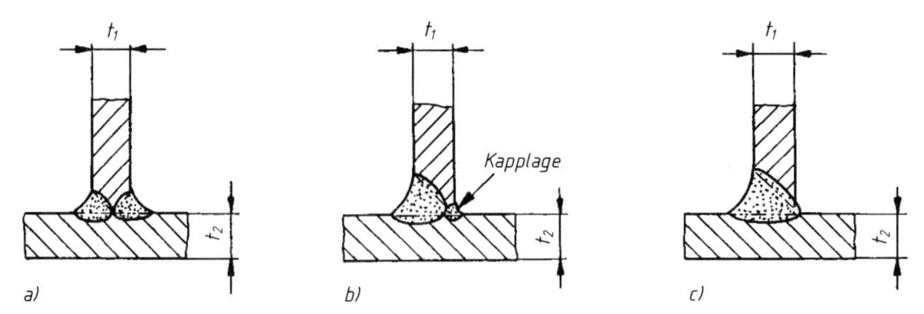

Bild 12-3a Sonstige (zusammengesetzte) Nähte mit durchgeschweißter Wurzel ($a = t_1$)
a) DHV-Naht mit Doppelkehlnaht (K-Naht),
b) HV-Naht mit Kehlnaht, Kapplage gegengeschweißt,
c) HV-Naht mit Kehlnaht, Wurzel durchgeschweißt.

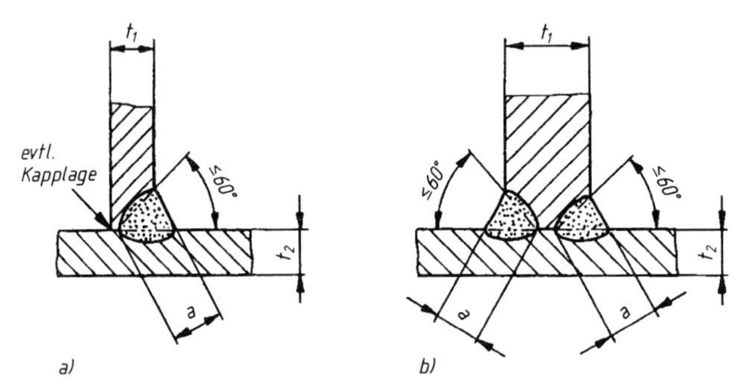

Bild 12-3b Sonstige Nähte mit nicht durchgeschweißter Wurzel
a) HY-Naht mit Kehlnaht, b) DHY-Naht mit Doppelkehlnaht

Alle übrigen Nähte, einschließlich der Kehlnähte, zählen zu den nicht durchgeschweißten Nähten. Für die häufig ausgeführte HY- und DHY-Naht mit Kehlnaht bzw. Doppelkehlnaht nach **Bild 12-3b** ist die rechnerische Nahtdicke a gleich dem Abstand vom theoretischen Wurzelpunkt zur Nahtoberfläche. Sie dürfen nach DIN 18 800-1 nur in Position PA und PB mit Schutzgasschweißung ausgeführt werden. Sonst ist die Nahtdicke a um 2 mm zu vermindern oder durch eine Verfahrensprüfung festzulegen.

Um ein Missverhältnis von Nahtquerschnitt und verbundenen Querschnittsteilen zu vermeiden, müssen im Stahl- und Kranbau bei Bauteildicken $t \geq 3$ mm für die Schweißnahtdicke a von Kehlnähten folgende Grenzwerte eingehalten werden:

$$2 \text{ mm} \leq a \leq 0{,}7 \cdot t_{min} \tag{12.1}$$

$$a \geq \sqrt{t_{max}} - 0{,}5 \text{ mm} \tag{12.2}$$

mit t_{min} bzw. t_{max} als kleinster bzw. größter anzuschließender Bauteildicke in mm.

Eine Auslegung der Nahtdicke nach Bedingung (12.2) führt bei Bauteildicken über 25 mm zu unwirtschaftlichen Nahtdicken. In Abhängigkeit von den gewählten Schweißbedingungen (Vorwärmen, besonders schweißgeeigneter Werkstoff) darf auf die Einhaltung der Bedingung (12.2) verzichtet werden, jedoch sollte für Blechdicken $t \geq 30$ mm die Schweißnahtdicke mit $a \geq 5$ mm gewählt werden.

Die rechnerische Länge l einer Schweißnaht ist ihre geometrische Länge. Bei Stumpfnähten ist l also gleich der Mindestbreite der zu schweißenden Bauteile. Für Kehlnähte ist sie die Länge der Wurzellinie. Krater, Nahtanfänge und Nahtenden, die die verlangte Nahtdicke nicht erreichen, zählen nicht zur Nahtlänge. Im Stahlbau müssen hinsichtlich der Nahtlänge bestimmte Bedingungen eingehalten werden. Kehlnähte dürfen beim Festigkeitsnachweis nur berücksichtigt werden, wenn $l \geq 6$ a, mindestens jedoch 30 mm, ist. In unmittelbaren Laschen- und Stabanschlüssen erfolgt die Bestimmung der rechnerischen Schweißnahtlänge Σl nach **Bild 12-4**. Dabei ist l der einzelnen Flankenkehlnähte auf 150a und bei den Stahlsorten S420, S450 und S460 auf 100a begrenzt. Die Momente aus den Außermittigkeiten des Schweißanschlusses zur Stabachse dürfen unberücksichtigt bleiben.

Bei kontinuierlicher Krafteinleitung über die Anschlusslänge ist eine obere Begrenzung nicht erforderlich.

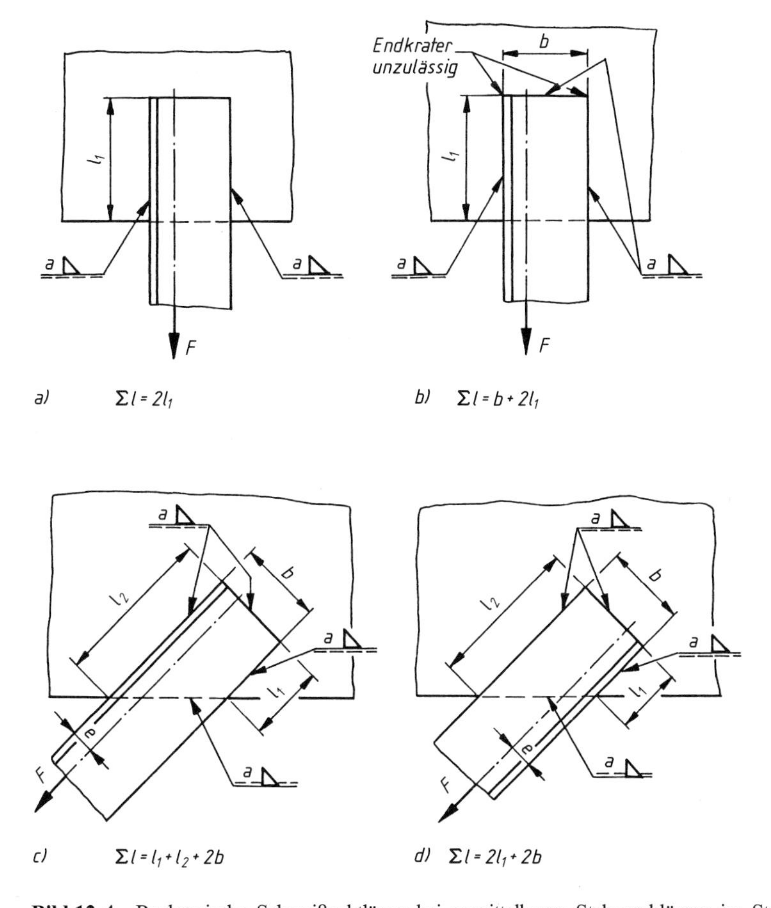

Bild 12-4 Rechnerische Schweißnahtlänge bei unmittelbaren Stabanschlüssen im Stahlbau (DIN 18 800-1) a) mit Flankenkehlnähten, b) mit Stirn- und Flankenkehlnähten, c) mit ringsumlaufender Kehlnaht: Schwerachse näher zur längeren Naht (e < b/2), d) mit ringsumlaufender Kehlnaht: Schwerachse näher zur kürzeren Naht (e < b/2).

12.2 Berechnung der Schweißnahtspannungen

Die Schweißnahtnennspannungen werden aus den Belastungen nach den Regeln der elementaren Festigkeitslehre ermittelt. Dabei werden bewusst vereinfachende Annahmen getroffen. Stoßhaft auftretende Lasten sind durch Stoßfaktoren und Schwingbeiwerte (Betriebsfaktoren) zu berücksichtigen. Zum Teil sind die Lastannahmen und die anzuwendenden Gleichungen in Regelwerken festgelegt.

Die zu ermittelnden Schweißnahtspannungen lassen sich nach **Bild 12-5** unterscheiden in:

- Normalspannungen $\sigma_{\|}$ in Nahtrichtung.
  Sie haben geringe Bedeutung und werden beispielsweise bei Stahlbauten mit ruhender Belastung nicht berücksichtigt.
- Normalspannungen $\sigma_{\perp}$ quer zur Nahtrichtung.
  Sie sind maßgebend für die Berechnung der Stumpf- und Kehlnähte.
- Schubspannungen $\tau_{\|}$ in Nahtrichtung.
  Sie treten in Hals- und Flankenkehlnähten und bei Querkraftanschlüssen auf (z. B. **Bild 12-6** und **12-7**).
- Schubspannungen $\tau_{\perp}$ quer zur Nahtrichtung.
  Sie treten in Stirnkehlnähten auf.

Allgemein gilt für eine durch die Längskraft F_l bzw. die Querkraft F_q je für sich allein beanspruchte Schweißverbindung die Normal- bzw. Schubspannung

$$\sigma_{\perp}, \tau_{\perp}, \tau_{\|} = \frac{F}{A_w} = \frac{F}{\Sigma a \cdot l} \tag{12.3}$$

mit $F = F_l$ bzw. $F - F_q$

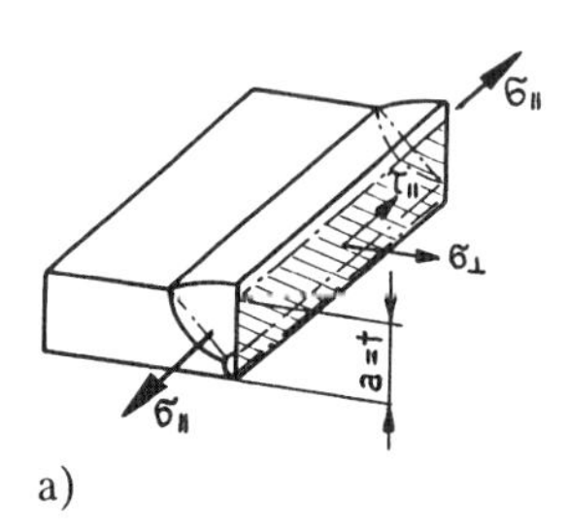

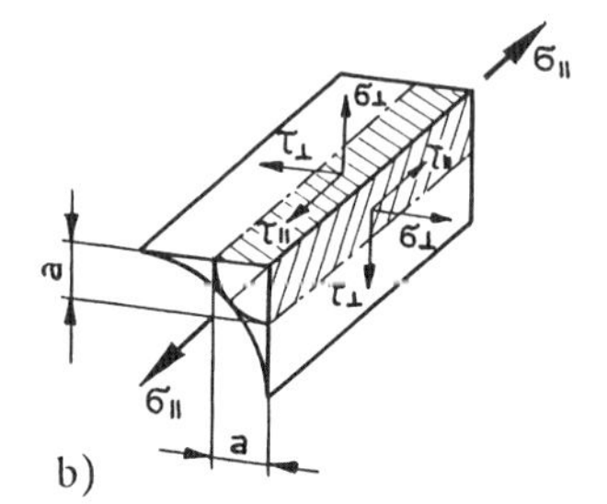

Bild 12-5
Kennzeichnung der Schweißnahtspannungen
a) in Stumpfnähten,
b) in Kehlnähten

Dabei sind nur die Flächen $\Sigma a \cdot l$ derjenigen Schweißnähte anzusetzen, die aufgrund ihrer Lage vorzugsweise imstande sind, die vorhandenen Kräfte und Momente zu übertragen. So z. B. beim Trägeranschluss nach **Bild 12-6** zur Übertragung der Querkraft nur die Steganschlussfläche $A_w = 2 \cdot a_S \cdot l_{wS}$.

Durchgeschweißte Nähte aller Nahtgüten bei *Druckbeanspruchung* und mit nachgewiesener Nahtgüte bei Zugbeanspruchung brauchen nicht nachgewiesen zu werden, da der Bauteilwiderstand maßgebend ist. Die Ermittlung von $\Sigma a \cdot l$ bei unmittelbaren Stabanschlüssen erfolgt nach **Bild 12-4**.

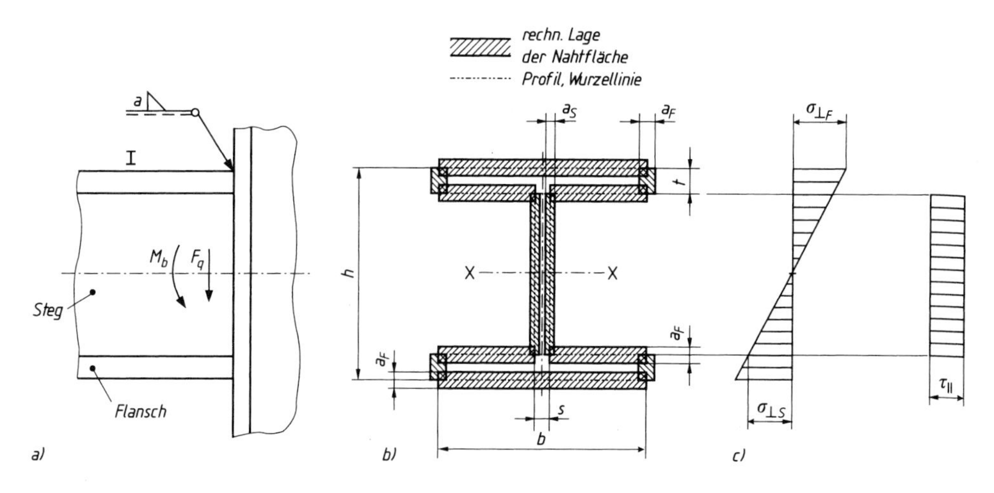

Bild 12-6 Zusammengesetzte Beanspruchung am biegesteifen Trägeranschluss (I-Schweißträger)
a) Durch Biegemoment und Querkraft belastete umlaufende Kehlnaht
b) rechnerische Nahtlage: Nahtfläche konzentriert in der Wurzellinie
c) Verlauf der Schweißnahtspannungen

Für eine durch ein Biegemoment M_b beanspruchte Schweißverbindung entsprechend **Bild 12-6** ist die Normalspannung

$$\sigma_{\perp} = \frac{M_b}{I_w} y = \frac{M_b}{W_w} \tag{12.4}$$

Die Berechnung der Flächenmomente 2. Grades des meist aus Rechteckflächen zusammengesetzten Nahtquerschnitts (Nahtbild) erfolgt mit Hilfe des Verschiebesatzes (Satz von Steiner). Die Schweißnahtfläche der Kehlnähte denkt man sich dabei in der Wurzellinie konzentriert (vgl. **Bild 12-6**). Für den symmetrischen Trägeranschluss nach **Bild 12-6** wird I_w z. B. wie folgt bestimmt:

$$I_w = 2 \cdot a_S \cdot (h-2t)^3/12 + 2 \cdot a_F \cdot b(h/2)^2 + 2 \cdot a_F \cdot (b-s) \cdot (h/2-t)^2 + \ldots$$

$$+4 \cdot a_F \cdot t^3/12 + 4 \cdot a_F \cdot t[(h-t)2]^2$$

Trägeranschlüsse mit I-Trägern dürfen im Stahlbau ohne weiteren Tragsicherheitsnachweis ausgeführt werden, wenn die Dicken der Doppelkehlnähte $a \geq 0{,}5\,t$ (S 235), $a \geq 0{,}6\,t$ (S 275), $a \geq 0{,}7\,t$ (S 355), $a \geq 0{,}8\,t$ (S 420, S 450) und $a \geq 0{,}9\,t$ (S 460) eingehalten werden (t = Flansch- bzw. Stegdicke).

Für eine Längsnaht des durch die Querkraft F_q beanspruchten Biegeträger ergibt sich nach **Bild 12-7** die Schubspannung

$$\tau_{\|} = \frac{F_q \cdot H}{I \cdot \Sigma a} \tag{12.5}$$

F_q Querkraft
H Flächenmoment 1. Grades der angeschlossenen Querschnittsflächen. In **Bild 12-7** z. B. zur Berechnung der Halsnaht: $H = A_F \cdot y$
I Flächenmoment 2. Grades des Gesamtquerschnitts
Σa Summe der Schweißnahtdicken für die angeschlossenen Querschnittsflächen. Für die Halsnaht in **Bild 12-7** z. B. $\Sigma a = 2a$

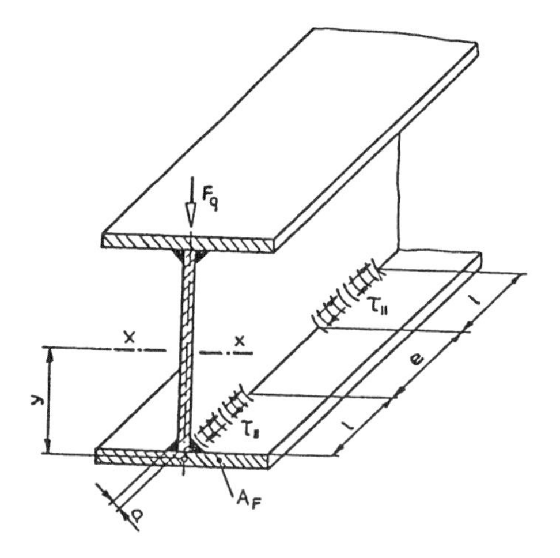

Bild 12-7
Schweißnahtschubspannungen bei Querkraftbiegung

Bei unterbrochenen Nähten (**Bild 12-7**) ist die nach Gl. (12.5) berechnete Schubspannung mit dem Faktor (e + 1)/l zu erhöhen.

Geht die Wirkungslinie der Belastung nicht durch den Schubmittelpunkt oder tritt ein Torsionsmoment M_t auf, so wird die Schweißverbindung auf Verdrehung beansprucht. Im Folgenden werden auch die statischen Torsionsmomente M_t mit T bezeichnet. Beim Kreisquerschnitt nehmen die Schubspannungen τ linear mit dem Radius r zu (**Bild 12-8a**)

$$\tau_{||} = \frac{T}{I_p} \cdot \frac{d_a}{2} = \frac{T}{W_p} \tag{12.6}$$

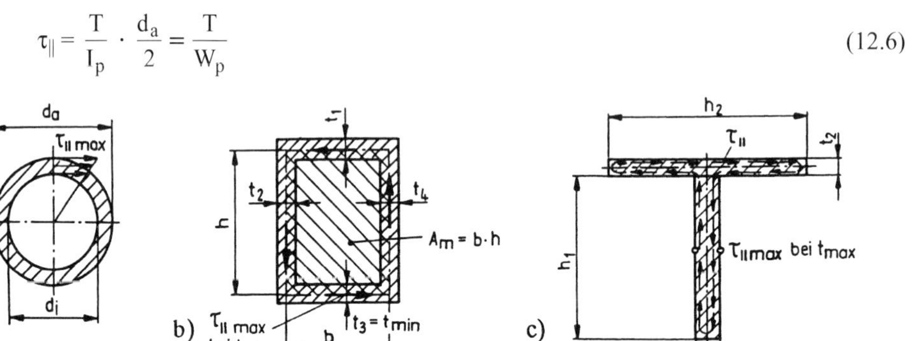

Bild 12-8 Maßgebende Abmessungen zur Berechnung der Torsionsflächenmomente 2. Grades
a) Kreisförmiger Hohlquerschnitt, b) dünnwandiger Hohlquerschnitt,
c) dünnwandiger offener Querschnitt ($h/t \gg 1$)

Das polare Flächenmoment 2. Grades beträgt für den Kreisquerschnitt $I_p = \pi \cdot d^4/32$ und für den kreisförmigen Hohlquerschnitt $I_p = \pi \cdot (d_a^4 - d_i^4)/32$. Das polare Widerstandsmoment W_p ergibt sich aus $W_p = I_p/(d_a/2)$.

Bei dünnwandigen geschlossenen Querschnitten kann man mit gleichmäßiger Schubspannungsverteilung über die Wanddicke rechnen. Ist die Wanddicke (Nahtdicke) nicht konstant, so tritt die größte Schubspannung an der kleinsten Wanddicke auf. Mit A_m als der von der Profilmittellinie umschlossenen Fläche (**Bild 12-8b**) gilt nach der 1. Bredtschen Formel

$$\tau_{\| \max} = \frac{T}{2 \cdot A_m \cdot t_{min}} \tag{12.7}$$

Für dünnwandige offene Querschnitte ergibt sich im Teilquerschnitt mit der maximalen Wanddicke t_{max} die maximale Schubspannung

$$\tau_{\| \max} = \frac{T}{I_t} t_{max} \tag{12.8}$$

Für alle aus schmalen Rechtecken zusammengesetzte offene Querschnitte, d. h. Profile der Formen T, L, U, I nach **Bild 12-8c** ergibt sich das Gesamtflächentorsionsmoment als Summe der Teilflächenmomente

$$I_t = \frac{1}{3} \sum_i h_i \cdot t_i^3 \quad \text{bzw.} \quad W_t = \frac{I_t}{t_{max}} \tag{12.9}$$

Treten in einer Schweißverbindung *gleichzeitig mehrere Normalspannungen* auf, meist hervorgerufen durch eine Biegebeanspruchung und eine Zug- oder Druckbeanspruchung, so ist die Gesamtspannung gleich der Summe der Einzelspannungen

$$\sigma_{\perp\, ges} = \sigma_{\perp\, b} + \sigma_{\perp\, z,d} \tag{12.10}$$

Bei zusammengesetzter Beanspruchung, also wenn gleichzeitig Normal- und Schubspannungen auftreten, wird ein rechnerischer Vergleichswert gebildet, der dann mit den zulässigen Spannungen der Werkstofftabellen verglichen wird.

Im ungeregelten Bereich wurde für Schweißverbindungen meist die Normalspannungshypothese herangezogen. Für den häufigen Fall Biegung und Schub lautet sie

$$\sigma_{w,v} = 0{,}5\left(\sigma_{\perp} + \sqrt{\sigma_{\perp}^2 + 4 \cdot \tau_{\|}^2}\right) \tag{12.11}$$

Für dynamisch beanspruchte Schweißverbindungen erfolgt der Nachweis oft in der Form

$$\left(\frac{\sigma_{\perp}}{\sigma_{\perp\, zul}}\right)^2 + \left(\frac{\tau_{\|}}{\tau_{\|\, zul}}\right)^2 \leq 1 \tag{12.12}$$

Ein solcher Interaktionsnachweis ist im Kranbau (DIN 15 018) vorgeschrieben (Betriebsfestigkeitsnachweis)

$$\left(\frac{\sigma_{\perp}}{\sigma_{\perp\, zul}}\right)^2 + \left(\frac{\sigma_{\|}}{\sigma_{\|\, zul}}\right)^2 - \frac{\sigma_{\perp} \cdot \sigma_{\|}}{\sigma_{\perp\, zul} \cdot \sigma_{\|\, zul}} + \left(\frac{\tau_{\|}}{\tau_{\|\, zul}}\right)^2 \leq 1{,}1 \tag{12.12a}$$

Anwendungsbeispiele der Berechnungsformeln sind in **Bild 12-9** zusammengestellt.

Zeile	Belastungsbild Nahtbild [1]	Beanspruchungsart	Gl. Nr.	Berechnungsansatz
1	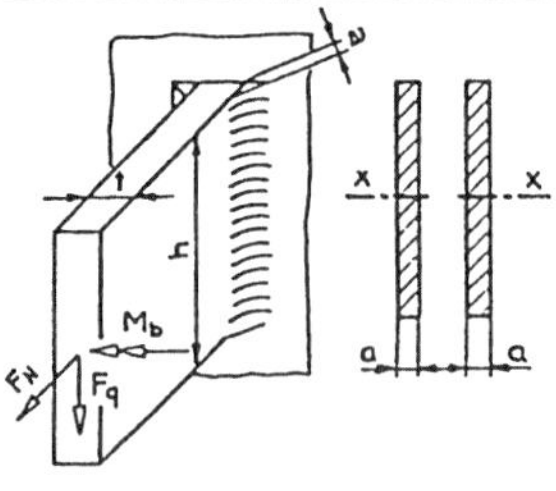 T-Stoß mit Doppelkehlnaht	Zug/Druck	12.3	$\sigma_\perp = \frac{F_N}{2 \cdot a \cdot h}$
2		Schub	12.3	$\tau_\parallel = \frac{F_q}{2 \cdot a \cdot h}$
3		Biegung	12.4	$\sigma_\perp = \frac{6 \cdot M_b}{2 \cdot a \cdot h^2}$
4		Vergleichswert statisch	12.19	$\sigma_{w,v} = \sqrt{\sigma_\perp^2 + \tau_\perp^2 + \tau_\parallel^2}$
		Vergleichswert dynamisch	12.12	$\left(\frac{\sigma_{\perp\,ges}}{\sigma_{\perp\,zul}}\right)^2 + \left(\frac{\tau_\parallel}{\tau_{\parallel\,zul}}\right)^2 \leq 1{,}0\ (1{,}1)$
5	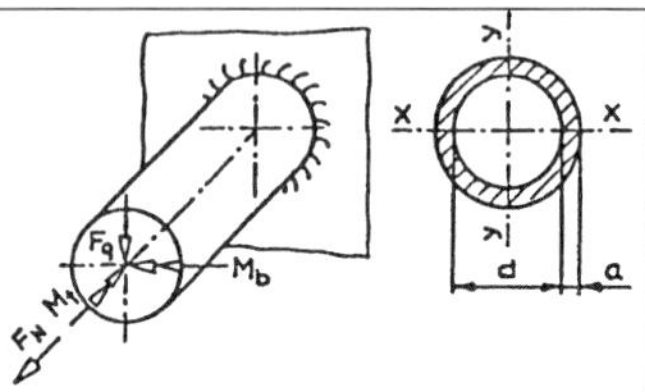 Zapfen mit Kehlnahtanschluss	Zug/Druck	12.3	$\sigma_\perp = \frac{F_N}{\pi \cdot a \cdot d}$
6		Schub	12.3	$\tau = \frac{F_q}{\pi \cdot a \cdot d}$
7		Biegung	12.4	$\sigma_\perp \approx \frac{4 \cdot M_b}{\pi \cdot a \cdot d^2}$
8		Torsion	12.6	$\tau_\parallel \approx \frac{2 \cdot M_t}{\pi \cdot a \cdot d^2}$
9		Vergleichswert		wie Zeile 4
10	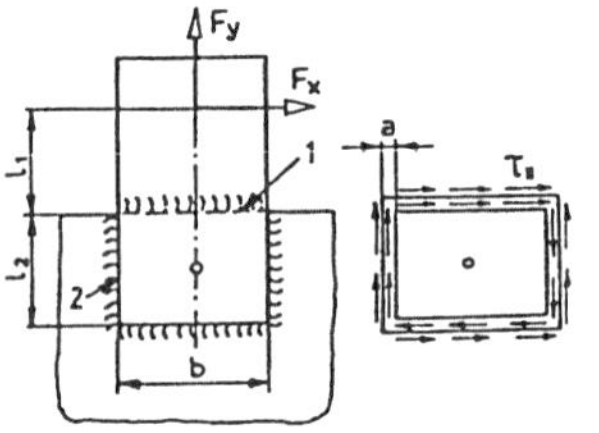 Überlappter Konsolanschluss	Schub in der Stirnkehlnaht (1) infolge F_x	12.3	$\tau_\parallel = \frac{F_x}{2 \cdot a \cdot b}$
11		Schub in der Stirnkehlnaht (1) infolge Drehmoment	12.7	$\tau_\parallel \approx \frac{F_x \cdot (l_1 + 0{,}5 \cdot l_2)}{2 \cdot a \cdot b \cdot l_2}$
12		Schub in der Flankenkehlnaht (2) infolge F_y	12.3	$\tau_\parallel = \frac{F_y}{2 \cdot a \cdot l_2}$
13		Schub in der Flankenkehlnaht (2) infolge Drehmoment	12.7	$\tau_\parallel \approx \frac{F_x \cdot (l_1 + 0{,}5 \cdot l_2)}{2 \cdot a \cdot b \cdot l_2}$

Bild 12-9 Anwendung der Berechnungsformeln auf einfache Schweißverbindungen

[1]) Entsprechend den Profilnormen wird ein ebenes Koordinatensystem mit den Achsen x und y benutzt. DIN 18800 und EC3 verwenden ein räumliches Koordinatensystem mit den Hauptachsen y und z und x in Richtung der Stabachse.

12.3 Festigkeitsnachweis bei vorwiegend ruhender Beanspruchung

12.3.1 Schweißverbindungen im Stahlbau (DIN 18800-1)

Festigkeitsnachweis der Bauteile

Die Berechnung der Bauteile geht der Berechnung der Schweißnähte voraus, da deren Abmessungen auch von der Bauteilgröße abhängen.

Nach DIN 18800-1 muss für abnahmepflichtige Bauten der Nachweis erbracht werden, dass die Beanspruchungen – das sind die mit Teilsicherheitsbeiwerten erhöhten ständigen oder veränderlichen Einwirkungen – kleiner sind als die Beanspruchbarkeiten der Bauteile.

Zweckmäßiger Berechnungsgang (Verfahren Elastisch-Elastisch)

1. Feststellen der Einwirkungen auf das Bauteil und prüfen, ob es sich um ständige Einwirkungen (Lasten G) handelt oder ob veränderliche Einwirkungen (Lasten Q) vorliegen.
2. Multiplizieren der Einwirkungen mit einem Teilsicherheitsbeiwert γ_F (1,35 für ständige Lasten G, 1,5 für veränderliche Lasten Q) und, wenn mehr als eine Last Q vorliegt, ggf. noch mit einem Kombinationsbeiwert ψ und Bilden von Lastkombinationen.
3. Ermitteln der Schnittgrößen (Kräfte, Momente) für das Bauteil.
4. Berechnung der im Bauteil vorhandenen Spannungen.
5. Vergleichen der Beanspruchung (vorhandene Spannungen) mit der Beanspruchbarkeit (Grenzspannungen).
6. Tragsicherheitsnachweis auf Knicken bzw. Beulen für stabilitätsgefährdete Druckstäbe bzw. plattenförmige Bauteilquerschnitte.

Beanspruchungen und Beanspruchbarkeiten sind nach der Elastizitätstheorie zu berechnen. Es ist nachzuweisen, dass in allen Querschnitten die berechneten Beanspruchungen höchstens den Bemessungswert $f_{y,d}$ der Streckgrenze erreichen.

Grenzspannungen

Grenznormalspannung $$\sigma_{R,d} = f_{y,d} = f_{y,k} / \gamma_M \quad (12.13)$$

Grenzschubspannung $$\tau_{R,d} = f_{y,d} / \sqrt{3} \quad (12.14)$$

$f_{y,d}$ Bemessungswert der Streckgrenze

$f_{y,k}$ charakteristischer Wert der Streckgrenze nach **Bild 12-10**

γ_M Teilsicherheitsbeiwert, in der Regel 1,1

Nachweise

für Normalspannungen	$\sigma / \sigma_{R,d} \leq 1$	(12.15)
für Schubspannungen	$\tau / \tau_{R,d} \leq 1$	(12.16)
für gleichzeitige Wirkung mehrerer Spannungen	$\sigma_v / \sigma_{R,d} \leq 1$	(12.17)
Vergleichsspannung bei einachsiger Biegung	$\sigma_v = \sqrt{\sigma^2 + 3 \cdot \tau^2}$	(12.18)

Gl. (12.17) gilt als erfüllt, wenn $\sigma / \sigma_{R,d} \leq 0{,}5$ oder $\tau / \tau_{R,d} \leq 0{,}5$ ist.

Festigkeitsnachweis der Schweißnähte

Voll durchgeschweißte Nähte (**Bild 12-1**) müssen im Allgemeinen nicht besonders nachgewiesen werden. Die Spannungen entsprechen denjenigen im Grundmaterial und können auf Druck voll ausgenutzt werden.

Für Kehlnähte und nicht durchgeschweißte Stumpfnähte sind die einzelnen Spannungskomponenten $\sigma_{\perp}, \tau_{\perp}, \tau_{\parallel}$ (**Bild 12-5**) für sich zu berechnen und daraus ein Vergleichswert zu bilden.

$$\sigma_{w,v} = \sqrt{\sigma_{\perp}^2 + \tau_{\perp}^2 + \tau_{\parallel}^2} \tag{12.19}$$

Die Längsspannung $\sigma_{\parallel}$ in Richtung der Schweißnaht dient nicht der Kraftübertragung. Sie wird rechnerisch nicht berücksichtigt.

Für alle Nähte kann die Grenzschweißnahtspannung aus **Bild 12-11** entnommen oder berechnet werden

$$\sigma_{w,R,d} = \alpha_w \cdot f_{y,k} / \gamma_M \tag{12.20}$$

α_w Werte zwischen 1,0 und 0,6, abhängig von Stahlsorte, Nahtart und Nahtgüte , nach **Bild 12-11**

$f_{y,k}$ charakteristischer Wert der Streckgrenze nach **Bild 12-10**

γ_M Teilsicherheitsbeiwert, in der Regel 1,1

Grundsätzlich ist nachzuweisen, dass der Vergleichswert $\sigma_{w,v}$ der vorhandenen Schweißnahtspannungen die Grenzschweißnahtspannung $\sigma_{w,R,d}$ nicht überschreitet

$$\sigma_{w,v} / \sigma_{w,R,d} \leq 1 \tag{12.21}$$

Einsetzbare Stähle		Erzeugnisdicke t mm	Streckgrenze $f_{y,k}$ N/mm^2	Zugfestigkeit $f_{u,k}$ N/mm^2
Baustahl				
	S235	t ≤ 40	240	360
		40 < t ≤ 100	215	
	S275	t ≤ 40	275	410
		40 < t ≤ 80	255	
	S355	t ≤ 40	360	470
		40 < t ≤ 80	335	
	S450	t ≤ 40	440	550
		40 < t ≤ 80	410	
Feinkornbaustahl				
	S275N u. NL, M u. ML,	t ≤ 40	275	370
	P275NH, NL1 und NL2	40 < t ≤ 80	255	
	S355N u. NL	t ≤ 40	360	470
	P355N, NH, NL1 u. NL2	40 < t ≤ 80	335	
	S355M u. ML	t ≤ 40	360	450
		40 < t ≤ 80	335	
	S420N u. NL	t ≤ 40	420	520
		40 < t ≤ 80	390	
	S420M u. ML	t ≤ 40	420	520
		40 < t ≤ 80	390	500
	S460N u. ML	t ≤ 40	460	550
		40 < t ≤ 80	430	
	S460M u. ML	t ≤ 40	460	530
		40 < t ≤ 80	430	
Vergütungsstahl				
	C35+N	t ≤ 16	300	550
		16 < t ≤ 100	270	520
	C45+N	t ≤ 16	340	620
		16 < t ≤ 100	305	580
Gusswerkstoffe				
	GS-200	t ≤ 100	200	380
	GS-240		240	450
	GE-200	t ≤ 160	200	380
	GE-240		240	450
	G17Mn5+QT	t ≤ 50	240	450
	G20Mn5+N	t ≤ 30	300	480
	G20Mn5+QT	t ≤ 100	300	500

Hinweis: Für alle genannten Stahlsorten gilt: E-Modul E = 210000 N/mm^2,
Schubmodul G = 81000 N/mm^2, Temperaturdehnzahl $\alpha_T = 12 \cdot 10^{-6}$ K^{-1}.

Bild 12-10 Charakteristische Werkstoffkennwerte für die allgemein einsetzbaren Walzstahl- und Stahlgusssorten nach DIN 18800-1:2008-11

<table>
<tr><th>Nahtarten</th><th>Nahtgüte</th><th>Beanspruchungs-art</th><th>S235
GS200
GS240
G17Mn5+QT</th><th>S275,
P275</th><th>S355, P355
G20Mn5+N
G20Mn5+QT</th><th>S420
S450
S460</th></tr>
<tr><td rowspan="3">Durch- oder gegengeschweißte Nähte (Stumpf- und HV-Nähte)</td><td>alle Nahtgüten</td><td>Druck</td><td rowspan="2">1,0[1]</td><td rowspan="2">1,0[1]</td><td rowspan="2">1,0[1]</td><td rowspan="2">1,0[1]</td></tr>
<tr><td>Nahtgüte nachgewiesen</td><td rowspan="2">Zug, Schub</td></tr>
<tr><td>Nahtgüte nicht nachgewiesen</td><td rowspan="2">0,95</td><td rowspan="2">0,85</td><td rowspan="2">0,80</td><td rowspan="2">0,60</td></tr>
<tr><td>Nicht durchgeschweißte Nähte, Kehlnähte, Dreiblech- und Steilflankennähte</td><td>alle Nahtgüten</td><td>Druck, Zug, Schub</td></tr>
</table>

[1] Diese Nähte brauchen im Allgemeinen rechnerisch nicht nachgewiesen zu werden, da die Bauteilfestigkeit maßgebend ist ($\sigma_{w,R,d} = 1{,}0 \cdot f_{y,k}/1{,}1$).

Bild 12-11 α_w-Werte für Grenzschweißnahtspannungen $\sigma_{w,R,d}$ nach DIN 18800-1

12.3.2 Allgemeiner Spannungsnachweis im Kranbau (DIN 15018-1)[1]

Nach dem „alten" Sicherheitskonzept werden noch Hauptlasten (H), Zusatzlasten (Z) und Sonderlasten (S) unterschieden. Aus gleichzeitig wirkenden Lasten werden dann Lastfälle gebildet, wobei die spannungserhöhende Wirkung schwingender Massen durch Beiwerte (z. B. Eigenlast- und Hubbeiwert) berücksichtigt wird. Für den ungünstigsten Lastfall lassen sich dann die Kräfte und Momente ermitteln. Wie im Stahlbau können daraus für Bauteile und Schweißnähte die Normal-, Schub- und Vergleichsspannungen berechnet werden, so z. B. mit Gl. (12.3) oder Gl. (12.23). Der allgemeine Spannungsnachweis auf Sicherheit gegen Erreichen der Streckgrenze ist getrennt für die Lastfälle H und HZ mit den zulässigen Spannungen nach **Bild 12-12** zu führen. Diese sind für die vorgesehenen Stahlsorten S235 und S355 und die H-, HZ- und HS-Lastfälle unterschiedlich groß. Maßgebend ist der Lastfall, der zum größten Querschnitt führt.

Für Schweißnähte ist nach DIN 15 018 ein vom Stahlbau abweichender Vergleichswert zu bilden. Dabei sind die Spannungen jeweils mit dem Quotienten aus Bauteil- und Schweißnahtspannung zu multiplizieren.

---

[1]) Entsprechende künftige Krannorm: DIN CEN/TS 13001-3-1: 2005, Krane – Konstruktion allgemein – Teil 3-1: Grenzzustände und Sicherheitsnachweis von Stahltragwerken (Vornorm)

Bei zusammengesetzten ebenen Spannungszuständen beträgt unter Beachtung der Vorzeichen der Schweißnaht-Vergleichswert

$$\boxed{\sigma_{\mathrm{wv}} = \sqrt{\bar{\sigma}_{\perp}^{2} + \bar{\sigma}_{\parallel}^{2} - \bar{\sigma}_{\perp} \cdot \bar{\sigma}_{\parallel} + 2(\tau_{\perp}^{2} + \tau_{\parallel}^{2})} \leq \sigma_{\mathrm{z\,zul}}} \tag{12.22}$$

Wirken nur eine Normal- und eine Schubspannung, so gilt für den Vergleichswert

$$\boxed{\sigma_{\mathrm{wv}} = \sqrt{\bar{\sigma}_{\perp}^{2} + 2\tau_{\parallel}^{2}} \leq \sigma_{\mathrm{z\,zul}}} \tag{12.23}$$

$$\bar{\sigma}_{\perp} = \frac{\sigma_{\mathrm{zzul}}}{\sigma_{\perp\mathrm{zzul}}} \cdot \sigma_{\perp(\mathrm{z})} \quad \text{oder} \quad \bar{\sigma}_{\perp} = \frac{\sigma_{\mathrm{z\,zul}}}{\sigma_{\perp\,\mathrm{d\,zul}}} \cdot \sigma_{\perp(\mathrm{d})}$$

$$\bar{\sigma}_{\parallel} = \frac{\sigma_{\mathrm{z\,zul}}}{\sigma_{\perp\,\mathrm{z\,zul}}} \cdot \sigma_{\parallel(\mathrm{z})} \quad \text{oder} \quad \bar{\sigma}_{\parallel} = \frac{\sigma_{\mathrm{z\,zul}}}{\sigma_{\perp\,\mathrm{d\,zul}}} \cdot \sigma_{\parallel(\mathrm{d})}$$

darin sind:

$\sigma_{\mathrm{z\,zul}}$ zulässige Zugspannung im Bauteil nach **Bild 12-12a**

$\sigma_{\perp\,\mathrm{z\,zul}}$, $\sigma_{\perp\,\mathrm{d\,zul}}$ zulässige Zug- bzw. Druckspannungen in den Schweißnähten nach **Bild 12-12b**

$\sigma_{\perp}$, $\sigma_{\parallel}$ vorhandene rechnerische Zug- oder Druckspannungen in den Schweißnähten

$\tau_{\perp}$, $\tau_{\parallel}$ vorhandene rechnerische Schubspannungen in den Schweißnähten

Wenn sich aus den einander zugeordneten Spannungen $\sigma_{\perp}$, $\sigma_{\parallel}$ und τ der für Gl. (12.22) ungünstigste Fall nicht erkennen lässt, müssen die Nachweise getrennt für die Fälle $\sigma_{\perp\,\mathrm{max}}$, $\sigma_{\parallel\,\mathrm{max}}$, τ_{max} mit den zugeordneten, hierfür ungünstigsten Spannungen geführt werden.

Bei über $2 \cdot 10^4$ zu erwartende Spannungsspiele ist für Bauteile und Schweißnähte in den Lastfällen H ein Betriebsfestigkeitsnachweis auf Sicherheit gegen Dauerbruch zu führen.

a) für Bauteile

Spalte	a	b	c	d	e
Zeile	Spannungsart	Werkstoff			
		S235		S355	
		Lastfall			
		H	HZ	H	HZ
1	Zug- und Vergleichsspannung $\sigma_{\mathrm{z\,zul}}$	160	180	240	270
2	Druck, Nachweis auf Knicken $\sigma_{\mathrm{d\,zul}}$	140	160	210	240
3	Schub τ_{zul}	92	104	138	156

Bild 12-12 (wird fortgesetzt)

b) für Schweißnähte

Spalte	a	b	c	d	e	f	g
				Werkstoff			
				S235		S355	
Zeile	Nahtart	Nahtgüte	Spannungsart	Lastfall			
				H	HZ	H	HZ
1	Stumpfnaht	alle Nahtgüten	Zug $\sigma_{\perp z\,zul}$ Druck $\sigma_{\perp d\,zul}$	160	180	240	270
2	DHV-Naht(K-Naht)	Sondergüte	Zug $\sigma_{\perp z\,zul}$				
3		alle Nahtgüten	Druck $\sigma_{\perp d\,zul}$				
4	alle Nähte		Vergleichswert $\sigma_{wv\,zul}$				
5	DHV-Naht	Normalgüte	Zug $\sigma_{\perp z\,zul}$	140	160	210	240
6	Kehlnaht	alle Nahtgüten	Druck $\sigma_{\perp d\,zul}$	130	145	195	220
7			Zug $\sigma_{\perp z\,zul}$	113	127	170	191
8	alle Nähte		Schub in Nahtrichtung $\tau_{w\,zul}$				

Für $\sigma_{\parallel z\,zul}$ gelten die zulässigen Spannungen in Bauteilen nach a.

Bild 12-12 Zulässige Spannungen in N/mm^2 im Kranbau beim allgemeinen Spannungsnachweis [4]

12.3.3 Berechnungsbeispiele bei vorwiegend ruhender Beanspruchung (Stahlbau)

Beispiel 1: Unmittelbarer Anschluss eines gleichschenkligen Winkelprofils an ein Knotenblech.

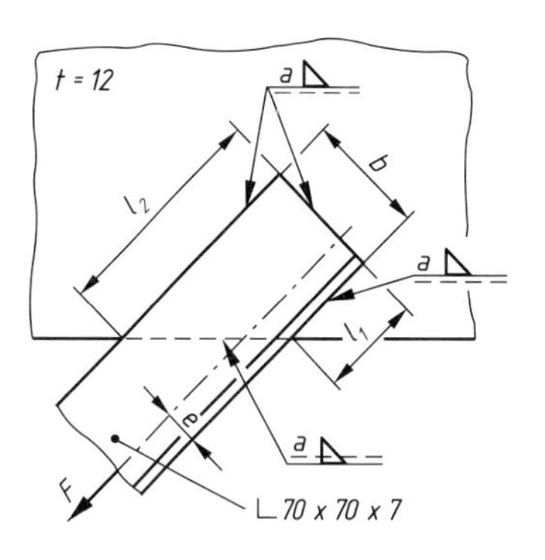

Für den schräg nach **Bild 12-13** an ein 12 mm dickes Knotenblech anzuschließenden Winkel L 70 x 70 x 7 sind Dicke a und Länge l der erforderlichen Kehlnähte festzulegen. Der Bauteilwerkstoff ist S235. Die Bemessungskraft beträgt F = 110 kN.

Bild 12-13 Unmittelbarer Stabanschluss

Lösung (nach DIN 18800-1)

Hinweis: Wenn die rechnerische Schweißnahtlänge nach **Bild 12-4** bestimmt wird, dürfen die Momente aus den Außermittigkeiten des Schweißnahtschwerpunktes zur Stabachse unberücksichtigt bleiben. Dies gilt auch dann, wenn andere als Winkelprofile angeschlossen werden.

Bestimmung der Schweißnahtdicke

$2\ mm \leq a \leq 0{,}7\ t_{min}$, $a_{max} = 0{,}7 \cdot 7\ mm \approx 5\ mm$, mit Schenkeldicke 7 mm Gl. (12.1)

$a \geq \sqrt{t_{max}} - 0{,}5$, $a \geq \sqrt{12} - 0{,}5 = 3\ mm$ (a_{min}), mit Knotenblechdicke 12 mm Gl. (12.2)

Wegen mit R = 4,5 mm abgerundeten Winkelschenkel (Nahtlänge l_2)

gewählt **a = 3 mm**

Bestimmung der Schweißnahtlänge

$$\tau = \frac{F}{\Sigma\, a \cdot l} = \frac{F}{A_w} \rightarrow \Sigma\, a \cdot l = A_w = \frac{F}{\tau} = \frac{F}{\sigma_{w,R,d}} \qquad \text{Gl. (12.3)}$$

$$\Sigma\, a \cdot l = \frac{110000\ N}{207\ N/mm^2} = 531\ mm^2$$

$$\Sigma\, l \quad \frac{A_w}{a} \quad \frac{531\ mm^2}{3\ mm} \quad 177\ mm$$

mit $\sigma_{w,R,d} = \alpha_w \cdot f_{y,k} / \gamma_M = 0{,}95 \cdot 240\ N/mm^2 / 1{,}1 = 207\ N/mm^2$ Gl. (12.20)

Bild 12-4d: $\Sigma l = 2\, l_1 + 2b \rightarrow l_1 = (\Sigma l - 2b) / 2$

$l_1 = (177\ mm - 2 \cdot 70\ mm) / 2 = 18{,}5\ mm$

Kehlnähte dürfen beim Nachweis nur berücksichtigt werden, wenn $l \geq 6a$ (hier $6 \cdot 3$ mm), mindestens jedoch 30 mm, ist.

Ausführung

Ringsumlaufende Kehlnaht a = 3 mm, wobei die kürzere Flankenkehlnaht am abstehenden Schenkel $\mathbf{l_1 = 30\ mm}$ aufweist.

Beispiel 2: Biegesteifer Anschluss eines Knotenbleches mit Schrägzug

Das Knotenblech eines Laschenstabes nach **Bild 12-14** wird durch eine unter $\alpha = 40°$ angreifende Bemessungskraft F = 225 kN belastet. Der Anschluss an einen 24 mm dicken Stützenflansch erfolgt mit einer rundum verlaufenden Kehlnaht. Der Bauteilwerkstoff ist S235. Der Schweißanschluss ist nachzuweisen.

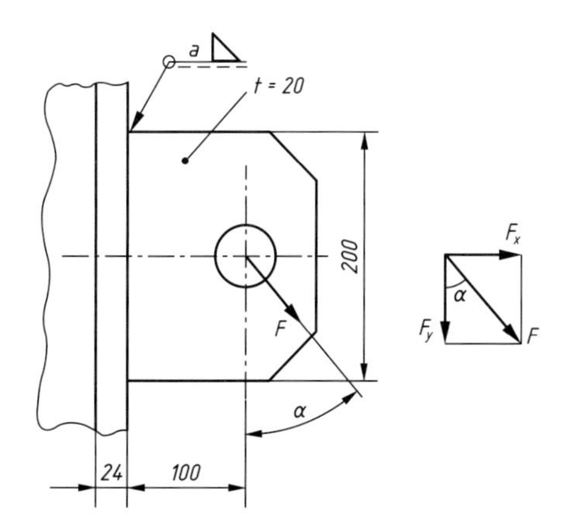

Bild 12-14 Knotenblech unter Schrägzug

Lösung (nach DIN 18800-1)

Ermittlung der zulässigen Kehlnahtdicke

$2\ \text{mm} \leq a \leq 0{,}7 \cdot t_{min},\ a_{max} = 0{,}7 \cdot 20\ \text{mm} = 14\ \text{mm}$ Gl. (12.1)

$a \geq \sqrt{t_{max}} - 0{,}5 = \sqrt{24} - 0{,}5 = 4{,}4\ \text{mm}\ (a_{min})$ Gl. (12.2)

gewählt: **a = 7 mm**

Ermittlung der Schnittgrößen im Anschlussquerschnitt

$F_x = F \cdot \sin\alpha = 225\ \text{kN} \cdot \sin 40° =$ 144,63 kN

$F_y = F \cdot \cos\alpha = 225\ \text{kN} \cdot \cos 40° =$ 172,36 kN

$M = F \cdot \cos\alpha \cdot e = 225\ \text{kN} \cdot \cos 40° \cdot 100\ \text{mm} =$ $17{,}236 \cdot 10^6$ Nmm

Ermittlung der Querschnittswerte

gesamt: $A_w = \Sigma\, a \cdot l = 2 \cdot a \cdot (h + t) = 2 \cdot 7\ \text{mm} \cdot (200\ \text{mm} + 20\ \text{mm}) = 3080\ \text{mm}^2$

Stegnähte: $A_{wS} = 2 \cdot 200\ \text{mm} \cdot 7\ \text{mm} = 2800\ \text{mm}^2$

Hohlkasten:

$$I_{wx} = \frac{B \cdot H^3 - b \cdot h^3}{12} = \frac{27\ \text{mm} \cdot (207\ \text{mm})^3 - 13\ \text{mm} \cdot (193\ \text{mm})^3}{12} = 12{,}17 \cdot 10^6\ \text{mm}^4$$

mit H = 207 mm, B = 27 mm, h = 193 mm, b = 13 mm

$$(\text{bzw. } I_{wx} = 2 \cdot \frac{7\ \text{mm} \cdot (200\ \text{mm})^3}{12} + 2 \cdot 7\ \text{mm} \cdot 20\ \text{mm} \cdot (100\ \text{mm})^2 = 12{,}13 \cdot 10^6\ \text{mm}^4)$$

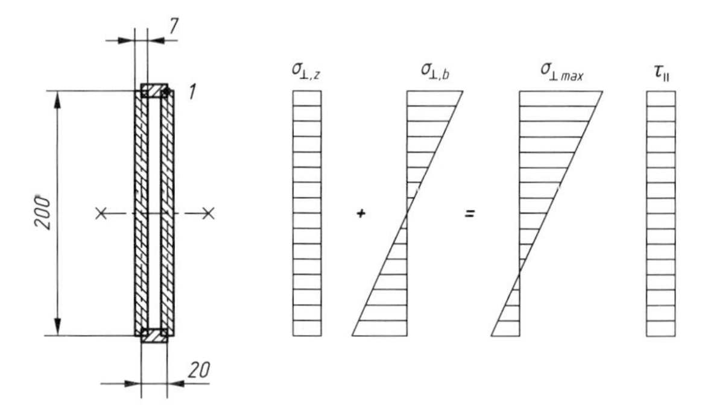

Bild 12-15 Maßgebender Schweißnahtquerschnitt und Spannungsverteilung

Ermittlung der Schweißnahtspannungen

aus Zugkraft: $\sigma_{\perp,z} = \dfrac{144630\ \text{N}}{3080\ \text{mm}^2} = 47\ \text{N/mm}^2$ Gl. (12.3) aus Biegmoment: $\sigma_{\perp,b} = \dfrac{17{,}236 \cdot 10^6 \text{ Nmm}}{12{,}17 \cdot 10^6 \text{ mm}^4} \cdot 100 \text{ mm} = 142 \text{ N/mm}^2$ Gl. (12.4)

aus Querkraft: $\tau_{\parallel} = \dfrac{172360 \text{ N}}{2800 \text{ mm}^2} = 62 \text{ N/mm}^2$ Gl. (12.3)

Vergleichswert: $\sigma_{w,v} = \sqrt{\sigma_{\perp}^2 + \tau_{\perp}^2 + \tau_{\parallel}^2} = \sqrt{(\sigma_{\perp,z} + \sigma_{\perp,b})^2 + \tau_{\parallel}^2}$ Gl. (12.19)

$$\sigma_{w,v} = \sqrt{(47 \text{N/mm}^2 + 142 \text{ N/mm}^2)^2 + (62 \text{ N/mm}^2)^2} = 199 \text{ N/mm}^2$$

Ermittlung der Grenzschweißnahtspannung (Bild 12-11)

$\sigma_{w,R,d} = \alpha_w \cdot f_{y,k} / \gamma_M = 0{,}95 \cdot 240 \text{ N/mm}^2 / 1{,}1 = 207 \text{ N/mm}^2$ Gl. (12.20)

Nachweis

$\dfrac{\sigma_{w,v}}{\sigma_{w,R,d}} = \dfrac{199 \text{ N/mm}^2}{207 \text{ N/mm}^2} = 0{,}96 \leq 1$ (Nachweis erfüllt) Gl. (12.21)

Beispiel 3: Überlappter Konsolanschluss eines U-Profils

Zum Anschluss an eine Stütze (**Bild 12-16**) wird ein U 140 mit einer ringsum verlaufenden Kehlnaht überlappt an den 26 mm dicken Flansch angeschweißt. Die Bemessungslast beträgt F = 70 kN und greift unter einem Winkel $\alpha = 30°$ an. Der Bauteilwerkstoff ist S275.

Nach der Wahl einer geeigneten Kehlnahtdicke ist der Schweißanschluss nachzuweisen.

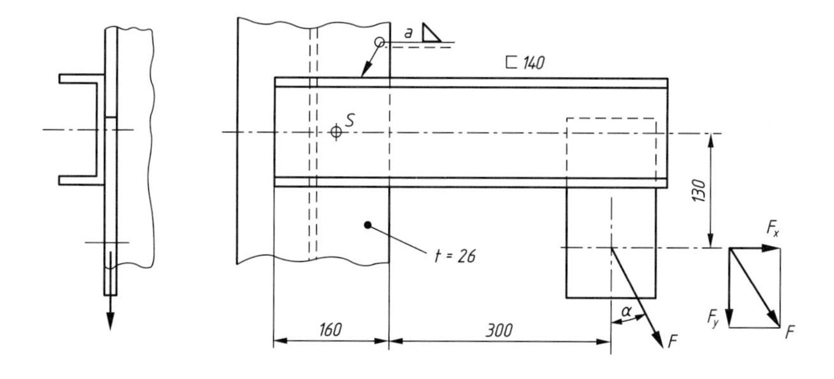

Bild 12-16 Überlappter Konsolanschluss

Lösung (nach DIN 18800-1)

Bestimmung der maßgeblichen Kehlnahtdicke

$2 \text{ mm} \leq a \leq 0{,}7 \cdot t_{min}, \; a_{max} = 0{,}7 \cdot 7 \text{ mm} \approx 5 \text{ mm}$ Gl. (12.1)

$$a \geq \sqrt{t_{min}} - 0{,}5 = \sqrt{26} - 0{,}5 = 4{,}6 \text{ mm } (a_{min}) \qquad \text{Gl. (12.2)}$$

mit t_{min} = 7 mm (Stegdicke U 140) und t_{max} = 26 mm (Flanschdicke der Stütze)

gewählt: **a = 5 mm**

Ermittlung der Schnittgrößen

Bezogen auf den Schwerpunkt S des Schweißanschlusses gilt

$F_x = F \cdot \sin\alpha = 70 \text{ kN} \cdot \sin 30° = 35 \text{ kN}$

$F_y = F \cdot \cos\alpha = 70 \text{ kN} \cdot \cos 30° = 60{,}62 \text{ kN}$

$M = F_y \cdot (300 \text{ mm} + 80 \text{ mm}) - F_x \cdot 130 \text{ mm} = 60620 \text{ N} \cdot 380 \text{ mm} - 35000 \text{ N} \cdot 130 \text{ mm}$
$= 18{,}486 \cdot 10^6 \text{ mm}$

Spannungsnachweis nach der Plastizitätstheorie (Näherungsmethode)

Das Moment wird gleichmäßig vom hohlkastenförmigen Nahtquerschnitt und die Kräfte F_x und F_y von den zu ihnen parallelen Nähten aufgenommen, s. **Bild 12.9**.

Waagerechte Nähte (x-Richtung)

$$\tau_{\|x} = \frac{F_x}{2 \cdot a \cdot l_x} + \frac{M}{2 \cdot A_m \cdot a} \qquad \text{Gl. (12.3), Gl. (12.7)}$$

$$\tau_{\|x} = \frac{35000 \text{ N}}{2 \cdot 5 \text{ mm} \cdot 160 \text{ mm}} + \frac{18{,}486 \cdot 10^6 \text{ Nmm}}{2 \cdot 160 \text{ mm} \cdot 140 \text{ mm} \cdot 5 \text{ mm}} = 22 \text{ N/mm}^2 + 83 \text{ N/mm}^2 = 105 \text{ N/mm}^2$$

Senkrechte Nähte (y-Richtung)

$$\tau_{\|y} = \frac{F_y}{2 \cdot a \cdot l_y} + \frac{M}{2 \cdot A_m \cdot a} \qquad \text{Gl. (12.3), Gl. (12.7)}$$

$$\tau_{\|y} = \frac{60620 \text{ N}}{2 \cdot 5 \text{ mm} \cdot 140 \text{ mm}} + \frac{18{,}486 \cdot 10^6 \text{ Nmm}}{2 \cdot 160 \text{ mm} \cdot 140 \text{ mm} \cdot 5 \text{ mm}} = 43 \text{ N/mm}^2 + 83 \text{ N/mm}^2 = 126 \text{ N/mm}^2$$

(Beachte: $\sigma_{w,v} = \sqrt{\tau_{\|}^2} = \tau_{\|}$, da $\sigma_{\|} = 0$ und $\tau_{\|} = 0$)

Ermittlung der Grenzschweißnahtspannung (Bild 12-11)

$$\sigma_{w,R,d} = \alpha_w \cdot f_{y,k} / \gamma_M = 0{,}85 \cdot 275 \text{ N/mm}^2 / 1{,}1 = 212 \text{ N/mm}^2 \qquad \text{Gl. (12.20)}$$

Nachweis

Waagerechte Nähte: $\dfrac{\sigma_{w,v}}{\sigma_{w,R,d}} = \dfrac{105 \text{ N/mm}^2}{212 \text{ N/mm}^2} = 0{,}5 < 1$ Gl. (12.21)

Senkrechte Nähte: $\dfrac{\sigma_{w,v}}{\sigma_{w,R,d}} = \dfrac{126 \text{ N/mm}^2}{212 \text{ N/mm}^2} = 0{,}59 < 1$ Gl. (12.21)

(Nachweis erfüllt)

12.4 Ermüdungsfestigkeit von Schweißverbindungen

12.4.1 Wöhlerlinie

Bei vielen Bauteilen überlagern sich einer ruhenden Beanspruchung noch schwingende Beanspruchungen unterschiedlicher Größe. Derartige Belastungen können auch dann zum Bruch des Bauteils führen, wenn die auftretende Beanspruchung weit unterhalb der Zugfestigkeit des Bauteilwerkstoffs liegt.

Mechanische Kennwerte für derartig beanspruchte Werkstoffe und Bauteile können im Dauerschwingversuch ermittelt werden. Begriffe, Durchführung und Auswertung des Dauerversuchs sind in DIN 50 100 genormt, siehe auch **Bild 12-17**.

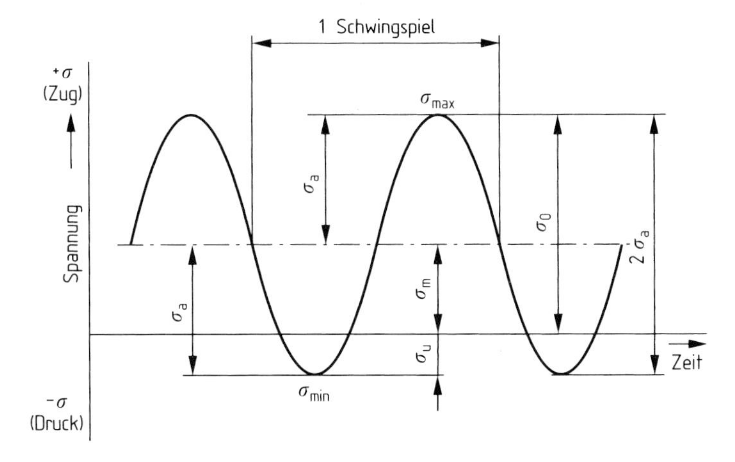

Bild 12-17 Spannungs-Zeit-Schaubild (schematisch), Begriffe

σ_0 = Oberspannung — σ_u = Unterspannung

σ_m = Mittelspannung — σ_a = Spannungsausschlag

$2\,\sigma_a$ = Schwingbreite der Spannung

$\kappa = S$ = Spannungsverhältnis σ_u/σ_0 (Vorzeichen berücksichtigen)

Beim Wöhlerverfahren werden die Schwingspiele gezählt, die von einer Probe bei einer bestimmten Beanspruchung bis zum Bruch ertragen werden können. Durch Auftragen der Wertepaare Spannungsausschlag und Anriss- oder Bruchschwingspielzahl erhält man die Wöhlerlinie entsprechend **Bild 12-18**. Darin lassen sich drei Bereiche unterscheiden:

1. Das Niedrigschwingzahlgebiet, auch als Kurzzeitschwingfestigkeitsbereich bezeichnet, bis $N \approx 10^4$. Für das Versagen ist die örtliche plastische Wechselverformung maßgebend.
2. Der Zeitfestigkeitsbereich von 10^4 bis (2 bis 10) · 10^6 Schwingspielen. Die Lastspielzahl bis zum Bruch wird umso größer, je geringer der Spannungsausschlag ist. Theoretisch nähert sich die Wöhlerkurve asymptotisch der Dauerfestigkeit.
3. Im Dauerfestigkeitsbereich ab (2 bis 10) · 10^6 Schwingspielen tritt unterhalb der Spannungsamplitude σ_A kein Dauerbruch mehr auf.

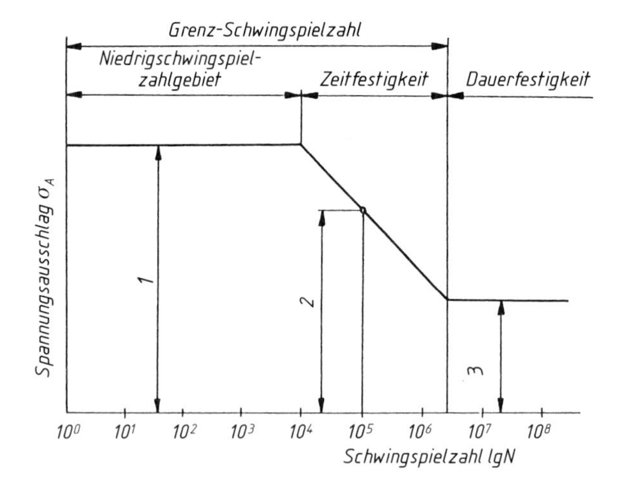

Bild 12-18
Wöhlerkurve in halblogarithmischer Darstellung (schematisch) mit Kennwerten und Begriffen (DIN 50 100)

1 Streckgrenze minus Mittel-Spannung
2 Zeitschwingfestigkeit $\sigma_{D\,(10^5)}$ für 10^5 Schwingspiele
3 Spannungsausschlag σ_A der Dauerfestigkeit.

Die Ergebnisse von Zeit- und Dauerfestigkeitsversuchen streuen erheblich. Die Auswertung einer großen Anzahl von Wöhlerlinien für Schweißverbindungen aus Baustählen ergab jedoch, dass sie sich hinsichtlich ihres Verlaufs und ihres Streubereichs normieren lassen. In doppellogarithmischer Auftragung lassen sich die normierten Wöhlerlinien für Schweißverbindungen aus Baustahl beschreiben durch die drei Zeitfestigkeitsgeraden für die Überlebenswahrscheinlichkeiten $P_ü = 90\,\%$, $50\,\%$ und $10\,\%$, die mit einer Neigung entsprechend $k = 3{,}5$, $3{,}75$ und 4 geradlinig bis zur Grenzschwingspielzahl $N_D = 2 \cdot 10^6$ laufen und von dort horizontal als Dauerfestigkeitslinien fortgesetzt werden, vgl. **Bild 12-19**.

Für die Gleichungen der Zeitfestigkeitslinien gilt

$$\sigma_A = \left(\frac{N_D}{N}\right)^{\frac{1}{k}} \cdot \sigma_D \qquad (12.24)$$

Dabei gilt nach **Bild 12-19** für

$P_ü = 90\,\%$: $k = 3{,}5$ und $N_D = 10^6$

$P_ü = 50\,\%$: $k = 3{,}75$ und $N_D = 2 \cdot 10^6$

$P_ü = 10\,\%$: $k = 4$ und $N_D = 4{,}5 \cdot 10^6$

Beispiel: Von einem Schweißteil sei die Dauerfestigkeit $\sigma_D = 80\ \text{N/mm}^2$ bekannt. Gesucht wird der Spannungsausschlag im Zeitfestigkeitsbereich für $N = 10^5$ Schwingspiele bei $P_ü = 90\,\%$.

Lösung: $\sigma_{D(10^5)} = \left(\dfrac{10^6}{10^5}\right)^{\frac{1}{3,5}} \cdot 80 \dfrac{\text{N}}{\text{mm}^2} = 154\ \text{N/mm}^2$

Die Gleichung lässt erkennen, dass eine kleine Änderung im Spannungsausschlag eine große Änderung der ertragbaren Schwingspielzahl zur Folge hat. Wird z. B. im Bauteil die Spannung halbiert, so verzehnfacht sich ungefähr die Lebensdauer.

Normierte Wöhlerlinien bilden eine verlässliche Berechnungsgrundlage für Schweißverbindungen. Sie haben Eingang in viele Bemessungsrichtlinien der Regelwerke gefunden.

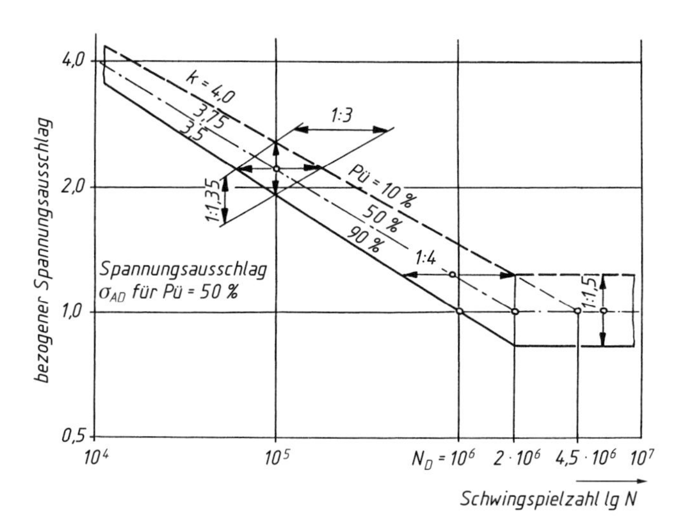

Bild 12-19 Normierte Wöhlerlinie für Schweißverbindungen aus Baustahl
1 : 3, 1 : 4 Streuung der Lebensdauer; 1 : 1,35, 1 : 1,5 Streuung der Festigkeit;
$P_ü$ Überlebenswahrscheinlichkeit, k Neigungsexponent

12.4.2 Dauerfestigkeitsschaubilder

Zur Darstellung der Zusammenhänge für die gegebene Beanspruchungsart, z. B. zwischen Mittelspannung, Spannungsausschlag, Ober- und Unterspannung und für die verschiedenen Beanspruchungsbereiche (Wechsel- und Schwellbereich) werden Dauerfestigkeits-Schaubilder benutzt (DIN 50 100). Meist wird auf eine genaue Darstellung nach den Werten aus der Wöhlerkurve verzichtet und das Dauerfestigkeits-Schaubild näherungsweise bei Kenntnis von R_e, R_m, σ_W und σ_{sch} konstruiert, **Bild 12-20**.

Je größer die Schweißeigenspannungen sind, desto mehr nähert sich das Smith-Schaubild zwei parallelen Geraden (**Bild 12-20a**, Linie 1) und desto flacher ist der Kurvenverlauf im Haigh-Schaubild (**Bild 12-20b**, Linie 1).

Bei höheren Eigenspannungen, also in dickwandigen, nicht spannungsarm geglühten Bauteilen, ist die Schwingfestigkeit nahezu unabhängig vom Spannungsverhältnis κ. Leider können Eigenspannungen zerstörungsfrei nur in dünnen Oberflächenschichten (μm-Bereich) gemessen werden. Ihre Größe kann nur zerstörend – und da noch unvollständig – ermittelt werden. Weiteres hierzu siehe Kapitel 12.5.

12.4.3 Spannungskollektive

Zahlreiche Bauteile (Maschinengestelle, Krane, Fahrzeuge) unterliegen nicht einer periodisch auftretenden sinusförmigen Beanspruchung, sondern die Belastungen treten in unterschiedlicher Größe und Häufigkeit regellos auf. Wird in solchen Fällen nach der Dauerfestigkeit bemessen, so wird in unzutreffender Weise vorausgesetzt, dass der Höchstwert der Beanspruchung immer auftritt. Die Bauteile werden stark überdimensioniert. [4, 24, 28]

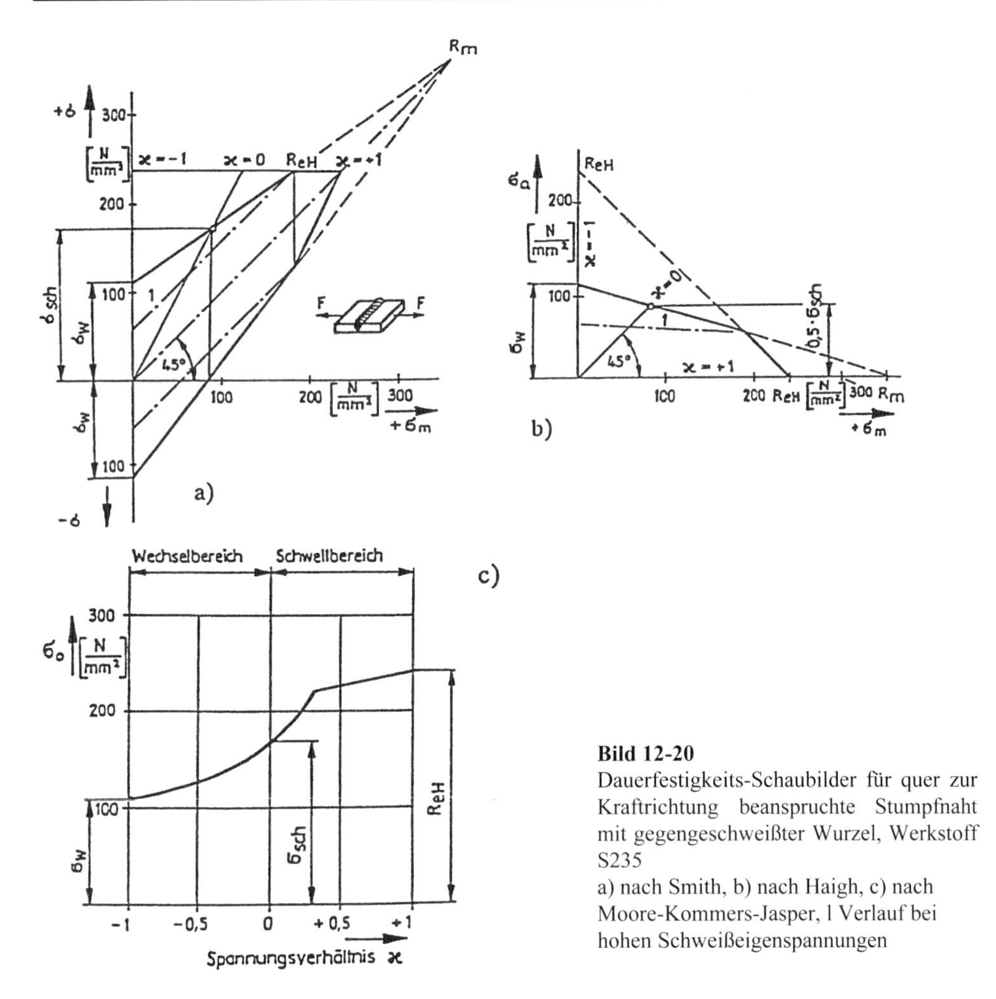

Bild 12-20
Dauerfestigkeits-Schaubilder für quer zur Kraftrichtung beanspruchte Stumpfnaht mit gegengeschweißter Wurzel, Werkstoff S235
a) nach Smith, b) nach Haigh, c) nach Moore-Kommers-Jasper, 1 Verlauf bei hohen Schweißeigenspannungen

Der in **Bild 12-21a** dargestellte zufallsartige Spannungsverlauf kann praktisch nicht durch eine mathematische Beziehung erfasst werden. Deshalb wird die Höhe der Spannungsausschläge in Klassen eingeteilt, die Spannungsspitzen ausgezählt und die Häufigkeiten jeder Klasse festgehalten, **Bild 12-21b** und **c**.

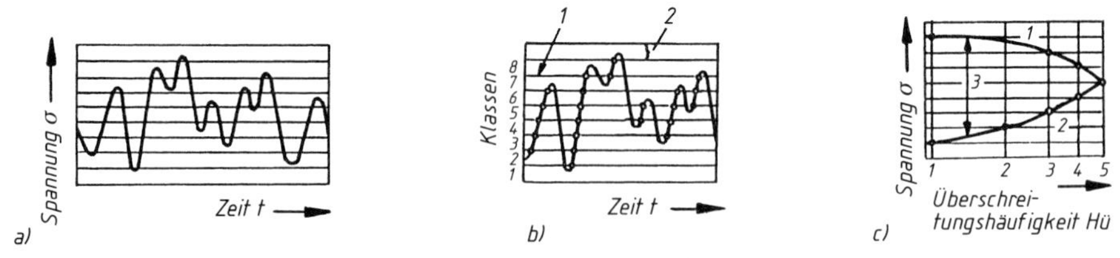

Bild 12-21 Ermittlung eines Spannungskollektivs (schematisch)
a) Spannungs-Zeit-Funktion einer regellos schwingenden Belastung,
b) Klassieren der Spannungsausschläge (1 Klassengrenze, 2 Klasse),
c) durch Klassengrenzenüberschreitungszählung ermitteltes Spannungskollektiv (1 Oberspannung, 2 Unterspannung, 3 doppelte Schwingbreite 2 σ_a).

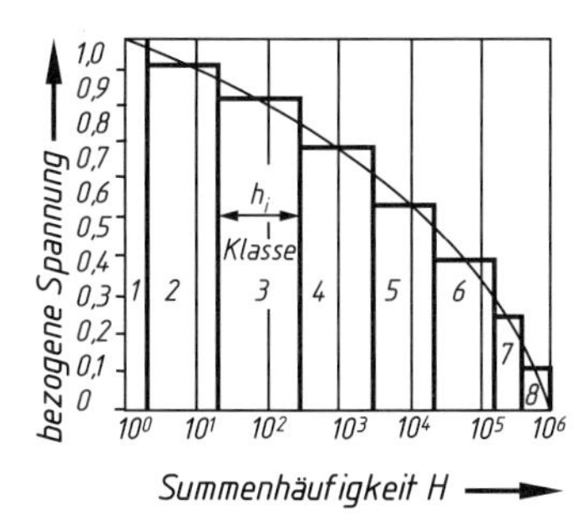

Klasse	bezogene Spannung	Klassenhäufigkeit h_i
1	1,00	2
2	0,95	16
3	0,85	280
4	0,725	2720
5	0,575	20000
6	0,425	92000
7	0,275	280000
8	0,125	605000

$\overline{H} = 1000000$

Bild 12-22 Normkollektiv
a) Gaußsche Normalverteilung mit zugehöriger Treppenkurve
b) Wertetabelle für dieses Beispiel

Das Amplitudenkollektiv erhält man durch Ausmittlung der beiden Kollektivzweige gemäß $\sigma_a = 0{,}5 \cdot (\sigma_0 - \sigma_u)$ nach **Bild 12-21c**.

Dadurch reduziert sich das Kollektiv auf einen Zweig. Durch Ausdehnen der Auswertung auf die Gesamtbeanspruchungsdauer erhält man das entsprechende Belastungskollektiv. Vom ursprünglichen Beanspruchungsverlauf gehen die zeitliche Aufeinanderfolge der Amplituden und die Frequenzen verloren.

Da bestimmte Häufigkeitsverteilungen in ähnlicher Form bei Bauteilen immer wiederkehrend vorkommen, lassen sich die Kollektive normieren. Dabei wird der Kollektivumfang auf eine Million Überschreitungshäufigkeiten (Schwingspiele) begrenzt. In **Bild 12-22** ist ein Normkollektiv in bildlicher und tabellarischer Form wiedergegeben, dessen Häufigkeitsverteilung einem Gaußschen Zufallsprozess entspricht. Weitere Kollektivformen, siehe **Bild 12-24a, b**.

12.4.4 Lebensdauerabschätzung

Die Betriebsbeanspruchungen der allermeisten Bauteile laufen regellos ab. Die Schwingfestigkeitsdaten werden dagegen mit konstanter Amplitude (Einstufenversuch) ermittelt. Sie sind deshalb für eine direkte Lebensdauervorhersage nicht brauchbar.

Eine Lebensdauerabschätzung geschweißter Bauteile ist möglich, wenn das Belastungskollektiv und die Bauteil-Wöhler-Linie zur Verfügung stehen und eine geeignete Schadensakkumulationshypothese, wie die Palmgren-Miner-Regel, benutzt wird.

Sie geht von einem linearen Schädigungszuwachs mit der Anzahl N_i der Schwingspiele aus, wobei je Schwingspiel eine Teilschädigung $1/N_i$ auftritt, wenn N_i die Bruchlastschwingzahl für den jeweiligen Spannungsausschlag σ_{ai} im Einstufenversuch ist. Die Schadenssumme für ein Kollektiv mit n_i Schwingspielen je Klasse i ergibt sich dann zu

$$S = \sum_i \frac{n_i}{N_i} \tag{12.25}$$

Der Ermüdungsbruch tritt ein, wenn die Schadenssumme S = 1 erreicht.

Da die nach der Palmgren-Miner-Regel ermittelte Lebensdauer oft beträchtlich von Versuchswerten abweicht, hat die Hypothese viele Erweiterungen und Ergänzungen erfahren, auf die hier nicht eingegangen wird.

Für das im **Bild 12-23** mit den dort angegebenen Daten durchgeführte Berechnungsbeispiel wird die Schadenssumme S = 1 bei einer Schwingspielzahl $N = 10^6/0{,}03675 \approx 27$ Millionen. Das Belastungskollektiv kann also 27mal durchfahren werden, bevor das Teil zu Bruch geht. Diese Betriebsfestigkeitsrechnung ergibt gegenüber der einfachen Berechnung nach der Wöhlerlinie mit der Bruchschwingzahl $N_i \approx 95\,000$ für $\sigma_{a\,max} = 160$ N/mm² (Klasse 1) eine rund 280fache Lebensdauer ($27 \cdot 10^6/95\,000$).

Ein ähnliches Bild über die Reserven durch das Bemessen nach Gesichtspunkten der Betriebsfestigkeit vermittelt das Beispiel eines Zugstabes mit aufgeschweißter Quersteife nach **Bild 12-24b**. Daraus ist ersichtlich, dass in Abhängigkeit von der Kollektivform die Lebensdauer um das über tausendfache ansteigen kann, oder – im günstigsten Fall – der kritische Querschnitt auf ein Fünftel reduziert werden darf.

Stufe Klasse i	bezogene Spannung	Spannungsklasse σ_{ai} N/mm²	Stufenhäufigkeit n_i	Bruchschwingspielzahl nach Wöhlerlinie $N_i = 2 \cdot 10^6 \left(\frac{\sigma_{ai}}{\sigma_D}\right)^{-k}$	Schadensanteil $\frac{n_i}{N_i}$
1	1,00	160	2	95000	0,00002
2	0,95	152	16	115000	0,00014
3	0,85	136	280	175000	0,00160
4	0,725	116	2720	317000	0,00857
5	0,575	92	20000	757000	0,02642
6	0,425	68	92000	–	–
7	0,275	44	280000	–	–
8	0,125	20	605000	–	–
				Schadenssumme	S = 0,03675

Bild 12-23 Beispiel einer Lebensdauerrechnung mit Normkollektiv und Wöhlerlinie ($\sigma_{a\,max} = 160$ N/mm², Wöhlerlinie mit $\sigma_D = 71$ N/mm² und Neigungsexponent k = 3,75 für $P_ü = 50$ %, Spannungen unterhalb der Dauerfestigkeit nicht berücksichtigt).

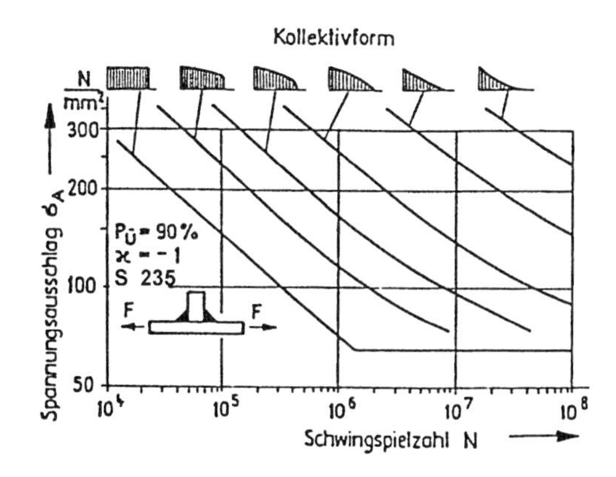

Bild 12-24b
Ertragbare Spannungsausschläge einer Schweißverbindung in Abhängigkeit von der Kollektivform

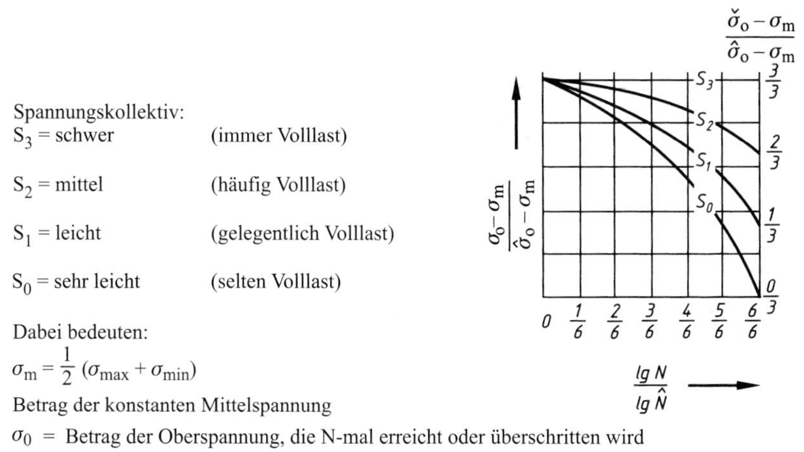

σ_0 = Betrag der Oberspannung, die N-mal erreicht oder überschritten wird

$\hat{\sigma}_0$ = Betrag der größten Oberspannung des idealisierten Spannungskollektivs

$\check{\sigma}_0$ = Betrag der kleinsten Oberspannung des idealisierten Spannungskollektivs

$\hat{N}$ = 10^6 Umfang des idealisierten Spannungskollektivs

Bild 12-24a Idealisierte bezogene Spannungskollektive (DIN 15018-1)

12.4.5 Betriebsfestigkeitsnachweis für Krantragwerke nach DIN 15018

Der Betriebsfestigkeitsnachweis auf Sicherheit gegen Dauerbruch bei zeitlich veränderlichen, häufig wiederholten Spannungen ist für Krantragwerke mit mehr als 20000 Spannungsspielen für die Lastfälle H vorgeschrieben. [4]

Er beruht auf typisierten Kollektiven und gestuften Lastspielbereichen, die 6 Beanspruchungsgruppen B1 bis B6 ergeben.

Mit vier idealisierten Spannungskollektiven S_0 bis S_3 nach **Bild 12-24a** wird die relative Summenhäufigkeit gekennzeichnet, mit der eine bestimmte Oberspannung σ_0 erreicht oder überschritten wird. Die zugehörigen Kollektivbeiwerte $p = (\check{\sigma}_0 - \sigma_m)/(\hat{\sigma}_0 - \sigma_m)$ sind 0/3, 1/3, 2/3 und 3/3. Das schwerste Einheitskollektiv S_3 mit $p = 1$ entspricht dabei einer Beanspruchung mit über den gesamten Schwingspielbereich konstanter Amplitude, während das leichteste Kollektiv S_0 mit $p = 0$ durch eine Beanspruchung mit normal verteilter Amplitude bestimmt wird. Bei der Berechnung ist das zu erwartende Spannungskollektiv näherungsweise einem dieser idealisierten Kollektive zuzuordnen.

Bei der experimentellen Bestimmung der Betriebsfestigkeitswerte wurden Lebensdauerlinien mit einer Neigung $k = 3,3$ für geschweißte Bauteile und einer Neigung von $k = 6,6$ für nicht geschweißte Bauteile ($k = 5,3$ für S355) ermittelt. Die zulässigen Spannungen haben gegenüber einer Lebensdauerlinie von $P_ü = 90$ % einen Teilsicherheitsbeiwert von 4/3.

Da die Belastbarkeit eines Bauteiles von der Kollektivform und der zu erwartenden Schwingspielzahl abhängt, wird je nach dem vorliegenden Spannungskollektiv (S_0 bis S_3) und dem vorgesehenen Spannungsspielbereich (N1 bis N4) entsprechend **Bild 12-25** eine Beanspruchungsgruppe (B1 bis B6) gebildet, welcher Grundwerte der zulässigen Spannungen zugeordnet sind. Die Beanspruchungsgruppe wird umso ungünstiger, je höher der Spannungsspielbereich N und je schwerer („voller") das Spannungskollektiv ist.

Spannungsspielbereich	N1	N2	N3	N4
Gesamte Anzahl der vorgesehenen Spannungsspiele N	über $2 \cdot 10^4$ bis $2 \cdot 10^5$ Gelegentliche nicht regelmäßige Benutzung mit langen Ruhezeiten	über $2 \cdot 10^5$ bis $6 \cdot 10^5$ Regelmäßige Benutzung bei unterbrochenem Betrieb	über $6 \cdot 10^5$ bis $2 \cdot 10^6$ Regelmäßige Benutzung im Dauerbetrieb	über $2 \cdot 10^6$ Regelmäßige Benutzung im angestrengten Dauerbetrieb
Spannungskollektiv	Beanspruchungsgruppe			
S_0 sehr leicht	B1	B2	B3	B4
S_1 leicht	B2	B3	B4	B5
S_2 mittel	B3	B4	B5	B6
S_3 schwer	B4	B5	B6	B6

Bild 12-25 Beanspruchungsgruppen nach Spannungsspielbereichen und Spannungskollektiven nach DIN 15018-1

Die mit steigendem Kerbeinfluss fallende Betriebsfestigkeit gebräuchlicher Bauformen wird durch 8 Kerbfälle berücksichtigt: W0 bis W2 für unbeeinflusste oder gelochte Bauteile, K0 bis K4 für geschweißte Bauteile. Beispiele für die Einordnung geschweißter Bauteile in Kerbfälle gibt auszugsweise **Bild 12-26**.

Die von Kerbfall, Stahlsorte und Beanspruchungsgruppe abhängigen Grundwerte der zulässigen Spannungen $\sigma_{D(-1)\,zul}$ enthält für die reine Wechselfestigkeit (κ = -1) das **Bild 12-28**. Einer Beanspruchungsgruppenstufe nach **Bild 12-28** entspricht der Faktor $\sqrt{2}$ bei geschweißten Teilen (K0 bis K4) und 1,19 (S235) bzw. 1,24 (S355) bei den unbeeinflussten oder gelochten Bauteilen (W0 bis W2). Für beliebige Spannungsverhältnisse $-1 \leq \kappa \leq 1$ lassen sich die zulässigen Oberspannungen $\sigma_{D(\kappa)\,zul}$ aus den Grundwerten $\sigma_{D(-1)\,zul}$ mit Hilfe der Gleichungen nach **Bild 12-27** berechnen.

Ord-nungs-Nr.	Darstellung	Beschreibung	Nahtgüte[1])	Kerbfall (Kerbwirkung)
011		Mit Stumpfnaht quer zur Nahtrichtung verbundene Teile	Sondergüte	K0 (gering)
111			Normalgüte	K1 (mäßig)
021		Mit Stumpfnaht längs zur Kraftrichtung verbundene Teile	Normalgüte, Stichprobenprüfung	K0 (gering)
121			Normalgüte	K1 (mäßig)
012	Neigung a	Mit Stumpfnaht quer zur Kraftrichtung verbundene Teile verschiedener Dicke – mit unsymmetrischem Stoß und Neigung a. – mit symmetrischem Stoß und Neigung b	Sondergüte a : ≤ 1: 4 b : ≤ 1: 3	K0 (gering)
112			Normalgüte a : ≤ 1: 4 b : ≤ 1: 3	K1 (mäßig)
212	Neigung b		Normalgüte a : ≤ 1: 3 b : ≤ 1: 2	K2 (mittel)
312			Normalgüte a : ≤ 1: 2 b : ≤ 1: 1	K3 (stark)

Bild 12-26 (wird fortgesetzt)

(Fortsetzung **Bild 12-26**)

Ord-nungs-Nr.	Darstellung	Beschreibung	Nahtgüte[1])	Kerbfall (Kerbwirkung)
131	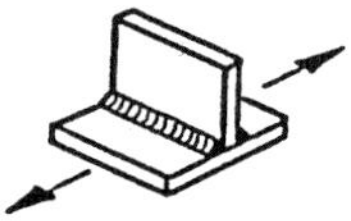	Durchlaufendes Teil, an das quer zur Kraftrichtung Teile mit durchlaufender Naht angeschweißt sind	Sondergüte (DHV-Naht)	K1 (mäßig)
231			Sondergüte (Doppelkehlnaht)	K2 (mittel)
331			Normalgüte (Doppelkehlnaht)	K3 (stark)
251	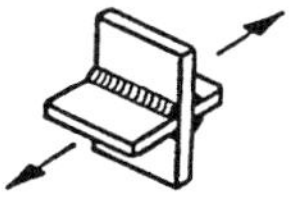	Quer zur Kraftrichtung durch Kreuzstoß verbundene Teile	Sondergüte (DHV-Naht)	K2 (mittel)
351			Normalgüte (DHV-Naht)	K3 (stark)
451			Normalgüte (Doppelkehlnaht)	K4 (besonders stark)
252	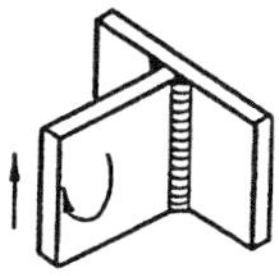	Anschluss durch T-Stoß mit Biegung und Schub	Sondergüte (DHV-Naht)	K2 (mittel)
352			Normalgüte (DHV-Naht)	K3 (stark)
452			Normalgüte (Doppelkehlnaht)	K4 (besonders stark)
442 443	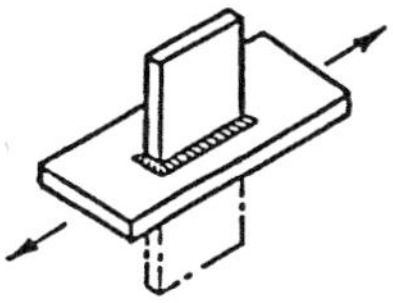	Durchlaufendes Teil, auf das rechtwinklig endende Teile oder Steifen längs zur Kraftrichtung aufgeschweißt oder durchgesteckt und angeschweißt sind.	Normalgüte (Doppelkehlnaht)	K4 (besonders stark)
347	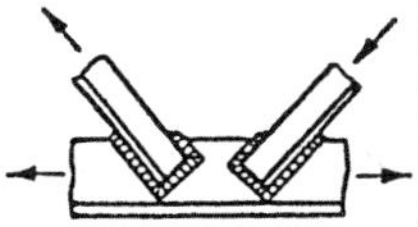	Durchlaufendes Teil, auf das Stäbe mit Kehlnähten aufgeschweißt sind	Sondergüte (Kehlnaht ringsumlaufend)	K3 (stark)
447			Normalgüte	K4 (besonders stark)
154	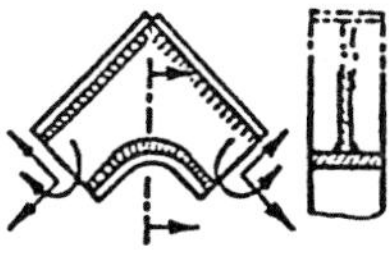	Anschluss eines Stegbleches an gekrümmtes Gurtblech	Sondergüte (DHV-Naht)	K1 (mäßig)
254			Normalgüte (DHV-Naht)	K2 (mittel)
354			Normalgüte (Doppelkehlnaht)	K3 (stark)
414	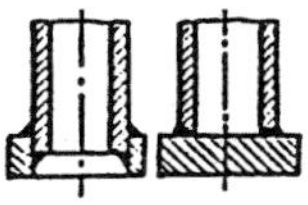	Mit 2 Kehlnähten oder mit HV-Naht mit Kehlnaht verbundene Flansche und Rohre.	Normalgüte	K4 (besonders stark)

(Fortsetzung **Bild 12-26**)

Ord-nungs-Nr.	Darstellung	Beschreibung	Nahtgüte[1])	Kerbfall (Kerbwirkung)
253		Naht zwischen Gurt und Steg bei Angriff von Einzellasten in Stegebene quer zur Naht.	Sondergüte (DHV-Naht)	K2 (mittel)
353			Normalgüte (DHV-Naht)	K3 (stark)
453			Normalgüte (Doppelkehlnaht)	K4 (besonders stark)

[1]) Neben den Schweißnähten mit den Anforderungen entsprechend DIN EN ISO 5817-B bzw. DIN EN 1090-2 sind in DIN 15 018 Schweißnähte mit weitergehenden Güteeigenschaften festgelegt.

Bild 12-26 Beispiele für die Einordnung gebräuchlicher Bauformen in Kerbfälle nach DIN 15 018-1 (Auszug)

	Beanspruchung	zulässige Spannung	Gl. Nr.
Wechselbereich $-1 < \kappa < 0$	Zug	$\sigma_{Dz(\kappa)\ zul} = \frac{5}{3-2\kappa} \cdot \sigma_{D(-1)\ zul}$	12.26
	Druck	$\sigma_{Dd(\kappa)\ zul} = \frac{2}{1-\kappa} \cdot \sigma_{D(-1)\ zul}$	12.27
Schwellbereich $0 < \kappa < +1$	Zug	$\sigma_{Dz(\kappa)\ zul} = \frac{\sigma_{Dz(0)\ zul}}{1-\left(1-\frac{\sigma_{Dz(0)\ zul}}{0{,}75 \cdot R_m}\right) \cdot \kappa}$	12.28
	Druck	$\sigma_{Dd(\kappa)\ zul} = \frac{\sigma_{Dd(0)\ zul}}{1-\left(1-\frac{\sigma_{Dd(0)\ zul}}{0{,}9 \cdot R_m}\right) \cdot \kappa}$	12.29
Bauteile	Schub oder Torsion	$\tau_{D(\kappa)\ zul} = \frac{\sigma_{Dz(\kappa)\ zul}}{\sqrt{3}}$ mit $\sigma_{Dz(\kappa)\ zul}$ nach Kerbfall W0	12.30
Schweißnaht [1])	Schub oder Torsion	$\tau_{D(\kappa)\ zul} = \frac{\sigma_{Dz(\kappa)\ zul}}{\sqrt{2}}$ mit $\sigma_{Dz(\kappa)\ zul}$ nach Kerbfall K0	12.31

Bild 12-27 Gleichungen für die zulässigen Oberspannungen $\sigma_{D(\kappa)\ zul}$ und zulässigen Schubspannungen $\tau_{D(\kappa)\ zul}$ für Bauteile und Schweißnähte in Abhängigkeit von κ und $\sigma_{D(-1)\ zul}$ nach DIN 15 018-1.

[1]) Für Kehlnähte und Nähte mit Wurzelkerben sind die zulässigen Schubspannungen mit dem Faktor 0,6 abzumindern. Im Schwellbereich $0 \le \kappa \le +1$ darf auch mit höheren Werten nach folgender Formel gerechnet werden, wobei für $\sigma_{Dz\ (0)\ zul}$ und $\sigma_{Dz\ (+1)\ zul}$ der niedrigste der beiden Kerbfälle K0 und W0 einzusetzen ist. $\tau_{D(\kappa>0)\ zul} = \frac{0{,}6 \cdot \sigma_{Dz(0)\ zul} / \sqrt{2}}{1-\left(1-\frac{0{,}6 \cdot \sigma_{Dz(0)\ zul}}{\sigma_{Dz(+1)\ zul}}\right) \cdot \kappa}$

<table>
<tr><td>Stahlsorte</td><td colspan="3">S235</td><td colspan="3">S355</td><td colspan="5">S235</td><td colspan="5">S355</td></tr>
<tr><td>Kerbfall</td><td>W0</td><td>W1</td><td>W2</td><td>W0</td><td>W1</td><td>W2</td><td>K0</td><td>K1</td><td>K2</td><td>K3</td><td>K4</td><td>K0</td><td>K1</td><td>K2</td><td>K3</td><td>K4</td></tr>
<tr><td>Beanspruchungsgruppe</td><td colspan="16">Zulässige Spannungen $\sigma_{D(-1)\,zul}$ für $\kappa = -1$</td></tr>
<tr><td>B1</td><td rowspan="3">180</td><td rowspan="2">180</td><td>180</td><td rowspan="2">270</td><td>270</td><td>247,2</td><td rowspan="3">180</td><td rowspan="3">180</td><td rowspan="2">180</td><td>180</td><td>152,7</td><td rowspan="2">270</td><td rowspan="2">270</td><td>270</td><td>254</td><td>152,7</td></tr>
<tr><td>B2</td><td>168</td><td>249</td><td>199,2</td><td>180</td><td>108</td><td>252</td><td>180</td><td>108</td></tr>
<tr><td>B3</td><td>161,4</td><td>141,3</td><td>252,2</td><td>200,6</td><td>160,5</td><td>178,2</td><td>127,3</td><td>76,4</td><td>237,6</td><td>212,1</td><td>178,2</td><td>127,3</td><td>76,4</td></tr>
<tr><td>B4</td><td>169,7</td><td>135,8</td><td>118,8</td><td>203,2</td><td>161,1</td><td>129,3</td><td>168</td><td>150</td><td>126</td><td>90</td><td>54</td><td>168</td><td>150</td><td>126</td><td>90</td><td>54</td></tr>
<tr><td>B5</td><td>142,7</td><td>114,2</td><td>99,9</td><td>163,8</td><td>130,3</td><td>104,2</td><td>118,8</td><td>106,1</td><td>89,1</td><td>63,6</td><td>38,2</td><td>118,8</td><td>106,1</td><td>89,1</td><td>63,6</td><td>38,2</td></tr>
<tr><td>B6</td><td>120</td><td>96</td><td>84</td><td>132</td><td>105</td><td>84</td><td>84</td><td>75</td><td>63</td><td>45</td><td>27</td><td>84</td><td>75</td><td>63</td><td>45</td><td>27</td></tr>
</table>

Bild 12-28 Grundwerte der zulässigen Spannungen $\sigma_{D(-1)\,zul}$ in N/mm² für κ = -1 in Bauteilen beim Betriebsfestigkeitsnachweis nach DIN 15 018-1

Bild 12-29 zeigt die bestehenden Zusammenhänge am Smith-Schaubild. Nach oben sind alle zulässigen Spannungen durch den im Allgemeinen Spannungsnachweis angegebenen Wert für den Lastfall HZ begrenzt, vgl. **Bild 12-12b**.

Bei geschweißten Bauteilen gelten abhängig von der Beanspruchungsgruppe und dem Kerbfall für die Werkstoffe S235 und S355 bei hohen Lastspielzahlen die gleichen zulässigen Spannungen.

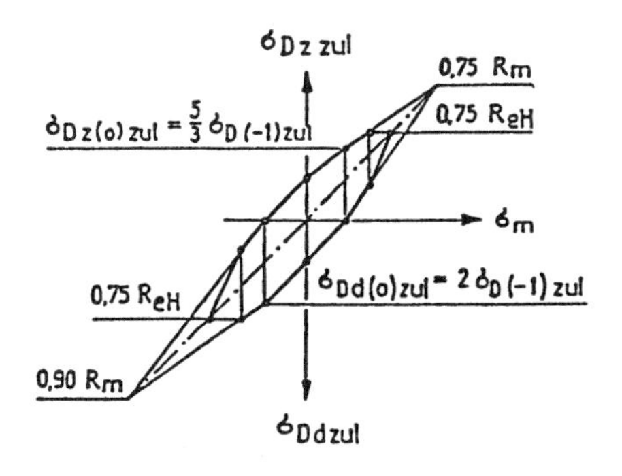

Bild 12-29
Zusammenhänge zwischen $\sigma_{D(\kappa)\,zul}$ und $\sigma_{D(-1)\,zul}$ im Smith-Schaubild

Kennzeichnende Arbeitsweise	Art der Maschine bzw. des Bauteils (Beispiele)	Art der Stöße	Stoßbeiwert φ
Maschinen mit rein umlaufenden Bewegungen	elektrische Maschinen, Dampf- und Wasserturbinen, Schleifmaschinen, umlaufende Verdichter	leicht	1,0 ... 1,1
Maschinen mit hin- und hergehenden Bewegungen	Brennkraftmaschinen, Dampfmaschinen, Kolbenpumpen und -verdichter, Hobel- und Drehmaschinen	mittel	1,2 ... 1,4
Maschinen mit stoßüberlagerten Bewegungen	Kunststoffpressen, Richtmaschinen, Biegewalzen, Walzwerkgetriebe	mittelstark	1,3 ... 1,5
Maschinen mit stoßhaften Bewegungen	Spindelpressen, hydraulische Schmiedepressen, Abkantpressen, Profileisenscheren, Sägegatter	stark	1,5 ... 2,0
Maschinen mit schlagartiger Beanspruchung	Hämmer, Steinbrecher, Walzwerkmaschinen	sehr stark	2,0 ... 3,0

Bild 12-30 Richtwerte für Stoßbeiwerte φ im Maschinenbau

Algorithmus für die Anwendung von DIN 15018-1 im Maschinenbau

1. Ermittlung der Schnittgrößen (Kräfte F, Biegemomente M und Torsionsmomente T) für das geschweißte Bauteil.

2. Bei allgemein-dynamischer Belastung mit ruhender Mittellast (F_m, M_m, T_m) und Lastausschlag (F_a, M_a, T_a) wird unter Berücksichtigung des Stoßbeiwertes φ (**Bild 12-30**) das äquivalente Lastbild ermittelt:

$$F_{eq} = F_m \pm \varphi \cdot F_a \tag{12.32}$$

$$M_{eq} = M_m \pm \varphi \cdot M_a \tag{12.33}$$

$$T_{eq} = T_m \pm \varphi \cdot T_a \tag{12.34}$$

3. Berechnung der in dem maßgebenden Bauteil-Querschnitt vorhandenen Oberspannung, siehe Berechnungsformeln nach **Bild 12-9**.

4. Ermittlung des Grenzspannungsverhältnisses $\kappa = \sigma_{min}/\sigma_{max}$ oder τ_{min}/τ_{max} als Verhältnis der dem Betrag nach kleineren zur größeren Grenzspannung. Bei einfacher Beanspruchung auch $\kappa = F_{min}/F_{max}$ oder M_{min}/M_{max} usw.

5. Mit dem Spannungsspielbereich (N1 bis N4, **Bild 12-25**) und dem Spannungskollektiv (S_0 bis S_3, **Bild 12-24**) kann die entsprechende Beanspruchungsgruppe (B1 bis B6, **Bild 12-25**) zugeordnet werden.

6. Festlegen des am geschweißten Bauteil vorliegenden Kerbfalles (K0 bis K4, **Bild 12-26**).

7. Ablesen des Grundwertes der zulässigen Spannung $\sigma_{D(-1)\,zul}$ aus **Bild 12-28** mit den bekannten Größen Stahlsorte, Kerbfall und Beanspruchungsgruppe.

8. Berechnung der zulässigen Oberspannungen $\sigma_{D(\kappa)\,zul}$ und $\tau_{D(\kappa)\,zul}$ mit den Gln. (12.26 bis 12.31), s. **Bild 12-27**. Sie enthalten einen Teilsicherheitsbeiwert von 4/3.

   Wird eine höhere Sicherheit S verlangt, beträgt

$$\sigma_{zul} = \frac{4 \cdot \sigma_{D(\kappa)zul}}{3 \cdot S} \text{ bzw. } \tau_{zul} = \frac{4 \cdot \tau_{D(\kappa)zul}}{3 \cdot S}$$

   und die tatsächlich vorhandene Sicherheit

$$S = \frac{4 \cdot \sigma_{D(\kappa)zul}}{3 \cdot \sigma_o} \text{ bzw. } \frac{4 \cdot \tau_{D(\kappa)zul}}{3 \cdot \tau_o}$$

9. Für die Bauteil- und Schweißnahtquerschnitte ist nachzuweisen

   – bei Normalspannungen $\sigma_o \leq \sigma_{D(\kappa)\,zul}$

   – bei Schubspannungen $\tau_o \leq \tau_{D(\kappa)\,zul}$

   – bei zusammengesetzten Spannungen

     – einachsiger Spannungszustand $\left(\frac{\sigma_o}{\sigma_{D(\kappa)zul}}\right)^2 + \left(\frac{\tau_o}{\tau_{D(\kappa)zul}}\right)^2 \leq 1{,}1$

     – zweiachsiger Spannungszustand s. Gl. (12.12a)

12.4.6 Berechnungsbeispiele dynamischer Beanspruchung (Maschinenbau)

Beispiel 1: Zugstab mit stumpf angeschweißtem Stangenauge

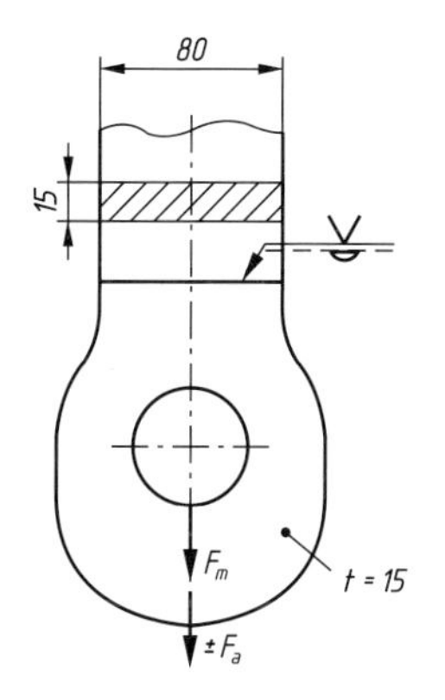

Bild 12-31
Stumpfstoß an Stangenauge

Ein Stangenauge aus S355J2 wird stumpf mit einem Flachstahl 80 x 15 verbunden, **Bild 12-31**. Die Naht wird in Normalgüte ausgeführt (N). Die Belastung erfolgt durch eine ruhende Mittellast F_m = 90 kN und eine Wechsellast mit dem Lastausschlag F_a = ± 50 kN. Stoßartig auftretende Kräfte sind durch einen Stoßbeiwert φ = 1,4 zu berücksichtigen.

Für ein mittleres Lastkollektiv und eine regelmäßige Benutzung im Dauerbetrieb ist der Betriebsfestigkeitsnachweis auf Sicherheit gegen Dauerbruch zu führen.

Lösung (nach DIN 15018-1)

Bestimmung der Schnittgrößen

$$F_{max} = F_m + \varphi \cdot F_a = 90\,kN + 1{,}4 \cdot 50\,kN = 160\,kN \qquad \text{Gl. (12.32)}$$

$$F_{min} = F_m - \varphi \cdot F_a = 90\,kN - 1{,}4 \cdot 50\,kN = 20\,kN$$

$$\kappa = \frac{F_{min}}{F_{max}} = \frac{20\,kN}{160\,kN} = 0{,}125$$

Bestimmung der auftretenden Spannungen

Durch Auslaufbleche vollwertig ausgeführte Naht

$$A_w = b \cdot t = 80\ mm \cdot 15\ mm = 1200\ mm^2$$

$$\sigma_0 = \sigma_{max} = \frac{F_{max}}{A_w} = \frac{160000\ N}{1200\ mm^2} = 133\ N/mm^2 \qquad \text{Gl. (12.3)}$$

Bestimmung der zulässigen Spannung

Nach **Bild 12-25** ergibt sich bei regelmäßiger Benutzung im Dauerbetrieb ($6 \cdot 10^5 \leq N \leq 2 \cdot 10^6$) entsprechend Spannungsspielbereich N3 und mittlerem Spannungskollektiv S_2 die Beanspruchungsgruppe B5. Mit der geforderten Nahtgüte N ergibt sich nach **Bild 12-26** der Kerbfall K1. In **Bild 12-28** findet man für B5, S355 und K1: $\sigma_{D(-1)\,zul}$ = 106,1 N/mm².

Nach Gl. (12-28) findet man im vorliegenden Zug-Schwellbereich die zulässige Oberspannung

$$\sigma_{Dz(\kappa)zul} = \frac{\sigma_{Dz(0)zul}}{1-\left(1-\dfrac{\sigma_{Dz(0)zul}}{0{,}75\cdot R_m}\right)\cdot\kappa} = \frac{176{,}8\ \text{N/mm}^2}{1-\left(1-\dfrac{176{,}8\ \text{N/mm}^2}{0{,}75\cdot 510\ \text{N/mm}^2}\right)\cdot 0{,}125} = 190\ \text{N/mm}^2$$

mit $\sigma_{Dz(0)zul} = \frac{5}{3}\cdot\sigma_{D(-1)zul} = \frac{5}{3}\cdot 106{,}1\ \text{N/mm}^2 = 176{,}8\ \text{N/mm}^2$ (Bild 12 – 29)

und $R_m = 510\ \text{N/mm}^2$ für S355

Bestimmung der vorhandenen Sicherheit gegen Dauerbruch

$$S_D = \frac{4\cdot\sigma_{D(\kappa)zul}}{3\cdot\sigma_o} = \frac{4\cdot 190\ \text{N/mm}^2}{3\cdot 133\ \text{N/mm}^2} = 1{,}9$$

Beispiel 2: Schweißanschluss einer Öse

Eine Öse aus S235J2 wird durch eine statische Horizontalkraft F_h = 90 kN und eine wechselnd wirkende Vertikalkraft F_v = ± 40 kN dynamisch belastet, **Bild 12-32a**. Sie wird mit einer umlaufenden Kehlnaht (Normalgüte) an einen 25 mm dicken Trägerflansch angeschlossen. Der Stoßfaktor beträgt φ = 1,3.

Nach der Wahl einer geeigneten Nahtdicke ist der Betriebsfestigkeitsnachweis für ein *leichtes Spannungskollektiv* bei *regelmäßiger Benutzung bei unterbrochenem Betrieb* zu führen.

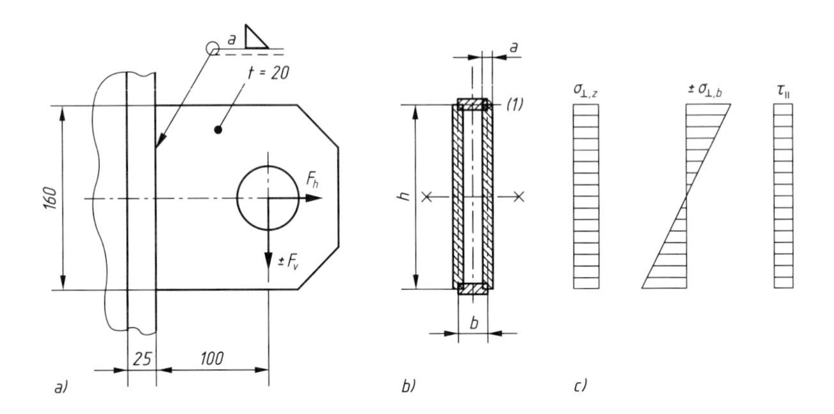

Bild 12-32 Schweißanschluss einer Öse
a) Belastungsbild, b) rechnerischer Nahtquerschnitt (Nahtbild), c) Schweißnahtspannungen

Lösung (nach DIN 15018-1)

Bestimmung der maßgebenden Nahtdicke

2 mm ≤ a ≤ 0,7 · t_{min}, a_{max} = 0,7 · 20 mm = 14 mm — Gl. (12.1)

$a \geq \sqrt{t_{max}} - 0{,}5 = \sqrt{25} - 0{,}5 = 4{,}5$ mm (a_{min}) — Gl. (12.2)

gewählt: **a = 7 mm**

Bestimmung der Schnittgrößen im Anschlussquerschnitt

$F_h = F_N = +\,90\text{ kN}$

$F_q = \varphi \cdot F_v = \pm\,1{,}3 \cdot 40\text{ kN} = \pm\,52\text{ kN}$

$M_b = \varphi \cdot F_v \cdot l = \pm\,1{,}3 \cdot 40000\text{ N} \cdot 100\text{ mm} = \pm\,5{,}2 \cdot 10^6\text{ Nmm}$

Bestimmung der Querschnittswerte

gesamte Nahtfläche: $A_w = \Sigma\, a \cdot l = 2 \cdot a \cdot (h + b) = 2 \cdot 7\text{ mm} \cdot (160\text{ mm} + 20\text{ mm}) = 2520\text{ mm}^2$

Nähte parallel zu F_q: $A_{w,\tau} = 2 \cdot a \cdot h = 2 \cdot 7\text{ mm} \cdot 160\text{ mm} = 2240\text{ mm}^2$

$$I_{wx} \approx 2 \cdot \frac{a \cdot h^3}{12} + 2 \cdot a \cdot b \cdot \left(\frac{h}{2}\right)^2 = 2 \cdot \frac{7\text{ mm} \cdot (160\text{ mm})^3}{12} + 2 \cdot 7\text{ mm} \cdot 20\text{ mm} \cdot \left(\frac{160\text{ mm}}{2}\right)^2$$

$$= 6{,}571 \cdot 10^6\text{ mm}^4$$

Bestimmung der Randspannungen (Stelle 1)

infolge F_h: $$\sigma_{\perp,z} = \frac{F_h}{A_w} = \frac{90000\text{ N}}{2520\text{ mm}^2} = +36\text{N}/\text{mm}^2 \qquad \text{Gl. (12.3)}$$

infolge M: $$\sigma_{\perp,b} = \frac{M}{I_x} \cdot y = \frac{5{,}2 \cdot 10^6\text{ Nmm}}{6{,}571 \cdot 10^6\text{ mm}^4} \cdot 80\text{ mm} = \pm\,63\text{ N}/\text{mm}^2 \qquad \text{Gl. (12.4)}$$

$$\sigma_{\perp max} = \sigma_o = \sigma_{\perp,z} + \sigma_{\perp,b} = +\,36\text{ N}/\text{mm}^2 + 63\text{ N}/\text{mm}^2 = +\,99\text{ N}/\text{mm}^2$$

$$\sigma_{\perp min} = \sigma_u = \sigma_{\perp,z} - \sigma_{\perp,b} = +\,36\text{ N}/\text{mm}^2 - 63\text{ N}/\text{mm}^2 = -\,27\text{ N}/\text{mm}^2$$

Grenzspannungsverhältnis $\kappa = \frac{\sigma_{min}}{\sigma_{max}} = \frac{-\,27\text{ N}/\text{mm}^2}{+\,99\text{ N}/\text{mm}^2} = -\,0{,}27$

$$\tau_{\parallel} = \frac{F_q}{A_{w,\tau}} = \frac{\pm\,52000\text{ N}}{2240\text{ mm}^2} = \pm\,23\text{ N}/\text{mm}^2,\ \kappa = -1$$

Bestimmung der zulässigen Schweißnahtspannungen

Nach **Bild 12-25** ergibt sich bei *regelmäßiger Benutzung bei unterbrochenem Betrieb* ($2 \cdot 10^5 \le N \le 6 \cdot 10^5$) entsprechend Spannungsspielbereich N2 und *leichtem Spannungskollektiv* S_1 die Beanspruchungsgruppe B3. Mit der auszuführenden Doppelkehlnaht in Normalgüte (N) findet man in **Bild 12-26** für den *Anschluss durch T-Stoß mit Biegung und Schub* den Kerbfall K4 (Nr. 452). **Bild 12-28** ergibt für Beanspruchungsgruppe B3, Stahlsorte S235 und Kerbfall K4 den Grundwert

$$\sigma_{D(-1)zul} = 76{,}4\text{ N/mm}^2.$$

Für den vorliegenden Wechselbereich findet man nach (Gl. 12.26), **Bild 12-27**, die zulässige Oberspannung für Zugbeanspruchung.

$$\sigma_{Dz(\kappa)zul} = \frac{5}{3 - 2\kappa} \cdot \sigma_{D(-1)zul} = \frac{5}{3 - 2 \cdot (-\,0{,}27)} \cdot 76{,}4\text{ N}/\text{mm}^2 = 108\text{ N}/\text{mm}^2$$

Für die mit $\kappa = -1$ und Kerbfall K0 auftretenden Schubspannungen gilt nach Gl. (12.31) mit $\sigma_{D(-1)\,zul} = 180$ N/mm² nach **Bild 12-28**, wobei für Kehlnähte die Schubspannungen mit dem Faktor 0,6 abzumindern sind.

$$\tau_{D(\kappa)zul} = 0{,}6 \cdot \frac{\sigma_{Dz(\kappa)zul}}{\sqrt{2}} = 0{,}6 \cdot \frac{180\ \mathrm{N/mm^2}}{\sqrt{2}} = 76\ \mathrm{N/mm^2}$$

Festigkeitsnachweis (Stelle 1)

$$\sigma_o = 99\ \mathrm{N/mm^2} < \sigma_{D(\kappa)zul} = 108\ \mathrm{N/mm^2}$$

$$\tau_o = 23\ \mathrm{N/mm^2} < \tau_{D(\kappa)zul} = 76\ \mathrm{N/mm^2}$$

$$\left(\frac{\sigma_o}{\sigma_{D(\kappa)zul}}\right)^2 + \left(\frac{\tau_o}{\tau_{D(\kappa)zul}}\right)^2 \le 1{,}1; \quad \left(\frac{99\ \mathrm{N/mm^2}}{108\ \mathrm{N/mm^2}}\right)^2 + \left(\frac{23\ \mathrm{N/mm^2}}{76\ \mathrm{N/mm^2}}\right)^2 = 0{,}93 < 1{,}1 \qquad \text{Gl. (12.12)}$$

(Nachweis erfüllt)

Beispiel 3: Auf eine Welle aufgeschweißter Hebel

Ein Hebel nach **Bild 12-33** soll mit einer a = 5 mm dicken Doppelkehlnaht auf eine Welle d = ∅ 60 mm geschweißt werden. Die Umfangskraft F = 6 kN tritt schwellend stets mit dem Höchstwert auf. Belastungsstöße sollen durch einen Stoßfaktor $\varphi = 1{,}3$ berücksichtigt werden. Für den Bauteilwerkstoff S235J2 ist zu prüfen, ob die Rundnaht dauerfest ist.

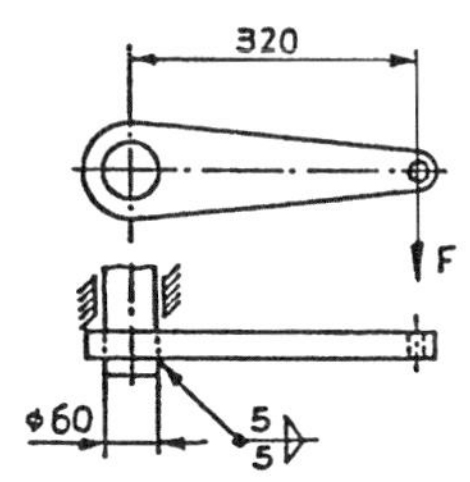

Bild 12-33
Kehlnahtanschluss

Lösung (nach DIN 15018-1):

Drehmoment $T = F \cdot l \cdot \varphi = 6000\ \mathrm{N} \cdot 320\ \mathrm{mm} \cdot 1{,}3 \approx 2{,}5 \cdot 10^6$ Nmm.

Wird die Anschlussschweißnaht auf den Wellenumfang geklappt, ergibt sich die Schubspannung nach Gl. (12.3)

$$\tau_{\|} = \frac{F}{A_w}, \text{ mit Umfangskraft } F = \frac{T}{d/2} \text{ und } A_w = 2 \cdot \pi \cdot d \cdot a \text{ wird}$$

$$\tau_{\|} = \frac{T}{\pi \cdot a \cdot d^2} = \frac{2{,}5 \cdot 10^6\ \mathrm{Nmm}}{\pi \cdot 5\ \mathrm{mm} \cdot (60\ \mathrm{mm})^2} = 44\ \mathrm{N/mm^2}$$

Für das Spannungskollektiv S_3 (konstante Schwingungsamplitude, siehe **Bild 12-24a**) und Beanspruchung auf Dauerschwingfestigkeit entsprechend dem Spannungsspielbereich N4 (über $2 \cdot 10^6$ Spannungsspiele) ergibt sich nach **Bild 12-25** die Beanspruchungsgruppe B6. Für diese Beanspruchungsgruppe und den Werkstoff S235J2 ist die zulässige Schubspannung zu ermitteln. Für Kehlnähte sind dabei die Schubspannungen mit dem Faktor 0,6 abzumindern.

Nach **Bild 12-27** gilt mit Gl. 12.31

$$\tau_{D(0)zul} = 0{,}6 \frac{\sigma_{Dz(\kappa)\ zul}}{\sqrt{2}}$$

mit $\sigma_{Dz(K)\ zul}$ nach Kerbfall K0.

Nach **Bild 12-28** wird für S235, den Kerbfall K0 und die Beanspruchungsgruppe B6 die zulässige Spannung $\sigma_{D(-1)\ zul} = 84\ \text{N/mm}^2$. Damit ergibt sich nach **Bild 12-29** die zulässige Oberspannung für $\kappa = 0$

$$\sigma_{Dz(0)\ zul} = \frac{5}{3}\ \sigma_{Dz(-1)\ zul} = \frac{5}{3}\ 84\ \text{N/mm}^2 = 140\ \text{N/mm}^2$$

und damit die zulässige Spannung in der Doppelkehlnaht

$$\tau_{D(0)zul} = 0{,}6 \frac{140\ \text{N / mm}^2}{\sqrt{2}} = 59\ \text{N / mm}^2$$

Ergebnis: Kehlnaht dauerfest, da $\tau_{||} < \tau_{D(0)\ zul}$

12.5 Schweißeigenspannungen und -verformungen

Eigenspannungen sind Spannungen, die in einem Bauteil vorhanden sind, ohne dass äußere Kräfte und Momente darauf einwirken. Sie stehen zueinander im Gleichgewicht, weshalb immer Bereiche mit Zug- und andere mit Druckeigenspannungen vorliegen, vgl. **Bild 12-46**. Die Messung von Eigenspannungen ist zerstörungsfrei röntgenografisch oder magnetisch nur bis etwa 0,5 mm Tiefe möglich und gestattet keine gültige Aussage über den Gesamtquerschnitt. Die zerstörenden Verfahren (Abätzen oder Zerteilen) geben bessere Auskünfte [20].

12.5.1 Entstehung von Eigenspannungen

Eigenspannungen entstehen durch inhomogene Erwärmungen und plastische Formänderungen. Vor allem beim Schweißen und thermischen Trennen treten lokale Erwärmungen auf: Die örtlich konzentrierten thermischen Formänderungen werden durch angrenzende, weniger intensiv durchwärmte Querschnittsteile, sowohl beim Erwärmen als auch beim Abkühlen behindert, was zu plastischen Verformungen führt [17]. **Bild 12-34** zeigt, wie aufgrund der Einspannung in der erwärmten Zone durch Ausdehnung Druckspannungen entstehen, die sich beim Abkühlen in Zugspannungen umkehren. Die Ausdehnungs- und Schrumpfbehinderung ist beim Schweißen durch das Umschließen der angewärmten Zone mit kaltem Werkstoff bedingt. Sonderschweißverfahren, bei denen wenig Wärme oder diese sehr homogen eingebracht wird, ergeben sehr geringe Eigenspannungen: z. B. Kaltpress-Schweißen, Diffusions-Schweißen.

Unbehinderte Dehnung und Schrumpfung
l_0 = Länge vor Erwärmung und nach Erkalten
l_1 = Wärmegedehnte Länge

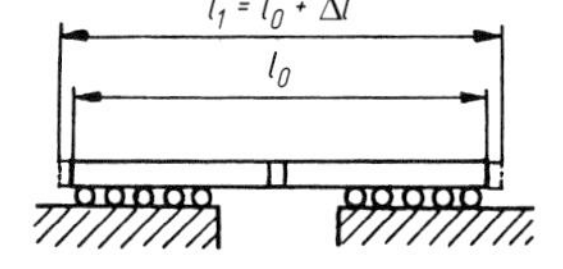

keine Eigenspannung
keine Längenänderung

Behinderte Wärmedehnung
(plastische Stauchung der Zonen um Wärmestelle)

Ungehinderte Schrumpfung
l_2 = Länge nach dem Erkalten
(um Stauchweg Δl verkürzt)

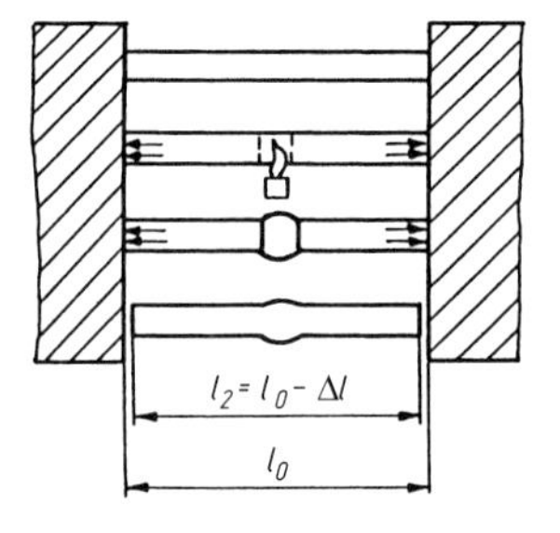

keine Eigenspannung
bleibende Längenänderung

Behinderte Dehnung und Schrumpfung

Behinderte Wärmedehnung
(plastische Stauchung)

Behinderte Schrumpfung
(nach dem Erkalten)

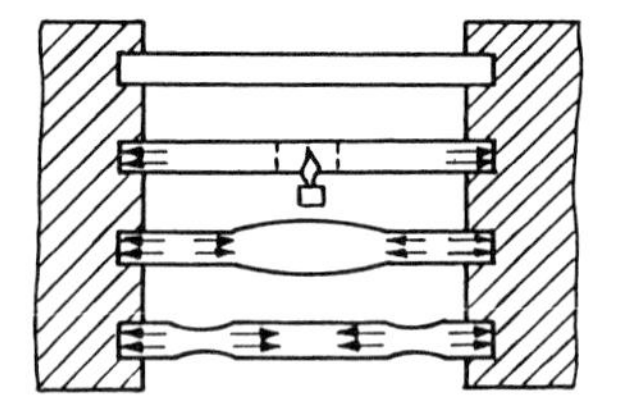

große Eigenspannung
keine Längenänderung

Bild 12-34 Schematische Darstellung der Auswirkungen von lokalen Wärmedehnungen und Schrumpfungen [17]

12.5.2 Schrumpfungsarten

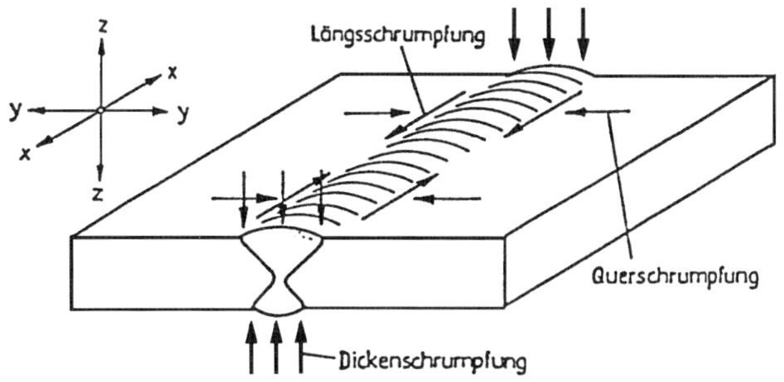

Spannungen in Nahtlängsrichtung σ_x (Längsspannungen)
Spannungen quer zur Naht σ_y (Querspannungen)
Spannungen in Richtung der Nahtdicke σ_z (Dickenspannungen)

Bild 12-35 Bezeichnung der Schrumpfungs- und Spannungsrichtungen [29]

Je nach Schrumpfungsart und -richtung, **Bild 12-35**, unterscheidet man

Längsschrumpfung

Sie führt zu Spannungen in Nahtlängsrichtung (σ_x). Die Größe der Längsschrumpfung ist von der Gesamtsteifigkeit der Konstruktion abhängig. Eine Bauteilverkürzung von 0,1 bis 0,3 mm je Meter Nahtlänge beobachtet man bei symmetrisch angeordneten langen Nähten. Eine ungleichmäßige Längsschrumpfung über den Bauteilquerschnitt ist die Ursache für die Durchbiegung stab- und trägerartiger Bauteile.

Querschrumpfung

Sie führt zu Spannungen (σ_y) und zu Maßänderungen quer zur Schweißnaht (y-Richtung). Die Schrumpfung erfolgt fast ausschließlich in Bereichen neben der Schmelzlinie. Die absolute Größe der Querschrumpfung ist von Querschnitt, Form und Länge der Naht und vom Schweißverfahren abhängig, **Bild 12-36**.

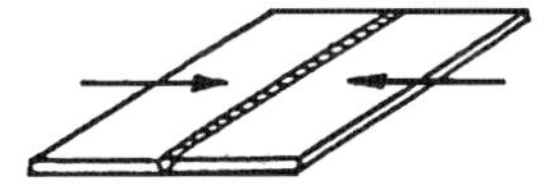

Die Schrumpfmaße[1]) sind Mittelwerte von Messungen an großen, gut vorgehefteten Bauteilen. Werkstoff: S235

Querschnitt	Schweißart	Schrumpfmaß / mm	Querschnitt	Schweißart	Schrumpfmaß / mm
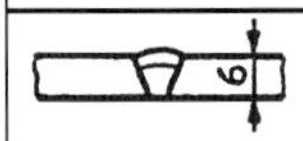 6	Lichtbogenschweißen, umhüllte Stabelektrode, 2 Lagen	1,0	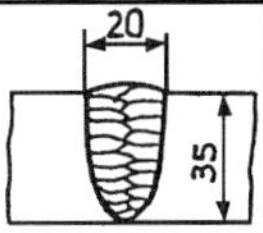 20; 35	Lichtbogenschweißen, umhüllte Stabelektrode, 20 Lagen ohne rückseitige Schweißung	3,2
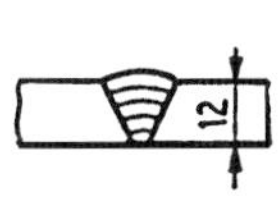 12	Lichtbogenschweißen, umhüllte Stabelektrode, 5 Lagen, ohne Gegenschweißen	1,6	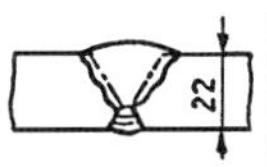 22	1/3 Lichtbogenschweißen, umhüllte Stabelektrode 2/3 UP-Schweißen, 1 Lage	2,4
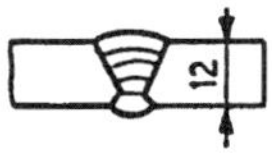 12	Lichtbogenschweißen, umhüllte Stabelektrode, 5 Lagen, Wurzel ausgefugt 2 Wurzellagen	1,8	 14	UP-Schweißen 1 Lage Kupferunterlage	0,6
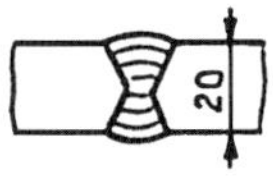 20	Lichtbogenschweißen, umhüllte Stabelektrode, 4 Lagen auf jeder Seite.	1,8	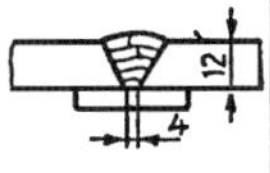 12; 4	Lichtbogenschweißen, umhüllte Stabelektrode, einseitig mit Unterlage	1,5

[1]) Überschlägige Vorausberechnung der Querschrumpfung:

1. $\Delta l \approx 2 \cdot \alpha \cdot l \cdot \Delta t + 0{,}02 \cdot b$

   α Längen - Ausdehnungskoeffizient; für St ca. $13 \cdot 10^{-6}$ K^{-1}

   l erwärmte Zone an jeder Seite der Naht; ca. 200 mm

   Δt mittlere Temperaturerhöhung in der erwärmten Zone; ca. 400 K

   b mittlere Nahtbreite

2. $\Delta l \approx 0{,}2 \cdot A_w / t$

   A_w Nahtquerschnitt

   t Blechdicke

Bild 12-36 Querschrumpfung von Stumpfnähten an Stahl [21]

Dickenschrumpfung

Sie führt zu Spannungen (σ_z) und zu Maßänderungen in Richtung der Blech- bzw. Nahtdicke (z-Richtung). Bis ca. 50 mm Bauteildicke ohne Bedeutung.

Winkelschrumpfung

Sie ist bei Stumpfnähten abhängig von der Blechdicke und der Zahl der Schweißlagen (Nahtvolumen, Fugenform), **Bild 12-37**. Auch bei Kehlnähten tritt an T-Stößen durch ungleiche Verteilung der Querschrumpfung über die Dicke des Gurtbleches eine geringe Winkelschrumpfung auf, **Bild 12-38**.

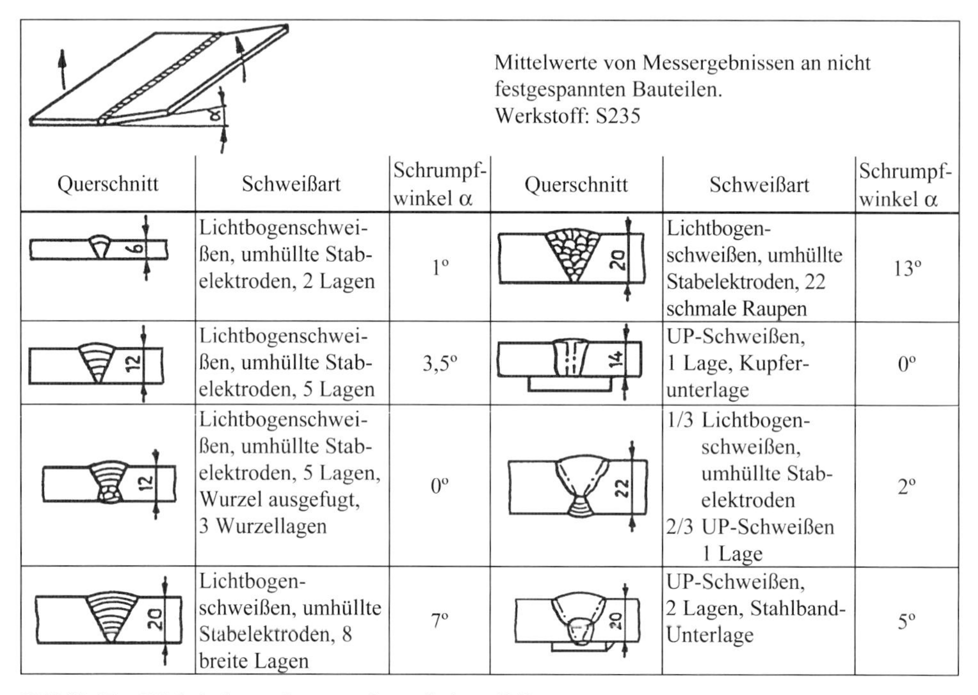

Querschnitt	Schweißart	Schrumpfwinkel α	Querschnitt	Schweißart	Schrumpfwinkel α
6	Lichtbogenschweißen, umhüllte Stabelektroden, 2 Lagen	1°	20	Lichtbogenschweißen, umhüllte Stabelektroden, 22 schmale Raupen	13°
12	Lichtbogenschweißen, umhüllte Stabelektroden, 5 Lagen	3,5°	14	UP-Schweißen, 1 Lage, Kupferunterlage	0°
12	Lichtbogenschweißen, umhüllte Stabelektroden, 5 Lagen, Wurzel ausgefugt, 3 Wurzellagen	0°	22	1/3 Lichtbogenschweißen, umhüllte Stabelektroden 2/3 UP-Schweißen 1 Lage	2°
20	Lichtbogenschweißen, umhüllte Stabelektroden, 8 breite Lagen	7°	20	UP-Schweißen, 2 Lagen, Stahlband-Unterlage	5°

Bild 12-37 Winkelschrumpfung von Stumpfnähten [21]

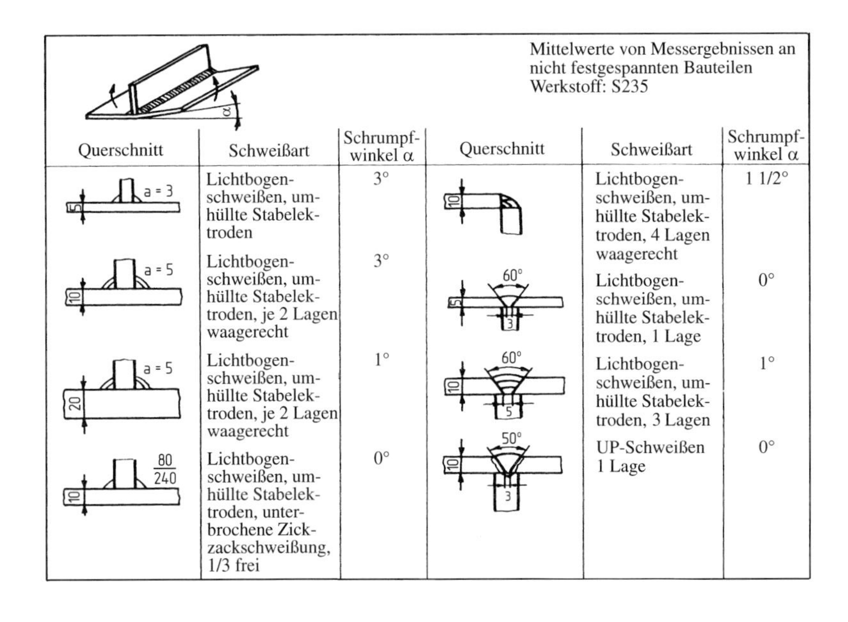

Mittelwerte von Messergebnissen an nicht festgespannten Bauteilen
Werkstoff: S235

Querschnitt	Schweißart	Schrumpfwinkel α	Querschnitt	Schweißart	Schrumpfwinkel α
a = 3; 5	Lichtbogenschweißen, umhüllte Stabelektroden	3°	10	Lichtbogenschweißen, umhüllte Stabelektroden, 4 Lagen waagerecht	1 1/2°
a = 5; 10	Lichtbogenschweißen, umhüllte Stabelektroden, je 2 Lagen waagerecht	3°	60°; 5; 3	Lichtbogenschweißen, umhüllte Stabelektroden, 1 Lage	0°
a = 5; 20	Lichtbogenschweißen, umhüllte Stabelektroden, je 2 Lagen waagerecht	1°	60°; 10; 5	Lichtbogenschweißen, umhüllte Stabelektroden, 3 Lagen	1°
80/240; 10	Lichtbogenschweißen, umhüllte Stabelektroden, unterbrochene Zickzackschweißung, 1/3 frei	0°	50°; 10; 3	UP-Schweißen 1 Lage	0°

Bild 12-38 Winkelschrumpfung an Kehl- und Dreiblechnähten [21]

12.5.3 Beeinflussende Faktoren

Schweißeigenspannungen können entstehen, wenn beim Wärmespiel (Aufheizen – Abkühlen) Behinderungen der Dehnung und Schrumpfung vorliegen. Diese sind bei jeder Schmelz-Schweißung gegeben, so dass die vollständige Vermeidung von Eigenspannungen nicht möglich ist. Fertigungstechnisch kann jedoch so verfahren werden, dass sie bei der Einhaltung einer richtigen Schweißfolge gegeneinander wirken und sich teilweise aufheben.

Wesentliche Faktoren für die Entstehung sind:

- starke Schrumpfbehinderung bei steifen Konstruktionen
- große Blechdicken
- höherfeste Werkstoffe mit erhöhten Streckgrenzen
- Verwendung von Schweißverfahren hoher Leistungsdichte
- geringes Volumen der einzelnen Schweißlagen (Zugraupen) bei Mehrlagenschweißungen

12.5.4 Maßnahmen zur Verminderung von Schweißeigenspannungen

Lässt die Konstruktion einen gewissen Spielraum in der *Werkstoffwahl* zu, führen folgende Eigenschaften zu geringeren Eigenspannungen:

- geringer Wärmeausdehnungskoeffizient
- kleines Streckgrenzenverhältnis
- geringe Festigkeit (bis zu Werten des S355)
- großes Formänderungsvermögen (siehe auch Kapitel 12.5.5)

Konstruktive und *fertigungstechnische* Maßnahmen zur Reduzierung von Schrumpfungen und Schweißeigenspannungen sind in **Bild 12-39** zusammengefasst.

Zeile	Maßnahme	Erläuterung
1	Anzahl der Schweißnähte reduzieren	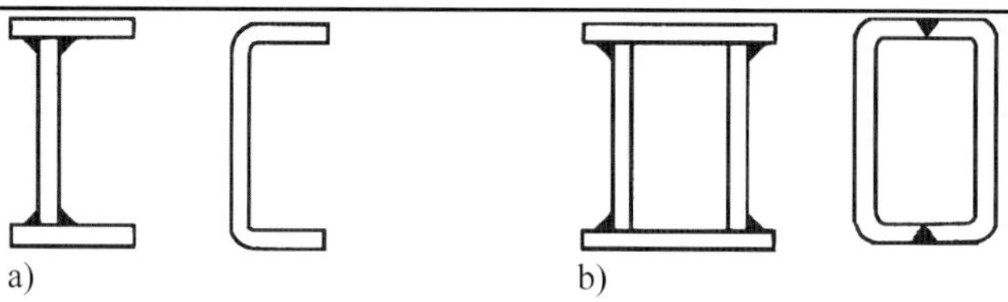 a) b) Begrenzung der Nahtzahl durch abgekantete Profile. Regel: Die beste Schweißkonstruktion ist die, an der am wenigsten geschweißt wird.
2	Schweißnähte nahe der Symmetrieachse anordnen	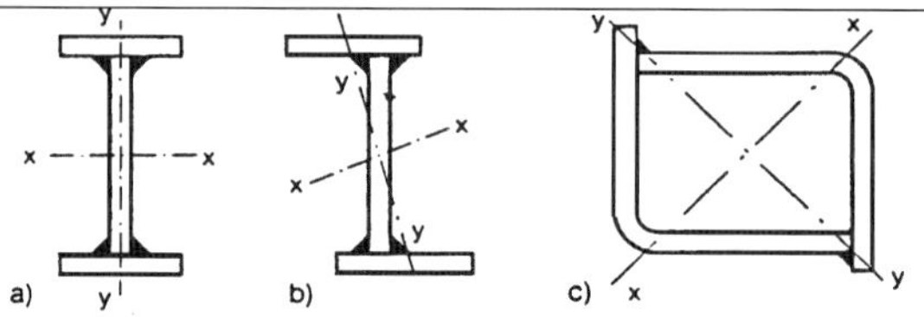 a) b) c) Schrumpfmoment über die Hauptachse wird annähernd Null, wenn die Nähte symmetrisch und nahe der Achse angeordnet werden.
3	Verringerung des Wärmeeintrags	– Kehlnähte nur so dick ausführen, wie es die Festigkeitsberechnung und die Schweißtechnologie erfordern ($a \geq \sqrt{t_{max}} - 0,5$). – Bei Stumpfnähten Fugenformen mit geringem Querschnitt wählen. I-Nähte bevorzugen. – Wahl geeigneter Schweißparameter und -verfahren, z. B. vermeiden hoher Stromstärke, möglichst in Wannenposition (PA) schweißen, günstige Elektrodendurchmesser wählen. – Bei dünnen Blechkonstruktionen mit langen Nähten sind unterbrochen angeordnete Nähte sinnvoll. Durchlaufende Kehlnähte führen zu Verwerfungen (Knickbildung). 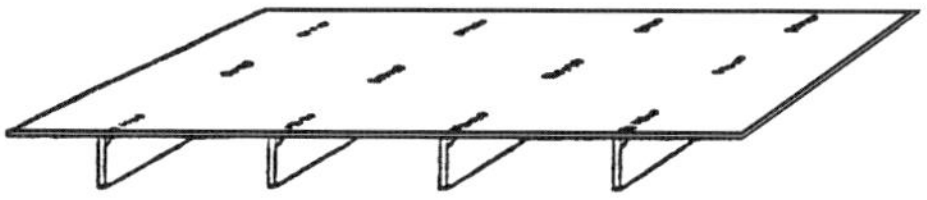
4	Nahtkreuzungen vermeiden	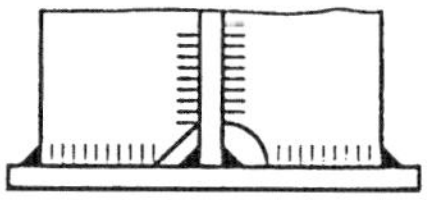 Bei *statischer* Beanspruchung Ausklinkung der Rippen im Bereich der Halsnaht ausreichend. 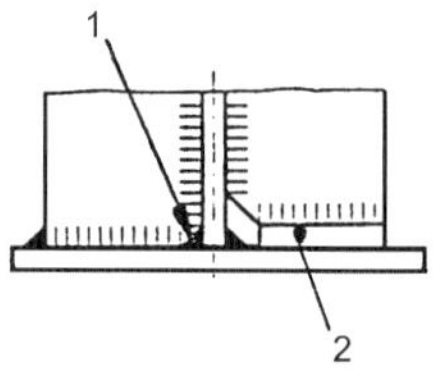 1 2 Bei *dynamischer* Beanspruchung Überschweißen der Halsnaht (1) oder günstiger: kerbfreier Ersatz der Quernaht durch Passplättchen (2).

Bild 12-39 Konstruktive und fertigungstechnische Maßnahmen zur Reduzierung von Schrumpfungen und Schweißeigenspannungen [21] [17]

Zeile	Maßnahme	Erläuterung
5	Nahtanhäufungen vermeiden	z. B. gegenüberliegende Aussteifungen t > 8 mm t ≤ 8 mm t > 15 mm 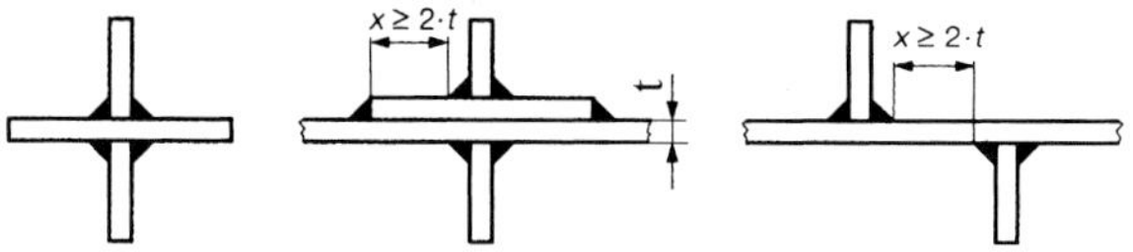 x ≥ 2·t x ≥ 2·t t
6	Schrumpfgerechte Schweißfolge beim Zusammenbau beachten Schrittweises statt durchlaufendes Schweißen	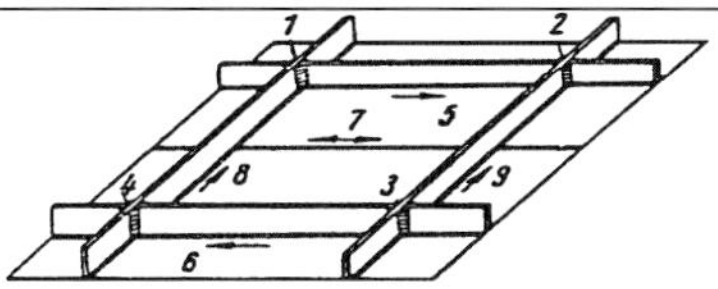 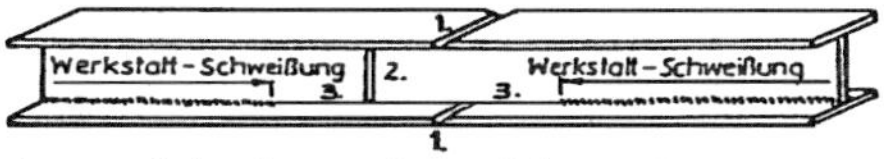 1 2 7 5 8 3 9 4 6 Werkstatt-Schweißung 2. Werkstatt-Schweißung 1. 3. 3. 1. Grundregeln für möglichst langes freies Schrumpfen ohne äußere Einspannung: 1. Zuerst die abgesetzten Quer-, dann die durchlaufenden Längsstöße schweißen. 2. Zuerst die Stumpf-, dann die Kehlnähte schweißen.
7	Schrittweises statt durchlaufendes Schweißen	Querschrumpfung kann reduziert werden. Wurzellage stets im Pilgerschrittverfahren schweißen. Schweißfolge: (z. B. DV-Naht, PA, ein Schweißer) 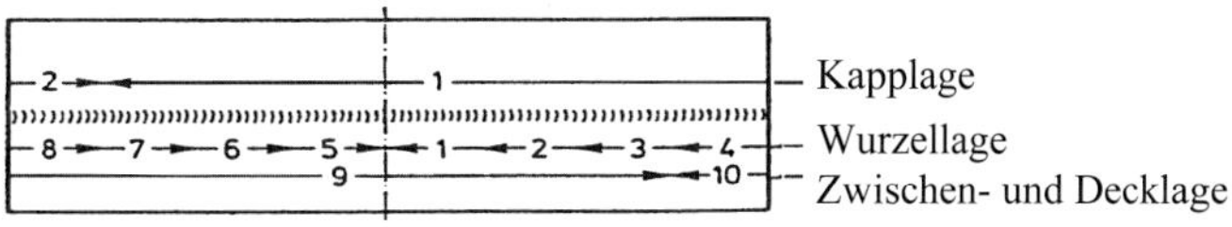 2 1 Kapplage 8 7 6 5 1 2 3 4 Wurzellage 9 10 Zwischen- und Decklage Nahtaufbau: 4 5 6 1 2 3 7 Bei großen Blechdicken Kaskadenschweißung: 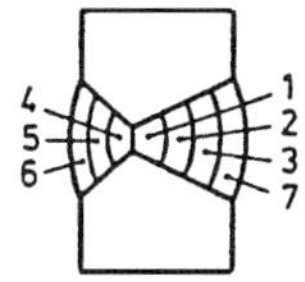 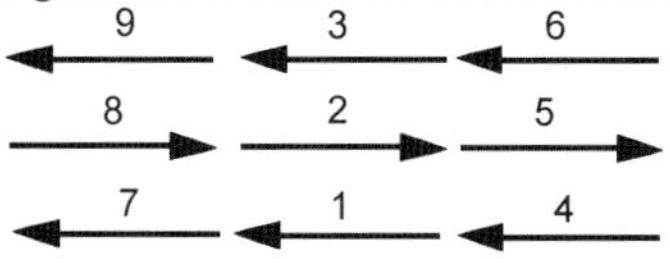 9 3 6 8 2 5 7 1 4
8	Schrumpfausgleich vorsehen	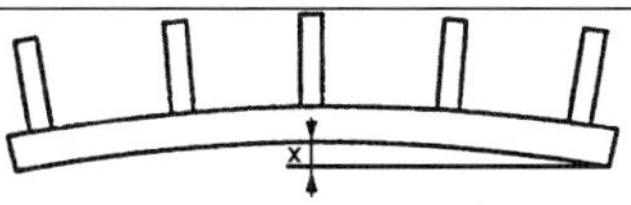 x Blech vor dem Aufschweißen der Steifen um das Maß x vorbiegen (x aus Vorversuchen oder Erfahrung).
9	Entlastungsnuten vorsehen	Boden mit Entlastungsnut 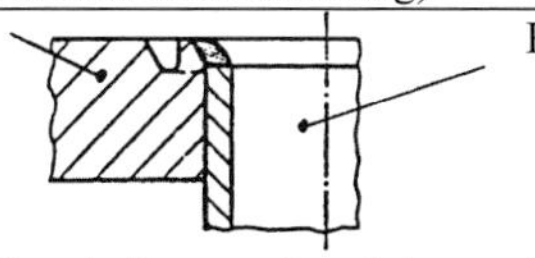 Rohr Drastische Verminderung der Schrumpfwirkung beim Verbinden von dünnen mit dicken Querschnitten, z. B. im Behälter- und Maschinenbau. Verbesserung der Dauerfestigkeit bei dynamischer Beanspruchung.

Bild 12-39 Fortsetzung

12.5.5 Bauteilverzug und Schweißfolgeplan

Die Begriffe Schweißplan und Schweißfolgeplan können zusammen gesehen werden, da der Schweißfolgeplan alles beinhaltet.

Die Nahtfolge bei Schweißkonstruktionen ist aus folgenden Gründen wichtig:

a) die Gewährleistung der Zugänglichkeit zum Schweißen und Prüfen

b) die Möglichkeit, möglichst viele Nähte in einer Aufspannung schweißen zu können

c) Wannen- und Horizontalpositionen zu ermöglichen

d) Verzug und Eigenspannungen zu minimieren

Während die drei erstgenannten Gesichtspunkte fertigungs- und prüfrelevant sind, verursacht der letzte durch notwendige Richtarbeiten und großem Aufwand zur Minderung der Eigenspannungen und Schrumpfungen erhebliche Mehrkosten. Letztere hängen nur vom Aufschmelzvolumen der geschweißten Nähte ab. Je geringer die „a"-Maße der Kehlnähte, desto geringer die Schrumpfwege und daraus folgend der mögliche Verzug. Hierbei ist zu beachten, dass die Schrumpfung nur durch Nahtvolumina hervorgerufen wird, die auf die Bleche aufgetragen werden oder sonst einen Abstand zur neutralen Faser haben. Aufgeschmolzener Grundwerkstoff, der sich aus der Einbrandtiefe ergibt, bewirkt umso geringere Schrumpfungen, je schmaler der aufgeschmolzene Bereich ist. **Bild 12-40** zeigt anhand von 2 Kehlnähten, wie aufgrund tiefer Einbrände sich die Schrumpfwege trotz vergrößerter a-Maße verringern können. Das Maß a‘ im Bildteil b) erzeugt Schrumpfkräfte, während die Differenz zum Maß a-a“ keinerlei Schrumpfkräfte erzeugt. Es ist also immer empfehlenswert, die Einbrandtiefe zu vergrößern und dabei noch zusätzlich Schweißzusatz zu sparen – Grundwerkstoff muss nicht als Schweißzusatz gekauft werden!

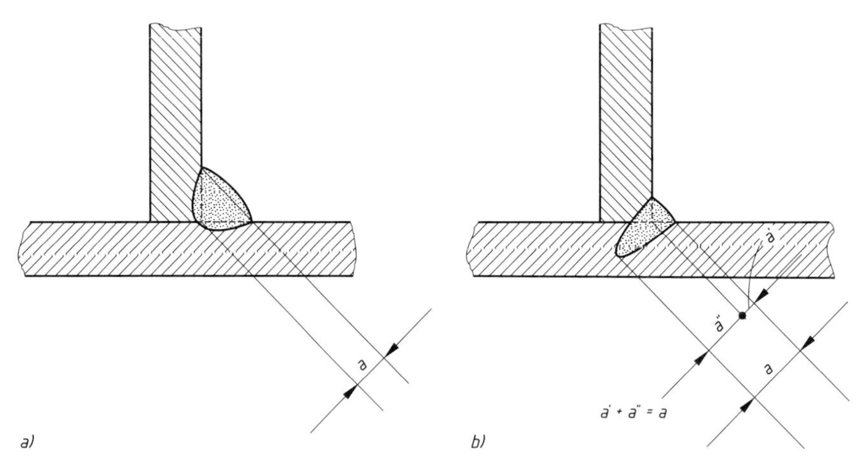

Bild 12-40 Rechnerische „a"-Maße bei unterschiedlichen Einbrandtiefen

Dasselbe gilt für die Nahtöffnungswinkel – je kleiner, desto weniger Schweißzusatz, weniger Aufschmelzvolumen und dadurch weniger Verzug. Hier sind Prozesse mit Tiefschweißeffekt oder Engspaltprozesse besonders vorteilhaft.

Beim Aufschmelzen des reinen Grundwerkstoffs kann jedoch durch behinderte Wärmeausdehnung eine plastische Stauchung der Randzonen der Wärmeeinfluss-Zone (WEZ) entstehen, die einen Verzug ergibt. Gleiche Effekte sind die Wirkmechanismen beim Flammrichten, wo bleibende Verformungen erwünscht sind! Nur wenn die durch das Schweißen bedingte thermische Ausdehnung ungehindert möglich ist, entsteht bei reinen Grundwerkstoff-Aufschmelzungen kein Verzug!

Ausdehnungsbehinderungen können sein:

- Eigengewicht
- Bauteilsteifigkeiten
- Abkantungen, Bördel, Verstrebungen
- eine feste Einspannung

Je größer die Wärmeleitfähigkeit (λ) des zu schweißenden Werkstoffs ist, desto größer sind die zu erwartenden Wärmeausdehnungen.

Bei entsprechender Erfahrung kann der zu erwartende Verzug durch eine entsprechende negative Vorspannung ausgeglichen werden.

Beim Nahtschweißen ist die erstarrende Naht bereits eine neue Behinderung für die Wärmeausdehnung.

Eine weitere Methode zur Reduzierung von Schrumpfkräften ist das so genannte Pilgerschritt-Verfahren. **Bild 12-41** erläutert die Nahtfolge für das Heften und auch die erste Lage bei einer langen Stumpfnaht. Hier wird immer in Richtung des bereits erkalteten Nahtanfangs des vorher geschweißten Nahtstücks geschweißt. Dadurch können die erkaltenden Nahtteile möglichst lange ungehindert schrumpfen und die entstehenden Schrumpfspannungen werden entsprechend kleiner. Der Nachteil dieses Verfahrens ist, dass laufend Nahtansätze zu meistern sind, die nur von erfahrenen Schweißern bindefehlerfrei (ohne Kaltstellen!) erreicht werden.

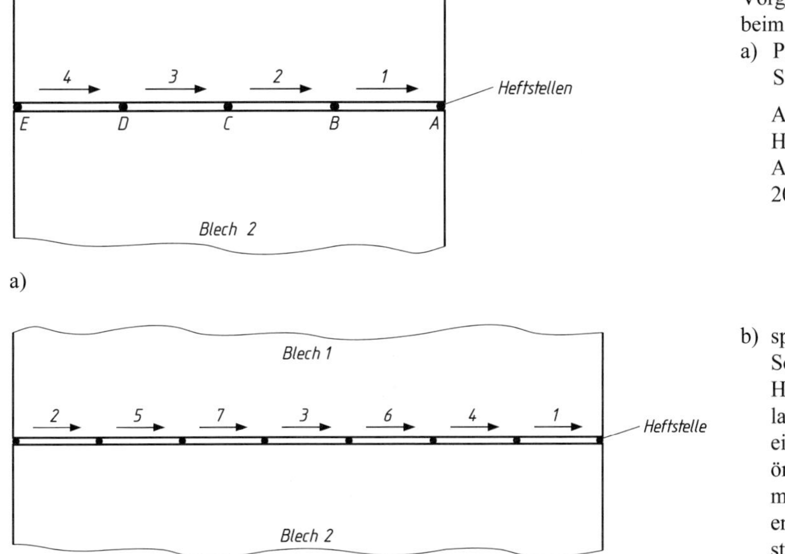

Bild 12-41
Vorgehensweise beim

a) Pilgerschritt-Schweißen

   A bis E sind Heftpunkte in Abständen von 200-300 mm.

b) sprungweise Schweißung
   Hierbei wird bei langen Nähten eine zu starke örtliche Erwärmung und ein entsprechend starkes Schrumpfen vermieden.

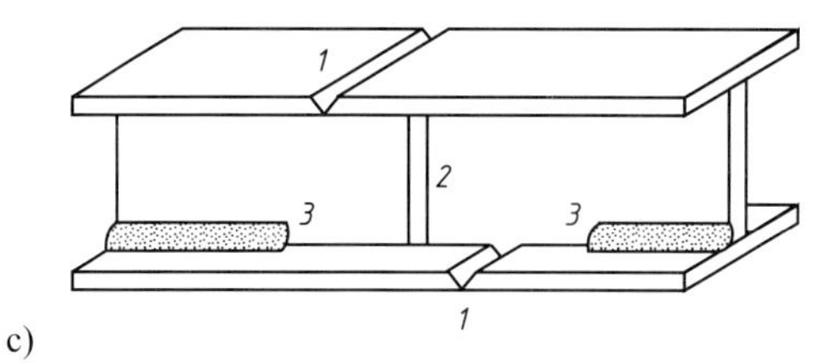

Bild 12-41
Fortsetzung
c) Stumpfstoß von Doppel-T-Trägern (Nahtfolge)

Der Verzug von Schweißkonstruktionen hängt außerdem stark von den eingesetzten Blechdicken ab:

Je geringer die Wanddicken der Konstruktion sind, desto stärker wirken sich die Nahtschrumpfungswege auf den Verzug des Bauteils aus, da das Aufnahmepotenzial für Schweißeigenspannungen von kleinen Wanddicken geringer ist als von großen. Bauteile mit größeren Wanddicken verziehen sich wesentlich weniger – haben aber nach dem Abkühlen von der Schweißtemperatur ein höheres Eigenspannungsniveau.

Allgemein kann gesagt werden: Je größer der Bauteilverzug, desto geringer die Eigenspannungshöhe im Bauteil.

Verzug bedeutet immer die erste Stufe beim Abbau von Eigenspannungen – auftretende Risse sind die zweite zum Abbau dieser Spannungen.

Kleine „a"-Maße, geringe Nahtöffnungswinkel und tiefe Einbrände verringern die Schrumpfwege, verkleinern die Schrumpfkräfte und damit den Bauteilverzug.

Die Schweißfolge oder die Reihenfolge der zu schweißenden Nähte sollte nach den eingangs aufgelisteten Gründen zur Nahtfolge a) bis c) erfolgen, wobei die grundsätzlichen Überlegungen zur Verzugsminimierung bereits oben beschrieben wurden. Im Folgenden soll noch erläutert werden, wie durch eine geschickte Wahl der Nahtfolgen weitere Verbesserungen erreichbar sind:

Zuerst die Nähte schweißen, die beim Erstarren und Abkühlen ungehindert schrumpfen können. **Bild 12-42** zeigt ein Beispiel dazu. Die Nähte 1 können ungehindert schrumpfen und sind nach dem Erkalten spannungsfrei, sofern die Schweißnaht eine reine I-Naht oder eine Doppel-V-Naht war. Bei V-Nähten würde sich ein Winkelschrumpf ergeben, der aber mit einer entsprechenden Vorspannung nach dem Erkalten die gewünschten Winkel bekommt. Diese Vorspannung oder auch Vorbiegemaße sind oft im Versuch bei vergleichbaren Schweißparametern zu ermitteln. Bei beidseitiger Zugänglichkeit der Stumpfnaht kann durch entsprechendes Schweißen von Lage- und Gegenlage der Schrumpfwinkel kompensiert werden.

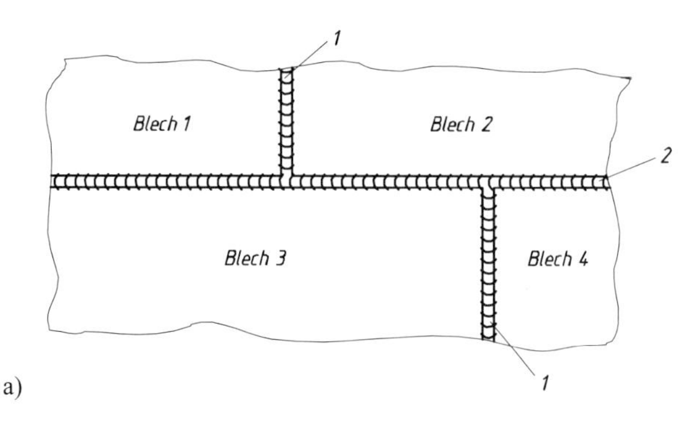

Bild 12-42
Schweißnahtfolgen mit der Möglichkeit des ungehinderten Querschrumpfens.

a) Zuerst die beiden Nähte (1) schweißen, dann die Längsnaht (2).

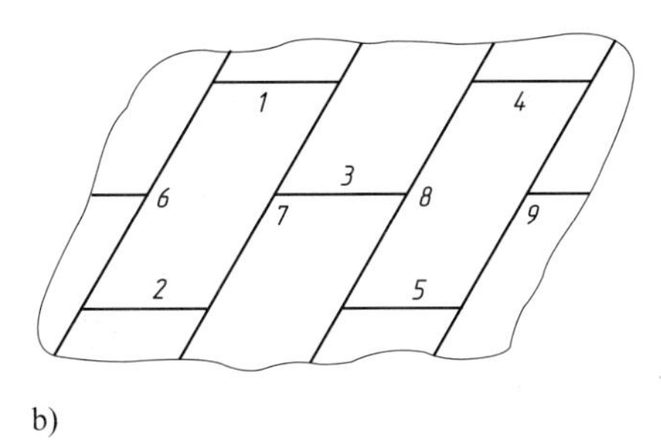

b)

Bild 12-42 Fortsetzung

b) Nahtfolge bei größeren Flächen

Beim Einsetzen eines Flickens oder Einschweißen eines Deckels gilt die Forderung des freien Schrumpfens in besonderem Maß. Hier wird an einer Seite begonnen, so dass die Naht noch ganz frei schrumpfen kann. Würde der Flicken mit Heftstellen auf gleiches Spaltmaß eingesetzt, würden über die gesamte Umfangsnaht radiale Zugsspannungen entstehen, da an keiner Stelle mehr ein freies Schrumpfen möglich ist, weil der Flicken bereits rundum fixiert ist! **Bild 12-43** zeigt dieses Beispiel mit den angegebenen Nahtfolgen.

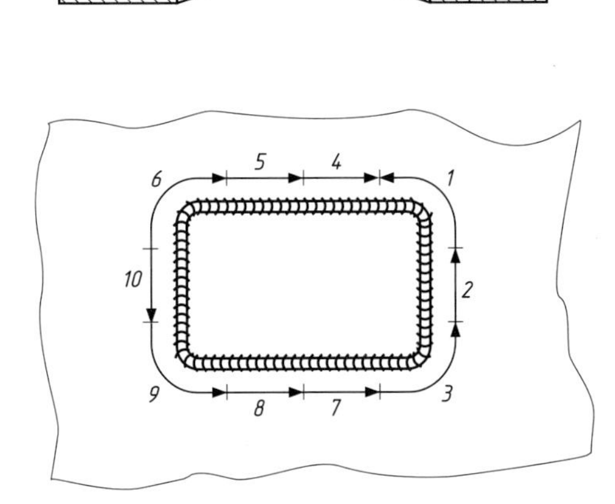

Bild 12-43
Einschweißen eines Flickens
– Schweißfolge von 1 bis 10. Es ist zu empfehlen, den Deckel leicht zu wölben (gespeicherter Schrumpfweg!).

Der Schweißplan dient zur Unterstützung der Fertigung. Er legt das gesamte Schweißverfahren fest. Er kann die Fertigungspläne Heftfolgeplan, Schweißplan und Schweißanweisung sowie den Prüfplan enthalten.

Bild 12-44 gibt die Schweißnahtfolge eines Kastenrahmens mit 48 Nähten wieder, welche nach obigen Überlegungen angeordnet wurden. Praktische Schweißversuche an vielen Rahmen ergaben sehr geringe Bauteilverzüge.

lfd Nr.	Arbeitsfolge / Teile	Naht-Nr.	Nahtsymbol	Verfahren	Bemerkung
1	Einzelteile in Vorrichtung einlegen und spannen				
2	Schweißen	1-32	4ll / 4PB•	MAG	
3	Vorrichtung wenden				
4	Schweißen	33-48	4ll / 4PB•	MAG	

Werkerselbstkontrolle - Sichtprüfung nach EN 970 -
1. alle Schweißnäht vorhanden? ja-nein
2. Maßprüfung mit Schweinahtlehre
3. Sichtprüfung auf vollständige Nahtlängen, Kerbfreie Obergänge, offene Poren.
Bei Nichterfüllung der Kriterien sind die Schweißnähte auszubessern und die Schweißaufsicht zu informieren.

Schweißanweisung WPS

Einzelheiten für das Schweißen

Schweißraupe	Prozeß	Zusatz	Stromstärke A	Spannung U	Strom art/Polung	Drahtvorschub	Schweißgeschw.	
1-48	MAG	• 1,0 mm	220 • 10%	23V	=/+	ca.11 m/min	46 cm/min	

Schutzgas : M21 DIN EN 439 Corgon 18
Durchflußmenge : ca. 10-12 l/min.
Kontaktdüsenabstand : ca. 12-15 mm

Schweißtech. geprüft
Datum
Name

Schweißkonstruktionen sind entsprechend DIN 18800 Teil 7 auszuführen.

Unbemaßte Kehlnähte a= 4 mm

Erforderlich ist eine Herstellerqualifikation für das Schweißen der Klasse: B ☐ D ☒

Schweißverfahren: MAG - (135) oder Lichtbogenhandschweißen (111)
Zusatzwerkstoff: nach DIN EN 440; DIN EN 499

Zusatzwerkstoffe, Schutzgase und Hilfsstoffe müssen schweißtechnisch freigegeben sein.

Zerstörungsfreie Prüfungen von Schweißverbindungen:
VT - DIN EN 970
PT - DIN EN 571 / DIN EN 1289

Bewertungsgruppe nach DIN EN ISO 5817: B ☐ C ☒ D ☐

	Datum	Name
Gez:		
Freig:		

Maßstab 1:10

Werkstoff: siehe Stückliste

Schweißzusatzwerkstoff: EN 440-G3SI 1

Schweißerprüfung: DIN EN 287-1

Bewertungsgruppe nach: DIN EN ISO 5817-C

Benennung: Schweißplanmuster

Allgemeintoleranzen
DIN ISO 2768-mK
DIN EN ISO 13920-AE

Für diese Zeichnung behalten wir uns alle Rechte vor

Zeichnung-Nr.: Schweißplanmuster — Version — Blatt 1
Ersatz für
Ersetzt durch

G:\Wusser\Inventor\Muster Rahmen\Rahmenmuster.idw

Bild 12-44 Schweißfolgeplan eines Kastenrahmens (Muster)

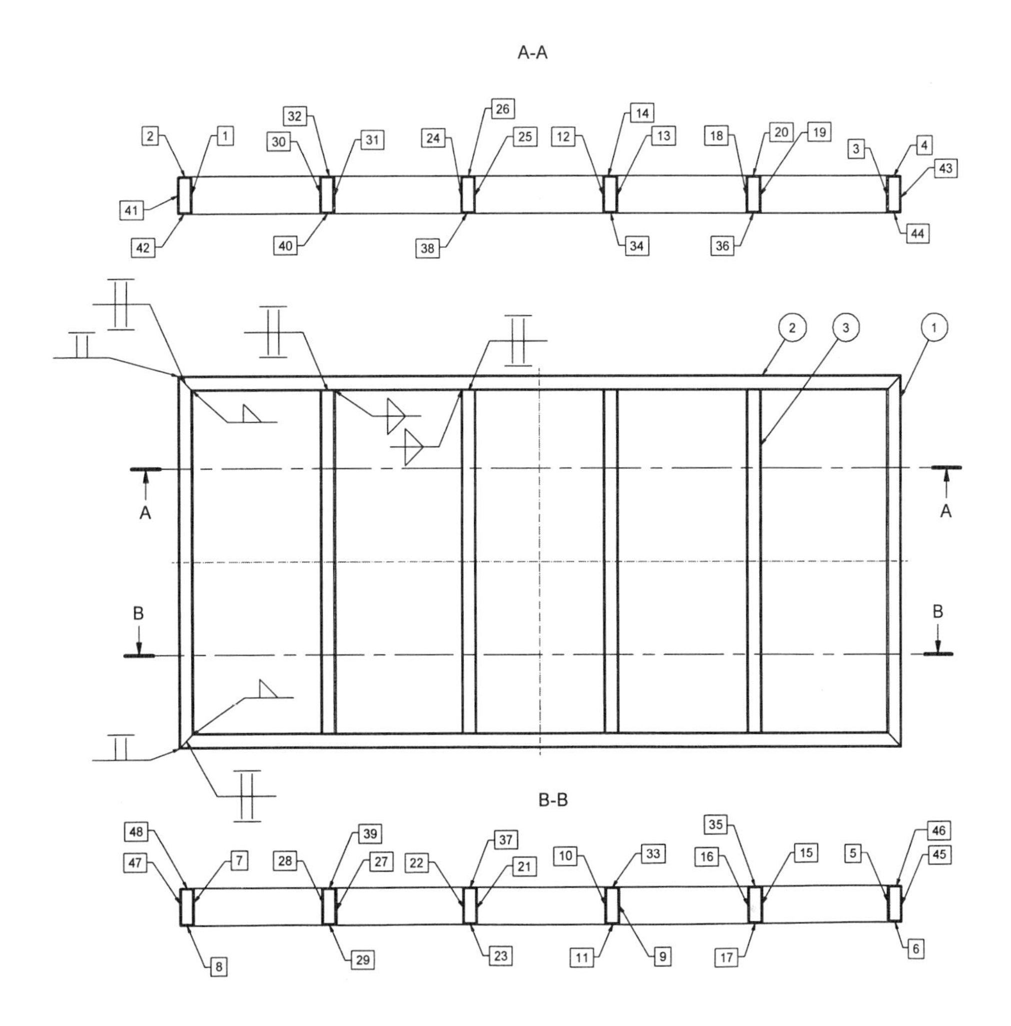

Bild 12-44 Fortsetzung: Schweißfolgeplan eines Kastenrahmens

12.5.6 Abbau von Eigenspannungen

Eigenspannungen entstehen durch behinderte plastische Verformungen, d. h. Dehnungen oder Schrumpfungen. Sie können durch unterschiedliche Abkühlgeschwindigkeiten oder inhomogene plastische Verformungen in einem Bauteil hervorgerufen werden. Während behinderte Dehnungen nur zu ungefährlichen Druckeigenspannungen führen, bewirken die behinderten Schrumpfungen schädliche Zugeigenspannungen. Diese können bei dreiachsigem Vorhandensein auch bei zähen Werkstoffen zu Sprödbruch führen. Je steifer eine Konstruktion ist, desto größer sind diese Behinderungen und damit die verbleibenden Spannungen (Eigenspannungen). Diese Spannungen können sowohl thermisch als auch mechanisch gemindert werden:

Thermische Abbaumöglichkeiten

Spannungsarmglühen durch Erwärmen des gesamten Bauteils auf eine Temperatur, bei der die Streckgrenze auf einen deutlich geringeren Wert als bei Raumtemperatur gefallen ist. Bei den üblichen Stählen liegen diese Temperaturen zwischen 450 und 650 ° C. Die Streckgrenze kann bei Baustählen auf Werte bis 20 N/mm^2 abfallen, wobei sämtliche Eigenspannungen, die oberhalb dieser so genannten Warmstreckgrenze liegen, durch plastisches Fließen abgebaut werden. Damit kann bei richtiger Anwendung zuverlässig angegeben werden, wie hoch die im Bauteil noch verbliebenen Eigenspannungen nach der Behandlung höchstens sind. Es ist dabei besonders darauf zu achten, dass die Bauteile beim Glühvorgang gut fixiert werden, weil sie sich durch die frei werdenden Eigenspannungen bei den vorliegenden niedrigen Streckgrenzen erheblich verformen können. Eine feste Aufspannung lässt den plastischen Spannungsabbau so verlaufen, dass die Teile nach dem Glühen und Erkalten die bei der Aufspannung vorgelegene Geometrie beibehalten.

Hochwarmfeste Werkstoffe müssten sehr hoch erwärmt werden, bis ein deutlicher Abfall der Streckgrenze erfolgt. Dies ist oft aufgrund der sich verändernden Werkstoffeigenschaften bei diesen hohen Temperaturen nicht möglich.

Liegt bei Glühtemperatur noch die Streckgrenze bei Raumtemperatur vor, werden keine Spannungen abgebaut.

Flammentspannen oder Niedrigtemperatur-Entspannen wird links und rechts der Schweißnaht ausgeführt. Hier werden nicht quantifizierbar nur die Eigenspannungsspitzen abgebaut. Auch hierzu ist es vorteilhaft, dünnwandige Bauteile, d. h. Blechdicken etwa unter 8 mm, gut zu befestigen, um keine zusätzlichen Verwerfungen zu erzeugen.

TIG-Dressing ist eine WIG-Nachbehandlung, bei der ein nachträgliches Überschweißen der Naht die Geometrie verbessert. Die Nahtränder bekommen einen großen Auslaufradius angeschmolzen, Einbrandkerben verschwinden. Die Eigenspannungen werden gemindert, in dem die zugeführte Schweißwärme eine Art Spannungsarmglühen bewirkt und das geringe Aufschmelzvolumen beim Überschweißen, vor allem der Nahtränder, sehr geringe Schrumpfkräfte erzeugt, die ein kleineres Eigenspannungsniveau ergeben.

Mechanische Abbaumöglichkeiten

Durch Overstressing oder Spannungsabbau durch Kaltverformung werden in den Bauteilen mechanisch Überlasten von ca. 25 % der Nennlast erzeugt, bei Druckkesseln kann es ein entsprechender Überdruck sein. Werden die Bauteile um einen definierten Betrag über die Streckgrenze belastet, sind die verbleibenden Eigenspannungen hinterher um diesen Betrag geringer als die Streckgrenze. Diese Aussage gilt natürlich nur, wenn die vorhandenen Eigenspannungen die Höhe der Streckgrenze nahezu erreicht hatten. Diese sind an den verschiedenen Stellen im Bauteil immer unterschiedlich hoch, weshalb die verbleibenden Resteigenspannungen nicht quantifizierbar sind.

Nur wenn die Nennspannung ohne Sicherheitsbeiwert auf die Höhe der Streckgrenze ausgelegt und die Eigenspannung an dieser Stelle bis an die Streckgrenze gekommen wäre, wäre die Aussage der Eigenspannungsminderung um 25 % richtig. Damit ist auch bei dieser Anwendung die Höhe der verbliebenen Eigenspannungen nicht quantifizierbar.

Vibrationsentspannen wird durch Fremdanregung der Bauteilmasse über eine auf dem Bauteil befestigte, exzentrisch gelagerte rotierende Scheibe durchgeführt. Hierbei wird die Drehzahl so weit gesteigert, bis der Resonanzbereich und weitere Oktaven darüber erreicht werden. In jeder

Eigenfrequenzphase wird so lange verweilt, bis die Motorstromaufnahme bzw. die Beschleunigungswerte auf einem Minimum angekommen sind. Auch hier sind die verbleibenden Eigenspannungen nicht quantifizierbar.

UIT-Verfahren (**U**ltrasonic **I**mpact **T**reatment) ist eine Ultraschallbehandlung der Nahtoberfläche mit einer Frequenz > 27 kHz, die einer Grundfrequenz von 200 Hz überlagert ist. Es handelt sich um ein einfach zu bedienendes Handgerät, das die Oberfläche plastisch glättet (ähnlich dem Rollieren) und dabei die Nahtgeometrie verbessert. Während der über die 200 Hz geschaffenen Kontaktdauer zwischen Sonotrode und Nahtoberfläche wirkt der Ultraschall in die Tiefe der Naht, wodurch auch ein Eigenspannungsabbau erfolgen soll. Entsprechende Untersuchungen zu diesem Effekt laufen zurzeit an zwei Universitäten in Deutschland.

Mechanisches Erzeugen von Druckeigenspannungen im Oberflächenbereich

Diese Druckeigenspannungen wirken den vorhandenen gefährlichen Zugeigenspannungen entgegen und bewirken so den Eigenspannungsabbau. Diese Methode glättet gleichzeitig die Nahtoberfläche und senkt die vorhandenen Kerbfaktoren. Dieser Effekt kann durch Kugelstrahlen, Hochdruck-Wasserstrahlen, Rollieren und durch Hämmern (auch Nadelhämmern) erreicht werden.

Leider kann bei diesen mechanischen Techniken zum Abbau der Eigenspannungen ihre Reduzierung nicht quantifiziert werden, der Effekt ist aber an der Verbesserung der Dauerfestigkeitswerte der behandelten Bauteile nachgewiesen.

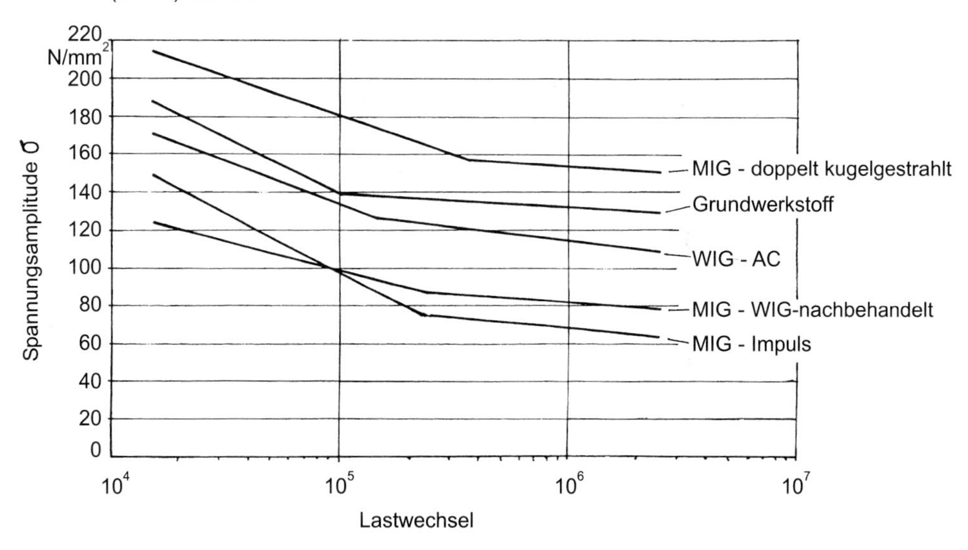

Bild 12-45 Einfluss der Nachbehandlungsverfahren Kugelstrahlen und WIG-Nachbehandlung auf die Dauerfestigkeit einer Aluminium-Legierung

Bild 12-45 zeigt den Einfluss der Nachbehandlungsverfahren Kugelstrahlen und WIG-Nachbehandlung auf die Dauerfestigkeit einer Aluminium-Legierung. Das doppelt kugelgestrahlte Bauteil ergibt hier sogar bessere Werte als der Grundwerkstoff.

Zusammenfassend kann gesagt werden, dass die Nachbehandlungsverfahren der Schweißnaht die Qualität der Naht verbessern und sich entsprechend ihrer Wirkungsweise in die folgenden Auswirkungen einteilen lassen:

- Verbesserung des Nahtprofils durch Schleifen, Wiederaufschmelzen, Hämmern oder Rollieren;
- Einbringen von Druckeigenspannungen durch Kugelstrahlen, Festwalzen oder Hämmern der Naht;
- Verfestigung des Werkstoffs durch Hämmern, Kugelstrahlen, Hochdruckwasserstrahlen oder Festwalzen.

Während die Verbesserung des Nahtprofils und die Werkstoff-Verfestigung direkt die Dauer- und Schwingfestigkeit erhöhen, erniedrigen die eingebrachten Druckeigenspannungen das Eigenspannungsniveau.

12.5.7 Auswirkungen von Schweißeigenspannungen

In doppeltsymmetrischen I-Profilen treten wie beim Walzen doppeltsymmetrische Eigenspannungszustände auf, **Bild 12-46**. Der Einfluss der Bauteildicke auf die Schweißeigenspannun-

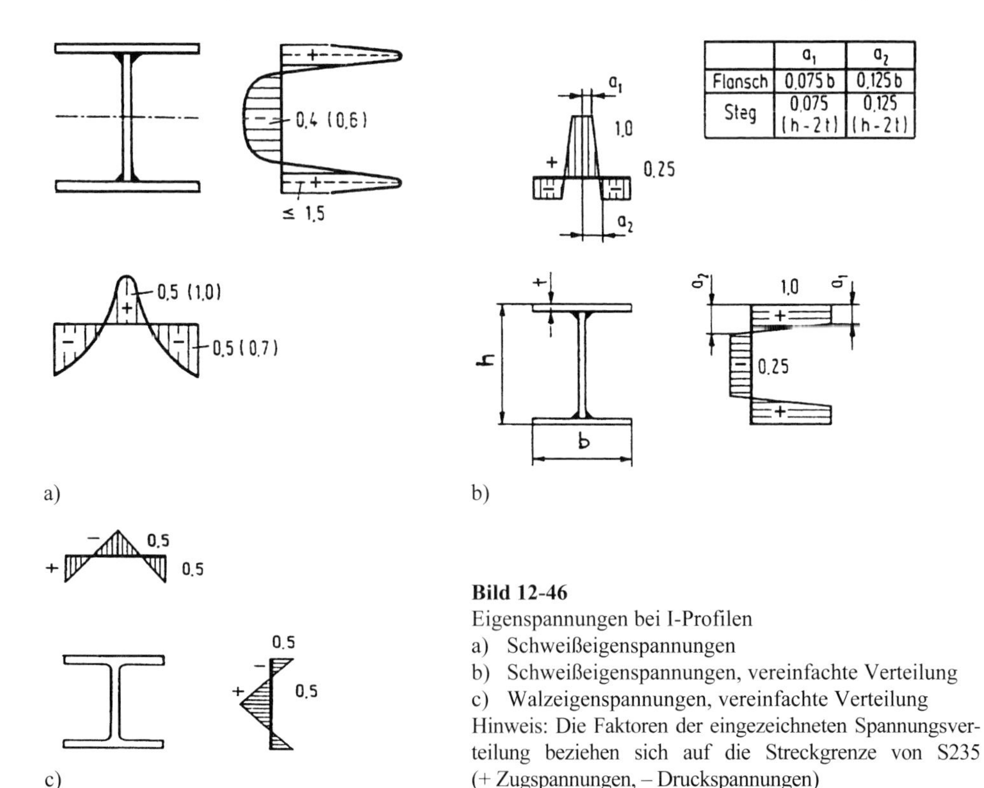

	a1	a2
Flansch	0.075 b	0.125 b
Steg	0.075 (h-2t)	0.125 (h-2t)

Bild 12-46
Eigenspannungen bei I-Profilen
a) Schweißeigenspannungen
b) Schweißeigenspannungen, vereinfachte Verteilung
c) Walzeigenspannungen, vereinfachte Verteilung
Hinweis: Die Faktoren der eingezeichneten Spannungsverteilung beziehen sich auf die Streckgrenze von S235 (+ Zugspannungen, – Druckspannungen)

gen ist gering. Maßgebend ist die Steifigkeit des Gesamtprofils. Die Eigenspannungen in Kastenprofilen sind deshalb höher als in I-Profilen. Bei hohen Zugeigenspannungen überschreitet die Summe aus Last- und Eigenspannungen die Streckgrenze des Werkstoffes und führt zu einem einmaligen örtlichen Plastifizieren. Die höchste Spannung liegt damit in Höhe der Streckgrenze. Dadurch wird bei nachfolgender Schwingbeanspruchung $\sigma_{max} = R_e$ und $\sigma_{min} = R_e - \Delta\sigma$. Das Spannungsverhältnis R am betroffenen Werkstoffelement und die ertragbare Schwingbreite der Spannung werden damit unabhängig vom Spannungsverhältnis am Bauteil.

Dieses „R-unabhängige Verhalten" wird bei dickwandigen, nicht entspannten Bauteilen erwartet, bei denen sich ein weiterer Abbau der Eigenspannungen im Betrieb nicht einstellt.

12.5.8 Rechnerische Berücksichtigung der Eigenspannungen

In allen einschlägigen Regelwerken werden Eigenspannungen nicht in der Schweißnahtberechnung berücksichtigt. Alle gegebenen Hinweise müssen demnach als Empfehlungen und nicht als Vorschrift angesehen werden [29]. In diesem Zusammenhang muss auf den Einfluss der Kerbspannungen der Schweißnähte hingewiesen werden, die sich bei statischen und dynamischen Belastungen gravierender auswirken als Eigenspannungen. In der Schweißnaht selbst, als zuletzt erkaltendem Bereich, stellen sich üblicherweise Zugeigenspannungen ein. Ergibt die Betriebslast nur Druckspannungen, können die Eigenspannungen vernachlässigt und als zusätzliche Sicherheit angesehen werden.

Sowohl die Berechnung als auch die Messung von Eigenspannungen bereitet heute noch große Schwierigkeiten, was die Berücksichtigung sehr erschwert und viele Versuche zur Bestimmung von Korrekturwerten erfordert.

Bei *vorwiegend ruhender Beanspruchung* muss nach der Festigkeit der Werkstoffe unterschieden werden:

Baustähle (S235, S355) haben ein ausreichend großes Formänderungsvermögen, so dass lokale Eigenspannungsspitzen, die im Bereich der Streckgrenze liegen, durch plastisches Fließen gemindert werden.

- *Ausnahme:* Wenn Knick- oder Beulbeanspruchungen vorhanden sind, müssen Druckeigenspannungen rechnerisch berücksichtigt werden (s. u.).

Bei *höherfesten Stählen* (S 690 Q, S 960 Q) ist es empfehlenswert, die Eigenspannungen zu berücksichtigen, vor allem, wenn sie in die Größenordnung der Streckgrenze kommen.

- *Rechnerisch* wird empfohlen, die Eigenspannungen mit dem Faktor 0,4 x Streckgrenze zu den Lastspannungen zu addieren.
- In besonders kritischen Fällen, in denen die zu berücksichtigende Laststeigerung um 40 % zu extremen Wanddicken führen würde, müssen die oben beschriebenen Maßnahmen des Spannungsabbaus angewandt werden.

Bei *dynamischen Belastungen* muss zuerst geprüft werden, ob überhaupt Kennwerte für die Schwingfestigkeit spannungsarm geglühter oder ungeschweißter Proben vorliegen. Stammen die Kennwerte aus geschweißten, nicht wärmenachbehandelten Proben, erübrigt sich eine Berücksichtigung der Eigenspannungen, weil die Werte bereits an eigenspannungsbehafteten Proben ermittelt wurden. Die Unterscheidung in kritische und unkritische Werkstoffe kann hier ebenso gemacht werden, weil die Schwingfestigkeit ungeschweißter niedrigfester Werkstoffe höher ist, d. h. niedrigerfeste Werkstoffe unkritischer sind.

Aus Versuchen ist bekannt, dass Eigenspannungen (vor allem Zug) die Schwingfestigkeit herabsetzen bzw. die Lebensdauer verkürzen. Belastungen parallel zur Naht sind wesentlich kritischer als diejenigen in Querrichtung, wo homogenere Spannungszustände vorliegen.

Rechnerisch können Eigenspannungen auch mit einem Faktor berücksichtigt werden, wobei wieder von Eigenspannungen in Steckgrenzenhöhe ausgegangen wird. Die Schwingfestigkeit vermindert sich um 40 % des Eigenspannungsbetrags, dessen Wert mit der Höhe der Streckgrenze anzusetzen ist. Dieser Faktor konnte auch experimentell bestätigt werden [18].

In der Praxis sind diese Abminderungen zu groß, so dass für dynamisch belastete Schweißkonstruktionen, vor allem aus höherfesten Stählen, ein Abbau der Eigenspannungen durch Abhämmern oder Kugelstrahlen durchgeführt wird. Dadurch wird infolge der aufgebrachten Druckeigenspannungen die Schwingfestigkeit stark angehoben, so dass sämtliche Nachteile durch Eigenspannungen sogar überkompensiert sind. Dadurch erhöht sich der Sicherheitsfaktor der Konstruktion.

Für dynamisch belastete Bauteile sind günstige Nahtformen (geringes Aufschmelzvolumen, steile Nahtflanken), abgearbeitete Kerben und verdichtete (gehämmerte oder kugelgestrahlte) Oberflächen empfehlenswert. Dadurch kann mit ausreichender Sicherheit auf eine rechnerische Berücksichtigung der Eigenspannungen verzichtet werden.

Literatur

[1] Ahrends, Chr.; Zwätz, R.: Schweißen im bauaufsichtlichen Bereich. Erläuterungen mit Berechnungsbeispielen. 3. Aufl. Düsseldorf: DVS, 2007

[2] DIN-Fachbericht 103: Stahlbrücken. Berlin: Beuth, 2009

[3] DIN 4132 (1981-02) Kranbahnen; Stahltragwerke; Grundsätze für Berechnung, bauliche Durchbildung und Ausführung

[4] DIN 15018-1 (1984-11) Krane; Grundsätze für Stahltragwerke; Berechnung

[5] DIN 18800-1 (2008-11) Stahlbauten – Teil 1: Bemessung und Konstruktion

[6] DIN CEN | TS 13001-3-1 (2005-03) Krane – Konstruktion allgemein – Teil 3-1: Grenzzustände und Sicherheitsnachweise von Stahltragwerken

[7] DIN EN 1993-1-1 (2005-07) Eurocode 3: Bemessung und Konstruktion von Stahlbauten – Teil 1-1: Allgemeine Bemessungsregeln und Regeln für den Hochbau

[8] DIN EN 1993-1-8 (2010-12) Eurocode 3: Bemessung und Konstruktion von Stahlbauten – Teil 1-8: Bemessung von Anschlüssen

[9] DIN EN 1993-1-9 (2010-12) Eurocode 3: Bemessung und Konstruktion von Stahlbauten – Teil 1-9: Ermüdung

[10] Dubbel – Taschenbuch für den Maschinenbau. 22. Aufl. Berlin: Springer, 2007

[11] Dutta, Dipak: Hohlprofil-Konstruktionen. Berlin: Ernst, 1999

[12] DVS 1608 (2010-03) Entwurf; Gestaltung und Festigkeitsbewertung von Schweißverbindungen an Aluminiumlegierungen im Schienenfahrzeugbau. Düsseldorf: DVS

[13] DVS 1612 (2007-04) Entwurf; Gestahlung und Dauerfestigkeitsbewertung von Schweißverbindungen an Stählen im Schienenfahrzeugbau. Düsseldorf: DVS

[14] Falke, Johannes: Tragwerke aus Stahl nach Eurocode 3 (DIN V ENV 1993-1-1): Normen, Erläuterungen, Beispiele. Berlin: Beuth, Düsseldorf: Werner, 1996

[15] Forschungskuratorium Maschinenbau FKM (Hrsg.): Rechnerischer Festigkeitsnachweis für Maschinenbauteile. 4. Aufl. Frankfurt: VDMA, 2002

[16] Fritsch, R.; Pasternak, H.: Stahlbau: Grundlagen und Tragwerke. Braunschweig/Wiesbaden: Vieweg, 1999

[17] Hänsch, H. J.; Krebs, J.: Eigenspannungen und Formänderungen in Schweißkonstruktionen. Grundlagen und praktische Anwendungen. Düsseldorf: DVS, 2006

[18] Haibach, Erwin: Betriebsfestigkeit. Verfahren und Daten zur Bauteilberechnung. Düsseldorf: VDI-Verlag, 2002

[19] Hobbacher, A.: Empfehlungen zur Schwingfestigkeit geschweißter Verbindungen und Bauteile: IIW-Dokument XIII-1539-96 / XV-845-96. Düsseldorf: DVS, 1997

[20] Macherauch, E.; Hauk, V. (Hrsg.): Eigenspannungen, Entstehung – Messung – Bewertung. Bd. 1 und Bd. 2; Oberursel: DGM, 1983

[21] Malisius, R.: Schrumpfungen, Spannungen und Risse beim Schweißen. 4. Aufl. Düsseldorf, 1977

[22] Petersen, Chr.: Stahlbau, 4. Aufl. Wiesbaden: Vieweg+Teubner, 2010

[23] Radaj, Dieter: Ermüdungsfestigkeit – Grundlagen für Leichtbau, Maschinen- und Stahbau. 2. Aufl. Berlin: Springer, 2003

[24] Ruge, J.: Handbuch der Schweißtechnik. Bd. IV, Berechnung der Verbindungen. 2. Aufl. Berlin: Springer, 2003

[25] Statnikov, E.S.: Applications of operational ultrasonic impact treatment (UIT) technologies in production of weldet joints, IIW-Document XIII-1667-97 (1997)

[26] Trampe, M.; Poss, R. u. Zenner, H.: Steigerung der Schwingfestigkeit geschweißter dünnwandiger Aluminiumbauteile durch Nachbehandlung. DVS-Berichte Bd. 220, GST 2002, Seite 107 ff.

[27] Vayas, I.; Ermopoulos, J.; Ioannidis, G.: Anwendungsbeispiele zum Eurocode 3. Berlin: Ernst, 1998

[28] Warkenthin, W.: Tragwerke der Fördertechnik. Braunschweig/Wiesbaden: Vieweg, 1999

[29] Wohlfarth, H.: Schrumpfen und Schrumpfungsbehinderung, Verzug und/oder Spannungen und Eigenspannungen beim Schweißen. Vortrag anlässlich eines Schweißtechnischen Seminars 1989 in Friedrichshafen

13 Darstellung und Ausführung von Schweißverbindungen

13.1 Zeichnerische Darstellung von Schweißnähten

Für die zeichnerische Darstellung von Schweiß- und Lötnähten ist DIN EN 22553 die wichtigste Grundlage. Weitere Normen sind:

DIN EN 22553	Schweiß- und Lötnähte – Symbolische Darstellung in Zeichnungen
DIN 1912-4	Zeichnerische Darstellung; Schweißen, Löten; Begriffe und Benennungen für Lötstöße und Lötnähte
DIN EN 14665	Thermisches Spritzen – Thermisch gespritzte Schichten – Symbolische Darstellung in Zeichnungen
DIN 65118	Luft- und Raumfahrt; Geschweißte, metallische Bauteile; Angaben in Zeichnungen
DIN EN ISO 4063	Schweißen und verwandte Prozesse – Liste der Prozesse und Ordnungsnummern
DIN 32520-1	Graphische Symbole für die Schweißtechnik; Allgemeine Bildzeichen, Grundlagen
DIN 32520-3	Graphische Symbole für die Schweißtechnik; Bildzeichen für Lichtbogenschmelzschweißen
DIN EN 27286	Bildzeichen für Widerstandsschweißgeräte
DIN EN ISO 7287	Bildzeichen für Einrichtungen zum thermischen Schneiden
DIN EN ISO 6947	Schweißnähte – Arbeitspositionen – Definitionen der Winkel von Neigung und Drehung

Prinzipiell haben bei der zeichnerischen Darstellung von Schweißnähten die Grundregeln für technische Zeichnungen Gultigkeit. So z. B. das Symmetriegesetz, d. h. dass jede Naht am Bauteil nur in einer Ansicht bezeichnet werden muss. Dabei erfolgt die Bemaßung bevorzugt an der sichtbaren Fügekante.

Die symbolische Darstellung wird bevorzugt angewandt, im Einzelfall ist aber auch die bildliche Darstellung gestattet. Auf einer Zeichnung sollte aber immer nur eine Darstellungsart angewendet werden. Bei der bildlichen Darstellung wird der Nahtquerschnitt geschwärzt bzw. mit Punktmuster versehen (**Bilder 13-1** und **13-2**).

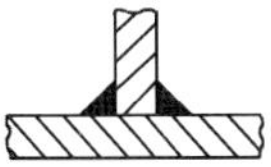

Bild 13-1
Bildliche Darstellung von Schweißnähten (Kehlnaht)

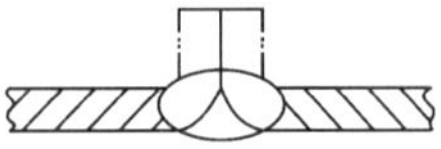

Bild 13-2
Bildliche Darstellung von Schweißnähten (Bördelnaht)

Die symbolische Darstellung soll alle notwendigen Angaben über die Naht klar zum Ausdruck bringen. Sie besteht aus Grund- und Zusatzsymbol, dem Maß und ergänzenden Angaben. Gelten Schweißangaben für viele Nähte sind Sammelangaben, bspw. In Form einer Tabelle, in Schriftfeldnähe zu machen. Die einzelnen Nähte werden dann nur vereinfacht dargestellt (**Bild 13-3**) bzw. zu Gruppen zusammengefasst (**Bild 13-4**).

Das Beispiel im **Bild 13-3** bedeutet, dass jeweils eine Ringsumnaht als Kehlnaht, a-Maß = 3 mm, geschweißt werden soll. Der Schweißprozess ist Lichtbogenhandschweißen (111).

Das **Bild 13-4** drückt aus, dass Nähte mit der Kennzeichnung A1 als Kehlnaht a = 5 mm ausgeführt werden müssen. Die Toleranz der Naht entspricht der Gruppe D der DIN EN ISO 5817 (vereinfacht als ISO 5817 geschrieben). Es wird in der Wannenlage (PA) geschweißt (ISO 6947). Nähte mit der Kennzeichnung A2 sind Punktschweißnähte mit einem Durchmesser von 5 mm. Es sind 10 Punktschweißnähte (Zahl vor der Klammer) im Abstand von 20 mm (Klammermaß) zu schweißen.

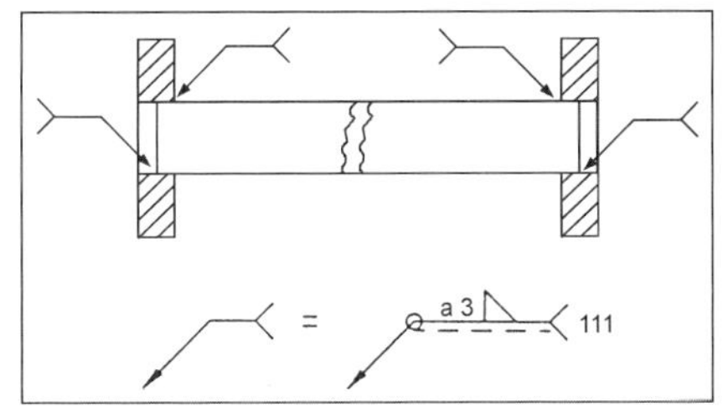

Bild 13-3
Symbolische Darstellung von Schweißnähten

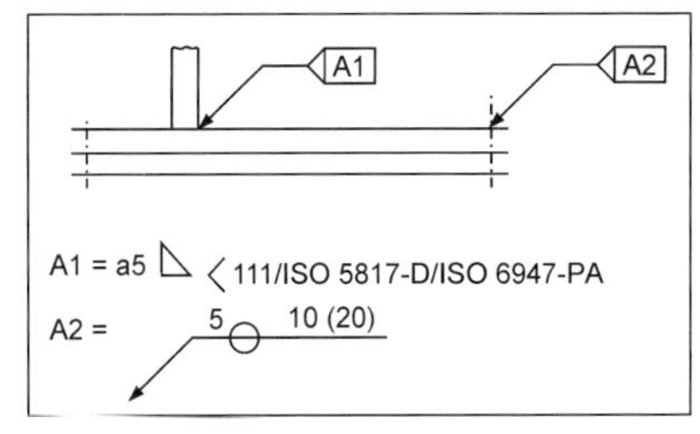

Bild 13-4
Sammelangaben von Schweißnähten

Die grundsätzliche Reihenfolge der Bezeichnung einer Schweißnaht ist im **Bild 13-5** dargestellt. An erster Stelle steht immer das Hauptquerschnittsmaß der Schweißnaht, also bspw. Die Kehlnahtstärke bzw. die Nahttiefe bei Stumpfnähten. Bei Kehlnähten müssen a oder z angegeben werden, die nach $z = a \cdot \sqrt{2}$ in Verbindung stehen (**Bild 13-6**). Die Buchstaben a oder z dürfen nur dann fehlen, wenn eine Festlegung der Nahtabmessung im Zeichnungskopf getroffen wurde. Die Angabe der Nahttiefe bei Stumpfnähten kann entfallen, wenn sie gleich der vollen Blechdicke ist. Rechts neben dem Hauptquerschnittsmaß folgt das Grundsymbol der Naht, gefolgt von der Länge der Schweißnaht. Die Länge wird nur angegeben, wenn sie nicht gleich der Bauteillänge ist. Ist keine Länge angegeben, so ist über die gesamte Bauteillänge geschweißt.

Zusatzangaben können hinter der Gabel gemacht werden, müssen aber nicht. Wenn hinter der Gabel Angaben folgen, so sind diese Einzelangaben immer in der Reihenfolge: Schweißprozess (DIN EN ISO 4063), Bewertungsgruppe (DIN EN ISO 5817 oder DIN EN ISO 10042), Schweißposition (DIN EN ISO 6947) und Schweißzusatz zu machen. Jede dieser Einzelangaben wird dabei mit einem Schrägstrich (/) voneinander getrennt (**Bild 13-7**).

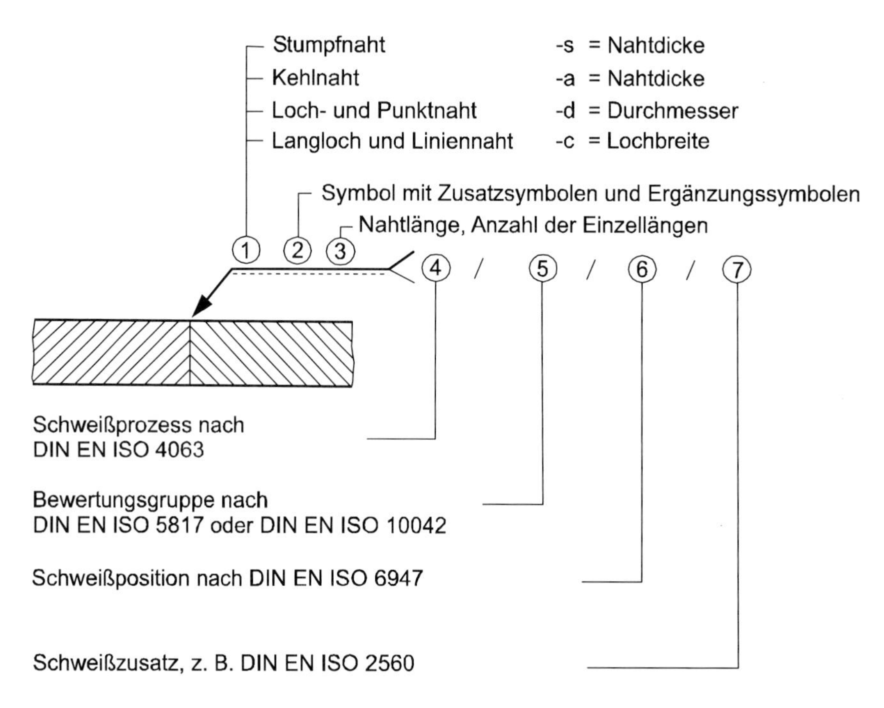

Bild 13-5 Reihenfolge der Bezeichnung einer Schweißnaht

Hinweis zu den Bewertungsgruppen:

DIN EN ISO 5817 gilt für Schmelzschweißverbindungen an Stahl, Nickel, Titan und deren Legierungen (außer Strahlschweißen).

DIN EN ISO 10042 gilt für Lichtbogenschweißverbindungen an Aluminium und seinen Legierungen.

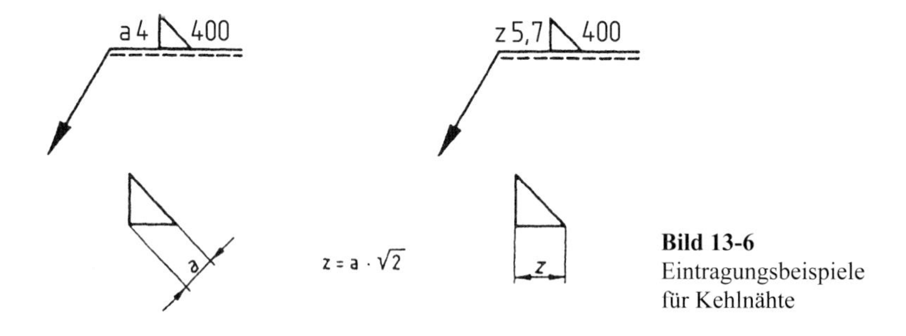

Bild 13-6
Eintragungsbeispiele für Kehlnähte

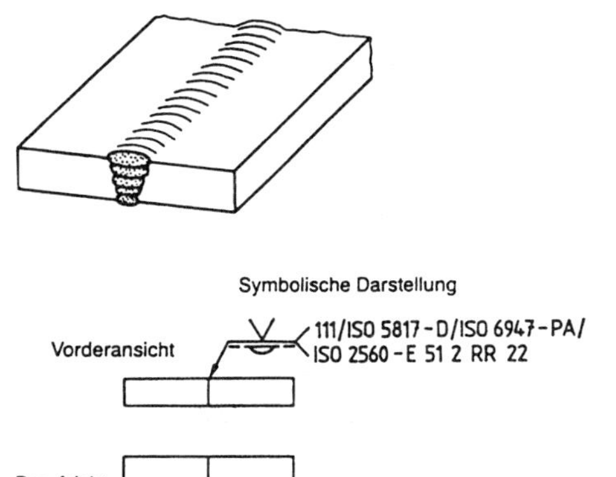

Bild 13-7
Ergänzende Angaben für V-Naht (volle Blechdicke geschweißt) mit geschweißter Gegenlage

Die Grundsymbole kennzeichnen die verschiedenen Nahtarten, die nichts über den anzuwendenden Schweißprozess ausdrücken (**Tabelle 13-1**). Werden Grundsymbole zusammengesetzt, so stehen sie symmetrisch zur Bezugslinie (**Tabelle 13-2**).

Zusatzsymbole setzt man auf das Grundsymbol, um die Nahtoberfläche zu kennzeichnen. Kein Zusatzsymbol heißt: Nahtoberfläche freigestellt, d. h. beliebige Ausführung der Nahtoberfläche (**Tabelle 13-3** und **13-4**).

Tabelle 13-1 Grundsymbole

Nr.	Benennung	Darstellung	Symbol
a	Bördeldraht (die Bördel werden ganz niedergeschmolzen)		
b	I-Naht		
c	V-Naht		
d	HV-Naht		
e	Y-Naht		

Nr.	Benennung	Darstellung	Symbol
f	HY-Naht		
g	U-Naht		
h	HU-Naht (Jot-Naht)		
i	Gegenlage		
j	Kehlnaht	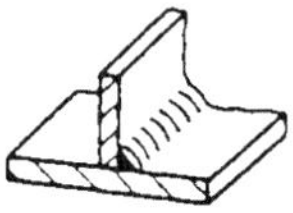	
k	Lochnaht		
l	Punktnaht	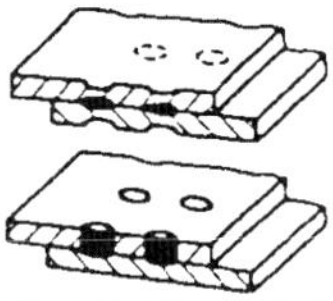	
m	Liniennaht	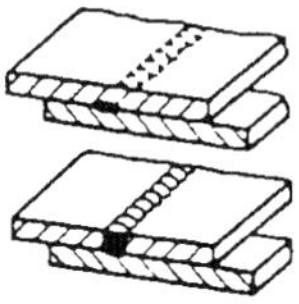	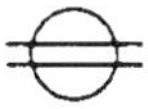
n	Steilflankennaht	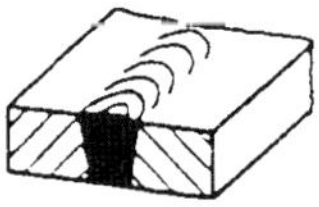	
o	Halb-Steilflankennaht	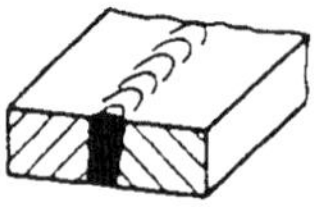	
p	Stirnflachnaht		
q	Auftragung	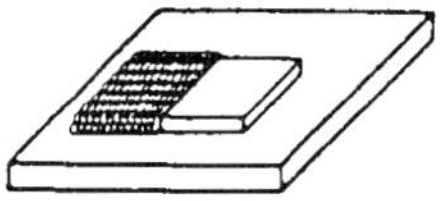	

Nr.	Benennung	Darstellung	Symbol
r	Flächennaht	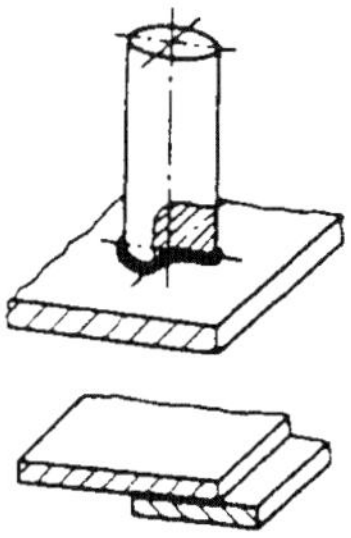	=
s	Schrägnaht	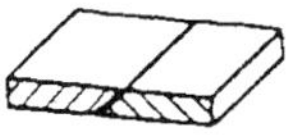	//
t	Falznaht		

Tabelle 13-2 Zusammengesetzte Symbole für symmetrische Nähte

Benennung	Darstellung	Symbol
D(oppel) –V-Naht (X-Naht)	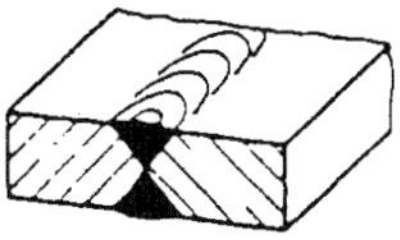	X
D(oppel) –Y-Naht		
D(oppel) –HV-Naht (K-Naht)	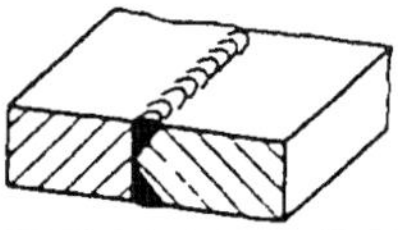	 K
D(oppel) –U-Naht		
D(oppel) –HY-Naht (K-Stegnaht)	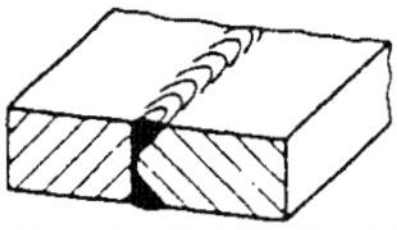	

Tabelle 13-3 Zusatzsymbole

Form der Oberflächen oder der Naht	Symbol
flach (üblicherweise flach nachbearbeitet)	⎯
konvex (gewölbt)	⌒
konkav (hohl)	◡
Nahtübergänge kerbfrei	 ⏊
verbleibende Beilage benutzt	M
Unterlage benutzt	MR

Tabelle 13-4 Anwendungsbeispiele für Zusatzsymbole

Benennung	**Darstellung**	**Symbol**
Flache V-Naht, mechanische Nachbearbeitung		
Gewölbte Doppel-V-Naht	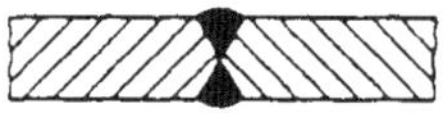	
Hohlkehlnaht	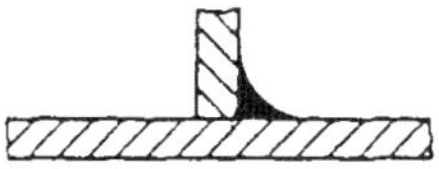	
Flache V-Naht mit flacher Gegenlage, mechanische Nachbearbeitung		
Y-Naht mit Gegenlage, mechanische Nachbearbeitung		
Flach nachbearbeitete V-Naht, mechanische Nachbearbeitung		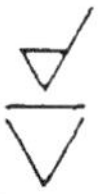
Kehlnaht mit kerbfreiem Nahtübergang	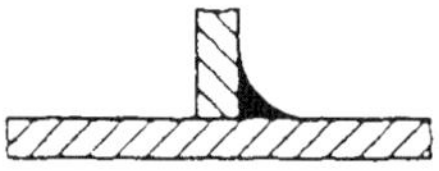	
Symbol nach ISO 1302; es kann auch das Hauptsymbol $\surd$ benutzt werden		

Die Lage der Symbole in Zeichnungen wird durch eine Pfeillinie, Bezugs-Volllinie und Bezugs-Strichlinie + Maßangaben dargestellt. Pfeil- und Bezugslinien bilden das Bezugszeichen, an dessen Ende durch eine Gabel beginnend weitere Einzelheiten, wie z. B. Schweißprozess, Schweißposition etc., ergänzt werden können (**Bild 13-8**). Siehe auch **Bilder 13-5** und **13-7**.

1 Pfeillinie
2a Bezugslinie (Volllinie)
2b Bezugslinie (Strichlinie)
3 Symbol
4 Angabe des Schweißprozesses

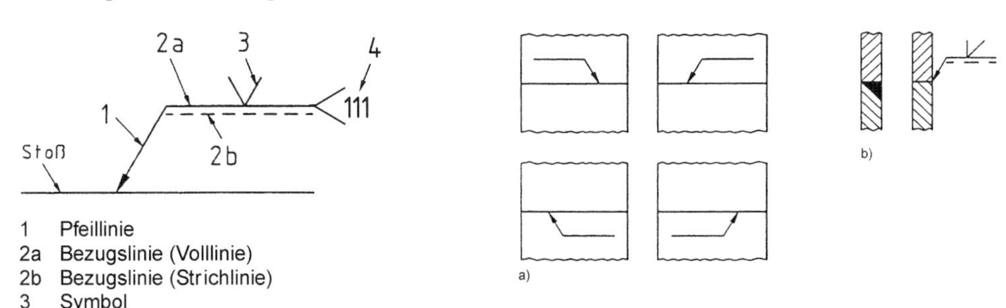

Bild 13-8
Beziehung zwischen der Pfeillinie und dem Stoß

Bild 13-9
Lage der Pfeillinie – der Pfeil zeigt immer auf die Oberfläche der Nahtvorbereitung

Versetzte, unterbrochene Kehlnaht

Eintragung:

l = Einzelnahtlänge
(*e*) = Nahtabstand
n = Anzahl der Einzelnähte
a = Nahtdicke
z = Schenkellänge

Gegenseite wird spiegelbildlich geschweißt.

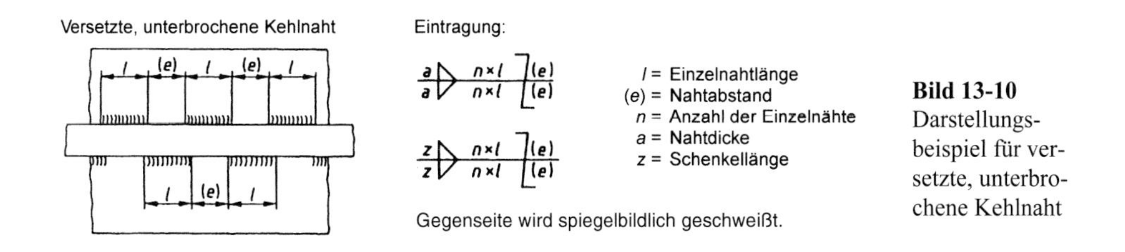

Bild 13-10
Darstellungsbeispiel für versetzte, unterbrochene Kehlnaht

Dabei muss die Pfeillinie auf das Teil der Oberfläche zeigen, an dem die Nahtvorbereitung vorgenommen wird (**Bild 13-9**).

Einseitig unterbrochene und beidseitig versetzt unterbrochene Kehlnähte werden mit der Einzelnahtlänge *l* (ohne Krater), dem Nahtabstand *e* und der Anzahl der Einzelnähte n, wie in der Tabelle in **Bild 13-10** dargestellt, bezeichnet.

Bei einer Punktnaht gibt man den Punktdurchmesser mit *d*, den Abstand der Punkte voneinander mit *e* und die Anzahl mit *n* an (**Bild 13-11**).

Wichtige ergänzende Angaben sind die „Ringsumnaht" und die Baustellen-(Montage-)naht (**Bilder 13-12** und **13-13**).

Punktnaht

Eintragung:

n = Anzahl der Punktnähte
(*e*) = Abstand
d = Punktdurchmesser
auch bei Widerstandsschweißungen

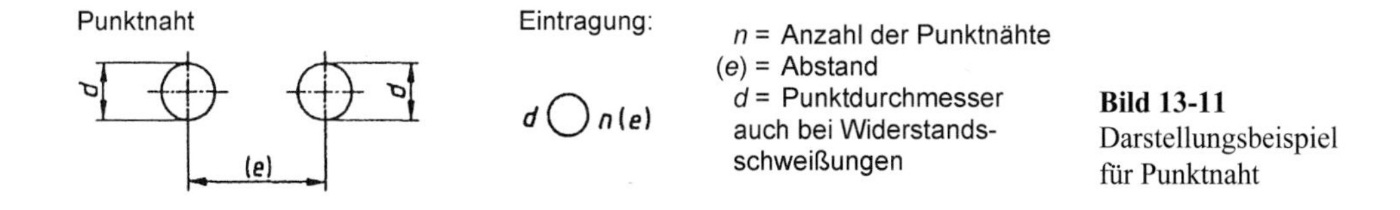

Bild 13-11
Darstellungsbeispiel für Punktnaht

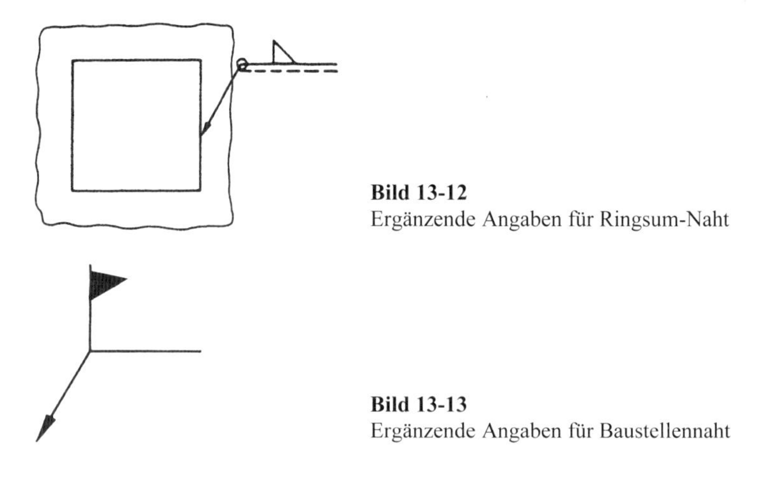

Bild 13-12
Ergänzende Angaben für Ringsum-Naht

Bild 13-13
Ergänzende Angaben für Baustellennaht

Die Strichlinie kann über oder unter der Volllinie liegen und bei symmetrischen Nähten entfallen. Ist das Symbol auf der Bezugs-Volllinie, so befindet sich die Nahtoberseite auf der Pfeilseite, ansonsten auf der Gegenseite (Symbol auf der Bezugs-Strichlinie) (**Bilder 13-14 bis 13-20**).

Die Nahtdicke wird immer von der Blechoberkante bis zum Wurzelpunkt gemessen. Das heißt, wird nach dem Schweißen das Bauteil noch mechanisch bearbeitet und dabei die Nahtdicke geschwächt, dann muss auf der Zeichnung die Nahtdicke vor der Bearbeitung gekennzeichnet werden, da sonst Nahtdicke = bearbeitete Blechdicke gilt.

Die folgenden Bilder zeigen Beispielangaben für die korrekte bildliche und symbolische Darstellung von Schweißnähten in Zeichnungen:

Bildliche Darstellung Symbolische Darstellung

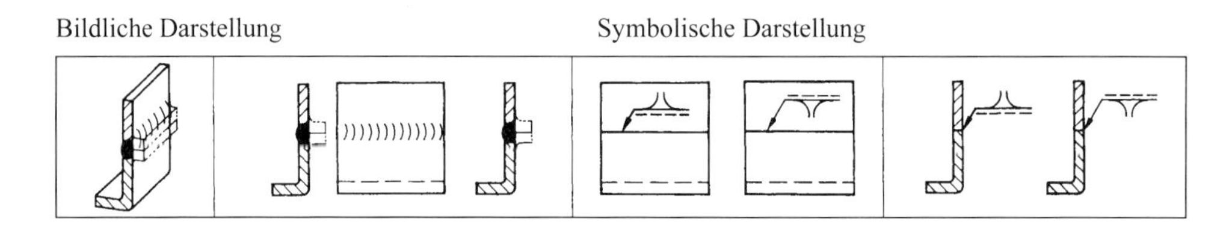

Bild 13-14 V-Naht, einseitig von der Bezugsseite geschweißt (Grundsymbol auf der Bezugsvolllinie), volle Blechdicke geschweißt

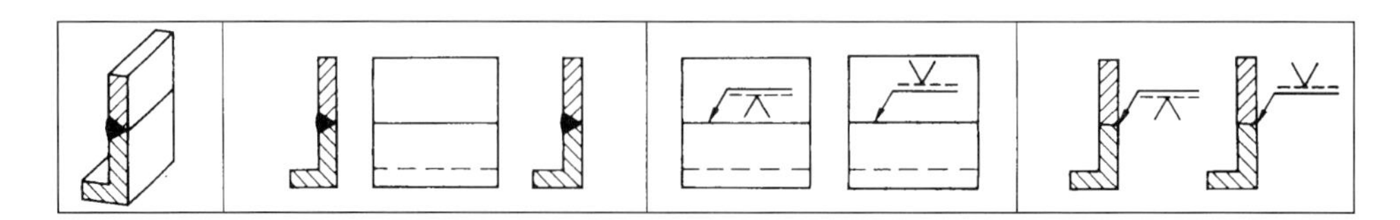

Bild 13-15 V-Naht, einseitig von der Gegenseite geschweißt (Grundsymbol auf der Bezugsstrichlinie), volle Blechdicke geschweißt

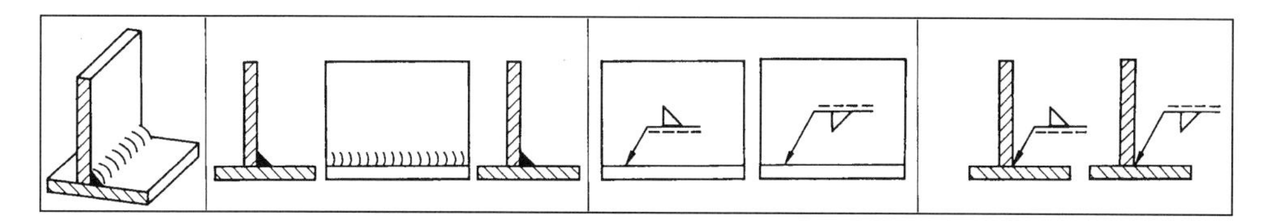

Bild 13-16 Kehlnaht, einseitig von der Bezugsseite geschweißt (Grundsymbol auf der Bezugsvolllinie)

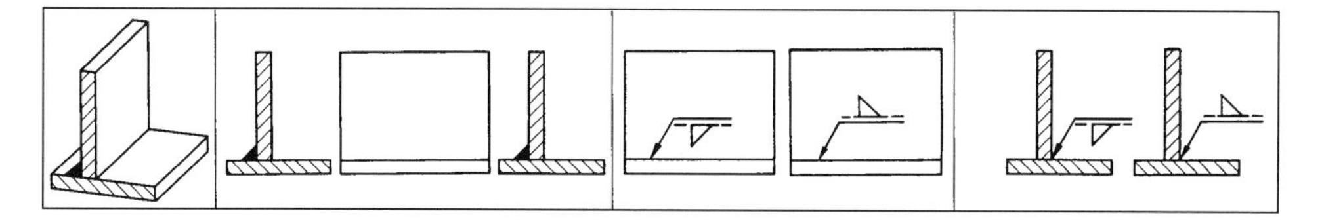

Bild 13-17 Kehlnaht, einseitig von der Gegenseite geschweißt (Grundsymbol auf der Bezugsstrichlinie)

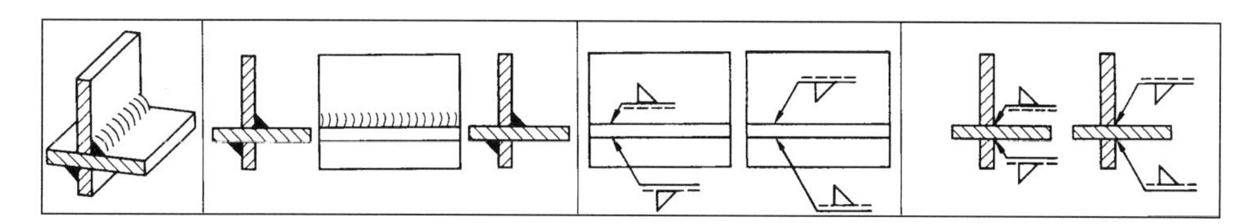

Bild 13-18 Kehlnähte von zwei Seiten geschweißt, Bezugsseite (Grundsymbol auf der Bezugsvolllinie) und Gegenseite (Grundsymbol auf der Bezugsstrichlinie)

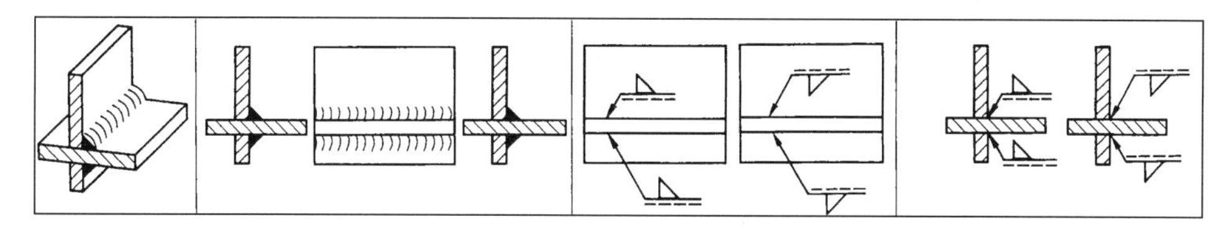

Bild 13-19 Kehlnähte von zwei Seiten geschweißt, jeweils Bezugsseite (Grundsymbol auf der Bezugsvolllinie)

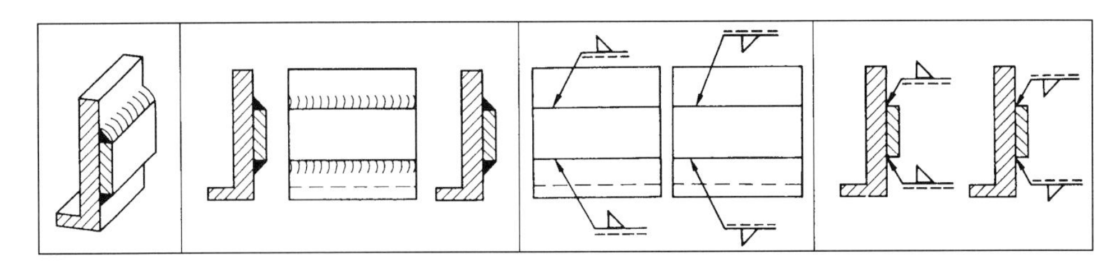

Bild 13-20 Kehlnähte jeweils von der Bezugsseite geschweißt (Grundsymbol auf der Bezugsvolllinie)

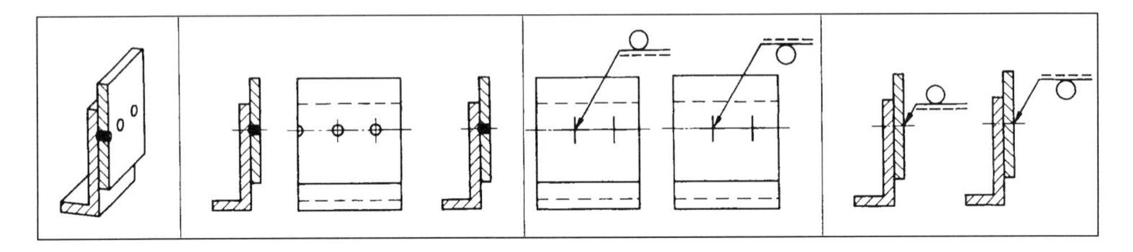

Bild 13-21 Lochschweißung (keine Punktnaht! Siehe **Bild 13-22**) von der Bezugsseite geschweißt (Grundsymbol auf der Bezugsvolllinie)

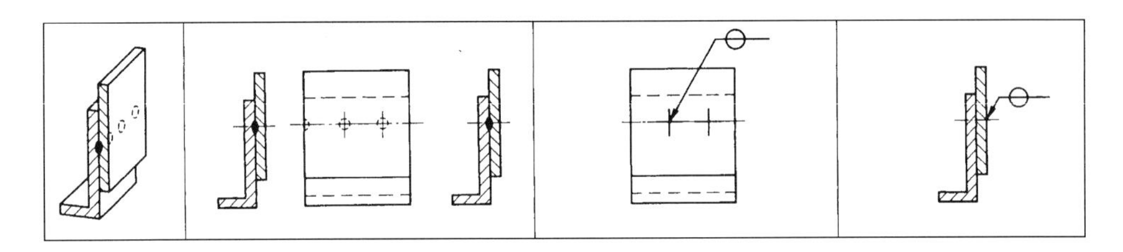

Bild 13-22 Punktnaht; hier wird das Grundsymbol mittig auf der Bezugsvolllinie gezeichnet

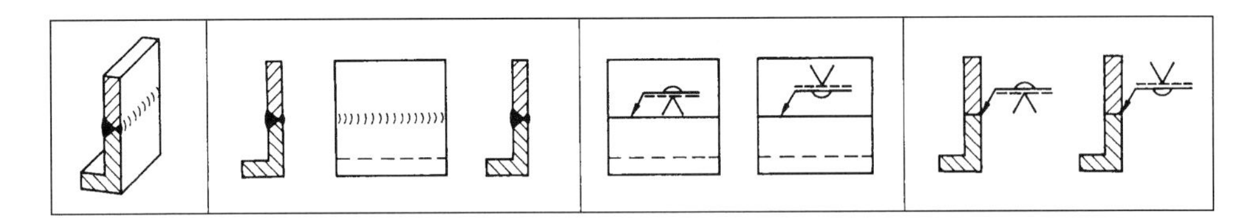

Bild 13-23 V-Naht, von der Gegenseite geschweißt (Grundsymbol auf der Bezugsstrichlinie), mit Gegenlage geschweißt von der Bezugsseite (Grundsymbol Gegenlage auf der Bezugsvolllinie)

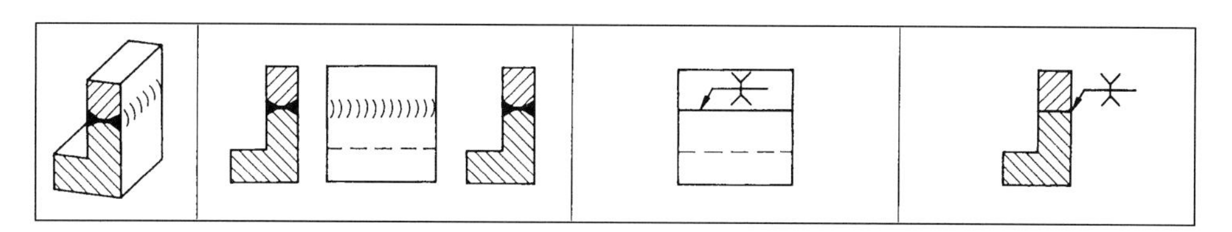

Bild 13-24 DHY-Naht, doppelseitig geschweißte Y-Naht (beide Grundsymbole sind auf der Bezugsvolllinie; die Bezugsstrichlinie kann bei symmetrischen Nähten entfallen)

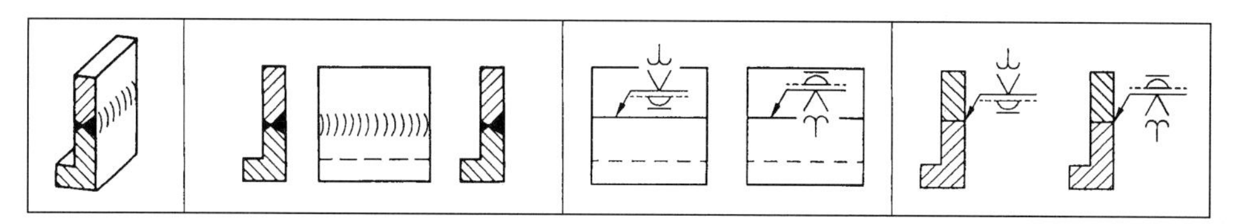

Bild 13-25 V-Naht mit Gegenlage, bearbeitet; einseitig von der Bezugsseite geschweißte V-Naht mit kerbfreien Übergängen (Grundsymbol mit Zusatzzeichen auf der Bezugsvolllinie), Gegenlage auf der Gegenseite geschweißt und nach dem Schweißen mechanisch flach bearbeitet (Grundsymbol mit Zusatzzeichen auf der Bezugsstrichlinie)

13.2 Stoßarten, Fugenformen und deren Auswahl

In der Schweißtechnik unterscheidet man zwischen Stoßarten, Nahtarten und Nahtformen. Stoßarten sind z. B. T-Stöße, Stumpf- oder Parallelstöße, Nahtarten sind Kehl- oder Stumpfnähte und Nahtformen, auch Fugenformen genannt, bestimmen quasi die Geometrie der Fuge und sind z. B. U-, Y- oder V-Nähte.

Basis für die Gestaltung von Schweißverbindungen ist eine Vielzahl von Normen, in denen Hinweise für die richtige Dimensionierung und Auswahl von Fugenform in Abhängigkeit von Werkstoff, Schweißprozess und Wanddicke gegeben werden.

DIN 2559-2	Schweißnahtvorbereitung – Anpassen der Innendurchmesser für Rundnähte an nahtlosen Rohren
DIN 2559-3	Schweißnahtvorbereitung; Anpassen der Innendurchmesser für Rundnähte an geschweißten Rohren
DIN 2559-4	Schweißnahtvorbereitung; Anpassen der Innendurchmesser für Rundnähte an nahtlosen Rohren aus nichtrostenden Stählen
DIN 8552-3	Schweißnahtvorbereitung – Fugenformen an Kupfer und Kupferlegierungen – Gasschmelzschweißen und Schutzgasschweißen
DIN EN ISO 9692-1	Schweißen und verwandte Prozesse – Empfehlungen zur Schweißnahtvorbereitung – Lichtbogenhandschweißen, Schutzgasschweißen, Gasschweißen, WIG-Schweißen und Strahlschweißen von Stählen
DIN EN ISO 9692-2	Schweißen und verwandte Verfahren – Schweißnahtvorbereitung – Unterpulverschweißen von Stahl
DIN EN ISO 9692-3	Schweißen und verwandte Prozesse – Empfehlungen für Fugenformen – Metall-Inertgasschweißen und Wolfram-Inertgasschweißen von Aluminium und Aluminium-Legierungen
DIN EN ISO 9692-4	Schweißen und verwandte Prozesse – Empfehlungen zur Schweißnahtvorbereitung – Plattierte Stähle

Die Stoßart wird durch die Anordnung der Einzelteile innerhalb einer Konstruktion am Schweißstoß bestimmt. Geometrie und Funktion der Schweißkonstruktion werden demnach mit der Stoßart vom Konstrukteur ausgewählt (**Tabelle 13-5**).

Tabelle 13-5 Definition der Stoßarten

Stoßart	Anordnung der Teile	Erläuterung der Stoßart	Geeignete Nahtformen (Symbole) Hinweise
Stumpfstoß		Die Teile liegen in einer Ebene. Sie stoßen stumpf gegeneinander.	 Ungestörter Kraftfluss (bevorzugt anwenden)
Parallelstoß		Die Teile liegen parallel aufeinander.	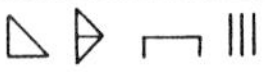 Häufig bei Gurtplatten von Biegeträgern.
Überlappstoß		Die Teile liegen parallel aufeinander. Sie überlappen sich.	 Häufig als Stabanschluss im Stahlbau.
T-Stoß		Die Teile stoßen rechtwinklig (T-förmig) aufeinander.	 K Bei Querzugbeanspruchung Maßnahmen erforderlich.
Doppel-T-Stoß (Kreuzstoß)		Zwei in einer Ebene liegende Teile stoßen rechtwinklig auf ein dazwischenliegendes drittes.	 K Bei Querzugbeanspruchung Maßnahmen erforderlich.
Schrägstoß		Ein Teil stößt schräg gegen ein anderes.	Kehlwinkel ≥ 60°. Bei Querzugbeanspruchung Maßnahmen erforderlich.
Eckstoß		Zwei Teile stoßen unter beliebigem Winkel aneinander (Ecke).	Weniger belastbar als T-Stoß.
Mehrfachstoß		Drei oder mehr Teile stoßen unter beliebigem Winkel aneinander.	Erfassen aller Teile schwierig. Für höhere Beanspruchung ungeeignet.
Kreuzungsstoß	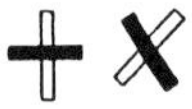	Zwei Teile liegen kreuzend übereinander.	Vereinzelt im Stahlbau.

Tabelle 13-6 Fugenformen für einseitig und beidseitig geschweißte Stumpf- und Kehlnähte von Stählen in Abhängigkeit von der Blechdicke und unter Angabe des jeweiligen Schweißprozesses

Naht				Fugenform						
Werkstückdicke t	Benennung	Symbol (nach ISO 2553)	Darstellung	Schnitt	Maße: Winkel α, β	Spalt b	Steghöhe c	Flankenhöhe h	Empfohlener Schweißprozess (nach ISO 4063)	Bemerkungen
$t \leq 2$	Bördelnaht	⌒⌒		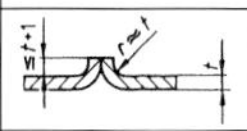	—	—	—	—	3, 111 141, 131 135	Meist ohne Zusatzwerkstoff
$t \leq 4$	I-Naht	||		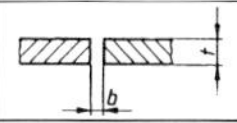	—	$b \approx t$	—	—	3 111 141	—
$3 < t \leq 8$				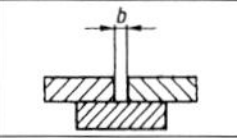	—	$6 \leq h \leq 8$	—	—	131 135 141	Mit Badsicherung
$3 \leq t \leq 10$	V-Naht	V		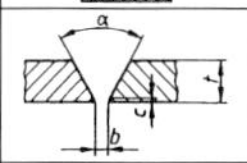	$40° \leq \beta \leq 60°$	$b \leq 4$	$c \leq 2$	—	3[4)]	Gegebenenfalls mit Badsicherung
$t > 16$	Steilflankennaht	\\/	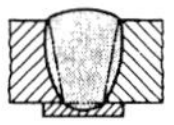	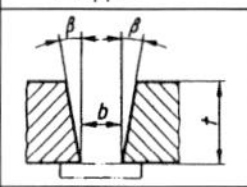	$5° \leq \beta \leq 20°$	$5 \leq h \leq 15$	—	—	111 131 135	Mit Badsicherung
$5 \leq t \leq 40$	Y-Naht	Y		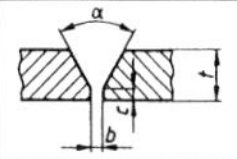	$\alpha \approx 60°$	$1 \leq b \leq 4$	$2 \leq c \leq 4$	—	111 131 135 141	—
$t > 12$	U-Naht	Y	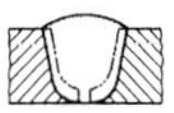	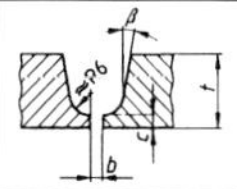	$8° \leq \beta \leq 12°$	$1 \leq b \leq 4$	$c \leq 3$	—	111 131 135 141	R = 6 bis 9

Naht				Fugenform						
Werkstückdicke	Benennung	Symbol (nach ISO 2553)	Darstellung	Schnitt	Maße: Winkel α, β	Spalt b	Steghöhe c	Flankenhöhe h	Empfohlener Schweißprozess (nach ISO 4063)	Bemerkungen
$3 < t \leq 10$	HV-Naht	V			$35° \leq \beta \leq 60°$	$2 \leq b \leq 4$	$1 \leq c \leq 2$	—	111 131 135 141	—
$t > 10$	D(oppel)-V-Naht (X-Naht)	X			a ≈ 60°	$1 \leq b \leq 3$	$c \leq 2$	$h = \frac{t}{2}$	111 141	—
					$40° \leq \alpha \leq 20°$				131 135	
$t > 10$	Unsymmetrische D(oppel)-V-Naht	X			$\alpha_1 \approx 60°$ $\alpha_2 \approx 60°$	$1 \leq b \leq 3$	$c \leq 2$	$h = \frac{t}{3}$	111 141	—
					$40° \leq \alpha_1 \leq 20°$ $40° \leq \alpha_2 \leq 20°$				131 135	
$t > 10$	D(oppel)-HV-Naht (K-Naht)	K	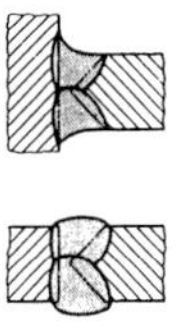	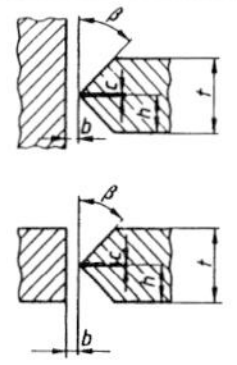	$35° \leq \beta \leq 60°$	$1 \leq b \leq 4$	$c \leq 2$	$h = \frac{t}{2}$ oder $h = \frac{t}{3}$	111 131 135 141	Diese Fugenform kann auch unsymmetrisch hergestellt werden, ähnlich der unsymmetrischen D(oppel)-V-Naht

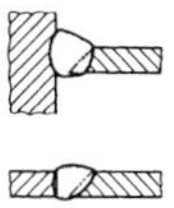

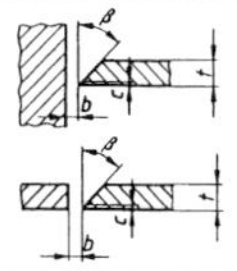

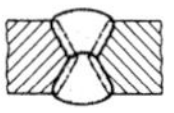

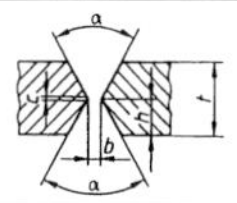

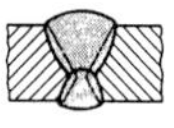

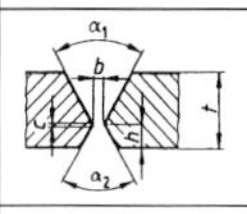

Tabelle 13-6 Fortsetzung

Naht				Fugenform						
Werkstückdicke	Benennung	Symbol (nach ISO 2553)	Darstellung	Schnitt	Maße: Winkel α, β	Maße: Spalt b	Maße: Steghöhe c	Maße: Flankenhöhe h	Empfohlener Schweißprozess (nach ISO 4063)	Bemerkungen
$t > 16$	HU-Naht (Jot-Naht) mit Gegenlage				$10° \leq \beta \leq 20°$	$1 \leq b \leq 3$	c 2	—	111 131 135 141[3)]	—
$t > 30$	DHU-Naht				$10° \leq \beta \leq 20°$	$b \leq 3$	c 2	—	111 131 135 141[3)]	Diese Fugenform kann auch unsymmetrisch hergestellt werden, ähnlich der unsymmetrischen D(oppel)-V-Naht
$t_1 > 2$ $t_2 > 2$	Kehlnaht T-Stoß				$70° \leq \alpha \leq 100°$	$b \leq 2$	—	—	3 111 131 135 141	—
$t_1 > 2$ $t_2 > 5$	Doppelkehlnaht, Eckstoß (ohne Spalt)			$e_{min} = t_2 - 3$	$60° \leq \alpha \leq 120°$	—	—	—	3 111 131 135 141	—

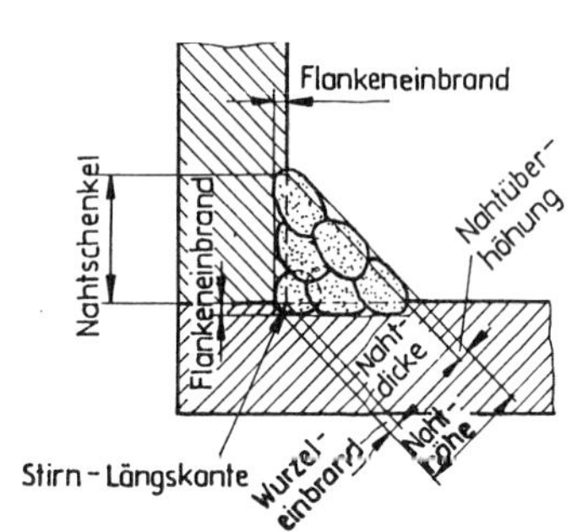

Bild 13-26
Kehlnaht

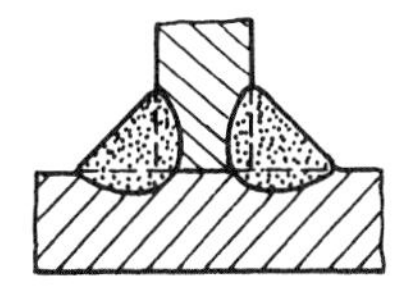

Bild 13-27
Doppelkehlnaht

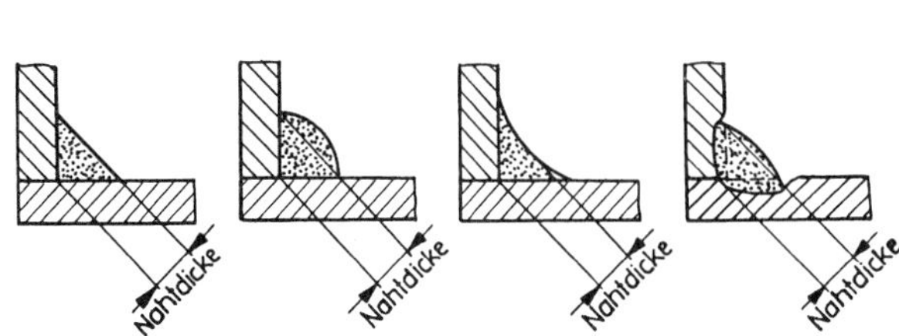

Bild 13-28
Nahtdicke bei gleichschenkligen Kehlnähten
Vgl. Bild 12-2 und 12-3

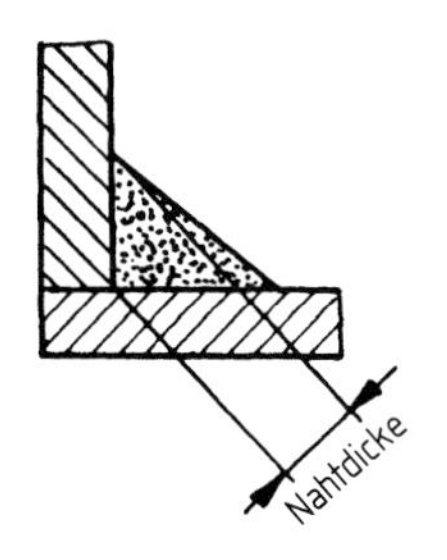

Bild 13-29
Nahtdicke bei ungleichschenkligen Kehlnähten

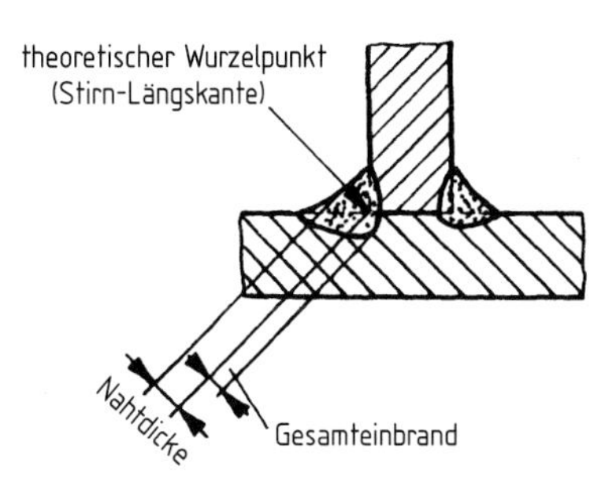

Bild 13-30
Kehlnähte mit tiefem Einbrand (Einbrandtiefe muss durch Schliff nachgewiesen werden.)

Mit dem Schweißstoß wird in der Regel auch die Nahtart festgelegt, die nicht mit der Nahtform zu verwechseln ist. Bei der Nahtart 'Kehlnaht' kann man zwischen einfacher und Doppelkehlnaht, ausgeführt als Flach-, Wölb- oder Hohlkehlnaht, unterscheiden. In den **Bildern 13-26 bis 13-30** sind die verschiedenen Kehlnahtarten zusammengestellt.

Bei den Stumpfnähten gibt es in Abhängigkeit von Schweißprozess (z. B. WIG), Werkstückdicke und Belastungs- und Beanspruchungsart verschiedene Gestaltungsmöglichkeiten der Fugenformen, d. h. Nahtformen. In DIN EN ISO 9692 sind unterschiedliche Fugenformen für Stahlwerkstoffe für das Gas-, Lichtbogenhand- und Schutzgasschweißen dargestellt. Diese Europäische Norm ersetzt die Vorläufer DIN 8551, Teil 1, 2 und 5. Eine Auswahl aus DIN EN ISO 9692 zeigt die **Tabelle 13-6**.

Literatur

Hofmann, H.-G., Mortell, J.-W., Sahmel, P. und Veit, H.-J.: Grundlagen der Gestaltung geschweißter Stahlkonstruktionen. 10., überarbeitete und erweiterte Auflage. Fachbuchreihe Schweißtechnik Band 12. DVS-Verlag, Düsseldorf 2005.

Scheermann, H.: Leitfaden für den Schweißkonstrukteur – Grundlagen der schweißtechnischen Gestaltung. 2., überarbeitete und erweiterte Auflage. Die Schweißtechnische Praxis Band 17. DVS-Verlag, Düsseldorf 1997.

DIN-DVS-Taschenbuch 145: Schweißtechnik 3 – Begriffe, Zeichnerische Darstellung, Schweißnahtvorbereitung, Bewertungsgruppen. 7. Auflage, 2006. Beuth Verlag, Berlin, und DVS-Verlag, Düsseldorf.

14 Anforderungsgerechte Gestaltung von Schweißkonstruktionen

Die anforderungsgerechte Gestaltung ist eine branchenneutrale Gliederung allgemein gültiger Konstruktionsregeln.

Gestaltung ist immer eine individuelle Sache. Bei der Fertigung eines geschweißten Bauteils muss aber stets die Funktion dieses Teils an erster Stelle stehen. Eine sichere Funktion, unabhängig, in welchem technischen Bereich das Teil eingesetzt werden soll, muss mit vertretbarem technischen und wirtschaftlichen Aufwand herstellbar sein.

Die tatsächliche Anforderung an ein Bauteil wird sich im Betrieb immer aus einer Reihe von Belastungen zusammensetzen. Es wird eine Summe von Einwirkungen geben. Wurde zunächst werkstoffgerecht gestaltet, kommen die fertigungs- und prüfgerechte Gestaltung hinzu. Anschließend wird das Bauteil durch Druck, Temperatur und Medium beansprucht und muss nach einer gewissen Zeit möglicherweise noch instandgesetzt werden.

Deshalb sollen im Folgenden einige typische Gestaltungshinweise gegeben werden, wie eben beanspruchungs-, fertigungs-, werkstoff-, korrosionsschutz-, prüf-, instandsetzungs- und mechanisierungsgerecht konstruiert werden kann.

14.1 Beanspruchungsgerechte Gestaltung

Die beanspruchungsgerechte Gestaltung wird von vielen Einflüssen bestimmt, die das geschweißte Bauteil belasten. Bevor zu den einzelnen Belastungen spezifische Merkmale aufgezeigt werden, sollen vorab einige grundsätzliche Regeln genannt sein, von denen sich in allen nachfolgenden Abschnitten durchaus die eine oder andere Anmerkung wiederholt, weil sie dort erneut einen Stellenwert besitzt.

Grundsätzlich gilt für die geschweißte Konstruktion:

- nicht Schraub-, Niet- oder Gusskonstruktionen für geschweißte Teile nachahmen;
- einfache Halbzeuge verwenden (endabmessungsnahe Halbzeuge);
- schon vorhandene Walzprofile oder abgekantete Bleche einsetzen;
- Kerben und Steifigkeitssprünge vermeiden;
- ungestörten Kraftfluss anstreben, dabei ist eine Stumpfnaht immer besser als eine Kehlnaht (**Bild 14-1**);
- beachte Kraftfluss in einer Stumpfnaht, unbearbeitet und mechanisch bearbeitet (Bild 14-2)
- möglichst wenig Schweißgut (kleine Aufschmelzvolumina) einbringen, um Verzug und Eigenspannungen klein zu halten;
- Nahtanhäufungen vermeiden, ggf. gewalzte Halbzeuge, Stahlguss- oder Schmiedeteile einsetzen;
- Nähte in gering beanspruchte Zonen legen; (**Bild 14-2**)
- Nahtwurzel nicht in zugbelasteten Bereichen anordnen;
- Kehlnähte möglichst doppelseitig schweißen;

– bei mechanischer Bearbeitung der Bauteile nach dem Schweißen Nahtdicke ausreichend groß bemessen (bei geringem Einbrand kann dabei fast der gesamte Aufschmelzbereich entfernt werden!). Gilt besonders für Kehlnähte.

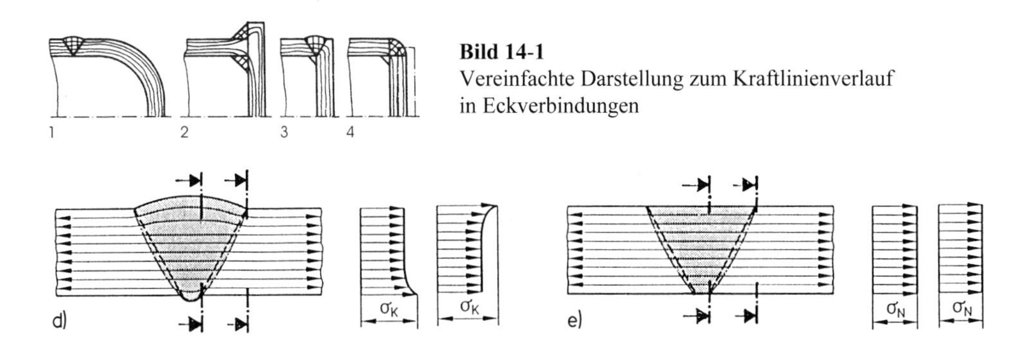

Bild 14-1
Vereinfachte Darstellung zum Kraftlinienverlauf in Eckverbindungen

Bild 14-2 Kraftflussverläufe bei unterschiedlichen Nahtausführungen
linke Bildhälfte: Stumpfnaht mit gleichmäßiger Spannungsverteilung und erhöhten Kerbspannungen σ_K am Übergang von Wurzeldurchhang zu Blech und am Übergang von Nahtüberhöhung zu Blech
rechte Bildhälfte: gleichmäßige Spannungsverteilung ohne reduzierte äußere Kerbwirkung wegen der abgearbeiteten Nahtüberhöhungen an Wurzel und Decklage

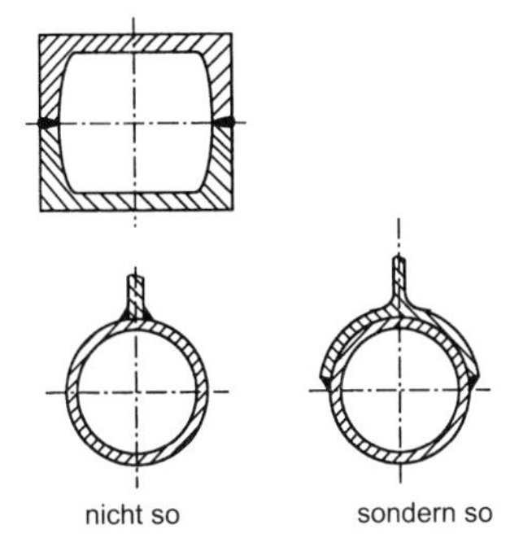

Bild 14-3
Schweißnähte – wenn möglich – in die Nähe der oder in die neutrale Faser legen (bei auf Biegung belastete Konstruktionen)

14.1.1 Statisch und dynamisch beanspruchte Bauteile

Bei vorwiegend ruhender (statischer) Beanspruchung wird von der Konstruktion eine möglichst hohe Steifigkeit gefordert. Die auftretenden Beanspruchungsarten (Zug, Druck, Biegung, Schub) sollen eine geringe Formänderung hervorrufen. Eine unendlich große Steifheit würde Starrheit des Systems bedeuten, was praktisch nahezu unmöglich ist.

Bei vorwiegend wechselnder (dynamischer) Beanspruchung steigt oder fällt eine Kraft in kurzer Zeit an bzw. ab. Derartige Konstruktionen müssen dem Verlauf der veränderlichen Kraft angepasst sein. Hier können einseitige Kehlnähte sinnvoll sein, um größere elastische Formänderungen zu ermöglichen. Neben den Beanspruchungsarten (analog statische Beanspruchung) haben auch der Werkstoff, die Kerbwirkung, der Eigenspannungs- und Oberflächenzustand einen erheblichen Einfluss auf die Schweißverbindung (Dauerfestigkeit, Zeitfestigkeit).

Mit zunehmender statischer Festigkeit nimmt die Kerbempfindlichkeit bei schwingender Beanspruchung zu. Der Konstrukteur kann zu Steigerung der Dauerfestigkeit eine günstigere Form (geringe Kerbspannung) oder einen anderen Oberflächenzustand (Schleifen, Glättrollen, Kugelstrahlen, Polieren) erzielen, statt einen Werkstoff mit höherer Festigkeit zu wählen. Kugelstrahlen erhöht die Dauerfestigkeit bis zu 70 %.

Zu den wichtigsten Grundregeln für dynamisch beanspruchte Bauteile gehören:

- starke Kraftumlenkungen und Steifigkeitssprünge vermeiden, Krafteinleitung sollte im Schubmittelpunkt liegen, auf gleichmäßigen Kraftfluss achten;
- Nahtübergänge mechanisch nacharbeiten, kerbfrei ausführen, eine Alternative zur Minderung bzw. Beseitigung ist Kugelstrahlen oder TIG Dressing (Tungsten Inertgas Dressing = WIG-Überschweißen der Randbereiche mit und/oder ohne Schweißzusatz – beim Schweißen mit Schweißzusatz entspricht die Ausführung einer Vergütungslage = Umkörnungsraupe, die nur zur Wärmebehandlung aufgebracht wird und auch wieder weggeschliffen werden kann; beim Schweißen ohne Schweißzusatz werden die Kerben links und rechts der Schweißnaht geglättet);
- möglichst durchgeschweißte Anschlüsse auswählen, Stumpfnähte vor Kehlnähten, Grund: die Nahtwurzel ist immer Schwachstelle einer Kehlnaht; von ihr geht die größte Kerbwirkung aus, wenn sie nicht sauber erfasst wurde (auch eine sauber erfasste Wurzel einer Kehlnaht bedingt eine Spannungskonzentration);
- Abschrägung bei Querschnittsübergängen, dadurch wird der Kraftfluss bei Dickensprüngen homogener, Empfehlung DIN EN 1011-2 Neigung nicht größer als 1 : 4; (**Bild 14-4**)

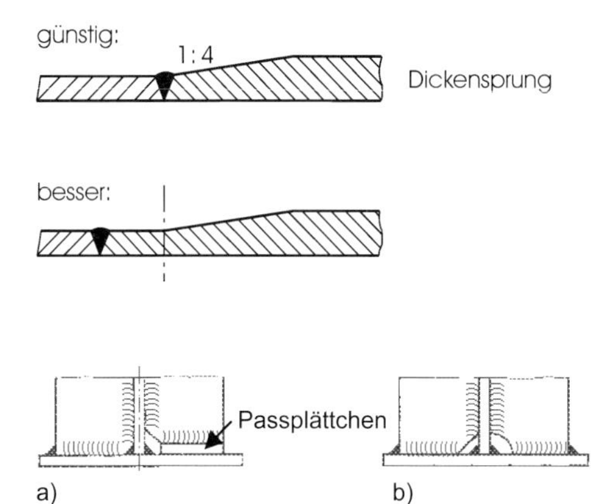

Bild 14-4
Trennung der metallurgischen Kerbe (Schweißnaht) von der geometrischen Kerbe (z. B. Blechdickensprung)

Bild 14-5
Anschluss von Stützrippen bei statischer und bei dynamischer Beanspruchung (b) und bei dynamischer (a) Beanspruchung (Passplättchen = dynamisch)

- bei zusammenstoßenden Profilen Abschrägungen und Ausrundungen in Form von Freischnitten und Dehnungslöchern vorsehen, Halsnaht überschweißen oder mit Passplättchen arbeiten; (**Bild 14-5**)
- bei Eckstößen immer einen Vollanschluss von dünn an dick wählen, nie das dicke Blech an das dünne Blech anschweißen; (**Bild 14-6**)

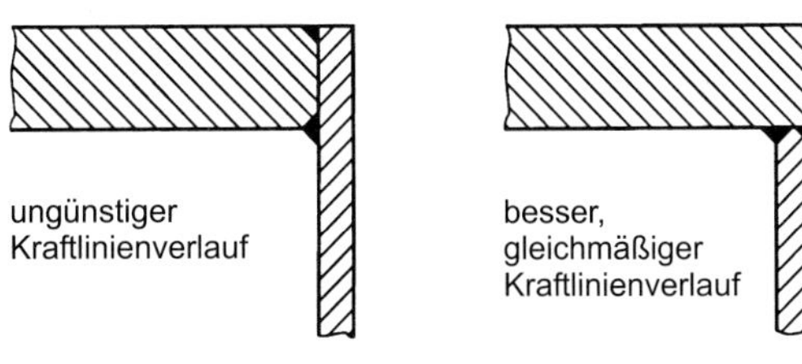

Bild 14-6
Anschluss an Eckstößen bei großen Wanddickenunterschieden

- mindestens 20° „Nahtüberhöhung" bei einem T-Stoß in Verbindung mit einem Vollanschluss, moderne Stromquellen können hier einseitiges Durchschweißen ohne Nahtvorbereitung bis t = 8 mm ermöglichen; (**Bild 14-7**)

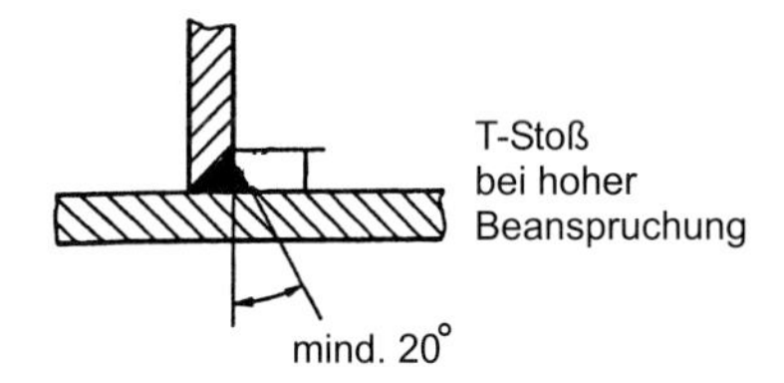

Bild 14-7
Bei hoher Beanspruchung werden T-Stöße voll angeschlossen (Durchschweißung)

- Nahtkreuzungen vermeiden, sie erzeugen dreiachsige Spannungszustände, erschweren das Schweißen der Wurzel und bringen allgemein eine Spannungskonzentration in das Bauteil (eine dreiachsige Zugspannung kann auch bei besonders duktilen Werkstoffen einen Sprödbruch hervorrufen); (**Bild 14-8**)

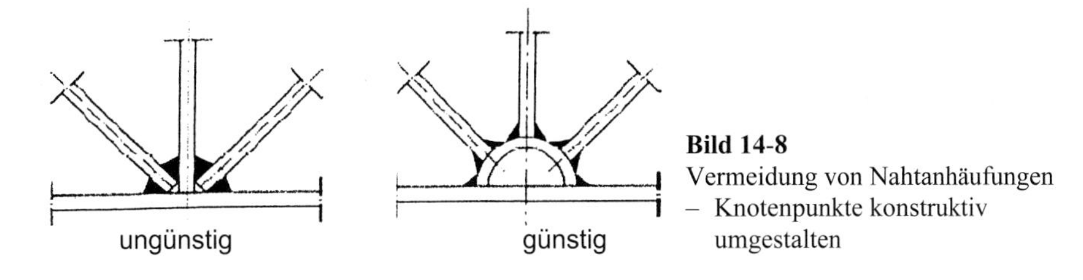

Bild 14-8
Vermeidung von Nahtanhäufungen
– Knotenpunkte konstruktiv umgestalten

- keine Verschweißung und Verschraubung gemeinsam anordnen (Kraftübertragungsproblem);
- Beanspruchungen in Dickenrichtung vermeiden (siehe Abschnitt Terrassenbruchneigung vermindern), Kap. 14.3.5.

Nachfolgend einige Gestaltungsbeispiele im Vergleich:

Hinweise	**Nur für vorwiegend statische Beanspruchung**	**Günstig für dynamische Beanspruchung**
Gestaltung der Querschnittsübergänge unterschiedlicher Werkstückdicken mittels Stumpfnähten	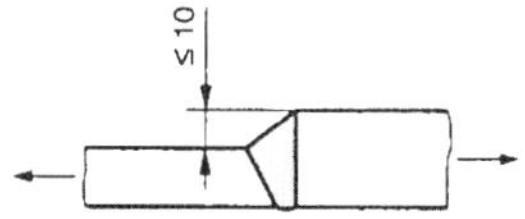 ≤ 10	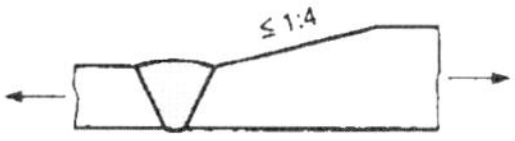 ≤ 1:4
Querschnittsübergänge bei offenen Profilen	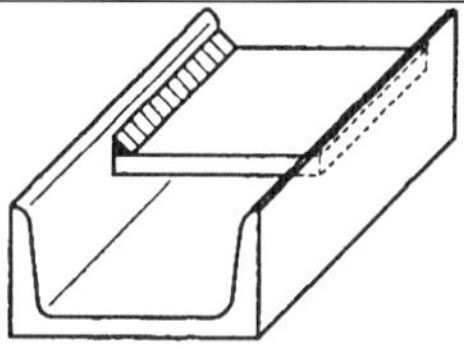	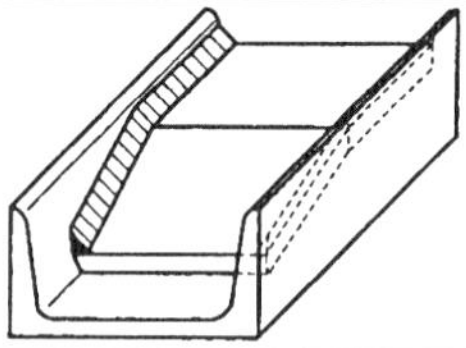
Querschnittsübergänge zum Vermeiden der extremen Kerbwirkung	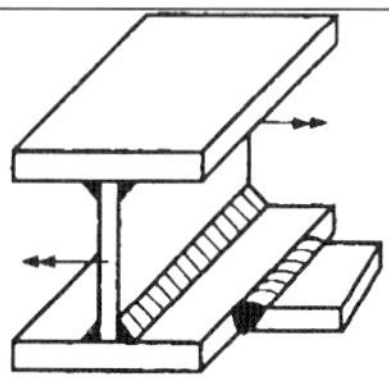	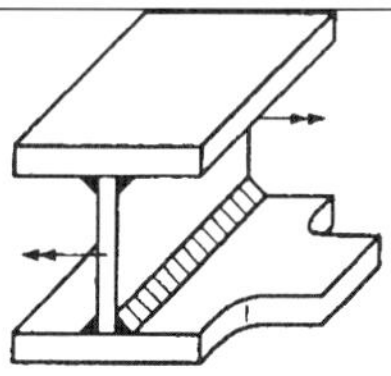
Fachwerkknoten mit unterschiedlicher Profilstabeinbindung	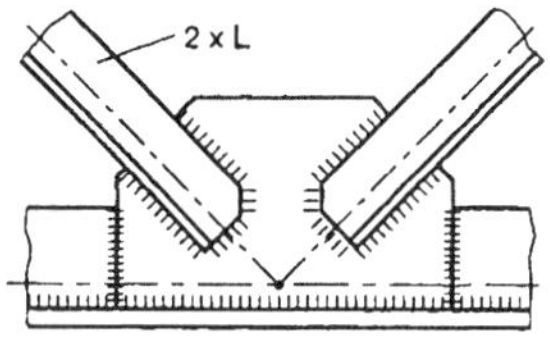 2 x L	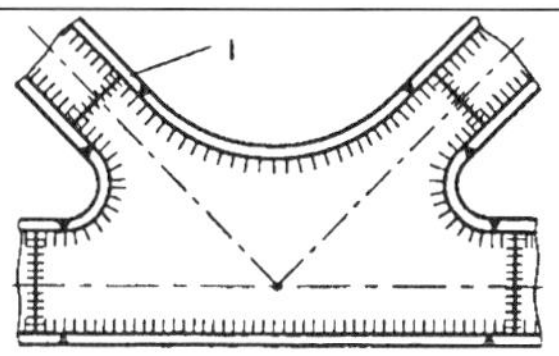 I
Schweißnahtstöße in Bereichen hoher Spannungen	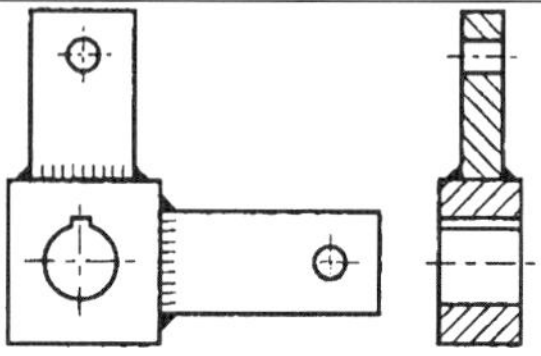	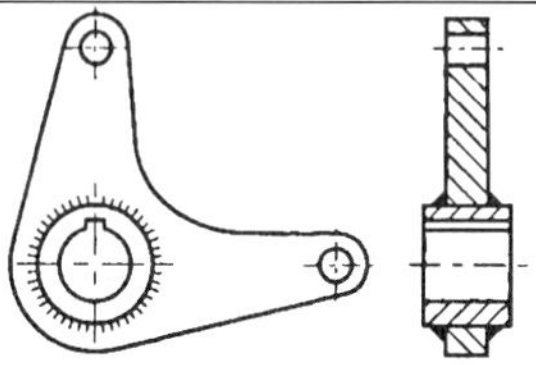
Hinweise	**untergeordnete Zwecke, niedrige Beanspruchung**	**hohe schwellende Innenbeanspruchung**
Schweißnahtverbindungen für unterschiedliche Anforderungen und Beanspruchungen („Umwandlung" von Kehl- in Stumpfnähte!)	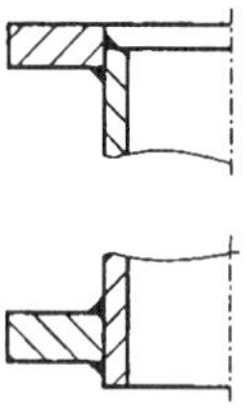	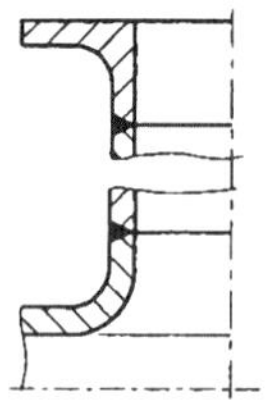

Bild 14-9 Gegenüberstellung von Schweißverbindungen bei statischer und dynamischer Beanspruchung

14.1.2 Biege- und verdrehsteife Konstruktionen

Biegeträger werden in allen Bereichen der Technik eingesetzt. (**Bild 14-10**) Sie sind als offenes Profil oder als Kastenträger im Stahlhoch- und brückenbau, im Kran-, Maschinen- oder Fahrzeugbau eine Hauptkonstruktionsform.

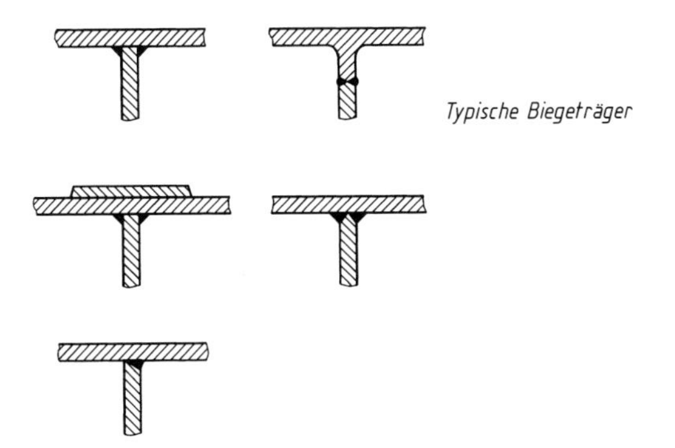

Bild 14-10
Ausführung typischer Biegeträgerformen

Liegt eine vorwiegend auf Biegung beanspruchte Konstruktion vor, wird am besten ein Biegeträger in Form eines Doppel-T-Trägers eingesetzt. Einen großen Einfluss auf die Biegesteifigkeit haben die Dicke der Trägergurte und die Größe der Trägerhöhe (**Bild 14-11**). Einen geringen Einfluss übt die Verrippung an einem Biegeträger aus. Biegeträger sollen einen möglichst durchgehenden Steg besitzen. Verlängert man einen Biegeträger nur um 10 %, so ergibt das einen Steifigkeitsverlust von 25 %. Wird die Biegeträgerlänge verdoppelt, dann beträgt die Steifigkeit nur noch 1/8 des ursprünglichen Wertes. Bei Biegebelastung muss auf den Verlauf der Momentenlinie geachtet werden. Um eine optimale Materialausnutzung zu erhalten, ist der Träger in seiner Querschnittshöhe, Gurtplattenanzahl und -dicke dieser Momentenlinie anzupassen (**Bild 14-12** und **14-13**).

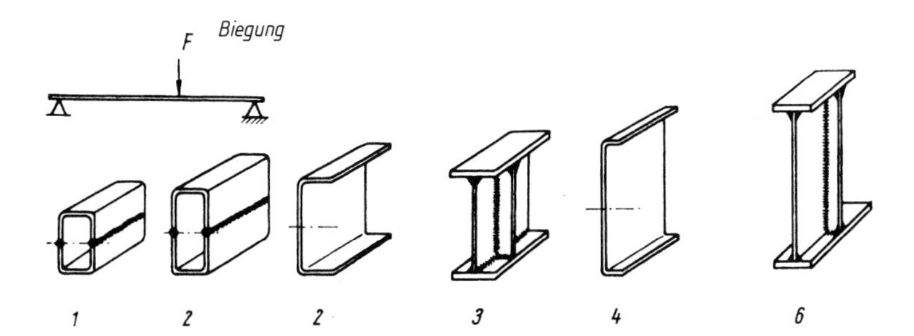

Bild 14-11 Grobvergleich der Tragfähigkeit auf Biegung von ausgewählten Querschnittsformen bei konstanter Querschnittsfläche. Je höher die Zahl, desto höher die Biegefestigkeit

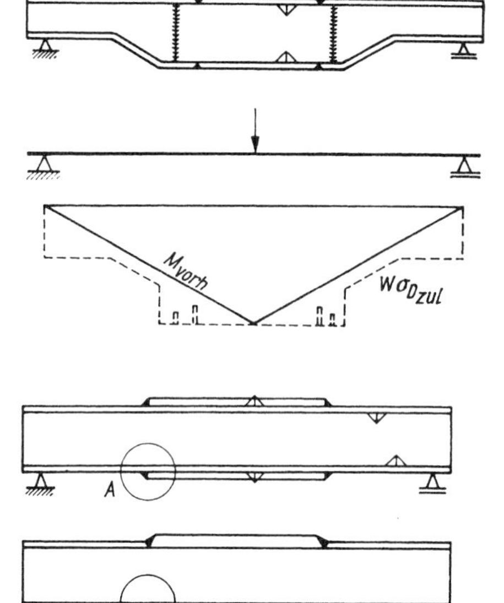

Bild 14-12
Übersicht der Formgestaltung eines geschweißten Biegeträgers durch Höhenänderung mit dazugehöriger Momentendeckungslinie

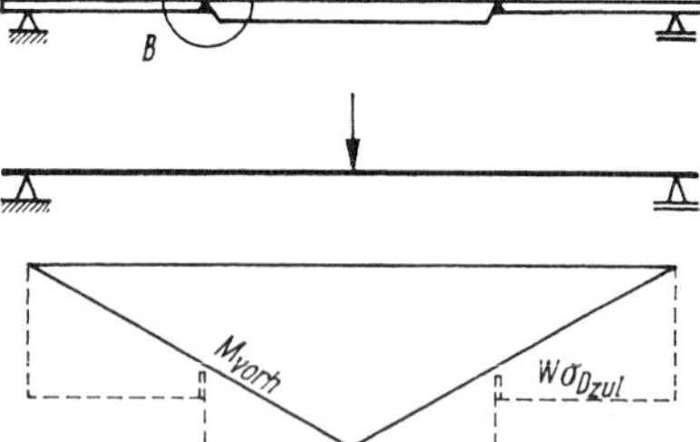

Bild 14-13
Gurtplattenverstärkungen bei geschweißten Biegeträgern (mit Momentendeckungslinie) bei geschweißten Doppel-T-Trägern ist Ausführung B der Ausführung A vorzuziehen

Allgemeine Gestaltungsgrundsätze für Biegeträger:

- Schweißnähte (Stöße) nie in Trägermitte an Stelle des höchsten Biegemomentes legen (Bild 14-12);
- große Querschnittshöhen und dicke Gurte vorsehen;
- möglichst kleine Bauteillängen anstreben;
- Verwendung von geschlossenen und offenen Profilen möglich (Bild 14-11);
- der Kraftangriff soll im Schubmittelpunkt erfolgen;
- Durchbrüche so klein wie möglich und in die Zone geringster Beanspruchung legen (Nähe neutrale Faser);
- feste Einspannung und beidseitige Auflager vorsehen;
- kurze Hebelarme und außermittige Nähte anstreben.

Werden Bauteile auf Biegung und Torsion beansprucht, sind Kastenprofile zu verwenden. Geschlossene Profile haben eine vielfach höhere Verdrehsteifigkeit als offene Profile (**Bild 14-14**). Kästen mit guter Torsionssteifigkeit haben in der Regel eine geringe Biegesteifigkeit der Seitenwände und umgekehrt. Die größere Beanspruchung ist demnach maßgebend für die Gestaltung. Außerdem besitzen Kastenprofile eine gute Kipp- und Knicksteifigkeit.

Allgemein nimmt die Torsionssteifigkeit linear mit der Bauteillänge ab. Bei an der Wand befestigten Konsolen ist überwiegend die Torsionssteifigkeit gefragt, da die Biegelänge klein ist.

Geschlossene Konsolen mit V-förmiger Innenverrippung haben hierbei die größte Verdrehsteifigkeit. Im Gegensatz zum reinen Biegeträger haben Verrippungen an einem auf Torsion beanspruchten Träger einen großen Einfluss.

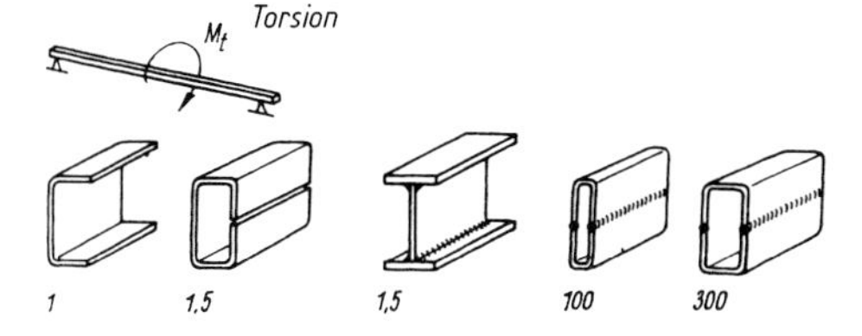

Bild 14-14
Grobvergleich der Tragfähigkeit auf Torsion von ausgewählten Querschnittsformen bei konstanter Querschnittsfläche

Allgemeine Gestaltungsgrundsätze für torsionsbeanspruchte Bauteile:

- dünnwandige geschlossene Querschnitte oder große Wanddicken bei offenen Querschnitten verwenden;
- kleine Bauteillängen wählen;
- keine eckigen Durchbrüche, sondern lange, schmale und abgerundete Durchbrüche in Richtung der Torsionsachse und nahe der neutralen Faser anordnen (Bauteilmitte);
- Rahmenkonstruktionen werden torsionssteifer, wenn diagonale Streben innerhalb des Rahmens angeordnet sind (**Bild 14-15**) oder der Rahmen mit einem Blech einseitig verschlossen wird, quasi aus einem offenen ein geschlossener Kasten wird (**Bild 14-16**).

Bild 14-15
Diagonale Verstrebungen innerhalb eines offenen Rahmens, hier ein U-Profilrahmen, erhöhen die Torsionssteifigkeit der Konstruktion

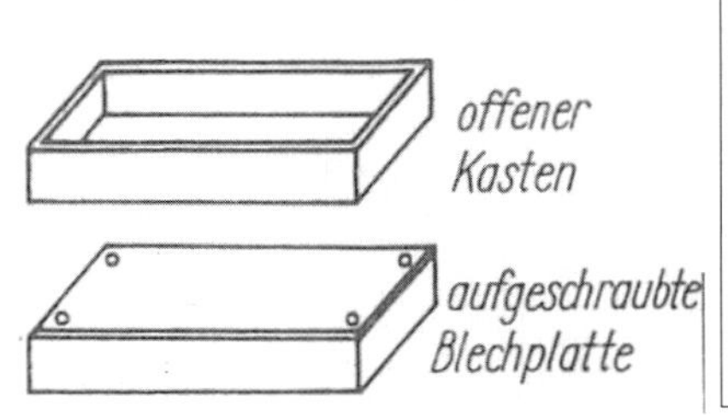

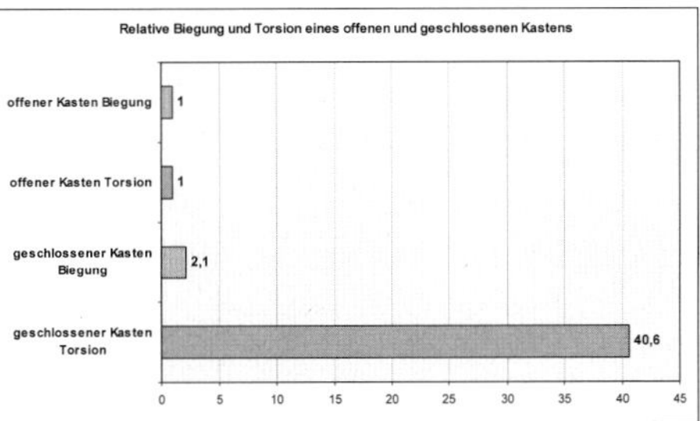

Bild 14-16 Durch eine aufgeschraubte (oder aufgeschweißte) Platte erhöht sich die Torsionssteifigkeit auf das 40-fache.

14.1.3 Zug- und druckbeanspruchte Stäbe

Die tragende Konstruktion eines Fachwerks besteht aus einzelnen Stäben, die nur durch Längskräfte (Zug oder Druck) beansprucht werden (siehe auch Abschnitt Fachwerkträger). Je nach Beanspruchung kommen unterschiedliche Stabformen zum Einsatz. Häufig verwendet man Walzprofile, die in verschiedener Weise als Zug-, Druck- oder Füllstäbe in Fachwerkbauten miteinander kombiniert werden. Für die Querschnittsgestaltung bei Zugstäben ist häufig die Materialausnutzung und damit Wirtschaftlichkeit vorrangig (**Bild 14-17**). Bei Druckstäben muss stets auch noch auf die zusätzliche Belastung durch Ausknicken geachtet werden. Hier haben sich geschlossene Profilformen bewährt (**Bild 14-18**). **Bild 14-19** und **14-20** zeigen typische Anschlüsse von Stäben an einem Stahlbau, geschweißt und geschraubt.

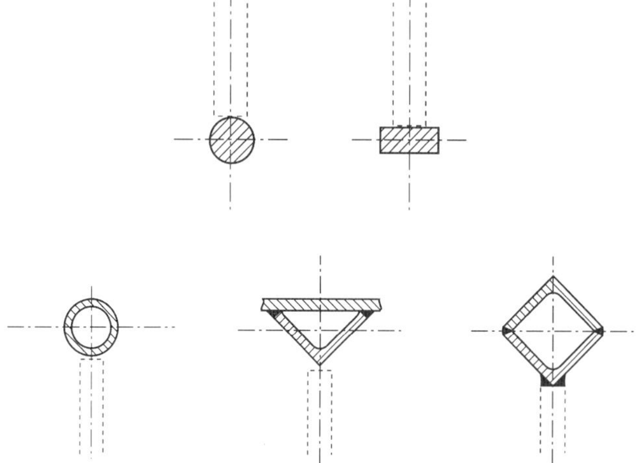

Bild 14-17
Zugstäbe (nur als solche geeignet!) schwingungsempfindlich, große Durchbiegung – wegen Knickgefahr nicht als Druckstab geeignet, bei Zugstäben zählt nur die Fläche (Querschnitt in mm²)

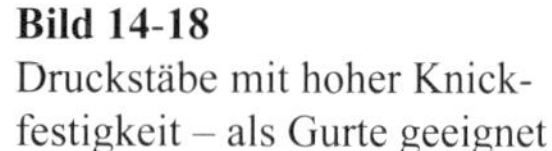

Bild 14-18
Druckstäbe mit hoher Knickfestigkeit – als Gurte geeignet

Bild 14–19 Stahlbau mit Zugstäben

Bild 14–20
Anschluss von Zugstäben
(Detail aus Bild 14-17)

Grundsätzlich soll bei Zug- und Druckstäben (**Bild 14-16**) die Schweißnaht auch immer nur Zug- oder Druckkräfte übertragen (Beanspruchung in Nahtlängsrichtung). Dabei ist die Tragfähigkeit von der Schweißnahtdicke und -länge direkt abhängig. Reicht die rechnerisch ermittelte Schweißnahtlänge nicht aus, so können zusätzliche Ausrundungen oder Lochschweißungen weiterhelfen (**Bild 14-23**). Bei einem Blechdickenwechsel sollte stets eine Stumpfnaht geschweißt werden (siehe hierzu auch **Bild 14-3**).

Bild 14-21 zeigt Ausführungsbeispiele von Profilverbindungen. In **Bild 14-22** ist ein Montagestoß abgebildet, der zur Vergrößerung des Anschlussquerschnitts noch eine Lochschweißung besitzt, da wegen des Spannungsverlaufes das a-Maß einer Kehlnaht auf ca. 30 x a begrenzt ist. Stirnkehlnähte sollten unbedingt vermieden werden. Beim Anschweißen von Laschen wird eine Nahtlänge von ca. 4 bis 6 x Blechdicke empfohlen, analog der Überlappungslänge beim Löten.

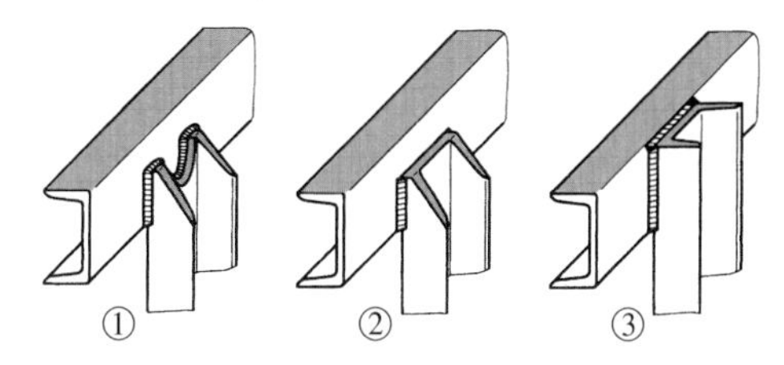

Bild 14-21
Profilverbindungen für dynamische Lastanteile

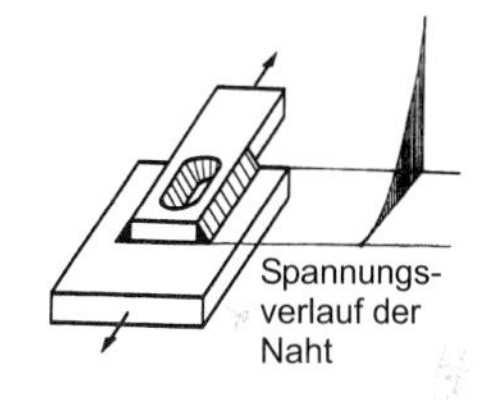

Bild 14-22
Montagestoß mit zusätzlicher Lochschweißung in Blechmitte zur wesentlichen Vergrößerung des Anschlussquerschnitts

Bild 14-23
Beispiel einer Lochschweißung an einer Stelle, wo der Platz für eine rechnerisch korrekte Nahtlänge nicht ausreichen würde.

14.1.4 Vibrationsgerechte Gestaltung

Die Entwicklung im Maschinenbau zeigt eine ständige Leistungserhöhung der Maschinen. Dabei werden die Konstruktionsmassen immer kleiner (geschweißte Konstruktionen ersetzen gegossene Bauteile) und die Bauteiltoleranzen werden enger (Verkleinerung der zulässigen Relativbewegungen an den Wirkstellen). Für eine vibrationsgerechte Gestaltung spielen deshalb zwei Faktoren eine wesentliche Rolle: die Steifigkeit und die Dämpfung.

Steifigkeit ist ein Maß für die elastische Verformung fester Körper unter Einwirkung einer Kraft oder eines Drehmomentes. Die Form- und Maßstabilität eines Körpers bestimmt seine Steifigkeit unter Belastung im elastischen Bereich und ist von dessen E-Modul und Konstruktion, die bei Belastung elastische Formänderungsarbeit zulässt, abhängig. Der Kehrwert der Steifigkeit wird Nachgiebigkeit genannt. Den Widerstand eines Körpers gegen Wechselkrafteinwirkungen bezeichnet man als dynamische Steifigkeit. Sie spielt immer dann eine Rolle, wenn bspw. rotierende Teile auf einer geschweißten Konstruktion montiert sind (z. B. Motor treibt einen Ventilator an).

Bei Translation wird Steifigkeit als aufgebrachte Kraft in Newton pro gemessene elastische Verformung in Meter angegeben. Die Maßeinheit ist demnach N/m oder N/mm. Bei Torsion benutzt man zur Angabe der Steifigkeit das Drehmoment in Nm pro gemessenem Verdrehwinkel in rad (Nm/rad).

Steifigkeit und Masse bestimmen die Eigenfrequenz eines Systems. Dies ist eine elementare Größe bei der Gestaltung geschweißter Bauteile, da sie auf die Erregerfrequenzen der Maschine abgestimmt sein muss. Das Zusammentreffen von Eigenfrequenz und Erregerfrequenz ist der so genannte Resonanzfall. Bei resonanten Konstruktionen können die Schwingungsamplituden derart zunehmen (das System schaukelt sich auf), dass es zum Bruch der Schweißkonstruktion kommt, da die großen Formänderungen weder elastisch noch plastisch aufgenommen werden. Die Maschine fällt aus/bricht auseinander.

Deshalb gilt es, Resonanzen zu vermeiden. Dies gelingt in den meisten Fällen, wenn die dynamische Steifigkeit größer als die 1. Eigenfrequenz des Systems ist. Diese 1. Eigenfrequenz sollte im Maschinenbau > 100 Hz sein.

Die Eigenfrequenz f_e einer Konstruktion ist physikalisch nur von zwei Faktoren abhängig: von der Masse m des Systems und seiner dynamischen Steifigkeit k.

$$f_e = \frac{1}{2\pi} \cdot \sqrt{\frac{k}{m}}$$

Daraus ergibt sich, dass mit einer Verdopplung der Masse, die Eigenfrequenz um $\sqrt{\frac{1}{2}}$ oder Faktor 0,7071 kleiner wird, also um ca. 30 % sinkt. Verdoppelt man dagegen die Steifigkeit, verändert sich die Eigenfrequenz um den Wert $\sqrt{2}$, was einer Vergrößerung der Eigenfrequenz um Faktor 1,41 entspricht, ohne das Gewicht (Masse) zu verdoppeln.

Viele Erregerfrequenzen im Maschinenbau liegen im Bereich der Drehzahl des Antriebes. Elektromotoren haben bei 50 Hz Netzfrequenz folgende Drehzahlen (Ausnahme: drehzahlgeregelte Antriebe):

2-poliger Elektromotor	ca. 3000 Umdrehungen pro Minute	= 50 Hz
4-poliger Elektromotor	ca. 1500 Umdrehungen pro Minute	= 25 Hz

6-poliger Elektromotor	ca. 1000 Umdrehungen pro Minute	= 16,7 Hz
8-poliger Elektromotor	ca. 750 Umdrehungen pro Minute	= 12,5 Hz

Bei ungenügend hoher dynamischer Steifigkeit einer Konstruktion liegt die 1. Eigenfrequenz typischerweise im Bereich von 10 bis 50 Hz. Das bestätigen viele praktische Messungen. Daraus erkennt man schnell die Gefahr einer Resonanz. Geschweißte Konstruktionen, auf denen Maschinen montiert werden sollen, sind demnach so zu gestalten, dass sie auf möglichst direktem Wege von der Maschinenbefestigung an der Schweißkonstruktion hin zum Fundament Kräfte übertragen können. Ein Maschinenfuß sollte nie hohl liegen, sondern immer durch Aussteifungen und Knotenbleche abgestützt sein. Solide Bauweise, möglichst keine auskragenden Konstruktionen, vollflächige Auflagen und feste Verankerungen sind letztendlich Basis einer vibrationsarmen Gestaltung (**Bild 14-24**).

Bild 14-24
Grundrahmen einer Motor-Getriebe-Einheit in solider Bauweise, gute Verankerung und Abstützung sichert auf Grund hoher dynamischer Steifigkeit eine vibrationsgerechte Gestaltung

Neben einer hohen dynamischen Steifigkeit spielt bei einer vibrationsgerechten Gestaltung auch die Dämpfung eine große Rolle. Theoretisch kommt eine Schwingung niemals zur Ruhe. In der Praxis nimmt jedoch jede Amplitude einer Schwingung infolge der Dämpfung ab.

Die Schwingungsdämpfung eines geschweißten Bauteils setzt sich aus der äußeren Dämpfung (Reibung zwischen zwei Bauelementen, z. B. Reibfuge) und der inneren Dämpfung (Werkstoffdämpfung) zusammen.

Etwa 10 bis 20 % der Schwingungsdämpfung werden von der Werkstoffauswahl, d. h. der Werkstoffdämpfung bestimmt. Diese innere Dämpfung basiert darauf, dass durch Reibung kleinster Teilchen im Inneren des Werkstoffs Schwingungen abgebaut werden. Bei der Wechselkrafteinwirkung und damit periodischen Formänderung eines Körpers treten Spannungen und Dehnungen auf, die nicht phasengleich sind. Die Phasenverschiebung zwischen Spannungs- und Dehnungsverlauf führt zum Verlust mechanischer Energie aus dem Schwingungssystem und damit zum Abklingen der Schwingung. Man spricht von einer gedämpften Schwingung, d. h. die mechanische Energie wurde durch innere Reibung in Wärmeenergie umgewandelt. Je größer dabei die Phasenverschiebung ist, desto größer ist der Verlust an Schwingungsenergie. Eine mögliche Erklärung ist, dass sich die Molekülstrukturen im Werkstoff durch die Verformung neu ordnen müssen und dabei Energie verbrauchen.

Zur Veranschaulichung kann das Spannungs-Dehnungs-Diagramm benutzt werden, bei dem der Werkstoff auf Zug/Druck im Wechsel belastet und entlastet wird. Die beim Aufzeichnen des Spannungs-Dehnungs-Verhaltens von Metallen entstehende elastische Hysterese ist quasi der Teil an Energie, der in Wärme umgewandelt wurde, d. h. die Dämpfung des Systems.

Die äußere Dämpfung ist konstruktionsbedingt und hat mit 80 bis 90 % einen wesentlich größeren Anteil beim Abbau der Schwingungsenergie. Diese Reibungsdämpfung beruht auf Relativbewegungen, die an den Berührungsflächen von Bauteilen untereinander stattfinden. Hieraus resultiert die so genannte Scheuerplatten- oder Lamellenbauweise, bei der mehrere aufeinander geschichtete Bleche an den Außen- und Durchbruchstellen miteinander verschweißt werden und so für eine 'Scheuerwirkung' von Reibflächen sorgen.

Dazu folgende Gestaltungsgrundsätze:

- geeignete Schweißnahtart ist die Kehlnaht, geeigneter Schweißstoß der Parallel- und Überlappstoß; siehe **Bild 14-25**
- die zueinander liegenden Oberflächen der Bleche sollen einseitig mechanisch bearbeitet sein (quer gehobelt) und auf der anderen Seite unbearbeitet bleiben; damit entstehen Reibfugen, die die Schwingungsenergie, d. h. mechanische Energie durch Reibung in Wärmeenergie umwandeln und so zur Verkleinerung der Schwingungsamplitude, d. h. zum Abbau der Schwingung, beitragen
- die Naht ist so zu bemessen, dass sie die Schwachstelle des Systems wird → unterbrochene Nähte sind hier besser als durchlaufende Nähte; (Reibfuge) siehe Bild **14-23**
- auch nicht durchgeschweißte Stumpfstöße wirken schwingungsdämpfend; (Reibfuge)
- allgemein gilt: Bauteile, die durch hohe äußere Belastung (schwere Lasten) gut ausgelastet sind, besitzen auch eine gute Schwingungsdämpfung → Voraussetzung hierzu ist eine gute mechanische Anpassung.

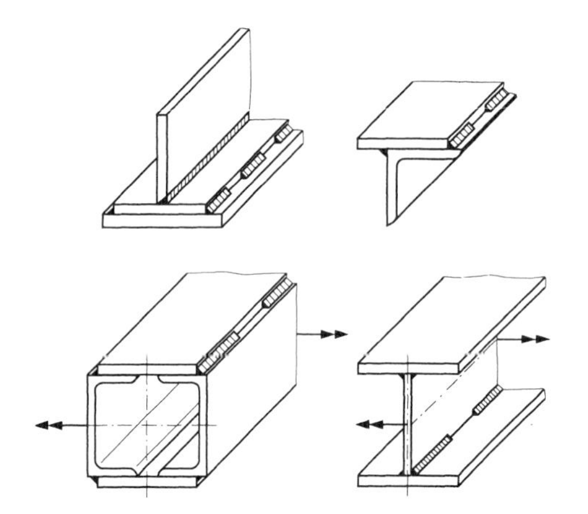

Bild 14-25
Dämpfungsgerechte Gestaltung – durch unterbrochene Halsnähte geringere statische Steifigkeit –verbesserte Dämpfung; Reibfugen bauen Schwingungen durch Energieumwandlung ab ≙ Dämpfung

Bei Vibrationen (Schwingungen) spricht man von Schall, der zu seiner Ausbreitung immer ein Übertragungsmedium benötigt. Die Schallausbreitung wird bestimmt durch die physikalischen Eigenschaften Dichte, Druck oder Temperatur. Man unterscheidet Luftschall, Körperschall und Flüssigkeitsschall. Mechanische Schwingungen in festen Körpern erzeugen demnach Körperschall, der wiederum seine Schwingungsenergie auch an die Luft abgeben kann. Das bedeutet, dass bei einer vibrationsgerechten Gestaltung, bei der kleine Amplituden im Körperschall auftreten, auch kleine Amplituden im Luftschall messbar sind. Daraus ergibt sich der Grundsatz für die Gestaltung geräuscharmer Maschinen, bei denen die dynamischen Vorgänge in Maschinen deren Strukturen nicht zum Schwingen anregen. Vibrationsarme Maschinen sind leiser und „leben" länger.

Beim Körperschall sind verschiedene Wellenformen möglich, z. B. Longitudinalwellen, Transversalwellen, Torsionswellen, Oberflächenwellen und Biegewellen. Die größte Ausbreitungsgeschwindigkeit c in festen Körpern haben Longitudinalwellen, die sich aus dem Elastizitätsmodul E und der Dichte ρ wie folgt berechnen. Es gilt: Abnahme des Dämpfungsvermögens mit zunehmender Schallgeschwindigkeit.

$$c_L = \sqrt{\frac{E}{\rho}}$$

Dazu folgende Übersicht (alle Werte sind Mittelwerte und abhängig von der genauen Werkstoffqualität, seiner Härte bzw. Festigkeit und der Temperatur):

Werkstoff	**E-Modul in MPa**	**Dichte in kg/m³**	**Schallgeschwindigkeit in m/s**
Stahl	210.000	7.850	5100
Grauguss (GJL)	70.000 bis 140.000	7.200	ca. 3100 bis 4400
Kupfer	125.000	8.950	3500
Titan	105.000	4.500	6070
Blei	160.000	11.340	1200
Beton	30.000	2.300	3100

Tendenziell nimmt die Dämpfung mit steigender Schallgeschwindigkeit ab. Grauguss und Beton besitzen sehr gute Dämpfungseigenschaften. Bei Grauguss kommt hinzu, dass dieser Werkstoff einen belastungsabhängigen E-Modul besitzt. Das bedeutet, dass sich in Abhängigkeit von der (Druck- als auch Zug-) Belastung die Schallgeschwindigkeit verändert und damit die Dämpfung. Je höher die Belastung, desto kleiner wird der E-Modul, je kleiner werden die Schallgeschwindigkeit und desto größer damit die Dämpfung.

Zusammenfassend heißt das für eine vibrationsgerechte Gestaltung, dass darauf geachtet werden sollte:

- genügend große dynamische Steifigkeit der Konstruktion (Befestigungspunkte von Maschinen und Antrieben müssen direkten Kontakt zum Fundament haben und nicht hohl liegen) – Eigenfrequenz beachten;
- geeignete Werkstoffauswahl – Grauguss dämpft besser als Stahl;
- geeignete Anordnung der geschweißten Konstruktion – Scheuerplatteneffekt.

14.1.5 Vakuumgerechte Gestaltung

Im Behälterbau wird ein Druckbehälter mit Innendruck = Betriebsüberdruck beansprucht. Dabei ist die Festigkeit der Verbindung ausschlaggebend.

In der Vakuumtechnik ist der Druck kleiner als der Umgebungsdruck. Dies entspricht einer Belastung unter Außendruck. Hier kommt es in erster Linie auf die Gasdichtheit der Verbindung an, was über eine Leckrate in mbar·l/s gemessen wird. Beispielsweise bedeutet eine Leckrate von 10^{-9} mbar·l/s einen Gasdurchgang von 1 ml in 32 Jahren, bei 10^{-1} mbar·l/s sind es 1 ml in 10 s. Die Leckrate ist u. a. abhängig vom Schweißprozess. Geringste Leckraten erzielt man mit den Schweißprozessen LASER, EB und Reibschweißen ($<10^{-6}$ mbar·l/s), bei WIG und WP ($<10^{-3}$) und bei LBH und MSG ($<10^{3}$).

Dies kann bei verschiedenen Vakua große Auswirkungen haben. Einteilung der Vakua:

Grobvakuum	1 bis 1000	mbar
Feinvakuum	10^{-4} bis 1	mbar
Hochvakuum	10^{-8} bis 10^{-4}	mbar
Ultrahochvakuum	unter 10^{-8}	mbar.

Mit den Schweißprozessen WIG, WP, LASER, EB und Reibschweißen erzielt man im Allgemeinen eine Dichtheit für ein Vakuum von 10^{-13} mbar, bei LBH und MSG nur bis 10^{-5} mbar.

Dies lässt sich mit der geringeren Anfälligkeit gegen Porosität der Schweißnähte bei Schweißprozessen wie Laser oder noch viel besser EB erklären.

Einige Grundregeln für die Gestaltung:

- dicht auf der Vakuumseite schweißen (Dichtnaht innen, Festigkeitsnaht außen), da sonst verbleibende enge Spalte und Lunker lange Entgasungs- und Auspumpzeiten verursachen; **Bilder 14-26** und **Bild 14-27**
- metallisch blanke, porenfreie Oberflächen herstellen, oxidierte Stellen neigen zur Gasabgabe;
- Baustähle nur bis Feinvakuum verwenden (schnelle Oxidation), nichtrostende Stähle und Aluminium für alle Dichtheitsbereiche; (kein Oxidationsproblem)
- nur beruhigt vergossene Stähle verwenden, unberuhigt vergossene sind in ihrem Gefüge nicht gasdicht, haben jedoch gasdichte Oberflächen;
- keine Überlappstöße schweißen;
- möglichst die Decknaht zur Vakuumseite legen und nicht die Nahtwurzel;
- Reibschweißen bei artverschiedenen Werkstoffen anwenden;
- bei Hartlötungen keine Flussmittel verwenden (Löten unter Schutzgas oder Vakuum).

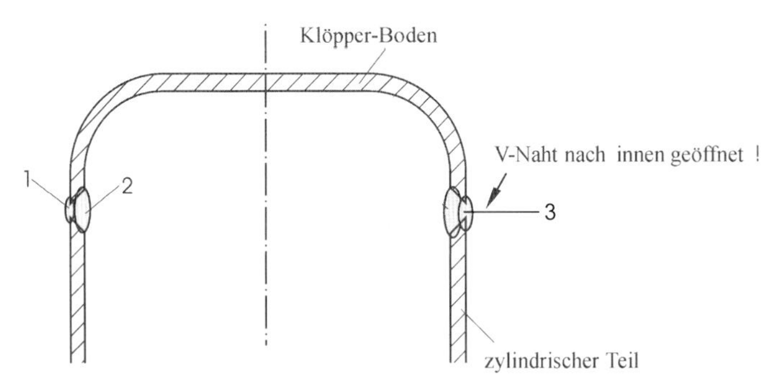

Aufbau der Schweißlagen nach folgender Reihenfolge:
1 Wurzel WIG von innen geschweißt
2 Decklage UP von innen geschweißt
anschließend Wurzel von außen ausgekreuzt !
3 Decklage UP von außen geschweißt

Bild 14-26
Schweißtechnischer Anschluss eines Klöpperbodens – innenliegende Dichtnaht

Beispielhafte Konstruktionen sind in folgender Darstellung im Vergleich zum Druckbehälterbau zu sehen (**Bild 14-27**): Die Festigkeitsnähte liegen in der Vakuumtechnik meist außen, während zusätzliche Dichtnähte von innen geschweißt sind.

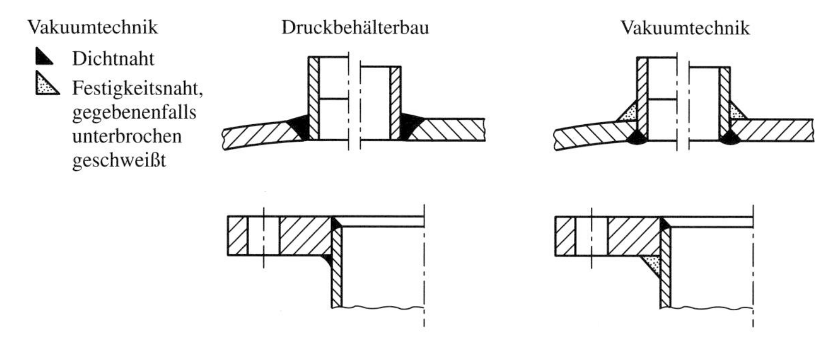

Bild 14-27 Vergleich zwischen Ausführungen von Schweißnähten aus Druckbehälterbau und Vakuumtechnik

14.2 Fertigungsgerechte Gestaltung

Eine fertigungsgerechte Gestaltung hängt eng mit der Wirtschaftlichkeit der Herstellung eines Erzeugnisses, dem Fertigungsablauf und der Verfahrenstechnik zusammen.

Der Konstrukteur hat bei einer fertigungsgerechten Gestaltung alle Schritte bis zum Endprodukt gedanklich abzuhandeln, d. h. er muss vom Vormaterialeinkauf über Nahtvorbereitung, schweißtechnischer Fertigung, Wärmebehandlung, Prüfung, Demontagefähigkeit, Transport, Farbgebung, Konservierung, Lagerung und Instandhaltung den gesamten Weg der Fertigung beachten und auswählen. Er bestimmt insbesondere maßgeblich den Schweißprozess mit der Gestaltung des geschweißten Bauteils. Dabei muss die fertigungsgerechte stets mit der beanspruchungsgerechten Gestaltung in Einklang gebracht werden.

Die fertigungsgerechte Gestaltung zielt immer auch auf eine kostengünstige Herstellung ab. Kriterien dafür sind:

- Ausnutzung des Schweißprozesses durch Optimierung des Einbrandes, Verkleinerung des Nahtöffnungswinkels, Minimierung des a-Maßes und Erzeugen kerbarmer Nahtübergänge,
- Einsatz kombinierter Prozesse wie Plasma-MIG/MAG, Laser-MIG/MAG, WIG-MIG/MAG,
- große Einbrandtiefen und schmale Nähte vorsehen,
- sensibler Parameteranpassung zum Erhalt wiederholgenauer Nähte für engere Toleranzen.

Im Folgenden sollen einige Anmerkungen für eine fertigungsgerechte Gestaltung gegeben werden, die dazu dienen, den Anforderungen an die Herstellung gerecht zu werden. Dies ist unabhängig davon, ob das geschweißte Teil im Stahlbau, Behälterbau, Maschinenbau oder in anderen Bereichen der Technik eingesetzt wird. Die Reihenfolge der Aufzählung ist willkürlich.

Allgemein

- so viel wie möglich in der Werkstatt fertigen, wenig Außenmontage, wenig Montagenähte;
- möglichst große Baugruppen in der Werkstatt vorfertigen, deren Transport zur Baustelle gerade noch wirtschaftlich ist (Baukastenprinzip), dabei Hebezeuge vor Ort und in der Werkstatt bedenken;
- Abmessung von Hilfsmitteln beachten, bspw. die Größe von Glühöfen (Spanntische, Verfahrlängen etc.), wenn die Teile nach dem Schweißen wärmebehandelt werden müssen;
- Herstellbarkeit ermöglichen, in schwierigen Fällen Modelle anfertigen;
- Prüfbarkeit bedenken (verfahrensabhängige Zugänglichkeit); siehe Abschnitt 14.5;
- auf gute Zugänglichkeit und optimale Schweißposition (wenn möglich PA = Wannenlage) achten (schweißprozessabhängig) – Neigungswinkel der Elektrode, Durchmesser der Gasdüse des Brenners bei MSG und engen Verhältnissen am Blechstoß beim Einschweißen von Knotenblechen, evtl. Brenner mit getrennter, nachgeführter Schutzgaszuführung benutzen;
- Arbeitsplatz und Position des Schweißers bedenken (sitzend, Zwangslage);
- Abstimmung Montagefolge – Schweißfolgepläne;
- instandhaltungsgerecht gestalten – Verschleißteile müssen leicht austauschfähig sein;
- allgemein die Nachbehandlung der Bauteile beachten – Wärmebehandlung, spanende Bearbeitungen, Oberflächenbeschichtungen;
- keine geschlossenen Hohlräume anordnen, wenn nach dem Schweißen eine Wärmebehandlung gleich welcher Art oder eine Oberflächenbeschichtung wie Feuerverzinken verlangt ist; zur Abhilfe Entlüftungsbohrungen oder unterbrochene Nähte vorsehen;
- Nähte in weniger beanspruchte Zonen legen, vor allem bei höherfesten Werkstoffen;
- endabmessungsnahe Halbzeuge verwenden (abgekantete Bleche einsetzen, um Anzahl der Schweißnähte zu minimieren), dabei deren Toleranzen beachten;
- an schwierigen Stellen Stahlguss- oder Schmiedeteile einsetzen, um Nahtanhäufungen zu vermeiden;
- Werkstoffverluste beim Zuschnitt der Einzelteile klein halten (Brennplan), dabei die Längenausdehnung der bereits erwärmten Bleche und deren anschließendes Schrumpfen beim Abkühlen beachten (Maßunterschreitung);
- Heftstellen beachten – sie sollten wenn möglich vor dem Schweißen der Naht wieder entfernt werden oder mit Hilfe eines energiereichen Schweißprozesses mit tiefem Einbrand überschweißbar sein.

Nahtausführung / Konstruktion

- Nahtdicke bei nachträglicher mechanischer Bearbeitung ausreichend groß wählen (große Einbrandtiefe bei Kehlnähten wählen, falls a-Maß abgearbeitet werden muss);
- eine Lamellenbauweise ist besser als dicke Bleche, bei denen es zu mehrachsigen Spannungszuständen kommen kann. Grund: Werkstoffinhomogenitäten sind bei kleineren Blechdicken wesentlich geringer, z. B. kleine Lunker (dünnere Bleche benötigen mehr Walzstiche und erhalten durch Zwischenglühungen wesentlich homogenere Gefüge als dicke Bleche);
- möglichst lange, durchgehende Nähte schweißen, mechanisierte und automatisierte Schweißungen in Wannenlage (PA) anstreben;

- dünne durchgehende anstatt dicke unterbrochene Nähte;
- geringstmögliche Anzahl von Schweißnähten und geringstes Schweißgutvolumen auswählen, schmale, tiefe Einbrände vorsehen, Einsatz von Halbzeugen und abgekanteten/umgeformten Teilen (**Bild 14-28**); siehe hierzu auch Kapitel 12.85 und 12.86;

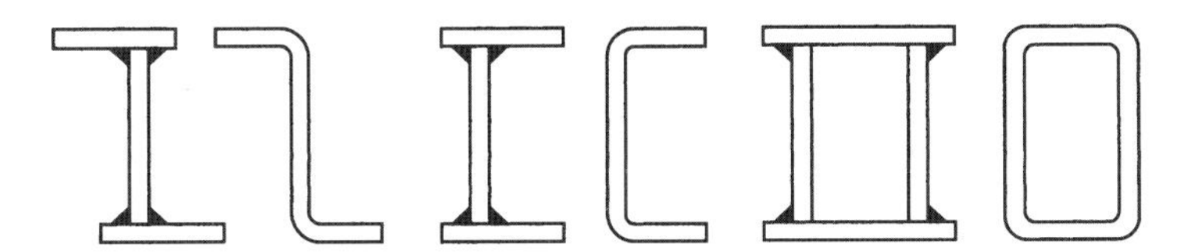

Bild 14-28 Reduktion (Vermeidung) von Schweißnähten aufgrund abgekanteter oder formgedrückter Profile (Beispiel aus Rundrohr wird Rechteckrohr geformt = gerollt)

- Rahmenkonstruktionen aus fertigen Profilen herstellen, z. B. aus gewalzten bzw. kaltumgeformten Profilen aus Rohren oder Blechen;
- symmetrisches Schweißen mit zwei Schweißköpfen gleichzeitig oder mit vier Schweißköpfen gleichzeitig von der Mitte des Bauteils zum Rand;
- bei Dünnblechkonstruktionen schmelzgeschweißte Bördelnähte vorsehen – Verzugsminimierung;
- Verminderung von Schweißverformungen bei dünnwandigen Bauteilen durch Anordnung von Sicken zur Dehnungsaufnahme;
- Nahtart und Fugenform an Werkstückdicke und -form anpassen und festlegen;
- spitze Winkel, enge Spalte und kleine Öffnungswinkel vermeiden;
- Überstände durch größere Einbrandtiefen bei Kehlnähten anordnen;
- eine möglichst symmetrische Nahtanordnung in Bezug auf die Schwerachse des Bauteils wählen (**Bild 14–29**).

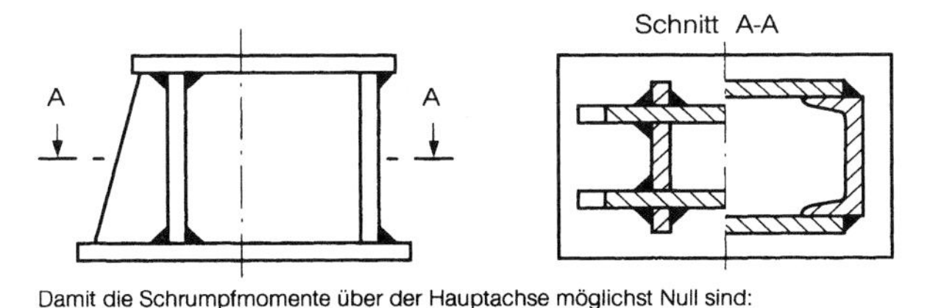

Damit die Schrumpfmomente über der Hauptachse möglichst Null sind:
Nähte symmetrisch und nahe der Symmetrieachse anordnen.
Forderungen erfüllbar (a bis c), Forderungen nur für eine Achse erfüllbar (d).

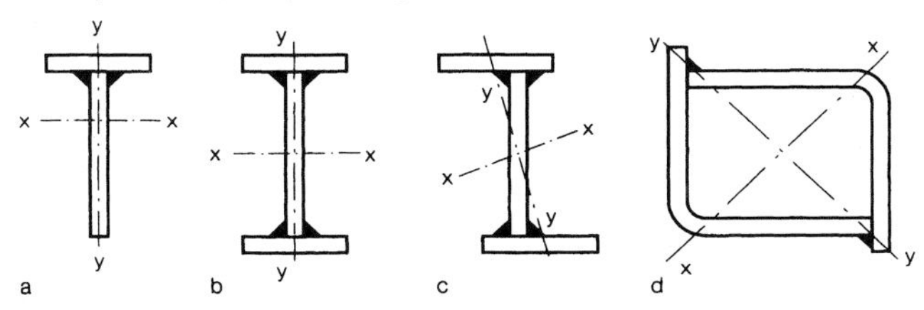

Bild 14-29 Symmetrische Nahtanordnung zur Vermeidung der Schrumpfmomente

Schweißprozess

- die Leistungsdichte (=Wärmeeintrag) des Schweißprozesses berücksichtigen (Schweißprozess auf Blechdicken bzw. Bauteilabmessungen abstimmen) (**Bild 14-30**);
- Schweißprozess und Schweißposition müssen aufeinander abgestimmt sein, bspw. UP geht am besten in Wannenlage (PA und PB) und in Querposition (PC);
- die Automatisierbarkeit von MSG, UP und Widerstandspunktschweißen (RP) ist gut, die von G und LBH dagegen nicht möglich;
- Naht- und Bauteilvorbereitung muss zum Schweißprozess passen;
- bei Baustellenschweißungen beachten, dass der Schweißprozess unter schwierigen Umständen (Zugänglichkeit, Witterung) noch ausführbar bleibt, da oft große Baustellenspalte zu überbücken sind;
- Einsatz von Hochleistungsschweißprozessen überlegen (Doppeldraht, Zweidraht, Dickdraht und UP) – Robotertauglichkeit prüfen.

Dieses Bild bitte ohne gelbe Markierung neu zeichnen, alle Schweißprozesse mit gleicher Balkenfarbe im gleichen Abstand zueinander anordnen, Text aus Diagramm entfernen; oder dieses übernehmen:

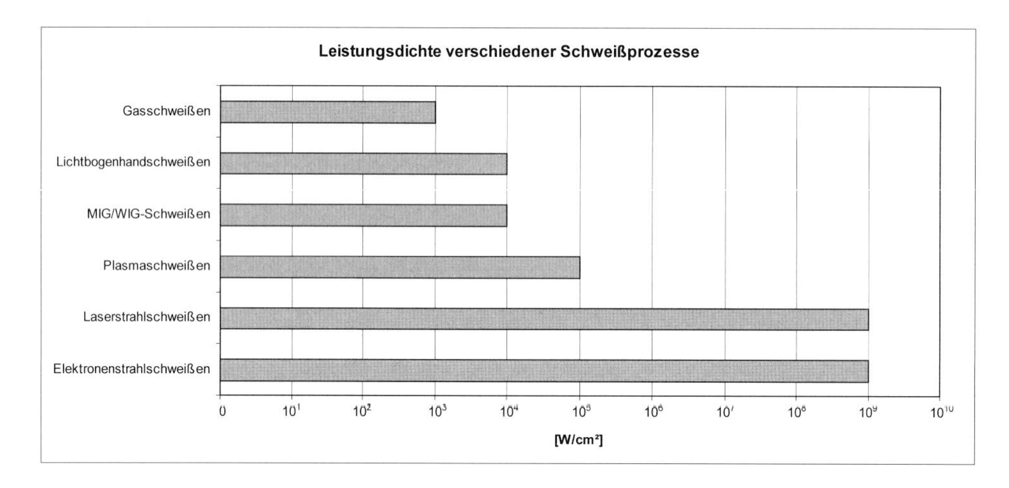

Bild 14-30 Leistungsdichte verschiedener Schweißprozesse

Für die Gestaltung eines geschweißten Bauteils ist die Auswahl des Schweißprozesses von besonderer Bedeutung. In Abhängigkeit der verschiedenen Prozesse sollen im Folgenden einige Hinweise für die Konstruktion gegeben werden.

Wolfram-Plasma-Schweißen (WP)

Mit diesem Schweißprozess lassen sich Stumpfstöße ohne Spalt und ohne Schweißzusatz bis zu Wanddicken von 6 bis 8 mm, z. T. auch bis 15 mm bei Stählen und bis 12 mm bei Aluminium beherrschen. Die Schweißungen ergeben röntgensichere Nähte. Die Nahtvorbereitung muss jedoch zerspanend vorgenommen werden. Bei der Stichlochtechnik entsteht eine geringere Schrumpfung, wesentlich geringer als bei mehrlagigen Schmelzschweißprozessen. Es ist ein verzugsarmer Schweißprozess. (**Bild 14-31** bis **Bild 14-34**)

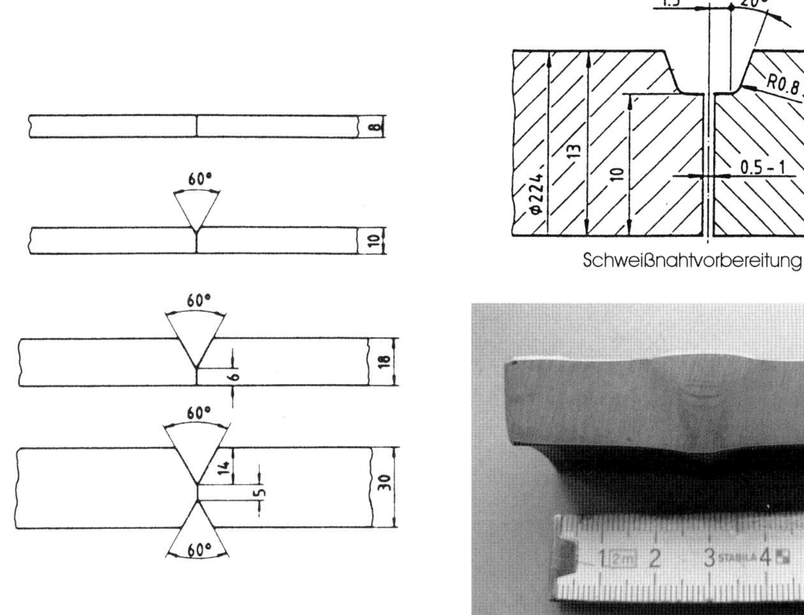

Bild 14-31
Nahtvorbereitung zum Plasmaschweißen

Bild 14-32
Makroschliff eines Stumpfstoßes an einem Schleudergussrohr mit 24 % Chrom und 35 % Nickel

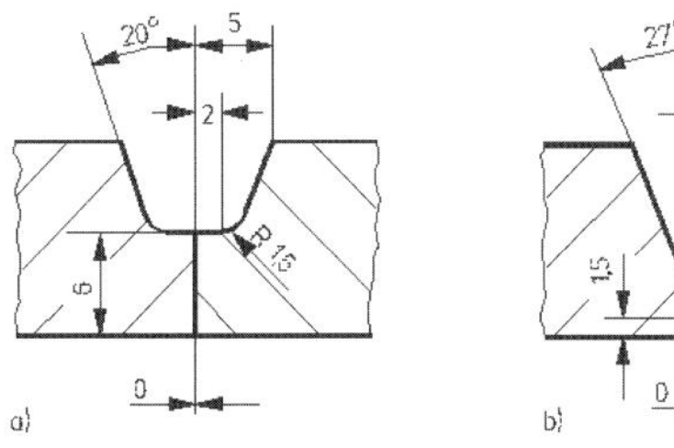

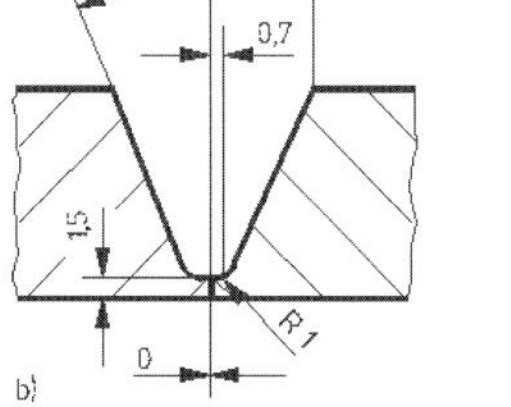

Bild 14-33
Vergleich der Nahtvorbereitungen zwischen a) Plasmaschweißen und b) WIG

Nachfolgend eine Berechnung des Wärmeeintrages im Vergleich WP und WIG

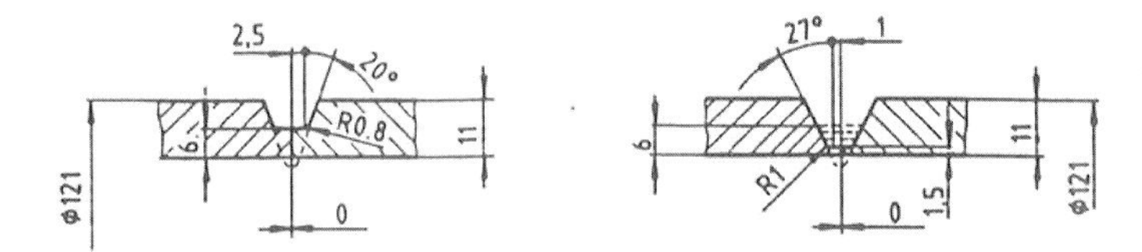

Bild 14–34 Schleudergussrohr PG 24/35 Nb Wanddicke 11 mm

Berechnung des Wärmeeintrages zum Schweißen eines Schleudergussrohres, Werkstoff hochlegierter Stahl mit 24 % Chrom und 35 % Nickel, Außendurchmesser 121 mm, Wanddicke 11 mm, Schweißposition Wannenlage, Rohr rotiert, halbautomatische Prozesse WIG und WP im Vergleich, WIG mit Schweißzusatz, WP ohne Schweißzusatz, Vergleich bis zu einer geschweißten Wanddicke von 6 mm:

Wärmeeintrag berechnet nach: $Q = \frac{I_s \times U_s}{v_s} \times 60$

	WP	WIG
Schweißstrom I_s in A	170	180
Schweißspannung U_s in V	28	19
Schweißgeschwindigkeit v_s in cm/min	16	9
Wärmeeintrag pro Lage in J/cm nach	17850	22800
Anzahl der Lagen bis 6 mm Wanddicke geschweißt	1	2,5
Wärmeeintrag in J/cm	17850	57000

Der Wärmeeintrag in das Bauteil beträgt beim manuellen WIG-Schweißen mehr als dreimal so viel wie beim halbautomatischen Plasmaschweißen (berechnet bis zu einer geschweißten Wanddicke von 6 mm).

Widerstandspunktschweißen (RP)

Einige prinzipielle Anmerkungen zur Gestaltung der Teile in Verbindung mit den Besonderheiten des Schweißprozesses:

- auf Zugänglichkeit der Elektroden achten, da sonst geformte Spezialelektroden benötigt werden; (**Bild 14-35**)
- gerade und formsteife Elektroden, die eine große, ebene und parallele Auflagefläche haben, verwenden, um einen unkontrollierten Stromübergang zu vermeiden und den Elektrodeneindruck klein zu halten; (**Bild 14-36**)
- bei schlechter Zugänglichkeit wird empfohlen, auf die problemlosere Buckelschweißung zu gehen.

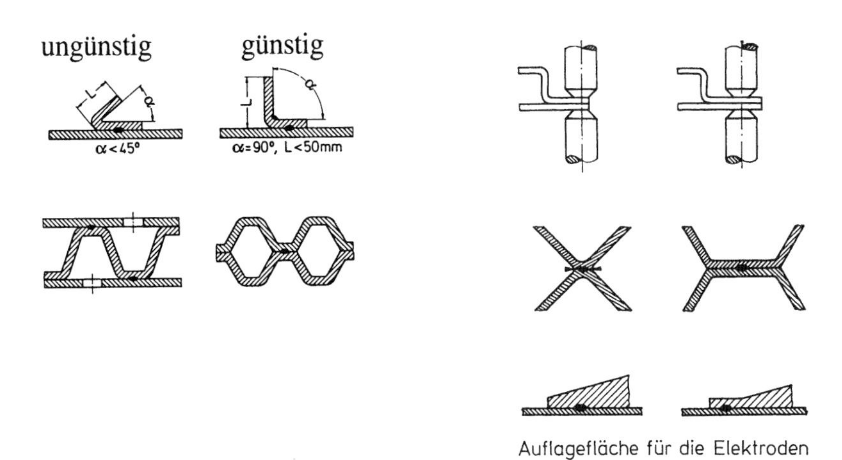

Bild 14-35
Regeln für die Gestaltung von Punktschweißverbindungen

Bild 14-36
Detailgestaltung von Punktschweißverbindungen

Die **Bilder 14-37** bis **14-42** zeigen die Auswirkungen des Nebenschlusses bei Punktschweißungen. Die Punktreihenfolge 1 (erster Punkt) bis 6 (letzter Punkt) ist eingetragen. Im Beispiel wurde jeder Schweißpunkt mit derselben eingestellten Leistung geschweißt. Mit zunehmenden Schweißpunkten floss ein zunehmender Nebenschlussstrom, wodurch für den neu zu schweißenden Punkt immer weniger Restleistung zur Verfügung stand. Für jede Blechdicke, Schweißstromhöhe, Elektrodendurchmesser, Elektrodenanpresskraft und für jeden Werkstoff (bei stark unterschiedlichen elektrischen Leitfähigkeiten) gibt es einen Mindestpunktabstand, bei dem der Schweißstrom zu 97 % nur durch die zwischen den Elektroden befindlichen Werkstoffen von Elektrode zu Elektrode fließt, d. h. der Nebenschluss vernachlässigt werden kann. Bei 2 x 1,5 mm dicken Stahlblechen sind dies 27 mm (14,5 kA), bei Chrom-Nickel-Stahlblechen 16 mm (7 kA) und bei Aluminium-Blechen 18 mm (25 kA). Bei 5 mm dicken Stahlblechen sind dies schon 60 mm!

Das vorhandene Beispiel zeigt Punktschweißungen an zwei 8 mm dicken Stahlblechen, wo für die Nebenschlussfreiheit der Punktabstand 95 mm betragen müsste. Es wurden nur ca. 20 mm eingehalten, wodurch nur der erste Schweißpunkt nebenschlussfrei geschweißt wurde. Mit zunehmender Punktzahl waren immer mehr Nebenschlussstrombrücken vorhanden, wodurch die erhaltene Schweißlinse von Durchmesser 12 mm beim 1. Punkt bis auf ca. 3 mm beim letzten Punkt zurückging.

- Schweißpunktabstände untereinander beachten, sie ergeben einen Stromnebenschluss; (**Bilder 14-37** bis **14-42**)
- bedingt schweißgeeignete Werkstoffe mit besser schweißgeeigneten kombinieren, Bsp. Deckblech auf Federstahl (**Bild 14-43**);
- bei mehrschnittigen Verbindungen dünne Bleche zwischen dicken anordnen;
- Strom auf den kürzesten Weg zur Schweißstelle leiten, kurze Auslegerarme (Fensterverlust verringern!).

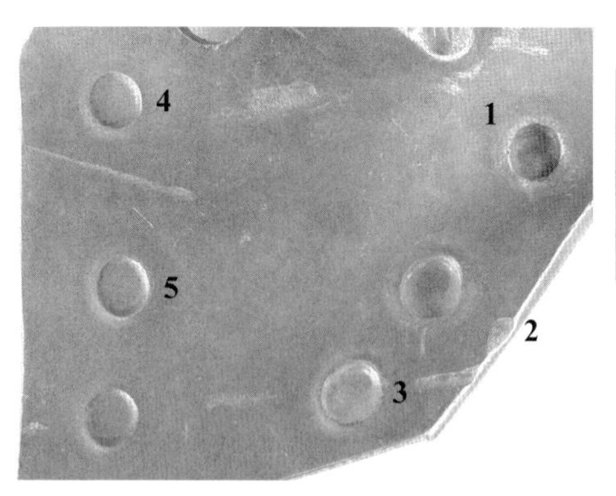

Bild 14-37
Punktschweißen im Versuch – Vorderseite eines Bleches mit unterschiedlichen Eindrucktiefen der Elektrode

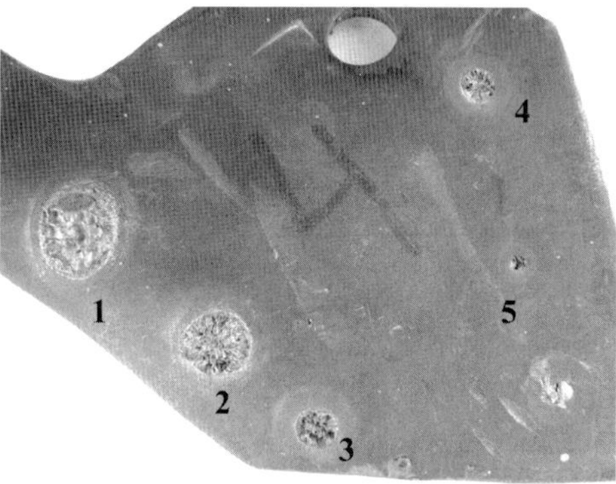

Bild 14–38
Rückseite des Bleches aus Bild 14-37 (spiegelbildlich), bei dem die unterschiedliche Größe des Schweißpunktes nach dem Aufbrechen zu sehen ist

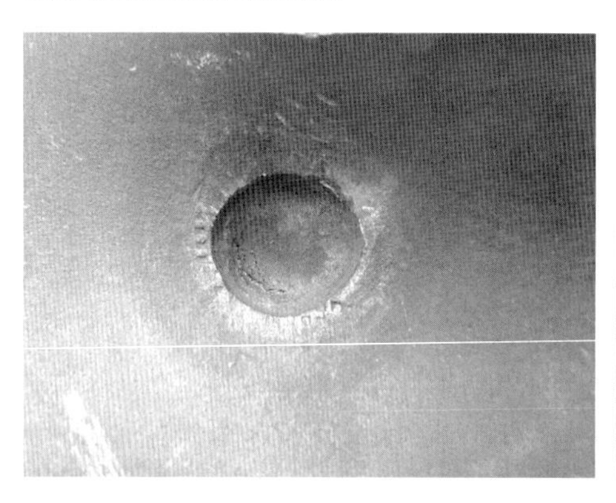

Bild 14-39
Schweißpunkt Nr. 1 – Vorderseite

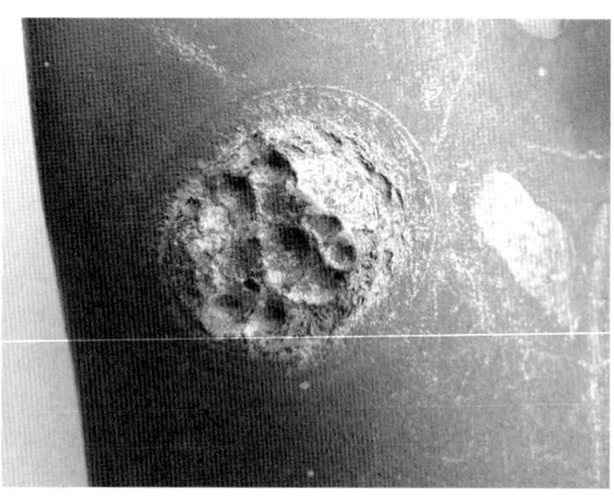

Bild 14-40
Schweißpunkt Nr. 1 – Rückseite des Bleches aus Bild 14-39; Abriss zwischen den Blechen

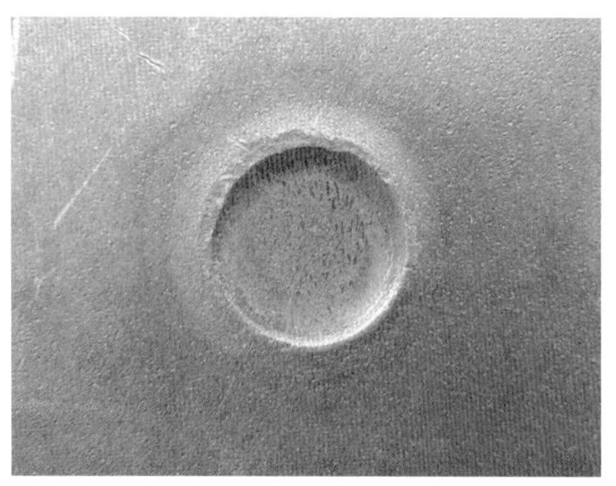

Bild 14-41
Schweißpunkt Nr. 5 – Vorderseite

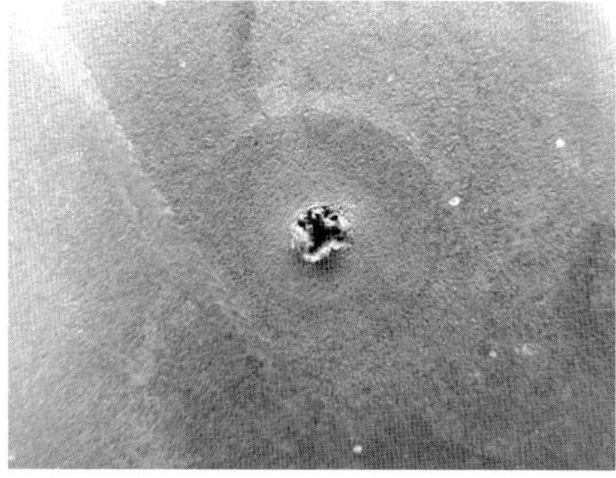

Bild 14-42
Schweißpunkt Nr. 5 – Rückseite

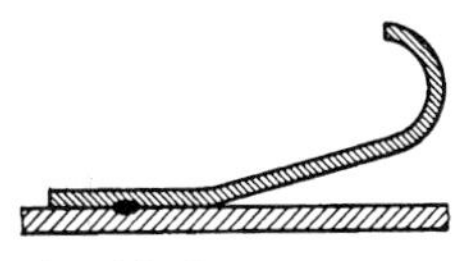

a) schlecht

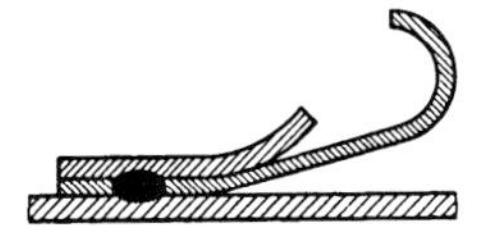

b) gut

Bedingt schweißgeeigneter Werkstoff

Bild 14-43
Deckblech auf Federstahl beim Punktschweißen

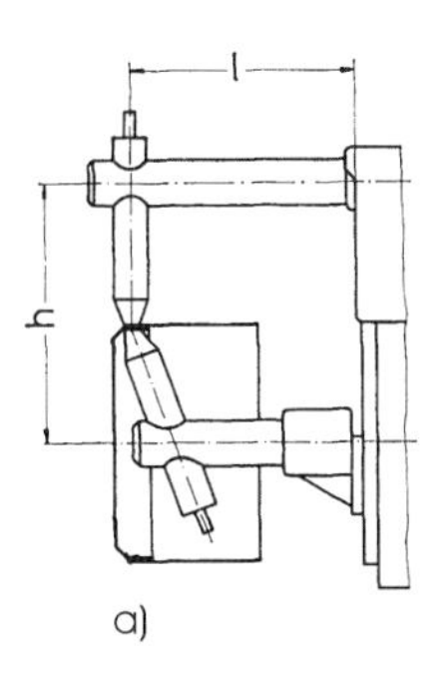

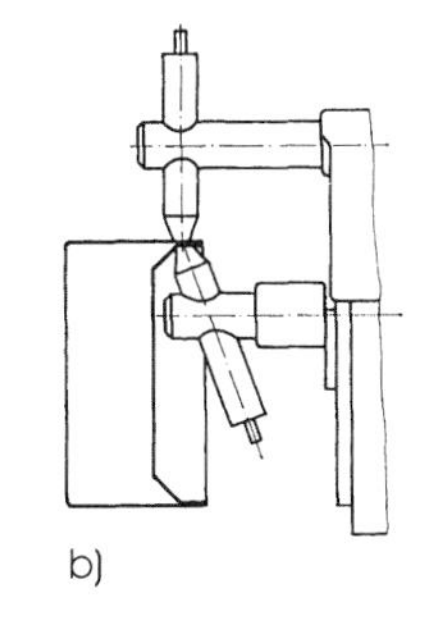

Bild 14-44
Beispiele für günstige (b) und ungeeignete (a) Punktanordnung beim Punktschweißen (Fensterverlust)

- Elektroden nur ausnahmsweise aus der Lotrechten neigen (Steifigkeit)

Widerstandsbuckelschweißen (RB)

Die Buckelform und die Anzahl der Buckel (möglichst < 4) bestimmen die Güte der Schweißverbindung. Ringbuckel sind dabei steifer als Rundbuckel. Randbuckel wählt man zum Aufschweißen von Muttern. Natürliche Buckel sollten genutzt werden (rund auf flach, rund auf rund 90° versetzt).

Auf den **Bildern 14-45** bis **14-47** sind „natürliche" Buckel zu sehen.

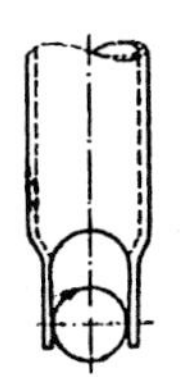

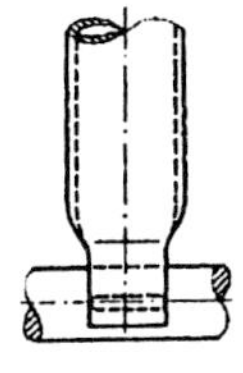

Bild 14-43
Anwendungsfälle natürlicher Buckel

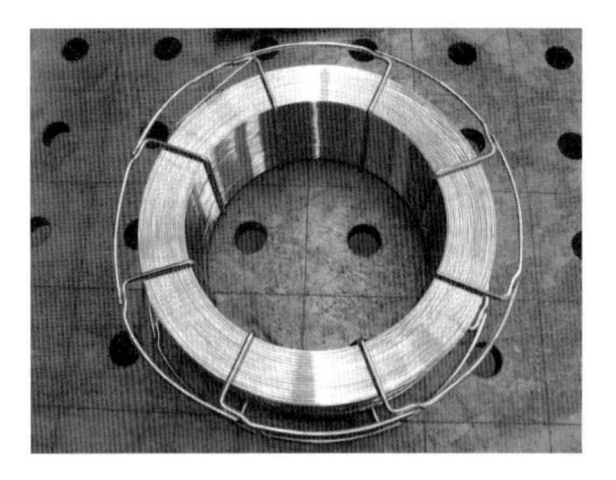

Bild 14-46
Widerstandsbuckelschweißverbindung an einer Korbspule für Massiv-Schweißdrähte

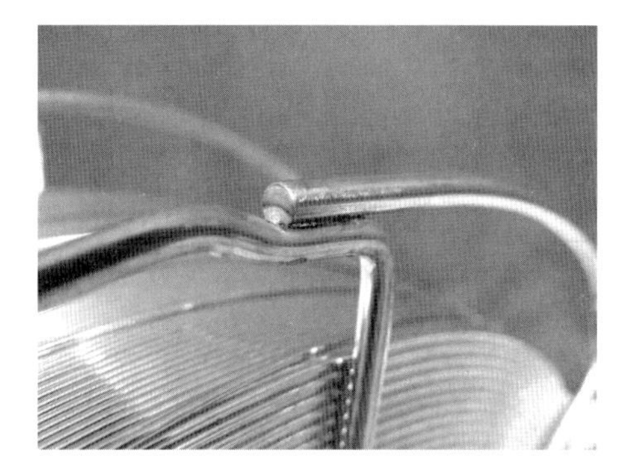

Bild 14-48
Detail aus Bild 14-46
– Widerstandbuckelschweißung rund auf rund

Widerstandsrollennahtschweißen (RR)

Hier muss die Zugänglichkeit der Schweißrollen zur Naht gegeben sein, was bei der Konstruktion beachtet werden muss. Es werden heute ausnahmslos Dichtnähte hergestellt. Früher gab es Punktschweißungen mit definierten Abständen.

Zwei ebene Bleche werden zum Test mit einer Rollnaht ringsum dicht verschweißt. Über den einseitig angeschweißten Stutzen wird Wasser mit bis zu 55 bar in den Zwischenraum gedrückt. Beide Bleche wölben und verformen sich, während die Rollnaht dicht bleibt (**Bilder 14-48** und **14-49**).

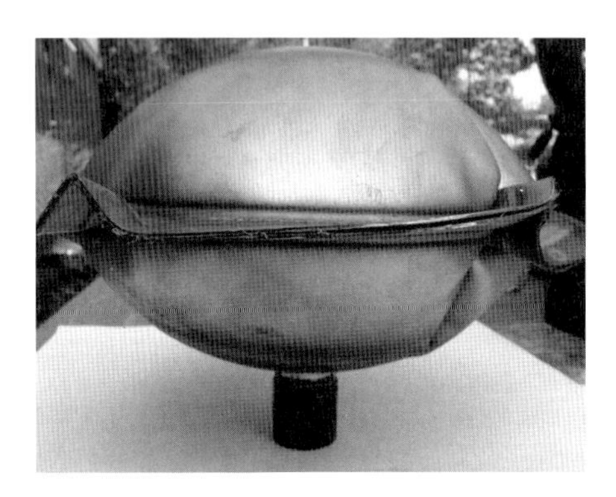

Bild 14-48
Widerstandsrollnahtgeschweißte Bleche nach dem Drucktest mit Wasser

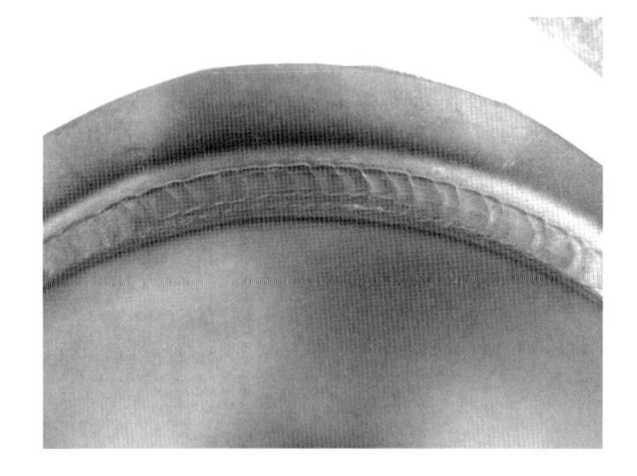

Bild 14-49
Rollnaht aus Bild 14-48

Widerstands-Abbrennstumpfschweißen (RA)

Folgende prozessbedingten Besonderheiten sind zu beachten:

- ein Stromnebenschluss kann auftreten, bspw. beim Herstellen von Kettengliedern – Ausgleich durch höhere Leistungen;
- der Stauchgrat hat keinen Einfluss auf die statische Festigkeit, sollte aber bei dynamischer Beanspruchung entfernt werden;

– ungünstig ist es, wenn die Schweißstelle im Winkel von 45° zur Stauchrichtung liegt. Die Unterseite wird in einer Tiefe von Stauchweg x $\sqrt{2}$ nicht verschweißt, da sie nicht im Abbrennbereich lag.

Die **Bilder 14-50** und **14-51** zeigen zwei Beispiele für das Abbrennstumpfschweißen.

Bild 14-50
Abbrennstumpfgeschweißtes Gabelstück vom Fahrrad

Bild 14-51
Felge aus Aluminium – der Stauchgrat wurde hier noch nicht entfernt

Elektronenstrahlschweißen (EB)

Bei diesem Schweißprozess müssen die Teile grundsätzlich vor dem Schweißen mechanisch bearbeitet sein. Insgesamt ist auf Folgendes zu achten:

– spaltfreie Fügekanten wählen, möglichst als Schrumpfsitz und mit Zentrieransatz gestalten **Bild 14-52**);
– Teile müssen in eine Vakuumkammer passen; (Ausnahme: Elektronenstrahlschweißen an der Atmosphäre)
– Zugänglichkeit des Strahls und Einsicht auf die Strahlpositionierung ermöglichen;
– Nuten, Taschen oder Entlüftungsbohrungen vorsehen, um eine sichere Durchschweißung ohne Schlackezeilen zu gewährleisten (**Bild 14-53**);
– Entlastungsnuten bei großen Querschnittsunterschieden eindrehen (**Bild 14-53**).

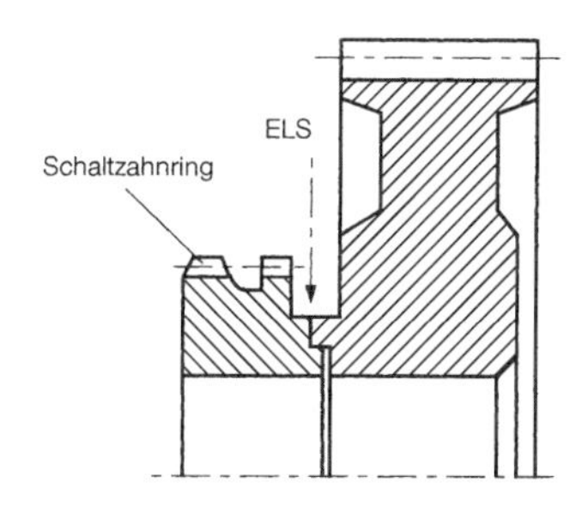

Bild 14-52
Anpassung ungleicher Querschnitte beim Elektronenstrahlschweißen

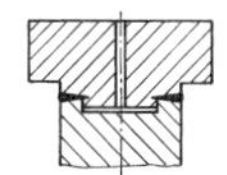
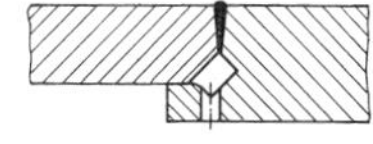
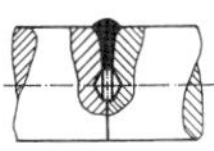
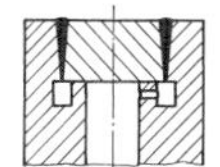

Bild 14-53
Beispiele für Nuten, Taschen oder Entlüftungsbohrungen für sichere Durchschweißung ohne Schlackezeilen

Bild 14-54
Vorbereitete Teile zum Elektronenstrahlschweißen – eine Nabe aus Stahl mit einem Ring aus Bronze

Bild 14-55
Elektronenstrahlschweißnaht eines Schneckengetrieberades aus Stahl/Bronze

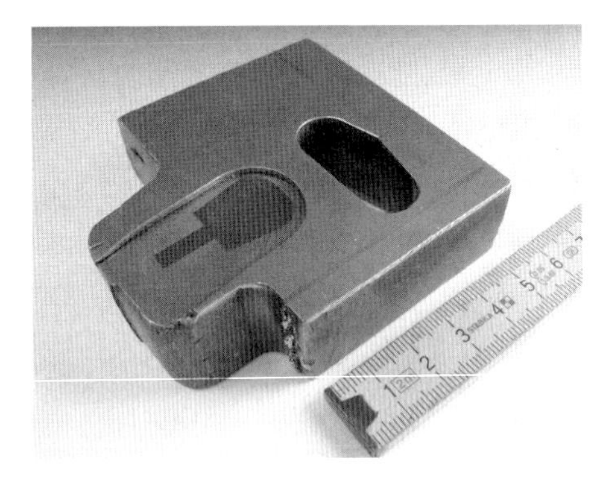

Bild 14-56
Elektronenstrahlgeschweißte Kolben eines Motors – das Nahttiefe – Nahtbreite-Verhältnis beträgt ca. 70 : 1 mm

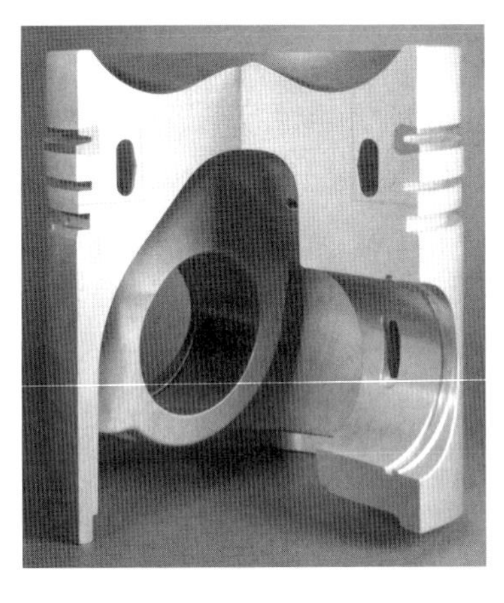

Bild 14-57
Zwei sichtbare schmale und tiefe Schweißnähte des Kolbens wie Bild 14-56

Laserstrahlschweißen (LASER)

Für das Laserstrahlschweißen gelten im Wesentlichen ähnliche Hinweise, die beim Elektronenstrahlschweißen gegeben wurden, nur dass hier kleinere Wanddicken verarbeitet werden (**Bild 14-58**). Auch kann der Strahl analog dem Elektronenstrahlschweißen Bauteile durchdringen, um auf der Unterseite eine Schweißnaht auszubilden (**Bild 14-59**).

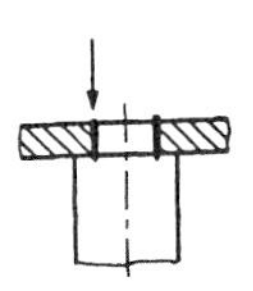

Bild 14-58
Laserschweißen bei medizinischen Geräten

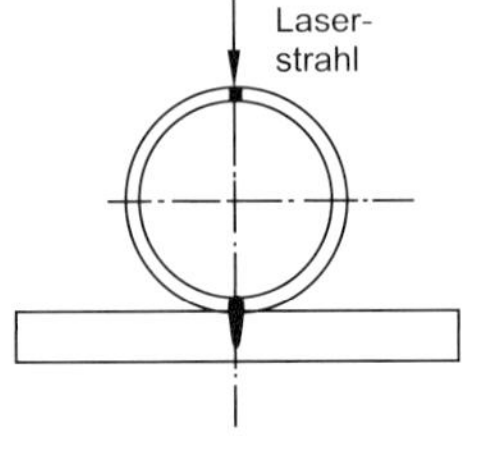

Bild 14-59
Laserstrahl durchdringt den Ring – Schweißnaht bildet sich auf der Unterseite aus.

Die durchschweißbaren Blechdicken, die beim Elektronenstrahlschweißen bis 200 mm gelingen, sind beim Laserstrahlschweißen auf ca. 30 mm begrenzt.

Reibschweißen (FW)

Reibgeschweißt werden die unterschiedlichsten Werkstoffe und Formen, überwiegend aber rotationssymmetrische Teile. Dabei entsteht ein Wulst innen und außen und wird bei dynamischer Beanspruchung üblicherweise mechanisch entfernt. Oft geschieht dies unmittelbar nach dem Schweißen in derselben Aufspannung, d. h. der Wulst wird noch im rotglühenden Zustand abgedreht. Die **Bilder 14-60 bis 14-65** zeigen eine Vielfalt möglicher Fügegeometrien beim Reibschweißen.

Bild 14-60
Rechteckige Formen werden unter Schutzgas reibgeschweißt, um die Oxidation der Fügeflächen, die beim Rotieren Kontakt zur Atmosphäre haben, zu verhindern

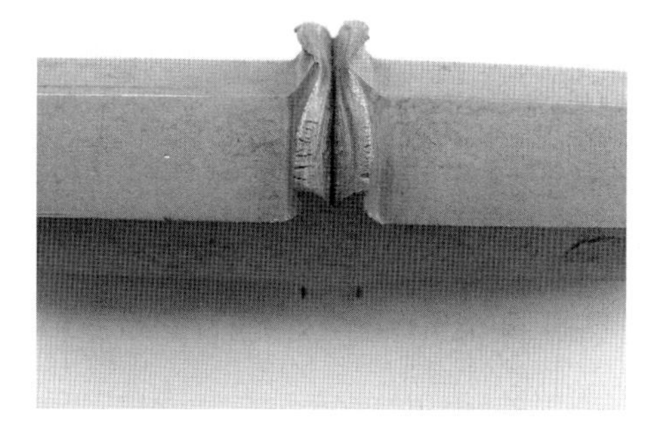

Bild 14-61
Sechskant reibgeschweißt und einseitig angeschliffen; bei eckigen Profilen benötigt man ein Positioniersystem, um im richtigen Moment die Drehbewegung zu stoppen und den Stauchvorgang einzuleiten (Drehimpulszählsystem)

Bild 14-62
Gabel und Rundmaterial durch Reibschweißen verbunden

Bild 14-63
Bruchprobe an der Reibschweißverbindung Gabel – Rundmaterial; die Gabel bricht im Grundmaterial, nicht aber in der Naht

Bild 14-64
Schliffbild durch einen reibgeschweißten Achsschenkel mit Wulst, Durchmesser ca. 80 mm

14.3 Werkstoffgerechte Gestaltung

Bei der schweißtechnischen Fertigung einer Konstruktion ist die Schweißeignung durch den Werkstoff bedingt. Die chemischen, physikalischen und metallurgischen Eigenschaften bestimmen demnach die Gestaltung des Bauteils. Die dabei auf die Konstruktion wirkenden wichtigsten Faktoren sind die Neigung des Werkstoffs zur Rissbildung, sein Schmelzbadverhalten (Viskosität des Schmelzbads, Schmelzbereich und erforderliche Schmelzwärme des Grundwerkstoffs), seine Wärmeleitfähigkeit und Wärmeausdehnung.

14.3.1 Nahtvorbereitung und Fugenform

Fugenformen und deren Auswahl sind im Kapitel 13.2 beispielhaft beschrieben. Die in den Normen genannten Maße und Maßbereiche sind Erfahrungswerte und gelten für voll angeschlossene Stumpfstöße. Im Wesentlichen sind in DIN 2559, Teil 2 bis 4, die Nahtvorbereitungen und Fugenformen an Rohrleitungen beschrieben. DIN 8553 zeigt die Schweißnahtvorbereitung an Kupfer- und Kupferlegierungen. DIN EN ISO 9692, Teil 1 bis 4, empfiehlt Fugenformen für Stahlwerkstoffe, Aluminium und Aluminiumlegierungen, sowie plattierte Bleche. Unterschieden wird neben den Werkstoffen auch nach den Schweißprozessen und Wanddicken.

Bei Aluminium- und Magnesiumlegierungen ist bei der Nahtvorbereitung auf folgende Besonderheit zu achten: Bei den üblichen Lichtbogenschweißprozessen wird die störende Oxidhaut nur beseitigt, wenn der Lichtbogen die Werkstück- und Nahtflanken direkt erreicht. Hinterschnitte oder hohe Stege bedingen Bindefehler! (**Bild 14-65**)

Richtig: Angefast

Oxide von Stirnflächen werden vollständig ausgeschwemmt; guter Wurzeldurchhang

Falsch: Nicht angefast

Oxide von Stirnflächen werden nicht vollständig ausgeschwemmt; es entsteht eine Oxidkerbe

Bild 14-65
I-Naht: Anfasen der wurzelseitigen Blechkante bei Aluminium und Magnesium

14.3.2 Gestaltung bei Oberflächenbeschichtungen

Zunächst unterscheidet man bei der Gestaltung Oberflächenbeschichtungen, die vor dem Schweißen bereits vorhanden sind und Bauteile, die erst nach dem Schweißen beschichtet werden sollen.

Für Teile, die oberflächenbeschichtet werden sollen, müssen folgende Gestaltungsgrundsätze beachtet werden:

- alle scharfen Kanten, Schweißspritzer und Unebenheiten (Naht) beseitigen;
- Hohlräume beim Feuerverzinken mit Entlüftungsbohrungen versehen;
- offene Spalte beim Feuerverzinken vermeiden bzw. Spalte von ≥ 1 mm bei einer Spalttiefe bis max. 6 mm vorsehen;
- Verzugsgefahr beim Schmelztauchen beachten → Sicken, Wölbungen oder Aussteifungen vorsehen – Eigenspannungen, die im Zinkbad abgebaut werden, bedeuten Verzug (die Zinkbadtemperatur von 550 °C entspricht der Temperatur zum Spannungsarmglühen)!
- Zugänglichkeit für den Überzug schaffen.

Die **Bilder 14-66 bis 14-69** zeigen Empfehlungen für verzinkungsgerechte Konstruktionen.

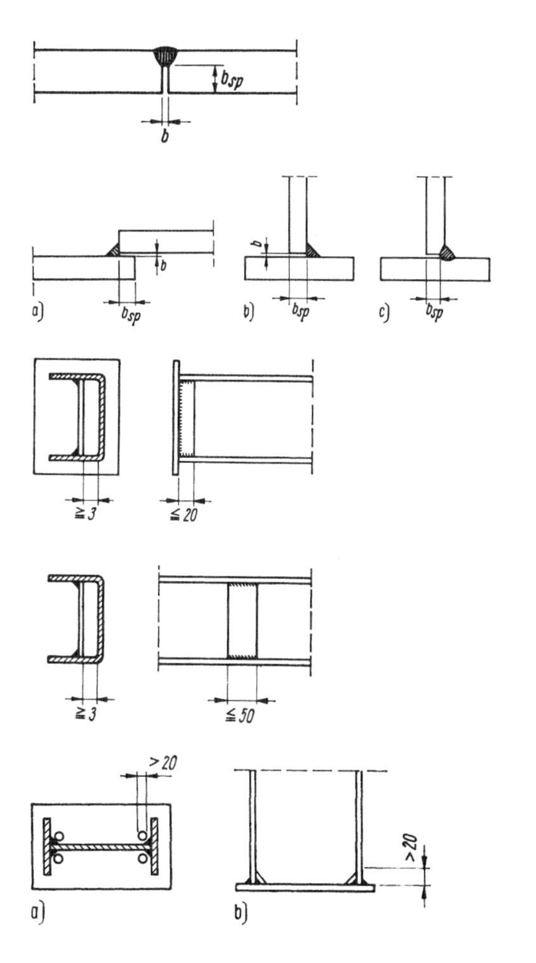

Bilder 14-66
Zulässige Spaltbildung bei Feuerverzinkung; Schweißnähte ohne vollen Querschnittsanschluss; b ≥ 1 mm

Bilder 14-67
Zulässige Spaltbildung bei Feuerverzinkung; Kehlnähte; b ≥ 1 mm

Bild 14-68
Anforderungen an nicht dichtgeschweißte Überlappungen bei Feuerverzinkung

Bild 14-69
Anordnung von Bohrungen a) und von Freischnitten b)

Bild 14-70
Fußbereich einer Stahlstütze, die vor dem Feuerverzinken geschweißt wurde – Bohrung und Freischnitt

Sind Bauteile bereits oberflächenbeschichtet, muss zunächst zwischen Fertigungsbeschichtungen (Shop-Primer – organische Beschichtungen) und metallischen bzw. nichtmetallischen Überzügen unterschieden werden. Fertigungsbeschichtungen sind vorwiegend Farbanstriche, die aus Bindemitteln, Pigmenten, Lösungsmitteln und Zusatzstoffen bestehen. Diese Bestandteile verbrennen im Lichtbogen. Die Verbrennungsgase bilden Poren und können den Schweißnahtquerschnitt erheblich reduzieren (**Bild 14-71**). Deshalb verwendet man meist Schweißzusätze, die gasbindende Elemente enthalten. Das sind Titan, Aluminium, Silizium oder Mangan. Zum Überschweißen von Fertigungsbeschichtungen im Stahlbau ist die DASt Richtlinie 006 zu beachten.

Bild 14-71
Überschweißen von Fertigungsbeschichtungen – Bruchfläche einer Kehlnaht, die wegen ungenügender Ausgasung einen enormen Anteil Poren enthält

Bei metallischen Überzügen, insbesondere verzinkten Teilen, kommt es durch die Verdampfung von Zink zu einer verstärkten Spritzer- und Porenbildung. Bei einer Siedetemperatur von knapp über 900 °C ist Zink bereits verdampft, während Stahl noch nicht geschmolzen ist. Durch das verdampfende Zink kommt es zu Turbulenzen im Lichtbogen.

Zum Überschweißen von verzinkten Teilen gilt allgemein:

- Spalt zwischen den Fügeteilen zulassen; hier können sich Gase aus der Verbrennung der Beschichtung ansammeln bzw. entweichen und so die Porenanzahl in der Schweißnaht mindern;
- kleinen Anpressdruck zwischen den Fügeteilen wählen; großer Anpressdruck bedeutet kleiner Spalt und somit mögliche Poren in der Naht;
- die erste Raupe einer Kehlnaht so groß und energiereich wie möglich schweißen, so dass die Beschichtung im Nahtbereich vorlaufend verbrennt;
- allgemein hoher Wärmeeintrag (hoher Schweißstrom, kleine Vorschubgeschwindigkeit) lässt die Beschichtung verbrennen; das bedeutet geringere Porengefahr (**Bild 14-72**);
- glatte Oberflächen erzeugen mehr Poren im Schweißgut. Bei rauen Oberflächen gibt es kleine Spalte, die einen Gasdurchgang ermöglichen und so zu weniger Poren führen.
- Thermisch vorbereitete Nähte sind weniger porenanfällig, weil die Beschichtung aus dem Nahtbereich bereits verbrannt ist.
- Schweißposition – steigend geschweißte Nähte neigen zu weniger Poren, da hier die Schweißgeschwindigkeit klein ist. Damit verbrennt die Beschichtung vorlaufend besser.
- Brennerführung – stechendes Schweißen bedeutet, dass der Lichtbogen stabiler und weniger turbulent ist. Die aufsteigenden Verbrennungsgase und Metalldämpfe beeinflussen den Lichtbogen nicht so stark wie bei schleppender Brennerhaltung.
- Arbeitsspannung – steigt die Spannung, dann nimmt auch die Porosität zu. Je größer die Arbeitsspannung, je größer ist die Lichtbogenlänge. Damit sinkt die Einbrandtiefe und das Schmelzbad erstarrt schneller. Dadurch hat es weniger Zeit zum Ausgasen und die erstarrte Schweißnaht hat mehr Poren. (Diese Bemerkungen gelten nicht für Impulsstromquellen, bei denen auch bei hohen Spannungen / Leistungen sehr kurze Lichtbögen erzeugt werden können.)

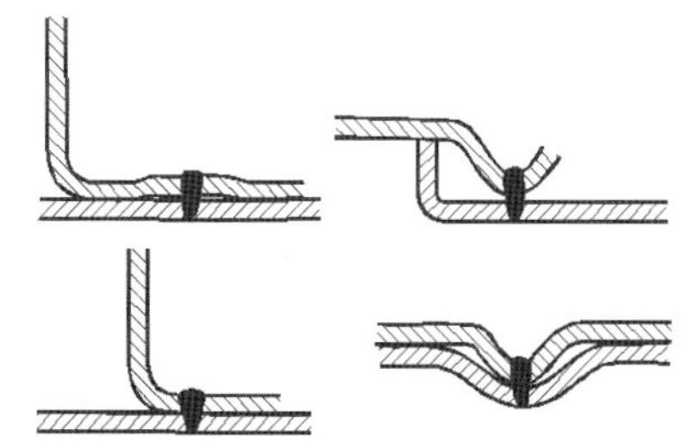

Bild 14-72
Konstruktive Maßnahmen zur Gewährleistung der Zinkdampf-Entgasung bei Überlappverbindungen

Für andere metallische Überzüge als Zink, das sind galvanische Schichten, PVD- und CVD-Schichten, gelten im Prinzip die gleichen Gestaltungsregeln.

Die Auswirkungen von nichtmetallischen Überzügen, Eloxalschichten, Phosphatschichten, Chromatschichten, Brünier- und Emailleschichten sind bekannt und erfordern eine vollkommene Entfernung im Schweißnahtbereich. Die größten Probleme sind zu erwarten, wenn unerwünschte Stahlbegleiter wie Phosphor ins Spiel kommen. Diese bewirken ein Herabsetzen der Kerbschlagzähigkeit, so dass der Werkstoff spröde wird. Abhilfe bieten hier phosphorbindende Legierungselemente wie CaO als Bestandteil bestimmter Umhüllungstypen von Stabelektroden (z. B. basische Elektroden). Entphospherungsreaktion: $2[P] + 5[O] + 3(CaO) \leftrightarrow (3CaO{\cdot}P_2O_5)$.

14.3.3 Verbindungen an plattierten Blechen

Die Fugenformen an plattierten Blechen sind in DIN EN ISO 9692-4 beschrieben. Dabei geht es um Plattierungen aus rost- und säurebeständigen oder hitzebeständigen Chrom- und Chrom-Nickel-Stählen, Nickel und Kupfer und deren Legierungen, die mit un- und niedriglegierten schweißgeeigneten Grundwerkstoffen verbunden werden. Nahtvorbereitungen für Sonderwerkstoffe als Plattierung, z. B. Titan, Titanlegierungen, Tantal, Zirkon und Silber sind nicht genormt und müssen gesondert festgelegt werden.

Des Weiteren sind bei Plattierungen AD Merkblatt W8 und SEW 408 zu beachten.

Beispiele für die Nahtvorbereitung plattierter Bleche (Stumpfstöße) zeigt **Bild 14-73**.

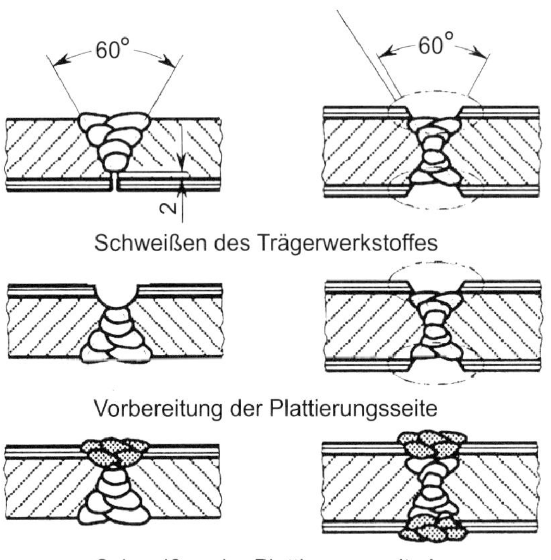

Bild 14-73
Nahtvorbereitung plattierter Bleche (Stumpfstöße)

(siehe Kapitel 11.1.8)

Plattierte Bleche müssen nach dem Schweißen auf der plattierten Seite dieselbe Korrosionsbeständigkeit aufweisen wie sie der Plattierungswerkstoff besitzt und dabei eine möglichst geringe Nahtüberhöhung haben. Übliche Plattierungsdicken bewegen sich zwischen 2 und 4 mm, in Sonderfällen auch bis 10 mm.

Erste Überlegung für das Schweißen ist die Zugänglichkeit der Naht (ein- oder beidseitig). Zweite Überlegung ist die Lage des Bauteils. Es ist anzustreben, alle Nähte in Wannenlage (PA) zu schweißen. Müssen plattierte Bleche in Querposition (PC) geschweißt werden, dann ist darauf zu achten, dass die Pufferlage nicht absackt (**Bild 14-74**).

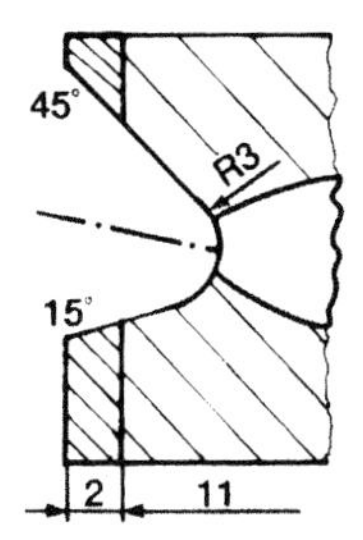

Bild 14-74
Schweißen von plattierten Blechen in Position PC

Die Schweißfolge für beidseitig zugängliche Nähte zeigt die folgende Darstellung auf **Bild 14-75**:

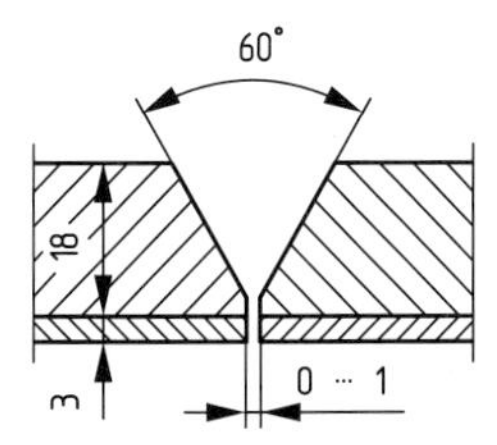

V-Nahtvorbereitung, ggf. Plattierung abarbeiten, um Platz für den Schweißzusatz zu schaffen

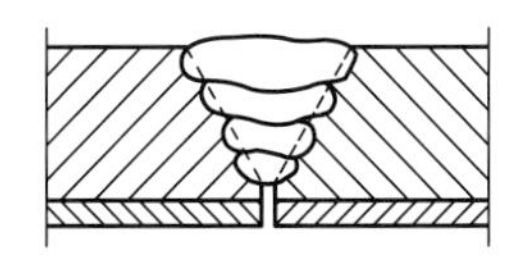

Schweißen der Wurzel ohne die Plattierung anzuschmelzen, anschl. Grundwerkstoff fertig schweißen

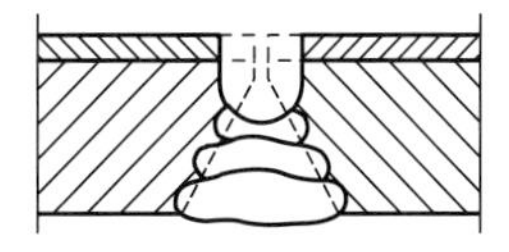

Wurzel auskreuzen und 100 % FE-Oberflächenrissprüfung

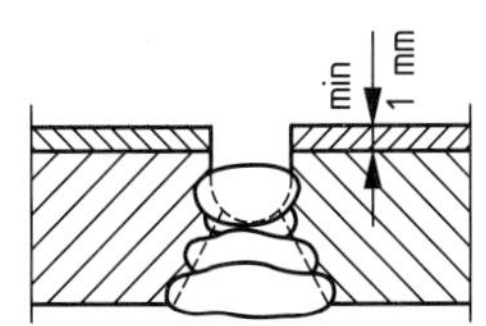

Kapplage schweißen ohne die Plattierung anzuschmelzen

Pufferlage schweißen, Schweißzusatz Typ 23 12 2 L verwenden

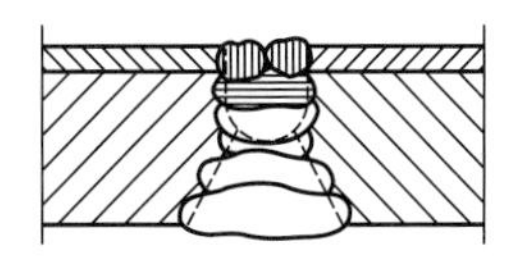

Fertig schweißen, Schweißzusatz Typ 19 12 3 Nb, anschl. Nahtnachbehandlung

Bild 14-75 Schweißfolge bei plattierten Blechen mit unterschiedlichen Schweißprozessen (Trägerwerkstoff P355NH, Plattierungswerkstoff 1.4571)

Bild 14-76 zeigt die Vorgehensweise/Schweißfolge für nur von der Grundwerkstoffseite zugängliche Nähte (Trägerwerkstoff P355NH, Plattierungswerkstoff 1.4571):

Ausführung A: Grundwerkstoff mindestens 3 mm zurückarbeiten, Wurzel mit WIG schweißen, Schweißzusatz entsprechend 1.4571

Ausführung B: erlaubt es die Festigkeit, dann die Flanken des Grundwerkstoffes puffern, bspw. mit einem Schweißzusatz Typ 23 12 2 L und anschließend mit Schweißzusatz für 1.4571 fertig schweißen oder die gesamte Naht mit Schweißzusatz für 1.4571 ausfüllen.

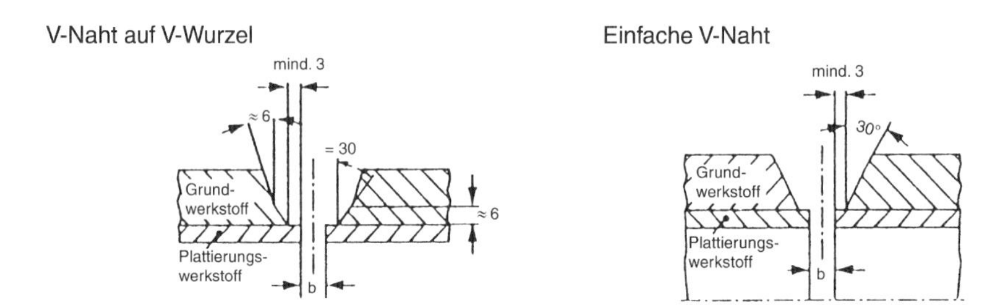

Bild 14-76 Fugenvorbereitung bei Verbindungen an plattierten Blechen

Hemdauskleidungen

Neben der Verarbeitung von spreng-, walz- und schweißplattierten Blechen gibt es die Möglichkeit der Hemdauskleidung (Wallpapering), um korrosionsbeständige Schichten in Behältern und Tanks einzubringen. Dünnwandige Bleche, 1,5 bis 2,5 mm, werden nach verschiedenen Techniken eingeschweißt, in der Regel mit Kehlnähten. Von Fall zu Fall ist zu entscheiden, ob überlappend oder mit Abdeckstreifen gearbeitet wird. Auch Lochschweißungen kommen zur Anwendung. Es kann manuell oder mechanisiert geschweißt werden. In jedem Fall müssen dichte, hochwertige und immer reproduzierbare Schweißnähte hergestellt werden. Dazu wird oftmals mit WIG-Kaltdraht oder WIG-Heißdraht gearbeitet. Die Bilder zeigen Beispiele von Hemdauskleidungen.

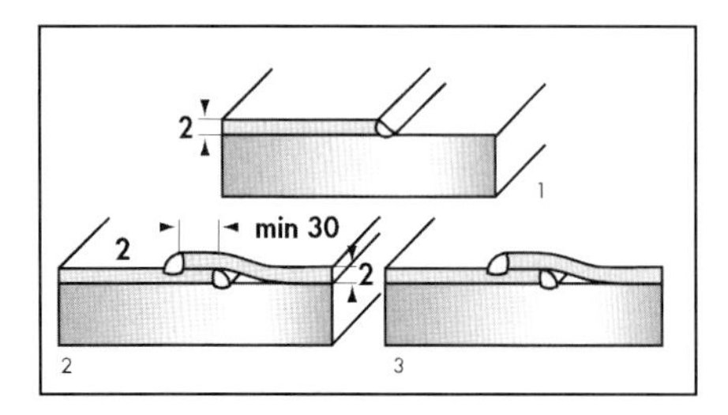

Bild 14-77
Hemdauskleidung
– überlappend

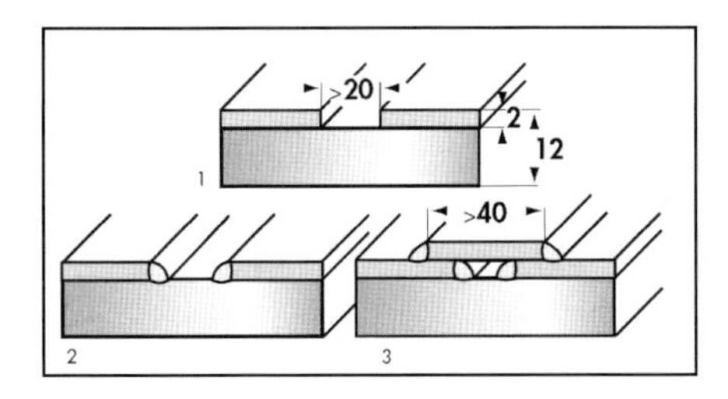

Bild 14-78
Hemdauskleidung
– mit Stegblech außen liegend

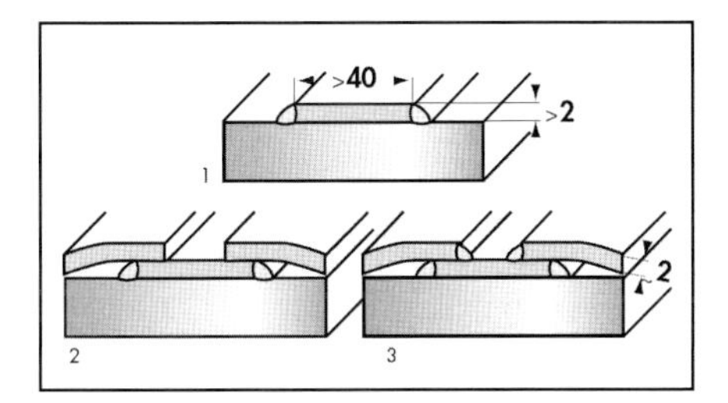

Bild 14-79
Hemdauskleidung
– mit Stegblech innen liegend

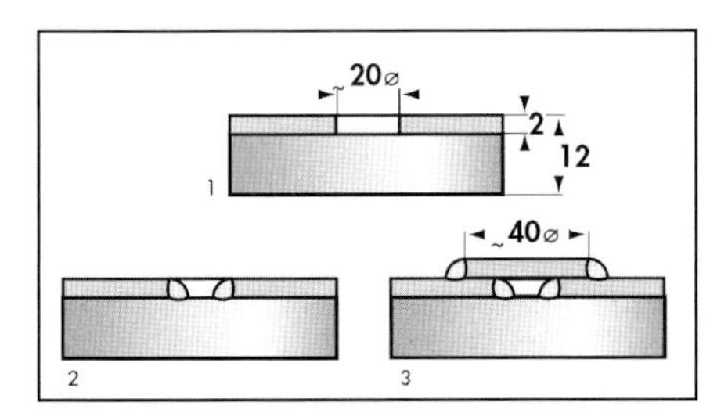

Bild 14-80
Hemdauskleidung
– Lochschweißung

14.3.4 Mischverbindungen

Unter Mischverbindungen versteht man Verbindungen zwischen artfremden Grundwerkstoffen. Artfremd bedeutet, dass beide Werkstoffe in ihren chemischen und physikalischen Eigenschaften nicht gleichartig sind und sie sich somit metallurgisch unterschiedlich verhalten.

Daraus lässt sich leicht ableiten, dass beim Verbinden zweier artfremder Grundwerkstoffe mit einem dritten Partner, dem Schweißzusatz, grundsätzlich andere Legierungen entstehen, als es die reinen Grund- und Zusatzwerkstoffe sind.

Um vor dem Schweißen von Mischverbindungen zu bestimmen, ob zwei unterschiedliche Legierungen miteinander schmelzschweißgeeignet sind, müssen einige werkstoffliche und prozessbedingte Voraussetzungen betrachtet werden. Dabei geben die metallurgischen, mechanischen, chemischen und physikalischen Eigenschaften der Elemente eine erste Abschätzung:

- Welcher Legierungstyp liegt vor (chemische Zusammensetzung)?
- Welche Wärmeausdehnung und Wärmeleitfähigkeit haben alle beteiligten Legierungspartner?
- Welche Schmelz- und Siedetemperaturen haben alle beteiligten Legierungspartner?
- Welchen Gittertyp und welche Gitterkonstante besitzen die Werkstoffe?
- Ist eine Mischkristallbildung möglich (vollständige oder begrenzte Löslichkeit)?

- Welcher Schweißprozess soll angewendet werden, in welchem Nahtbereich (Wurzel, Zwischenlage, Decklage)? Welcher Vermischungsgrad ist zu erwarten bzw. einzuhalten?
- Fehlerabschätzung vornehmen – Risse (plastisches Formänderungsvermögen), spröde (niedrig schmelzende) Phasen, etc.

Aus dieser Abschätzung ergeben sich einige Grundregeln für das Schweißen von Mischverbindungen:

- Schweißen mit möglichst geringer Streckenenergie, d. h. schnelles und kaltes Schweißen, kleine Elektrodendurchmesser verwenden, das wiederum bedeutet kleine Stromstärken, weniger Wärmeeintrag, wenig unkontrollierte Vermischung aller beteiligter Werkstoffpartner (Grundwerkstoff A + Grundwerkstoff B + Schweißzusatz);
- kleine Aufschmelzgrade, d. h. kleine Schmelzbäder, Strichraupentechnik, kein Pendeln oder nur sehr geringes Pendeln (max. 2-facher Elektrodendurchmesser);
- niemals ohne Schweißzusatz schweißen (Heiß- und Härterissgefahr) – Fügepartner sind ohne Zusatzlegierungselemente nicht schweißgeeignet;
- für Austenit-Ferrit-Verbindungen, auch Schwarz-Weiß-Verbindungen genannt, gilt insbesondere: niemals mit un- oder niedriglegiertem Schweißzusatz arbeiten (Heiß- und Härterissgefahr), möglichst Schweißzusätze mit erhöhtem Deltaferritgehalt von 12 bis 20 %, z. B. Elektroden vom Typ 20-10-3 oder 23-12-2L/23-12L bzw. Typ 18-8Mn oder 20-16-3MnNL verwenden. Bei Betriebstemperaturen über 300 °C (Verbindungen warmfester Stahl mit austenitischen Stählen) Ni-Cr-Schweißzusätze vom Typ NiCr16FeMn/ NiCr19Nb oder NiCr20Mo9Nb benutzen. Bei höheren Betriebstemperaturen kann sich wegen der Affinität des Kohlenstoffs zum Chrom ein Karbidsaum bilden. Dieser spröde Saum führt leicht zur Rissbildung. Bei Verwendung von Nickel-Schweißzusätzen wird die Diffusion von Kohlenstoff unterbunden, da Nickel praktisch keine Affinität zu Kohlenstoff besitzt.

Schwieriger wird es bei nichtlegierungsfähigen Fügepartnern. Typisches Beispiel ist Stahl und Aluminium. Hier muss mit Übergangs- und Zwischenstücken gearbeitet werden, die in der Regel durch Kaltpress-, Reib-, Diffusions- oder Explosionsschweißen hergestellt sind (**Bild 14-81** und **Bild 14-72**, siehe Kapitel 3.7).

Bild 14-81
Explosionsgeschweißtes Blech, Stahl - Aluminium, senkrecht zum Aluminiumblech ist ein 80 mm dickes Aluminiumblech voll angeschweißt

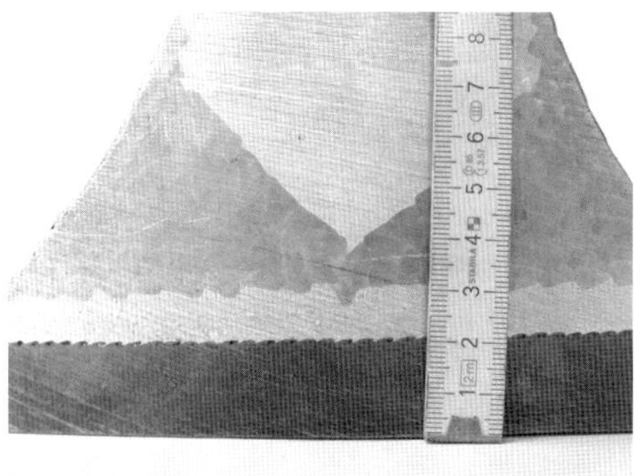

Bild 14-82
Explosionsschweißung: 20 mm Stahlblech mit 10 mm Aluminiumblech (typische Form ist die Verzahnung beider Bleche)

Schweiß-Löt-Verbindungen

Die Gewichtsreduzierung bei Fahrzeugkarossen im Automobilbau ist eines der vordringlichsten Entwicklungsziele. Leichtbaukonzepte beinhalten jedoch eine Mischbauweise, die für die Fügetechnik eine Herausforderung ist. In der vorherrschenden Stahlbauweise im Rohkarossenbau spielt die Stahl-Aluminium-Hybridbauweise eine immer größere Rolle. Aber auch Stahl-Magnesium- und Stahl-Titan-Verbindungen kommen zum Einsatz.

Stahl und Aluminium haben große Unterschiede in den physikalischen Eigenschaften: Schmelztemperatur, Wärmeausdehnung und Wärmeleitfähigkeit. Hinzu kommt eine begrenzte Mischbarkeit von Aluminium in Eisen im flüssigen Zustand. Hierbei bilden sich spröde, intermetallische Phasen, die auch beim Schweißen mit konventionellen Prozessen entstehen würden.

Bisher wurden Stahl und Aluminium miteinander verbunden, indem Zwischenstücke verwendet wurden, die mit Sonderschweißprozessen hergestellt waren, bspw. durch Reibschweißen oder Sprengplattieren.

Auf der Suche nach Prozessen, Stahl mit Aluminium zu verbinden, gibt es folgende Varianten: Laser-Schweiß-Löt-Prozess, Plasmaschweißen und MIG-Schweißen.

Bei allen Lichtbogenvarianten wird das Aluminium aufgeschmolzen und das verzinkte Stahlblech durch das Schweißgut lediglich benetzt, was einem Lötvorgang entspricht. Beim Plasmaschweißen wurde Zinkdraht (ZnAl4) und beim MIG-Schweißen ein Aluminiumdraht (AlSi5) als Schweißzusatz verwendet. In jedem Fall entsteht eine stoffschlüssige Verbindung, die teilweise die Festigkeit einer artgleichen Aluminiumverbindung aufweist und die Bildung intermetallischer Phasen auf ein Minimum reduziert.

Auf der Stahlseite wird gelötet, auf der Aluminiumseite geschweißt. Voraussetzung ist eine 10 µm dicke galvanische Zinkschicht.

Weitere Entwicklungen zum thermischen Verbinden von Stahl und Aluminium werden durchgeführt. Vielversprechend sind auch die Varianten „Schweißen mit kaltem Lichtbogen“.

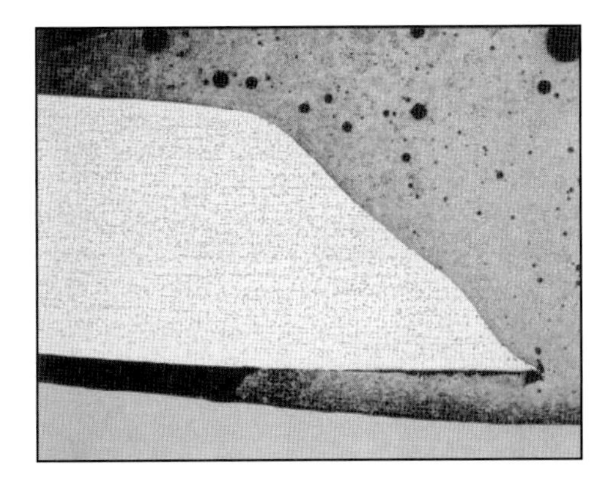

Bild 14-83
Querschliff einer Plasma-Lötverbindung – der obere Teil (Aluminiumblech) wurde angeschmolzen, das Stahlblech (unten) nur mit dem Zusatz ZnAl4 gelötet

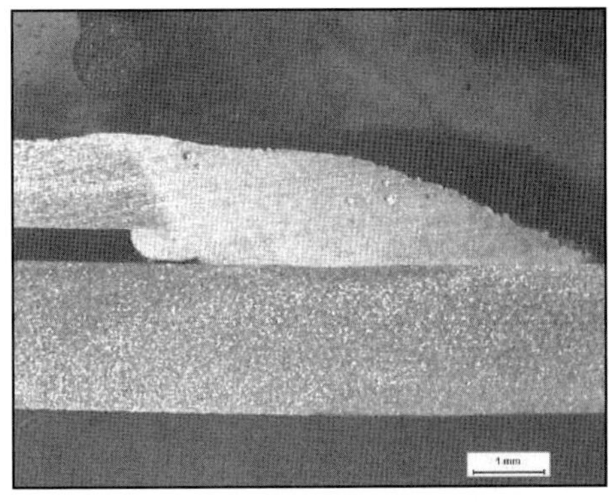

Bild 14-84
Querschliff einer MIG-Naht - analog **Bild 14-82** wurde das Aluminiumblech (oben links) angeschmolzen und das Stahlblech (unten) mit dem Zusatz AlSi5 gelötet

Schweißen mit kaltem Lichtbogen

Hierunter versteht man Verfahrenstechniken, um weniger Wärme in das Bauteil einzutragen. Diese Verfahren wurden von verschiedenen Herstellern entwickelt und haben unterschiedliche Namen:

- Fa. Fronius CMT – Cold Metal Transfer
- Fa. Lincoln STT – Surface Tension Transfer
- Fa. EWT Cold Arc
- Fa. Cloos Cold Weld
- Fa. Kemppi Fast root
- Fa. Merkle Cold MIG
- Fa. ESS HC-MAG (Heat controlled MAG)

Diese Technik ist insbesondere für den Einsatz in der Automobilindustrie, d. h. für den Dünn- und Dünnstblechbereich entwickelt worden. Elektronische Regelkreise moderner Inverterstromquellen sorgen dafür, dass gezielt weniger Wärme in das Bauteil eingebracht wird. Der Werkstoffübergang erfolgt durch stark abgesenkten Strom, durch abgeschalteten Strom, über das Zurückziehen des Drahtes oder über das Umpolen in den negativen Bereich. Damit ist ein praktisch spritzerfreies Schweißen möglich.

Beim CMT-Prozess erkennt die digitale Prozessregelung den Kurzschluss bei der Tropfenablösung und zieht den Draht zurück. Damit kann der Tropfenübergang nahezu stromlos erfolgen. Das Bauteil wird weniger erwärmt, es gibt wenig Spritzer.

Typische Anwendungen sind das Schweißen dünner Bleche ab 0,3 mm Dicke, das MIG-Löten verzinkter Bleche und das Fügen von Stahl und mit Aluminium. Bei letzterem schmilzt ein Aluminium-Zusatz den Aluminium-Grundwerkstoff auf und lötet das Aluminium auf den verzinkten Stahlwerkstoff.

Neben MIG-/MAG-Anwendungen des CMT-Verfahrens sind auch WIG- und Elektrodenanwendungen möglich.

14.3.5 Verminderung der Terrassenbruchneigung

Werden Bauteile in Dickenrichtung beansprucht, so sind Werkstoffe mit gewährleisteten Querzugeigenschaften zu verwenden. Nach DIN EN 10164 sind diese Werkstoffe in drei Güteklassen eingestuft. Es handelt sich um die so genannten Z-Qualitäten, wobei die Güten Z_1, Z_2 und Z_3 die Mindestbrucheinschnürungen Z_B = 15, 25 oder 35 % haben müssen.

Güteklasse	Brucheinschnürung in %	
	Mittelwert aus 3 Versuchen min.	Kleinster zulässiger Einzelwert
Z15 (Z_1)	15	10
Z25 (Z_2)	25	15
Z35 (Z_3)	35	25

Die wichtigsten konstruktiven Maßnahmen zur Verminderung der Terrassenbruchneigung sind in der DASt-Richtlinie 014 festgehalten. Hier einige Beispiele in Wort und Bild:

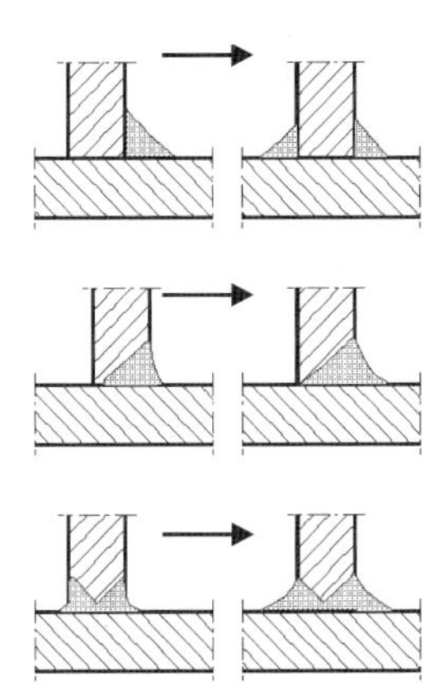

Bild 14-85
Verminderung der Terrassenbruchneigung durch Vergrößerung der Ausschlussfläche

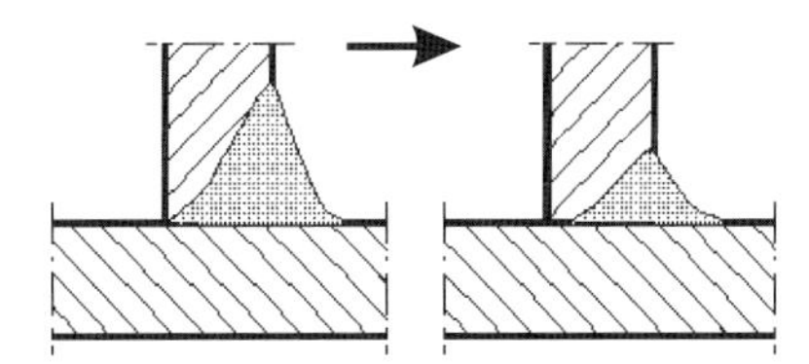

Bild 14-86
Verminderung der Terrassenbruchneigung durch Vermeidung von unnötigem Nahtvolumen (geringe Schrumpfspannung)

- Anschluss auf der gesamten Erzeugnisdicke schaffen (**Bild 14-85**);
- Schweißnähte an der Walzoberfläche möglichst großflächig ausführen, beidseitige Kehlnähte statt einseitige Kehl- oder DHV-Nähte;
- Schrumpfwege in Dickenrichtung klein halten durch: geringes Nahtvolumen (Öffnungswinkel der Naht klein halten), kleine Raupenanzahl, beidseitiges Schweißen mit wechselseitiger Folge (symmetrische Raupenfolge), (**Bilder 14-86** und **14-87**).

Ziel ist eine große Kontaktfläche, um die Schrumpfspannung (entspricht Zugspannung) an der kontaktierten Oberfläche niedrig zu halten. Alternativ können Bleche bzw. Zugstäbe auch durchgesteckt und von hinten verschweißt werden. Damit wird das Blech nicht in Dickenrichtung auf Zug belastet **(Bild 14-88)**.

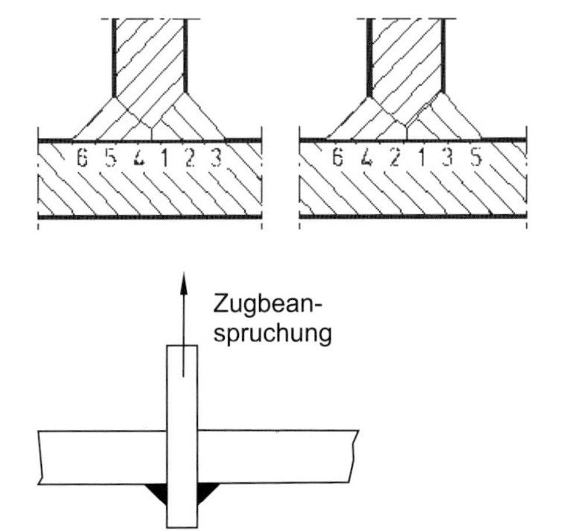

Bild 14-87
Verminderung der Terrassenbruchneigung durch symmetrische Nahtform mit symmetrischer Raupenfolge und Vergrößerung der Kontaktfläche

Bild 14-88
Blechanschluss durchgesteckt und von hinten angeschweißt – Vermeidung der Zugbeanspruchung in Dickenrichtung

14.4 Korrosionsgerechte Gestaltung

Korrosionsschutz beginnt bereits bei der Planung und Konstruktion eines Bauteils. Für den Konstrukteur ist es dabei wichtig zu wissen, welche Art von Korrosion das Bauteil später angreifen kann. Nur so lässt sich korrosionsschutzgerecht gestalten.

Korrosion ist nach DIN EN ISO 8044 die Reaktion der Oberfläche eines metallischen Werkstoffs mit seiner Umgebung, die zu einer messbaren Veränderung der Werkstoffoberfläche führt, was man bspw. in Gewichtsverlust pro Flächeneinheit und Zeit ausdrückt. Man unterscheidet dabei chemische und elektrochemische Reaktionen. Chemische Reaktionen mit Gasen (Oxidation) benötigen keinen Elektrolyten (Heißkorrosion – Verzunderung, **Bild 14-89**). Elektrochemische Reaktionen verlaufen unter Anwesenheit eines Elektrolyten (Nasskorrosion, bis max. 350°C). Ein Elektrolyt ist eine wässrige Lösung, die durch Anwesenheit von Ionen elektrisch leitfähig ist und somit einen Stoffaustausch verursacht (Materialabtrag).

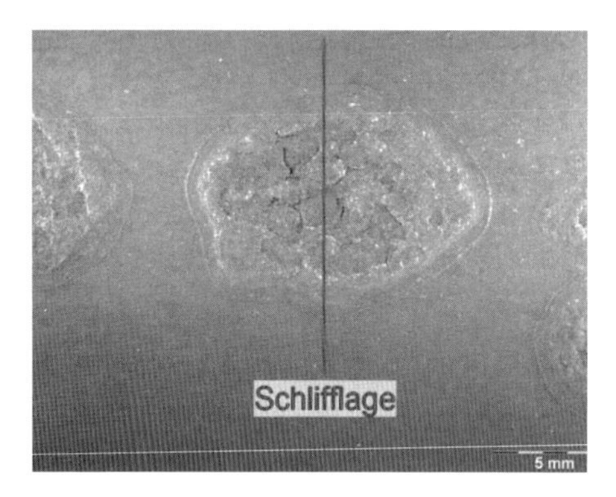

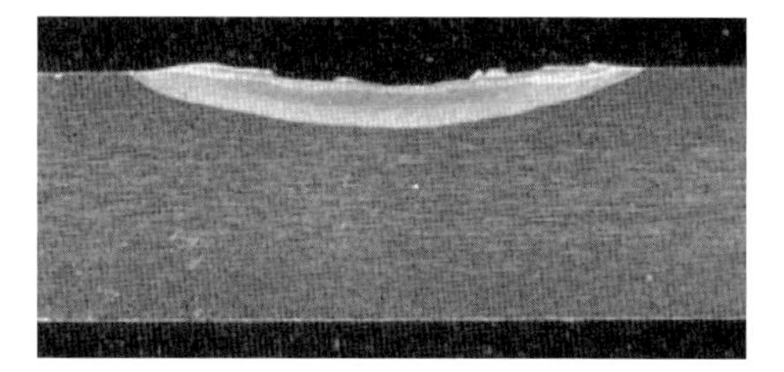

Bild 14-89 Beispiel für den Materialabtrag durch Verzunderung (Heißkorrosion) an einem hitzebeständigen Werkstoff, 1.4828

Die Korrosionsarten werden unterschieden in:

- Korrosion ohne mechanische Beanspruchung: das sind atmosphärische Korrosion, Loch-, Spalt-, Wasserlinienkorrosion, Interkristalline Korrosion,
- Korrosion mit mechanischer Beanspruchung/Belastung: das sind Spannungsriss-, Kavitations-, Erosions- und Reibkorrosion.

Alles in allem sind für eine korrosionsschutzgerechte Gestaltung die Kenntnis bzw. Auswahl von Werkstoff, Temperatur, Druck, Strömungsgeschwindigkeit und Reinheit des Mediums von entscheidender Bedeutung. Ebenso muss die Frage gestellt werden, ob es einen unterbrochenen oder kontinuierlichen Produktionsbetrieb gibt? Generell gilt, dass enge Spalte, tote Ecken und Winkel, Ablagerungsmöglichkeiten für Staub, Schmutz und Flüssigkeiten, wenig durchströmte (belüftete) Stellen und Hohlräume, schlecht kontrollier- und reparierbare Teile vermieden werden müssen. Bewegte Flüssigkeiten erschweren die Bildung von Ablagerungen und eine Aufkonzentration des Mediums. Nicht hygroskopische Dichtungen lassen keine unkontrollierbaren Elektrolyte entstehen. Größere Krümmungsradien und wenig Feststoffe im Medium verhindern einen erosiven Werkstoffabtrag. Isolierende Scheiben zwischen Metallen unterschiedlicher elektrischer Potentiale verhindern eine Kontaktkorrosion.

Nicht vergessen werden darf, dass auch korrosionsbeständige Stähle korrodieren können, da sich Korrosionsbeständigkeit nur über einen Grenzwert an Materialabtrag pro Zeit und Fläche definiert.

Im Folgenden sollen in Kürze die Ursachen für die Korrosion und einige konstruktive Maßnahmen zu deren Vermeidung aufgezeigt werden. Dabei ist zu bedenken, dass auch mehrere Korrosionsarten gleichzeitig wirksam sein können.

Atmosphärische Korrosion

Typisches Kennzeichen ist ein gleichmäßig, flächig abtragender Verlauf, verursacht durch eine wasserdampfhaltige Atmosphäre und deren Verunreinigungen (SO_2, H_2S, NO_x), die sich als Feuchtigkeitsfilm auf der Werkstückoberfläche ablagern und elektrochemische Vorgänge einleiten. Hinzukommen kann eine mikrobiologische Korrosion. Dabei entsteht als Reaktionsprodukt sauerstoffverbrauchender Bakterien mit Eisen und Schwefel eine schweflige Säure, die zum lokalen Angriff führt.

Abhilfemaßnahmen für diese relativ harmlose Korrosionsart:

- Korrosionsschutzschichten (organische und metallische Überzüge), dabei nicht zu enge Zwischenräume bei zusammengesetzten Profilen vorsehen; die Zwischenraumbreite a sollte größer als 1/3 bis 1/6 der Profilhöhe sein; (**Bild 14-90**)
- größere Werkstückdicken verwenden;
- Einsatz wetterfester Stähle;
- geneigte Einbaulage und nach oben geschlossene Profile – unten vorhandene Ablauföffnungen;
- Beseitigung von Ablagerungen und Verkrustungen durch regelmäßiges Reinigen.

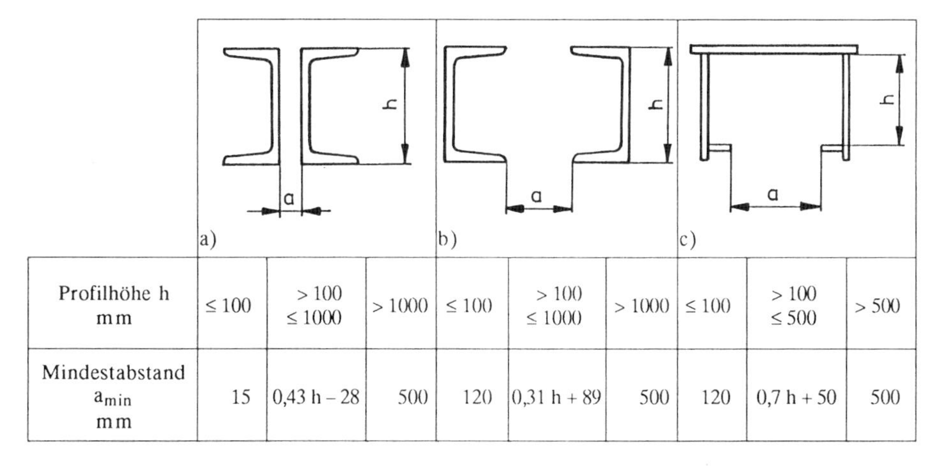

Profilhöhe h mm	≤ 100	> 100 ≤ 1000	> 1000	≤ 100	> 100 ≤ 1000	> 1000	≤ 100	> 100 ≤ 500	> 500
Mindestabstand a_{min} mm	15	0,43 h – 28	500	120	0,31 h + 89	500	120	0,7 h + 50	500

Bild 14-90 Mindestabstände zusammengesetzter Profile zur Aufbringung des Korrosionsschutzes nach DIN EN ISO 12944-3 Bildteil 2) a) und b) für von beiden Seiten erreichbare Flächen, c) für nur von einer Seite erreichbare Fläche

Lochkorrosion (Lochfraß) (LK)

Meist durch Chlorionen verursachter lokaler Durchbruch der Werkstückoberfläche (Passivschicht bei Chrom-Nickel-Stählen). Es bilden sich nadelstichartige Vertiefungen, durch deren Wachstum Lochfraßstellen entstehen. Dabei nimmt die Gefahr mit steigender Chloridionen-Konzentration und Temperatur zu.

Vermeidung und Gegenmaßnahmen:

- keine langsam fließende Medienströme zulassen, keine „Totwasserecken", vollständiges Entleeren von Rohrleitungen und Behältern ermöglichen, da sonst eine Aufkonzentration des Mediums durch Wasserverdampfung und ein verstärkter Korrosionsangriff stattfinden (**Bild 14-91**);
- schräge Flächen begünstigen Ablauf und Abtrocknen des Mediums (**Bild 14-92**);

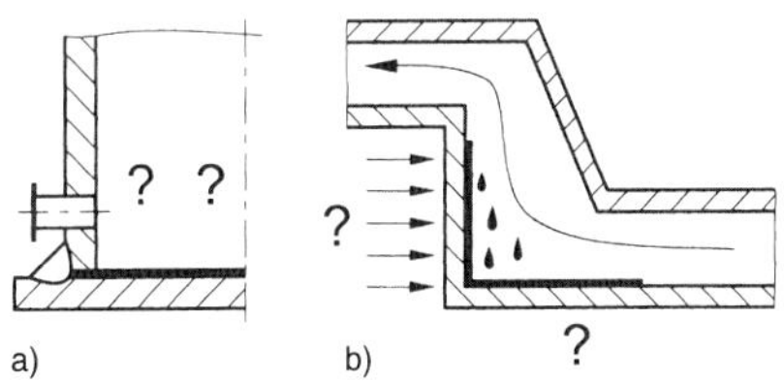

Bild 14-91
Korrosionsprobleme aufgrund der Bauteilgeometrie
a) stagnierende Medienreste bleiben nach Entleeren zurück;
b) ungünstig geführte wasserdampfhaltige Medienströme prallen auf kältere Behälterwand. Gefahr der Kondensation. An kälterer, nicht oder schlechter isolierter Behälterwand kann durch unterschreiten des Taupunktes ebenfalls Feuchtigkeit kondensieren (Taupunktkorrosion)

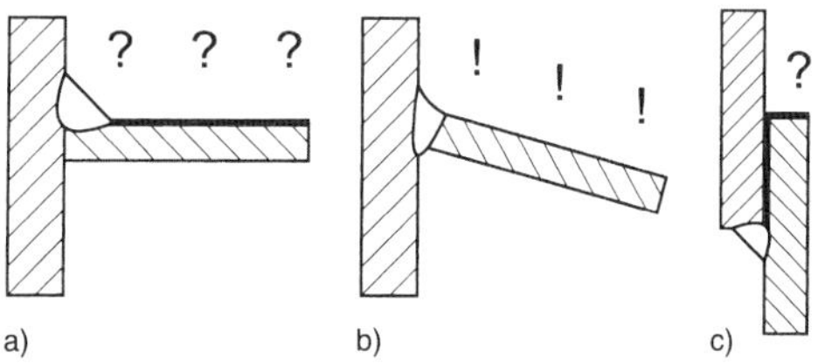

Bild 14-92
Strömungs- und Ablaufprobleme
a) Ort für Flüssigkeitsreste und Kondensate
b) geeignete Anordnung
c) Gefahr von Flüssigkeitsstau – Spaltkorrosion

- Behälterablauf an der tiefsten Stelle vorsehen (**Bild 14-94**);
- schlechte Isolierung eines Behälters kann zur lokalen Kondensation wasserdampfhaltiger heißer Gase führen; Abhilfe: Stützen und Pratzen eines Behälters mitisolieren (**Bild 14-95**);
- geeignete Werkstoffwahl: Titan (teuer) oder Mo-legierte Cr-Ni-Stähle, da nur Mo-legierte Stähle eine ausreichend hohe Wirksumme W bilden. Die Wirksumme, auch PRE genannt (Pitting Resistance Equivalent) wird errechnet aus W = %Cr + 3,3 x %Mo + 30 x %N und ist ein Maß für die Beständigkeit eines Stahles gegen chloridinduzierte Korrosion (sowohl Loch- als auch Spaltkorrosion). Ist W > 32 so spricht man von Meerwasserbeständigkeit. **Bild 14-93**;
- Wurzelschutz (Formieren), sowie Schweißnahtnachbehandlung (Beizen, Passivieren) bei der Verarbeitung von nichtrostenden Stählen vorsehen, da sonst Anlauffarben die Bildung einer Passivschicht verhindern und der Stahl nicht mehr korrosionsbeständig ist;
- Schweißspritzer, Zündstellen, Kratzer auf der Oberfläche, eingedrückte Späne vermeiden.

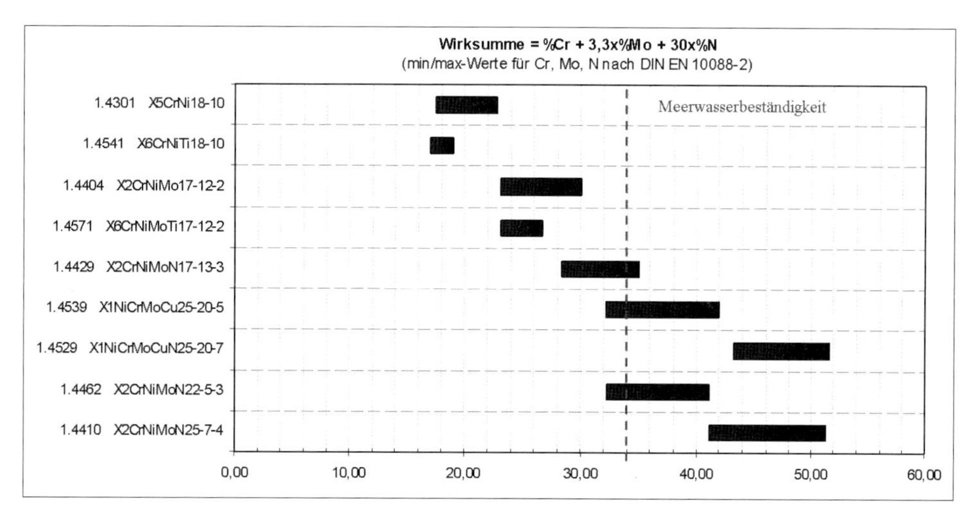

Bild 14-93 Wirksumme verschiedener nichtrostender Stähle

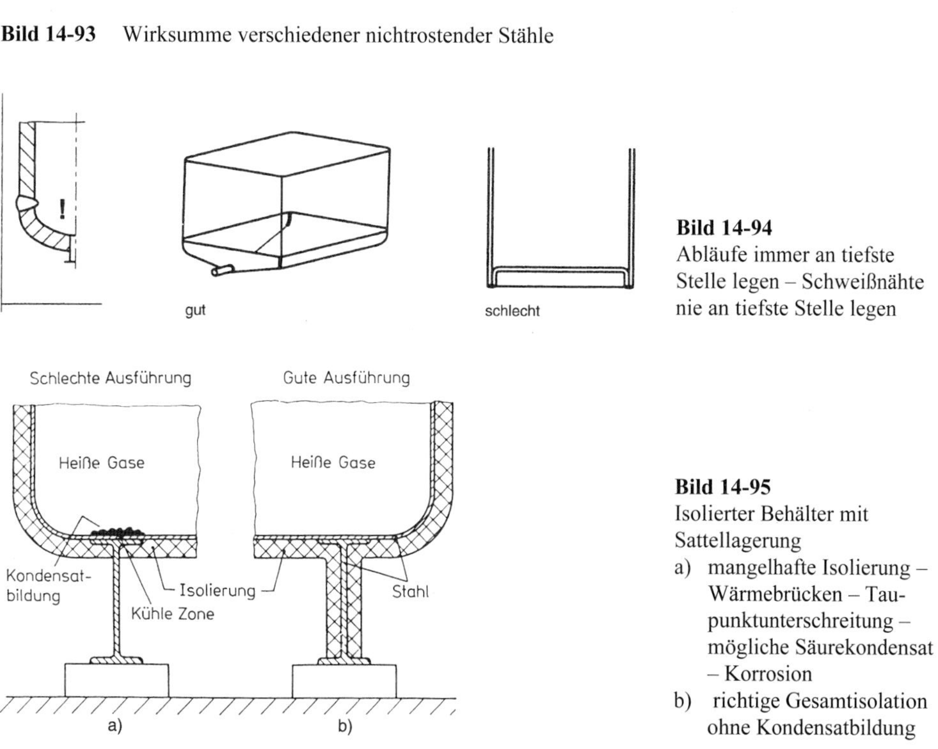

Bild 14-94
Abläufe immer an tiefste Stelle legen – Schweißnähte nie an tiefste Stelle legen

Bild 14-95
Isolierter Behälter mit Sattellagerung
a) mangelhafte Isolierung – Wärmebrücken – Taupunktunterschreitung – mögliche Säurekondensat – Korrosion
b) richtige Gesamtisolation ohne Kondensatbildung

Spaltkorrosion (SK)

Hier findet der gleiche Korrosionsmechanismus wie bei der Lochkorrosion statt, nur mit einer Verstärkung durch die Spaltgeometrie. In engen Spalten (< 2...3 mm, abhängig von der Spalttiefe) bleibt die Flüssigkeit stehen (Kapillarwirkung). Es kommt zu einer Aufkonzentration und damit zu lokalen Angriffsstellen.

Konstruktive Gegenmaßnahmen:

- keine Spalte zulassen, geschlossene Nähte vorsehen, ggf. noch offene Spalte mit dauerelastischen Stoffen verschließen (**Bild 14-96**);
- keine unterbrochenen Nähte;
- bei einseitig hergestellten Stumpfnähten saubere Wurzelschweißungen (WIG) vornehmen, bei Rohrhalbschalen eine 45° V-Nahtfuge innenliegend (**Bild 14-97**);
- bei Punktschweißungen seitlichen Spalt verschließen (**Bild 14-98**);
- Verschweißen der Stirnseiten offener Bleche und Profile (**Bild 14-99**);
- Vermeidung sämtlicher Möglichkeiten von Medieneintritt.

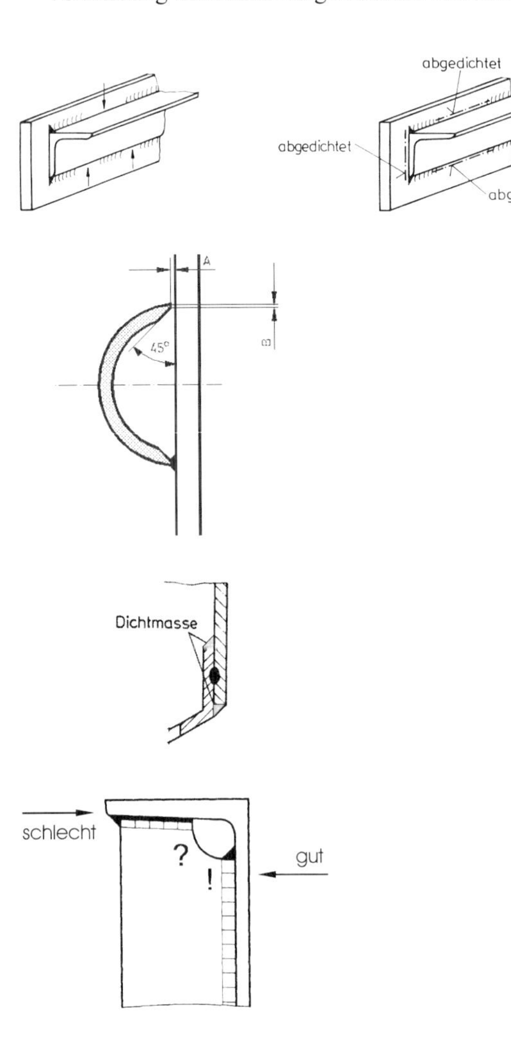

Bild 14-96
Bei unterbrochenen Nähten (wegen Schrumpfungs- und Verzugsprobleme) Zwischenräume zusammenhängend abdichten

Bild 14-97
Angeschweißte Rohrhalbschale mit Nahtflanke (45°) im Innenbereich, Spalte (A) und Stege (B) gewährleisten Durchschweißsicherheit

Bild 14-98
Bei Widerstands-Punkt-Schweißungen die Randspalte rundum abdichten (Anlauffarben innen und außen beseitigen)

Bild 14-99
Offene Kanten – Spalten jeder Art verschließen

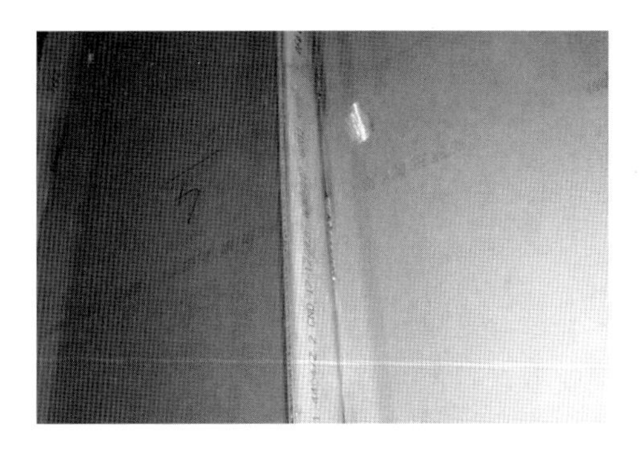

Bild 14-100
Verstärkungsrippe in einem Behälter, die mit langen Heftnähten befestigt ist. Die Spalte müssen geschlossen werden.

Interkristalline Korrosion (IK)

Inhomogene Bereiche eines nichtrostenden Stahls (chromverarmte Zonen) führen dazu, dass unter Einfluss eines korrosiven Mediums keine ausreichende Korrosionsbeständigkeit mehr vorhanden ist. Chromverarmte Zonen können bspw. entstehen, wenn ein nichtrostender Stahl einen genügend hohen Anteil Kohlenstoff besitzt, der sich bevorzugt mit Chrom zu Chromkarbid verbindet und auf den Korngrenzen festsetzt. Damit steht nicht mehr genügend Chrom zur Verfügung, um die schützende Passivschicht (Chromoxid) zu bilden. Bevorzugt ereignen sich diese Vorgänge zur Chromkarbidbildung bei Temperaturbeanspruchung.

Wichtigste vorbeugende Maßnahme gegen interkristalline Korrosion ist der Einsatz von stabilisierten oder ELC-Stählen. Bei den stabilisierten Stählen ist Kohlenstoff an Ti, Nb oder Ta gebunden und steht somit nicht mehr für eine Chromkarbidbildung zur Verfügung. Bei den ELC-Stählen (extra low carbon) handelt es sich um Stähle mit abgesenktem Kohlenstoffgehalt ($\leq$ 0,03 %).

Konstruktive Maßnahmen zur Vermeidung von IK gibt es wenig. Es bleibt nur, dass man genügend große Wanddicken verarbeitet, um somit bei einseitigem Schweißen die Wärmeeinflusszone nicht auf der Medienseite zu haben (Wärmeeinflusszone = Temperaturbeanspruchung = mögliche Chromkarbidausscheidung), siehe hierzu **Bild 14–101**.

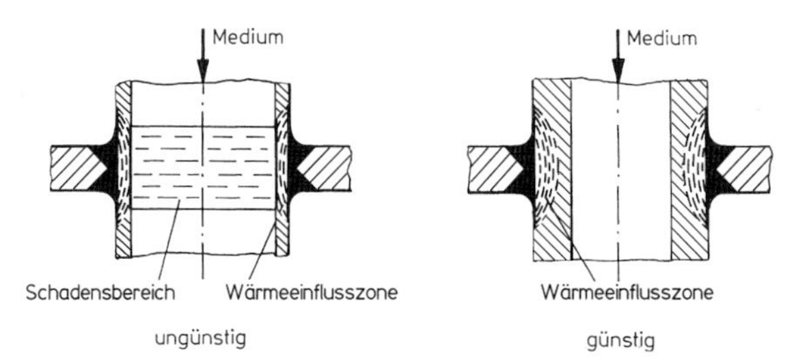

Bild 14-101
Wanddicke vergrößern – WEZ mit möglichen Gefügeschädigungen außerhalb des Medienangriffs legen

Spannungsrisskorrosion (SpRK)

Verursacht durch die Wirkung von Zugspannungen aus äußeren Lasten oder aus Zug-Eigenspannungen kommt es zu Rissbildung. Sind dabei Chlorionen anwesend, kann analog zur Loch- oder Spaltkorrosion die Spannungsrisskorrosion ohne Vorankündigung eintreten. Besonders gefährdet sind austenitische Stähle vom Typ 18-8, 18-10 oder 18-10-2 oberhalb 50 °C. Vollaustenite (> 20 % Ni) oder nickelfreie, ferritsche Cr-Stähle sind gut beständig gegen diese Korrosionsart.

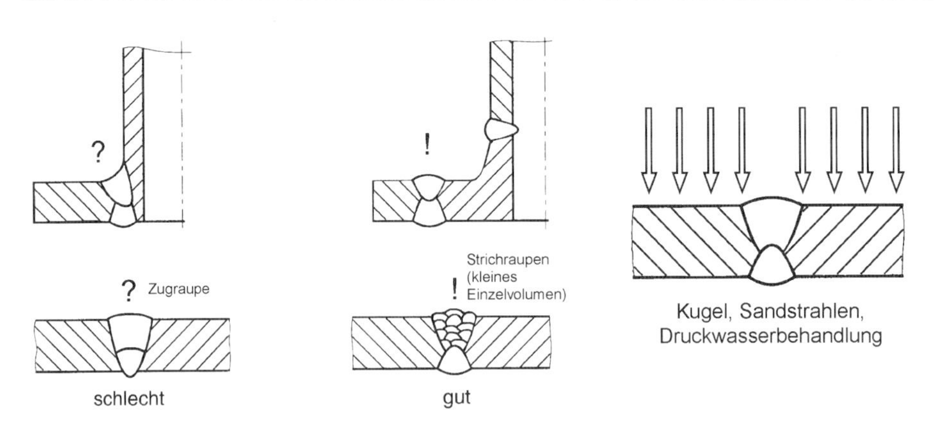

Bild 14-102
Günstige und ungünstige Nahtlagen und Nahtoberflächen bei Strichraupen entstehen weniger Schrumpfspannungen

Bild 14-103
Kugelstrahlen, Glasperlenstrahlen

Als konstruktive Maßnahmen kommen infrage:

- Schweißnähte so legen, dass Schweißeigenspannungen und kerbbedingte Spannungen so klein wie möglich bleiben (**Bild 14-102**),
- Kugelstrahlen der Werkstückoberfläche, Glasperlenstrahlen bei CrNi-Stählen, (**Bild 14-103**),
- durch geeignete Schweißfolge weniger Spannungen in das Werkstück bringen,
- Gestaltung mit gleichmäßigem Kraftflussverlauf, keine Spannungsspitzen,
- analog LK und SK dürfen die Oberflächenschichten nicht zerstört sein bzw. muss es insbesondere bei Cr-Ni-Stählen möglich sein, dass diese Oberflächen eine ausreichend dicke und dichte Passivschicht nach dem Schweißen bilden können (Anlauffarben vermeiden oder nachträglich beseitigen (Bürsten, Beizen und Passivieren), keine Beizrückstände auf der Oberfläche von CrNi-Stählen belassen).

Bild 14-104
Anlauffarben an einer schlecht geschweißten Wurzel, Werkstoff 1.4404

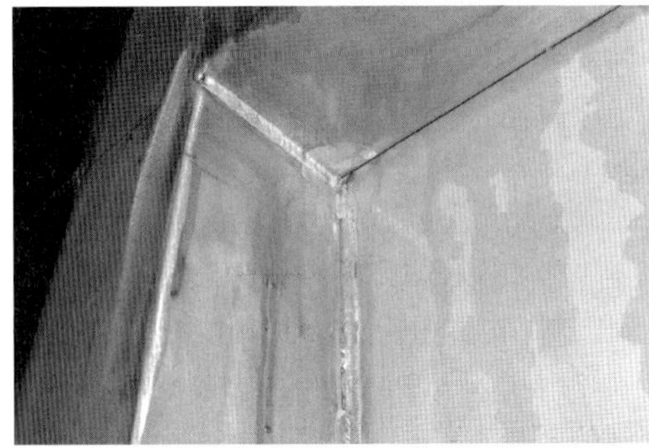

Bild 14-105
Rückstände von Beize können zu Korrosion führen

Anlauffarben sind Oxidschichten, die beim Schweißen entstehen und den Korrosionswiderstand des Stahls senken. Bereits 30 ppm Restsauerstoff reichen aus, um Anlauffarben zu bilden. In der Technik gibt es unterschiedliche Regelungen. DIN 50930 (Trinkwasserbereich) lässt Anlauffarben bis 100 °C zu (strohgelb entspricht etwa 220 °C), Zulassungsbescheid Z-30.3-6 (Verarbeitung nichtrostender Stähle) lässt dies wiederum nicht zu. DVGW W541 fordert metallisch blanke Oberflächen für Trinkwasserinstallationen und DIN 25410 (kerntechnische Anlagen!) lässt neben gelb auch violett und blau als Anlauffarbe zu. Deshalb muss man mit guter Fachkenntnis entscheiden, was im Einzelfall zu tun ist.

Als generelle Grenze beim Verarbeiten nichtrostender Stähle werden 100 ppm Restsauerstoff angesehen. Bei gelben Anlauffarben, Temperatur < 400 °C, wird die Lochkorrosionsbeständigkeit kaum reduziert. Im Bereich rot/rotbraun (400 bis 800 °C) sinkt die Beständigkeit gegen Lochkorrosion bei allen nichtrostenden Stählen dramatisch ab, gleichermaßen bei 1.4301 bis zum Duplexstahl. Es muss mit Maß entschieden werden. Ist kein Elektrolyt vorhanden (Dampf, Kondensat, Feuchtigkeit), dann sind dünne und helle Anlauffarben weniger gefährlich, da kaum korrosive Angriffe entstehen. Bei einem korrosiven Angriff durch Säuren dagegen müssen Anlauffarben vollständig entfernt werden.

Farbe	Temperatur	Dicke
Passivschicht		≤ 5 nm
chromgelb	< 400 °C	≤ 25 nm
strohgelb	≤ 400 °C	25 – 50 nm
goldgelb	500 °C	50 – 75 nm
braunrot	650 °C	75 – 100 nm
kobaltblau		100 – 125 nm
lichtblau	1000 °C	125 – 175 nm
farblos		175 – 275 nm
braungrau	1200 °C	> 275 nm

14.5 Prüfgerechte Gestaltung

Die wichtigsten Kriterien für eine prüfgerechte Gestaltung geschweißter Bauteile sind deren Oberflächenzustand und Zugänglichkeit zur Schweißnaht in Abhängigkeit vom Prüfverfahren. Sind also der Umfang und die Art der Werkstoff-/Schweißnahtprüfung festgelegt, so ist darauf zu achten, dass das Werkstück prüfbar ist. Einige Voraussetzungen für die Anwendung der Farbeindring- und Magnetpulverprüfung, sowie der Ultraschall- und Durchstrahlungsprüfung sind im Abschnitt 17.3 Qualitätssicherung; Schweißnahtprüfung bereits genannt.

Für die Farbeindring- und Magnetpulverprüfung muss die Oberfläche frei von Rost und Zunder sein, bei der Farbeindringprüfung zusätzlich frei von Ölen und Fetten. Farbbeschichtungen sind vor der Prüfung zu entfernen. Schroffe Absätze, Ecken und Riefen können diese Prüfungen beeinträchtigen.

Bei der Ultraschallprüfung spielt die Zugänglichkeit für den entsprechenden Prüfkopf die wesentliche Rolle. Konstruktive Schwierigkeiten machen insbesondere nicht durchgeschweißte Stumpfnähte, zu wenig Platz zwischen Schweißnaht und einem Dickensprung im Werkstück, dopplungsartige Einschlüsse neben einer Stumpfnaht, Geometrie- und Fehleranzeigen bei Wurzelversatz, Wurzeldurchhang und Wurzelfehlern. Bei der Prüfung von Längsfehlern von Stumpfschweißnähten benötigt man seitlich der Naht eine genügend große Fläche für die Prüfkopfbewegungen. Die **Bilder 14-106 bis 14-109** zeigen prüfungünstige und prüfgeeignete Konstruktionen sowie die Rückkopfpositionerung für verschiedene Nahtlagen.

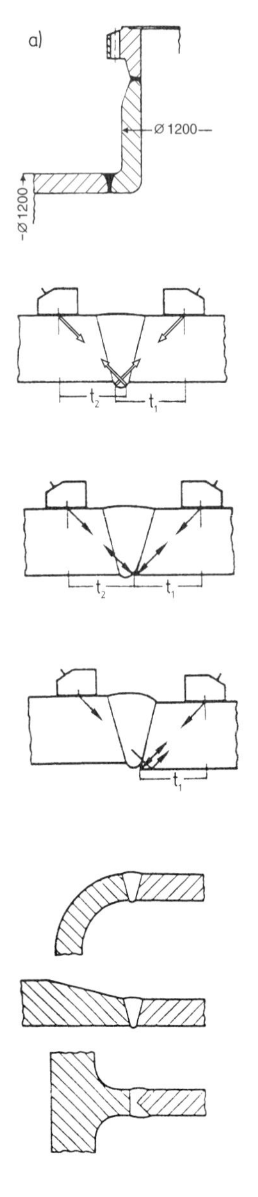

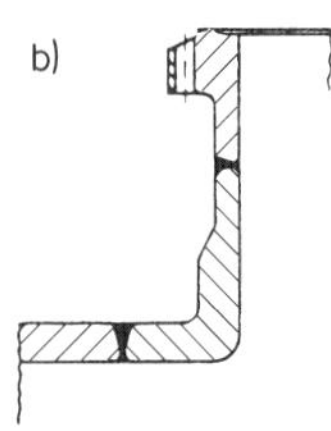

Bild 14-106
Prüfungünstige
(a) und prüfgünstige
(b) Schweißkonstruktionen

Bild 14-107
Unterscheidung zwischen Geometrie- und Fehleranzeigen
a) bei Wurzeldurchhang
b) bei Wurzelfehler
c) bei Versatz

Bild 14-108
Beispiele für nur bedingt mit Ultraschall prüfbare Nähte

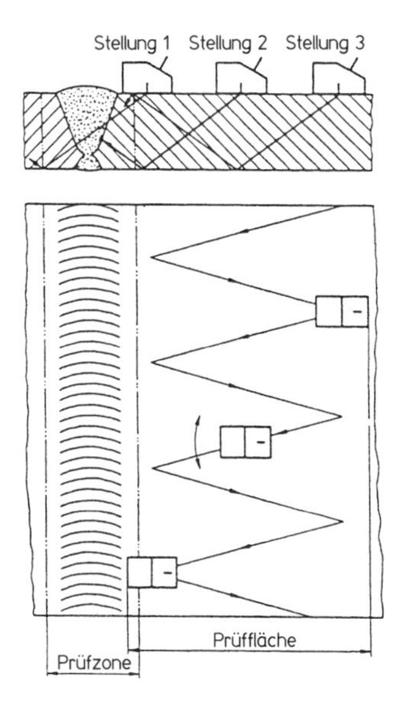

Bild 14-109
Prüfvolumen und Prüfkopfbewegungen bei der Prüfung von Stumpfschweißnähten auf Längsfehler (nach DIN EN 1714)

Bei Durchstrahlungsprüfungen muss sich der Film so positionieren lassen, dass die gesamte Naht erfasst wird. Bedingt oder gar nicht ausführbar sind:

- nicht durchgeschweißte Stumpfnähte,
- durchgesteckte Stutzen (prüfgerechter sind Stutzen mit Aushalsungen, **Bild 14-110**),
- schroffe Dickensprünge im Werkstück,
- Kehlnähte an T-Stößen (**Bild 14-111**).

Bild 14-111 zeigt deutlich, dass bei Durchstrahlungsaufnahmen von Kehlnähten die Positionierung des Röntgenfilms oft schwierig ist. Außerdem muss ein sehr großer Wanddickenanteil des Grundwerkstoffs mit durchstrahlt werden, der überhaupt nicht zu prüfen ist. Durch die sehr großen Wanddicken sind eine härtere Strahlung bzw. eine höhere Filmempfindlichkeit erforderlich, die eine schlechtere Auflösung und damit eine schlechtere Aufnahmequalität ergibt.

Allgemein ist darauf zu achten, dass gewisse Prüfungen schon während des Zusammenbaus durchgeführt werden, weil deren Stellen im Endzustand nicht mehr zugänglich sein könnten. Analog zum Schweißen muss auch ein Prüffolgeplan erstellt werden.

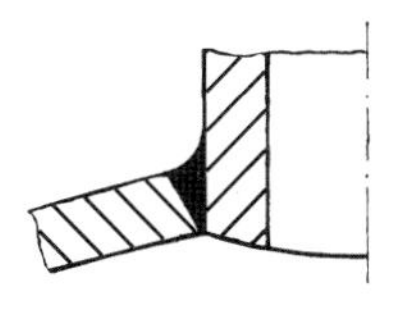

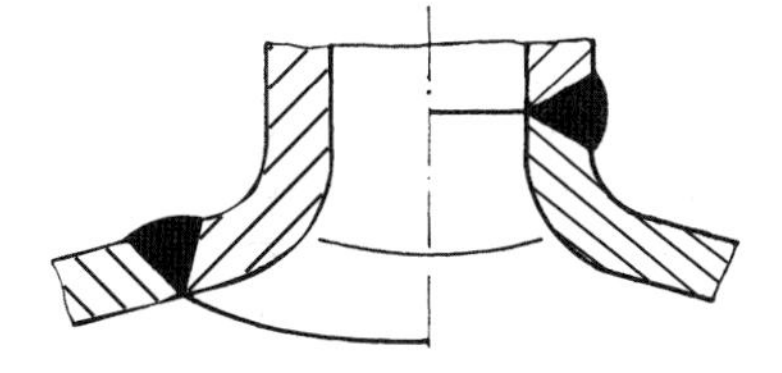

Bild 14-110
Prüfungeeigneter und prüfgeeigneter Stutzenanschluss (Aushalsung)

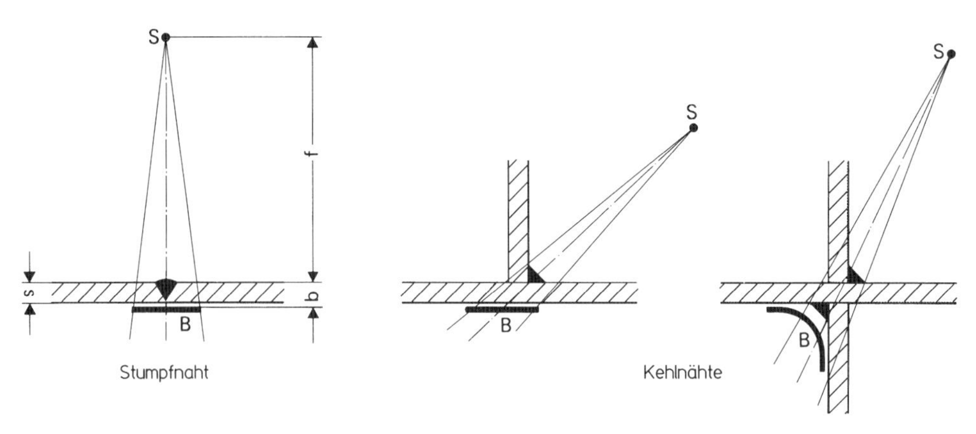

Bild 14-111 Durchstrahlungsmöglichkeiten von Stumpf- und Kehlnähten

Weitere Hinweise sind im Kapitel 17.3, Schweißnaht – Verfahren und Möglichkeiten der Prüfung, zu finden.

14.6 Instandsetzungsgerechte Gestaltung

14.6.1 Allgemeines zu Instandsetzung

Instandsetzungsgerechtes Gestalten beginnt bereits bei der Neukonstruktion. Hierbei muss darauf geachtet werden, dass einzelne Teile des Bauteils oder der Baugruppe verschleißbedingt oder am Ende ihrer Lebensdauer ausgewechselt werden müssen. Damit gelten zunächst alle Gestaltungsprinzipien für eine anforderungsgerechte Konstruktion unter dem Gesichtspunkt einer späteren Instandsetzung.

Zum anderen gehen Bauteile zu Bruch, die durch Schweißung wieder instandgesetzt werden sollen. Oberstes Kriterium dabei ist es herauszufinden, worin die Ursachen für das Versagen des Bauteils lagen. Keinesfalls dürfen Risse einfach überschweißt und das Bauteil anschließend wieder eingesetzt werden. Jeder Bruch, ob Spröd-, Zäh- oder Dauerbruch, beginnt mit einem Riss. Mit fortschreitender Beanspruchung wächst der Riss solange, bis ein Restquerschnitt des Bauteils der Belastung nicht mehr standhält. Es kommt zum Bruch. Es müssen also alle Parameter, die zum Bruch geführt haben, zunächst untersucht werden, um anschließend die Instandsetzung bzw. eine konstruktive oder gar werkstoffliche Änderung vorzunehmen.

Ein Riss ist immer die „Ohnmachts-Antwort" des Bauteils aufgrund eines Zwangszustandes. Ein Riss muss immer abgebohrt und aufgefüllt werden und niemals zusammengedrückt und dann wieder zusammengeschweißt werden. Er bildete sich aufgrund unerträglicher, innerer Spannungen.

Der Verlauf des Risses ist bis zum Rissende zu suchen, seine Enden abzubohren, alte Schweißnahtreste zu entfernen und eine neue Fuge vorzubereiten (**Bild 14–112**). Das Abbohren von Rissen kann eine Rissreparatur oft um Monate hinausschieben, da sich Risse in Bohrungen totlaufen. Die Bohrung muss nach dem Rissende und nicht am Rissende erfolgen.

Eine von verschiedenen Methoden, gerissene Bauteile wieder instand zu setzen ist Brennfugen, siehe Kapitel 8. Beim Brennfugen werden Poren mit der Flamme am ausgeleuchteten Rissgrund erkannt, Risse öffnen sich zusätzlich durch die eingebrachte Wärme und können bis zu deren

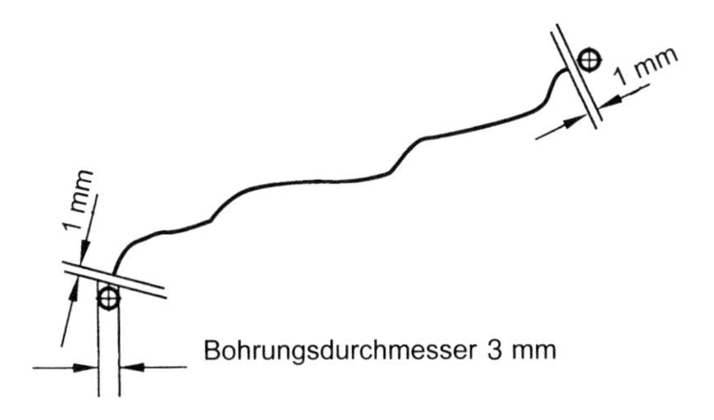

Bild 14-112
Abbohren von Rissenden zum Anhalten des Risswachstums mit kleinen Bohrungen ca. 1 mm vor dem sichtbaren Rissende

Ende ausgearbeitet werden. Damit werden Risse beseitigt, die sich durch das Arbeiten mit Trennscheiben (Flexen) verschmiert werden und deren Ende in Tiefenrichtung nur durch mehrmalige Farbeindringprüfungen detektiert werden können, was wiederum sehr zeitintensiv ist.

Verstärkungen

Zusätzliche Verstärkungsbleche und Aussteifungen (Beulsteifen) können angebracht werden und dafür sorgen, dass eine kontinuierliche Querschnittserweiterung und somit ein günstigerer Kraftfluss entsteht. **Bild 14-113** stellt verschiedene empfehlenswerte Ausführungsformen dar.

Hohlkastenprofile verstärkt man zweckmäßigerweise nicht durch Aufsetzen von Laschen, die ihre Bewegung behindern, sondern durch Einschweißen einer Verstärkung ähnlich der Ausbildung einer Rahmenecke (**Bild 14-113**).

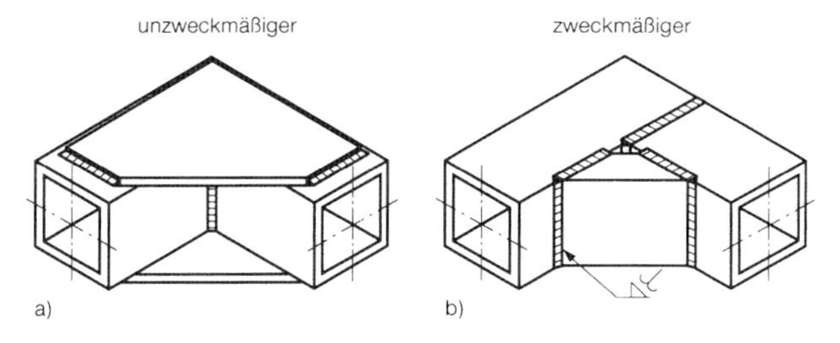

Bild 14-113
Einschweißen von Verstärkungen statt Aufsetzen von „Angst"-Laschen

Bei großen, gerissenen Maschinenfundamenten und -gestellen ist Vorsicht geboten, da sich der Rissverlauf sehr schwer genau bestimmen lässt. Hier können Randverstärkungen Abhilfe bieten, die den Verformungswiderstand erhöhen (**Bild 14-114**).

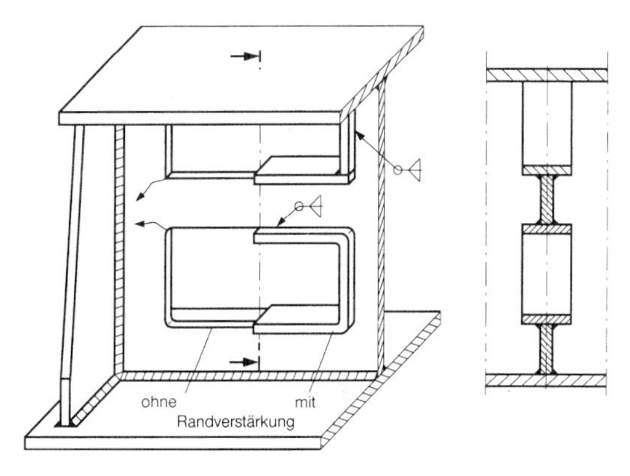

Bild 14-114
Randverstärkungen zur Minderung der Rissgefahr

Müssen an ein und derselben Stelle wiederholt abgebrochene Teile angeschweißt werden, so erhöhen sich die Eigenspannungen im Nahtbereich. Es muss letztendlich die Ursache für das wiederholte Versagen gefunden werden. Wurde der falsche Werkstoff verwendet oder liegt ein Konstruktions- oder Bemessungsfehler vor?

Eine nachträgliche Einebnung der Naht durch mechanische Bearbeitung oder die Beseitigung der Einbrandkerben durch WIG-Überschweißen mit oder ohne Schweißzusatz (TIG-Dressing) kann zu einer Verbesserung führen (**Bild 14–115**).

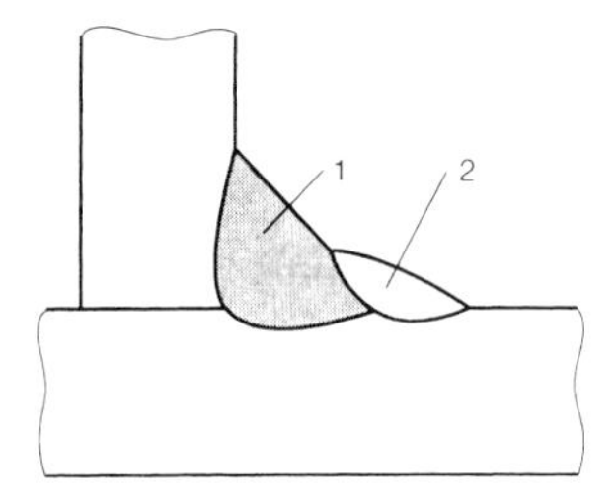

Bild 14-115
Beseitigen der Kerben einer Kehlnaht (1) durch nachträgliches WIG-Überschweißen (2) („TIG-Dressing“)

Eine fehlerhafte Punktschweißung kann nur durch Ausbohren instand gesetzt werden, um sie anschließend mit einer Lochschweißung wieder zu verschließen (**Bild 14-116**).

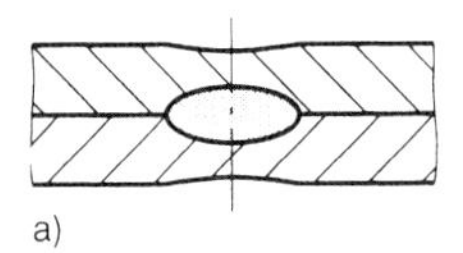

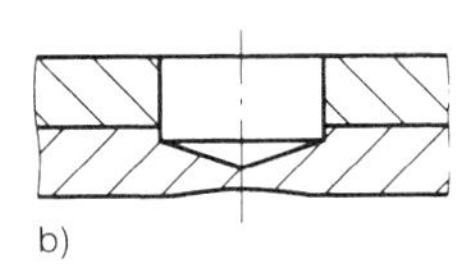

Bild 14-116
Reparatur von Widerstandspunkt-schweißung – Ausbohren – Ausschweißen

14.6.2 Riegeln

Eine Alternative zur kalten Reparatur sowohl gerissener Grauguss- und Stahlteile, als auch Aluminium oder Chrom-Nickel-Stähle ist das Riegeln. Hierbei werden Riegel aus einer Nickellegierung benutzt. Riegel sind Formteile mit meist 5 oder mehr Augen, **Bild 14-117** und **Bild 14-118**, die in Sacklöcher nach Schablone quer zum Riss in das Bauteil gebohrt und die

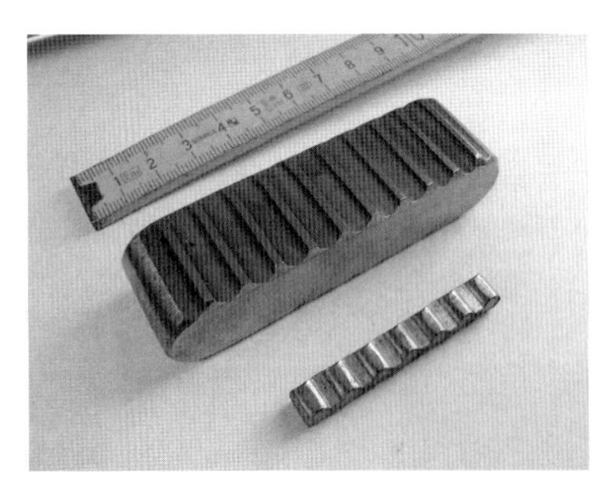

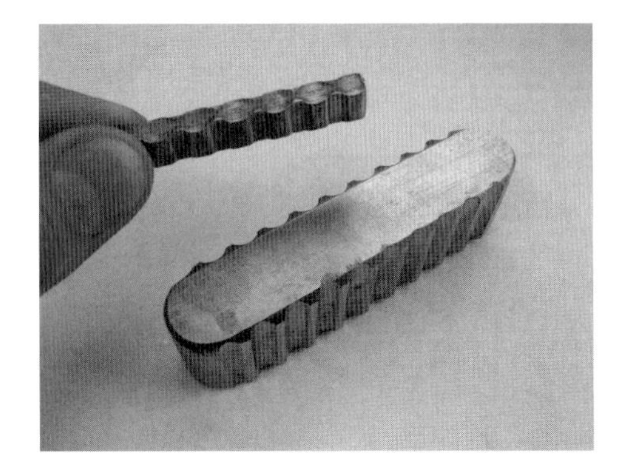

Bild 14-117
Riegel unterschiedlicher Größe – Seitenansicht

Bild 14-118
Riegel unterschiedlicher Größe – Draufansicht

Riegel mit Rundbolzen eingehämmert werden. Die Abstände der Riegel werden zuvor berechnet und immer abwechselnd Riegel mit 5 oder 7 Augen gesetzt. Die Stege zwischen den Sacklöchern müssen herausgemeißelt werden, um die Riegel zu montieren. Zwischen den Riegeln und entlang des Risses werden danach ebenfalls Sacklöcher gebohrt. Hier dreht man konische, weiche Gewindebolzen ein, damit der Riss das Bauteil weiter in Position hält, sobald mit dem Einhämmern begonnen wird. Erst jetzt hämmert man die Riegel ein, die sich dabei verfestigen und zähhart bleiben (**Bilder 14-119** bis **14-125**).

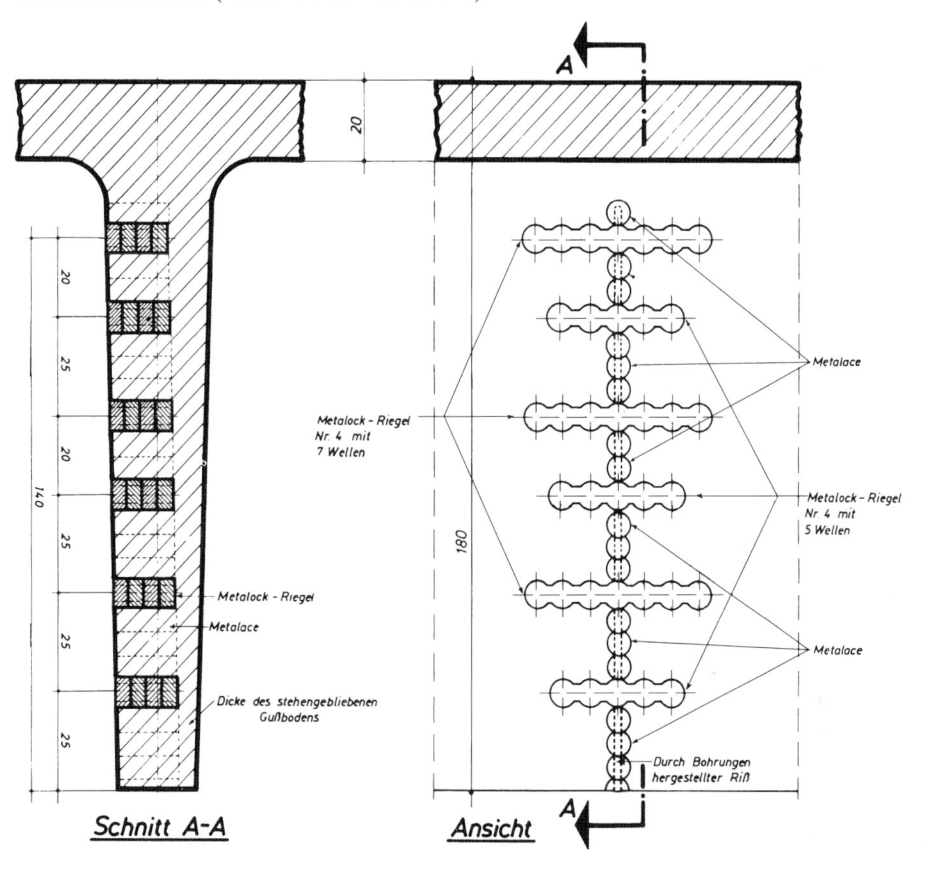

Bild 14-119 Reparatur eines gerissenen Gussteils mit „Riegeln“ (Riegeltiefe $\leq$ Bauteildicke)

Bild 14-120
Getriebegehäuse aus Grauguss Baujahr 1939

Bild 14-121
Riss am Lagergehäuse der 1. Getriebestufe

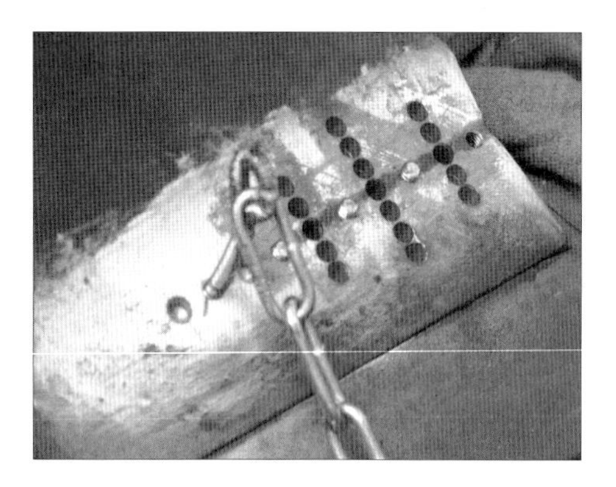

Bild 14-122
Setzen der ersten Bohrungen quer zum Rissverlauf

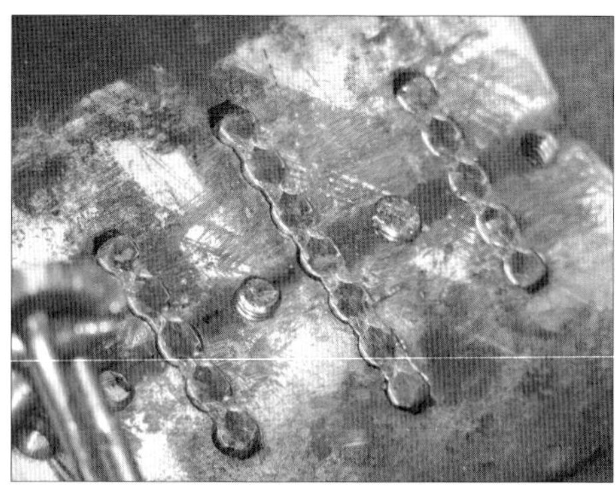

Bild 14-123
Setzen der Riegel mit 5 und 7 Augen im Wechsel

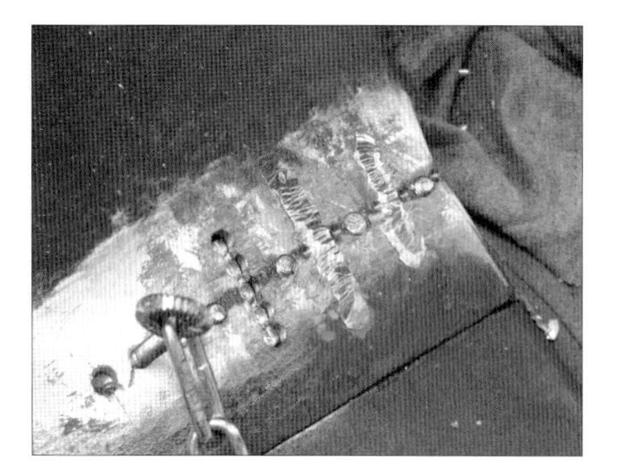

Bild 14-124
Eingehämmerte Riegel

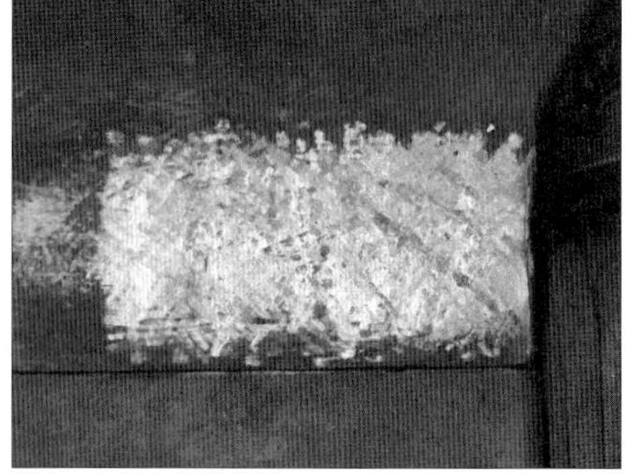

Bild 14-125
Fertige Reparatur – verschliffene Oberfläche

14.7 Mechanisierungs-/Automatisierungsgerechte Gestaltung

Die Integration der Schweißroboter in die Fertigung benötigt eine neue Denkweise des Konstrukteurs. Die klassischen Konstruktionsgrundsätze für Schweißkonstruktionen sind teilweise verändert, in einigen Fällen auch überhaupt nicht mehr anzuwenden, in Einzelfällen sogar auf den Kopf gestellt. Die nachstehenden Betrachtungen beleuchten zunächst die klassischen Konstruktionsgrundsätze aus der Sicht der Fertigung mit Schweißrobotern:

1. Bei der Durchführung der für den Kraftfluss günstigen Stumpfnähte sollen folgende Einschränkungen berücksichtigt werden:

   Für die Wurzelschweißung ist eine Badsicherung wegen der Durchbruchgefahr vorzusehen. Weitere Methoden der Badsicherung sind manuelles Wurzelschweißen und Steganordnung (**Bild 14-126**).

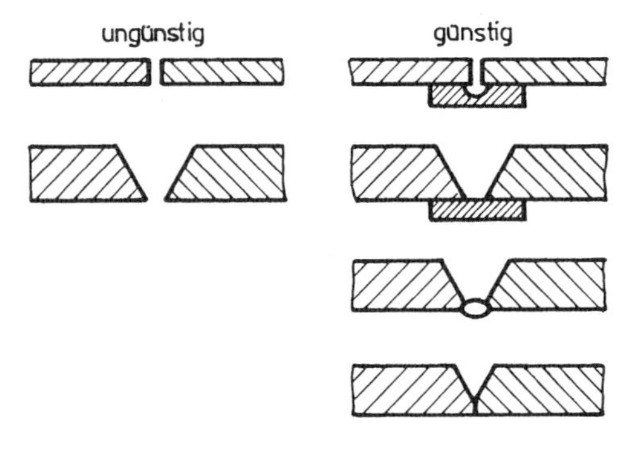

Bild 14-126
Methoden der Badsicherung durch Unterlagen, manuelles Wurzelschweißen oder Steganordnung

Bild 14-127 zeigt Methoden zur Badsicherung durch konstruktive Gestaltung des Bauteils.

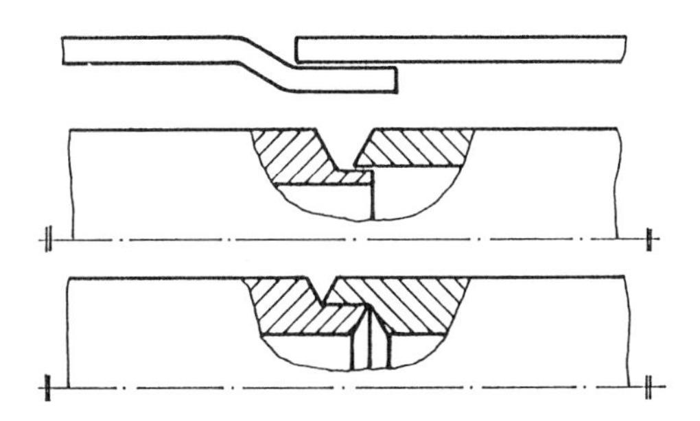

Bild 14-127
Methoden der Badsicherung durch konstruktive Anordnung am Bauteil (Kerbwirkung insbesondere bei dynamischer Beanspruchung beachten)

Wenn möglich, soll trotz schlechteren Kraftflusses ein Überlappstoß gewählt und dabei die Zugänglichkeit beachtet werden (**Bild 14-128**).

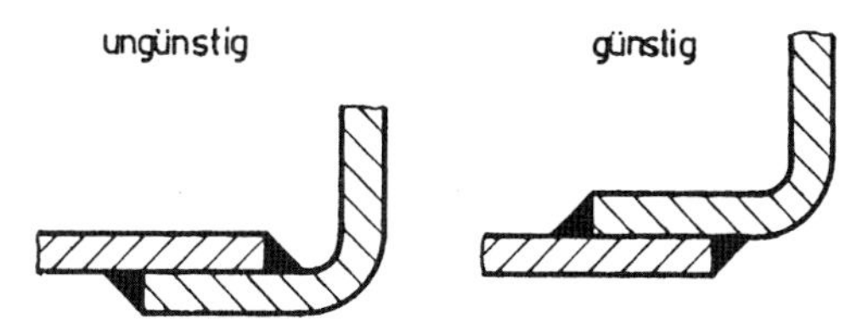

Bild 14-128
Zugänglichkeit aufgrund der Nahtlage

Keramische Badsicherungen

Badsicherungen werden benutzt, um sichere Wurzelschweißungen vorzunehmen. Sie bestehen überwiegend aus Keramiken und werden im Handel meist als starre Schiene mit eingearbeiteter Nut oder als Keramik auf selbstklebender Aluminiumfolie angeboten. Biegbare Gliederketten für Nahtkrümmungen bis zu einem Radius von 400 mm sind ebenfalls erhältlich.

Das Schweißen mit keramischen Badsicherungen auf der Wurzelseite ermöglicht die Anwendung eines höheren Schweißstroms in der Wurzellage. Beim MAG-Schweißen ist ein spritzerfreies Schweißen im Sprühlichtbogen möglich, beim E-Hand-Schweißen kann mit größeren Elektrodendurchmessern gearbeitet werden. Beim Impulsschweißen kann auch mit Leistungen unterhalb des Sprühlichtbogenbereichs spritzerarm geschweißt werden.

Höhere Schweißströme bei der Wurzellage erzeugen einen tiefen Einbrand mit deutlich vermindertem Risiko von Bindefehlern. Die Wurzel erhält durch ihre gute Ausbildung die Funktion einer Kapplage. Nach Entfernen der Badsicherung wird eine glänzende Nahtunterseite sichtbar, mit weichem, kerbfreien Übergang in den Grundwerkstoff.

Bei Verwendung von Keramiken auf selbstklebender Aluminiumfolie entsteht ein Formiereffekt an der Nahtunterseite, da die Umgebungsluft weitgehend ferngehalten werden kann. Dies ist insbesondere bei der Verarbeitung nichtrostender Stähle von Vorteil. Der Einsatz von Formiergasen kann oftmals entfallen.

Vorteile des Schweißens mit Badsicherung:

- Höhere Abschmelzleistung durch höheren Schweißstrom in der Wurzellage
- Einfachere Nahtvorbereitung – Ausgleich von Luftspaltbreiten bis 10 mm
- Wegfall des Ausfugens oder Ausschleifens der Wurzel und Schweißen einer Kapplage
- Zuverlässiger Flankeneinbrand und hohe, kerbfreie Nahtgüte
- Formiereffekt bei Verwendung von Keramiken auf selbstklebender Aluminiumfolie

Nachteile von Badsicherungen:

- teuer, aber trotzdem wirtschaftlich
- nur 1 x verwendbar

Die Auswahl der Badsicherung richtet sich nach dem Schweißprozess und dem verwendeten Schweißzusatz. Trapezförmige Aussparungsformen benutzt man beim Schweißen mit der Stabelektrode und beim Schweißen unlegierter Stähle mit rutilen Fülldrähten. Konkave Aussparungsformen werden beim MAG-Schweißen mit Massivdraht, bei Metallpulverfülldrähten und basischen Fülldrähten sowie bei rutilen Fülldrähten für hochlegierte Stähle verwendet.

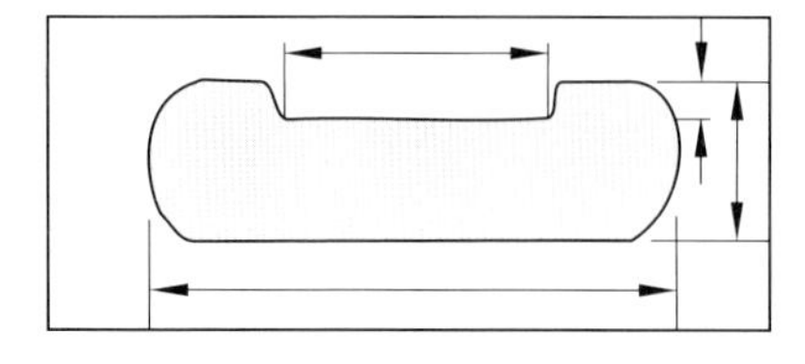

Bild 14-129
keramische Badsicherung mit trapezförmig ausgearbeiteter Nutform

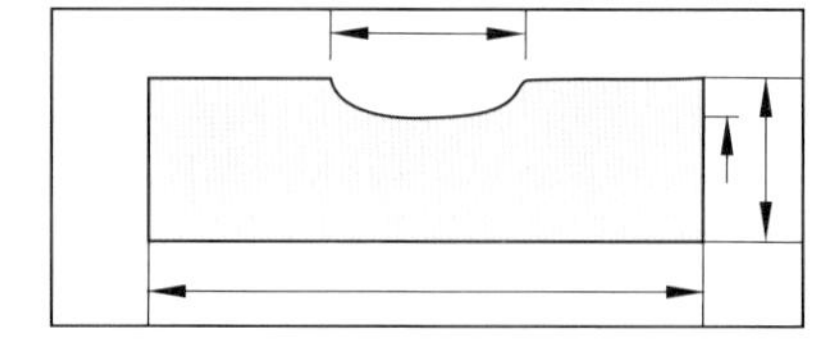

Bild 14-130
keramische Badsicherung mit konkav ausgearbeiteter Nutform

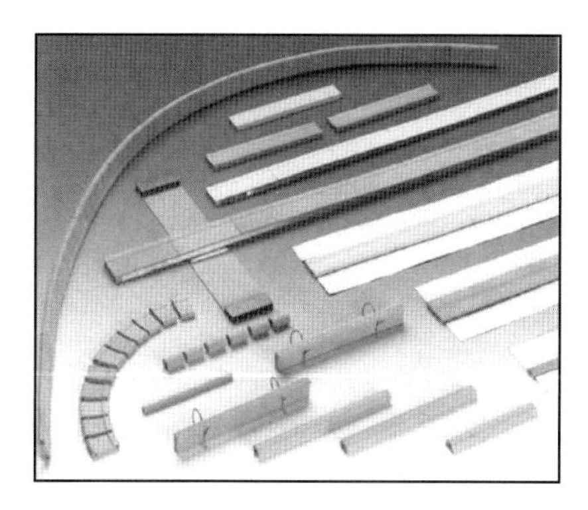

Bild 14-131
Keramische Badsicherungen verschiedener Formen

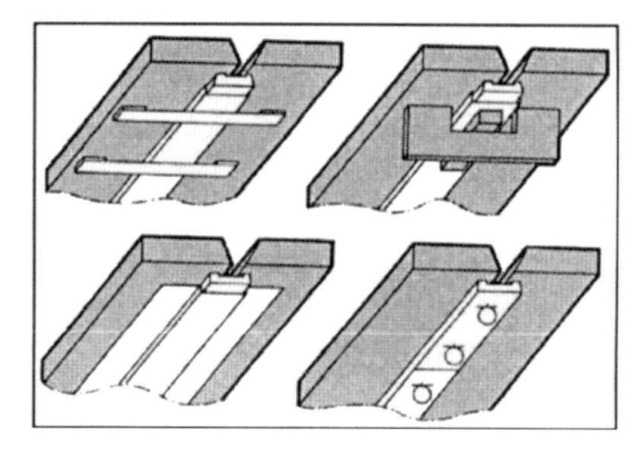

Bild 14-132
Montage keramischer Badsicherungen

2. Zugänglichkeit der Schweißnaht:

   Eine schweißgerechte Brennerzugänglichkeit muss gewährleistet werden (**Bild 14-133**). Dabei sind die Biegeradien des Schlauches für den Drahtvorschub zu beachten. Alle Schweißnähte sollen möglichst in Wannenlage (PA oder PB) herstellbar sein. Bauteilhandling (bis 500 kg Masse) durch Roboter bei stillstehendem Schweißbrenner ist heute keine Seltenheit mehr.

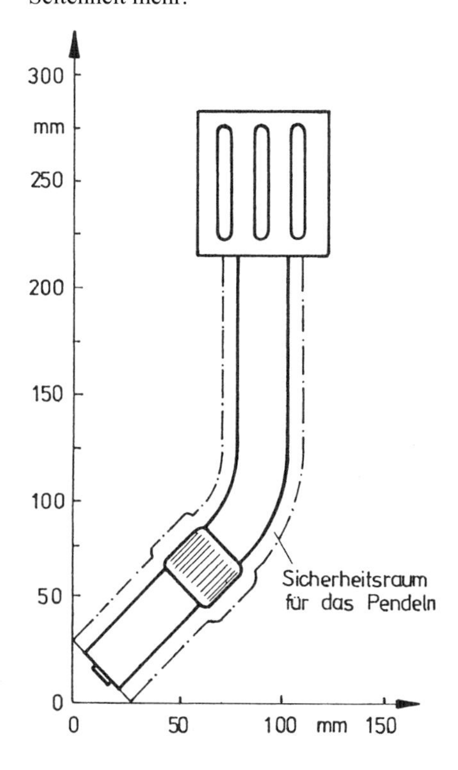

Bild 14-133
Zugänglichkeit, bedingt durch die Brennergeometrie

3. Nahtvorbereitung und -ausführung:

   Kehlnähte oder Stumpfnähte mit Badsicherung sind anderen Nähten vorzuziehen. Alle Nähte sind möglichst in einer Aufspannung zu schweißen, dabei sind die wichtigsten Nähte parallel zu den Hauptachsen des Werkstücks zu legen. Allgemein müssen Oberflächenzustand und Toleranz der Halbzeuge Beachtung finden (Toleranz eine Größenordnung höher als beim manuellen Schweißen wählen). Die Schweißnähte sollten so dünn wie möglich ausgeführt werden. Zu große Nähte führen zu Verzug und großen Schrumpfkräften, was eine aufwendige und stabile Schweißvorrichtung voraussetzt und die Brennerpositionierung erschwert. Besser wählt man den tieferen Einbrand als die größere Kehlnaht. Je mehr Grundwerkstoff bei Kehlnähten aufgeschmolzen wird, desto weniger Schweißzusatz wird für vergleichbare a-Maße benötigt und desto geringer werden Schrumpfung und Verzug (**Bild 14-134**).

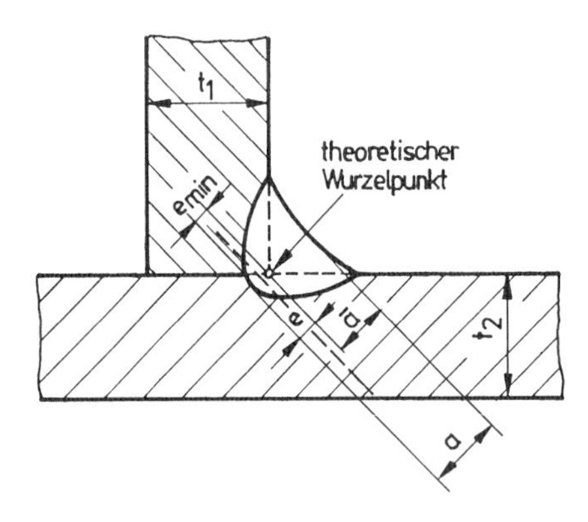

Bild 14-134
Kehlnähte mit tiefem Einbrand. Bei nachgewiesenem tiefem Einbrand (Maß „e") darf dies zum a-Maß addiert werden. Dies spart Schweißzusatzkosten und mindert den Verzug. Siehe Kapitel 12.8.5

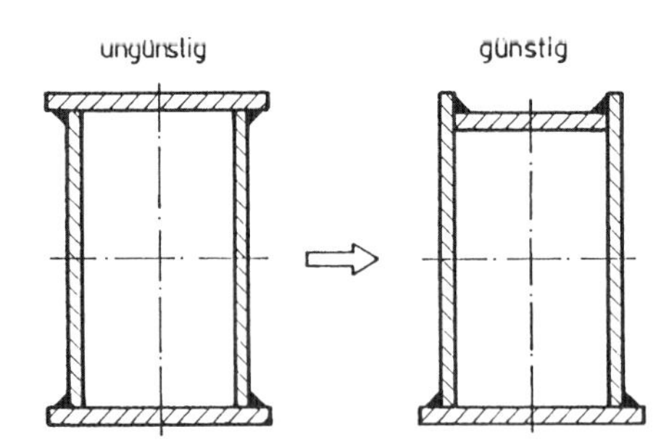

Bild 14-135
Herstellung in einer Aufspannung

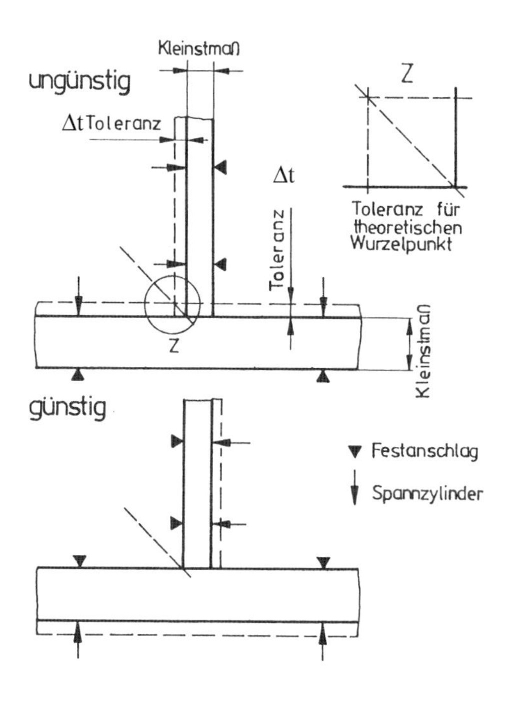

Bild 14-136
Schweißgerechtes Positionieren unter Berücksichtigung der Teiltoleranzen trotz Blechdickentoleranzen Δt bleibt der Wurzelpunkt lagegenau und es ist keine Neuprogrammierung erforderlich.

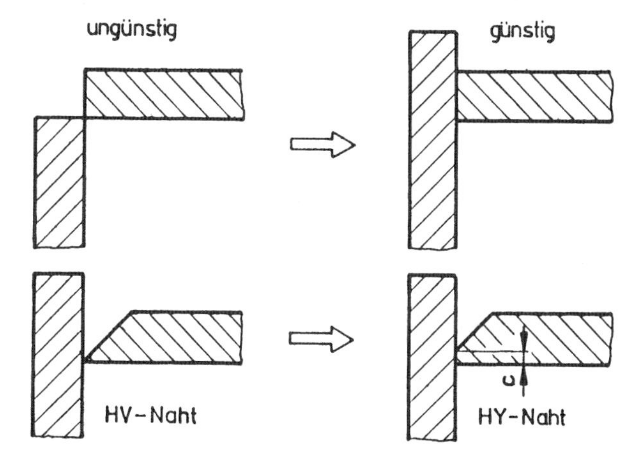

Bild 14-137
Veränderungen der Fugenform für das Roboterschweißen

HV-Nähte sind zu vermeiden, Bördelnähte zu bevorzugen. Die **Bilder 14-135 bis 14-137** zeigen robotergerechte Schweißkonstruktionen bzw. Schweißstöße, die trotz möglicher Fertigungstoleranzen ein exaktes Positionieren ermöglichen.

Allgemein müssen Bauteile in Vorrichtungen so gespannt werden können, dass keine Heftschweißungen erforderlich sind. Solche Heftstellen können durch Überschweißen nur bei sehr hohen Schweißleistungen, bspw. Unterpulver-Schweißen, aufgeschmolzen werden und sind üblicherweise eingeplante Fehlstellen als Bindefehler.

Alle engen Radien in Schweißnähten (< 20 mm) sollten vermieden werden, da hierfür die Schweißgeschwindigkeiten zu stark zurückgenommen werden müssen.

Die Tendenz bei der Roboterschweißung geht zum Bauteilhandling durch den Roboter selbst. Dabei können mit feststehendem Brenner und bewegtem Bauteil leicht Schweißgeschwindigkeiten über 1 m/min erreicht werden. Die Tragfähigkeit der Schweißroboter hat mittlerweile eine Masse von 500 kg erreicht, womit auch sehr schwere Bauteile „bewegt" werden können.

Der Einsatz relativ dicker Metallpulver-Fülldrahtelektroden (Ø 1,4 mm) ermöglicht die Verwendung gleicher Schweißparameter für die verschiedenen Schweißpositionen.

Bild 14-138
Roboterschweißen einer Fahrzeugkarosse

Weiterführende Literatur

Neumann, A.: Teil 1. Schweißt. Handbuch für Konstrukteure, Ausgabe des Deutschen Verlages für Schweißtechnik (DVS), Copyright VEB Verlag Technik, 1985

Neumann, A.: Teil 2. Schweißt. Handbuch für Konstrukteure, Ausgabe des Deutschen Verlages für Schweißtechnik (DVS), Copyright VEB Verlag Technik, 1983

Ruge, J.: Handbuch der Schweißtechnik, Bd. III. Konstruktive Gestaltung der Bauteile. Springer Verlag, Berlin, 1985

Schulze/Krafka/Neumann: Schweißtechnik (Werkstoffe /Konstruieren /Prüfen). VDI-Verlag, Düsseldorf, 1996

Scheermann: Leitfaden für den Schweißkonstrukteur. Die schweißt. Praxis. Bd. 17. DVS-Verlag, Düsseldorf, 1997

Wittel, H.; Muhs, D.; Jannasch, D.; Voßiek, J.: Roloff/Matek Maschinenelemente. Wiesbaden: Vieweg+Teubner, 2009

Ruge, J.: Handbuch der Schweißtechnik. Bd. IV. Berechnung der Verbindungen. Springer Verlag, Berlin, 1988

11. Jahrbuch Schweißtechnik. Schutzgasschweißen von Aluminium. DVS-Verlag, Düsseldorf, 1994

Krautkrämer, J. und H.: Werkstoffprüfung mit Ultraschall. 5. Auflage. Springer Verlag, 1986

Deutsch, U.; Vogt, M.: Ultraschallprüfung von Schweißverbindungen. Die schweißtechnische Praxis. Bd. 28. DVS-Verlag, 1995

Weise, H.-D.: Zerstörungsfreie Schweißnahtprüfung. In: Die Schweißtechnische Praxis. Heft 4. 1981. DVS-Verlag, Düsseldorf

Grünwald, E.: BMW Motorsport, Bildmaterial und persönliche Mitteilungen, 2006

Jüttner, S., Winkelmann, R., Füssel, U., Vranakova, R. und Zschetzsche, J.: Fügen von Aluminium-Stahl-Verbindungen mittels Lichtbogenverfahren. DVS-Berichte Band 225, 2003

15 Anwendungsgerechte Gestaltung von Schweißkonstruktionen

15.1 Stahlbau – Trägergestaltung und Trägeranschlüsse

15.1.1 DIN 18800 versus DIN EN 1090

Die Normenreihe DIN 18800 ist seit Jahrzehnten Basis für den Stahlbau in Deutschland. Im Zuge der Harmonisierung von Rechts- und Verwaltungsvorschriften wurde im Amtsblatt der Europäischen Union vom 17.12.2010 veröffentlicht, dass EN 1090 die gültige Norm zur Ausführung von Stahltragwerken und Aluminiumtragwerken wird, resp. bereits ist. Die Koexistenzperiode begann am 01.01.2011 und endet am 01.07.2012. Innerhalb dieser Zeit gelten beide Normen, DIN 18800 und DIN EN 1090. Danach werden nationale technische Spezifikationen ungültig.

Geltungsbereich der Normen

DIN 18800 gilt für die Ausführung von tragenden Bauteilen aus Stahl unter vorwiegend ruhender und nicht ruhender Beanspruchung. Die Bemessung von Stahltragwerken erfolgt nach DIN 18800-1 bis -5, sowie nach den jeweiligen Fachnormen (z. B. DIN 4132 Kranbahnen). DIN 18800-7 enthält Regelungen zur Herstellerqualifikation für Betriebe und zur Klassifizierung (Klasse A bis E) von geschweißten Stahlbauten.

DIN EN 1090-2 legt Anforderungen fest für Tragwerke oder Bauteile unabhängig von der Art und Gestaltung des Stahltragwerkes (z. B. Hochbau, Brücken, Flächentragwerke oder Fachwerke), einschließlich Tragwerken unter Ermüdungs- oder Erdbebeneinwirkungen. Diese können hergestellt sein aus Baustählen bis S690, warm- oder kaltgeformten nichtrostenden Stahlerzeugnissen. Unter Zusatzanforderungen gilt die Norm auch für Baustähle bis S960.

DIN EN 1090 – Ausführung von Stahltragwerken und Aluminiumtragwerken, besteht aus drei Teilen:

Teil 1: Konformitätsnachweisverfahren für tragende Bauteile; Ausgabe: 2010-07

Teil 2: Technische Regeln für die Ausführung von Stahltragwerken; Ausgabe: 2008-12

Teil 3: Technische Regeln für die Ausführung von Aluminiumtragwerken; Ausgabe: 2008-09

Der Teil 1 regelt Konformitätsverfahren für tragende Bauteile mit den Hauptkapiteln Anwendungsbereich (1), Normative Verweisungen (2), Begriffe und Abkürzungen (3), Anforderungen (4), Bewertungsverfahren (5), Konformitätsbewertung (6), Klassifizierung und Bezeichnung (7), Kennzeichnung (8) auf insgesamt 45 Seiten.

Der Teil 2 regelt die Herstellung von Stahltragwerken und besteht aus 211 Seiten. Neben den üblichen ersten Kapiteln (Normative Verweisungen, Begriffe etc.) werden hier genannt: Ausführungsunterlagen und Dokumentation, Konstruktionsmaterialien, Vorbereitung und Zusammenbau, Schweißen, Mechanische Verbindungsmittel, Montage, Oberflächenschutz, Geometrische Toleranzen, Kontrolle, Prüfung und Korrekturmaßnahmen.

Einen ähnlichen Aufbau wie Teil 2 zeigt Teil 3 zur Herstellung von Aluminiumtragwerken mit insgesamt 118 Seiten.

Jeder Teil enthält außerdem eine Vielzahl von informativen und normativen Anhängen.

Werkstoffe und Konstruktionsmaterialien

DIN 18800-1 bis -5 sowie weitere Fachnormen beschreiben die einsetzbaren Werkstoffe aus gewalzten Stählen, Schmiedestähle und Gusswerkstoffe. Die Stahlsorten sind u. a. in den Normenreihen der DIN EN 10025 (unlegierte Baustähle), DIN EN 10219 (kalt gefertigte Hohlprofile) und DIN EN 10210 (warm gefertigte Hohlprofile) beschrieben.

DIN EN 1090 spricht nicht mehr von Werkstoffen, sondern von Konstruktionsmaterialien. Die zu verwendenden unlegierten Baustähle sind in Tabelle 2 DIN EN 1090-2 zusammengefasst und entsprechen den Normen DIN EN 10025, DIN EN 10219 und DIN EN 10210. Bleche und Bänder zum Kaltumformen sind in der Tabelle 3 und die nichtrostenden Stähle in Tabelle 4 DIN EN 1090-2 benannt. Für andere Konstruktionsmaterialien müssen deren Eigenschaften festgelegt werden.

Prüfbescheinigungen

DIN 18800-7 forderte eine Werksbescheinigung 2.2 nach DIN EN 10204 für Erzeugnisse aus S235 außer S235J2 (hier: 3.1 Abnahmeprüfzeugnis). DIN EN 1090-2 legt Prüfbescheinigungen nach DIN EN 10204 für Konstruktionsmaterialien wie folgt fest:

- Baustähle mit Mindeststreckgrenze ≤ 355 MPa und Kerbschlagwerte bei +20 °C und 0 °C eine 2.2 Werksbescheinigung
- Baustähle mit Mindeststreckgrenze ≤ 355 MPa und Kerbschlagwerte bei –20 °C, Baustähle mit Mindeststreckgrenze > 355 MPa und für nichtrostende Stähle ein Abnahmeprüfzeugnis 3.1.

Für Schweißzusätze wird nach DIN EN 1090-2 verlangt, dass sie den Anforderungen von EN 13479 (CE-Kennzeichnung) genügen. Dazu muss eine 2.2 Werksbescheinigung vorliegen (nach DIN 18800 genügte die CE-Kennzeichnung).

Hinweise zu DIN EN 1090-1: Konformitätsnachweisverfahren für tragende Bauteile

Wird ein Produkt „in Verkehr“ gebracht, so muss erklärt werden, dass es konform zu den bestehenden EU-Richtlinien ist und somit ein CE-Zeichen erhält. Diese Kennzeichnung gilt auch für Produkte der Bauregelliste B (bisher waren geschweißte Produkte nach DIN 18800 in Bauregelliste A geführt). Nur Betriebe, die durch eine benannte Stelle (notified body) zertifiziert wurden, dürfen das CE-Zeichen vergeben.

Teil der Zertifizierung ist nach der Erstprüfung eine werkseigene Produktionskontrolle, Prüfungen und Überprüfungen im Werk, d. h. die laufende Überwachung.

Zweck der Erstprüfung ist es, den Nachweis zu erbringen, dass Bauteile nach dieser Norm gefertigt werden können. Dazu gehören die Erstberechnung (ITC = initial type calculation), d. h. die Voraussetzungen hinsichtlich der konstruktiven Bemessung, und die Erstprüfung (ITT = initial type testing), das bedeutet die Voraussetzung hinsichtlich der Herstellung. Zu Letzterem zählt der Schweißprozess. Bei der Erstprüfung werden z. B. die Räumlichkeiten der Produktion und die betrieblichen Einrichtungen sowie das Personal (Stellenausschreibung und Fachkompetenz) kontrolliert.

Das System der werkseigenen Produktionskontrolle (WPK) orientiert sich stark an die Anforderungen nach DIN EN ISO 9001, was in größeren Fertigungsbetrieben in der Regel gut funktioniert. Kleinere Handwerksbetriebe werden mit der Flut an Papier eher benachteiligt.

Die Häufigkeit der Produktüberprüfungen innerhalb der werkseigenen Produktionskontrolle ist nach Tab. 2, DIN EN 1090-1 geregelt.

Nach der Zertifizierung werden zwei Dokumente ausgestellt:

1. EG-Zertifikat über werkseigene Produktionskontrolle und
2. Schweißzertifikat

Die üblichen Überwachungsintervalle (Abstände zwischen den Inspektionen der WPK nach der Erstinspektion in Jahren) regelt Tab. B3, DIN EN 1090-1. Hier sind 4 Ausführungsklassen EXC 1 bis 4 (execution class) genannt. Diese Ausführungsklassen sind abhängig von der Schadensfolgeklasse CC (consequence class), der Beanspruchungskategorie SC (service category) und der Herstellungskategorie PC (production category). Die Tabellen für SC und PC findet man im Anhang B DIN EN 1090-2, die Tabelle für CC ist DIN EN 1991-1-7 zu entnehmen. Ohne eine Zuordnung in eine Ausführungsklasse ist DIN EN 1090-1 nicht anwendbar.

Schadensfolgeklasse CC

Schadens-folgeklassen	Merkmale	Beispiele im Hochbau oder bei sonstigen Ingenieurbauten
CC 3	Hohe Folgen für Menschenleben oder sehr große wirtschaftliche, soziale oder umweltbeeinträchtigende Folgen	Tribünen, öffentliche Gebäude mit hohen Versagensfolgen (z. B. Konzerthalle)
CC 2	Mittlere Folgen für Menschenleben, beeinträchtliche wirtschaftliche, soziale oder umweltbeeinträchtigende Folgen	Wohn- und Bürogebäude, öffentliche Gebäude mit mittleren Versagensfolgen (z. B. ein Bürogebäude)
CC 1	Niedrige Folgen für Menschenleben und kleine oder vernachlässigbare wirtschaftliche, soziale oder umweltbeeinträchtigende Folgen	Landwirtschaftliche Gebäude ohne regelmäßigen Personenverkehr (z. B. Scheunen, Gewächshäuser)

Beanspruchungsklasse SC

Kategorien	Merkmale
SC 1	– Tragwerke und Bauteile, bemessen nur für vorwiegend ruhende Belastungen (Bsp. Gebäude) – Tragwerke und Bauteile mit deren Verbindungen, bemessen für Erdbebeneinwirkungen in Regionen mit geringere Seismizität und in DCL* – Tragwerke und Bauteile, bemessen für Ermüdungseinwirkungen von Kranen (Klasse S_0)**
SC 2	– Tragwerke und Bauteile, bemessen für Ermüdungsbelastungen nach EN 1993 (Beispiele: Straßen- und Eisenbahnbrücken, Krane (Klasse S1 bis S9)**, Schwingungsempfindliche Tragwerke bei Einwirkung von Wind, Fußgängern oder rotierenden Maschinen) – Tragwerke und Bauteile mit deren Verbindungen, bemessen für Erdbebeneinwirkungen in Regionen mit mittlerer oder starker Seismizität und in DCM* und DCH*

* DCL, DCM, DCH: Duktilitätsklassen nach EN 1998-1

** Zur Klassifizierung von Ermüdungseinwirkungen von Kranen siehe EN 1991-3 und EN 13001-1

Herstellungsklasse PC

Kategorien	Merkmale
PC 1	– Nicht geschweißte Bauteile, hergestellt aus Stahlprodukten aller Stahlsorten – Geschweißte Bauteile, hergestellt aus Stahlprodukten der Stahlsorten unter S355
PC 2	– Geschweißte Bauteile, hergestellt aus Stahlprodukten der Stahlsorten S355 und darüber – Für die Standsicherheit wesentliche Bauteile, die auf der Baustelle miteinander verschweißt werden – Bauteile, die durch Warmumformen gefertigt oder im Verlauf der Herstellung einer Wärmebehandlung unterzogen werden – Bauteile aus Kreishohlprofil-Fachwerkträgern, die besonders geschnittene Endquerschnitte erfordern

Daraus ergibt sich die Ausführungsklasse EXC 1 bis 4 wie folgt:

Schadensfolgeklassen		**CC 1** niedrig		**CC 2** mittel		**CC 3** hoch	
Beanspruchungskategorien		**SC 1** einfach	**SC 2** komplex	**SC 1** einfach	**SC 2** komplex	**SC 1** einfach	**SC 2** komplex
Herstellungs-kategorien	**PC 1** einfach	**EXC 1**	**EXC 2**	**EXC 2**	**EXC 3**	**EXC 3**[a]	**EXC 3**[a]
	PC 2 schwierig	**EXC 2**	**EXC 2**	**EXC 2**	**EXC 3**	**EXC 3**[a]	**EXC 4**

[a] EXC 4 solle bei außergewöhnlichen Tragwerken oder bei Tragwerken mit hohen Versagensfolgen angewendet werden, entsprechend der nationalen Vorschriften

Beispiel

EXC 1, bisher Bauteilklasse A, ohne Herstellernachweis des Betriebes produzierbar, muss heute nach DIN EN 1090-1 zertifiziert werden. Würde streng genommen ein Schlosser ein Produkt in Verkehr bringen, braucht dieser Schlosser eine Zertifizierung (1-Mann-Betrieb).

EXC 2, bisher Bauteilklasse B. Bisher: Werkstoffe S235 und S275, Wanddicke 22 mm, Stirnplatten 30 mm, Spannweite 20 m, E-Hand, MAG, MIG, WIG. Neu: Werkstoffe S235 bis S355, alle Austenite, Wanddicke 25 mm, Stirnplatten 50 mm, Spannweite nach oben offen, alle Schweißprozesse. Schweißfachmann als Schweißaufsicht.

Die Qualifizierung der Schweißprozesse erfolgt nach Tabelle 12, DIN EN 1090-1.

Neben den vielen neuen Zusammenstellungen zur Einstufung eines Betriebes, benutzt DIN EN 1090 auch eine Reihe neuer Begrifflichkeiten. So wird stets von Ausführung gesprochen, wenn es um die Herstellung eines Produktes geht. Die dabei verwendeten Halbzeuge, Verbindungsmittel und Schweißzusätze heißen Konstruktionsmaterialien.

Die nachfolgenden Kapitel beschreiben nach heutigem Stand (Januar 2011) die noch gültigen Normen und Regelungen zu den Vorschriften, Werkstoffen, Schweißzusätzen, Halbzeugen und Herstellung. Es muss aber darauf hingewiesen werden, dass sich mit der Einführung von DIN EN 1090 einiges ändert, was jedoch den Rahmen dieses Buches sprengt. Die Grundsätze der Konstruktion sind nach wie vor Basis zur Herstellung von Tragwerken.

15.1.2 Tragwerke

Stahlbauten bestehen aus einem System von Stäben (Skelett), deren Querschnitt klein im Verhältnis zur Länge ist. Im Gegensatz zum Massivbau mit seinen tragenden Wänden ist das Stahltragwerk nicht zugleich Raumabschluss.

Bild 15-1 Tragwerke eines Skelettbaus

Bei Stahlskelettbauten (Bild 15–1 und 15-2) werden die lotrechten Lasten durch dic Dach- und Deckentragwerke (Pfetten, Unterzüge 3) auf die Stützen (1) übertragen und von dort in die Fundamente geleitet. Die waagerechten Lasten (Wind, Erdbeben) werden über Aussteifungstragwerke (z. B. Ausfachung 2, Rahmen 4) auf die Fundamente übertragen.

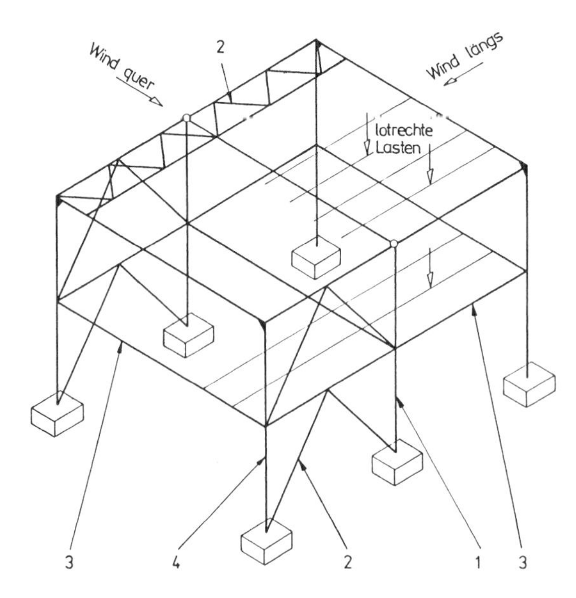

Bild 15–2
Tragwerke eines Skelettbaus

Bild 15-3 Ableitung der senkrechten Lasten in das Fundament

Bild 15-4 Waagerechte Lasten werden über die Aussteifungstragwerke in das Fundament abgeleitet

15.1.3 Vorschriften

Bei der Bemessung, Konstruktion und Herstellung von Stahltragwerken hat sich in den letzten Jahren eine Vielzahl von Vorschriften und Normen geändert. Die Normenreihen DIN 18800 ff. wurden zumeist durch die Eurocode-Normen ersetzt.

Eurocode	Normenreihe	Titel
	DIN EN 1990	Grundlagen der Tragwerksplanung
1	DIN EN 1991	Einwirkungen auf Tragwerke
2	DIN EN 1992	Bemessung und Konstruktion von Stahlbeton- und Spannbetontragwerken
3	DIN EN 1993	Bemessung und Konstruktion von Stahlbauten
4	DIN EN 1994	Bemessung und Konstruktion von Verbundtragwerken aus Stahl und Beton
5	DIN EN 1995	Bemessung und Konstruktion von Holzbauten
6	DIN EN 1996	Bemessung und Konstruktion von Mauerwerksbauten
7	DIN EN 1997	Entwurf, Berechnung und Bemessung in der Geotechnik
8	DIN EN 1998	Auslegung von Bauwerken gegen Erdbeben
9	DIN EN 1999	Bemessung und Konstruktion von Aluminiumtragwerken

Beispiele für ersetzte DIN-Normen:

DIN 18801 (Stahlhochbauten) ist integrierter Bestandteil der Normenreihe DIN EN 1993 mit den jeweiligen Nationalen Anhängen. Auch Tragwerke aus Hohlprofilen, ehemals DIN 18808, wird jetzt in der Reihe DIN EN 1993 beschrieben. DIN 18806 (Verbundkonstruktionen) ist zurückgezogen. Hier gelten die Normen der Reihe DIN EN 1994.

Vereinzelt sind DIN Normen aber nach wie vor gültig. DIN 4132 gilt für Kranbahnen, Fliegende Bauten findet man in DIN EN 13782 und DIN EN 13814, Tankbauwerke in DIN 4119.

15.1.4 Werkstoffe

Im Gegensatz zu anderen Fachbereichen werden im Stahlbau nur wenige Stahlsorten verarbeitet. Dies lässt sich zum einen damit begründen, dass höherfeste Stähle bei Stabilitäts-, Dauerfestigkeits- und elastischen Verformungsproblemen keine Vorteile bringen und überdies keine Anforderung auf Verschleiß- und Warmfestigkeit vorliegt. Nach DIN 18 800 Teil 1 sind von den allgemeinen Baustählen nach DIN EN 10025 die Stahlsorten S235JR, S235JR, S235JR, S235J2 und S355J2 und von den schweißgeeigneten Feinkornbaustählen nach DIN EN 10025-4 die Stahlsorten S355N, S355NH, S355NL und S355NL2 zu verwenden.

Für Lager, Gelenke und Sonderbauteile darf auch Stahlguss GE260 nach DIN EN 10293 und GS-20Mn 5 nach DIN EN 10213 (Stahlgusssorten mit verbesserter Schweißeignung), sowie Vergütungsstahl C35 N nach DIN EN 10 083 eingesetzt werden.

Für die verwendeten Erzeugnisse müssen Bescheinigungen nach DIN EN 10204 vorliegen. Für nicht geschweißte Konstruktionen aus Stahl der Sorten S235JR, S235JR und S235J2 und für untergeordnete Bauteile darf darauf verzichtet werden, wenn die Beanspruchungen nach der Elastizitätstheorie ermittelt werden.

Andere Stahlsorten dürfen nur verwendet werden, wenn die chemische Zusammensetzung, die mechanischen Eigenschaften und die Schweißeignung in den Lieferbedingungen festgelegt sind und einer der oben genannten Stahlsorten zugeordnet werden können oder ihre Brauchbarkeit auf andere Weise, z. B. durch eine allgemeine bauaufsichtliche Zulassung, nachgewiesen worden ist.

Für die Wahl der Werkstoffgüte sollten die „Empfehlungen zur Wahl der Stahlgütegruppen für geschweißte Stahlbauten“ (DASt-Richtlinie 009) und die „Empfehlungen zum Vermeiden von Terrassenbrüchen“ (DASt-Richtlinie 014) herangezogen werden.

15.1.5 Schweißzusätze

Schweißzusätze müssen mit dem CE-Kennzeichen der Europäischen Union (EN 13479) gekennzeichnet sein. Nach DIN 18800 genügte diese Kennzeichnung. Nach der neuen Norm, DIN EN 1090-2 muss darüber hinaus eine 2.2 Werksbescheinigung vorliegen. Das Übereinstimmungszeichen (Ü-Zeichen) entsprach den alten Bauordnungen der deutschen Länder und ist in der Regel nicht mehr anzutreffen.

Etiketten von Verpackungen von Schweißzusätzen enthalten die folgenden Angaben:

- Identifikationsnummer der benannten Stelle
- Die letzten beiden Ziffern des Jahres, in dem das CE-Zeichen (erstmals) angebracht wurde, z. B. 2007 = 07
- Marke / Hersteller / Adresse
- Zertifikatnummer
- Europäische Normen für CE-Zeichen und Produkt, z. B. EN13479

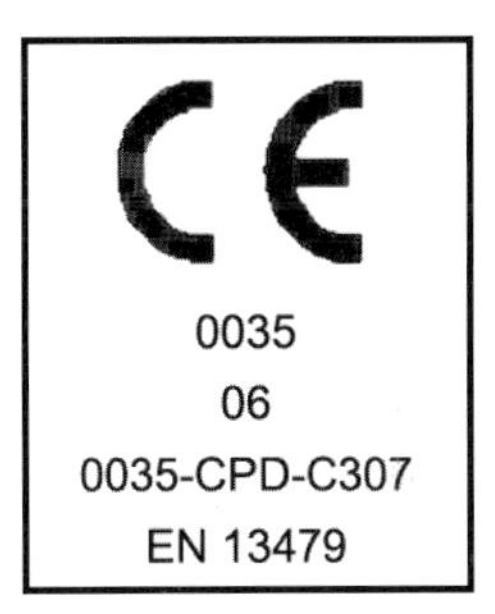

Bild 15-5
Das CE-Konformitätszeichen (CE-Zeichen) nach DIN EN 13479

15.1.6 Halbzeuge

Für geschweißte Stahlbauten werden vorrangig Warmwalzerzeugnisse verwendet. Sie sindkostengünstig, weisen eine gute Schweißeignung auf und sind in allen zugelassenen Stahlsorten erhältlich. Von den Profilerzeugnissen kommen Form- und Stabstähle in den Querschnittsformen U, T, L, l und Z für Träger und Fachwerke große Bedeutung zu. Zur Fertigung von Gurten geschweißter I-Träger wird Breitflachstahl nach DIN 59 200 eingesetzt. Trotz ihres höheren Preisesgegenüber Profilerzeugnissen finden zunehmend Hohlprofile Verwendung. Durch warmes und kaltes Umformen runder Rohre werden Rechteck- und Quadrathohlprofile hergestellt. Neben den warmgewalzten Erzeugnissen werden in allen Bereichen zunehmend Kaltprofile eingesetzt. Sie werden durch Walzen oder Abkanten aus flachgewalztem Stahl hergestellt. Querschnittsform und Abmessungen können dem Verwendungszweck optimal angepasst werden. Neben den Standardprofilen in L-, U-, C-, Z- und Hutform gibt es viele Sonderprofile. Dabei haben Trapezprofile für Dächer und Geschossdecken besondere Bedeutung erlangt [2].

15.1.7 Herstellung

Die Stahlbaufertigung ist gekennzeichnet durch viele Transportvorgänge. Sie lässt sich gliedern in die Fertigungsstellen Lagern und Beschichten; Kennzeichnen, Trennen und Lochen; Verformen; Zusammenbau und Schweißen; Konservieren und Versand. Da der Zusammenbau im Werk kostengünstiger ist als auf der Baustelle, versucht man zunehmend, immer größere Teile bereits im Werk zu fertigen und ggf. mit Sondertransporten auf die Baustelle zu befördern.

Betriebe, die geschweißte Bauteile aus Stahl herstellen, müssen ihre Fähigkeiten nachweisen. In einem so genannten Herstellernachweis (früher Eignungsnachweis genannt) können Betriebe eine Zulassung in den Klassen A bis E nach DIN 18800-7 erhalten. Weitere Vorschriften sind z. B. die Dienstvorschrift DS 804 der Deutschen Bahn. Mit diesen Herstellernachweisen ist gesetzlich geregelt, welche Qualifikationen ein Betrieb haben muss, um im Bereich des Stahlbaus Schweißarbeiten zu tätigen, siehe Kapitel 17.2. Eine Datenbank über Betriebe, die einen solchen Herstellernachweis besitzen, ist im Internet verfügbar unter: http://195.37.113.138. Dieser wird gepflegt von der SLV Duisburg.

Im Stahlbau dürfen im Allgemeinen nur die Lichtbogenschweißverfahren angewandt werden. Bei Anwendung des Widerstandsabbrennstumpfschweißens oder Reibschweißens ist ein Gutachten einer anerkannten Stelle vorzulegen. Bolzenschweißen wird den Lichtbogenschweißprozessen zugeordnet.

Für durch- oder gegengeschweißte Stumpfnähte (HV- und DHV-Naht) sind folgende Schweißbedingungen im Stahlbau einzuhalten [3, 4]:

- Einwandfreies Durchschweißen der Wurzeln
- Maßhaltigkeit der Nähte ist nach DIN EN ISO 5817 geregelt; siehe Kapitel 17.4
- Kraterfreies Ausführen der Nahtenden bei Stumpfnähten mit Auslaufblechen oder anderen geeigneten prozesstechnischen Maßnahmen
- Flache Übergänge zwischen Naht und Blech ohne schädigende Einbrandkerben oder Überwölbungen
- Freiheit von Rissen, Binde- und Wurzelfehlern sowie Einschlüssen

Für nicht vorwiegend ruhend (dynamisch) beanspruchte Bauteile wird zusätzlich noch gefordert:

- Die nach den technischen Unterlagen zu bearbeitenden Schweißnähte dürfen in der Naht und im angrenzenden Werkstoff eine Dickenunterschreitung bis 5 % aufweisen.
- Freiheit von Kerben

Die Wurzellage muss im Allgemeinen ausgearbeitet und gegengeschweißt werden.

15.1.8 Grundsätze für die Konstruktion

Schweißkonstruktionen müssen den Beanspruchungen standhalten. Gestaltungsregeln finden sich im Detail im Kapitel 14 – Anforderungsgerechtes Gestalten. Grundsätzlich sollen Anhäufungen von Schweißnähten vermieden werden. Die Verwendung verschiedener Stahlsorten (z. B. S235 mit S355) in einem Tragwerk und in einem Querschnitt ist zulässig. Die in den Fachnormen vorgeschriebenen Mindestwanddicken, bei Hochbauten z. B. 1,5 mm, sind zu beachten.

Im Bereich von Krafteinleitungen oder -umlenkungen, an Knicken, Krümmungen und Ausschnitten ist zu prüfen, ob konstruktive Maßnahmen erforderlich sind. Saubere Übergänge müssen geschaffen, Unstetigkeiten vermieden werden. Siehe **Bild 14-110**, TIG-Dressing. Bei geschweißten Profilen und Walzprofilen mit I-förmigem Querschnitt dürfen Kräfte auch ohne Aussteifungen eingeleitet werden, wenn für den Steg ein entsprechender Festigkeitsnachweis geführt wird.

Werden verschiedene Verbindungsmittel in einem Anschluss oder Stoß verwendet, so ist auf die Verträglichkeit der Formänderungen dieser Verbindungsmittel zu achten. Gemeinsame Kraftübertragung darf z. B. angenommen werden bei **GVP**-Verbindungen (**G**leitfeste planmäßig **V**orgespannte **P**assverbindung) und Schweißnähten. Gleiches gilt für Schweißnähte in einem oder in beiden Gurten in Verbindung mit Niete oder Passschrauben in allen übrigen Querschnittsteilen. Die dem Korrosionsangriff ausgesetzten Oberflächen sollen möglichst klein und eben sein.

15.1.9 Vollwandträger

Im Stahlhochbau kommen für Biegeträger im Regelfall die kostengünstigen Walzprofile zum Einsatz. Durch die Stufung der Widerstandsmomente innerhalb der Profilreihen und die aus walztechnischen Gründen verhältnismäßig dicken Stege ist mit ihnen eine belastungsgerechte Bemessung oft nicht möglich. Walzträger lassen sich aber durch entsprechende Bearbeitung in

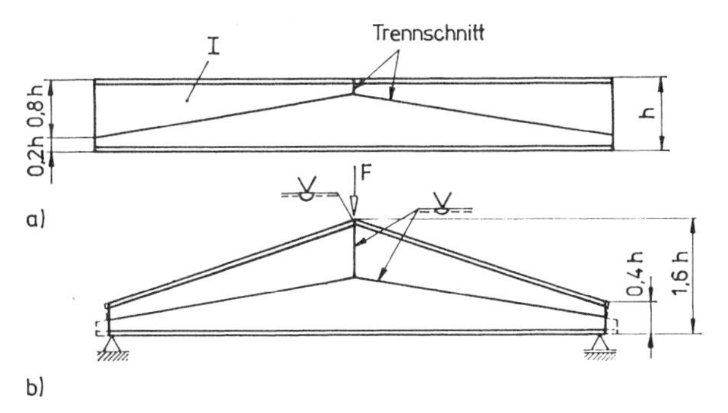

Bild 15-6
Fischbauchträger

a) Schnittführung im Ausgangsträger

b) dachförmig verschweißte Trägerteile

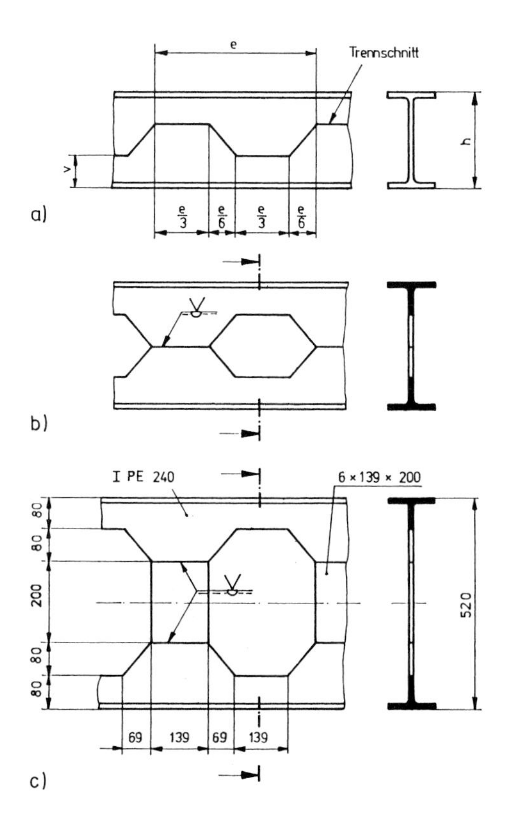

Bild 15-7
Wabenträger

a) Zahnstangenartige Trennschnittführung im I-Walzträger, Richtwerte:
$v = (0{,}26...0{,}33)h$,
$e = (1{,}4...1{,}8)h$

b) Verschweißte Trägerhälften

c) Ausführungsbeispiel: Wabenträger aus getrennten IPE240 mit 200 mm hohen Zwischenblechen (Stelzen)

für bestimmte Anforderungen geeignete Formen bringen. So kann durch zusätzlich aufgeschweißte Gurtplattenbereichsweise die Biegetragfähigkeit oder seltener, durch eingepasste und verschweißte Stegbleche die Schubtragfähigkeit erhöht werden. Weitere Trägerformen lassen sich durch Trennen und anschließendes Verschweißen von I-Trägern gewinnen [6].

Fischbauchträger werden aus IPE- und IPB-Trägern nach **Bild 15-6a** hergestellt. Zug- und Druckgurt bleiben dabei ohne Schweißnaht. Wegen der beanspruchungsgerechten Geometrie ist er besonders geeignet als Träger auf 2 Stützen mit mittiger Einzellast, **Bild 15-6b**.

Wabenträger ergeben nach zahnstangenartigem Trennen und Wiederverschweißen von I-Walzträgern bei gleichem Gewicht ein höheres Trägerprofil mit wabenartigen Stegdurchbrüchen, **Bild 15-7a und b**. Durch Einfügen von Zwischenblechen (Stelzen) kann das Widerstandsmoment weiter vergrößert werden, **Bild 15-7c**. Die Vorteile des Wabenträgers sind sein geringes Gewicht und die Anpassungsmöglichkeit an die verlangte Bauhöhe. Sie werden für Deckenträger, Dachpfetten und Fußgängerstege verwendet. Geschweißte Vollwandträger nach **Bild 15-8** werden dem Verwendungszweck optimal angepasst. Die Gurtplatten (Breitflachstähle) werden durch Doppelkehlnähte oder DHV-Nähte schubfest an das Stegblech angeschlossen.

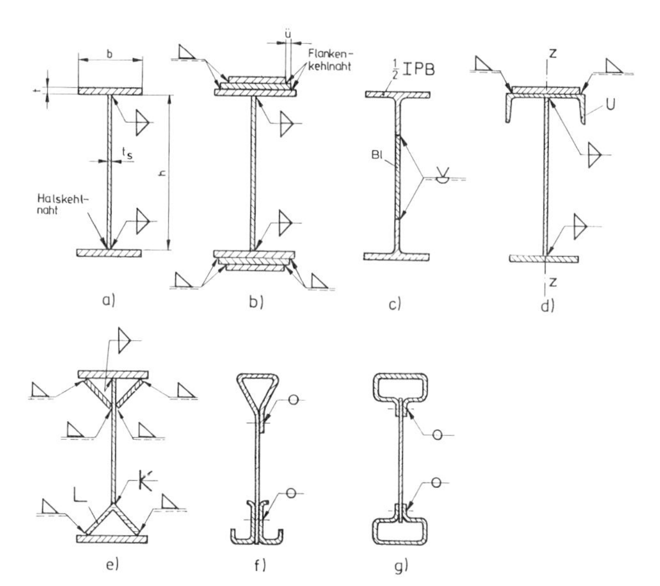

Bild 15-8
Querschnitte geschweißter Vollwandträger (I-Form)

a) Standardausführung. Richtwerte: $b/t \leq 20$ für Druckgurt, $h/t_S \leq 100$ für Stegblech;
b) verstärkt durch Zusatzgurtplatten.
c) Gurt aus halbierten Walzträgern (1/2IPB),
d) Obergurt aus U-Profil,
e) torsionssteife Hohlgurte,
f) Leichtbauträger mit torsionssteifem Obergurt,
g) Leichtbauträger mit Hohlgurten aus Kaltprofilen

Diese „Halsnähte" haben die Aufgabe, Gurte und Stege schubfest zu verbinden, um eine gemeinsame Tragwirkung zu erreichen. **Bild 15-9a** macht deutlich, wie es zur Schubbeanspruchung der Halsnähte kommt. Liegen die stabförmigen Trägerteile nur lose aufeinander, so biegen sie sich unter der Kraft F durch und verschieben sich längs der Trennfuge gegeneinander. Die Biegetragfähigkeit bzw. Steifigkeit dieses „gestapelten" Trägers ergibt sich aus der Summe der Widerstandsmomente bzw. Steifigkeiten der einzelnen Querschnitte. Gurtplatten dürfen wegen des Stegnahtanschlusses aus schweißtechnischen Gründen nicht zu dick sein. Hohe Schrumpfkräfte bewirken hohe Druckeigenspannungen. Gurtplatten von mehr als 50 mm Dicke dürfen nur verwendet werden, wenn ihre Verarbeitung durch entsprechende Maßnahmen (z. B. Vorwärmen) sichergestellt ist. Deshalb werden auch mehrlagige Pakete eingesetzt (**Bild 15-8b**).

Mehrlagige Pakete haben jedoch den Nachteil, dass sie nur seitlich angeschweißt werden können. Durch den Einsatz von halben IPB-Trägern lässt sich die Schweißnaht in weniger belastete Bereiche bringen (**Bild 15-8c**). Um bei zusätzlichen Horizontallasten das Ausknicken des Druckgurtes zu verhindern, werden Sonderformen (**Bild 15-8d**) ausgeführt. Bei zusätzlich geforderter Torsionssteifigkeit kommen die Lösungen nach **Bild 15-8e bis g** in Frage.

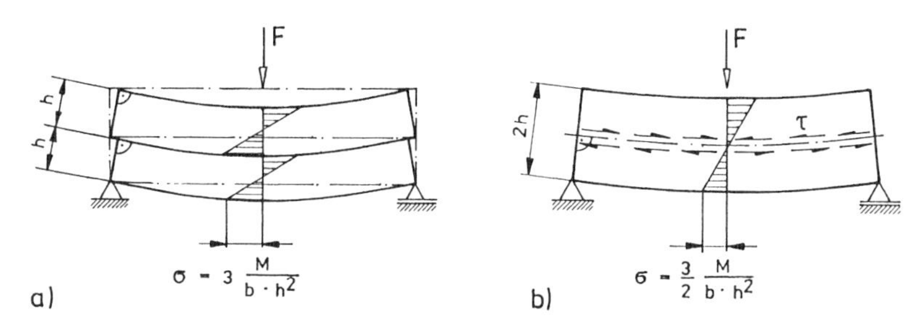

Bild 15-9 Schubspannungen aus Querkraft
a) Querschnittsteile ohne Verbund (reibungsfrei)
b) Querschnittsteile starr verbunden

Hohlkastenquerschnitte (**Bild 15-10**) können schweißgerecht ausgeführt werden, verfügen im Vergleich zu offenen Profilen über eine wesentlich größere Torsionssteifigkeit und verhalten sich sehr günstig in den Stabilitätsfällen Knicken und Kippen. Bei kleineren Querschnitten lässt sich die Beul- und Knicksicherheit durch Ausgießen der Hohlräume mit Schaumstoff oder Leichtbeton weiter erhöhen.

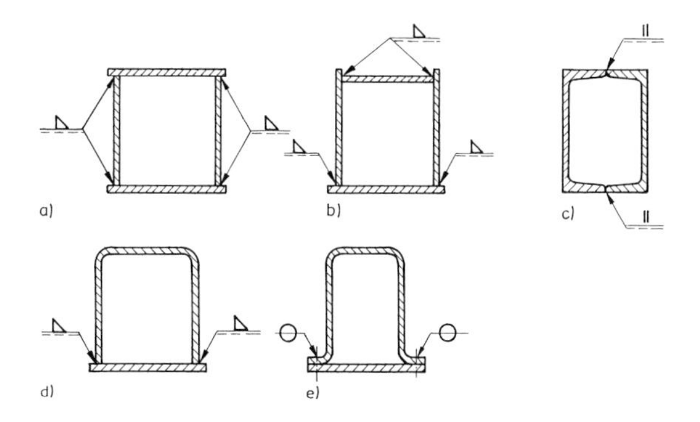

Bild 15-10 Querschnitte geschweißter Hohlkastentragwerke (Kastenträger)
a) Normalausführung: Eckenausbildung auch mit Doppelkehl-, HV- oder HY-Naht,
b) unterschiedlich breite Gurte
c) gegeneinandergestellte U-Profile,
d) Leichtbauprofil mit Kehlnähten
e) Leichtbauprofil punkt- oder rollennahtgeschweißt

Beanspruchungsgerechte Trägerquerschnitte werden durch Aufschweißen von Gurtplatten und/oder Verwendung verschiedener Gurtblechdicken erreicht und bei großen Spannweiten eingesetzt. Die Werte $W \cdot \text{zul}\ \sigma$ zeigen als Momentendeckungslinie anschaulich die gleichmäßige Auslastung der Querschnitte, **Bild 15-11a**. Diese Anpassung kann grundsätzlich auch durch Verändern der Trägerhöhe erfolgen. In der Regel werden Gurtplatten oder Stegbleche mittels V-Nähte gestoßen. Wechselt an Stumpfstößen die Dicke, so sind bei Dickenunterschieden von mehr als 10 mm die vorstehenden Kanten im Verhältnis 1 : 4 oder flacher zu brechen, **Bild 15-11b**. Die Enden zusätzlicher Gurtplatten sind rechtwinklig abzuschneiden und durch Schweißnähte entsprechend **Bild 15-11c** anzuschließen (ungleichschenklige Kehlnähte). Gurtplatten über 20 mm Dicke dürfen an den Enden abgeschrägt werden, um einen geringen Steifigkeitssprung zu bekommen.

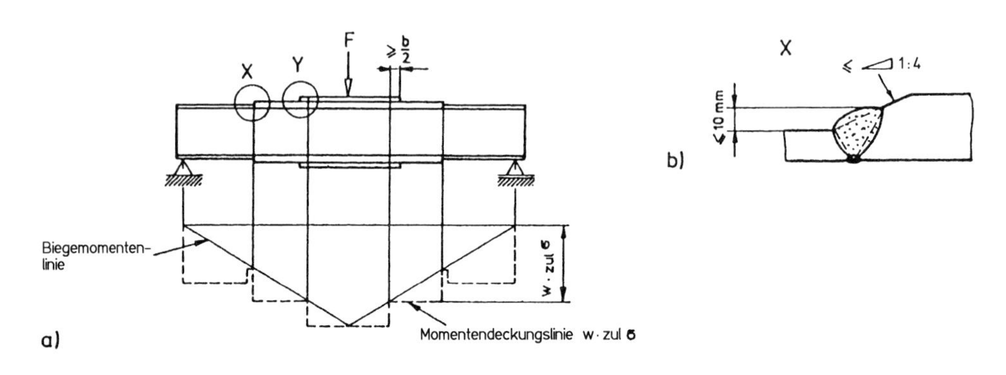

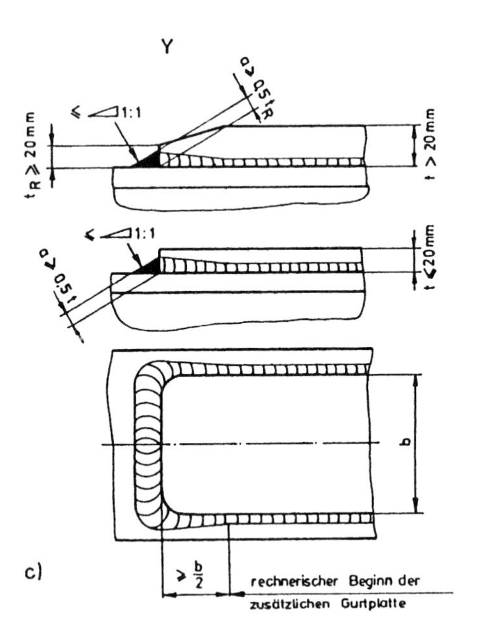

Bild 15-11 Gurtplattenanschlüsse
a) Momentendeckung
b) Stumpfstoß von Gurtplatten und Stegblech (Einzelheit X)
c) Verbinden zusätzlicher Gurtplatten (Einzelheit Y) zur Abschwächung des Steifigkeitssprungs

15.1.10 Aussteifungen

Aussteifungen sind bei schlanken Trägern (Verhältnis b : h < 0,4) die Voraussetzung für eine ausreichende Stabilität. Bei hohen dünnen Stegblechen ordnet man im Bereich großer Querkräfte und an allen Stellen wo Einzelkräfte in das Stegblech eingeleitet werden Quersteifen an, **Bild 15-12a** und **b**. In der Druckzone der Stegbleche kann der Beulgefahr durch Längssteifen begegnet werden, **Bild 15-12a**. **Bild 15-12g** zeigt die mittragende Trapezhohlsteife im Kreuzungspunkt mit einem Querträger bei einer dynamisch beanspruchten Eisenbahnbrücke. Durch Eckausnehmungen (Schrägschnitte) wird vermieden, dass sich die querlaufenden Steifenanschlussnähte mit den längslaufenden Halsnähten kreuzen (3-achsige Zugspannungen durch Schrumpfen = Sprödbruchgefahr), **Bild 15-12d** und **Bild 15-13** und **Bild 15-14**. Bei kreisförmigen Eckausnehmungen (Radius R30) können die Steifenanschlussnähte als endlose Kehlnähte ausgeführt werden, **Bild 15-12b**. Bei in der Höhe veränderlichen Trägern tritt infolge des Richtungswechsels der Gurtkraft F_p an der Knickstelle eine Umlenkkraft F auf, die im ungestützten Gurt quer gerichtete Biegespannungen verursacht, **Bild 15-12a**. Bei großen Umlenkwinkeln und Gurtkräften ist die Umlenkkraft durch in Richtung der Winkelhalbierenden eingeschweißte Knickrippen zu stützen, **Bild 15-12c**. An Krafteinleitungsstellen stoßen die Bauteile häufig in Kreuzlage aufeinander, wie z. B. bei der zentrischen Trägerlagerung, **Bild 15-12d**. Es sind dann Steifen erforderlich, die eine annähernd biegemomentfreie Einleitung der Lagerkraft F_A gewährleisten.

Die Verbindungsnähte zwischen Steifen und Steg- bzw. Gurtblech müssen durchlaufen. Zum Schweißen von Stumpfstößen dürfen Längssteifenstege entsprechend **Bild 15-12e** ausgeschnitten werden. An Kreuzungspunkten mit durchlaufenden Längssteifen können die Stege von Quersteifen freigeschnitten werden, **Bild 15-12f**. Der Ausschnitt soll aber nicht größer als 60 % der Quersteifenhöhe sein.

In Kastenträgern sind Schotte zur Erzielung einer gemeinsamen Tragwirkung des Querschnitts, zur Einleitung von Kräften und Torsionsmomenten und bei abgewinkelten Kastenträgern als Umlenkrippen unerlässlich. Bei Torsionsbeanspruchung müssen Schubkräfte zwischen dem Schott und allen vier Kastenwänden übertragen werden.

Sollen mehrere Versteifungsrippen in einem zentralen Punkt zusammenlaufen, so sind diese Rippen bevorzugt an einem Rohr im Mittelpunkt anzuschließen, um die sonst hohen Schweißeigenspannungen klein zu halten, siehe **Bild 14-7**.

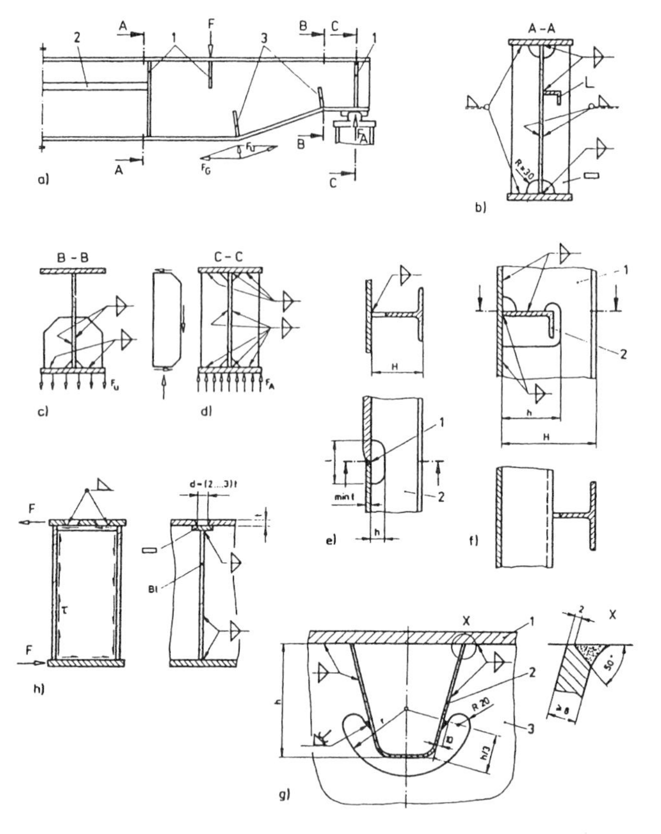

Bild 15-12
Aussteifungen an Vollwandträgern
a) Quersteifen (1), Längssteifen (2), und Knicksteifen (3)
b) bis d) Schweißanschluss von Aussteifungen,
e) über Plattenstoß (1) durchlaufende Längssteife (2) mit Stegausschnitt (Richtwerte: $h \leq H/4$ bzw. ≤ 40 mm, $1 \leq (6...15) \cdot \min t$),
f) Quersteife (1) mit Stegausschnitt für durchlaufende Längssteife (2) (Richtwert: $h \leq 0{,}6 \cdot H$),
g) Trapezhohlsteife als Fahrbahnlängsträger bei Eisenbahnbrücken; (1) Fahrbahnblech, (2) Trapezhohlsteife, (3) Querträgersteg
h) Einleitung von Torsionsquerkräften in Kastenträger durch eingeschweißtes Schott

Bild 15-13
Querstreben an der Rheinbrücke in Kehl-Strasbourg

Bild 15-14
Aussteifungen und Ausnehmungen aus Bild 15-13

Freischnitte und Eckausnehmungen können in Abhängigkeit von der Belastung verschiedene Formen annehmen. Eine kostengünstige Herstellung ist der einfache Schrägschnitt, **Bild 15-15a**. Kreisförmige Eckausnehmungen, Mindestradius R = 30 mm, sind für vorwiegend wechselnde Beanspruchungen, **Bild 15-15b**. Der Omegaschnitt nimmt bei stark wechselnden Beanspruchungen Spannungsspitzen am besten auf, **Bild 15-15c**.

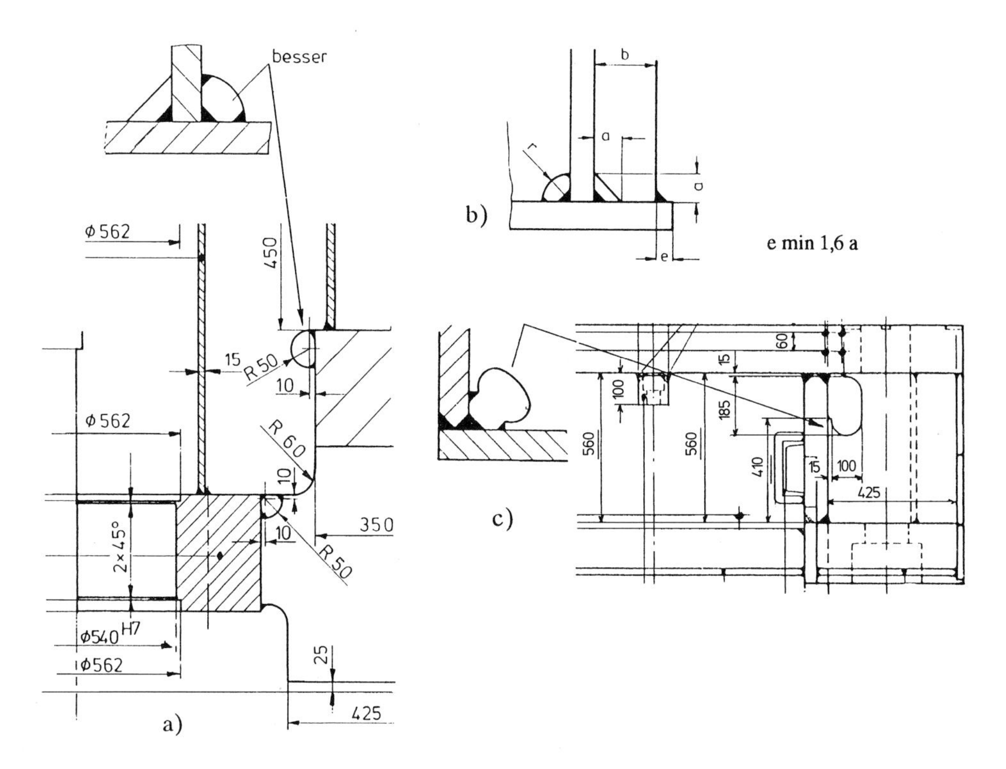

Bild 15-15 Freischnitte a) Maschinenbau, b) mit Maßangabe, c) Omega-Schnitt

15.1.11 Fachwerkträger

Fachwerkträger bestehen aus stabförmigem Ober- und Untergurt verbunden durch eine Ausfachung aus Füllstäben. Denkt man sich die Stäbe in den Schnittpunkten gelenkig verbunden, so erfahren sie bei Belastung der Gelenke (Knoten) nur Zug- oder Druckkräfte. Jeder einzelne Stab kann über den ganzen Querschnitt mit der zulässigen Normalspannung ausgenutzt werden. Druckstäbe erfordern für die gleiche Belastung einen höheren Werkstoffaufwand, da sie knicksicher ausgeführt werden müssen. Ökonomisch sind Fachwerksysteme mit wenig Knoten (geringe Stabzahl = geringer Fertigungsaufwand) und kurzen Druckstäben unter Vermeidung von spitzen Winkeln (> 30°) zwischen Füllstäben und Gurten (Anschlusslänge!) [7].

Pfostenfachwerke werden mit zur Mitte zu fallenden Streben ausgeführt, weil dann die langen Streben Zug und die kurzen Pfosten Druck erhalten, **Bild 15-16a**. Strebenfachwerke mit steigenden und fallenden Streben werden wegen ihrer klaren Gliederung und den günstigen Herstellungskosten oft bevorzugt, **Bild 15-16b**. Dreiecksträger mit stark geneigten Obergurten werden als Dachbinder eingesetzt, **Bild 15-16c**. Die Netzhöhe muss verhältnismäßig groß gewählt werden, damit die Winkel zwischen den Stäben nicht für die Anschlüsse ungünstig spitz werden. Das Bindersystem wird so gewählt, dass sich der Träger durch Schraubstöße in gut transportierbare Hälften zerlegen lässt.

Die Füllstäbe werden in den Knotenpunkten zusammengeführt und entsprechend ihrer Stabkraft angeschlossen. Aus Kostengründen ist man bestrebt, die Füllstäbe möglichst ohne Knotenbleche unmittelbar mit dem Steg des Gurtprofils zu verschweißen. Die Knoten sind dann biegeweich und weisen geringe Nebenspannungen auf.

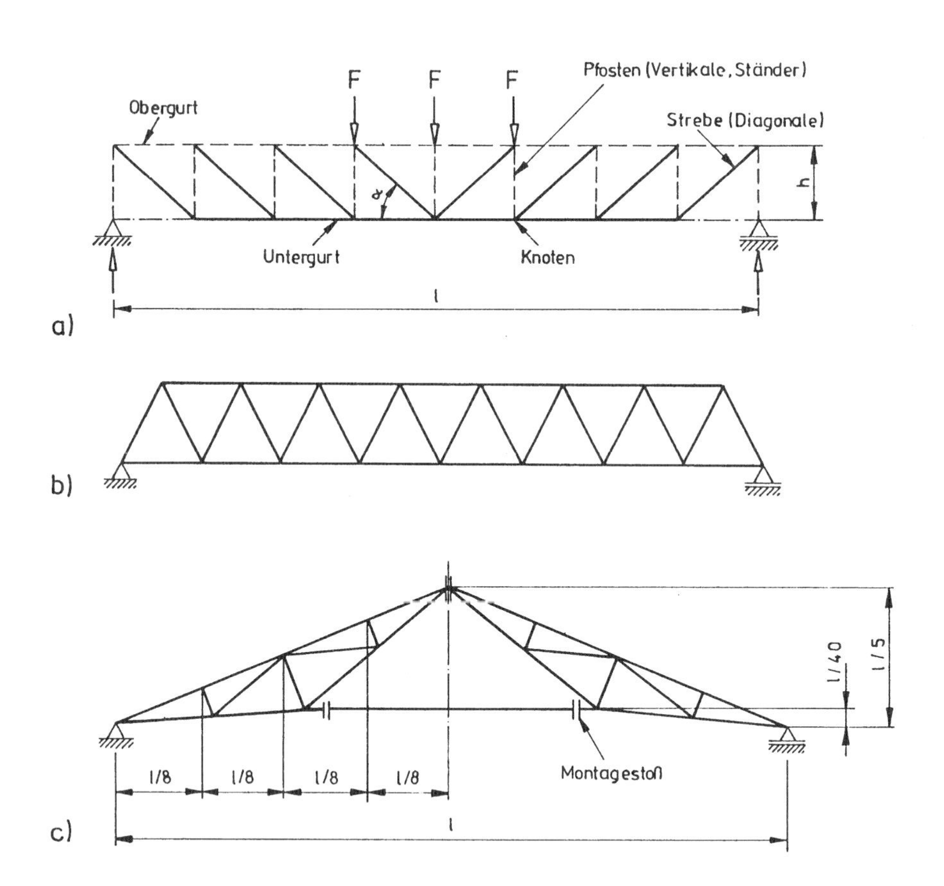

Bild 15-16 Grundformen von Fachwerkträgern
a) Parallelträger (Pfosten- bzw. Ständerfachwerk),
b) Trapezträger (Strebenfachwerk),
c) Dreiecksträger (Wiegemann-Polonceau-Binder)

Füllstäbe aus gerade abgeschnittenen Winkelstählen, die überlappt abwechselnd vorn und hinten am Gurtsteg angeschlossen werden, ermöglichen den kostengünstigsten Schweißanschluss. Da bei diesen Anschlüssen Schweißnahtschwerpunkt und Stabschwerachse nicht zusammenfallen, entstehen zusätzliche Momente, die aber unberücksichtigt bleiben dürfen, wenn die in DIN 18800 Teil 1 genannten Bedingungen für unmittelbare Stabanschlüsse eingehalten werden. Hochstegige T-Stähle nach DIN EN 10055 sind wegen ihrer um 2 % geneigten Stege als Gurtstäbe für den unmittelbaren Anschluss der Füllstäbe nicht geeignet. Man verwendet deshalb halbierte I-Profile mit parallelen Stegflächen.

Mit über Eck auf Gurtstegbreite geschlitzten gleichschenkligen Winkelstählen sind mittige Anschlüsse möglich. Die Anschlussnähte können als Flankenkehlnähte gelten. Geschlitzte Rohre eignen sich in gleicher Weise als Stabanschluss, **Bild 15-17**. Aussteifungen an den Anschlusspunkten von Dachbindern zeigt **Bild 15-18**.

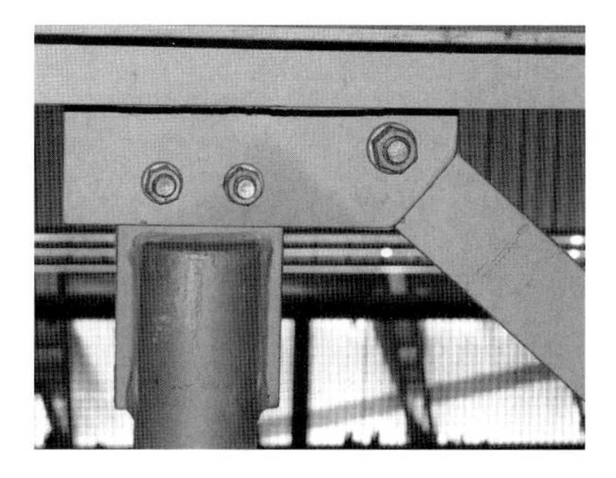

Bild 15-17
Stabanschluss in einem Fachwerk

Bild 15-18
Aussteifungen am Eckpunkt eines Dachbinders

Das Biegemoment $F \cdot e$ ist bei der Bemessung der Stäbe und der Nähte zu berücksichtigen. Bei der Verwendung als Druckstab ist zu beachten, dass der Winkel bezüglich der Minimumachse $\eta - \eta$ nur einen kleinen Knickwiderstand besitzt. Nachteilig sind weiterhin der zum Schlitzen erforderliche Arbeitsaufwand und der bei Zugstäben zu berücksichtigende Querschnittsverlust.

Ein festigkeitsmäßig günstiger Anschluss ist mit T-Profilen möglich. Nach dem endseitigen Ausklinken des Steges und dem Schlitzen des Flansches wird der Steg stumpf angeschlossen und die übergreifenden Flansche mit dem Gurtsteg mittels Kehlnähten verschweißt.

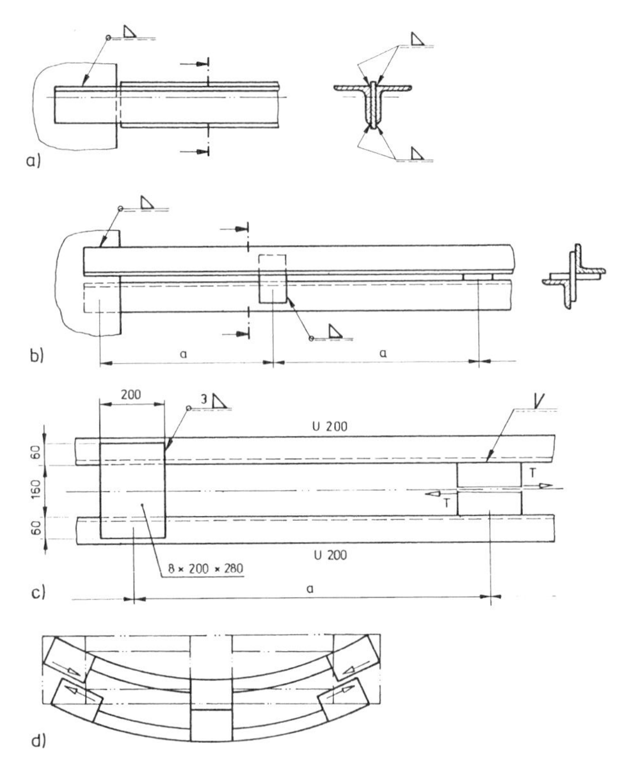

Bild 15-19 Bindebleche bei mehrteiligen Stäben

a) Flachstahlfutter

b) über Kreuz wechselnde Bindebleche in Druckstab aus zwei übereck gestellten Winkelstählen

c) Ausführungsbeispiele für Bindebleche beim Rahmenstab (T = rechn. Schubkraft)

d) ausgeknickter Rahmenstab (schematisch)

Bei mehrteiligen Druckstäben werden die Teilquerschnitte durch Bindebleche oder Streben (Gitterstab) verbunden. Beim Ausknicken senkrecht zur stofffreien Achse sind diese zur Gewährleistung einer gemeinsamen Tragwirkung unerlässlich, wie folgende Überlegung zeigt. Denkt man sich einen Rahmenstab (**Bild 15-19c**) mit in Längsrichtung geschlitzten Bindeblechen ausgeknickt, so sind die gegenseitigen Verschiebungen an den Stabenden am größten, in der Stabmitte dagegen Null, **Bild 15-19d**.

Werden zweiteilige Stäbe aus Winkelprofilen an ein gemeinsames Knotenblech angeschlossen, so ersetzt dieses die sonst erforderlichen Bindebleche an den Stabenden, **Bild 15-19b**. Die Bindebleche sind mit ihren Anschlüssen für die Schubkraft T (nach DIN 18 800 Teil 2) und – bei Rahmenstäben – für den entsprechenden Momentenverlauf zu bemessen, vgl. **Bild 15-19c**.

R-Träger (Rundstahlträger) sind Fachwerk-Leichtträger mit gleichmäßig durchlaufendem Strebenzug aus Rundstahl und gerade durchlaufendem Ober- und Untergurt mit T-Querschnitt, **Bild 15-20a** [8]. Durch Ausklinkung des Gurtsteges kann der Schweißanschluss der Streben verbessert werden, **Bild 15-20b**. Da Rundstahl eine geringe Knicksteifigkeit besitzt, muss die Knicklänge der Streben durch eine geringe Trägerhöhe ($l/h \approx 20$) kleingehalten werden. R-Träger sind für kleine Lasten bei großen Stützweiten geeignet. Sie wirken leicht und architektonisch ansprechend.

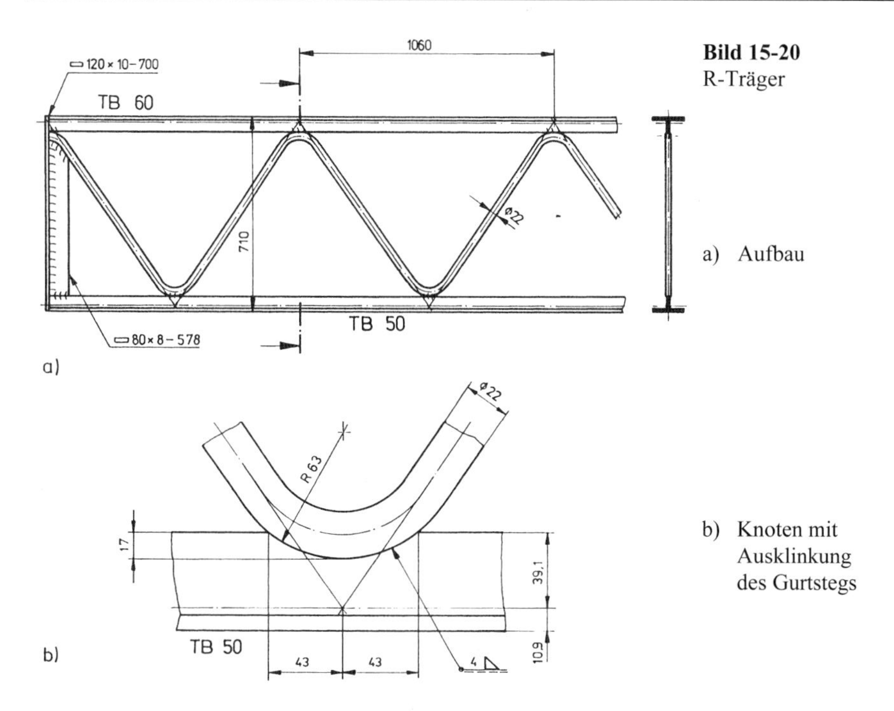

Bild 15-20
R-Träger

a) Aufbau

b) Knoten mit Ausklinkung des Gurtstegs

15.1.12 Hohlprofilkonstruktionen

Hohlprofile besitzen die günstigste Querschnittsform bei Druck- und Torsionsbeanspruchungen.

Um eine ausreichende Gestaltfestigkeit und damit ausreichende Tragfähigkeit im Knotenbereich zu gewährleisten, sind eine Reihe konstruktiver Bedingungen einzuhalten, das betrifft insbesondere das Verhältnis der Gurtstabdicke T zur Füllstabdicke t: vorh (T/t) > erf (T/t). Für erf (T/t) gelten aus Traglastversuchen abgeleitete Anweisungen, die vom Breitenverhältnis d_i / d_0 bzw. b_i / b_0 und von der Knotenausbildung (Spalt oder Überlappung) abhängen. Anzustreben sind kleine Spaltweiten. Festigkeitsmäßig günstiger sind überlappt angeschweißte Füllstäbe. Bei Rechteckhohlprofilen lassen sich beanspruchungsgerechte Versteifungen ausführen. Sie werden bei Anschlüssen angewandt, bei denen die oben genannten Bedingungen nicht eingehalten werden können. Dies gilt auch für Anschlüsse mit Knotenblechen, **Bild 15-21**. Für den Nachweis dieser aufwendigen Anschlüsse gelten die Regeln des allgemeinen Stahlbaus.

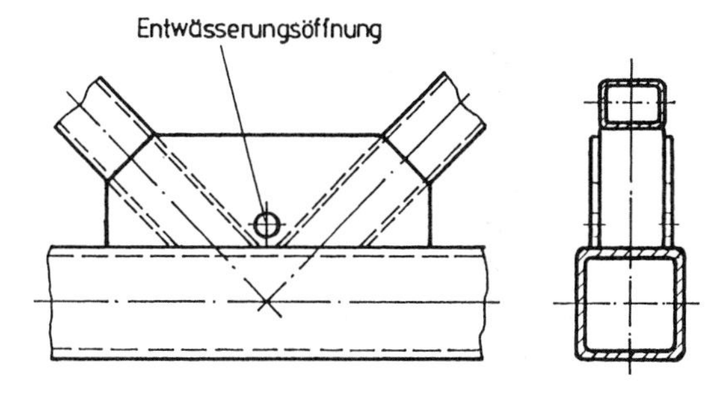

Bild 15-21
Anschluss mit Knotenblech

15.1.13 Rahmenecken

Aus Rechteckhohlprofilen hergestellte biegesteife Rahmenecken können mit und ohne Versteifungsplatte angefertigt werden. Für die Bemessung ist im Wesentlichen DIN 18808 anzuwenden. Der Gültigkeitsbereich für diese 90 Rahmenecken beschränkt sich auf Hohlprofile mit h und b ≤ 400 mm, Ausführung mit Versteifungsplatte. Wird keine Versteifungsplatte verwendet, gilt h und b ≤ 300 mm. **Bild 15-22** zeigt eine Variante der DIN 18808.

Rahmen mit nicht ausgerundeter Ecke werden im gesamten Stahlbau, überwiegend im Stahlhochbau, eingesetzt, **Bild 15-23** und **Bild 15-24**. Ihre statische Festigkeit ist gut, ihre Ermüdungsfestigkeit dagegen schlecht. Bessere dynamische Festigkeiten hat ein Rahmen mit ausgerundeter Ecke, eingesetzt im Stahl-, Stahlbrücken- und Förderanlagenbau, **Bild 15-25**.

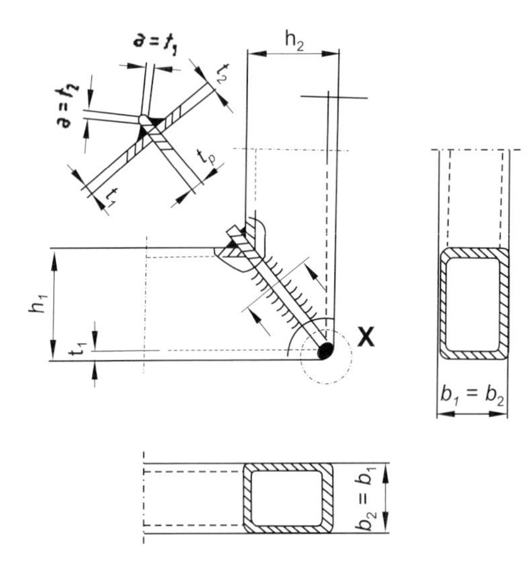

Bild 15-22
Schweißdetails bei biegesteifen Rahmenecken

Bild 15-23
Rahmenecke mit Aussteifungen

Bild 15-24
Rahmenecke mit Aussteifungen

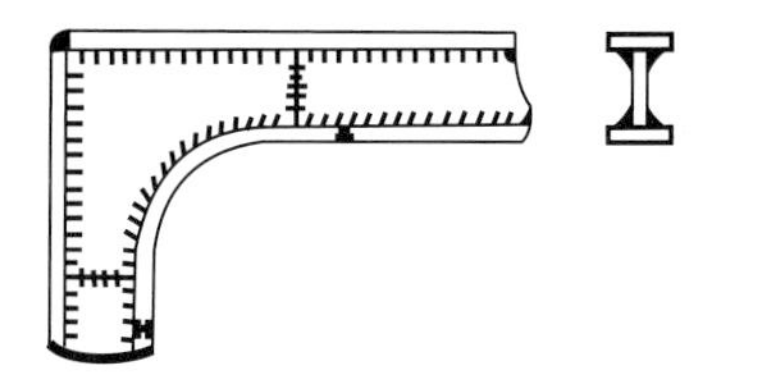

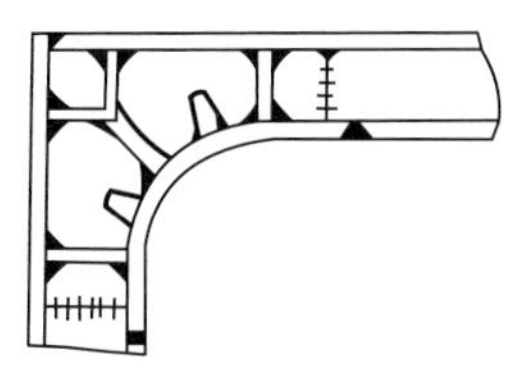

Bild 15-25 Rahmenformen mit ausgerundeten Ecken

15.1.14 Trägeranschlüsse

Stöße in geschweißten Vollwandträgern sind möglichst in Z-Form auszuführen. Dabei werden die Gurtstöße gegenüber dem Stegstoß versetzt angeordnet und die Halsnaht zu beiden Seiten auf der Länge l offen gehalten. Werden nun zuerst die Gurtnähte, dann die Stegnaht geschweißt, so kann sich die Schrumpfung der Stumpfnähte auf eine große Länge auswirken. Erst anschließend werden die Halsnähte gelegt.

Die Möglichkeit, bei zu stoßenden Querschnitten die Kräfte im Druckbereich durch unmittelbaren Kontakt unverschweißt zu übertragen ist wirtschaftlich interessant und hat Eingang in die Stahlbaunormen gefunden.

Nach der Fachgrundnorm DIN 18800 Teil 1 sind Kontaktstöße möglich, wenn die Stoßflächen der in den Kontaktfugen aufeinander liegenden Teile eben und zueinander parallel sind und die gegenseitige Lage der zu stoßenden Teile ausreichend gesichert ist. Dabei dürfen Reibungskräfte nicht berücksichtigt werden. Bei Kontaktflächen mit Schweißnähten darf der Luftspalt nach dem Schweißen nicht größer als 0,5 mm sein. Die zur Lagesicherung erforderlichen Schweißnähte dürfen zwischen Stütze und ausreichend dicker Kopf- bzw. Fußplatte für nur 10 % der Stützenlast bemessen werden, wenn die Stütze nur planmäßig mittig auf Druck beansprucht wird und die Endquerschnitte rechtwinklig bearbeitet sind.

Bild 15-26
Geschweißte Stahlbrücke über den Rhein bei Kehl-Strasbourg

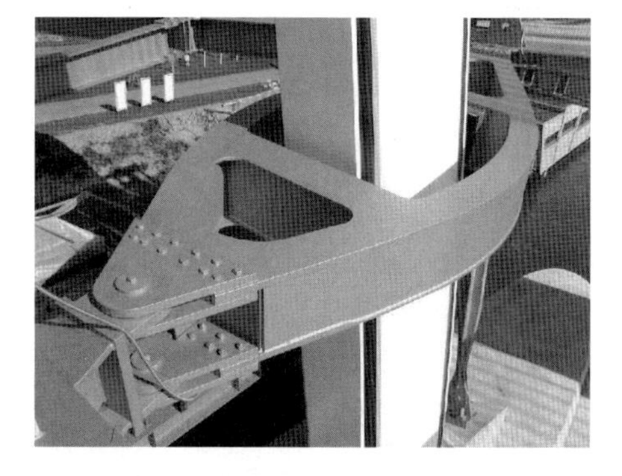

Bild 15-27
Trägeranschluss der geschweißten Hauptstütze – gelenkig an den Brückenlängsträgern verbunden

Bild 15-28 Gelenkstütze der Rheinbrücke – statt Vollanschluss wurden Flachmaterialien mit Kehlnähten verbunden

Die nachfolgenden Bilder zeigen weitere Varianten von Trägeranschlüssen in Form von ausgesteiften Kopfanschlüssen und Stützenfüßen, die je nach Belastung unterschiedlich dimensioniert sind.

Bild 15-29
Kopfausbildung einer geschweißten Stütze – Beispiel 1

Bild 15-30
Kopfausbildung einer geschweißten Stütze – Beispiel 2

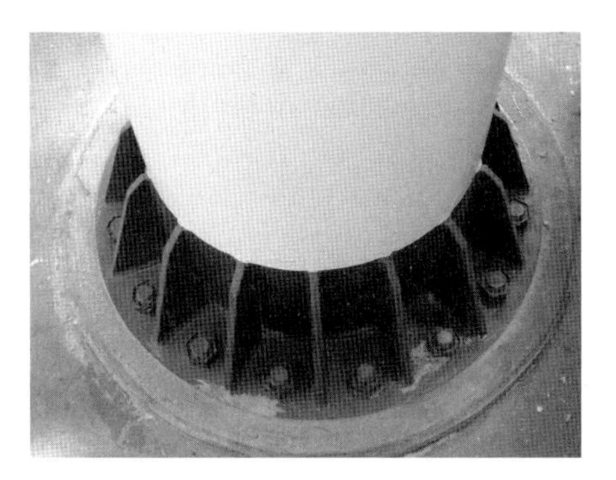

Bild 15-31
Ausgesteifter Stützenfuß – Beispiel 1

Bild 15-32
Ausgesteifter Stützenfuß – Beispiel 2

15.2 Behälter-, Apparate-, Druckgefäße-, Tank- und Rohrleitungsbau

Dieses Fachgebiet unterscheidet sich von anderen insbesondere durch eine sehr große Vielfalt der Beanspruchungsarten. Sämtliche Bauteile, überwiegend zylindrische Hohlkörper, werden durch Unter- oder Überdruck, tiefe oder hohe Temperaturen und mit unterschiedlichsten Medien statisch und dynamisch von innen und außen belastet.

Behälter, Apparate, Druckgefäße, Dampfkessel, Tankbauten, Rohrleitungen, Wärmetauscher, Kolonnen und Reaktoren unterliegen deshalb auch besonderen Gestaltungs- und Ausführungsbestimmungen. Drücke über 3000 bar, Vakua unter 10^{-8} mbar, Temperaturen nahe dem absoluten Nullpunkt von -273 ° C bis über 1200 ° C, brennbare, explosive, toxische, ätzende, stark korrosive oder radioaktive Medien erfordern ein Höchstmaß an Beständigkeit des Werkstoffs und der gesamten schweißtechnischen Konstruktion gegenüber dieser oft schwellenden oder wechselnden Beanspruchung.

15.2.1 Vorschriften

Für den Konstrukteur, den ausführenden Schweißer und den Instandhalter bei Reparaturen ist also das Wissen aus Physik, Chemie, aus Werkstoffkunde und Metallurgie in Verbindung mit den grundlegenden Gestaltungsrichtlinien von Bedeutung. Das Fachgebiet Behälter-, Apparate-, Druckgefäße-, Tank- und Rohrleitungsbau gehört zu den überwachungsbedürftigen Anlagen. Diese sind im Geräte- und Produktsicherheitsgesetz (GPSG) beschrieben. Weitere Verordnungen und Verwaltungsvorschriften regeln das „Wie" dieses Gesetz in die Praxis umgesetzt werden muss. Daraus entstehen wiederum Technische Regeln für die Herstellung, Auswahl von Werkstoffen, Berechnung und Prüfung dieser Anlagen.

Das GPSG vom 6. Januar 2004, BGBl 1 S. 2, gilt für das Inverkehrbringen und Ausstellen von Produkten (= technische Arbeitsmittel und Verbraucherprodukte) und für die Errichtung und den Betrieb überwachungsbedürftiger Anlagen.

Überwachungsbedürftige Anlagen sind:

1. Dampfkesselanlagen mit Ausnahme von Dampfkesselanlagen auf Seeschiffen,
2. Druckbehälteranlagen außer Dampfkesseln,
3. Anlagen zur Abfüllung von verdichteten, verflüssigten oder unter Druck gelösten Gasen,
4. Leitungen unter innerem Überdruck für brennbare, ätzende oder giftige Gase, Dämpfe oder Flüssigkeiten,
5. Aufzugsanlagen,
6. Anlagen in explosionsgefährdeten Bereichen,
7. Getränkeschankanlagen und Anlagen zur Herstellung kohlensaurer Getränke,
8. Acetylenanlagen und Calciumcarbidlager,
9. Anlagen zur Lagerung, Abfüllung Beförderung von brennbaren Flüssigkeiten.

Dem Gesetz (GPSG) ordnen sich Verwaltungsvorschriften und Verordnungen unter. So zum Beispiel ist die 14. Verordnung zum GPSG die Druckgeräteverordnung, die das Inverkehrbringen von neuen Druckgeräten und Baugruppen mit einem maximal zulässigen Druck von über 0,5 bar regelt.

Von der Arbeitsgemeinschaft Druckbehälter (AD) werden AD-Merkblätter erstellt, die zusammengefasst im AD-2000 Regelwerk den Anforderungen der europäischen Druckgeräte-Richtlinie (97/23/EG) entsprechen und gleichzeitig die Erfahrungen aus jahrzehntelanger Praxis beinhalten. Die Arbeitsgemeinschaft Druckbehälter setzt sich aus Verbänden zusammen. Dieses sind:

- Fachverband Dampfkessel-, Behälter- und Rohrleitungsbau e. V. (FDBR)
- Hauptverband der gewerblichen Berufsgenossenschaften e. V. (HVBG)
- Verband der Chemischen Industrie e. V. (VCI)
- Verband Deutscher Maschinen- und Anlagenbau e. V. (VDMA)
- Verein Deutscher Eisenhüttenleute (VDEh)
- VBG PowerTech e. V.
- Verband der Technischen Überwachungs-Vereine e. V. (VdTÜV)

Aktuelle AD-Merkblätter können über den Carl Heymanns Verlag in Köln bezogen werden und sind im Internet unter www.ad-2000.de zu finden.

AD-Merkblätter gliedern sich in Reihen, deren Kurzbuchstaben am Anfang der Nummerierung stehen:

- A = Ausrüstung, Aufstellung und Kennzeichnung
- B = Berechnung
- G = Grundsätze
- HP = Herstellung und Prüfung
- N = Druckbehälter aus nichtmetallischen Werkstoffen
- S = Sonderfälle und Allgemeiner Standsicherheitsnachweis
- W = Metallische Werkstoffe
- Z = Leitfaden zu Sicherheitsanforderungen und Gefahrenanalyse

Der gleiche Verfahrensablauf zu Gesetz – Verordnung – Technische Regel (hier beschrieben: GPSG – Druckgeräterichtlinie = 14. Verordnung zum GPSG – AD-2000-Merkblätter) gilt für die anderen überwachungsbedürftigen Anlagen. TRD steht für Technische Regeln Dampfkessel, TRbF heißt Technische Regeln für brennbare Flüssigkeiten, TRG sind die Technischen Regeln Druckgase, TRAC die Technischen Regeln für Acetylen, TRGL die Technischen Regeln für Gashochdruckleitungen und TRR die Technischen regeln Rohrleitungen. Diese und andere Regeln können bezogen werden unter www.heymanns.de.

15.2.2 Herstellung

Apparate, Druckbehälter und Tanks werden grundsätzlich in Mischbauweise hergestellt, d. h. die Behälter sind aus vorgefertigten Untergruppen und Halbzeugen zusammengesetzt. Dabei stehen dem Apparatebauer neben warmgewalzten Blechen Rohre, fertige Schüsse, warm- und kaltgepresste Böden, geschmiedete und gedrehte Flansche uvm. zur Verfügung. Die Wanddickenbereiche bewegen sich etwa zwischen 3 und 100 mm. Bei Wanddicken bis 500 mm wird die Verarbeitung komplizierter: schwierige Nahtvorbereitung, die Bewegung großer Massen, die sichere Wärmeführung beim Schweißen, der erhöhte Prüfaufwand und die besonders komplexen Eigenspannungszustände.

Für die Fertigung haben sich neben den traditionellen Schweißprozessen LBH, MIG/MAG, WIG und UP insbesondere die Orbitaltechnik (überwiegend WIG) zum Verbinden von kreisförmigen Querschnitten (Rohre), das Engspaltschweißen und das Plasmaschweißen (WP) durchgesetzt. Kombinationen aus WP + WIG mit Kalt- oder Heißdrahtzufuhr, Wurzelschweißungen mit WIG + UP oder WP + UP, jeweils in einem mechanisierten Arbeitsgang bewirken enorme Leistungssteigerungen.

Bei Montageschweißungen sind die Schweißplätze gegen Witterungseinflüsse wie Wind, Regen, Kälte, Staub etc. abzuschirmen. Bei Umgebungstemperaturen unterhalb +5 °C ist unabhängig von der Werkstoffgüte vorzuwärmen und nach den Schweißarbeiten eine verzögerte Abkühlung (Isoliermatten) sicherzustellen. Bei Temperaturen unterhalb 0 °C darf nur geschweißt werden, wenn die Arbeitsbedingungen des Schweißers ein sorgfältiges Arbeiten zulassen (Verwendung von Planen und Heizkörpern). Eine großflächige Vorwärmung des Werkstücks auf ca. 80 bis 100 °C ist sicherzustellen. Schweißarbeiten bei Temperaturen unter –10 °C am Arbeitsplatz sollten nicht mehr ausgeführt werden.

15.2.3 Werkstoffe

Die Werkstoffpalette reicht vom einfach zu verarbeitenden Kesselblech P265GH (frühere Bezeichnung H II) nach DIN EN 10028-2, über die warmfesten Stähle, z. B. 16Mo3 (früher 15Mo3), 13CrMo4-5 (13CrMo4.4) nach DIN EN 10028-2 bis hin zu den austenitischen Stählen nach DIN EN 10088-2 mit den typischen Vertretern 1.4541 und 1.4571. Die austenitischen Stähle 1.4541 und 1.4571 sind titanstabilisierte CrNi- bzw. CrNiMo-Stähle. Moderne Varianten dieses Stahltyps haben abgesenkte Kohlenstoffgehalte (≤ 0,03 %) und damit keine Erfordernis mehr, den Kohlenstoff unschädlich als TiN abzubinden, da zu wenig C vorhanden ist.

Im Behälter- und Tankbau, betrieben im Normaltemperaturbereich, kommen überwiegend unlegierte Stähle vom Typ S235, S275 und S355, sowie Feinkornbaustähle zum Einsatz. Dabei wird bis 300 °C mit den statischen Festigkeiten Streckgrenze und Zugfestigkeit gerechnet. Über 300...400 °C beginnt der warmfeste Bereich mit niedriglegierten Stählen. Bei den Berechnungen werden Zeitdehngrenze und Zeitstandsfestigkeit verwendet. Das ist bspw. die Streckgrenze oder Zugfestigkeit über eine Betriebszeit von 1000, 10.000 oder 100.000 Stunden, angegeben als $R_{p1,0/100.000}$ oder dergleichen. Warmfeste Werkstoffe werden meist im Kraftwerksanlagenbau verwendet. Typische Vertreter und deren maximale Anwendungstemperatur findet man in der nachfolgenden Tabelle:

neue Norm	neue Bezeichnung	Werkstoff Nr.	alte Bezeichnung	alte Norm	Anwendungstemperatur
DIN EN10216-2	P235	1.0305	St 35.8 III	DIN17175	480 °C
DIN EN10028-2	16Mo3	1.5415	15Mo3	DIN17155	530 °C
DIN EN10028-2	13CrMo4-5	1.7335	13CrMo4.4	DIN17155	570 °C
DIN EN10028-2	10CrMo9-10	1.7380	10CrMo9.10	DIN17155	600 °C
–	15NiCuMoNb5	1.6368	15NiCuMoNb5	SEW028	500 °C

Bei Temperaturen > 600 °C, im Tieftemperaturbereich und bei korrosiven Medien werden hochlegierte Stähle benutzt. Das sind zumeist austenitische Stähle nach DIN EN 10088.

Hochlegierte austenitische Stähle werden beim Schweißen weder vorgewärmt noch wärmenachbehandelt. Der Nahtbereich muss beim Schweißen vor dem Zutritt von Luftsauerstoff geschützt werden oder aber es muss eine umfangreiche Nachbehandlung der Naht durch Beizen und Passivieren erfolgen.

Eine weitere besondere Rolle im Chemieanlagenbau spielen Sonderlegierungen und Sondermetalle wie Nickel und Nickellegierungen (Hastelloy, Inconel, Monel), Superferrite, Sonderaustenite, Duplexstähle, Titan, Zirkonium, Tantal und Aluminium. Sie zeichnen sich durch die Beständigkeit gegenüber sehr hohen und tiefen Temperaturen, korrosiven Medien und wechselnden Beanspruchungen aus. Für die Berechnung sind besonders die Wärmeleitfähigkeit, der Wärmeausdehnungskoeffizient und der E-Modul temperaturabhängig zu berücksichtigen. Gerade bei hochnickelhaltigen Legierungen verändern sich die Festigkeitswerte nicht immer linear mit steigender Temperatur (**Bild 15-33**).

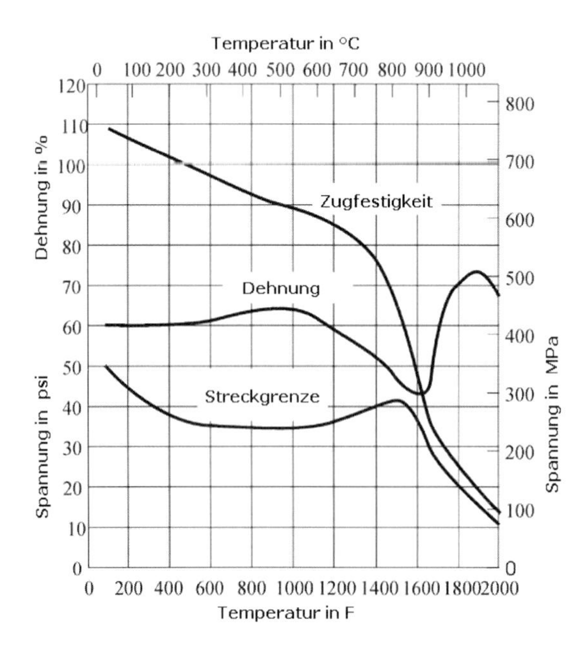

Bild 15-33
Abhängigkeit von Steckgrenze, Zugfestigkeit und Dehnung des Werkstoffs INCONEL 617

15.2.4 Schweißzusätze

Die verwendeten Schweißzusätze müssen grundsätzlich eine Eignungsprüfung besitzen, die vom Hersteller genannt werden muss. Die Zulassungen erfolgen dabei nach VdTÜV-Kennblatt 1153 (bzw. Kennblätter der 1000er Reihe), nach AD-Merkblatt W0/TRD 100 und KTA 1408. Oft liegen für einen Schweißzusatz auch noch weitere Zulassungen von nationalen und internationalen Klassifizierungsgesellschaften vor, wie Deutsche Bundesbahn (DB), Germanischer Lloyd (GL), TÜV-Österreich (TÜV-Ö), ASME Boiler and Pressure Vessel Code usw. Die Eigenschaften sind in Prüfbescheinigungen nach DIN EN 10204 angegeben. Übliche Bescheinigungen für Schweißzusätze (und Grundwerkstoffe) sind:

Art der Bescheinigung nach EN 10204	Inhalt der Bescheinigung
Werkszeugnis 2.2	Der Hersteller bestätigt, dass die gelieferten Erzeugnisse den Anforderungen der Bestellung entsprechen, mit Angabe von Ergebnissen nichtspezifischer Prüfungen.
Abnahmeprüfzeugnis 3.1	Der Hersteller bestätigt, dass die gelieferten Erzeugnisse den Anforderungen die in der Bestellung festgelegten Anforderungen erfüllen. Prüfergebnisse werden von einem von der Fertigungsabteilung unabhängigen Abnahmebeauftragten des Herstellers angegeben.

Mit der Ausgabe DIN EN 10204 vom Oktober 2004 wurden bisherige Prüfbescheinigungen gestrichen bzw. ersetzt: Werkzeugnis 2.3 gestrichen, Abnahmeprüfzeugnis 3.1 ersetzt 3.1.B und Abnahmeprüfzeugnis 3.2 ersetzt 3.1.A, 3.1.C und 3.2 der früheren Ausgabe der Norm.

Beim Schweißen warmfester Stähle überwiegt der Einsatz basisch umhüllter Elektroden. Es ist deshalb besonders wichtig, die Rücktrocknung und Lagerungsvorschriften zu beachten. Hier einige Grundregeln:

- trockene Lagerung in temperierten Räumen (15 °C, 60 % rel. Luftfeuchtigkeit)
- Rücktrocknung ca. 2 Stunden bei ca. 300 °C
- dauernde Lagerung der getrockneten Elektroden in Halteöfen bei ca. 100 bis 120 °C
- Entnahme in beheizten Köchern in kleinen Mengen (4 bis 6 Stück).

15.2.5 Allgemeine Gestaltungsregeln

- Stumpfnähte sind Kehl- oder Überlappungsnähten vorzuziehen:
  Stumpfnähte haben einen ungestörten Kraftverlauf, geringere Spannungsspitzen, eine höhere Dauerfestigkeit und bessere Prüfbarkeit; sie sind voll anzuschließen; Kehlnähte sind mit min a = 0,5 x Blechdicke, mindestens aber mit a = 3 auszuführen, für die Bemessung ist die geringere Blechdicke maßgebend; der Faktor für das a-Maß ist der absoluten Blechdicke anzupassen (**Bild 15-34**).

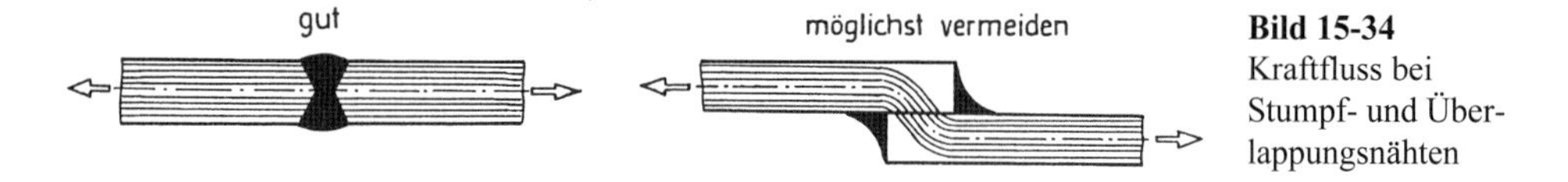

Bild 15-34 Kraftfluss bei Stumpf- und Überlappungsnähten

- auf Zugänglichkeit für den Schweißer achten; insbesondere dann, wenn die Ausarbeitung der Wurzel notwendig oder vorgeschrieben ist und eine Gegenschweißung vom Inneren eines Behälters erfolgen muss.

- Bohrungen, Stutzen und Ausschnitte dicht an Längs- oder Rundnähten sind zu vermeiden; Längsnähte sind grundsätzlich zu versetzen, um Nahtkreuzungen (Nahtanhäufungen) auszuschließen; Nahtkreuzungen in tragenden Wandungsteilen sind unzulässig (**Bild 15-35**).

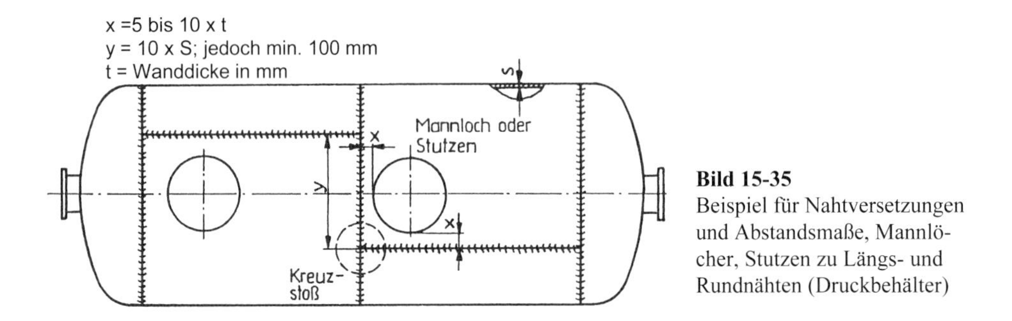

Bild 15-35
Beispiel für Nahtversetzungen und Abstandsmaße, Mannlöcher, Stutzen zu Längs- und Rundnähten (Druckbehälter)

- Beim Verbinden unterschiedlicher Wanddicken auf stetige Übergänge achten; die beste Lösung ist das obere rechte Bild, da hier die geometrische von der metallurgischen (Schweißnaht) Kerbe getrennt ist (**Bild 15-36**).

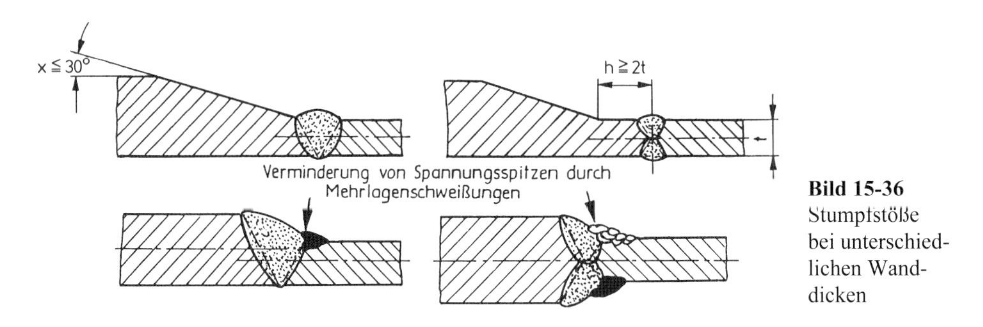

Bild 15-36
Stumpfstöße bei unterschiedlichen Wanddicken

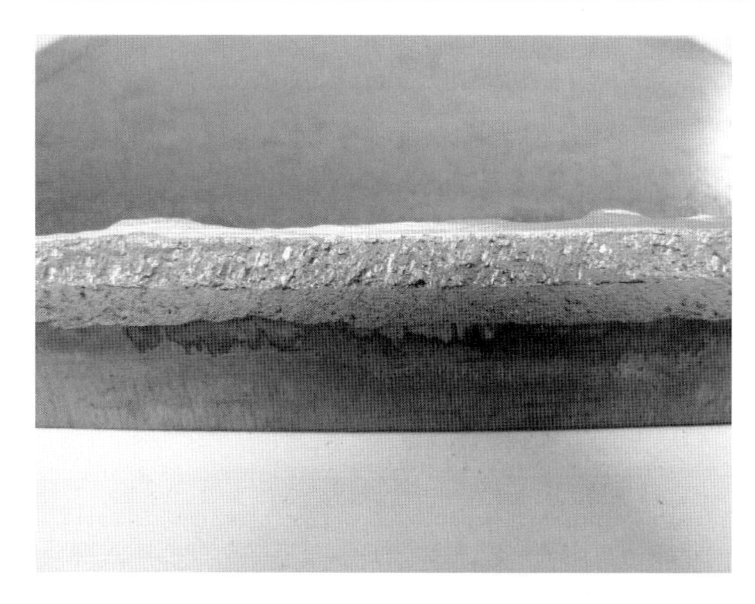

Bild 15-37
Feinkörniges Gefüge durch Schweißen von darüberliegenden Umkörnungsraupen

- bei Mehrlagenschweißungen werden die unteren Lagen durch die Decklage „umgekörnt", d. h. wärmebehandelt. Durch das Schweißen so genannter Umkörnungsraupen entsteht ein feinkörniges Gefüge (**Bild 15-37**)
- offene Spalte immer vermeiden: keine unterbrochenen Nähte, sondern durchgezogene dichte Nähte ausführen; alle Verbindungen an der Wurzel gegenschweißen oder von beiden Seiten schweißen; einseitig zugängliche Nähte wurzelseitig einwandfrei durchschweißen; Zentrier- und Einlegeringe dürfen nur mit besonderer Genehmigung im Bauteil verbleiben;
- in geschlossenen Hohlräumen, z. B. unter Verstärkungsplatten, Tragringen oder aufgesetzten Blockflanschen Entlüftungsbohrungen vorsehen oder in einfachen Fällen die äußere Naht einmal etwa 10 mm unterbrechen; Prüf- und Entlüftungsbohrungen mit Durchmesser 5 oder 6,8 mm herstellen und nach Vereinbarung mit M6 oder M8 und Verschlussstopfen oder nach Wahl des Herstellers in geeigneter Weise verschließen;
- Abstand zwischen Stutzen- und Rund-/Längsnähten soll mindestens 3 x t oder mindestens 50 mm betragen; lässt sich der Abstand nicht einhalten, so muss die Behälternaht durch den Stutzen ganz unterbrochen werden;
- tragende Nähte sollen durch angeschweißte Teile nicht verdeckt werden; ist das nicht möglich, so muss die tragende Naht zuvor geprüft sein;
- die Gestaltung von Behältern und Apparaten, die nach dem Schweißen oberflächenbeschichtet werden sollen (gummiert, lackiert oder andere Schutzüberzüge), erfolgt nach den entsprechenden Normen, bspw. DIN EN 14879 für organische Schutzüberzüge oder DIN 28058 für verbleite Apparate; in jedem Fall sind alle scharfen Kanten, Spritzer und Schweißnahtunebenheiten zu beseitigen;
- es sind die einschlägigen Vorschriften des Landes zu beachten; bspw. rechnet man in Europa mit kleineren Sicherheiten (1,5...3) ausgehend von der Streckgrenze R_e (in Deutschland nach den AD-Merkblättern), während man in den USA mit größeren Sicherheiten (3...6) ausgehend von der Zugfestigkeit R_m rechnet;

- bei Pratzen, Flanschen und allgemeinen Anbauteilen muss auf die Krafteinleitung geachtet werden; Spannungsspitzen sind zu vermeiden. Dies wird durch Abrunden von Ecken erreicht, wie in **Bild 15-38** dargestellt.

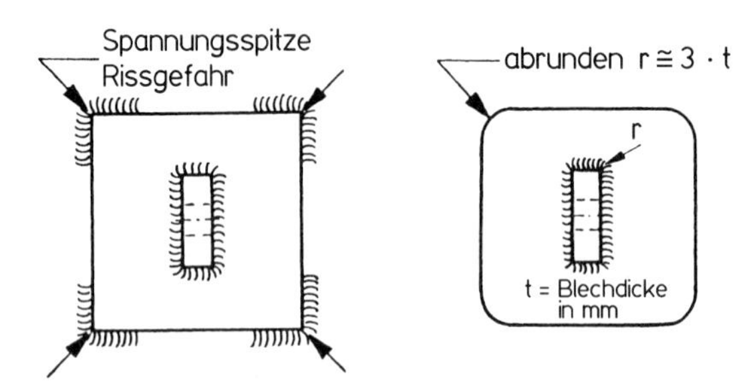

Bild 15-38 Beispiel zur Vermeidung von Spannungsspitzen (Verstärkungsblech mit Öse)

- soweit in technischen Regelwerken nicht ohnehin vorgeschrieben, muss der Lieferant unaufgefordert den notwendigen Mindestumfang an zerstörenden und zerstörungsfreien Prüfungen zur Sicherung der Güte durchführen und dokumentieren (Schweißanweisung);
- alle Details müssen in Maß, Form und Oberflächenbeschaffenheit der geprüften Fertigungszeichnung entsprechen; werden Schweißnähte nachträglich bearbeitet, so müssen zur Gewährleistung der Mindestwanddicke entsprechende Bearbeitungszugaben erfolgen.

15.2.6 Nahtformen und Schweißnahtvorbereitungen

Schweißnahtvorbereitung und Nahtformen im Druckbehälter- und Tankbau lehnen sich an allgemein gültige Normen an. Die Teile 1 bis 4 der DIN EN ISO 9692 geben Empfehlungen für Nahtvorbereitungen zum Schweißen von Stahl, Aluminium und plattierte Bleche mit verschiedenen Schweißprozessen. DIN 2559, Teil 2 bis 4, handeln Nahtvorbereitungen an Rohre ab. (siehe Kapitel 13.2)

Beispielhaft zeigt **Bild 15-39** die Nahtvorbereitung für häufig in der Praxis vorkommende Verbindungen manuell geschweißter Rohre, Formstücke und Flansche aus unlegierten Stählen, warmfesten Stählen oder CrNi-Stählen. Bei mechanisiert geschweißten Nähten wird bis zu einer Wanddicke von 2 mm kein Spalt vorbereitet (**Bild 15-40**). Kehlnähte an CrNi-Stahlrohren werden nach **Bild 15-41** bemessen.

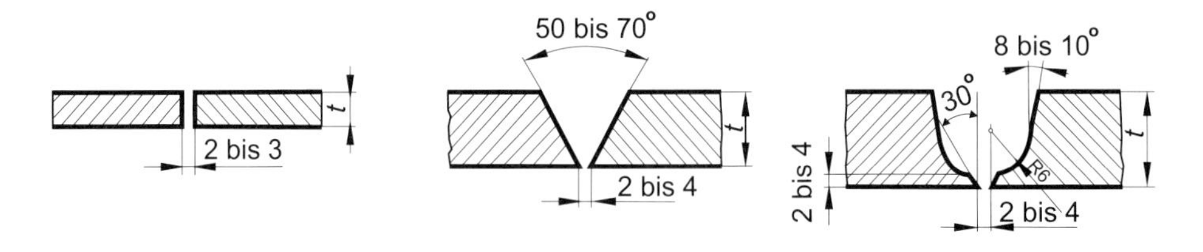

Bild 15-39 Nahtvorbereitungen für manuell geschweißte Nähte unterschiedlicher Wanddicke

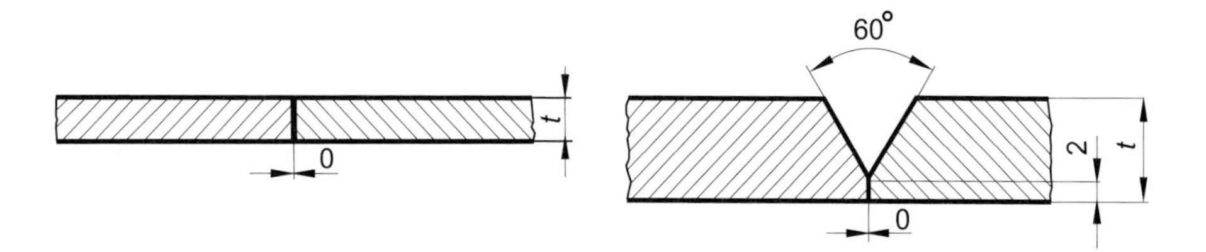

Bild 15-40 Nahtvorbereitungen für mechanisiert geschweißte Nähte unterschiedlicher Wanddicke

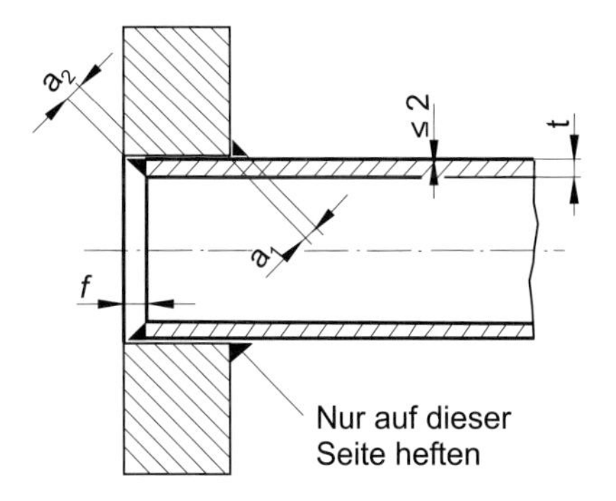

Bild 15-41 Kehlnaht an CrNi-Stahlrohren bis DN 200:
Maß f: mind. 6, max. 8 mm
Maß a_1: 0,7 x t; mind. a = 3
Maß a_2: 0,7 x t
Schweißfolge: zuerst a_1, danach a_2

Beispiele für Schweißverbindungen

15.2.7 Flanschanschlüsse

Flansche sind die am häufigsten eingesetzte Art, eine lösbare Verbindung herzustellen. Sie sind nach ihrer Form in unterschiedlichen Nenndrücken (PN) und Nennweiten (DN) genormt.

Die einfachste Art und Form ist der Losflansch, der mit gebördeltem Rohr, Vorschweißbördel oder mit glattem Bund hergestellt wird. Maximale Nennweite bei PN 10 ist DN 800 (bei PN 6 auch bis DN 1200) für Vorschweißbunde. Glatte Bunde gibt es auch bei PN 40 bis DN 400. Ein entsprechendes Beispiel zeigt **Bild 15-42**.

Vorschweißbördel
(dargestellt mit losem Flansch F)

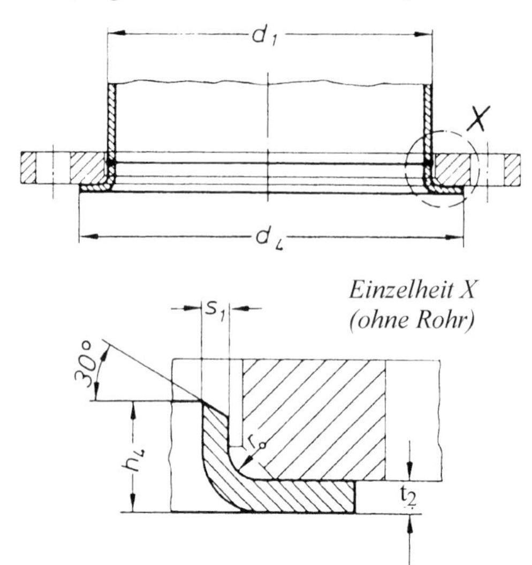

Bild 15-42
Lose Flansche mit Vorschweißbördel und glatten Bunden

Glatte Flansche zum Anschweißen sind bei PN 6 und PN 10 bis DN 500 lieferbar.

Ein Befestigungsbeispiel analog zu DIN EN 1092-1 zeigt **Bild 15-43**.

Für höhere Nennweiten und Nenndrücke müssen Vorschweißflansche verwendet werden, die in den Druckstufen PN 1, 2,5, 6, 10, 16, 25, 40, 64, 100, 160, 250, 320 und 400 gestaffelt sind. Während bei PN 1 Vorschweißflansche bis maximal DN 4000 genormt sind, hört es bei PN 400 bereits bei Nennweite DN 200 auf. Der Anschluss erfolgt je nach Wanddicke mit einer V-Naht (bis 16 mm) oder einer U-Naht (ab 12 mm), **Bild 15-44**.

Bei drucklosen Behältern kommen Schweißflansche der Ausführungen A und B nach DIN 28031 in Frage (bis DN 4000). Form A gilt für Behältermäntel aus unlegierten Stählen, Form B für Behältermäntel und aufgeschweißte Dichtleisten aus nichtrostenden Stählen. Die Prüf- und Entlüftungsbohrungen bei Form B sind mit Durchmesser 5 mm vorzusehen und nach Vereinbarung mit M6 und Verschlussstopfen oder nach Wahl des Herstellers zu verschließen.

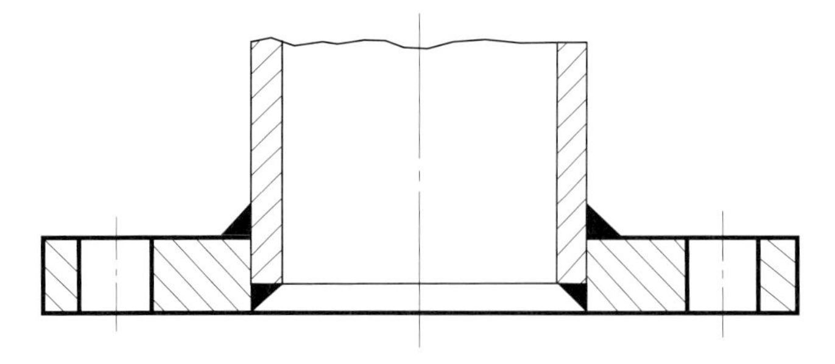

Bild 15-43 Glatter Flanschanschluss – Befestigungsbeispiel zum Schweißen

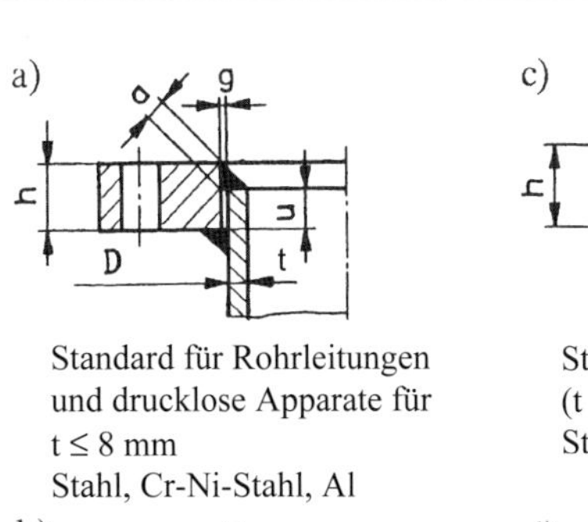

Standard für Rohrleitungen und drucklose Apparate für t ≤ 8 mm
Stahl, Cr-Ni-Stahl, Al

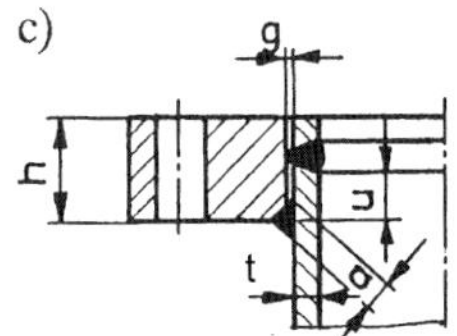

Standard für Druckbehälter (t > 16 mm)
Stahl, Cr-Ni-Stahl)

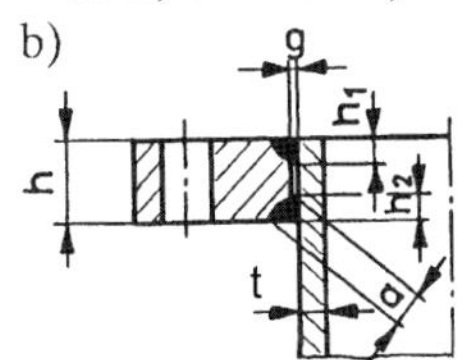

Standard für Druckbehälter (t ≥ 16 mm)
Stahl, Cr-Ni-Stahl, Al
Für t ≤ 16: HV-Nähte Regelfall

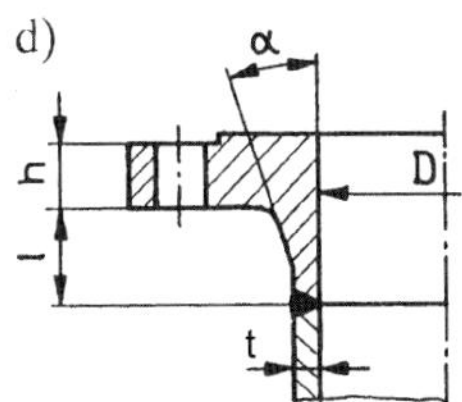

Teure Sonderform für alle Drücke, Wand und Werkstoffe

Bild 15-44 Ausführungsformen von Flansch- und Stutzenverbindungen für verschiedene Werkstoffe

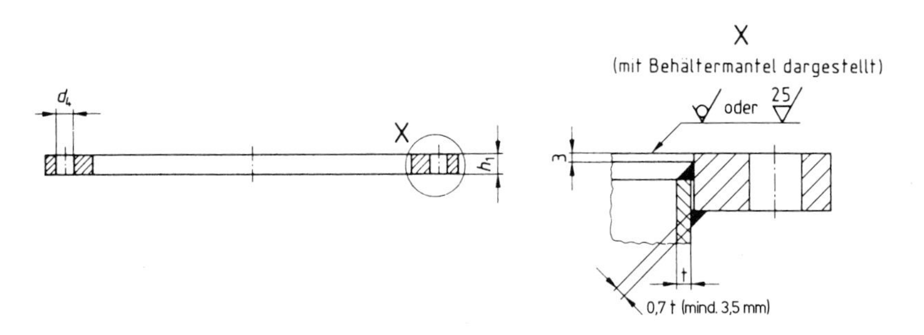

Bild 15-45 Schweißflansch – Anschluss bei drucklosem Behälter aus unlegiertem Stahl

Bild 15-45 zeigt die Form A für Baustahl, **Bild 15-46** Form B für nichtrostenden Stahl in Anlehnung an DIN 28031. Für Druckbehälter und -apparate aus unlegierten Stählen sollen Schweißflansche nach DIN 28032 benutzt werden. Die Dichtfläche ist nach dem Anschweißen des Flansches zu bearbeiten. Diese Norm gilt bis DN 3200. Schweißflansche für Druckbehälter und -apparate aus nichtrostenden Stählen sind in DIN 28036 bis DN 2000 genormt. Ähnlich den Vorschweißflanschen gibt es die Variante von Schweißflanschen mit zylindrischem Ansatz und Blockflansche werden überwiegend an Druckgefäßen verwendet. Ein eingesetzter Blockflansch in einem Klöpperboden kann bspw. zu einer enormen Wanddickenreduzierung des Bodens beitragen, wenn dieser anstelle eines unverstärkten Stutzens eingeschweißt wird, siehe hierzu die **Bilder 15-47 bis 15-48**.

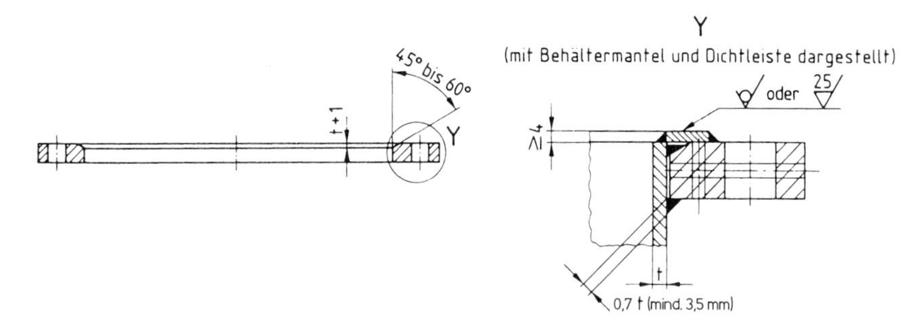

Bild 15-46 Schweißflansch (drucklos) aus nichtrostendem Stahl mit Dichtleiste (Korrosionsschutz)

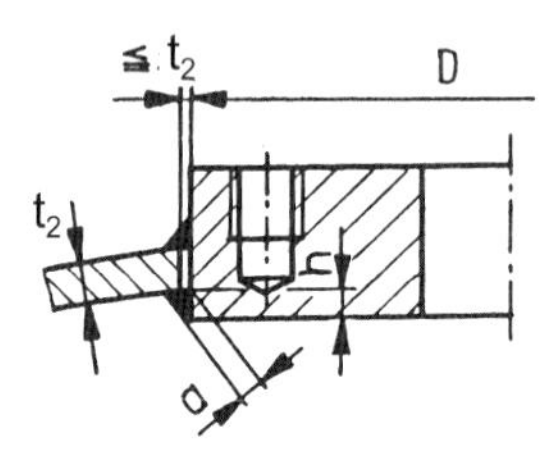

Scheibenförmig verstärkter Stutzen. Bei Druck $p_e \geq 1$ bar zusätzlich innere Stirnfugennaht anordnen. Verstärkungen durch Stutzenrohre größerer Wanddicke sind den scheibenförmigen Verstärkungen vorzuziehen.

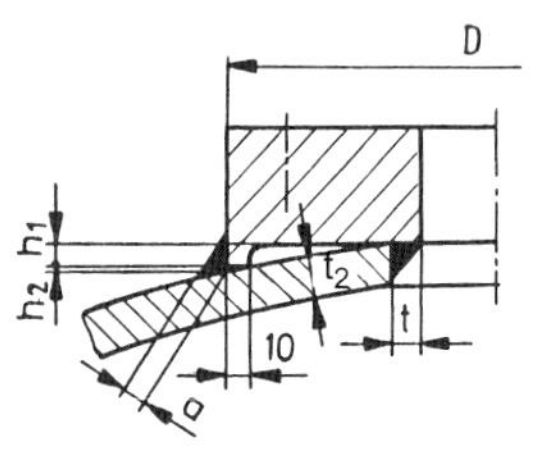

Rohrförmig verstärkter Stutzen für Druckbehälter mit schwellender Beanspruchung. Diese Lösung ist der einer scheibenförmigen Verstärkungskragens vorzuziehen. Typabmessungen:

$h_1 \leq 15\,\text{mm}, t_2 \leq 30\,\text{mm}; a = 0{,}5 \cdot t_2 \geq 5\,\text{mm}, t = 0{,}7 \cdot t_2$

Mit voll angeschlossener Wanddicke $t_2, h_2 \leq 3\,\text{mm}$

Bild 15-47
a) Eingesetzter Blockflansch für Druckkugeln, Mäntel und ebene Platten

b) Aufgesetzter Blockflansch für Druckkugeln und Mäntel

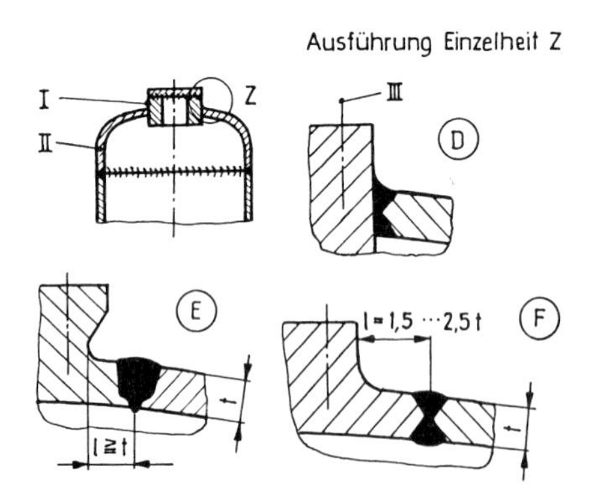

Bild 15-48
Einschweißen von Blockflanschen in gewölbte Böden

I = Blockflansch
II = Korbbogenboden
III = Gewindebohrung (nicht durchgehend)
D = Ausführung entsprechend A von Bild 5-123
E = Verbesserte Ausführung, gleichmäßigere Spannungsverteilung, gute Prüfbarkeit
F = Vorteile wie bei E; Nachteil ist der erhöhte Materialbedarf.

Die Nahtvorbereitungen bei D bis F entsprechend DIN EN ISO 9692

15.2.8 Rohrverbindungen

Bei den Stumpfnähten für normale Anwendungen gelten die Fugenformen nach DIN EN ISO 9692. Müssen unterschiedliche Wanddicken miteinander verbunden werden, so kann man sinngemäß die folgenden Darstellungen benutzen (**Bild 15-49**). Die Nahtabmessungen der Bilder a) bis d) gelten für nahtlose Rohre, Formstücke und zylindrische Hohlkörper mit unterschiedlichen Wanddicken. Als Werkstoffe kommen unlegierte, legierte und hochlegierte Stähle in Frage. Für Aluminium sind bevorzugt die **Bilder c) und d)** anzuwenden, jedoch ohne Luftspalt (b = 0 bis 0,5 mm). Die Wurzel wird häufig mit WIG geschweißt, weitere Lagen mit LBH oder MSG.

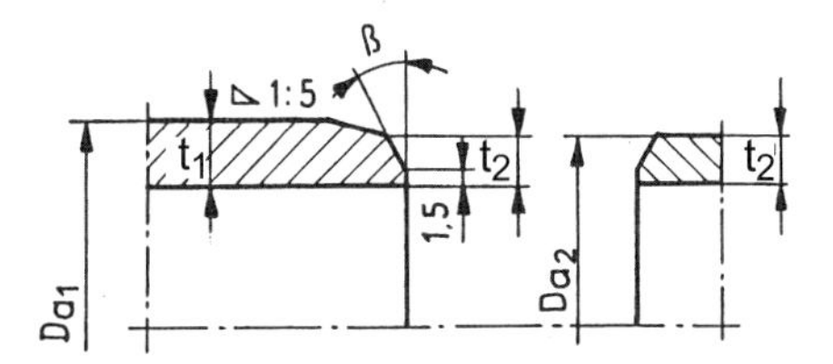

Nahtabmessung:
DIN 2559; DIN EN ISO 9692; $(t_1\text{-}t_2) \geq 6$mm;
ß = 30...35 °

a) Anwendungsbereich $Da_1 > Da_2$

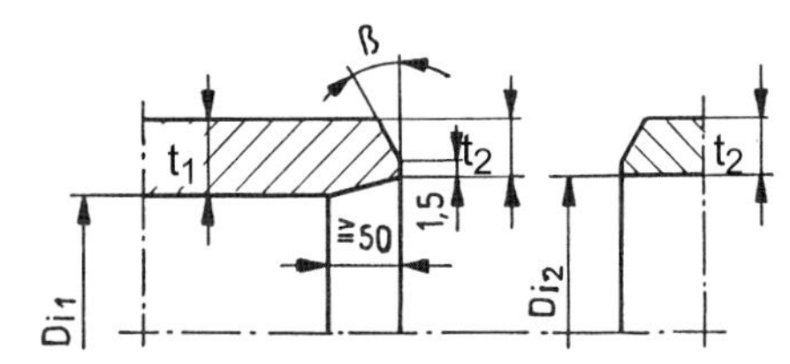

Nahtabmessung:
DIN 2559; DIN EN ISO 9692; $(t_1\text{-}t_2) \geq 2$mm;
ß = 30...35 °

b) Anwendungsbereich $Di_1 < Di_2$

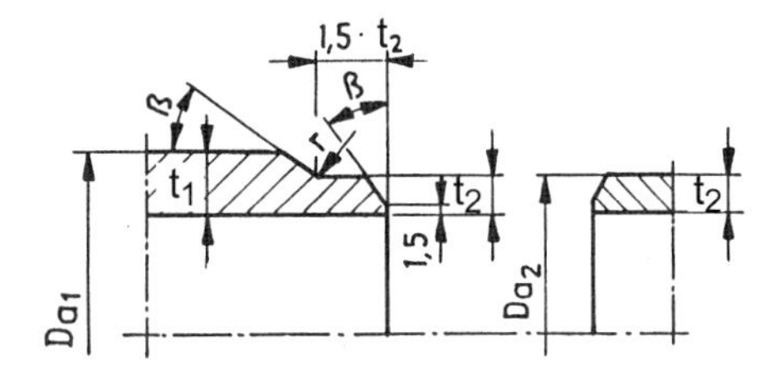

Nahtabmessung:
DIN 2559; $(t_1\text{-}t_2) \geq 6$mm;
r ≈ 10 mm; ß= 30...31 °

c) Anwendungsbereich $Da_1 > Da_2$

Nahtvorbereitung nach DIN EN ISO 9692-1

d) Anwendungsbereich t > 12 mm

Bild 15-49 Rohrverbindungen als Stumpfnähte bei verschiedenen Rohrabmessungen

Für Rohrabzweigungen sind sowohl die stumpf angeschweißten als auch verschieden ausgehalste Lösungen möglich. Dabei sollte der Abzweig im Durchmesser kleiner oder gleich dem Durchgangsrohr sein und nicht spitzer als im Winkel von 30 ° eingeschweißt werden, da sonst die Wurzel im spitzwinkligen Teil nicht mehr sauber beherrschbar wird. Hier lässt man deshalb oft einen relativ großen Spalt beim Schweißen.

Die ausgehalste Form wird für höhere Beanspruchungsbereiche und bei Innenbeschichtungen benötigt. Sie ist gut prüfbar und strömungsgünstiger als vor-, auf- und eingesetzte Rohre, die wie Stutzen zu betrachten sind (**Bild 15-50a und b**). Ausführung e) ist eine optimale Lösung für höchste Beanspruchungen. Diese Ausführung ist sehr gut prüfbar, die Strömungsverhältnisse sind optimal und sie ist für alle Werkstoffe geeignet. Ausführung d) wird selten eingesetzt, da die Anpassung des Sattels schwierig ist. Strömungsverhältnisse und Prüfmöglichkeit sind auch hier sehr gut. Die Ausführung ist für alle Werkstoffe geeignet, die Beschaffung des Sattelstückes jedoch schwierig und teuer.

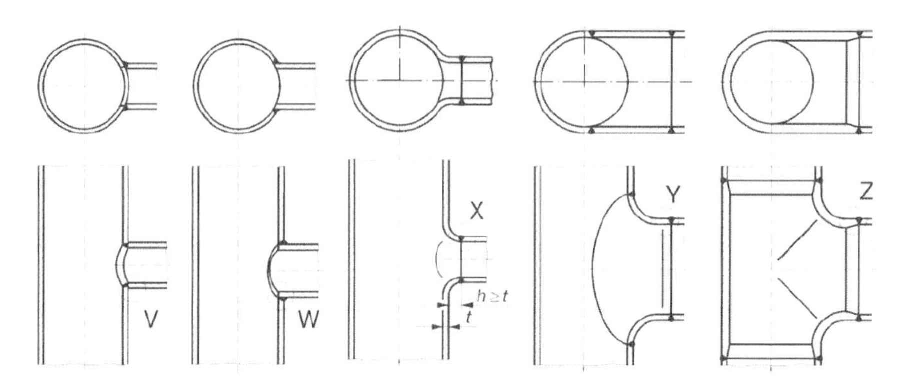

Bild 15-50 Stumpf angeschweißte und ausgehalste Rohrabzweigungen

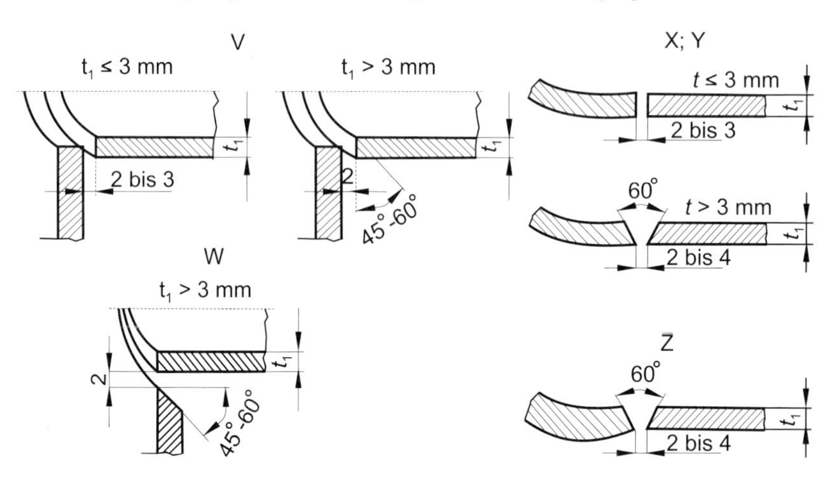

Bild 15-51 Einzelheiten der Schweißnahtvorbereitungen der Rohrabzweigungen aus Bild 15-47

Generell muss bei Rohrverbindungen auch immer auf eine gleichmäßige möglichst symmetrische Nahtvorbereitung geachtet werden, da es sonst zu unkontrollierten Schrumpfkräften kommen kann. Die zulässigen Abweichungen sind temperatur- und druckabhängig. Gleiches gilt für den zulässigen Versatz an Flanschen. Feldnähte, dass heißt die letzten Montagenähte, sollten nicht an Pumpen, Maschinen und Aggregaten angeordnet werden, um hier keine unnötigen Spannungen hinzuleiten. Die **Bilder 15-52 bis 15-53** zeigen Fehler bei der Nahtvorbereitung und geben die zugelassenen Toleranzen bei Rohrverbindungen in radialer und axialer Richtung an.

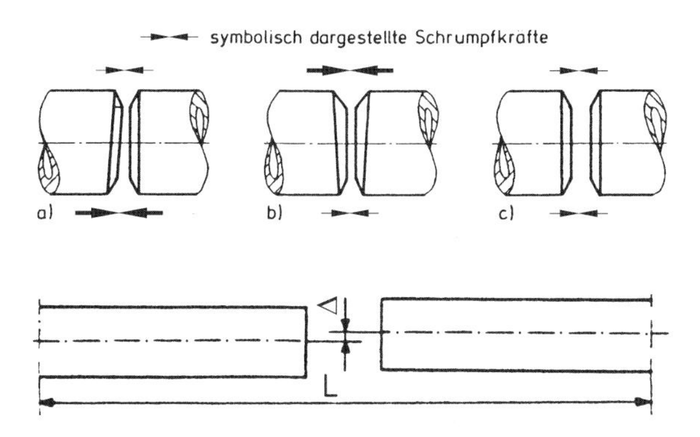

Bild 15-52
Fehler bei der Nahtvorbereitung zum Schweißen von Rohren
a) nicht parallele Stoßbearbeitung
b) ungleicher Fugenöffnungswinkel
c) zu breiter Schweißspalt

Bild 15-53
Zulässige radiale Abweichung bei Rohrleitungen

Toleranzen für den Anschluss von Flanschverbindungen

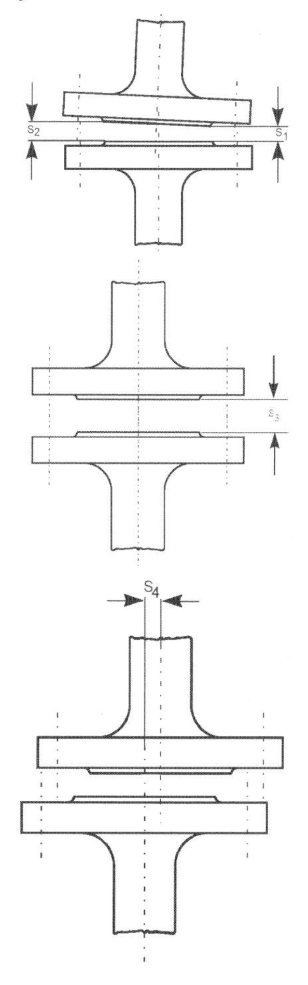

Bild 15-54
Planparallelität;
$S_2 - S_1$ maximal:
0,3 mm für DN ≤ 150
0,4 mm für DN 200-300
0,5 mm für DN > 300

Bild 15-55
Abstand der Flansche zueinander (Klaffung)
S_3 = Dicke der Dichtung + 1,0 mm

Bild 15-56
Seitlicher Versatz der Flansche
$S_4 \leq 0{,}5$ mm. Schraubenbolzen müssen zwanglos in die Bohrungen eingebaut werden können

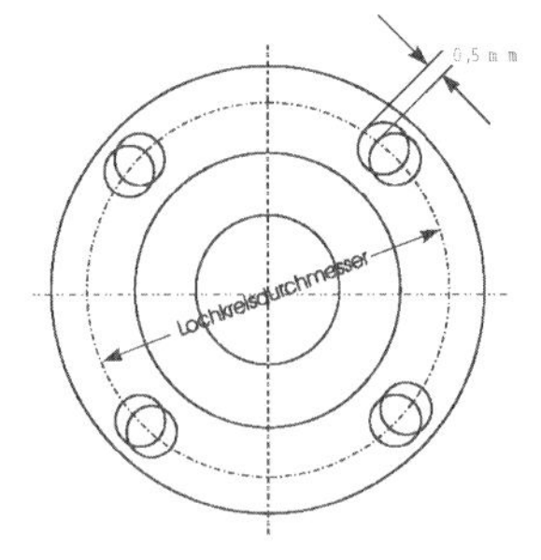

Bild 15-57
zulässige Verdrehung, gemessen am Lochkreis: ≤ 0,5 mm
Die Anordnung der Schraubenlöcher erfolgt nach DIN EN 1092-1 und -2

15.2.9 Stutzenanschlüsse

Stutzen können in unverstärkter oder verstärkter Form in das Grundrohr vor-, auf- oder eingesetzt werden. Bei sehr kleinen Stutzendurchmessern spricht man von Nippeln. Einige verschiedene Ausführungen von Stutzeneinschweißungen sind in den folgenden Bildern dargestellt, **Bilder 15-58 und 15-59**.

Für Stutzen in dickwandigen Behältern haben sich je nach Druckniveau und Wanddicke verschiedene Ausführungen bewährt. Ein dickwandiges Stutzenrohr ist einer scheibenförmigen Ausschnittsverstärkung vorzuziehen. **Bild 15-60** zeigt einen „weichen" Stutzenanschluss für rissempfindliche Werkstoffe.

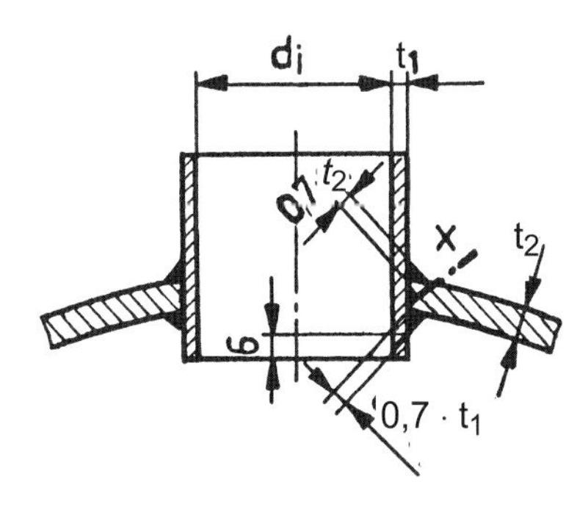

a) Unverstärkter Stutzen für Druckbehälter ohne schwellende Beanspruchung. Bei $t_1 \geq 14$ mm; Doppel-HV-Naht oder Doppel-HV-Naht verwenden.

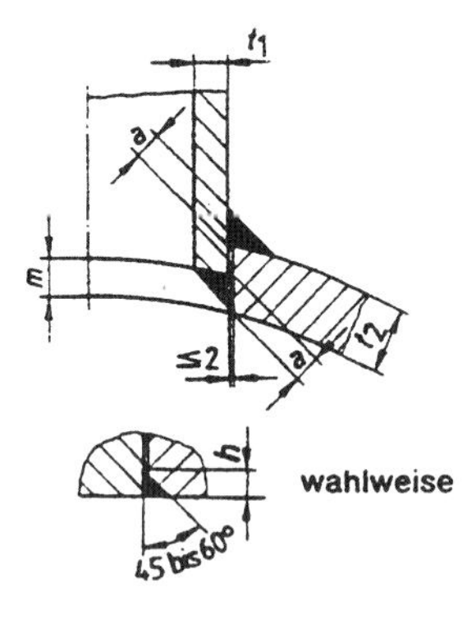

b) Unverstärkter Stutzen für Druckbehälter ohne schwellende Beanspruchung.

Bild 15-58 Stutzeneinschweißungen und Blockflansche für verschiedene Werkstoffe und Wanddicken bei ein- und beidseitiger Zugänglichkeit

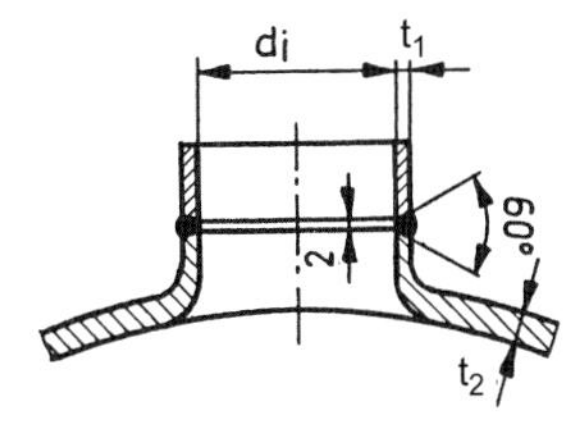

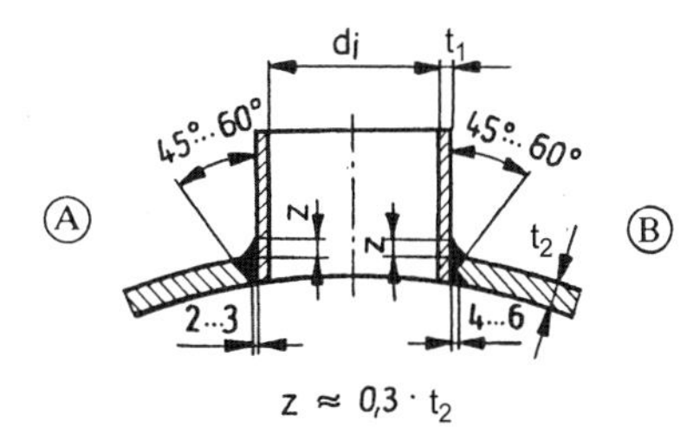

c) Ausgehalster Stutzen für Druckbehälter ohne Einschränkungen anwendbar. Sauberes Durchschweißen der Wurzel ist unbedingt erforderlich. Fugenvorbereitung nach DIN EN ISO 9692

d) Ein- und beidseitig voll eingeschweißte Stutzen für wechselnde Beanspruchungen (Temperaturschocks) A: einseitig zugänglich B: beidseitig zugänglich

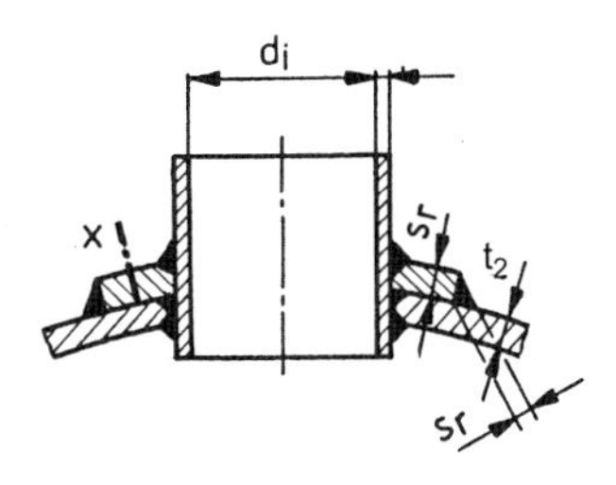

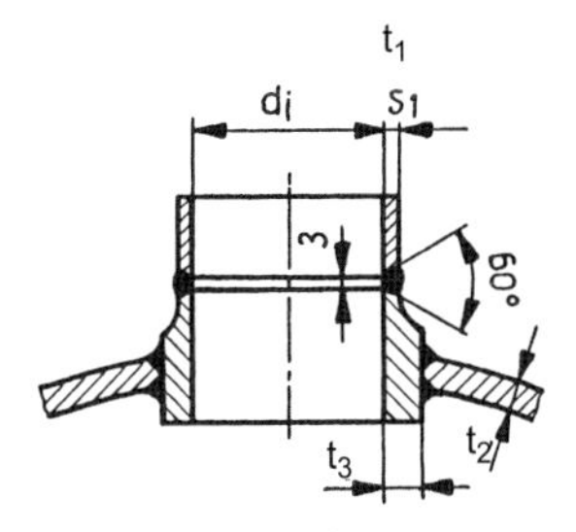

e) Scheibenförmig verstärkter Stutzen für Druckbehälter mit schwellender Beanspruchung. Bei Druck Pe ≥ 1 bar zusätzlich innere Stirnfugennaht anordnen

f) Rohrförmig verstärkter Stutzen für Druckbehälter mit schwellender Beanspruchung. Diese Lösung ist der eines scheibenförmigen Verstärkungskragens vorzuziehen.

Bild 15-58 Fortsetzung: Stutzeneinschweißungen und Blockflansche für verschiedene Werkstoffe und Wanddicken bei ein- und beidseitiger Zugänglichkeit

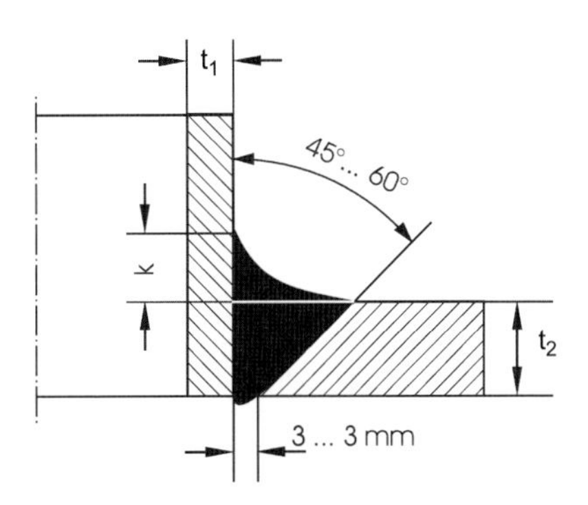

Bild 15-59 Einseitig zugänglicher Einschweißstutzen

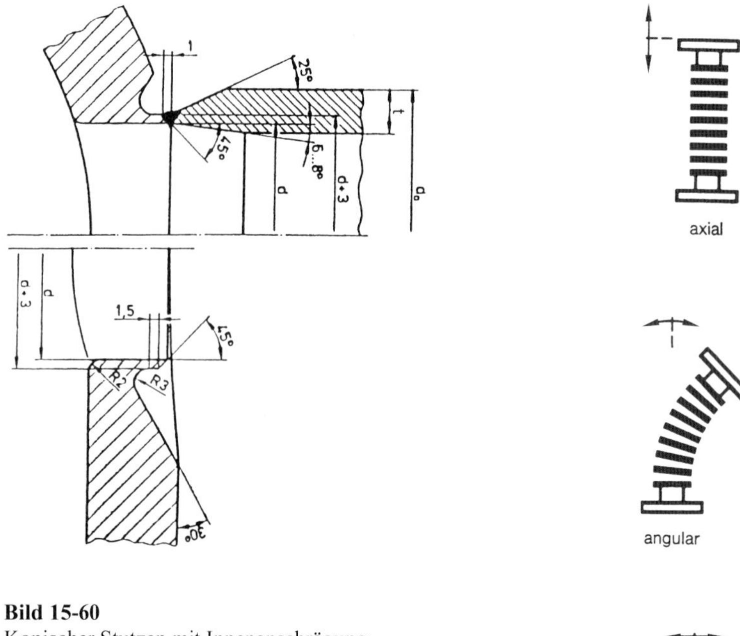

Bild 15-60
Konischer Stutzen mit Innenanschrägung auf zentrierendem Kragen im dickwandigen Behälter

Sonderfall: für rissempfindliche Werkstoffe bei einwandfreier Prüfbarkeit der Naht (aufwendige Nahtvorbereitung)

Bild 15-61
Bewegungsarten von Kompensatoren zum Ausgleich von Zwangsbewegungen

15.2.10 Kompensatoren

Ein- und mehrwellige Dehnungsausgleicher sollen thermisch bedingte Bewegungen kompensieren. Derartige Kompensatoren sind so gestaltet, dass sie die axialen, lateralen und angularen Bewegungen bis zu einem bestimmten Wert aufnehmen. Wellenzahl, Werkstoff und Bauart gewährleisten eine hohe Anzahl von Lastspielen. Einige typische Formen von Axial-Kompensatoren mit Schweißenden oder Flanschanschluss zeigen die **Bilder 15-61 und 15-62**.

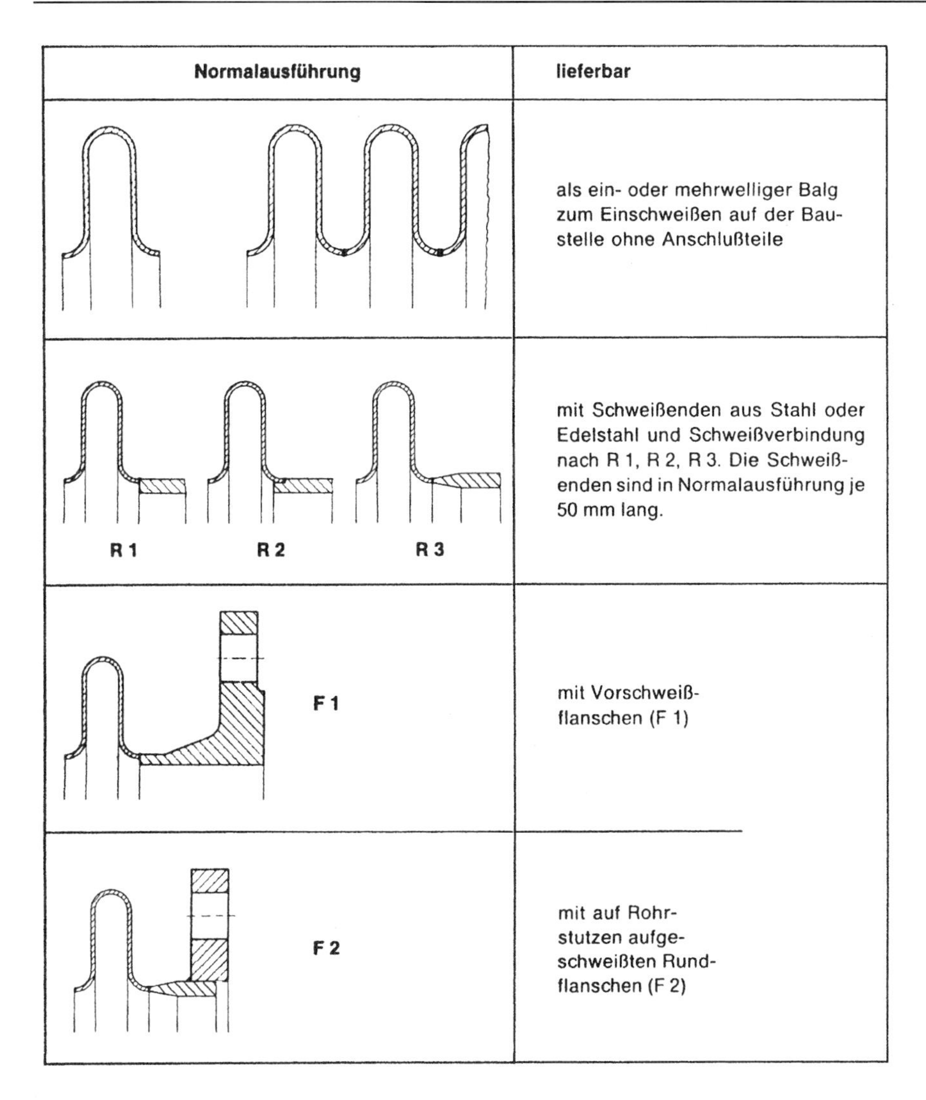

Bild 15-62 Verschiedene Ausführungen von Kompensatoren (Baustellenschweißung/Flanschanschlüsse)

15.2.11 Mäntel, Böden und Doppelmäntel für Behälter, Apparate und Tanks

In Abhängigkeit von Druck, Temperatur, Behälterabmessung und Werkstoff werden flache oder gewölbte Böden mit den meist zylindrischen Mänteln verschweißt. Ideale Druckgestalt ist der Kreisquerschnitt bzw. die Kugelform. Doch ist es aus Kostengründen nicht vertretbar, an großen Behältern Halbkugelböden einzusetzen. Hier nähert man sich der Kugelform durch Klöpper- und Korbbogenböden. Einen besseren Kraftverlauf und ein höherer zulässiger Innendruck ergibt sich auch, wenn keine Ecknaht, sondern eine Rundnaht außerhalb der Ecke geschweißt wird (**Bild 15-63**).

Stets sollte auf die Zugänglichkeit bei der Schweißfolge geachtet werden. Ist bspw. gefordert, dass die Nahtwurzel ausgekreuzt werden muss, so ist es ratsam beim Verbinden eines gewölbten Bodens mit einer zylindrischen Wand, die V-Naht mit dem Öffnungswinkel nach innen zu legen, die Wurzel von innen, anschließend die Naht von innen fertig zu schweißen. Jetzt kann bei wesentlich besserer Zugänglichkeit die Wurzel am Behälter von außen ausgearbeitet werden.

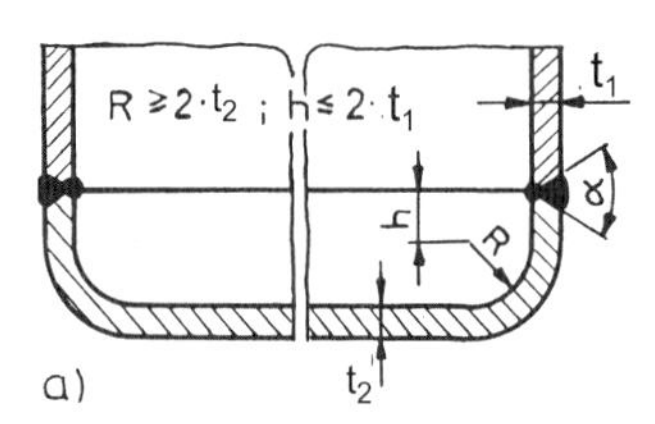

Nahtabmessung: siehe DIN EN ISO 9692: $\alpha \approx 60°$

Bei t_2 ist die zulässige Durchbiegung zu beachten.

Je nach Zugänglichkeit V- oder X-Naht wählen.
Flacher Boden für Behälter mit geringen Drücken und Rohrleitungen.

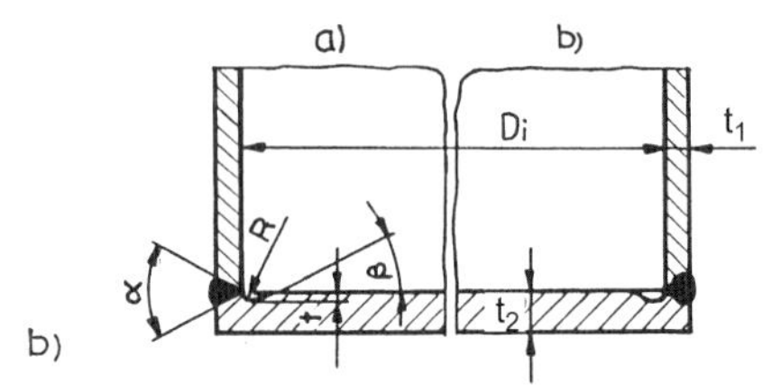

Nahtabmessung:

$\alpha = 60°$; $\beta = 30°; \geq 3\,\text{mm}; R = 6\,\text{mm}$;

Bei t_2 ist die zulässige Durchbiegung zu beachten, je nach Zugänglichkeit V- oder X-Naht nach DIN EN ISO 9692

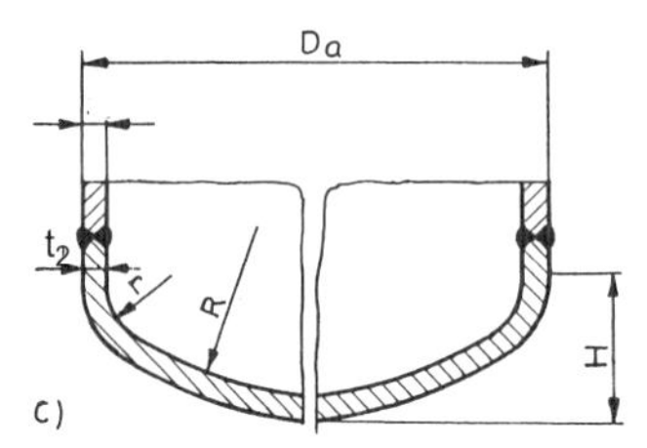

Nahtabmessung: siehe DIN EN ISO 9692

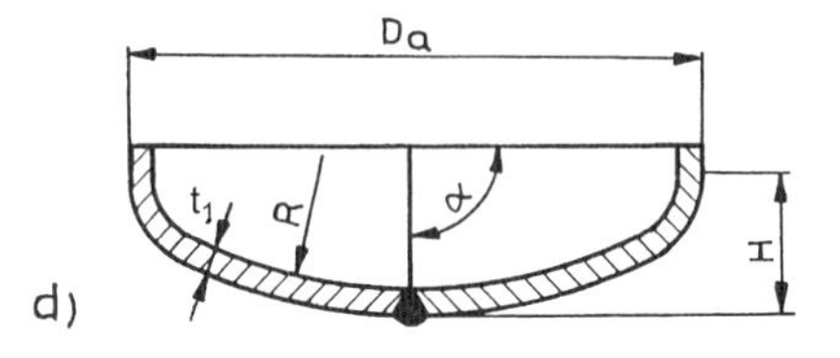

Nahtabmessung: siehe DIN EN ISO 9692

Bemerkungen:
Klöpperbodenform:
$R = D_a ; r = 0{,}1\,D_a ; H = 0{,}2\,D_a$.

Korbbogenform:

$R = 0{,}8\,D_a ; r = \frac{1}{6{,}5}\,D_a ; H = 0{,}2\,D_a$

Halbkugelform:
$R = r = (D_a - 2t_2)/2; H = 0{,}5\,D_a$

Je nach der Zugänglichkeit und dem Verwendungszweck kann eine andere geeignetere Nahtform gewählt werden.
Gewölbter Boden durch Druckbehälter aller Größen (uneingeschränkt anwendbar)

Bemerkungen:
Zwei- oder mehrteilige Böden.
Bei $\alpha = 60°$ und $H/D_a < 0{,}25$ wird bei geteilten Böden als Schweißnahtfaktor v = 1 gesetzt.
Gewölbter Boden für größere Böden mit Druckbeanspruchung.

Bild 15-63 Verschiedene Lösungen zum Anschweißen flacher und gewölbter Kesselböden

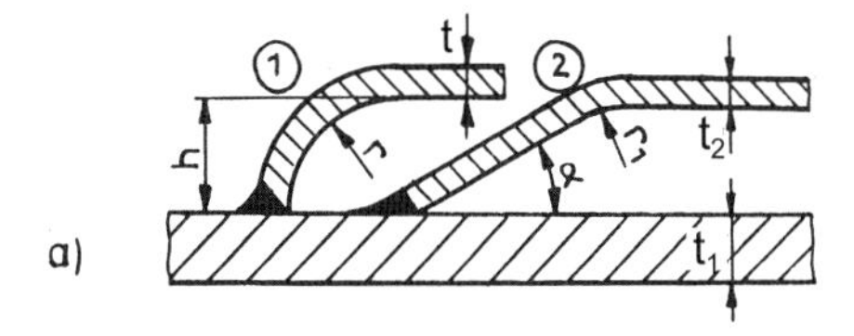

Naht vollständig durchgeschweißt
$r = h$ $t_2 \leq 15$ mm
$\alpha \leq 45°$ $r_1 \geq 3 \cdot t_1$
1 Für Druckbeanspruchung hohe Axialkräfte
2 Für Druckbeanspruchung geringe Axialkräfte

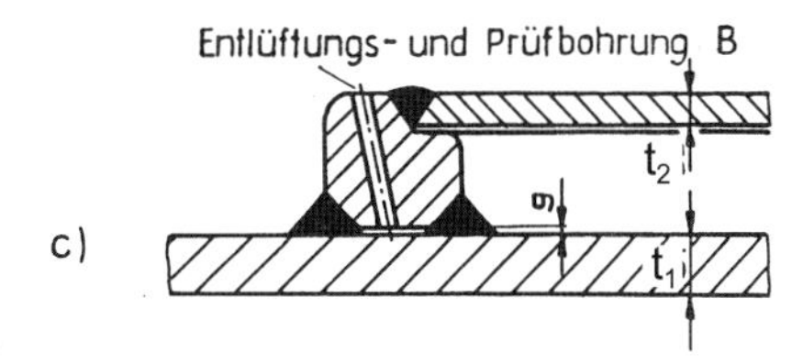

Für mittlere Druckbeanspruchung
$g \leq 3$ mm
Bei Gefahr von Spaltkorrosion nicht geeignet; Anpasstoleranzen des Außenmantels sind gut auszugleichen

Bild 15-64 Verschiedene Ausführungsformen für Mantel-Doppelmantel-Anschlüsse

Mantel-Doppelmantel-Verbindungen dienen im Druckbehälter- und Apparatebau dazu, Kühl- bzw. Heizmedien aufzunehmen. Hier ist auf eine Möglichkeit der Entlüftung und Entleerung des Doppelmantels zu achten. Der Entlüftungsstutzen bei Dampf muss unten, bei Wasser oben angebracht sein, da Dampf leichter ist als Luft. Einige typische Ausführungsformen für Außenmantelanschlüsse zeigt **Bild 15-64**. Werden die Schweißnähte bei Doppelmänteln nicht in vollem Querschnitt angeschlossen, so sind Entlüftungs- und Prüfbohrungen vorzusehen. Dies gilt generell, wenn Luft innerhalb eines abgeschlossenen Raumes durch Schweißen erhitzt wird und sich ausdehnen kann, was zu unzulässigen Verformungen und Rissen führen kann. **Bild 15-65** zeigt die Entlüftungsbohrung an einer Stahlrolle, an der beidseitig ein Zapfen angeschweißt wurde.

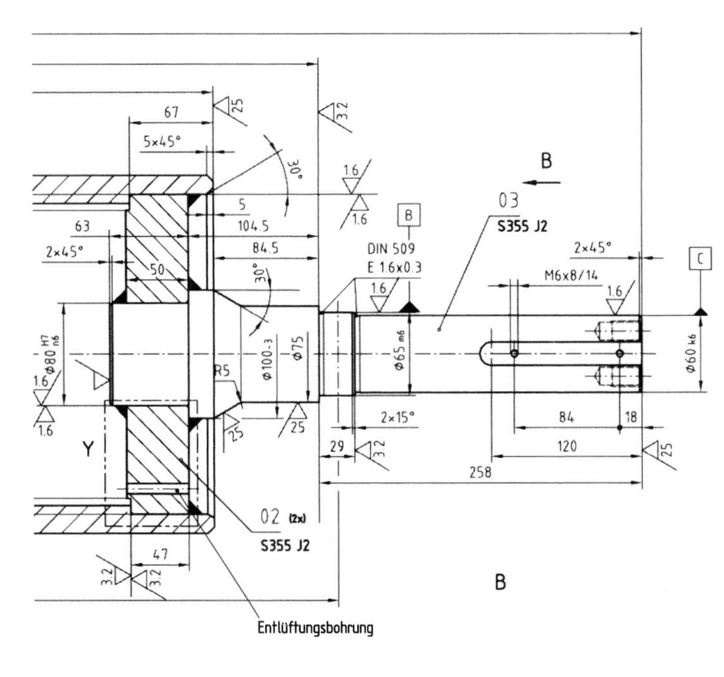

Bild 15-65
Entlüftungsbohrung an einer Stahlrolle mit seitlich angeschweißtem Zapfen. Entlüftungsbohrungen sind nach dem Schweißen wieder zu verschließen (Massenausgleich schaffen, da sonst Unwuchten entstehen).

In oberirdischen Tanks werden hauptsächlich Produkte gelagert, die beim Versagen des Tanks erhebliche Umweltschäden hervorrufen können. Durch die Abmessung bedingt erfolgt die Fertigung in den meisten Fällen im Freien unter Verwendung vorgefertigter Schüsse. Die schwierigen Bedingungen, hervorgerufen durch oft wechselnde Wetterlagen, erfordern neben gut ausgebildeten Schweißern eine Konstruktion, die den Montageverhältnissen angepasst ist. In den nachfolgenden Beispielen werden Tanks aus Baustahl (**Bild 15-66**) und Aluminium (**Bild 15-67**) dargestellt.

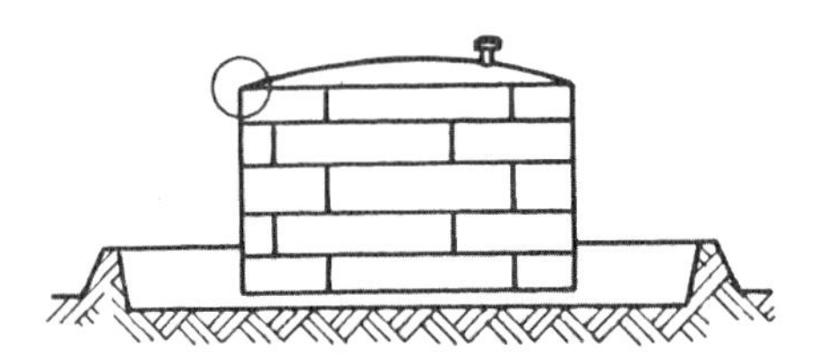

Bild 15-66
Tank (10 000 m³) aus Baustählen nach DIN EN 10025, Dacheckring ausgeführt als Explosionsdach

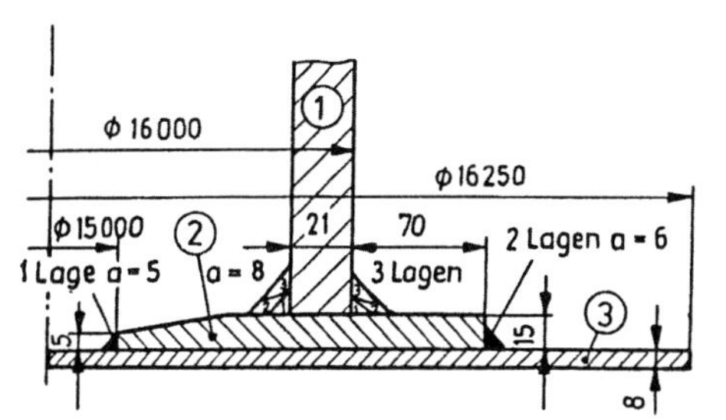

Detail A:
Bereich Mantel-Boden

① = Unterster Mantelschuss
② = Fußeckring
③ = Boden

Vorwärmung nur bis zum Entfernen des Schwitzwassers.

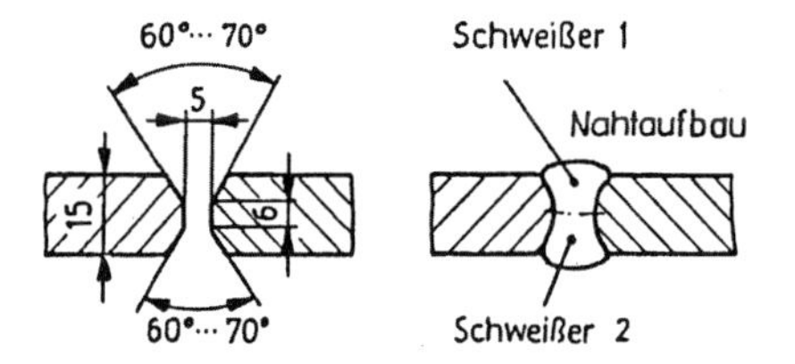

Detail B:
Nahtvorbereitung
Steignähte

Schweißung WIG (141) doppelseitig
mit 2 Schweißern gleichzeitig.
Gas: Argon/Helium 50/50 %
Schweißzusatz: S-AlMg 4,5 Mn DIN EN ISO 18273 Ø5
Vorwärmung ca. 80 °C bei Schweißbeginn.
Schweißposition: senkrecht

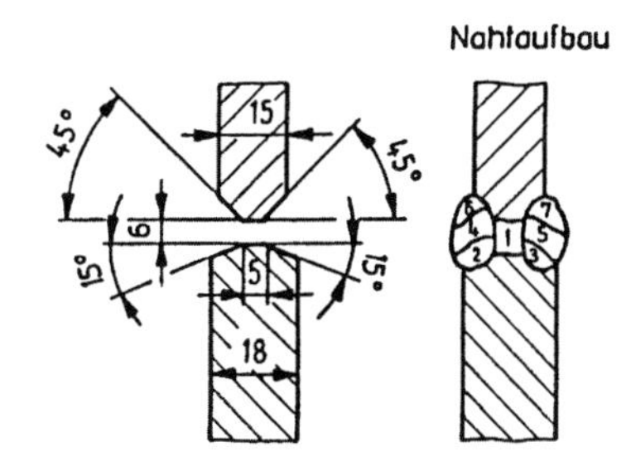

Detail C:
Nahtvorbereitung
Rundnähte

Lage 1 Schweißung wie bei Detail A
Schweißposition: 9 Lagen 2 bis 7 MIG
Gas: Argon/Helium 50/50 %
Schweißzusatz: S-AlMg 4,5 Mn
DIN EN ISO 18273 Ø1,6
Vorwärmung ca. 80 °C bei Schweißbeginn.
Schweißposition quer.

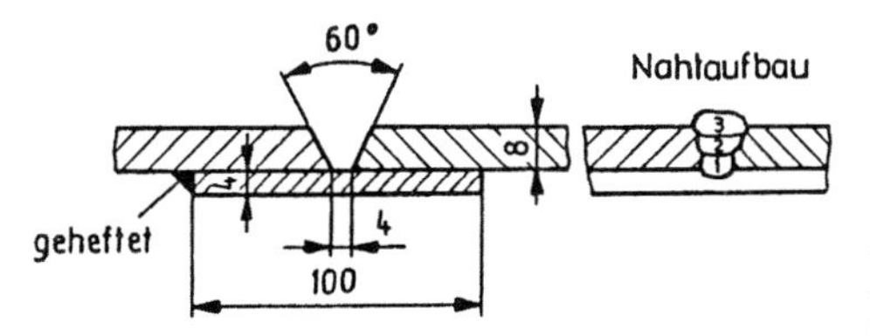

Detail D:
Bodenausführung

Werkstoff Boden und Unterlagstreifen
Al99,5 F7
Schweißung MIG;
Schweißposition: W
Gas: Argon 99,996 %
Schweißzusatz: S-Al 99,5 Ti DIN EN ISO 18273 Ø1,6
Die Vorwärmung wurde nur bis zur Verdampfung des Schwitzwassers durchgeführt.

Bild 15-67 Details eines Tanks (3500 m^3), ∅ 16 m/ 16m/16m Höhe, Werkstoff: AlMg 4,5 Mn

Nachfolgend zwei Beispiele für Schweißfolgepläne: **Bild 15-68** erläutert die Schweißfolge an einen Tankboden, **Bild 15-69** beim Einschweißen eines Flickens.

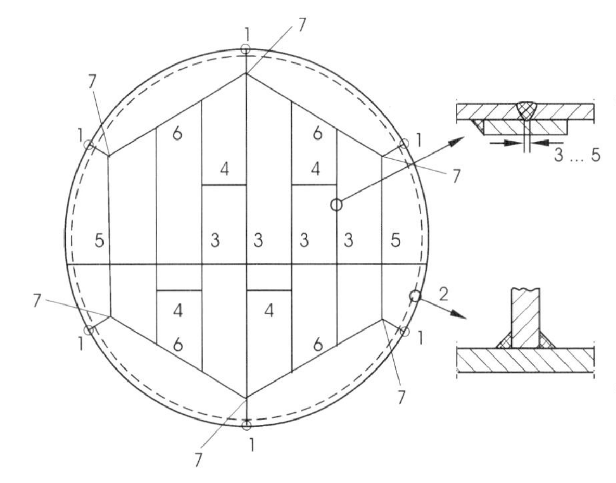

Bild 15-68
Stoßausbildung je ca. 1 Elektrodenlänge; jeweils auf Startpunkt von vorhergehender Raupe schweißen.
Pilgerschritt-Prinzip:

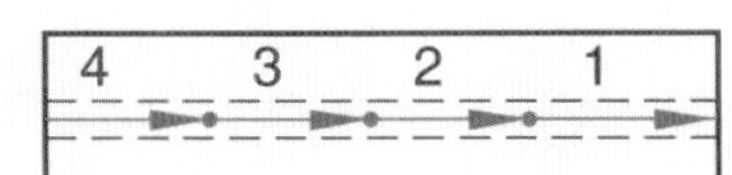

Schweißlänge je ca. 1 Elektrodenlänge; jeweils auf Startpunkt von vorhergehender Raupe schweißen.

1 = Stoss Bodenrandbleche, nur jeweils ca. +/– 50mm unter/neben Mantel

2 = 8 x versetzt am Umfang; jeweils im Pilgerschritt

3 – 6 = Stöße Bodenbleche, vor dem Schweißen durch Richten bzw. Schleifen auf erforderlichen Luftspalt einrichten. Schweißen im Pilgerschritt.

7 = Restlänge von 1

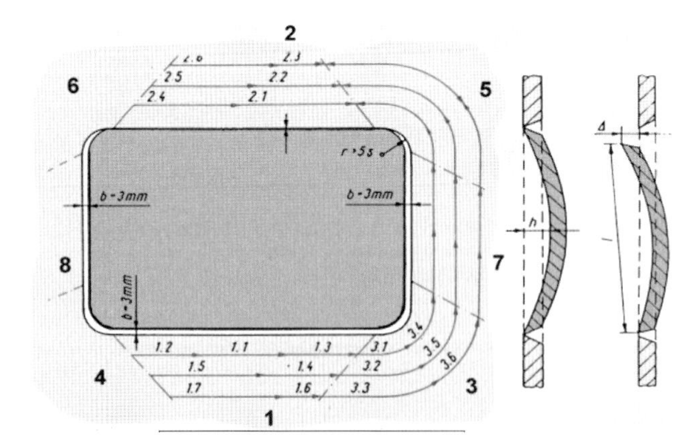

Bild 15-69
Schweißfolge beim Flickenschweißen. (siehe auch Kapitel 2.8.5)

Bei Verbindungen von Rohrböden mit zylindrischen Mänteln, wie es oft bei Wärmetauschern mit hohen thermischen und korrosiven Beanspruchungen vorkommt, ergeben sich einige Varianten, die in jedem Fall sorgfältig ausgeführt werden müssen. Die Rohrbodenanschlüsse im ersten Bild sind für un- und niedriglegierte Stähle sowie nichtrostende Stähle geeignet. Für Sonderwerkstoffe wie Nickel, Nickelbasislegierungen und Aluminium sind die Nahtvorbereitungen den Werkstoffeigenschaften anzupassen. Bei allen in Dickenrichtung beanspruchten Rohrböden sind Werkstoffgüten mit gewährleisteter Querzugeigenschaft (Z15, Z25 oder Z35 nach DIN EN 10164) vorzusehen, die mit Ultraschall auf Dopplungen geprüft sein müssen (**Bilder 15-70 und 15-71**).

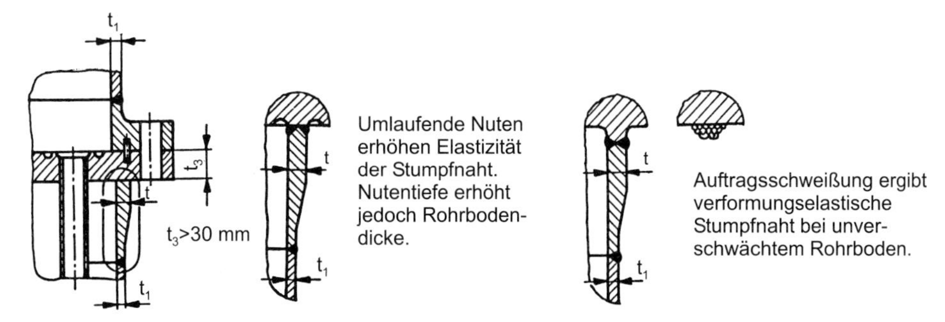

Bild 15-70 Verbindung dickwandiger Rohrböden mit zylindrischem Mantel

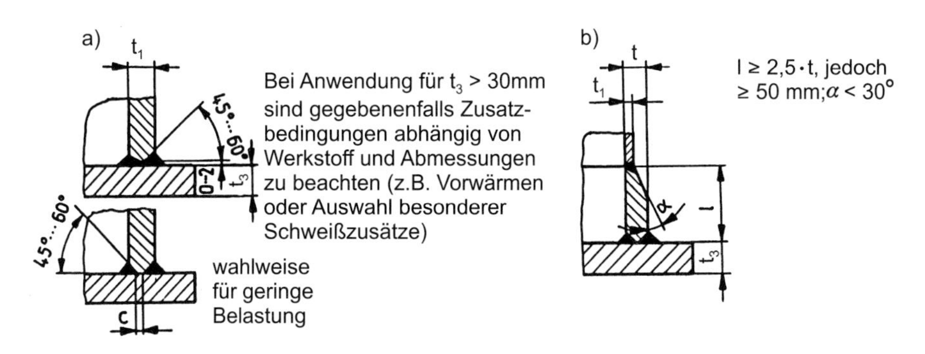

Rohrbodenanschluss Regelfall für Rohrboden t ≤ 30 mm

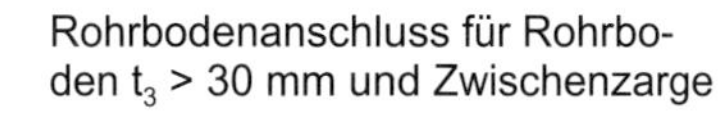

Rohrbodenanschluss für Rohrboden t_3 > 30 mm und Zwischenzarge

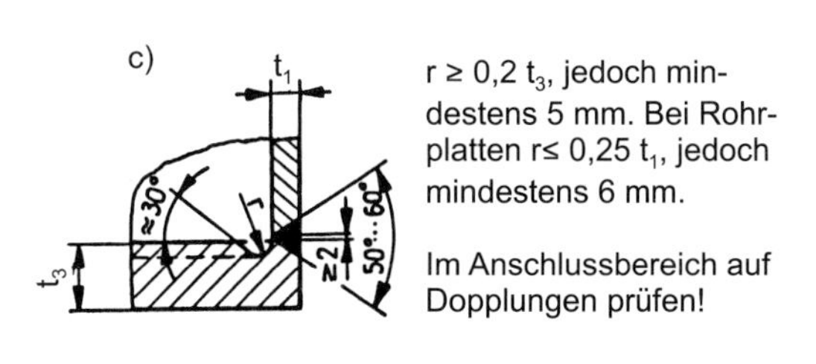

Rohrbodenanschluss bei nur einseitiger Zugänglichkeit

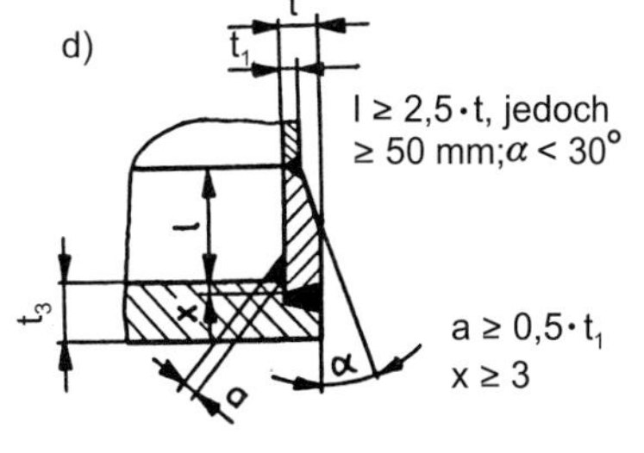

Rohrbodenanschluss Regelfall für Rohrboden t_3 > 30 mm und Zwischenzarge

Bild 15-71 Verschiedene Verbindungsformen für den Rohrboden in den zylindrischen Mantel

15.2.12 Halbrohre zum Anschweißen an Behälter

Doppelmäntel sind zwar kostengünstig doch wärme- und verfahrenstechnisch schlecht. Große Querschnitte ermöglichen nur geringe Strömungsgeschwindigkeiten, was einen schlechteren Wärmeaustausch bedeutet. Aus diesem Grund werden häufig statt Doppelmänteln Halbrohrsysteme oder Warzen eingesetzt. Diese sind zwar 10 bis 15fach teurer, ermöglichen aber dem Kühl- oder Heizmedium wesentlich größere Strömungsgeschwindigkeiten und damit einen besseren Wärmeaustausch.

Bei der Herstellung solcher Systeme sind einige Besonderheiten zu beachten. Der Abstand zwischen den Halbrohren ist so festzulegen, dass entsprechend dem Schweißprozess eine einwandfreie Verbindung hergestellt werden kann. Die Behälterwanddicke sollte wegen der Gefahr des Durchschmelzens ausreichend bemessen sein (≥ 4 mm). Bei einseitig geschweißten Stumpfnähten zwischen den Halbrohren muss auf eine gute Wurzelerfassung geachtet werden (2 Lagen). Nichtrostende Stähle müssen von innen mit Formiergas gespült werden. Besteht die Gefahr der Spaltkorrosion, so ist das Halbrohr mit einer innenliegenden HV-Naht (45 °) auf die Behälterwand anzuschweißen (**Bild 15-72**).

a)

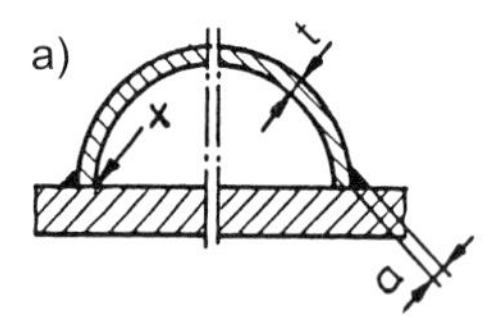

Für drucklosen Betrieb bei Heiz- bzw. Kühlmedien ohne Korrosionsgefahr.
x = Gefahr von Spaltkorrosion
t ≥ 3 mm; a ≥ t; Werkstoff der Halbrohre: unlegierter Stahl

b)

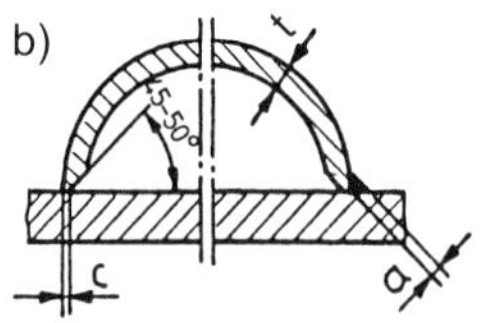

Für Druckbelastung, geringe Spaltkorrosionsgefahr, da definierter Spalt
c ≤ 1,5 mm
t ≥ 2,6 mm
a ≥ t

Werkstoff der Halbrohre: Unleg. Stahl, CrNi, Stahl

c)

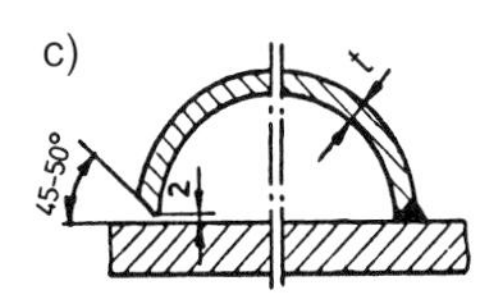

Für Druckbelastung mit guter Durchschweißung (mindestens 2 Lagen)
t ≥ 2,6 mm
Werkstoffe der Halbrohre: Unleg. Stahl, CrNi, Stahl

d)

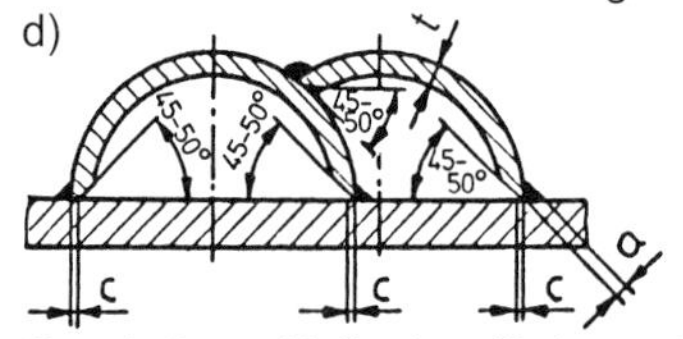

Geschulterte Halbrohre für beste Heiz- bzw. Kühlleistung. Sonstige Daten wie Nr. 2
t ≥ 3 mm, a > t
c ≤ 1,5 mm

Bild 15-72 Unterschiedliche Ausführungen zum Anschweißen von Halbrohren an Behältern

15.2.13 Einschweißen von Rohren in Rohrböden

Bei Rohrbündelwärmeaustauschern werden Rohre aus un-, niedrig- und hochlegierten Werkstoffen in Rohrböden aus un- und niedriglegierten Stählen eingeschweißt. Zum Teil verwendet man auch plattierte Rohrböden und Rohre aus NE-Metallen in Kombination mit den schon genannten Werkstoffen. Überwiegend gibt es das Schweißen von bündigen, überstehenden, zurückgesetzten Rohren oder die Hinterbodenschweißung. Hier hat sich in den 90er Jahren verstärkt die Orbitaltechnik als kostensenkende Variante durchgesetzt. Ein auf den Boden aufgesetzter WIG-Brenner rotiert und verschweißt Boden mit Rohr. Wird bei durchgesteckten Rohren nur der Boden mit dem Rohr so verschweißt, dass das Rohr nur geringfügig angeschmolzen wird und die Nahtvorbereitung überwiegend auf der Rohrbodenseite liegt, spricht man von Außenschweißungen. Geschieht dies einseitig, besteht neben der Spaltkorrosionsgefahr auch eine Rissgefahr, die von der Wurzel ausgeht. Diese Konstruktionen eignen sich bei schwingender oder hoher thermischer Belastung nicht. Hier muss auf eine Innenschweißung übergegangen werden, bei der der volle Rohrquerschnitt angeschweißt wird. Zur weiteren Verringerung der Schwingbruchgefahr sind die Bohrlöcher im Rohrboden mit Radien R = 1 bis 2 mm zu versehen. Rohrplatten müssen außerdem nach dem Bohren sorgfältig gereinigt werden, damit keine Porengefahr beim Schweißen vorhanden ist. Rohreinschweißungen mit Stabelektroden sind mit mindestens 2 Lagen auszuführen. Die Dichtheitsprüfung hat nach der ersten Lage zu erfolgen. Das zusätzliche Einwalzen der Rohre nach dem Schweißen, ob aus Festigkeitsgründen oder zum Vermeiden von Spaltkorrosion, ist von Fall zu Fall zu entscheiden (**Bilder 15-73 und 15-74**).

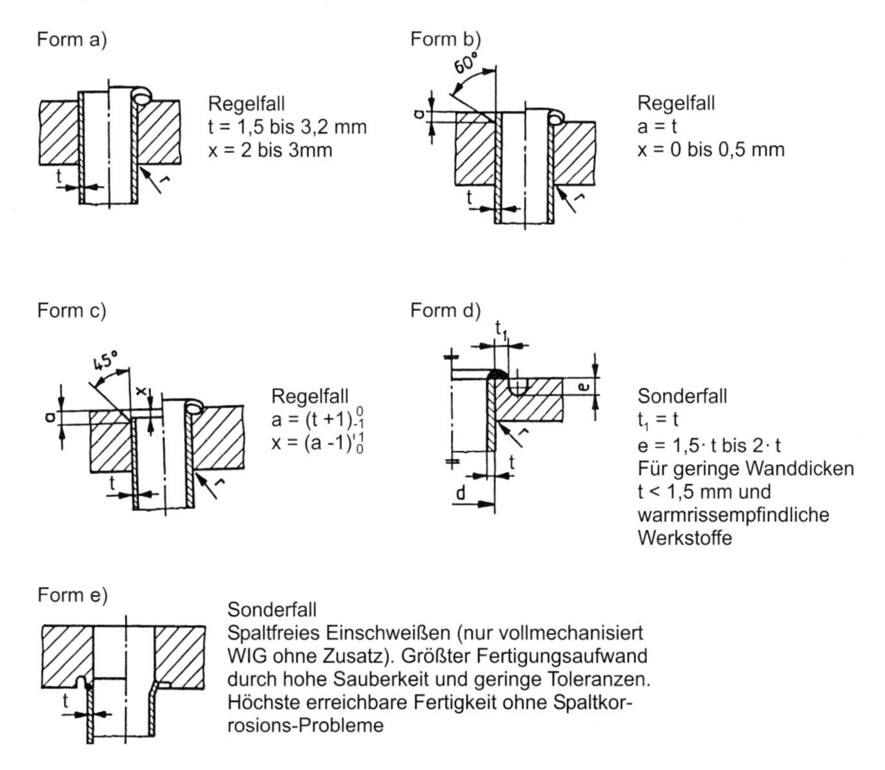

Bild 15-73 Verschiedene Ausführungsformen zum Einschweißen von Rohren in Rohrböden

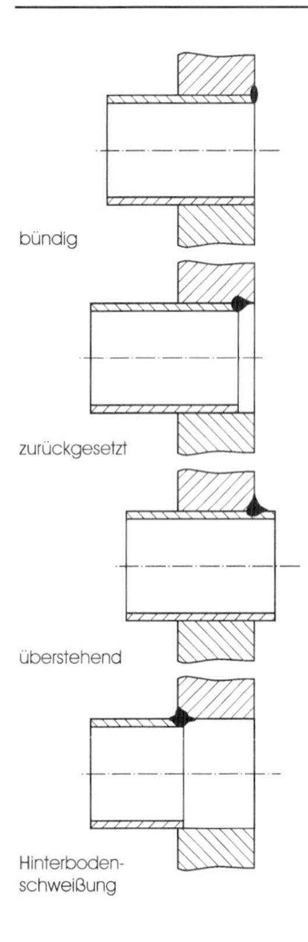

Bild 15-74
Schweißung von Rohren in Rohrböden mit unterschiedlichen Anpassungen, zurückgesetzten Rohren oder Hinterbodenschweißung

15.2.14 Rauchgasdichte Rohrwände

Im Kraftwerksanlagenbau gibt es eine Vielzahl von geschweißten Kesselwänden mit Verdampferrohren, die gasdicht ausgebildet sein müssen. Dabei gibt es verschiedene Herstellungsarten, Rohr-Steg-Rohr- oder Rohr-Rohr-Verbindungen, Flossenrohre oder Rohr-Steg-Rohr-Verbindung mit Registerstoß.

Für die Herstellung von rauchgasdichten Rohrwänden gilt als Grundlage zur TRD die VdTÜV-Vereinbarung Dampfkessel 451-68/1. Überwiegend werden solche Rohrverbindungen nach dem UP-Schweißprozess hergestellt. Lichtbogenhand- und Schutzgasschweißungen werden nur bei Instandsetzungen herangezogen. Die Vorteile des UP-Schweißens sind, dass nahezu porenfreie Nähte entstehen, keine Nahtvorbereitung notwendig und eine gute Durchschweißung möglich ist, sowie eine hohe Schweißgeschwindigkeit erzielt wird (90 bis 100 cm/min).

Bei der Herstellung von Rohr-Steg-Rohr-Verbindungen sind die Bedingungen des VdTÜV-Merkblattes 451-68/1 einzuhalten. Grund für diese Forderung ist, dass ein ausreichender Wärmeübergang gewährleistet sein muss. Abweichungen von dieser Forderung müssen in der Zeichnung angegeben werden (**Bild 15-75**).

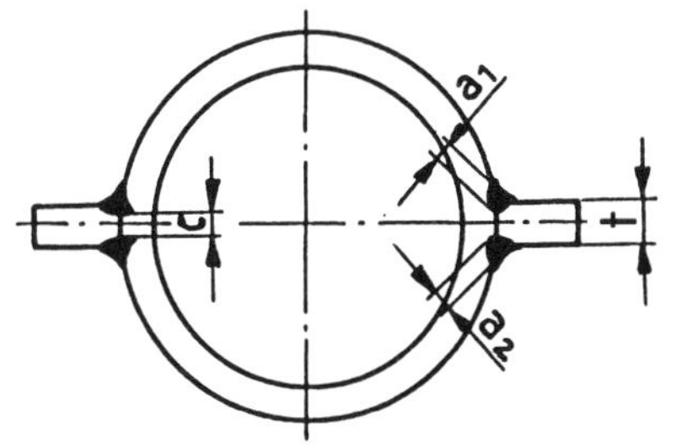

Bild 15-75
Ausführungszeichnung nach VdTÜV-Merkblatt 451-68/1
Nahtabmessungen für befloßtes Rohr

$$a_1 + a_2 \geq 1{,}25 \cdot t$$

$$c \leq 0{,}3 \cdot t$$

c = max. zul. undurchgeschweißter Restspalt

15.2.15 Bestiften (Bolzenschweißung) an leeren Rohren

Im Kesselbau müssen Rohre durch Stampfmassen vor thermischen Einflüssen und vor Materialabtrag durch Erosion geschützt werden. Dazu schweißt man Bolzen im Durchmesserbereich von 10 bis 16 mm auf die Rohre, um daran die Stampfmassen zu befestigen. Außerdem können Temperaturfühler (hohler Bolzen) auch durch Bolzenschweißung mit dem Rohr verbunden werden.

Um eine einwandfreie Güte der Schweißverbindung zu erzielen, ist die Rohroberfläche sowie der Bolzen von sämtlichen Verunreinigungen zu befreien. Eine rechtwinklige Verschweißung muss durch sicheres, festes Anhalten der Schweißpistole gewährleistet werden. Ohne Einschränkungen kann man wassergefüllte Rohre aus dem Werkstoff P235 und 16Mo3 bestiften. Die erforderliche Mindestwanddicke muss $\geq$ 3,2 mm betragen, das System drucklos sein, die Rohrwandtemperatur etwa Raumtemperatur haben und die statische Wasserhöhe $\leq$ 30 m. Vor Schweißbeginn sollte eine Arbeitsprobe geschweißt werden, in der der Nachweis geführt wird, dass die nicht aufgeschmolzene Restwanddicke in der Regel $\geq$ 2 mm beträgt (**Bild 15-76**).

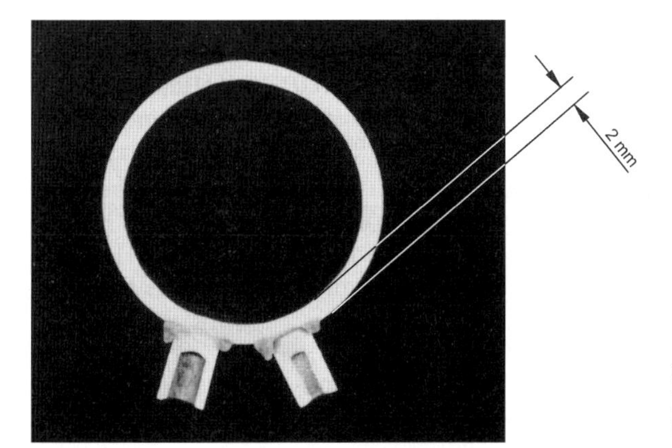

Bild 15-76
Makroschliff: Bestiften am Rohr;
Stifte für Temperaturmessstellen

15.3 Gestaltung von Maschinenelementen

15.3.1 Allgemeine Gestaltungsregeln

Schweißkonstruktionen im Maschinenbau werden überwiegend dynamisch beansprucht. Der dabei enge Zusammenhang zwischen Werkstoff, Kerbwirkung, Eigenspannungs- und Oberflächenzustand verdeutlicht das wichtigste Ziel derartiger Konstruktionen: den Kraftfluss richtig führen und die Verbindungen und Übergänge kerbfrei zu gestalten.

Die Vorgänger geschweißter Bauteile im Maschinenbau sind häufig Gusskonstruktionen. Für den Konstrukteur ist deshalb Vorsicht geboten, da das geschweißte Teil keinesfalls dem Gussteil einfach nachgeahmt werden darf.

Die Berechnung der Schweißverbindungen im Maschinenbau erfolgt im Prinzip wie im Stahlbau. Eine Nachprüfung erfolgt nur für die gefährdeten Nähte und Bauteilquerschnitte. Je nach Anwendung und Belastung gibt es verschiedene Bauweisen. Bei großen Maschinenständern und Fundamentrahmen werden schwingungsdämpfende Konstruktionen verwendet (Lamellenbauweise). Hebel, Stangen, Gabeln oder Naben sind der Trägerbauweise zuzuordnen.

Alles in allem ist das Ziel von Schweißkonstruktionen von Maschinenelementen die werkstoffsparende, wirtschaftliche Leichtbauweise mit den Vorteilen der Gewichtsersparnis, der größeren Formsteifigkeit und der großen konstruktiven Gestaltungsfreiheit.

Dazu einige grundsätzliche Hinweise:

- auf Schweißeignung der Werkstoffe achten; die häufig im Maschinenbau eingesetzten hochfesten Stähle bringen bei starker Kerbwirkung und wechselnder Beanspruchung kaum Vorteile, hier ist es besser normale Baustähle (S235, S355 oder Feinkornbaustähle) zu verwenden; Dauerfestigkeiten hochfester Stähle werden oft niedriger als die niedriger fester Stähle, da die Kerbempfindlichkeit viel höher ist.
- grundsätzlich keine geschraubten, genieteten oder Guss-Konstruktionen nachahmen
- ungestörten Kraftfluss zulassen, Kerben, Steifigkeits- und Dickensprünge vermeiden
- bei dynamischer Beanspruchung zu Stumpfnähten wechseln, dabei die Nahtwurzel nicht in die Zugzone legen
- möglichst wenig Schweißnähte und Schweißgut einbringen, um den Eigenspannungszustand klein zu halten
- Stahlguss- oder Schmiedeteile, Profile oder abgekantete Bleche verwenden (unnötige Nähte vermeiden)
- große, geschweißte Bauteile spannungsarm glühen, wenn nachfolgend eine mechanische Bearbeitung notwendig ist; Vibrationsentspannen als Abhilfemaßnahme; siehe Kapitel 12.8.6.

15.3.2 Hebel, Stangen und Gabeln

Hebel dienen überwiegend zur Momentenübertragung und werden daher auf Biegung beansprucht. Bei einfachen Hebeln genügen oft Flachstähle mit eingesetzten Naben. Bei höher belasteten Hebeln empfiehlt sich die Verwendung von offenen (I, U, T) oder geschlossenen Profilen (Hohlprofile). Für eine höhere Torsionssteifigkeit benötigt man ebenso Hohlprofile (Kastenprofile). Reicht ein Kehlnahtanschluss nicht aus, müssen HV- oder DHV-Nähte gewählt bzw. die Nabe in den Hebel eingesetzt werden. Die **Bilder 15-77 bis 15-79** zeigen typische Beispiele ein- und doppelarmiger Hebel mit verschiedenartig eingesetzten Naben.

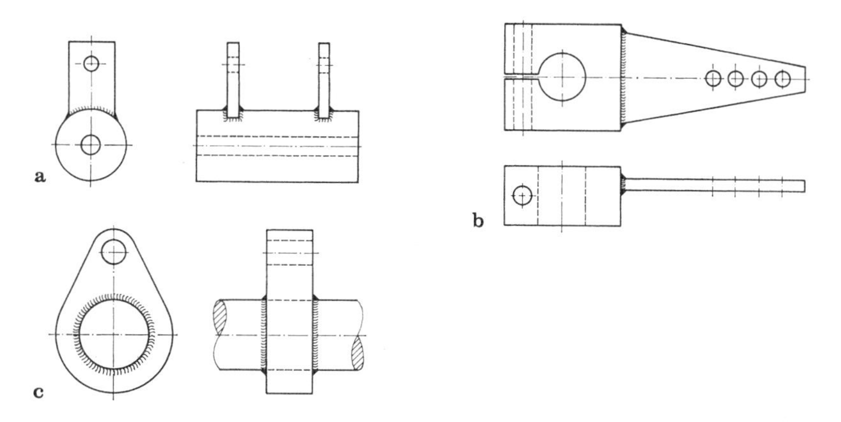

Bild 15-77 Darstellung einarmiger Hebel mit eingesetzten Naben

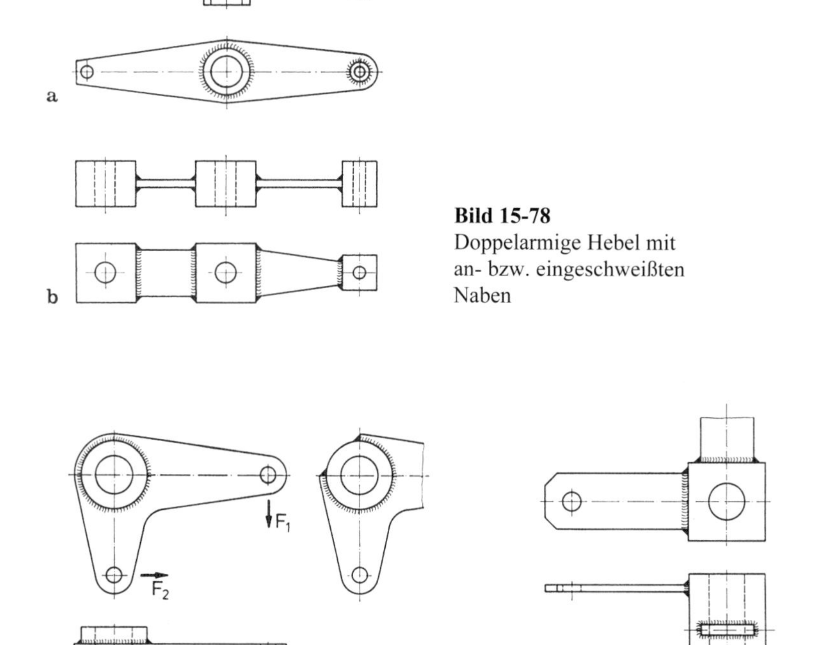

Bild 15-78
Doppelarmige Hebel mit an- bzw. eingeschweißten Naben

Bild 15-79 Winkelhebel als einfache Schweißkonstruktion

Stangen und Gabelstücke am Ende einer Stange übertragen Zug- und Druckkräfte. Schweißtechnisch einfache Anschlüsse sind dabei aufgesetzte Augen und Augenverstärkungen mit umlaufenden Kehlnähten. Wenn dies aus Festigkeitsgründen nicht mehr ausreicht, muss zu Stumpfnähten, ggf. mit nachfolgender mechanischer Bearbeitung, übergewechselt werden. Oft finden dabei auch Brennschnitt-, Schmiede- oder Gussteile als Augen- oder Gabelstücke Anwendung, die mittels Abbrennstumpf- oder Reibschweißung mit der Stange verbunden werden. Die **Bilder 15-80 bis 15-83** stellen geschweißte und kaltumgeformte Stangen, Gabeln mit unterschiedlich geformten Gelenkaugen und Achsschenkel dar.

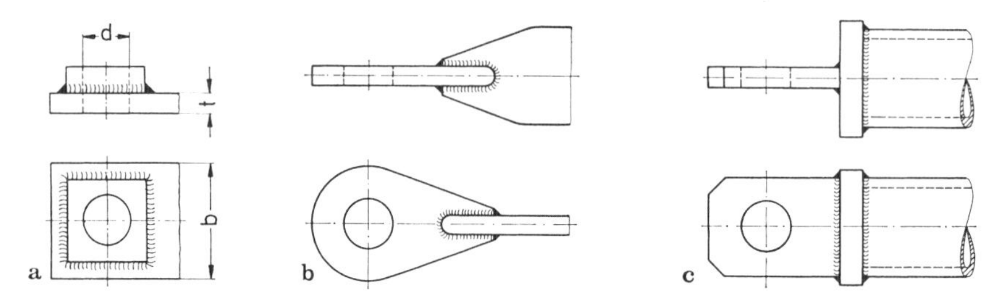

Bild 15-80 Stangen und Gabeln mit angeschlossenen bzw. verstärkten Augen

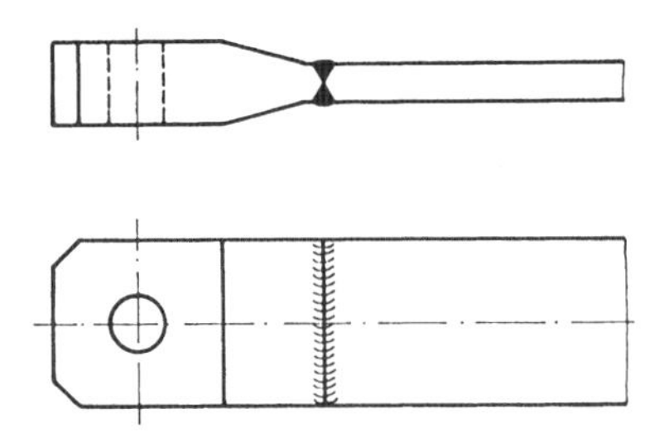

Bild 15-81
Gelenkaugen mit Stumpfnähten

Bild 14-82
Reibgeschweißter Achsschenkel

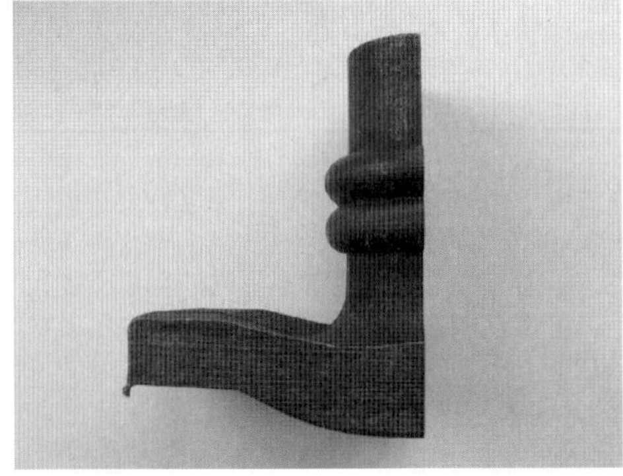

Bild 14-83
Reibgeschweißter Achsschenkel

15.3.3 Drehende Maschinenteile

Verbindungen zwischen Wellen, Wellenzapfen und Naben, Zahn- und Kettenrädern, Riemenscheiben mit Naben usw. dienen zur Übertragung von Drehmomenten und werden auf Torsion und vielfach durch Querkräfte auch auf Biegung beansprucht.

Wellen werden häufig als Hohlwellen mit eingeschweißten Zapfen ausgeführt. Beispiele für verschiedene Welle-Wellenzapfen-Verbindungen zeigt **Bild 15-84**.

Bei hochdynamisch belasteten Bauteilen, wie Gelenkwellen, werden die Kreuzgarnituren an die Hohlwelle mit einer Stumpfnaht verbunden. Wichtig ist dabei, dass die Wurzel sauber erfasst wurde, damit davon keine Kerbwirkung ausgeht.

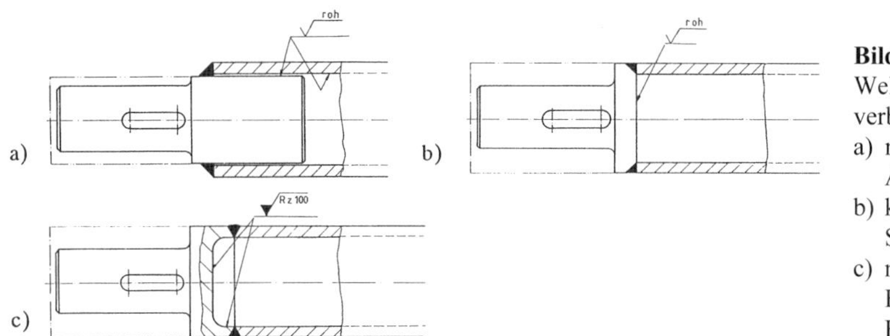

Bild 15-84
Wellenzapfenverbindung
a) mit unbearbeitetem Außendurchmesser
b) kostengünstiger Stumpfnaht
c) mit günstigem Einfluss auf die Festigkeit

Die **Bilder 15-85 und 15-86** zeigen eine Stahlrolle mit eingeschweißter Achse. Die Verbindung zwischen Achse und Stahlrolle ist ein Blech, welches speichenförmig aus einem Stück ausgebrannt wurde. Damit kann diese als Tauchrolle eingesetzte Umlenkrolle in einem Flüssigkeitsbad rotieren, ohne das temperaturbedingte Spannungen aus dem Bad auf die Rolle wirken können und während der Rotation auch keine Unwuchten entstehen.

Bild 15-85
Stahlrolle mit eingeschweißte Achse

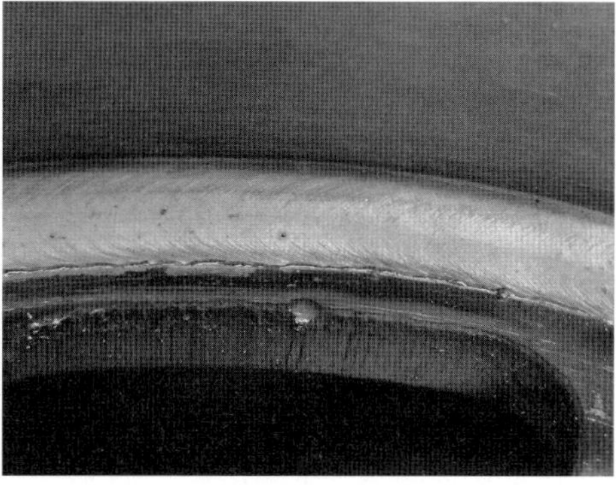

Bild 15-86
Kerbfreier Schweißnahtbereich aus Bild 15-85

15.4 Gestaltung im Fahrzeugbau

Der Fahrzeugbau stellt mit seiner Serienfertigung besondere Anforderungen an die Konstruktion. Alle Baugruppen werden zum großen Teil in größeren Stückzahlen gefertigt. Der Mechanisierungs- und Automatisierungsgrad ist in keiner Fertigung so weit entwickelt wie hier.

Im Karosseriebau können die unterschiedlichen Anforderungen wie Torsionssteifigkeit, Betriebsfestigkeit, Energieaufnahmevermögen, Herstellbarkeit und Korrosionsbeständigkeit nur durch verschiedene Werkstoffe wie Aluminium, Magnesium, Stahl und faserverstärkte Kunststoffe erfüllt werden.

Insbesondere die Gewichtsreduzierung führt zu einem stetig anwachsenden Anteil von Leichtbauwerkstoffen, die eine Mischbauweise zur Folge haben. Die Legierbarkeit der einzelnen Werkstoffe untereinander ist nicht mehr gegeben und fordert auch schon vom Konstrukteur, sich über die spätere Fügetechnik schon frühzeitig Gedanken zu machen.

Während die unterschiedlichen Metalle in Ausnahmefällen noch mit entsprechenden Sonderschweißprozessen wie Diffusions-Schweißen oder Sprengplattieren oder auch durch zunehmend eingesetzte Lötprozesse verbindbar sind, versagen diese Methoden gänzlich, wenn Kunststoffe einzubinden sind.

Hier gewinnt eine neue Fügetechnik immer mehr an Bedeutung: Die Klebetechnik und Hybridtechniken als Verbindung des Klebens mit den umformtechnischen Fügeverfahren. Letztere sind das Clinchen und das Stanznieten mit seinen verschiedenen Variationen. Diese so genannten alternativen Fügeverfahren verlangen keine Legierungsfähigkeit von den Fügepartnern, wodurch sich beispielsweise Aluminium mit Stahl oder auch mit Buntmetallen verbinden lässt.

Die Nachteile der Mischbauweise sind im Allgemeinen hohe Material- und Herstellkosten und zusätzliche Maßnahmen, um das Korrosionsproblem zu beherrschen.

Die Blechdickenbereiche bewegen sich im Pkw-Bau zwischen 0,5 und 3 mm, so dass im Allgemeinen von einer guten Umformbarkeit der Bauteile ausgegangen werden kann. Eine Ausnahme stellen die zunehmend zum Einsatz kommenden Komplex- und Martensit-Phasenstähle, die beim Umformen ihre hohe Festigkeit bekommen, dass anschließend eine weitere Formänderung nicht mehr möglich ist.

Werkstoffqualitäten und Blechdicken werden so kombiniert, dass sich daraus eine gleichmäßige Spannungsverteilung über den Gesamtquerschnitt ergibt. Dies wird einerseits durch eine wechselnde Blechdicke über so genannte **„tailored blanks“** erreicht, die stumpf meistens mit dem LASER-Verfahren gefügt werden. So bekommen höher belastete Zonen über größere Blechdicken ein ähnliches Spannungsniveau. Kann dies nicht mehr über die Blechdicke erreicht werden, wird eine höhere Werkstofffestigkeit angeschweißt, um die Blechdickenunterschiede nicht größer als den Faktor 2 werden zu lassen.

Neue Stahlqualitäten, die besonders thermisch empfindlich sind, dürfen überhaupt nicht mehr geschweißt werden, da die dabei erreichte hohe Temperatur zu einem Festigkeitsabfall führt. Hier wird zunehmend das MIG-Löten mit Kupferloten eingesetzt, bei dem die Fügetemperaturen doch etwa 500 °C tiefer liegen. Konstruktiv muss dabei berücksichtigt werden, dass die Lotfestigkeiten bei ca. 300 MPa liegen, also wesentlich niedriger als beim Schweißen. Deshalb müssen die Anschlussquerschnitte („a“-Maße) entsprechend größer dimensioniert bzw. die Nahtlängen vergrößert werden.

Die Verwendung von verzinkten Blechen oder Blechen mit anderen temperaturempfindlichen Überzügen erfordert zunehmend Fügeverfahren mit niedrigeren Temperaturen. Auch hier hat sich das Löten bereits gut etabliert. Hier werden außer dem MIG-Löten bereits das WIG- oder LASER- oder auch das Plasma-Löten eingesetzt. Auch hier ist in gleicher Weise bei der Konstruktion die niedrigere Festigkeit des Lots zu berücksichtigen.

Beim Einsatz von Aluminium-Blechen im Karosseriebereich müssen grundsätzlich Schrauben oder Muttern aus Stahl eingesetzt werden. Diese können wegen der fehlenden Legierungsfähigkeit nur eingepresst werden. Bei schlechter Zugänglichkeit von beiden Seiten ist auch die Blindniet-Technik einseitig möglich, die sowohl für Muttern als auch für Schrauben von verschiedenen Zulieferern angeboten wird. Aluminium-Verschraubungen haben sich im Fahrzeugbau nicht bewährt.

Die Mischbauweise im Karosseriebau erfordert nun auch großflächige Verbindungen nicht legierungsfähiger Werkstoffe – z. B. Aluminium / Stahl. Lötversuche sind hier nicht sehr erfolgreich, da es kein geeignetes Lot für beide Werkstoffe gibt. Die Versuche mit dem Schweißzusatz Aluminium, der das Aluminium verschweißt, das verzinkte Stahlblech aber anlötet, sind sehr viel versprechend und werden demnächst in der Serie eingesetzt werden.

Eine bereits bewährte Mischverbindung zwischen Aluminium und Stahl im Karosseriebau ist das Metallkleben, unterstützt von den umformtechnischen Fügeverfahren (BMW).

Der moderne Automobilbau erfordert vom Konstrukteur die eindeutige Festlegung des zu verwendenden Fügeverfahrens, weil er dabei auch immer den erforderlichen Platzbedarf für die Werkzeuge und Zugänglichkeit beachten muss. Fast alle umformtechnischen Fügeverfahren erfordern eine beidseitige Zugänglichkeit, die bei der Konstruktion vor allem für den Zusammenbau zu beachten ist.

Mögliche Fertigungstoleranzen bestimmen ebenfalls das Fügeverfahren – bei sehr eng garantierten Toleranzen kann auch ohne Schweißzusatz gefügt werden.

Sämtliche Bauteile des Fahrzeugs unterliegen dynamischen Belastungen, so dass die einzusetzenden Werkstoffe hohe Dauerfestigkeiten besitzen müssen. Es sind demnach andere Werkstoffkennwerte gefordert als bei gewöhnlichen statischen Belastungen. Ein Bauteilversagen tritt heute grundsätzlich aufgrund der dynamischen Belastungen ein, nie wegen falscher statischer Auslegung. Siehe hierzu auch das Kapitel schwingungsgerechte Gestaltung.

An dieser Stelle muss noch einmal darauf hingewiesen werden, dass in der gesamten Fahrzeugtechnik besonderer Wert auf ein elastisches Formänderungsvermögen der Bauteile gelegt werden muss. Steife Konstruktionen sind hier nicht geeignet, da die im Fahrbetrieb auftretenden Schwingungen dabei zu sehr hohen Spannungsspitzen führen, die örtlich zum plastischen Fließen führen. Dadurch entstehen an kritischen Stellen, vor allem an Kerben und Steifigkeitssprüngen (z. B. Übergang dünn-dick, Absätze mit zu kleinen oder keinen Radien) sehr hohe Spannungsspitzen, die zu Anrissen führen können.

Durch eine besondere Leichtbauweise wird versucht, die Fahrzeuggewichte immer weiter zu senken. Vor allem im Nutzfahrzeugbau steigt bei geringerem Eigengewicht die Nutzlast. Zur Gewichtseinsparung werden zunehmend höherfeste Werkstoffe verwendet, wodurch geringere Wanddicken möglich sind. Problematisch sind die Kerbempfindlichkeits- und die Dauerfestigkeitswerte, die mit den steigenden Festigkeiten überproportional schlechter werden.

Eine empfehlenswerte Lösung ist die Verwendung niedriger fester Werkstoffe mit einer geringeren Kerbempfindlichkeit, deren dynamische Belastbarkeit durch Oberflächenbehandeln wesentlich gesteigert werden kann. Allein durch Kugelstrahlen wird die Dauerfestigkeit beispielsweise um $> 100\,\%$ verbessert. Ähnliche Verbesserungen können durch Rollieren oder auch Oberflächenhärten erreicht werden.

Ein anderer Weg zu leichteren Fahrzeugen ist die Verwendung spezifisch leichterer Werkstoffe. Einerseits werden Leichtmetalle – andererseits Verbundwerkstoffe und reine Kunststoffe eingesetzt. Höherfeste Werkstoffe und Verbundwerkstoffe stellen auch höhere Anforderungen an die Fertigung, wobei hier die umformtechnische und die schweißtechnische Fertigung besonders gefragt sind.

Die hauptsächlich in der Fahrzeugtechnik verwendeten Fügeverfahren sind:

- Schmelz-Schweißen: Metall-Schutzgas-Schweißen : MIG- und MAG-Schweißen, LASER-Schweißen, Elektronenstrahl-Schweißen (vor allem an Atmosphäre!)
- Pressschweißen: Widerstandspunktschweißen , Widerstands-Rollennahtschweißen, Lichtbogenpressschweißen (Bolzen-Schweißen), Reib-Schweißen, Magnet-Arc-Schweißen,
- MIG-Löten, Plasma-Löten, WIG-Löten und LASER-Löten
- Kleben (auch in Verbindung mit andern Verfahren)
- Umformtechnische Fügeverfahren (Clinchen, Stanznieten), auch in Verbindung mit Kleben
- Falzen – auch mit Klebstoffabdichtung

Die klassischen Schweißprozesse *Gasschweißen* und *Lichtbogenhandschweißen* haben in der derzeitigen Fertigung ihren Platz fast ganz verloren. Im Nutzfahrzeugbereich werden auch die Lötverfahren Hart- und Weichlöten nur selten angewandt. Alle Schweißprozesse, die sich automatisieren lassen, z. B. mit Handhabungsgeräten (Robotern), sind für den Fahrzeugbau interessant. Neben diesen Verfahren werden auch noch die bewährten Verbindungsverfahren des Falzens, Clinchens, Klammerns, Nietens und Schraubens verwendet.

Schweißverbindungen im Nutzfahrzeugbau

Die nachfolgenden Konstruktionen stellen einen Ausschnitt des Nutzfahrzeugbaus dar.

Um eine hohe Steifigkeit zu erhalten, wurde die Konstruktion in **Bild 15-87** aus kaltgeformten Blechen in Schalenbauweise hergestellt. Dabei wurde berücksichtigt, dass der Anschluss mit den Kehlnähten einen günstigen „Kraftfluss" zum Rohr erhält. Diese Anschlussart verhält sich bei statischer und dynamischer Belastung günstig, weil die Schweißnähte am Rohr überwiegend in der *neutralen Faser* liegen und somit die geringsten Dehnwege haben. Das Rohr ist nicht völlig starr mit dem Flansch (Teil 1) verbunden. Hier darf die Schweißverbindung Schale (Teil 2) mit dem Rohr (Teil 3) nicht weit von der neutralen Faser entfernt liegen, damit die elastischen Formänderungen der Schweiß-Verbindung gering bleiben.

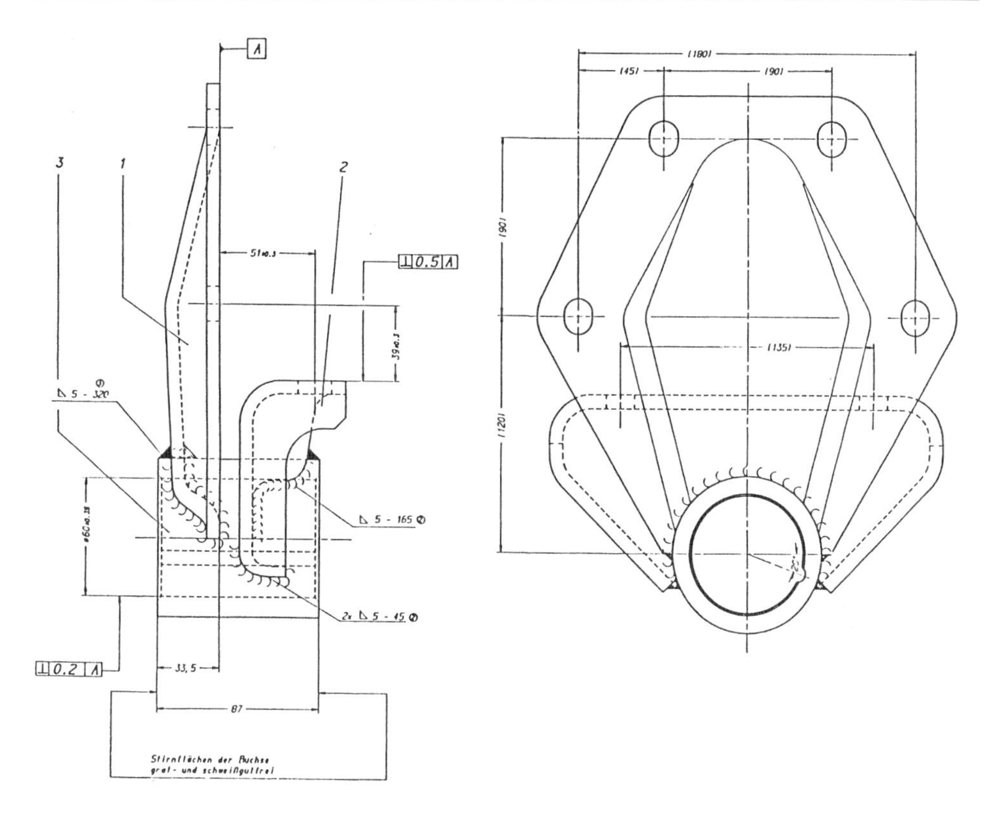

Bild 15-87 Vorderfederbock aus Kaltformpressteilen

Eine *Gefügekerbe* kann aber auch an kritischen Stellen, wie in **Bild 15-88** gezeigt, als *Sollbruchstelle* verwendet werden. Als Beispiel wird eine Seitenwelle für den Radantrieb in einer Lkw-Achsbrücke herangezogen. Sie ist aus dem Vergütungsstahl 34 Cr 4 (DIN 17200) mit 48 mm Durchmesser, der auf 1000–1100 N/mm^2 vergütet wurde. Die Welle ist kalt gezogen und hat eine Ziehtextur. Durch die sehr hohe dynamische Torsionsbelastung – kann es zu „Spleißbrüchen" an der eingezeichneten Stelle kommen, die aufwändige Reparaturen erforderlich machen. Um diese zu vermeiden und die vorgegebenen hohen Antriebskräfte trotzdem sicher zu übertragen, wurde mit der Flamme eine Gefügekerbe erzeugt. Die sich dabei ergebenden reduzierten Festigkeitswerte wurden aus den gemessenen Härten umgerechnet. Die Gefügekerbe ist die schwächste Stelle der Antriebswelle. Der Bruch erfolgt bei Überbelastung an dieser Stelle und ist glatt (Gewaltbruch).

Bild 15-89 zeigt eine Kotflügelstütze, die dynamisch sehr hoch belastet ist. Aufgrund der Vielzahl von Bauformen und der relativ guten Umformmöglichkeiten werden dafür sehr häufig Rohre verwandt. Hinzu kommt das günstige Widerstandsmoment der Rohrquerschnitte.

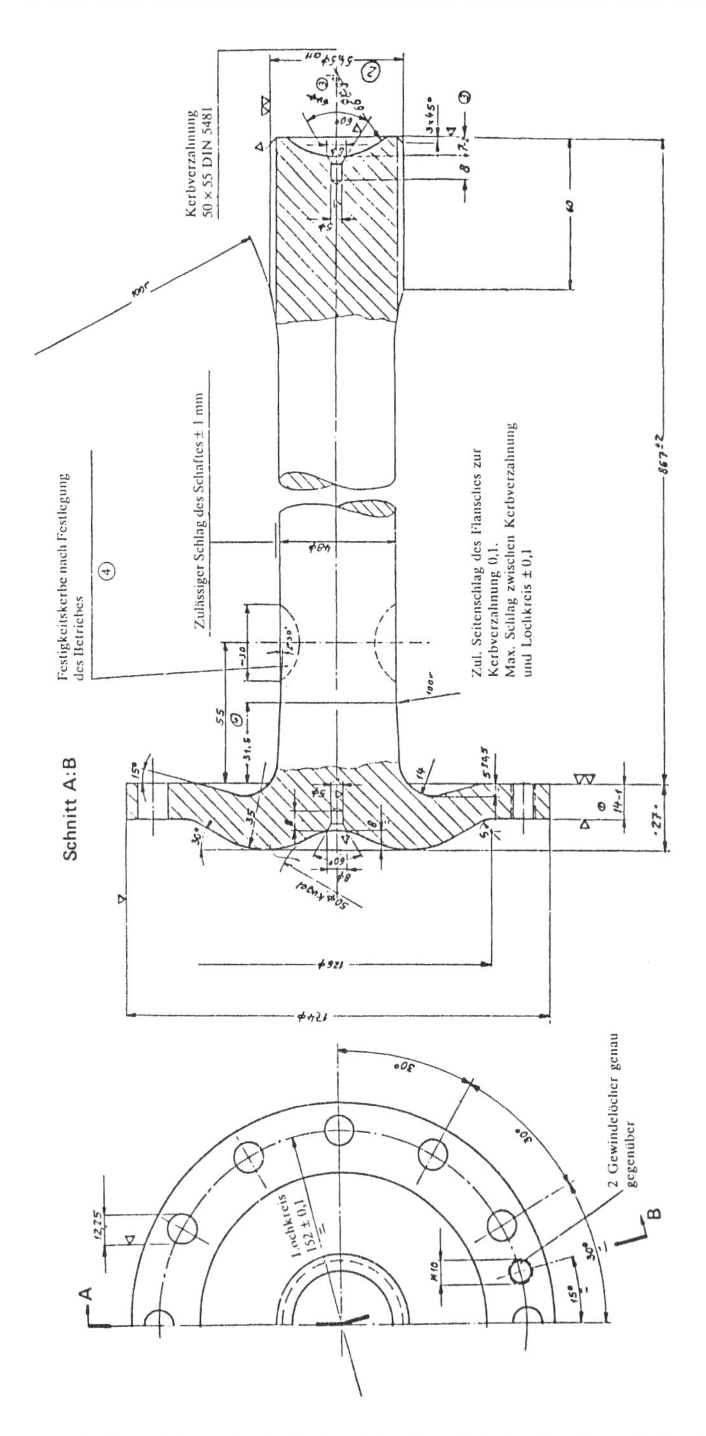

Bild 15-88 Seitenwelle für Radantrieb mit gezielt eingebrachter „Gefügekerbe“

In der in **Bild 15-89** gestalteten Konstruktion wird das Tragrohr in Pressformen eingeschoben und mit Langlöchern, die in der neutralen Rohrachse angeordnet sind, verschweißt. Auch die Halter für die Kotflügelbefestigung sind gleichartig als Langlöcher ausgebildet. Sie sind so angeordnet, dass bei einer möglichen Drehbewegung aus der Schwingung des Kotflügels geringe Gegenkräfte entstehen. Damit entstehen an der Schweißverbindung die kleinstmöglichen Relativbewegungen und die geringsten Kräfte.

Rohrwerkstoffe sind verhältnismäßig teuer. Deswegen lohnt es sich, bei einer Serienfertigung geeignet geformte Blechprofile herzustellen.

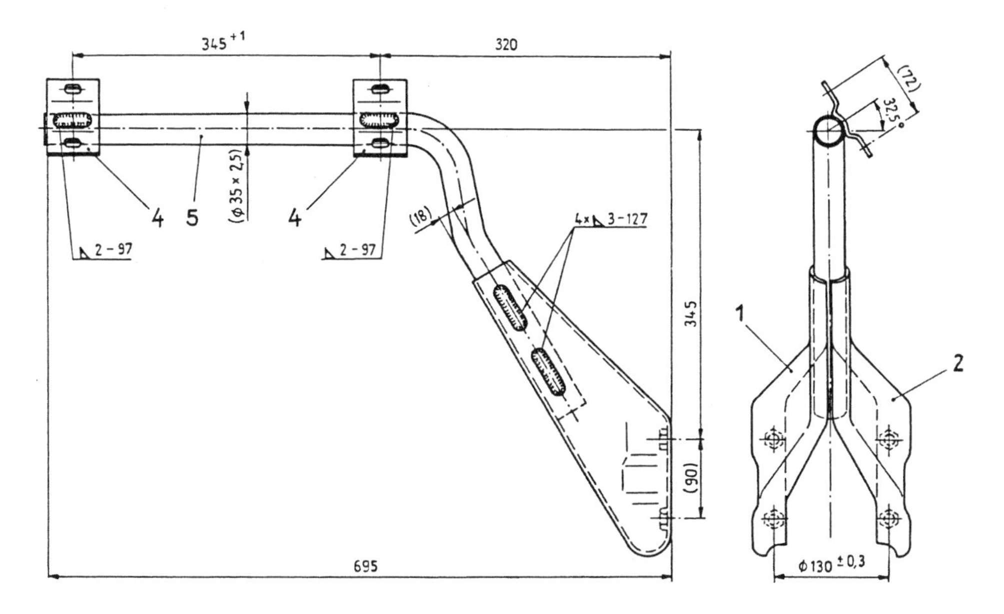

Bild 15-89 Kotflügelstütze – Anordnung der Langlochschweißungen in der neutralen Rohrachse

Schweißverbindungen im Personenwagenbau

Die klassischen Schweißverbindungen im Pkw-Bau unterscheiden sich nicht wesentlich von denen des Nutzfahrzeugbaus. Im Folgenden werden einige besondere Rohrverbindungen an einem BMW Z4 M Coupé vorgestellt. **Bild 15-90** zeigt das Gesamtfahrzeug rennfertig. Auf **Bild 15-91** ist die linke B-Säule mit dem Dach und den Querstreben zu erkennen. Sämtliche Rohre haben eine Wanddicke von 1,5 mm. Sie sind alle aus hochfestem Stahl mit Zugfestigkeiten über 1000 MPa und Warmstreckgrenzen bei 600 °C von immerhin noch 510 MPa! Da die Rohre auch teilweise im Bereich der Auspuffrohre und des Katalysators liegen, die bis zu 850 °C warm werden, sind diese Warmstreckgrenzen erforderlich. **Bild 15-92** gibt einen Einblick ins Heck mit den entsprechenden Rohrkreuzungen. **Bild 15-93** zeigt einen Knotenpunkt am Hauptbügel der rechten A-Säule. In **Bild 15-94** kann das rechte Türkreuz mit dem entsprechenden Seitenaufprall-Schutz gesehen werden. **Bild 15-95** zeigt die Aussteifung für die Befestigung des Schultergurts. Sämtliche Schweißnähte sind mit dem WIG-Verfahren manuell geschweißt und anhand der symmetrisch verlaufenden Anlauffarben kann ermessen werden, welche Handfertigkeiten das ausführende Personal besitzt.

Bild 15-90
BMW Z4 M Coupé – Gesamtansicht

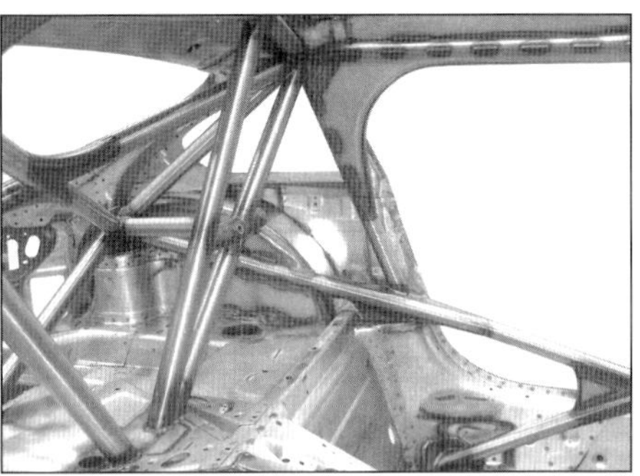

Bild 15-91
BMW Z4 M Coupé
– linke B-Säule mit Dach und Querstreben

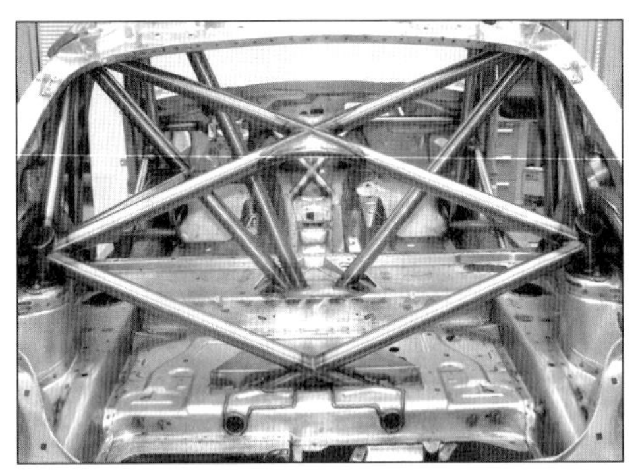

Bild 15-92
BMW Z4 M Coupé
– Heck mit Rohrkreuzungen

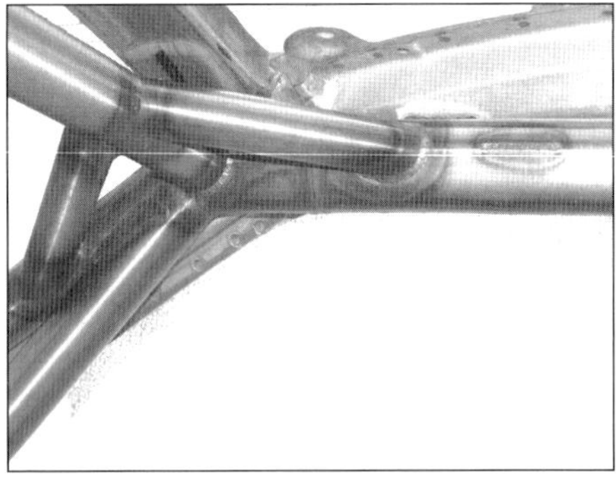

Bild 15-93
BMW Z4 M Coupé
– Knotenpunkt am Hauptbügel der rechten A-Säule

Bild 15-94
BMW Z4 M Coupé
– rechtes Türkreuz mit Seiten-Aufprallschutz

Bild 15-95
BMW Z4 M Coupé
– Aussteifung zur Befestigung des Schultergurtes

Der Werkstoffmix, den der heutige moderne Automobilbau fordert, zwingt auch die Fügetechnik zu immer komplexeren Lösungen, die einerseits die Aluminium-Stahl-Verbindungen betreffen, wo zunehmend die Schweiß-Löt-Lösungen oder auch die Kleb-Stanzniet-Verbindungen angewandt werden. Bei untergeordneteren Verbindungen dieser Werkstoffe werden vielfach die alternativen Fügeverfahren oder auch die Falztechnik eingesetzt.

Die Klebtechnik mit ihren elastischen Klebstoffen erlaubt sehr große Überlappungslängen und große Verbindungsflächen, da die elastische Verschiebbarkeit dieser relativ dicken Schichten (mm-Bereich!) mehrere Prozent beträgt. Hierbei können problemlos unterschiedliche E-Moduli der einzelnen Fügepartner und stark unterschiedliche thermische Ausdehnungskoeffizienten rissfrei aufgenommen werden. Allgemein kann gesagt werden, dass die Klebtechnik heute vor ähnlichen Problemen steht wie die Schweißtechnik vor 80 Jahren, wo sehr viel Überzeugungsarbeit und viele Kombinationslösungen mit der Schraub- und Niettechnik angeboten werden mussten, um das Vertrauen in diese damalige „Klebtechnik“ zu erwerben. Der Siegeszug der heutigen Klebtechnik ist nicht aufzuhalten und glücklicherweise geht der Flugzeugbau mit gutem Beispiel voran und setzt auf breiter Basis diese Technik seit Jahren ein.

Die Verwendung der galvanisch und teilweise organisch beschichteten Bleche fordert von der Fügetechnik auch zunehmend so genannte wärmearme Verfahren, wobei bei den Prozessen mit Schmelzfluss das Löten, auch das Plasma-Pulver-Verbinden immer mehr eingesetzt werden. Das Falzen und die umformtechnischen Fügeverfahren sind dabei besonders geeignet, da sie ohne Wärme und Stromfluss auskommen.

Die folgenden Bilder zeigen Anwendungen aus der Pkw-Rohkarossen-Fertigung mit dem Schweißverfahren Widerstands-Punkt-Schweißen, Punktschweiß-Kleben, MIG-Löten und LASER-Schweißen (ROB-Scan). **Bild 15-96** zeigt den Querträger unterhalb der Windschutzscheibe an der A-Säule eines Pkw. Es sind Punkt-Schweiß-Klebeverbindungen. Zwischen den Blechen ist an den Überlappungen der rote ausgetretene Struktur-Klebstoff zu erkennen – die zusätzliche Klebung bewirkt eine deutliche Steigerung der Karosserie-Steifigkeit. Auf **Bild 15-97** ist die C-Säule eines Pkw von innen dargestellt. Im mittleren Bildteil sind die aufgeschweißten Gewindebolzen auf dem verzinkten Blech zu erkennen. Am unteren Bildrand sind die goldfarbenen MIG-Lötungen, mit dem CuSi3-Lotdraht gelötet, zu sehen. Mit dieser Verbindungstechnik wird erreicht, dass nur ein sehr schmaler Teil der Zinkschicht aufschmilzt und nicht verbrennt. Die entstehende Zunderschicht kann in der Lackvorbehandlung automatisiert

Bild 15-96
Querträger an der „A“-Säule eines Pkw

Bild 15-97
„C“-Säule eines Pkw von innen

abgewaschen werden. Da die Schmelztemperatur der hier verwendeten Lotdrahtelektrode nur knapp über 900 °C liegt und daher weit unterhalb der MAG-Schweißtemperatur von ca. 1600 °C verbrennt nicht der breite Saum der Zinkbeschichtung wie bei einer üblichen Schweißung. Einer der Gründe, die verzinkten Bleche nicht zu verschweißen, sondern zu verlöten! Die beim MAG-Schweißen auftretende Zunderschicht müsste mechanisch durch Bürsten entfernt werden.

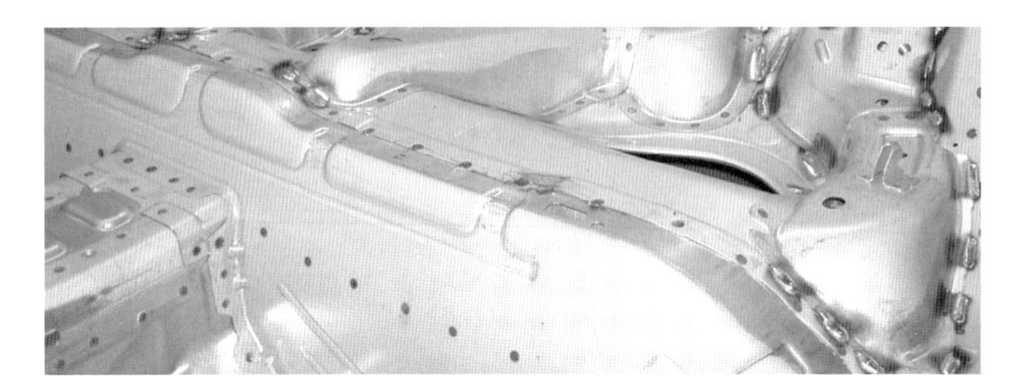

Bild 15-98 Heckanschluss zum Hauptboden eines Pkw

Weiterhin sind die vielen Widerstands-Schweißpunkte auf den verzinkten Blechen zu erkennen – eine Verbindungstechnik im Karosseriebau, die nur ganz allmählich von der LASER-Technik ersetzt wird. **Bild 15-98** zeigt den Anschluss des Hecks zum Hauptboden – MIG-Lötungen und weitere Widerstands-Schweißpunkte. Auf **Bild 15-99** sind nun LASER-Schweißverbindungen zu sehen, die als Ersatz für die Widerstands-Punktschweißungen zu sehen sind. Die besondere „C"-Form der LASER-Nahtstücke wurde aufgrund sehr vieler Versuche unterschiedlichster Geometrien ausgewählt. Diese Verbindungsgeometrie schafft eine solide, steife Überlappverbindung durch das Oberblech auf die eigentliche Fügezone (Verbindungsstelle zwischen den Blechen, an denen sich sonst die Schweißlinse der Widerstands-Punktschweißverbindung befindet!). Diese Verbindung wird nach dem ROB-Scan-Verfahren

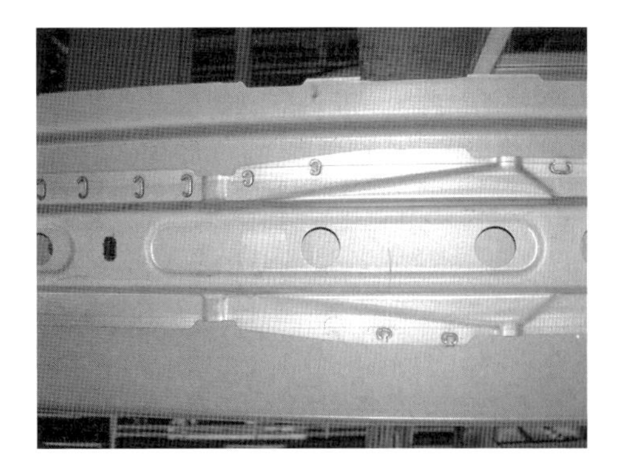

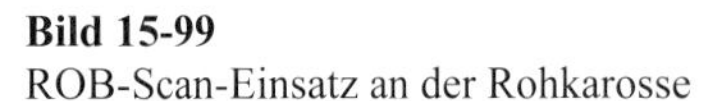

Bild 15-99
ROB-Scan-Einsatz an der Rohkarosse

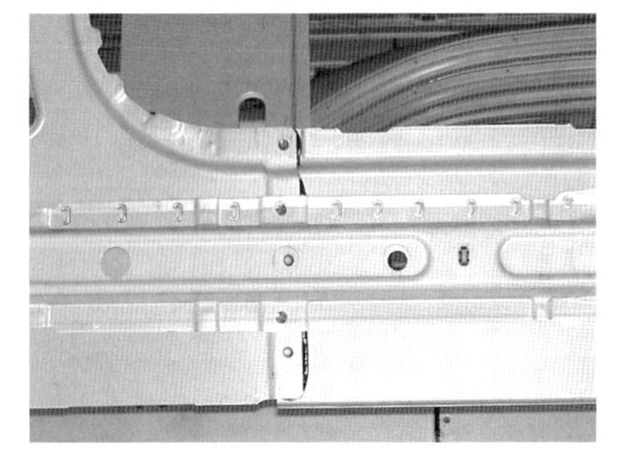

Bild 15-100
ROB-Scan-Einsatz an der Rohkarosse

hergestellt, bei der der Roboter selbst keine Bewegung ausführt, sondern der LASER-Strahl durch eine Strahl-Ablenkung die „C"-Form ausführt. **Bild 15-100** zeigt eine weitere Anwendung des ROB-Scan-Verfahrens – in Bildmitte ist das Punktschweiß-Kleben mit schwarzer Dichtmasse zu erkennen. Diese Dichtmasse härtet nicht aus, hat also eine reine Dicht- und keine Klebfunktion.

Fertigung

Im Nutzfahrzeugbau ist der Automatisierungsgrad wegen der geringeren Stückzahlen nicht ganz so hoch ist wie in der Pkw-Fertigung, wo teilweise über 1000 Einheiten pro Tag gefertigt werden. Die Roboter sind nicht allein für die Schweißtechnik im Einsatz, sondern übernehmen auch zunehmend Handhabungsaufgaben. Löten, Kleben, Clinchen, Stanznieten und Falzen oder Einrollen gehören zu den Standard-Aufgaben der Roboter.

Die Tragfähigkeit der Roboter hat sich von ehemals 3 kg auf heute über 1000 kg erhöht! Damit ist es möglich, die Bauteile selbst zu bewegen und den Fügeprozess ortsfest zu halten. Somit kann immer die ideale Fügeposition eingehalten werden, wodurch sowohl die Abschmelzleistung als auch die Verbindungsgeschwindigkeit gesteigert werden konnte. Als Beispiel soll nur die Erhöhung der Schweißgeschwindigkeit beim Schutzgas-Schweißen angegeben werden:

- Manuelles MAG-Schweißen: 30 – 50 cm/min
- Roboterschweißen mit feststehendem Brenner: 250 – 500 cm/min.

Zunehmend wird auch mit mehreren Robotern an einem Bauteil geschweißt. Diese so genannten kommunizierenden Roboter sind kollisionsfrei programmierbar und übernehmen sowohl Schweiß- als auch Handlingsaufgaben. Die einzelnen Bauteilkomponenten werden entweder mit Vorrichtungen, die nach den ersten Schweißraupen das Teil freigeben oder mit eigenen Robotern, die die Bauteile „anreichen" zusammengehalten. Es dürfen, wenn irgend möglich, keine Heftstellen verwendet werden, die beim Überschweißen mit den Standard-Parametern nicht richtig angeschmolzen werden.

Die Sensorik wird nur in ganz seltenen Fällen eingesetzt und ist oft ein Grund für Produktionsstillstand. Durch geeignete Spannvorrichtungen, die die Einzelteile in eng tolerierte Positionen bringen und durch geringe Toleranzen bei der Einzelteilfertigung kann auf Sensoren verzichtet werden. Siehe hierzu auch Kap. 14.7.

Wie bereits erwähnt, werden die Serienbauteile vorwiegend mit Robotern geschweißt. Die sechsachsigen Schweißroboter werden in der Regel miteinander und mit Dreh-Kipptischen kombiniert. Um diese „Schweißeinheit" wirtschaftlich ausnützen zu können, muss die Lichtbogenbrennzeit die jeweilige Taktzeit bestimmen, d. h. die Einlege-, Entnahme- und Positionierungszeiten müssen im Vergleich zur Lichtbogenbrennzeit kurz sein. Dazu ist es erforderlich, Vorrichtungen zu verwenden, die bei Beachtung der Zugänglichkeit für den Roboterschweißbrenner mehrere Bauteile gleichzeitig aufnehmen können und dadurch die Taktzeit bestimmen. Während die erste Seite des Drehtischs mit den aufgespannten Bauteilen geschweißt wird, müssen an der zweiten Seite des Tischs die geschweißten Bauteile entnommen werden. Üblicherweise werden die Teile dabei vom Einleger kontrolliert, gesäubert, abgelegt und neue Bauteile eingelegt. Diese Arbeitsgänge sollten zeitlich oder kürzer sein als die Schweißzeit der Bauteile am Drehtisch Seite 1. Es ist auch möglich, dass auf der Drehtischseite 1 andere Bauteile geschweißt werden als auf der Drehtischseite 2. Die Robotersteuerung erkennt den Bauteilcode und wählt automatisch das zugehörige Schweißprogramm aus.

Im Folgenden werden noch einige Roboter-Schweißvorrichtungen angegeben. **Bild 15-101** zeigt eine große Schweißvorrichtung, die die Einzelteile einer Traktor-Kabine für das Zusammenschweißen zusammenhält. Sie werden nach dem MAG-Schutzgas-Schweißverfahren verbunden. Auf **Bild 15-102** ist das Zusammenspiel von mehreren Robotern beim sogenannten „Framing“ dargestellt. Hier werden an einem Pkw-Dach die Seitenwände angeschweißt – ebenfalls eine MAG-Schutzgas-Schweißung.

Bild 15-101 Zusammenbau Traktor-Kabine

Bild 15-102 „Framing“ am Pkw

15.5 Schweißen und Löten im Luft- und Raumfahrzeugbau

Die in der Luft- und Raumfahrt erreichten Erfolge sind Vorbild der technologischen und wirtschaftlichen Leistungsfähigkeit der Industrienationen. Die Luftfahrtindustrie als Vorreiter begann mit autogen geschweißten Rahmengerüsten aus Stahlrohren, wobei die Tragflügel mit Stahl-Wellblech beplankt wurden, die über Widerstands-Punkt-Schweißen auf Querrippen verbunden waren.

Die Verwendung leichterer Werkstoffe wie die Aluminium-Legierungen (z. B. „Dural" – eine AlCuMg-Legierung) scheiterte am fehlenden Fügeverfahren. Es mussten erst geeignete Flussmittel entwickelt werden, um diese Werkstoffe autogen schweißen zu können.

Die Werkstoffe müssen den folgenden Entwicklungstrends gerecht werden (1):

- Kostensenkung
- Gewichtssenkung
- fügetechnische Eignung
- beherrschte Alterung

Die Kostensenkung ist weit mehr als der niedrige Werkstoffpreis – Werkstoffverarbeitung und der Erhalt der Ausgangseigenschaften trotz erlittener Fügeoperationen sind bedeutender geworden.

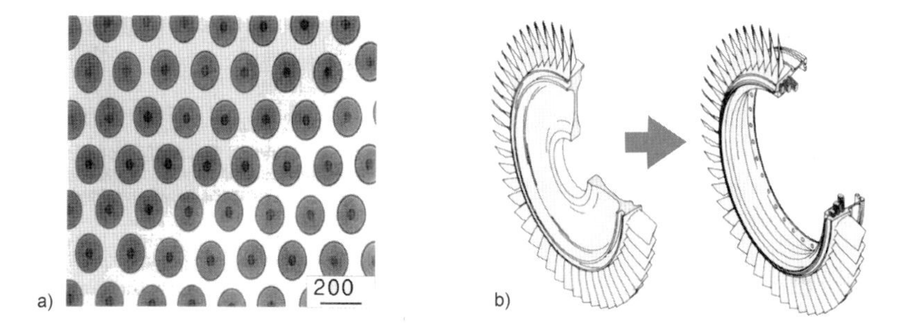

Bild 15-103 a) Titanmatrix-Verbundwerkstoff (TMC) aus dem DLR,
b) Anwendung für TMCs mit einem hohen Innovationspotenzial

Die Gewichtsreduktion ist entscheidend für den Kraftstoff-Verbrauch und ermöglicht eine Nutzlaststeigerung. Beispielsweise werden die Nickel-Basis Superlegierungen durch die um den Faktor 1,9 leichteren Titanaluminide ersetzt. Aluminium-Legierungen können durch kohlenstofffaserverstärkte Polymere (CFP) ersetzt werden, wobei hier auch die Konstruktion angepasst werden muss. Es wird auch hier zu sog. „tailored structures" übergegangen, womit, ähnlich den „tailored blanks" im Automobilbau, sowohl die Bauteildicken als aber vor allem die stark anisotropen, gerichteten Festigkeits- und Steifigkeitseigenschaften der CFP's beanspruchungsgerecht eingebracht werden. Es ist leichter, Wanddickenunterschiede zu „laminieren" als unterschiedliche Bauteildicken zu fügen! Aufgrund ihrer extrem hohen spezifischen Steifigkeiten und Festigkeiten sind SiC (Silizium-Carbid)-faserverstärkte Titanlegierungen (TMC) sehr attraktive, wenn auch sehr teure Werkstoffe. **Bild 15-103** zeigt die schematische Darstellung dieses Verbundwerkstoffs und die Anwendung für ein Gasturbinenlaufrad (bis 600 °C temperaturbeständig bei R_m von 2 GPa). Hierbei ist zu beachten, dass die Bauteildicke wesentlich geringer ist als die der ursprünglichen Ni-Basislegierung und um 70 % leichter. Während die Verdichterstufen bei konventionellen Titanlegierungen aus einer Scheibe mit eingesetzten Laufschaufeln bestehen, lässt der TMC-Werkstoff ein Design derselben Funktion zu, bei dem die Laufschaufeln auf einem dünnen, faserverstärkten Ring aufgeschweißt sind. Kohlefaserverstärkte Kunststoffe (CFK) erreichen bei Füllfaktoren von 50 % die Stahlsteifigkeit (d. h. 3 x Aluminiumsteifigkeit!) bei wesentlich geringerer Dichte. Seiten- und Höhenleitwerke sowie Tragflächenklappen und -rippen werden daraus hergestellt. Die Korrosionsbeständigkeit ist bei diesen Werkstoffen ein zusätzlicher Vorteil. Siliziumnitrid (Si3N4) hat die hohe Korrosionsbeständigkeit und den sehr niedrigen thermischen Ausdehnungskoeffizienten von nur 25 % des Stahls, der besondere Vorteil liegt aber in seiner Warmfestigkeit (290 MPa bei 1400 °C bei 700 MPa bei 20 °C). Damit sind Turbinenschaufeln herstellbar, die die 5-fache Zeitstandsfestigkeit besitzen.

Eine weitere Besonderheit sind Werkstoffe für Struktur-Sensoren. Hier sind piezo-keramische Fasern als Netzwerk in Bauteile zur Belastungsindikation aus CFK eingelagert. Damit ist die Echtzeitverfolgung der mechanischen und thermischen Belastungen im Betrieb durchführbar. Es ermöglicht Angaben über die Art und Höhe der verbleibenden Belastbarkeit eines Flugzeugsystems zu jedem Zeitpunkt seines Einsatzes. Eine zeitpunktgerechte Wartung und der Austausch von Bauteilen werden bei erhöhter Sicherheit Zeit und Kosten sparen. Es kann damit auch der jeweilige „Verbrauchszustand" der Zeitfestigkeit abgelesen werden. Bei einer Landung außerhalb der Piste können beispielsweise die Heftigkeit der Beschädigung ermittelt und entsprechende Reparaturanweisungen ausgegeben werden.

Wärmefluss-Sensoren auf der Basis thermoelektrischer Halbleiterwerkstoffe sind in der Lage, geringste Wärmeströme praktisch in Echtzeit zu erfassen. Damit werden zeitliche und örtliche Temperaturverteilungen an kritischen Bereichen des Rumpfes und der Flügel von Überschallflugzeugen ebenso zugänglich wie langfristig die thermischen Belastungen von Raumtransportfahrzeugen. Hieraus lassen sich auch die noch mögliche Einsatzdauer der Geräte bezüglich der Zeitstands-Festigkeit festlegen. Damit sind angepasste Reparaturintervalle bei optimierter Verfügbarkeit möglich, bzw. Wiederverwendbarkeit einer Raumfähre.

Die Formgedächtnislegierungen (shape memory alloys) zeigen beim Durchlaufen bestimmter Temperaturintervalle beträchtliche reversible Dimensionsänderungen, die es erlauben, die Form eines Bauteils zwischen zwei konfigurierten Formen reversibel zu ändern. Es ist möglich, die geometrische Veränderung unter Temperatureinfluss auf eine definierte Temperatur vorherzusagen.

Piezokeramische Aktuatoren können einerseits hochfrequente Dimensionsänderungen in analoge Spannungsänderungen umzusetzen, andererseits sehr kleine Stellwege mit hoher Kraft ausführen, die angelegten Spannungsänderungen folgen (Mechanische Ultraschall-Schwingungen sind ein bekanntes Beispiel, die über angelegte hochfrequente Spannungen hervorgerufen werden). So können in der Raumfahrt die geometrischen Feinjustagen von Sende- und Empfangsantennen auf Orbitalstrukturen durchgeführt werden.

Unerwünschte Vibrationen können mit dünnen eingebetteten piezokeramischen Folien in Raumtransport- und Trägerstrukturen unterdrückt werden. Ebenfalls ist vorstellbar, störende Lärmabstrahlungen an Flugzeugen zu vermeiden.

Der Trend bei den verwendeten Werkstoffen geht einerseits zunehmend zu leichteren und hochfesten faserverstärkten Kunststoffen, andererseits zur Weiterentwicklung der Titanherstelltechnologie. Letztere stellen zunehmende Anforderungen an die Schweißtechnik.

Die in der Luft- und Raumfahrt verwendeten Schweißverfahren haben sich in den letzten Jahren zu wärmearmen Verfahren hin entwickelt.

Schweißprozesse im Luft- und Raumfahrzeugbau

Bei den Schweißprozessen für den Luft- und Raumfahrzeugbau werden völlig andere Maßstäbe als an den Automobilbau oder allgemeinen Maschinenbau angelegt. Die Stückzahlen sind vergleichsweise klein und der Aufwand für die Teilevorbereitung darf groß sein. Die Satellitentechnik hat in den letzten Jahren so zugenommen, dass hier schon Kleinserien von 30 bis 50 Stück pro Auftrag gefertigt werden.

Das Elektronenstrahl-Schweißen (EBW) wird seit 1960 eingesetzt. **Bild 15-104** zeigt einen erfolgreichen Einsatz mit 6 Umfangsnähten des 2 m hohen Transportbehälters (Spacelab-Komponente IGLOO aus Al 2219). Der Behälter ist aus 4 geschmiedeten Ringen zusammengesetzt. **Bild 15-105** stellt die Formen und Abmessungen der EBW-Stumpfnähte dar. Die Nahtüberhöhungen gleichen einerseits den durch das Schweißen bedingten Festigkeitsverlust aus (Nahtfaktor 0,7 bis 0,8), andererseits können dadurch die Nahtoberflächen zur Beseitigung von Wurzel- und Oberflächenfehlern abgearbeitet werden [2].

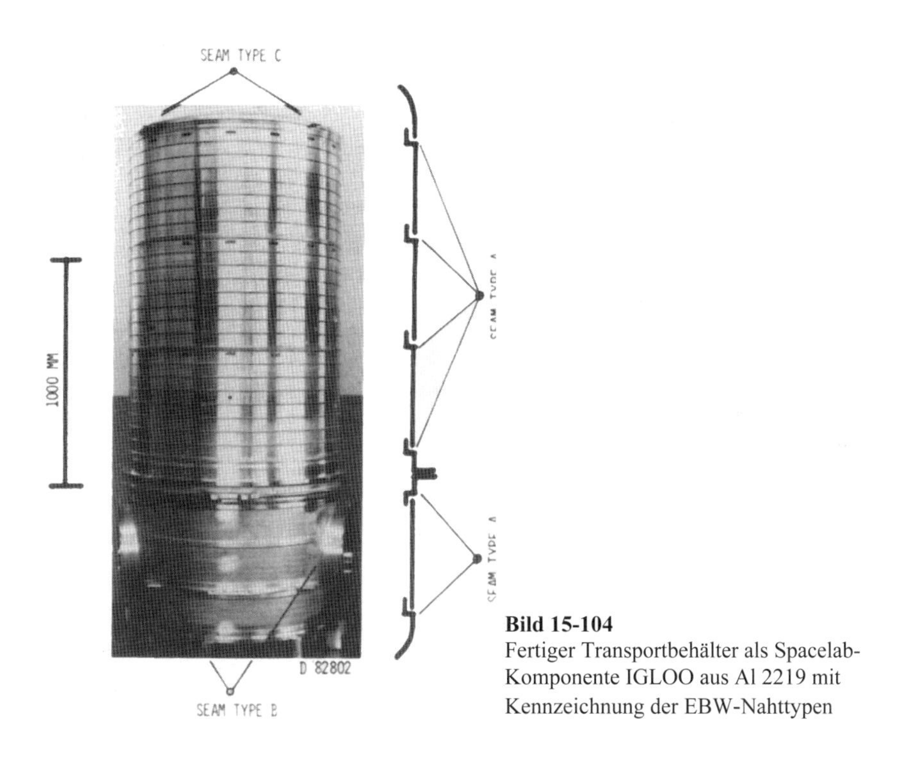

Bild 15-104
Fertiger Transportbehälter als Spacelab-Komponente IGLOO aus Al 2219 mit Kennzeichnung der EBW-Nahttypen

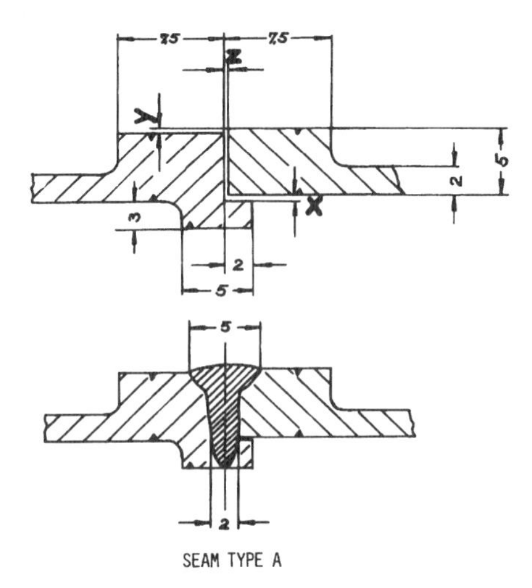

Bild 15-105
Schweiß-Stoß Abmessungen der EBW-Schweißungen für das IGLOO

Die Weiterentwicklung des Laserstrahl-Schweißprozesses zu wesentlich höheren Leistungen und die Entwicklung von schmelzschweißgeeigneten Al-Legierungen (z. B. AlMgSiCu 5013) für den Flugzeugbau ergibt aber neue konstruktive Möglichkeiten. Erst die Leistungen > 5 kW ergaben ein sicheres Einkoppeln des Laserstrahls in die Aluminiumoberfläche. Früher musste die Oberfläche dafür noch geschwärzt werden, um den hohen Reflexionsgrad zu minimieren! Durch die enorme Leistungssteigerung der Festkörperlaser (ND-YAG) auf 9 kW mit der einfachen Strahlführungsmöglichkeit im Glasfaserkabel wurde dieser Prozess zunehmend interessanter.

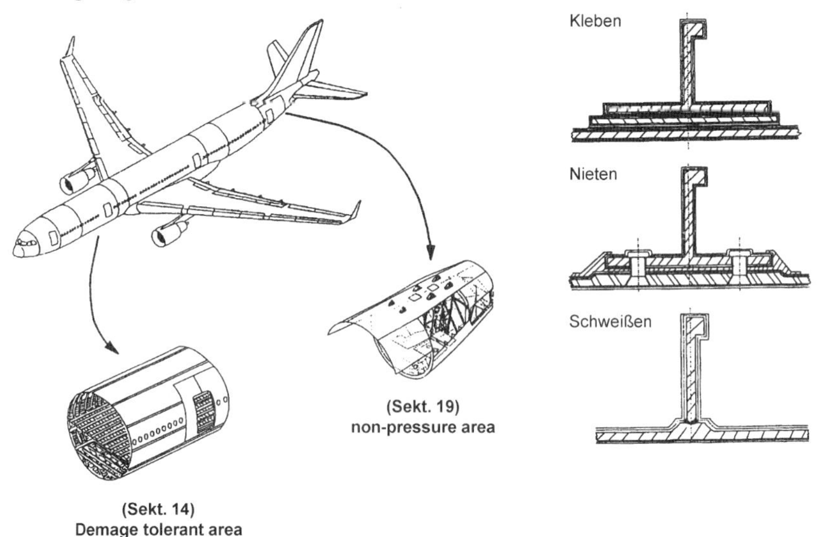

Bild 15-106 Rumpfstruktur in herkömmlicher und neuer Bauweise am Beispiel des Airbus A340

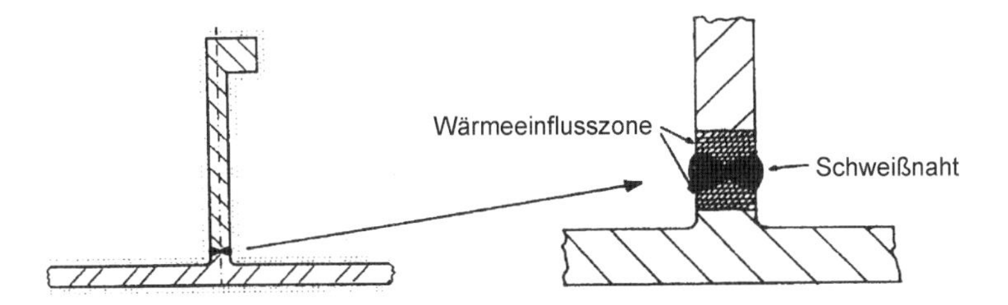

Bild 15-107 Schmale Laser-Schweißnähte ohne metallurgische Beeinflussung des Hautblechs

Zur Vermeidung von Heißrissen in der Schweißnaht werden siliziumhaltige Schweißzusätze (z. B. AlSi12) verwendet oder als Depot auf einem Fügepartner aufplattiert. **Bild 15-106** zeigt die konstruktiv notwendigen Anpassungen an die verschiedenen Fügeverfahren Kleben, Nieten und Schweißen.

Die hohen Energiedichten von bis zu 10^9 W/cm^2 lassen Schweißgeschwindigkeiten bis 15 m/min bei sehr schmalen Wärmeeinflusszonen (WEZ) zu. **Bild 15-107** zeigt eine Außenhaut-Stringer-Verbindung ohne metallurgische Beeinflussung des Hautblechs. Geschweißt wird mit Inertgasschutz an Atmosphäre. Das Verfahren ist gut automatisierbar und bietet eine hohe Verfahrensflexibilität. Beim Einsatz mehrerer Laser gleichzeitig kann ein symmetrischer Verzug erreicht, d. h. die Deformation minimiert werden [3, 4, 5, 6].

Die Integralbauweise verwendet größere Einzelteilelemente, um möglichst wenig Fügestellen zu bekommen. Dies kann folgendermaßen gelöst werden:

1. Herstellung der Teile durch Abfräsen mit Zerspanungsanteilen von über 90 % mit 5-Achs-Fräsmaschinen aus dicken Platten (30 bis 60 mm!)
2. Gießen mit Wanddicken, die in der Nähe der gewünschten Endabmessung liegen
3. Schweißtechnisches Verbinden unterschiedlicher Wanddicken zu einem Gesamtteil, so genannten „tailored blanks“

Bild 15-108 stellt die konstruktiven Unterschiede der verschiedenen Herstellungsmethoden dar.

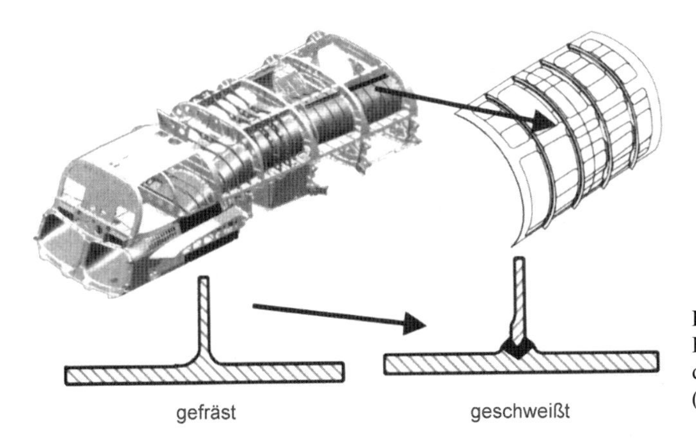

Bild 15-108
Ersatz von Frässtrukturen durch geschweißte Teile (Lufteinlaufschalen)

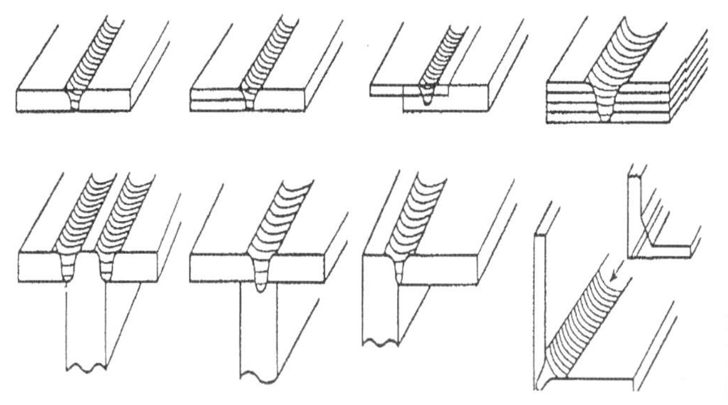

Bild 15-109
Interessante mögliche Nahtgeometrien für das FSW

Mögliche Nahtgeometrien sind in den **Bildern 15-109 und 15-110** gezeigt [7]. **Bild 15-111** stellt den externen Tank des Space Shuttle dar. **Bild 15-112** zeigt einen metallographischen Schliff durch eine FSW-Misch-Verbindung.

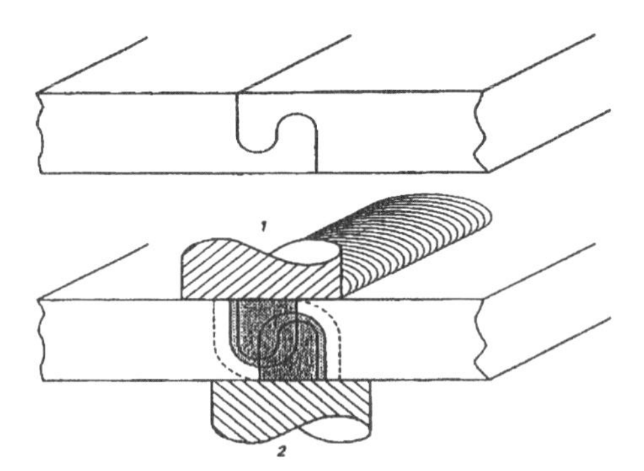

Bild 15-110
Stumpfnahtverbindung von Blechen oder Strangpressprofilen mit Nahtvorbereitung (Formschluss) für das FSW

Bild 15-111
Außentank eines Space-Shuttel der Fa. Nicholsen in Seattle, USA

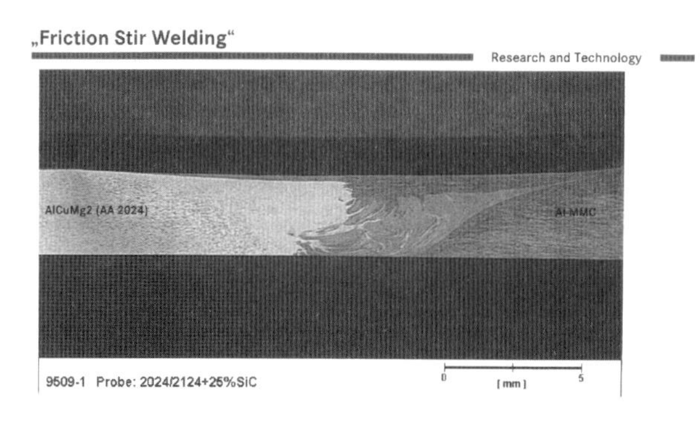

Bild 15-112
Metallographischer Schliff durch eine FSW-Misch-Verbindung

Das Lineare Reibschweißen (LRS) gehört wieder zu den klassischen Reibschweißverfahren als flächige Warmpress-Schweißverbindung. Hier erfolgt die Bauteilerwärmung durch Oberflächenfriktion und plastischer Umformung der Kontaktflächen. Das Verschweißen passiert nach Beendigung der Relativbewegung als Warmverschmieden unter starker plastischer Formänderung. Das LRS lässt anlagenbedingt größere flächige, auch nicht rotationssymmetrische Verbindungen zu. **Bild 15-113** zeigt Verdichter-Rotoren, an die die Schaufeln auf die Laufringe aufgeschweißt werden, so genannte Blisks = bladed disks mit einem Außen ∅ von 1000 mm. Die Schaufeln oszillieren linear zum Anwärmen der Kontaktstellen und noch in der Anpress- oder Stauchphase, um damit mögliche Oxidhäute aus der Fügezone herauszuschieben [9].

Typische Einstellparameter für eine Schaufelfläche von 900 mm^2 sind:

Amplitude:	+/– 3 mm
Frequenz:	40 Hz
Anpresskraft:	250 kN

Bild 15-113
Linear-Reibgeschweißte Schaufeln an Verdichterläufer

Die Anpresskraft ergibt eine Flächenpressung, die etwa der Streckgrenze (Formänderungsfestigkeit) des Grundwerkstoffs entspricht. Die Verbindungsfestigkeit erreicht die Werte des Grundwerkstoffs; alle bisherigen Versuchsproben versagten neben der Naht. [8].

Als Rotations-Reibschweißen hat sich im Luft- und Raumfahrzeugbau nur das Schwungrad-Reibschweißen als selbstregelnder Prozess etabliert. Wenn hierbei die Parameter Schwungmasse, Drehzahl und Anpresskraft festgelegt sind, kann kaum noch ein Fehler auftreten. Die Fügegeometrie ist hierbei jedoch auf mehr oder weniger rotationssymmetrische Teile beschränkt.

Das Thermische Spritzen wird zunehmend im Gasturbinenbau eingesetzt, wobei die erzeugten Schichten folgende Aufgaben erfüllen können:

- Wärmedämmschichten auf Turbinenschaufeln und in der Brennkammer
- Erosionsschutzschichten auf Verdichterschaufeln gegen Materialabtrag durch Fremdpartikel (WC/Co)
- Korrosions- und Oxidations-Schutzschichten auf Turbinenschaufeln
- Verschleiß-Schutz-Schichten auf Fanschaufeln, Wellen und Verdichterschaufeln

Damit werden sowohl Wirkungsgrad- als auch Lebensdauerverbesserungen erreicht. Als Spritzverfahren werden überwiegend das Flamm- und Plasma-Spritzen sowie zunehmend das Hochgeschwindigkeits-Flammspritzen eingesetzt.

Im Plasmastrahl werden bei bis zu 12000 °C pulverförmige metallische und keramische Stoffe erschmolzen und mit hoher kinetischer Energie auf das Bauteil gebracht. Als Korrosions- und Oxidationsschutz dienen MCrAlY (M=Ni und/oder Co), wobei die Oberfläche mit dünnen und dichten Al_2O_3-Schichten versehen wird. Diese Schichten verlieren oberhalb 600 °C ihre Sprödigkeit und werden duktil bis 1150 °C. Über eine Diffusionsglühbehandlung wird die Schichtanbindung verbessert und das Schichtgefüge homogenisiert[10].

Das Hochtemperatur-Löten (HT-Löten) von Titanstrukturen wird im modernen Flugzeugbau zum Verbinden der Nasenteile an den Tragflächen und Leitwerken eingesetzt. Damit werden flächige temperaturbeständige Verbindungen an Titanblechen geschaffen. Aus strömungstechnischen Gründen scheiden die klassischen Nietverfahren und die üblichen Schweißverfahren aus. Diese Nasen sind mit feinsten Löchern mit dem Laser perforiert. Über diese Öffnungen wird ein Unterdruck erzeugt, der eine Verbesserung der Laminarität der Flügelumströmungen ergibt. Die Lötverbindungen müssen auch korrosionsbeständig sein. Als Lote kommen L-TiCu15Ni15 mit extrem großen Schmelzbereichen (860 bis 1130 °C) zum Einsatz. Sie werden flussmittelfrei im Hochvakuum verarbeitet. Die statischen Lotverbindungsfestigkeiten liegen bei 400 MPa und erreichen die Grundwerkstoffkennwerte.

Weitere Hochtemperaturlötanwendungen werden verwendet, um Risse bis zu 1 mm Breite und einer gewissen Länge zu schließen sowie Grundwerkstoff-Verluste aufgrund von Erosion und Verbrennungen auszugleichen (Auftraglötungen).

Das Laser-Pulver-Auftragschweißen wird zur Reparatur von abgenutzten Spitzen von Verdichterschaufeln eingesetzt. **Bild 15-114** zeigt die verschiedenen Möglichkeiten der Reparatur von abgenutzten Spitzen von Verdichterschaufeln. Als Verfahren kommen das Wolfram-Plasma-Pulverbeschichten (WPL), das Laser-Pulver-Beschichten (LPA) und das Laser-Pulver-Beschichten in Kokille (LPAiK) infrage. Das Laser-Verfahren mit Kokille bietet die besten Ergebnisse mit geringstem Schleifaufwand nach dem Schweißen [11].

Trotz aller modernern Schweißprozesse werden die klassischen Schweißverfahren wie WIG und Plasma-Schweißen, z. B. für Flüssigwasserstoff-Tanks aus AlCu 6,3 oder die Tanks für die ARIANE weiterhin eingesetzt, weil sich deren Zuverlässigkeit bewährt hat.

Als kleine Besonderheit darf noch erwähnt werden, dass die Elektronenstrahl-Schweißtechnik im All völlig problemlos ist, da hier ohnehin überall Vakuum herrscht. Reparaturen und Montagen können mit kleinen handlichen EB-Kanonen manuell durchgeführt werden.

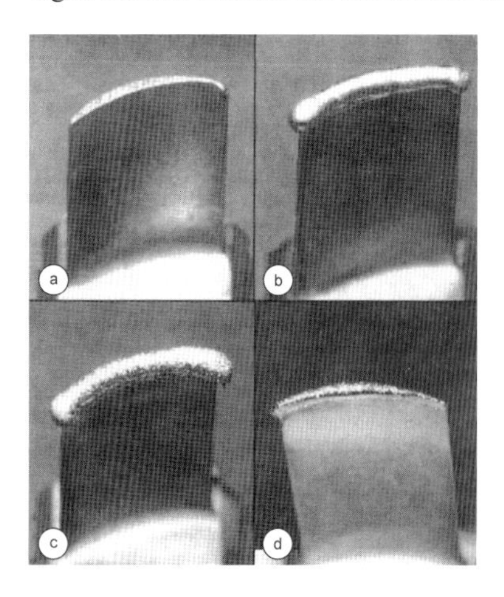

Bild 15-114
Hochdruck Verdichterschaufeln aus Nimonic 90 im abgenutzten Zustand, WPL-geschweißt, LPA-repariert und nach dem Laser-Pulver Kokillenverfahren

15.6 Schweißen in Feinwerktechnik und Elektronik

Während früher die Fügeverfahren für die Feinwerktechnik und Elektronik sehr ähnlich waren, wurden für die Mikroelektronik in den letzten Jahren eigene Prozesse entwickelt, die in der Kleinteile-Schweißtechnik nicht anwendbar sind.

In der Feinwerktechnik (Abmessungsbereiche unter 1 mm bei einer Masse weniger als 50 g) können immer noch die verkleinerten und verfeinerten Prozesse der klassischen Fügeverfahren eingesetzt werden:

- Gasschweißen mit Mikrobrennern besonders kleiner Flammleistungen
- Mikroplasma-Schweißen (Wolfram-Elektrodendurchmesser mit ca. 0,3 bis 0,6 mm!)
- Mikro-Wolfram-Inertgas-Schweißen (WIG) mit Strömen ab 0,5 bis 10 A bei Wolfram-Elektrodendurchmessern von 0,2 bis 1,0 mm.
- Laser-Schweißen (heute üblicherweise mit Festkörper-Lasern)
- Elektronenstrahl-Schweißen (Leistungen im 300 bis 2000 Watt-Bereich)
- Mikro-Widerstands-Schweißen (Elektrodendurchmesser 1,0 bis 3 mm)
- Perkussions-Schweißen als verkleinerte Form des CD-Bolzen-Schweißens
- Reibschweißen mit Durchmessern unterhalb 2 mm
- Kaltpress-Schweißen (solid-state-bonding) mit kleinen kaltverfestigten Zonen bei duktilen Werkstoffen, üblicherweise Aluminium-Legierungen
- Diffusions-Schweißen bei nicht schmelzschweißgeeigneten Fügepartnern wie beispielsweise Kupfer-Aluminium, Kupfer-Titan.

Alle diese Prozesse lassen sich nur mit entsprechenden Spannvorrichtungen mechanisiert anwenden. Hierbei muss besonders auf die thermische Isolation geachtet werden, da die Energiedichte üblicherweise sehr gering ist und Wärmeableitungen in die Klemmbacken zu Bindefehlern führen können.

Die notwendigen Prozess-Parameter sind nicht in Regelwerken oder Merkblättern erfasst und müssen für jeden Anwendungsfall erarbeitet werden.

Das Fügen in der Feinwerktechnik wird als Mikroschweißen bezeichnet. Die am häufigsten angewandten Prozesse sind das Widerstands- und das LASER-Schweißen.

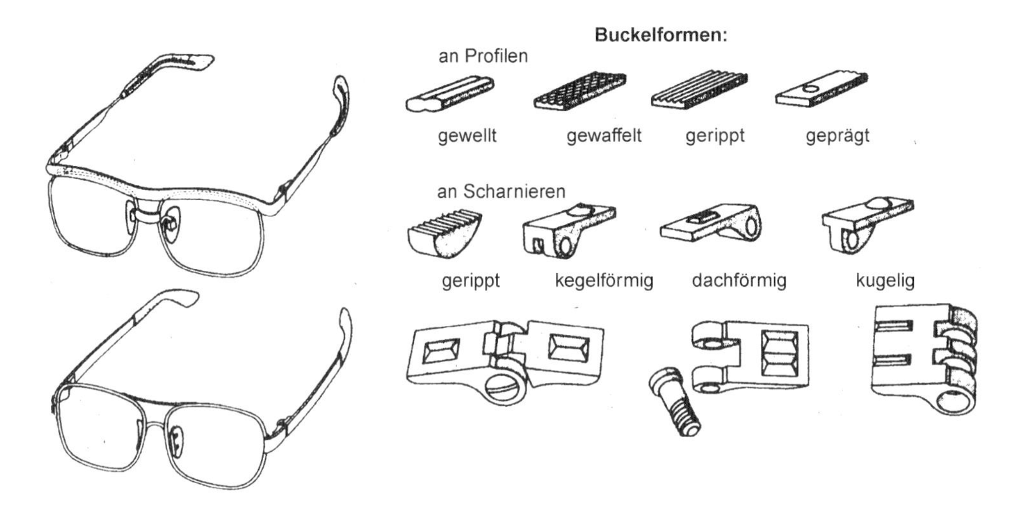

Bild 15-115 Mikro-Widerstands-Schweißen: Buckelschweißen von Scharnieren an Metallbrillengestellen

Als erstes Beispiel soll die Widerstands-Buckel-Schweißung zur Befestigung von Scharnieren an Brillengestellen gezeigt werden (**Bild 15-115**). Mit Mittelfrequenz oder Gleichstromanlagen können kleinste Leistungen mit sehr feiner Abstufung eingestellt werden. Die Invertertechnik sorgt für einen exakt dosierten Gleichstrom für die Betriebsarten Konstantstrom, Konstantspannung oder Konstantleistung im Millisekundenbereich. Das Bild zeigt verschiedene Ausführungen von Buckelformen, die jeweils die Schweißstellen definieren. Die verwendeten Elektroden sind relativ großflächig und lassen auch höhere Stromstärken ohne jegliche Beeinflussung der Bauteiloberfläche zu. Dadurch können die Scharnierteile an bereits fertig polierte Brillenbügel-Oberflächen angeschweißt werden. Ein weiteres Beispiel ist die Mikro-Rollennaht-Schweißung von kleinen Gehäusen mit Glasdurchführungen. **Bild 15-116a** zeigt die schematische Anordnung und **Bild 15-116b** ein Photo der Schweißvorrichtung.

Der Einsatz der Lasertechnik begann im Bereich sehr kleiner Bauteile, da die Leistungen der Anlagen anfänglich sehr gering waren. Heute sind die Festkörper-Laser schon mit Leistungen von bis zu 10 kW vorhanden (in Reihe geschaltete YAG-Laser), so dass der gesamte Bereich der Schweißtechnik erschlossen ist. Anwendungen in der Mikroschweißtechnik sind kleine Schmelzpunkt-Verbindungen, die ohne Berührung des Bauteils erfolgen. Schweißnähte werden sowohl mit der Impulstechnik, wo einzelne Schweißpunkte zu Dichtnähten aneinandergereiht werden, als auch mit so genannten „Dauerstrich"-Lasern mit kontinuierlichem Aufschmelzen hergestellt. Beispiele hierfür sind Gehäuse für Herzschrittmacher.

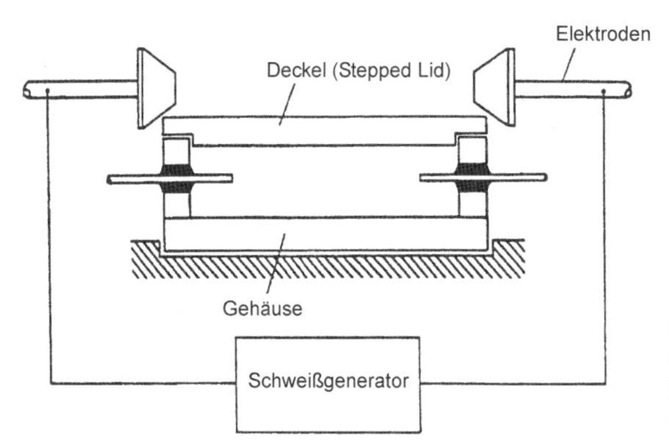

Bild 15-116a
Gehäuseverschluss durch Rollennaht-Schweißen (Prinzipdarstellung)

Bild 15-116b
Foto der Rollen-Naht-Schweißung eines Mikromodulgehäuses

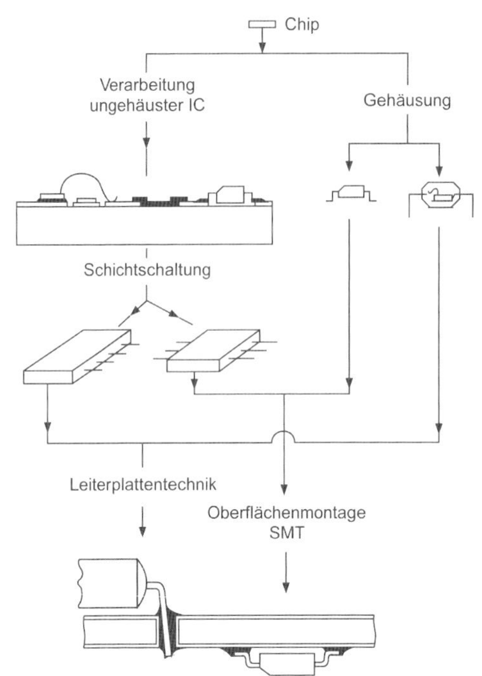

Bild 15-117
Aufbau- und Verbindungstechniken integrierter Schaltungen

Die besonderen Verfahren für die Mikroelektronik und Mikromechanik verwenden oft die Bezeichnung „Bonden". Die Bondtechnik ergibt keine Schmelzverbindungen, sondern einen „solid-state"-Bindemechanismus, der als Diffusions-Schweißverbindung bezeichnet werden kann. Die Diffusion wird durch erhöhte Temperatur, durch besondere Oberflächenreinigung (z. B. Ultraschall) und die notwendige Oberflächenannäherung auf Atomlagenabstand unter Druck erreicht. Die Drähtchen, die zum Verbinden der einzelnen Chips eingesetzt werden, haben Durchmesser im Bereich von 25 µm!

Im Einzelnen handelt es sich um folgende Fügeverfahren:

- Ultraschall-Bonden ohne Temperaturerhöhung (< 50 – 70 °C) am Bauteil
- Thermokompressions-Bonden bei ultraschallempfindlichen Bauteilen
- Thermosonic-Bonden als Verknüpfung von beiden Verfahren, wenn als Verbindungsdrähtchen Aluminium eingesetzt werden soll
- Reflow-Löten in Konvektionsöfen (Gas im Ofen erwärmt) oder über Infrarot
- Vapour-Phase-Löten zur schnellen Erwärmung von Teilen, vor allem bei sehr unterschiedlichen Wärmeleitfähigkeiten (siehe unten)
- Laser-Löten sequentielles Löten durch Anstrahlen der Lötstelle
- Klebetechnik mit gefüllten Epoxidharzen (Ag, Au, Al2O3, BeO) oder Silikonharzen. Einsatz leitender oder isolierender Klebstoffe im Temperaturbereich bis ca. 125 °C (Problem der Glasübergangstemperatur der Klebstoffe!).

Die Verbindungstechniken wurden in den letzten Jahren immer weiter miniaturisiert und vor allem automatisiert. Die Hybridtechnik ist eine Verbindung der Dünnschicht- mit der Dickschichttechnik. Die Bestückung der Leiterplatten kann sowohl mit bedrahteten Bauelementen als auch mit Elementen für die Oberflächenmontage, der so genannten SMD-Technik = Surface

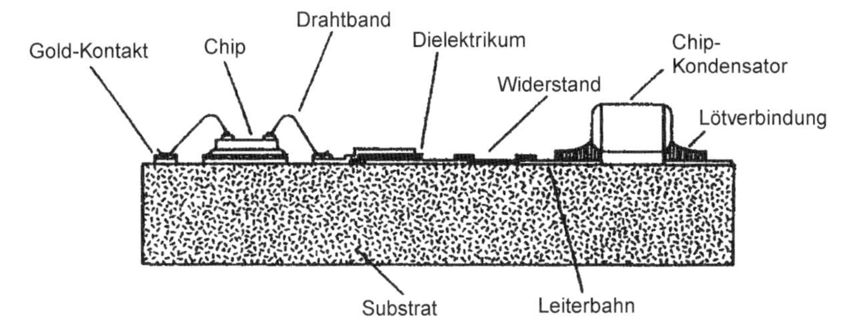

Bild 15-118 Schematische Darstellung der wichtigsten Komponenten einer Schichtschaltung

Bild 15-119
Angewandte Thermosonic-Bondtechnik aus einer Dickschicht-Hybrid-Schaltung [11]

Mounted Device, erfolgen. Die SMD-Technik bedingt eine höhere Produktqualität bei niedrigen Fertigungskosten und höherer Packungsdichte. Die Bestückung erfolgt mit Automaten oder Robotern (pick and place-Technik), die die jeweilige Position des Bauelements auf der Leiterplatte vor der Platzierung automatisch ausmessen. **Bild 15-117** zeigt Aufbau und Verbindungstechniken integrierter Schaltungen. Auf **Bild 15-118** sind die Komponenten und Begriffe von Schichtschaltungen dargestellt.

Die Bondtechnik als Fügeverfahren hat sich in den letzten Jahren prinzipiell nicht geändert. Das reine Thermokompressions-Schweißen wird heute nur dort eingesetzt, wo der Bonddraht weich ist und nur geringe Oxidation aufweist. Hier sind üblicherweise Golddrähte mit 25 µm Durchmesser erforderlich. Bei härteren Drahtwerkstoffen wird das Thermosonic-Verfahren eingesetzt. Je weicher die Bonddrähte bei den erhöhten Temperaturen von 120 °C werden, desto schlechter kann der hier zusätzlich überlagerte Ultraschall über den Draht auf das Substrat übertragen werden, weshalb in diesen Fällen das kalte Ultraschall-Bonden mit besserer

Schallübertragbarkeit zum Einsatz kommt. Das Substrat, d. h. der Bauteilträger als Leiterplatte wird beim Thermosonic-Verfahren auf ca. 100 °C vorgewärmt. Die US-Amplitude beträgt 3–4 µm, die Schweißzeit 10 bis 50 ms, die Anpresskraft 10 – 40 cN, die Abreißkraft des Drähtchens 12–18 cN (!).

Bild 15-119 zeigt eine angewandte Thermosonic-Bondtechnik mit einem 25 µm dicken Golddraht als Ball- und Wedge-Bond. **Bild 15-120** stellt schematisch die oben benannten Verfahren Thermokompression- und Thermosonic dar; **Bild 15-121** eine Thermosonic-Verbindung. Deutlich sind der aufgeklebte Chip (kleiner quadratischer Körper) und je 2 „Nail-Head“ (Nagelkopf-) und 2 „Wedge-Bonds“ (Keilschweißverbindungen) zu erkennen.

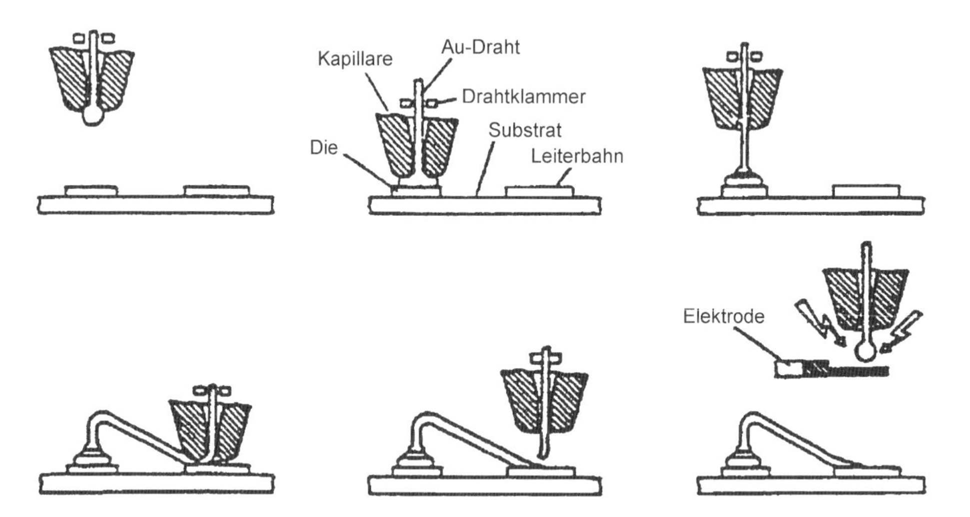

Bild 15-120 Verfahrensprinzip des Thermokompressions- und Thermosonic-Schweißens

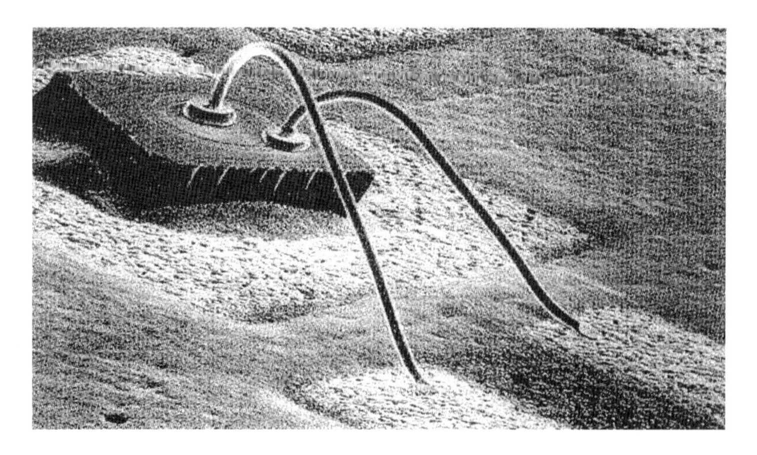

Bild 15-121 Rasterelektronische Aufnahme eines Transistor-Chips mit zwei thermosonic-geschweißten Bonddrähten aus Gold (Durchmesser 17,5 µm)

Die Ultraschall-Unterstützung ermöglicht preiswerte Bond-Drahtwerkstoffe wie Aluminium oder gar Kupfer; letzterer ist jedoch noch im Versuchsstadium.

Als Mikrolötverfahren werden das Wellenlöten (**Bild 15-122**), das Reflow- und das Laser-Löten eingesetzt. Hierbei werden die Anschlussbeinchen der Bauelemente in viskose Lotpasten mit enthaltendem Flussmittel eingedrückt, welche über einen Schablonendruck (Lotpastenschablone) auf die Leiterplatten aufgebracht wurden. Auf diese Weise sind Lötstellenbreiten von < 100 µm erreichbar. In Schutzgas-Durchlauföfen (Stickstoff) werden sämtliche Lötstellen gleichzeitig (wieder-) aufgeschmolzen (reflow!) und kontaktiert.

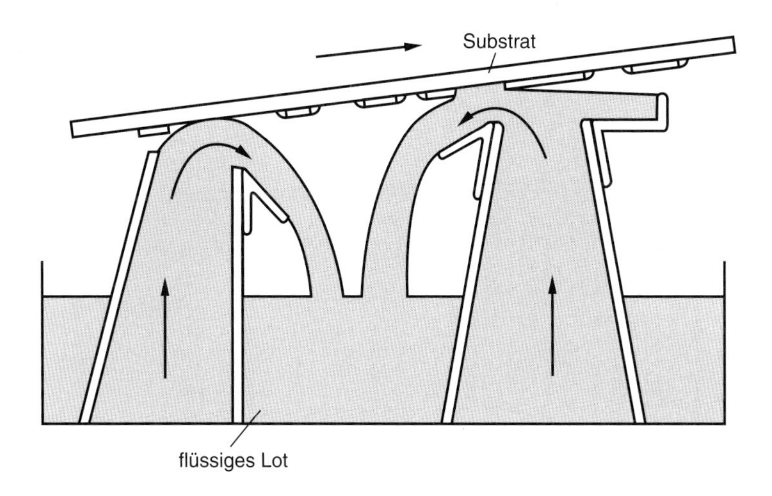

Bild 15-122 Wellenlötanlage mit zwei gegenläufigen Wellen zum Löten von SMD`s

Das Laser-Löten ermöglicht das gezielte partielle Aufschmelzen der Lötstellen mit YAG-Lasern sehr kleiner Leistung (5 - 8 Watt). **Bild 15-123** zeigt das Prinzip des Laser-Lötens mit einer Leistungsregelung.

Zusammenfassend sollen die erreichbaren Temperaturprofile für die verschiedenen Lötverfahren angegeben werden. Die pauschalen Lötverfahren verbinden immer den gesamten Chip flächig auf ein Mal, die sequentiellen erfassen nur die Einzellötstellen. Je steiler der Aufheiz-Temperaturgradient des Verfahrens ist, desto größere Schmelztemperatur-Unterschiede und Unterschiede in den Wärmeleitfähigkeiten der Fügepartner können zugelassen werden. Dampfphasen- und Laser-Löten sind hierzu am besten geeignet (**Bild 15-124**).

Eine andere Verbindungstechnik ist die TAB-Technik (Tape-Automated-Bonding) oder Film-Bonding. Die flexible Leiterplatte konfektioniert in Form eines üblichen Amateur- oder Kinofilms dient entweder als Zwischenträger (Chip on Tape) oder ist bereits die Schaltung selbst (z. B. Armbanduhr, Scheckkarte, Solarrechner).

Die Flip-Chip-Technik basiert auf kleinen Kontakthügeln (Bumps) an den Stellen des Chips, die mit elektrischen Kontakten versehen werden müssen. Sie werden „kopfüber" (flip = umdrehen) mit entsprechenden Kontaktstellen verlötet. **Bild 15-125** zeigt diese Technik, wobei auch noch die pad-ähnlichen Strukturen auf der Substratseite zu sehen sind. Die Bump-Geometrien liegen im Bereich von 100 bis 150 µm.

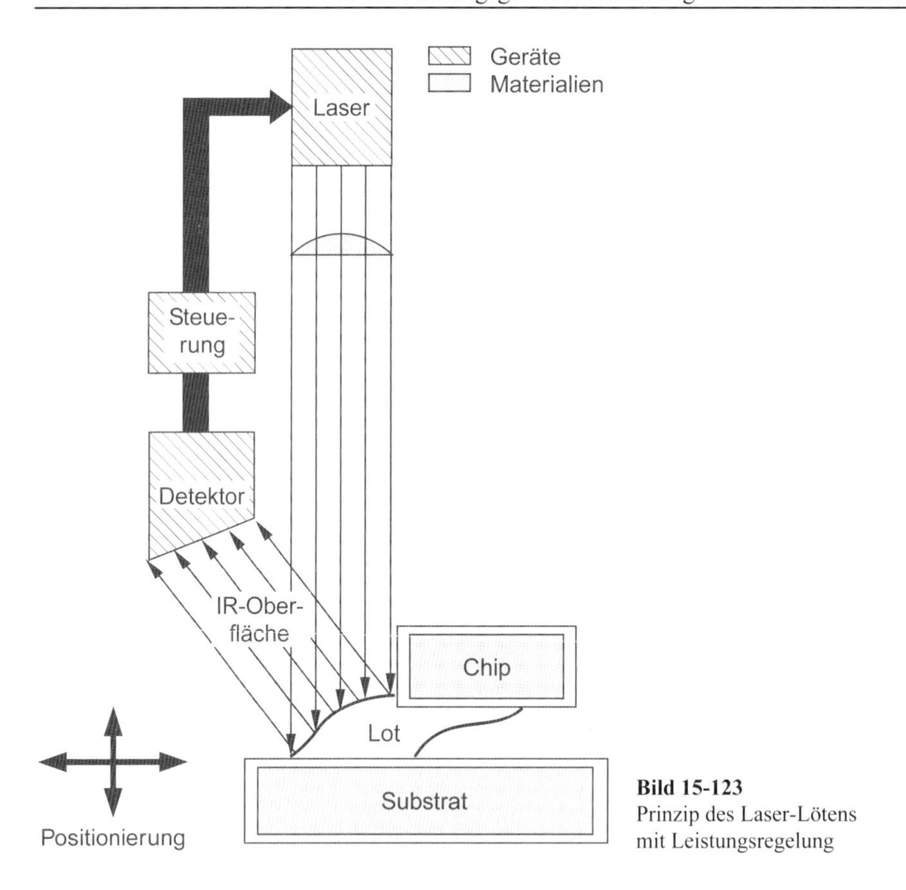

Bild 15-123
Prinzip des Laser-Lötens mit Leistungsregelung

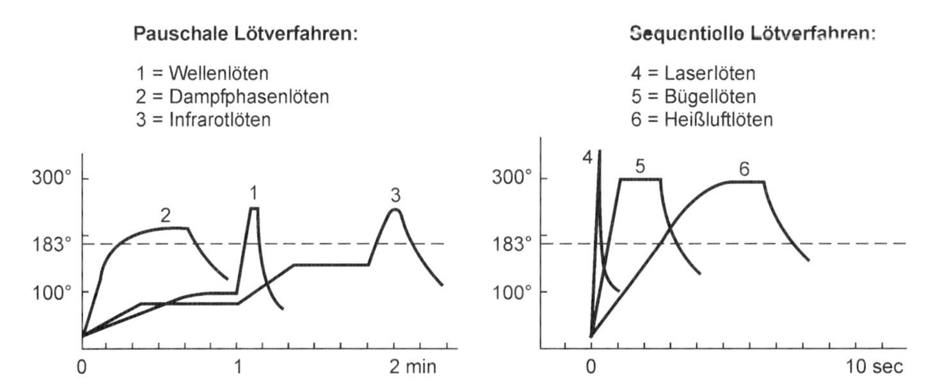

Bild 15-124 Temperaturprofile bei verschiedenen Lötverfahren

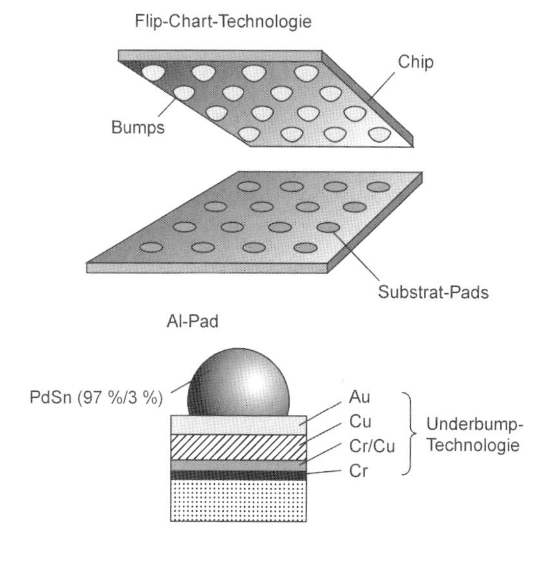

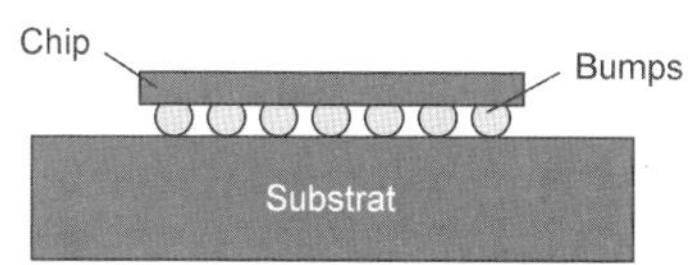

Bild 15-125
Flip-Chip (FC)-Technik, bei dem der Chip direkt und mit der aktiven Seite nach unten auf das Board aufgebracht wird.

Weiterführende Literatur

[1] Neumann, A.: Teil 1. Schweißt. Handbuch für Konstrukteure, Ausgabe des Deutschen Verlages für Schweißtechnik (DVS), Copyright VEB Verlag Technik, 1985

[2] Neumann, A.: Teil 2. Schweißt. Handbuch für Konstrukteure, Ausgabe des Deutschen Verlages für Schweißtechnik (DVS), Copyright VEB Verlag Technik, 1983

[3] Ruge, J.: Handbuch der Schweißtechnik, Bd. III. Konstruktive Gestaltung der Bauteile. Springer Verlag, Berlin, 1985

[4] Schulze/ Krafka/ Neumann: Schweißtechnik (Werkstoffe /Konstruieren /Prüfen). VDI-Verlag, Düsseldorf, 1996

[5] Scheermann: Leitfaden für den Schweißkonstrukteur. Die schweißt. Praxis. Bd. 17. DVS-Verlag. Düsseldorf, 1997

[6] Roloff/ Matek Maschinenelemente. 19. Auflage, Wiesbaden: Vieweg+Teubner, 2009

[7] Ruge, J.: Handbuch der Schweißtechnik. Bd. IV. Berechnung der Verbindungen. Springer Verlag, Berlin, 1988

[8] 11. Jahrbuch Schweißtechnik. 1994. Schutzgasschweißen von Aluminium. DVS-Verlag, Düsseldorf

[9] Krautkrämer, J. und H.: Werkstoffprüfung mit Ultraschall. 5. Auflage. Springer Verlag 1986

[10] Deutsch, Vogt: Ultraschallprüfung von Schweißverbindungen. Die schweißtechnische Praxis. Bd. 28. DVS-Verlag, 1995

[11] Weise, H.-D.: Zerstörungsfreie Schweißnahtprüfung. Die Schweißtechnische Praxis. Heft 4. 1981. DVS-Verlag, Düsseldorf

Literatur zu 15.5: Schweißen und Löten im Luft- und Raumfahrzeugbau

[1] Kaysser, W. A.: Entwicklungsperspektiven von Werkstoffen für Luft- und Raumfahrtanwendungen, DVS-Bericht 208, 2000, S. 1 ff.

[2] Bekaert, G.; Hoffmeyer, D. u. Neye, G.: Elektronenstrahlschweißen einer Spacelab-Komponente aus einer Aluminiumlegierung mit Kupfer, DVS Band 53, 1978

[3] Neye, G.: Laserstrahlschweißkonzept für Rumpfschalen-Strukturen, DVS Bericht 208, 2000

[4] Binroth, Ch.; Breuer, J.; Sepold, G. u. T.C. Zuo: Laserstrahlschweißen von Aluminiumlegierungen, DVS-Band 113, S. 38–41

[5] Rendigs, K. H: Aluminium Structures Used in Aerospace – Status and Prospects. Materials Science Forum, Vol. 242 (1997), Trans Tech Publications, Schweiz, 1997, S. 11–24

[6] Lang, R.; Kulik, V und Müller, V: Laserstrahlschweißen von hochfesten Flugzeugstrukturen aus AlLi2195, DVS Band 208 (2000), S. 25

[7] Palm, F.: Friction Stir Welding, Fügetechnologien im Automobilbau, Innovatives Fügen im Multi-Material-Design, Tagung am 25./26.10.2000 in Ulm, Tagungsband

[8] Schofer, E.: Rührreibschweißen – Vorteile des Verfahrens, Anwendungsmöglichkeiten und Ausblick, DVS Band 208, 2000, S. 48 ff.

[9] Schneefeld, D.; D.Helm u. H. Wilhelm: Lineares Reibschweißen von Verdichterläufern aus Titanlegierungen, DVS Band 208, 2000, S. 42 ff.

[10] Schneiderbanger, S. u. T. Cosack: Thermisches Spritzen im Triebswerksbau, DVS Band 208, 2000, S. 78 ff.

[11] Stimper, B.: Verlängern von Verdichterschaufeln durch Laser-Pulver-Auftragschweißen, DVS-Bericht 208, 2000, S. 93 ff.

Literatur zu 15.6: Schweißen in Feinwerktechnik und Elektronik

[1] Hof, M.: Klebetechniken in der Mikroelektronik. Firmenschrift Fa. Polytec GmbH, Waldbronn

[2] Orthmann, K.: Kleben in der Elektronik, Expert-Verlag, Ehningen bei Böblingen

[3] DVS-Merkblätter: 2802: Ultraschallschweißverfahren in der Mikroelektronik (Übersicht), 2803: Elektronenstrahlschweißen in der Mikroelektronik (Übersicht), 2804: Heizelementschweissen (Thermokompressions-Schweißen) in der Mikroelektronik (Übersicht), 2808: Mikrofügen, 2809: Laserstrahl-Schweißen in Elektronik und Feinwerktechnik, 2810: Drahtbonden, 2811: Prüfverfahren für Drahtbondverbindungen (August 96) Deutscher Verlag für Schweißen und verwandte Verfahren DVS-Verlag, Düsseldorf

[4] Reichl, H.: Hybridintegration, Technologie und Entwurf von Dickschichtschaltungen, Dr. Alfred Hüthig-Verlag, Heidelberg, 1988

[5] W.C. Heraeus GmbH: Feinstdrähte für die Halbleitertechnik, Firmenschrift

[6] N. N.: SMD-Technik, Einführung in die Oberflächenmontage, Firmenschrift der SIEMENS-ALBIG AG, Bauelemente, Zürich

[7] Lang, K.-D.: Chip on Board (COB) – Stand und Entwicklungstrends, VTE 2/94, S. 74–80

[8] Thiederle, V.: Markt, Potential und Wirtschaftlichkeit der Chip-on-Board-Technik, VTE 2/94, S. 68–73

[9] Bierwirth, R. et. al.: Thermosonic-Drahtbonden auf Flashgold in der Chip-on-Board-Technik? VTE 9 (1977) H. 3, S. 127–135

[10] Keller, G.: BGA, CSP, Flipchip und COB – ein Vergleich mit Hinweisen zur Implementierung, PLUS (Produktion von Leiterplatten Und Systemen) 11/1999

[11] Fügetechnik/Schweißtechnik. Fachgruppe Schweißtechnische Ingenieurausbildung der DVS-Arbeitsgruppe Schulung und Prüfung. DVS-Verlag, Düsseldorf, 2007, S. 306

16 Wirtschaftlichkeitsüberlegungen

Für die Herstellung geschweißter Bauteile gelten die gleichen Prinzipien bezüglich Kosten und Wirtschaftlichkeit, wie sie allgemein in der Fertigung im Stahlbau, Behälterbau oder Maschinenbau Gültigkeit haben. Der Anteil der Personalkosten muss gesenkt, die Maschinenlaufzeiten gesteigert, der Automatisierungsgrad erhöht und der Fertigungsablauf besser, fehlerfreier und leistungsfähiger gestaltet werden.

Das **Bild 16-1** zeigt die prozentuale Verteilung ausgewählter Produktionsergebnisse der deutschen Schweißtechnik. Die Produktionswerte zeigen die Anteile der Schweißprozesse bezogen auf die Herstellung von Schweißzusätzen und Hilfsmittel zum Schweißen. Im Einzelnen:

Schweißzusätze und Hilfsmittel	**Mio Euro**
Schweißdrähte und -bänder, nicht umhüllt oder gefüllt	145,4
Umhüllte Elektroden für das Lichtbogenhandschweißen	31,6
Gefüllte Drähte für das Lichtbogenschweißen	33,0
Umhüllte Stäbe für das Löten und Autogenschweißen	44,7
Hilfsmittel zum Schweißen und Löten von Metallen; Zubereitungen als Überzugs- oder Füllmasse für Schweißelektroden oder -stäbe	96,6
Summe Zusätze	350,3

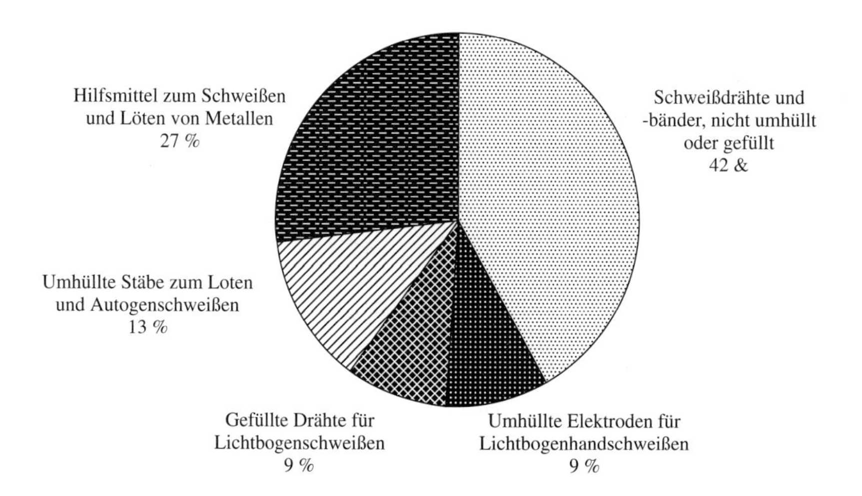

Bild 16-1 Schweißzusätze und Hilfsmittel – Produktionswerte 2009

Außer den Überlegungen zum Schweißprozess stehen am Anfang einer Wirtschaftlichkeitsbetrachtung zu geschweißten Bauteilen einige einfache Fragen:

- Geht es um eine Entwicklung oder Fertigung?
- Ist es eine Neufertigung oder Reparatur?
- Soll das Teil in Serie gefertigt werden?
- Gibt es eine Einzelanfertigung oder nur geringe Stückzahlen?
- In welcher Zeit muss eine Reparatur erfolgen, d. h. stehen Produktionsausfallkosten dahinter?

Während bei Serienteilen jeder Arbeitsschritt in Sekunden gemessen wird, kann eine Reparatur unter soviel Zeitdruck stehen, dass mit allen verfügbaren Mitteln das defekte Teil wieder instand gesetzt werden muss, ohne überhaupt wirtschaftliche Überlegungen anzustellen.

In den Abschnitten zur anforderungs- und anwendungsgerechten Gestaltung sind schon einige Anmerkungen gemacht worden, die kostengünstige Konstruktionen entstehen lassen. Der Grundsatz, alles nur so gut wie nötig herzustellen, steht auch hier an erster Stelle.

Dementsprechend sollen in diesem Abschnitt einige grundsätzliche Überlegungen zusammengefasst werden, die zu einer kostengünstigen Schweißkonstruktion beitragen können.

Allgemeine Hinweise:

- Kleinere Nahtvolumina, weniger Schweißkosten, weniger Verzug, geringere Eigenspannungen;
- höherer Schweißnahtfaktor spart Masse, d. h. bspw. im Behälterbau ergibt ein höherer Schweißnahtfaktor (Verschwächungsbeiwert) eine geringere Wanddicke; trotz des höheren Aufwandes zur Herstellung und Prüfung der Naht werden durch weniger Schweißgutmasse und die geringere Wanddicke Kosten gespart;
- Nahtgüte nur so gut wie nötig wählen;
- Vereinheitlichung von Werkstoff und Blechdicken zur Verringerung der Lagerhaltungskosten, besserer Restblechverwaltung und günstigerer Einkaufsbedingungen.

Hinweise zur Nahtvorbereitung und Konstruktion:

- Verbesserung der Brennschnittgüten → Senkung der Nahtvorbereitungszeit (mechanische Bearbeitung kann entfallen oder weniger Schleifarbeit ist notwendig);
- Nahtöffnungswinkel und Wurzelspalt möglichst genau einhalten; Tendenz: lieber kleinere Öffnungswinkel als große Öffnungswinkel;
- eine Schweißkonstruktion aus möglichst wenigen Einzelteilen zusammensetzen;
- Auswahl von Walzprofilen anstatt geschweißter Profile; Umformen, Abkanten oder Biegen statt komplizierte Einzelteile mit vielen unnötigen Nähten zusammenschweißen;
- beidseitige Kehlnähte statt einseitige, Bsp. zwei Kehlnähte mit a = 3 haben nur das halbe Nahtvolumen wie eine Kehlnaht mit a = 6! (Verdopplung des a–Maßes bedeutet eine Verdreifachung des Nahtvolumens);
- bei T-Stößen ab 12 mm Wanddicke von HY- auf DHY-Fugenformen wechseln;
- bei Anschluss eines 'dünnen' Bleches an dicke Bauteile Y+HY-Nahtkombinationen wählen anstatt DHY-Nähte (**Bild 16-9**); gilt für Blechdicken von > 60 mm;
- DV-Naht statt V-Naht bei großen Blechdicken (> 20 mm);
- Einsatz höherfester schweißgeeigneter Werkstoffe → Wanddickenreduzierung;

- Schrumpfung durch Längenzugaben bereits in der Konstruktion der Einzelteile berücksichtigen, um maßhaltig geschweißte Bauteile mit wenig Nacharbeit zu fertigen;
- Einsatz alternativer Schweißprozesse → bspw. Reibschweißen hat den Vorteil, dass man meistens keine Nahtvorbereitung braucht.

Hinweise zum Schweißen und zur Herstellung:

- Verwendung von Zuschnitt- und Brennplänen → geringere Werkstoffverluste (Längenausdehnung bereits erwärmter Bleche bedenken; die nachfolgende Schrumpfung durch Abkühlung könnte zur Unterschreitung der Maßtoleranz führen);
- Schweißfolge und Schweißrichtungen vor dem Schweißen festlegen, um mit wenig Verzug auch wenig Nacharbeit zu haben; Richtarbeiten sollen nicht mehr als 10...20 % der Schweißzeit betragen;
- Schweißnahtquerschnitte allgemein möglichst gering halten, Anzahl der Nähte auf das unbedingt nötige Maß beschränken, nur Mindestabmessungen ausführen;
- unterbrochene Kehlnähte bei großen Nahtlängen;
- Kehlnähte nicht über a = 10 schweißen → überwechseln zur Stumpfnaht;
- Nahtüberhöhung vermeiden;
- Vorrichtungen zum Spannen, Drehen und Wenden der Bauteile verwenden, um in Wannenlage (PA) schweißen zu können;
- gleichzeitiges Schweißen mit mehreren Schweißköpfen → Verringerung des Verzuges und Verdopplung der Abschmelzleistung; symmetrisches (beidseitiges) Schweißen oder zwei Brenner hintereinander (bspw. WP+WIG);
- Kehlnähte mit möglichst wenig Lagen einbringen, minimale Kehlnahtdicken; Grundwerkstoff durch große Einbrandtiefe in das a-Maß einbeziehen;
- Wechsel auf Schweißprozesse mit höherer Abschmelzleistung LBH → MSG → UP, WP (I-Stoß bis 25 mm ohne Schweißzusatz).

Bei der Bemessung von Kehlnähten ist zu berücksichtigen, dass kein „a"-Maß von 10 mm Dicke überschritten wird (**Bilder 16-2 und 16-3**). Bei größeren Blechdicken wird auf andere Nahtarten, wie z. B. DHY oder DHV übergegangen.

Bei Kehlnähten ist ein Mindestabstand vom jeweiligen Bauteilrand e_{min} von mindestens 1.6 · „a" vorzusehen – **Bild 16-4**.

Die „a"-Maße sollten nie aus „Schönheitsgründen" auf gerade Zahlen nach oben aufgerundet werden, da die dafür erforderliche Schweißgutmenge exponentiell mit dem „a"-Maß zunimmt. **Bild 16-4a** zeigt anschaulich die prozentuale Zunahme des Schweißgutvolumens mit der Größe des „a"-Maßes. Eine Vergrößerung des >Werts von a = 3 mm auf a = 4 mm erhöht das Nahtvolumen um 78 %!

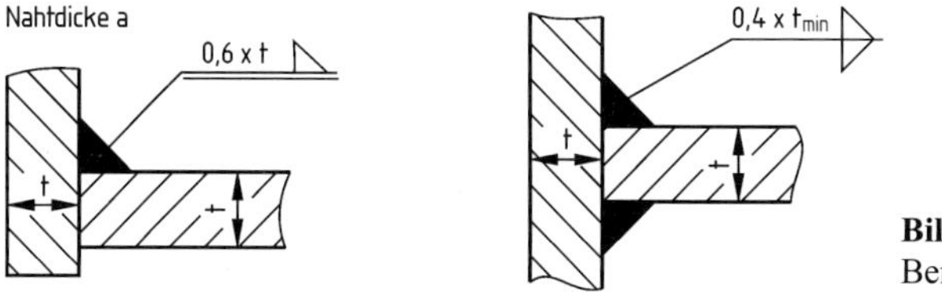

Bild 16-2
Bemessung von Kehlnähten; maximales „a-Maß"

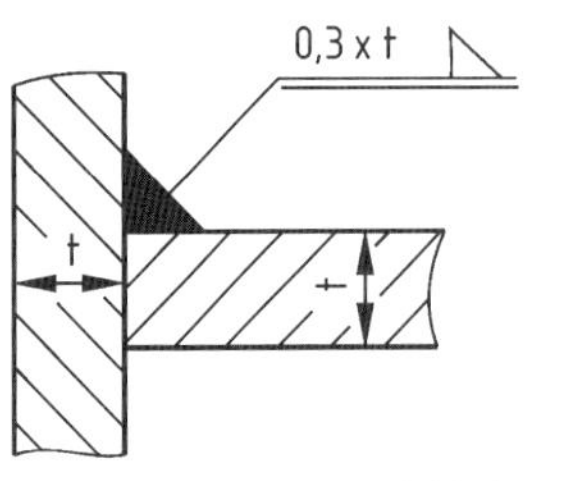

nicht über a 10

t	a
10	3
15	4
20	6
25	7
30	9
40	10

Bild 16-3
Bemessung von Kehlnähten; maximales „a-Maß"

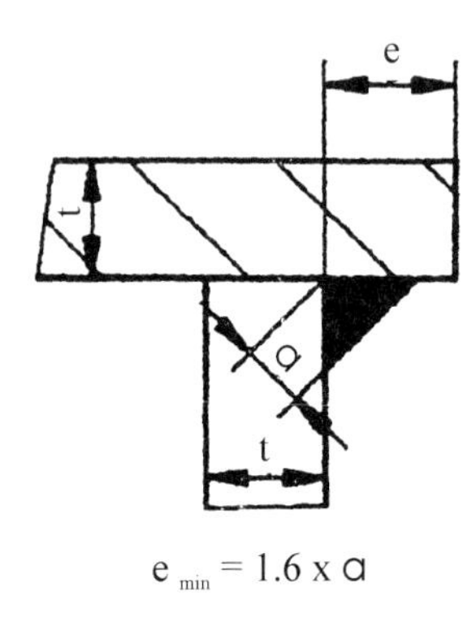

Bild 16-4
Darstellung des Mindestabstandes „e_{min}" vom jeweiligen Bauteilrand bei Kehlnähten

Zunahme Schweißgut
300%
44%
178%
56%
78%
36 cm³/m
25
16
9
6
5
4
3

Bild 16-4a
Schweißgutmenge in Abhängigkeit vom „a"-Maß

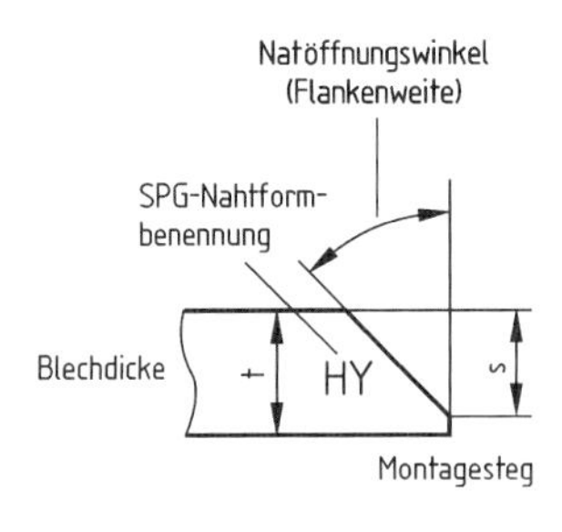

= 50° bei Handschweißung
45° bei Schutzgas CO_2 usw.
40° bei Röhrchen-Fülldraht

Schweißschrägentiefe
(bei Vollanschluss)

t	s	t	s
6	4	22	19
8	5	25	22
10	7	28	25
12	10	30	25
15	12	35	30
18	15		
20	17		

Bild 16-5
Richtwerte für die Bemessung von HY-Stumpfnähten

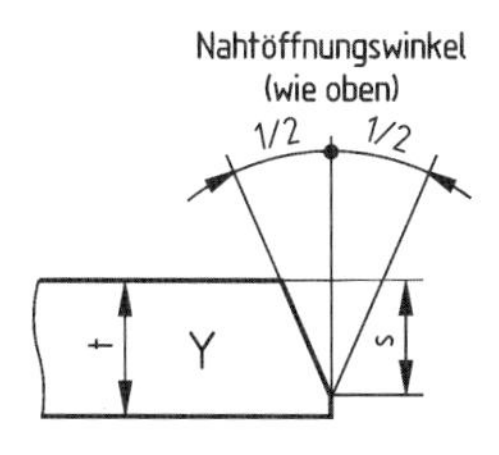

Bezeichnungsbeispiel: t 30 = 25 Y

Schweißschrägentiefe (bei Vollanschluss)

t	s	t	s
6	4	22	19
8	5	25	22
10	7	28	25
12	10	30	25
15	12	35	30
18	15		
20	17		

Bild 16-6
Richtwerte für die Bemessung von Y-Nähten

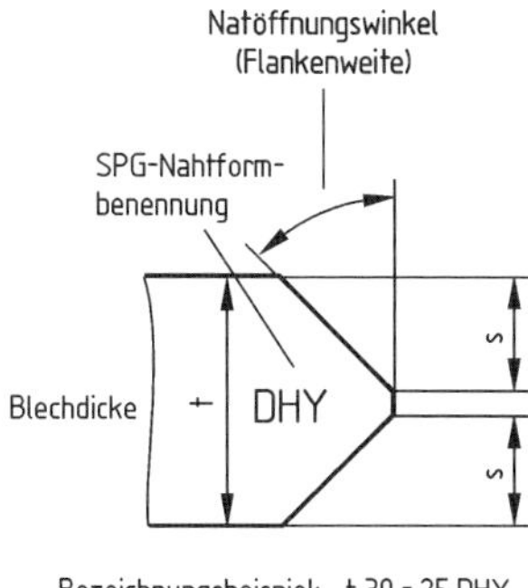

Bezeichnungsbeispiel: t 30 = 25 DHY

= 50° bei Handschweißung
45° bei Schutzgas CO_2 usw.
40° bei Röhrchen-Fülldraht

Schweißschrägentiefe (bei Vollanschluss)

t	s	t	s	t	s
20	9	45	20	80	37
22	10	50	22	85	40
25	11	55	25	90	43
28	13	60	27	100	45
30	14	65	30	110	50
35	16	70	32	120	55
40	18	65	35		

Bild 16-7
Richtwerte für die Bemessung von Doppel-HY-Nähten

Bild 16-5 gibt Richtwerte für die Bemessung von HY-Stumpfnähten an, **Bild 16-6** für Y-Nähte, **Bild 16-7** für Doppel HY-Nähte und **Bild 16-8** für Doppel-Y-Nähte.

90 % der Konstruktionsnähte werden gemäß der **Bilder 16-7 und 16-8** ausgeführt, weil die stützende Wirkung des Stegs die Schrumpfwege reduziert.

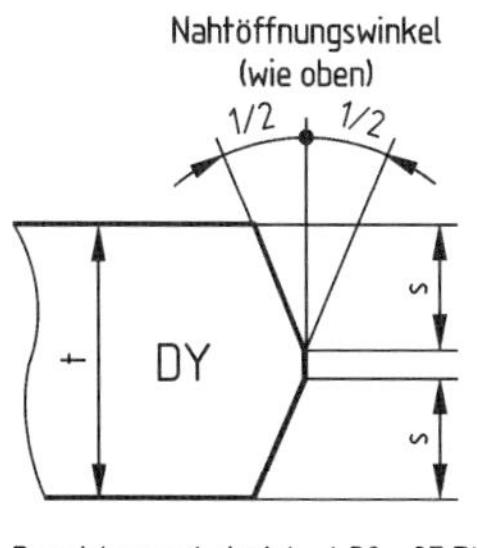

Bezeichnungsbeispiel: t 30 = 25 DY

Schweißschrägentiefe (bei Vollanschluss)

t	s	t	s	t	s
20	9	45	20	80	37
22	10	50	22	85	40
25	11	55	25	90	43
28	13	60	27	100	45
30	14	65	30	110	50
35	16	70	32	120	55
40	18	65	35		

Bild 16-8
Richtwerte für die Bemessung von Doppel-Y-Nähten

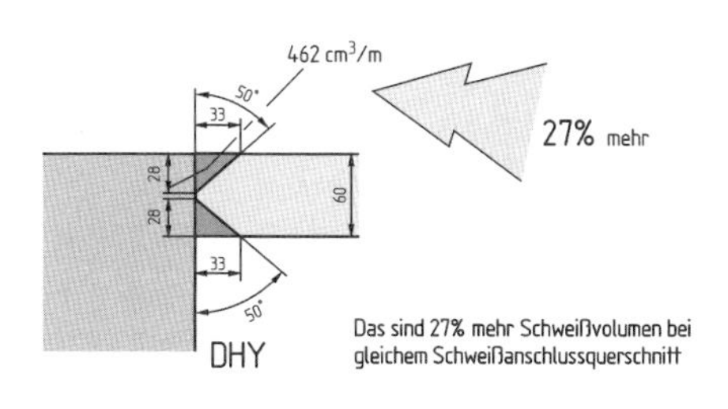

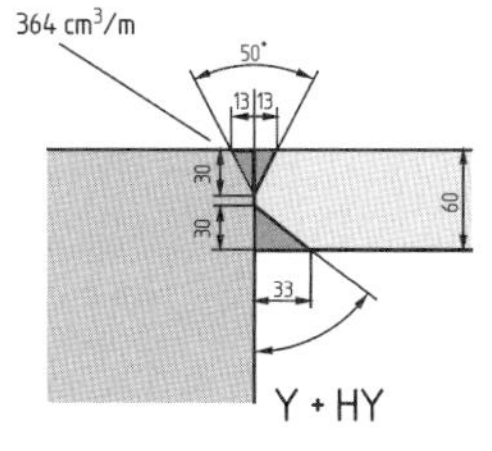

Bild 16-9
Einsparung von Schweißgut durch Kombination verschiedener Nahtformen

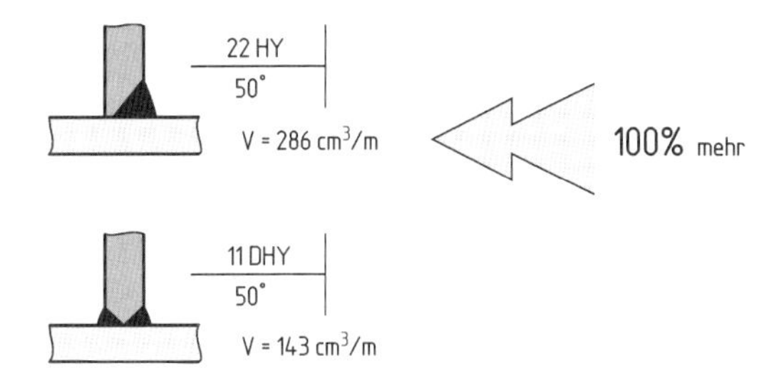

Bild 16-10
Einsparung von Schweißgutmenge [cm³/m] durch beidseitig geschweißte Naht

Bild 16-9 veranschaulicht das Einsparpotenzial an Schweißgut durch geschickte Kombination verschiedener Nahtformen. **Bild 16-10** zeigt schließlich, dass beidseitig zugängliche Nähte sogar bei höherer Belastbarkeit und ohne Winkelschrumpfung mehr als 100 % Schweißgut ersparen können. Durch moderne Schweißprozesse (bspw. EWM) können heute auch einseitig geschweißte Nähte bis Blechdicken von 8 mm ohne Nahtvorbereitung voll durchgeschweißt werden.

Die heutige Mischbauweise – besonders im Fahrzeugbau – fordert von der Verbindungstechnik neue Möglichkeiten. Die Verbindungsfähigkeit der Leichtmetalle mit Stahl ist nur bei ganz besonderen Fügeprozessen gegeben, bspw. beim Reibschweißen, Diffusionsschweißen und Explosions-Schweißen. Zunehmend werden Kombinationen aus Schweiß-Löt-Verbindungen oder reine Lötverbindungen durchgeführt. Auch werden Verbindungen von Metallen mit Kunststoffen gefordert, wo andersartige Fügeverfahren wie Kleben oder alternatives Fügen (Clinchen, Stanznieten) notwendig werden.

Die Niettechnik wurde durch das so genannte Stanznieten wieder neu entdeckt. Hier können Bleche bis ca. 5 mm Dicke ein- und mehrschnittig miteinander verbunden werden. Die Bleche werden mit selbstlochenden Hohlnieten verbunden, die ohne jegliche Bauteilvorbereitung auch mechanisiert mit Robotern gesetzt werden können.

Weiterführende Literatur

Aichele, G., und W. Spreitz: Kostenrechnen und Kostensenken in der Schweißtechnik – Handbuch zum Kalkulieren, wirtschaftlichen Konstruieren und Fertigen. Fachbuchreihe Schweißtechnik Band 145. DVS-Verlag, Düsseldorf 2001.

Aichele, G.: Leistungskennwerte für Schweißen und Schneiden. 2., überarbeitete und erweiterte Auflage. Fachbuchreihe Schweißtechnik Band 72. DVS-Verlag, Düsseldorf 1994.

VDI 2235 (1987-10): Wirtschaftliche Entscheidungen beim Konstruieren; Methoden und Hilfen. Beuth Verlag, Berlin.

VDI 2693 Blatt 1 (1996-01): Investitionsrechnung bei Materialflußplanungen mit Hilfe statischer und dynamischer Rechenverfahren. Beuth Verlag, Berlin

VDI 2693 Blatt 2 (1996-01): Investitionsrechnung bei Materialflußplanungen mit Hilfe statischer und dynamischer Rechenverfahren – Formblatt. Beuth Verlag, Berlin.

17 Qualitätssicherung

Zur Vermeidung von Produktfehlern und Lieferschwierigkeiten nimmt die Qualitätssicherung einen immer stärkeren Platz ein. Je besser die Qualität vom Kunden eingeschätzt wird, desto höher wird sich der Marktanteil einstellen (return on investment). Dabei sollte sich aber die hohe Qualitätsphilosophie auf ein vernünftiges Maß an Qualitätssicherungsmaßnahmen einpendeln.

Elementare Überlegungen sollen im folgenden Kapitel vorgestellt werden.

Vorab aber noch einige wichtige juristische Hinweise, die bei allem Qualitätsdenken eine Rolle spielen müssen.

Das BGB §§ 459 ff. regelt das Vertragsrecht und die vertragliche Haftung (Gewährleistung wegen Mängel der Sache).

Im BGB §§ 823 werden Deliktrecht (Unerlaubte Handlungen – Schadensersatzpflicht), Fehler infolge mangelnder Konstruktion, Herstellung, Instruktion und Produktbeobachtung abgehandelt. Hier kommt die Beweislastumkehr zum Tragen, d. h. der Hersteller muss sich entlasten und nicht der Geschädigte das Verschulden des Herstellers beweisen.

Gleiches (Beweislastumkehr) gilt für das Produkthaftungsgesetz, bei dem eine außervertragliche und verschuldensunabhängige Haftung und Folgeschädenhaftung möglich werden. Der Hersteller hat eine öffentlich-rechtliche Verpflichtung, nur Produkte auf den Markt zu bringen, die den geltenden Sicherheitsbestimmungen entsprechen. Wird dennoch durch den Fehler eines Produktes jemand verletzt oder getötet oder eine Sache beschädigt, so muss der Hersteller des Produktes dem Geschädigten den daraus entstandenen Schaden ersetzen.

Eine belegbare Qualitätsdokumentation zur Absicherung von möglichen Schäden ist daher zwingend erforderlich. Sie dient dazu, den Beweis zu erbringen, dass der Fehler normal im betrieblichen Ablauf nicht hätte auftreten können. Ein Qualitätsmanagementsystem bezieht Produkte, Personen, betriebliche Organisation, Kunden und Unterlieferanten mit ein und ist somit im Streitfall nach dem Produkthaftungsgesetz die einzige Methode, dem Richter klarzumachen, dass der Fehler nicht gewollt war und durchaus hätte vermieden werden können.

Ein solches umfassendes, branchenübergreifendes System ist DIN EN ISO 9000 ff. Für die Schweißtechnik wurde es durch die beiden Normen DIN EN ISO 3834-1 bis -5 und DIN EN ISO 14731 ergänzt.

Für den speziellen Prozess „Schweißen" ist die DIN EN ISO 3834 „Schweißtechnische Qualitätsanforderungen Schmelzschweißen metallischer Werkstoffe" die derzeit anerkannte Norm für qualitätssichernde Maßnahmen. Besonders in Regelwerken gesetzlich geregelter Bereiche wie DIN 18800-7 für den Stahlbau, AD 2000 HP0 für den Druckgerätebau, DIN EN 15085-2 für den Schienenfahrzeugbau, Richtlinie GW 301 für den Rohrleitungsbau und im wehrtechnischen Bereich stehen Forderungen an die Betriebe für schweißtechnische Zulassungen hinsichtlich der Erfüllung von Bedingungen aus DIN EN ISO 3834. Auch in gesetzlich nicht geregelten Bereichen wie z. B. Maschinenbau oder Landmaschinenbau werden Zertifizierungen nach DIN EN ISO 3834 vom Kunden gefordert. Weitere Details sind im folgenden Abschnitt 17.1 beschrieben.

17.1 Schweißtechnische Qualitätsanforderungen und Schweißaufsicht

Während die allgemeinen Anforderungen an ein Qualitätsmanagementsystem in DIN EN ISO 9000 ff. abgehandelt werden, sind für schweißtechnische Belange DIN EN ISO 3834 und DIN EN ISO 14731 richtungweisend. Schweißen wird im Sinne von DIN EN ISO 9001 als ein spezieller Prozess angesehen, so dass es diese speziellen Qualitätsanforderungen geben muss. Viele Firmen in Deutschland, aber auch in anderen europäischen Ländern, sind im Zusammenhang mit ISO 9001 und 9002 auch nach DIN EN ISO 3834 zertifiziert. Gleiches gilt für Betriebe, die Bescheinigungen nach AD Merkblatt HP0, DIN EN 15085 oder DIN 18800-7 besitzen, weil DIN EN ISO 3834 sich auf diese Normen und technischen Regelwerke abstützt (siehe Kapitel 15.2).

Aufgaben und Verantwortung von Schweißaufsichtspersonen sind in DIN EN ISO 14731 beschrieben. Spezielle Fachbereiche haben zum Thema Schweißaufsicht eigene Normen und Vorschriften. Die sind zum Beispiel für den Druckbehälterbau das AD 2000 – Merkblatt HP3, Schweißaufsicht, Schweißer, oder DIN EN 15085-2 – Bahnanwendungen – Schweißen von Schienenfahrzeugen und -fahrzeugteilen – Teil 2: Qualitätsanforderungen und Zertifizierung von Schweißbetrieben.

Wie diese Beispiele zeigen, muss im Einzelfall immer genau recherchiert werden, um alle auf einem Fachgebiet bestehenden Normen zu erfüllen (siehe www.beuth.de).

Aufgaben und Verantwortung der in der Schweißtechnik beschäftigten Personen sind nach DIN EN ISO 14731 eindeutig festzulegen und zu dokumentieren. Dabei ist vom Hersteller einer Schweißkonstruktion mindestens **eine** befugte Schweißaufsichtsperson zu benennen und deren Tätigkeit in einer Stellenbeschreibung festzulegen.

Die Tätigkeiten der Schweißaufsichtsperson und seiner Unterbeauftragten umfassen im Wesentlichen die in **Tabelle 17-1** genannten Arbeiten, wobei der Hersteller eine entsprechende Auswahl trifft. Schweißaufsichtspersonen haben in der Regel technisches Basiswissen (Schweißfachmann), spezielle (Schweißtechniker) und umfassende (Schweißfachingenieur) technische Kenntnisse im Schweißen.

Mindestanforderungen an die Ausbildung, Prüfung und Qualifizierung von Schweißaufsichtspersonen beschreibt DVS-IIW-Richtlinie 1170, Ausgabe Oktober 2008. Die Richtlinie zeigt die Wege (Standardweg, Alternative Wege und Fernlehrgänge) und deren unterschiedliche Unterrichtsvolumina in den vier Fachgebieten Schweißprozesse und -ausrüstung, Werkstoffe und ihr Verhalten beim Schweißen, Konstruktion und Gestaltung, Fertigung und Anwendungstechnik auf. Dabei wird unterschieden zwischen Internationaler Schweißfachingenieur (SFI) = International Welding Engineer (IWE), Internationaler Schweißtechniker (ST) = International Welding Technologist (IWT), Internationaler Schweißfachmann (SFM) = International Welding Specialist (IWS) und Internationaler Schweißpraktiker (SP) = International Welding Practitioner (IWP).

Tabelle 17-1 Relevante schweißtechnische Tätigkeiten

Tätigkeiten
Vertragsüberprüfung – Eignung der Herstellerorganisation für das Schweißen und für zugeordnete Tätigkeiten
Konstruktionsüberprüfung – Entsprechende schweißtechnische Normen – Lage der Schweißverbindung im Zusammenhang mit den Konstruktionsanforderungen – Zugänglichkeit zum Schweißen, Überprüfen und Prüfen – Einzelangaben für die Schweißverbindung – Qualitäts- und Bewertungsanforderungen an die Schweißnähte
Werkstoffe
Grundwerkstoff – Schweißeignung des Grundwerkstoffes – Etwaige Zusatzanforderungen für die Lieferbedingungen der Grundwerkstoffe, einschließlich der Art des Werkstoffzeugnisses – Kennzeichnung, Lagerung und Handhabung des Grundwerkstoffes – Rückverfolgbarkeit
Schweißzusätze – Eignung – Lieferbedingungen – Etwaige Zusatzanforderungen für die Lieferbedingungen der Schweißzusätze, einschließlich der Art des Zeugnisses für die Schweißzusätze – Kennzeichnung, Lagerung und Handhabung der Schweißzusätze
Untervergabe – Eignung eines Unterlieferanten
Herstellungsplanung – Eignung der Schweißanweisungen (WPS) und der Anerkennungen (WPAR) – Arbeitsunterlagen – Spann- und Schweißvorrichtungen – Eignung und Gültigkeit der Schweißerprüfung – Schweiß- und Montagefolgen für das Bauteil – Prüfungsanforderungen an die Schweißungen in der Herstellung – Anforderungen an die Überprüfung der Schweißungen – Umgebungsbedingungen – Gesundheit und Sicherheit
Einrichtungen – Eignung der Schweiß- und Zusatzeinrichtungen – Bereitstellung, Kennzeichnung und Handhabung von Hilfsmitteln und Einrichtungen – Gesundheit und Sicherheit
Schweißtechnische Arbeitsvorgänge
Vorbereitende Tätigkeiten – Zurverfügungstellung von Arbeitsunterlagen. – Nahtvorbereitung, Zusammenstellung und Reinigung – Vorbereitung zum Prüfen bei der Herstellung – Eignung des Arbeitsplatzes einschließlich der Umgebung

Tabelle 17-1 Fortsetzung

Tätigkeiten
Schweißen – Einsatz der Schweißer und Anweisungen für die Schweißer – Brauchbarkeit oder Funktion von Einrichtungen und Zubehör – Schweißzusätze und -hilfsmittel! – Anwendung von Heftschweißungen – Anwendung der Schweißparameter – Anwendung etwaiger Zwischenprüfungen – Anwendung und Art der Vorwärmung und Wärmenachbehandlung – Schweißfolge – Nachbehandlung
Prüfung
Sichtprüfung – Vollständigkeit der Schweißungen – Maße der Schweißungen – Form, Maße und Grenzabmaße der geschweißten Bauteile – Nahtaussehen
Zerstörende und zerstörungsfreie Prüfung – Anwendung von zerstörenden und zerstörungsfreien Prüfungen – Sonderprüfungen
Bewertung der Schweißung – Beurteilung der Überprüfungs- und Prüfergebnisse – Ausbesserung von Schweißungen – Erneute Beurteilung der ausgebesserten Schweißungen – Verbesserungsmaßnahmen
Dokumentation – Vorbereitung und Aufbewahrung der notwendigen Berichte (einschließlich der Tätigkeiten von Unterbeauftragten)

Schweißtechnische Qualitätsanforderungen im Speziellen regelt DIN EN ISO 3834. In Zusammenarbeit mit ISO/TC44, CEN/TC121 und NAS 092 bestehen die gleichen Nummern für alle Teile der DIN EN ISO 3834 wie sie für ISO 3834 existieren:

- Teil 1: Kriterien für die Auswahl der geeigneten Stufe der Qualitätsanforderungen
- Teil 2: Umfassende Qualitätsanforderungen
- Teil 3: Standard-Qualitätsanforderungen
- Teil 4: Elementar-Qualitätsanforderungen
- Teil 5: Dokumente, deren Anforderungen erfüllt werden müssen, um die Übereinstimmung mit den Anforderungen nach ISO 3834-2, ISO 3834-3 oder ISO 3834-4 nachzuweisen.

DIN EN ISO 3834 wird vorzugsweise angewendet, um schweißtechnische Qualitätsparameter für Hersteller, Ausschüsse, Prüfstellen etc. festzulegen und zwar bereits im Stadium der Konstruktion und Vertragsverhandlung.

DIN EN ISO 3834-2, -3 und -4 enthalten komplette Sätze von Qualitätsanforderungen zur Prozesskontrolle für alle Schmelzschweißprozesse und dürfen für sich allein oder in Verbindung mit ISO 9001 vom Hersteller angewendet werden.

Die wesentlichen Elemente für die einzelnen Teile der Norm zeigt die **Tabelle 17-2**:

Tabelle 17-2 Gesamtübersicht über die schweißtechnischen Qualitätsanforderungen mit Bezug auf ISO 3834-2, ISO 3834-3 und ISO 3834-4

<table>
<tr><th>Nr.</th><th>Element</th><th>ISO 3834-2</th><th>ISO 3834-3</th><th>ISO 3834-4</th></tr>
<tr><td rowspan="2">1</td><td rowspan="2">Prüfung der Anforderungen</td><td colspan="3">Prüfung wird gefordert</td></tr>
<tr><td>Dokumentation wird gefordert</td><td>Dokumentation kann gefordert werden</td><td>Dokumentation wird nicht gefordert</td></tr>
<tr><td rowspan="2">2</td><td rowspan="2">Technische Prüfung</td><td colspan="3">Prüfung wird gefordert</td></tr>
<tr><td>Dokumentation wird gefordert</td><td>Dokumentation kann gefordert werden</td><td>Dokumentation wird nicht gefordert</td></tr>
<tr><td>3</td><td>Untervergabe</td><td colspan="3">Behandlung wie ein Hersteller für die speziellen Produkte, Dienstleistungen und/oder Aktivitäten, die untervergeben werden. Unabhängig davon bleibt die Endverantwortung für die Qualität beim Hersteller.</td></tr>
<tr><td>4</td><td>Schweißer und Bediener</td><td colspan="3">Prüfung wird gefordert</td></tr>
<tr><td>5</td><td>Schweißaufsichtspersonal</td><td colspan="2">wird gefordert</td><td>keine spezielle Anforderung</td></tr>
<tr><td>6</td><td>Überwachungs- und Prüfpersonal</td><td colspan="3">Qualifizierung wird gefordert</td></tr>
<tr><td>7</td><td>Produktions- und Prüfeinrichtungen</td><td colspan="3">geeignet und verfügbar, wie erforderlich, für Vorbereitung, Prozessausführung, Prüfen, Transport und Anheben in Verbindung mit den Sicherheitseinrichtungen und den Schutzbekleidungen</td></tr>
<tr><td rowspan="2">8</td><td rowspan="2">Instandhaltung der Einrichtung</td><td colspan="2">notwendig, wie erforderlich, bereitzustellen, instand zu halten und die Produktkonformität zu erzielen</td><td rowspan="2">keine spezielle Anforderung</td></tr>
<tr><td>dokumentierte Pläne und Aufzeichnungen werden gefordert</td><td>Aufzeichnungen werden empfohlen</td></tr>
<tr><td>9</td><td>Beschreibung der Einrichtungen</td><td colspan="2">Liste wird gefordert</td><td>keine spezielle Anforderung</td></tr>
<tr><td rowspan="2">10</td><td rowspan="2">Fertigungsplanung</td><td colspan="2">wird gefordert</td><td rowspan="2">keine spezielle Anforderung</td></tr>
<tr><td>dokumentierte Pläne und Aufzeichnungen werden gefordert</td><td>dokumentierte Pläne und Aufzeichnungen werden empfohlen</td></tr>
<tr><td>11</td><td>Schweißanweisungen</td><td colspan="2">wird gefordert</td><td>keine spezielle Anforderung</td></tr>
<tr><td>12</td><td>Qualifizierung der Schweißverfahren</td><td colspan="2">wird gefordert</td><td>keine spezielle Anforderung</td></tr>
<tr><td>13</td><td>Losprüfung</td><td>falls gefordert</td><td colspan="2">keine spezielle Anforderung</td></tr>
<tr><td>14</td><td>Lagerung und Handhabung der Schweißzusätze</td><td colspan="2">ein Verfahren wird gefordert, das in Übereinstimmung mit den Empfehlungen des Lieferanten ist</td><td>in Übereinstimmung mit den Empfehlungen des Lieferanten</td></tr>
</table>

Tabelle 17-2 Fortsetzung

Nr.	Element	ISO 3834-2	ISO 3834-3	ISO 3834-4
15	Lagerung der Grundwerkstoffe	Schutz gegen Umwelteinflüsse wird gefordert; Kennzeichnung muss bei der Lagerung erhalten bleiben		keine spezielle Anforderung
16	Wärmenachbehandlung	Bestätigung, dass die Anforderungen der Produktnorm oder der Spezifikationen voll erfüllt worden sind		keine spezielle Anforderung
		Verfahren, Aufzeichnung und Rückverfolgbarkeit der Aufzeichnung zum Produkt werden gefordert	Verfahren und Aufzeichnungen werden gefordert	
17	Überwachung und Prüfung bevor, während und nach dem Schweißen	wird gefordert		falls gefordert
18	Mangelnde Übereinstimmung und Korrekturmaßnahmen	Kontrollmaßnahmen müssen eingeführt sein Verfahren für Reparatur und/oder Korrektur werden gefordert		Kontrollmaßnahmen müssen eingeführt sein
19	Kalibrierung und Validierung der Mess-, Überwachungs- und Prüfgeräte	wird gefordert	falls gefordert	keine spezielle Anforderung
20	Kennzeichnung während der Verarbeitung	falls gefordert		keine spezielle Anforderung
21	Rückverfolgbarkeit	falls gefordert		keine spezielle Anforderung
22	Qualitätsaufzeichnungen	falls gefordert		

Diese Regelungen bedeuten u. a., dass vom Hersteller bzw. Vertragspartner vor, während und nach dem Schweißen Überprüfungen durchgeführt und bestimmte Vorgaben dokumentiert werden müssen. Dazu einige Anmerkungen, auf die man achten sollte:

- Vertrag: Festlegungen treffen für Materialbeschaffung, Schweißpersonal, Unterauftragnehmer, Abnahmeprüfungen, Schweißen in gesetzlich geregelten Bereichen, Schweißanweisungen.
- Konstruktion: Anforderungs- und anwendungsgerechte Gestaltung prüfen.
- Unterlieferant: Qualitätsgerechte Fertigung für Schweißen, Wärmebehandlung, zerstörungsfreie Prüfungen, Oberflächenbehandlung kontrollieren.
- Material: Normgerechte Bezeichnung, Prüfprotokolle, Zeugnisse, Toleranzen in Abmessung und Beschaffenheit, Rückverfolgbarkeit (Umstempelung) festlegen.
- Personal: Sind geprüfte Schweißer (nach DIN EN 287 bzw. DIN EN ISO 9606) oder Bediener (nach DIN EN1418) richtig eingesetzt?, Schweißaufsicht (DIN EN ISO 14731) und Prüfer (DIN EN 473) bestimmen.
- Betriebliche Einrichtungen: Wird eine regelmäßige Kontrolle, Kalibrierung und Wartung der Schweiß- und Prüfgeräte durchgeführt? Sind Sicherheitseinrichtungen gegen Lärm, Strahlung, Rauche, Staub, Hitze vorhanden?
- Schweiß zusätze: Eignung (Zulassung, CE-Kennzeichnung etc.), Lagerung, Handhabung, Losprüfung.
- Dokumen tation: Schweißanweisung, Zeugnisse für Grundwerkstoffe und Schweißzusätze, Protokolle über zerstörungsfreie Prüfungen, Wärmebehandlungen, Schweißfolge aushändigen lassen.

17.2 Schweißen in gesetzlich geregelten Bereichen

Bei Schweißaufgaben unterscheidet man zwischen geregelten und nicht geregelten Bereichen.

Zu den nicht geregelten Bereichen gehört zum Beispiel der Maschinenbau. Hier sind keine speziellen Nachweise eines Betriebes erforderlich. Jedoch müssen immer Schweißer mit gültigen Schweißerprüfungen nach DIN EN 287-1 (für Stahl) eingesetzt werden.

Geregelte Bereiche, auch gesetzlich geregelte Bereiche genannt, sind technische Industriebereiche, für die es neben den allgemein gültigen Normen eigene Verordnungen, Verwaltungsvorschriften und Regeln der Technik gibt. Basis aller technischen Regeln sind Rechtsverordnungen (Gesetze), die von der Bundesregierung mit Zustimmung des Bundesrates erlassen wurden. Technische Regeln werden laufend dem Stand der Technik angepasst und stellen, abgestützt auf einem Gesetz langfristig den rechtlichen Rahmen dar.

Betriebe, die innerhalb dieser geregelten Bereiche Schweißarbeiten tätigen, benötigen separate Nachweise, Bescheinigungen oder Zulassungen. Anderenfalls dürfen keine Schweißarbeiten ausgeführt werden.

Diese Bereiche und Nachweise sind u. a.:

Gesetzlich geregelter Bereich	*Erforderlicher Nachweis für Betriebe*
Stahlbau	Herstellernachweis nach DIN 18800-7
Aluminiumtragwerke	Eignungsnachweis nach DIN EN 1999-1-1 und DIN EN 1999-1-1 NA (Nationaler Anhang)
Schweißen an Betonstählen	Eignungsnachweis nach DIN EN ISO 17660-1 bzw. -2
Schweißen im Schienenfahrzeugbau (Bereich Bundesbahn)	Bescheinigung nach DIN EN 15085-2
Druckbehälter	AD Merkblatt HP 0-Zulassung
Dampfkessel	AD Merkblatt HP 0-Zulassung
Aufzüge	Herstellernachweis nach DIN 18800-7
Rohrleitungen	DVGW Richtlinie GW 301
Schiffbau	Klassifizierungsvorschriften des Germanischen Lloyd
Wehrtechnisches Gerät	Eignungsnachweis nach DIN 2303

Anmerkung Rohrleitungen:

Nachweise für den Rohrleitungsbau sind sowohl abhängig von Druck, Temperatur und Medium innerhalb der Rohrleitung, dem Rohrleitungsdurchmesser als auch vom Bereich, im dem diese Rohrleitung eingesetzt wird. Zählt der Einsatzbereich zu den Druckbehältern, so muss der Betrieb einen Nachweis nach AD Merkblatt erbringen. Wird die Rohrleitung im Bereich des DVGW eingesetzt, ist eine Zulassung nach DVGW Merkblatt notwendig. Im Rohrleitungsbau für Fernwärmeleitungen benötigt eine Firma einen Nachweis nach Blatt FW601 der AGFW (Arbeitsgemeinschaft Fernwärme).

Anmerkung Geräte- und Produktsicherheitsgesetz (GPSG):

Am 1. Mai 2004 trat das Geräte- und Produktsicherheitsgesetz (GPSG) in Kraft. Es fasst das bestehende Gerätesicherheitsgesetz (GSG) und das Produktsicherheitsgesetz (ProdSG) zusammen und setzt die EU-Produktsicherheitsrichtlinie von 2001 in nationales Recht um. Mit dem GPSG wird ein umfassendes Gesetz für technische Produkte geschaffen. Es behandelt nicht nur technische Arbeitsmittel, sondern auch Verbraucherprodukte.

Das Gesetz über technische Arbeitsmittel (Gerätesicherheitsgesetz) gilt auch für die Errichtung und den Betrieb überwachungsbedürftiger Anlagen, die gewerblichen oder wirtschaftlichen Zwecken dienen oder durch die Beschäftigte gefährdet werden können.

Überwachungsbedürftige Anlagen im Sinne dieses Gesetzes sind:

- Dampfkesselanlagen mit Ausnahme von Dampfkesselanlagen auf Seeschiffen,
- Druckbehälteranlagen außer Dampfkesseln,
- Anlagen zur Abfüllung von verdichteten, verflüssigten oder unter Druck gelösten Gasen,
- Leitungen unter innerem Überdruck für brennbare, ätzende oder giftige Gase, Dämpfe oder Flüssigkeiten,
- Aufzugsanlagen,
- Anlagen in explosionsgefährdeten Bereichen,
- Getränkeschankanlagen und Anlagen zur Herstellung kohlensaurer Getränke,
- Acetylenanlagen und Calciumcarbidlager,
- Anlagen zur Lagerung, Abfüllung und Beförderung von brennbaren Flüssigkeiten.

Mit der Inkraftsetzung des GSG im Jahre 2003 und des GPSG im Jahre 2004 wurden gleichzeitig die Dampfkesselverordnung, Druckbehälterverordnung, Aufzugsverordnung, Acetylenverordnung und die Verordnung über Gashochdruckleitungen komplett außer Kraft gesetzt.

Bauaufsichtlicher Bereich (Stahlbau etc.)

In den jeweiligen Landesbauordnungen der Länder der Bundesrepublik Deutschland ist zunächst definiert, was unter bauliche Anlagen zu verstehen ist. Auszug aus der LBO Baden-Württemberg, § 2:

„Bauliche Anlagen sind unmittelbar mit dem Erdboden verbundene, aus Bauprodukten hergestellte Anlagen. Eine Verbindung mit dem Erdboden besteht auch dann, wenn die Anlage durch eigene Schwere auf dem Boden ruht oder wenn die Anlage nach ihrem Verwendungszweck dazu bestimmt ist, überwiegend ortsfest benutzt zu werden."

Um die Anforderungen der Landesbauordnung zu erfüllen, sind gemäß §3 dieses Gesetzes die allgemein anerkannten Regeln der Technik zu beachten. Diese sind die von der obersten Bauaufsichtsbehörde als Technische Baubestimmungen eingeführten Regeln. Für den Stahlbau im bauaufsichtlichen Bereich gelten derzeit (Jan. 2011) noch die Normen der Reihe DIN 18800 ff. als anerkannte Regeln der Technik und sind somit im Rahmen der Herstellung von Stahlbauten zu beachten. Im Zuge der Harmonisierung von Normen sind weitere insbesondere DIN EN Normen anzuwenden, u. a. DIN EN 1090. Siehe dazu Kapitel 15.1.

Auszug aus der LBO Baden-Württembergs, § 1:

„(1) Für

1. die Ausführung von Schweißarbeiten zur Herstellung tragender Stahlbauteile,

2. die Ausführung von Schweißarbeiten zur Herstellung tragender Aluminiumbauteile,

3. die Ausführung von Schweißarbeiten zur Herstellung von Betonstahlbewehrungen,

...

müssen der Hersteller und der Anwender über Fachkräfte mit besonderer Sachkunde und Erfahrung sowie über besondere Vorrichtungen verfügen."

Der erforderliche Nachweis ist die Herstellerqualifikation Klasse A bis E nach DIN 18800-7. Sie wird durch die Nachweise nach DIN EN 1090 bis 01.07.2012 ersetzt worden sein.

Die DIN 18800-7, Ausgabe September 2002, bildet somit noch die Grundlage für die Herstellerqualifikation der Unternehmen. Die Durchführung der Betriebsprüfung und die Ausstellung der Bescheinigung erfolgen nach DVS-Richtlinie 1704.

Prüf-, Zertifizierungs- und Überwachungsstellen für eine Herstellerqualifizierung sind gem. § 25 der LBO zugelassene Personen, Stellen oder Überwachungsgemeinschaften.

Geschweißte Stahlbauten werden entsprechend ihren unterschiedlichen schweißtechnischen Anforderungen und Einsatzbereichen in die Klassen A bis E eingeteilt. Für die jeweiligen Klassen sind die Geltungsbereiche und Anforderungen in den Tabellen 9 bis 13 der DIN 18800-7 dargestellt.

In bestimmten Anwendungsbereichen, so u. a. Krane nach DIN 15018 oder fliegende Bauten nach DIN EN 13782 und DIN EN 13814 wird für die Herstellung eine Herstellerqualifikation nach DIN 18800-7 durch die Anwendungsnorm vorgeschrieben.

Eine Bescheinigung nach DIN 18800-7 kann auch durch einen Vertrag vom Auftraggeber als Nachweis der Eignung zum Schweißen bestimmter Produkte verlangt werden.

Ein Verzeichnis über Betriebe, die ihre Eignung zum Schweißen von Stahlbauten nachgewiesen haben (= Normalfall), findet man auf der Internetseite http://195.37.113.138/, die von der Schweißtechnischen Lehr- und Versuchsanstalt SLV Duisburg gepflegt wird.

Zuordnung der Klasseneinteilung in Anwendungsbereiche ist in **Tabelle 17-3** ersichtlich.

Ein Großer Eignungsnachweis nach der alten Ausgabe der DIN 18800-7 von 1983 heißt im heutigen Sprachgebrauch, Ausgabe 2002, „Herstellernachweis Klasse E".

Geltungsdauer aller Nachweise beträgt jeweils maximal 3 Jahre.

Anforderungen an das schweißtechnische Personal:

Dem Betrieb muss mindestens eine, dem Fertigungsbetrieb ständig angehörende und auf dem Gebiet des Stahlbaus, erfahrene Schweißaufsicht zur Verfügung stehen.

Die erforderliche Stufe der technischen Kenntnisse der Schweißaufsicht richtet sich nach den zu verarbeitenden Werkstoffen und der Einstufung der Bauteile entsprechend der Tabelle 14 der DIN 18800-7.

Sofern mehrere Schweißaufsichtspersonen benannt werden, müssen die Verantwortungsbereiche der jeweiligen Schweißaufsicht und seiner Vertreter festgelegt werden.

Die Schweißaufsichtspersonen müssen die Aufgaben und Verantwortungen der DIN EN ISO 14731 erfüllen und während der gesamten Betriebsprüfung anwesend sein (siehe Kapitel 17.1).

Tabelle 17–3 Herstellerqualifikationen A bis E und deren Grenzen der Gültigkeit für geschweißte Produkte

Herstellerqualifikation					
Klasseneinteilung nach DIN 18800-7 Ausgabe 09/2002	A	B	C	D	E
Eignungsnachweis nach DIN 18800-7 Ausgabe 05/ 1983	Kein Nachweis notwendig	Kleiner Eignungsnachweis	Kleiner Eignungsnachweis mit Erweiterung	Großer Eignungsnachweis	
Beanspruchung	vorwiegend ruhend				nicht vorwiegend ruhend
Qualitätsanforderung	Elementar **ISO 3834-4**	Standard **ISO 3834-3**			Umfassend **ISO 3834-2**
Schweißaufsicht	keine Anforderung	SFM/EWS	ST/EWT SFM bei Serienproduktion	SFI/EWE ST bei Serienproduktion	SFI/EWE
Mechanisierungsgrad der Schweißverfahren	manuell / teilmechanisch		manuell / teilmechanisch vollmechanisch / automatisch		
Überschweißen von Fertigungsbeschichtungen	nicht zulässig		zulässig		
Bolzenschweißen	nicht zulässig		zulässig		
Werkstoffe	Walzstahl bis S275		Walzstahl Nichtrostender Stahl Wetterfeste Stahl Stahlguss bis S275 Bei reiner Druckbeanspruchung bis S355	alle Werkstoffe nach Norm	
Erzeugnisdicken	≤16mm	≤22mm	≤30mm	keine Begrenzung	
Stirn-, Kopf- und Fußplatten	≤30mm		≤40mm	keine Begrenzung	
Stützweiten/ Höhenbegrenzung	max. 20m		max. 30m	keine Begrenzung	
Treppen	≤5m	keine Begrenzung			
Bühnen / Laufstege	≤5kN/m^2		keine Begrenzung		
Geländer	≤0,5kN/m	keine Begrenzung			

Das schweißtechnische Personal muss folgende Qualifikation erfüllen:

Schweißer	Je Schweißprozess mindestens zwei Schweißer mit gültigen Schweißerprüfbescheinigungen nach DIN EN 287-1, wobei das Kehlnahtprüfstück nachzuweisen ist
Schweißen von Rohrknoten nach ehemals DIN 18808*	Zusätzlich gültige Prüfungen nach DIN EN 287-1 (Rohrschweißung) mit Durchstrahlungsprüfung und zusätzlich Arbeitsprobe nach DIN 18808*, Bild 15
Bediener von vollmechanisierten bzw. automatisierten Schweißeinrichtungen	Je Schweißprozess mindestens zwei Schweißer mit gültigen Schweißerprüfbescheinigungen nach DIN EN 1418 (bzw. ISO 14732) für Schweißer und Bediener in der Luft- und Raumfahrt gilt DIN ISO 24394

* DIN 18808 wurde 12/2010 zurückgezogen. Als Ersatz gelten DIN EN 1993-1-1, DIN EN 1993-1-1 NA, DIN EN 1993-1-8 und DIN EN 1993-1-8 NA

Eignungsnachweis nach DIN EN 1999-1-1 und DIN EN 1999-1-1 NA –
Schweißen von tragenden Bauteilen aus Aluminium (früher DIN 4113):

- die Richtlinie des DIBt Schweißen von tragenden Bauteilen aus Aluminium, Fassung 10/1986 ist zu beachten, zu beziehen bei www.dibt.de (Deutsches Institut für Bautechnik)
- Schweißaufsicht muss ein Schweißfachingenieur mit Kenntnissen zum Schweißen von Aluminium sein oder ein Schweißfachmann bzw. Schweißtechniker mit einer Zusatzausbildung zum Schweißen von Aluminium
- zugelassene Schweißprozesse: WIG, MIG, BS (Bolzenschweißen mit Spitzenzündung)
- mindestens zwei dem Betrieb ständig angehörige, geprüfte Schweißer nach DIN EN ISO 9606-2
- Nachweis von Schweißanweisungen (WPS)
- Geltungsdauer: max. 3 Jahre.

Eignungsnachweis nach DIN EN ISO 17660-1 und -2 –
Schweißen von Betonstahl (früher DIN 4099):

- Werkstoffe: Betonstähle nach DIN 488-1 und -2 sowie nach DIN EN 10080 oder schweißgeeignete Betonstähle mit bauaufsichtlicher Zulassung
- Schweißaufsicht mit Zusatzausbildung nach DVS 1175 (Schweißfachmann, Schweißtechniker, Schweißfachingenieur)
- zugelassene Schweißprozesse: E, MAG, RA (Abbrennstumpfschweißen), GP (Gaspressschweißen), RP (Widerstandspunktschweißen)
- nach DIN EN 287–1 und nach DVS 1146 geprüfte Schweißer (mindestens zwei ständig dem Betrieb angehörig)
- Nachweis von Schweißanweisungen (WPS)
- Geltungsdauer: max. 3 Jahre.

Bescheinigung nach DIN EN 15085

Für den Bereich der Eisenbahnen des Bundes ist das Eisenbahnbundesamt (EBA) die zuständige Aufsichtsbehörde. Für die nicht bundeseigenen Eisenbahnen (NE-Bahnen) sind die Landesbehörden zuständig.

Betriebe, die Schweißarbeiten in der Neufertigung, einschließlich des Fertigungsschweißens, oder in der Instandhaltung ausführen wollen, müssen ihre Eignung nach DIN EN 15085 Teil 2 nachgewiesen haben. Der Nachweis gilt als erbracht, wenn von einer anerkannten Stelle die Bescheinigung dazu erteilt wurde. Dies erfolgt nach einer Betriebsprüfung analog dem Verfahren im Stahlbau (DIN 18800-7).

Herstellerqualifikation für den Bau von Eisenbahnbrücken nach Richtlinie 804

Der Hersteller von Eisenbahnbrücken aus Stahl hat einer anerkannten Stelle (vom Eisenbahn-Bundesamt ernannt) gegenüber den Nachweis zu erbringen, dass die Anforderungen gemäß Regelwerk erfüllt sind und der Betrieb über geeignetes Personal sowie Fertigungseinrichtungen verfügt.

Nach erfolgreicher Betriebsprüfung wird eine Herstellerqualifikation Klasse E (DIN 18800-7) mit Erweiterung auf die Richtlinie 804 ausgestellt.

Zulassung nach DIN 2303 – Qualitätsanforderungen an Herstell- und Instandsetzungsbetriebe für wehrtechnische Produkte

Für die Herstellung und Instandsetzung von wehrtechnischen Produkten muss der Betrieb einer anerkannten Stelle gegenüber den Nachweis erbringen, dass die Anforderungen gemäß Regelwerk erfüllt sind und der Betrieb über geeignetes Personal sowie Fertigungseinrichtungen verfügt. Anerkannte Stellen werden vom Wehrwissenschaftlichen Institut für Werk-, Explosiv- und Betriebsstoffe (WIWEB) ernannt.

17.3 Schweißnaht – Verfahren und Möglichkeiten der Prüfung

Bei der Schweißnahtprüfung wird prinzipiell zwischen zerstörenden und zerstörungsfreien Verfahren unterschieden. Da die zerstörungsfreie Prüfung (ZfP) den weitaus größeren Anteil einnimmt, sollen nachfolgend diese Verfahren kurz vorgestellt und die zerstörende Prüfung nur genannt werden.

DIN EN ISO 6892-1	Zugversuch, Prüfverfahren bei Raumtemperatur
DIN EN ISO 6892-2	Zugversuch, Prüfverfahren bei erhöhter Temperatur
DIN EN 10045-1	Kerbschlagbiegeversuch nach Charpy
DIN EN ISO 5173	Biegeprüfung an Schweißnähten
DIN EN 1320	Bruchprüfung an Schweißnähten
DIN EN 895	Querzugversuch an Schweißnähten
DIN EN 875	Kerbschlagbiegeversuch an Schweißnähten
DIN EN 1043-1	Härteprüfung für Lichtbogenschweißverbindungen
DIN EN 1043-2	Mikrohärteprüfung an Schweißnähten
DIN EN ISO 6506-1	Härteprüfung nach Brinell
DIN EN ISO 6507-1	Härteprüfung nach Vickers
DIN EN ISO 17641-1	Heißrissprüfung für Schweißungen
DIN EN ISO 17642-1	Kaltrissprüfung für Schweißungen

Zerstörungsfreie Werkstoff-/Schweißnahtprüfungen (Auswahl):

DIN EN 571-1	Eindringprüfung (Farbeindringverfahren)
DIN EN ISO 17638	Magnetpulverprüfung an Schweißverbindungen
DIN EN 1712	Ultraschallprüfung von Schweißverbindungen
DIN EN 1435	Durchstrahlungsprüfung von Schmelzschweißverbindungen

Kurz zusammengefasst können mit den nachfolgend im Detail erläuterten Verfahren folgende Fehler festgestellt werden:

Verfahren	Feststellbare Fehler
Farbeindringprüfung	Risse, die zur Werkstückoberfläche hin offen sind (klaffend)
Magnetpulverprüfung	Risse, die sich bis 2 mm unterhalb der Werkstückoberfläche befinden und zur Anzeige nicht klaffen müssen
Ultraschallprüfung	Wurzelfehler, Bindefehler, Poren, Risse, Dopplungen, allgemein Ungänzen im Werkstoff, Kontaktflächenfehler beim Löten
Durchstrahlungsprüfung (Röntgen)	Wurzelfehler, Bindefehler, Poren, Ungänzen im Werkstoff, Risse

Farbeindringverfahren (FE)

Die Durchführung des Farbeindringverfahrens, oft auch mit der Herstellerbezeichnung MET-L-CHEK-Prüfverfahren benannt, erfolgt nach DIN EN 571.

Wirkungsweise:

Gefärbte Flüssigkeiten (Penetrieröle) mit sehr niedriger Oberflächenspannung (niedrige Viskosität) dringen aufgrund der Kapillarwirkung in mikrofeine Risse und Poren (bis 0,25 µm Spaltbreite) bei ausreichend langer Einwirkzeit; bringt man auf solche Stellen saugfähige Kontrastmittel, so werden die Penetrieröle an die Oberfläche „gezogen", „gesaugt" und dadurch Materialtrennungen (Risse) sichtbar. Ablauf siehe **Bild 17-1**.

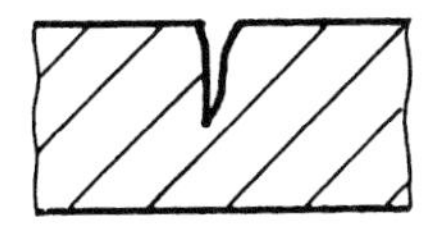

a) **Oberfläche reinigen**

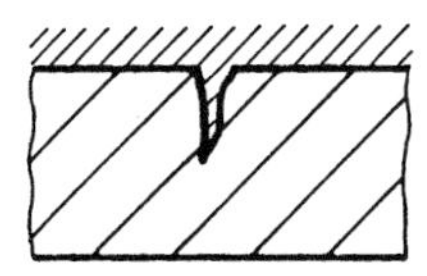

b) **Oberfläche mit Eindringflüssigkeit besprühen**

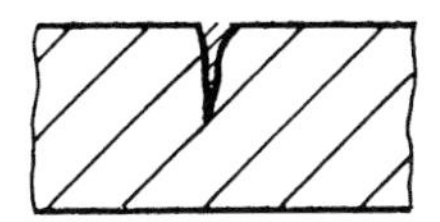

c) **Eindringflüssigkeit von der Oberfläche entfernen; Eindringflüssigkeit verbleibt im Riß**

d) **Entwickler aufbringen, der die Eindringflüssigkeit aus dem Riß saugt (breitere Anzeige)**

Bild 17-1
Darstellung der Vorgehensweise bei der Eindringprüfung

Voraussetzungen:

Der Fehler muss zur Oberfläche hin offen sein (klaffender Riss mit einer Spaltbreite von 1 bis 2 µm), um das Eindringen der Flüssigkeit zu ermöglichen; Überzüge: Farbe, Kunststoff-, Rost- und Zunderschichten, Öle und Fette müssen vorher entfernt werden; die FE-Flüssigkeit muss vom Werkstoff angenommen werden (Plastomere gehen nicht).

Typische Fehleranzeigen:

Kaltrisse, Heißrisse, Schleifrisse, Poren und Porenenester verschiedener Größe, sofern die Poren nach außen offen sind, Risse aufgrund von Spannungsrisskorrosion

Anwendung für:

unlegierte und legierte Stähle, Plattierungen, Schweißungen, Stahl- und Grauguss, Hartmetalle, Kupfer, bei Kunststoffen und Keramik nur bedingt einsetzbar, da es hier Penetrierprobleme gibt.

Zu beachten ist, dass die Einwirkzeit, abhängig von Werkstoff und Fehlerart, in jedem Fall eingehalten wird. Sie beträgt in der Regel zwischen 3 und 20 Minuten und wird vom Hersteller der Flüssigkeiten angegeben. Die Werkstücktemperatur darf bei der Prüfung 70 °C nicht überschreiten. Ausnahmen bilden spezielle Mittel, die bis 175 °C noch eine FE-Prüfung erlauben. Bei Temperaturen < 5 °C erhöht sich die Einwirkdauer um Faktor 2 (Grenztemperaturen der Hersteller beachten).

Bilder 17-2 und **17-3** zeigen ein gerissenes Bauteil aus Stahlguss. Die dunkle Farbe (Rotton) des Penetriermittels hat bereits die helle Farbe (weiß) des Kontrastmittels durchdrungen und zeigt somit die Länge des klaffenden Risses.

Bild 17-2 Gesamtansicht des Bauteils

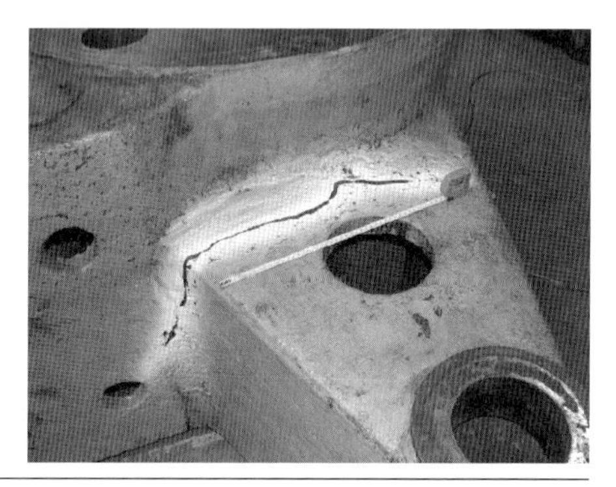

Bild 17-3 Farbeindringprüfung mit Riss

Magnetpulverprüfung (MP)

Die Magnetpulverprüfung ist eine zerstörungsfreie Oberflächenrissprüfung, die nach (DIN EN ISO 9934-1) durchgeführt wird. Sie ist in verschiedenen Normen beschrieben. Dies sind u. a.:

DIN EN ISO 17638, Zerstörungsfreie Prüfung von Schweißverbindungen – Magnetpulverprüfung von Schweißverbindungen

DIN EN 10228-1, Zerstörungsfreie Prüfung von Schmiedestücken aus Stahl – Magnetpulverprüfung

DIN EN 10246-12, Zerstörungsfreie Prüfung von Stahlrohren – Magnetpulverprüfung nahtloser und geschweißter ferromagnetischer Stahlrohre zum Nachweis von Oberflächenfehlern.

Wirkungsweise:

Wird ein Prüfteil magnetisiert, entstehen an Materialtrennungen quer zu den Feldlinien Diskontinuitäten, die an und über der Oberfläche magnetische Streufelder verursachen; dies wird nachgewiesen durch feines, auf die Oberfläche aufgetragenes ferromagnetisches Pulver (Trockenpulver oder flüssige Suspension), welches die Kontur des Fehlers im UV-Licht sichtbar macht.

MP geht auf Kontrastmittel des FE besser, Risse werden leichter sichtbar. Jedoch sind Scheinrissanzeigen bei martensitischem Gefüge, die keinen Fehler haben, möglich.

Voraussetzung:

Der Werkstoff muss ferromagnetisch (magnetisierbar) sein; die bevorzugte Fehlerrichtung liegt dabei quer zum magnetischen Feld (nur quer liegende Fehler werden angezeigt).

Typische Fehleranzeigen:

flächige, spaltförmige, lange Fehler (Risse, Bindefehler) bis 2 mm unter der Werkstückoberfläche, d. h. auch ein Riss an der Oberfläche des farbbeschichteten Werkstückes ist nachweisbar; kein Nachweis voluminöser Fehler (Poren, Lunker, Schlacken).

Anwendung für:

Eisenwerkstoffe (Stahl, Gusseisen), Kobalt, Nickel, aber keine Austenite (diese haben eine zu geringe Feldliniendichte)

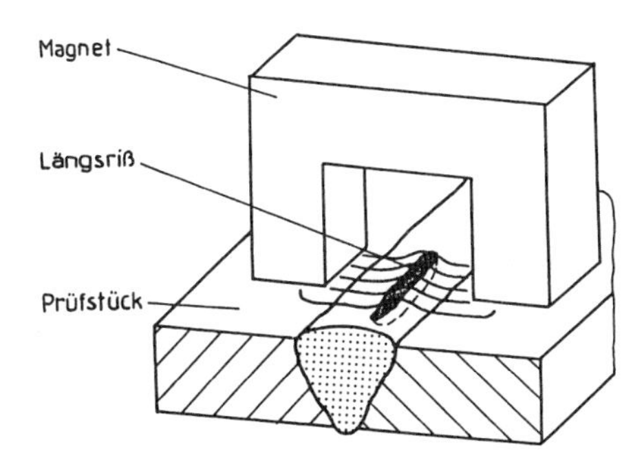

Bild 17-4
Magnetpulverprüfung
an einer V-Naht

Die nachfolgenden **Bilder 17-5** und **17-6** zeigen eine Magnetpulverprüfung an einer Lochschweißung. Zuvor wurde die flüssige Suspension auf einen Prüfkörper aufgesprüht, so dass man kontrollieren konnte, wie die Risse sichtbar werden. Der Prüfkörper ist aus gehärtetem Stahl, 90MnCrV8G, gefertigt und hat Spannungskorrosions- und Schleifrisse. Anschließend wird die Lochschweißung geprüft. Sie zeigt einen kleinen Riss in der Mitte, der zur Oberfläche hin offen ist.

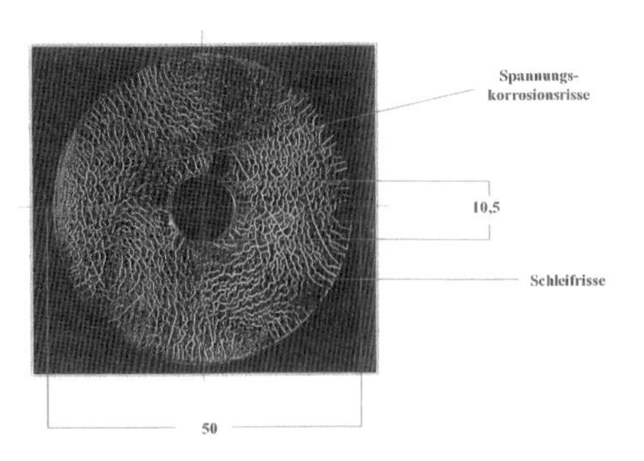

Bild 17-5 Prüfkörper mit Rissanzeigen

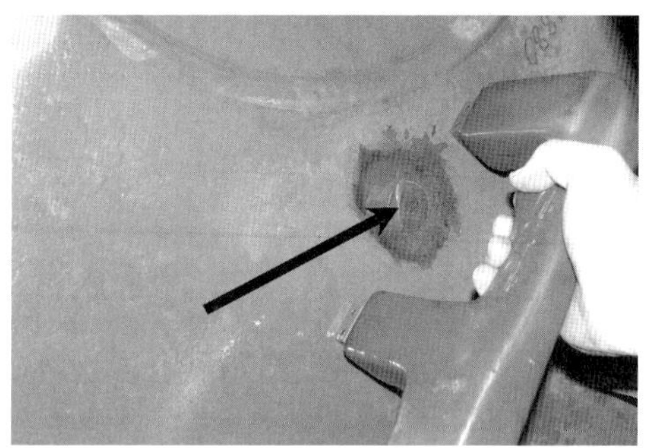

Bild 17-6 Magnetjoch über der Lochschweißung

Ultraschallprüfung (US)

Die Ultraschallprüfung ist eines der wichtigsten Verfahren zur zerstörungsfreien Werkstoffprüfung. Auch hier gibt es eine Reihe von Regelwerken, die dieses Verfahren beschreiben. Unter anderem sind es die Normen:

DIN EN 583-1, Zerstörungsfreie Prüfung – Ultraschallprüfung

DIN EN 1712, Zerstörungsfreie Prüfung von Schweißverbindungen – Ultraschallprüfung von Schweißverbindungen – Zulässigkeitsgrenzen.

Als Ultraschall werden dabei mechanische Schwingungen (keine elektromagnetischen Wellen!) mit Frequenzen > 20 kHz bezeichnet. Für die Werkstoffprüfung benutzt man Frequenzen im Bereich zwischen 0,5 ... 25 MHz, für die Schweißnahtprüfung zwischen 2 ... 5 MHz.

Ultraschallwellen breiten sich geradlinig aus und erfahren abhängig vom Stoff eine unterschiedliche Strahlaufweitung und Intensitätsschwächung. Treffen sie auf Grenzflächen (Materialtrennungen) wird der Ultraschall reflektiert. Diese Trennungen können im Bereich von µm sein.

Vorzugsweise wird das Impuls-Echo-Verfahren angewandt. Hierbei werden von einem Sender hochfrequente Impulse auf den Schallwandler (Prüfkopf) gegeben, der diese Impulse in mechanische Schwingungen umwandelt und sie an das Werkstück abstrahlt. Es erfolgt die Reflexion an der Oberfläche (Echo) der Rückwand bzw. schon zuvor an Inhomogenitäten (Ungänzen) im Werkstoff. Eine Ungänze ist demnach ein Reflektor, also eine fehlerverdächtige Unregelmäßigkeit im Prüfobjekt. Die reflektierten Schwingungen empfängt nun derselbe Prüfkopf, wandelt sie in elektrische Impulse um und sendet sie an die Auswerteeinheit zurück, wo sie auf einem Bildschirm sichtbar werden. Voraussetzung für die Prüfung ist, dass der Prüfkopf gut an das Werkstück angekoppelt ist (Koppelmittel sind Wasser, Öl, Paste), damit er nur eine geringe Schwächung an der Grenzfläche zum Werkstück erleidet (Entfernen von Rost, Zunder, Schweißspritzer usw.). Beim Einkoppeln des Ultraschalls entsteht die erste Reflexion direkt an der Bauteiloberfläche.

Vorteile dieses Verfahrens sind: die Schnelligkeit der Prüfung, keine Begrenzung zu großen Wanddicken hin, keine Abschirmmaßnahmen im Vergleich zur Durchstrahlungsprüfung, guter Nachweis, insbesondere flächiger Fehler, gute Ortsbestimmung der Fehler (auch die Tiefe wird im Gegensatz zur Durchstrahlung bestimmt), gute Längenbestimmung der Fehler (> 10 mm).

Bei der Ultraschallprüfung werden Normal- und Winkelprüfköpfe verwendet. Normalprüfköpfe oder Senkrechtprüfköpfe senden und empfangen Longitudinalwellen (Druckwellen) senkrecht zur Werkstückoberfläche. Mit ihnen kann man Reichweiten von 10 m und mehr erzielen, also auch noch größte Werkstücke prüfen. Nachteil: Risse an der Oberfläche sind nicht erkennbar, sondern nur innere Fehler (ein Bindefehler ist z. B. keine Ungänze). Winkelprüfköpfe (35°, 45°, 60°, 70°, 80°) senden und empfangen schräg eingeschallte Transversalwellen (Scherwellen). Für die Prüfung von Schweißnähten müssen Winkelprüfköpfe mit 45°, 60° oder 70° Einschallwinkel benutzt werden, da sich die Nahtoberfläche nicht zur Schalleinkopplung eignet. Beispielsweise werden Flankenbindefehler zwischen Schweißgut und Grundwerkstoff bei einem Öffnungswinkel einer V-Naht von 60° besonders gut sichtbar, wenn ein Winkelprüfkopf 60° verwendet wird, da somit der Ultraschall im rechten Winkel auf den Fehler trifft (Einfallswinkel = Ausfallwinkel).

Entsprechend der zu erwartenden Fehler benutzt man Senkrechtprüfköpfe zum Auffinden von oberflächenparallelen Fehlern (Dopplungen, Überwalzungen) und zur Wanddickenmessung. Winkelprüfköpfe werden überwiegend bei voluminösen Fehlern (Poren, Schlacke, Hohlräume), Flankenbindefehlern oder flächigen (2-dimensionalen) Ungänzen (Materialtrennungen, Risse) eingesetzt.

Zur Ortung von Fehlern muss das Ultraschallgerät zuvor richtig justiert werden, d. h. mit einem Testfehler (Nut im Werkstück) wird ein Fehlersignal bestimmter Echohöhe erzeugt. Dabei müssen kurze Schallimpulse in das Werkstück eingesandt werden, da die Laufzeit des Schallimpulses vom Prüfkopf zum Reflektor und zurück gemessen wird.

Die Fehler sollten möglichst nicht in Ausbreitungsrichtung des Schalls liegen und mindestens halb so groß sein wie die Schallwellenlänge. Bei Grauguss muss eine kleinere Frequenz als 5 MHz gewählt werden, damit die Graugusslamellen nicht als Fehler erscheinen. Weit mehr Probleme gibt es bei grobkörnigen Werkstoffen, z. B. austenitische Cr-Ni-Stähle. Die Grobkörnigkeit bringt viele Fehler, sog. Korngrenzenechos zur Anzeige, die eigentlich gar keine Fehler sind. Ausgenommen sind Fehler, die unmittelbar an das Grundmaterial angrenzen (Flankenbindefehler, Wurzelfehler). Transversalwellen, gleich welcher Frequenz, wie sie von üblichen Winkelprüfköpfen ausgesendet werden, können für die Prüfung austenitischer Schweißnähte nur eingeschränkt benutzt werden. Eine Möglichkeit der Prüfung solcher Nähte ist die Verwendung kurzer Longitudinalwellen-Impulse aus höher bedämpften Prüfköpfen. Dies gilt aber nur bei direkter Anschallung der Ungänze. Bei Wanddicken < 15 mm empfiehlt sich ein spezieller 4 MHz Prüfkopf, für > 15 mm ein 2 MHz, 1 MHz oder 0,5 MHz Prüfkopf (gilt für Austenite).

Modifizierte Ultraschallprüfsysteme gibt es auch für Punktschweißverbindungen, mit deren Hilfe sich reine Kleb- und Kaltverschweißungen oder eventuell zu kleine Linsendurchmesser identifizieren lassen.

Die Ultraschallprüfung von Plastomeren (Thermoplaste – PE, PP usw.) ist prinzipiell ebenso möglich. Beispiele sind Muffenschweißverbindungen oder Heizkeilschweißungen. Allerdings bedarf es einiger Erfahrung des Prüfers, Geometrie- und Fehleranzeigen sauber zu unterscheiden.

Eine Bewertung von Fehlern wird in der Regel für viele Prüfköpfe nach sog. AVG-Skalen durchgeführt. Damit erzielt man reproduzierbare Ergebnisse unabhängig von Prüfeinrichtung und Prüfer. AVG heißt, dass ein Echo im Abstand A, bei richtig eingestellter Verstärkung V einer (Ersatzreflektor-) Größe G zugeordnet wird. Diese Ersatzreflektorgröße (ERG), auch als äquivalenter Kreisscheibenreflektor bezeichnet, entspricht der Echohöhe einer Ungänze mit einem definierten Durchmesser in unterschiedlichem Abstand zum Sender, was als Kurve dargestellt wird.

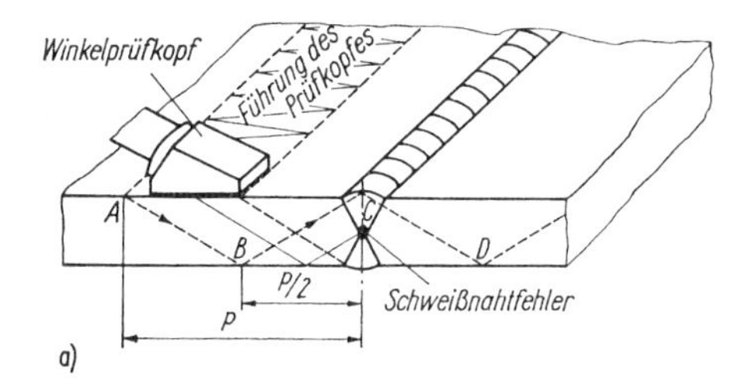

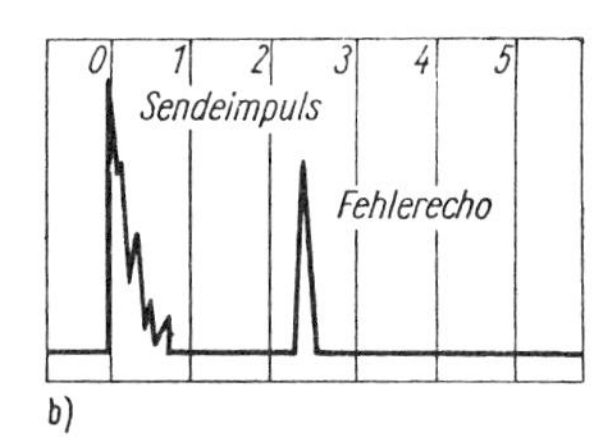

Bild 17-7 Ultraschallprüfung von Schweißnähten

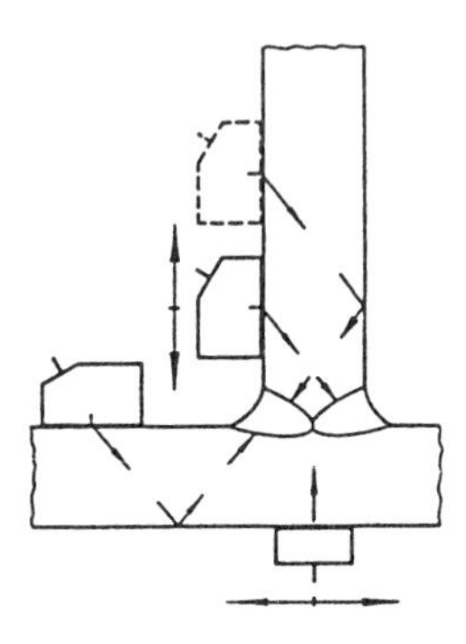

Bild 17-8 Mögliche Prüfkopfpositionen Bei der Prüfung von Doppel-HV-Nähten mit Doppelkehlnaht

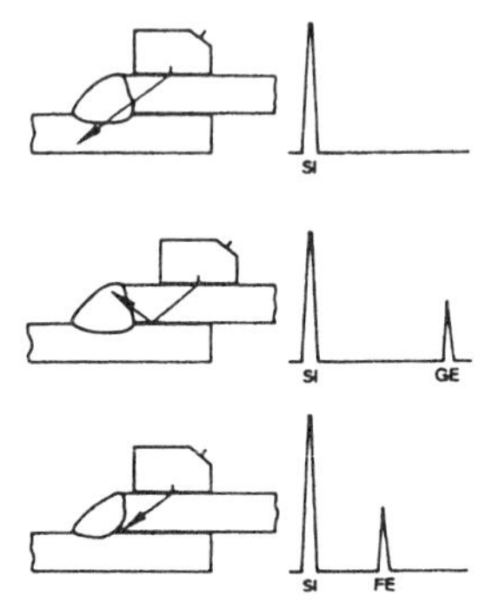

Bild 17-9 Prüfung von Schweißnähten am Überlappstoß

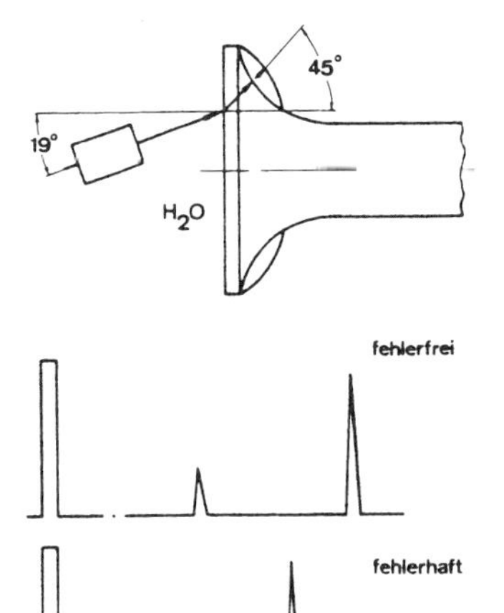

Bild 17-10 Prüfung der Bindung an Ventilauftragsschweißung

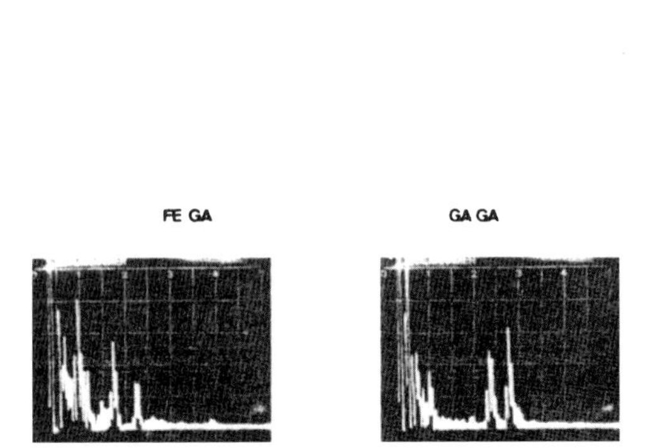

Bild 17-11 PE-Stumpfschweißnahtprüfung; Geometrieanzeigen

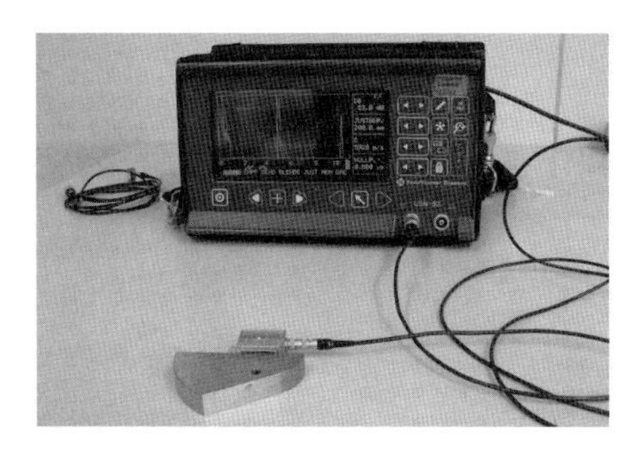

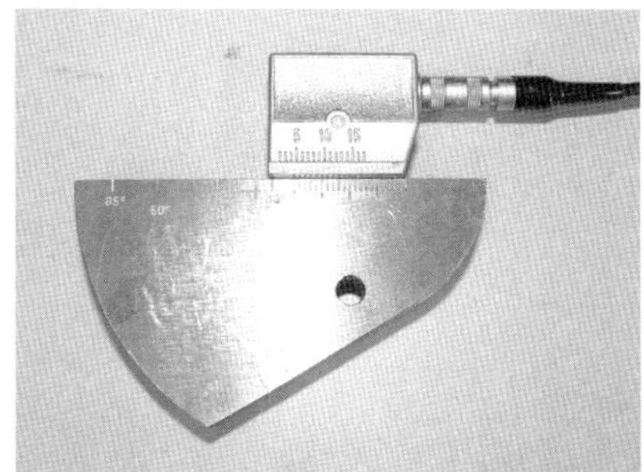

Bild 17–12 Ultraschallmessgerät und Kontrollkörper

Die Dokumentation einer Ultraschallprüfung besteht aus den Daten zum Prüfobjekt, Prüfverfahren und Prüfeinrichtung, sowie dem Ergebnis der Prüfung. Dabei werden alle aufgefundenen und bewerteten Fehler meist in tabellarischer Form aufgelistet. Allgemein ist sehr viel Prüferfahrung nötig – 6 bis 12 Monate Einarbeit nach bestandenen Theoriekursen. Die US-Prüfung von Widerstands-Pressschweißverbindungen ist noch wesentlich aufwendiger als die von schmelzgeschweißten Prozessen.

Durchstrahlungsprüfung (DS)

Die Durchstrahlungsprüfung ist eine zerstörungsfreie Werkstoffprüfung (ZfP) mit Röntgen- oder Isotopenstrahlung. Dazu gibt es eine Vielzahl von Standards (Auswahl):

DIN EN 1435, Zerstörungsfreie Prüfung von Schweißverbindungen – Durchstrahlungsprüfung von Schmelzschweißverbindungen

DIN EN 444, Zerstörungsfreie Prüfung; Grundlagen für die Durchstrahlungsprüfung von metallischen Werkstoffen mit Röntgen- und Gammastrahlen

DIN EN 10246-10, Zerstörungsfreie Prüfung von Stahlrohren – Durchstrahlungsprüfung der Schweißnaht automatisch lichtbogenschmelzgeschweißter Stahlrohre zum Nachweis von Fehlern

DIN EN 13100-2, Zerstörungsfreie Prüfung von Schweißverbindungen thermoplastischer Kunststoffe – Röntgenprüfung

Wirkungsweise:

Es wird die Wechselwirkung von kurzwelliger elektromagnetischer Strahlung mit Materie beim Durchdringen fester Stoffe ausgenutzt. Diese Strahlung durchdringt feste Körper nahezu geradlinig, erfährt also makroskopisch keine Beugung oder Brechung, und wird dabei abhängig von Dichte und Dicke des Prüfstücks unterschiedlich geschwächt, was durch eine unterschiedliche Schwärzung auf einem Film sichtbar wird. Erfährt die Strahlung eine geringere Schwächung (viele Hohlräume, geringe Wanddicken, Wurzelrückfall einer Naht), dann gibt es eine höhere Schwärzung. Andererseits wird bei großer Schwächung der Strahlung, keine Hohlräume, große Wanddicken, Wurzelüberhöhungen einer Naht, dicke Decklagen, der Film weniger geschwärzt.

Als Strahlungsarten verwendet man Röntgen- oder Gammastrahlen. Röntgenstrahlen werden in einer Röntgenröhre erzeugt. Gammastrahlung dagegen entsteht beim radioaktiven Zerfall natürlicher oder künstlicher Isotope.

Die prinzipielle Prüfanordnung ist im **Bild 17-13** ersichtlich.

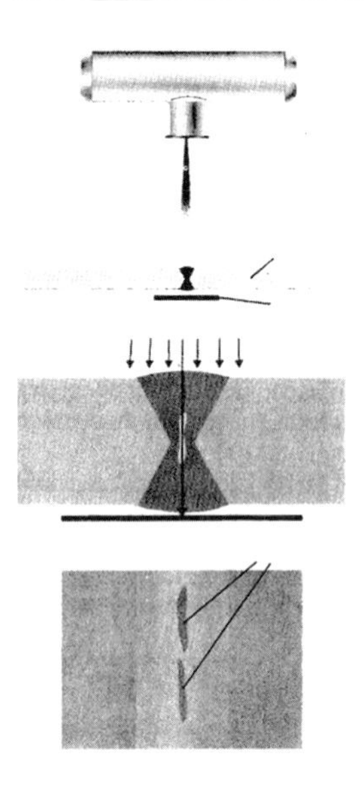

Bild 17-13
Röntgenprüfung einer Stumpfnaht (X-Naht)

Dabei gilt, dass der Mindestabstand der Strahlungsquelle zum Werkstück von der Wanddicke abhängig ist. Die Strahlleistung nimmt quadratisch mit dem Abstand ab. Eine Schweißnaht bildet man mit hoher Bildqualität ab, in dem man möglichst eine kleine Energie, einen kleinen Brennfleck und einen feinkörnigen Film bei optimaler Einstrahlgeometrie wählt.

Fehlererkennbarkeit: besonders gut lassen sich volumenhafte Fehler, also Poren und Schlackeneinschlüsse, oder auch Wurzelfehler, z. B. im Inneren von Rohren, erkennen. Flächenhafte Fehler, Risse oder Bindefehler, zeichnen sich auf dem Film nur dann ab, wenn sie in Durchstrahlungsrichtung liegen (Bsp. senkrecht zur Wand verlaufender Riss). Schräg liegende Flankenbindefehler oder Risse in der WEZ ergeben nur undeutliche Abbildungen bei senkrechter Einstrahlung. Ein kleiner Fehler in kleinerer Wanddicke ist besser erkennbar, als der gleiche Fehler in dickerem Material. Schwarzweiß-Verbindungen sind trotz unterschiedlicher Schwächung kein Problem. Stutzennähte, Kehl- und Stegnähte sind weniger gut durchstrahlbar, da hier mögliche Fehler ungünstig zur möglichen Einstrahlrichtung liegen. Insbesondere bei nicht durchgeschweißten Nähten sind die Ergebnisse schwierig zu deuten, denn die nicht aufgeschmolzenen Stegkanten können von echten Fehlern oft nicht unterschieden werden.

Anwendungsgrenzen liegen bei der Röntgenprüfung mit 100 keV bei 5 mm Stahl, mit 200 keV bei 20 mm Stahl und mit 400 keV bei 60...70 mm Stahl. Bei den Gammastrahlern liegen die Grenzenergien für Ir 192 (74 Tage Halbwertszeit) mit 500 bis 600 keV bei 5 bis 100 mm Stahl, für Co 60 (5,2 Jahre) mit 2000 bis 2500 keV bei 50 bis 120 mm Stahl, Yb 169 (31 Tage) mit 250 keV (Yb = Ytterbium), Tm 170 (128 Tage) mit 180 keV (Tm = Thulium) und Se 75 (121 Tage) mit 160 keV. Große Wanddicken können nur von sehr großen Anlagen durchstrahlt werden (Betatron bis 180 mm Stahl, Linearbeschleuniger bis 500 mm Stahl).

Die Bewertung von Schweißnahtfehlern erfolgt im Allgemeinen nach Katalogen des IIW (International Institute of Welding) oder des TÜV. Der Farbkatalog nach IIW beschreibt bspw. für schwarz wenig Fehler und geht über blau, grün, braun zu rot mit vielen Fehlern und Fehlerarten (Schlacken, Risse, Kerben). Beurteilt wird nach einer 4-teiligen Notenskala, 1 heißt gut, 2 brauchbar, 3 belassen und 4 ausbessern. Mit den Noten 1 bis 3 können also Mindestanforderungen erreicht sein. Für die Bildgüte von Durchstrahlungsaufnahmen verwendet man üblicherweise Bildgüteprüfkörper nach DIN EN 462. Dazu erfolgt die Einteilung:

DIN EN 462-1, Bildgüteprüfkörper (Drahtsteg); Ermittlung der Bildgütezahl

DIN EN 462-2, Bildgüteprüfkörper (Stufe/Loch Typ); Ermittlung der Bildgütezahl

DIN EN 462-3, Bildgüteklassen für Eisenwerkstoffe

DIN EN 462-4, Experimentelle Ermittlung von Bildgütezahlen und Bildgütetabellen

DIN EN 462-5, Bildgüteprüfkörper (Doppel-Drahtsteg), Ermittlung der Bildunschärfe

Zur Bestimmung der Bildgüte werden jeweils 7 Drähte unterschiedlicher Dicke (Abstufung 4/5) nebeneinanderliegend in Kunststofffolien eingegossen. Diese Drahtstege werden auf das Werkstück zur Strahlungsquelle hin aufgelegt und müssen auf dem Film erkennbar sein. Eine Bildgütezahl wird danach durch den gerade noch erkennbaren Draht bestimmt, welches ein Maß für die Schärfe der Aufnahme ist. Für Werkstücke mit höchster Beanspruchung wird Bildgüteklasse I gefordert, für mittlere und geringe Beanspruchung Bildgüteklasse II.

Die verwendeten Filme werden in 6 Gruppen unterschieden; C1 für Korngrößen < 50 µm ist dabei der beste, C6 der Film mit der geringsten Auflösung.

Infolge der schädlichen Wirkung der Röntgen- und Gammastrahlung auf den Organismus sind besondere Sicherheitsmaßnahmen unbedingt einzuhalten, die in der Strahlenschutz- und Röntgenverordnung festgelegt sind. Dabei dürfen Durchstrahlungsgeräte nur von sachkundigem Personal (Strahlungsschutzbeauftragter mit Prüfungsbescheinigung) in strahlengeschützten Räumen oder abgesperrten und gekennzeichneten Zonen benutzt werden.

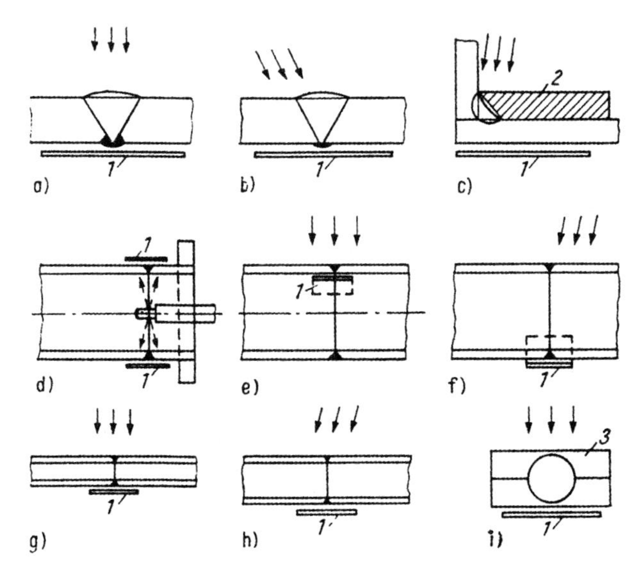

Bild 17-14
Durchstrahlungsanordnung für die Prüfung verschiedener Schweißverbindungen
a) Stumpfnähte, Normalaufnahme;
b) Stumpfnähte, zur Feststellung von Bindefehlern;
c) Kehlnähte (werden nur in Ausnahmefällen geprüft);
d) Flanschnähte an Rohrleitungen;
e) Rohrrundnähte, einwandige Durchstrahlung;
f) Rohrrundnähte, beiderwandige Durchstrahlung, Teilaufnahme;
g) Rohrrundnähte, beiderwandige Durchstrahlung an Rohren geringer Nennweite;
h) Rohrrundnähte, beiderwandige Durchstrahlung an Rohren geringer Nennweite; Rohrrundnähte, beiderwandige Durchstrahlung, Ellipsenaufnahme;
i) runde Querschnitte, mit Dickenausgleich; 1 Röntgenfilm; 2 Dickenausgleich

Mikrofokus Röntgenprüfung

Bei der Mikrofokus Röntgenprüfung handelt es sich um ein bildgebendes Verfahren zur detailgenauen Untersuchung von kleinen Strukturen. Durch den kleinen Brennfleck (ca. 0,2 mm) wird eine hervorragende Auflösung erreicht.

Die Prüfbarkeit der Schweißnähte von Rohreinschweißungen ist mit den üblichen Verfahren nicht zufriedenstellend durchführbar. Deshalb benutzt man eine Rückstrahl-Mikrofokus-Röhre, um eine Durchstrahlungsaufnahme anzufertigen. Dazu wird eine Stabanode in die Rohröffnung eingeführt, und der zu belichtende Film von außen an die Schweißnaht angelegt. Durch den kleinen Brennfleck der Mikrofokusröhre wird ein detailreiches Bild auf den Film projiziert (**Bild 17-15**). Zum Einsatz kommen hierbei eine 160 kV / 0,1 mA Mikrofokusanlagen.

DIN EN 12543-5: Zerstörungsfreie Prüfung – Charakterisierung von Brennflecken in Industrie-Röntgenanlagen für die zerstörungsfreie Prüfung – Teil 5: Messung der effektiven Brennfleckgröße von Mini- und Mikrofokus-Röntgenröhren

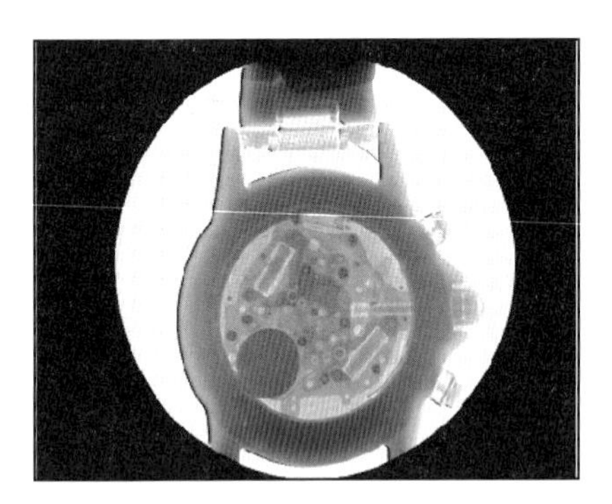

Bild 17-15
Mikrofokusröntgenaufnahme an einer Armbanduhr

17.4 Fehlertoleranzen und Unregelmäßigkeiten von Schweißverbindungen

Fehlertoleranzen bei Schweißkonstruktionen und Schweißverbindungen werden in einer Vielzahl von Standards erklärt und beschrieben. Eine der wichtigsten Normen ist DIN EN ISO 5817, die geometrische Toleranzen, so genannte Unregelmäßigkeiten, von Schweißverbindungen, unterteilt in Kehlnähte und Stumpfnähte, beschreibt. Die Normen im Einzelnen:

DIN EN ISO 5817	Schweißen – Schmelzschweißverbindungen an Stahl, Nickel, Titan und deren Legierungen (ohne Strahlschweißen) – Bewertungsgruppen von Unregelmäßigkeiten
DIN EN ISO 10042	Schweißen – Lichtbogenschweißverbindungen an Aluminium und seinen Legierungen – Bewertungsgruppen von Unregelmäßigkeiten
DIN EN ISO 13919-1	Schweißen – Elektronen- und Laserstrahl-Schweißverbindungen; Leitfaden für Bewertungsgruppen für Unregelmäßigkeiten – Stahl
DIN EN ISO 13919-2	Schweißen – Elektronen- und Laserstrahl-Schweißverbindungen; Richtlinie für Bewertungsgruppen für Unregelmäßigkeiten – Aluminium und seine schweißgeeigneten Legierungen

DIN EN 12584	Unregelmäßigkeiten an Brennschnitten, Laserstrahlschnitten und Plasmaschnitten – Terminologie
DIN EN 14728	Unregelmäßigkeiten an Schweißverbindungen von thermoplastischen Kunststoffen – Einteilung
DIN EN ISO 6520-1	Schweißen und verwandte Prozesse – Einteilung von geometrischen Unregelmäßigkeiten an Metallen – Schmelzschweißen
DIN EN ISO 6520-2	Schweißen und verwandte Prozesse – Einteilung von geometrischen Unregelmäßigkeiten an Metallen – Pressschweißungen
DIN EN ISO 18279	Hartlöten – Unregelmäßigkeiten in hartgelöteten Verbindungen
DIN ISO/ TS 17845	Schweißen und verwandte Verfahren – Bezeichnungssystem für Unregelmäßigkeiten (Vornorm)
DIN EN ISO 13920	Schweißen – Allgemeintoleranzen für Schweißkonstruktionen – Längen- und Winkelmaße; Form und Lage

Weitere Technische Regeln des DVS sind:

DVS 2102	Unregelmäßigkeiten und deren Ursachen beim autogenen Brennschneiden
DVS 2103	Unregelmäßigkeiten und deren Ursachen beim Plasmaschneiden von metallischen Werkstoffen
DVS 3206-1	Unregelmäßigkeiten und deren Ursachen beim Laserstrahlbrennschneiden von metallischen Werkstoffen
DVS 3206-2	Unregelmäßigkeiten und deren Ursachen beim Laserstrahlschmelzschneiden von metallischen Werkstoffen
DVS 3214	Unregelmäßigkeiten an Laserstrahlschweißnähten – Ursachen und Abhilfemaßnahmen

Zu beachten ist, dass sich diese Normen ausschließlich auf die Fertigungsqualität der Erzeugnisse, nicht aber auf deren Gebrauchstauglichkeit beziehen.

DIN EN ISO 5817

DIN EN ISO 5817 dient als Referenznorm für die Festlegungen zur Bewertung von Schweißnähten aus Stahl für verschiedene Anwendungsgebiete, z. B. sowohl für Stahlbau, Druckbehälterbau, als auch für die Prüfung der Schweißer und Verfahrensprüfungen. Die Unregelmäßigkeiten sind nach Gruppen in äußere, innere und geometrische Unregelmäßigkeiten gegliedert. Im Gegensatz zur früher gültigen DIN EN 25817 ist der Anwendungsbereich von DIN EN ISO 5817 erweitert auf die Werkstoffe Nickel, Titan und deren Legierungen sowie auf Werkstückdicken über 0,5 mm (bisher ab 3 mm) ohne obere Begrenzung (bisher 63 mm). Sie gilt für alle Schweißpositionen, manuelles als auch automatisiertes Schweißen und die Schweißprozesse 11, 12, 13, 14, 15 und 31 nach ISO 4063.

Die Bewertungsgruppe, die für den Einzelfall notwendig ist, sollte durch den verantwortlichen Konstrukteur zusammen mit dem Hersteller oder Anwender festgelegt werden. Bei der Auswahl der Bewertungsgruppen für eine bestimmte Anwendung sollten die Konstruktionsgegebenheiten, die nachfolgenden Prozesse (z. B. Oberflächenbehandlung), die Beanspruchungsarten (z. B. statisch, dynamisch) und die Betriebsbedingungen (z. B. Temperatur, Umgebung) beachtet werden.

Diese Norm kann direkt für die Sichtprüfung von Schweißungen oder Proben benutzt werden. Die Werte der Unregelmäßigkeiten berücksichtigen eine übliche Schweißpraxis.

Die Bewertungsgruppen sind mit B, C und D gekennzeichnet. Bewertungsgruppe B hat die höchsten Anforderungen. Metallurgische Gesichtspunkte (Korngröße) wurden nicht erfasst.

Als kurze Unregelmäßigkeit bezeichnet man eine oder mehrere Unregelmäßigkeiten mit max. 25 mm Gesamtlänge bezogen auf 100 mm Nahtlänge. Bei einer langen Unregelmäßigkeit ist das Maß > 25 mm.

Normalerweise soll eine Naht getrennt nach jeder einzelnen Unregelmäßigkeit beurteilt werden. Treffen verschiedene Arten von Unregelmäßigkeiten zusammen, so ist nach Nr. 4 Tabelle 1 dieser Norm zu verfahren, **Tabelle 17-4**.

Es sollte stets nur eine Schweißnahtgüte festgelegt werden, die nicht höher als erforderlich gewählt werden sollte und technisch unbegründetes Sicherheitsdenken keine Berücksichtigung finden.

Die Auswahl hat vor Beginn der Fertigung zu erfolgen. Verschiedene Gütegruppen an einem Bauteil sind zulässig, aber schwer zu überprüfen und handhaben.

Weitere Beispiele für die zulässige Toleranz von Fehlern (= Unregelmäßigkeiten) zeigt **Tabelle 17-5**. Risse, Entkraterrisse, Bindefehler, Durchbrand und Kupfereinschlüsse sind grundsätzlich nicht zulässig. Viele weitere Fehler wie Wurzelrückfall, Oberflächenporen, Wurzelkerben, Schweißgutüberlauf, Ansatzfehler etc. sind meist in Bewertungsgruppe B und C nicht zulässig, in Gruppe D zum Teil. Aber auch hier unterscheidet man streng nach Blechdicke und kurzer oder langer Unregelmäßigkeit, was zulässig oder nicht zulässig ist. Bei Poren wird differenziert zwischen Einzelporen, Porosität (gleichmäßig verteilten Poren), Porennester, Porenzeilen, Schlauchporen, Gaseinschlüsse. Bei Poren zählt das Größtmaß (Durchmesser) der Einzelpore und / oder der prozentuale Oberflächenanteil bezogen auf den Nahtquerschnitt.

DIN EN ISO 10042

Für diese Norm gelten zunächst die gleichen einleitenden Worte wie unter DIN EN ISO 5817 genannt. Bewertungsgruppen, Anwendungsbereich, Begriffe, Schweißprozesse etc., sind in dieser Norm auf den Werkstoff Aluminium und seine schweißgeeigneten Legierungen abgestimmt. Die DIN EN 10042 ersetzte DIN EN 30042. Da Aluminium im Allgemeinen schwieriger zu verarbeiten ist, sind die zulässigen Fehlergrößen teilweise größer als die von Stahl.

Tabelle 17-4 Mehrfachunregelmäßigkeiten

Nr.	Ordnungs-Nr nach ISO 6520-1	Unregelmäßigkeit Benennung	Bemerkungen	t mm	Grenzwerte für Unregelmäßigkeiten bei Bewertungsgruppen D	C	B
4 Mehrfachunregelmäßigkeiten							
4.1	Keine	Mehrfachunregelmäßigkeiten in beliebigem Querschnitt [a] Querschnitt (Makroschliff) aus dem ungünstigsten Nahtbereich	$h_1 + h_2 + h_3 + h_4 + h_5 = \Sigma h$ $h_1 + h_2 + h_3 + h_4 + h_5 = \Sigma h$	0,5 bis 3	Nicht zulässig	Nicht zulässig	Nicht zulässig
				> 3	Maximale Gesamthöhe der Unregelmäßigkeiten $\Sigma h \leq 0{,}4\,t$ oder $\leq 0{,}25\,a$	Maximale Gesamthöhe der Unregelmäßigkeiten $\Sigma h \leq 0{,}3\,t$ oder $\leq 0{,}2\,a$	Maximale Gesamthöhe der Unregelmäßig-keiten $\Sigma h \leq 0{,}2\,t$ oder $\leq 0{,}15\,a$

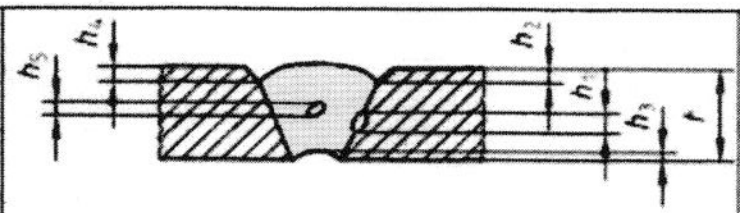

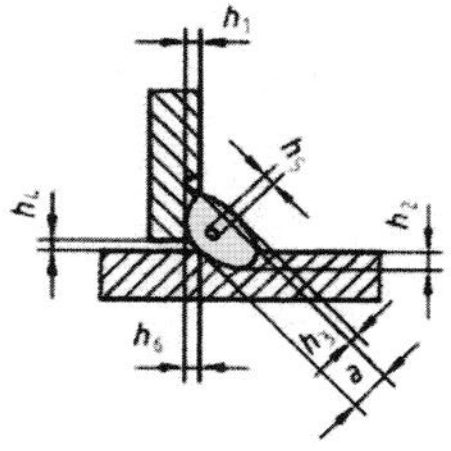

[a] siehe Anhang A.

Tabelle 17-5 Beispiele für Unregelmäßigkeiten

Nr.	Ordnungs-Nr nach ISO 6520-1	Unregelmäßigkeit Benennung	Bemerkungen	t mm	Grenzwerte für Unregelmäßigkeiten bei Bewertungsgruppen D	C	B
1 Oberflächenunregelmäßigkeiten							
1.1	100	Riss	—	≥ 0,5	Nicht zulässig	Nicht zulässig	Nicht zulässig
1.2	104	Endkraterriss	—	≥ 0,5	Nicht zulässig	Nicht zulässig	Nicht zulässig
1.3	2017	Oberflächenpore	Größtmaß einer Einzelpore für — Stumpfnähte — Kehlnähte	0.5 bis 3	$d \leq 0.3\ s$ $d \leq 0.3\ a$	Nicht zulässig	Nicht zulässig
			Größtmaß einer Einzelpore für — Stumpfnähte — Kehlnähte	> 3	$d \leq 0.3\ s$, aber max. 3 mm $d \leq 0.3\ a$, aber max. 3 mm	$d \leq 0.2\ s$, aber max. 2 mm $d \leq 0.2\ a$, aber max. 2 mm	Nicht zulässig
1.4	2025	Offener Endkraterlunker	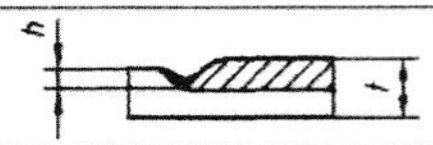	0,5 bis 3	$h \leq 0.2\ t$	Nicht zulässig	Nicht zulässig
				> 3	$h \leq 0.2\ t$, aber max. 2 mm	$h \leq 0.1\ t$, aber max. 1 mm	Nicht zulässig
1.5	401	Bindefehler (unvollständige Bindung)	—	≥ 0,5	Nicht zulässig	Nicht zulässig	Nicht zulässig
		Mikro-Bindefehler	Nur nachzuweisen anhand einer mikroskopischen Untersuchung		Zulässig	Zulässig	Nicht zulässig
1.6	4021	Ungenügender Wurzeleinbrand	Nur für einseitig geschweißte Stumpfnähte 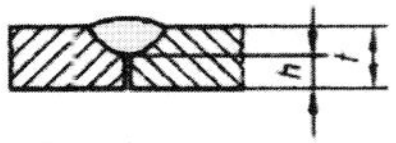	≥ 0,5	Kurze Unregelmäßigkeit: $h \leq 0.2\ t$, aber max. 2 mm	Nicht zulässig	Nicht zulässig

Tabelle 17-5 Beispiele für Unregelmäßigkeiten, Fortsetzung

Nr.	Ordnungs-Nr nach ISO 6520-1	Unregelmäßigkeit Benennung	Bemerkungen	t mm	Grenzwerte für Unregelmäßigkeiten bei Bewertungsgruppen D	C	B
1.7	5011 5012	Durchlaufende Einbrandkerbe Nichtdurchlaufende Einbrandkerbe	Weicher Übergang wird verlangt. Wird nicht als systematische Unregelmäßigkeit angesehen. 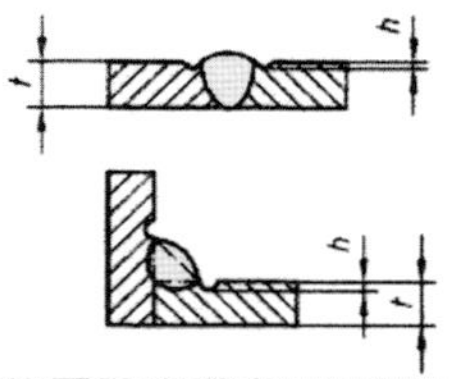	0,5 bis 3	Kurze Unregelmäßigkeit: $h \leq 0{,}2\,t$	Kurze Unregelmäßigkeit: $h \leq 0{,}1\,t$	Nicht zulässig
				> 3	$h \leq 0{,}2\,t$, aber max. 1 mm	$h \leq 0{,}1\,t$, aber max. 0,5 mm	$h \leq 0{,}05\,t$, aber max. 0,5 mm
1.8	5013	Wurzelkerbe	Weicher Übergang wird verlangt. 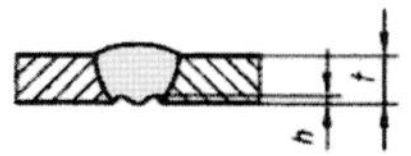	0,5 bis 3	$h \leq 0{,}2$ mm + $0{,}1\,t$	Kurze Unregelmäßigkeit: $h \leq 0{,}1\,t$	Nicht zulässig
				> 3	Kurze Unregelmäßigkeit: $h \leq 0{,}2\,t$, aber max. 2 mm	Kurze Unregelmäßigkeit: $h \leq 0{,}1\,t$, aber max. 1 mm	Kurze Unregelmäßigkeit: $h \leq 0{,}05\,t$, aber max. 0,5 mm
1.9	502	Zu große Nahtüberhöhung (Stumpfnaht)	Weicher Übergang wird verlangt. 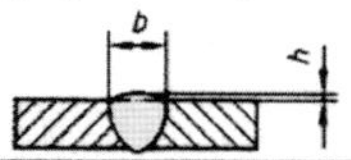	≥ 0,5	$h \leq 1$ mm + $0{,}25\,b$, aber max. 10 mm	$h \leq 1$ mm + $0{,}15\,b$, aber max. 7 mm	$h \leq 1$ mm + $0{,}1\,b$, aber max. 5 mm

Tabelle 17-5 Beispiele für Unregelmäßigkeiten, Fortsetzung

Nr	Ordnungs-Nr nach ISO 6520-1:1998	Unregelmäßigkeit Benennung	Bemerkungen	t mm	Grenzwerte für Unregelmäßigkeiten bei Bewertungsgruppen D	C	B
2.3	2011 2012	Pore Porosität (gleichmäßig verteilt)	Die folgenden Bedingungen und Grenzwerte für Unregelmäßigkeiten müssen erfüllt werden; siehe auch Anhang A zur Information.				
			a1) Größtmaß der Fläche der Unregelmäßigkeit (einschließlich systematischer Unregelmäßigkeit) bezogen auf die projizierte Fläche. ANMERKUNG Die Porosität in der Abbildungsfläche hängt von der Anzahl der Lagen ab (Volumen der Schweißnaht).	≥ 0,5	Einlagig: ≤ 2,5 % Mehrlagig: ≤ 5 %	Einlagig: ≤ 1,5 % Mehrlagig: ≤ 3 %	Einlagig: ≤ 1 % Mehrlagig: ≤ 2 %
			a2) Größtmaß der Unregelmäßigkeit in der Querschnittsfläche (einschließlich systematischer Unregelmäßigkeit) bezogen auf die gebrochene Oberfläche (nur in der Produktion, bei Schweißer- oder Verfahrensprüfungen anwendbar).	≥ 0,5	≤ 2,5 %	≤ 1,5 %	≤ 1 %
			b) Größtmaß einer einzelnen Pore für — Stumpfnähte — Kehlnähte	≥ 0,5	$d \leq 0{,}4\ s$, aber max. 5 mm $d \leq 0{,}4\ a$, aber max. 5 mm	$d \leq 0{,}3\ s$, aber max. 4 mm $d \leq 0{,}3\ a$, aber max. 4 mm	$d \leq 0{,}2\ s$, aber max. 3 mm $d \leq 0{,}2\ a$, aber max. 3 mm

Nr	Ordnungs-Nr nach ISO 6520-1:1998	Unregelmäßigkeit Benennung	Bemerkungen	t mm	Grenzwerte für Unregelmäßigkeiten bei Bewertungsgruppen D	C	B
2.4	2013	Porennest	Die folgenden Bedingungen und Grenzwerte für Unregelmäßigkeiten müssen erfüllt werden; siehe auch Anhang A zur Information.				
			a) Größtmaß der Summe der projizierten Fläche der Unregelmäßigkeit (einschließlich systematischer Unregelmäßigkeit).	≥ 0,5	≤ 16 %	≤ 8 %	≤ 4 %
			b) Größtmaß einer einzelnen Pore für — Stumpfnähte — Kehlnähte	≥ 0,5	$d \leq 0{,}4\ s$, aber max. 4 mm $d \leq 0{,}4\ a$, aber max. 4 mm	$d \leq 0{,}3\ s$, aber max. 3 mm $d \leq 0{,}3\ a$, aber max. 3 mm	$d \leq 0{,}2\ s$, aber max. 2 mm $d \leq 0{,}2\ a$, aber max. 2 mm

DIN EN ISO 13920

Allgemeintoleranzen für Schweißkonstruktionen sind in DIN EN ISO 13920 festgelegt. Hier findet man die Grenzabmaße für Längen- und Winkelmaße, Form und Lage von geschweißten Konstruktionen.

Jeweils vier Toleranzklassen können in der Zeichnung für Schweißteile, Schweißgruppen, geschweißte Bauteile usw. angegeben werden.

Da es große Unterschiede in der Tolerierung innerhalb der verschiedenen Nennmaßbereiche gibt, sollte auf der Zeichnung in jedem Fall ein entsprechender Vermerk erfolgen. So ist z. B. in dieser Norm für die Toleranzklasse A im Nennmaßbereich > 2000 bis 4000 mm ein Fehler (= Grenzabmaß) von ± 4 mm, in Toleranzklasse D von ± 16 mm zulässig. Das können bei einem 2 m langen Teil schon erhebliche Maßabweichungen sein (± 4 bis ± 16 mm).

Ähnliche Verhältnisse findet man für Winkelmaße, Geradheits-, Ebenheits- und Parallelitätstoleranzen. Deshalb: Grenzabmaße auf der Zeichnung festlegen!

Tabelle 17-6 Grenzabmaße für Längenmaße

Toleranzklasse	Nennmaßbereich l (in mm)										
	2 bis 30	über 30 bis 120	über 120 bis 400	über 400 bis 1 000	über 1 000 bis 2 000	über 2 000 bis 4 000	über 4 000 bis 8 000	über 8 000 bis 12 000	über 12 000 bis 16 000	über 16 000 bis 2 0000	über 2 0000
	Grenzabmaße t (in mm)										
A	± 1	± 1	± 1	± 2	± 3	± 4	± 5	± 6	± 7	± 8	± 9
B	± 1	± 2	± 2	± 3	± 4	± 6	± 8	± 10	± 12	± 14	± 16
C	± 1	± 3	± 4	± 6	± 8	± 11	± 14	± 18	± 21	± 24	± 27
D	± 1	± 4	± 7	± 9	± 12	± 16	± 21	± 27	± 32	± 36	± 40

Unregelmäßigkeiten beim Schweißen – Fehlergruppeneinteilung nach DIN EN ISO 6520

Während DIN EN ISO 5817 die zulässigen Fehlertoleranzen von Schweißverbindungen nach drei Bewertungsgruppen einteilt, werden in DIN EN ISO 6520 die möglichen Fehler in Fehlergruppen eingeteilt und klassifiziert, ohne Toleranzen zu nennen. Die dreisprachig ausgeführte Norm teilt geometrische Unregelmäßigkeiten an metallischen Werkstoffen ein:

DIN EN ISO 6520 – Teil 1: Schmelzschweißen

DIN EN ISO 6520 – Teil 2: Pressschweißungen

Die Grundlage für das Nummerierungssystem nach DIN EN ISO 6520 ist die Einteilung der Unregelmäßigkeiten in sechs Hauptgruppen:

- Gruppe 1: Risse
- Gruppe 2: Hohlräume
- Gruppe 3: Feste Einschlüsse
- Gruppe 4: Bindefehler und ungenügende Duchschweißung
- Gruppe 5: Form- und Maßabweichungen
- Gruppe 6: Sonstige Unregelmäßigkeiten

Da Risse beim und nach dem Schweißen immer wieder auftreten können, sollen nachfolgend Hinweise zu Rissentstehung und -vermeidung gegeben werden.

Risse

Risse sind Unregelmäßigkeiten, die örtlich durch Materialtrennungen im festen Zustand vorhanden sind und bei der Abkühlung oder infolge von Spannungen auftreten können. Man kann einen Riss nach seiner Rissgröße, nach seiner Entstehung und seinem Verlauf unterscheiden.

Makrorisse sind Risse, die mit bloßem Auge (Bezugssehweite 250 mm) oder bei einer bis 6-fachen Vergrößerung erkennbar sind. Mikrorisse dagegen sind nur unter dem Mikroskop ab 20-facher Vergrößerung sichtbar.

Bei der Rissentstehung unterscheidet man zunächst Kaltrisse und Heißrisse. Kaltrisse entstehen erst nach dem Erkalten bei Raumtemperatur, u. U. auch erst nach Tagen. Heißrisse entstehen bei höheren Temperaturen (> 630 °C), meist unmittelbar bei oder nach dem Schweißen und meist in der Nahtmitte in den zuletzt erstarrenden Bereichen, weshalb sie auch als Nahtmittenrisse bezeichnet werden. Andere, spezielle Rissentstehungsmechanismen werden unter „sonstige Risse" eingeteilt.

Beim Rissverlauf wird nur zwischen trans- und interkristallinen Rissen unterschieden. Transkristalline Risse verlaufen durch die Kristalle und entstehen, wenn die vorhandenen Zug (Schrumpf)-Spannungen die Trennfestigkeit des jeweiligen Werkstoffs übersteigen. Interkristalline Risse verlaufen entlang der belegten Korngrenzen, den so genannten Segregatlinien.

Folgende Einflussgrößen sind für Risse möglich:

Rissart	Rissbezeichnung	Einflussgrößen	Rissverlauf
Heißriss	Erstarrungsriss	Niedrigsschmelzende Phasen oder Eutektika	interkristallin
	Wiederaufschmelzriss	Niedrigsschmelzende Phasen oder Eutektika	
	Ductility Dip Crack	Temperatur-Versprödungsintervall	
	Dilatationsheißriss	(Mangan- /) Schwefel-Gehalte oder sonstige niedrigschmelzende Phasen	
Kaltriss	Wasserstoffriss	Atomarer Wasserstoff im Gefüge eingeschlossen	transkristallin
	Schrumpfriss	Undermatching	
	Aufhärtungsriss	Vollmartensitisches Gefüge	
	Ausscheidungsriss	Intermetallische Phasen	
Sonstige Risse	Relaxationsriss	Molybdän- + Vandium-Gehalte	interkristallin
	Unterplattierungsriss	Mo-V-Gehalte + Wiedererwärmung	
	Disponding (mechanisch)	Kehlnähte an geglühten Plattierungen	
	Lamellenriss	Mangan-Sulfidlamellen/ (Schwefelgehalt)	
	Lotbruch	(Eutektika) Lote dringen flüssig in durch Zugspannungen elastisch geöffnete Spalte ein	

DIN EN ISO 6520 klassifiziert Risse auch nach dem Zeitpunkt ihrer Entstehung:

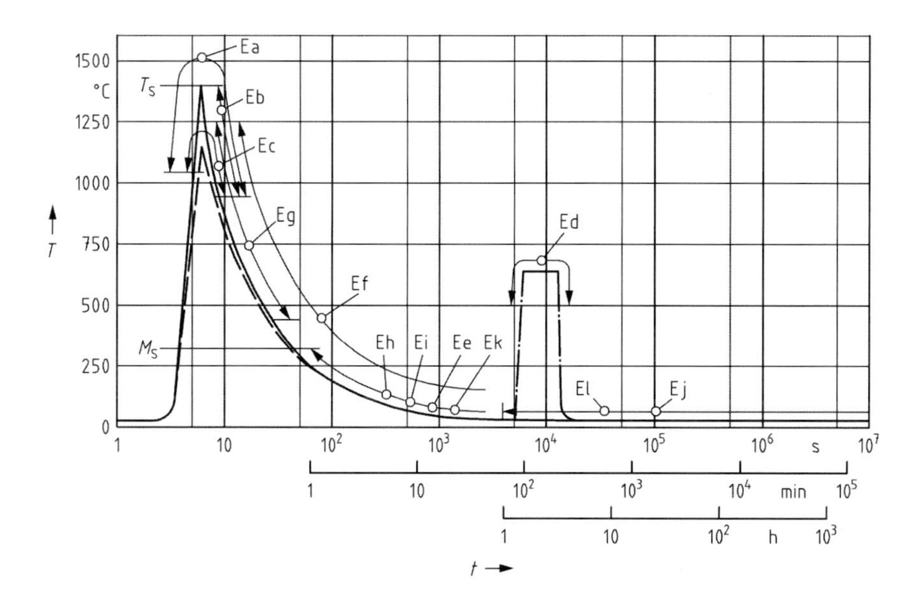

Deutsch Benennung und Erklärungen	Reference Referenz	English Designation and explanation
Schweißnahtrisse Risse, die während oder nach dem Schweißen entstehen	E	Weld cracking Cracks occurring during or after welding
Heißriss Erstarrungsriss Aufschmelzungsriss Ausscheidungsriss	Ea Eb Ec Ed	hot crack solidification crack liquation crack precipitation induced crack
Aufhärtungsriss	Ee	age hardening crack
Kaltriss Sprödriss	Ef Eg	cold crack ductility-dip crack (brittle crack)
Schrumpfriss Wasserstoffriss	Eh Ei	shrinkage crack hydrogen-induced crack
Lamellenriss Kerbriss Alterungsriss (Stickstoffdiffusionsriss)	Ej Ek El	lamellar tearing toe crack ageing induced crack (nitrogen diffusion crack)

Kaltrisse

Eine Hauptursache von Kaltrissen ist der atomare Wasserstoff. Im Lichtbogen dissoziiert der Wasserstoff, d. h. der molekulare Wasserstoff spaltet sich in atomaren auf und kann so in den schmelzflüssigen Werkstoff eindringen. Die Wasserstoffaufnahme ist abhängig von Temperatur: bei 1800 °C ist die Wasserstofflöslichkeit des Schweißgutes ca. 35 cm^3 H2/100 g Schweißgut!

Im erstarrten Zustand liegt der Wasserstoff nach schneller Abkühlung in höherer Konzentration vor (zwangsgelöst im Gitter, an Leerstellen, Versetzungen und Korngrenzen besonders konzentriert). Wasserstoff diffundiert bei Raumtemperatur erheblich und konzentriert sich in Poren und Einschlusshohlräumen wegen seines kleinsten Atomdurchmessers aller Elemente. Dort rekombiniert der Wasserstoff (Rückbildung zu molekularem Wasserstoff unter Aufbau eines sehr hohen Druckes bzw. verlässt der noch atomare Wasserstoff über die Werkstückoberfläche die Schweißverbindung = Effusion). Dieser Prozess kann wenige Minuten bis einige Wochen dauern. Er kann auch zwangsweise durch Wasserstoffarmglühen (Soaking) bei 250 bis 350 °C zur Effusion gebracht werden.

Herkunft des Wasserstoffes:

- Wasserstoffeintrag aus dem Grundwerkstoff
- Wasserstoffeintrag aus der umgebenden Atmosphäre
- Wasserstoffeintrag aus der Stablektrodenumhüllung (basische Umhüllungen!)
- Wasserstoffeintrag aus feuchtem Schutzgas

Die wichtigste Maßnahme zur Vermeidung von Kaltrissen ist die Reduzierung des Wasserstoffeintrages durch:

- Rückgetrocknete Elektroden, insbesondere basische,
- kurzen Lichtbogen,
- vorgewärmtes Grundmaterial,
- Wasserstoffarmglühen nach dem Schweißen.

Empfehlungen zum Rücktrocknen von Stabelektroden:

Stabelektroden für	Umhüllungstyp	Rücktrocknung empfohlen	Rücktrocknungs-temperatur in °C	Rücktrocknungs-dauer in Stunden
Un- und niedriglegierte Stähle	A, AR, C, RC, R, RR, RB	Nein	–	–
	B	Ja	300 – 350	2 – 10
Hochfeste Feinkornstähle	B	Ja	300 – 350	2 – 10
Warmfeste Stähle	R	Nein	–	2 – 10
	RB, B	Ja	300 – 350	2 – 10
Nichtrostende und hitzebeständige Stähle	R	Ja	120 – 200	2 – 10
	RB, B	Nein	–	–
Weichmartensitische Stähle	B	Ja	300 – 350	2 – 10
Duplex-Stähle	RB	Ja	250 – 300	2 – 10
Nickellegierungen	alle	Falls erforderlich	120 – 300	2 – 10

Für die Rücktrocknung von Elektroden ist folgende Vorgehensweise sinnvoll:

- Die Elektroden sollten in einen vorgeheizten Ofen (ca. 80–100 °C) gegeben werden, wobei nicht mehr als drei Lagen eingeschichtet werden dürfen.
- Nach Aufheizung ist die empfohlene Temperatur etwa 2 Stunden zu halten. Bei Rücktrocknungstemperaturen ab 250 °C sollte die Temperatur langsam (ca. 150 °C/Stunde) auf die empfohlene Temperatur angehoben werden.
- Eine Gesamtrücktrocknungsdauer (= Summe der Zeiten einzelner Rücktrocknungsvorgänge) von 10 Stunden sollte nicht überschritten werden. Diese Maximalzeit ist auch zu beachten, wenn in mehreren Zyklen rückgetrocknet wird.
- Vor dem Herausnehmen aus dem Ofen sollte die Ofentemperatur auf 70 bis 90 °C gesenkt werden.
- Elektroden, die in direktem Kontakt mit Wasser, Fett oder Öl waren, sollten nicht für die Verarbeitung herangezogen werden.
- Umhüllte Stabelektroden, die in Dosen geliefert werden, benötigen keine Rücktrocknung, wenn sie sofort in den vorgeheizten Köcher gegeben und von dort verarbeitet werden.

Eine besondere Form eines Kaltrisses ist das Fischauge. Bei plastischer Verformung des Schweißgutes entstehen in den Wandungen von Wasserstoffporen neue Oberflächen, an denen der Wasserstoff adsorbiert wird. Dabei dissoziiert dieser und dringt atomar in das deformierte Gitter ein, wo er die Rissbildung bewirkt. Der Rissverlauf ist bei den Schweiß-Fischaugen transkristallin. Die Bruchfacetten ähneln denen des Spaltbruchs, sind aber bei gleichem Gefügezustand wesentlich kleiner als diese und zeigen sich verrundet oder verwölbt. Ursache ist, dass die Rissausbreitung weniger entlang von Spaltebenen, sondern hauptsächlich – wegen der starken Affinität des Wasserstoffs zu Versetzungen – entlang von Gleitebenen erfolgt.

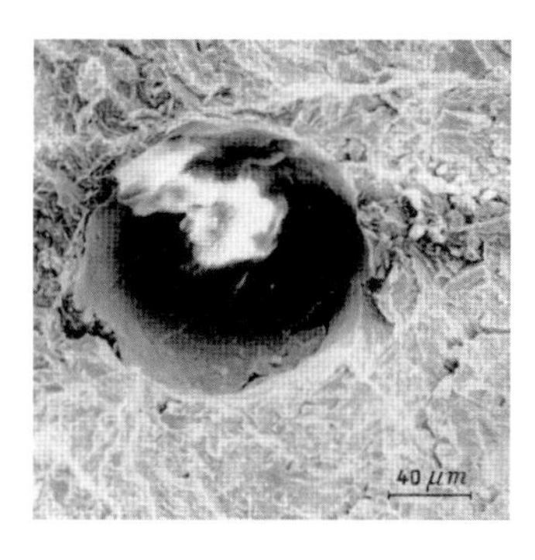

Bild 17-16 Fischauge

Heißrisse

Hauptursache von Heißrissen sind Phasen in der Legierung, die niedriger schmelzen als der Grundwerkstoff. Durch Entmischungen von Legierungselementen im Schweißbad oder der Bildung niedrigschmelzender Eutektika verbleiben diese niedrig schmelzenden Phasen bis nach der Erstarrung des Grundwerkstoffs flüssig. Nach erfolgter Erstarrung schrumpft jedes gebildete Korn und damit die gesamte Naht in Längs-, Quer-und Dickenrichtung, was Zugspannungen zur Folge hat. Niedrig schmelzende Phasen sind noch flüssig, können den vorliegenden Schrumpfwegen nicht folgen und bewirken eine Trennung der Körner voneinander ⇒ interkristalline Trennung. Da die Naht in der Mitte zuletzt abkühlt, entstehen diese Risse vornehmlich dort – also in Nahtmitte (Nahtmittenriss oder Erstarrungsriss). Besonders anfällig sind hochnickelhaltige Legierungen, weil Nickel in Verbindung mit anderen Elementen wie Schwefel, Phosphor oder Silizium solche Phasen bildet.

Wird bei Mehrlagenschweißung ein Bereich wieder aufgeschmolzen (wieder erwärmt), können Korngrenzen in der WEZ aufschmelzen und die noch vorhandenen Zugeigenspannungen nicht mehr übertragen, was dann zum Riss führt. Entstehung: die bis zuletzt flüssigen Anteile in einer Schweißnaht werden vor der Erstarrungsfront hergeschoben. Durch Schrumpfung = Zugspannung brechen diese noch flüssigen oder teigigen Verbindungen wieder auf.

Steifere Konstruktionen (große Wanddicken) sind heißrissgefährdeter als „weiche“ Konstruktionen, weil sie weniger Spannungen infolge Schrumpfung aufnehmen können.

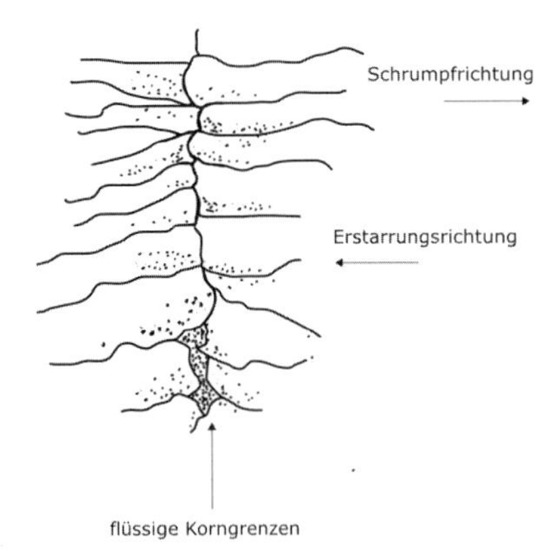

Bild 17-17
Nahtmittenriss = Erstarrungsriss = Heißriss

Die Schmelztemperaturen niedrig schmelzender Phasen können der folgenden Tabelle entnommen werden:

Element	Löslichkeit im reinen Eisen				Niedrig schmelzende Phasen	
	im Austenit		im Ferrit			
	%	Temp. °C	%	Temp. °C	Struktur	Schmelzpunkt °C
Schwefel	0,05	1365	0,14	1365	Eutektikum Fe-FeS	988
					Eutektikum Ni-NiS	630
Phosphor	0,20	1250	1,6	1250	Eutektikum Fe-Fe_3P	1048
					Eutektikum Ni-Ni_3P	875
Bor	0,005	1381	0,5	1381	Eutektikum Fe-Fe_2B	1177
					Eutektikum Ni-Ni_2B	1140
					Eutektikum $(Fe,Cr)_2B$-Austenit	1180
Niob	1,0	1300	4,1	1300	Eutektikum Fe-Fe_2Nb	1370
					Eutektikum NbC-Austenit	1315
					Nb-Ni-reiche Phasen	1160
Titan	0,36	1300	8,1	1300	Eutektikum Fe-Fe_2Ti	1290
					Eutektikum TiC-Austenit	1320
Silizium	1,15	1300	10,5	1300	Eutektikum Fe-Fe_2Si	1212
					Eutektikum NiSi-Ni_3Si_2	964
					NiSi	996

Die wichtigsten Maßnahmen zur Minimierung der Heißrissgefahr sind:

- Auf peinlichste Sauberkeit im Schweißnahtbereich achten, insbesondere Ölreste, Farbe und Fette enthalten Schwefel, was in Verbindung mit Nickel zu einer niedrig schmelzende Phase wird;
- Wärmen der Nahtrandzonen, wodurch die Schrumpfkräfte so verzögert auftreten, dass die niedrig schmelzenden Phasen auf den Korngrenzen bereits erstarrt sind, bevor die Schrumpfkräfte zu einer kritischen Größe anwachsen konnten (**Bild 17-18**);
- erhöhte Anteile von Mn, Nb, Ti und/oder Al im Schweißzusatz binden Elemente, die niedrig schmelzende Phasen bilden.

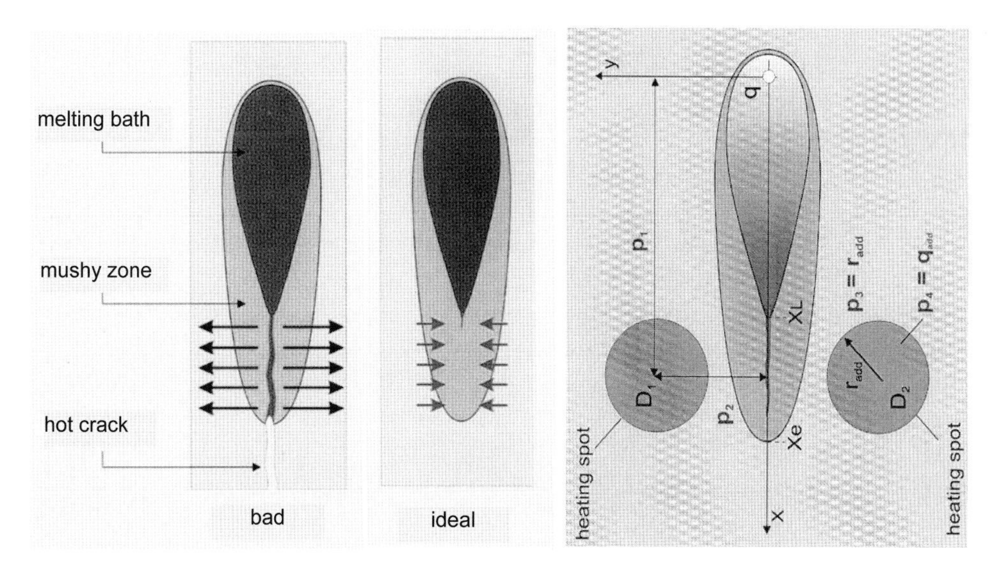

Bild 17-18 Vermeidung von Heißriss durch Anbringen von Wärmepunkten (heating spot) zur Verminderung der Schrumpfkräfte

17.5 Schulung und Prüfung von Schweißern und Bedienern von Schweißeinrichtungen

Zur Sicherung der Güte von Schweißarbeiten muss der Schweißer seine Handfertigkeit und Fachkenntnis durch eine Prüfung nachweisen. Aufsichtsbehörden, Überwachungsstellen, Klassifikationsgesellschaften oder Auftraggeber für bestimmte Schweißarbeiten verlangen einen Eignungsnachweis des Schweißers: die Schweißerprüfung. Sie wird nach folgenden Prüfvorschriften/Normen vorgenommen (Stand Januar 2011):

DIN EN 287-1 Prüfung von Schweißern – Schmelzschweißen, Stähle

EDIN EN ISO 9606-1 Prüfung von Schweißern – Schmelzschweißen, Stähle

DIN EN ISO 9606-2 Prüfung von Schweißern – Schmelzschweißen, Aluminium und Aluminiumlegierungen (ersetzt DIN EN 287-2)

DIN EN ISO 9606-3 Prüfung von Schweißern – Schmelzschweißen, Kupfer und Kupferlegierungen (ersetzt DIN 8561)

DIN EN ISO 9606-4 Prüfung von Schweißern – Schmelzschweißen, Nickel und Nickellegierungen

DIN EN ISO 9606-5 Prüfung von Schweißern – Schmelzschweißen, Titan und Titanlegierungen, Zirkonium und Zirkoniumlegierungen

DIN ISO 24394 Schweißen im Luft- und Raumfahrzeugbau – Prüfung von Schweißern und Bedienern von Schweißeinrichtungen – Schmelzschweißen von metallischen Bauteilen

DIN EN 1418 Schweißpersonal – Prüfung von Bedienern von Schweißeinrichtungen zum Schmelzschweißen und von Einrichtern für das Widerstandsschweißen für vollmechanisches und automatisches Schweißen von metallischen Werkstoffen

DIN EN ISO 15618-1 Prüfung von Schweißern für Unterwasserschweißen – Unterwasserschweißer für Nassschweißen unter Überdruck

DIN EN ISO 15618-2 Prüfung von Schweißern für Unterwasserschweißen – Unterwasserschweißer und Bediener von Schweißanlagen für Trockenschweißen unter Überdruck

DIN EN 13067 Kunststoffschweißpersonal – Anerkennungsprüfung von Schweißern – Thermoplastische Schweißverbindungen

DIN EN 14730-2 Bahnanwendungen – Oberbau; Aluminothermisches Schweißen – Qualifikation der Schweißer, Zulassung von Betrieben und Abnahme von Schweißungen (Normentwurf)

DVGW GW 330 Schweißen von Rohren und Rohrleitungsteilen aus Polyethylen (PE 80, PE 100 und PE-Xa) für Gas- und Wasserleitungen – Lehr- und Prüfplan

DVS 1148 Prüfung von Schweißern – Lichtbogenhandschweißen an Rohren aus duktilem Gusseisen

DVS 1162 Abnahme von „Praktischen Prüfungen" auf dem Gebiet des Fügens, Trennens und Beschichtens (FTB) an DVS®-Bildungseinrichtungen

DVS 2212-3 Prüfung von Kunststoffschweißern – Prüfgruppe III – Bahnen im Erd- und Wasserbau

DVS 2212-4 Prüfung von Kunststoffschweißern – Schweißen von PE-Mantelrohren – Rohre und Rohrleitungsteile

Schweißerprüfungen für Stahl sind europaweit einheitlich. Nur in Deutschland wird zur praktischen Prüfung auch eine fachkundliche Prüfung verlangt. Deshalb sollten Schweißer, die ihre Prüfung in einem anderen Land abgelegt haben, eine fachkundliche Prüfung ablegen, bei dem Grundkenntnisse des Schweißers zu den Themen Schweißeinrichtungen, Schweißprozesse, Grund- und Zusatzwerkstoffe, Sicherheit und Unfallverhütung, getestet werden.

Die Systematik der Schweißerprüfungen ähnelt sich. Sie ist im Wesentlichen vom Schweißprozess, dem Werkstoff, der Nahtart, dem zu verwendeten Schweißzusatz, der Schweißposition und den Prüfverfahren abhängig.

Da es in den letzten Jahren nicht möglich war, DIN EN ISO 9606-1, Schweißerprüfungen für Stahl, weltweit an die Vorstellungen der einzelnen Länder anzugleichen, wird DIN EN 287-1 weiter praktiziert. Im Folgenden ist deshalb diese Norm näher vorgestellt.

DIN EN 287-1 Prüfung von Schweißern; Schmelzschweißen; Teil 1: Stähle

Das Anwendungsgebiet dieser Norm umfasst Schweißarbeiten von Hand an Stahl nach den Schweißprozessen 111, 114, 121, 131, 135, 136, 137, 141, 15 und 311.

Die Kennziffern nach DIN EN ISO 4063 bedeuten:

111 Lichtbogenhandschweißen (LBH)
114 Metall-Lichtbogenschweißen mit Fülldrahtelektrode (ohne Gasschutz)
121 UP-Schweißen mit Drahtelektrode
131 Metall-Inertgasschweißen (MIG)
135 Metall-Aktivgasschweißen (MAG)
136 MAG-Schweißen mit Fülldrahtelektrode
137 MIG-Schweißen mit Fülldrahtelektrode
141 Wolfram-Inertgasschweißen (WIG)
15 Wolfram-Plasmaschweißen (WP)
311 Gasschweißen mit Sauerstoff-Acetylen-Flamme

Bei der Ausführung kombinierter Schweißprozesse, bspw. Wurzelschweißung mit WIG, Füll- und Decklagen mit Lichtbogenhandschweißen, kann eine kombinierte Prüfung in dieser Form durchgeführt werden oder der Schweißer macht zwei getrennte Prüfungen (WIG– und Lichtbogenhand-Schweißen).

Prüfstellen und Prüfer sind im nationalen Vorwort zur DIN EN 287-1 für die Bundesrepublik Deutschland wie folgt benannt:

- Schweißtechnische Lehr- und Versuchsanstalten (SLV)
- Schweißtechnische Lehranstalten (SL)
- Prüfungs- und Zertifizierungsausschüsse des Deutschen Verbandes für Schweißen und verwandte Verfahren e. V. (DVS)
- Technische Überwachungsvereine (TÜV)
- Germanischer Lloyd (GL)
- Lloyd's Register EMEA (LR)
- andere von den zuständigen Bundes- und Landesbehörden für die Durchführung von Schweißerprüfungen anerkannte Prüfstellen
- Schweißaufsichtspersonen, die aufgrund der maßgebenden Rechtsvorschriften, Richtlinien und Anwendungsnormen für die Durchführung von Schweißerprüfungen auf Bescheinigungen oder Zertifikaten benannt sind.

Die Grundwerkstoffe in DIN EN 287-1, Ausgabe 2004, werden in 11 Gruppen eingeteilt (in DIN EN 287-1, Ausgabe 1997 gab es 5 Gruppen). Werkstoffe mit vergleichbarem Schweißverhalten sind in einer Gruppe zusammengefasst. Die Einteilung erfolgt nach ISO 15608 wie folgt:

Gruppe 1	Stähle mit einer spezifischen Mindeststreckgrenze ($R_{eH} < 275$ MPa Untergruppe 1.1; $275 < R_{eH} \leq 360$ MPa Untergruppe 1.2; normalisierte Feinkornstähle $R_{eH} > 360$ MPa Untergruppe 1.3 und Stähle mit erhöhtem Widerstand gegen atmosphärische Korrosion Untergruppe 1.4)
Gruppe 2	thermomechanisch gewalzte Feinkornstähle und Stahlguss
Gruppe 3	vergütete und ausscheidungshärtende Stähle
Gruppe 4	niedrig vanadiumlegierte Cr-Mo- (Ni) Stähle
Gruppe 5	vanadiumfreie Cr-Mo-Stähle
Gruppe 6	hoch vanadiumlegierte Cr-Mo- (Ni) Stähle
Gruppe 7	ferritische, martensitische und ausscheidungshärtende nicht rostende Stähle
Gruppe 8	austenitische Stähle mit Ni ≤ 31 %
Gruppe 9	nickellegierte Stähle mit Ni ≤ 10 %
Gruppe 10	ferritisch-austenitische nicht rostende Stähle (Duplex)
Gruppe 11	Stähle der Gruppe 1 ausgenommen: 0,25 % < C $\leq$ 0,85 %

Die Schweißzusätze sind artgleich zur Werkstoffgruppe auszuwählen und werden bezeichnet mit:

nm	kein Zusatzwerkstoff	(nm = no filler material)
wm	mit Zusatzwerkstoff	(wm = with filler material).

Bei Verwendung von Stabelektroden nach DIN EN ISO 2560 (früher DIN EN 499) wird der Umhüllungstyp angegeben. Weitere Kurzzeichen für Schweißzusätze gibt es für Drahtelektroden.

A	sauerumhüllt
B	basischumhüllt
C	zelluloseumhüllt
M	Metallpulverfülldraht
P	rutile Fülldrahtelektrode – schnell erstarrende Schlacke
R	rutilumhüllt oder rutile Fülldrahtelektrode – langsam erstarrende Schlacke
RA	rutilsauer-umhüllt
RB	rutilbasisch-umhüllt
RC	rutilzellulose-umhüllt
RR	rutilumhüllt (dick)
S	Massivdraht, Massivstab (solid = fest)
V	Fülldrahtelektrode – rutil oder basisch/fluorid
W	Fülldrahtelektrode – basisch/fluorid, langsam erstarrende Schlacke
Y	Fülldrahtelektrode – basisch/fluorid, schnell erstarrende Schlacke
Z	Fülldrahtelektrode – andere Arten

A, R, RA, RB, RC oder RR als Prüfungselektrode schließen sich gegenseitig ein. B als Prüfungselektrode schließt außer C und S alle anderen mit ein. C gilt nur für C.

Bei den Nahtarten unterscheidet man Stumpfnaht (BW = butt weld)- und Kehlnaht (FW = fillet weld)-Prüfstücke an Blechen (P = plate) und Rohren (T = tube). Dabei wird jeweils die Werkstückdicke t in mm, bei Rohren der Rohraußendurchmesser D in mm und die Wanddicke t in mm angegeben. Geltungsbereiche für Stumpfnähte und Rohre:

Prüfstück-dicke t [mm]	Geltungsbereich
t < 3	t bis 2 t [1)]
3 ≤ t ≤ 12	3 mm bis 2 t [2)]
t > 12	≥ 5 mm

[1)] für Gasschweißen (311): t bis 1,5 t
[2)] für Gasschweißen (311): 3 mm bis 1,5 t

Prüfstückdurchmesser D [1)] [mm]	Geltungsbereich
D ≤ 25	D bis 2 D
D > 25	≥ 0,5 D (25 mm min.)

[1)] Bei Hohlprofilen bedeutet „D“ die Abmessung der schmaleren Seite.

Für das Schweißen von Kehlnähten gilt:

Werkstoffdicke des Prüfstückes t < 3 mm Geltungsbereich t bis 3 mm

Werkstoffdicke des Prüfstückes t ≥ 3 mm Geltungsbereich ≥ 3 mm

Weitere Abhängigkeiten bei den Nahtarten und Produktformen sind in DIN EN 287-1, Abschnitt 5.3 und 5.4 genannt. Darin heißt es u. a.:

- Stumpfnähte schließen jede Art von Stumpfnähten außer Rohrabzweigungen ein.
- Stumpfnähte qualifizieren auch Kehlnähte. Werden jedoch vorwiegend Kehlnähte geschweißt, so muss der Schweißer durch eine geeignete Kehlnahtprüfung qualifiziert werden.
- Für spezielle Anwendungen wie Rohrabzweigungen, wo die Nahtart weder durch Stumpf- noch durch Kehlnaht qualifiziert werden kann, sollte ein spezielles Prüfstück benutzt werden.
- Schweißnähte an Rohren mit D > 25 mm schließen Schweißnähte an Blechen ein.
- Schweißnähte an Blechen schließen Schweißnähte an Rohren ein, wenn D ≥ 150 mm in Schweißposition PA, PB und PC ist und wenn D ≥ 500 mm in allen Positionen ist.

Zu beachten sind bei all diesen Abhängigkeiten immer die Ausnahmeregelungen für das Schweißen in gesetzlich geregelten Bereichen.

Die Schweißpositionen sind folgendermaßen definiert:

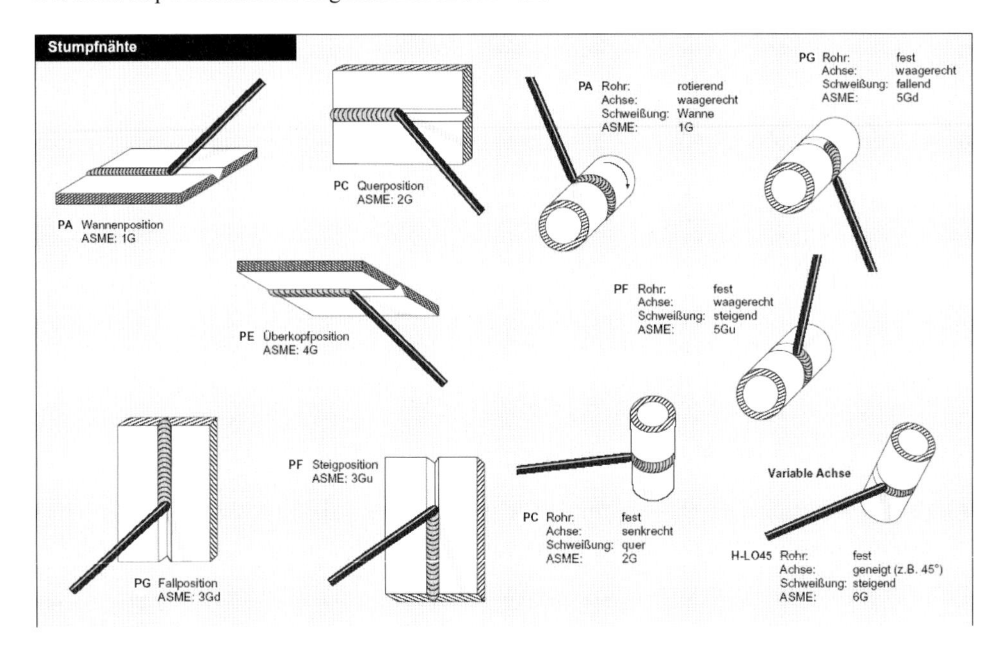

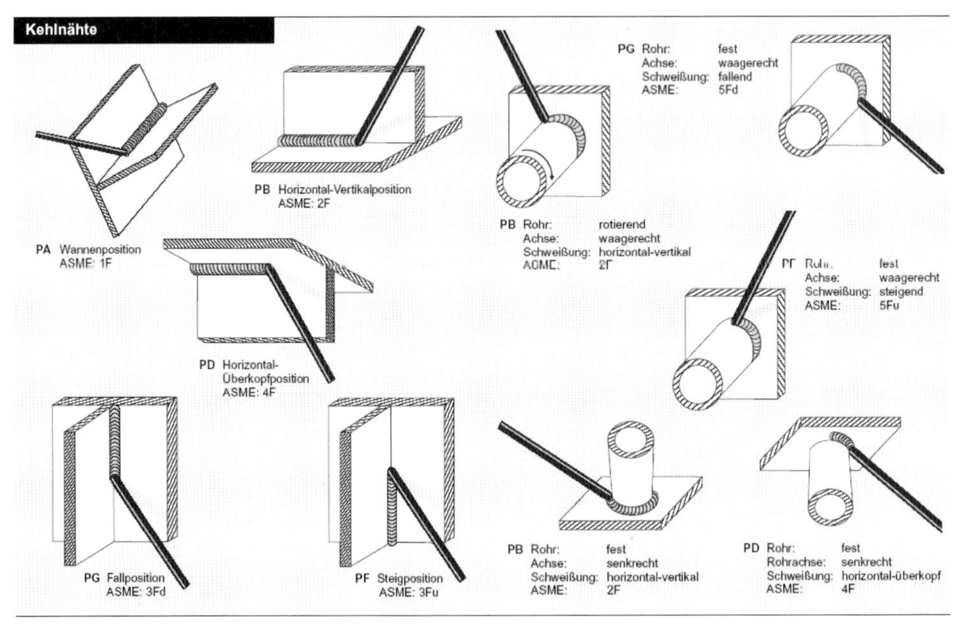

Bild 17–19 Definition der Schweißpositionen

Die früheren Bezeichnungen der Schweißpositionen sind in der folgenden Übersicht in Klammern angegeben.

PA	Wannenposition (w)	PF	Steigend (s)
PB	Horizontal (h)	PG	Fallend (f)
PC	Querposition (q)	H–L045	45° geneigt (Schweißung steigend)
PD	horizontal Überkopf (hü)	J–L045	45° geneigt (Schweißung fallend)
PE	Überkopf (ü)		

Der Geltungsbereich der Schweißpositionen ist Tabelle 17-7 zu entnehmen, entspricht der Tabelle 7 nach DIN EN 287–1:

Tabelle 17–7 Geltungsbereich für die Schweißpositionen

Schweiß-position des Prüfstücks	Geltungsbereich[a]										
	PA	PB[b]	PC	PD[b]	PE	PF (Blech)	PF (Rohr)	PG (Blech)	PG (Rohr)	H-L045	J-L045
PA	X	X	–	–	–	–	–	–	–	–	–
PB[b]	X	X	–	–	–	–	–	–	–	–	–
PC	X	X	X	–	–	–	–	–	–	–	–
PD[b]	X	X	X	X	X	X	–	–	–	–	–
PE	X	X	X	X	X	X	–	–	–	–	–
PF (Blech)	X	X	–	–	–	X	–	–	–	–	–
PF (Rohr)	X	X	–	X	X	X	X	–	–	–	–
PG (Blech)	–	–	–	–	–	–	–	X	–	–	–
PG (Rohr)	X	X	–	X	X	–	–	X	X	–	–
H-L045	X	X	X	X	X	X	X	–	–	X	–
J-L045	X	X	X	X	X	–	–	X	X	–	X

[a] Zusätzlich sind die Anforderungen nach 5.3 und 5.4 zu beachten

[b] Die Schweißpositionen PB und PD werden nur für Kehlnähte (siehe 5.4 b) angewendet und können nur für Kehlnähte in anderen Schweißpositionen qualifizieren.

Legende

X gibt die Schweißpositionen an, für die der Schweißer qualifiziert ist.

– gibt die Schweißpositionen an, für die der Schweißer nicht qualifiziert ist.

Bei der Nahtausführung gibt es folgende Bezeichnungen:

bs	beidseitiges Schweißen	(bs = both sides)
gg	Ausfugen oder Ausschleifen der Wurzellage	(gg = ground grinding)
wb	Schweißen mit Schweißbadsicherung	(wb = with backing)
nb	Schweißen ohne Schweißbadsicherung	(nb = no backing)
ng	ohne Ausfugen oder Ausschleifen	(ng = no grinding)
ss	einseitiges Schweißen	(ss = single side)
lw	nach links schweißen	(lw = left welding)
rw	nach rechts schweißen	(rw = right welding)

Für die Durchführung der Prüfung ist zu beachten:

- Ein Prüfer/eine Prüfstelle muss beim Schweißen und Prüfen anwesend sein,
- die Prüfstücke sind zu kennzeichnen,
- die Abmessungen der Prüfstücke sind in den folgenden Bildern 17–20 bis 17–23 angegeben:

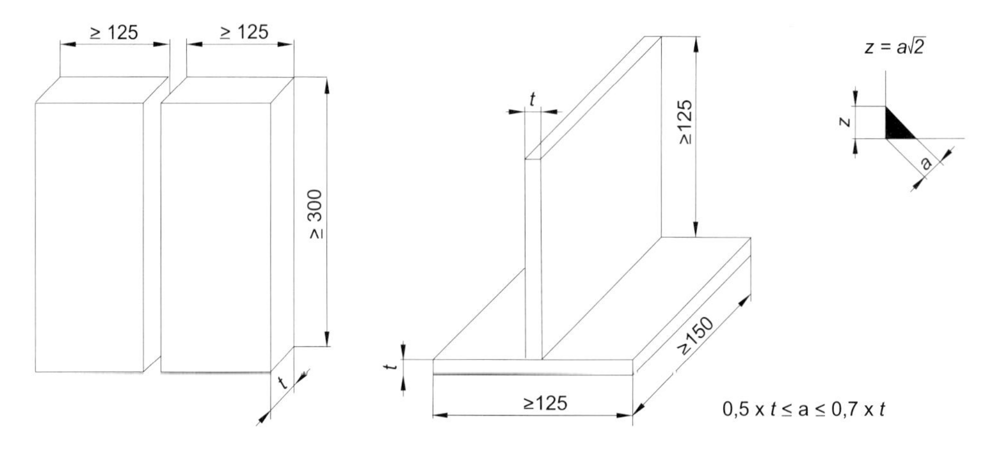

Bild 17-20
Maße des Prüfstückes
für eine Stumpfnaht am Blech

Bild 17-21
Maße des Prüfstückes für eine Kehlnaht/-nähte am Blech

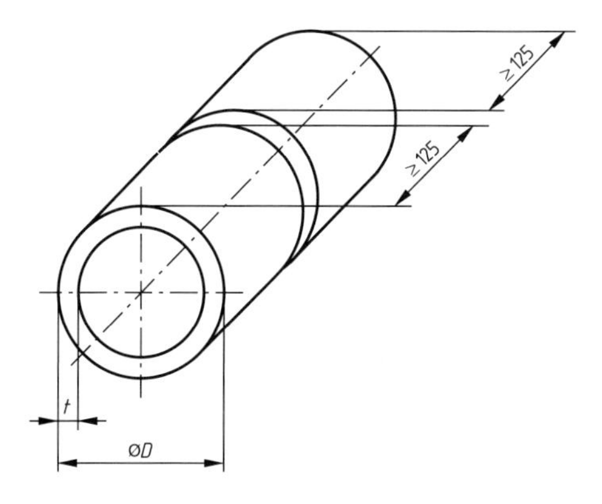

Bild 17-22
Maße des Prüfstückes
für eine Stumpfnaht am Rohr

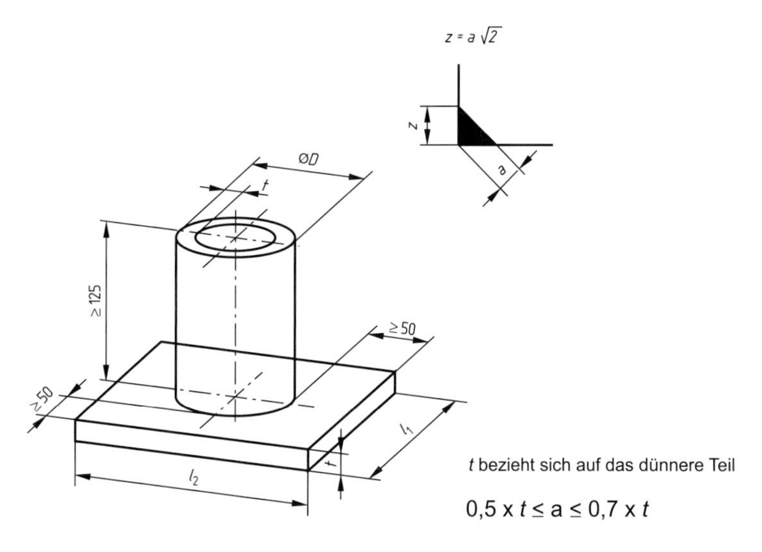

Bild 17-23 Maße des Prüfstückes für eine Kehlnaht am Rohr

Weitere Bedingungen zur Durchführung der Schweißerprüfung:

- Es ist nach einer schriftlichen Schweißanweisung (WPS) zu schweißen.
- Das Prüfstück muss mindestens eine Schweißunterbrechung mit einem Wiederansatz in Wurzel- und Decklage enthalten.
- Außer in der Decklage darf der Schweißer kleinere Unregelmäßigkeiten durch Ausschleifen, Ausfugen oder andere in der Fertigung eingesetzte Verfahren mit Genehmigung des Prüfers beseitigen.
- Die Zeit zum Schweißen soll den üblichen Fertigungsbedingungen entsprechen.
- Wird ein Vorwärmen verlangt, so ist das beim Schweißen genau einzuhalten.
- Eine Wärmenachbehandlung kann entfallen, wenn keine Biegeprüfung gefordert ist.

Prüfverfahren

Obligatorisch ist eine Sichtprüfung für alle Stumpf- und Kehlnähte. Ein Schweißer ist qualifiziert, wenn die Unregelmäßigkeiten innerhalb der Bewertungsgruppe B nach EN ISO 5817 liegen, ausgenommen sind folgende Unregelmäßigkeiten: zu große Nahtüberhöhung (Stumpfnaht), zu große Nahtüberhöhung (Kehlnaht), zu große Kehlnahtdicke, zu große Wurzelüberhöhung, schroffer Nahtübergang, für die Bewertungsgruppe C angewendet werden muss.

Des Weiteren müssen für Stumpfnähte eine Durchstrahlungsprüfung nach DIN EN 1435 oder eine Biegeprüfung nach DIN EN ISO 5173 oder eine Bruchprüfung nach DIN EN 1320 durchgeführt werden. Wird eine Durchstrahlungsprüfung gemacht, muss bei den Schweißprozessen 131, 135, 136 und 311 zusätzlich eine Biege- oder Bruchprüfung erfolgen. Bei ferritischen Stählen darf die Durchstrahlungsprüfung durch eine Ultraschallprüfung ersetzt werden (gilt nur für Wanddicken ≥ 8 mm). Bei Rohraußendurchmessern von D ≥ 25 mm dürfen die Bruch- oder Biegeprüfungen durch Kerbzugprüfungen ersetzt werden.

Bei Kehlnähten wird neben der Sichtprüfung eine Bruchprüfung verlangt. Sie kann durch eine makroskopische Untersuchung nach DIN EN 1321 ersetzt werden (mind. zwei Schliffe).

Die Gültigkeitsdauer der Schweißerprüfung beträgt 2 Jahre. In dieser Zeit muss der Arbeitgeber oder die Aufsichtsperson alle 6 Monate auf der Prüfungsbescheinigung bestätigen, dass der Schweißer in seinem Gültigkeitsbereich geschweißt hat. Anderenfalls wird die Prüfung schon nach 6 Monaten ungültig.

Die Prüfungsbescheinigung muss nach erfolgreicher Prüfung ausgestellt werden und enthält die folgenden Daten (**Bild 17-24**):

Die komplette Bezeichnung einer Schweißerprüfung ist wie folgt aufgebaut, immer beginnend mit der Normnummer:

DIN EN 287-1	1	2	3	4	5	6	7	8	9	10

1	Schweißprozess	(111, 114, 121, 135, 136, 137, 141, 15, 311)
2	Halbzeug	Blech (P), Rohr (T)
3	Nahtart	Stumpfnaht (BW), Kehlnaht (FW)
4	Werkstoffgruppe:	1 bis 11
5	Zusatzwerkstoff:	nm, wm, A, B, C, M, P, R, RA, RB, RC, RR, S, V, W, Y, Z
6	Maße des Prüfstückes:	Dicke t
7	Maße des Prüfstückes:	Rohrdurchmesser D
8	Schweißposition:	PA, PB, PC, PD, PE, PF, PG, H-L045, J-L045
9	Nahtausführung:	bs, ss
10	Nahtausführung:	nb, mb, ng, gg, lw, rw

Beispiel einer kompletten Bezeichnung:

DIN EN 287-1 111 P BW 1.1 B t4,5 D159 PA ss nb.

Ausnahmen zu den Regelungen nach DIN EN 287 gibt es insbesondere in den gesetzlich geregelten Bereichen (siehe Kapitel 15.2). Diese sind u. a.:

Im bauaufsichtlichen Bereich gilt, dass Schweißer, die Kehlnähte schweißen, auch ein Kehlnahtprüfstück schweißen müssen. Das heißt die Regelung ‚Stumpfnaht schließt Kehlnaht mit ein' gilt nicht. Gleiches gilt im Schienenfahrzeugbau.

Schweißer-Prüfungsbescheinigung

Bezeichnung:	**DIN EN 287-1 111 T BW 1.1 RB t8 D159 PF ss nb**
Schweißanweisung (WPS):	WPS 77 – 20.06.2009
Name des Schweißers:	**Paul Mustermann**
Legitimation:	123456789
Art der Legitimation:	Personalausweis
Geburtsdatum:	01.01.1990
Geburtsort:	Ulm
Beschäftigt bei:	Hartmann Stahlbau GmbH
Schweißerpass-Nr.:	123456
Prüfstelle:	Schweißtechnische Lehranstalt
Vorschrift/Prüfnorm:	DIN EN 287-1, Ausgabe 06/2006 Abnahme nach DIN EN ISO 5817, Ausgabe 10/2006

Fachkunde: Bestanden/~~Nicht geprüft~~
(Unzutreffendes durchstreichen)

	Prüfstück	Geltungsbereich
Schweißprozess(e)	111	111
Produktform (Blech oder Rohr)	T	T; P
Nahtart	BW	BW
Werkstoffgruppe(n)	1.1	1.1; 1.2; 1.4
Schweißzusätze (Bezeichnung)	RB	A, RA, RB, RC, RR, R
Schutzgase	-	
Hilfsstoffe (z. B. Formiergase)	-	
Werkstoffdicke t (mm)	8 mm	3 bis 16 mm
Rohraußendurchmesser D (mm)	159 mm	≥79,5 mm
Schweißposition	PF	PA, PB, PD, PE, PF
Schweißnahteinzelheiten	ss nb	ss nb, ss mb, bs

Art der Prüfung	ausgeführt + bestanden	nicht geprüft
Sichtprüfung	x	
Durchstrahlungsprüfung		x
Bruchprüfung	x	
Biegeprüfung		x
Kerbzugprüfung		x
makroskopische Untersuchungen		x

Bestätigung der Gültigkeit durch den Arbeitgeber/die Schweißaufsichtsperson
für die folgenden 6 Monate (unter Bezug auf 9.2 DIN EN 287-1)

Datum	Unterschrift	Dienststellung oder Titel

Datum des Schweißens: Ort:
Prüfung gültig bis:

Unterschrift: ....
Prüfer:

Bild 17-24 Aufbau einer Schweißer-Prüfbescheinigung

17.6 Gesundheits-, Arbeits- und Brandschutz (GABS)

Bei allen Schweißprozessen können Gefahren auftreten, so z. B. durch elektrischen Strom, durch Strahlung, Gase, Lärm, Schadstoffe, Brände, Explosionen, Verbrennungen etc. Leben und Gesundheit des Schweißers und das seiner Mitmenschen sind diesen Gefahren ausgesetzt. Deshalb muss eine Vielzahl von Vorschriften beachtet werden, wobei nur einige wenige elementare Hinweise zu den Sicherheitsbestimmungen gegeben und einige wichtige Vorschriften und Richtlinien genannt werden.

Zu diesen Regelwerken gehören:

1. Unfallverhütungsvorschriften (UVV), herausgegeben von den Metall-Berufsgenossenschaften, in Form von Berufsgenossenschaftlichen Richtlinien (BGR), Berufsgenossenschaftlichen Informationen (BGI) und Berufsgenossenschaftlichen Vorschriften (BGV):

BGR 500	Betreiben von Arbeitsmitteln, Kapitel 2.26 „Schweißen, Schneiden und verwandte Verfahren“ (identisch mit VBG 15/BGV D1)
BGR 220	„Schweißrauche“
BGR B3	„Lärm“ (identisch mit VBG 121)
BGR 117	„Arbeiten in Behältern und engen Räumen“
BGI 553	„Sicherheitslehrbrief für Lichtbogenschweißer“
BGI 554	„Sicherheitslehrbrief für Gasschweißer“
BGI 593	„Schadstoffe beim Schweißen und bei verwandten Verfahren“
BGI 746	„Umgang mit thoriumoxidhaltigen Wolframelektroden beim WIG-Schweißen“

2. Staatliche Verordnungen (Carl Heymanns Verlag KG, Luxemburger Str. 449, 50939 Köln):

GPSG	Geräte- und Produktsicherheitsgesetz – hier sind die in bisherigen, einzelnen Verordnungen geregelten Gesetze vereint, wie z. B. Druckbehälterverordnung, Dampfkesselverordnung, Acetylenverordnung usw. (siehe Abschnitt 17.2)
StrlSchV	Verordnung zum Schutz vor Schäden durch ionisierende Strahlen (Strahlenschutzverordnung)
GGVS	Verordnung über die Beförderung gefährlicher Güter auf der Straße (Gefahrgutverordnung Straße)

3. DIN Normen (Beuth Verlag, Berlin):

DIN EN 169	Persönlicher Augenschutz; Filter für das Schweißen und verwandte Techniken; Transmissionsanforderungen und empfohlene Anwendung
DIN EN ISO 11611	Schutzkleidung für Schweißen und verwandte Verfahren

4. Sonstige Regeln der Technik (DVS Verlag, Düsseldorf):

DVS 0211	Transport von Druckgasflaschen in geschlossenen Kraftfahrzeugen
DVS 0212	Umgang mit Druckgasflaschen
DVS 1203	Arbeitsschutz beim Schweißen; Einrichtung von Schweißwerkstätten unter Arbeitsschutzaspekten

Bei aller Vielfalt der gesamten technischen Regelwerke zum GABS ist zu beachten, dass staatliche Rechtsvorschriften, z. B. GefStoffV, DruckbehV usw., Vorrang vor UVVs haben, d. h., eine UVV gilt nicht, wenn ihr Gegenstand durch staatliche Rechtsvorschriften geregelt ist.

Elektrischer Strom

Die größte Gefahr beim Lichtbogenschweißen ist der elektrische Strom. Abhängig von Stromart, Frequenz, Stromstärke und Weg des Stromes durch den Körper kann eine Einwirkzeit von >0,3s kritisch sein.

Ab 0,15 mA kann es beim kritischen Weg durch den Körper zu Muskelverkrampfungen, ab 80 mA zu Herzkammerflimmern kommen, über 5 A zum Herzstillstand.

Für die Stromstärke gilt das Ohmsche Gesetz. Deshalb gilt es, die Spannung möglichst klein und den Widerstand möglichst groß zu halten. Für einen hohen Widerstand sorgen unbeschädigte Schutzhandschuhe und Sicherheitsschuhe, trockene Kleidung, isolierende Zwischenlagen, intakte Isolierung an allen Kabeln. Die Spannung wird durch den Hersteller der Stromquellen sowohl im Leerlauf als auch unter Last entsprechend begrenzt.

Die Einsatzbedingung 'erhöhte elektrische Gefährdung' liegt vor, wenn der Schweißer zwangsweise elektrisch leitfähige Teile berührt, ein eingeschränkter Bewegungsraum vorhanden ist (<2 m Abstand zwischen elektrisch leitfähigen Teilen) und/oder nasse, feuchte oder heiße Schweißumgebung vorliegen. Hier dürfen nur Schweißstromquellen mit der folgenden Kennzeichnung benutzt werden:

Tabelle 17-8 Tabelle zulässiger Leerlaufspannungen

Einsatzbedingung	Leerlaufspannung		
	Spannungsart	Höchstwerte [Volt]	
		Scheitelwert	Effektivwert
a) Erhöhte elektrische Gefährdung	Gleich Wechsel	113 68	– 48
b) Ohne erhöhte elektrische Gefährdung	Gleich Wechsel	113 113	– 80
c) Begrenzter Betrieb ohne erhöhte elektrische Gefährdung	Gleich Wechsel	113 78	– 55
d) Lichtbogenbrenner maschinell geführt	Gleich Wechsel	141 141	– 100
e) Plasmaschneiden	Gleich Wechsel	500 –	– –
f) Unter Wasser mit Personen im Wasser	Gleich Wechsel	65 unzulässig	– unzulässig

Für zusammengeschaltete Schweißstromquellen gilt die resultierende Spannung als Leerlaufspannung.

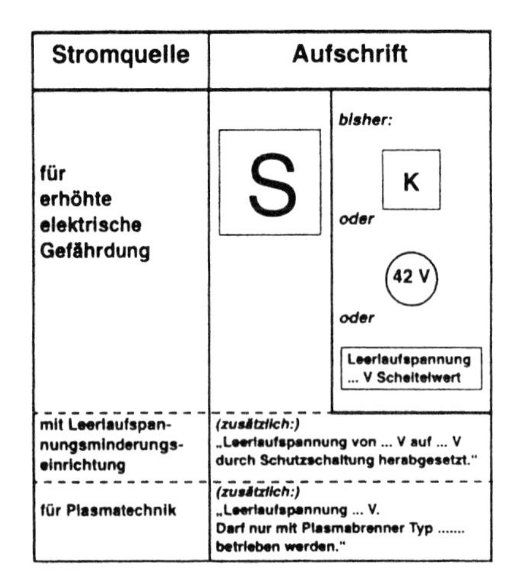

Stromquelle	Aufschrift	
für erhöhte elektrische Gefährdung	S	*bisher:* K *oder* 42 V *oder* Leerlaufspannung ... V Scheitelwert
mit Leerlaufspannungsminderungseinrichtung	*(zusätzlich:)* „Leerlaufspannung von ... V auf ... V durch Schutzschaltung herabgesetzt."	
für Plasmatechnik	*(zusätzlich:)* „Leerlaufspannung ... V. Darf nur mit Plasmabrenner Typ .... betrieben werden."	

Bild 17-25
Schweißstromquelle für erhöhte elektrische Gefährdung

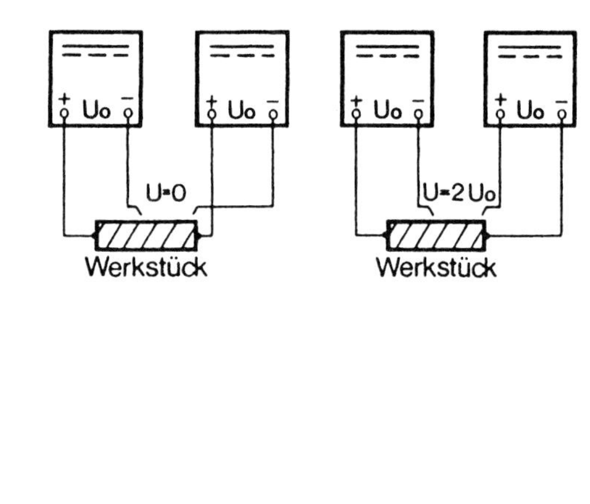

Bild 17-26
Einfluss der Polung von Gleichstromquellen auf die Summenspannung

Unbeabsichtigter Stromfluss (vagabundierende Schweißströme) schadet Bauteilen (z. B. leitfähigen Tragmitteln) und Leitungen (Schutzleitern). Dazu führen können: Anschluss des Schweißstromrückleitungskabels (Masse) nicht direkt am Werkstück; nicht isoliertes Ablegen von Elektrodenhaltern usw. Die Folge: zerstörte Schutzleiter, Abreißen von Bauteilen, die über Tragmittel gehalten werden. Vorsorgemaßnahmen: „Masse" direkt an der Schweißstelle anbringen (dabei achten, dass keine Gleit- oder Wälzlager zwischen Plus- und Minuspol liegen), regelmäßige Kontrolle der Schutzleiter in Schweißwerkstätten, Verwendung trockener Hanf- oder Kunstfaserseile oder so genannter Isolierwirbel als Anschlagmittel, wenn am Kran hängende Teile geschweißt werden müssen.

Optische Strahlung

Als Schutz gegen optische Strahlung, Wärme, Funken und Spritzer dienen Schutzbrillen, Schutzschirme und Schutzschilde mit Schweißerschutzfilter. Geeignete Augenschutzfilter sind in DIN EN 169 empfohlen. Die nachfolgende Tabelle stellt einen Auszug verschiedener Schutzstufen in Abhängigkeit von Stromstärke und Schweißprozess (Schweißverfahren) dar. Zum Schutz vor Laserstrahlung sind Schutzbrillen nach DIN EN 207 und 208 zu verwenden.

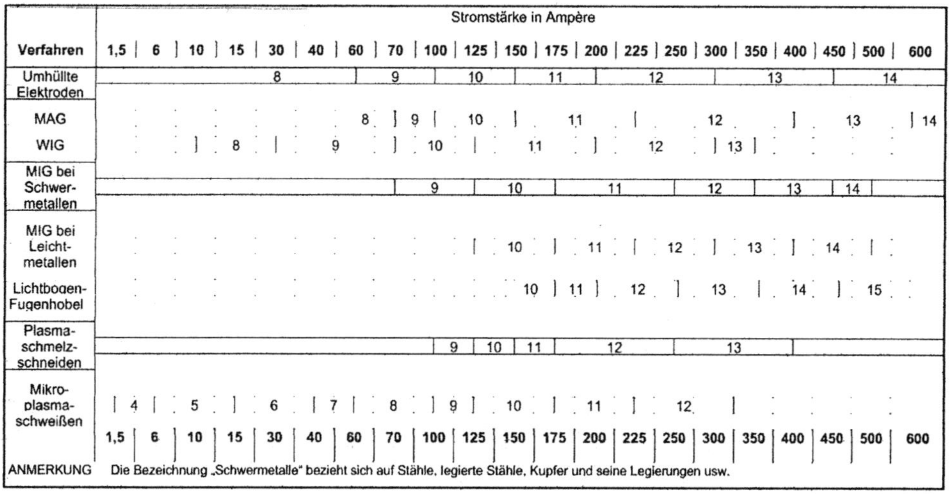

Verfahren	Stromstärke in Ampère																				
	1,5	6	10	15	30	40	60	70	100	125	150	175	200	225	250	300	350	400	450	500	600
Umhüllte Elektroden					8			9		10		11		12			13			14	
MAG							8	9		10		11				12			13		14
WIG				8		9			10		11			12		13					
MIG bei Schwermetallen									9		10		11			12		13	14		
MIG bei Leichtmetallen											10		11		12		13		14		
Lichtbogen-Fugenhobel											10	11		12		13		14		15	
Plasmaschmelzschneiden									9	10	11		12			13					
Mikroplasmaschweißen	4		5		6	7		8	9		10		11		12						
	1,5	6	10	15	30	40	60	70	100	125	150	175	200	225	250	300	350	400	450	500	600

ANMERKUNG Die Bezeichnung „Schwermetalle" bezieht sich auf Stähle, legierte Stähle, Kupfer und seine Legierungen usw.

Bild 17-27 Schutzstufen und empfohlene Verwendung bei Lichtbogenverfahren

Schadstoffe – Schweißrauche

Eine Zusammenfassung der „Schadstoffe beim Schweißen und verwandte Verfahren" bietet BGI 593.

Viele Materialien verbrennen und verdampfen bei den hohen Schweißtemperaturen. Ca. 95 % der Gefahrstoffe beim Schweißen kommen aus der Elektrodenumhüllung und Oberflächenbeschichtung, nur 5 % hingegen aus dem Grundwerkstoff. Um die Schadstoffbelastung durch Schweißrauche und Stäube möglichst gering zu halten, ist in der BGR 220 „Schweißrauche" geregelt, was als toxisch gilt und welche Schutzmaßnahmen erforderlich sind.

Im Zuge der Vereinheitlichung von Regelungen in Europa spricht man nicht mehr von den früher bekannten Größen: MAK-Wert (Maximale Arbeitsplatzkonzentration), TRK-Wert (Technische Richtkonzentration) oder BAT-Wert (Biologischer Arbeitsstofftoleranz-). Diese wurden wir folgt ersetzt.

Der „Arbeitsplatzgrenzwert" beschreibt die zulässige Konzentration eines Stoffes, bei der keine schädlichen Auswirkungen auf die Gesundheit zu erwarten sind (ähnlich der früheren MAK-Werte). Dazu zählt der allgemeine Staubgrenzwert mit 3 mg/m^3 für die aveolengängige Staubfraktion (A-Staub) und 10 mg/m^3 für die einatembare Staubfraktion. Für Schweißrauche gilt der Grenzwert 3 mg/m^3 analog der A-Staubfraktion.

„Leitkomponenten" sind Stoffe, die die Gesundheit gefährden (ähnlich den früheren TRK-Werten). Hier sind noch keine Grenzwerte europaweit festgelegt (siehe BGI 855 – Schweißtechnische Arbeiten mit chrom- und nickellegierten Zusatz- und Grundwerkstoffen).

Bei den „Biologischen Grenzwerten" handelt es sich um Konzentrationen eines Stoffes, die in biologischem Material (Urinprobe, Blutanalyse) nachgewiesen werden können, die aber im Allgemeinen die Gesundheit nicht beeinflussen (ähnlich den früheren BAT-Werten). Die Beurteilung erfolgt durch Biomonitoring.

Schweißrauche werden hinsichtlich ihrer Wirkung in Klassen eingeteilt:

Klasse A atemweg- und lungenbelastende Stoffe z. B. Eisenoxid
Klasse B toxische und toxisch-irritative Stoffe z. B. Manganoxid
Klasse C krebserzeugende Stoffe z. B. Cr(VI)-Verbindungen

Die Verfahrensspezifische Einteilung richtet sich nach den Emissionsraten, die vom Schweißprozess abhängen:

Klasse 1 niedrige Emissionsrate < 1mg/s z. B. WIG, UP
Klasse 2 mittlere Emissionsrate 1 bis 2 mg/s z. B. Laserstrahlschweißen
Klasse 3 hohe Emissionsrate 2 bis 25 mg/s z. B. LBH, MAG-Massivdraht
Klasse 4 sehr hohe Emissionsrate >25 mg/s z. B. MAG-Fülldraht

Die daraus gebildeten Schweißrauchklassen bedeuten:

A1 niedrige Gefährdung nG
A2, B1, C1 mittlere Gefährdung mG
A3, B2, B3, C2, C3 hohe Gefährdung hG
A4, B4, C4 sehr hohe Gefährdung shG

Der Arbeitgeber hat hier die Pflicht, solche Schweiß-, Schneid- und verwandte Verfahren auszuwählen, bei denen eine möglichst geringe Freisetzung von gefährdeten Stoffen erfolgt.

Das sind unter anderem: Anwendung des WIG-Schweißens, Plasmaschneiden unter Wasser, Anwendung der Impuls-Lichtbogentechnik, usw.

Gase

Für Einrichtungen und den Betrieb bei der Gasversorgung in der Autogentechnik gilt insbesondere BGR 500, Kapitel 2.26 (frühere VBG 15). Hier sind die Anforderungen an Brenner, Druckminderer, Schläuche, Sicherheitseinrichtungen usw. geregelt. Dabei sind Kennzeichnung, Baumusterprüfungen, Handhabung, Nennmaße, Betriebsbedingungen (Druck, Temperatur) und maximal/minimal zulässige Abmessungen genannt. Bei Rohrleitungen für Gase in der Schweißtechnik gelten unterschiedliche Vorschriften, siehe Abschnitt 17.2 „Schweißen in gesetzlich geregelten Bereichen". Nach dem GPSG (Geräte- und Produktsicherheitsgesetz) gelten Rohrleitungen als überwachungspflichtige Anlagen, wenn sie entzündliche, ätzende oder giftige Gase, Dämpfe oder Flüssigkeiten transportieren. Dies gilt in Abhängigkeit von Nennweite und Druck. Sowohl Niederdruck- (bis 0,2 bar) und Mitteldruckleitungen (0,2 bis 0,5 bar) als auch Nennweiten unter DN 25 wären keine überwachungspflichtigen Rohrleitungen.

Medium	**Vorschrift**
Sauerstoff	UVV/VBG 62
Acetylen	TRAC 204
Flüssiggas	TRF 1996
Stadtgas und Erdgas	DVGW G 600 (TRGI)
andere unbrennbare Gase	UVV/VBG 61
andere brennbare Gase >0,1 bar Überdruck	TRR 100

Beim autogenen Schweißen, Brennen oder Wärmen sind nitrose Gase, auch Stickoxide (NO_X) genannt, die gefährlichsten Schadstoffe (siehe BGI 743 – Nitrose Gase beim Schweißen). Dieses Reizgas verursacht Schädigungen des Lungengewebes. Merke: kleine Flammen bilden weniger NO_X als große, frei brennende Flammen. Außerdem können verzinkte Bauteile beim Schweißen Zinkfieber bewirken (zur Abhilfe lufttechnische Maßnahmen ergreifen).

Brandschutz

Zum Schutz gegen Brand- und Explosionsgefahr legt man sinnvollerweise in einer Schweißerlaubnis fest, welche Sicherheitsmaßnahmen erforderlich sind. Ein Beispiel ist der nach BGR 500, Kapitel 2.26 (frühere VBG 15) vorgeschlagene Schein, in dem Einzelheiten genannt sind. Dabei ist stets zu bedenken, wie weit glühende Teilchen gestreut werden können.

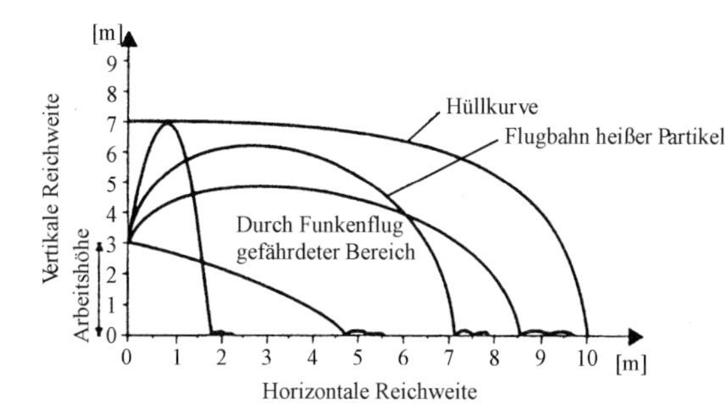

Bild 17-28
Ausdehnung der gefährdeten Bereiche durch Funkenpflug

<table>
<tr><td colspan="4">Schweißerlaubnis
nach „Schweißen, Schneiden und verwandte Verfahren“ (BGR 500 Kap. 2.26)</td></tr>
<tr><td>1

1a</td><td>Arbeitsort/-stelle

Brand-/explosionsgefährdeter Bereich</td><td colspan="2">____________________
____
Die räumliche Ausdehnung um die Arbeitsstelle:
Umkreis von ____ m, Höhe von ____ m, Tiefe von ____ m</td></tr>
<tr><td>2</td><td>Arbeitsauftrag
(z.B. Träger abtrennen)
Arbeitsverfahren</td><td colspan="2">____________________ Name
____________________ __________</td></tr>
<tr><td>3

3a</td><td>Sicherheitsmaßnahmen bei Brandgefahr

Beseitigen der Brandgefahr</td><td>☐ Entfernen beweglicher brennbarer Stoffe und Gegenstände - ggf. auch Staubablagerungen
☐ Entfernen von Wand- und Deckenverkleidungen, z. B. Dämmatten und Isolierungen
☐ Abdecken ortsfester brennbarer Stoffe oder Gegenstände (z. B. Holzbalken, -wände, -fußböden, -gegenstände, Kunststoffteile) mit geeigneten Mitteln und gegebenenfalls deren Anfeuchten
☐ Abdichten von Öffnungen (z. B. Fugen, Ritzen, Mauerdurchbrüche, Rohröffnungen, Rinnen, Kamine, Schächte) zu benachbarten Bereichen durch Lehm, Gips, Mörtel, feuchte Erde usw.
☐ ____________________</td><td>Name:
____
Ausgeführt:
____
(Unterschrift)</td></tr>
<tr><td>3b</td><td>Bereitstellen von Feuerlöschmitteln</td><td>☐ Feuerlöscher mit ☐ Wasser ☐ Pulver ☐ CO_2
☐ Löschdecken
☐ angeschlossener Wasserschlauch
☐ wassergefüllte Eimer
☐ Benachrichtigen der Feuerwehr, falls erforderlich</td><td>Name:
Ausgeführt:
(Unterschrift)</td></tr>
<tr><td>3c</td><td>Brandposten</td><td colspan="2">☐ Während der schweißtechnischen Arbeiten
Name: __________</td></tr>
<tr><td>3d</td><td>Brandwache</td><td colspan="2">☐ Nach Abschluss der schweißtechnischen Arbeiten
Dauer: __________ Std. Name: __________</td></tr>
<tr><td>4

4a</td><td>Sicherheitsmaßnahmen bei Explosionsgefahr

Beseitigen der Explosionsgefahr</td><td>☐ Entfernen sämtlicher explosionsfähiger Stoffe und Gegenstände – auch Staubablagerungen und Behälter mit gefährlichem Inhalt oder dessen Resten
☐ Beseitigen von Explosionsgefahr in Rohrleitungen
☐ Abdichten von ortsfesten Behältern, Apparaten oder Rohrleitungen, die brennbare Flüssigkeiten, Gase oder Stäube enthalten oder enthalten haben und gegebenenfalls in Verbindung mit lufttechnischen Maßnahmen
☐ Durchführen lufttechnischer Maßnahmen nach EX-RL in Verbindung mit messtechnischer Überwachung
☐ Aufstellen von Gaswarngeräten __________
☐ ____________________</td><td>Name:
Ausgeführt:
(Unterschrift)</td></tr>
<tr><td>4b</td><td>Überwachung</td><td colspan="2">☐ Überwachung der Sicherheitsmaßnahmen auf Wirksamkeit
Name: __________</td></tr>
<tr><td>4c</td><td>Aufhebung der Sicherheitsmaßnahmen</td><td colspan="2">☐ Nach Abschluss der schweißtechnischen Arbeiten
Nach __________ Std. Name: __________</td></tr>
<tr><td>5</td><td>Alarmierung</td><td colspan="2">Standort des nächstgelegenen
Brandmelders ____________________
Telefons ____________________
Feuerwehr Ruf-Nr. ____________________</td></tr>
<tr><td>6</td><td>Erlaubnis

____
Datum</td><td>Die Arbeiten nach 2 dürfen erst begonnen werden, wenn die Sicherheitsmaßnahmen nach 3 und/oder 4 durchgeführt sind.
____
Unterschrift des Unternehmers oder seines Beauftragten</td><td>Zur Kenntnis genommen
____
Unterschrift des Ausführenden nach 2</td></tr>
</table>

Bild 17-29 Schweißerlaubnis Norddeutsche Metall-Berufsgenossenschaft

Weiterführende Literatur

Deutsch, Vogt: Ultraschallprüfung von Schweißverbindungen. Die schweißtechnische Praxis. Bd. 28. DVS-Verlag, 1995

Deutsch, Vogt: Zerstörungsfreie Prüfung in der Schweißtechnik, Schweißtechnische Praxis. Praxis Band 26. DVS-Verlag, 2001

Deutsch, V., Platte, H., Vogt, M.: Grundlagen und industrielle Anwendung der Ultraschall-Prüfung. Springer-Verlag, 2003

Krautkrämer, J. und H.: Werkstoffprüfung mit Ultraschall. 5. Auflage. Springer Verlag 1998

Weise, H.-D.: Zerstörungsfreie Schweißnahtprüfung. Die Schweißtechnische Praxis. Heft 4. 1981. DVS-Verlag, Düsseldorf

18 Anhang

18.1 Tabellen und Diagramme

Tabelle 18-1 Verfahrensbezeichnungen nach DIN EN ISO 4063 (Auswahl)

1 Lichtbogenschmelzschweißen

- 11 Metall-Lichtbogenschweißen ohne Gasschutz
  - 111 Lichtbogenhandschweißen
  - 112 Schwerkraftlichtbogenschweißen
  - 114 Metall-Lichtbogenschweißen mit Fülldrahtelektrode (ohne Gasschutz)
- 12 Unterpulverschweißen
  - 121 UP-Schweißen mit Massivdrahtelektrode
  - 122 UP-Schweißen mit Massivbandelektrode
  - 124 UP-Schweißen mit Metallpulverzusatz
  - 125 UP-Schweißen mit Fülldrahtelektrode
  - 126 UP-Schweißen mit Füllbandelektrode
- 13 Metall-Schutzgasschweißen
  - 131 Metall-Inertgasschweißen mit Massivdrahtelektrode
  - 132 Metall-Inertgasschweißen mit schweißpulvergefüllter Drahtelektrode
  - 133 Metall-Inertgasschweißen mit metallpulvergefüllter Drahtelektrode
  - 135 Metall-Aktivgasschweißen mit Massivdrahtelektrode
  - 136 MAG-Schweißen mit schweißpulvergefüllter Drahtelektrode
  - 138 Metall-Aktivgasschweißenmit metallpulvergefüllter Drahtelektrode
- 14 Wolfram-Schutzgasschweißen
  - 141 Wolfram-Inertgasschweißen (WIG) mit Massivdraht
  - 142 WIG-Schweißen ohne Schweißzusatz
  - 143 WIG-Schweißen mit Fülldraht- oder Füllstabzusatz
  - 145 WIG-Schweißen mit reduzierenden Gasanteilen und Massivdrahtzusatz
  - 146 WIG-Schweißen mit reduzierenden Gasanteilen und Fülldrahtzusatz
  - 147 WIG-Schweißen mit aktiven Gasanteilen
- 15 (Wolfram-)Plasmaschweißen
  - 151 Plasma-Metall-Schutzgasschweißen
  - 152 Pulver-Plasma-Lichtbogenschweißen
  - 153 Plasma-Stichlochschweißen
  - 154 Plasma-Strahlschweißen
  - 155 Plasmastrahl-Plasmalichtbogenschweißen

2 Widerstandspressschweißen

- 21 Widerstands-Punktschweißen
  - 211 Indirektes Widerstandspunktschweißen
  - 212 Direktes Widerstandspunktschweißen
- 22 Rollennahtschweißen
  - 221 Überlapp-Rollennahtschweißen
  - 222 Quetschnahtschweißen
  - 223 Rollennahtschweißen mit Kantenvorbereitung
  - 224 Rollennahtschweißen mit Drahtelektrode
  - 225 Folienstumpfnahtschweißen
  - 226 Folien-Überlappnahtschweißen
- 23 Buckelschweißen
  - 231 Einseitiges Buckelschweißen
  - 232 Beidseitiges Buckelschweißen

24 Abbrennstumpfschweißen
- 241 Abbrennstumpfschweißen mit Vorwärmen
- 242 Abbrennstumpfschweißen ohne Vorwärmen

25 Pressstumpfschweißen
26 Widerstandsbolzenschweißen
27 Widerstandspressschweißen mit Hochfrequenz

---

3 Gasschmelzschweißen

31 Gasschweißen mit Sauerstoff-Brenngas-Flamme
- 311 Gasschweißen mit Sauerstoff-Acetylen-Flamme
- 312 Gasschweißen mit Sauerstoff-Propan-Flamme
- 313 Gasschweißen mit Sauerstoff-Wasserstoff-Flamme

---

4 Pressschweißen

41 Ultraschallschweißen
42 Reibschweißen
- 421 Reibschweißen mit kontinuierlichem Antrieb
- 422 Reibschweißen mit Schwungradantrieb
- 423 Reibbolzenschweißen

43 Rührreibschweißen
44 Schweißen mit hoher mechanischer Energie
- 441 Sprengschweißen
- 442 Magnetimpulsschweißen

45 Diffusionsschweißen
47 Gaspressschweißen
48 Kaltpressschweißen
49 Heißpressschweißen

---

5 Strahlschweißen

51 Elektronenstrahlschweißen
- 511 EB-Schweißen unter Vakuum
- 512 EB-Schweißen in Atmosphäre
- 513 EB-Schweißen unter Schutzgas

52 Laserstrahlschweißen
- 521 Festkörper-Laserstrahlschweißen
- 522 Gas-Laserstrahlschweißen
- 523 Dioden-Laserstrahlschweißen / Halbleiter-Laserschweißen

---

7 Andere Schweißprozesse

71 Aluminothermisches Schweißen
72 Elektroschlackeschweißen
- 721 Elektroschlackeschweißen mit Bandelektrode
- 722 Elektroschlackeschweißen mit Drahtelektrode

73 Elektrogasschweißen
74 Induktionsschweißen
- 741 Induktives Stumpfschweißen
- 742 Induktives Rollennahtschweißen
- 743 Induktives Hochfrequenzschweißen

75 Lichtstrahlschweißen
- 753 Infrarotschweißen

78 Bolzenschweißen
- 783 Bolzenschweißen mit Hubzündung
- 784 Kurzzeit-Bolzenschweißen mit Hubzündung
- 785 Kondensatorentladungs-Bolzenschweißen mit Hubzündung
- 786 Kondensatorentladungs-Bolzenschweißen mit Spitzenzündung
- 787 Bolzenschweißen mit Ringzündung

---

8 Schneiden und Ausfugen

---

9 Hartlöten, Weichlöten und Fugenlöten

Tabelle 18-2 Eigenschaften der Brenngase

Brenngas		Acetylen (C_2H_2)	Ethen (C_2H_4)	Methan (CH_4)	Propan (C_3H_8)	Wasserstoff (H_2)
Dichte	kg/m^3 bei 0°C, 1 bar	1,172	1,26	0,72	2,01	0,09
Relative Dichte	(Luft = 1)	0,909	0,975	0,5	1,56	0,06
Heizwert Hu	kJ/kg kJ/m^3	48.700 57.000	47.600 64.345	50.013 36.000	43.350 93.200	119.900 10.800
Max. Flammen-temperatur	°C (in O_2)	3.160	2.950	2.770	2.750	2.480
Zündtemperatur	(in O_2) °C	300	425	556	510	450
Zündgrenzen	(in Luft) Vol. -%	2,3...80	2,7..34	4...17	2...9,5	4...74
Verbrennungs-geschwindigkeit	m/s (in O_2)	13,5	5,8	3,3	3,7	8,9
Flammenleistung	kJ/cm^2s					
– der Primärfl.		17,4	7,5	3,8	5,2	7,4
– gesamt		44,8		12	10,4	17,8
Mischungsverhältnis Brenngas/O_2		1:1	1:2	1:1,7	1:4,4	4:1

Weitere im Handel befindliche Brenngase (Gasgemische):

MAPP ®	Methylenacetylen + Propadien + Propen
Grieson ®	Wasserstoff + Helium + Neon + Stickstoff bevorzugt für Laserschneiden verwendet
Crylen ®	Ethen + Acetylen + Propylen

Tabelle 18-3 Kennfarben für Gase und Schläuche sowie Zuordnung der Gasflaschenventile

Gas		Kenn-farbe[1]	Gasflaschenventile DIN 477 Flaschen-anschluss	Seitenstutzen-gewinde	Nr.	Schläuche DIN 8541 Farbe	Anschluss an Druckmind.
A. Brennbare Gase							
Acetylen	C_2H_2	Kastanien-braun	C	Spannbügel	3	Rot	Klemmringverschraubung oder Schlauchtülle
Butan	C_4H_{10}	Rot	A	W21,8 x 1/14 LH	1	Rot/Orange[2]	
Methan	CH_4	Rot	A	W21,8 x 1/14 LH	1	Rot/Orange[2]	
Propan	C_3H_6	Rot	A	W21,8 x 1/14 LH	1	Rot/Orange[2]	
Wasserstoff	H_2	Rot	A	W21,8 x 1/14 LH	1	Rot/Orange[2]	
B. Nichtbrennbare Gase							
Argon	Ar	Dunkelgrün (Grau)	A	W21,8 x 1/14	6	Schwarz	
Helium	He	Braun (Grau)	A	W21,8 x 1/14	6	Schwarz	
Kohlendioxid	CO_2	Grau	A	W21,8 x 1/14	6	Schwarz	
Sauerstoff	O_2	Weiß (Blau)	A	G3/4"	9	Blau	
Stickstoff	N_2	Schwarz (Grau)	A	W24,32 x 1/14	10	Schwarz	
Druckluft		leuchtend Grün (Grau)	D	G5/8" innen	13	Schwarz	
Formiergas	$(N_2 + H_2)$	Rot (Grau)	A	W21,8 x 1/14 LH	1	Schwarz	

[1] in Klammern: Flaschenfarbe
[2] oder Rot

Tabelle 18-4 Richtwerte für Brennerwahl und Gasverbrauch beim Gasschmelzschweißen

Einsatzgröße	Nennbereich (Stahlblech) mm	Sauerstoff Betr. Überdruck bar	Verbrauch[1] l/h	Acetylen Verbrauch[1] l/h
1	0,5 bis 1,0	2,5	80	72
2	1 bis 2		160	144
3	2 bis 4		315	283
4	4 bis 6		500	450
5	6 bis 9		800	720
6	9 bis 14		1250	1125
7	14 bis 20		1800	1620
8	20 bis 30		2500	2250

[1] Richtwerte ± 10 %

Tabelle 18-5 Richtwerte für das Gasschmelzschweißen (gerade Naht in Wannenlage)

Blechdicke (Stahl)	**mm**	**1**	**2**	**3**	**4**	**5**	**6**	**10**
Verfahren		NL	NL	NL	NR	NR	NR	NR
Brennergröße		1	2	3	5	5	5	6
Nahtform		I	I	I	I	I	V60°	V60°
Drahtdurchmesser	mm	2	2	2,5	3	4	4	4
Abschmelzleistung	kg/h	0,2	0,25	0,36	0,7	0,75	0,8	0,9
Schweißgeschwindigkeit	m/h	8	5,2	4,9	4,1	2,8	2,35	1,5
Verbrauch								
Sauerstoff	l/h	100	165	260	495	515	550	(800)
Acetylen	l/h	90	150	235	450	470	500	(720)

Tabelle 18-6 Schweißzusatzwerkstoffe

Stahlbezeichnung DIN EN	DIN alt	**Schweißverfahren** Lichtbogenhand-schweißen	MAG-Schweißen	UP-Schweißen	WIG-Schweißen
Allgemeine Baustähle nach DIN EN 10025					
S 235 JR S 235 J0 S 235 J2	St37-2 St37-3U St37-3N	E 35 A R 12 E 38 2 RB 12 E 38 2 B 12		S 35 A MS S1 S 35 0 CS S1 S 35 2 CS S1	
S 275 JR S 275 J0 S 275 J2	St44-2 St44-3U St44-3N		G 42 1 C G3 Si 1 G 46 2 C G4 Si 1 G 46 2 M G3 Si 1 G 50 3 M G4 Si 1	S 35 A MS S2 S 35 0 CS S2 S 35 2 AR S2	W3 Si 1
S 355 JR S 355 J0 S 355 J2 S 355 K2	– St52-3U St52-3N –	E 38 2 RR 12 E 42 2 RB 12 E 38 6 B 42	T 42 4 B C3 T 42 4 B M3	S 35 A CS S2 S 35 0 CS S2 S 35 2 AR S2 S 35 2 AR S2	
Feinkornbaustähle nach DIN EN 10 113					
S 275 N S 275 NL	StE285 TStE285			S 35 2 CS S2 S 35 5 AR S2	W 2 Mo W 2 N 2
S 355 N S 355 NL	StE355 TStE355		G 42 2 M G2 Mo G 46 6 M G2 Ni 2	S 35 2 CS S2 S 35 5 AR S2	W 2 Mo W 2 N 2
S 420 N S 420 NL	StE420 TStE420	E 42 3 B 42	T 46 4 MM 2	S 42 2 AB S3 S 42 5 AB S3	W 2 Mo W 2 N 2
S 460 N S 460 NL	StE460 TStE460	E 46 3 B 83		S 46 2 AB S3 S 46 5 AB S3	W 2 Mo W 2 N 2

Tabelle 18-7 Fehler beim Gasschmelzschweißen (nach DVS)

Fehler	Ursache	Abhilfe, Vermeidung
Durchhängende Naht	– Zugeführte Wärme zu stark – Schweißgeschwindigkeit zu niedrig – Zugeführte Schweißgutmenge zu gering	– Kleineren Schweißeinsatz wählen – Schneller schweißen
Überhöhte Naht	– Schweißgeschwindigkeit zu gering – Zugeführte Schweißgutmenge zu groß	– Schneller schweißen – Kleineren Schweißeinsatz wählen – Weniger Schweißzusatz einsetzen
Ruppige Naht Schuppenbildung	– Schweißgeschwindigkeit wechselnd – Zugeführte Schweißgutmenge unterschiedlich – Schweißstabbewegung ungleichmäßig	– Gleichmäßger schweißen – Schweißzusatz gleichmäßiger zu führen
Poren	– Verschmutzte Werkstückoberfläche (Rost, Fett) – Falsche Brenner- und Schweißstabführung	– Schweißfugen und Schweißstab reinigen – Richtiges Aufschmelzen – Ausreichend Wärme zuführen – Schmelzbad ausgasen lassen
Einbrandkerben	– Falsche Schweißstabführung – Falsche Flammenführung – Zu geringe Schweißgutmenge	– Richtig aufschmelzen – Nahtöffnungswinkel verringern
Endkrater	– Flamme zu schnell weggezogen	– Nach Ende der Werkstoffzugabe noch kurz mit der Flamme pendeln
Nicht durchgeschweißte Nahtwurzel	– Fugenkanten nicht genügend aufgeschmolzen – Schweißstabdurchmesser zu groß – Schweißspalt zu eng – Schweißöse beim Nachrechtsschweißen zu klein	– Bessere Wärmeführung – Dünneren Schweißstab wählen – Nachrechtsschweißen
Wurzelüberhöhung Durchhängende Wurzel	– Zu steile Brennerhaltung – Nachlinksschweißen zu dicker Querschnitte	– Brenner flacher ansetzen – Nachrechtsschweißen – Schneller schweißen
Kantenversatz	– Nahtvorbereitung ungenau	– Vor Schweißbeginn besser anpassen
Seitliche Wurzelkerben	– Nahtgrund einseitig aufgeschmolzen	– Bessere Wärmeführung
Bindefehler	– Zu geringe Wärmeeinbringung – Einseitige Erwärmung – Zu großer Flammenabstand	– Mehr Wärme zuführen – Ausreichend Vorwärmen beim Ansetzen des Schweißstabs
Verschlackte Wurzel	– Schutzwirkung der Streuflamme fehlte – Nach links geschweißt	– Nachrechtsschweißen – Schweißöse richtig halten
Bindefehler bei Mehrlagenschweißen	– Untere Lage nicht aufgeschmolzen – Vorlaufen der Schmelze bei ruckartigem Brennervorschub	– Brenner und Schweißstab gleichmäßiger bewegen – Mehr Wärme zuführen

Tabelle 18-8 Schweißstromquellen

	Schweißtransformatoren		**Schweißgleichrichter**			**Getaktete Schweißstromquellen**	
Bauart	Stufenschaltung Drosselspule	Transduktor Streukern	Stufenschaltung Streukerntrafo Transduktor	Thyristor	Transistor (Analog-Stromquelle)	Sekundär-getaktet (Chopper)	Primärgetaktet (Inverter)
Schaltung	Bild 1	Bild 1	Bild 2	Bild 3	Bild 4	Bild 5	Bild 6
Schweißstrom-steuerung	in Stufen	stufenlos	in Stufen/stufenlos	stufenlos	stufenlos	stufenlos	stufenlos
Stromart	Wechselstrom (AC)		Gleichstrom (DC)			Gleich-u. Wechselstrom	
Einstellbereich	60A/22V 500A/40V		60A/17V 500A/39V		Keine Serienstromquelle	10A/12V 560A/47V Impulsstrom	25A/15V 460A/34V < 600A
Regelverhalten	schlecht	schlecht	schlecht	~ 10 ms	< 100 μs	< 500 μs	< 500 μs
Programmsteuerung	Nein	Nein	Nein	Nein	ja	ja	ja
Netzrückwirk.	cos φ	cos φ	cos φ	cos φ	λ, EMV	λ ,EMV	λ, EMV
Wirkungsgrad	< 80 %		< 95 %		ca. 40 %	ca. 95 %	ca. 95 %
Kennlinien	(h) f	(h) f	h, f	h, f	Jede Kennlinienneigung möglich		
Schweißprozesse	E (UP)	E (UP)	E. WIG	MSG, UP	MSG, Impulsschweißen, E, WIG		
Schweißen mit - basisch umh. Elektr. - zelluloseumh. Elektr.	nicht möglich		Verschweißen aller Elektrodentypen möglich				
Bemerkungen	keine Blaswirkung, Polung nicht wählbar, befriedigende Zündeigenschaften unsymmetr. Netzbelastung		starke Blaswirkung, gute Zündeigenschaften, symmetrische Netzbelastung			geringe Blaswirkung, gute Zündeigenschaften, symmetr. Netzbelastung	

Tabelle 18-8 Fortsetzung

Schweißtechnik

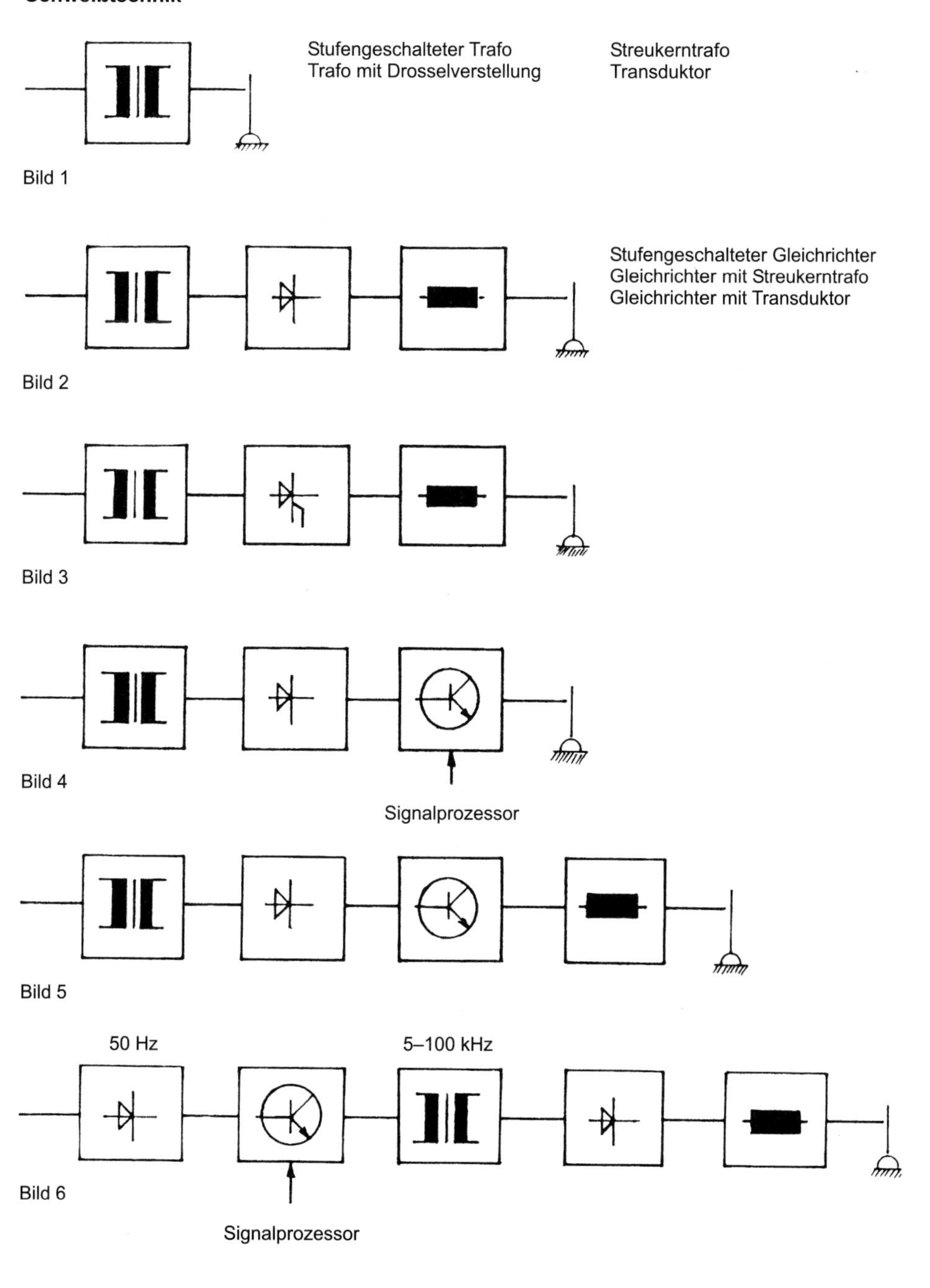

Tabelle 18-9 Normen-Gegenüberstellung Stabelektroden für unlegierte und niedriglegierte Stähle (nach Unterlagen von Oerlikon und ESAB)

DIN 1913	DIN EN ISO 2560-A	AWS/ASME SFA 5. 1	ISO 2560
E 43 00 A 2	E 35 Z A 13	–	E 43 0 A 15
E 43 21 R 3	E 35 A R 12	E 6013	E 43 2 R 22
E 43 22 R(C) 3	E 38 0 RC 11	E 6012	E 43 2 R 12
E 43 32 R(C) 3	E 42 0 RC 11	E 6013	E 43 3 R 11
E 43 43 C 4	E 35 2 C 25	E 6010	E 43 3 C 19
E 43 32 RR(C) 6	E 38 0 RC 11	E 7014	E 43 3 R 11
E 43 33 AR 7	E 38 2 RA 12	E 6020	E 43 3 AR 22
E 43 43 RR(B) 7	E 38 2 RB 12	E 6013	E 43 4 RR 24
E 43 55 B 10	E 35 6 B 42	–	E 43 4 B 20
	E 38 6 B 42		
E 43 43 AR 11	E 38 2 RA 73	E 6027	
E 51 22 R(C) 3	E 42 0 RC 11	E 6012/6013	E 51 3 R 12
E 51 32 R(C) 3	E 42 0 RC 11	E 6013	E 51 3 R 11
E 51 32 RR 5	E 46 0 RR 12	E 6013	
E 51 21 RR 6	E 42 A RR 12	E 6013	E 51 2 RR 22
E 51 22 RR 6	E 42 0 RR 12	E 6013	E 51 2 RR 22
E 51 32 RR 6	E 38 0 RR 12	E 6013	E 51 2 RR 21
	E 42 0 RR 12	E 6013	E 51 2 RR 21
E 51 22 RR(C) 6	E 42 0 RC 11	E 6013	
E 51 43 RR(B) 7	E 42 2 RB 12	E 6013	E 51 4 RR 24
E 51 32 RR(B) 8	E 42 0 RB 12	E 6013	E 51 3 RR(B) 21
E 51 43 RR(B) 8	E 42 2 RB 12	E 6013	E 51 4 RR
E 51 43 B(R) 9	E 42 2 B 11	E 7048	E 51 5 B 56 H
E 51 43 B 9	E 42 2 B 15 H10	E 7048	E 51 4 B 14
E 51 43 B 10	E 38 2 B 42	E 7018	E 51 4 B 120 20
E 51 53 B 10	E 38 2 B 42 H5	E 7018	E 51 5 B 120 20 H
E 51 54 B 10	E 42 3 B 42 H10	E 7018	
E 51 55 B 10	E 42 6 B 42 H10	E 7018	E 51 5 B 120
125	E 46 4 B 32	E 7018-1	E 51 5 B 120 26 H
	E 42 4 B 42 H5	E 7018	E 51 5 B 120 20 H
E 51 43 B(R) 10	E 38 2 B 12 H10	E 7016	
	E 42 2 B 32	E 7016	E 51 4 B 2
	E 42 2 B 32	E 7018	E 51 4 B 120 26 H
E 51 54 B(R) 10	E 42 2 B 32 H10	E 7018	
E 51 55 B(R) 10	E 42 5 B 12 H5	E 7016	E 51 5 B 21 H
E 51 32 AR 11 140	E 42 0 RR 53	E 7024	
E 51 43 AR 11 160	E 38 2 RA 73	E 6027	
E 51 53 AR 11 160	E 38 2 RA 74	E 6027	E 51 5 AR 160 31
E 51 22 RR 11 160	E 38 0 RR 53	E 7024	E 51 2 RR 160 34
E 51 32 RR 11 160	E 38 0 RR 73	E 7024	E 51 3 RR 160
	E 42 0 RR 73	E 7024	
180	E 38 0 RR 74	E 7024	E 51 3 RR 180 31
140	E 38 0 RR 52	E 7024	E 51 3 RR 140 34
E 51 43 B 12 160	E 46 3 B 83 H10	E 7028	
E 51 43 B(R) 12	E 38 2 B 74	E 7028	E 51 4 B 36 H
E 51 55 B(R) 12 160	E 38 5 B 73 H110	E 7028	

Tabelle 18-10 Kennzeichnende Eigenschaften von Elektroden zum Lichtbogenhandschweißen

	Saurer Typ A	**Rutil-Typ R**	**Zellulose-Typ C**	**Basischer Typ B**
Hauptbestandteile der Umhüllung	Magnetit Fe_3O_4 Quarz SiO_2 Kalkspat $CaCO_3$ Ferromangan Als reiner A-Typ nicht mehr verfügbar	Rutil TiO_2 Magnetit Fe_3O_4 Quarz SiO_2 Kalkspat $CaCO_3$ Ferromangan Mischtypen: RA, RC, RB	Zellulose $(C_6H_{10}O_5)_n$ Rutil TiO_2 Quarz SiO_2 Ferromangan	Flussspat CaF_2 Kalkspat $CaCO_3$ Quarz SiO_2 Ferromangan Ferrosilizium Eisenpulver
Umhüllungsdicke	dick(d), mitteld.(m)	mitteldick, RR dick	mitteldick	dick
Stromart/Polung	= (–) / ~	= (–) / ~	= (+,–) / ~	= (+) / ~
Schlacke				
– Erstarrungsintervall	groß	mittel	klein	groß
– Schlackenart	wabenartig, porös	dicht bis wabenart.	wenig Schlacke	dicht
– Entfernbarkeit	sehr gut	leicht	schwer	mäßig
Schweißpositionen	alle außer Fallnaht	alle außer Fallnaht RC auch Fallnaht	alle, optimal für Fallnaht	alle Positionen außer Fallnaht
Werkstoffübergang	feintropfig bis sprühregenartig	feintropfig bei d, mitteltropfig bei m	mitteltropfig, starke Spritzerbildung	mittlere bis große Tropfen
Einbrandtiefe[1]	groß	mittel	groß	mittel
Spaltüberbrückbarkeit[1]	mäßig	gut bei mitteldick umh. Elektroden	sehr gut	sehr gut
Rissempfindlichkeit	Rissgefahr bei höherem C-Gehalt, heißrissempfindlich	geringe Rissneigung	stärkere Rissneigung	keine Rissneigung
Nahtaussehen	flach, feinschuppig	gering überwölbt bis flach, feinschuppig	gering überwölbt, grobschuppig	gering überwölbt, mittelgrobschuppig
Werkstofffluss	schnellfließend (heißgehend)	weniger schnellfließend	mittel- bis zähfließend	zähfließend (kaltgehend)
Wiederzünden	schlecht	gut bei RR, schlecht bei RA, mäßig bei RB		mäßig
Mechanische Gütewerte	mittlere Zähigkeit relativ niedrige Streckgrenze	gute Zähigkeit, abhängig von Umhüllungsdicke	gute Zähigkeit	hohe Zähigkeit, kaltzäh, hohe Streckgrenze
Handhabung	in Zwangslage schwierig	einfach auch in Zwangslage		einfach in allen Positionen
Anwendbarkeit	gut schweißbarer Grundwerkstoff	Massenelektrode für Allg. Baustähle	besonders geeignet für Rohrschweißungen im Freien	Stähle mit höherem C-Gehalt, niedrig leg. Stähle, Stähle mit unbest. Schweißeigenschaften
Bemerkungen	bei hohem Strom verschweißen	Höherer Wasserstoffgehalt. Stabiler Lichtbogen. Gefahr von Schlackeneinschlüssen	starke Rauchentwicklung. Höherer Wasserstoffgehalt	geringe Porenneigung. Kurzer Lichtbogen Trocknung erforderlich. Unruhiger Lichtbogen

[1] abhängig von Umhüllungsdicke

Tabelle 18-11 Unregelmäßigkeiten beim Lichtbogenhandschweißen von Stahl (nach DVS u. a.)

Unregelmäßigkeit	Ursache	Abhilfe
Poren	Wasserstoff – allgemein	– Abschirmung des Bads gegen Atmosphäre sicherstellen – Schweißkanten reinigen – Wärmezufuhr erhöhen und/oder langsamer schweißen – auf desoxidierende Elemente in der Umhüllung achten
	– bei nichtrostenden Stählen	– basische Elektroden nur nach Rücktrocknung verwenden – basisch- und rutilumhüllte Elektroden vermeiden, sonst Elektroden nachtrocknen
	Kohlenmonoxid – aus Reaktion Sauerstoff + Kohlenstoff des Grundwerkstoffs	– keine Elektroden mit saurer Umhüllung verwenden – nicht in Seigerungszonen schweißen
Risse	Aufhärtungsneigung des Grundwerkstoffs (C-Gehalt und Leg.Elemente)	– Werkstoffwahl überprüfen – Streckenenenergie ändern
	Zu schnelle Wärmeableitung	– Vorwärmen – Elektroden nicht auf Grundwerkstoff zünden!
	Zu kleines Schweißnahtvolumen im Verhältnis zur Dicke des Grundwerkstoffs	– Schweißnahtvolumen der Blechdicke anpassen
	Eigenspannungen	– günstige Schweißfolge sicherstellen
	Seigerungen	– beruhigt vergossenen Stahl verwenden
	Wasserstoff (insbesondere bei höherfesten schweißgeeigneten Stählen)	– eventuell basisch-umhüllte Elektroden verwenden – nur trockene und gereinigte Bauteile verschweißen
	Verschmutzte Oberfläche	– Oberflächen entfetten und reinigen
Einbrandkerben	Falsche Elektrodenführung	– Verweildauer an den Nahtflanken verlängern
	Zu steile Brennerhaltung	– Brennerhaltung korrigieren
	Zu hohe Stromstärke	– Stromstärke vermindern
	Zu langer Lichtbogen	– mit kurzem Lichtbogen schweißen
	Zu hohes Wärmeeinbringen	– Schweißgeschwindigkeit erhöhen
Wurzeldurchhang	Nahtöffnungswinkel, Stegabstand, Steghöhe falsch dimensioniert	– Nahtvorbereitung muss entsprechend dem Schweißprozess, der Schweißposition und dem Grundwerkstoff durchgeführt werden
Bindefehler	Unzureichende Bindung zwischen Schweißgut und Grundwerkstoff	– auf saubere Oberflächen von Naht und Nahtflänken achten – gute Nahtvorbereitung vor allem bei Wurzelbindefehler
Schlackeneinschlüsse	Zu geringe Schweißstromstärke	– Stromstärke erhöhen
	Zu hohe Schweißgeschwindigkeit	– Schweißgeschwindigkeit vermindern
	Überschweißen von Schlackeresten bei Mehrlagenschweißung	– Schlacke sauer entfernen, evtl. Ausschleifen zwischen den Schweißlagen

Tabelle 18-12 Leistungsdaten beim Lichtbogenhandschweißen (Baustahl, Elektrode RR12)

Blechdicke s	mm	4	5	6	8	10	12	14	16	20
Nahtform	–	V-Naht, 60°, Überhöhung etwa 1,5 mm								
Spaltbreite	mm	1	1,5	2	2	2	2,5	2,5	2,5	2,5
Lagenzahl	–	2	2	3	3	3	4	5	6	7
Elektrodendurchm.	mm									
1. Lage (Wurzel)		3,25	3,25	3,25	3,25	3,25	3,25	3,25	3,25	3,25
2. Lage (Zw.Lage)		–	–	–	4	4	4	4	4	4
3. und weitere Lagen (Füll- und Decklag.)		4	4	4	5	5	5	5	5	5
Nahtgewicht G_s	kg/m	0,15	0,2	0,28	0,46	0,67	0,98	1,28	1,62	2,4
Schweißzeit t_h	min/m	8	11	14	18	24	34	43	53	74
Abschmelzleist. L	kg/h	1,1	1,1	1,2	1,5	1,6	1,7	1,8	1,8	1,9
Schweißgschw.	cm/min	12	9	7	5	4	3	2	2	1

Tabelle 18-13 UP-Schweißen – Pulvertypen und Anwendungsbereiche (nach Wehner)

Kennzeichen	Hauptbestandteile	Eigenschaften/Anwendung
MS Mangan-Silikat DC+/AC	($MnO + SiO_2$) ≥ 50 %	Hoher Zubrand an Mn (Drahtelektrode mit niedrigem Mn-Gehalt) und Si (eingeschränkte Zähigkeit wegen Sauerstoffgehalt); universelles Pulver für unlegierte Stähle, hoch strombelastbar, für hohe Schweißgeschwindigkeit.
CS Calcium-Silikat DC+/AC	($CaO + MgO + SiO_2$) ≥ 55 %	Hoher Si-Zubrand, am höchsten strombelastbar; Lage/Gegenlage bei dicken Teilen mit geringen Anforderungen an mechan. Eigenschaften. Bei höheren basischen Anteilen: geringerer Si-Zubrand, für Mehrlagenschweißungen mit besseren mechan. Eigenschaften.
ZS Zirkon-Silikat	($ZrO_2 + SiO_2 + MnO$) ≥ 45 %	Zum Schnellschweißen einlagiger Nähte auf sauberen (Dünn)Blechen. Gute Benetzung, keine Einbrandkerben.
RS Rutil-Silikat	($TiO_2 + SiO_2$) ≥ 50 %	Hoher Mn-Abbrand, hoher Si-Zubrand. Hoher Sauerstoffgehalt ergibt eingeschränkte Zähigkeit des Schweißgutes. Hochstrombelastbar, daher für Ein- und Mehrdrahtschweißen mit hoher Geschwindigkeit.
AR Aluminat-Rutil DC+/AC	($Al_2O_3 + TiO_2$) ≥ 40 %	Mittlerer Si- und Mn-Zubrand, Hochviskose Schlacke gibt gutes Nahtaussehen bei hoher Schweißgeschwindigkeit; beste Schlackenlöslichkeit, besonders bei Kehlnähten. Hoher Sauerstoffgehalt im Schweißgut.
AB Aluminat-basisch DC+/AC	($Al_2O_3 + CaO + MgO$) ≥ 40 %	Mittlerer Mn-Zubrand. Basische Anteile ergeben durch mittleren Sauerstoffgehalt gute Zähigkeit beim Mehrlagen- und Lage/Gegenlageschweißen von Baustählen.
AS Aluminat-Silikat DC (und AC)	($Al_2O_3 + SiO_2 + ZrO_2$) ≥ 40 %	Neutrales metallurgisches Verhalten; basische Anteile bewirken sauberes Schweißgut mit niedrigem Sauerstoffgehalt. Strombelastbarkeit und Schweißgeschwindigkeit sind eingeschränkt. Für Mehrlagenschweißungen bei hohen Zähigkeitsanforderungen.
AF Aluminat-Fluorid-basisch	($Al_20_3 + CaF_2$ ≥ 70 %	Neutrales metallurgisches Verhalten, gute Benetzungsfähigkeit, gutes Nahtaussehen. Für nichtrostende Stähle und Nickelwerkstoffe.
FB Fluorid-basisch DC (und AC)	($CaO + MgO + CaF_2 + MnO$) ≥ 50 %	Neutrales metallurgisches Verhalten; basische Anteile bewirken sauberes Schweißgut mit niedrigem Sauerstoffgehalt, aber begrenzte Strombelastbarkeit und Schweißgeschwindigkeit. Für kaltzähe u. nichtrostende Stähle sowie Nickelwerkstoffe.

Tabelle 18-14 Parameter beim UP-Schweißen von Stählen (nach MPA Stuttgart u. a.)

Parameter	Einheit	Werte	Einfluss
Schweißstromstärke I_s	A	I_s = (100 ... 200) x d oder I_s = 500 bis 3500 A	I_s $\uparrow$ Nahtbreite $\uparrow$ Nahtüberhöhung $\uparrow$ Einbrandtiefe $\rightarrow$
Schweißspannung U_s	V	U_s = 25 bis 45 V	U_s $\uparrow$ Nahtbreite $\uparrow$ Nahtüberhöhung $\downarrow$ Einbrandtiefe $\downarrow$
Schweißgeschwindigkeit v_s	m/min	v_s = 0,5 bis 0,6 m/min	v_s $\uparrow$ Nahtbreite $\uparrow$ Nahtüberhöhung $\downarrow$ Einbrandtiefe $\downarrow$
Stromdichte J	A/mm^2	J bis 120 A/mm^2 bei Draht bis 20 A/mm^2 bei Band	J $\uparrow$ Nahtbreite $\downarrow$ Nahtüberhöhung $\uparrow$ Einbrandtiefe $\uparrow$
Thermischer Wirkungsgrad η_{th}	%	η_{th} = 40 bis 70 %	
Abschmelzleistung	kg/h	bis 15 kg/h bei Eindraht bis 25 kg/h bei Parallel-Dr. mit Heißdraht bis 35 kg/h bei Tandem	
Drahtelektroden-durchmesser d	mm	d = 1,6 bis 8 mm bevorzugt d = 3,2 mm	
Drahtaustrittslänge l (= freie Drahtlänge)	mm	l = 10 x d oder l = 30 bis 50 mm	l $\uparrow$ Nahtbreite $\uparrow$ Nahtüberhöhung $\uparrow$ Einbrandtiefe $\downarrow$
Pulververbrauch		Faustformel: Umgeschmolzenes Pulvergewicht = 1,2 x abgeschmolzenes Drahtgewicht	
Stromquellen-Kennlinien		CP-Kennlinie für Drahtdurchmesser < 3,0 mm: ΔI-Reg. CC-Kennlinie für Drahtdurchmesser > 3,0 mm: ΔU-Reg.	

Tabelle 18-15 Unregelmäßigkeiten beim UP-Schweißen (nach MPA Stuttgart)

Unregelmäßigkeit	Ursache	Abhilfe
Poren	– Chemische Zusammensetzung des Grundwerkstoffs	Werkstoffqualität ändern Mn-Gehalt im Schweißgut erhöhen Draht-Pulver-Kombination ändern Fugenwinkel vergrößern Mehrlagenschweißung vorsehen Zweidraht-/Doppellichtbogen-Schweißung vorsehen
	– Nahtkante verunreinigt	Nahtkante entrosten Öl, Fett, Farbe entfernen Stark oxidierende Schweißpulver einsetzen
	– Feuchtes Schweißpulver	Pulver rücktrocknen (300 °C/2 h)
	– Verunreinigtes Pulver	Pulver absaugen und sieben
	– Schweißdraht verunreinigt	Öl und Fett entfernen
	– Lichtbogen blitzt aus	Schütthöhe des Pulvers erhöhen Genügend Pulver zuführen Feinere Körnung wählen
	– Arbeitstechnik ungeeignet	Lichtbogenspannung, Stromdichte und Schweißgeschwindigkeit verringern Stromart/Polung ändern
Schlauchporen	– Wurzel ungenügend aufgeschmolzen	Stromstärke erhöhen Lichtbogenspannung und Schweißgeschwindigkeit vermindern Stromdichte erhöhen
Bindefehler	– Nahtvorbereitung unzureichend	auf exakte Kantenpassung achten auf Fixierung der Badsicherung achten
	– Nahtverlagerung	Lage des Schweißkopfs justieren Auf gleichmäßigen Drahtvorschub achten Netzschwankungen vermeiden
	– Arbeitstechnik ungeeignet	Stromstärke und Stromdichte erhöhen Lichtbogenspannung verringern Schweißgeschwindigkeit verändern Freie Drahtlänge vermindern Anschweißbleche verwenden
Nahtrisse	– Grundwerkstoff geseigert	höhere Werkstoffqualität wählen (beruhigter Stahl) basisches Pulver mit hohem Mn-Anteil verwenden
	– Hoher C-Gehalt im Grundwerkstoff	Werkstück vorwärmen kleines Schweißbad anstreben Schweißgeschwindigkeit verringern basisches Pulver verwenden Schlacke lange auf Naht belassen Mehrlagenschweißung bevorzugen

Unregelmäßigkeit	Ursache	Abhilfe
	– Anreicherung von Si oder Mn im Grundwerkstoff	Draht-Pulver-Kombination ändern (keine Si-Anreicherung, kein C-Abbrand) Lichtbogenspannung ändern
	– Behinderte Schrumpfung	freie Schrumpfung sicherstellen Luftspalt einhalten Auf zähes Schweißgut achten/basisches Pulver verwenden
	– Beanspruchung der Naht während der Erstarrung	Naht vollständig erstarren lassen Auf gut desoxidierten Werkstoff achten
	– Nicht angepasste Arbeitstechnik	Fugenwinkel vergrößern
Bindefehler	– Schlechte Nahtvorbereitung	Kantenpassung und Nahtfugentoleranzen einhalten Badsicherung überprüfen
	– Nahtverlagerung	Schweißkopf exakt positionieren
	– Ungenügende Durchschweißung	Wärmeeintrag erhöhen Pol neu positionieren freie Drahtlänge verringern Anfang- und Endkrater auf Anschweißblech verlagern
Einbrandkerben	– Falsche Schweißkopfstellung	Bei Kehlnähten Neigung und Drahtabstand einhalten
	– Ungenaue Werkstücklage	Werkstück genau in Horizontalposition Schweißkopf genau senkrecht
	– Nicht angepasste Arbeitstechnik	Stromstärke und Stromdichte verringern Lichtbogenspannung erhöhen Schweißgeschwindigkeit vermindern Pollage verändern Schweißpulver wechseln
Schlacken-einschlüsse	Außen: – Schlackenvorlauf	Stromstärke und Lichtbogenspannung erhöhen Schweißgeschwindigkeit erhöhen Horizontale Lage des Werkstücks kontrollieren Pulver mit zähflüssiger Schlacke wählen
	Innen: – Ungenügende Einbrandtiefe – Unverschweißte Stellen – Ungenügende Überschneidung von Schweißlagen – Zu hohe Lichtbogenspannung – Zu hohe Schweißgeschwindigkeit – Schlechte Drahtförderung	Stromstärke und Stromdichte erhöhen Lichtbogenspannung vermindern Neigung zwischen Schweißkopf und Werkstück beachten

Tabelle 18-16 Wolframelektroden für das WIG- und Plasmaschweißen nach DIN EN ISO 6848

Elektroden-werkstoff	Kurz-zeichen	Farbe	Zusätze	Bemerkungen
Rein-Wolfram	W/P	Grün		Gute Lichtbogenstabilität. Bei Wechselstrom geringe Gleichrichterwirkung. Weicher Lichtbogen. Preiswerte Elektrode
Wolfram mit Thoriumoxid	WTh 10 WTh 20 WTh 30	Gelb Rot Violett	0,8 . . . 1,2 % ThO_2 1,7 . . . 2,2 % ThO_2 2,8 . . . 3,2 % ThO_2	Mit steigendem ThO_2-Gehalt nimmt Elektronenemission zu. Gegenüber W-Elektroden – bessere Zündeigenschaften – höhere Standzeit – höhere Strombelastbarkeit. Bedenklich aus Gründen des Arbeitsschutzes
Wolfram mit Zirkonoxid	WZr 3 WZr 8	Braun Weiß	0,15 . . 0,5 % ZrO_2 0,7 . . . 0,9 % ZrO_2	Verminderte Gefahr der Verunreinigung der Schmelze durch Wolframpartikel. Zündeigenschaften schlechter als bei WT. Besonders geeignet für ~ –/ Strom-Schweißen von Al- und Mg-Werkstoffen. Gut geeignet zum Schweißen von Komponenten für Kernkraftwerke
Wolfram mit Lanthanoxid	WLa 10 WLa 15 WLa 20	Schwarz Gold Blau	0,9 . . . 1,2 % La_2O_3 1,3 . . . 1,7 % La_2O_3 1,8 . . . 2,2 % La_2O_3	Gegenüber WT-Elektroden – längere Standzeit – schlechtere Zündeigenschaften. Bevorzugt für Plasmaverfahren verwendet
Wolfram mit Ceroxid	WCe 20	Grau	1,8 . . . 2,2 % CeO_2	Eigenschaften mit denen der WT-Elektroden vergleichbar. Umweltfreundliche Elektrode
Wolfram mit Oxiden Seltener Erden (nicht genormt)	WS 2		Lanthan-, Samarium- und Yttriumoxide	Gutes Zündverhalten, hohe Standzeit

Tabelle 18-17 Strombelastbarkeit von Wolframelektroden (nach DVS)

Elektroden-durch-messer	**Gleichstrom**				**Wechselstrom**	
	Negative Polung (–)		**Positive Polung (+)**			
	reines Wolfram	Wolfram mit Oxidzusätzen	reines Wolfram	Wolfram mit Oxidzusätzen	reines Wolfram	Wolfram mit Oxidzusätzen
mm	A	A	A	A	A	A
0,25	bis 15	bis 15	n. a.	n. a.	bis 15	bis 15
0,30	bis 15	bis 15	n. a.	n. a.	bis 15	bis 15
0,50	2...20	2...20	n. a.	n. a.	2...15	2...15
1,0	10...75	10...75	n. a.	n. a.	15...55	15...70
1,5	60...150	60...150	10...20	10...20	45...90	60...125
1,6	60...150	60...150	10...20	10...20	45...90	60...125
2,0	75...180	100...200	15...25	15...25	65...125	85...160
2,4	120...220	150...250	15...30	15...30	80...140	120...210
2,5	130...230	170...250	17...30	17...30	80...140	120...210
3,0	150...300	210...310	20...35	20...35	140...180	140...230
3,2	160...310	225...330	20...35	20...35	150...190	150...250
4,0	275...450	350...480	35...50	35...50	180...260	240...350
4,8	380...600	480...650	50...70	50...70	240...350	330...450
5,0	400...625	500...675	50...70	50...70	240...350	330...460
6,3	550...875	650...950	65...100	65...100	300...450	430...575
6,4	575...900	750...1000	70...125	70...125	325...450	450...600
8,0	k. A.	k. A.	k. A.	k. A.	k. A.	650...830
10,0	k. A.	k. A.	k. A.	k. A.	k. A.	k. A.

(n. a. = nicht anwendbar; k. A. = keine Angabe verfügbar)

Tabelle 18-18 Einstellwerte beim WIG-Schweißen (nach Plansee)

Aluminium

Blechdicke	mm	1	2	3	4	5	6	8	10
Schweißstrom ~	A	70	100	120	150	180	200	260	310
Elektrodentyp				—— WCe 20 ——				—— W[1] ——	
Elektrodendurchm.	mm	1,6	2,4	2,4	3,2	3,2	4	4,8	6,4
Schutzgastyp					Argon				
Gasmenge	l/min	6	7	8	9	10	12	14	15
Nahtform				—— I–Naht ——			V	V	DV
Lagenzahl		1	1	1	1	1	2	2	3
Schweißgeschw.									
1. Lage	m/min	0,3	0,25	0,2	0,2	0,17	0,17	0,17	0,15
2. Lage	m/min						0,25	0,25	0,25

Rostfreier Stahl

Blechdicke	mm	1	2	3	4	5	6	8	10
Schweißstrom =	A	75	100	130	160	190	220	280	340
Elektrodentyp				WCe 20 oder WLa 10					
Elektrodendurchm.	mm	1,0	1,6	1,6	2,4	2,4	2,4	3,2	3,2
Schutzgastyp					Argon				
Gasmenge	l/min	5	5	5	7	7	7	9	9
Nahtform			—— I–Naht ——					—— V–Naht ——	
Lagenzahl		1	1	1	1	1	2	2	2
Schweißgeschw.									
1. Lage	m/min	0,25	0,25	0,25	0,2	0,2	0,15	0,15	0,15
2. Lage	m/min						0,22	0,22	0,22

Magnesium

Blechdicke	mm	1	2	3	4	5	6	8	10
Schweißstrom ~	A	35	75	120	140	160	175	190	210
Elektrodentyp				—— WCe 20 ——					—— WP ——
Elektrodendurchm.	mm	1,0	1,6	2,4	2,4	3,2	3,2	4,0	4,8
Schutzgastyp					Argon				
Gasmenge	l/min	6	6	8	8	8	9	10	10
Nahtform				—— I-Naht ——				—— V-Naht ——	
Lagenzahl		1	1	1	1	1	2	2	2
Schweißgeschw.	m/min	0,5	0,4	0,4	0,4	0,4	0,4	0,3	0,3

Nickel

Blechdicke	mm	1	2	3	4	5	6	8	10
Schweißstrom =	A	65		140		145			150
Elektrodentyp				WCe 20 oder WLa 10					
Elektrodendurchm.	mm	1,0		1,6/2,4		1,6/2,4			1,6/2,4
Schutzgastyp					Argon				
Gasmenge	l/min	7		10		10			10
Nahtform				—— I-Naht ——				—— V-Naht ——	
Lagenzahl		1		1		3			8
Schweißgeschw.	m/min	0,2		0,2		0,2			0,2

Tabelle 18-18 Fortsetzung

Kupfer (sauerstofffrei)

Blechdicke	mm	1	2	3	4	5	6	8	10
Schweißstrom =[2]	A		140	185	230	270	230	270	310
Elektrodentyp				WCe 20 oder WLa 10					
Elektrodendurchm.	mm		1,6	2,4	2,4	3,2	3,2	3,2	4,0
Schutzgastyp		——— Argon ———					——— Helium ———		
Gasmenge	l/min		8	8	8	8	14	17	22
Nahtform		——— I-Naht ———					——— V-Naht ———		
Lagenzahl			1	1	1	2	2	2	2
Schweißgeschw.									
1. Lage	m/min		0,3	0,25	0,25	0,15	0,2	0,15	0,15
2. Lage	m/min					0,3	0,2	0,3	0,3
Vorwärmtemperatur	°C				260	260	260	260	260

Titan

Blechdicke	mm	1	2	3	4	5	6	8	10
Schweißstrom =[2]	A		125	190	220	250	270	310	345
Elektrodentyp				WCe 20 oder WLa 10					
Elektrodendurchm.	mm		1,6	2,4	2,4	3,2	3,2	3,2	3,2
Schutzgastyp					Argon				
Gasmenge	l/min		7	7	8	10	15	18	20
Nahtform			I-Naht	V-Naht		——— DV-Naht ———			
Lagenzahl			1	2	2	2-3	2-3	2-3	2-4
Schweißgeschw.	m/min		0,2	0,2	0,2	0,2	0,2	0,2	0,2

[1] Bei W-Elektroden 20–40 % niedrige Stromwerte wählen. W-Elektroden geben glatte, kugelförmige Elektrodenspitzen.
[2] Elektrode negativ gepolt.

Tabelle 18-19 WIG-Schutzgasdüsen (nach DVS)

Schutzgasmengen in Abhängigkeit von der Schutzgasdüse			
Düsengröße	**Durchmesser mm**	**Düsenquerschnitt mm²**	**Durchflussmenge l/min**
4	6,35	32	2,1 bis 2,5
5	7,94	49	3,3 bis 3,9
6	9,53	71	4,7 bis 5,6
7	11,11	97	6,4 bis 7,6
8	12,70	127	8,4 bis 9,9
9	14,29	160	10,6 bis 12,5
10	15,88	198	13,1 bis 15,4

Tabelle 18-20 Unregelmäßigkeiten beim WIG-Schweißen

Unregelmäßigkeit	Ursache	Abhilfe
Wolfram-Einschlüsse	Heiße Wolfram-Elektrode berührt Schweißbad	Abstand Elektrodenspitze zum Schweißbad/Lichtbogenlänge vermindern
	Heiße Wolfram-Elektrode berührt Schweißzusatz	Hub begrenzen
	Überlastung der Wolfram-Elektrode beim Schweißen mit Gleichstrom (-Pol an Elektrode) Überlastung der Elektrode beim Schweißen mit Wechselstrom	Schweißstromstärke entsprechend Elektrodendurchmesser wählen
Oxideinschlüsse	Schweißfuge nicht metallisch rein oxidierte Schweißstäbe ungenügende Reinigung nach jeder Raupe bei Mehrlagenschweißungen	Fugenvorbereitung/Reinigung optimieren
	Herausziehen des heißen Schweißstabs aus dem Schutzgaskegel zwischen den Eintauchbewegungen	Hub begrenzen (2 ... 3 mm)
	Bei Aluminium: Im Schweißgut: – zu starke Brennerneigung – falsche Nahtform gewählt Im Wurzelbereich: – zu niedriger Schweißstrom – zu großer Spalt – Unterlage ohne Nut	Untere Stegkanten brechen
Poren	Zu geringe Schutzgasmenge Verwirbelung der Schutzgasabdeckung bei zu großer Schutzgasmenge	Schutzgasmenge entsprechend Werkstückdicke, Schweißstrom und Grundwerkstoff wählen und Gasdüsendurchmesser anpassen
	Störung der Schutzgasabdeckung bei Seitenwind und Luftgeschwindigkeit > 1 m/s	Zugluft an Arbeitsstelle vermeiden Eventuell Schutzwand aufstellen
	Zu kleine Gasdüse	Durchmesser der Gasdüse = 1,5 x Schweißbadbreite. Auch abhängig vom Argonverbrauch
	Einsaugen von Luft bei zu flacher Brennerhaltung Zu großer Brennerabstand/zu langer Lichtbogen	Brennerhaltung verbessern
	Eindringen von Wasser in die Schutzgaszuführung infolge Undichtigkeit in wassergekühlten Schweißbrennern	Brenner auswechseln
	Schmutz, Fett, Öl, Beschichtungsstoffe oder Feuchtigkeit im Schweißnahtbereich	Schweißfuge reinigen und trocknen
	Verwirbelung des Schutzgases und Einsaugen von Luft durch beschädigte Gasdüse	Gasdüse auswechseln
	Bei Aluminium: – zu hohe Abkühlgeschwindigkeit – ungenügende Entgasung	Vorwärmen

Tabelle 18-20 Fortsetzung

Unregelmäßigkeit	Ursache	Abhilfe
Oxidation der Oberfläche	Luft im Schutzgas; defekter Brenner; undichte Schläuche	Ausrüstung überprüfen
Oxidation im Wurzelbereich (Anlauffarben, Verzunderung)	Luftsauerstoff hat Zutritt zu Wurzel = mangelnde Wurzelspülung	Abschirmung durch Wurzel-Schutzgas
Kerben in der Wurzel	Ungenügende/ungünstige Schweißnahtvorbereitung = zu große Steghöhe	Empfohlene Fugenformen beachten
Bindefehler	Falsche Nahtvorbereitung – Nahtöffnungswinkel zu klein – Steghöhe zu groß – Verhältnis Stegabstand/Steghöhe falsch gewählt Ungenügendes Aufschmelzen infolge zu hoher Schweißgeschwindigkeit und/oder außermittiger Brennerführung Bei Mehrlagenschweißung: Ungünstige Anordnung der Schweißraupen	Empfohlene Fugenformen beachten
Endkraterrisse	Zu hohe Schweißstromstärke Zu niedrige Schweißgeschwindigkeit Endkrater nicht ausreichend mit Schweißzusatz gefüllt	Schweißparameter optimieren Mit Auslaufblech arbeiten Endkrater auffüllen
Einbrandkerben	Zu langer Lichtbogen; Brenner verkantet	Lichtbogenlänge verkleinern Brennerhaltung verbessern
Zu geringer Einbrand	Zu langer Lichtbogen Verunreinigte Elektrodenspitze	Lichtbogenlänge verkleinern Elektrode auswechseln
Unruhiger Lichtbogen	Verunreinigte Elektrodenspitze Zu langer Lichtbogen Magnetische Einflüsse	Elektrode auswechseln Lichtbogenlänge vermindern
Oxidierte Elektrodenspitze	Argonmangel	Schutzgasmenge vergrößern

Tabelle 18-21 Kennzeichnende Eigenschaften von Fülldrahtelektroden

	Rutil-Typ **R und P**	**Basischer Typ** **B**	**Metallpulvertyp** **M**
Hauptbestandteile der Füllung	Rutil TiO_2 Quarz SiO_2 Zirkonoxid ZrO_2 Ilmenit $TiFeO_3$ Ferromangan FeMn Ferrosilizium FeSi Eisen Fe	Titandioxid TiO_2 Kalk CaO Fluorit CaF_2 Ferromangan FeMn Ferrosilizium FeSi Eisen Fe	Eisen Fe Ferromangan FeMn Ferrosilizium FeSi Legierungsmetalle
Stromart/Polung	= / +	= / +	= / +
Schlacke – Schlackenart	R langsam erstarrend P schnell erstarrend	dünnflüssig	keine Schlacke
– Entfernbarkeit	leicht entfernbar	leicht entfernbar	
Schweißpositionen	P für Zwangslagen	in Zwangslagen mit Impulslichtbogen	PA, PB und PC PG mit Spezialtypen
Werkstoffübergang	feintropfig wenig Spritzer	mittel- bis grobtropfig	feintropfig
Einbrandtiefe	geringer als bei Massivdraht guter Seiteneinbrand	gut	gut breiter Lichtbogen
Spaltüberbrückbarkeit	schlecht	gut	gut im KurzLB
Rissempfindlichkeit	Gefahr der Heißrissbildung	risssicher	risssicher
Nahtaussehen	glatt, sauber	weniger glatt als bei Typ R	fein geschuppt
Werkstofffluss	dünnflüssig		dünnflüssig
Wiederzünden	weniger gut	weniger gut	gut
Mechanische Gütewerte	abhängig vom Mantelwerkstoff	ausgezeichnete Zähigkeit (kaltzäh), gute Festigkeitswerte	gute Festigkeitswerte befriedigende Zähigkeit
Handhabung	Wurzellage nur mit Badsicherung. Nur im SprühLB schweißbar	Kurz- und SprühLB hohe Anforderungen an den Schweißer	Kurz- und SprühLB gut für Wurzelschweißung
Anwendbarkeit	Kehlnähte in allen Positionen. Stumpfnähte in PF. Orbitalschweißen Baustähle, Feinkornbaustähle. Hochleg. Stähle. Gut für Baustelleneinsatz Blechdicken < 40 mm	Hoch kohlenstoffhaltige und hochlegierte Stähle, warmfeste und hochfeste Stähle, dicke Bleche, beschichtete Bleche (Rostschutz)	Kehl- und Stupfnähte Einseiten- und Mehrlagenschweißungen. Manuelle und mechanisierte Schweißprozesse. Bau- und Feinkornbaustähle, hochleg. Stähle
Porensicherheit	anfällig für Schlauchporen	hoch	anfällig bei großem Kontaktrohrabstand
Schutzgase	M21 (C1)	M21 (C1)	M21 (C1, M12)
Stromquellen (MAG)	Gleichrichter mit Konstantspannungs-Kennlinie. Eventuell auch fallende Kennlinie	Gleichrichter mit Konstantspannungs-Kennlinie. Gute dynamische Eigenschaften erforderlich. Strom und Spannung müssen sorgfältig eingestellt werden	Gleichrichter mit Konstantspannungs-Kennlinie

Tabelle 18-22 Schutzgase zum MAG-Schweißen mit Massivdrahtelektroden von unlegierten und niedrig legierten Stählen (nach SSAB)

Eigenschaft	**Schutzgas**		
	Kohlendioxid CO_2	**Argon + CO_2**	**Argon + O_2**
Bezeichnung nach DIN EN ISO 14175	C1 (C2)	M31, M32, M33	M22, M23, M24
Schweißprozess	MAGC (135)	MAGM (135)	MAGM (135)
Lichtbogenart	Kurzlichtbogen Langlichtbogen	Sprühlichtbogen Impulslichtbogen	Sprühlichtbogen Impulslichtbogen
Spritzerbildung	stark	kaum, zunehmend mit CO_2-Gehalt	ohne
Einbandtiefe	sehr gut	gut	tief
Nahtform	schmal, überwölbt, grobschuppig	breit, flach	schmal, überwölbt, feinschuppig
Lichtbogenstabilität	unbefriedigend	gut	sehr gut
Porengefahr	gering	abnehmend mit zunehmendem CO_2-Gehalt	vorhanden
Gefahr des Auftretens von Bindefehlern	gering	gering	vorhanden
Leistung	mäßig bis hoch	hoch	hoch
Kosten	günstig (100 %)	mittel (200 %)	teuer (380 %)
Spaltüberbrückbarkeit	schlecht	mäßig	gut
Rissgefahr	gering	gering	größer
Schlacke	fest haftend	wenig Schlacke, aber größere Schlackeninseln	viel Schlacke auf der Naht

Tabelle 18-23 Korrekturfaktoren für Argondurchflussmesser

Schutzgaszusammensetzung						**Korrektur-faktor**
Argon %	Helium %	Kohlen-dioxid %	Sauerstoff %	Wasserstoff %	Stickstoff %	
100						1
75	25					1,14
50	50					1,35
25	75					1,75
	100					3,16
97,5		2,5				1
82		18				0,99
91		5	4			1
93,5				6,5		1,03
		100				0,95
	20	80				1,05
	50	50				1,29
				10	90	1,25
				15	85	1,29
				20	80	1,32
					100	1,19

Zur Anwendung: Es wird mit einem Gemisch aus 25 % Ar und 75 % He geschweißt. Die am auf Argon kalibrierten Durchflussmesser abgelesene Gasmenge muss mit dem Faktor 1,75 multipliziert werden, um die tatsächliche Gasmenge des Gemischs zu erhalten.

Formel zur Berechnung des Korrekturfaktors k:

$$\sqrt{\rho.C_{\text{Argon}}} \,/\, \sqrt{(\rho.C)_{\text{1. Komponente}} + (\rho.C)_{\text{2. Komponente}} + (\rho.C)_{\text{n-te Komponente}}}$$

mit ρ in kg/m^3 Dichte bei 15 °C und 1 bar,
C Gemischanteil der Gaskomponente

Tabelle 18-24 Anwendung der Schweißgase beim MAG-Schweißen

Werkstoff	Schutzgas		Bemerkungen
Unlegierte und niedriglegierte Stähle	CO_2	C1	guter Einbrand
	Ar + (10–40 %) CO_2	M21	bei hohen Zähigkeitsanford.
	Ar + 25 % He + 25 % CO_2	M21 (1)	
(Baustähle, Feinkornbaustähle, Rohrstähle, Kesselbaustähle, Schiffbaustähle sowie Einsatz- und Vergütungsstähle)	Ar + (5–8 %) O_2	M22	guter Einbrand
	Ar + 25 % He + 3,1 % O_2	M22 (1)	
	Ar + 5 % CO_2 + 4 % O_2	M23	für Dünnbleche
	Ar + 13 % CO_2 + 4 % O_2	M25	
	Ar + 8 % CO_2 +26,5 % He + 0,5 % O_2	M24 (1)	
Ferritische Cr-Stähle	Ar + 2,5 % CO_2	M12	
	Ar + (1–3 %) O_2	M13	geringe Oxidation, mäßige Benetzung
Korrosionsbeständige austenitische CrNi-Stähle	Ar + 20 % He + 2 % CO_2	M12 (1).	für Dünnbleche
	Ar + 50 % He + 2 % CO_2	M12 (2)	
	Ar + (1–3 %) O_2	M13	stärkere Oxidation
Hitzebeständige austenitische CrNi-Stähle	Ar + 2,5 % CO_2	M12	geringe Oxidation
	Ar + 20 % He + 2 % CO_2	M12 (1)	höhere Schweißgeschw.
	Ar + 50 % He + 2 % CO_2	M12 (2)	geringer Spritzeranfall
Duplex-Stähle Superduplex-Stähle	Ar + 2,5 % C_2	M12	
	Ar + 20 % He + 2 % CO_2	M12 (1)	
	Ar + 50 % He + 2 % CO_2	M12 (2)	
Ni-Basis-Werkstoffe	Ar + 30 % He +2 % H_2 + 0,05 % CO_2	M11 (1)	
	Ar + 20 % He + 2 % CO_2	M12 (1)	bei geringer Korr.beanspr.
	Ar + 50 % He + 0,05 % CO_2	M12 (2)	
	Ar + 2 % N_2	N2	

Tabelle 18-25 MAG-Schweißen dünner Stahlbleche (nach DVS)
Drahtelektrode 0,8 mm; Gas M21, Gasdurchflussmenge 8–10 l/min

			Stumpfstoß (I-Naht)		
Blechdicke	mm	1,0	1,0	1,5	1,5
Spaltbreite	mm	0	0,5	0,5	1,0
Position		PA, PG	PA, PG	PA, PG	PA, PG
Drahtvorschub	m/min	3,8	2,8	5,2	5,2
Strom	A	70	55	90	90
Spannung	V	18	16	17	17
			T-Stoß/Kehlnaht		
Blechdicke	mm	1,0	1,0	1,5	1,5
Position		PG	PA, PB	PG	PA, PB
Drahtvorschub	m/min	3,8	3,8	7,2	7,2
Strom	A	65	65	115	115
Spannung	V	17	17	18	18
			Überlappstoß/Kehlnaht		
Blechdicke	mm	0,66	0,75	1,0	1,5
Position		PA, PC, PG	PA, PC PG	PA, PC PG	PA, PC PG
Drahtvorschub	m/min	2,5	3,2	3,8	5,6
Strom	A	50	60	65	100
Spannung	V	15	16	17	18
			Überlappstoß/Lochnaht		
Blechdicke	mm	0,66	0,75	1,0	1,5
Lochdurchm.	mm	5,5–8	5,5–8	8–9	8–9
Drahtvorschub	m/min	8,5	8,5	10,5	15
Strom	A	125	125	150	200
Spannung	V	18	18	21	26
Punktzeit	s	0,6	0,6	0,6	0,6

Tabelle 18-26 MAG-Schweißen von Kehlnähten (nach DVS)

Verfahren: MAG-Schweißen	Grundwerkstoff: unlegierter Baustahl
Art der Fertigung: teilmechanisch	Schweißzusatz: Drahtelektrode G2 DIN EN ISO 14341
Nahtart: Kehlnaht	Schweißhilfsstoff: Schutzgas DIN EN ISO 14175 M21

Werkstückdicke	Nahtvorbereitung		Drahtelektrodendurchmesser	Einstellwerte				Lagenzahl
	Nahtart	Schweißposition		Arbeitsspannung	Schweißstrom	Drahtvorschubgeschwindigkeit	Schutzgas	
mm			mm	V	A	m/min	l/min	
2	Kehlnaht	h (PB)	0,8	20	105	7,3	10	1
2	Kehlnaht	f (PG)	0,8	19,5	100	7,1	10	1
3	Kehlnaht	h (PB)	1,0	22,5	215	10,6	10	1
3	Kehlnaht	f (PG)	1,0	21,5	210	9,0	10	1
3,5	Kehlnaht	f (PG)	1,2	19,5	190	4,2	15	1
4	Kehlnaht	h (PB)	1,0	23	220	10,7	10	1
4	Kehlnaht	h (PB)	1,2	28	280	9,2	15	1
5	Kehlnaht	h (PB)	1,2	29,5	300	9,5	15	1
5	Kehlnaht	f (PG)	1,2	19,5	190	4,2	15	3
6	Kehlnaht	h (PB)	1,2	29,5	300	9,5	15	1
6	Kehlnaht	h (PB)	1,6	34	365	6,3	15	1
6	Kehlnaht	s (PF)	1,0	18	115	4,7	10	1
7	Kehlnaht	h (PB)	1,2	29,5	300	9,5	15	3
7	Kehlnaht	w (PA)	1,6	35	420	7,2	15	1
7	Kehlnaht	s (PF)	1,0	18	115	4,7	10	1
8	Kehlnaht	h (PF)	1,2	29,5	300	9,5	15	3
8	Kehlnaht	s (PF)	1,0	18,5	130	4,8	10	2
10	Kehlnaht	h (PB)	1,2	29,5	300	9,5	15	6
10	Kehlnaht	h (PB)	1,6	34	380	6,4	15	3
10	Kehlnaht	s (PF)	1,2	19	165	4,2	15	2

Tabelle 18-27 MAG-Schweißen von Stumpfnähten

Verfahren: MAG Schweißen	Grundwerkstoff, unlegierter Baustahl
Art der Fertigung: teilmechanisch	Schweißzusatz: Drahtelektrode G 2 DIN EN ISO 14341
Nahtart: Stumpfnaht	Schweißhilfsstoff: Schutzgas DIN EN ISO ISO 14175 M 21

Werkstückdicke	Nahtart	Nahtvorbereitung Spalt	Nahtöffnungswinkel	Schweißlage Wurzellage (W) Mittellage (M) Decklage (D)	Drahtelektrodendurchmesser	Einstellwerte Arbeitsspannung	Schweißstrom	Drahtvorschubgeschwindigkeit	Schutzgas	Lagenzahl
mm		mm	°		mm	V	A	m/mm	l/min	
1,5	I-Naht	0,5	–	–	0,8	18	110	5,9	10	1
2	I-Naht	1,0	–	–	1,0	18,5	125	4,2	10	1
3	I-Naht	1,5	–	–	1,0	19	130	4,7	10	1
4	I-Naht	2,0	–	–	1,0	19	135	4,8	10	1
5	V-Naht	2,0	50	W	1,0	18,5	125	4,3	12	2
				D		21	200	8,0		
6	V-Naht	2,0	50	W	1,0	18,5	125	4,3	12	2
				D		21	205	8,3		
8	V-Naht	2,0	50	W	1,2	18	135	3,1	10–15	3
				MD		27,5	270	8.1		
10	V-Naht	2,5	50	W	1,2	18,5	135	3,2	10–15	3
				M: D		28	290	9,0		
12	V-Naht	2,5	50	W	1,2	18,5	135	3,2	10–15	4
				2M: D		28	290	9,0		
15	V-Naht	3,0	50	W	1,2	18,5	130	3,2	10–15	5
				3M: D		28,5	300	9,2		
20	V-Naht	3,0	50	W	1,2	19	140	3,8	10–15	12
				11M: D		29	310	9,5		
				W		19	140	3,8		
20	DV-Naht	3,0	50	3M	1,2	29	310	9,5	10–15	6
				2D		29	310	9,5		

Tabelle 18-28 Fehlerarten, Fehlerursachen und Abhilfemaßnahmen beim Schweißen von Aluminium Werkstoffen (nach Haas)

Fehlerart	Fehlerursache	Abhilfemaßnahmen
Poren	Hauptsächlich Wasserstoff	– Brennerkühlsystem muss dicht sein – Auf laminaren Schutzgasstrom achten – Undichtigkeiten im Gasversorgungssystem beseitigen – Gasschläuche vor dem Schweißen spülen – Richtige Schlauchqualität wählen (Gummi mit Gewebeeinlage); kurze Schläuche verwenden – Nahtbereich und Zusatzdraht unmittelbar vor dem Schweißen reinigen und trocknen – Bindemittel von Schleifscheiben entfernen – Kein Antihaftspray verwenden Arbeitsplatz gegen Zugluft sichern
	Ungenügende Ausgasung	– Legierungen mit genügend großem Erstarrungsbereich wählen – Auf genügend großen Wärmeeintrag achten • Vorwärmen • Wärmen während des Schweißens • Erhöhen der Streckenenergie – Vermeiden der Schweißpositionen PE(ü) und PC(q)
Bindefehler	Zu große Wärmeableitung Zu kleiner Nahtöffnungswinkel	– Bessere Wärmeleitfähigkeit des Al gegenüber Stahl verlangt höheres Wärmeeinbringen – Vorwärmen – Öffnungswinkel ≥70° wählen – Ar-He-Gemisch verwenden (= besserer Einbrand) – Impuls-Schweißverfahren anwenden • Dickere Elektroden möglich • Dadurch verbesserte Drahtförderung • Geringeres Nahtgewicht – Badsicherung mit geeigneter Nutform verwenden – Beim WIG-Schweißen auf richtige Form der Elektrodenspitze achten – Einfluss des Stromquellentyps auf Einbrand beachten
	Unsachgemäße Heft-schweißung	– Heftstelle vor dem Überschweißen ausschleifen
Al_2O_3-Einschlüsse	Ungenügende Entfernung des Al_2O_3 Sehr starke Al_2O_3-Bildung am Schweißstabende	– Beim WIG-Gleichstromschweißen (minusgepolte Elektrode, Ar-He-Gemisch). Oxidhaut kurz vor dem Schweißen mechanisch entfernen (nicht bürsten!) – WIG-Schweißstabende nicht aus dem Schutz-gasmantel ziehen

Tabelle 18-28 Fortsetzung

Fehlerart	Fehlerursache	Abhilfemaßnahmen
Risse (Heißrisse)	Kritischer Si- und/oder Mg-Gehalt durch ungeeignete Drahtelektrode. Großes Schrumpfmaß	– Schweißzusatz muss an Si- und/oder Mg überlegiert sein – Zu hohe Streckenenergie vermeiden – Kurzen, kurzschlussfreien Lichtbogen bevorzugen – Teile so fixieren, dass Schrumpfung nicht nur in der Naht stattfindet – Schrumpfrisse im Endkrater vermeidbar durch • Einsatz eines Endkraterfüllprogramms • Bei Längsnähten Endkrater auf Auslaufblech legen • Bei Rundnähten Endkrater auf schon geschweißte Raupe legen
	Zu starke Wärmeableitung. Unsachgemäße Heftschweißung	– Ausreichend vorwärmen – Heftstelle vor dem Überschweißen ausschleifen
Verzug	Großer Wärmeausdehnungskoeffizient. Ungenügende Heftschweißung. Ungenügende Einspannung. Falsche Schweißfolge	– Exakte Vorbereitung der Einzelteile – Auf gleichmäßige Schweißspalte achten – Behinderung der Ausdehnung durch feste Einspannung mit hoher Kraft direkt neben der Schweißstelle – Bei Heftstellen auf ausreichenden Querschnitt achten – Heften von Nahtmitte nach außen – Eventuell Heftstellen vor dem Überschweißen auskreuzen

Tabelle 18-29 Fehler und ihre Abhilfe beim Schweißen mit dem Impulslichtbogen

Fehler	Abhilfe
Kurzschlussgeräusche	– Impulsstrom/Impulsspannung vergrößern – Impulszeit vergrößern – Impulsfrequenz vergrößern oder Grundzeit verkürzen – Grundstrom vergrößern – Stromkontaktrohr überprüfen oder erneuern – Gleichmäßigkeit der Drahtfördergeschwindigkeit verbessern – zu kurzes freies Drahtende – $C0_2$-Anteil im Schutzgas zu hoch – Drahtelektrode mit besserer Oberfläche oder Analyse verwenden – Stromlücken zwischen Impulsstrom und Grundstrom beseitigen (nur bei Stromquellen mit Frequenzeinstellung in Stufen)
Tropfen groß und nicht synchron mit der Impulsfrequenz	– Impulszeit verkürzen – Grundstrom verkleinern – Impulsfrequenz kleiner – freies Drahtende verkürzen – Impulsstrom vergrößern – Impulsstromanstiegsgeschwindigkeit vergrößern (nicht bei allen Anlagen möglich)
Tropfen fliegen teilweise außerhalb des Lichtbogenkerns	– Grundstrom verkleinern – Impulsfrequenz kleiner – Impulsstrom vergrößern – Impulszeit verkürzen (Ar) oder Impulszeit verlängern (82 % Ar + 18 % CO_2) – Brennerstellung weniger stechend – Schweißgeschwindigkeit vermindern
Spritzer mit sehr kleinem Volumen (Al-Werkstoffe)	– Impulsstrom verkleinern – Impulszeit verkürzen – Grundstrom (Grundspannung) vergrößern – Impulsstromanstiegsgeschwindigkeit verkleinern (nicht bei allen Anlagen möglich)
Lichtbogenseitenabweichungen	– Werkstückoberflächen reinigen – unterschiedliche Wärmeableitung an den Flanken vermeiden – Lichtbogen verkürzen – magnetische Fremdfelder vermeiden – Schweißgeschwindigkeit vermindern – Hilfsbleche an den Nahtenden anschweißen
Unregelmäßige Nahtränder oder Nahtlücken	– Schweißgeschwindigkeit vermindern – Lichtbogenlänge vermindern – Lichtbogenleistung vergrößern

Tabelle 18-30 Fehler beim MAG-Schweißen (nach SSAB und Gerster)

Schweißfehler/ Ungänze	Ursache	Abhilfe
Flanken-Bindefehler	– Wärmeeinbringung zu gering	Arbeitsspannung erhöhen; eventuell CO_2-Anteil am Schutzgas erhöhen
	– Ungeeignete Fugenform	Öffnungswinkel und Steghöhen richtig dimensionieren
	– Nicht angepasste Schweißgeschwindigkeit	Schweißgeschwindigkeit ändern
	– Falscher Anstellwinkel des Schweißbrenners	Anstellwinkel korrigieren
	– Kontaktrohrabstand zu groß	Abstand verkleinern
	– Falscher Drahtdurchmesser	Durchmesser entsprechend Blechdicke wählen
	– Zu weites Pendeln	Größere Zahl an Raupenlagen vorsehen, Flanken auffüllen
	– Unzugängliche Fugen	Konstruktion bzw. Schweißfolge ändern
Ungenügende Durchschweißung	– Falscher Anstellwinkel des Schweißbrenners	Anstellwinkel ändern
	– Steg zu groß	Steg verkleinern
	– Wärmeeinbringen zu gering	Arbeitsspannung erhöhen
	– Wurzelspalt zu klein	Wurzelspalt vergrößern; dichter heften; Badsicherung verwenden
Endkrater	– Falsches Beenden des Schweißvorgangs	Beim Beenden der Naht Lichtbogen nicht zu plötzlich unterbrechen, sondern über den Endkrater so fortführen, dass er aufgefüllt wird
Einbrandkerbe	– Falscher Anstellwinkel des Schweißbrenners	Anstellwinkel ändern
	– Zu hohe Arbeitsspannung im Verhältnis zur Stromstärke	Spannung anpassen
	– Falscher Drahtvorschub	Bei Pendelraupen darauf achten, dass Ecken sauber gefüllt werden
	– Schweißgeschwindigkeit zu hoch	Vorschubgeschwindigkeit an Arbeitsspannung anpassen

Tabelle 18-30 Fortsetzung

Schweißfehler/ Ungänze	Ursache	Abhilfe
Poren	– Grundwerkstoff nicht ausreichend gereinigt	Reinigen
	– Feuchter Schweißzusatz	Zusatz trocknen, fertige Naht vor Feuchtigkeit schützen
	– Zugluft	Arbeitsplatz abschirmen
	– Gaszufuhr nicht angepasst	Gaszufuhr überprüfen
	– Falscher Anstellwinkel des Schweißbrenners	Anstellwinkel ändern
	– Gasdüse verstopft	Gasdüse reinigen
	– Ungeeignete Fugenform	Öffnungswinkel und Steghöhe richtig dimensionieren
Naht-/Wurzelüberhöhung	– Falsche Planung der Schweißraupen – Nicht angepasste Schweißgeschwindigkeit – Spalt zu groß	Schweißgeschwindigkeit an Strom und Spannung anpassen
	– Steg zu schmal	Nahtvorbereitung korrigieren
Spritzer, Zündstellen	– Arbeitsspannung zu hoch	Arbeitsspannung an andere Parameter anpassen
	– Oberfläche des Schweißstoßes verschmutzt	Schmutz und Rost entfernen
	– Rostiges Material	Werkstoff im Bereich der Schweißung anschleifen
	– Ungünstiger Anfang der Schweißnaht	Anlaufstück verwenden
Kantenversatz	– Schlechte Ausrichtung der Schweißteile	Vorrichtungen verwenden und auf sorgfältige Ausrichtung achten
	– Ungenügende Fixierung	
Risse	– Abstand der Heftstellen zu groß	Kleinerer Abstand für Heftung
	– Ungeeignete Fugenform	Empfohlene Fugenform beachten Schweißzusatz ändern
	– Ungeeignete Drahtelektrode	Schutzgas neu wählen
	– Falsches Schutzgas	Geräteeinstellung ändern
	– Zu kurze Gasvor- bzw. -nachströmzeit – Vorwärmtemperatur nicht eingehalten	Temperatur gemäß Vorschrift kontrollieren

Tabelle 18-31 LASER-Arten

	CO_2-Laser	**Nd: YAG-Laser**		**Dioden-Laser**	**Eximer-Laser**
		lasergepumpt	diodengepumpt		
Lasermedium	Gasgemisch (CO_2:He:N_2= 1:2:7)	Kristallstab aus Yttrium-Aluminium-Granat mit Neodym dotiert		Halbleiter (GaAlAs, GalnP)*	Edelgase (Ar,Kr,Xe) + Halogene (F,Cl)
Pump-mechanismus	Gasentladung	Xenon-Blitz-lampe (pm)	Hochleistungs-Laserdioden	Elektrischer Strom	Hochspannungs-entladung
Wellenlänge	10,6 µm (fernes Infrarot)	1,06 µm (nahes Infrarot)	1,06 µm (nahes Infra-rot)	790 bis 980 nm* 670/680 nm* (Infrarot)	ArF 193 nm KrF 248 nm XeF 351 nm (Ultraviolett)
Betriebsart	cw, pm	pm, cw	cw, (pm)	cw (Puls)	pm
Leistungsbereich -kontinuierl.(cw) -gepulst (pm)	≤ 20 kW ≤ 40 kW	≤ 4 kW ≤ 50 kW	≤ 6 kW –	≤ 6 kW –	– bis 2 MW
Wirkungsgrad	5 bis 15 %	2 bis 5 %	10 bis 20 %	30 bis 55 %	1 %
Pulsbreite	10µs bis 0,1 s	10ns bis 2 s	–	–	< 100 ns
Fokus-durchmesser	< 0,4 mm	< 0,6 mm	< 0,5 mm	0,45 x 0,45 bis 1x4 mm transformierbar	1 bis 10 µm
Fokusierbarkeit	gut	schlechter als bei CO_2-Laser		schlecht	sehr schlecht
Mode	überwiegend TEMoo	Multimode	Multimode	Multimode	Multimode
Strahlpropaga-tionsfaktor K	Leistung < 3kW: K=0,8 Leistung ~25kW: K=0,2	kleine Leistung: K=0,9 Große Leistung: K < 0,1		< 0,1	< 0,1
Strahlparame-terprodukt *	5 bis 15 mmxmrad	2 bis 35 mmxmrad	2 bis 15 mmxmrad	40 bis 300 mmxmrad	30 bis 40 mmxmrad
Strahlintensität	10^6 bis 10^8 W/cm^2	10^5 bis 10^7 W/cm^2	10^6 bis 10^8 W/cm^2	10^3 bis 10^5 W/cm^2	10^7 bis 10^8 W/cm^2
Resonator	stabil bis instabil	stabil	stabil	stabil	nicht erforderlich
Polaristion	linear, zirkular	unpolarisiert	unpolarisiert	unpolarisiert	unpolarisiert
Strahlführung	Umlenkspiegel	Fasertransport	Fasertransport	Fasertransport	Spiegel u. Linsen
Strahlformung	bei kleiner Leistung Linsen aus ZnSe, KCl, Ge, GeAs, sonst Spiegel aus Cu	Linsen aus Quarz, Glas, Borsilikatglas, Kalziumfluorid			Abbildung über Maske
Absorption	Metalle: < 10% Nichtmet.: 95%	Metalle: < 50% Nichtmet.: < 5%	Metalle: < 50% Nichtmet.:<5%	Metalle: < 50% Nichtmet.:<5%	Metalle: ~60% Nichtmet.: ~ 1%
Anwendung	Material-bearbeitung (Schweißen und Schneiden)	Material-bearbeitung (Schweißen und Schneiden)	Material-bearbeitung (Schweißen und Schneiden)	Nachrichten-technik. Materialbearbeitung (Oberflächen-bearb., Laser-löten, Schweißen von Kunststoffen	Messtechnik Materialbearbeitung von Glas, Kunststoff und Keramik

* abhängig von Betriebsart und Leistung

Tabelle 18-32 Unregelmäßigkeiten beim LASER-Schweißen, Ursachen und Abhilfmaßnahmen (in Anlehnung an DVS)

Unregelmäßigkeit	Ursache	Abhilfe
Poren	Stoßkanten und Fügebereich verunreinigt	Oberfläche reinigen
	Nestartig: zu geringe Schweißgeschwindigkeit	Schweißgeschwindigkeit auf erforderliche Einschweißtiefe abstellen
	Zeilig bei Al-Werkstoffen: hohe Wasserstoffaufnahme der Schmelze	Streckenenergie erhöhen Schutzgasmenge durch Versuch optimieren
Lunker	Stoßkanten und Fügebereich verunreinigt	Oberfläche reinigen
	Endkraterlunker bei Al: höhere Mg- und Zn-Gehalte beim Grundwerkstoff	Schweißgeeignete Al-Legierung verwenden
Risse	Zu hoher C-Gehalt Zu hohe P- und S-Gehalte Ungünstige Schweißfolge	Schweißgeeigneten Werkstoff wählen Schweißfolge überprüfen
Bindefehler	Strahlleistung zu gering Falsche Positionierung des Strahls	Einstellungen optimieren
Randkerben	Falsches Schutzgas Schutzgasmenge falsch bemessen Stoßkanten verunreinigt	Anderes Schutzgas erproben Schutzgasvolumen anpassen Oberfläche reinigen
Nahtunterwölbung	Mit Wurzelrückfall: Spaltbreite zu groß Ungenügende Strahlleistung	 Spaltbreite vermindern Strahlleistung erhöhen Bei t > 6 mm: Schweißzusatz verwenden
	Mit Wurzelüberhöhung: Zu hohe Strahlleistung Stoßkanten eventuell angefast	 Strahlleistung reduzieren Stoßkanten scharfkantig ausführen
Nahtdurchhänger/ Wurzelüberhöhung	Schweißgeschwindigkeit zu gering Zu große Spaltbreite	Schweißgeschwindigkeit erhöhen Spaltbreite vermindern Badsicherung verwenden
Wurzel nicht durchgeschweißt	Zu geringe Strahlleistung Strahl falsch positioniert Zu hohe Schweißgeschwindigkeit	Strahlleistung erhöhen Fokussierung optimieren Schweißgeschwindigkeit verringern
Angeschmolzene Schweißspritzer	Verunreinigte Stoßkanten Eventuell Fremdschichten vorhanden	Reinigen der Oberfläche Fremdschichten mechanisch entfernen

Tabelle 18-33 Physikalische Eigenschaften ausgewählter Metalle/Legierungen für das Widerstandspunktschweißen (nach Spickermann)

	Elektrische Leitfähigkeit χ	Wärmeleitfähigkeit λ	Schmelztemperatur T_S
	Sm/mm^2	W/mK	°C
Aluminium			
Reinaluminium	36	210 – 225	659
AA 5056	14 – 19	120 – 134	625 – 590
AA 5083	15 – 19	120 – 130	640 – 575
AA 6060	26 – 35	200 – 240	650 – 615
AA 6061	23 – 26	163	640 – 595
AA 7020	21 – 25	154 – 167	655 – 610
Eisenwerkstoffe			
Reineisen	7,7 – 9,6	69 – 75	1536
Baustahl	4,5	50	1510
FeNiCr	0,9 – 1,05	11 – 13	1340 – 1400
FeCrAl	0,7 – 0,8	13 – 20	1520
FeNi	1,3 – 2,5	10 – 18	1430 – 1450
FeNiCo	2,13 – 2,17	17	1450
Hochlegierte Stähle			
–1.4301	1,4	15	1454
–1.4541	1,4	15	1449
–1.4401	1,3	15	1434
–1.4571	1,3	15	(1430)
–1.4435	1,3	15	1427
–1.4439	1,3	14	(1410)
–1.4539	1,0	12	(1390)
–1.4462	1,25	15	(1460)
–1.4003	1,7	25	(1500)
–1.4016	1,7	25	1501
–1.4511	1,7	25	1501
–1.4512	1,7	25	1502
Gold			
Reines Gold	43,5	300	1063
AuNi (5 % Ni)	7	84	1000
AuAg (10–30 % Ag)	9,5 – 11	300 – 330	1025 – 1040
AuPt (10 % Pt)	8,2	55	1100

Tabelle 18-33 Fortsetzung

	Elektrische Leitfähigkeit χ	Wärmeleitfähigkeit λ	Schmelztemperatur T_S
	Sm/mm^2	W/mK	°C
Kupferwerkstoffe			
Reines Kupfer	55 – 58	380 – 390	1083
Cu-Cd	36 – 48	170 – 330	1080
Cu-Cr	45 – 48	200 – 330	1075
Cu-Ag	36 – 56	210 – 380	700 – 1080
Cu-Be (ausgeh.)	12 – 34	90 – 200	865 – 1000
Cu-Ni	12,5 – 30	70 – 180	1150 – 1230
Cu-Mg (Mg<0,8 %)	18 – 36	75 – 220	(1050)
Cu-Sn	8 – 9,5	150 – 180	860 – 1000
Au-Al	4 – 10	30 – 80	1050 – 1080
Cu-Mn	2 – 12	20 – 75	960 – 1140
Messing (CuZn)	15 – 22	110 – 160	890 – 1010
Neusilber (CuNiZn)	3 – 3,5	25 – 30	1025 – 1100
CuNiMn	2 – 2,5	21 – 25	1125 – 1300
Magnesium	22,2	156	649
Molybdän	19,4	133	2623
Nickel (rein)	12 – 14	70 – 85	1453
Rhodium (rein)	22	86	1966
Silberwerkstoffe			
Reines Silber	61 – 62	410 – 418	961
AgNi (<0,3 % Ni)	58	410 – 414	960
AgMgNi (Mg + Ni<0,5 %)	45	(400)	(960)
AgCu (3–20 % Cu)	50 – 54	330 – 370	780 – 940
Wolfram	18,2	173	3387

Tabelle 18-34 Einstellwerte beim Widerstandspunktschweißen nach ESAB

Stahl (C < 0,15 %, entfettet)										
Blechdicke t	mm	0,25	0,5	0,8	1,0	1,5	2,0	3,0	4,0	5,0
Mehrimpulsschweißen										
Elektroden-spitze d	mm	3,5	3,5	6,5	6,5	6,5	6,5	12	16	18
Elektroden-balligkeit R	mm							75	100	150
Kurzzeitschweißen										
Stromzeit t_S	Per.	2	2	3	4	5	6	9	15	25
Elektrodenkraft F	kN	1,4	1,7	3,7	4,5	5	6,5	11	14	20
Schweißstrom I	kA	6	8	11	13	15	17	22	25	30
Schweißlinse d_L	mm	3,2	4,0	5,2	6,0	7,0	7,5	8,5	9,0	10
Langzeitschweißen										
Stromzeit t_S	Per	8	12	20	25	30	40	60	70	120
Elektrodenkraft F	kN	0,8	1,0	1,4	1,9	1,9	2,0	3,0	4,0	5,0
Schweißstrom I	kA	2,5	5,5	7,0	8,0	8,0	8,5	11	12	14
Schweißlinse d_L	mm	2,5	3,5	4,9	4,5	6,2	7,0	8,0	8,0	8,5

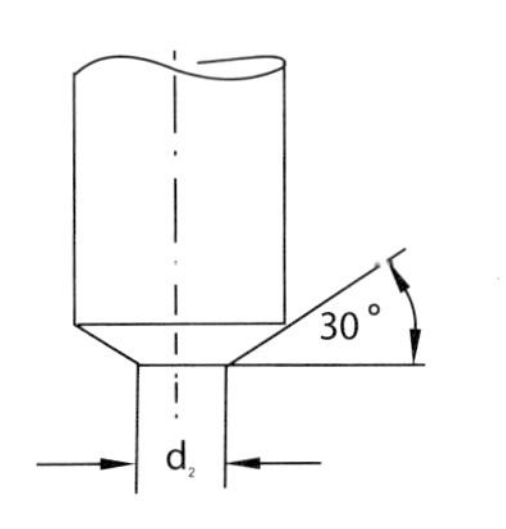

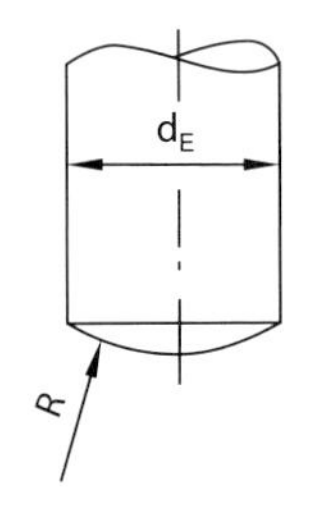

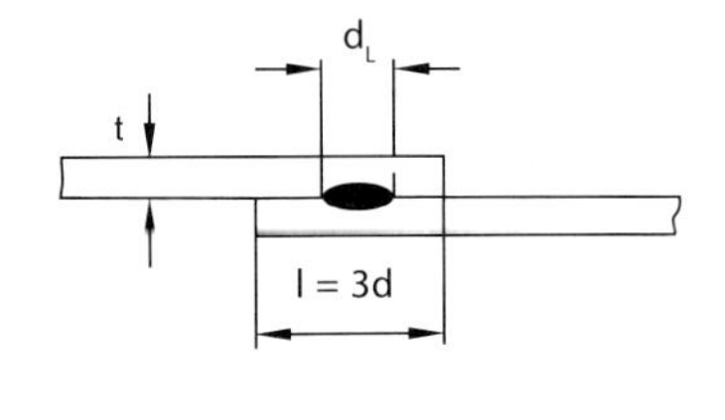

Tabelle 18-34 Fortsetzung

Aluminium und Al-Legierungen

Blechdicke t	mm	0,25	0,5	0,8	1,0	1,5	2,0	2,5	3,0
Elektroden-durchmesser d_E	mm	13	13	13	13	13	13	16	16
Elektrodenbal-ligkeit R	mm	50	75	75	75	75	100	100	150
Kurzzeitschweißen									
Stromzeit t_s	Per.	4	5	5	6	8	10	11	12
Elektroden-kraft F	kN	1,3	1,9	2,4	2,5	3,4	4,2	5,0	5,6
Schweißstrom I	kA	9,5	15	17	20	22	26	30	34
Schweißlinse d_L	mm	3,0	3,2	3,5	4,2	5,0	6,3	7,2	8,3
Langzeitschweißen									
Stromzeit t_s	Per.	6	8	9	10	12	15	18	20
Elektrodenkraft F	kN	1,0	1,6	1,9	2,0	2,5	3,4	3,6	4,2
Schweißstrom I	kA	8,5	11	14	15	18	20	25	29
Schweißlinse d_L	mm	2,8	3,0	3,2	3,8	4,8	5,8	6,5	8,0

CrNi-Stahl (18 % Cr, 8 % Ni)

Blechdicke t	mm	0,25	0,5	0,8	1,0	1,5	2,0	2,5	3,0
Elektrodenspitze d	mm	3,5	4,0	5,0	5,0	6,5	8,0	8,0	9,5
Elektroden-balligkeit R	mm					75	100	100	100
Kurzzeitschweißen									
Stromzeit t_s	Per.	2	3	4	5	8	12	14	16
Elektrodenkraft F	kN	1,1	1,8	4,2	4,5	7,0	9,0	12	15
Schweißstrom I	kA	2,8	4,2	5,8	7,5	10,5	13	15	17
Schweißlinse d_L	mm	1,8	2,5	3,4	4,0	5,2	7,0	7,2	7,5

Titan

Blechdicke t	mm	0,5	0,6	0,7	0,9	1,6	2,0
Elektrodendurchmesser d_E	mm	(5)	(6)	(6)	(7)	(9,5)	(10)
Elektrodenballigkeit R	mm	-------------		75	----------------------		
Stromzeit t_s	Per.	5	5	10	10	15	15
Schweißstrom I	kA	5	6	6	7	8,5	11
Elektrodenkraft F	kN	770	1040	1180	2200	2900	3600

Magnesium

Blechdicke t	mm	1,0	1,5	2,0	2,5	3,0
Elektrodendurchmesser d_E	mm	(5,5)	(7)	(8)	(9)	(11)
Elektrodenballigkeit R	mm	75	75	100	100	150
Stromzeit t_s	Per.	6	8	10	12	14
Elektrodenkraft F	kN	2,5	3,2	4,0	4,8	5,5
Schweißstrom I	kA	19/13*	22/26	25/19	29/22	32/25
Schweißlinse d_L	mm	4,5	5,5	6,5	7,5	9,0

* niedriglegiert/hochlegiert

Tabelle 18-35 Widerstandspunktschweißen von Blechen ausgewählter metallischer Werkstoffe (nach Polrolniczak u. a.)

Werkstoff	Fertigungshinweise
Unlegierte Stähle C ~ 0,1 % nach DIN EN 10130 10142 10152	Unbeschichtet gute Schweißeignung; Härtewerte < 400 HV1. Elektrolytisch verzinkt: Einstellbereich verkleinert. Streuung der Punktfestigkeit, Porenanfälligkeit steigt, verminderte Elektrodenstandzeit. Schweißparameter bis 40 % erhöht. Feuerverzinkt: Schweißparameter bis zu 60 % erhöht. DVS 2910
Un- und niedriglegierte Stähle C > 0,15 %	Höhere Gehalte an C und Mn führen u. U. zu hohen Härtewerten. Zu beachten bei dünnen Blechen. Wasserkühlung der Elektroden beeinflusst die Abkühlgeschwindigkeit. Härtewerte auch > 450 HV1. Empfohlen: Langzeitschweißen, langsames Abkühlen. Kurze Nachhaltezeit, eventuell Vor- oder Nachwärmen.
Kaltgewalzte Feinbleche aus niedriglegierten höherfesten Stählen nach DIN EN 10 149	Mikro- oder phosphorlegiert, Bakehardening (H180B u. a.). Bereich möglicher Schweißparameter eingeengt. Parameter sind genau einzuhalten. Höhere Aufhärtungsgefahr gegenüber Stählen nach DIN EN 10130. DVS 2935-1
Nichtrostende Cr-Ni-Stähle nach DIN EN 19 088-1	Gegenüber C-Stählen höherer elektrischer Widerstand und geringere Wärmeleitung. Benötigen geringeren Schweißstrom und höhere Elektrodenkraft. Kurze Schweißzeit.
Feinbleche aus niedriglegierten kaltgewalzten Mehrphasenstählen (AHSS)	Hierzu zählen DP-, TRIP- und CP- Stähle. Höhere Elektrodenkräfte erforderlich. Niedrigere Schweißstromstärken gegenüber unlegierten Tiefziehstählen. Empfohlen: Längere Stromzeiten, höhere Elektrodenkraft bei kleinerer Elektrodenkontaktfläche. DVS 2935-2
Aluminium und Al-Legierungen	Gegenüber Stahl extrem hohe Schweißströme bei besonders kurzen Schweißzeiten. Hohe Netzbelastung. Bei Wechselstrommaschinen. Neigung zum Anlegieren der üblichen Elektrodenwerkstoffe → Verkürzte Standzeiten. Erforderlich: Oberflächenreinigung durch Bürsten oder Beizen. Gutes Nachsetzverhalten der Elektroden wichtig. Empfohlen: Einsatz von Frequenzwandlern → Gleichstromeffekt. Erhöhte Standzeit der Elektroden. Peltier-Effekt vermieden. DVS 2932
Kupfer und Messing	Stark eingeschränkte Schweißeignung. Erforderlich: sehr hohe Ströme bei kurzen Schweißzeiten. Oberflächenvorbereitung durch Bürsten oder Beizen. Besonderer Elektrodenwerkstoff empfohlen: → W-Co

Tabelle 18-36 Widerstandspunktschweißen von Stählen
Empirische Werte für die Schweißparameter (nach DVS u. a.)

		Kurzzeit-schweißen	**Mittelzeit-schweißen**	**Langzeit-schweißen**
Punktdurchmesser d_p	mm	$6 \times \sqrt{t}$	$6 \times \sqrt{t}$	$6 \times \sqrt{t}$
Schweißstrom I_s	kA	$11 \times \sqrt{t}$	$9 \times \sqrt{t}$	$6{,}5 \times \sqrt{t}$
Stromzeit t_s	Per.[1]	4 x t	10 x t	20 x t
	ms [2]		200 x t	
Elektrodenkraft F_E	kN	3,5 x t	2,5 x t	1,5 x t

[1] 50 Hz Wechselstrom

[2] bei Mittelfrequenz

Vorhaltezeit: 15 Perioden

Nachhaltezeit: 20 Perioden

Korrekturfaktoren beim Mittelzeitschweißen

		Unlegierter weicher Stahl bis 0,3 % C			Niedriglegiert	Niedriglegiert
		Blank	Elektrolytisch verzinkt	Feuer-verzinkt	Hohe Festigkeit	Mehrphasen-stahl
t_s	Per.	10 x t	x 1,0 ... 1,3	x 1,1 ... 1,3	x 1,0	x 1,0
F_E	kN	2,5 x t	x 1,1 ... 1,4	x 1,2 ... 1,4	x 1,1 ... 1,4	x 1,1 ... 1,3
I_s	kA	9 x t	x 1,2 ... 1,4	x 1,4 .. 1,6	x 0,9 ... 1,3	x 0,8 ... 1,0

Beispiel für die Verwendung der Koeffizienten:

1,0-mm-Blech, elektrolytisch verzinkt, höherfest

t_s = (10 x 1,0) x 1,2 x 1,0 = 12 Perioden

F_E = (2,5 x 1,0) x 1.25 x 1,25 = 3,9 kN

I_s = (9 x 1,0) x 1,3 x 1,1 = 12,87 kA

Unterstrichene Werte: Mittelwerte aus Tabelle

Bei **ungleicher Blechdicke** gilt:

a) für $t_2 \leq 1,5 \times t_1$ (t_1 = dünneres Blech, t_2 = dickeres Blech)
   - Punkt- und Linsendurchmesser sind auf das dünnste Blech t_{min} bezogen;
   - der Elektrodendurchmesser bemisst sich nach der jeweiligen Blechdicke (t_1 bzw. t_2); zu beachten ist DIN EN ISO 5821

b) für $t_2 > 1,5 \times t_1$
   - es ist eine Vergleichsblechdicke t_v zu bestimmen:
     $t_v = 0{,}8.t_1 + 0{,}2.t_2$

Hinweise zur Wahl weiterer Parameter (gem. DVS 2 902-4)

- Geforderter Punktdurchmesser
  Maximaler Punktdurchmesser ist entsprechend dem dünneren Blech zu wählen.
- Wahl der Elektrode
  Zu beachten ist die je nach Elektrodentyp zulässige Elektrodenkraft. (DIN EN ISO 5821)
- Wahl der Elektrodenkraft
  Die Elektrodenkraft soll auf das zur Vergleichsblechdicke nächst dickere Blech abgestimmt werden.
- Wahl der Schweißzeit
  Empfohlen wird ein Mittelwert aus der gegenüber t_V nächst kleineren und nächstgrößeren Blechdicke.
- Wahl des Schweißstroms
  Dieser soll nach dem für das dünnere Blech entsprechenden Wert gewählt werden.

Anhaltswerte für Schweißparameter

Kontaktflächendurchmesser d_2	$d_2 = (4 \ldots 10) \times \sqrt{t}$	mm
Linsendurchmesser d_L	$d_L = 5 \times \sqrt{t}$	mm
	$d_{Lmin} = 3{,}5 \times \sqrt{t}$	mm
Punktdurchmesser d_P	$d_P = 6 \times \sqrt{t}$	mm
	$d_{Pmin} = 4 \times \sqrt{t}$	mm
	oder	
	$d_P = 1{,}15 \times d_L$	mm
Linseneindringtiefe t_L	$t_L = (0{,}4 \ldots 0{,}6) \times t$	mm
Spaltbreite (für beste Oberflächenqualität)	$s_{max} = 0{,}1.t_{ges}$	mm
Elektrodeneindringtiefe t_E (für beste Oberflächenqualität)	$t_{E\,max.} = 0{,}1 \times t$	mm
Maximal zulässige Härte in der WEZ	460 HV 0,5	
Punktabstände	$e > (8 .. 10) \times (t_1 + t_2)$	

Tabelle 18-37 Elektroden zum Widerstandspunktschweißen (nach Krause, Richter u. a.)

Elektrodenwerkstoff	Eigenschaften	Anwendung
Gruppe A		
Kupfer-Chrom-Zirkon	a) ausgehärtet hochfest	Punktschweißen Geeignet für alle Stahlsorten, plattierte und verzinkte Bleche
	b) ausgehärtet 140 HB $\chi = 43$ Sm/mm² $T_E > 500$ °C	Punkt- und Buckelschweißen Geeignet für Kohlenstoffstähle Verzinkte Bleche Messing, Bronze, Nickel Al-Werkstoffe (bedingt)
Typ 2	c) ausgehärtete Sonderlegierung	Rollennahtschweißen Hoch belastbar, unempfindlich gegen Rissbildung Geeignet für alle Stahlsorten und plattierte Bleche
Kupfer-Kobalt-Beryllium Typ 3	ausgehärtet 220 HB $\chi = 25$ Sm/mm² $T > 475$ °C	Punkt-, Rollennaht- und Buckelschweißen Geeignet für legierte, hochfeste und korrosionsbeständige Stahlsorten mit niedriger elektrischer. Leitfähigkeit Nickellegierungen
Kupfer-Nickel/ Kobalt-Beryllium Typ 4	ausgehärtet 360 HB $\chi = 15$ Sm/mm² $T_E > 475$ °C	Punkt-, Rollennaht- und Buckelschweißen Geeignet für legierte, hochfeste und korrosionsbeständige Stahlsorten mit niedriger elektrischer Leitfähigkeit Nickellegierungen
Kupfer-Zirkon Typ 2	kaltverfestigt 115 HB $\chi = 50$ Sm/mm² $T_E > 500$ °C	Geeignet für Al-Werkstoffe und Bronzen
Selen-Kupfer-Silber	kaltverfestigt 110 HB $\chi \sim 50$ Sm/mm² $T_E > 430$ °C	Punktschweißen von Al-Werkstoffen

Tabelle 18-37 Fortsetzung

Elektrodenwerkstoff	Eigenschaften	Anwendung
Gruppe B		
Wolfram-Kupfer (Mallory 20W3) Typ 11	Pulvermetallurgisch hergestellt 240 HB $\chi = 23$ Sm/mm² $T_E > 1000$ °C	Buckel- und Kreuzdrahtschweißen
Wolframkarbid-Kupfer (Mallory 20K3) Typ 12	Pulvermetallurgisch hergestellt 300 HB $\chi = 27$ Sm/mm² $T_E > 1000$ °C	Punktschweißen Geeignet für Kupfer
Molybdän (Mallory 100M) Typ 13	Pulvermetallurgisch hergestellt 150 HB $\chi = 17$ Sm/mm² $T_E > 1000$ °C	Einsätze und Schweißbuckel für das Schweißen von NE-Metallen
Wolfram (Mallory 100W) Typ 14	Pulvermetallurgisch hergestellt HV30 $\chi = 17$ Sm/mm² $T_E > 1000$ °C	Punktelektroden für das Widerstandshartlöten Kreuzdrahtschweißen von Kupfer und Messing
Wolfram-Silber (Mallory 35S)	Pulvermetallurgisch hergestellt 140 HB $\chi = 52$ Sm/mm² $T_E > 900$ °C	Einsätze und Schweißbuckel HF-Schweißen von Stahl

Härtewerte für $d < 25$ mm

X = elektrische Leitfähigkeit

T_E = Erweichungstemperatur

Tabelle 18-38 Fehler beim Widerstandspunktschweißen und deren Ursachen (nach Hansen)

	Fehler	Ursache
	Guter Schweißpunkt	Durchmesser der Schweißlinse d_L (4–5)t Schweißlinse zu 50 % in beiden Blechen Elektrodeneindruck $t_E \approx$ 10 % der Blechdicke (maximal 20 %)
	Schweißspritzer zwischen den Blechen	1. Zu kurze Vorhaltezeit 2. Zu geringe Elektrodenkraft 3. Zu hoher Schweißstrom 4. Zu lange Schweißzeit 5. Zu kleiner Durchmesser der Elektrodenspitze 6. Unreinheiten an den Oberflächen
	Schweißspritzer außen an den Blechen	1. Zu kurze Vorhaltezeit 2. Zu geringer Durchmesser der Elektrodenspitze 3. Zu hoher Schweißstrom im Verhältnis zum Druck 4. Unreinheiten an den Oberflächen 5. Ungeeignetes Elektrodenmaterial (zu hoher elektrischer Widerstand)
	Zu starker Elektrodeneindruck	1. Ungeeignete Elektrodenkraft 2. Zu hoher Schweißstrom 3. Zu lange Schweißzeit 4. Zu geringer Durchmesser der Elektrodenspitze
	Brandkrater außen an Fügeteilen	1. Zu hoher Schweißstrom 2. Zu geringe Elektrodenkraft 3. Zu kurze Vorhaltezeit 4. Zu kleiner Durchmesser der Elektrodenspitze 5. Ungeeignete Elektrodenform 6. Ungeeignetes Elektrodenmaterial 7. Schlechte Kühlung der Elektrodenspitzen 8. Unreine Elektrodenspitzen 9. Verunreinigte Bleche
	Spalt zwischen den Blechen	1. Schlechte Einpassung 2. Zu große Elektrodenkraft 3. Zu lange Schweißzeit
	Saugwirkung außen an Schweißstelle	Zu kurze Nachhaltezeit
	Zu kleine Schweißlinse	1. Zu niedriger Schweißstrom 2. Zu kurze Schweißzeit 3. Zu große Elektrodenkraft 4. Zu große Elektrodenspitze (Verschleiß)

Tabelle 18-39 Fehlerarten beim Abbrennstumpfschweißen (nach Krause)

Fehlerart	**Ursachen**	**Gegenmaßnahmen**
Risse	Erwärmungsbereich zu groß	Schweißstromstärke und Schweißstromzeit so wählen, dass ein steilerer Temperaturgradient auftritt
	Überhitzter Werkstoff nicht vollständig ausgestaucht	Stauchkraft erhöhen
	Hoher Gehalt an Kohlenstoff oder von bestimmten Legierungselementen des Werkstoffs	Werkstoff überprüfen, gegebenenfalls andere Charge wählen
Lunker	Stauchkraft zu niedrig	Stauchkraft erhöhen
Krater	unzureichend abgebrannte Stirnflächen	Stromdichte erhöhen. Abbrennbedingungen anpassen. Stauchweg verlängern
	Stauchkraft zu niedrig	Stauchkraft erhöhen
Restschmelzeeinschlüsse	Erwärmung über Stoßflächen zu ungleichmäßig	Stauchkraft erhöhen
	Stauchkraft zu niedrig	Stauchkraft erhöhen
Oxid- bzw. Nitrideinschlüsse	Mangelnder Metalldampfschutz	Stromdichte bzw. Stauchkraft erhöhen
	Ungeeigneter Werkstoff	Werkstoff überprüfen, gegebenenfalls andere Charge wählen
Faserumlenkung zu groß	Erwärmungsbereich zu schmal	Schweißstromstärke erhöhen, Schweißstromzeit verlängern
	Stauchkraft zu hoch	Stauchkraft verringern
	Stauchweg zu groß	Stauchweg verkürzen
	Ausgeprägte Textur des Werkstoffs	Werkstoff überprüfen und gegebenenfalls andere Charge wählen
Bindefehler	Stauchkraft zu gering	Stauchkraft erhöhen
	Stauchkraft über Stoßflächen ungleichmäßig	Stauchkraft erhöhen, Stoßflächen gleichmäßig abbrennen
	Stoßflächen nicht gleichmäßig und tief genug angeschmolzen	Abbrennbedingungen überprüfen, Stauchkraft erhöhen, Stoßausbildung verbessern
Grobkörniges Gefüge	Schweißstromzeit zu lang	Schweißstromzeit verkürzen
	Stauchkraft zu gering	Stauchkraft erhöhen
Kohlenstoffarme Zone	Schweißstromstärke zu hoch	Schweißstromstärke verringern
	Schweißstromzeit zu lang	Schweißstromzeit verkürzen
	Stauchkraft zu gering	Stauchkraft erhöhen

Tabelle 18-40 Bolzenschweißen – Verfahren

Parameter		**Hubzündungs-bolzenschweißen**		**Kurzzeitbolzen-schweißen mit Hubzündung**	**Kondensator-Entladungs-schweißen mit Spitzen-zündung**	**Widerstands-bolzen-schweißen**
		Keramikring	Schutzgas			
Schweiß-zeit	ms	50 – 2000	50 – 100	5 – 100	1 – 3	bis 350
Spitzen-strom	A	2500	2500	1500	10000	25000
Fügekraft	N	< 100	< 100	< 100	< 100	< 9000
Energie-quelle		Schweißgleichrichter		Schweiß-gleichrichter	Kondensator	Schweiß-transformator
Schweiß-badschutz		Keramikring	Schutzgas (Argon od. Ar + He)	ohne Schutz ab 8 mm ∅ mit Schutzgas	ohne Schutz	ohne Schutz
Bolzen-durch-messer d	mm	3 – 25	3 – 16	3 – 12	0,8 – 8	bis 14
Mindest-blechdicke		1/4 · d mind. 1 mm	1/8 · d mind. 1 mm	1/8 · d mind. 0,6 mm	1/10 · d mind. 0,5 mm	1/10 · d
Blech-oberfläche		metallisch blank (Walzhaut, Flugrost, Schweißprimer)		metallisch blank, leicht geölt, verzinkt	metallisch blank, verzinkt	blank, verzinkt, leicht geölt

Tabelle 18-41 Unregelmäßigkeiten beim Bolzenschweißen (nach DVS)

Unregelmäßigkeit	Ursachen	Abhilfe
Bindefehler	Blaswirkung	Lichtbogenlänge verringern
	Zu kurze Schweißzeit	Schweißzeit verlängern
	Störung im Ablauf der Bewegung des Bolzens	Pistole/Schweißkopf überprüfen
Risse	Bolzen bewegt sich während der Erstarrung	Bauteile fest spannen Bewegungsvorrichtung bis zum Erkalten ruhig halten Eintauchkraft verringern
	Zu großes Schweißbad	Schweißzeit verringern
Poren	Gasreaktionen in der Liquidusphase	Auf Abschirmung des Schweißbads achten Oberfläche reinigen
Schweißwulst zu groß	Schweißzeit zu lang	Schweißzeit senken Schweißstrom eventuell erhöhen
Schweißwulst zu klein	Schweißzeit zu kurz	Schweißzeit verlängern Eventuell Schweißstrom senken

Tabelle 18-42 Lote und Flussmittel zum Weichlöten – Beispiele (nach GSI/DVS)

Werkstoffe	Weichlote		Flussmittel		Lötverfahren
	DIN 1707	**EN 29453**	**DIN 8511**	**EN 29454**	
Kupfer und Kupferlegierungen	L-SnCu3 L-SnAg5 L-Sn50Pb	Nr. 24 Nr. 18 Nr. 3	 F-SW21 F-SW31	 3.1.1.C	Flammlöten Widerstandslöten Kolbenlöten
Nickel und Nickellegierungen, Eisenwerkstoffe, beliebige Stähle, Cobalt	L-Sn50Pb L-SnAg5 L-SnCu3 L-CdZnAg3	Nr. 3 Nr.18 Nr.24	F-SW12 F-SW21	3.1.1.A 3.1.1.C	Flammlöten Widerstandslöten Kolbenlöten Ofenlöten (Atmosphäre)
Chrom und Chrom-Nickel-Legierungen	L-SnAg5	Nr. 18	F-SW11	3.2.2.A	Flammlöten Widerstandslöten Kolbenlöten Ofenlöten (Atmosphäre)
Edelmetalle	L-SnAg5	Nr.18	F-SW21	3.1.1.C	Flammlöten Widerstandslöten Kolbenlöten Warmgaslöten Ofenlöten (Atmosphäre)

Tabelle 18-43 Lote und Flussmittel zum Hartlöten – Beispiele (nach GSI/DVS)

Werkstoffe	Hartlote DIN 8513	Hartlote EN 1044	Flussmittel DIN 8511	Flussmittel EN 1045	Lötverfahren
Kupfer	L-Ag2P L-CuP6	CP 105 CP 203			Flammlöten Induktionslöten Widerstandslöten Schutzgasofenlöten
	L-Ag56Sn L-Ag44	AG 102 AG 203	F-SH 1 F-SH 1	FH 10 FH 10	
Kupferlegierungen	L-Ag2P L-Ag56Sn L-Ag44	CP 105 AG 102 AG 203	F-SH 1	FH 10	
Nickel und Nickel-legierungen, Eisenwerkstoffe Beliebige Stähle Cobalt	L-Ag56Sn L-Ag44 L-Ag40Cd	AG 102 AG 203 AG 304	F-SH 1	FH 10	Flammlöten Induktionslöten Widerstandslöten Ofenlöten (Atmosphäre)
	L-CuZn40 L-CuNi10Zn42	CU 301 CU 305	F-SH 2 F-SH 2	FH 21 FH 21	
	L-Cu				Schutzgasofenlöten Vakuumofenlöten
Chrom- und Chrom-Nickel-Legierungen	L-Ag56Sn L-Ag45InNi	AG 102 AG 403	F-SH 1 F-SH 1	FH 10 FH 10	Flammlöten Induktionslöten Widerstandslöten
	L-Ni7 L-Ni2 L-Ag72 L-Cu				Schutzgasofenlöten Vakuumofenlöten
Edelmetalle	L-Ag56Sn L-Ag60 L-Ag72 Goldlote	AG 102 AG 202 AG 401	F-SH 1	FH 10	Flammlöten Induktionslöten Widerstandslöten Ofenlöten (Atmosphäre) Schutzgasofenlöten
Aluminium und Al-Legierungen (mit Mg- und/oder Si-Gehalten von max. 2 %)	L-AlSi12	AL104	F-LH 1	FL 10 FL 20	Flammlöten Induktionslöten Widerstandslöten Ofenlöten (Atmosphäre)
Hartmetalle	L-Ag50CdNi L-Ag49	AG 351 AG 502	F-SH 1	FH 10	Flammlöten Induktionslöten Widerstandslöten Ofenlöten (Atmosphäre) Schutzgasofenlöten
	L-Ag27 L-CuNi10Zn42	 CU 305	F-SH 2 F-SH 2	FH 21 FH 21	
	L-Cu (mit Nickelnetz)				
	L-CuZn40	CU 301	F-SH2	FH 21	

Tabelle 18-44 Kleben – Oberflächenvorbehandlung I (nach DELO)

	Reinigen und Entfetten	**Bürsten und Schleifen**	**Strahlen**	**Beizen**
Art der Oberflächen-vorbehandlung	Mechanisch Chemisch	Mechanisch	Mechanisch	Naßchemisch
Anwendung	Alle Werkstoffe	Metalle, Kunststoffe	Metalle (Kunststoffe)	Metalle Unpolare Kunststoffe (PP, PE, POM, PFTE)
Zweck	Entfernung von Schmutz und Fett	Mechanische Reinigung durch Werkstoffabtrag	Mechanische Reinigung durch Werkstoffabtrag	Bei Metallen: Abtrag der Grenzschicht Bildung von Oxid-, Phosphat- und Chromatschichten Bei Kunststoffen: Erzeugung polarer Oberflächen
Funktionsweise	○ Lösungsmittelhaltige Reiniger (Kohlenwasser-stoffhaltige Reiniger) > Lösen des Fetts Vorsicht bei Kunststoffen! ○ Wässrige Reiniger (Tenside) > Emulgieren und Disper-gieren von Fetten oder > Verseifen der Fette Spülen erforderlich!	Vergrößerung der wirksamen Oberfläche durch Erhöhen der Rautiefe Aktivierung der Oberfläche durch Messingbürsten beim Einsatz anaerob härtender Klebstoffe	Zerklüftung und Deformation der Randschicht > gute mech. Verzahnung des Klebstoffs durch größere Rautiefe Erzeugung günstiger Zustände der Oberflächenenergie (Versetzungen, Gitterfehler)	Metalle: Nichtoxidierende Säuren + Metalle/Metalloxid > metallisch blanke Oberfläche Oxidierende Säuren > Bildung von Oxidschichten Unpolare Kunststoffe: Oxidation der Oberfläche > polare Verbindungen (z. B. -COOH, -OH, -C=O) Spülen erforderlich!

Tabelle 18-45 Kleben – Oberflächenvorbehandlung II (nach DELO)

	Corona-Entladung	**Niederdruckplasma**	**Atmosphärendruckplasma**	**Beflammung und Silicoater-Verfahren**
Art der Oberflächenvorbehandlung	Physikalisch/ Chemisch	Physikalisch/ Chemisch	Physikalisch/ Chemisch	Thermisch
Anwendung	Kunststoffe	Kunststoffe Metalle, Keramik	Kunststoffe Metalle	Metalle Kunststoffe
Zweck	Aktivierung der Oberfläche	Reinigung und Aktivierung der Oberfläche	Reinigung und Aktivierung der Oberfläche	Aktivierung der Oberfläche
Funktionsweise	Hochspannungsentladung bei HF-Wechselstrom (10–20 kV, 10-30 kHz) zw.2 Elektroden Molekülspaltung (–C–C–, –C–H-Bind.) a.d. Oberfläche. Reaktion der freien Valenzen mit gasförmigen Produkten (O_3, NO_X, O) > Polare, gut verklebbare Oberfläche	Aufbrechen d. Moleküle von Ölen, Fetten, Trennmitteln auf der Oberfläche durch reaktives Plasma (Ar od. O_2, Vakuum 0,5–2 mbar, HF-Anregung). Verdampfen der Reaktionsprodukte. Bei Kunststoffen Bildung polarer Bindungen durch Aufbrechen von C-Bindungen	Mikrostrahlen der Oberfläche durch Partikelstrom ionisierter Luft, chemische Behandlung mit reaktivem Plasma und Erwärmung. Polarität der Oberfläche nimmt zu, Benetzbarkeit verbessert. Reinigungseffekt durch Verdampfung von an der Oberfläche haftenden Molekülen	Beflammung mit Sauerstoffüberschuss. Aufbrechen von C–C– und C–H–Bindungen, Oxidation > Erhöhung der Polarität Silicoater-Verfahren: Zusatz von Substanzen auf Si-Basis zur Flamme > fest haftende, gut verklebbare Silikatschicht

Tabelle 18-46 Klebstofftypen

Klebstoffart	Zahl der Komponenten Polymertyp Aushärtungsmechanismus	Initiierung	Typische Anwendungen
Photoinitiiert-härtende Klebstoffe	Einkomponentig Kalthärtend Acrylate – radikalisch härtend Epoxidharze – kationisch härtend Polymerisation	Sichtbares Licht oder UV-Licht	Elektrotechnik Elektronik Glas- und Kunststoffverarbeitung
Anaerob-härtende Klebstoffe	Einkomponentig (lösungsmittelfrei) Kalthärtend Dimethacrylester Polymerisation	Katalytische Wirkung von Metallionen unter Luftabschluss	Maschinenbau (Dichten, Sichern, Kleben) Bevorzugt für Kupfer und Stahl
Dualhärtende Klebstoffe	Einkomponentig Epoxidharze Polymerisation/Polyaddition	Zwei unabhängige Initiierungsmechanismen (z. B. Licht und/oder Wärme)	Elektronik Metallverarbeitung Glas- und Kunststoffverarbeitung
Polyurethane	Einkomponentig Kalthärtend	Luftfeuchtigkeit	Elektrotechnik Elektronik Maschinenbau
	Zweikomponentig Kalthärtend Diisocyanate + Polyole Polyaddition	Harz + Härter	
Epoxidharz-Klebstoffe	Einkomponentig Warmhärtend	Wärme 130 bis 180 °C	Brems- und Kupplungsbeläge Metallbau
	Zweikomponentig Kalthärtend Polyaddition	Harz + Härter	
Cyanacrylate (Sekundenkleber)	Einkomponentig (lösungsmittelfrei) Kalthärtend Ester der α-Cyanacrylsäure Polymerisation	Luftfeuchtigkeit	Kunststoffverarbeitung Elektronik Unpolare Oberflächen mit Primer (Amine) vorbehandeln
Silikone	Einkomponentig Kalthärtend Mod. Polysiloxane Polykondensation	Luftfeuchtigkeit	Dichtungsmassen
	Zweikomponentig Kalthärtend Polykondensation	Harz + Härter	Elektrotechnik Elektronik Vergussmassen

Tabelle 18-47 Thermoplastische Schweißprozesse im Behälter-, Apparate- und Rohrleitungsbau (nach Schneider und Renneberg)

Prozesse	Schweißzusatz	Nahtform	Werkstoff	Halbzeuge
Warmgasschweißen				
– Fächelschweißen	Draht	V-, X- u. Kehlnaht	PE, PP. PVC, PVDF	Tafeln, Profile, dünnwandige Rohre, Fittings, Tafeln, dickwandige Rohre
– Ziehschweißen	Draht, Profile	V-, X- u. Kehlnaht	PE, PP, PVC, PVDF	
– Extrusionsschweißen	Draht, Granulat	V-, X- u. Kehlnaht	PE, PP, PVDF	
Heizelementschweißen				
– Stumpfschweißen	ohne	Stumpf- u. Stegnaht	PVC, PE, PP, PVDF	Tafeln, Rohre, Fittings, Profile, Folien, Rohre, Fittings, Tafeln
– Muffenschweißen	ohne	Muffennaht	PVC, PP, PVDF	
– Abkantschweißen	ohne	Kehlnaht	PVC, PE, PP, PVDF	
Reibschweißen	ohne	Muffen- u. Flächennaht	PE, PP, PVDF	Rohre, Fittings, Stangen
Strahlschweißen (Infrarot)	ohne	Stumpfnaht	PVC, PP, PE,	Rohre, Fittings

Tabelle 18-48 Temperaturen beim Warmgasschweißen von Thermoplasten (nach Schneider und Renneberg)

Werkstoff	Werkstofftemperatur in °C	Schweißgastemperatur*) in °C
PVC-RI	mindestens 160	320. . .370
PVC-NI	mindestens 160	320. . .370
PVC-HI	mindestens 160	320. . .370
PVC-C	mindestens 200	350. . .400
PE-HD	mindestens 150	300. . .350
PP-H	mindestens 180	280. . .370
PP-B	mindestens 180	280. . .370
PP-R	mindestens 170	280. . .350
PDVF	mindestens 190	350. . .400

* gemessen im Warmluftstrom etwa 5 mm in der Düse

Tabelle 18-49 Temperatur und Geschwindigkeit beim Warmgas-Ziehschweißen von Thermoplasten (nach Schneider und Renneberg)

Werkstoff	Schweißgastemperatur* in °C	Schweißgeschwindigkeit in cm/min
PVC-RI	340 ± 10	50
PVC-NI	340 ± 10	50
PVC-HI	340 ± 10	50
PVC-C	370 ± 10	15
PE-HD	320 ± 10	50
PP-H	300 ± 10	40
PP-B	300 ± 10	40
PP-R	300 ± 10	50
PDVF	360 ± 10	30

* gemessen im Warmluftstrom etwa 5 mm in der Düse

Tabelle 18-50 Richtwerte für das Heizelement-Stumpfschweißen von Rohren, Rohrleitungen und Tafeln aus PE-HD bei einer Außentemperatur von etwa 20 °C und mäßiger Luftbewegung (nach Merkblatt DVS 2207-1)

Nennwand-dicke	**Angleichen**[1] **(Mindestwerte)**	**Anwärmen**[2]	**Umstellen (Maximalzeit)**	**Fügen Fügedruck-aufbauzeit**	**Abkühlzeit**[3] **(Mindestwerte)**
mm	mm	s	s	s	min
bis 4,5	0,5	45	5	5	6
4,5. . .7	1,0	45. . . 70	5. . . 6	5. . . 6	6. . .10
7. . .12	1,5	70. . .120	6. . . 8	6. . . 8	10. . .16
12. . .19	2,0	120. . .190	8. . .10	8. . .11	16. . .24
19. . .26	2,5	190. . .260	10. . .12	11. . .14	24. . .32
26. . .36	3,0	260. . .370	12. . .16	14. . .19	32. . .45
37. . .50	3,5	370. . .500	16. . .20	19. . .25	45. . .60
50. . .70	4,0	500. . .700	20. . .25	25. . .35	60. . .80

[1] Wulsthöhe am Heizelement am Ende der Angleichzeit (Angleichen unter 0,15 N/mm^2).
[2] Anwärmzeit = 10x Wanddicke (Anwärmen ≤ 0,02 N/mm^2)
[3] Abkühlzeit unter Fügedruck (p = 0,15 N/mm^2 ± 0.01).

Tabelle 18-51 Richtwerte für das Heizelement-Stumpfschweißen von Rohrleitungen aus PP, ermittelt bei Außentemperaturen von 20°C und bei mäßiger Luftbewegung (nach Merkblatt DVS 2207-11)

Wanddicke	**Angleichen**[1] **(Mindestwerte)**	**Anwärmen**[2]	**Umstellzeit maximal**	**Zeit zum vollen Druckaufbau**	**Abkühlen**[3]
mm	mm	s	s	s	min
4,3. . . 6,9	0,5	65. . .115	5	6. . . 8	6. . .12
7,4. . .11,4	1,0	115. . .118	6	8. . .10	12. . .20
12,2. . .18,2	1,0	180. . .290	8	10. . .15	20. . .30
20,1. . .25,5	1,5	290. . .330	10	15. . .20	30. . .40

[1] Wulsthöhe vor Beginn der Anwärmzeit (Angleichen unter p = 0,10 N/mm^2).
[2] Anwärmzeit (Anwärmen p ≤ 0,01 N/mm^2).
[3] Abkühlzeit (Abkühlen unter Fügedruck p = 0,10 N/mm^2), Gesamtzeit bis zur ausreichenden Abkühlung.

Tabelle 18-52 Richtwerte für das Heizelement-Stumpfschweißen (nach Schneider und Renneberg)

Werkstoff	Heizelement-temperatur[1] °C	Anwärm-druck N/mm²	Anwärmzeit[1] je nach Werkstoffdicke s	Umstellzeit[2] s	Fügedruck N/mm²	Abkühlzeit unter Fügedruck min
PVC-RI	220...230	0,015	30...300	≤ 2	0,2	≥ 3
PVC-NI	220...230	0,015	30...300	≤ 2	0,2	≥ 3
PVC-HI	220...230	0,015	30...300	≤ 2	0,2	≥ 3
PVC-C	220...240	0,1	40...400	≤ 2	0,5	≥ 3
PE-HD	190...230	0,01	30...330	≤ 4	0,15	≥ 6
PP-H	190...210	0,01	30...360	≤ 4	0,1	≥ 6
PP-B	190...210	0,01	30...360	≤ 4	0,1	≥ 6
PP-R	180...210	0,01	30...360	≤ 4	0,1	≥ 6
PDVF	220...230	0,01	40...330	≤ 4	0,15	≥ 6

[1] Für Werkstoffdicken von 4 bis 30 mm; bei großer Wanddicke gelten der untere Wert der Heizelementtemperatur und der obere Wert der Anwärmzeit.

[2] Werte für eine optimale Schweißnaht.

Tabelle 18-53 Richtwerte für das Heizelement-Muffenschweißen von Rohrleitungsteilen aus PP und PE bei einer Außentemperatur von 20°C und bei mäßiger Luftbewegung (Zeitbedarf) (nach Kienle)

Rohraußen-durchmesser mm	Mindest-Rohrwand-dicke mm	Anwärmen s	Umstellen s	Abkühlen min
16	2,2	5	4	2
20	2,5	5	4	2
25	2,7	7	4	2
32	3,0	8	6	4
40	2,7	12	6	4
50	4,6	18	6	4
63	4,6	24	8	6
75	4,3	30	8	6
90	5,1	40	8	6
110	6,3	50	10	8

Bei relativ dünnwandigen Rohren mit Durchmessern von 20 und 25 mm sind Stützhülsen zu benutzen.

Tabelle 18-54 Richtwerte für das Reibschweißen (nach Schneider und Renneberg)

Werkstoff	Mittlere Umfangsgeschwindigkeit m/min	Fügedruck N/mm^2
PVC-RI	150 ... 300	0,02...0,1
PVC-NI	150 ... 300	0,02...0,1
PVC-HI	150 ... 300	0,02...0,1
PVC-C	150 ... 350	0,5...1,0
PE-HD	100 ... 400	00,1...0,05
PP-H	80 ... 300	00,1...0,05
PP-B	80 ... 300	00,1...0,05
PP-R	80 ... 300	00,1...0,05
PDVF	80 ... 250	00,1...0,02

Tabelle 18-55 Richtwerte für das Infrarotschweißen (nach Schneider und Renneberg)

Werkstoff	Heizstrahl-temperatur °C	Anwärmzeit[1] je nach Werkstoffdicke s	Umstellzeit s	Fügeweg mm	Abkühlzeit min
PE-HD	310	15...270	≤ 4	1,5...2,5	≥ 6
PP-H	300	20...300	≤ 4	1...2	≥ 6
PP-B	300	20...300	≤ 4	1...2	≥ 6
PP-R	300	20...300	≤ 4	1...2	≥ 6
PVDF[2]	320	20...100	≤ 3	1	≥ 6

[1] Für Werkstoffdicken von 2 bis 20 mm, bei großer Wanddicke gilt der größere Wert.

[2] PVDF bis zu einer verfügbaren Wanddicke von 7 mm.

Tabelle 18-56 Verfahren des Thermischen Spritzens

Verfahren	Energie-träger	Förder-gas	Spritz-tempe-ratur	Spritzzusatzwerk-stoff		Parti-kelge-schwin-digkeit	Auftrags-leistung	Schicht-dicke	Bemerkungen
				Art	Form				
			°C			m/s	kg/h	mm	
Drahtflamm-spritzen (FS)	Acetylen Propan Wasserstoff + Sauerstoff	Druckluft	< 3000	Metalle Keramik	Draht Ø 1,5- 4,76 mm Stäbe	< 100	6 - 8	< 2	Stähle, NE-Metalle und -Legierungen, Mo, Oxidke-ramik Porosität 10–15 %, Haftzugfestigkeit 8 N/mm^2
Pulverflamm-spritzen	Wie FS	Sauer-stoff	< 3000	alle	Pulver Körnung 0,2 mm	< 50	Metalle 3 bis 6 Keramik 1 bis 2	< 1	Selbstfließende Ni-Hartleg. mit Einsintern im Vakuum Kunststoffe Porosität 10–15 % Haftzugfestigkeit 8 N/ mm^2
Hochgeschwin-digkeits-flammspritzen (HVOF) JET KOTE, CDC, TopGun, Dia-mond Jet, Carbide Jet	Propan Acetylen Ethen Wasserstoff + Sauerstoff	Stickstoff Argon	< 3000	alle	Pulver (Draht)	< 700	Metalle 4 bis 9 (18) Keramik 2 bis 4	< ,5 < 1	Stähle, Cu, Al, Ni- und Co-Leg., Refraktärmetalle, oxid-keram. Werkstoffe, Cermets Selbstfl. Pulver, Lagermetal-le, Kunststoffe Geringe Porosität (1–2 %) Haftzugfestigkeit < 70 N/ mm^2
Lichtbogen-spritzen (LB)	Elektr. Energie	Stickstoff Argon Sauer-stoff	< 4000	Nur elektr. leitende Werkstoffe	Draht Ø 1,6 bis 3,2 mm Fülldrähte Ø 2 u. 3,2 mm	< 100	8 bis 20	< 2	Refraktärmetalle im Vakuum oder unter Inertgas gespritzt. Al/Al-Oxid (90/10), Al, Mg, Zn (Korr. Schutz). Porigkeit <10 %, Haftzugfestigkeit < 12 N/ mm^2

Tabelle 18-56 Fortsetzung

Verfahren	**Energie-träger**	**Förder-gas**	**Spritz-tempe-ratur** °C	**Spritzzusatz-werkstoff** **Art**	**Form**	**Parti-kelge-schwin-** m/s	**Auf-trags-leistung** kg/h	**Schicht-dicke** mm	**Bemerkungen**
Plasmaspritzen (APS) atmosphärisch, Varianten: IPS (unter Inertgas), VPS (unter Vakuum), UPS (unter Wasser), CAPS (Controlled Atmospheric PS = Vakuum bis 20 Pa, Normaldruck, Hochdruck bis 400 kPa), Wasserplasmaspritzen	Elektr. Energie + Argon Helium Stickstoff Wasserstoff	Stick-stoff Argon CO_2	< 20000 (50000)	alle	Pulver - 20 µm 10-90 µm	> 450	4 bis 8	< 2	Porigkeit < 0,5%, Haftzugfes-tigkeit < 70 N/mm², glatte Oberfläche, Oxidbildung bei APS. Metalle (Cu, Al), Ni-Leg. Oxidkeramik
Niederdruck-plasmaspritzen (LPPS)	Elektr. Energie + Argon Helium oder Wasserstoff	Argon	> 4000	alle	Pulver	< 100	15	bis 10	Reinigung der Oberfläche durch kathodische Schaltung, Vakuum + Fluten mit Ar auf 20 mbar, geringe Porosität (< 0.5 %), hohe Haftzug-festigkeit (<70 N/mm²) Re-fraktärmetalle
Detonationsspritzen (D-Gun)	Acetylen Propan + Sauerstoff	Stick-stoff Argon	> 3000	alle	Pulver	ca. 600	3 bis 6		Hochkarbidhaltige Werkstof-fe, Oxidkeramik. Schussfre-quenz 4–12 1/s, geringe Poro-sität (1–2 %), Haftzugfestig-keit <70 N/mm²
Laserspritzen	Laserstrahl	Stick-stoff Argon	ca. 1000	alle	Pulver	> 1	1 bis 2		Porosität ca. 10%, Haftzug-festigkeit ca. 8 N/mm²
Kaltgasspritzen (CGDM)	Gasstrahl (hoher Druck und Vorwärm.)	Argon Helium Stickstoff	> 500	Metalle Kunst-stoffe	Pulver	550 bis 1200	3 bis 15	< 4	Geringe Oxidation, Porosität ca. 0,5 %, Haftzugfestigkeit ca. 70 N/mm²

Tabelle 18-57 Einsatzbereiche thermisch gespritzter Schichten (nach Lutz)

Spritzzusatzwerkstoffe	**Einsatzzweck**
Hochlegierte Stähle	Verschleißschutz (Hochtemperaturverschleiß), Reparatur und Ausschussrettung; Turbinenschaufeln, Laufräder; Umlenkrollen
Niedriglegierte Stähle	Nicht-korrosiver Verschleißschutz
Kohlenstoff-Stahl	Schutz gegen Reibverschleiß, Kornabrieb und Partikelerosion; Reparatur und Ausschussrettung
Eisen, Nickel, Kobalt, rostfreier Stahl	Schutz gegen Kaviation, Partikelerosion; Reparatur und Ausschussrettung; Turbinen; Dieselmotoren; Triebwerksteile
Ni-Basislegierungen	Schutz vor Seewasserangriff
Wolfram, Molybdän, Tantal	Gleit- und Verschleißschutz, Gleitelemente Walzen; Kolbenringe; Synchronringe; Triebwerksteile; Extruderschnecken und -gehäuse; Pumpenplunger; Wellenschonhülsen
Weißmetall	Kondensatoren-Lötstellen; Lagermetall
Zink	Korrosionschutz Wettereinflüsse
Aluminium	Hitzekorrosionsschutz
Bronze	Gleit- und Korrosionsschutz an Lagerteilen
Zinn	Korrosionsschutz in der Nahrungsmittelindustrie
Blei	Chemischer Korrosionsschutz
Exotherme Werkstoffe	Gleit- und Verschleißschutz; Speicherung des Schmiermittels im Porenraum der Beschichtung
Selbstfließende Legierungen	Hochwertiger Verschleiß- und Korrosionsschutz Rollgangs-, Strangguss- und Richtrollen; Formen der Glasindustrie; Antriebswellen; Bolzen; Ventile; Gleitfläche von Bügeleisen
Nichteisen-Metalle	Gleit- und Korrosionsschutz; Turbinenteile; Chemische und Elektroindustrie
Oxidkeramiken	Hochverschleißfeste und korrosionsbeständige Schichten; Maschinenbau; Chemische Industrie; Papierindustrie; Textilindustrie; Gießereibetriebe; Druckindustrie; Elektroindustrie; Bau; Großanlagenbau; Haushaltsgeräte
Hartmetallschichten	Verschleißschutz Extruderschnecken und -gehäuse; Pumpenplunger; Wellenschutzhülsen
Kunststoffe	Korrosionschutz; kalte Anwendungen; chemische Industrie und Behälterbau

Tabelle 18-58 Handelsübliche Spritzpulver (nach Lutz)

Haftgrund (haftend, korrosions- und oxidationsbeständig)	**Verschleißschutz** (verschleiß-, korrosions- und erosionsbeständig)	**Thermische Isolation** Hochtemperaturanwendung (abrasions- und erosionsbeständig)
Mo	TiAlV 90/6/4	ZrO_2-CaO 95/5
NiCr 80/20	NiCrBSi	ZrO_2-MgO 80/20
NiMoAl 90/5/5	Co-Superleg. 400 u. 800	ZrO_2-Y_2O_5 93/7
NiAl 95/5	Ni-Superleg. 700	ZrO_2-Y_2O_5 80/20
NiAl 30/20	Co-Hartleg. 6,12 u. 31	ZrO_2-SiO_2 65/35
NiAl 69/31	WC-Co(4-5 %C)88/12	Al_2O_3-MgO 70/30
NiCrAl 76/19/5	WC-Co 83/17	Al_2O_3-SiO_2 70/30
NiCr/Al 95/5	WC-Ni 92/8	
NiCrAlY 22/10/1	WC-Ni 88/12	Reib-Gleit-Schutz
	WC-Ni 83/17	Mo
Korrosionsschutz	WC-CrC-Ni 73/20/7	Mo-NiCrBSi 70/30
Ta	WC-Co-Cr 86/10/4	Mo-NiCrBSi 75/25
Ti	WC-Co 88/12 + 20 % Ni	Mo-NiCrBSi 30/70
NiCr 80/20	WC-Co 88/12 + 35 % Ni	
NiCrAl 76/19/5	WC-Co 88/12 + 50 % Ni	Einlaufschichten
NiCr/Al 95/5	WC-Co 88/12 + 65 % Ni	Ni-Graphit 60/40
Stahl 316L	WC-Co 92/8 + 65 % Ni	Ni-Graphit 75/25
Stahl 316Ti	Cr_3C_2-Ni 83/17	Ni-Graphit 80/20
NiCoCrAlY	Cr_3C_2-NiCr 75/25	Ni-Graphit 85/15
CoCrAlY	Cr_3C_2-NiCr 80/20	
NiCrAlY	Cr_2O_3 96 %	Biokeramik
CoNiCrAlYSiHf	Cr_2O_3 99,5 %	Hydroxylapatit
	Cr_2O_3-TiO_2 60/40	
	Cr_2O_3-$Ti0_2$ 97/3	
	Cr_2O_3-$Ti0_2$-SiO_2 92/3/5	
	Al_2O_3	
	Al_2TiO_5	
	Al_2O_3-TiO_2 97/3	
	Al_2O_3-$TiO_2$87/13	
	Al_2O_3-TiO_2 60/40	

Tabelle 18-59 Eigenschaften von ausgewählten Hartstoffen (nach Elsing und Schatt)

Hartstoff		**Dichte** in g/cm³	**Schmelzpunkt** in K	**Vickers-Härte** HV
Metallische Hartstoffe				
Titankarbid	TiC	4,93	3420	~3000
Zirkonkarbid	ZrC	6,73	3803	2925
Hafniumkarbid	HfC	~ 12	4163	2913
Vanadiumkarbid	VC	5,36	3083	2094
Niobkarbid	NbC	7,56	3753	1961
Tantalkarbid	TaC	14,3	4153	1599
Chromkarbid	Cr_3C_2	6,08	2163	1350
Molybdänkarbid	Mo_2C	8,9	2683	1499
Wolframkarbid	WC	15,7	2993	1780
Titannitrid	TiN	5,43	3478	1994
Zirkonnitrid	ZrN	7,09	3253	1520
Titanborid	TiB_2	4,50	3253	3300
Zirkonborid	ZrB_2	6,17	3313	2252
Titandisilicid	$TiSi_2$	4,39	~1800	892
Molybdändisilicid	$MoSi_2$	~6	303	1200
Wolframdisilicid	WSi_2	9,2	2438	1074
Lanthanborid	LaB_6	4,76	2803	2770
Urankarbid	UC	12,97	2588	923
Nichtmetallische Hartstoffe				
Borkarbid	B_4C	2,52	2720	4950
Siliziumkarbid	SiC	3,2	~ 2500	3500
Berylliumkarbid	Be_2C	2,26	> 2200	2690
Bornitrid	BN (hex.)	2,25	3270	(2 Mohs)
Aluminiumnitrid	AlN	3,05	2670	1230
Siliziumnitrid	Si_3N_4	3,44	2170	3340
Siliziumborid	SiB_6	2,43	2220	2450...2800
Bor	B	2,34	~ 2300	~2000
Sinterkorund	Al_2O_3	3,8 ...3,9	2320	2800
Berylliumoxid	BeO	3,03	2843	1230...1490
Zirkoniumoxid	ZrO_2 monokl.	5,56		
	kubisch	8,27	2963	1200
Magnesiumoxid	MgO	3,65	3073	745
Chromoxid	Cr_2O_3	5,21	2573	2915
Diamant	C	3,52	3970 ±100	10000
Bornitid	BN (kub.)	3,45	~ 3300	~ 9000

Tabelle 18-60 Thermisches Trennen – Verfahren

	Energieträger	Verfahren	Gase	Gasdruck bar	Werkstoffe	Blechdicken mm	Schneidgeschw.[1] mm/min	Bemerkungen
Autogenes Schneiden	Gasflamme	Brennschneiden	*Brenngas:* Acetylen Propan *Schneidgas.* Sauerstoff (3.5)	5 – 11	un- und niedriglegierte Stähle Stahlguss Titan und Titanlegierungen	5 – 300	bis 600	
		Pulverbrennschneiden			Cr-Ni-Stähle	≤ 100		Eisenpulver, Quarzsand, Rutil u .ä.
Plasmaschneiden	Plasmastrahl – mit Standardplasma – mit Sekundärmedium – mit erhöhter Einschnürung	Schmelzschneiden	*Plasmagas*: Luft, O_2, N_2, Ar-H_2, Ar-N_2 *Sekundärmedium*: Luft, N_2 O_2, CO_2, Wasser	6	un- und niedriglegierte Stähle hochlegierte Stähle Aluminium Titan, Nickel Grauguss Buntmetalle Hartmetalle	0,8 – 60 0,5 – 15 0,5 – 150	500 – 1500 500 – 1000 800 – 1600	
Laserschneiden	Laserstrahl	Brennschneiden	Sauerstoff (3.5)	6	un- und niedriglegierte Stähle	0,3 – 20	< 1000	
	CO_2-Laser Nd: YAG-Laser Diodenlaser	Schmelzschneiden	N_2 (5.0) Ar (4.6) CO_2 (4.5)	8 bis 22	hochleg. Stahl Aluminium Kupfer Titan	0,5 – 15 0,5 – 10	< 450[2] < 700[3]	
		Sublimierschneiden			Kunststoffe			

[1] Blech 20 mm dick [2] Blech 15 mm dick [3] Blech 10 mm dick

Tabelle 18-61 Schneidparameter für verschiedene metallische und nichtmetallische Werkstoffe beim Wasserstrahlschneiden (nach Huffman)

Werkstoff	**Dicke** mm	**Schneidgeschwindigkeit** mm/min
A. Abrasiv-Wasserstrahlschneiden von Metallen		
Aluminium	3,3	500 bis 1000
Rohr	5,6	1270
Guss	10,2	381
	12,7	150 bis 250
	76,2	13 bis 130
	101,6	5 bis 50
Blei	6,35	250 bis 1270
	50,8	75 bis 200
Bronze	28	25
Gusseisen (GG)	38	25
Inconel 718	6,35	200 bis 300
	31,75	13 bis 25
	63,5	5
Kupfer	3,2	560
Kupfer-Nickel	3,2	40 bis 100
	50,8	40 bis 100
Magnesium	9,5	130 bis 380
Messing	3,2	460 bis 510
	12,7	100 bis 130
	19,1	20 bis 75
Stähle		
C-Stahl	6,35	250 bis 300
	19	100 bis 200
	76,2	10
	190,5	0,5 bis 1,3
Feinkornbaustahl	76,2	10
CrNi-Stähle	2,5	250 bis 380
	6,35	100 bis 300
	25,4	25
	101,6	8
CrMo-Stahl	12,7	75
Werkzeugstahl	6,35	75 bis 380
	25,4	50 bis 130
Panzerstahl	5	40 bis 380
Titan	1,27	130 bis 1250
	12,7	25 bis 150
	508	10 bis 25

Tabelle 18-61 Fortsetzung

Werkstoff	Dicke mm	Schneidgeschwindigkeit mm/min
B. Abrasiv-Wasserstrahlschneiden von Kunststoffen und Glas		
Acryl	9,5	380 bis 1250
Glas		
Scheiben	1,6	1000 bis 3800
	1,9	250 bis 500
Fasern	2,5	3800 bis 7600
	6,3	2500 bis 3800
C-Glas	3,2	2500 bis 5000
Gummi	7,6	5000
Makrolon	12,7	250
Plexiglas	4,5	635
	12,7	635
Phenolharz	6,4	250 bis 380
	12,7	250 bis 380
Verbundwerkstoffe		
GFK (Epoxid)	3,2	2500 bis 6350
Graphit/Epoxid	6,3	380 bis 1800
	25,4	75 bis 130
Kevlar/Stahlverst.	3,2	700 bis 1270
	9,5	250 bis 600
	14,7	250 bis 600
	25,4	75 bis 125
C. Abrasiv-Wasserstrahlschneiden von Keramik-Verbunden		
Zirkonoxid *(stabil.)*	6,35	40
SiC/SiC-Faser	3,2	40
$Al_2O_3/CoCr$	3,2	50
SiC/TiB_2	6,35	10
D. Abrasiv-Wasserstrahlschneiden von Metall-Verbunden		
Mg/B_4C	3,2	890
Al/SiC	12,7	200 bis 300
Al/Al_2O_3	6,35	380 bis 500

Tabelle 18-62 Autogenes Brennschneiden – Verfahrensparameter (nach DVS)

Werkstückdicke	**Schneiddüsengröße**	**Schnittfugenbreite**	**Acetylendruck**	**Sauerstoffdruck**		**Acetylen-Verbrauch**	**Gesamtsauerstoffverbrauch**	**Schneidgeschwindigkeit**	
				Heizen	Schnitt			Konstr. Schnitt	Trennschnitt
mm		mm	bar	bar	bar	m^3/h	m^3/h	mm/min	mm/min
3	3 bis 10	1,5	0,2	2,0	2,0	0,24	1,64	730	870
5					2,0	0,27	1,67	690	840
8					2,5	0,32	1,92	640	780
10					3,0	0,34	2,14	600	740
10	10 bis 25	1,8	0,2	2,5	2,5	0,36	2,46	620	750
15					3,0	0,37	2,67	520	690
20					3,5	0,38	2,98	450	640
25					4,0	0,40	3,20	410	600
25	25 bis 40	2,0	0,2	2,5	4,0	0,40	3,20	410	600
30					4,3	0,42	3,42	380	570
35					4,5	0,44	3,54	360	550
40					5,0	0,45	3,85	340	530

Tabelle 18-63 Vorwärmtemperaturen in Abhängigkeit von Kohlenstoffäquivalent, Elektrodendurchmesser, Blechdicke und Nahtart – MROSKO-Tabelle (nach Richter)

K-Wert	Elektroden-durchmesser	Vorwärmtemperatur in °C					
		Stumpfnaht – Blechdicke in mm			Kehlnaht – Blechdicke in mm		
	mm	6	12	25	6	12	25
0,35	3,25	Keine Vorwärmung erforderlich					
	4						
	5						
	6						
0,40	3,25	Keine Vorwärmung erforderlich					100
	4						o
	5						o
	6						o
0,45	3,25	Keine Vorwärmung		150	Keine Vor-	100	250
	4	erforderlich		100	wärmung	o	200
	5			o	erforder-	o	100
	6			o	lich	o	o
0,50	3,25	Keine Vorwärmung		250	Keine Vor-	150	350
	4	erforderlich		159	wärmung	100	250
	5			100	erforder-	o	200
	6			o	lich	o	150
0,55	3,25	Keine Vor-	150	400	100	300	(550)
	4	wärmung	o	300	o	200	(450)
	5	erforder-	o	150	o	100	350
	6	lich	o	150	o	o	300
0,60	3,25	150	400	X	350	X	X
	4	100	250	X	250	(600)	X
	5	o	100	(500)	150	300	(600)
	6	o	o	350	o	150	(500)

o Vorwärmung nicht erforderlich.

X Erforderliche Vorwärmtemperatur liegt so hoch, dass sie in der Praxis nicht anwendbar ist.

K = C% + Mn%/6 + Cr%/5 + Mo%/4 + Ni%/15

Tabelle 18-64 Warmgewalzte Erzeugnisse aus unlegierten Baustählen (Allgemeine Baustähle)

Bezeichnung nach DIN 17 100	W-Nr.	Bezeichnung nach DIN EN 10 125-2	W-Nr.	Bezeichnung nach US-Standard ASTM	Grad	Schweißeignung
St 33	1.0035	S 185		A283	A	2
St 37-2	1.0037			A283*	C	2
U St 37-2	1.0036			A570	33/36	2
UQ St 37-2	1.0121					2
R St 37-2	1.0038	S 235 JR		A283*	C	1
RQ St 37-2	1.0122					1
St 37-3U	1.0114	S 235 J0**		A283	C	1
Q St 37-3U	1.0115					1
St 37-3N	1.0116			A283*		1
		S 235 J2	1.0117			1
Q St 37-3N	1.0118					1
St 44-2	1.0044	S 275 JR		A283*	D	1
Q St 44-2	1.0128					1
St 44-3U	1.0143	S 275 J0**		A572	42	2
Q St 44-3U	1.0140					2
St 44-3N	1.0144			A572*	42	1
		S 275 J2	1.0145			1
Q St 44-3N	1.0141					1
		S 355 J R	1.0045	A299	A+B	1
St 52-3U	1.0553	S 355 J0**		A572	50	2
Q St 52-3U	1.0554					2
St 52-3N	1.0570			A572*	50	1
		S 355 J2**	1.0577	A738	C	1
Q St 52-3N	1.0569					1
						1
		S 355 K2G4	1.0596			1
		S 450 J0	1.0590			1
St 50-2	1.0050	E 295		A570*	50	1
St 60-2	1.0060	E 335		A572	65	3
St 70-2	1.0070	E 360				3

Beurteilung der Schweißeignung

* Weitere Zuordnungen möglich.

1 Ohne besondere Maßnahmen schweißgeeignet.

2 Nach besonderer Maßnahme schweißgeeignet (Vorwärmen, Wärmenachbehandlung, angepasste Streckenenergie, geeigneter Schweißzusatz).

3 Begrenzt schweißgeeignet. Rücksprache mit Werkstoffhersteller.

4 Nicht schweißgeeignet.

** Wenn ein Erzeugnis im normalgeglühten Zustand geliefert wird, ist ein +N der Bezeichnung anzufügen.

Tabelle 18-65 Vergütungsstähle. Unlegierte Qualitätsstähle, Edelstähle und Borstähle

Bezeichnung nach DIN 17 200		Bezeichnung nach DIN EN 10 083-1/-2 und -3		Bezeichnung nach US-Standard ASTM		Schweißeignung
	W-Nr.		W-Nr.		Grad	
C 22	1.0402	C 22		A519*	1020	1
C 25	1.0406	C 25		A576	1025	2
C 30	1.0528	C 30		A576	1030	4
C 35	1.0501	C 35		A519*	1035	4
C 40	1.0511	C 40		A519*	1040	4
C 45	1.0503	C 45		A576	1045	4
C 50	1.0540	C 50		A576	1055	4
C 55	1.0535	C 55		A576	1055	4
C 60	1.0601	C 60		A576	1060	4
Ck 22	1.1151	C 22 E		A576	1022	1
Cm 22	1.1149	C 22 R		A576	1020	1
Ck 25	1.1158	C 25 E		A576	1025	2
Cm 25	1.1163	C 25 R		A576	1025	2
Ck 30	1.1178	C 30 E		A576	1030	3
Cm 30	1.1179	C 30 R		A576	1030	3
Ck 35	1.1181	C 35 E		A576	1035	4
Cm 35	1.1180	C 35 R		A576	1035	4
Ck 40	1.1186	C 40 E		A576	1040	4
Cm 40	1.1189	C 40 R		A576	1040	4
Ck 45	1.1191	C 45 E		A576*	1045	4
Cm 45	1.1201	C 45 R		A576	1045	4
Ck 50	1.1206	C 50 E		A576	1050	4
Cm 50	1.1241	C 50 R		A576	1050	4
Ck 55	1.1203	C 55 E		A576*	1055	4
Cm 55	1.1209	C 55 R		A576	1055	4
Ck 60	1.1221	C 60 E		A576	1060	4
Cm 60	1.1223	C 60 R		A576	1060	4
28 Mn 6	1.1170	28 Mn 6		A322*	1330	3
38 Cr 2	1.7003	38 Cr 2		A304*	1541 H	4
38 CrS 2	1.7023	38 CrS 2				4
46 Cr 2	1.7006	46 Cr 2		A519*	5046	4
46 CrS 2	1.7025	46 CrS 2				4
34 Cr 4	1.7033	34 Cr 4		A519*	5132	4
34 CrS 4	1.7037	34 CrS 4				4
37 Cr 4	1.7034	37 Cr 4		A519*	5135	4
37 CrS 4	1.7038	37 CrS 4				4
41 Cr 4	1.7035	41 Cr 4		A519*	5140	4
41 CrS 4	1.7039	41 CrS 4				4
25 CrMo 4	1.7218	25 CrMo 4		A519*	4130	3
25 CrMoS 4	1.7213	25 CrMoS 4				3
34 CrMo 4	1.7220	34 CrMo 4		A519*	4135	4
34 CrMoS 4	1.7226	34 CrMoS 4				4
42 CrMo 4	1.7225	42 CrMo 4		A519*	4142	4
42 CrMoS 4	1.7227	42 CrMoS 4				4
50 CrMo 4	1.7228	50 CrMo 4		A322	4150	4

Tabelle 18-65 Fortsetzung

Bezeichnung nach DIN 17 200	W-Nr.	Bezeichnung nach DIN EN 10 083-1/-2 und -3	W-Nr.	Bezeichnung nach US-Standard ASTM	Grad	Schweißeignung
36 CrNiMo 4	1.6511	36 CrNiMo 4		A322	4340	4
34 CrNiMo 6	1.6582	34 CrNiMo 6		A322*	E4340	4
30 CrNiMo 8	1.6580	30 CrNiMo 8		A322	E4340	4
		36 CrNiMo 16	1.6773			4
50 CrV 4	1.8159	51 CrV 4		A322	6150	4
		20 MnB 5	1.5530			3
		30 MnB 5	1.5531			4
		38 MnB 5	1.5532			4
		27 MnCr B 5-2	1.7182			4
		33 MnCr B 5-2	1.7185			4
		39 MnCr B 6-2	1.7189			4

* Weitere Zuordnungen möglich.

Tabelle 18-66 Einsatzstähle

Bezeichnung nach DIN 17 200	W-Nr.	Bezeichnung nach DIN EN 10 084	W-Nr.	Bezeichnung nach US-Standard ASTM	Grad	Schweißeignung
C 10	1.0301			A519*	1008	1
C 10 Pb	1.0302					1
Ck 10	1.1121	C 10 E		A519	1010	1
		C 10 R	1.1207			1
C 15	1.0401					1
C 15 Pb	1.0403					1
Ck 15	1.1141	C 15 E		A576	1015	1
Cm 15	1.1140	C 15 R		A519*	1016	1
		C 16 E	1.1148			1
		C 16 R	1.1208			1
17 Cr 3	1.7016	17 Cr 3		A519*	5015	2
		17 CrS 3	1.7014			2
20 Cr 4	1.7027					2
20 CrS 4	1.7028					2
28 Cr 4	1.7030	28 Cr 4		A322	5130	2
28 CrS 4	1.7036	28 CrS 4				2
16 MnCr 5	1.7131	16 MnCr 5		A519*	5120	2
16 MnCrS 5	1.7139	16 MnCrS 5				2
		16 MnCrB 5	1.7160			2
20 MnCr 5	1.7147	20 MnCr 5		A519*	5120	2
20 MnCrS 5	1.7149	20 MnCrS 5				2

Tabelle 18-66 Fortsetzung

Bezeichnung nach DIN 17 200	W-Nr.	Bezeichnung nach DIN EN 10 084	W-Nr.	Bezeichnung nach US-Standard ASTM	Grad	Schweißeignung
		18 CrMo 4	1.7243			2
		18 CrMoS 4	1.7244			2
		20 MoCr 3	1.7320			2
		20 MoCrS 3	1.7319			2
MoCr 4	1.7321	20 MoCr 4		A322*	8620	2
20 MoCrS 4	1.7323	20 MoCrS 4				2
22 CrMoS 35	1.7333	22 CrMoS 3-5				2
15 CrNi 6	1.5919					2
		17 CrNi 6-6	1.5918			2
		10 NiCr 5-4	1.5805			2
		16 NiCr 4	1.5714			2
		16 NiCrS 4	1.5715			2
		18 NiCr 5-4	1.5810			2
		14 NiCrMo 13-4	1.6571			2
		17 NiCrMo 6-4	1.6566			2
		17 NiCrMoS 6-4	1.6569			2
21 NiCrMo 2	1.6523	20 NiCrMo 2-2		A322*	8620	2
21 NiCrMoS 2	1.6526	20 NiCrMoS 2-2		A519	8617	2
		20 NiCrMoS 6-4	1.6571			2
17 CrNiMo 6	1.6587	18 CrNiMo 7-6		SAE J1268	4320H	2

* Weitere Zuordnungen möglich.

Tabelle 18-67 Warmgewalzte Erzeugnisse aus schweißgeeigneten Feinkornbaustählen-Normalgeglühte Stähle und thermomechanisch gewalzte Stähle

Bezeichnung nach DIN 17 102/SEW 083	W-Nr.	Bezeichnung nach DIN EN 10 025-3/-4	W-Nr.	Bezeichnung nach US-Standard ASTM	Grad	Schweißeignung
StE 285	1.0490	S 275 N		A662	A	1
TStE 285	1.0491	S 275 NL		A662	A	1
StE 355	1.0545	S 355 N		A662*	B	1
TStE 355	1.0546	S 355 NL		A662*	A	1
StE 420	1.8902	S 420 N		A663*	E	1
TStE 420	1.8912	S 420 NL		A663	E	1
StE 460	1.8901	S 460 N		A663*	E	1
TStE 460	1.8903	S 460 NL		A663	E	1
		S 275 M	1.8818			1
		S 275 ML	1.8819			1
BStE 355 TM	1.8823	S 355 M				1
BStE 355 TM	1.8834	S 355 ML				1
BStE 420 TM	1.8825	S 420 M				1
BTStE 420 TM	1.8836	S 420 ML				1
BStE 460 TM	1.8827	S 460 M				1
BTStE 460 TM	1.8838	S 460 ML				1

* Weitere Zuordnungen möglich.

Tabelle 18-68 Flacherzeugnisse aus Druckbehälterstählen
Unlegierte und legierte warmfeste Stähle

Bezeichnung nach DIN 17 155	W-Nr.	Bezeichnung nach DIN EN 10 028-2	W-Nr.	Bezeichnung nach US-Standard ASTM	Grad	Schweißeignung
HI	1.0345	P 235 GH		A414*	C	1
HII	1.0425	P 265 GH		A414*	C	1
17 Mn 4	1.0481	P 295 GH		A414*	F+G	1
19 Mn 6	1.0473	P 355 G H		A414*	G	1
15 Mo 3	1.5415	16 Mo 3		A161*	T1	1
13 CrMo 44	1.7335	13 CrMo 4-5		A182*	F11	2
10 CrMo 9 10	1.7380	10 CrMo 9-10		A182	F22	2
		11 CrMo 9-10	1.7383			2

* Weitere Zuordnungen möglich

Tabelle 18-69 Elektrolytisch verzinkte kaltgewalzte Flacherzeugnisse aus Stahl

Bezeichnung nach DIN 17 163	W-Nr.	Bezeichnung nach DIN EN 10152	W-Nr.	Bezeichnung nach US-Standard ASTM	Grad	Schweißeignung
St 12	1.0330	DC 01 + ZE		A366	1012	
RRSt 13	1.0347	DC 03 + ZE				
St 14	1.0338	DC 04 + ZE		A620	1008	
St 15	1.0312	DC 05 + 2E				
IF 18	1.0873	DG 06 + ZE				

Tabelle 18-70 Warmgewalzte Flacherzeugnisse aus Stählen mit hoher Streckgrenze
zum Kaltumformen

Bezeichnung nach SEW 092/SEW 093	W-Nr.	Bezeichnung nach DIN EN 10149-2/-3 und -4	W-Nr.	Bezeichnung nach US-Standard	Grad	Schweißeignung
QStE 300 TM	1.0972					2
		S315MC	1.0972			2
		S355MC	1.0976			2
QStE 360 TM	1.0976					2
OStE 420 TM	1.0980	S420MC				2
QStE 460 TM	1.0982	S460MC				2
QStE 500 TM	1.0984	S500MC				2
QStE 550 TM	1.0986	S550MC				2
		S600MC	1.8969			2
		S650MC	1.8976			2
		S700MC	1.8974			2
QStE 260 N	1.0971	S260NC				2
		S315NC	1.0973			2
		S355NC	1.0977			2
QStE 420	1.0981	S420NC				2
ZStE 260	1.0480	H260				2
ZStE 300	1.0489	H300				2
ZStE 380	1.0550	H380				2
ZStE 420	1.0556	H420				2

Tabelle 18-71 Wetterfeste Baustähle

Bezeichnung nach SEW 087	W-Nr.	Bezeichnung nach DIN EN 10025-5	W-Nr.	Bezeichnung nach US-Standard ASTM	Grad	Schweißeignung
WTSt 37-2	1.8958	S 235 J0W				1
WTSt 37-3	1.8961	S 235 J2W				1
		S 355 J0WP	1.8945			1
		S 355 J2WP	1.8946			1
		S 355 J0W	1.8959			1
WTSt 52-3	1.8963	S 355 J2G1W*		A618	II	1
		S 355 J2G2W	1.8965			1
		S 355 K2G1W*	1.8966			1
		S 355 K2G2W	1.8967			1

* Wenn ein Erzeugnis im normalgeglühten Zustand geliefert wird, ist ein +N der Bezeichnung anzufügen.

Tabelle 18-72 Flacherzeugnisse aus Druckbehälterstählen – Schweißgeeignete Feinkornbaustähle, normalgeglüht

Bezeichnung nach DIN 17102/SEW 089	W-Nr.	Bezeichnung nach DIN EN 10 028-3	W-Nr.	Bezeichnung nach US-Standard ASTM	Grad	Schweißeignung
StE 285	1.0486	P 275 N		A 662	A	1
WStE 285	1.0487	P 275 NH		A 662	A	1
TStE 285	1.0488	P 275 NL1		A 662	A	1
EStE 285	1.1104	P 275 NL				1
StE 355	1.0562	P 355 N		A 633*	C+D	1
WStE 355	1.0565	P 355 NH		A 633	D	1
TStE 355	1.0566	P 355 NL1		A 633*	D	1
EStE 355	1.1106	P 355 NL2				1
StE 460	1.8905	P 460 N		A 633*	E	1
TStE 460	1.8915	P 460 NL1		A 633	E	1
EStE 460	1.8918	P 460 NL2				1
WStE 460	1.8935	P 460 NH		A 633*	E	1

* Weitere Zuordnungen möglich.

Tabelle 18-73 Flacherzeugnisse aus Druckbehälterstählen, Ni-legiert, kaltzäh

Bezeichnung nach DIN 17173/17 174/17 280	W-Nr.	**Bezeichnung nach DIN EN 10028-4**	W-Nr.	**Bezeichnung nach US-Standard ASTM**	Grad	**Schweißeignung**
11 MnNi 53	1.6212	11 MnNi 5-3				2
13 MnNi 63	1.6217	13 MnNi 6-3				1
14 NiMn 6	1.6228	15 NiMn 6				1
10 Ni 14	1.5637	12 Ni 14 G1		A 203*	D	2
12 Ni 19	1.5680	X12 Ni 5				2
X8 Ni 9	1.5662	X8 Ni 9		A 333*	8	2

* Weitere Zuordnungen möglich

Tabelle 18-74 Flacherzeugnisse aus Druckbehälterstählen – Schweißgeeignete Feinkornbaustähle, thermomechanisch gewalzt

Bezeichnung nach SEW 083	W-Nr.	**Bezeichnung nach DIN EN 10 028-5**	W-Nr.	**Bezeichnung nach US-Standard**	Grad	**Schweißeignung**
BStE 355 TM	1.8821	P 355 M				1
BTStE 355 TM	1.8833	P 355 ML				1
BStE 420 TM	1.8824	P 420 M				1
BTStE 420 TM	1.8835	P 420 ML				1
StE 460 TM	1.8826	P 460 M				1
BStE 460 TM	1.8837	P 460 ML				1
		P 460 Q	1.8870			1
		P 460 QH	1.8871			1
		P 460 QL	1.8872			1
		P 500 Q	1.8873			1
		P 500 QH	1.8874			1
		P 500 QL	1.8875			1
BStE 550 TM	1.8830	P 550 M				1
		P 550 Q	1.8876			1
		P 550 QH	1.8877			1
		P 550 QL	1.8878			1
		P 690 Q	1.8879			1
		P 690 QH	1.8880			1
		P 690 QL	1.8881			1

Tabelle 18-75 Nichtrostende Stähle – Ferritische Stähle

Bezeichnung nach DIN 17 440/17 441 SEW 440	W-Nr.	**Bezeichnung nach DIN EN 10 088-5**	W-Nr.	**Bezeichnung nach nach US-Standard ASTM (AISI)**	Grad	**Schweißeignung**
X1 CrTi 15	1.4520	X1 CrTi 15				2
X2 CrNi 11	1.4003	X2 CrNi 12				2
X2 CrMoTi 18 2	1.4521	X2 CrMoTi 18-2				2
X4 CrMoS 18	1.4105	X6 CrMoS 17				2
X6 CrTi 12	1.4512	X2 CrTi 12		(AISI	409)	2
X6 Cr 13	1.4000	X6 Cr 13		A 240*	410S	2
X6 CrAl 13	1.4002	X6 CrAl 13		A 240*	405	2
X6 Cr 17	1.4016	X6 Cr 17		A 276*	430	2
X6 CrTi 17	1.4510	X3 CrTi 17		A 276*	430Ti	2
X6 CrNb 17	1.4511	X3 CrNb 17		(AISI	430Cb)	2
X6 CrMo 17 1	1.4113	X8 CrMo 17		(AISI	434)	2
		X1 CrMoTi 16-1	1.4513			2
		X1 CrMoTi 29-4	1.4592			2
		X2 CrMoTi 18-2	1.4521			2
		X2 CrMoTiS 18-2	1.4523			2
		X2 CrNbZr 17	1.4590			2
		X2 CrAlTi 18-2	1.4741			2
		X2 CrTiNb 18	1.4509			2
		X2 CrNiTi 12	1.4516			2
		X6 CrNiTi 17-1	1.4017			2
		X6 CrMoNb 17	1.4526			2

* Weitere Zuordnungen möglich.

Tabelle 18-76 Nichtrostende Stähle – Martensitische und ausscheidungshärtende Stähle

Bezeichnung nach DIN 17 440/SEW 400	W-Nr.	**Bezeichnung nach DIN EN 10 088-1/-2**	W-Nr.	**Bezeichnung nach ASTM (AISI)**	Grad	**Schweißeignung**
X 10 Cr 13	1.4006	X 12 Cr 13		A 276	410	2
		X 12 CrS 13	1.4004			2
X 20 Cr 13	1.4021	X 20 Cr 13		A 276	420	2
X 30 Cr 13	1.4028	X 30 Cr 13		A 276	420	2
		X 29 CrS 13	1.4029			2
X 38 Cr 13	1.4031	X 39Cr 13				2
X 46 Cr 13	1.4034	X 46 Cr 13				2
X 20 CrNi 17 2	1.4057	X 19 CrNi 17-2		A 276	431	2
X 12 CrMoS 17	1.4104	X 14 CrMoS 17				2
X 65 CrMo 14	1.4109	X 70 CrMo 15				2
X 90 CrMoV 18	1.4112	X 90 CrMoV 18				2
X 45 CrMoV 15	1.4116	X 50 CrMoV 15				2
		X 39 CrMoV 15	1.4122			2
X 105 CrMo 17	1.4125	X 105 CrMo 17		(AISI	440C)	4
		X 3 CrNiMo 13-4	1.4313			2
X 4 CrNiMo 16 5	1.4418	X 4 CrNiMo 16-5-1				2
		X 8 CrNiMoAl 15-7-2	1.4532			2
		X 5 CrNiCuNb 16-4	1.4542	A 705	630	2
		X 7 CrNiAl 17-7	1.4568			2
		X 5 CrNiMoCuNb 14-5	1.4594			2

Tabelle 18-77 Nichtrostende Stähle – Austenitische Stähle

Bezeichnung nach DIN 17 440/DIN 1654-5 SEW 400	W-Nr.	Bezeichnung nach DIN EN 10 088-1/-2	W-Nr.	Bezeichnung nach ASTM	Grad	Schweißeignung
X1 NiCrMoCuN 31 27 4	1.4563	X1 NiCrMoCu 31-27-4		B 668		2
X1 CrNi 25 21	1.4335	X1 CrNi 25-21				2
		X1 CrNiSi 18-15-4	1.4361	A 312		2
X1 NiCrMoCuN 25 20 5	1.4539	X1 NiCrMoCu 25-20-5		B 677		2
X1 NiCrMoCuN 25 20 6	1.4529	X1 NiCrMoCuN 25-20-7		B 677		2
X2 CrNiN 18 7	1.4318	X2 CrNiN 18-7				1
X2 CrNi 19 11	1.4306	X2 CrNi 19-11		A 240*	304L	1
		X2 CrNi 18-9	1.4307			1
X2 CrNiN 18 10	1.4311	X2 CrNiN 18-10		A 276*	XM-21	1
		X2 CrNiMo 17-12-3	1.4432			1
X2 CrNiMo 17 13 2	1.4404	X2 CrNiMo 17-12-2		A 240*	316L	2
X2 CrNiMoN 17 12 2	1.4406	X2 CrNiMoN 17-1-2		A 276	316L	1
X2 CrNiMoN 17 13 3	1.4429	X2 CrNiMoN 17-13-3		A 276*	316L	1
X2 CrNiMo 18 14 3	1.4435	X2 CrNiMo 18-14-3		A 240	317L	1
		X2 CrNiMoN 17-12-3	1.4434			1
X2 CrNiMo 18 16 4	1.4438	X2 CrNiMo 18-15-4		A 276	317L	2
X2 CrNiMoN 17 13 5	1.4439	X2 CrNiMoN 17-13-5		A 312		2
		X2 CrMnNiN 17-7-5	1.4371			1
		X2 CrNiMoN 25-22-2	1.4466			2
		X2 CrNiCu 19-9-2	1.4560			1
X3 CrNiCu 18 9	1.4567	X2 CrNiCu 18-9-4				1
X5 CrNi 18 10	1.4301	X4 CrNi 18-10		A 240*	304	1
X5 CrNi 18 12	1.4303	X4 CrNi 18-12		A 276	308	1
X5 CrNiMo 17 12 2	1.4401	X4 CrNiMo 17-12-2		A 240*	316	1
X5 CrNiMo 17 13 3	1.4436	X4 CrNiMo 17-13-3		A 240*	317	1
X6 CrNiTi 18 10	1.4541	X6 CrNiTi 18-10		A 240*	321	1
X6 CrNiNb 18 10	1.4550	X6 CrNiNb 18-10				1
X6 CrNiMoTi 17 12 2	1.4571	X6 CrNiMoTi 17-12-2		A 240*	316Ti	1
X6 CrNiMoNb 17 12 2	1.4580	X6 CrNiMoNb 17-12-2		A 276*	316Cb	1
		X6 CrNiCuS 18-9-2	1.4570			1
X10 CrNiS 18 9	1.4305	X8 CrNiS 18-9				1
X12 CrNi 17 7	1.4310	X9 CrNi 18-8				1
		X12 CrMnNiN 17-7-5	1.4372			1
		X12 CrMnNiN 18-9-5	1.4373			1

* Weitere Zuordnungen möglich.

Tabelle 18-78 Beizbäder für ferritische Stähle (nach Oerlikon)

	Salzsäure **HCl (37%ig)** Vol.%	**Salpetersäure** **HNO_3 (65%ig)** Vol.%	**Schwefelsäure** **H_2SO_4 (98%ig)** Vol.%	**Flusssäure** **H_2F_2 (40%ig)** Vol.%	**Temperatur** °C
F1	--	20 – 30	--	--	20 – 30
F2	--	10 – 15	--	2 – 6	20 – 40
F3	25 – 30	6	--	4 – 8	30
F4	15 – 20	--	6 – 10	--	50 – 60

Verwendung der Bäder:

F1 Vorbeize für F2 – F4 (gleichzeitig Passivierungsbad und zu Vermeidung von Fremdrostkorrosion)
F2 Fertigbeize für leichtere bis mittlere Verzunderungen
F3 + F4 Fertigbeize für stark verzunderte Oberflächen (mit Zusatz von Sparbeize)

Tabelle 18-79 Beizbäder für austenitische Stähle (nach Oerlikon)

	Salzsäure **HCl (37%ig)** Vol.%	**Salpetersäure** **HNO_3 (65%ig)** Vol.%	**Schwefelsäure** **H_2SO_4 (98%ig)** Vol.%	**Flusssäure** **H_2F_2 (40%ig)** Vol.%	**Temperatur** °C
A1	2 – 4	--	8 – 12	--	60 – 80
A2	--	20 – 30	--	--	20 – 30
A3	--	15 – 20	--	2 – 5	30 – 40
A4	--	3 – 4	3 – 5	1 – 2	40 – 60
A5	35	3 – 4	--	4 – 5	20 – 30
A6	10 – 15	5	10 – 12	--	40
A7	50	5	--	--	30 – 50

Verwendung der Bäder:

A1 + A2 Vorbeizen für A3 – A7
(A2 = Passivierungsbad und zur Vermeidung von Fremdrost)
A3 + A4 für leichtere bis mittlere Verzunderungen
A5, A6 + A7 für starke Verzunderungen
A3, A5 + A7 eignen sich zu Herstellung streichfähiger Pasten zum partiellen Beizen, z. B. von Schweißnähten. Die Paste wird mit Kieselgur und/oder Schwerspat angesetzt.
A5, A6 + A7 mit Sparbeizzusatz

Tabelle 18-80 Artgleiche Schweißzusatzwerkstoffe (Stabelektroden) zum Schweißen von warmfesten Stählen (nach Heuser)

Grundwerkstoff	**Schweißzusatz DIN EN ISO 3580**	**Wärmebehandlung** °C/h	**Schweißtechnische Verarbeitung**
Ferritisch-perlitisch/-bainitisch nach DIN EN 10028-3			
16 Mo 3 (T/P11)	E Mo B 4 2	700–720/>2	Problemlos schweißbar
14 MoV 6-3	E MoV B 4 2		Ausscheidungshärtend, vorwärmen auf 200–300 °C
13 CrMo 4-5 (T/P12)	E CrMo 1 B 4 2	700/>2	Vergütet oder angelassen, vorwärmen auf 250 °C
15 CrMoV 5-10	E CrMoV 1 B 4 2 H5	710–740	Vorwärmen auf 200 °C, Zwi- schenlagentemp. 250–300 °C
10 CrMo 9-10 (T/P22)	E CrMo 2 B 4 2	690–730/>8	Neigung zur Anlassversprödung, Vorwärmen auf 150–200°C Zwischenlagentemp. 250–300 °C
12 CrMoVTi 12-10	EZ CrMo3V B 4 2 H5	705/10	
7CrWVMoNb 9-6 HCM 2 S (T/P23)	EZ CrWV B 2 2	740–750/2	Geringe Aufhärtung, Vorwärmen auf 150–200 °C. Zwischenlagentemperatur 200–280 °C
7 CrMoVTiB 10-10 (T/P24)	EZ CrMoV B 2 2	740–750/2	Wie T/P 23
Martensitisch			
X 20CrMoV 11-1 (X20)	E CrMoWV 12 B 4 2	730–760/>4*	Vorwärmtemperatur 200 °C, Zwischenlagentemp. 250 °C Bis t = 80 mm: Luftabkühlung
X10 CrMoVNb 9-1 (T/P91)	E CrMo 9 1 B 4 2	760/>2*	Vorwärmtemperatur 200 °C Zwischenlagentemp. 250–300 °C
X11CrMoWVNb 9-1-1 E 911 (T/P911)	EZ CrMoWVNb 9 11 B 4 2	760/>2*	Wie T/P91
X10CrWMoVNb 9-2 Nf 616 (T/P92)	EZ CrMoWVNb 9 0,5 1,5 B 4 2	760/>4*	Wie T/P91
Austenitisch nach DIN EN 10028-7			
X3CrNiMoN 17-13	EZ 16 13 Nb B 4 2		Zwischenlagentemp. < 150°C Strichraupentechn i.allen Pos.

* Post weld heat treatment.

Tabelle 18-81 Artgleiche Zusatzwerkstoffe zum Lichtbogen-Schweißen von Cr-Ni-Stählen (nach DVS)

Grundwerkstoff		**Zusatzwerkstoff (MSG, WIG, UP)**	
Werkstoff-Nummer	Kurzname nach DIN EN 10 088-1	Werkstoff-Nummer	Kurzname nach DIN EN ISO 14 343-A
1.4301	X4CrNi 18-10	1.4316	G 19 9 L Si oder 1.4302,1.4551
1.4541	X6CrNiTi 18-10	1.4551	G 19 9 Nb Si oder. 1.4316
1.4550	X6CrNiNb 18-10	1.4551	G 19 9 Nb Si oder. 1.4316
1.4571	X6CrNiMoTi 17-12-2	1.4576	G 19 12 3 Nb Si oder. 1.4430
1.4580	X6CrNiMoNb 17-12-2	1.4576	G 19 12 3 Nb Si oder. 1.4430
1.4306	X2CrNi 19-11	1.4316	G 19 9 L Si
1.4404	X2CrNiMo 17-12-2	1.4430	G 19 12 3 L Si
1.4435	X2CrNiMo 18-14-3	1.4430	G 19 12 3 Si

Tabelle 18-82 Schweißzusätze für das Lichtbogenschweißen hochfester Feinkornbaustähle (nach DVS)

Stahl-bezeichnung	**Stabelektrode**	**MAG**	**Fülldraht (MSG)**
DINEN 10 025 -3	DIN EN 757	DIN EN ISO 16 834	DIN EN ISO 18 276
S275N	E 38 0 A 12	G 42 2 C G3Si1	T 42 2 P M1 H5
S355N	E 42 0 RR 12	G 42 2 C G3Si1	T 42 4 B M3 H5
	E 42 5 B 32 H5		T 46 4 M M1
S460N	E 50 6 Mn1Ni B 4 2 H5	G 46 4 M G4Si1	T 46 4 P M1 H10
DIN EN 10 025 -4			
S500M	E 50 4 Mo B 42	G 50 5 M G3Ni 1	T 50 6 1Ni P M1 H5
S550M	E 55 5 2 NiMo B 42 H5	G 62 5 M Mn3Ni1Mo	T 55 4 1NiMo B M3 H5
DIN EN 10 025 -6			
S620Q	E 69 5 Mn2NiCrMo B 42 H5	G 69 5 M Mn4Ni1,5CrMo	T 69 4 Mn2NiCrMo M M1
S690Q	E 69 5 Mn2NiCrMo B 42 H5	G 69 5 M Mn4Ni1,5CrMo	T 69 5 Mn2NiCrMo B M4
S890Q	E 89 4 Mn2Ni1CrMo B 4 2 H5	G 89 6 M Mn4Ni2CrMo	T 89 2 Mn2NiCrMo B M3
S960Q		G 89 5 M Mn4Ni2,5CrMo	
S1100Q		G 89 5 M Mn4Ni2,5CrMo	

Tabelle 18-83 Schweißen von Gusseisen mit artfremden Schweißzusätzen (nach DVS)

Verfahren und Verfahrens-schritte	**Vorgehensweise**	**Gusseisen mit Lamellengraphit GJL**	**Gusseisen mit Kugelgraphit GJS**	**Temperguss schwarz GJMB**	**Temperguss weiß GJMW**
I Schweißnaht-Vorbereitung	Art der Vorbereitung	Je nach Schweißaufgabe (z. B. DIN EN ISO 9692). Entfernen der Gusshaut und Reinigen der Werkstücke im Bereich der Schweißstelle			
	Verfahren: – thermische Verfahren	Plasmaschmelzschneiden: Pulverbrennschneiden (Ausfugen mit Elektroden bedingt geeignet)			
	– mechanische Verfahren	Spanende Bearbeitung. Auskreuzen. Schleifen usw.			
II Wärmeführung (im ganzen oder örtlich im Schweißbereich)	1 Vorwärmen	T_V = + 5 °C bis max. 300 °C			
	2 Zwischenlagentemperatur T_Z	T_Z etwa 100 °C; bei T_V > 100 °C: $T_Z = T_V$			
	3. Abkühlen	An ruhender Luft			
III Wärmenachbehandlung	Getrennt oder direkt aus der Schweißwärme	Alle bekannten Wärmenachbehandlungen können im Bedarfsfall notwendig sein, ggf. aber auch unterbleiben			
IV Schweißverfahren	Lichtbogenhandschweißen	×	×	×	×
	MSG-Schweißen (MIG/MAG)	×	×	×	×
	WSG-Schweißen (WIG)	×	×	×	×
	MF-Schweißen (Metalllichtbogenschweißen mit Fülldrahtelektroden)	×	×	×	×
	Gaspulverschweißen	×	×	×	×
	Plasmaschmelzschweißen	×	×	×	×
V Schweißzusätze	Lichtbogenhand-schweißen	Umhüllte Stabelektroden nach DIN EN ISO 1071			
	MSG-Schweißen (MIG/MAG)	Massivdrahtelektroden. Fülldrahtelektroden nach DIN EN ISO 1071			
	WSG-Schweißen (WIG)	Massivstäbe. Füllstabe. Massivdrähte. Fülldrähte nach DIN EN ISO 1071			
	MF-Schweißen	Fülldrahtelektroden nach DIN EN ISO 1071			
	Gaspulverschweißen	Metallpulver			
	Plasmaschmelz-schweißen	Massiv- oder Fülldrahtelektroden			

Tabelle 18-84 Schweißen von Gusseisen mit artgleichen Schweißzusätzen (nach DVS)

Verfahren und Verfahrensschritte	Vorgehensweise	Gusseisen mit Lamellengraphit GJL	Gusseisen mit Kugelgraphit GJS	Temperguss schwarz GJMB	Temperguss weiß GJMW	Temperguss schweißgeeignet GJMW
I Schweißnahtvorbereitung	Art der Vorbereitung	Je nach Schweißaufgabe (z. B. DIN EN ISO 9692). Entfernen der Gusshaut und Reinigen der Werkstücke im Bereich der Schweißstelle				
	Verfahren: – thermische Verfahren	Plasmaschmelzschneiden: Pulverbrennschneiden (Ausfugen mit Elektroden bedingt geeignet)				
	– mechanische Verfahren	Spanende Bearbeitung. Auskreuzen Schleifen usw.				
II Badsicherung		Formkohleplatten				
III Wärmeführung (im ganzen oder örtlich im Schweißbereich)	1. Vorwärmen	Richtwerte: T_V = 550 °C + 100 °C: Maximale Aufheizgeschwindigkeit: 100 ... 200 ° K/h bei Vorwärmen des gesamten Bauteiles				
	2. Gussstücktemperatur während des Schweißens	Gussstücktemperatur während des Schweißens = Arbeitstemperatur T_A T_A = Vorwärmtemperatur T_V ± 50°C (≥ 450°C)				
	3. Abkühlen	Bis 300 °C	40 °K/h für spannungsempfindliche Gussstücke 100 °K/h für spannungsunempfindliche Gussstücke			
IV Wärmenachbehandlung	Getrennt oder direkt aus der Schweißwärme	Entfällt	Glühen in der 2. Stufe zur Einstellung des Grundgefüges	GTW > 8 mm Wanddicke und GTS Glühen in der 1. und 2. Stufe zur Einsteilung des Grundgefüges GTW < 8 mm nur 2. Stufe		Bis < 8 mm Wanddicke nicht erforderlich
V Schweißverfahren	Gasschweißen	×	×	×	×	×
	Lichtbogenhandschweißen	×	×	×	×	×
	MSG-Schweißen (MIG/MAG)	×	×	×	×	×
	WSG-Schweißen (WIG)	×	×	×	×	×
	MF-Schweißen (Metalllichtbogenschweißen mit Fülldrahtelektroden)	×	×	×	×	×
	Plasmaschmelzschweißen	–	×	×	×	×
VI Schweißzusätze	Gasschweißen	GG-Stäbe	GGG-Stäbe	GGG-Stäbe	GGG-Stäbe	Schweißstäbe nach DIN EN 12536
	Lichtbogenhandschweißen	GG-Elektroden, umhüllt und nicht umhüllt	GGG-Elektroden, umhüllt und nicht umhüllt	GGG-Elektroden, umhüllt und nicht umhüllt. Hüllenlegierte Stabelektroden		Umhüllte Stabelektroden. z. B. B9. B10 nach DIN EN ISO 2560-A
		Hüllenlegierte Stahlelektroden				
	MSG-Schweißen (MIG/MAG)	Siehe MP		Siehe MF		Drahtelektroden unlegiert nach DIN EN 439
	WSG-Schweißen (WIG)	Massivstäbe. Füllstäbe, Fülldrahte		Massivstäbe, Füllstäbe. Fülldrahte auf GGG-Basis		Unlegierte Stäbe nach DIN EN1668
	MF-Schweißen	Fülldrahtelektroden DIN EN ISO 1071		Fülldrahtelektroden auf GGG-Basis		Unlegierte Fülldrahtelektroden nach DIN EN 758
	Plasmaschmelzschweißen	–	Kein oder nur geringer Zusatz			
VII Flussmittel		Bei Stäben und nicht umhüllten Stabelektroden				–

Tabelle 18-85 Schweißen von Aluminium-Druckguss (nach DVS)

Schweißen von Aluminium-Druckgussteilen		
Pressschweißen	**Schmelzschweißen**	
Reibschweißen Punktschweißen u. a.	Strahlschweißen (Elektronenstrahl, LASER)	Schutzgasschweißen (WIG, MIG, Plasma)
Massenfertigung	Massenfertigung	– Massenfertigung – Einzelfertigung (WIG) – Reparaturschweißen – Vorserien, Versuche
Einfache geometrische Formen	– Einfache geometrische Formen möglich – bei LASER nur mit Roboter möglich – lange Nähte bevorzugen – schmale WEZ	– beliebige geometrische Formen möglich – manuelle Fertigung oder Robotereinsatz – breitere WEZ
Unempfindlich gegen Gasgehalt im Guss	– gasarm erzeugte Gussteile erforderlich (Al-Vakuumdruckguss) – Stickstoff aus Luft im Formhohlraum – Wasserstoff aus Kolbenschmierstoff aus Formtrennmittel aus Aluminiumhydrid (im Guss) in der Schmelze gelöst	
	Wasserstoff führt zu Durchschüssen bei AlSi Porenbildung bei AlMg	Ausgasung des Schmelzbads möglich
	Günstig: – LASER-WIG-Hybridschweißen – LASER-MIG-Hybridschweißen – Verwendung von Schweißzusatz AlSi5 oder AlSi12 AlMg5 oder AlMg4,5Mn0,7	

Zu beachten: Nach DINV 4113-3 Pkt. 5.1.1.2 dürfen an Al-Gussstücken keine Verbindungsschweißungen durchgeführt werden.

Tabelle 18-86 Aluminiumwerkstoffe: Gegenüberstellung der Schweißzusätze und der Grundwerkstoffe – Auswahl (nach Mechsner und Spiegelberg)

Schweißzusätze nach DIN EN ISO 18273		**Grundwerkstoffe nach DIN EN 573-3**	
numerisch EN AW-	chemisch EN AW -	numerisch EN AW -	chemisch EN AW -
1080 A	Al99,8	1050 A 1070 A	Al99,5 Al99,7
1450	Al99,5Ti	1350 1050 A	EAl99,5 Al99,5
3103	AlMn1	3103 3003	AlMn1 AlMn1Cu
4043 A	AlSi5 (A)	6060 6063 6061 6106 6005 6082	AlMgSi AlMg0,7Si AlMg1SiCu AlMgSiMn AlSiMg AlSi1MgMn
5087	AlMg4,5MnZr	5052	AlMg2,5
5183	AlMg4,5Mn0,7	5083 5019 5086	AlMg4,5Mn0,7 AlMg5 AlMg4
5554	AlMg2,7Mn	5454 5154A	AlMg3Mn AlMg3,5
5556	AlMg5MnTi	7003 7020	AlZn6Mg0,8Zr AlZn4,5Mg1
5754	AlMg3	5005 5251 5754	AlMg1 AlMg2 AlMg3

Tabelle 18-87 Nickelbasis-Legierungen – Vergleich von ISO 9722 mit DIN-Bezeichnungen und Werkstoffnummern

ISO-Alloy Identification		DIN		Internationaler
Number	**Description**	**Kurzname**	**W.-Nr.**	**Gattungsname**
NW2200	Ni99,0	Ni99,2	2.4066	Nickel 200
NW2201	NJ99.0LC	LC-Ni99	2.4068	Nickel 201
NW3021	NiCo20Cr15Mo5Al4Ti	NiCo20Cr15MoAlTi	2.4634	Alloy 105
NW7263	NiCo20Cr20Mo5Ti2Al	NiCo20Cr20MoTi	2.4650	Alloy C-263
NW7001	NiCr20Co13Mo4Ti3Al	NiCr19Co14Mo4Ti	2.4G54	hochwarmfest
NW7090	NiCr20Co18Ti3	NiCr20Co18Ti	2.4632	Alloy 90
NW6617	NiCr22Co12Mo9	NiCr23Co12Mo	2.4663	Alloy 617
NW7750	NiCr15Fe7Ti2Al	NiCr16Fe7TiNb	2.4694	Alloy 750
NW6600	NiCr15Fe8	NiCr15Fc	2 4816	Alloy 600
NW6602	NiCr15Fe8-LC	LC-NiCr15Fe	2.4817	Alloy 602
NW7718	NiCr19Fe19Nb5Mo3	NiCr19NbMo	2.4668	Alloy 718
NW6002	NiCr21Fe18Mo9	NiCr22Fe18Mn	2.4665	Alloy X
NW6007	NiCr22Fe20Mo6Cu2Nb	NiCr22Mo6Cu	2.4618	Alloy G
NW6985	NiCr22Fe20Mo7Cu2	NiCr22Mo7Cu	2.4619	Alloy G3
NW6601	NiCr23Fe15Al	NiCr23Fe	2.4851	Alloy 601
NW6333	NiCr26Fc20C03Mo3W3	NiCr26MoW	2.4608	Alloy 333
NW6690	NiCr29Fe8	NiCr29Fe	2.4642	Alloy 690
NW6455	NiCr16Mo16Ti	NiMo16Cr16Ti	2.4610	Alloy C4
NW6022	NiCr21Mo13Fe4W3	NiCr21Mo14W	2.4602	Alloy C22
NW6625	NiCr22Mo9Nb	NiCr22Mo9Nb	2.4856	Alloy 625
NW6621	NiCr20Ti	NiCr20Ti	2.4951	Alloy 75
NW7080	NiCr20Ti2Al	NiCr20TiAl	2.4952	Alloy 80A
NW4400	NiCu30	NiCu30Fe	2.4360	Alloy 400
NW4402	NiCu30-LC	LC-NiCu30Fe	2.4361	Alloy 402
NW5500	NiCu30Al3Ti	NiCu30AI	2.4375	Alloy K-500
NW8825	NiFe30Cr21Mo3	NiCr21Mo	2.4858	Alloy 825
NW9901	NiFe36Cr12Mo6Ti3	NiCr13Mo6Ti3	2.4662	Alloy 911
NVV0276	NiMo16Cr15Fe6W4	NiMo16Cr15W	2.4819	Alloy C-276
NW0665	NiMo28	NiMo28	2.4617	Alloy B-2
NW0675	NiMo29Cr2Fe2W2	NiMo30Cr	2.4703	Alloy B-3
NW0629	NiMo28Fe4Co2Cr	NiMo29Cr	2.4600	Alloy B-4
NW6025	NiCr25Fe9Al2	NiCr25FeAlYC	2.4633	Alloy 602CA
NW6030	NiCr30Fe15Mo5Cu2Nb	NiCr30FeMo	2.4603	Alloy G-30
NW6059	NiCr23Mo16	NiCr21Mo16Al	2.4605	Alloy 59
NW6200	NiCr23Mo16Cu2	NiCr23Mo16Cu	2.4675	Alloy C-2000
NW6686	NiCr21Mo16W4	NiCr21Mo16W	2.4606	Alloy 686
NW7719	NiCr19Nb5Mo3Ti	NiCr19Nb5Mo3	2.4668	Alloy 718

Tabelle 18-88 Nickelbasis-Schweißzusätze nach DIN 1736

Schweißstäbe, Schweißdrähte, Drahtelektroden zum WIG- und MIG-/MAG-Schweißen	**Drahtelektroden, Bandelektroden zum UP-Schweißen**	**Umhüllte Stabelektroden (Schweißgut) zum Lichtbogenhandschweißen**
SG-NiTi4	UP-NiTi4	EL-NiTi3
SG-NiCr20Nb	UP-NiCr20Nb	EL-NiCr19Nb
SG-NiCr20		
		EL-NiCr16FeMn
		EL-NiCr15FeMn
		EL-NiCr15FeNb
		EL-NiCr15MoNb
SG-NiMo27		El-NiMo29
SG-NiMo16Cr16W		EL-NiMo15Cr15W
SG-NiCr20Mo15		EL-NiCr19Mo15
SG-NiMo16Cr16Ti		EL-NiMo15Cr15Ti
SG-NiCr21Mo9Nb	UP-NiCr21Mo9Nb	EL-NiCr20Mo9Nb
SG-NiCr27Mo		EL-NiCr26Mo
SG-NiCr29Mo		EL-NiCr28Mo
SG-NiCr23Al		
SG-NiCr22Co12Mo	UP-NiCr22Co12Mo	EL-NiCr21Co12Mo
SG-NiCr19NbMoTi		
SG-NiCu30MnTi	UP-NiCu30MnTi	EL-NiCu3üMn
SG-NiCu30Al		

Tabelle 18-89 Hinweise zur Kontrolle der Gasversorgung mit Einzelflaschen (nach Linde)

Komponente	**Tägliche Sichtkontrolle**	**Gesetzliche Prüfung** (Wiederholungsprüfung)	**Kontrolle bei Austausch der Komponente**
Gasflaschen für Acetylen und Sauerstoff	Keine offensichtlichen Schäden oder Undichtheit? Flaschenventile zum Arbeitsende geschlossen?	Gasflaschen werden durch den Füllbetrieb geprüft. Gasentnahme ist ohne Rücksicht auf die Prüffrist erlaubt.	Anschlussgewinde in Ordnung? Flaschenventil dicht? (Dichtheitsprüfung mit Leckspray, <u>nicht</u> mit offener Flamme)
Druckminderer	Keine offensichtlichen Schäden oder Undichtheit? Einstellschraube zum Arbeitsende vollständig zurückgeschraubt?	keine	Kennzeichnung u. a.: „EN 2503“, „0“ (für Sauerstoff), „A“ (für Acetylen)
Gebrauchsstellen-vorlage	Keine offensichtlichen Schäden oder Undichtheit? Kein Zeichen für Flammenrückschlag?	Jährliche Prüfung auf Dichtheit und Sicherheit gegen Gasrücktritt	Kennzeichnung u. a.: „EN 730-1“, „O“ (für Sauerstoff), „A“ (für Acetylen)
Einzelflaschen-sicherung	Keine offensichtlichen Schäden oder Undichtheit? Kein Zeichen für Flammenrückschlag?	keine	Kennzeichnung u. a.: „EN 730-1“, „O“ (für Sauerstoff), „A“ (für Acetylen)
Schlauchanschlüsse (Schlauchtülle mit Schraubanschluss)	Keine offensichtlichen Schäden oder Undichtheit? Schlauch sicher befestigt?	keine	Soll DIN EN 560 entsprechen.
Schlauchkupplungen	Keine offensichtlichen Schäden oder Undichtheit? Schlauch sicher befestigt?	keine	Kennzeichnung u. a.: „EN 561“, „O“ (für Sauerstoff), „F“ (für Brenngas)
Schläuche	Keine offensichtlichen Schäden oder Undichtheit?	keine	Kennzeichnung u. a.: „EN 559“, Farbe Blau (für Sauerstoff), Farbe Rot (für Acetylen)
Acetylen-Hochdruck-schläuche	Keine offensichtlichen Schäden oder Undichtheit am Schlauch-system (Sicherheitsanschluss, Kugelhahn, Schlauch).	alle 5 Jahre auf Festig-keit und Dichtheit	Kontrolle bei Austausch der Komponente: Hoch-druckschläuche müssen der TRAC 204 entsprechen
Brenner	Keine offensichtlichen Schäden oder Undichtheit?	keine	Saugprobe

Tabelle 18-90 Beim Schweißen entstehende Gase und Dämpfe (nach Davies)

Verursachende Substanz	**Entstehende Gase und Dämpfe**	**Grenzwerte (MAK-Wert*)**
Aluminium und seine Legierungen Aluminiumoxid Al_2O_3 $Al(OH)_3$, $AlO(OH)$	Beim Schweißen von Aluminium und seinen Legierungen entsteht Rauch. Das Einatmen des Rauchs über längere Zeit kann die Atemwege angreifen.	6 mg/m^3
Barium (löslich) und seine Verbindungen	Hoch toxisch. Ist in verschiedenen Fülldrahtelektroden enthalten.	0,5 mg/m^3
Blei und seine Verbindungen Blei in der Atmosphäre	Hoch toxisch. Größere Rauchmengen entstehen beim Schweißen von mit bleihaltigen Farben beschichteten Bauteilen. Beschichtung daher vor dem Schweißen entfernen.	
Calcium, Calciumoxide, Calciumhydroxid, Calciumcarbonat, Calciumsilikat	Der entstehende Rauch und die Dämpfe sind nicht toxisch. Sie können in höherer Konzentration aber die Atemwege angreifen.	5 mg/m^3
Chrom und seine Verbindungen, Chrom II, Chrom III, Chrom VI	Die beim Schweißen von rostfreien Stählen und anderen Legierungen mit hohem Chromgehalt entstehenden Rauche sind toxisch. Dämpfe von CrII und CrVI sind kanzerogen.	0,1 mg/m^3 0,2 mg/m^3 (bei LH)
Eisen und seine Verbindungen, Eisenoxid Fe_2O_3	Beim Schweißen von Eisen/Stahl entstehen nur schwach toxische Rauche. Es können jedoch Ablagerungen in der Lunge auftreten.	6 mg/m^3
Kohlendioxid CO_2	In vielen Mischgasen beim Schweißen enthalten. Es ist schwach toxisch und sinkt auf den Boden geschlossener Behälter, da es schwerer ist als Luft. Wirkt erstickend.	9000 mg/m^3 5000 ml/m^3
Kohlenmonoxid CO	Entsteht beim Schweißen mit CO_2 als Schweißgas. Hoch toxisch.	33 mg/m^3 30 ml/m^3
Kupfer und seine Verbindungen Rauche, Stäube und Nebel	Beim Schweißen von Kupfer entstehen in geringen Mengen toxische Rauche. Die meisten Schweißdrähte zum Schweißen von Stahl mittels MIG/MAG sind kupferbeschichtet.	6 mg/m^3

* unverbindlich

Tabelle 18-90 Fortsetzung

Verursachende Substanz	Entstehende Gase und Dämpfe	Grenzwerte (MAK-Wert*)
Magnesium, Magnesiumoxid (MgO)	Rauche entstehen beim Schweißen von Aluminiumlegierungen mit hohem Mg-Anteil. MgO ist lungenbelastend.	6 mg/m³
Mangan und seine Verbindungen Manganoxid Mn_2O_3	Schweißrauch ist toxisch. Mangan dient bei Stahl als Hauptlegierungselement. Manganhartstahl enthält 12 – 14 % Mn. Der Rauch greift das Nervensystem und die Atemwege an.	5 mg/m³ 1 mg/m³ bei Mn_3O_4
Nickel und seine Verbindungen	Verwendet als Legierungselement in vielen Stählen, Hauptelement in rostfreien Stählen. Der Schweißrauch ist hoch toxisch. Er greift die Atemwege an und ruft fiebrige Erkrankungen hervor. Möglicherweise kanzerogen.	0,5 mg/m³
Silizium, Siliziumdioxid (SiO_2)	Nicht toxisch. Enthalten in vielen Elektrodenumhüllungen und -füllungen. Geringer Effekt auf die Schweißrauchzusammensetzung, da nur geringe Mengen gebildet werden.	
Zink und seine Verbindungen Zinkoxid (ZnO), Zinkchlorid (ZnCl)	Toxisch. Schweißrauch entsteht in größeren Mengen beim Schweißen von verzinkten Bauteilen. Vor dem Schweißen sollte die Beschichtung entfernt werden.	5 mg/m³ ZnO im Rauch 6 mg/m³ im Staub

* unverbindlich

18.2 Normen in der Schweißtechnik

Normen werden vom Normungsausschuss Schweißtechnik (NAS) im Deutschen Institut für Normung (DIN) erarbeitet. Einzelne Normenausschüsse sind dabei jeweils verantwortlich für eine Gruppe von Normen.

Unter der Internetadresse www.nas.din.de können die aktuellen Aktivitäten der einzelnen Bereiche auf deutscher Ebene (Gremium NAS 092), auf europäischer Ebene (Gremium CEN/TC 121 und 240) sowie auf internationaler Ebene (Gremium ISO/TC 44) nachgelesen werden. In den nationalen Gremien arbeiten etwa 500 Experten aus Industrie und Handwerk.

Eine Normenrecherche kann über den Beuth-Verlag erfolgen. Hier können unter der Internetadresse www.beuth.de die Aktualität von Normen abgerufen werden. Nach Eingabe der Normnummer bzw. eines Titels einer Norm im Suchfeld werden alle betreffenden Standards mit dem neusten Ausgabestand angezeigt.

Es sollte stets auf eine vollständige und korrekte Normbezeichnung geachtet werden, da wie folgendes Beispiel zeigt, hinter einer Normnummer unterschiedliche Standards vorhanden sind.

- DIN 4063, Ausgabe: 1989-04, Hinweisschilder für den Zivilschutz
- DIN EN 4063, Ausgabe: 1997–05, Luft- und Raumfahrt – Drähte aus Hartlot; Durchmesser 0,6 mm $\leq$ D $\leq$ 4 mm; Maße
- DIN EN ISO 4063, Ausgabe: 2000–04, Schweißen und verwandte Prozesse – Liste der Prozesse und Ordnungsnummern (ISO 4063:1998); Deutsche Fassung EN ISO 4063:2000
- ISO 4063, Ausgabe: 1998–09, Schweißen und verwandte Prozesse – Liste der Prozesse und Ordnungsnummern
- ASTM D 4063, Ausgabe: 1999, Elektroisolierplatten

Erst im Zuge der Harmonisierung der Normen auf nationaler, europäischer und internationaler Ebene dürfte dieser Unterschied abgebaut werden.

Rechtsverbindlichkeit und Bindung technischer Normen

Technische Normen sind keine Gesetze oder Rechtsnormen, können aber rechtswirksam werden, wenn sie vertraglich vereinbart wurden bzw. in Gesetzen Bezug auf diese Normen genommen wurde. Normen stehen jedermann zur Anwendung frei. Das bedeutet, dass man sie anwenden kann, aber nicht muss. Im Streitfall dienen sie als Entscheidungshilfe, wenn es nach Kauf- und Werkvertragsrecht um Sachmängel geht.

Haftungsrechtliche Bedeutung technischer Normen

Technische Normen werden von Gerichten immer wieder als Bewertungsmaßstab herangezogen. Insbesondere Sicherheitsnormen erlangen so rechtliche Bedeutung. Schadensersatzansprüche werden im Allgemeinen von der Rechtssprechung verneint, wenn einschlägige technische Normen beachtet wurden.

Einige wichtige Normen in der Schweißtechnik (Auszug)

Eine vollständige Liste aller im Buch verwendeten Normen finden Sie unter www.viewegteubner.de.

1. Arbeits- und Gesundheitsschutz

DIN EN 169 Persönlicher Augenschutz – Filter für das Schweißen und verwandte Techniken – Transmissionsanforderungen und empfohlene Anwendung

DIN EN 379 Persönlicher Augenschutz – Automatische Schweißerschutzfilter

DIN EN ISO 10882-1 Arbeits- und Gesundheitsschutz beim Schweißen und bei verwandten Verfahren – Probenahme von partikelförmigen Stoffen und Gasen im Atembereich des Schweißers; Teil 1: Probenahme von partikelförmigen Stoffen

DIN EN ISO 15011-1 Arbeits- und Gesundheitsschutz beim Schweißen und bei verwandten Verfahren – Laborverfahren zum Sammeln von Rauch und Gasen – Teil 1: Bestimmung der Rauchemissionsrate beim Lichtbogenschweißen und Sammeln von Rauch zur Analyse

DIN EN 1598 Arbeits- und Gesundheitsschutz beim Schweißen und bei verwandten Verfahren – Durchsichtige Schweißvorhänge, -streifen und -abschirmungen für Lichtbogenschweißprozesse

DIN EN 60974; VDE 0544 Lichtbogenschweißeinrichtungen
Teil 1: Schweißstromquellen
Teil 2: Flüssigkeitskühlsysteme
Teil 3: Lichtbogenzünd- und -stabilisierungseinrichtungen
Teil 4: Inspektion und Prüfung während des Betriebes
Teil 5: Drahtvorschubgeräte
Teil 6: Schweißstromquellen mit begrenzter Einschaltdauer
Teil 7: Brenner
Teil 8: Gaskonsolen für Schweiß- und Plasmaschneidsysteme
Teil 9: Errichten und Betreiben
Teil 10: Anforderungen an die elektromagnetische Verträglichkeit (EMV)
Teil 11: Elektrodenhalter
Teil 12: Steckverbindungen für Schweißleitungen

2. Gasschweißgeräte

DIN EN ISO 5172 Gasschweißgeräte – Brenner für Schweißen, Wärmen und Schneiden – Anforderungen und Prüfungen

DIN V 32528 Gasschweißgeräte – Hand- und Maschinenbrenner für den industriellen Einsatz zum Flammwärmen und für verwandte Verfahren

DIN EN ISO 3821 Gasschweißgeräte – Gummischläuche für Schweißen, Schneiden und verwandte Prozesse

DIN EN 560 Gasschweißgeräte – Schlauchanschlüsse für Geräte und Anlagen für Schweißen, Schneiden und verwandte Prozesse

DIN EN 561	Gasschweißgeräte – Schlauchkupplungen mit selbsttätiger Gassperre für Schweißen, Schneiden und verwandte Prozesse
DIN EN ISO 5171	Gasschweißgeräte – Manometer für Schweißen, Schneiden und verwandte Prozesse
DIN EN 730-1	Gasschweißgeräte – Sicherheitseinrichtungen – Teil 1: Mit integrierter Flammensperre
DIN EN ISO 2503	Gasschweißgeräte – Druckregler und Druckregler mit Durchflussmessgeräten für Gasflaschen für Schweißen, Schneiden und verwandte Prozesse bis 300 bar (30 MPa)
DIN EN ISO 14114	Gasschweißgeräte – Acetylenflaschen-Batterieanlagen für Schweißen, Schneiden und verwandte Verfahren – Allgemeine Anforderungen

3. Löten

DIN 1900	Anforderung und Qualifizierung von Lötverfahren für metallische Werkstoffe – Verfahrensprüfung für das Lichtbogenlöten von Stählen
DIN 8514	Lötbarkeit
DIN 32506-1	Lötbarkeitsprüfung für das Weichlöten; Benetzungsprüfungen
DIN 32506-2	Lötbarkeitsprüfung für das Weichlöten; Hubtauchprüfung für Proben aus Kupferlegierungen; Prüfung, Beurteilung
DIN 32506-3	Lötbarkeitsprüfung für das Weichlöten; Hubtauchprüfung für verzinnte Proben; Prüfung, Beurteilung
DIN 32513-1	Weichlotpasten – Teil 1: Zusammensetzung; Technische Lieferbedingungen
DIN 65169	Luft- und Raumfahrt; Hart- und hochtemperaturgelötete Bauteile; Konstruktionsrichtlinien
DIN EN 12797	Hartlöten – Zerstörende Prüfung von Hartlötverbindungen
DIN EN 29455	Flussmittel zum Weichlöten; Prüfverfahren Teil 1: Bestimmung nichtflüchtiger Stoffe, gravimetrische Methode Teil 5: Kupferspiegeltest Teil 8: Bestimmung des Zinkgehaltes Teil 11: Löslichkeit von Flussmittelrückständen Teil 14: Bestimmung des Haftvermögens von Flussmittelrückständen
DIN EN 61192	Anforderungen an die Ausführungsqualität von Lötbaugruppen
DIN ISO 857-2	Schweißen und verwandte Prozesse – Begriffe – Teil 2: Weichlöten, Hartlöten und verwandte Begriffe
DIN EN ISO 3677	Zusätze zum Weich-, Hart- und Fugenlöten – Bezeichnung
DIN EN ISO 9454-2	Flussmittel zum Weichlöten – Einteilung und Anforderungen – Teil 2: Eignungsanforderungen
DIN EN ISO 9455-2	Flussmittel zum Weichlöten – Prüfverfahren – Teil 2: Bestimmung nichtflüchtiger Stoffe, ebulliometrische Methode

DIN EN ISO 12224 Massive Lotdrähte und flussmittelgefüllte Röhrenlote – Festlegungen und Prüfverfahren
Teil 1: Einteilung und Anforderungen
Teil 2: Bestimmung des Flussmittelgehaltes
Teil 3: Bestimmung der Flussmittelwirkung von flussmittelgefüllten Röhrenloten mit der Benetzungswaage

4. Qualitätssicherung

DIN EN ISO 5817 Schweißen – Schmelzschweißverbindungen an Stahl, Nickel, Titan und deren Legierungen (ohne Strahlschweißen) – Bewertungsgruppen von Unregelmäßigkeiten

DIN EN ISO 10042 Schweißen – Lichtbogenschweißverbindungen an Aluminium und seinen Legierungen – Bewertungsgruppen von Unregelmäßigkeiten

DIN EN ISO 13919 Schweißen – Elektronen- und Laserstrahl-Schweißverbindungen; Leitfaden für Bewertungsgruppen für Unregelmäßigkeiten
Teil 1: Stahl
Teil 2: Aluminium und seine schweißgeeigneten Legierungen

DIN EN 12584 Unregelmäßigkeiten an Brennschnitten, Laserstrahlschnitten und Plasmaschnitten – Terminologie

DIN EN 14728 Unregelmäßigkeiten an Schweißverbindungen von thermoplastischen Kunststoffen – Einteilung

DIN EN ISO 6520 Schweißen und verwandte Prozesse – Einteilung von geometrischen Unregelmäßigkeiten an metallischen Werkstoffen
Teil 1: Schmelzschweißen
Teil 2: Pressschweißungen

DIN EN ISO 18279 Hartlöten – Unregelmäßigkeiten in hartgelöteten Verbindungen

DIN EN ISO 13920 Schweißen – Allgemeintoleranzen für Schweißkonstruktionen – Längen- und Winkelmaße; Form und Lage

DIN EN ISO 14731 Schweißaufsicht – Aufgaben und Verantwortung

DIN EN ISO 3834 Qualitätsanforderungen für das Schmelzschweißen von metallischen Werkstoffen
Teil 1: Kriterien für die Auswahl der geeigneten Stufe der Qualitätsanforderungen
Teil 2: Umfassende Qualitätsanforderungen
Teil 3: Standard-Qualitätsanforderungen
Teil 4: Elementare Qualitätsanforderungen
Teil 5: Dokumente, deren Anforderungen erfüllt werden müssen, um die Übereinstimmung mit den Anforderungen nach ISO 3834-2, ISO 3834-3 oder ISO 3834-4 nachzuweisen

DIN EN ISO 14554 Schweißtechnische Qualitätsanforderungen – Widerstandsschweißen metallischer Werkstoffe
Teil 1: Umfassende Qualitätsanforderungen
Teil 2: Elementar-Qualitätsanforderungen

DIN EN ISO 14922 Thermisches Spritzen – Qualitätsanforderungen an thermisch gespritzte Bauteile
Teil 1: Richtlinien zur Auswahl und Verwendung
Teil 2: Umfassende Qualitätsanforderungen
Teil 3: Standard-Qualitätsanforderungen
Teil 4: Elementar-Qualitätsanforderungen

5. Schweißen von Betonstahl

DIN EN ISO 17660 Schweißen von Betonstahl
Teil 1: Tragende Schweißverbindungen
Teil 2: Nichttragende Schweißverbindungen (DIN EN ISO 17660 ist der Ersatz für DIN 4099)

6. Schweißerprüfung

DIN EN 287-1 Prüfung von Schweißern – Schmelzschweißen, Teil 1: Stähle

DIN EN ISO 9606 Prüfung von Schweißern – Schmelzschweißen
Teil 2: Aluminium und Aluminiumlegierungen
Teil 3: Kupfer und Kupferlegierungen
Teil 4: Nickel und Nickellegierungen
Teil 5: Titan und Titanlegierungen, Zirkonium und Zirkoniumlegierungen

DIN ISO 24394 Schweißen im Luft- und Raumfahrzeugbau – Prüfung von Schweißern und Bedienern von Schweißeinrichtungen – Schmelzschweißen von metallischen Bauteilen

DIN EN 1418 Schweißpersonal – Prüfung von Bedienern von Schweißeinrichtungen zum Schmelzschweißen und von Einrichtern für das Widerstandsschweißen für vollmechanisches und automatisches Schweißen von metallischen Werkstoffen

DIN EN ISO 15618 Prüfung von Schweißern für Unterwasserschweißen
Teil 1: Unterwasserschweißer für Nassschweißen unter Überdruck
Teil 2: Unterwasserschweißer und Bediener von Schweißanlagen für Trockenschweißen unter Überdruck

DIN EN 13067 Kunststoffschweißpersonal – Anerkennungsprüfung von Schweißern – Thermoplastische Schweißverbindungen

DIN EN 14730 Bahnanwendungen – Oberbau – Aluminothermisches Schweißen von Schienen
Teil 1: Zulassung der Schweißverfahren
Teil 2: Qualifizierung aluminothermischer Schweißer, Zertifizierung von Betrieben und Abnahme von Schweißungen

DVGW GW 330 Schweißen von Rohren u. Rohrleitungsteilen aus Polyethylen (PE 80, PE 100 und PE-Xa) für Gas- und Wasserleitungen – Lehr- und Prüfplan

DVS 1148 Prüfung von Schweißern – Lichtbogenhandschweißen an Rohren aus duktilem Gusseisen

7. Schweißverfahrensprüfung

DIN EN ISO 15607 Anforderung und Qualifizierung von Schweißverfahren für metallische Werkstoffe – Allgemeine Regeln

DIN EN ISO 15609 Anforderung und Qualifizierung von Schweißverfahren für metallische Werkstoffe – Schweißanweisung
Teil 1: Lichtbogenschweißen
Teil 2: Gasschweißen
Teil 3: Elektronenstrahlschweißen
Teil 4: Laserstrahlschweißen
Teil 5: Widerstandsschweißen

DIN EN ISO 15611 Anforderung und Qualifizierung von Schweißverfahren für metallische Werkstoffe – Qualifizierung aufgrund von vorliegender schweißtechnischer Erfahrung

DIN EN ISO 15612 Anforderung und Qualifizierung von Schweißverfahren für metallische Werkstoffe – Qualifizierung durch Einsatz eines Standardschweißverfahrens

DIN EN ISO 15613 Anforderung und Qualifizierung von Schweißverfahren für metallische Werkstoffe – Qualifizierung aufgrund einer vorgezogenen Arbeitsprüfung

DIN EN ISO 15614 Anforderung und Qualifizierung von Schweißverfahren für metallische Werkstoffe – Schweißverfahrensprüfung
Teil 1: Lichtbogen- und Gasschweißen von Stählen und Lichtbogenschweißen von Nickel und Nickellegierungen
Teil 2: Lichtbogenschweißen von Aluminium und seinen Legierungen
Teil 3: Schmelzschweißen von unlegierten und niedriglegierten Gusseisen
Teil 4: Fertigungsschweißen von Aluminiumguss
Teil 5: Lichtbogenschweißen von Titan, Zirkonium und ihren Legierungen
Teil 6: Lichtbogen- und Gasschweißen von Kupfer und seinen Legierungen
Teil 7: Auftragschweißen
Teil 8: Einschweißen von Rohren in Rohrböden
Teil 10: Trockenschweißen unter Überdruck
Teil 11: Elektronen- und Laserstrahlschweißen
Teil 12: Widerstandspunkt-, Rollennaht- und Buckelschweißen
Teil 13: Pressstumpf- und Abbrennstumpfschweißen
Teil 14: Laserstrahl-Lichtbogen-Hybridschweißen von Stählen, Nickel und dessen Legierungen

8. Schweißzusätze

DIN EN ISO 2560 Schweißzusätze – Umhüllte Stabelektroden zum Lichtbogenhandschweißen von unlegierten Stählen und Feinkornstählen – Einteilung

DIN EN 757 Schweißzusätze – Umhüllte Stabelektroden zum Lichtbogenhandschweißen von hochfesten Stählen – Einteilung

DIN EN ISO 3580 Schweißzusätze – Umhüllte Stabelektroden zum Lichtbogenhandschweißen von warmfesten Stählen – Einteilung

DIN EN 1600 Schweißzusätze – Umhüllte Stabelektroden zum Lichtbogenhandschweißen von nichtrostenden und hitzebeständigen Stählen – Einteilung

DIN EN ISO 14172 Schweißzusätze – Umhüllte Stabelektroden zum Lichtbogenhandschweißen von Nickel und Nickellegierungen – Einteilung

DIN EN ISO 14341 Schweißzusätze – Drahtelektroden und Schweißgut zum Metall-Schutzgasschweißen von unlegierten Stählen und Feinkornstählen – Einteilung

DIN EN ISO 636 Schweißzusätze – Stäbe, Drähte und Schweißgut zum Wolfram-Inertgasschweißen von unlegierten Stählen und Feinkornstählen – Einteilung

DIN EN ISO 16834 Schweißzusätze – Drahtelektroden, Drähte, Stäbe und Schweißgut zum Schutzgasschweißen von hochfesten Stählen – Einteilung

DIN EN ISO 21952 Schweißzusätze – Drahtelektroden, Drähte, Stäbe und Schweißgut zum Schutzgasschweißen von warmfesten Stählen – Einteilung

DIN EN ISO 14343 Schweißzusätze – Drahtelektroden, Bandelektroden, Drähte und Stäbe zum Lichtbogenschweißen von korrosionsbeständigen und hitzebeständigen Stählen – Einteilung

Übersicht für Schweißzusätze – werkstoff- und produktbezogen

<table>
<tr><th>Werkstoff</th><th colspan="4">Stahl</th><th colspan="5">Andere Werkstoffe</th><th colspan="2">Anwendung</th></tr>
<tr><th>Schweiß-zusatz</th><td>Unlegiert und Feinkorn</td><td>hochfest</td><td>warmfest</td><td>nichtrostend und hitzebeständig</td><td>Aluminium + Legierung</td><td>Kupfer + Legierung</td><td>Nickel + Legierung</td><td>Gusseisen</td><td>Titanium + Legierung</td><td>Hartauftragung</td><td>Unterwasser</td></tr>
<tr><th>Stab-elektrode</th><td>DIN EN ISO 2560</td><td>DIN EN 757</td><td>DIN EN 1599</td><td>DIN EN 1600</td><td></td><td></td><td>DIN EN ISO 14172</td><td rowspan="2">DIN EN ISO 1071</td><td></td><td rowspan="7">DIN EN 14700</td><td>DIN 2302</td></tr>
<tr><th>SG-Draht-elektrode</th><td>DIN EN 440</td><td rowspan="2">DIN EN 14295</td><td rowspan="3">DIN EN ISO 21952</td><td rowspan="3">DIN EN 14343</td><td>DIN EN ISO 18273</td><td>DIN EN 14640</td><td rowspan="3">DIN EN ISO 18274</td><td>DIN EN ISO 24034</td><td rowspan="6"></td></tr>
<tr><th>WIG-Stab/ -Draht</th><td>DIN EN 1668</td><td></td><td></td><td></td><td></td></tr>
<tr><th>UP-Draht-elektrode/ Pulver</th><td>DIN EN 756 + DIN EN 760</td><td>DIN EN 14295</td><td></td><td></td><td></td><td></td></tr>
<tr><th>UP-Fülldraht-elektrode</th><td></td><td></td><td>DIN EN ISO 24598</td><td></td><td></td><td></td><td></td><td></td><td></td></tr>
<tr><th>SG-Fülldraht-elektrode</th><td>DIN 758</td><td>DIN EN ISO 18276</td><td>DIN EN ISO 17634</td><td>DIN EN 17633</td><td></td><td></td><td></td><td rowspan="2">DIN EN ISO 1071</td><td></td></tr>
<tr><th>Autogen-stab</th><td>DIN EN 12536</td><td></td><td>DIN EN 12536</td><td></td><td></td><td></td><td></td><td></td></tr>
</table>

9. Thermisches Schneiden

DIN 2310-6	Thermisches Schneiden – Teil 6: Einteilung, Prozesse
DIN 32510	Thermisches Trennen – Brennbohren mit Sauerstofflanzen in mineralische Werkstoffe – Verfahrensgrundlagen, Temperaturen, Mindestausrüstung
DIN 32516	Thermisches Schneiden – Thermische Schneidbarkeit metallischer Bauteile – Allgemeine Grundlagen und Begriffe
DIN EN 28206	Abnahmeprüfungen für Brennschneidmaschinen; Nachführgenauigkeit; Funktionseigenschaften
DIN EN ISO 9013	Thermisches Schneiden – Einteilung thermischer Schnitte – Geometrische Produktspezifikation und Qualität
DIN EN ISO 17652-3	Schweißen – Prüfung von Fertigungsbeschichtungen für das Schweißen und für verwandte Prozesse – Teil 3: Thermisches Schneiden

10. Thermisches Spritzen

DIN EN 582	Thermisches Spritzen; Ermittlung der Haftzugfestigkeit
DIN EN 657	Thermisches Spritzen – Begriffe, Einteilung
DIN EN 1274	Thermisches Spritzen – Pulver – Zusammensetzung, technische Lieferbedingungen
DIN EN 1395	Thermisches Spritzen – Abnahmeprüfungen für Anlagen zum thermischen Spritzen Teil 1: Allgemeine Anforderungen Teil 2: Flammspritzen einschließlich HVOF Teil 3: Lichtbogenspritzen Teil 4: Plasmaspritzen Teil 5: Plasmaspritzen in Kammern Teil 6: Handhabungssysteme Teil 7: Pulverfördersysteme
DIN EN 13507	Thermisches Spritzen – Vorbehandlung von Oberflächen metallischer Werkstücke und Bauteile für das thermische Spritzen
DIN EN 14616	Thermisches Spritzen – Empfehlungen für das thermische Spritzen
DIN EN ISO 14919	Thermisches Spritzen – Drähte, Stäbe und Schnüre zum Flammspritzen und Lichtbogenspritzen – Einteilung; Technische Lieferbedingungen

11. Darstellung und Begriffe der Schweißtechnik

DIN EN 22553	Schweiß- und Lötnähte – Symbolische Darstellung in Zeichnungen
DIN 1912-4	Zeichnerische Darstellung; Schweißen, Löten; Begriffe und Benennungen für Lötstöße und Lötnähte

DIN EN 14665	Thermisches Spritzen – Thermisch gespritzte Schichten – Symbolische Darstellung in Zeichnungen
DIN 65118	Schweißen im Luft- und Raumfahrzeugbau – Geschweißte metallische Bauteile – Angaben in Bauunterlagen und allgemeine konstruktive Anforderungen
DIN EN ISO 4063	Schweißen und verwandte Prozesse – Liste der Prozesse und Ordnungsnummern
DIN 32520-1	Graphische Symbole für die Schweißtechnik; Allgemeine Bildzeichen, Grundlage
DIN 32520-3	Graphische Symbole für die Schweißtechnik; Bildzeichen für Lichtbogenschmelzschweißen
DIN EN 27286	Bildzeichen für Widerstandsschweißgeräte
DIN EN ISO 7287	Bildzeichen für Einrichtungen zum thermischen Schneiden
DIN EN ISO 6947	Schweißnähte – Schweißpositionen
DIN EN ISO 9692	Schweißen und verwandte Prozesse – Empfehlungen zur Schweißnahtvorbereitung Teil 1: Lichtbogenhandschweißen, Schutzgasschweißen, Gasschweißen, WIG-Schweißen und Strahlschweißen von Stählen Teil 2: Unterpulverschweißen von Stahl Teil 3: Metall-Inertgasschweißen und Wolfram-Inertgas-Schweißen von Aluminium und Aluminium-Legierungen Teil 4: Plattierte Stähle

12. Widerstandschweißen

DIN ISO 669	Widerstandsschweißen – Widerstandsschweißeinrichtungen – Mechanische und elektrische Anforderungen
DIN 8519	Buckel für das Buckelschweißen von Stahlblechen – Langbuckel und Ringbuckel
DIN EN 28167	Buckel zum Widerstandsschweißen
DIN EN ISO 8166	Widerstandsschweißen – Verfahren für das Bewerten der Standmenge von Punktschweißelektroden bei konstanter Maschinen-Einstellung
DIN EN ISO 18278	Widerstandsschweißen – Schweißeignung Teil 1: Bewerten der Schweißeignung zum Widerstandspunkt-, Rollennaht- und Buckelschweißen von metallischen Werkstoffen Teil 2: Alternative Verfahren für das Bewerten von Stahlblechen für das Widerstandspunktschweißen
DIN EN ISO 18594	Widerstandspunkt-, Buckel- und Rollennahtschweißen – Verfahren für das Bestimmen des Übergangswiderstands von Aluminium- und Stahlwerkstoffen

DIN EN ISO 17657 Widerstandsschweißen – Schweißstrommessung für das Widerstandsschweißen
Teil 1: Leitfaden für die Messung
Teil 2: Schweißstrommessgeräte mit Strommessspule
Teil 3: Strommessspule
Teil 4: Kalibriersystem
Teil 5: Verifizierung des Schweißstrommesssystems

DIN EN ISO 10447 Widerstandsschweißen – Schäl-, Meißel- und Keilprüfung von Widerstandspunkt- und Buckelschweißverbindungen

13. Zerstörende Prüfung

DIN EN ISO 6892 Metallische Werkstoffe – Zugversuch
Teil 1: Prüfverfahren bei Raumtemperatur
Teil 2: Prüfverfahren bei erhöhter Temperatur

DIN EN ISO 148 Metallische Werkstoffe – Kerbschlagbiegeversuch nach Charpy
Teil 1: Prüfverfahren
Teil 2: Prüfung der Prüfmaschinen
Teil 3: Vorbereitung und Charakterisierung von Charpy-V-Referenzproben für die indirekte Prüfung der Prüfmaschinen (Pendelschlagwerke)

DIN EN ISO 5173 Zerstörende Prüfungen von Schweißnähten an metallischen Werkstoffen – Biegeprüfungen

DIN EN 1320 Zerstörende Prüfung von Schweißverbindungen an metallischen Werkstoffen – Bruchprüfung

DIN EN ISO 4136 Zerstörende Prüfung von Schweißverbindungen an metallischen Werkstoffen – Querzugversuch

DIN EN ISO 9016 Zerstörende Prüfung von Schweißverbindungen an metallischen Werkstoffen – Kerbschlagbiegeversuch – Probenlage, Kerbrichtung und Beurteilung

DIN EN 9015–1 Zerstörende Prüfung von Schweißverbindungen an metallischen Werkstoffen – Härteprüfung
Teil 1: Härteprüfung für Lichtbogenschweißverbindungen
Teil 2: Mikrohärteprüfung an Schweißverbindungen

DIN EN ISO 6506 Metallische Werkstoffe – Härteprüfung nach Brinell
Teil 1: Prüfverfahren
Teil 2: Prüfung und Kalibrierung der Prüfmaschinen
Teil 3: Kalibrierung von Härtevergleichsplatten
Teil 4: Tabelle zur Bestimmung der Härte

DIN EN ISO 6507 Metallische Werkstoffe – Härteprüfung nach Vickers
Teil 1: Prüfverfahren
Teil 2: Prüfung und Kalibrierung der Prüfmaschinen
Teil 3: Kalibrierung von Härtevergleichsplatten
Teil 4: Tabellen zur Bestimmung der Härtewerte

DIN EN ISO 17641 Zerstörende Prüfung von Schweißverbindungen an metallischen Werkstoffen – Heißrissprüfungen für Schweißungen – Lichtbogenschweißprozesse
Teil 1: Allgemeines
Teil 2: Selbstbeanspruchende Prüfungen
Teil 3: Fremdbeanspruchte Prüfungen

DIN EN ISO 17642 Zerstörende Prüfung von Schweißverbindungen an metallischen Werkstoffen – Kaltrissprüfungen für Schweißungen – Lichtbogenschweißprozesse
Teil 1: Allgemeines
Teil 2: Selbstbeanspruchende Prüfungen
Teil 3: Fremdbeanspruchte Prüfungen

14. Zerstörungsfreie Prüfung

DIN EN 571-1 Zerstörungsfreie Prüfung – Eindringprüfung – Teil 1: Allgemeine Grundlagen

DIN EN ISO 17638 Zerstörungsfreie Prüfung von Schweißverbindungen – Magnetpulverprüfung

DIN EN ISO 11666 Zerstörungsfreie Prüfung von Schweißverbindungen – Ultraschallprüfung – Zulässigkeitsgrenzen

DIN EN 1435 Zerstörungsfreie Prüfung von Schweißverbindungen – Durchstrahlungsprüfung von Schmelzschweißverbindungen

DIN EN 462 Zerstörungsfreie Prüfung; Bildgüte von Durchstrahlungsaufnahmen
Teil 1: Bildgüteprüfkörper (Drahtsteg); Ermittlung der Bildgütezahl;
Teil 2: Bildgüteprüfkörper (Stufe/Loch Typ); Ermittlung der Bildgütezahl
Teil 3: Bildgüteklassen für Eisenwerkstoffe
Teil 4: Experimentelle Ermittlung von Bildgütezahlen und Bildgütetabellen
Teil 5: Bildgüteprüfkörper (Doppel-Drahtsteg), Ermittlung der Bildunschärfe

15. Strahlschweißen

DIN 32511 Schweißen – Elektronenstrahlverfahren zur Materialbearbeitung – Begriffe für Prozesse und Geräte

DIN EN 1011 Schweißen – Empfehlungen zum Schweißen metallischer Werkstoffe
Teil 6: Laserstrahlschweißen
Teil 7: Elektronenstrahlschweißen

DIN EN ISO 14744 Schweißen – Abnahmeprüfung von Elektronenstrahl-Schweißmaschinen
Teil 1: Grundlagen und Abnahmebedingungen
Teil 2: Messen der Beschleunigungsspannungs-Kenngrößen
Teil 3: Messen der Strahlstrom-Kenngrößen
Teil 4: Messen der Schweißgeschwindigkeit
Teil 5: Messen der Führungsgenauigkeit
Teil 6: Messen der Flecklagetoleranz

DIN EN ISO 15609 Anforderung und Qualifizierung von Schweißverfahren für metallische Werkstoffe – Schweißanweisung
Teil 3: Elektronenstrahlschweißen
Teil 4: Laserstrahlschweißen

DIN EN ISO 15616 Abnahmeprüfungen für CO_2-Laserstrahlanlagen zum Qualitätsschweißen und -schneiden
Teil 1: Grundlagen, Abnahmebedingungen
Teil 2: Messen der statischen und dynamischen Genauigkeit
Teil 3: Kalibrieren von Instrumenten zum Messen des Gasdurchflusses und -drucks

DIN EN ISO 22827 Abnahmeprüfungen für Nd:YAG-Laserstrahlschweißmaschinen – Maschinen mit Versorgung durch Lichtleitfaser
Teil 1: Lasereinrichtung
Teil 2: Mechanische Bewegungseinrichtung

DIN 2311-1 Anforderungen und Anerkennung von Laserstrahloberflächenverfahren mit Zusatzwerkstoffen – Teil 1: Anweisung zur Oberflächenbearbeitung mit Laserstrahlung unter Verwendung von Zusatzwerkstoffen

DVS – Merkblätter und Richtlinien

DVS, Deutscher Verband für Schweißen und verwandte Verfahren e. V., hat einen eigenen Verlag, bei dem sämtliche Merkblätter, Richtlinien und Lehrmedien in aktueller Form zusammengestellt werden. Sie sind wie alle Normen über den Beuth-Verlag erhältlich und online abrufbar, www.beuth.de.

Eine Abfrage aller Vorschriften kann auch unter www.dvs-verlag.de durchgeführt werden. Derzeit gibt es etwa 550 Merkblätter (Kennzeichnung M mit nachfolgender Nummer), Richtlinien (Kennzeichnung R mit nachfolgender Nummer) und Lehrmedien (Ausbildungsunterlagen). Ein Katalog mit allen erhältlichen DVS-Richtlinien und -Merkblättern kann unter http://www.dvs-verlag.de/home-Dateien/V2.pdf als pdf heruntergeladen werden.

Merkblätter und Richtlinien des DVS haben den Status einer Technischen Regel und beziehen sich oftmals auf DIN, EN und ISO Normen sowie anderer Regelwerke. Sie sind damit eine Ergänzung des Normenwerkes zum Thema Schweißen.

Sachwortverzeichnis

C

D

E

F

G

H

I

L

M

N

O

P

Q

R

S

T

U

V

W

Y

Z